ゲノム 第4版

GENOMES FOURTH EDITION

生命情報システムとしての理解

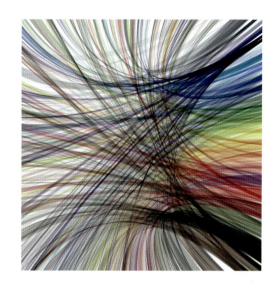

T.A.Brown

監訳

石川冬木
京都大学大学院生命科学研究科 細胞周期学分野 教授

中山潤一
基礎生物学研究所 クロマチン制御研究部門 教授

メディカル・サイエンス・インターナショナル

Authorised translation from the English language edition,
"Genomes", Fourth Edition by T.A. Brown,
published by Garland Science, a member of the Taylor & Francis Group, LLC.

Copyright © 2017 by Garland Science, Taylor & Francis Group, LLC.
All rights reserved.

© Fourth Japanese Edition 2018 by Medical Sciences International, Ltd., Tokyo

Printed and Bound in Japan

監訳者・訳者一覧 （翻訳章順）

監訳

石川冬木	京都大学大学院生命科学研究科 細胞周期学分野 教授
中山潤一	基礎生物学研究所 クロマチン制御研究部門 教授

翻訳

宮島郁子	翻訳家（1, 2章）
押村光雄	鳥取大学染色体工学研究センター 特任教授（3章）
井上敏昭	鳥取大学医学部生命科学科分子細胞生物学講座ゲノム医工学分野 准教授（3章）
滝田順子	京都大学大学院医学研究科発達小児科学 教授（4章）
佐藤亜以子	東京大学医学部附属病院小児科（4章）
坊農秀雅	情報・システム研究機構データサイエンス共同利用基盤施設 ライフサイエンス統合データベースセンター 特任准教授（5, 6章）
原田昌彦	東北大学大学院農学研究科分子生物学分野 准教授（7章）
釣本敏樹	九州大学理学研究院生物科学部門 教授（8章）
増田道明	獨協医科大学医学部微生物学講座 教授（9章）
中山潤一	基礎生物学研究所 クロマチン制御研究部門 教授（10章）
森川耿右	京都大学大学院生命科学研究科 研究員（11章）
井上邦夫	神戸大学大学院理学研究科生物学専攻 教授（12章）
古川真理	神戸大学バイオシグナル総合研究センター 特命助教（12章）
石濱　泰	京都大学薬学研究科製剤機能解析学分野 教授（13章）
杉山直幸	京都大学薬学研究科製剤機能解析学分野 准教授（13章）
今見考志	京都大学薬学研究科製剤機能解析学分野 特任助教（13章）
伊東　広	奈良先端科学技術大学院大学先端科学技術研究科バイオサイエンス領域 教授（14章）
荒木弘之	国立遺伝学研究所 教授（15章）
菅澤　薫	神戸大学バイオシグナル総合研究センター 教授（16章）
三好知一郎	京都大学大学院生命科学研究科 細胞周期学分野 准教授（17章）
郷　康広	自然科学研究機構 生命創成探究センター認知ゲノム研究グループ 特任准教授（18章）
藤山与一	翻訳家（用語解説）

日本語版監訳者の序

　ゲノム研究は，ゲノムDNAにコードされた遺伝情報が，複製・修復反応によって維持されつつ，転写・翻訳反応によって生体の機能と構造を作り上げ，生物種の進化をもたらす，その仕組みを理解しようとする研究領域である．しかし，その過程は，セントラルドグマ（DNA→RNA→タンパク質）から予想されるような単純な反応経路ではなく，幾層にもわたる互いに連関した制御機構が働く複雑なシステムである．制御機構の例として，クロマチン構造の変化による遺伝子機能制御（エピジェネティクス）・核内構造・非コードRNAなどをあげることができる．さらに，システム生物学やバイオインフォマティクス的手法をゲノム研究に応用し，全く新しいフロンティアを開拓しようとする努力も行われている．

　このように，現在のゲノム研究は驚くべき速さで進展しつつあり，専門家であっても自分が直接扱っている分野以外の進展については完全にフォローできていないことも多い．ましてや，学部・大学院で学び始めた初学者にとって，現代ゲノム学とはなにかを理解することは，良き指導者と良き教科書に恵まれない限り困難であろう．

　本書の原著者であるTerry Brown博士は，1999年に本書の初版原著となる"Genomes"を出版し（2000年のヒトゲノムのドラフト配列報告よりも前である），以降3回の改訂を経て，2017年に第4版である"Genomes 4"を出版した．我が国においては，村松正實先生の監訳によって，原著初版出版の1年後には日本語翻訳版が出版され，「ゲノム」という言葉が今日のように一般的ではなかったにもかかわらず，多くの読者を得て好評のうちに迎えられた．

　今回，第3版の監訳者である村松正實先生および木南凌先生からバトンを託されて，第4版の翻訳に臨んだ．この第4版を原著出版後1年にして翻訳出版できたことは，監訳者として大変喜ばしいことである．特に，今回の改訂は前回第3版から11年を経て行われており，その間は，次世代シーケンサーの登場によるゲノム学の進展，質量分析計による微量タンパク質の同定技術がもたらしたプロテオミクスの進展など，多くの革新的技術によってゲノム研究も大きな変貌を遂げた時期に相当している．そのような研究領域の飛躍に応じて，第4版では全章のアップデートが行われ，いくつかの章については全面的に書き直され，最先端の研究潮流が分かりやすく丁寧に概説されている．日本語版では，それぞれの領域の第一線で活躍されているお忙しい研究者の先生方に特にお願いして翻訳をお引き受けいただき，読みやすく内容の濃い本とすることができた．ここに改めて翻訳者の先生方に感謝の意を表するものである．

　本書は，初めてゲノム学を学ぶ学部学生・大学院生レベルの教科書としてはもちろんのこと，最近のゲノム研究の進展を幅広く学びたい・学び直したい研究者や一般の方々にも大変有用である．本書により，今後のゲノム学が進む方向性をぜひ夢みていただきたい．

2018年8月27日

石川冬木（京都大学 大学院生命科学研究科）
中山潤一（基礎生物学研究所 クロマチン制御研究部門）

序

　"Genomes"の前版を出版してから10年以上が経つが，その間，ゲノムについての私たちの理解は驚くほど進んだ．10年前，次世代塩基配列決定法はまだごく初期の段階にすぎなかったし，トランスクリプトームやプロテオームのハイスループット技術はまだ使われ始めたばかりだった．しかし現在では，これらの方法がさまざまに応用されるに至っている．さまざまな生物種についてゲノム配列の解読とアノテーションが行われ，その数は指数関数的に増大している．また，1つの生物種のゲノムが複数の個体について解読されるようにもなった．細菌のゲノム解読は特に活発化したものの1つで，細菌のゲノム学が劇的に進展した．例えば，パンゲノムという概念が導入され，種間での遺伝子の水平伝播が従来考えられていたよりも大規模に起きていることが発見された．真核生物ゲノムについても，私たちの理解は劇的に進展した．例えば，遺伝子間領域から転写されている多種多様な長鎖RNAなど，新しいタイプの非コードRNAの存在が明らかになったりしたのである．

　今回の"Genomes"第4版は，前版を踏襲して全体が4つのパート（部）に分かれている．第Ⅰ部「ゲノムの研究（配列決定とアノテーション）」，第Ⅱ部「ゲノムの構成」，第Ⅲ部「ゲノムの発現」，第Ⅳ部「ゲノムの複製と進化」である．章立てについても，細かい変更は加えつつも，前版をほぼ踏襲している．しかし内容については，全ページ徹底的に見直してアップデートした．大幅に書き換えられている章も少なくなく，特に，トランスクリプトームとプロテオームの章がそうである．以前の版では，単に個々の遺伝子の発現を解析するのにとどまっていたのだが，今回の第4版ではじめて，ゲノム規模のレベルで転写と翻訳を記載することが可能になった．これは，1999年に本書の初版を書いたときに私が目指したものでもあった．当時は，ゲノム発現というよりも，遺伝子の発現についてのかなりオーソドックスな解説によってしか，この重要な章を構成できなかった．第4版でも，ゲノムの発現過程を完全に包括的に記述するにはまだ至ってないが，そこに近づいており，いくつかの側面においては，包括的に語ることができたのではないかと思っている．

　本書の作成には長い時間を費やしたが，Garland Science社のLiz Owenは，常にこの本に対する熱意に溢れ，私が締切を忘れないよう連絡してくれたことに感謝する．またGarlandでこの本の制作を指揮してくれたDavid BorrowdaleとGeorgina Lucas，素晴らしい図版を作成してくれたMatthew McClementsにも感謝する．最後になるが，この"Genomes"第4版は，私の妻Keriの支持なくしては世に出なかったのはまちがいない．初版の謝辞にも書いたように，この本を有用と思ってくださる読者は，ぜひKeriにも感謝していただけると幸いである．今回も，彼女が，この本の完成を信じ，私の執筆を最後まで支えてくれたのだから．

T. A. Brown

初版への序

"Genomes"は，大学生に分子生物学を教えるための新しいアプローチを提供しようとするものである．大学の分子生物学過程の講義要目は，1970年代～1980年代に流行したトピックに重きを置くよりも，新しい千年紀の重要な研究課題を反映すべきであるという考え方から本書は出発している．このようなわけで，今日の分子生物学が1つ1つの遺伝子の研究よりもゲノム配列決定と機能解析により大きく推し進められているという認識の下，本書はゲノムを中心に展開されている．現代において分子生物学を専攻する学生ならば，大学院に進む前にすでにゲノム研究にたずさわっていることが多く，自分たちの勉強がなんらかの意味でゲノム計画の影響を受けていることに気がつくであろう．大学教育の目的が彼らの将来のキャリアのための準備であるならば，ゲノムについて教えることが必要なのである．

遺伝子がもはや重要でないなどというなら，それはもちろんばかげたことである．私が"Genomes"を書くときにたいへん苦労したことは，伝統的な分子生物学の講義要目の基本をなす要素を，ゲノムに関する要素とどのように結びつけるかにあった．DNAからタンパク質への道筋を"ゲノムからプロテオームへ"という表現に完全に置き換えて記述することはまだ無理である．そこで，本書"Genomes"のかなりの部分は個々の遺伝子の発現過程に費やされることになった．この本が他の多くの本と異なる点は，これら遺伝子発現過程をゲノム全体の活動と機能という枠組みのなかで記述するよう試みたことであろう．同様に，DNAの複製，突然変異や組み換えも，たんに遺伝子の複製や変化に影響を与えるプロセスとしてではなく，ゲノムへの作用（効果）という視点で扱った．

分子生物学の教育はゲノムを中心に行われるべきであるとする私の信念は，この本を書き進むにつれて強くなった．そして，このようなアプローチが従来の講義要目よりいかに満足のいくものであり，多くの情報を伝えられるものであるかを発見した．過去においてはあまり重要でないと思われ興味をいだかなかったいろいろな話題が，しかるべきところに落ち着き，新しい意味をもった．"Genome"を書いている間に私が感じた興奮の少なくともいくらかが読者に伝えられれば，と願うものである．

T. A. Brown
マンチェスターにて

本書の使い方

　本書『ゲノム 第4版』の作成にあたっては，できるだけ読者にとって使いやすくなるよう努めた。したがって読者の役に立ち，効果的な教育に対応できるよう本書にはさまざまな工夫がほどこされている。

本書の構成
　本書は，以下の4部から構成されている。
第Ⅰ部 ゲノムの研究　ゲノム，トランスクリプトーム，プロテオームを紹介するイントロダクションの第1章に始まり，第2章では，ゲノム解読以前の時代に個々の遺伝子の研究でも用いられたPCRやクローニングを中心に説明していく。第3章では，遺伝地図と物理地図を作成する方法についてみていく。これらの地図は，多くのゲノムプロジェクトにおいて依然として重要な方法である。第4章では，DNAの塩基配列決定と，その配列をつなぎ合わせて概要ゲノム配列や解読終了配列を構築する方法を解説する。続く2つの章は，ゲノム配列の解析を扱い，第5章では遺伝子などのゲノムの特徴をゲノム上に位置づけるアノテーションについて，第6章では発見された遺伝子の機能の解析について扱う。
第Ⅱ部 ゲノムの構成　地球上に存在する種々の生物のゲノムがどのように構成されているかについてみていく。第7章では，特にヒトゲノムに焦点を当てつつ真核生物の核ゲノムについて説明する。ヒトゲノムに力点を置くのは，ゲノム配列が明らかになっている生物種のなかでヒトゲノムが最もよく研究されているからである。第8章では，原核生物および真核生物のもつ細胞小器官のゲノムについて述べる。ここに真核生物の細胞小器官を含めたのは，これらが原核生物を起源としているからである。第9章では，ウイルスゲノムと転位性遺伝因子を一緒にみていく。これは，一部の転位性遺伝因子がウイルスゲノムに関連があるためである。
第Ⅲ部 ゲノムの発現　ゲノムに保管されている生物学的情報が，そのゲノムを含んでいる細胞によってどのように利用されているかを扱う。第10章では，ゲノムを収納するクロマチン構造が，ゲノムのいろいろな部位の発現にどのような影響を与えるかという重要な問題について答える。第11章では，ある時点に活性化されているゲノム領域の発現にDNA結合タンパク質が果たす重要な役割について説明する。第12章では，トランスクリプトームに話題を移し，トランスクリプトームの研究方法，その構成，細胞のトランスクリプトームがどのように生成，維持されるかを説明する。第13章では，プロテオミクスとプロテオームについて，トランスクリプトームの章と同様にみていく。第14章では，第Ⅲ部のまとめとして，細胞や個体が，外界からのシグナルに応答して発生・分化や成長の基盤となる生化学的変化を誘導する際に，ゲノムがどのように働くかについて論じる。
第Ⅳ部 ゲノムの複製と進化　DNAの複製，変異（突然変異），組換えを，ゆっくりと変化するゲノム進化と関連づける。第15～17章では複製，変異，修復，組換えを担う分子レベルの過程を説明し，第18章では，こうした過程が，進化の時間軸のなかでゲノムの構造や構成にどのように影響してきたのかについてみていく。第18章の最後には，分子ゲノム系統学と集団ゲノム学が，実際の研究やバイオテクノロジーで用いられている例をいくつか紹介する。

学習の補助に
　各章の終わりには，短答式問題と論述式問題を掲載するとともに，推薦図書と参考文献を注釈つきで紹介する。

短答式問題　100〜1,000文字程度の答えを求める問題である。質問は各章の内容全体をカバーしており、単刀直入で、ほとんどは、本文の相当する箇所を見直せば答えが得られる。学生は、短答式問題を使って各章を系統的に学ぶことができる。また、どの問題に答えられるかをチェックすることで、各トピックの理解度のチェックに使うことができる。また、教科書を閉じて行う試験にも使用可能。

論述式問題　より詳細な答えを求める問題。問題の性質や難易度はさまざまで、単純なものでは、文献の検索を求める問題となっている。たんに検索するだけではなく、各自の知識を『ゲノム 第4版』からさらに数段階深められるよう意図されている。他の問題は、本書で学んだ知識をもとに、記述や仮説の検証を求めるもので、そのテーマの背景となる文献を調べることが必要になる。これらの問題により、しっかり考えることや批判的に読むことを学ぶ。一部の問題は非常に難しく、場合によっては提示された問題に対して決まった解答がない。これらの問題は、議論や推論の力をつけるものであり、これを通して、知識を深め、注意深く論じることを学ぶことができる。論述式問題は、学生の自習用問題としても、また、グループディスカッションの最初の課題としても適する。

推薦図書と参考文献　各章末のリストには、補足資料として最も有用と思われる研究論文、総説、書籍を含めている。『ゲノム 第4版』での著者の意図は一貫しており、学生がある特定のテーマについて小論文や学位論文を書く際に、さらなる情報を得るための文献リストとして「推薦図書と参考文献」が有用であること、である。リストには研究論文も含まれているが、本書の平均的読者にとって理解しうる内容のものを選んだつもりである。読者にとって閲覧可能な文献を中心に選んだ。総説が多いのは、複雑な研究トピックに対して十分な説明が加えられていてわかりやすいからである。ほとんどの文献リストは、章の構成に沿った項目ごとに紹介し、探したい文献が見つかりやすいように説明文をつけたものもある。各章に関連するデータベースやその他のオンラインリソースのURLも同時に紹介している。

用語解説　本文中に太字で掲載されている語句、および文献リストの書籍や総説などを読むときに出会う可能性のある語句が用語解説に含まれている。用語解説をみれば、ゲノムについて学ぶときに学習すべき専門用語のリストがわかる。また、試験の前に自分の理解度をチェックしたくなることは多いと思うが、用語解説を利用すれば、用語の理解を短時間でチェックすることができる。

謝辞

　『ゲノム 第4版』の著者と出版社は，この版の編集にあたってご尽力いただいた次の査読者の方々に心から感謝の意をささげる。

David Baillie, Simon Fraser University
Linda Bonen, University of Ottawa
Hugh Cam, Boston College
Yuri Dubrova, University of Leicester
Bart Eggen, University of Groningen
Robert Fowler, San José State University
Sidney Fu, George Washington University
Adrian Hall, Sheffield Hallam University
Lee Hwei Huih, Universiti Tunku Abdul Rahman
Glyn Jenkins, Aberystwyth University
Julian M. Ketley, University of Leicester
Torsten Kristensen, University of Aarhus
Gerhard May, University of Dundee
Mike McPherson, University of Leeds
Isidoro Metón, Universitat de Barcelona
Gary Ogden, St. Mary's University
Paul Overvoorde, Macalester College
John Rafferty, University of Sheffield
Andrew Read, University of Manchester
Joaquin Cañizares Sales, Universitat Politècnica de València
Michael Schweizer, Heriot-Watt University
Eric Spana, Duke University
David Studholme, Exeter University
John Taylor, University of Newcastle
Gavin Thomas, University of York
Matthew Upton, Plymouth University
Guido van den Ackerveken, Utrecht University
Vassie Ware, Lehigh University
Wei Zhang, Illinois Institute of Technology

概略目次

第I部　ゲノムの研究 1

- 第1章　ゲノム，トランスクリプトーム，プロテオーム 1
- 第2章　DNAを研究する 27
- 第3章　ゲノム地図を作成する 55
- 第4章　ゲノムの塩基配列を決定する 87
- 第5章　ゲノムアノテーション 121
- 第6章　遺伝子の機能を同定する 137

第II部　ゲノムの構成 159

- 第7章　真核生物の核ゲノム 159
- 第8章　原核生物ゲノムと真核生物の細胞小器官ゲノム 187
- 第9章　ウイルスゲノムと転位性遺伝因子 211

第III部　ゲノムの発現 229

- 第10章　ゲノムへの接近 229
- 第11章　ゲノム発現におけるDNA結合タンパク質の役割 251
- 第12章　トランスクリプトーム 269
- 第13章　プロテオーム 305
- 第14章　細胞と個体におけるゲノムの発現 343

第IV部　ゲノムの複製と進化 371

- 第15章　ゲノム複製 371
- 第16章　変異とDNA修復 403
- 第17章　組換えと転位 425
- 第18章　ゲノムの進化 443

用語解説 479
欧文索引 521
和文索引 540

詳細目次

第 I 部 ゲノムの研究 ... 1

第 1 章 ゲノム，トランスクリプトーム，プロテオーム ... 1

1.1 DNA ... 3
- 遺伝子は DNA でできている ... 3
- DNA はヌクレオチドのポリマーである ... 5
- 二重らせんは塩基の対形成とスタッキングによって安定化されている ... 8
- 二重らせんの構造には柔軟性がある ... 10

1.2 RNA とトランスクリプトーム ... 12
- RNA は第 2 のポリヌクレオチドである ... 12
- 細胞に含まれる RNA ... 13
- 多くの RNA は前駆体分子として合成される ... 14
- トランスクリプトームには複数の定義がある ... 16

1.3 タンパク質とプロテオーム ... 17
- タンパク質の構造には 4 つの階層的なレベルがある ... 17
- アミノ酸の多様性がタンパク質に多様性をもたらしている ... 18
- トランスクリプトームとプロテオームをつなぐもの ... 19
- 遺伝暗号は普遍的ではない ... 21
- プロテオームと細胞の生理活性をつなぐもの ... 23

まとめ ... 24
章末問題 ... 25
推薦図書と参考文献 ... 25

第 2 章 DNA を研究する ... 27

2.1 DNA 操作に用いられる酵素 ... 28
- 鋳型依存性 DNA ポリメラーゼの機能 ... 28
- 研究に用いられる DNA ポリメラーゼの種類 ... 30
- 制限酵素は DNA 分子を決められた位置で切断する ... 32
- ゲル電気泳動を用いて制限酵素処理の結果を調べる ... 33
- 目的の DNA 断片はサザンハイブリダイゼーションで特定できる ... 36
- DNA リガーゼは DNA 断片を連結する ... 37
- 末端修飾酵素 ... 38

2.2 ポリメラーゼ連鎖反応 ... 39
- PCR の実際 ... 39
- PCR 産物の生成速度は反応中にモニタリングできる ... 40
- PCR は多種多様な分野に応用されている ... 41

2.3 DNA クローニング ... 42
- DNA クローニングはなぜ重要なのか ... 42
- 最も基本的なクローニングベクターは大腸菌のプラスミドをもとにしている ... 44
- バクテリオファージもクローニングベクターとして利用できる ... 45
- さらに大きな DNA 断片をクローニングするためのベクター ... 48
- 大腸菌以外の生物でも DNA クローニングは可能である ... 50

まとめ ... 52
章末問題 ... 52
推薦図書と参考文献 ... 53

第 3 章 ゲノム地図を作成する ... 55

3.1 ゲノム地図がなぜ重要なのか ... 55
- 複雑なゲノムの塩基配列構築にはゲノム地図が必要である ... 55
- ゲノム地図は塩基配列構築の補助に使われるだけではない ... 57

3.2 遺伝地図作成のためのマーカー ... 58
- 遺伝子が最初に使われたマーカーである ... 58
- RFLP と SSLP は DNA マーカーの例である ... 59
- 一塩基多型は最も有用な DNA マーカーである ... 61

3.3 遺伝地図作成のための基礎知識 ... 63
- 遺伝の法則と連鎖の発見 ... 64
- 部分連鎖は減数分裂の際の染色体の振る舞いから説明がつく ... 65
- 部分連鎖から遺伝地図作成へ ... 68

3.4 さまざまな生物の連鎖解析 ... 69
- 計画的な交配実験が可能なときの連鎖解析 ... 69
- ヒトの家系解析による遺伝地図作成 ... 71
- 細菌の遺伝地図作成 ... 73
- 連鎖解析の限界 ... 74

3.5 DNA 分子の直接分析による物理地図作成 ... 75
- 従来の制限地図作成は小さい DNA 分子にのみ適用可能である ... 75

オプティカルマッピングは長いDNA分子中の
制限部位の位置を決めることができる……76
オプティカルマッピングはその他のDNAマーカー
の位置を決めるのにも使える……79

3.6 マーカーをDNA断片に割り当てることに
よる物理地図作成……81
あらゆる単一コピーDNA配列がSTSとして
用いられる……82
STSマッピングに用いるDNA断片は
放射線ハイブリッドとして得られる……83
クローンライブラリーもマッピング材料として
利用される……84

まとめ……84
章末問題……85
推薦図書と参考文献……86

第4章 ゲノムの塩基配列を決定する……87

4.1 ジデオキシ法……87
ジデオキシ法の概略……87
塩基配列決定に利用できるDNAポリメラーゼは
限られている……89
*Taq*ポリメラーゼを用いたジデオキシ法……90
ジデオキシ法の威力と限界……91

4.2 次世代塩基配列決定法……92
次世代塩基配列決定法に共通の特徴は
塩基配列決定用ライブラリーの作製である……93
さまざまな次世代塩基配列決定法が
考案されている……94
第三世代，第四世代の塩基配列決定法では
リアルタイムで塩基配列を決定できる……98

4.3 ゲノムの塩基配列決定をいかにして行うか……98
ショットガン法の有用性はインフルエンザ菌の
ゲノム塩基配列決定によって証明された……99
多くの原核生物ゲノムがショットガン法によって
解読された……100
真核生物ゲノムにショットガン法を適用する場合は，
洗練されたアセンブリプログラムが必要である……102
階層的ショットガン法によって，より複雑な
ゲノムの塩基配列も決定できる……105
ゲノム配列とはそもそも何なのか，そしてそれは
どのような場面でも必要なものなのか……108

4.4 真核生物のゲノム塩基配列決定
プロジェクト……109
ヒトゲノム計画：
英雄時代のゲノム塩基配列決定……110
ネアンデルタール人のゲノム：ヒトゲノム配列を
参照配列として絶滅種のゲノム配列を構築する……112
ジャイアントパンダのゲノム：次世代塩基配列決定
法のデータのみにショットガン法を適用した例……113

オオムギのゲノム：遺伝子空間という考え方……115

まとめ……116
章末問題……117
推薦図書と参考文献……118

第5章 ゲノムアノテーション……121

5.1 DNA配列のコンピュータ解析による
ゲノムアノテーション……121
遺伝子のコード領域とはオープンリーディング
フレームである……121
単純なORFスキャンは高等真核生物ゲノムには
あまり有効でない……123
非コードRNA遺伝子の位置を決める……124
相同性検索と比較ゲノム学によって遺伝子予測に
新たな局面が開かれた……125

5.2 遺伝子転写産物の解析による
ゲノムアノテーション……127
ある断片が転写される塩基配列をもつか
どうかはハイブリダイゼーション解析によって
決定できる……127
転写産物の末端を正確にマッピングする
方法がある……128
エクソン-イントロン境界の位置も
正確に決定できる……129

5.3 ゲノムワイドRNAマッピングによる
アノテーション……129
タイリングアレイによって転写産物を染色体や
ゲノム全体にマッピングすることができる……130
転写産物の塩基配列をゲノム上に直接マッピング
することができる……131

5.4 ゲノムブラウザ……134
まとめ……135
章末問題……135
推薦図書と参考文献……136

第6章 遺伝子の機能を同定する……137

6.1 遺伝子機能のコンピュータ解析……137
相同性は進化的な関連を反映している……137
相同性検索により遺伝子の機能に関する情報が
得られる……138
タンパク質ドメインの同定は機能が知られて
いない遺伝子に機能を割り当てるのに役立つ
ことがある……139
遺伝子機能のアノテーションは共通の用語を
必要とする……140

6.2 遺伝子の不活性化や過剰発現によって
機能を割り当てる……142
遺伝子の不活性化による機能解析……142

相同組換えにより特定の遺伝子を不活性化させることができる······143
相同組換えを用いない遺伝子不活性化······144
遺伝子の過剰発現も機能を調べるのに役立つ······147
遺伝子の不活性化や過剰発現が表現型に与える効果は認識しにくいことがある······147

6.3 発現パターンやタンパク質産物の研究によって遺伝子の機能を理解する······149
レポーター遺伝子や免疫細胞化学によって遺伝子がいつどこで発現しているのかを明らかにできる······149
部位特異的変異導入によって遺伝子機能の詳細を探索できる······150

6.4 古典的な遺伝学的解析を用いて遺伝子の機能を同定する······153
遺伝病の原因となるヒト遺伝子の同定······153
ゲノムワイド関連解析によっても疾患やその他の形質の原因遺伝子を同定できる······154

まとめ······155
章末問題······156
推薦図書と参考文献······156

第Ⅱ部 ゲノムの構成 ······159

第7章 真核生物の核ゲノム

7.1 核ゲノムは染色体に含まれている······159
染色体はそこに含まれるDNA分子の長さよりずっと短い······159
中期染色体の特徴······161
セントロメアとテロメアにおけるDNA-タンパク質相互作用······163

7.2 核ゲノム上に遺伝子はどのように配置されているのか······165
遺伝子はゲノム上に均一に分布しているのではない······165
ヒトゲノムの一部分を観察する······167
酵母ゲノムは非常にコンパクトである······168
他の真核生物の遺伝子構成······171

7.3 遺伝子はいくつ存在し，その機能は何であろうか······172
遺伝子数は生物の複雑さとは相関しない······172
遺伝子カタログは生物種個有の特徴を示す······174
遺伝子ファミリー······177
偽遺伝子と進化の過程で生じたその他の残骸······179

7.4 真核生物の核ゲノムにみられる反復配列の存在量······181
縦列反復配列は真核生物染色体のセントロメアなどにみられる······181
ミニサテライトとマイクロサテライト······182
散在反復配列······182

まとめ······183
章末問題······184
推薦図書と参考文献······184

第8章 原核生物ゲノムと真核生物の細胞小器官ゲノム······187

8.1 原核生物ゲノムの構造的特徴······187
原核生物の染色体の従来の見方······187
一部の細菌は直鎖状ゲノムや分節ゲノムをもつ······190

8.2 原核生物ゲノムの遺伝学的特徴······192
大腸菌K12ゲノムの遺伝子構成······192
オペロンは原核生物ゲノムの特徴である······194
原核生物のゲノムサイズと遺伝子数は生物学的な複雑さと相関している······196
ゲノムサイズと遺伝子数は同じ生物種内でも異なっている······197
原核生物の種の区別は遺伝子の水平伝播によってさらにあいまいになる······199
メタゲノムは細菌集団の構成を表している······201

8.3 真核生物の細胞小器官ゲノム······202
細胞小器官ゲノムの起源は細胞内共生説によって説明される······202
ほとんどの細胞小器官ゲノムは環状構造をもつ······203
細胞小器官の遺伝子構成······206

まとめ······207
章末問題······207
推薦図書と参考文献······208

第9章 ウイルスゲノムと転位性遺伝因子······211

9.1 バクテリオファージと真核生物ウイルスのゲノム······211
ファージゲノムの構造と構成はさまざまである······211
ファージゲノムの複製戦略······213
真核生物ウイルスのゲノムの構造と複製戦略······214
がんの原因となるレトロウイルスがある······216
生物界の辺境に存在するゲノム······217

9.2 転位性遺伝因子······218
長鎖末端反復配列をもつRNAトランスポゾンはウイルスレトロエレメントと関連がある······219
長鎖末端反復配列をもたないRNAトランスポゾンもある······221
DNAトランスポゾンは原核生物のゲノムでは一般的である······222

DNAトランスポゾンは真核生物のゲノムでは
まれである······223
まとめ······225
章末問題······226
推薦図書と参考文献······226

第Ⅲ部 ゲノムの発現 ······229

第10章 ゲノムへの接近 ······229
10.1 核の内部 ······229
核は秩序だった内部構造をもつ······230
非分裂期の核に含まれるDNAはさまざまな
凝縮度を示す······231
核マトリックスは染色体DNAに付着点を
与えると考えられている······232
染色体はそれぞれ核内部において占める位置が
決まっている······233
個々の染色体は一連のトポロジカル関連ドメイン
によって構成される······234
インスレーター配列がトポロジカル関連ドメイン
の境界を決めている······236

10.2 ヌクレオソームの修飾とゲノム発現 ······238
ヒストンのアセチル化はゲノム発現を
はじめとする核の多くの機能に影響を及ぼす······238
ヒストンの脱アセチル化はゲノムの活性化領域を
抑制する······240
アセチル化だけがヒストンの修飾ではない······241
ヌクレオソームの再配置もゲノム発現に
影響を及ぼす······242

10.3 DNAの修飾とゲノム発現 ······244
DNAメチル化によるゲノムの発現抑制······245
メチル化はゲノムインプリンティングとX染色体
不活性化に関係する······246
まとめ······248
章末問題······248
推薦図書と参考文献······249

第11章 ゲノム発現における
DNA結合タンパク質の役割 ······251
11.1 DNA結合タンパク質とその結合部位の
研究手法 ······251
X線結晶解析では結晶化が可能なあらゆる
タンパク質の構造データが得られる······251
NMR分光法は比較的小さいタンパク質の
構造研究に用いられる······253
ゲルシフト法によりタンパク質に結合する
DNA断片を同定できる······254
修飾保護アッセイにより結合部位を
厳密に絞りこむ······254
修飾干渉アッセイによりタンパク質が結合している
中央のヌクレオチドを同定できる······256
タンパク質結合部位のゲノムワイド解析······257

11.2 DNA結合タンパク質に特有の特徴 ······259
ヘリックス・ターン・ヘリックスモチーフは
原核生物と真核生物のタンパク質にみられる······260
ジンクフィンガーは真核生物のタンパク質に
よくみられる······260
その他の核酸結合モチーフ······261

11.3 DNAとDNA結合タンパク質の相互作用 ······263
塩基配列の直接認識······263
塩基配列はらせん構造にさまざまな間接的影響を
及ぼす······263
DNAとタンパク質の接触······264
まとめ······265
章末問題······266
推薦図書と参考文献······266

第12章 トランスクリプトーム ······269
12.1 トランスクリプトームの構成分子 ······269
mRNAはトランスクリプトームのごく一部だが
複雑である······269
短鎖非コードRNAは多様な機能をもつ······270
長鎖非コードRNAは謎に包まれた
転写産物である······272
トランスクリプトームを構成するRNAの同定には
マイクロアレイやRNA-seq法が用いられる······274

12.2 トランスクリプトームの構成分子の合成 ······275
RNAポリメラーゼはRNAを合成する
分子装置である······276
転写開始点はプロモーター配列によって
示される······277
細菌RNAの合成はリプレッサータンパク質と
アクチベータータンパク質によって制御される······280
細菌RNAの合成は転写終結の調節によって
制御される······283
真核生物RNAの合成はおもにアクチベーター
タンパク質によって制御される······286

12.3 トランスクリプトームの構成分子の分解 ······288
いくつかのプロセスが非特異的なRNA代謝として
知られている······288
RNAサイレンシングは侵入したウイルスRNAを
分解する機構として発見された······289
マイクロRNAは特定の標的mRNAの分解を
引き起こすことで遺伝子発現を制御する······290

12.4 トランスクリプトームの構成への
RNAプロセシングの影響 ······291
真核生物のmRNA前駆体のイントロンの
スプライシング過程······292

スプライシング過程は高い正確性を有する必要がある……294
エンハンサー配列やサイレンサー配列が選択的スプライシング様式を指定する……295

12.5 トランスクリプトーム解析……296
トランスクリプトーム解析はゲノムアノテーションに役立つ……297
がんのトランスクリプトーム……299
トランスクリプトームと植物のストレスに対する反応……300

まとめ……302
章末問題……303
推薦図書と参考文献……303

第13章 プロテオーム……305

13.1 プロテオームの構成を調べる……305
タンパク質プロファイリングにおけるタンパク質の分離段階……306
タンパク質プロファイリングにおけるタンパク質の同定段階……309
プロテオームの構成を比較する……311
タンパク質プロファイリングの別のアプローチとして検出用タンパク質アレイが用いられる……312

13.2 相互作用するタンパク質を同定する……314
タンパク質間相互作用を同定する……314
タンパク質複合体の構成成分を同定する……316
機能的な相互作用をするタンパク質の同定……318
タンパク質相互作用地図はプロテオーム中での相互作用を表す……319

13.3 プロテオームの構成タンパク質の合成と分解……321
リボソームはタンパク質合成のための分子装置である……321
細菌はストレス下でリボソームを不活性化させてプロテオームのサイズを小さくする……324
真核生物の開始因子はプロテオームの大規模なリモデリングにかかわる……325
個々のmRNAの翻訳も調節を受ける……326
プロテオームの構成タンパク質の分解……327

13.4 タンパク質プロセシングのプロテオーム組成への影響……328
アミノ酸配列はタンパク質フォールディングに必要な情報を含んでいる……328
タンパク質分解による切断で活性化されるタンパク質もある……331
化学修飾によってタンパク質活性の重要な変化が引き起こされる……333

13.5 プロテオームを越えて……335
メタボロームとは細胞に存在する代謝物の完全な集団である……336
システム生物学は細胞の活動を統合的に記述する……337

まとめ……340
章末問題……341
推薦図書と参考文献……341

第14章 細胞と個体におけるゲノムの発現……343

14.1 外界シグナルに対するゲノムの応答……344
細胞外シグナル物質の取り込みによるシグナル伝達……344
受容体タンパク質は細胞膜の外側から内側へシグナルを伝達する……346
一部のシグナル伝達経路では受容体とゲノムの間が少ない段階でつながっている……347
一部のシグナル伝達経路では受容体とゲノムの間にいくつもの段階がある……348
セカンドメッセンジャーを介して働くシグナル伝達経路もある……350

14.2 細胞分化を導くゲノム機能の変化……351
分化の過程はクロマチン構造の変化を伴うことがある……351
酵母の接合型は遺伝子変換によって決定される……353
ゲノム再編成が免疫グロブリンとT細胞受容体の多様性を担っている……354

14.3 発生の基盤となるゲノム機能の変化……356
λファージ：遺伝子スイッチが2つの発生経路の選択を可能とする……357
枯草菌の芽胞形成：2つの細胞種における活性の協調……359
線虫：位置情報と細胞運命決定の遺伝学的基盤……361
ショウジョウバエ：位置情報から体節化されたボディプランへの変換……363
ホメオティック選択遺伝子は高等真核生物の発生の普遍的な特徴である……365
ホメオティック選択遺伝子は植物においても発生の基盤となっている……367

まとめ……368
章末問題……369
推薦図書と参考文献……369

第IV部 ゲノムの複製と進化……371

第15章 ゲノム複製……371

15.1 ゲノム複製におけるトポロジー……371
二重らせん構造が複製の過程を複雑にしている……372

メセルソン・スタールの実験により半保存的複製が証明された……373
DNAトポイソメラーゼはトポロジー問題を解決する……375
半保存的複製のバリエーション……377

15.2 ゲノム複製の開始過程……378
大腸菌の複製起点における複製開始……378
酵母の複製起点については詳細がわかっている……379
高等真核生物の複製起点の同定はそれほど簡単ではない……380

15.3 複製フォークで起こる反応……381
DNAポリメラーゼはDNAを合成する（そして分解する）分子装置である……381
DNAポリメラーゼにはゲノム複製を複雑にする制約がある……383
ラギング鎖複製の完成には岡崎フラグメントの連結が必要である……384

15.4 複製の終結……387
大腸菌ゲノムの複製は特定の領域で終結する……387
真核生物の複製終結についての知見はほとんどない……389
少なくとも一部の細胞ではテロメラーゼが染色体DNAの複製を完結させる……389
テロメア長は細胞老化やがんに関係している……392
ショウジョウバエは末端短縮問題に対するユニークな解決法をもっている……393

15.5 真核生物のゲノム複製の制御……393
ゲノム複製は細胞周期と同調していなければならない……394
複製起点のライセンス化がG1/Sチェックポイントを通過するための必要条件である……395
複製起点すべてから同時に複製が開始するのではない……396
ゲノムが損傷したときには細胞は種々の対応をする……397

まとめ……398
章末問題……399
推薦図書と参考文献……400

第16章 変異とDNA修復……403
16.1 変異の原因……404
複製の誤りが点変異の原因となる……405
複製の誤りは挿入変異や欠失変異も引き起こす……406
変異は化学的変異原や物理的変異原によっても起こる……408

16.2 変異やその他の損傷の修復……412
直接修復系はDNA鎖のニックをつなぎ、ある種のヌクレオチド修飾を修正する……413
塩基除去修復はさまざまな損傷ヌクレオチドを修復する……414
ヌクレオチド除去修復はより大規模な損傷の修復に利用される……416
ミスマッチ修復は複製の誤りを修正する……417
一本鎖および二本鎖切断は修復できる……419
ゲノム複製の際、DNA損傷は必要に応じて迂回できる……420
がんをはじめとするヒト疾患の根底にはDNA修復の欠損がある……421

まとめ……422
章末問題……423
推薦図書と参考文献……423

第17章 組換えと転位……425
17.1 相同組換え……426
相同組換えのホリデイモデルとメセルソン・ラディングモデル……426
相同組換えの二本鎖切断モデル……428
RecBCD経路は大腸菌の相同組換えにおいて最も重要な経路である……429
大腸菌ではRecFOR経路による相同組換えも起こる……430
真核生物の相同組換え経路……431
相同組換えのおもな役割はDNA修復だと考えられる……432

17.2 部位特異的組換え……433
λファージの溶原化感染サイクルでは部位特異的組換えが利用されている……434
部位特異的組換えは遺伝子組換え植物の作製に利用されている……435

17.3 転位……436
DNAトランスポゾンの複製型転位と保存型転位……436
レトロエレメントはRNA中間体を経て複製型転位を行う……436

まとめ……440
章末問題……440
推薦図書と参考文献……441

第18章 ゲノムの進化……443
18.1 ゲノム：最初の100億年……443
最初の生化学システムの中心はRNAだった……443
最初のDNAゲノム……446
現存する生命体は唯一無二のものなのだろうか……447

18.2 複雑なゲノムへの進化……448
ゲノム配列には過去に起きた遺伝子重複の証拠が多数みつかる……449
遺伝子重複はさまざまな機構で起こりうる……452
ゲノム全体の重複も起こりうる……453

ヒトゲノムやその他のゲノムにはもっと短い領域
の重複も認められる……456
原核生物も真核生物も他の生物から遺伝子を
獲得してきた……458
ゲノム進化は既存遺伝子の再編成も伴う……460
イントロンの起源に関しては対立する
2つの仮説がある……463
エピゲノムの進化……465

18.3 ゲノム：ここ600万年の間に起きたこと…466
ヒトのゲノムはチンパンジーのゲノムと
非常によく似ている……466
古代ゲノム学はヒトゲノムの最近の進化を
理解するのに役立つ……468

18.4 今日のゲノム：集団内の多様性……469
HIV感染症/AIDSの起源……469
現生人類の最初の出アフリカ……471
植物ゲノムの多様性は農作物の育種に役立つ……473

まとめ……474
章末問題……475
推薦図書と参考文献……476

第 I 部 ゲノムの研究

ゲノム，トランスクリプトーム，プロテオーム

1章

1.1 DNA

1.2 RNA とトランスクリプトーム

1.3 タンパク質とプロテオーム

　われわれが知る生命，この地球上に存在する多種多様生物は，**ゲノム**（genome）によって詳細が規定されている．あらゆる生物は，みずからを組み立てて生命を維持するのに必要な**生物学的情報**（biological information）を含むゲノムをもっている．ヒトをはじめとする細胞をもったすべての生命体のゲノムは**デオキシリボ核酸**（deoxyribonucleic acid：DNA）からできているが，一部のウイルスは**リボ核酸**（ribonucleic acid：RNA）からなるゲノムをもつ．DNA および RNA は，**ヌクレオチド**（nucleotide）と呼ばれる構成単位が鎖状につながった**ポリマー**（polymer；重合体）分子である．DNA 分子は 2 本の**ポリヌクレオチド**（polynucleotide）鎖から構成され，これらが互いに絡み合って，あの有名な**二重らせん**（double helix）を形成している．2 本の鎖を結びつけているのは，**塩基対**（base pair）と呼ばれるヌクレオチド間に生じている化学結合である．

　ヒトのゲノムは多細胞生物のゲノムの典型的な例であり，以下に示す 2 種類のゲノムから構成されている（図 1.1）．

- **核ゲノム**（nuclear genome）は，およそ 32 億 3,500 万塩基対の DNA からなる．24 の直鎖状 DNA 分子（最も短いもので 4,800 万塩基対，最も長いもので 2 億 5,000 万塩基対）として存在し，それぞれが別個の**染色体**（chromosome）を構成している．24 の染色体は，22 の**常染色体**（autosome）と，2 つの**性染色体**（sex chromosome；X 染色体と Y 染色体）からなる．ヒトの核ゲノムには，およそ 45,500 個の**遺伝子**（gene）が含まれている．

- **ミトコンドリアゲノム**（mitochondrial genome）は，16,569 塩基対の環状 DNA 分子である．ミトコンドリアはエネルギー産生にかかわる細胞小器官であり，それぞれに最大で 10 コピーほどのミトコンドリアゲノムが含まれている．ヒトのミトコンドリアゲノムに含まれている遺伝子は，わずか 37 個である．

　成人の体を構成する約 10^{13} 個の細胞のおのおのに，核ゲノムが含まれる．例外は，完全に分化した状態では**核**（nucleus）をもたない赤血球など，わずかな種類の細胞だけである．大部分の細胞は**二倍体**（diploid）であり，常染色体をそれぞれ 2 本ずつと，性染色体を 2 本（女性では XX，男性では XY），つまり全部で 46 本の染色体をもつ．このような細胞を**体細胞**（somatic cell）という．それに対して**生殖細胞**（reproductive cell, sex cell），すなわち**配偶子**（gamete）は**一倍体**（haploid；半数体ともいう）であり，それぞれの常染色体を 1 本ずつと，性染色体を 1 本，全部で 23 本の染色体をもつ．体細胞も生殖細胞も，ミトコンドリアゲノムのコピーを多数含んでいる．肝細胞や心筋細胞のような体

図1.1 ヒトのゲノムの核成分とミトコンドリア成分

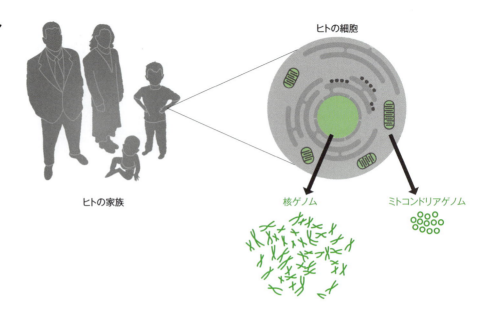

細胞には2,000〜7,000コピー，**卵母細胞**（oocyte）には10万コピー以上ものミトコンドリアゲノムが含まれている。

ゲノムは遺伝情報の保管場所であるが，その情報を独力で細胞に伝えることはできない。ゲノムに保管された遺伝情報を活用するには，酵素やその他のタンパク質が協調的に働いて，**ゲノム発現**（genome expression；図1.2）と呼ばれる一連の複雑な生化学反応が遂行される必要がある。ゲノム発現によってつくられる最初の産物は**トランスクリプトーム**（transcriptome）である。これは，その時点の細胞内で活性化されている遺伝子からつくり出されるさまざまなRNA分子の集合である。個々の遺伝子が写しとられてRNA分子に変換される過程は**転写**（transcription）と呼ばれ，これによってトランスクリプトームが維持される。ゲノム発現の次の産物は**プロテオーム**（proteome）である。プロテオームとは，その細胞に含まれるすべての**タンパク質**（protein）を意味する用語で，その細胞の生理活性はプロテオームによって決まる。プロテオームを構成するタンパク質は，トランスクリプトームを構成しているRNA分子の一部が**翻訳**（translation）されることによってつくり出される。

本書はゲノムとゲノム発現に関する本である。ゲノムがどのように研究されているか（第Ⅰ部），どのように構成されているか（第Ⅱ部），どのように働いているか（第Ⅲ部），どのように複製され，進化していくか（第Ⅳ部）を説明している。ごく最近まで，こうした類の本を書くことはむずかしかった。1950年代以来，分子生物学者たちは個々の遺伝子や小規模な遺伝子群について研究を進めてきた。そしてこのような研究から，遺伝子がどのように働くのかについて豊富な知識が蓄積されてきた。だが，ゲノム全体を詳細に調べることができるような技術に手が届くようになったのは，つい最近のことである。個々の遺伝子についての研究は今もなお精力的に行われているが，得られた情報はゲノム全体の中に位置づけて解釈されるようになっている。この新しい，より巨視的なとらえかたは，ゲノム研究ばかりでなく，生化学や細胞生物学のあらゆる分野で必要とされている。1つ1つの生化学経路や細胞内過程を個別に理解するだけでは，もはや十分ではないのだ。そうした課題に取り組もうとする新しい研究分野が**システム生物学**（systems biology）である。システム生物学では，これら個々の経路や過程を結びつけてネットワークを構築し，それによって細胞や個体が発揮する全体的な機能を説明しようとしている。

本書では，ゲノムについてこれまでに得られた知識を紹介し，この胸躍らせる研究分野が，どのようにして生体システムの理解の深まりを可能にしているのかを明らかにしてい

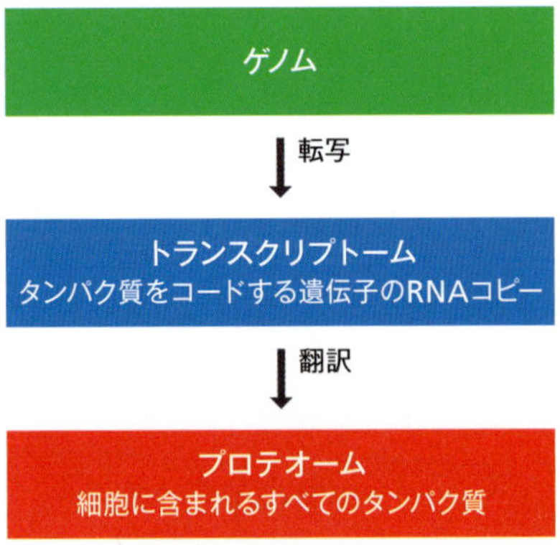

図1.2 **ゲノム発現** ゲノムはトランスクリプトームの，トランスクリプトームはプロテオームの仕様を決める。

く。しかしまず，ゲノムとゲノム発現に関係する 3 種類の生体分子，すなわち DNA，RNA，タンパク質の重要な特徴を再確認することで，分子生物学の基本理念に目を向けることにしよう。

1.1 DNA

DNA は 1869 年，Friedrich Miescher（スイス生まれの生化学者で，当時はドイツのテュービンゲン大学で研究していた）によって発見された。Miescher がヒトの白血球から最初に調製したのは DNA と染色体タンパク質が混じった粗抽出物であったが，翌年にはスイスのバーゼル（現在，Miescher の名を冠した研究所がある）に移り，サケの精子から**核酸**（nucleic acid）の純粋標品を調製した。Miescher が行った化学組成分析から，DNA は酸性物質で多量のリンを含んでいることが判明し，また非常に大きな分子であることも示唆された。しかしながら，DNA 分子が非常に長いポリマー鎖であることが広く認められたのは，生物物理学的な手法が DNA に適用されるようになった 1930 年代に入ってからであった。

遺伝子は DNA でできている

遺伝子が DNA からできているという事実は，今日ではよく知られている。そのため，発見から 75 年にわたって，DNA の実際の役割に誰も気づかなかったことは理解しにくいことかもしれない。1903 年には早くも W. S. Sutton が，遺伝の伝わり方は細胞分裂期の染色体の挙動に対応していることに気づいていた。この観察は，**染色体説**（chromosome theory），すなわち遺伝子が染色体に存在するという仮説につながっていく。1 種類の生化学物質だけに特異的に結合する色素を用いて細胞を染色する**細胞化学**（cytochemistry）の手法で調べることにより，染色体がほぼ等量の DNA とタンパク質でできていることが示された。当時の生物学者たちは，数十億もの異なる遺伝子が存在するはずであり，そのため遺伝物質はさまざまな形をとりうるに違いないと考えていた。しかしながら，遺伝物質としてのそのような要件を満たすには，DNA では無理があるように思われた。というのは，20 世紀初頭にはすべての DNA 分子は同じであると考えられていたからである。一方，タンパク質はきわめて多様なポリマー分子であり，化学的特性の異なる 20 種類のアミノ酸が，さまざまな組み合わせでつながってできていることが正しく認識されていた（1.3 節）。そこで遺伝物質は DNA ではなく，断じてタンパク質でできていなければならなかったのである。

DNA の構造に関する誤解はなかなか訂正されなかったが，1930 年代の終盤までには，DNA がタンパク質同様，きわめて多様であることが認識されるようになった。当初，タンパク質こそが遺伝物質であるとする説は根強いものであったが，以下の 2 つの重要な実験によって最終的にはその説は覆されることになる。

- Oswald Avery，Colin MacLeod，Maclyn McCarty は，**形質転換因子**（transforming principle）の活性成分が DNA であることを明らかにした。病原性肺炎球菌（*Streptococcus pneumoniae*）株の抽出液を，病原性のない株に加えたものをマウスに注射すると，そのマウスは肺炎を発症した（図 1.3A）。細菌抽出液の添加によって，非病原性株が病原性株に形質転換したのだ。1944 年に実験結果が報告された際に，この形質転換が，抽出液に含まれている遺伝物質の細胞への移入によって起こったと認識できたのは，ごく少数の微生物学者だけであった。しかし，その事実がいったん広く認識されるようになると，Avery の実験結果がもつ真の意味，つまり，細菌の遺伝物質は DNA に違いないということが明らかになった。

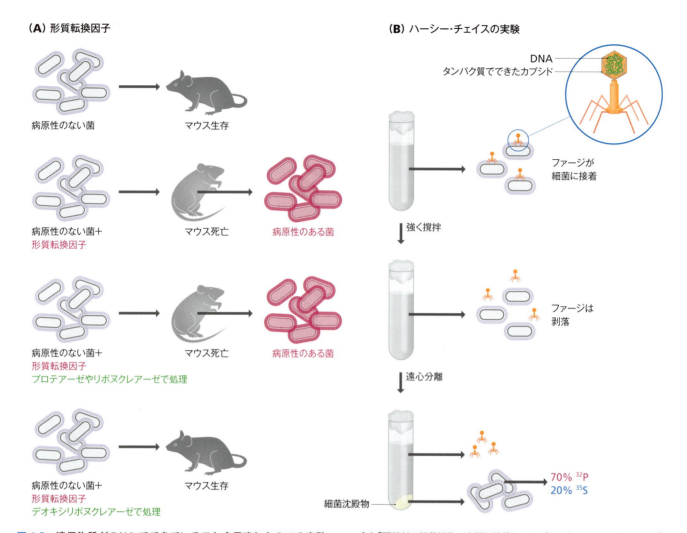

図1.3 遺伝物質がDNAでできていることを示唆した2つの実験
(A) AveryらはDNAがDNAであることを明らかにした。1段目と2段目の図は、病原性のない肺炎球菌を単独で、あるいは病原性肺炎球菌の細胞抽出液（形質転換因子）を加えてから、マウスに注射すると何が起こるかを示している。形質転換因子を加えた非病原性株を注射したマウスは死亡し、その肺には病原性株が検出された。形質転換因子の働きにより、非病原性株が病原性株に形質転換したと考えられた。3段目と4段目の図は、形質転換因子をプロテアーゼやリボヌクレアーゼで処理してもその活性に変化はないが、デオキシリボヌクレアーゼで処理すると活性が消失することを示している。(B) ハーシー・チェイスの実験ではT2ファージが用いられた。このファージは、タンパク質でできたカプシド（外殻）の中にDNA分子を含む「頭部」と、細菌細胞の表面に接着してカプシド内のDNAを注入する「尾部」から構成されている。ファージのDNAを ^{32}P、タンパク質を ^{35}S であらかじめ標識しておく。感染させて数分後に培養液を強く撹拌し、空になったファージ粒子を細菌表面から剥落させた。続いて培養液を遠心分離し、遠心管の底に沈殿した細菌とファージDNAを回収した。ファージ粒子は軽いので、上清中に残る。^{32}P 標識されたファージ成分（DNA）の70%が細菌沈殿物から回収されたが、^{35}S 標識された成分（ファージタンパク質）は20%しか回収されなかった。ここでは示さないがもう1つの実験で、感染サイクルの終わりに合成された新しいファージには、親ファージ由来のタンパク質が1%未満しか含まれていないことを、HersheyとChaseは明らかにした。ファージの感染サイクルの詳細については図2.27を参照。

- Alfred HersheyとMartha Chaseは**放射性標識**（radiolabeling）を用いて、**バクテリオファージ**（bacteriophage；ウイルスの一種で、単に**ファージ**〔phage〕ともいう）を細菌培養液に感染させる際、細菌細胞に入りこむファージの主要な成分がDNAであることを示した（**図1.3B**）。この結果はきわめて重要であった。なぜなら、感染サイクルの間に、感染性ファージの遺伝物質によって新しいファージの合成が指示され、その合成は細菌内で起こることがすでに知られていたからである。感染性ファージのDNAだけが細胞に入るのであれば、当然、ファージの遺伝物質はDNAでできていなければならないことになる。

現在であればこれら2つの実験から、遺伝物質がDNAであるという重要な結論を導き出すことは容易であるが、当時の生物学者はそう簡単に納得したわけではなかった。いずれの実験にも限界があり、それでもタンパク質が遺伝物質でありうるという懐疑派の主張

を完全には否定するものではない。例えば，Avery らが形質転換因子の不活性化に用いた**デオキシリボヌクレアーゼ**（deoxyribonuclease；DNA 分解酵素）の純度が低いという懸念材料があった。デオキシリボヌクレアーゼに痕跡量の**プロテアーゼ**（protease；タンパク質分解酵素）が混入しており，そのためにタンパク質も分解されたという可能性は否定しきれない。もしそうだとしたら，形質転換因子が DNA であるという結論の根拠としている実験結果の核心部分が，意味のないものとなってしまう。どちらの実験も決定的な証拠とはいえない。Hershey と Chase も論文で強調しているように，「今回の実験によって，T2 ファージの遺伝物質を含む部分とそれ以外の部分が，物理的に分離可能であることを示した。しかし，遺伝物質の化学組成を特定するには，いくつかの問題の解決を待たなければならない」のであった。現在の視点から考えれば，これら 2 つの実験の重要性は導き出される結論そのものにあるのではなく，DNA が遺伝物質である可能性が高く，それゆえに研究する価値があるということを生物学者たちに気づかせたという点にある。だからこそ Watson と Crick は DNA の研究に着手し，以下に述べるように二重らせん構造の発見に至ったのだ。この発見によって，遺伝物質（遺伝子）がどのように複製されうるかという難解な問題が解決され，遺伝子が DNA でできている事実が科学界にまちがいなく受け入れられたのである。

DNA はヌクレオチドのポリマーである

James Watson と Francis Crick の名前は，DNA とあまりにも強く結びつけられている。そのため，2 人が共同研究をはじめた 1951 年 10 月の時点で，DNA ポリマーの構造はかなり詳しく判明していたという事実は忘れられがちである。正確にいえば彼らの貢献は，DNA の構造を明らかにしたということではなく，生きている細胞において 2 本の DNA 鎖が互いに絡み合って二重らせんを形成していることを示したことである。そこでまず，Watson と Crick が研究をはじめる前に知りえたことからみていこう。

DNA は枝分かれのない直鎖状のポリマーである。その構成単位は化学的特性の異なる 4 種類の**ヌクレオチド**（nucleotide）で，これらが任意の順序で数百，数千，あるいは数百万個も鎖状につながっている。DNA 鎖を構成する各ヌクレオチドは，次の 3 つの構成成分からできている（図 1.4）。

- **2′-デオキシリボース**（2′-deoxyribose）。**ペントース**（pentose；五炭糖）と呼ばれる 5 つの炭素原子を含む糖である。5 つの炭素には 1′ から 5′ まで位置番号が振ら

(A) ヌクレオチド

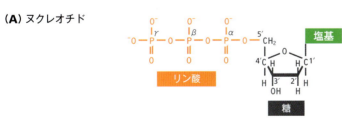

(B) DNA に含まれる 4 種類の塩基

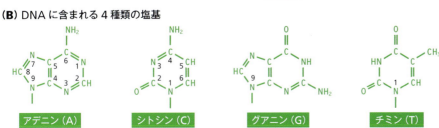

図 1.4 ヌクレオチドの構造　(A) DNA を構成するヌクレオチドであるデオキシリボヌクレオチドの全体構造。(B) デオキシリボヌクレオチドに含まれる 4 種類の塩基。

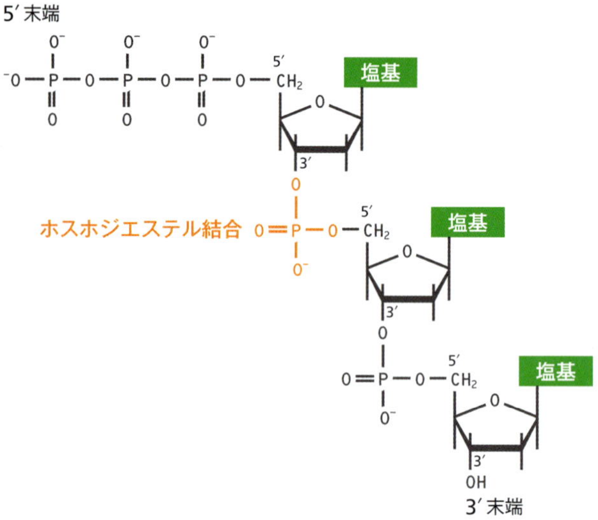

図 1.5 短い DNA ポリヌクレオチド鎖とホスホジエステル結合の構造　ポリヌクレオチド鎖の2つの末端の化学的性質が異なることに注意。

れている。2′-デオキシリボースという名称は，この糖がリボースの誘導体で，リボースの 2′ 位の炭素に結合しているヒドロキシ（−OH）基が水素（−H）に置き換わっていることを示す。

- **窒素含有塩基**（nitrogenous base）。**シトシン**（cytosine），**チミン**（thymine），**アデニン**（adenine），**グアニン**（guanine）がある。シトシンとチミンは単環構造の**ピリミジン塩基**（pyrimidine base），アデニンとグアニンは二環構造の**プリン塩基**（purine base）に属する。ピリミジン塩基は 1 位，プリン塩基は 9 位の窒素を介して，**β-N-グリコシド結合**（β-N-glycosidic bond）により，糖の 1′ 位の炭素に結合している。
- **リン酸基**（phosphate group）。1 個のリン酸基，あるいは，2 個ないし 3 個つながったリン酸基が，糖の 5′ 位の炭素に結合している。糖に直接結合しているものを α-リン酸基，2 個目を β-リン酸基，3 個目を γ-リン酸基と呼ぶ。

糖と塩基だけで構成される分子を**ヌクレオシド**（nucleoside）という。ヌクレオシドにリン酸基が加わるとヌクレオチドとなる。リン酸基の数が 1 個，2 個，3 個のいずれのヌクレオチドも細胞には存在するが，ヌクレオシド三リン酸のみが DNA 合成の基質となる。DNA の構成単位である 4 種類のヌクレオチドの正式な化学名と略号は，次のとおりである。

- 2′-デオキシアデノシン 5′-三リン酸（dATP，DNA 配列の表記は A）
- 2′-デオキシシチジン 5′-三リン酸（dCTP，C）
- 2′-デオキシグアノシン 5′ 三リン酸（dGTP，G）
- 2′-デオキシチミジン 5′-三リン酸（dTTP，T）

ポリヌクレオチド鎖では，ヌクレオチドの 5′ 位の炭素が，別のヌクレオチドの 3′ 位の炭素と**ホスホジエステル結合**（phosphodiester bond）で結合している（図 1.5）。この結合の構造から，重合反応ではヌクレオチドの 2 個のリン酸基（β-および γ-リン酸基）が除かれることがわかる（図 1.6）。ポリヌクレオチド鎖の 2 つの末端は化学的性質が異なることに注意しよう。一方の末端は 5′ 位の炭素に，重合反応に関与しない三リン酸基が結合しており，**5′ 末端**（5′-terminus）または **5′-P 末端**（5′-P terminus）と呼ばれる。もう一方は 3′ 位の炭素に重合反応に関与しうるヒドロキシ基が結合しており，**3′ 末端**（3′-terminus）または **3′-OH 末端**（3′-OH terminus）と呼ばれる。つまり，ポリヌクレオチド鎖には化学的な方向性（極性）があるということで，それぞれを 5′→3′ 方向（図 1.5 で上から下へ），もしくは 3′→5′ 方向（図 1.5 で下から上へ）と表記する。ホスホジエステ

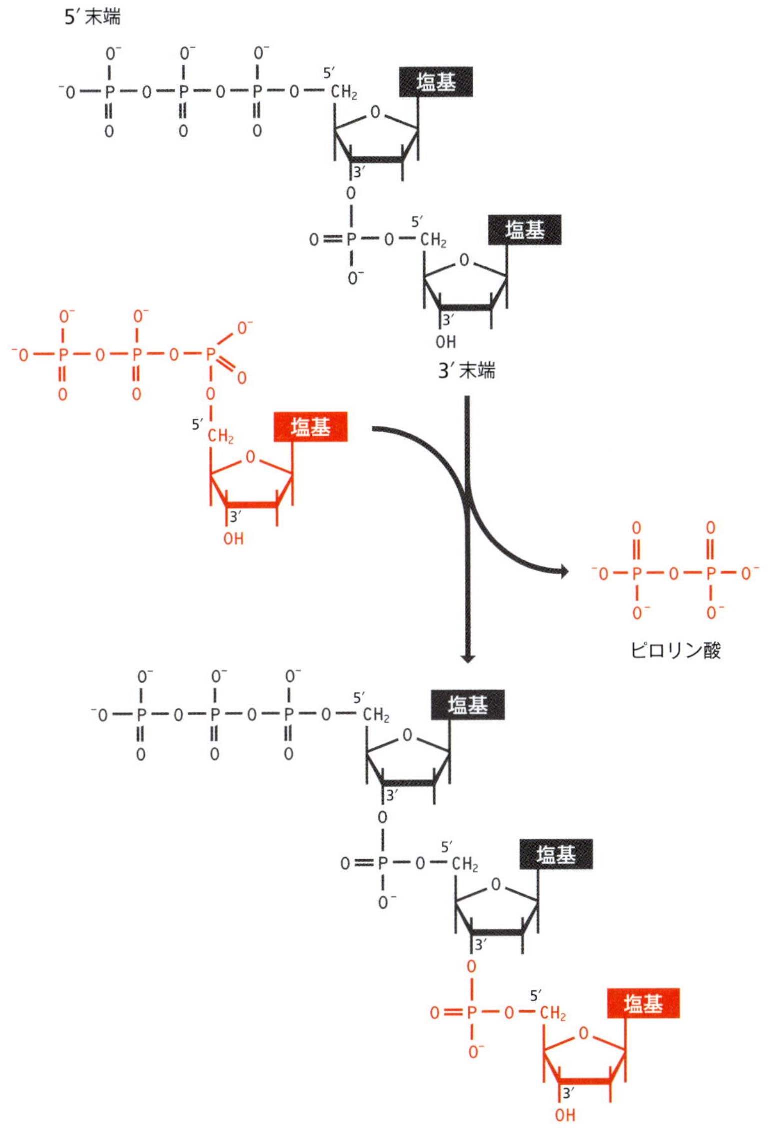

図 1.6　重合反応による DNA ポリヌクレオチド鎖の合成　合成は 5′→3′ 方向に起こり，既存のポリヌクレオチド鎖の 3′ 末端に新しいヌクレオチドが付加されていく。ヌクレオチドの β- および γ-リン酸基は，ピロリン酸として除かれる。

ル結合に方向性があることによる重要な影響は，DNA 鎖を 5′→3′ 方向に伸長させるのに必要な反応と，3′→5′ 方向に伸長させるのに必要な反応は異なるということである。生体内の **DNA ポリメラーゼ**（DNA polymerase）は，5′→3′ 方向の合成しかできない。この特性が，二本鎖 DNA の複製過程を非常に複雑なものにしている（15.3 節）。

　1950 年までには，さまざまな方面からの証拠により，細胞内の DNA 分子は 2 本以上のポリヌクレオチド鎖が何らかの方法で一まとめになっていることがわかっていた。この構造上の特徴を解明できれば，遺伝子の働く仕組みについての手がかりが得られる可能性があると思われた。これこそが Watson と Crick をはじめとする科学者たちを構造の解明に挑戦させた理由である。Watson の著書『二重らせん（*The Double Helix*）』によると，彼らは米国の著名な生化学者 Linus Pauling を相手に熾烈な競争を続けていた。先に Pauling が誤った三重らせんモデルを提唱したおかげで，Watson と Crick は二重らせんモデルを完成させるのに必要な時間を稼ぐことができた。今となっては，事実とそうでないことを区別するのは難しい。特に，Rosalind Franklin が果たした役割がそうだ。Franklin が行った **X 線回折**（X-ray diffraction）による研究は，二重らせん構造の裏づけとなる実験データの大部分をもたらし，彼女自身も構造の解明まであと一歩の位置にいた。しかし，疑う余地のない 1 つの事実は，1953 年 3 月 7 日の土曜日に行われた Watson と

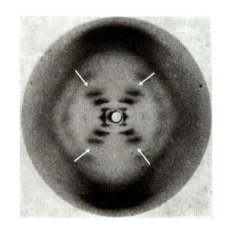

図 1.7　Franklin の「写真 51 番」によって示された DNA 線維の X 線回折像　回折像の「X 字形」の形状は，DNA がらせん構造をとっていることを示している。上下左右にある菱形のスペース内の影の強度は，糖-リン酸骨格が，らせんの外側にあることを示している（図 1.9 参照）。「X 字形」の腕部分を構成するさまざまな回折点の位置から，らせんの直径やピッチ，1 塩基対あたりのライズといった分子の寸法（表 1.1 参照）が計算できる。回折点のない部分（矢印で示した腕部分のとぎれ）は，2 本のポリヌクレオチド鎖の相対的な位置取りを反映しており，この回折点の消失から Watson と Crick は，らせんの表面に深さの異なる 2 本の溝（図 1.9 参照）が走っていることに気づいた。（Franklin R & Gosling RG [1953] *Nature* 171:740–741 より Macmillan Publishers Ltd. の許諾を得て掲載）

Crick による二重らせんの発見が，20 世紀の生物学における最も重要なブレークスルーだったことだ。

　二重らせんの発見は，生物学で最初の学際的研究プロジェクトの例と考えることができる。Watson と Crick は，4 種類のまったく異なる分野からの情報を利用して二重らせん構造を推定した。

- さまざまな生物物理学的データが，構造上の重要な特徴を推定するために用いられた。DNA 線維の水分含量は，線維中の DNA の密度を計算するうえで特に重要であった。らせん構造を形成している鎖の本数やヌクレオチド間の距離は，DNA 線維の密度と矛盾しないものでなければならない。Pauling の三重らせんモデルは，DNA 分子が実際よりも密な構造をしていると考えさせるような，誤った密度の測定値にもとづいていた。

- X 線回折像（X-ray diffraction pattern；11.1 節）は，そのほとんどが Rosalind Franklin によって撮影され，そのデータから，らせん構造の詳細が明らかになった（図 1.7）。

- 塩基存在比（base ratio）は，コロンビア大学の Erwin Chargaff によって報告されていた。そのデータから，らせん構造をとるポリヌクレオチド鎖間には塩基対が形成されていると推定できた。Chargaff は長期にわたってさまざまな生物の DNA 試料をクロマトグラフィーで定量分析し，生物種ごとに塩基存在比の値は違うが，アデニンとチミンの量は常に等しく，グアニンとシトシンの量も同様に等しいことを明らかにしたのである（図 1.8）。このような塩基存在比から塩基対形成のルールが導かれ，二重らせん構造発見の重要な手がかりとなった。

- DNA がとりうる立体構造について，拡大した大きな模型を組み立てて検討したことが，Watson と Crick がみずから手をくだして行った唯一の重要な実験であった。模型により各原子の相対的な配置を検証することが可能になり，対を形成している塩基どうしが離れすぎていないことや，それ以外の原子どうしが互いに干渉し合うほどは接近していないことが確かめられた。

二重らせんは塩基の対形成とスタッキングによって安定化されている

　二重らせんは右巻きである。つまり，DNA がらせん階段だとすれば，それを登っていくとき外側の手すりは右手側にある。2 本の鎖は互いに逆向きに走行している（図 1.9A）。二重らせん構造は 2 種類の化学的な相互作用で安定化されている。

- 2 本の鎖の間の**塩基対形成**（base pairing）は，一方の鎖のアデニンともう一方の鎖

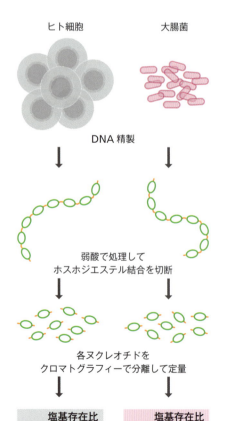

図 1.8　Chargaff が塩基存在比を明らかにした実験　さまざまな生物から抽出した DNA を酸で処理してホスホジエステル結合を切断し，DNA を構成する個々のヌクレオチドを得た。続いてクロマトグラフィーを行い，各ヌクレオチドを定量した。データは Chargaff による実際の結果の一部である。これらの結果は実験誤差内において，アデニンとチミン，グアニンとシトシンの量がそれぞれ等しいことを示している。

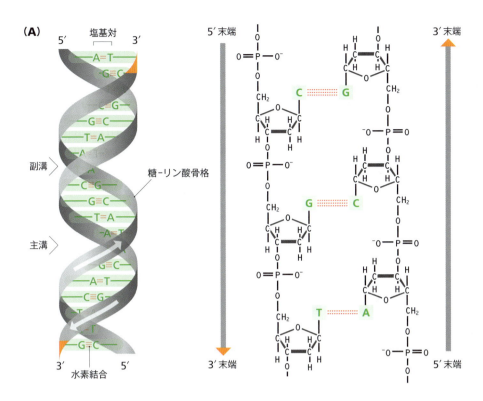

図 1.9 **DNA の二重らせん構造**．（A）二重らせんの 2 種類の表示．左の図では，各ポリヌクレオチド鎖の糖–リン酸骨格を灰色のリボンで，塩基対を緑色で描いている．右の図は，3 つの塩基対の化学構造を示している．（B）A は T と，G は C と塩基対を形成する．水素結合を点線で示す．G–C 塩基対には 3 本の水素結合があるが，A–T 塩基対には 2 本しかないことに注意．

のチミン，またはグアニンとシトシンの間に形成される**水素結合**（hydrogen bond）による（図 1.9B）．水素結合とは，電気陰性原子（酸素や窒素など）と，別の電気陰性原子に結合した水素原子との間に生じる弱い**静電的相互作用**（electrostatic interaction）である．共有結合に比べて，水素結合は原子間距離が長く相互作用はずっと弱い．炭素原子間の共有結合（単結合）の結合エネルギーが 25℃で最大 348 kJ/mol であるのに対して，典型的な水素結合のエネルギーは 8〜29 kJ/mol にすぎない．水素結合は DNA の二重らせん構造を安定化させているほか，タンパク質の二次構造をも安定化させている．A–T, G–C という 2 種類の塩基対の塩基の組合せは，Chargaff が発見した塩基存在比を説明する．塩基対は，プリン塩基とピリミジン塩基の間にしか形成されない．プリン塩基どうしの対では，らせん構造におさまるには大きすぎ，ピリミジン塩基どうしでは小さすぎる．さらに，A–T, G–C の組合せの場合にのみ，ヌクレオチド内の塩基の構造や，水素結合の形成に適した原子の立体配置が可能となる．

- **塩基スタッキング**（base stacking；塩基の積み重なり）は，隣接した塩基対間の引力を引き起こす．らせん軸の方向に働くこの引力は，塩基対形成によって 1 つにまとまったポリヌクレオチド鎖の二重らせん構造を安定化させる．塩基スタッキングは**π-π 相互作用**（π-π interaction）と呼ばれることもある．なぜなら，プリン

塩基やピリミジン塩基の二重結合に含まれるπ電子が関与していると考えられてきたためである。ただし，現在この仮説には疑問が呈されており，一種の静電的相互作用が塩基スタッキングに関係している可能性が提起されている。

塩基対形成と塩基スタッキングは，2本のポリヌクレオチド鎖を結びつけておくのにいずれも重要であるが，塩基対形成にはそれに加えた生物学的な意味での重要性もある。AはTとのみ，GはCとのみ塩基対を形成できるという制約は，**DNA複製**（DNA replication）の過程で，既存の鎖の配列を用いて新生鎖の配列を指定するという単純な方法により，親分子の完全なコピーを作成できることを意味している。これは**鋳型依存性DNA合成**（template-dependent DNA synthesis）と呼ばれ，細胞内のDNAポリメラーゼ（2.1節）はすべてこの機序でDNAを合成する。このように，塩基対形成を考えることできわめて単純明快にDNA分子の複製を説明できるので，WatsonとCrickが二重らせん構造を発表するや否や，遺伝物質が確かにDNAであるとすべての生物学者が納得するに至ったのである。

二重らせんの構造には柔軟性がある

WatsonとCrickが報告した二重らせん（図1.9A）は，**B型DNA**（B-DNA）と呼ばれる。B型DNAのらせんの直径は2.37 nm，1塩基対あたりのライズ（らせん軸方向の上昇距離）は0.34 nm，らせん1回転あたりのピッチ（らせん軸方向の長さ）は3.4 nmで，らせん1回転が10塩基対（base pair：bp）に相当する。細胞内のDNAは圧倒的にこのB型であると考えられているが，現在では，ゲノムのDNA分子はすべてが完全に同じ構造をとっているわけではないことがわかっている。これはおもに，らせんを構成するヌクレオチドの構造が柔軟で，わずかに異なる分子形状をとりうるという理由による。このような異なる立体構造を可能にするには，ヌクレオチドを構成する原子の相対的な位置がわずかながらも変化しなければならない。可能な立体配座の変化は数多く考えられるが，最も重要なものは次の2つである。

- β-N-グリコシド結合まわりの回転は，糖に対する塩基の向きを変化させる。2つの可能な立体配座を *anti* 型および *syn* 型という（図1.10A）。塩基の回転は2本のポリヌクレオチド鎖の位置取りに影響を与える。
- **糖パッカリング**（sugar puckering；糖のゆがみ）とは，糖の三次元形状の変化を指している。ヌクレオチドのリボース部分は完全な平面構造ではない。側面からみると，1個ないし2個の炭素原子が，1'位と4'位の炭素を含む平面よりも上か下にずれている（図1.10B）。C2'-*endo*型の立体配座では2'位の炭素が平面よりも上，3'位の炭素がわずかに下にあり，C3'-*endo*型では3'位の炭素が上，2'位の炭素が下にある。3'位の炭素は隣接したヌクレオチドとホスホジエステル結合を形成し

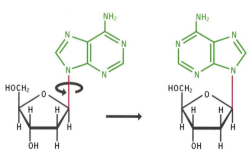

図1.10 二重らせんの立体構造に影響しうるヌクレオチドの立体配座の変化 (A) *anti*- ならびに *syn*-デオキシアデノシンの構造。これら2つの構造は，ヌクレオシドの糖に対する塩基の向きが異なる。β-N-グリコシド結合まわりの回転によって，一方の構造から他方へと相互変換する。これ以外の3種類のヌクレオシドも *anti* 型と *syn* 型の立体配座をとりうる。(B) 糖パッカリング。C2'-*endo*型およびC3'-*endo*型の立体配座における糖の炭素原子の位置取りを示す。

表 1.1　DNA 二重らせんがとるいくつかの立体構造の特徴

特徴	A 型 DNA	B 型 DNA	Z 型 DNA
らせんの巻き方	右巻き	右巻き	左巻き
らせんの直径 (nm)	2.55	2.37	1.84
1 塩基対あたりのライズ (nm)	0.23	0.34	0.38
らせん 1 回転あたりのピッチ (nm)	2.5	3.4	4.6
らせん 1 回転あたりの塩基対の数	11	10	12
塩基の向き	*anti* 型	*anti* 型	混在
糖パッカリング	C3′-*endo* 型	C2′-*endo* 型	混在

ているので，糖パッカリングによる 2 種類の立体配座は，糖–リン酸骨格の立体構造に異なる影響を及ぼす。

β-N-グリコシド結合まわりの回転や糖パッカリングによる立体構造の変化は，二重らせんの全体構造に大きな変化を引き起こす可能性がある。1950 年代以降，DNA 線維を相対湿度の異なる条件下に置くと，二重らせんのサイズに変化が生じることがわかってきた。例えば，**A 型 DNA**（A-DNA）と呼ばれる二重らせんでは，直径は 2.55 nm，ライズは 0.23 nm，ピッチは 2.5 nm で，らせん 1 回転が 11 塩基対に相当する（表 1.1）。B 型 DNA と同じく，A 型 DNA も右巻きのらせんで，塩基は糖に対して *anti* 型の立体配座をとっている。B 型 DNA との大きな違いは糖パッカリングにあり，糖部分が B 型では C2′-*endo* 型，A 型では C3′-*endo* 型の立体配座である。B 型，A 型以外の右巻きのらせん構造をもつ DNA として，B′，C，C′，C″，D，E，T 型がみつかっている。

さらに大幅な構造変化も可能であり，糖–リン酸骨格が通常とは異なるジグザグの立体構造をとる左巻きの **Z 型 DNA**（Z-DNA）が存在する。Z 型 DNA の二重らせんは，らせん 1 回転あたり 12 塩基対と密に巻いており，直径は 1.84 nm しかない（表 1.1）。そして，二重らせん領域内に GC モチーフの繰り返し配列（つまり，いずれの鎖にも …GCGCGCGC…）を含んでいることがわかっている。この領域の G ヌクレオチドは *syn* 型かつ C3′-*endo* 型，C ヌクレオチドは *anti* 型かつ C2′-*endo* 型の立体配座をとっている。

さまざまな構造の二重らせんのサイズが最低限判明したとしても，それらの間のおそらく最も重要な違いは明らかにならない。本当に重要なのは直径やピッチではなく，らせん構造の内部領域にその表面から接近できる度合いである。図 1.9A に示したように，B 型 DNA の表面は円筒のように滑らかなものではなく，らせん軸に沿って走る 2 本の溝が存在する（図 1.11）。一方は広くて深い溝で，**主溝**（major groove）という。もう一方は狭くて浅く，**副溝**（minor groove）という。A 型 DNA にも 2 本の溝があるが，主溝はより深く，副溝はより浅い。Z 型 DNA には主溝は存在しないに等しく，副溝は非常に狭く深い。いずれの構造の DNA であっても，少なくとも一方の溝の内表面の一部には，ヌクレオチドの塩基部分が露出している。第 11 章では，ゲノムに含まれる遺伝情報の発現が，DNA 結合タンパク質を介して行われることをみていく。DNA 結合タンパク質は，二重らせんに結合して遺伝子の活性を調節する。DNA 結合タンパク質はその機能を発揮するために，活性を調節する遺伝子の近傍にある特定の位置に結合する必要がある。この過程は，塩基対を破壊してらせん構造を開いたりしなくても，らせんの溝に DNA 結合タンパク質が入り込んで塩基配列を読みとることで，少なくともある程度の正確さをもって遂行できる。当然ながら，例えば B 型 DNA の特定の塩基配列を認識できるような構造の DNA 結合タンパク質は，別の立体構造をとっている DNA ではその配列を認識できない可能性がある。11.3 節で述べるように，DNA 分子の長軸方向に沿った立体構造の変化が，

図 1.11　**A 型，B 型，Z 型の二重らせん**　各分子の主溝と副溝をそれぞれ M と m で示す．（GFDL 1.2 の規約にもとづき Richard Wheeler の厚意により掲載）

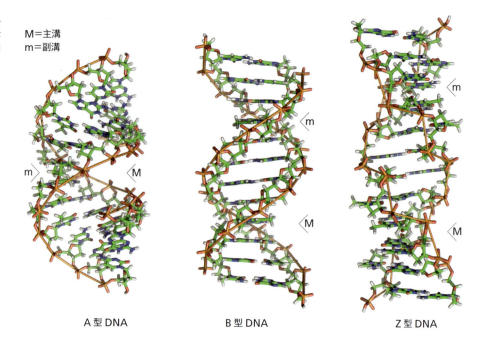

M＝主溝
m＝副溝

A 型 DNA　　　B 型 DNA　　　Z 型 DNA

塩基配列に起因するそれ以外の構造多型と相まって，ゲノムと DNA 結合タンパク質の相互作用の特異性を決定するのに重要な役割を果たす場合もある．

1.2　RNA とトランスクリプトーム

ゲノム発現によって最初に産生されるのはトランスクリプトームである（図 1.2 参照）．トランスクリプトームとは，その時点の細胞内で活性化されている遺伝子をもとに作り出されるすべての RNA 分子を指す．トランスクリプトームを構成する RNA 分子は，転写と呼ばれる過程で合成される．この節では RNA の構造についてまず検討し，その後，細胞に含まれる各種の RNA 分子を詳しくみていくことにする．

RNA は第 2 のポリヌクレオチドである

RNA は DNA によく似たポリヌクレオチドであるが，化学的には 2 つの重要な違いがある（図 1.12）．すなわち，RNA はヌクレオチドの糖部分が**リボース**（ribose）であり，チミンの代わりに**ウラシル**（uracil）を含む．したがって，RNA 合成の基質となるヌクレオチドは次の 4 種類である．

- アデノシン 5′-三リン酸（ATP，RNA 塩基配列の表記では A）
- シチジン 5′-三リン酸（CTP，C）
- グアノシン 5′-三リン酸（GTP，G）
- ウリジン 5′-三リン酸（UTP，U）

RNA のポリヌクレオチド鎖も，DNA の場合と同じく，3′-5′ ホスホジエステル結合を含む．しかし，RNA のホスホジエステル結合は，糖の 2′ 位のヒドロキシ基による間接的な効果から，DNA のものよりも不安定である．RNA 分子が数千塩基長を超えることはまれであり，また，多くは分子内塩基対（例えば，図 5.6A 参照）を形成しているが，大部分は**二本鎖**（double-stranded）ではなく**一本鎖**（single-stranded）である．

DNA から RNA への転写を担う酵素は，**DNA 依存性 RNA ポリメラーゼ**（DNA-dependent RNA polymerase）と呼ばれる．この名称は，酵素が触媒する反応がリボヌクレオチドの重合による RNA の合成であり，しかも，DNA に依存して起こることを示し

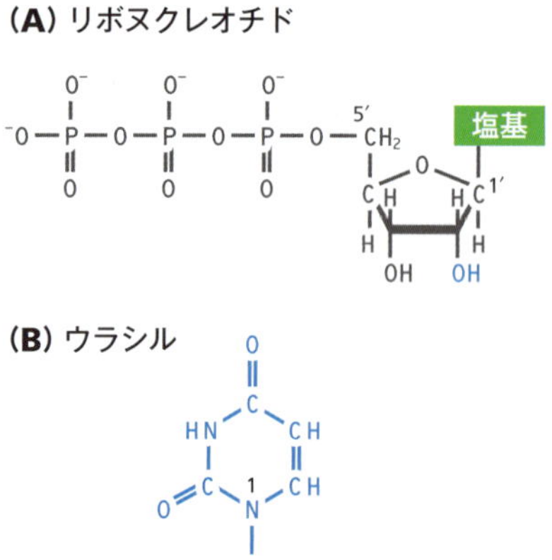

図 1.12　**DNA と RNA の化学的な違い**　(A) RNA はリボヌクレオチドを含み，その糖部分は 2′-デオキシリボースではなくリボースである．2′ 位の炭素に水素原子の代わりにヒドロキシ基が結合している点が異なる（青色で示した）．(B) RNA はチミンの代わりにウラシルと呼ばれるピリミジン塩基を含んでいる．

ている。つまり，**鋳型**（template）である DNA の塩基配列によって，合成される RNA の塩基配列が指定されるのである（図 1.13）。この酵素を単に **RNA ポリメラーゼ**（RNA polymerase）と呼んでも支障はない。というのは，この略称が使用される状況下では，ある種のウイルスゲノムの複製と発現にかかわる **RNA 依存性 RNA ポリメラーゼ**（RNA-dependent RNA polymerase）と混同されることはまずないからである。**鋳型依存性 RNA 合成**（template-dependent RNA synthesis）の基盤となる化学反応は，図 1.6 に示した DNA 合成のものと同様である。リボヌクレオチドは**転写産物**（transcript）の 3′ 末端に次々と付加されていく。付加されるヌクレオチドの種類は，塩基対形成のルール，すなわち A は T または U と，G は C と塩基対を形成するというルールによって指定されていく。DNA の重合反応とまったく同様に，付加されるヌクレオチドからは β- および γ-リン酸基が除かれる。

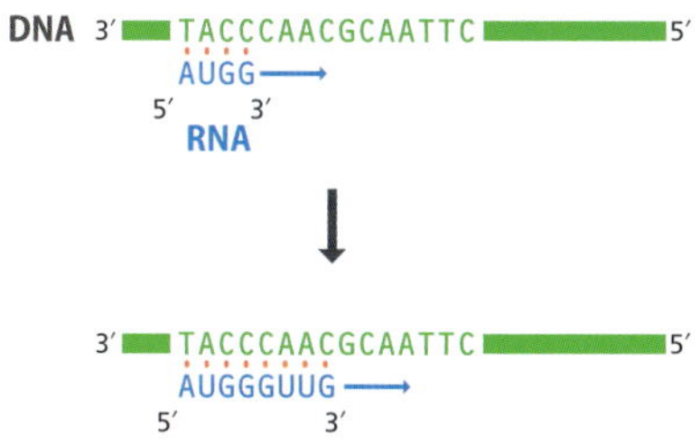

図 1.13　鋳型依存性 RNA 合成　DNA が 3′→5′ 方向に読みとられることで，転写産物 RNA は 5′→3′ 方向に合成される。RNA の塩基配列は鋳型 DNA との塩基対形成によって指定されている。

細胞に含まれる RNA

細菌細胞は通常，0.05～0.10 pg の RNA を含み，これは細菌の総重量のおよそ 6%にあたる。哺乳類の細胞は，細胞自体がはるかに大きいため 20～30 pg の RNA を含むが，これは細胞の総重量の 1%にすぎない。

細胞がどのような RNA を含んでいるかを知るのに最もよい方法は，RNA をその機能にもとづいて細分類することである。いくつかのやり方があるが，最も多くの情報が得られる分類を図 1.14 に示す。RNA はまず大きく，**コード RNA**（coding RNA）と**非コード RNA**（noncoding RNA）に分けられる。コード RNA に分類される RNA は，**メッセンジャー RNA**（messenger RNA：**mRNA**）だけである。mRNA はタンパク質をコードする遺伝子の転写産物であり，ゲノム発現の次の段階でタンパク質に翻訳される。mRNA が RNA 全体の 4%以上を占めることはめったになく，また，mRNA は寿命が短く，合成後まもなく分解されてしまう。細菌 mRNA の半減期はわずか数分であり，**真核生物**（eukaryote）の mRNA も大部分は合成後数時間以内に分解される。このように，mRNA の代謝回転はきわめて迅速であり，細胞に含まれる個々の mRNA の存在量は常に変化している。すなわち細胞内では，mRNA の代謝（合成と分解）が速やかに調整され，各 mRNA の量は刻々と変化していく。

もう 1 つの種類の RNA は，タンパク質に翻訳されることのない非コード RNA である。非コード RNA は**機能性 RNA**（functional RNA）とも呼ばれるが，この名称はタンパク質をコードしていなくても細胞内部で必須の機能をもっていることを強調している。非コード RNA にはいくつかの種類があるが，最も重要なものは次の 2 つである。

- **リボソーム RNA**（ribosomal RNA：**rRNA**）はすべての生物にみられる。通常，細胞内で最も豊富に存在する RNA で，活発に分裂している細菌細胞では RNA 全

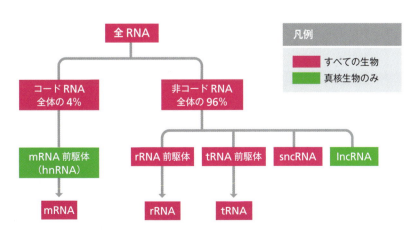

図 1.14　細胞に含まれる RNA　この図では RNA の分類つまり種類を，すべての生物にみられるものと真核生物のみにみられるものに色分けして示している。前駆体 RNA も含めてある。

体の 80％以上を占める。タンパク質合成の舞台となる構造体である**リボソーム** (ribosome) の構成成分である (13.3 節)。

- **転移 RNA** (transfer RNA：**tRNA**) も，タンパク質合成に関与する低分子であり，rRNA と同じく，すべての生物にみられる。tRNA の機能は，アミノ酸をリボソームまで運搬し，翻訳中の mRNA の塩基配列によって指定されている順に，アミノ酸を確実につなげることである (13.3 節)。

上記が最も重要な 2 種類の非コード RNA であるが，これ以外にも真核細胞や細菌細胞で特別な役割を果たす，いくつかの種類の非コード RNA がある。真核細胞ではこのような RNA は，200 塩基長以下の**短鎖非コード RNA** (short noncoding RNA：**sncRNA**) と 200 塩基長以上の**長鎖非コード RNA** (long noncoding RNA：**lncRNA**) の 2 つのグループに分けられることが多い。これらのさまざまな種類の非コード RNA の役割については第 12 章で触れる。

多くの RNA は前駆体分子として合成される

ここまで述べてきた成熟型 RNA ばかりでなく，細胞にはそれらの前駆体分子も含まれている。特に真核生物においては，多くの RNA はまず **RNA 前駆体** (pre-RNA) として合成され，プロセシングの過程を経て初めてその機能を発揮するのである。

プロセシング反応のうち最も重要なのは**スプライシング** (splicing) である。真核生物の遺伝子には，転写によって RNA 前駆体にはコピーされるものの，最終的には切り出されてしまう部分が内部に含まれている場合がある (図 1.15)。このような切り出されてしまう部分を**イントロン** (intron) といい，残った**エクソン** (exon) どうしが連結されて成熟型 mRNA になる。イントロンは一部の rRNA 遺伝子や tRNA 遺伝子にも存在するが，タンパク質をコードする遺伝子には非常によくみられる。すなわち，**mRNA 前駆体** (pre-mRNA) のスプライシングは，トランスクリプトームのうちタンパク質をコードしている部分の合成をもたらす重要な過程である (12.4 節)。スプライシングは核内で起こる。スプライシングを受ける前の mRNA 前駆体は，核内 RNA 画分としては**ヘテロ核 RNA** (heterogeneous nuclear RNA：**hnRNA**) と呼ばれる。

RNA 前駆体のプロセシングの際に起こる切断反応は，スプライシングだけではない。多くの rRNA や tRNA は，まず複数のコピーを含む前駆体として合成される。こうした **rRNA 前駆体** (pre-rRNA) や **tRNA 前駆体** (pre-tRNA) は，断片に切り分けられて成熟型 RNA となる (図 1.16)。この種のプロセシングは原核生物にも真核生物にもみられる。

RNA 分子の末端に変更を加えるようなプロセシング反応もある。これらの**末端修飾** (end-modification) は，真核生物の mRNA 合成の際に起こる。真核生物 mRNA の大部分は，5′ 末端に**キャップ構造** (cap structure)，3′ 末端には**ポリ(A) テール** (poly (A) tail) と呼ばれる構造が付加されている。キャップ構造は，mRNA 前駆体の 1 番目のヌクレオ

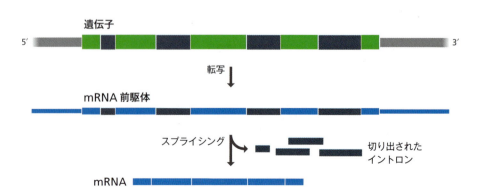

図 1.15　真核細胞の mRNA 前駆体のスプライシング　mRNA 前駆体からイントロンが切り出され，残ったエクソンどうしが連結されて機能性 mRNA になる。

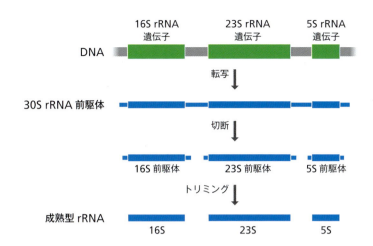

図1.16 細菌のrRNA前駆体のプロセシング 細菌のrRNA前駆体には，3種類のrRNAがそれぞれ1コピーずつ含まれている。切断とトリミングが連続して起こり，rRNA前駆体は成熟型rRNAとなる。これらのrRNAは，リボソームタンパク質とともに細菌リボソームを構成している。

チドに，修飾ヌクレオチドの7-メチルグアノシンが通常とは異なる三リン酸結合で結合してできている（図1.17A）。mRNA前駆体の1番目と2番目のヌクレオチドは，メチル基の付加による修飾を受けることもある。キャップ構造は，mRNAからタンパク質への翻訳の開始を促進するのに必要である。ポリ(A)テールは最大で250ものアデニンヌクレオチドが連なったもので，mRNAの3′末端にみられる。この構造は，mRNAが3′末端の近傍でまず切断され，その末端に，**鋳型非依存性RNAポリメラーゼ**（template-independent RNA polymerase），いわゆる**ポリ(A)ポリメラーゼ**（poly(A) polymerase）によって，アデニンが次々と付加されて形成される（図1.17B）。この**ポリアデニル化**（polyadenylation）の過程の意義は十分には明らかになっていないが，ポリ(A)テールが欠けていたり，通常より短かったりすると，mRNAは分解されることが知られている。

最後にあげるプロセシング反応は，**化学修飾**（chemical modification）である。rRNAとtRNAの一部の塩基は生物種に関係なく，メチル化，脱アミノ（アミノ基の除去），チオ置換（酸素原子の硫黄原子への交換）による修飾を受ける。また，分子内転位により置換基の位置が移動したり，還元により二重結合が単結合になったりすることもある（図1.18）。このような修飾の多くはその存在意義が明らかになっていないが，機能が明らかになっている例もある。tRNAでは，いくつかの修飾ヌクレオチドが，その3′末端にアミノ酸を結合させる酵素によって認識されている。この酵素による認識反応は，タンパク

図1.17 真核生物mRNAの5′末端および3′末端にみつかる化学修飾 (A) mRNAの5′末端のキャップ構造。**0型キャップ**（type 0 cap）は，mRNA前駆体の1番目のヌクレオチドに，修飾ヌクレオチドの7-メチルグアノシンが5′-5′三リン酸結合で結合してできている。＊印で示した位置にさらにメチル基が付加されると，**1型キャップ**（type 1 cap）や**2型キャップ**（type 2 cap）となる。(B) mRNAの3′末端のポリアデニル化。mRNAの3′末端にみられるポリ(A)テールには，相補的なDNA配列は存在しない。したがって，遺伝子が転写される際にRNAポリメラーゼによって合成されるわけではなく，転写後にポリ(A)ポリメラーゼによって合成される。

(A) キャップ構造

(B) ポリ(A) テール

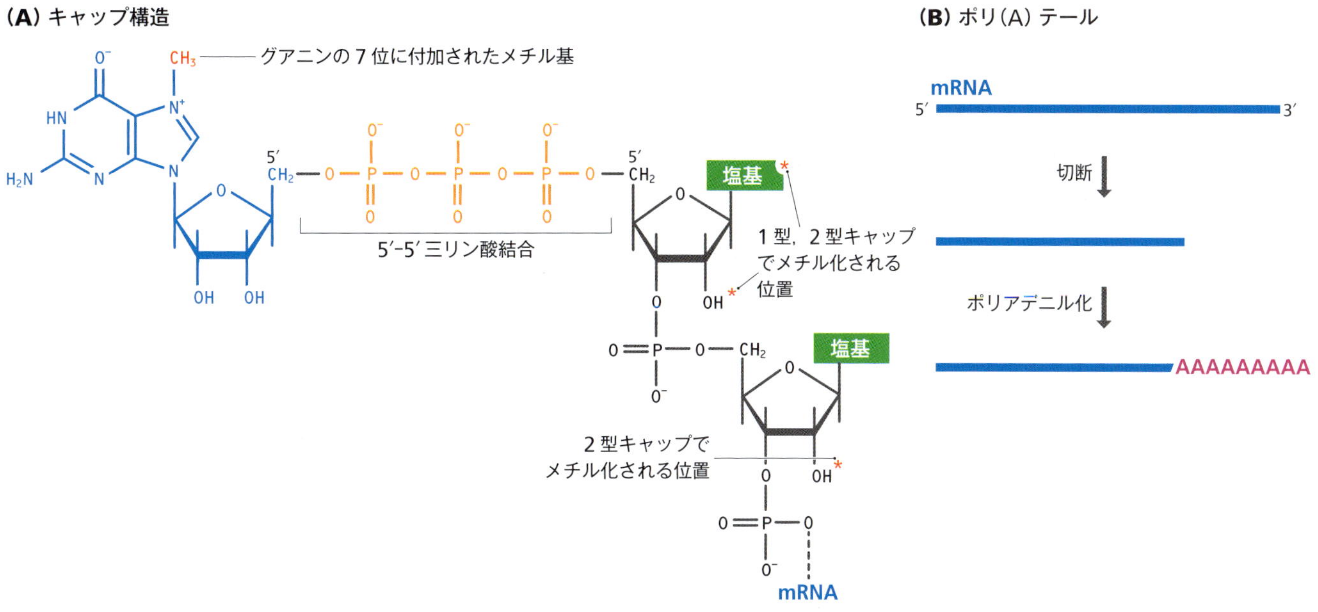

図 1.18　rRNA や tRNA にみられる化学修飾を受けた塩基の例　もとの塩基との違いを橙色で示す。

質合成の過程で tRNA が果たす役割にとってきわめて重要で，それにより正しいアミノ酸が正しい tRNA に結合するようになる。tRNA の修飾は，この反応が正確に起こるようにするために，何らかの特異性を付与するものと考えられている。

　真核細胞の mRNA の中にも化学修飾を受けるものがある。一般的なものではないが，**RNA 編集**（RNA editing）と呼ばれるこの過程は，mRNA に含まれる遺伝情報を変化させ，それがコードしているタンパク質の構造を変えてしまうという点で重要である。RNA 編集の有名な例は，ヒトのアポリポタンパク質 B をコードする mRNA でみつかる。このタンパク質には 2 種類あって，腸細胞で合成されるアポリポタンパク質 B48 と，その約 2 倍のサイズで，肝臓で合成されるアポリポタンパク質 B100 である。いずれのタンパク質も脂質を全身に運ぶ働きを担っているが，その役割は正確には同じではない。B48 はキロミクロン（カイロミクロン）と呼ばれる輸送担体の構成成分の 1 つであり，B100 は別のタンパク質とともに超低密度リポタンパク質と呼ばれる複合体を形成する。これら 2 種類のアポリポタンパク質 B は同じ遺伝子にコードされているが，腸細胞では 14,000 塩基長の mRNA の 6,666 番目のシトシンが脱アミノによる修飾を受ける。この RNA 編集の結果，B100 をコードする mRNA が B48 をコードするものに変換される（図 1.19）。

トランスクリプトームには複数の定義がある

　現在では大半の生物学者が，トランスクリプトームという用語を細胞に含まれるすべての RNA と考えているが，1997 年にこの用語が最初に使用されたときには，それはすべての mRNA だけを意味していた。mRNA は細胞に含まれる RNA 全体の 4% 未満を占めるにすぎないが，ゲノム発現の次の段階で用いられるコード RNA であることから，最も重要な RNA とみなされることが多い。細菌や酵母といった最も単純な生物でさえ，タンパク質をコードする多くの遺伝子が常に活性化されている。したがって細胞に含まれる mRNA は，数千とまではいえないかもしれないが，少なくとも数百もの遺伝子のコピーからなる集団である。細胞に含まれる mRNA は，その時点において細胞が合成しうる全タンパク質を規定しており，それゆえ細胞の生化学的特性を決定している。初期のトランスクリプトーム研究の多くは，細胞内の mRNA をすべて，ないしはできるだけ多く特定することをめざしていた。そうすることで**遺伝子発現**（gene expression）の全体的なパターンや，そのパターンがいつ，例えば細胞ががん化する場合に，どのように変化するのかを理解しようとしたのである。こうした研究は現在でもなお重要であるが（12.5 節），mRNA のみに注目しているため，細胞に含まれる mRNA だけをトランスクリプトームと考えてしまう傾向がいまだにある。

　細胞に含まれるすべての RNA を対象とするようにトランスクリプトームの定義が拡張されたことは，細胞の生化学的特性を規定するうえで非コード RNA が重要な役割を果たしているという事実に対する，昨今の認識の高まりを反映している。特に，**マイクロ RNA**（microRNA：miRNA）と呼ばれる sncRNA は，翻訳産物が必要でなくなった mRNA を不安定化することで，真核細胞の遺伝子発現を調節している（12.3 節）。ヒトの

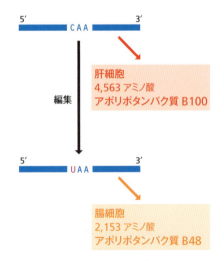

図 1.19　ヒトアポリポタンパク質 B mRNA の編集　mRNA の 6,666 番目のシトシンが脱アミノによってウラシルに変わると，翻訳を終結させる終止コドンが生じる。そのため腸細胞では途中で途切れたアポリポタンパク質 B が合成される。

細胞ではおよそ1,000種類のmiRNAが産生されており，それぞれのmiRNAがただ1つのmRNAまたは複数のmRNA群に特異的に働く。特定の細胞でどのmiRNAが合成されているか，さらにmiRNA合成のパターンが疾患によってどのように変化するかを明らかにすることは，mRNAについてのそのような研究を補完するうえで不可欠である。それゆえ，トランスクリプトームという用語を，細胞に含まれるすべてのRNAに範囲を拡大して適用することは賢明といえる。なぜなら，mRNAのみに注目したのでは，ゲノムに含まれる遺伝情報の発現調節にmRNA以外のトランスクリプトームが果たす重要な役割を見落としてしまうおそれがあるからである。

1.3　タンパク質とプロテオーム

ゲノム発現の第2の産物はプロテオームである（図1.2参照）。プロテオームとは細胞に含まれるすべてのタンパク質のことで，その細胞の生理活性を決めている。これらのタンパク質は，トランスクリプトームの構成要素の1つであるmRNAが翻訳されることで合成される。

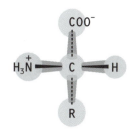

図 1.20　アミノ酸の一般構造　すべてのアミノ酸は，中央のα炭素原子に水素原子，カルボキシ基，アミノ基，そして側鎖（R）が結合しているという共通の構造をもっている。側鎖はアミノ酸ごとに異なる（図1.24参照）。

タンパク質の構造には4つの階層的なレベルがある

タンパク質は，DNA分子と同じく，枝分かれのない直鎖状のポリマーである。タンパク質の構成単位は**アミノ酸**（amino acid）で（図1.20）で，そのポリマーである**ポリペプチド**（polypeptide）鎖は，多くの場合2,000個以下のアミノ酸からなる。

従来から，タンパク質の構造には4つのレベルがあると考えられている。これらのレベルは階層的なもので，タンパク質の構造は段階を踏んで構築されていく。すなわち，各レベルの構造はそれより1つ下のレベルの構造によって左右される。

- **一次構造**（primary structure）は，アミノ酸がつながってポリペプチド鎖となることで形成される。アミノ酸どうしは**ペプチド結合**（peptide bond）によってつながっている。このペプチド結合は，あるアミノ酸のカルボキシ基と，もう1つのアミノ酸のアミノ基の間で起こる縮合反応によって形成される（図1.21）。ポリヌクレオチド鎖の場合と同様，ポリペプチド鎖でも2つの末端の化学的性質が異なることに注意しよう。一方の末端は遊離アミノ基をもち，**アミノ末端**（amino-terminus）または**N末端**（N-terminus）と呼ばれる。もう一方は遊離カルボキシ基をもち，**カルボキシ末端**（carboxy-terminus）または**C末端**（C-terminus）という。ポリペプチド鎖の向きは，N→C方向（図1.21で左から右へ）もしくはC→N方向（図1.21で右から左へ）と表記できる。
- **二次構造**（secondary structure）は，ポリペプチド鎖がとりうるさまざまな構造をいう。代表的な二次構造は，**αヘリックス**（α-helix）と**βシート**（β-sheet）の2つ

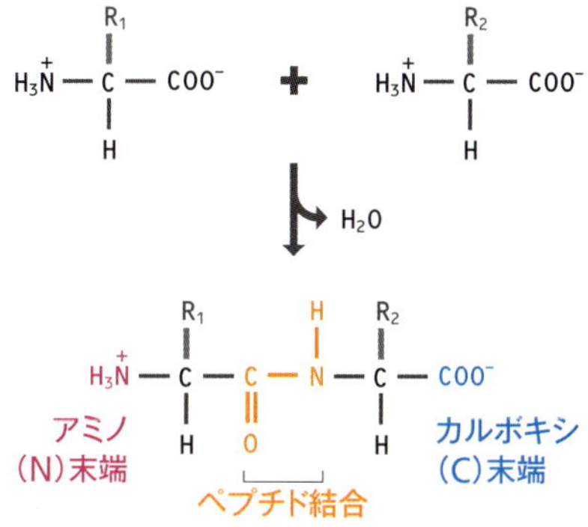

図 1.21　アミノ酸がペプチド結合でつながってポリペプチド鎖ができる　2つのアミノ酸がペプチド結合でつながる際の化学反応を示している。水分子の脱離を伴うため，この反応は縮合反応と呼ばれる。

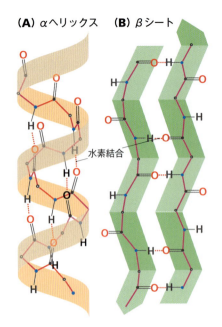

図1.22 タンパク質にみられる2つの代表的な二次構造：(A) αヘリックス，(B) βシート　ポリペプチド鎖は概要のみ示し，わかりやすくするために側鎖は省略してある。いずれの構造も，ペプチド結合のC=O基と別のペプチド結合のN-H基の間に形成された水素結合によって安定化されている。この図のβシートの構造は逆平行と呼ばれ，2本のポリペプチド鎖の向きが異なっている。平行βシートも存在する。

である（図1.22）。これらの構造は主として，同一ポリペプチド鎖内のアミノ酸間に形成される水素結合によって安定化されている。ポリペプチド鎖の多くは十分に長く，分子に沿って次々に折りたたまれることによって，一連の二次構造を形成する。

- **三次構造**（tertiary structure）とは，ポリペプチド鎖の二次構造要素が組み合わさって生じる立体構造を指す（図1.23）。三次構造は各種の化学的相互作用によって安定化されている。そのような相互作用には，アミノ酸どうしの水素結合形成，荷電アミノ酸の側鎖間の静電的相互作用，**疎水性効果**（hydrophobic effect）などがある。**非極性**（nonpolar）側鎖をもつアミノ酸は，疎水性効果により，水から遮蔽されたタンパク質の内部領域に埋め込まれる傾向にある。また，ポリペプチド鎖のシステイン残基間に形成される**ジスルフィド架橋**（disulfide bridge）と呼ばれる共有結合も，三次構造を安定化させている。

- **四次構造**（quaternary structure）は，折りたたまれて三次構造を形成した複数のポリペプチド鎖が集合してできた，複数のサブユニットからなる構造のことである。すべてのタンパク質が四次構造を形成するわけではないが，ゲノム発現にかかわるいくつかのタンパク質をはじめ，複雑な機能をもつ多くのタンパク質が四次構造を形成している。四次構造の中には，ポリペプチド鎖どうしがジスルフィド架橋で結合しており，容易には解離しない安定した複数サブユニットタンパク質を生じさせるものがある。一方，水素結合や疎水性効果によって安定化され，サブユニット間の相互作用がそれほど堅固でない四次構造もある。後者のようなタンパク質は，細胞が必要とする機能に応じて，その構成要素であるポリペプチド鎖の状態に戻ったり，サブユニットを交換したりすることが可能になる。

アミノ酸の多様性がタンパク質に多様性をもたらしている

タンパク質の機能は多彩である。これは，タンパク質を構成するアミノ酸自体が多様な化学的特性をもつことによる。アミノ酸配列が異なれば，その化学反応性の組合せに違いが生じることになる。化学反応性のこうした組合せは，生じるタンパク質の全体構造ばかりでなく，そのタンパク質の化学的性質を決定している活性基（側鎖）の構造表面での位置取りをも規定している。

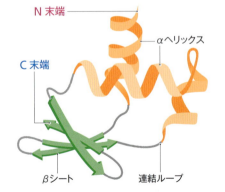

図1.23 タンパク質の三次構造の例　仮想的なこのタンパク質の構造は，3本のαヘリックス（コイル状の構造）と，4本のストランドからなるβシート（矢印）で構成されている。

アミノ酸の多様性はその側鎖に起因している。側鎖はアミノ酸ごとに異なり，構造もきわめて変化に富む。タンパク質は20種類のアミノ酸から構成されている（図1.24，表1.2）。アミノ酸の中には，水素原子1つ（グリシン）やメチル基（アラニン）のように小さくて比較的単純な構造の側鎖をもつものもあれば，大きく複雑な芳香族側鎖（フェニルアラニン，トリプトファン，チロシン）をもつものもある。大半の細胞や組織の生理学的pHであるpH 7.4において，大部分のアミノ酸は荷電していないが，2種類のアミノ酸（アスパラギン酸，グルタミン酸）は負に，3種類のアミノ酸（アルギニン，ヒスチジン，リシン）は正に荷電している。さらに，**極性**（polar）のアミノ酸（セリン，トレオニンなど）と非極性のアミノ酸（アラニン，ロイシン，バリンなど）がある。

図1.24に示した20種類のアミノ酸は，遺伝暗号により指定されると通常考えられている。したがって，mRNAが翻訳されてタンパク質となる際に使われるのは，これらのアミノ酸である。しかし，これら20種類のアミノ酸だけでタンパク質の多様性を説明するには限界がある。次の2つの要因が，さらに大きな多様性をタンパク質にもたらしている。

- 少なくとも2種類のアミノ酸，セレノシステインとピロリシン（図1.25）が，タンパク質合成の過程でポリペプチド鎖に取り込まれることがある。これらのアミノ酸の取り込みは，遺伝暗号の通常とは異なる読みとりによって起こる。
- タンパク質のプロセシングの際，新しい化学基が付加されるアミノ酸がある。例えば，アセチル化やリン酸化，あるいは大きな糖鎖の付加が起こりうる（13.4節）。

このようなわけで，タンパク質はきわめて広範な化学的多様性を示す。多様性の一部はゲノムによって直接指定され，残りはタンパク質のプロセシングにより生じる。

トランスクリプトームとプロテオームをつなぐもの

プロテオームはその時点の細胞に存在するすべてのタンパク質からなる。例えば肝細胞のような標準的な哺乳類の細胞は，1万～2万種類のタンパク質，総計でおよそ$8×10^9$分子のタンパク質を含むと考えられている。これは約0.5 ng，すなわち細胞総重量の18～20%にあたる。個々のタンパク質の細胞あたりの分子数には大きな差があり，最も希少なもので2万分子以下，最も豊富なもので1億分子程度である。細胞あたり5万分子以上含まれるタンパク質は分子数が多い部類に属し，平均的な哺乳類細胞ではおよそ2,000種類のタンパク質がこのタイプに相当する。さまざまな種類の哺乳類細胞のプロテオームを調べると，こうした比較的豊富なタンパク質の種類にはほとんど違いがみられない。このことは，そのようなタンパク質の大部分が，すべての細胞に普遍的な生理活性を担っている**ハウスキーピングタンパク質**（housekeeping protein）であることを示している。特化した機能を細胞に発揮させるタンパク質は，多くの場合きわめて希少である。ただしこれには例外もあり，ヘモグロビンは赤血球にのみ大量に存在する。

プロテオームは，トランスクリプトームを構成しているmRNAが翻訳されることで合成される。1950年代初頭，DNAの二重らせん構造が発見されてまもなくの頃，**分子生物学者**（molecular biologist）たちはアミノ酸がmRNAに対して直接結合していくような機構を考えていたが，どの機構も少なくともいくつかの結合が短すぎたり長すぎたりして物理化学的に不可能であり，注目されることなくとり下げられた。1957年になって，ついにFrancis Crickが，mRNAと合成途上のポリペプチド鎖との橋渡しをするようなアダプター分子の存在を予言することで，この混乱状態を打破したのだった。ほどなくtRNAがこのアダプター分子であることが明らかになった。この事実が証明されると，今度はタンパク質が合成される場であるリボソームに関心が向けられた。そして徐々に，mRNAが翻訳されてポリペプチドになる機序の詳細についての理解が深まっていった

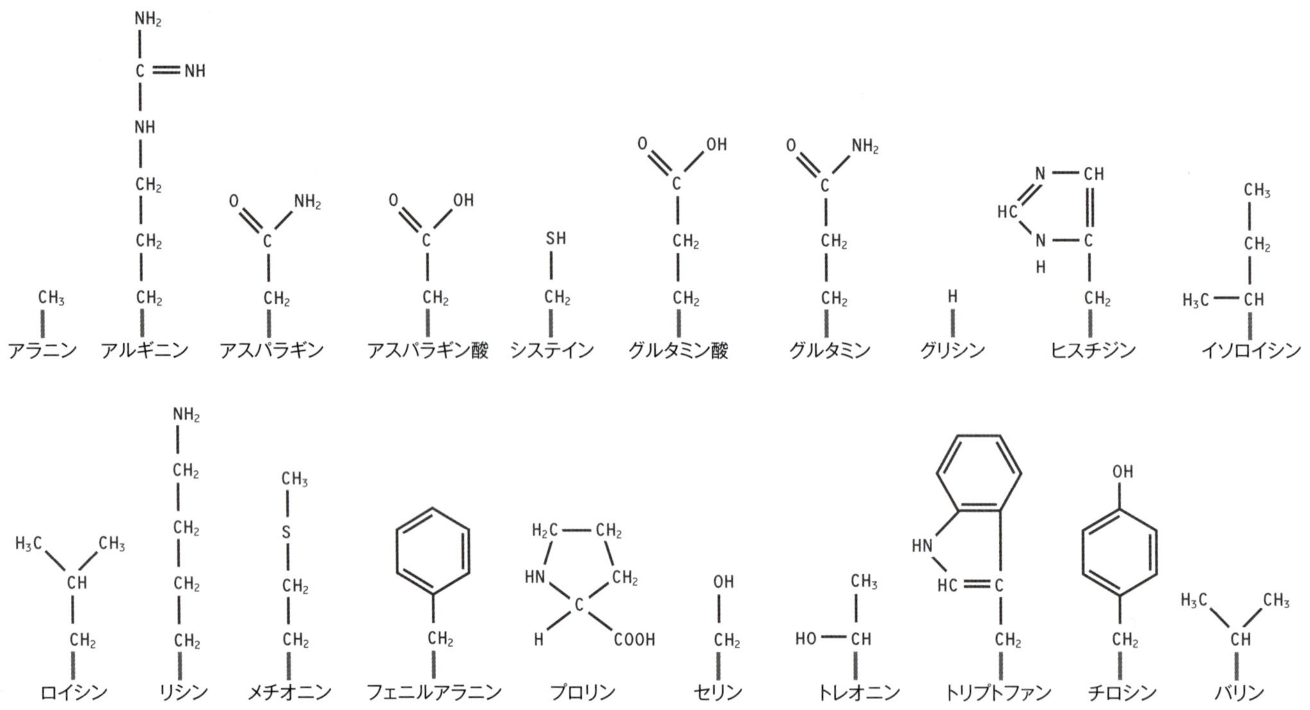

図 1.24　アミノ酸の側鎖の構造　遺伝暗号により指定されると通常考えられているのは，これら20種類のアミノ酸である。プロリンについては，側鎖だけでなく全体構造を示してあることに注意。プロリンの構造は特別で，α炭素原子に結合した側鎖が，同じα炭素原子に結合したアミノ基とも結合しているからである。

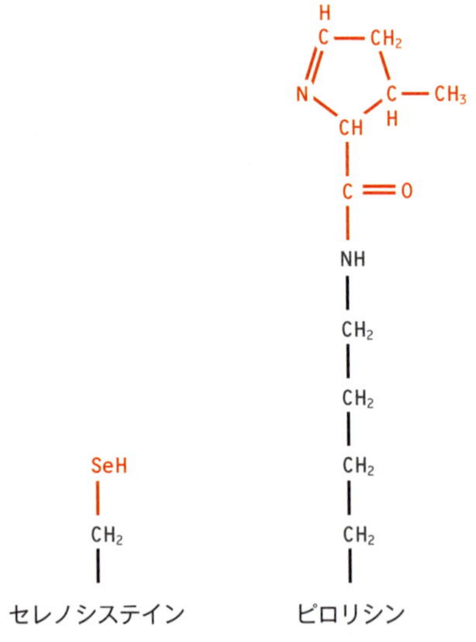

図 1.25　セレノシステインとピロリシンの構造　赤色で示したのは，セレノシステインとシステイン，ピロリシンとリシンの間で異なる部分である。

表 1.2　アミノ酸の略号

アミノ酸	略号	
	3文字	1文字
アラニン	Ala	A
アルギニン	Arg	R
アスパラギン	Asn	N
アスパラギン酸	Asp	D
システイン	Cys	C
グルタミン酸	Glu	E
グルタミン	Gln	Q
グリシン	Gly	G
ヒスチジン	His	H
イソロイシン	Ile	I
ロイシン	Leu	L
リシン	Lys	K
メチオニン	Met	M
フェニルアラニン	Phe	F
プロリン	Pro	P
セリン	Ser	S
トレオニン	Thr	T
トリプトファン	Trp	W
チロシン	Tyr	Y
バリン	Val	V

UUU	Phe	UCU	Ser	UAU	Tyr	UGU	Cys
UUC	Phe	UCC	Ser	UAC	Tyr	UGC	Cys
UUA	Leu	UCA	Ser	UAA	終止	UGA	終止
UUG	Leu	UCG	Ser	UAG	終止	UGG	Trp
CUU	Leu	CCU	Pro	CAU	His	CGU	Arg
CUC	Leu	CCC	Pro	CAC	His	CGC	Arg
CUA	Leu	CCA	Pro	CAA	Gln	CGA	Arg
CUG	Leu	CCG	Pro	CAG	Gln	CGG	Arg
AUU	Ile	ACU	Thr	AAU	Asn	AGU	Ser
AUC	Ile	ACC	Thr	AAC	Asn	AGC	Ser
AUA	Ile	ACA	Thr	AAA	Lys	AGA	Arg
AUG	Met	ACG	Thr	AAG	Lys	AGG	Arg
GUU	Val	GCU	Ala	GAU	Asp	GGU	Gly
GUC	Val	GCC	Ala	GAC	Asp	GGC	Gly
GUA	Val	GCA	Ala	GAA	Glu	GGA	Gly
GUG	Val	GCG	Ala	GAG	Glu	GGG	Gly

図 1.26　遺伝暗号　コドンは mRNA 上で 5′ → 3′ 方向に読みとられる。アミノ酸は 3 文字略号で示してある（表 1.2 参照）。

（13.3 節）。

1950 年代の分子生物学者たちの興味を引いたタンパク質合成のもう 1 つの側面は，**遺伝情報の伝達としての問題**（informational problem）であった。すなわち，トランスクリプトームとプロテオームをつなぐには，アダプター分子に加えて，**遺伝暗号**（genetic code）が重要となる。遺伝暗号は，mRNA の塩基配列がタンパク質のアミノ酸配列に翻訳される際の，ヌクレオチドとアミノ酸の対応関係である。タンパク質を構成する 20 種類全部のアミノ酸を指定するためには，三つ組の（3 つのヌクレオチドからなる）遺伝暗号，すなわち**コドン**（codon）が必要であることは，すでに 1950 年代には認識されていた。2 文字の暗号では $4^2=16$ 通りのコドンしか作り出せず，20 種類のアミノ酸を指定するには数が足りない。3 文字であれば $4^3=64$ 通りのコドンができる。1960 年代には遺伝暗号の解明が進み，例えば塩基配列がわかっている人工の mRNA を**無細胞タンパク質合成系**（cell-free protein-synthesizing system）を用いて翻訳し，生じたポリペプチド鎖のアミノ酸組成や配列を決定したり，あるいは精製リボソームを用いた分析系で，RNA の塩基配列とアミノ酸の対応を決定したりする実験が行われた。遺伝暗号の解明が完了してわかったのは，64 のコドンがグループに分かれており，各グループを構成するコドンは同じアミノ酸を指定しているということだった（図 1.26）。ただ 1 つのコドンで指定されるのはトリプトファンとメチオニンだけで，それ以外のアミノ酸は 2，3，4，6 種類のコドンによって指定される。このように 1 つのアミノ酸を指定するコドンが複数あることを**縮重**（degeneracy）という。遺伝暗号には 4 種類の**句読点コドン**（punctuation codon）もあり，これらは mRNA の塩基配列の翻訳を開始もしくは終結させるべき位置を示している（図 1.27）。**開始コドン**（initiation codon）は通常 5′-AUG-3′ で，これはメチオニンを指定するコドンでもある（そのため合成されたばかりのポリペプチド鎖の大部分はメチオニンからはじまっている）。5′-GUG-3′ や 5′-UUG-3′ などのコドンも，特に細菌で開始コドンとして使用されることがある。**終止コドン**（termination codon）は 3 種類あり，5′-UAA-3′，5′-UAG-3′，5′-UGA-3′ である。

図 1.27　mRNA 上の句読点コドンの位置

遺伝暗号は普遍的ではない

あらゆる生物種で遺伝暗号は共通であるに違いないと，当初は考えられていた。その根

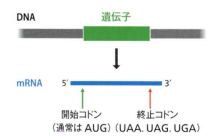

拠は，いったん固定化した遺伝暗号を変更することは不可能だと思われるからである。どの1つのコドンであっても，アミノ酸との対応関係に変更が生じれば，数多くのタンパク質のアミノ酸配列が破損してしまうおそれがある。この推論は理にかなっていると思われるので，遺伝暗号が実はすべての生物種に共通というわけではないことは驚きである。図1.26に示した遺伝暗号はほとんどの生物種の大部分の遺伝子に通用するものだが，例外も少なくないのである。特に，ミトコンドリアゲノムでは通常とは異なる遺伝暗号がしばしば用いられている(表1.3A)。この事実は，ケンブリッジ大学のFredrick Sangerの研究グループによって1979年に最初に発見された。ヒトミトコンドリアmRNAのいくつかは，終止コドンであるUGAを通常より手前の，タンパク質合成が終結するはずのない位置に含んでいたのである。これらのmRNAがコードしているタンパク質のアミノ酸配列を比較することで，ヒトのミトコンドリアでは5′-UGA-3′がトリプトファンのコドンであること，そして，それはミトコンドリアで用いられている4つの変則的な遺伝暗号のうちの1つにすぎないことが明らかになった。ヒト以外の生物種のミトコンドリア遺伝子にも変則的な遺伝暗号が存在する。ただし，それらのうちの少なくとも1つ(植物のミトコンドリアでトリプトファンのコドンとして使用されている5′-CGG-3′)は，翻訳される前にRNA編集で標準的なコドンに訂正されるようである。

変則的な遺伝暗号は，下等真核生物の核ゲノムにもみつかっている。こうした遺伝暗号

表1.3　変則的な遺伝暗号の例

生物種	コドン	標準的な指定	変則的な指定
(A) ミトコンドリアゲノム			
哺乳類	UGA	終止	Trp
	AGA，AGG	Arg	終止
	AUA	Ile	Met
ショウジョウバエ (*Drosophila*)	UGA	終止	Trp
	AGA	Arg	Ser
	AUA	Ile	Met
出芽酵母 (*Saccharomyces cerevisiae*)	UGA	終止	Trp
	CUN	Leu	Thr
	AUA	Ile	Met
真菌	UGA	終止	Trp
トウモロコシ	CGG	Arg	Trp
(B) 核ゲノムと原核生物ゲノム			
数種の原生動物	UAA，UAG	終止	Gln
カンジダ属 (*Candida cylindracea*)	CUG	Leu	Ser
マイクロコッカス属 (*Micrococcus* sp.)	AGA	Arg	終止
	AUA	Ile	終止
ユープロテス属 (*Euplotes* sp.)	UGA	終止	Cys
マイコプラズマ属 (*Mycoplasma* sp.)	UGA	終止	Trp
	CGG	Arg	終止
(C) 配列依存性コドン再指定			
さまざまな生物種	UGA	終止	セレノシステイン
古細菌	UAG	終止	ピロリシン

略語：Nは任意のヌクレオチド。

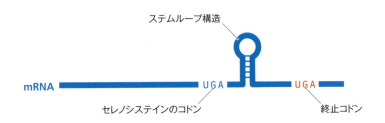

図 1.28　5′-UGA-3′ コドンの配列依存性再指定　セレノシステインを指定する 5′-UGA-3′ コドンは，ステムループ構造の存在によって終止コドンと区別される。この構造は原核生物ではセレノシステインのコドンのすぐ下流に，真核生物では 3′ 非翻訳領域に位置する。

の変更は，ほんのわずかな生物種に限ってみられることが多く，しかも，終止コドンの意味を変更するものである（表 1.3B）。原核生物ではそれほど一般的ではないが，ミクロコックス（*Micrococcus*）属やマイコプラズマ（*Mycoplasma*）属における例が知られている。より重要な遺伝暗号の変更は**配列依存性コドン再指定**（context-dependent codon reassignment）で，セレノシステインまたはピロリシンを含むタンパク質が合成される際にみられる。ピロリシンを含むタンパク質はまれであり，**古細菌**（archaea；アーキア；第 8 章）と呼ばれる原核生物の一部門にのみ存在すると考えられる。セレンを含むセレノタンパク質は多くの生物種に広く分布している。セレノタンパク質の 1 つであるグルタチオンペルオキシダーゼは，ヒトをはじめとする哺乳動物の細胞を酸化的傷害から防御している。セレノシステインは 5′-UGA-3′，ピロリシンは 5′-UAG-3′ で指定される。これらのコドンはいずれも，同一の生物種で終止コドンとしても使用されるため，2 種類の意味をもつことになる（表 1.3C）。セレノシステインを指定する 5′-UGA-3′ コドンは，mRNA がとる**ステムループ構造**（stem-loop structure；**ヘアピン構造**〔hairpin structure〕）の存在によって，本来の意味である終止コドンと区別される。この構造では mRNA が折り返されてループを形成し，一部が塩基対を形成して短いステムを形づくり，構造を保持している（図 1.28）。ステムループ構造は，原核生物ではセレノシステインを指定するコドンのすぐ**下流**（downstream）に，真核生物では **3′ 非翻訳領域**（3′-untranslated region；終止コドンより下流の mRNA 部分）に位置する。セレノシステインのコドンが認識されるには，この特異な構造を含む mRNA の翻訳にかかわる特殊なタンパク質が，ステムループ構造と相互作用する必要がある。ピロリシンを指定するコドンの認識も，おそらく同様の仕組みで行われていると考えられる。

プロテオームと細胞の生理活性をつなぐもの

　ゲノムによってコードされている遺伝情報は，最終的にはタンパク質という形をとって現れる。タンパク質が示す生理活性は，その折りたたまれた構造や，表面に存在する化学基の空間配置によって決まる。ゲノムは，さまざまな種類のタンパク質の仕様を定めることで，プロテオームを構築して維持することができる。そして，プロテオーム全体の示す生理活性が，生命現象の基盤を形成している。構成成分であるタンパク質の構造がきわめて多様であるがゆえに，プロテオームはこうした役割を果たすことができる。つまりこの多様性こそが，タンパク質が多彩な機能を発揮することを可能にしている。タンパク質の機能には以下のようなものがある。

- 生化学的触媒作用は，酵素と呼ばれる特別な種類のタンパク質が示す機能である。細胞にエネルギーを供給する主要な代謝経路や，核酸，タンパク質，糖質，脂質を作る生合成反応は，酵素によって触媒される。生化学的触媒作用はまた，RNA ポリメラーゼなどの酵素の活性を介してゲノム発現を促進する。
- 細胞の構造は，細胞骨格を形成する構造タンパク質によって決まる。いくつかの細胞外マトリックスタンパク質も細胞構造の構築を主要な機能としており，例えば，コラーゲンは骨や腱の重要な構成成分である。

- 細胞の運動は収縮タンパク質が担っている。細胞骨格を形成し，運動に必要なタンパク質間相互作用を引き起こす線維状タンパク質として最もよく知られているのが，アクチンやミオシンである。
- 生体内の物質の運搬はタンパク質の重要な機能である。例えば，ヘモグロビンは血液中で酸素を，血清アルブミンは脂肪酸を運搬している。
- 細胞内反応の調節は，ゲノムに結合して個々の遺伝子や遺伝子群の発現レベルを変化させる**転写因子**（transcription factor；12.2節）などのタンパク質によって仲介されている。ある種の細胞の生理活性は，細胞外由来のホルモンやサイトカインによる協調的な調節を受けている。これらの調節物質の多くはタンパク質である。例えば，インスリンは血糖値を調節するホルモンである。インターロイキンは，細胞の分裂や分化を調節し，サイトカインと総称されるタンパク質グループの1つである。
- 生体や個々の細胞の防御には，抗体や血液凝固にかかわるタンパク質など，さまざまなタンパク質が関与している。
- 貯蔵機能は，フェリチンやグリアジンといったタンパク質でみられる。フェリチンは肝臓で鉄貯蔵タンパク質として働き，グリアジンは休眠中のコムギの穀粒にアミノ酸を蓄えている。

このような多岐にわたるタンパク質の機能が，ゲノムに書き込まれた設計図をあらゆる生命現象の基盤をなす生理活性へと変換する能力を，プロテオームに付与しているのである。

まとめ

- ゲノムは，地球上のあらゆる生物が保有する，遺伝情報の保管場所である。
- 大部分のゲノムはDNAからできており，数少ない例外は一部のウイルスのRNAゲノムである。
- ゲノム発現とは，ゲノムにたくわえられた情報が細胞に伝えられる過程である。
- ゲノム発現の最初の産物はトランスクリプトームである。トランスクリプトームとは，その時点で活性化されている遺伝子をもとに作り出されるRNAの総体をいう。
- 次の産物がプロテオームで，これは細胞に含まれるすべてのタンパク質である。細胞の生理活性はプロテオームによって決まる。
- 遺伝子がDNAからできていることを示す実験的な証拠が最初に得られたのは1944年から1952年にかけてだが，DNAが確かに遺伝物質であることをすべての生物学者たちに受け入れさせたのは，1953年のWatsonとCrickによるDNAの二重らせん構造の発見であった。
- DNAは枝分かれのない直鎖状のポリマーであり，化学的特性の異なる4種類のヌクレオチドが多数つながってできている。
- 二重らせん構造では，ヌクレオチドの塩基部分を分子の内側に向けて，2本のポリヌクレオチド鎖が互いに絡み合っている。
- 2本のポリヌクレオチド鎖は塩基間の水素結合によって結びつけられており，Aは常にTと，Gは常にCと塩基対を形成している。
- RNAもポリヌクレオチドであるが，各ヌクレオチドの構造はDNAのものとは異なる。RNAは通常は一本鎖である。
- 細胞はさまざまな種類のRNAを含む。タンパク質をコードする遺伝子の転写産物で

- あるmRNAと，いくつかの種類の非コードRNAがある。
- 多くのRNAはまず前駆体分子として合成され，これが切断反応と連結反応，さらに化学修飾を経て成熟型分子となる。
- タンパク質も枝分かれのないポリマーである。タンパク質の構成単位はアミノ酸で，ペプチド結合でつながっている。
- アミノ酸配列はタンパク質の一次構造である。二次，三次，四次構造といった高次構造は，一次構造が折りたたまれたり，複数のポリペプチド鎖が集合したりすることで形成される。
- タンパク質が発揮する機能は多彩である。これは，個々のアミノ酸が異なる化学的特性をもち，その組合せの違いによって多様な化学的特性をもつタンパク質がつくられるからである。
- タンパク質はmRNAが翻訳されることで合成される。塩基配列がアミノ酸配列にどのように翻訳されるかは，三つ組の遺伝暗号により指定されている。
- 遺伝暗号はすべてに共通ではない。ミトコンドリアや下等真核生物では変則的な遺伝暗号が用いられており，さらに，いくつかのコドンは同じ1つの遺伝子で2種類の意味をもつことがある。

章末問題

短答式問題

1. DNAの発見，DNAが遺伝物質であることの発見，DNAの構造の発見，最初のゲノム塩基配列決定について，簡単な年譜を示せ。
2. 二重らせんを安定化させている2種類の化学的相互作用は何か？
3. AとT，GとCの間の特異的な塩基対形成により，なぜ正確なDNA複製が可能となるのか？
4. RNAとDNAの2つの重要な化学的な違いは何か？
5. 非コードRNAが機能性RNAとも呼ばれるのはなぜか？
6. RNA分子のプロセシングのさまざまな種類について概要を述べよ。
7. トランスクリプトームを欠く細胞が存在することはあるか？ そのように考える理由を説明せよ。
8. タンパク質の二次構造，三次構造，四次構造において，水素結合，静電的相互作用，疎水性効果はどのような役割を果たしているか？
9. わずか20種類のアミノ酸から合成されているにもかかわらず，なぜタンパク質はきわめて多くの多彩な構造や機能をもちうるのか？
10. 20種類のアミノ酸が存在すること以外の要因によって，タンパク質はさらなる化学的多様性を有している。この2つの要因とは何か？ そしてその重要性とは？
11. 5′-UGA-3′はどのようにして，終止コドンとセレノシステイン（置換型アミノ酸）を指定するコドンの両方の働きを兼ねることができるのか？
12. ゲノムはどのようにして細胞の生理活性を指定しているのか？

論述式問題

1. 本文中にあるように，WatsonとCrickによる二重らせんの発見は1953年3月7日の土曜日に行われた。この記述の根拠について論じよ。
2. 二重らせんがDNAの正しい構造として，ただちに広く受け入れられた理由を論じよ。
3. 1960年代に遺伝暗号の解明をもたらした実験はどのようなものか？
4. ポリペプチド鎖は多種多様な構造をとりうるが，ポリヌクレオチド鎖はそうではない。その理由を論じよ。
5. トランスクリプトームとプロテオームはそれぞれ，ゲノム発現の中間産物および最終産物とみなすことができる。ゲノム発現を理解するうえでの，これらの用語の長所と短所を検討せよ。

推薦図書と参考文献

二重らせんの発見をはじめとする，DNA研究における画期的な研究成果に関する書籍や論説

Brock, T.D. (1990) *The Emergence of Bacterial Genetics*. Cold Spring Harbor Laboratory Press, New York. 形質転換因子の研究とハーシー・チェイスの実験を関連付けて，その意味を知るに至る背景の詳細な記録。

Judson, H.F. (1996) *The Eighth Day of Creation: Makers of the Revolution in Biology*. Cold Spring Harbor Laboratory Press, New York. 1990年代までの分子生物学の進歩に関するきわめて読み応えのある記述。

Kay, L.E. (1997) *The Molecular Vision of Life*. Oxford University Press, Oxford. 遺伝子がタンパク質でできているとする仮説の

根拠となった，特に参考になる説明を含む．

Lander, E.S. and Weinberg, R.A. (2000) Genomics: journey to the center of biology. *Science* 287:1777–1782. メンデルの法則からヒトゲノム配列決定に至るまでの遺伝学と分子生物学に関する簡潔な記述．

Maddox, B. (2003) Rosalind Franklin: *The Dark Lady of DNA*. HarperCollins, London.

McCarty, M. (1986) *The Transforming Principle: Discovering that Genes are Made of DNA*. Norton, London.

Olby, R. (2003) *The Path to the Double Helix*. Dover Publications, Mineola, New York. 二重らせんの発見を導いた研究に関する学術的な記述．

Watson, J.D. (1968) *The Double Helix*. Atheneum, London. 20世紀の生物学分野における最も重要な発見の裏側にドラマ仕立ての語りで迫る．

DNA，RNA，タンパク質の重要な特徴について述べた研究論文や総説

Altona, C. and Sundaralingam, M. (1972) Conformational analysis of the sugar ring in nucleosides and nucleotides: a new description using the concept of pseudorotation. *J. Am. Chem. Soc.* 94:8205–8212. 糖パッカリングに関する情報．

Eisenberg, D. (2003) The discovery of the α-helix and β-sheet, the principal structural features of proteins. *Proc. Natl Acad. Sci. USA* 100:11207–11210.

Pauling, L. and Corey, R.B. (1951) The pleated sheet, a new layer configuration of polypeptide chains. *Proc. Natl Acad. Sci. USA* 37:251–256. βシートについての最初の記述．

Pauling, L., Corey, R.B. and Branson, H.R. (1951) The structure of proteins: two hydrogen-bonded helical configurations of the polypeptide chain. *Proc. Natl Acad. Sci. USA* 37:205–211. αヘリックスについての最初の記述．

Rich, A. and Zhang, S. (2003) Z-DNA: the long road to biological function. *Nat. Rev. Genet.* 4:566–572.

Watson, J.D. and Crick, F.H.C. (1953) Molecular structure of nucleic acids: a structure for deoxyribose nucleic acid. *Nature* 171:737–738. DNAの二重らせん構造の発見を報告した論文．

Yakovchuk, P., Protozanova, E. and Frank-Kamenetskii, M.D. (2006) Base-stacking and base-pairing contributions into thermal stability of the DNA double helix. *Nucleic Acids Res.* 34:564–574.

DNAを研究する

2章

2.1 DNA操作に用いられる酵素

2.2 ポリメラーゼ連鎖反応

2.3 DNAクローニング

　ゲノムやゲノム発現について知られていることは，ほとんど例外なく実験研究からみいだされたものである。分子生物学や細胞生物学のような他の分野と同様に，この分野においても，純粋理論的研究が果たしてきた役割は非常に小さい。ゲノムに関する事実がいかにして得られてきたのかを熟知することなく，その事実を学ぶことも可能だが，本当の意味で理解するためには，ゲノム研究に用いられてきた手法や科学的なアプローチを詳細に知っておく必要がある。続く5つの章では，こうした研究手法について取り上げる。まずこの章では，ポリメラーゼ連鎖反応とDNAクローニングを中心に，DNA分子の研究に用いられる手法について検討する。これらの手法は，個々の遺伝子をはじめとするDNAの短い断片の研究にきわめて効果的であり，豊富な情報を得ることができる。第3章ではゲノム地図の作成に用いられる手法を取り上げ，第4章では，DNA分子の塩基配列決定法と，それによって得られた短い塩基配列を集めて各染色体や全ゲノムの配列を構築する方法について述べる。最後に第5章と第6章では，ゲノム配列中の遺伝子の位置を決定し，その遺伝子の機能を同定するための，さまざまなアプローチをみていく。これらの章を読み進めていけば，ゲノムの構造と機能を解明することが大変な作業であり，そしてゲノム研究は今まさに，相次ぐ発見が心を躍らせるような時期のさなかにあることがわかってくるだろう。実際，新しい手法やアプローチにより，これまで思いもよらなかったゲノムの新たな一面が毎週のように明らかにされているのだ。

　分子生物学者たちがDNA分子の研究に用いている一連の手法は，1970年代から1980年代にかけて確立された。それ以前は，19世紀中盤にMendelによって創始された古典的な**遺伝学**（genetics）の手法が，個々の遺伝子を研究する唯一の手段であった。やがて，1970年代初頭に生化学研究に起こったブレークスルーに刺激されて，DNAをもっと直接的に研究する方法が開発された。すなわち，分子生物学者たちはDNA分子の試験管内操作を可能にする酵素を手に入れたのである。これらの酵素は細胞にもともと含まれているもので，DNAの複製，修復，組換えといった過程にかかわっている（第15〜17章）。これらの酵素の機能を明らかにするために，その多くが精製され，触媒する反応が調べられた。その後，分子生物学者たちは精製した酵素を道具として利用し，DNA分子を操作する手法を確立した。例えば，DNA分子のコピーを作製したり，DNA分子を切断して短い断片にしたり，こうした断片を自然界には存在しない組合せでふたたび連結したりすることができるようになった（図2.1）。このような操作が**組換えDNA技術**（recombinant DNA technology）の基盤となっている。組換えDNA技術では，自然界に存在する染色体の断片と**プラスミド**（plasmid）から，新しい**組換えDNA分子**（recombinant DNA molecule）を構築する。

　DNA分子を操作する手法は，**ポリメラーゼ連鎖反応**（polymerase chain reaction：PCR）の開発にもつながった。PCRは複雑そうにみえて実は単純な方法で，DNA分子の短い断片のコピーを繰り返し作製する操作にすぎないが（図2.2），生命科学研究の多くの分野，とりわけゲノム研究で非常に重要な手法となっている。PCRについては2.2節

図 2.1　DNA 分子で実行可能な操作の例

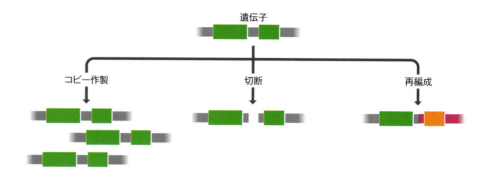

で詳しく述べる。DNA 分子を操作する手法はまた，**DNA クローニング**（DNA cloning；**遺伝子クローニング**〔gene cloning〕）の基盤ともなっている。DNA クローニングでは，DNA 断片をプラスミドか**ウイルス**（virus）の染色体に挿入し，宿主である細菌や真核生物で複製させる（図 2.3）。DNA クローニングが具体的にどのように行われ，なぜゲノム研究に重要であるのかについては 2.3 節で検討する。

2.1　DNA 操作に用いられる酵素

　1970 年代から 1980 年代にかけて遺伝子発現に関する理解が急速に進展するうえで，重要な貢献をした要因の 1 つが組換え DNA 技術であった。組換え DNA 技術の基礎は，試験管内で DNA 分子を操作できることである。つまり組換え技術の成否は，活性がわかっていてその制御が可能であり，それゆえ目的の DNA 分子に望みどおりの変化を起こすことができるような，精製酵素を入手できるかどうかにかかっている。このような DNA 操作に用いられる酵素は，大きく 4 種類に分けられる。

- **DNA ポリメラーゼ**（DNA polymerase）は，既存の DNA や RNA を鋳型として，それに**相補的**（complementary）な新生鎖を合成する（図 2.4A）。
- **ヌクレアーゼ**（nuclease）は，ヌクレオチド間を結びつけているホスホジエステル結合を切断して，DNA 分子を分解する（図 2.4B）。
- **DNA リガーゼ**（DNA ligase）は，1 つの DNA 分子の両末端や，2 つの DNA 分子それぞれの末端のヌクレオチド間にホスホジエステル結合を形成させて，DNA 分子を連結する（図 2.4C）。
- **末端修飾酵素**（end-modification enzyme）は，DNA 分子の末端に変更を加える（図 2.4D）。

　これから組換え DNA 技術の手法を学んでいくが，まずこれらの酵素をどのように用いて，DNA 分子に望みどおりの変化を起こすことができるのかを検討することからはじめよう。

鋳型依存性 DNA ポリメラーゼの機能

　DNA の研究に用いられる手法の多くにとって，既存の DNA 分子や RNA 分子の全体もしくは一部分の DNA コピーを作製する過程が重要である。DNA コピーの作製は，PCR（2.2 節），**DNA 塩基配列決定法**（DNA sequencing；4.1，4.2 節）をはじめ，そのほかの多くの分子生物学研究の中心的手法にとって必要不可欠なのである。DNA ポリメラーゼは DNA を合成する酵素であるが，既存の DNA 分子や RNA 分子の DNA コピーを

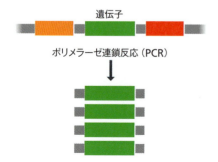

図 2.2　**ポリメラーゼ連鎖反応（PCR）は，特定の DNA 断片コピーの作製に利用される**　この例では 1 つの遺伝子をコピーしている。

図 2.3 **DNA クローニング** この例では，クローニングしようとする DNA 断片をプラスミドベクターに挿入し，それを宿主である細菌に複製させている。

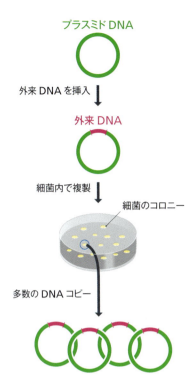

作製する DNA ポリメラーゼを，特に**鋳型依存性 DNA ポリメラーゼ** (template-dependent DNA polymerase) という。鋳型依存性 DNA ポリメラーゼは，塩基対形成のルールに従って新生 DNA ポリヌクレオチド鎖を合成する。つまり新生鎖の配列は，鋳型となる DNA 分子や RNA 分子の配列によって指定される（図 2.5）。新生鎖は常に 5′→3′ 方向に合成される。これとは逆の方向に DNA を合成する DNA ポリメラーゼは，自然界では知られていない。

鋳型依存性 DNA 合成の重要な特徴は，DNA ポリメラーゼが完全に一本鎖の分子は鋳型として利用できない点である。DNA 合成を開始するためには，酵素が新たにヌクレオ

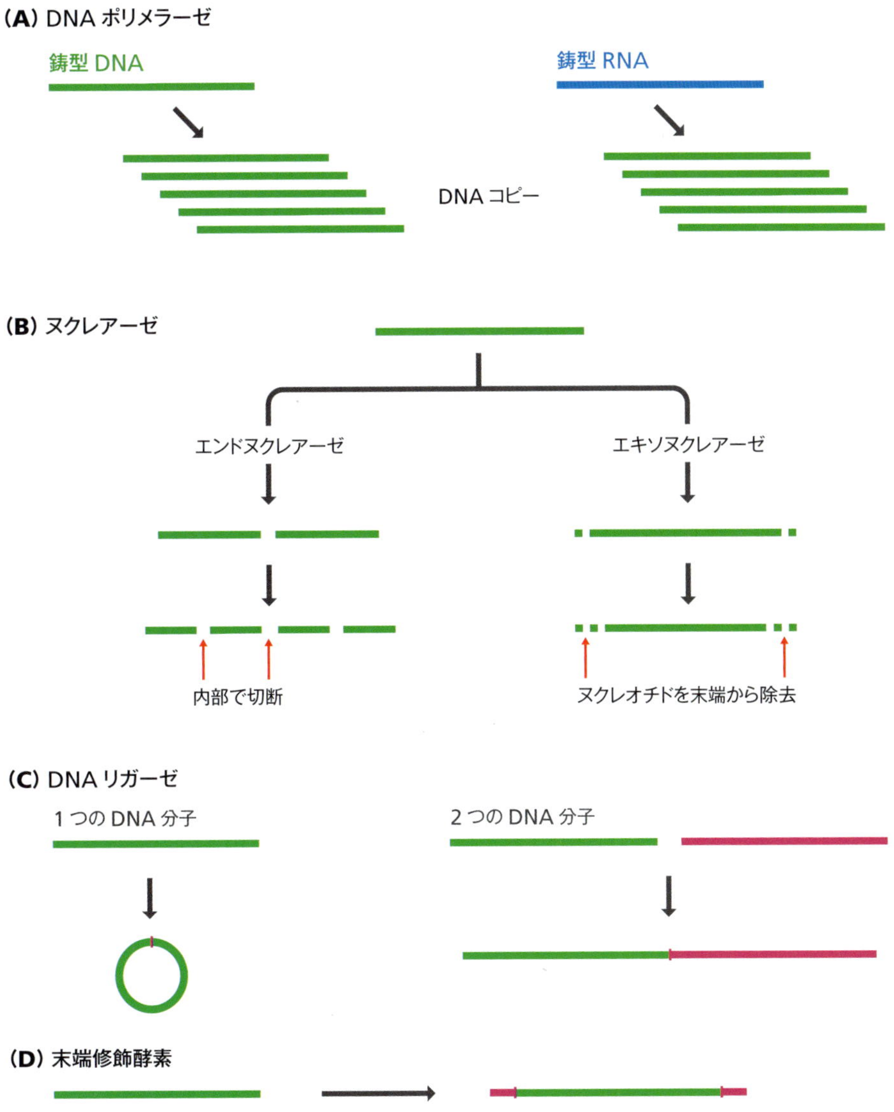

(A) DNA ポリメラーゼ

鋳型 DNA　　　　　　　鋳型 RNA

DNA コピー

(B) ヌクレアーゼ

エンドヌクレアーゼ　　　エキソヌクレアーゼ

内部で切断　　　　　　ヌクレオチドを末端から除去

(C) DNA リガーゼ

1 つの DNA 分子　　　　2 つの DNA 分子

(D) 末端修飾酵素

図 2.4 **(A) DNA ポリメラーゼ，(B) ヌクレアーゼ，(C) DNA リガーゼ，(D) 末端修飾酵素の活性**　(A) DNA ポリメラーゼ活性を，DNA を鋳型にしたときの場合（左側）と，RNA を鋳型にしたときの場合（右側）について示す。(B) エンドヌクレアーゼとエキソヌクレアーゼとしての活性を示す。(C) DNA リガーゼ活性。緑色の DNA 分子の分子内連結反応を左側に，赤色の別の DNA 分子との連結反応を右側に示す。(D) ターミナルデオキシヌクレオチジルトランスフェラーゼ（TdT；末端デオキシヌクレオチド付加酵素）活性を示す。この酵素は二本鎖 DNA 分子の両末端にヌクレオチドを付加する。

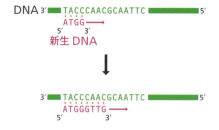

図 2.5　**DNA 依存性 DNA ポリメラーゼ活性**　新しいヌクレオチドは伸長中のポリヌクレオチド鎖の 3′ 末端に付加される。この新生鎖の配列は，鋳型 DNA の配列によって指定される。図 1.13 に示した転写の過程（DNA 依存性 RNA ポリメラーゼ）と比較すること。

チドを付加させていく 3′ 末端を提供する，短い二本鎖領域が存在しなければならない（図 2.6A）。細胞でのゲノム複製の際にこの条件が満たされる仕組みについては第 15 章で述べる。試験管内で DNA コピーを作製する場合には，化学合成した短い**オリゴヌクレオチド**（oligonucleotide）を鋳型に結合させて二本鎖領域を作り，反応を開始させる。このような合成オリゴヌクレオチドは，通常およそ 20 塩基長で，DNA 合成の**プライマー**（primer）と呼ばれる。組換え DNA 技術に DNA ポリメラーゼを利用する際，プライマーが必要だということは，一見すると状況を無駄に複雑にしているように思うかもしれないが，それはまったくの見当違いといえる。プライマーは鋳型 DNA に含まれる相補的な領域と塩基対を形成し，二本鎖部分を生じさせる（**アニーリング**：annealing）ことから，適切な塩基配列のプライマーを合成すれば，鋳型分子における DNA コピー作製の開始位置を指定できるのである（図 2.6B）。したがって長い鋳型分子中のほんの短い特定の領域のコピーを作製できるため，この操作は，プライマーを使用しない DNA 合成で起こるであろうランダムなコピー作製に比べて，はるかに有用なのである。プライマーを使用することの重要性は，PCR について述べる 2.2 節でさらによく理解できるだろう。

　鋳型依存性 DNA ポリメラーゼの一般的な特徴の 2 つ目は，これらの多くが複数の機能をもち，DNA 分子の合成にだけでなく分解にも携わることである。実際，細胞でのゲノム複製の際には，DNA ポリメラーゼはそのように働いている（15.3 節）。すなわち，5′→3′ 方向の DNA 合成能に加えて，DNA ポリメラーゼは次のエキソヌクレアーゼ活性の一方もしくは両方を示す（図 2.7）。

- **3′→5′ エキソヌクレアーゼ**（3′→5′ exonuclease）活性によって，合成されたばかりの新生鎖の 3′ 末端からヌクレオチドを除去できる。間違って取り込まれたヌクレオチドを除去して誤りを訂正しうることから，**プルーフリーディング**（proofreading；校正）活性ともいう。
- **5′→3′ エキソヌクレアーゼ**（5′→3′ exonuclease）活性はあまり一般的ではないが，一部の DNA ポリメラーゼがこの活性を示す。このような DNA ポリメラーゼは，コピーを作製中の鋳型にすでに結合しているポリヌクレオチド鎖を，部分的に取り除く必要があるゲノム複製の過程で働く。

研究に用いられる DNA ポリメラーゼの種類

　分子生物学研究に用いられる鋳型依存性 DNA ポリメラーゼ（表 2.1）のいくつかは，

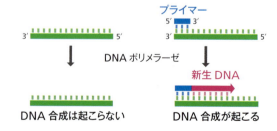

図 2.6　**鋳型依存性 DNA 合成におけるプライマーの役割**　（A）DNA ポリメラーゼは新生ポリヌクレオチド鎖の合成開始にプライマーを必要とする。（B）プライマーの塩基配列は鋳型 DNA への結合位置を決定し，その結果，コピーが作製される領域を指定する。DNA ポリメラーゼを用いて試験管内で DNA コピーを作製する場合は，プライマーは通常，化学合成した短いオリゴヌクレオチドである。

図 2.7 DNA ポリメラーゼの DNA 合成活性とエキソヌクレアーゼ活性 (A) 5′→3′DNA 合成活性によって，ポリメラーゼは合成途上の鎖の 3′末端にヌクレオチドを付加することができる。(B) 3′→5′エキソヌクレアーゼ活性によって，ポリメラーゼは合成途上の鎖の 3′末端から 1 つ以上のヌクレオチドを除去することができる。(C) 5′→3′エキソヌクレアーゼ活性によって，ポリメラーゼは鋳型鎖にすでに結合しているポリヌクレオチド鎖の 5′末端から，1 つ以上のヌクレオチドを除去することができる。

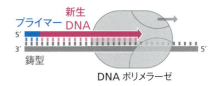

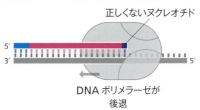

大腸菌 (*Escherichia coli*) の DNA ポリメラーゼ I に由来している。DNA ポリメラーゼ I は大腸菌のゲノム複製で中心的な役割を果たしている酵素である (15.3 節)。発見者である Arthur Kornberg にちなみ**コーンバーグポリメラーゼ** (Kornberg polymerase) とも呼ばれるこの酵素は，3′→5′ および 5′→3′ の両エキソヌクレアーゼ活性をもつ。このため DNA 操作における有用性は限られ，おもに放射性ヌクレオチドや蛍光標識ヌクレオチドを含む DNA 分子を合成する際に用いられる。この過程を **DNA 標識** (DNA labeling) という。

2 種類のエキソヌクレアーゼ活性のうち，DNA ポリメラーゼを用いた試験管内 (*in vitro*) 操作の際に生じるほとんどの問題の原因となるのは，5′→3′ 活性である。この活性をもつ酵素は，合成されたばかりのポリヌクレオチド鎖の 5′末端からヌクレオチドを除去してしまう (図 2.8)。通常，ポリメラーゼ活性がエキソヌクレアーゼ活性をはるかに上回っているので，ポリヌクレオチド鎖がすべて分解されてしまうとは考えにくいが，DNA 操作技術の中には，新生鎖の 5′末端が多少なりとも短くなると，うまく動作しないものがある。例えば，旧来のいくつかの DNA 塩基配列決定法では，反応開始のためのプライマーで標識された，まったく同一の 5′末端をもつ新生鎖が合成されることが不可欠である。5′末端が少しずつ削りとられてしまうことがもしあれば，正確な塩基配列決定は望めない。このような問題があるため，1970 年代後半に DNA 塩基配列決定法が最初に登場したときには，改良型コーンバーグポリメラーゼである**クレノウポリメラーゼ** (Klenow polymerase) が使われた。クレノウポリメラーゼは当初，大腸菌由来の天然型 DNA ポリメラーゼ I をプロテアーゼ処理して調製された。得られた 2 つの断片のうち 1 つは，ポリメラーゼ活性と 3′→5′ エキソヌクレアーゼ活性を保持していたが，5′→3′ 活性は欠失していた。この酵素は，現在ではほとんどの場合，ポリメラーゼ遺伝子の 5′→3′ エキソヌクレアーゼ活性をコードする部分を遺伝子操作で欠失させた大腸菌細胞から調製されている。

大腸菌の DNA ポリメラーゼ I の至適反応温度は 37℃ で，大腸菌の生育環境であるヒトのような哺乳類の腸管内の通常温度である。そのため，コーンバーグポリメラーゼやクレノウポリメラーゼを用いる試験管内の反応は 37℃ で行われる。そして酵素が**変性** (denaturation；すなわち構造がほどけることにより酵素タンパク質が失活する) する 75℃ 以上まで温度を上げることで反応を終了させる。この方法はたいていの分子生物学的手法にそのまま適用できるが，PCR では 37℃ よりもはるかに高い温度で機能を発揮する**熱安定性** (thermostable) DNA ポリメラーゼが必要となる。その理由は 2.2 節に示してある。この条件に適した DNA ポリメラーゼ I は，最高温度が 95℃ の温泉で生育する

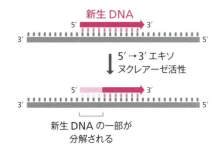

図 2.8 DNA ポリメラーゼの 5′→3′ エキソヌクレアーゼ活性は，合成されたばかりのポリヌクレオチド鎖の 5′末端を分解してしまうことがある

表 2.1　分子生物学研究に用いられる鋳型依存性 DNA ポリメラーゼの特徴

ポリメラーゼ	詳細	おもな用途	参照節
DNA ポリメラーゼ I	大腸菌由来の天然型 DNA ポリメラーゼ I	DNA 標識	2.1 節
クレノウポリメラーゼ	大腸菌由来の改良型 DNA ポリメラーゼ I	DNA 標識，ジデオキシ法による DNA 塩基配列決定	2.1, 4.1 節
Taq ポリメラーゼ	*Thermus aquaticus* 由来の DNA ポリメラーゼ I	PCR	2.2 節
逆転写酵素	各種のレトロウイルス由来の RNA 依存性 DNA ポリメラーゼ	cDNA 合成	3.6, 5.3 節

Thermus aquaticus のような好熱性細菌から単離でき，その至適反応温度は 75～80℃である。タンパク質に熱安定性をもたらす生化学的な理由は十分には明らかになっていないが，おそらくタンパク質がどのような立体構造をとっているかが重要であり，高温条件下でもタンパク質変性の量が少なくなっているのだと考えられている。

分子生物学研究に重要なもう 1 つの DNA ポリメラーゼは**逆転写酵素**（reverse transcriptase）である。この酵素は **RNA 依存性 DNA ポリメラーゼ**（RNA-dependent DNA polymerase）であり，DNA ではなく RNA を鋳型として DNA コピーを作製する。逆転写酵素はヒト免疫不全ウイルス（HIV）をはじめとする，レトロウイルスの複製サイクルにかかわっている（9.1 節）。レトロウイルスは RNA ゲノムをもち，宿主に感染してその DNA コピーを作製する。試験管内では，逆転写酵素を用いて mRNA 分子の DNA コピーを作製することができる。作製されたコピーは**相補的 DNA**（complementary DNA：**cDNA**）と呼ばれる。cDNA の合成は，ある種の DNA クローニングや，特定の mRNA を指定しているゲノム領域のマッピングに用いられる手法において重要である（5.3 節）。

制限酵素は DNA 分子を決められた位置で切断する

さまざまなヌクレアーゼが組換え DNA 技術で用いられている（表 2.2）。広範な活性を示すものもあるが，たいていのヌクレアーゼは，DNA 分子や RNA 分子の末端からヌクレオチドを除去する**エキソヌクレアーゼ**（exonuclease）か，内部のホスホジエステル結合を切断する**エンドヌクレアーゼ**（endonuclease）のいずれかである。ヌクレアーゼには DNA 特異的なものや RNA 特異的なものもあり，二本鎖のみに作用するものもあれば一本鎖にのみ働くものもある。さらには作用特異性を示さないものもある。さまざまなヌクレアーゼについて，それらが使われる手法に触れる章で目にすることになるだろうが，ここではそのうちの 1 種類だけを検討しよう。組換え DNA 技術のあらゆる側面で中心的な役割を果たしている**制限酵素**（restriction enzyme）である。

制限酵素は**制限エンドヌクレアーゼ**（restriction endonuclease）とも呼ばれ，DNA 分子の特定の塩基配列（認識配列）に結合して，配列の内部かその近傍で二本鎖 DNA を切断する酵素である。その配列特異性のため，DNA 配列がわかっている場合には切断位置の予測が可能で，大きな分子から目的とする断片を切り出すことができる。DNA クローニングをはじめ，配列がわかっている DNA 断片を必要とするあらゆる組換え DNA 技術は，制限酵素のこの特性を利用している。

制限酵素は大きく 3 種類に分けられる。Ⅰ型とⅢ型の制限酵素は，DNA 分子内の特定の配列を認識するものの，切断位置は一定ではなく厳密さに欠ける。そのため，得られる断片の配列を正確に予測することができないので，これらの酵素はそれほど有用ではない。Ⅱ型酵素にはこのような欠点がなく，認識配列の内部かその近傍の常に同じ位置で切断が起こる（図 2.9）。例えば，大腸菌から単離された *Eco*RⅠ というⅡ型酵素は，6 塩基長の配列 5'-GAATTC-3' でのみ DNA を切断する。したがってⅡ型酵素で処理すれば，標的 DNA 分子の塩基配列がわかっている場合には，予測どおりの塩基配列をもつ断片が再現性よく得られることになる。4,000 種類ものⅡ型酵素が単離されており，そのうち 600 種

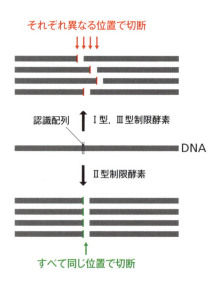

図 2.9　制限酵素による切断　図の上半分はⅠ型またはⅢ型の制限酵素による DNA の切断を示す。認識配列に対してそれぞれわずかに異なる位置で切断が起こるため，生じた断片の長さはばらばらである。下半分はⅡ型制限酵素による切断を示す。どの分子も正確に同じ位置で切断され，まったく同じ長さの断片が生じる。

表 2.2　分子生物学研究に用いられる重要なヌクレアーゼの特徴			
ヌクレアーゼ	詳細	おもな用途	参照節
制限酵素	さまざまな生物種由来の配列特異的 DNA エンドヌクレアーゼ	多くの用途	2.1 節
S1 ヌクレアーゼ	*Aspergillus oryzae* 由来の一本鎖 DNA/RNA 特異的エンドヌクレアーゼ	転写産物のマッピング	5.2 節
デオキシリボヌクレアーゼⅠ	大腸菌由来の二本鎖 DNA/RNA 特異的エンドヌクレアーゼ	ヌクレアーゼフットプリント法	7.1 節

表 2.3 制限酵素の例

酵素	認識配列	末端の種類	末端配列
AluI	5′-AGCT-3′ 3′-TCGA-5′	平滑	5′-AG　　CT-3′ 3′-TC　　GA-5′
Sau3AI	5′-GATC-3′ 3′-CTAG-5′	粘着, 5′突出	5′-　　GATC-3′ 3′-CTAG　　-5′
HinfI	5′-GANTC-3′ 3′-CTNAG-5′	粘着, 5′突出	5′-G　　ANTC-3′ 3′-CTNA　　G-5′
BamHI	5′-GGATCC-3′ 3′-CCTAGG-5′	粘着, 5′突出	5′-G　　GATCC-3′ 3′-CCTAG　　G-5′
BsrBI	5′-CCGCTC-3′ 3′-GGCGAG-5′	平滑	5′-　　NNNCCGCTC-3′ 3′-　　NNNGGCGAG-5′
EcoRI	5′-GAATTC-3′ 3′-CTTAAG-5′	粘着, 5′突出	5′-G　　AATTC-3′ 3′-CTTAA　　G-5′
PstI	5′-CTGCAG-3′ 3′-GACGTC-5′	粘着, 3′突出	5′-CTGCA　　G-3′ 3′-G　　ACGTC-5′
NotI	5′-GCGGCCGC-3′ 3′-CGCCGGCG-5′	粘着, 5′突出	5′-GC　　GGCCGC-3′ 3′-CGCCGG　　CG-5′
BglI	5′-GCCNNNNNGGC-3′ 3′-CGGNNNNNCCG-5′	粘着, 3′突出	5′-GCCNNNN　　NGGC-3′ 3′-CGGN　　NNNNCCG-5′

略語：Nは任意のヌクレオチド。すべてではないが大半の認識配列は2回対称（180°反転させても，もとの配列と同じ）であることに注意。すなわち，5′→3′方向に読んだとき両鎖の配列は同じである。

類以上が研究目的で使用できる。6塩基長の認識配列をもつものが多いが，それより短い配列や長い配列を認識するものもある（表 2.3）。また，認識配列がそれほど厳密ではなく，複数の似かよった塩基配列を認識し，DNA を切断する酵素もある。例えば，インフルエンザ菌（*Haemophilus influenzae*）から単離された *Hinf* I は，5′-GANTC-3′（N は任意のヌクレオチド）が認識配列であり，5′-GAATC-3′，5′-GATTC-3′，5′-GAGTC-3′，5′-GACTC-3′ のすべてを認識して切断する。たいていの酵素は認識配列の内部で DNA を切断するが，*Bsr* BI などいくつかのものは認識配列近傍の特定の位置で切断する。

制限酵素が DNA を切断する方法には2通りある。多くは二本鎖の両方の鎖を同じ位置で切断し，**平滑末端**（blunt/flush end）を生じさせる。それ以外は，通常それぞれの鎖を 2〜4 ヌクレオチド離れた別々の位置で切断し，生じる DNA 断片はそれぞれの末端に短い一本鎖突出部をもつことになる。このような突出部をもつ末端間では，塩基対形成によって DNA 分子をふたたび連結できるため，これらは**粘着末端**（cohesive/sticky end；付着末端）と呼ばれる（図 2.10A）。粘着末端を生じさせる酵素には，5′突出末端を生じさせるもの（例えば，*Sau*3AI, *Hinf* I）と，3′突出末端を生じさせるもの（例えば，*Pst* I）がある（図 2.10B）。組換え DNA 技術への利用という点から特に重要なのは，認識配列は異なるものの，同じ粘着末端を生じさせる制限酵素があるという点である。例えば，*Bam*HI は6ヌクレオチド，*Sau*3AI は4ヌクレオチドからなる配列を認識するが，いずれも 5′-GATC-3′ の粘着末端を生じさせる（図 2.10C）。

ゲル電気泳動を用いて制限酵素処理の結果を調べる

制限酵素によって処理することで，大きな DNA 分子が切断されて短い断片が生じる。こうした DNA 断片のサイズを知るにはどうすればよいだろうか。答えは「**ゲル電気泳動**（gel electrophoresis）を行う」である。これは長さの異なる DNA 分子を分離するための標準的な方法で，DNA 断片のサイズの分析に汎用され，また RNA 分子を分離するのにも用いられる。

図 2.10 さまざまな制限酵素による DNA の切断 (A)平滑末端と粘着末端。(B) 2 種類の粘着末端：BamHI による切断で生じた 5′ 突出末端と，PstI による切断で生じた 3′ 突出末端。(C) 2 種類の制限酵素によって生じた同じ粘着末端：BamHI（認識配列は 5′-GGATCC-3′）と Sau3AI（認識配列は 5′-GATC-3′）は，いずれも 5′-GATC-3′ の粘着末端を生じさせる。

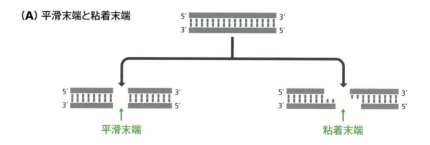

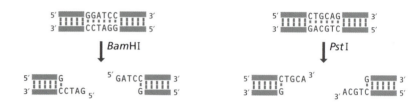

電気泳動（electrophoresis）とは電場における荷電分子の移動である。負に帯電した分子は陽極に向かって，正に帯電した分子は陰極に向かって動く。電気泳動は当初，水溶液中で行われていた。この場合，分子の移動速度に影響する最も重要な要因は，その形状と荷電状態である。水溶液中の電気泳動は，DNA の分離にはそれほど有用ではない。なぜなら，大部分の DNA 分子は同じ直鎖状の形状で，しかも，DNA の荷電状態はその長さによって決まるが，その違いは効果的な分離を期待できるほど大きくはないからである（図 2.11A）。ところが電気泳動をゲル内で行う場合には状況が異なる。分子の形状や荷電状態はそれほど重要ではなくなり，その長さが移動速度の主要な決定要因となる。ゲルは小さな孔からなる網目構造をとっており，DNA 分子はその網目構造をぬって陽極のほうへ移動しなければならないからである。短い分子は長い分子と比べて網目構造の通過をそれ

図 2.11 長さの異なる DNA 分子の電気泳動による分離 (A) 水溶液中の電気泳動では，サイズの異なる DNA 断片を分離できない。(B) ゲル電気泳動を行うと分離できる。

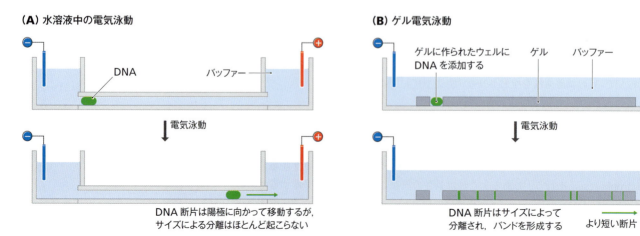

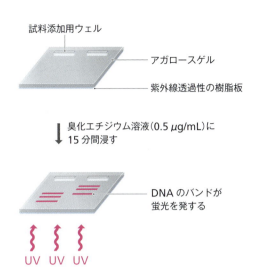

図 2.12 アガロースゲル内の DNA バンドは臭化エチジウムで染色することにより検出できる

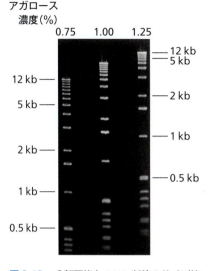

図 2.13 分離可能な DNA 断片のサイズ範囲はゲルのアガロース濃度によって決まる
3 通りのアガロース濃度で電気泳動を行った。左右の数字はそれぞれのレーンで検出されたバンドのサイズを示している。(BioWhittaker Molecular Applications 社の厚意による)

ほど妨げられず，したがってゲル内をより速く移動する．そのため，分子の長さの違いによって，ゲル内にさまざまなバンドが形成される（図 2.11B）．

分子生物学の分野では 2 種類のゲルが電気泳動に用いられる．ここで述べる**アガロースゲル電気泳動**（agarose gel electrophoresis）と，おもに DNA 塩基配列決定法（4.1 節）で用いられる**ポリアクリルアミドゲル電気泳動**（polyacrylamide gel electrophoresis）である．アガロースは多糖類の一種で，直径 100～300 nm の細孔をもつゲルを作る．細孔のサイズはゲルのアガロース濃度に応じて決まるので，分離しようとする DNA 断片のサイズに応じてアガロースの濃度を変化させる必要がある．また，分離可能なサイズ範囲は，アガロースの**電気浸透**（electroendosmosis）の度合いにも影響される．電気浸透度は，硫酸基やピルビン酸基といった陰性荷電基がどれくらいアガロースに残存しているか，その量を反映しており，電気浸透度が高いほど，DNA のような負に帯電した分子の移動速度は遅くなる．

アガロースゲルを調製するには，バッファー（緩衝液）に適量のアガロース粉末を加えて加熱して溶かし，これを漏れないようにテープで側面をシールした 2 枚のアクリル樹脂製ゲル作製用トレイに流し込む．このとき，櫛状の部品（コーム）を使って試料添加用の溝（ウェル）を作っておく．ゲルが固まったら，電気泳動装置に移して，バッファーに完全に浸るように沈めた後，電気泳動を行う．電気泳動の進捗状況をモニタリングする目的で，移動度がわかっている 1～2 種類の色素をあらかじめ試料溶液に加えておく．泳動後のゲルを**臭化エチジウム**（ethidium bromide）溶液に浸せば，DNA のバンドを可視化できる．臭化エチジウムは二本鎖 DNA 分子の隣接する塩基対の間の隙間に入り込み（インターカレーション），紫外線照射によって蛍光を発する化合物である（図 2.12）．残念ながら，臭化エチジウムは強力な変異原物質であるため，取り扱いには細心の注意を要する．そこで現在では，DNA を緑色，赤色，青色に染色する，変異原性の低い安全性の高い色素が代替品として，多くの研究室で使われている．二本鎖 DNA を検出する場合，臭化エチジウムでは最低でも 10 ng の DNA が必要だが，これらの新たな色素のうちの最も感度の高いものならば，バンドに含まれる DNA が 1 ng 未満でも検出できる．

ゲルのアガロース濃度に応じて，長さが 100 塩基対（bp）から 50 キロ塩基対（kilobase pair : kb）までの DNA 断片を鮮明なバンドとして分離することができる（図 2.13）．例えば，厚さ 0.5 cm の 0.5% アガロースゲルは比較的大きな細孔をもち，サイズが 1～30 kb の分子の分離に用いられ，10 kb と 12 kb の DNA 断片をはっきりと識別できる．また，0.3% のゲルは最大 50 kb までの大きめの断片，5% ゲルは 100～500 bp の小さめ

の断片の分離に用いることができる。

目的の DNA 断片はサザンハイブリダイゼーションで特定できる

　制限酵素で切断する DNA 分子が比較的短く（低分子），生じる断片数が 20 以下の場合，これらを別々のバンドとして観察できるようなゲルのアガロース濃度を選ぶことが通常はできる。しかし，DNA 分子が長く（高分子），酵素処理で非常に多くの断片が生じる場合には，どのようなアガロース濃度を選んでも DNA 断片はバンドを形成せず，不鮮明なスメアとなる。酵素処理で生じたあらゆる長さの断片が混在しており，分離できないのである。ゲノム DNA を制限酵素処理したときに，こうしたスメアがよくみられる。

　最初の DNA の塩基配列がわかっていれば，特定の制限酵素による処理で生じる断片の塩基配列（ひいてはサイズ）は予測できる。そこで，目的とする断片（例えば，遺伝子を含む断片）のバンドを特定してゲルから切り出し，その DNA を精製することができる。もし断片のサイズがわからなくても，目的の遺伝子やその他の DNA 領域を含む断片は，**サザンハイブリダイゼーション**（Southern hybridization）と呼ばれる手法で特定できる。唯一の必要条件は，目的の遺伝子や DNA 断片の配列の少なくとも一部がわかっているか，予測可能なことである。最初の段階は，制限酵素処理で生じた断片（制限断片）を，アガロースゲルからニトロセルロース膜かナイロン膜へ移しとる（ブロッティングする）操作である。これはゲル上に膜を置き，バッファーを浸透させて DNA をゲルから膜へと吸いとらせることで行われる（図 2.14A）。この操作で DNA のバンドは，ゲルでの位置関係を崩すことなく膜表面に固定される。

　次の段階は，**ハイブリダイゼーションプローブ**（hybridization probe）の作製である。このプローブは標識した DNA 分子であり，その配列は検出したい標的 DNA の一部分と相補的になるように設計する。標識は多くの場合，**放射性マーカー**（radioactive marker）を用いる。すなわち，ヌクレオチドのリン原子の 1 つを ^{32}P か ^{33}P に，またはリン酸基の酸素原子のうち 1 つを ^{35}S に，あるいは水素原子の 1 つないしそれ以上を ^{3}H に置換した放射性ヌクレオチドを合成して利用する。放射性標識したヌクレオチドも DNA ポリメラーゼの基質になりうるので，DNA ポリメラーゼが触媒するあらゆるヌクレオチド鎖合成反応で DNA 分子に取り込まれる。放射性化合物の使用に伴う健康被害や廃棄に関する問題を回避するために，**蛍光マーカー**（fluorescent marker）や**化学発光マーカー**（chemiluminescent marker）で標識したヌクレオチドを利用することも可能である。

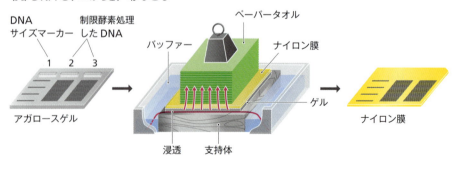

図 2.14　サザンハイブリダイゼーション
（A）DNA をゲルから膜へ移しとる（ブロットする）。（B）放射性標識した DNA プローブで膜を調べる。得られたオートラジオグラフには，ハイブリッド形成したバンドがレーン 2 に 1 本，レーン 3 に 2 本現われた。

プローブと標的 DNA の配列は相補的であるため，両者は塩基対形成により**ハイブリッド形成**（hybridize）することができる。ハイブリッド形成したプローブの膜上の位置は，プローブにつけた標識が発するシグナルを検出して特定できる。ハイブリダイゼーションを行うには，DNA を移しとった膜を標識プローブと少量のバッファーとともにガラス瓶に入れ，数時間ゆっくり回転させてプローブを標的 DNA と十分にハイブリッド形成させる。その後，ハイブリッド形成しなかったプローブを膜から洗い流してから，標識が発するシグナルを検出する。図 2.14B の例では，プローブは放射性標識されているので，ナイロン膜を X 線感光フィルムと密着させて露光し，検出している。この検出法を**オートラジオグラフィー**（autoradiography）という。得られたオートラジオグラフに現れるバンドは，プローブとハイブリッド形成した制限断片の位置に相当し，目的の遺伝子を含んでいる。蛍光マーカーを利用した場合，標識は蛍光団の発光スペクトルに対して感受性のあるフィルムで検出される。化学発光マーカーも同じ方法で検出できるが，標識が単独でシグナルを発するのではなく，シグナルを発生させるのに化学処理を要するという短所がある。よく用いられているのは，DNA をアルカリホスファターゼで標識し，ジオキセタン誘導体を添加して検出する方法である。この場合，アルカリホスファターゼの作用でジオキセタン誘導体が脱リン酸反応を起こして化学発光する。放射性標識，蛍光標識，化学発光標識はいずれも，デジタルスキャナでの検出も可能である。デジタルスキャナを利用すれば，フィルムの露光にかかる時間が必要なく，標識の位置を示す画像をリアルタイムで取得できる。

DNA リガーゼは DNA 断片を連結する

制限酵素処理で生じた DNA 断片は，DNA リガーゼによって元どおりに連結しなおしたり，新たな断片と連結させたりすることができる。この反応はエネルギーを要するため，ATP かニコチンアミドアデニンジヌクレオチド（NAD）を反応液に加える必要がある。加えるエネルギー源は使用する DNA リガーゼの種類によって異なる。

最も広く用いられている DNA リガーゼは T4 DNA リガーゼで，T4 ファージを感染させた大腸菌細胞から調製される。この酵素は T4 ファージの DNA 複製にかかわり，T4 ゲノムにコードされている。生体内での本来の役割は，二本鎖 DNA の一方の鎖に存在するニック（切れ目）部分において，欠けているホスホジエステル結合を形成することである（図 2.15A）。2 つの制限断片を連結するには，DNA リガーゼは両方の鎖でそれぞれ 1 つ，合計 2 つのホスホジエステル結合を形成する必要がある（図 2.15B）。DNA リガー

図 2.15 DNA リガーゼによる DNA 分子の連結反応　(A) 細胞内の DNA リガーゼは，二本鎖 DNA の一方の鎖で欠けているホスホジエステル結合を形成する。(B) *in vitro* で DNA 2 分子を連結するには，DNA リガーゼは両方の鎖でそれぞれ 1 つ，合計 2 つのホスホジエステル結合を形成する必要がある。(C) *in vitro* での連結反応は，2 つの分子が相補的な粘着末端をもつ場合のほうが効率がよい。なぜなら，これらの末端どうしの一過性の塩基対形成によって分子が近づくので，DNA リガーゼが結合してホスホジエステル結合を形成する機会が増えるからである。

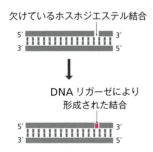

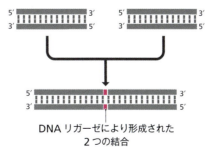

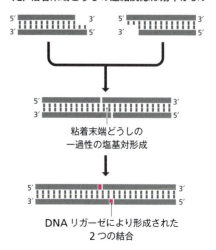

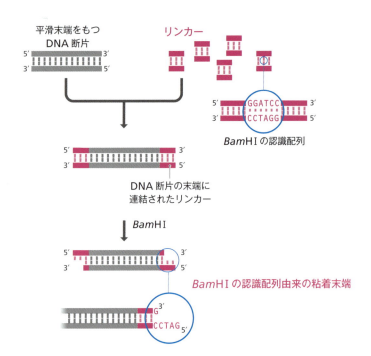

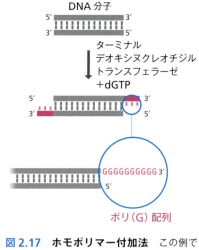

図2.17 **ホモポリマー付加法** この例では，平滑末端をもつ DNA 断片の末端にポリ（G）配列を伸長させている．他のヌクレオチドのポリマー配列も，反応液に適切な基質を加えることで合成できる．

図2.16 **リンカーを用いて平滑末端をもつ分子に粘着末端を作りだす** この例では，リンカーは制限酵素 BamHI の認識配列を含んでいる．平滑末端をもつ分子の末端に，リンカーを DNA リガーゼで連結する．リンカーの濃度を高くしておけば，この反応は比較的効率よく進行する．続いて BamHI を加えてリンカーを切断し，粘着末端を生じさせる．リンカーを連結する反応ではリンカーどうしの反応も起こるため，さまざまな数のリンカーが直列に連結したもの（**コンカテマー**（concatemer））が，平滑末端に結合することに注意しなければならない．制限酵素を加えると，このようなコンカテマーはばらばらに切断され，最も内側のリンカーの断片のみが DNA 分子に結合したまま残る．アダプターはリンカーと似ているが，一方の末端は平滑末端で，他方が粘着末端となっている．そのため，平滑末端をもつ DNA 分子にアダプターを連結するだけで，制限酵素処理を行わずに粘着末端を作ることができる．

ゼにはこの反応を行う能力がそなわっているのだが，連結されるべき末端がたまたま十分に近接したときにのみこの反応が起こる．つまり，DNA リガーゼ自体には断片を捕捉して引き寄せるような能力はない．2つの分子が相補的な粘着末端をもつ場合，反応液中のランダムな拡散現象で末端どうしが近づくと，2つの末端突出部の間に一過性の塩基対が形成される．この塩基対はそれほど安定なものではないが，DNA リガーゼが連結部分に結合し，ホスホジエステル結合を形成して末端どうしを連結させるのには十分な時間だけ存続すると考えられる（図 2.15C）．平滑末端をもつ分子の場合は，たとえ一時的にせよ，相互に塩基対を形成することはない．そのため連結反応の効率ははるかに低く，DNA 濃度が高く，末端どうしが近づく機会が増えたとしても，反応は起こりにくい．

粘着末端どうしで連結反応を行う方がはるかに効率が高いことから，平滑末端を粘着末端に変換する方法の開発が進んだ．1つの方法では，**リンカー**（linker）や**アダプター**（adaptor）と呼ばれる短い二本鎖分子を平滑末端に結合させる．リンカーとアダプターの機能は微妙に異なるが，いずれも制限酵素の認識配列を含み，適当な酵素処理で粘着末端を生じる（図 2.16）．粘着末端を作り出すもう1つの方法は**ホモポリマー付加法**（homopolymer tailing）で，平滑末端の 3′ 末端側に同じヌクレオチドを次々に付加していく（図 2.17）．使われる酵素は**ターミナルデオキシヌクレオチジルトランスフェラーゼ**（terminal deoxynucleotidyl transferase：**TdT**）で，この酵素については次項で述べる．反応液に DNA と酵素，そして4種類のヌクレオチドのうち1種類のみが含まれるならば，新しく伸長した一本鎖 DNA 部分は1種類のヌクレオチドだけからなる．それが例えば dGTP を反応液に加えて作ったポリ（G）配列であれば，その分子は dCTP を加えて同様に作ったポリ（C）配列をもつ別の分子と塩基対を形成できることになる．

末端修飾酵素

TdT（図 2.17 参照）は仔ウシの胸腺組織から得られ，末端修飾酵素の1つである．TdT は**鋳型非依存性 DNA ポリメラーゼ**（template-independent DNA polymerase）であり，既存の DNA 鎖や RNA 鎖との塩基対形成なしにヌクレオチドを取り込んで，DNA ポリヌクレオチド鎖を伸長させる．組換え DNA 技術におけるこの酵素のおもな用途は，上述のホモポリマー付加法である．

TdT 以外の2種類の末端修飾酵素もよく用いられる。**アルカリホスファターゼ**（alkaline phosphatase）と **T4 ポリヌクレオチドキナーゼ**（T4 polynucleotide kinase）で，両者は相補的に作用する。アルカリホスファターゼは，大腸菌や仔ウシ腸組織，アマエビをはじめとするさまざまな材料から得られる。この酵素は DNA 断片の 5′ 末端からリン酸基を除去することで，DNA 断片どうしの連結が起こるのを防いでいる。5′ リン酸基をもつ末端どうしは互いに連結可能であり，またリン酸基をもたない末端とリン酸基をもつ末端ならば結合できるが，両方の末端に 5′ リン酸基がない場合には連結することができない。そこでアルカリホスファターゼを慎重に使用することにより，目的の連結反応産物のみが得られるようにすれば，DNA リガーゼの機能を思い通りにコントロールできるようになる。T4 ポリヌクレオチドキナーゼは T4 ファージを感染させた大腸菌細胞から得られ，アルカリホスファターゼとは逆の反応をつかさどる。つまり，DNA 分子の 5′ 末端にリン酸基を付加する。アルカリホスファターゼと同じく，この酵素も複雑な連結反応に用いられるが，おもな用途は DNA 分子の**末端標識**（end-labeling）である。

2.2　ポリメラーゼ連鎖反応

　早くも 1971 年には同様の結果をもたらす方法が提案されていたのだが，現在では PCR 発明の功績は Kary Mullis に帰せられている。Mullis によると，「ひらめきの瞬間」は，1983 年初めのある夜，カリフォルニア州のパシフィック・グローブ・ハイウェイをドライブしていた折に不意に訪れた。特定の DNA 断片を増幅するには，単に，その断片を繰り返しコピーすればよいという妙案であった。方法自体はあまりに明快であるため，なぜ PCR が近代生物学において革命的であったのかを理解するのは，初心者にとっては難しいかもしれない。まずこの手法の具体的な手順を説明し，それから数多くの応用例のうちいくつかについて検討することにしよう。

PCR の実際

　PCR では DNA 分子の特定の領域を繰り返しコピーする（図 2.2 参照）。反応は *T. aquaticus* から単離された熱安定性 DNA ポリメラーゼ（*Taq* ポリメラーゼ）（2.1 節）を用いて行われる。熱安定性酵素が必要とされる理由は，PCR の間に起こる反応の詳細を知れば明らかになるだろう。

　PCR を行うには目的 DNA を，*Taq* ポリメラーゼ，1 組のオリゴヌクレオチドプライマー，さらに原料となる 4 種類のデオキシヌクレオシド三リン酸（dNTP，すなわち dATP，dCTP，dGTP，dTTP）と混ぜ合わせる。目的 DNA はごく微量でかまわない。PCR は効率が非常に高く，出発分子が 1 分子であっても増幅が可能である。プライマーは *Taq* ポリメラーゼによる DNA 合成反応を開始させるのに必要で（図 2.6 参照），増幅したい DNA 領域をはさむように設計された 1 組のプライマーが必要である。したがって，適切なプライマーを合成するために，それが結合する部位の配列をあらかじめ知っておく必要がある。

　まず反応液を 94℃ に加熱する。この温度ではポリヌクレオチド鎖に二重らせん構造をとらせている水素結合が破壊されるため，目的 DNA は一本鎖に変性する（図 2.18）。次に温度を 50〜60℃ まで下げると，一本鎖の目的 DNA のなかにはふたたび二本鎖に戻るものもあれば，プライマーとの結合が起こる場合もある（このような相補性配列をもつ一本鎖どうしの二本鎖形成をアニーリングという）。後者の場合には DNA 合成が開始となるので，*Taq* ポリメラーゼの至適温度である 72℃ に上げる。PCR のこの第 1 段階（1 サイクル）では，目的 DNA の各鎖から「長鎖」の合成産物が 1 組生じる。このポリヌクレ

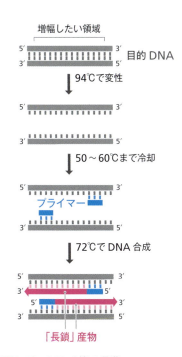

図 2.18　PCR の第 1 段階

図 2.19　PCR における短鎖産物の合成　図のいちばん上に示す最初のサイクルの産物から，2 回目の変性-アニーリング-合成のサイクルで，4 つの産物が生じる。そのうちの 2 つは最初のサイクルの産物と同じもので，残りの 2 つは新しく合成された DNA だけでできている。3 回目のサイクルで後者から「短鎖」の合成産物が生じ，この産物がその後のサイクルで指数関数的に増加していく。

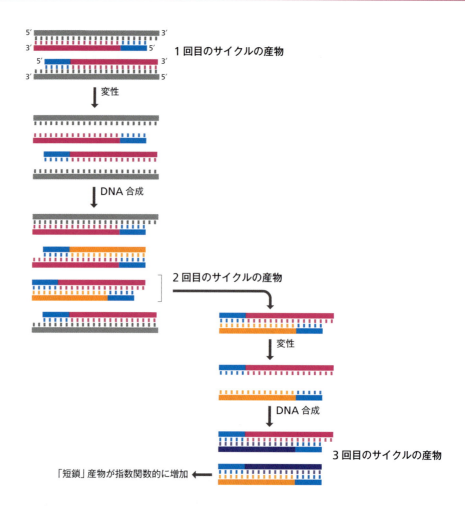

オチド鎖の 5′ 末端は同一であるが，3′ 末端は DNA 合成が終結した位置によってまちまちである。

変性-アニーリング-合成のサイクルをもう 1 度繰り返すと，今度は長鎖産物が DNA 合成の鋳型となり，さらに 3 回目のサイクルが終了した時点で，両方の鎖の 5′ 末端と 3′ 末端がともにプライマーの結合位置で規定された「短鎖」の合成産物が生じる（図 2.19）。その後のサイクルで短鎖産物の数は指数関数的（サイクルごとに倍）に増加していき，反応液に含まれる原料のどれかを使い果たすと反応は停止する。計算上，30 サイクル後には，1 個の出発分子から 10 億分子以上の短鎖産物が生じることになる。実際の実験では，$1\,\mathrm{ng}\,(10^{-9}\,\mathrm{g})$ より少ない目的 DNA から数 $\mu\mathrm{g}\,(10^{-6}\,\mathrm{g})$ の PCR 産物が得られる。

PCR 産物の生成速度は反応中にモニタリングできる

PCR のサイクル数は通常は 30～40 サイクルに設定するが，設定したサイクルに到達したときには，PCR 反応はそれ以上進まなくなっている。この増幅産物の一部をアガロースゲル電気泳動で分析する。期待どおりに PCR 反応が起きて目的 DNA の断片だけが増幅されていれば，単一のバンドが出現する（図 2.20）。PCR 産物の塩基配列は，4.1 節で述べる手法によって決定できる。

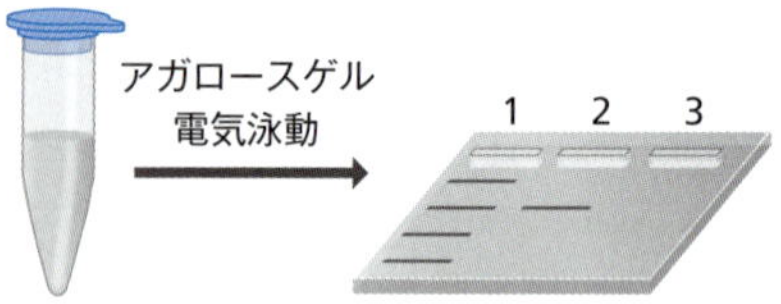

PCR 産物の合成を経時的にモニタリングすることもできる。この方法は**リアルタイム PCR**（real-time PCR）と呼ばれ，2 種類の方式がある。最も簡単なのは，二本鎖 DNA に結合することで蛍光シグナルを発する色素を PCR 反応液に加える方法である。蛍光シグナルの強度の増加により，増幅産物の合成速度を知ることができる。この方法の欠点は，PCR 反応液に含まれるすべての二本鎖 DNA を測定するため，実際の産物の量を過大評

図 2.20　PCR 産物のアガロースゲル電気泳動による分析　微量遠心管内で PCR を行った。アガロースゲルのレーン 2 に PCR の反応産物，レーン 1 に DNA サイズマーカー，レーン 3 には別の実験者による反応産物を添加する。電気泳動後，ゲルを臭化エチジウムで染色する。レーン 2 に予想どおりのサイズの単一バンドが出現し，この PCR がうまくいったことがわかる。レーン 3 にはバンドがみられず，失敗したことがみてとれる。

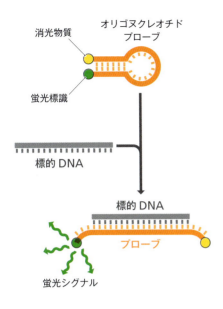

図 2.21 **標的 DNA に対するレポータープローブのハイブリダイゼーション** オリゴヌクレオチドであるレポータープローブは両方の末端が標識されている。1 つは蛍光色素で，もう 1 つは消光物質である。オリゴヌクレオチドの両方の末端領域は互いに塩基対を形成しているため，蛍光シグナルの発生は抑制されている。プローブと標的 DNA がハイブリッド形成すると，末端どうしが離れて蛍光色素から蛍光シグナルが発生する。

価するおそれがあることである。つまり，プライマーどうしがさまざまな非特異的な様式でアニーリングを起こすことがあり，二本鎖 DNA の存在量が見かけ上増加してしまうのである。

リアルタイム PCR のもう 1 つの方式は，PCR 産物とハイブリッド形成して蛍光シグナルを発する，**レポータープローブ**（reporter probe）と呼ばれる短いオリゴヌクレオチドを必要とする。このプローブは PCR 産物とのみハイブリッド形成するため，この方法ではプライマーどうしのアニーリングによる問題を回避できる。いくつかの実験系が開発されているが，そのうちの 1 つでは，蛍光色素と，蛍光色素に近接すると蛍光シグナルを消光させる物質がペアとなった標識を利用する。この消光は**フェルスター共鳴エネルギー移動**（Förster resonance energy transfer：FRET）という過程によってもたらされる。レポータープローブの一方の末端に蛍光色素を，もう一方の末端に消光物質を結合させておく。プローブは末端領域どうしが塩基対を形成するように設計されており，蛍光色素に消光物質が近接して蛍光シグナルを消光させるため，そのままでは蛍光は観察されない（図 2.21）。プローブと PCR 産物がハイブリッド形成すると，塩基対形成が解消されて消光物質が蛍光色素から離れ，蛍光シグナルが発生するようになる。

上述の方法はともに，**定量 PCR**（quantitative PCR）の基盤手法として利用できる。定量 PCR は PCR 開始時の目的 DNA の存在量を正確に測定することを可能にしている。DNA 量が不明の試料に対して PCR を行い，増幅産物の生成量の経時的な変化を，既知量の出発 DNA を使用した対照 PCR の場合と比較する。比較は通常，増幅産物の量があらかじめ設定された閾値に達するまでに必要な PCR のサイクル数について行われる（図 2.22）。閾値に達するのが早ければ早いほど，出発反応液には多くの目的 DNA が含まれていたことになる。

PCR は多種多様な分野に応用されている

なぜ PCR は現代のゲノム研究でそれほど重要なのだろうか。まず，その制約について述べる。正しい位置でアニーリングが起こるようなプライマーを合成するためには，増幅したい DNA 領域の両端の配列をあらかじめ知っておく必要がある。したがって，塩基配列がわかっていない遺伝子断片やゲノムのその他の領域を精製する目的で PCR を利用することはできない。もう 1 つの制約はコピーを作製できる DNA の長さである。5 kb 程度までの領域は，それほど困難を伴わずに増幅できる。それより長い 40 kb 程度までの領

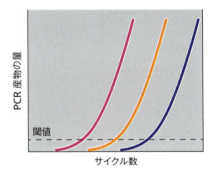

図 2.22 **リアルタイム PCR による出発 DNA の定量** グラフは出発 DNA 量の異なる 3 種類の PCR 反応における増幅産物量の増加曲線を示している。増幅産物の量は指数関数的に増大するが，同じサイクル数で比較すれば出発 DNA 量に比例する。したがって，ピンク色は出発 DNA 量が最も多い場合，青色は最も少ない場合の増加曲線である。3 種類の PCR における出発 DNA 量がわかっていれば，これらの対照増加曲線と比較することで，試料について行った PCR の出発 DNA 量を決定できる。実際の比較は，グラフに水平な破線で示した一定の閾値を産物量が上回った時点のサイクル数を求めることでなされる。

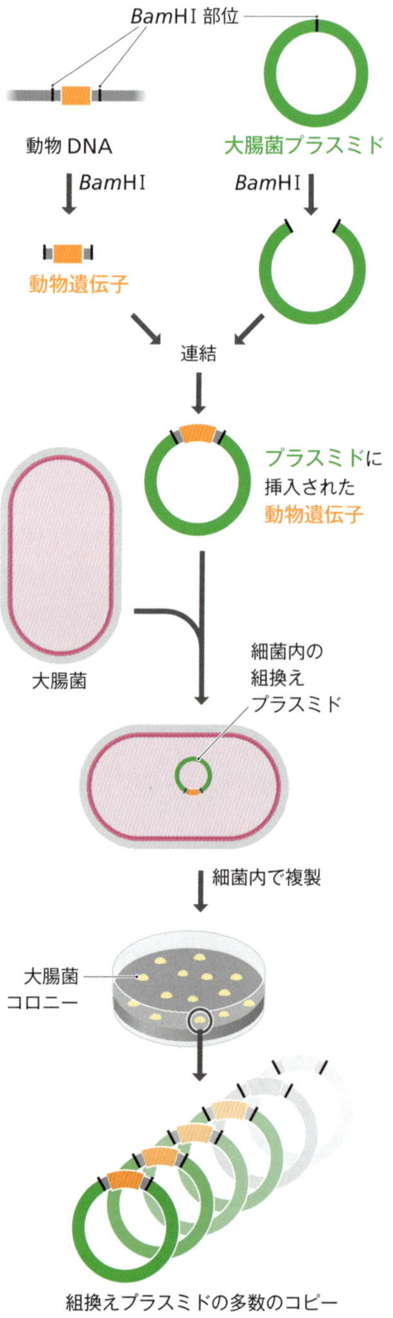

域の増幅も，標準的な方法を少し変更すれば可能である．しかし，40 kb よりも長い領域をPCRで増幅することはできない．

続いてPCRの強みについて考えてみよう．最も重要な特長は，目的とするゲノム領域のみを含むPCR産物を容易に得ることができる点である．そのため，PCRを利用してヒトのDNA検体をスクリーニングし，サラセミアや嚢胞性線維症のような遺伝病の原因となる変異をみつけることができる．また，PCR は**遺伝的プロファイル**（genetic profile）作成のための基盤技術でもある．ゲノム配列にみられる個人差を利用して，犯罪現場で採取した試料から容疑者を特定したり，親子関係の真偽を問われている場合に父親であることを証明したりすることができる（7.4節）．

PCRのもう1つの重要な特長は，出発DNAがごく微量しかなくてもかまわない点である．そこでPCRを利用して，毛髪や血痕などの法医学的検体や遺跡発掘現場でみつかった骨などの生体遺物に含まれる，微量のDNAから塩基配列を得ることができる．例えば，化石骨に遺残しているDNAをPCRで増幅できたことで，ネアンデルタール人のような絶滅種のゲノム配列が明らかになっている（4.4節）．臨床診断の分野では，ウイルスが疾患を発症させるのに必要な数まで増殖するよりもはるか以前に，PCRによってウイルスDNAの存在を検出できる．このことは，腫瘍が確立する前から治療計画を開始できるという意味で，ウイルス誘発型腫瘍の早期発見において特に重要である．

これらはPCRの応用例のほんの一部にすぎない．今や分子生物学者にとってPCRはなくてはならない研究手法であり，本書を読み進めていけばさらに多くの応用例を目にすることになるだろう．

2.3 DNA クローニング

組換えDNAによる技術革新の黎明期に開発された新しい重要な研究手法のうち，最初のものがDNAクローニングであった．DNA分子を制限酵素とDNAリガーゼで操作する方法を合理的に応用した手法である．まず，DNAクローニングがゲノム研究の中心的な手法である理由について考察し，それから実際の手順についてみていこう．

DNA クローニングはなぜ重要なのか

ある動物の遺伝子が，DNA分子を制限酵素 BamHI で処理した後に，ただ1つの制限断片として得られたとする．この断片は 5′-GATC-3′ の粘着末端をもっていることになる（図2.23）．また，大腸菌内で複製可能な小さな環状DNAであるプラスミドを大腸菌から精製し，このプラスミドが BamHI によってただ1カ所で切断されるとしよう．環状プラスミドは，やはり 5′-GATC-3′ の粘着末端をもっている直鎖状断片になる．これら2種類の断片を混ぜ合わせてDNAリガーゼを加えると，何種類もの組換え型連結反応産物が得られると予想される．これらの産物の中には，もともとの BamHI 制限部位の位置に動物遺伝子が挿入された環状プラスミドも含まれる．この組換え型プラスミドを大腸菌にふたたび導入すれば，挿入された外来遺伝子がプラスミドの複製能を妨害しない限り，外来遺伝子が挿入されたプラスミドは複製され，そのコピーは細胞分裂後に娘細胞に受け継がれていくことになる．つまり，プラスミドは**クローニングベクター**（cloning vector）として働き，その複製能を利用して，挿入された遺伝子を宿主細胞内で増幅させることができる．プラスミドの複製と細胞分裂を繰り返すことにより，組換え型大腸菌のコロニーが出現する．コロニーを形成している細菌のそれぞれが，挿入された動物遺伝子のコピーを多数含んでいる．図2.23は，DNAクローニングまたは遺伝子クローニングで行われる一連の過程を示している．

図2.23 DNA クローニングの概要

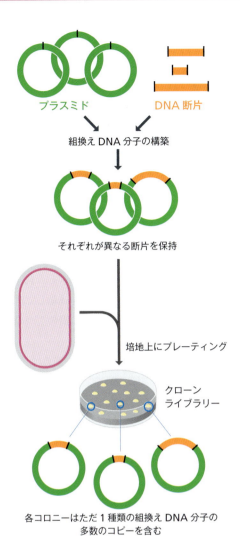

図 2.24　クローニングされた断片のライブラリー作製　ここに示す例では3種類のみの断片がクローニングされている。実際には，全ゲノムをカバーすると考えられる，例えば数千もの断片を保持するライブラリーが日常的に作製されている。

　1970年代初頭にDNAクローニングが初めて考案されると，それ以前には想像もできなかった実験が可能になり，分子生物学の研究は激変した。1つもしくは複数の大きなDNA分子を制限酵素で切断するとさまざまな断片が生じるが，その中から特定のDNA断片の純粋標品をクローニングによって得ることができる。こうした大きなDNA分子が，例えば全ゲノムということもありうる。制限酵素処理で得られた各断片が，それぞれ異なるプラスミド分子に挿入されると，組換えプラスミドのコレクションが出来上がる（図2.24）。1つの宿主細胞に取り込まれる組換えプラスミドは，通常は1種類だけである。そのため，**クローン**（clone）の最終的なコレクションには多くの異なる組換え型分子が含まれるものの，個々のクローンにはただ1種類の組換え型分子の多数のコピーが含まれている。最終的なコレクションは**クローンライブラリー**（clone library）と呼ばれ，挿入されているDNA断片は出発DNAのそれぞれ異なる領域に由来している。十分な数のクローンが得られるならば，ゲノムのあらゆる領域をライブラリーに保持しておくことができる。

　クローンライブラリーは2つの理由から重要である。1つ目は，単一の遺伝子に由来するDNAを含むクローンをライブラリーからみつけだすことが，多くの場合に可能だという点である。これにより，遺伝子を単離して詳細に調べることができる。2つ目は，クローンライブラリーがしばしばゲノム塩基配列決定プロジェクトの出発点になるという点である。さまざまなクローンに含まれる断片の塩基配列をそれぞれ決定することにより，ゲノ

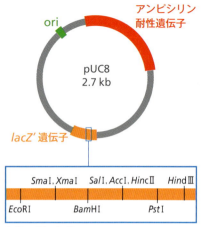

図2.25 pUC8 アンピシリン耐性遺伝子，*lacZ'* 遺伝子，複製起点（ori），*lacZ'* 遺伝子内の多数の制限部位のそれぞれが占める位置を示したプラスミドマップ。それぞれの制限部位はプラスミドのほかの部分には含まれず，プラスミドを1カ所のみで切断する。

ム配列を少しずつ組み立てることができるのである（4.3節）。

最も基本的なクローニングベクターは大腸菌のプラスミドをもとにしている

プラスミドは宿主細菌内で効率よく複製される。なぜならプラスミドが，**複製起点**（replication origin）という，通常は細菌染色体の複製にかかわるDNAポリメラーゼなどのタンパク質に認識される領域をもっているからである。プラスミドベクターに複製起点が含まれていれば，宿主細胞の複製機構は，プラスミドとともに，そこに挿入されている外来遺伝子も増幅させる。細菌プラスミドをもとにしたクローニングベクターは，構築が簡単で比較的容易に使用できる。

最もよく利用されるプラスミドベクターの例がpUC8で，1980年代初頭に登場したpUCベクターと呼ばれる一連のベクターの1つである。pUCプラスミドは，古典的なクローニング用ベクターであるpBR322を改良して作られた。pBR322はもともと，自然界に存在する3種類の大腸菌プラスミドR1，R6.5，pMB1由来の制限断片を連結して構築された。pUC8はわずか2.7 kbの小さなプラスミドで，複製起点のほかに次の2つの遺伝子をもつ（図2.25）。

- アンピシリン耐性遺伝子。この遺伝子をもつことにより，pUC8を含む細菌はβ-ラクタマーゼという酵素を合成できる。β-ラクタマーゼは細菌を，その生育を阻害する抗生物質のアンピシリンに対して耐性とする。そのため，アンピシリンを含む寒天培地上に細菌をプレーティング（塗布）することで，pUC8を含む細菌と含まない細菌を選別することが可能である。pUC8を含まない通常の大腸菌はアンピシリン感受性であり，その存在下では生育できない。したがって，アンピシリン耐性はpUC8の**選択マーカー**（selectable marker）である。

- *lacZ'* 遺伝子。この遺伝子はβ-ガラクトシダーゼという酵素の一部分（αペプチド）をコードしている。β-ガラクトシダーゼは，ラクトースをグルコースとガラクトースに加水分解する酵素で，大腸菌染色体上の *lacZ* 遺伝子によってコードされている。ところが大腸菌の変異株の中には，β-ガラクトシダーゼのαペプチド部分をコードする領域（*lacZ'*）の欠失した変異型 *lacZ* 遺伝子をもつものがある。こうした変異株ではβ-ガラクトシダーゼは活性を示さないのだが，pUC8のような *lacZ'* 断片を含むプラスミドをこの変異株内で発現させると，αペプチドが補完され，活性を示すようになる。

pUC8を用いたクローニング実験を行うには，図2.23に示したように，精製DNAを用いて試験管内で組換えプラスミドを構築する。pUC8 DNAの純粋標品は，細菌細胞の抽出液からきわめて容易に得ることができる。続いて，構築した組換えプラスミドを**形質転換**（transformation）によって大腸菌にふたたび導入する。形質転換とは細菌細胞が「裸」のDNAを取り込む過程をいい，細菌の遺伝子がDNAでできていることを示した実験で，Averyらが詳細に調べた現象である（1.1節）。大腸菌をはじめとする多くの細菌で，形質転換はそれほど効率のよい過程ではないが，DNAを加える前に細胞を塩化カルシウム溶液に懸濁してごく短時間42℃に加温すると，取り込み効率をかなり高めることができる。しかしこのような処理を施したとしても，プラスミドを取り込む細胞はごく一部にすぎない。アンピシリン耐性マーカーがきわめて重要な理由はここにある。つまり耐性マーカーのおかげで，少数の**形質転換細胞**（transformant）を形質転換されていない大多数の細胞から選別することができるのである。

図2.25のpUC8のプラスミドマップに示したように，*lacZ'* 遺伝子内には，プラスミドのほかの部分には含まれず，プラスミドを1カ所のみで切断する制限部位が集まっ

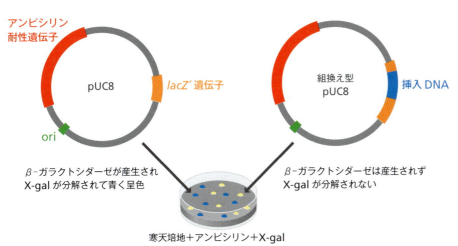

図 2.26 組換え型 pUC8 の選択

領域が含まれている．これらの部位のうちいずれか 1 つに外来 DNA が挿入されると，lacZ' 遺伝子の**挿入不活性化**（insertional inactivation）が起こり，β-ガラクトシダーゼの活性が失われる．このことが，DNA 断片が挿入された**組換えプラスミド**（recombinant plasmid）を，外来 DNA を含まない非組換えプラスミドから選別する鍵となる．図 2.23 と図 2.24 に示した操作では，外来 DNA が挿入されずにふたたび環状化したプラスミドも含めて何種類もの連結反応産物が生じるので，組換えプラスミドの選別は重要である．細胞内の β-ガラクトシダーゼの有無を調べるスクリーニングは，実際はきわめて容易である．ラクトースをグルコースとガラクトースに分解する酵素活性を分析するのではなく，X-gal（5-ブロモ-4-クロロ-3-インドリル-β-D-ガラクトピラノシド）を分解することで生じる青い発色を検出する．X-gal とアンピシリンを（酵素の誘導物質であるイソプロピルチオガラクトシド〔IPTG〕とともに）培地に加えておけば，β-ガラクトシダーゼを合成している非組換え型コロニーは青く呈色する．一方，lacZ' 遺伝子が破壊されて β-ガラクトシダーゼを合成できない組換え型コロニーは白いままである（図 2.26）．この方法は **Lac 選択**（Lac selection）と呼ばれる．

バクテリオファージもクローニングベクターとして利用できる

バクテリオファージ（単にファージともいう）のゲノムもクローニングベクターとして利用できる．ファージベクターもまた複製起点をもっており，宿主の酵素またはファージ遺伝子にコードされている DNA ポリメラーゼやその他のタンパク質によって，細菌内で増殖できる．大腸菌ファージがクローニングベクターとして開発された時期は，組換え DNA による技術革新の初期の頃にさかのぼる．プラスミドベクター以外のベクターが求められたおもな理由は，pUC8 のようなプラスミドベクターでは，およそ 10 kb を超える DNA 断片をクローニングすることができないからである．挿入された DNA のサイズが大きいと，おそらく DNA 再編成が起こったりプラスミドの複製機構が妨害されたりするため，組換えプラスミドは宿主細胞から失われてしまう．大きな DNA 断片のクローニングが可能なベクターの開発は，当初，**λファージ**（λ〔lambda〕phage）を中心に試みられた．

ファージゲノムの複製のためには，ファージは細菌内に侵入し，細菌の酵素を利用して自身の遺伝子に含まれる遺伝情報を発現させる必要がある．その結果，細菌は新しいファージを合成する．ファージゲノムの複製が完了するとただちに，新生ファージは死滅した細菌から離れて新しい細菌細胞に感染する（図 2.27A）．細菌の死滅，すなわち**溶菌**（lysis）を伴うこの過程は，**溶菌感染サイクル**（lytic infection cycle）と呼ばれる．λファージは（そ

図 2.27 λファージの溶菌感染サイクルと溶原化感染サイクル (A) 溶菌感染サイクルでは，新しいファージが感染後ただちに合成される。(B) 溶原化感染サイクルでは，ファージゲノムは細菌の染色体 DNA に組みこまれ，何世代にもわたってその状態を維持する。

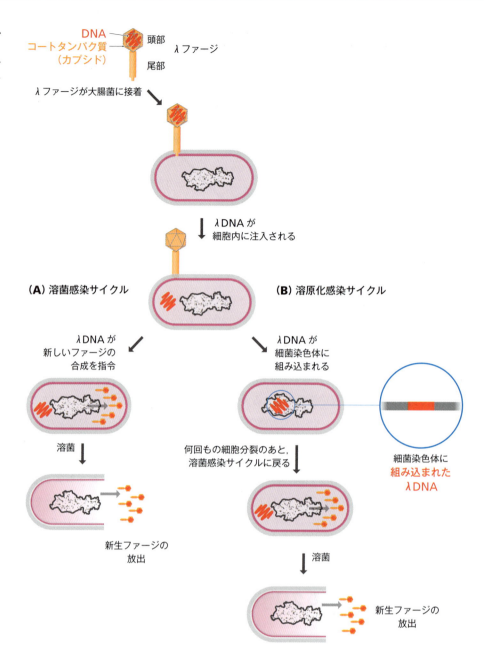

の他の多くのファージとは異なり)，溶菌感染サイクルだけでなく，**溶原化感染サイクル** (lysogenic infection cycle) もたどる (図 2.27B)。溶原化感染サイクルでは，λファージゲノムが宿主染色体に組み込まれて何世代にもわたってその状態を維持し，細胞分裂のたびに宿主染色体とともに複製される。

λファージゲノムのサイズは 48.5 kb であるが，そのうち 15 kb 程度は，ファージ DNA の大腸菌染色体への組込みに必要な遺伝子だけを含んでいる (図 2.28A)。この領域はいわば「オプション」であり，削除したとしても，溶菌感染サイクルにおける新しいλファージの合成を指示する能力は損なわれることはない。2 種類のλベクターが開発されている (図 2.28B)。

- **挿入ベクター** (insertion vector)。λファージゲノムのオプション DNA の一部または全体が削除されており，その位置にゲノムを 1 カ所のみで切断する制限部位が導入されている。

- **置換ベクター** (replacement vector)。このベクターでは，オプション DNA は，両

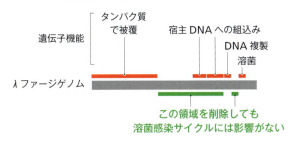

図 2.28 λファージをもとにしたクローニングベクター (A) λファージゲノムでは，遺伝子は機能別に配置されている。例えば，「タンパク質で被覆」と表示された領域は，ファージのカプシドの構成成分またはその組み立てに必要なタンパク質をコードする遺伝子からなる。「溶菌」と表示された領域は，溶菌感染サイクルの末期に起こる溶菌にかかわる遺伝子からなる。ファージが溶菌感染サイクルをたどるための能力を損なわずに削除可能なゲノム領域を緑色で示す。(B) λ挿入ベクターとλ置換ベクターの違い。

端に同一の制限部位をもつ**スタッファー断片**（stuffer fragment）に含まれている。クローニングしようとするDNA断片は，スタッファー断片と置き換えられる。

λファージゲノムは直鎖状分子であるが，その両末端に**cos部位**（*cos* site）と呼ばれる12ヌクレオチドの突出した一本鎖部分をもつ。2つの*cos*部位の塩基配列は相補的で，互いに塩基対を形成できる。その結果，λベクターは環状分子として単離され，プラスミドと同様の試験管内操作が可能で，**トランスフェクション**（transfection）によって大腸菌にふたたび導入することができる。トランスフェクションとは細菌細胞が裸のファージDNAを取り込む過程を指す用語である。あるいは，*in vitro* **パッケージング**（*in vitro* packaging）と呼ばれる，取り込み効率の高い方法が用いられることもある。この方法ではまず直鎖状のクローニングベクターを制限酵素で切断し，それぞれ一端に*cos*部位をもつ2つの断片，左腕部と右腕部を得る。続いて，クローニングしようとするDNA断片と両腕部の量を慎重に調節して連結反応を行う。図2.29に示すように，目的は，左腕部-外来DNA-右腕部の順に複数連結しているコンカテマーの生成である。ここでコンカテマー内には，挿入のないベクターそのものも含まれていることに注意すること。このコンカテマーを*in vitro*パッケージング用反応液に加えると，反応液にはλファージ粒子生成に必要なファージタンパク質のすべてが含まれているため，自発的にファージ粒子が形成される。ここで，コンカテマーは*cos*部位で切断され，左腕-外来DNA-右腕という並びの全長，すなわち*cos*部位間の距離が37 kbから52 kbであれば，粒子内部へとパッケージングされ，成熟ファージ粒子ができあがる。この成熟ファージ粒子に含まれる外来DNAが挿入されたベクターが通常の感染過程によって細菌内に導入される。

ファージを感染させた細菌細胞を寒天培地上にプレーティングする。この操作の目的は個々のコロニーを得ることではなく，培地の表面全体に細菌を均一に生育させることである。パッケージングされたクローニングベクターに感染した細菌は，およそ20分以内に死滅する。なぜなら，ベクターの両腕部に含まれるλファージ遺伝子が，溶菌感染サイクルによるDNAの複製や新しいλファージの合成を指令するからである。新生ファージはそれぞれが「ベクター＋クローニングされたDNA」のコピーを含んでいる。細菌が死んで溶菌を起こすと，増殖したファージは周囲の培地に放出され，別の細胞に感染して複製と溶菌のサイクルをふたたび開始する。最終的には，寒天培地上に一面に生育している細

図 2.29　λ 挿入ベクターを用いたクローニング　図のいちばん上に示した直鎖状の λ ベクターを，適当な制限酵素で処理して左腕部と右腕部を得る．両腕部の末端は一方が平滑末端，もう一方は *cos* 部位の 12 ヌクレオチド突出部である．クローニングしようとする DNA 断片は平滑末端をもち，連結反応によって両腕部の間に挿入される．両腕部は *cos* 部位を介して相互に連結し，コンカテマーを生成する．コンカテマーの一部分は左腕部–外来 DNA–右腕部の並びとなっており，その全長が 37〜52 kb であれば，この部分は *in vitro* パッケージング用反応液の作用で切り出されてファージ粒子の内部にパッケージングされる．左腕部と右腕部が直接連結していて外来 DNA を含まない部分は，短すぎてパッケージングされない．

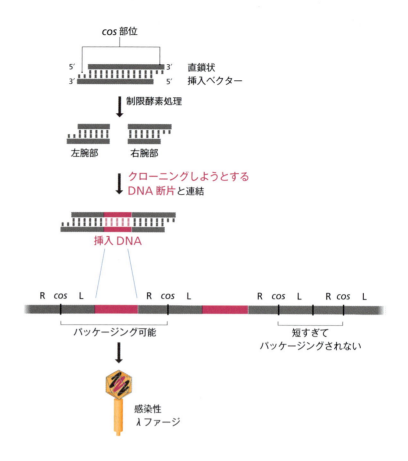

菌の中に**プラーク**（plaque；溶菌斑）と呼ばれる透明な領域がみられるようになる（図 2.30）．λ ベクターには，生じるプラークがすべて組換え型ファージから構成されるものもあるし，組換え型プラークと非組換え型プラークの識別が必要なものもある．前者の場合には，2 腕部のみではパッケージングされるには小さすぎるため，組換え型プラークのみになると考えられる．後者の場合にはさまざまな方法による判別が必要となるが，例えば，プラスミドベクター pUC8 のところで説明した Lac 選択（図 2.26 参照）を λ ベクターに適用することもできる．

さらに大きな DNA 断片をクローニングするためのベクター

λ ファージ粒子は 52 kb までの DNA を収容できるため，λ ファージゲノムから 15 kb を削除するとすれば，最大 18 kb までの外来 DNA をクローニングすることができる．この値は，プラスミドベクターの場合よりは大きいものの，細菌や真核生物の全ゲノムサイズと比較すると依然としてはるかに小さい．このような比較は，ゲノム塩基配列決定プロジェクト（4.3 節）の出発点としてクローンライブラリーを利用する場合に重要である．ヒトゲノムの塩基配列決定に λ ベクターを用いた場合，ゲノムのあらゆる部分がライブラリー内に存在する確率を 95％ とするためには，50 万以上のクローンが必要となる（表 2.4）．50 万クローンからなるライブラリーの作製は，自動化された手法によれば可能ではあるが，そのような膨大なコレクションを作製するやり方は理想的とはいいがたい．18 kb より大きな DNA 断片を取り扱えるベクターを用いることで，必要なクローンの数を減らすほうがずっと得策だろう．これまで 25 年間にわたって行われてきたクローニング技術の開発の多くは，このような大容量ベクターの考案を目標としていた．

1 つの可能性は**コスミド**（cosmid）の利用である．コスミドとは λ ファージの *cos* 部位をもつ特殊な種類のプラスミドである（図 2.31）．コスミド分子が *cos* 部位を介して相互

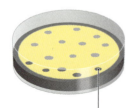

図 2.30　ファージの感染は一面に生育した細菌上にプラークとして観察される

表 2.4　各種のクローニングベクターに組み込まれたヒトゲノムライブラリーのサイズ

ベクターの種類	挿入サイズ (kb)	必要クローン数* $P=95\%$	$P=99\%$
λ置換ベクター	18	532,500	820,000
コスミド，フォスミド	40	240,000	370,000
P1ファージベクター	100	96,000	150,000
BAC，PAC	300	32,000	50,000

*次の公式から算出．
$$N = \frac{\ln(1-P)}{\ln(1-a/b)}$$
N は必要クローン数，P は任意のゲノム断片がライブラリー内に存在する確率，a はベクターに挿入された DNA 断片の平均サイズ，b はゲノムサイズ．

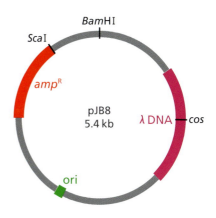

図 2.31　**典型的なコスミド**　pJB8 はサイズが 5.4 kb で，アンピシリン耐性遺伝子（amp^R），cos 部位を含む λ ファージの DNA 断片，大腸菌の複製起点（ori）をもつ．

に連結したコンカテマーは，in vitro パッケージングの基質となることができる．なぜなら，DNA の λ ファージ粒子へのパッケージングにかかわるタンパク質が λ ファージゲノム上の配列として認識するのは，cos 部位のみだからである．コスミドに挿入された DNA 断片は，この cos 部位を介してパッケージングされる．コスミド DNA を含む λ ファージ粒子は通常の場合と同様の感染性を示すが，細胞内にいったん取り込まれると，コスミドは新しいファージ粒子の形成を指令することなくプラスミドとして複製される．したがって組換え DNA は，プラークではなくコロニーから単離される．他の λ ベクターの場合と同様，クローニングが可能な DNA 断片のサイズの上限は，λ ファージ粒子内の空間の広さ（カプシドの容積）によって規定される．コスミド自体のサイズは 8 kb たらずであるため，λ ファージ粒子のパッケージング限界となる 44 kb までの外来 DNA を収容できる．コスミドを利用することで，ヒトのゲノムライブラリーに必要なクローンの数は約 25 万まで減らすことができる．λ ベクターを用いたライブラリーに比べれば改善されたといえるが，依然として膨大な数である．

クローンライブラリーのサイズをさらに小さくするために，よりいっそう大容量のベクターが開発されている．最も重要なのは次にあげるようなものである．

- **細菌人工染色体**（bacterial artificial chromosome：**BAC**）は，自然界に存在する大腸菌の **F プラスミド**（F plasmid）をもとにしている．初期のクローニングベクター構築に用いられたプラスミドとは異なり，F プラスミドは比較的大きく，これをもとにしたベクターはさらに大きな挿入 DNA を収容することができる．組換え型の BAC を Lac 選択（図 2.26 参照）によって選別できるように設計されているため，容易に使用できる．300 kb までの DNA 断片のクローニングが可能であり，挿入 DNA の再編成がきわめて起こりにくい．BAC はヒトゲノム計画で大々的に用いられ（4.4 節），最近では大きな DNA 断片のクローニングに最もよく利用されるベクターとなっている．

- **P1 ファージベクター**（P1 phage vector）は，自然界に存在する P1 ファージのゲノムの一部を削除したもので，その点では λ ベクターによく似ている．クローニングベクターとしての収容能は，削除部分のサイズとファージ粒子のカプシドの容積によって決まる．P1 ファージは 110 kb の DNA をカプシド内に収容することができ，λ ファージをもとにしたベクターよりも収容能が大きい．P1 ファージをもとにしたコスミド型 P1 ファージベクターが考案され，75～100 kb の DNA 断片のクローニングに用いられている．

- **P1 ファージ由来人工染色体**（P1-derived artificial chromosome：**PAC**）は，P1 ファー

ジベクターと BAC の特性を併せもっており，300 kb までの収容能がある。
- **フォスミド**（fosmid）は，F プラスミドの複製起点と λ ファージの *cos* 部位をもっている。使用法や収容能はコスミドとほぼ同じであるが，大腸菌内でのコピー数が少ないので不安定性の問題を引き起こしにくい。

これら多彩な種類のベクターを用いて作製したヒトゲノムライブラリーのサイズを表2.4 に示した。

大腸菌以外の生物でも DNA クローニングは可能である

クローニングは単に，塩基配列決定やそれ以外の解析のために DNA を調製する方法というだけではない。機能がわかっていない遺伝子の機能を特定したり，その発現機構や発現調節機構を詳しく調べたりする手法の中心的部分でもある。もう少し広範な研究分野に目を向けると，宿主生物の生物学的特性を修正するための遺伝子組換え実験においても，クローニングが用いられる。さらにクローニングは，医薬品になりうるような重要な動物タンパク質の遺伝子を，新たな宿主細胞に導入する際にも用いられる。この操作により，従来から行われてきた動物組織からの単離精製に比べて，目的のタンパク質を大量に得ることができるからである。こうしたさまざまな用途に対応するには，多くの場合，大腸菌以外の生物で遺伝子をクローニングする必要がある。

Bacillus 属，*Streptomyces* 属，*Pseudomonas* 属といった研究の進んだ細菌種の多くを対象に，プラスミドやファージを利用したクローニングベクターの開発がなされてきた。これらのベクターは大腸菌用のものとまったく同様に使用できる。プラスミドベクターには酵母や真菌を対象にするものもある。そのようなプラスミドベクターの一部は，出芽酵母（*Saccharomyces cerevisiae*）の多くの菌株がもつ **2 μm プラスミド**（2 μm plasmid）の複製起点をもっているが，大腸菌の複製起点だけをもつものもある。例えば出芽酵母用のベクターである YIp5 は，大腸菌の複製起点だけをもつ大腸菌プラスミドで，酵母の *URA3* 遺伝子を含んでいる（**図 2.32A**）。大腸菌の複製起点をもっているので，YIp5 は大腸菌と酵母のいずれをも宿主として利用することができ，**シャトルベクター**（shuttle vector）と呼ばれる。この特性は有用である。というのは，出芽酵母でのクローニングはそれほど効率のよい過程ではなく，多数のクローンを得ることが難しい。実験上，目的とする組換え型クローンをさまざまなクローンの中から識別する必要がある場合，めざすクローンをみつけるのに十分な数の組換え型クローンを得るのはおそらく不可能である。この問題を回避するため，組換え DNA 分子の構築や正しい組換え型クローンの選別は，大

図 2.32 YIp5 を用いたクローニング　(A) YIp5 は代表的な酵母組込み型プラスミドであり，アンピシリン耐性遺伝子（*amp*^R），テトラサイクリン耐性遺伝子（*tet*^R），酵母の *URA3* 遺伝子（ウラシルの生合成に必要な酵素をコードしている），大腸菌の複製起点（ori）をもつ。大腸菌の複製起点をもっているので，大腸菌内で組換え型 YIp5 を構築してから酵母細胞に導入することができる。(B) YIp5 は酵母細胞で働く複製起点をもたないが，ベクター上の *URA3* 遺伝子と酵母染色体の *URA3* 遺伝子の間で起こる相同組換えを介して酵母染色体に組み込まれることで，酵母細胞内で存続できる。ここで，染色体側の *URA3* 遺伝子には小さな変異が存在するため機能せず，したがって宿主細胞は ura3⁻ で，増殖にはウラシルが必須である。プラスミド DNA が組み込まれた染色体に存在する 2 つの *URA3* 遺伝子のうち，1 つは変異をもつが，もう 1 つは正常である。したがって，組換え型細胞は ura3⁺ となり，ウラシルを含まない最小培地上にプレーティングすることで選択可能である。

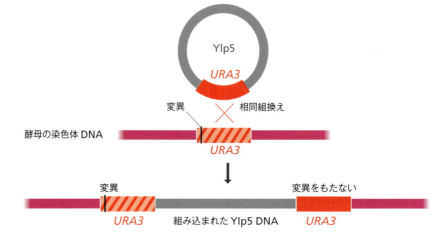

図 2.33 **植物用のクローニングベクター pBIN19**　pBIN19 は *lacZ'* 遺伝子，カナマイシン耐性遺伝子（*kan*R），大腸菌の複製起点（ori），Ti プラスミドの T-DNA 領域由来の境界配列 2 つをもつ．2 つの境界配列は植物の染色体 DNA と組換えを起こし，境界配列間の DNA 断片が植物 DNA に挿入される．その結果，制限部位に外来 DNA が挿入された *lacZ'* 遺伝子，*kan*R 遺伝子が植物 DNA に導入される．pBIN19 はシャトルベクターのもう 1 つの例であり，大腸菌内で組換え型 pBIN19 を構築して *lacZ'* 選択法を用いて選択し，それからアグロバクテリウムを経て植物に導入することができる．

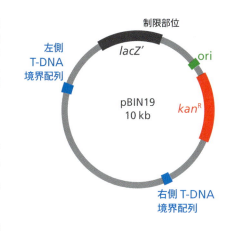

腸菌を宿主として行う．正しいクローンを特定できたなら，組換え型 YIp5 を精製してから出芽酵母に導入する．この遺伝子導入は通常，酵素処理で細胞壁を除去した酵母細胞である**プロトプラスト**（protoplast）と混ぜ合わせることでなされる．YIp5 ベクターは酵母の複製起点をもたないので，酵母細胞内では自律的に複製できない．しかしながら，ベクター上の *URA3* 遺伝子と酵母染色体の *URA3* 遺伝子の間で起こる**相同組換え**（homologous recombination；17.1 節）を介して酵母染色体に組み込まれることで，酵母細胞内で存続できる（図 2.32B）．実際，"YIp" とは「yeast integrative plasmid（酵母組込み型プラスミド）」の略である．酵母染色体に組み込まれた YIp5 ベクターは，挿入された DNA 断片ともども，宿主染色体と一緒に複製される．

　染色体 DNA への組込みは，動物細胞や植物細胞を用いたクローニングシステムの多くにもみられる特色である．またこの過程は，ヒトゲノムに新しくみつかった遺伝子の機能を特定するために用いられてきた**ノックアウトマウス**（knockout mouse）作出の原理となっている（6.2 節）．この場合に使用されるベクターは，動物版の YIp である．植物細胞での遺伝子クローニングについても同様のベクターが開発されている．DNA でコーティングした微粒子を高速で撃ちこむことで，細菌プラスミドを植物胚に導入することができる．この手法は**バイオリスティック法**（biolistics；パーティクルガン法）と呼ばれる．染色体にプラスミド DNA が組み込まれた植物胚が生長すると，最終的には大半ないしすべての細胞にクローニングされた DNA を含む植物体となる．カリモウイルスやジェミニウイルスのゲノムを利用した植物ベクターもある程度の成功をおさめているが，植物のクローニングベクターとして最も興味がもたれているのは，**Ti プラスミド**（Ti plasmid）由来のベクターである．Ti プラスミドは土壌細菌の一種である *Agrobacterium tumefaciens*（アグロバクテリウムと呼ばれることが多い）から発見された巨大な細菌プラスミドで，その一部分である T-DNA と呼ばれる領域は，細菌が植物の茎に感染したときに植物染色体に組み込まれ，根頭がん腫病を引き起こす．植物細胞内で発現して根頭がん腫病に特徴

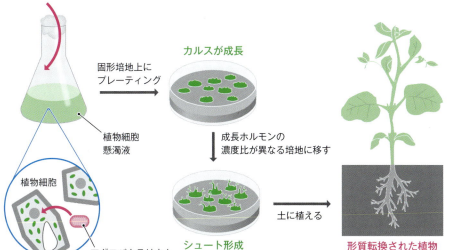

図 2.34 **組換え型アグロバクテリウムによる植物細胞の形質転換**　形質転換後の細胞懸濁液を，カナマイシンを含む寒天培地上にプレーティングし，組換え型植物細胞を選択する．目的の組換え型細胞はその後，根や葉が再生して完全な植物体となる．

的な多彩な生理学的変化を誘発する多数の遺伝子が，T-DNA には含まれている．自然界に存在するこうした遺伝子操作機構を活用するために，pBIN19（図 2.33）のようなベクターが考案されている．アグロバクテリウムの細胞に組換え型ベクターを導入し，それを植物細胞懸濁液や植物培養カルスに感染させると，そこから成熟した形質転換植物を再生させることができる（図 2.34）．

まとめ

- 組換え DNA 技術で用いられる 4 種類の主要な酵素は，DNA ポリメラーゼ，ヌクレアーゼ，DNA リガーゼ，末端修飾酵素である．
- DNA ポリメラーゼは新たな DNA ポリヌクレオチド鎖を合成し，DNA 塩基配列決定法や PCR のような手法に用いられる．
- 最も重要なヌクレアーゼは制限酵素で，二本鎖 DNA 分子を特定の塩基配列で切断する．すなわち制限酵素は DNA 分子を予測どおりの断片に切断する．生じた断片のサイズはアガロースゲル電気泳動によって決定できる．
- DNA リガーゼは DNA 分子を連結する．末端修飾酵素は，DNA 分子の標識に用いられる反応をはじめとする多様な反応をつかさどる．
- PCR では DNA 分子の特定の領域を繰り返しコピーする．ただし，その領域の少なくとも一部の DNA 配列がわかっていなければならない．
- たった 1 分子の目的 DNA から出発して，30 サイクルの PCR により理論上 10 億以上のコピーを作製することができる．
- リアルタイム PCR による定量を行うことで，PCR 産物の合成を経時的にモニタリングできる．
- DNA クローニングは，個々の遺伝子やその他の DNA 断片の純粋標品を得るための手段である．
- 大腸菌を宿主として利用する，さまざまなクローニングベクターが考案されている．最も単純なクローニングベクターは小さなプラスミドをもとにしたもので，*lacZ'* 遺伝子のような選択マーカーを保持している．
- λ ファージは，大腸菌を宿主として利用する一連のクローニングベクターでも利用されてきた．コスミドと呼ばれるプラスミドベクターと λ ベクターのハイブリッドは，最大 44 kb までの DNA 断片のクローニングに用いられる．
- 細菌人工染色体のような違ったタイプのベクターを用いれば，さらに大きな 300 kb までの DNA 断片をクローニングすることができる．
- 大腸菌以外の生物も DNA クローニングの宿主として用いられる．いくつかのベクターが出芽酵母用に考案されており，また動物や植物における DNA クローニングに特化した手法もある．

章末問題

短答式問題

1. （A）PCR や（B）DNA クローニングによって，ただ 1 つの目的遺伝子を含む DNA 断片がどのようにして得られるのかそれぞれ説明せよ．
2. 何千種類もの制限断片が混在するゲノム DNA の制限酵素消化物から，目的遺伝子を含む制限断片をどのようにして特定できるか？
3. 平滑末端をもつ DNA 分子の連結反応の効率を上昇させる，実

用的かつ迅速な方法について述べよ。
4. PCR反応の初期産物（反応サイクルの最初の数回で生じた産物）は長鎖でサイズがまちまちであり，最終産物はすべてが短鎖でサイズも一定である理由は何か？
5. プライマーはPCRの特異性をどのように決定するか？
6. PCR産物の生成速度をモニタリングするための方法について説明せよ。
7. クローニングベクターとして細菌プラスミドがよく利用される理由を説明せよ。
8. 組換え型クローニングベクターの識別には抗生物質耐性とLac選択が利用されるが，その用途の違いを述べよ。
9. クローニングベクターとして利用するうえで有利なλファージの特性を列記せよ。
10. λ挿入型ベクターとλ置換型ベクターの重要な相違点について概要を述べよ。
11. 大きなDNA断片を収容できるベクターがクローンライブラリーの作製に有益な理由は何か？
12. (A) 出芽酵母，(B) 動物，(C) 植物に用いられるクローニングベクターの重要な特性についてそれぞれ述べよ。

論述式問題

1. DNA分子の制限部位の位置を，その塩基配列を知ることなく，どのようにして決定できるか？
2. PCRを20サイクル，25サイクル，30サイクル繰り返したときに生成すると予測される，短鎖および長鎖のPCR産物のコピー数をそれぞれ計算せよ。
3. pUC8を用いたクローニングでは，アンピシリンとガラクトース誘導体であるX-galを含む寒天培地上にプレーティングすることで，組換え型細菌（挿入DNA断片を保持する環状pUC8を含む）を識別できる。初期に開発されたクローニングベクターpBR322は，アンピシリン耐性遺伝子はもっていたが，*lacZ'* 遺伝子を含んでいなかった。pBR322にはテトラサイクリン耐性遺伝子も含まれており，外来DNAはその内部に挿入された。組換え型pBR322を取り込んだ細菌と，外来DNAが挿入されずに環状化したpBR322を取り込んだ細菌を識別するのに必要な手順について述べよ。
4. 理想的なクローニングベクターの特性とはどのようなものか？そして，これらの要件を既存のあらゆるクローニングベクターがどの程度満たしているか？
5. 1970年代初頭に最初のDNAクローニング実験が行われてほどなく，多くの研究者たちがその種の研究を一時的に禁止すべきだと主張した。研究者たちが危惧した理由とは？そして，これらの懸念にどの程度まで根拠があったのか？

推薦図書と参考文献

DNA研究に用いられる手法に関する教科書と解説書

Brown, T.A. (2016) *Gene Cloning and DNA Analysis: An Introduction*, 7th ed. Wiley-Blackwell, Chichester.

Brown, T.A. (ed.) (2000) *Essential Molecular Biology: A Practical Approach*, Vol. 1 and 2, 2nd ed. Oxford University Press, Oxford. DNAクローニングやPCRの詳細な手順を含む。

Dale, J.W. and Park. S.F. (2010) *Molecular Genetics of Bacteria*, 5th ed. Wiley-Blackwell, Chichester. プラスミドやバクテリオファージについての詳細な解説。

DNA操作に用いられる酵素

Brown, T.A. (1998) *Molecular Biology Labfax*. Volume I: *Recombinant DNA*, 2nd ed. Academic Press, London. DNAやRNAの操作に用いるあらゆる酵素についての詳細な記述を含む。

Pingoud, A., Fuxreiter, M., Pingoud, V. and Wende, W. (2005) Type II restriction endonucleases: structure and mechanism. *Cell. Mol. Life Sci.* 62:685–707.

Smith, H.O. and Wilcox, K.W. (1970) A restriction enzyme from *Hemophilus influenzae*: I. Purification and general properties. *J. Mol. Biol.* 51:379–391. 1つの制限酵素についての最初の網羅的な解説の1つ。

PCR

Higuchi, R., Dollinger, G., Walsh, P.S. and Griffith, R. (1992) Simultaneous amplification and detection of specific DNA sequences. *Biotechnology* 10:413–417. リアルタイムPCRについての最初の記述。

Mullis, K.B. (1990) The unusual origin of the polymerase chain reaction. *Sci. Am.* 262(4):56–65.

Rychlik, W., Spencer, W.J. and Rhoads, R.E. (1990) Optimization of the annealing temperature for DNA amplification *in vitro*. *Nucleic Acids Res.* 18:6409–6412.

Saiki, R.K., Gelfand, D.H., Stoffel, S., et al. (1988) Primer-directed enzymatic amplification of DNA with a thermostable DNA polymerase. *Science* 239:487–491.

VanGuilder, H.D., Vrana, K.E. and Freeman, W.M. (2008) Twentyfive years of quantitative PCR for gene expression analysis. *Biotechniques* 44:619–626.

細菌におけるDNAクローニング

Frischauf, A.-M., Lehrach, H., Poustka, A. and Murray, N. (1983) Lambda replacement vectors carrying polylinker sequences. *J. Mol. Biol.* 170:827–842.

Hohn, B. and Murray, K. (1977) Packaging recombinant DNA molecules into bacteriophage particles *in vitro*. *Proc. Natl Acad. Sci. USA* 74:3259–3263.

大容量のクローニングベクター

Ioannou, P.A., Amemiya, C.T., Garnes, J., et al. (1994) A new bacteriophage P1-derived vector for the propagation of large human DNA fragments. *Nat. Genet.* 6:84–89. PAC。

Kim, U.-J., Shizuya, H., de Jong, P.J., et al. (1992) Stable propagation of cosmid sized human DNA inserts in an F factor based vector. *Nucleic Acids Res.* 20:1083–1085. フォスミド。

Shizuya, H., Birren, B., Kim, U.-J., et al. (1992) Cloning and stable maintenance of 300-kilobase-pair fragments of human DNA in *Escherichia coli* using an F-factor-based vector. *Proc. Natl Acad. Sci. U S A* 89:8794–8797.　BACについての最初の記述。

Sternberg, N. (1990) Bacteriophage P1 cloning system for the isolation, amplification, and recovery of DNA fragments as large as 100 kilobase pairs. *Proc. Natl Acad. Sci. U S A* 87:103–107. P1ファージベクター。

植物や動物におけるクローニング

Bevan, M. (1984) Binary *Agrobacterium* vectors for plant transformation. *Nucleic Acids Res.* 12:8711–8721.

Colosimo, A., Goncz, K.K., Holmes, A.R., et al. (2000) Transfer and expression of foreign genes in mammalian cells. *Biotechniques* 29:314–324.

Hansen, G. and Wright, M.S. (1999) Recent advances in the transformation of plants. *Trends Plant Sci.* 4:226–231.

Kost, T.A. and Condreay, J.P. (2002) Recombinant baculoviruses as mammalian cell gene-delivery vectors. *Trends Biotechnol.* 20:173–180.

Lee, L.-Y. and Gelvin, S.B. (2008) T-DNA binary vectors and systems. *Plant Physiol.* 146:325–332.

Păcurar, D.I., Thordal-Christensen, H., Păcurar, M.L., et al. (2011) *Agrobacterium tumefaciens*: from crown gall tumors to genetic transformation. *Physiol. Mol. Plant Pathol.* 76:76–81.

インターネット上の情報源

Addgene　https://www.addgene.org/vector-database/　クローニングベクターのデータベース。

REBASE　http://rebase.neb.com/rebase/rebase.html　知られているすべての制限酵素とその認識配列の包括的リスト。

ゲノム地図を作成する

3章

3.1 ゲノム地図がなぜ重要なのか

3.2 遺伝地図作成のためのマーカー

3.3 遺伝地図作成のための基礎知識

3.4 さまざまな生物の連鎖解析

3.5 DNA分子の直接分析による物理地図作成

3.6 マーカーをDNA断片に割り当てることによる物理地図作成

この章では，**ゲノム地図**（genome map）の作成に用いられるさまざまな手法について学ぶ．ゲノム地図には，他のあらゆる地図と同じく，興味深い特徴や重要な目印の位置が示されている．ここで特徴や目印とは何かというと，遺伝子やその他の特徴的なDNA配列のことである．遺伝子やその他のDNAの目印の位置を決定する手法にはさまざまなものがあるが，一般的にゲノム地図作成は互いに補完的な次の2つのアプローチに分けて考えられる．

- **遺伝地図作成**（genetic mapping；3.2～3.4節）．**連鎖解析**（linkage analysis）とも呼ばれるこのアプローチの基本は，遺伝学的手法を利用することである．計画的な交配実験や，ヒトの場合は家系解析がこれに含まれる．
- **物理地図作成**（physical mapping；3.5, 3.6節）．これは分子生物学的手法を利用してDNA分子を直接調べ，遺伝子など特徴的な塩基配列の位置を決定することである．

遺伝地図作成や物理地図作成に用いられるさまざまな手法をみていく前に，まずゲノム地図がなぜ重要なのかを理解しておく必要がある．

3.1 ゲノム地図がなぜ重要なのか

ゲノム研究は生物学研究の最先端であって，Gregor Mendelなど古い時代の遺伝学者たちの仕事とはかけ離れたものだと思われがちである．しかしながら実際は，ゲノム地図作成に用いられる手法の多くは，Mendelのような初期の遺伝学者たちの発見にもとづいている．そこで，昔ながらの生物学に属する方法であるにもかかわらず，ゲノム時代の急速に展開する研究においてもゲノム地図作成がなぜ重要なのかについて，少し時間を割いて理解しておこう．

複雑なゲノムの塩基配列構築にはゲノム地図が必要である

初期のゲノム研究では，詳細な地図をもっていることがゲノムの正しい塩基配列を構築するための必須条件と考えられていた．これはDNA塩基配列決定法に1つの大きな限界があるためである．つまり，最も洗練された最新技術を使わない限り，1回の実験で750 bp以上の塩基配列を決定することはできない．このことは，長いDNA分子の塩基配列は，塩基配列が決定された短いDNA配列を集めて組み立てなければならないことを意味している．これを行うには，長いDNA分子を切断して断片とし，まずそれぞれの断片の塩基配列を決定する．それから各断片の末端で重なり合う部分をコンピュータで探し出し，マスター配列を構築するのである（図3.1）．**ショットガン法**（shotgun method）と

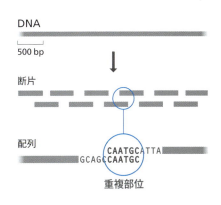

図3.1 ショットガン法による配列アセンブリ DNA分子を切断して短い断片とし，それぞれの断片の塩基配列を決定する．塩基配列が一部重なり合う部分を探し出し，マスター配列を構築する．

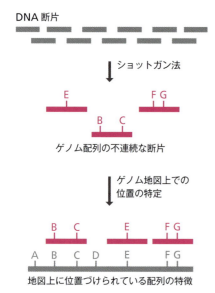

図 3.2 ゲノム地図を補助として利用した配列アセンブリ ショットガン法ではゲノムを切断して短い DNA 断片とし，それぞれの断片の塩基配列を決定する。配列を構築する際に，一連の不連続なゲノム断片が得られる。断片はゲノム上の位置が知られている遺伝子やその他の特徴的な塩基配列（A，B，C など）を含んでいる。したがって，地図を利用してゲノム配列中の断片の位置を特定できる。

呼ばれるこの方法は，ゲノム塩基配列決定のための標準的なアプローチであるが，2 つの問題がある。1 つ目の問題は，特に大きなゲノムの場合，ゲノム全体の連続した DNA 配列を構築するのに十分な短い配列が得られるとは限らないことである。得られた短い配列によって偶然カバーできなかった部分があれば，その部分はギャップとなり，ゲノム配列を構築している短い断片は不連続となる（図 3.2）。もしこれらの断片がつながらないとするならば，どうすれば互いの相対的な位置を正しく決めてゲノム配列を構築できるだろうか。それには，これらの断片内にゲノム地図上の位置がわかっている特徴をみつける必要がある。断片を地図上に位置づけることで，いくつかのギャップは残るとしても，正しいゲノム配列が得られる。

ショットガン法によるアプローチの 2 つ目の問題は，ゲノムが**反復 DNA 配列**（repetitive DNA sequence）を含んでいる場合には誤りが生じる可能性があることである。反復 DNA 配列とは，ゲノム中の 2 つ以上の場所に出現する数 kb 程度の長さの塩基配列をいう。これを含むゲノムを切断して断片にすると，同じ塩基配列のモチーフを含む断片がいくつか生じることになる。塩基配列を再構築する際に，2 つの反復配列に挟まれた DNA 領域を飛ばしてしまったり，あるいは同じもしくは別の染色体上のまったく離れた 2 つの断片を連結してしまったりすることさえもきわめて容易に起こる（図 3.3A）。このような場合も，ゲノム地図を使えば誤りを避けることができるようになる。反復配列の上流領域と下流領域がいずれもゲノム地図と一致していれば，その領域の配列は正しくつなぎ合わされていることになる。一致していない場合は誤りが生じているので，構築をやり直す必要がある（図 3.3B）。

塩基配列決定技術は年を追うごとに能力を増し，1 つのゲノムの解読で得られる断片の数が増えてきている。これは，最終的な塩基配列に多くのギャップが含まれることが少なくなっていることを意味している。同時に，これらの短い配列から連続した配列を構築するためのコンピュータアルゴリズムも，より洗練されたものとなってきた。最新のアルゴリズムは構築が反復 DNA 配列に差し掛かったのを認識することができ，その領域の塩基配列が誤ってつなぎ合わされることがないように適切な措置を講じられるようになってい

図 3.3 反復 DNA 配列により起こる可能性のある配列アセンブリの誤り （A）DNA 分子は 2 コピーの反復配列を含む。ショットガン法を行うと，青丸をつけた 2 つの断片は重なり合うようにも思われるが，1 つの断片は一方の反復配列の上流領域を含み，もう 1 つの断片はもう一方の反復配列の下流領域を含んでいる。この構築の誤りを認識できないと，2 つの反復配列に挟まれた DNA 断片はマスター配列から脱落してしまうことになる。もし，2 つの反復配列が別々の染色体上にあるとしたら，これらの染色体の塩基配列は誤ってつなぎ合わされてしまう。（B）ゲノム上の位置が知られている特徴（A，B，C など）の相対的な配置が，構築された配列とゲノム地図とで一致しない。そのため配列アセンブリの誤りを認識できる。

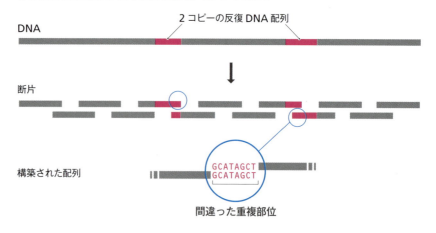

る（4.3 節）。それゆえ地図の重要性は以前ほどではなくなっている。多くの原核生物ゲノム（比較的小さく，反復配列も少ない）は地図を参照せずに塩基配列が決定されており，また地図なしで進められた真核生物のゲノム計画も増えてきている。しかし，ゲノム塩基配列決定を補助するための地図が完全に要らなくなったわけではない。現在の最も大きな課題の1つは，重要な農作物のゲノム配列を決定することである。こうした種の多くは反復 DNA 配列に富む巨大なゲノムをもっている。食物やバイオ燃料となる植物油が採れるヒマワリ（*Helianthus annuus*）は，その1つの例である。ヒマワリのゲノムはヒトのゲノムよりわずかに大きいだけであるが（ヒトが 3,235 Mb であるのに対し，ヒマワリは 3,600 Mb），ヒトゲノムに占める反復 DNA 配列の割合が 44% であるのに対し，ヒマワリゲノムは約 80% が反復 DNA 配列からなる。オオムギゲノムも約 80% が反復 DNA 配列からなり，また 5,100 Mb と巨大である。さらに困難な課題はコムギである。コムギは**六倍体**（hexaploid）であり，A，B，D と呼ばれる 3 つのゲノムをもっている。各ゲノムが約 5,500 Mb で合計 16,500 Mb にも及び，反復 DNA 配列の割合はオオムギに近い。これらやその他の重要な農作物のゲノム計画はまだ進行途中だが，ゲノムの複雑性ゆえに塩基配列の構築には広範囲の地図が不可欠である。今後数十年にわたる世界的食糧難に対処するうえで農作物の生物学的全容を理解することは必須であり，これは非常に重要な研究領域といえる。

ゲノム地図は塩基配列構築の補助に使われるだけではない

　地図がゲノム配列構築の補助として使われることは少なくなってきているのだが，ゲノム研究の別の領域ではその価値は低下していない。塩基配列の完成は，それ自体が最終目的ではないと知っておくことは重要である。あらゆるゲノムは単に A，C，G，T の連続であるが，これらの文字の順番を決定できただけでは，そのゲノムがどのように生物学的情報の保管場所として働いているのか，あるいはこれらの情報がどのようにしてその生物種を特徴づけているのかについては，大してわからない。第 5 章と第 6 章で述べるように，ゲノム配列を理解する最初の段階は，そこに含まれる遺伝子を同定し，できる限り多くの遺伝子に機能を割り当てることである。機能を割り当てるのに使われている手法の多くは，ある遺伝子について，その遺伝子が何をしているのかを明らかにすることである。しかし逆のアプローチ，つまりある機能について，それを担っている遺伝子はどれなのかを解明することも同様に重要である。6.4 節で述べるように，ゲノム地図はこの 2 番目の質問に答えるうえで不可欠である。なぜなら，このようなアプローチでは，地図上の位置がすでに知られている遺伝子やその他の特徴的な塩基配列に対して，探している遺伝子の相対的な位置を決めることを最初に行うからである。こうした方法はこれまで嚢胞性線維症や肺がんのようなヒト疾患の原因遺伝子を同定するのに重要な役割を果たしてきたし，今後もそうである。疾患を直接引き起こすのではなく，おそらくゲノム上に散在していて，その疾患に対する感受性にさまざまな程度で寄与する遺伝子群を同定するためにも，同様の手法が用いられる。さらに一歩進んだものとして，**量的形質座位**（quantitative trait locus：QTL）の同定においてもこのような手法が必要になる。QTL とは，家畜の食肉生産量や農作物の害虫抵抗性など，さまざまな形質を制御する数個の遺伝子からなるゲノム上の領域である。

　農作物の商業上重要な形質を制御する遺伝子や QTL の位置に関してゲノム地図から得られる情報は，農業上の特性が改良された新しい品種を作出するための育種計画にも利用される。これらの育種計画では通常，どんな遺伝子を継承するかがランダムなために，その生物学的特徴の詳細がわからない数千もの苗が作り出される。両親の最もよい特性を併せもった重要な新種が得られるかもしれないし，両親の無用な特性を併せもった商業価

のないものができるかもしれない。育種家が興味をもつ形質の多くは植物の生活環の最後になって現れるので（例えば種子や果実の収量），得られたすべての苗を成熟させてはじめて評価できるのだが，それには時間がかかり，広い栽培用空間が必要とされる。18.4節で詳しく述べる**マーカー利用選抜**（marker-assisted selection）と呼ばれる手法を使えば，DNAスクリーニングを利用して有益な特性をもつ苗を同定できるので，選抜したもの以外を廃棄することができる。マーカー利用選抜はゲノム地図がある場合にのみ実施できる。オオムギやコムギのような農作物の場合のように，完全なゲノム配列がわかっていない場合でも，地図さえあればうまくいくのである。

3.2 遺伝地図作成のためのマーカー

どのような地図でもそうだが，遺伝地図は配列上の何らかの特徴がみられる位置を示していなければならない。地理学の地図では風景の中で認識可能な構成要素，例えば河川，道路，建物などがそのマーカーとなる。塩基配列の「風景」の中では，どのようなマーカーが使えるのだろうか。

遺伝子が最初に使われたマーカーである

最初の遺伝地図は，20世紀初めの数十年間にショウジョウバエなどを対象に作られ，遺伝子が**遺伝的マーカー**（genetic marker）として使われた。遺伝学的解析に用いるためには，遺伝子が少なくとも2つの形，すなわち**アレル**（allele：対立遺伝子）として存在し，それぞれが別の**表現型**（phenotype）を規定していなければならない。Mendelが最初に研究したエンドウの高い丈と低い丈がその例である。当初研究することができた遺伝子は，目にみえる特定の表現型を規定しているものだけであった。したがって，例えばショウジョウバエの最初の遺伝地図は，体色，眼の色，翅の形などのような，肉眼や低倍率の光学顕微鏡でみえる表現型を規定する遺伝子の位置を示しているにすぎなかった。この方法は初期には問題なかったものの，遺伝の研究に利用できる目にみえる表現型の数には限りがある。そして多くの場合，1つの表現型に複数の遺伝子が影響するため，その表現型の解析は容易ではないことに遺伝学者たちはすぐに気づかされた。例えば，1922年までに50以上の遺伝子がショウジョウバエの4本の染色体上に位置づけられたが，そのうちの9つは眼の色に関係する遺伝子だった。そのためショウジョウバエを研究する遺伝学者たちは，ハエの眼のさまざまな色，すなわち赤色，明るい赤色，朱色，暗紅色，淡紅色，鮮赤色，濃紅色，暗褐色，緋色，ピンク色，深紅色，濃い赤紫色，紫色，茶色の識別を習得しなければならなかった。遺伝地図をさらに精密にしていくためには，目にみえる表現型よりも数多く存在し，区別が明らかで複雑でない特徴をみつける必要があった。

この問題を解決したのは，生化学を利用した表現型の区別であった。これは微生物とヒトという2種類の生物では特に重要である。細菌や酵母といった微生物には目にみえる特徴がほとんどないので，その遺伝地図の作成は表3.1にあげたような生化学的形質に頼ることになる。ヒトでは目にみえる特徴を用いることが可能ではあるが，1920年代以降，その遺伝的多様性の研究の多くは血液型の決定によって得られた生化学的形質にもとづいている。ABO式といった標準的な血液型ばかりでなく，血清タンパク質の多型やヒト白血球抗原（human leukocyte antigen：HLA）のような免疫タンパク質の多型もこれらの形質に含まれている。これらのマーカーの大きな利点は，その遺伝子の多くが**複アレル**（multiple alleles）をもつことである。例えば，*HLA-DRB1*と呼ばれる遺伝子には1,800以上，*HLA-B*には4,200のアレルがある。このことはヒトの遺伝地図を作成する方法と関連してくる（3.4節）。つまりヒトの場合は，遺伝子の継承に関するデータを得るために，

表 3.1　出芽酵母の遺伝学的解析に使われた代表的な生化学マーカー

マーカー	表現型	マーカーをもつ細胞の同定法
ADE2	アデニン要求性	アデニンが培地に含まれるときのみ増殖
CAN1	カナバニン抵抗性	カナバニン存在下で増殖
CUP1	銅抵抗性	銅存在下で増殖
CYH1	シクロヘキシミド抵抗性	シクロヘキシミド存在下で増殖
LEU2	ロイシン要求性	ロイシンが培地に含まれるときのみ増殖
SUC2	スクロース発酵能	スクロースが培地に含まれる唯一の糖質であれば増殖
URA3	ウラシル要求性	ウラシルが培地に含まれるときのみ増殖

ショウジョウバエやマウスなどの実験動物のように計画的な交配実験を行うことはできない。したがって，遺伝学者の都合ではなく個人的な理由で結ばれた両親とその家族が示す表現型を調べることで収集しなければならない。もし，調べたい遺伝子について家族全員が同じアレルをもっているような場合には，意味のある情報はまったく得られないことになる。遺伝地図作成のためには，両親が偶然別のアレルをもつ家族をみつけだすことが必要なのである。調べたい遺伝子のアレルが 2 つだけでなく 1,800 もあるならば，その可能性ははるかに高くなるだろう。

RFLP と SSLP は DNA マーカーの例である

遺伝子は非常に有用なマーカーだが，決して理想的なものではない。脊椎動物や顕花植物のような大きなゲノムをもつ生物で特に問題となるのは，遺伝子だけにもとづいた地図は大まかすぎるということである。たとえゲノム中のすべての遺伝子を地図にできたとしても，ほとんどの真核生物ゲノムでは遺伝子はゲノム中に分散しており，その間隔が広すぎる。なお悪いことには，多くの遺伝子は都合よく区別できるアレルとしては存在しない。そのため，遺伝地図はあまり包括的なものとはならない。遺伝子とは違ったタイプのマーカーが必要なのである。

遺伝地図作成に利用される特徴のうち，遺伝子ではないものを **DNA マーカー**（DNA marker）と呼ぶ。遺伝的マーカーと同じように，役に立つ DNA マーカーには少なくとも 2 種類のアレル（対立配列）がなければならない。DNA マーカーの 2 つの例として，**制限断片長多型**（restriction fragment length polymorphism：**RFLP**）と **単純配列長多型**（simple sequence length polymorphism：**SSLP**）がある。

RFLP は研究された最初の DNA マーカーである。制限酵素は DNA 分子を特定の認識配列のところで切断することを思い出してほしい（2.1 節）。この塩基配列上の特異性は，制限酵素で DNA 分子を処理すれば，常に同じ DNA 断片が生じることを意味する。ところが，ゲノム DNA をみた場合には，制限部位には多型があり，切断されるアレルと切断されないアレルが存在するので常に同じ断片が生じるとは限らない。つまり，制限部位と一致した配列をもつアレルは酵素処理により切断されるが，配列の変化したアレルは制限酵素に認識されず，それゆえ切断されずに 2 つの隣り合った制限断片はつながったままとなる。その結果，長さの違いによる多型が生じる（図 3.4）。これが RFLP であり，このアレルがどのように遺伝するかを調べることにより，ゲノム地図上の位置を決定できる。したがって，マーカーとして使われる遺伝子とまったく同じように利用できる。哺乳類のゲノムには約 10^5 個の RFLP があると考えられている。

小さい DNA 分子では，単に適切な制限酵素で切断して断片のサイズをアガロースゲル電気泳動で決定すれば，RFLP の 2 種類のアレルを区別することができる。ゲノム DNA

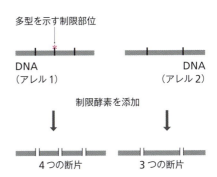

図 3.4　制限断片長多型（RFLP）　左側の DNA 分子には多型を示す制限部位（＊印で示す）があるが，右側の分子にはない。制限酵素で処理すると左側の分子は 4 つの断片に切断され，右側の分子は 3 つの断片に切断されるので，RFLP を検出することができる。

図3.5　RFLPタイピングの2つの手法
(A) RFLPはサザンハイブリダイゼーションでタイピングすることができる。DNAを適当な制限酵素で消化し，アガロースゲル電気泳動にかける。制限断片の混ざり合ったスメアをナイロン膜へ移しとり，多型を示す制限部位を含むプローブとハイブリッド形成させる。制限部位がなければ1本の制限断片が検出される（レーン2）。制限部位があれば2本の制限断片が検出される（レーン3）。(B) RFLPはPCRによってもタイピングできる。多型を示す制限部位の上流と下流にそれぞれアニーリングする2種類のプライマーを用いてPCRを行い，生成物を適当な制限酵素で処理し，アガロースゲル電気泳動にかける。制限部位がなければ1本のバンドがみられる（レーン2）。制限部位があれば2本のバンドがみられる（レーン3）。

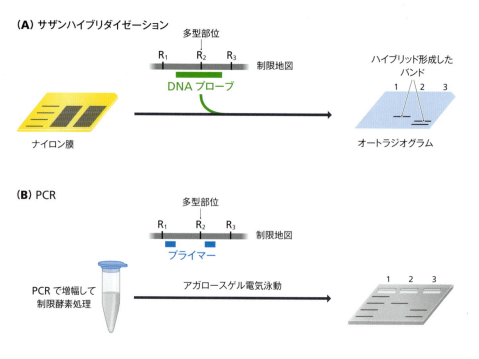

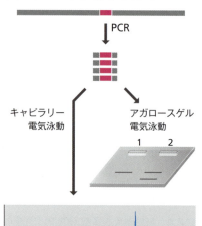

でRFLPのタイピング（型判定）を行うのは，これよりはるかに難しい。6塩基の配列を認識するEcoRIのような酵素は，平均して$4^6 = 4,096$ bpあたり1カ所の頻度でDNAを切断するので，ヒトDNAの場合には約80万の断片ができることになる。アガロースゲル電気泳動で分離しようとしても，これら80万個の断片は明瞭なバンドを形成せず，不鮮明なスメアとなってしまう。そこで，RFLPに関連する断片を可視化するためには，多型を示す制限部位を含むプローブを用いたサザンハイブリダイゼーションを行う必要がある（図3.5A）。ただし，これは手間のかかる工程であり，1回の実験で調べられるDNA試料の数は最大でも12である。PCRが考案されてから容易に行えるようになった手法は多いが，RFLPタイピングもその例外ではない。PCRを利用すれば，ゲノムDNAを制限酵素で切断することなくRFLPタイピングを行うことができる。多型を示す制限部位の上流と下流にそれぞれアニーリングする2種類のプライマーを設計してPCRを行い，増幅されたDNA断片を制限酵素処理してRFLPをタイピングするのである（図3.5B）。マルチウェルプレートを使えば多数のPCRを並行して行えるので，96個までのDNA試料を1回の実験で解析できる。

SSLPはRFLPとは大きく異なる。SSLPは長さの違いによる多型を示す一連の反復配列であり，反復単位の反復数がアレルごとに異なる（図3.6A）。RFLPとは異なり，SSLPには長さの違うアレルが多数含まれうるので，複アレルとして存在することができる。次の2種類のSSLPがある。

- **ミニサテライト**（minisatellite）**多型**。**縦列反復配列多型**（variable number of tandem repeats：**VNTR**）としても知られており，反復単位は最大25 bpである。

図3.6　単純配列長多型（SSLP）とそのタイピング　(A) SSLPの2種類のアレル。ここに示した例は，マイクロサテライト多型とも呼ばれる短鎖縦列反復配列多型（STRP）である。GAモチーフがアレル1では3回，アレル2では5回繰り返している。(B) PCRによるSTRPタイピング。短鎖縦列反復配列（STR）とその周辺領域をPCRで増幅し，産物の長さをアガロースゲル電気泳動やキャピラリー電気泳動で決定する。アガロースゲルのレーン1にはPCR産物のバンドがみられ，レーン2には2種類のアレルをPCRで増幅した際の長さを示すDNAサイズマーカーのバンドがみられる。レーン1のバンドは長いほうのDNAサイズマーカーと一致するので，試料DNAがアレル2を含むことがわかる。キャピラリー電気泳動の結果は電気泳動図として表示され，青いピークの位置がPCR産物の長さを示している。電気泳動図はDNAサイズマーカー（赤いピーク）に対して自動的に補正されているので，PCR産物の正確な長さを算定できる。

- **マイクロサテライト**（microsatellite）多型。**短鎖縦列反復配列多型**（short tandem repeat polymorphism：**STRP**）としても知られており，反復単位がもっと短く，通常 13 bp 以下である。

マイクロサテライト多型のほうがミニサテライト多型よりも広く使われている DNA マーカーであるが，これは 2 つの理由による。第 1 の理由は，ミニサテライトはゲノム全体に一様に分布しているのでなく，染色体末端のテロメア領域に多くみられる傾向があるからである。つまりミニサテライト多型を使うのは，地理学の表現でいえば，灯台を示した地図を使って島の中央部にある道をみつけようとするようなものである。これに対して，マイクロサテライトは都合よくゲノム全体に広く分布している。第 2 の理由は，長さの違いによる多型をタイピングする最速の方法は PCR であるが，PCR によるタイピングは 300 bp より短い塩基配列のほうが速く正確であることによる。ほとんどのミニサテライトのアレルは，反復単位が比較的長く反復数も多い傾向があるため 300 bp よりも長く，タイピングには数 kb の PCR 産物が必要である。一方，DNA マーカーとして用いられる典型的なマイクロサテライトは，6 bp 以下の反復単位が 10～30 回繰り返してできており，PCR によるタイピングが行いやすい。ヒトのゲノムには，2～6 bp の短い反復単位からなるマイクロサテライトが 2.86×10^6 個ある。

PCR による増幅後，STRP は PCR 産物の正確な長さでタイピングできる（図 3.6B）。長さの違いはアガロースゲル電気泳動でも可視化できるが，標準的な電気泳動は手順が煩雑で自動化することが難しい。現代のゲノム研究で要求される高効率の分析には適していないのである。通常，STRP はポリアクリルアミドゲルを用いた**キャピラリー電気泳動**（capillary electrophoresis）でタイピングされる。ポリアクリルアミドゲルの細孔はアガロースゲルよりも小さく，長さの異なる分子の分離能がより高い。ほとんどのキャピラリー電気泳動系では蛍光検出が用いられるので，PCR を行う前にプライマーの一方もしくは両方を蛍光標識しておく。PCR による増幅後，産物をキャピラリー管に充填して泳動する。PCR 産物が蛍光検出器を通過すると，検出器に接続されたコンピュータが，産物の通過した時間を DNA サイズマーカーのデータと照合してその正確な長さを割り出す。

一塩基多型は最も有用な DNA マーカーである

RFLP と SSLP はある種のゲノム研究には有用であるが，現代の遺伝地図作成プロジェクトでは，**一塩基多型**（single-nucleotide polymorphism：**SNP**）と呼ばれる別の種類の DNA マーカーが使われている。SNP とは，ある人ではある塩基配列（例えば G）だが，別の人では別の塩基配列（例えば C）であるようなゲノム上の位置をいう（図 3.7）。すべてのゲノムは膨大な数の SNP を含んでいる（ヒトゲノムではおよそ 1,000 万個以上）。RFLP として検出される SNP もあるが，多くは含まれる配列が制限酵素の認識配列ではないため RFLP とはならない。

ゲノム上のある位置には 4 種類の塩基のどれかが存在するので，それぞれの SNP には 4 種類のアレルがあると思うかもしれない。これは理論上ありうることではあるが，実際には大部分の SNP には 2 種類のアレルしか存在しない。これは SNP が**点変異**（point mutation；第 16 章），すなわちゲノム中の 1 つの塩基配列が別のものに変化する変異に由来しているからである。変異が生殖細胞に起きた場合，その変異は子に継承され，何世代か後には最終的にその SNP が集団に定着するかもしれない。しかしアレルとしては，元来の塩基配列をもつものと変異したものの 2 種類だけが存在することになる。第 3 のアレルが生じるためには，別個体のゲノムの同じ位置に新しい変異が起こる必要があり，しかもその個体とその子孫が繁殖して新しいアレルが定着しなければならない。この筋書きは不可能ではないにせよ，ありそうにない。結果として SNP の大部分でアレルは 2 種

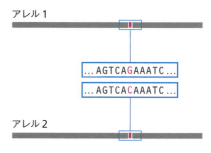

図 3.7　一塩基多型（SNP）

図 3.8 オリゴヌクレオチドハイブリダイゼーション解析による SNP タイピングの基本原理

厳格な条件下でハイブリダイゼーションを行うと，オリゴヌクレオチドが標的 DNA とすべての塩基対を形成できる場合にのみ，安定したハイブリッド鎖が形成される．もし 1 塩基でもミスマッチがあればハイブリッド鎖は形成されない．このレベルまで条件を厳格にするためには，反応温度をオリゴヌクレオチドの**融解温度**（melting temperature：T_m）よりも低くしなければならない．T_m より高い温度では，すべての塩基対を形成しているハイブリッド鎖でさえ不安定である．T_m より 5℃以上低い温度では，ミスマッチを含むハイブリッド鎖も安定に存在できる．図に示したオリゴヌクレオチドの T_m は約 58℃である．T_m（℃）は，$T_m = (4 \times G と C の数) + (2 \times A と T の数)$ の公式から計算できる．この公式は 15～30 塩基長のオリゴヌクレオチドの T_m の概算値を与えるものである．

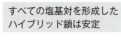

類しかないのである．これは DNA マーカーとしては不利な点かもしれないが，それよりもゲノムに存在する SNP の膨大な数（ほとんどの真核生物では DNA 1,000 bp ごとに少なくとも 1 個）による利点のほうが上回っている．SNP を使えば非常に詳細なゲノム地図を作成することができる．

ゲノム地図を利用してある形質を規定している遺伝子や QTL を同定する研究において，ゲノム中の SNP の数が多いということはとても重要である（6.4 節）．マーカー利用選抜の補助として地図を利用する農作物の育種計画でも同様である（18.4 節）．こうした応用のために，個々の SNP や大規模な SNP のセットを迅速にタイピングする手法が開発されてきた．これらのタイピング手法のいくつかは，**オリゴヌクレオチドハイブリダイゼーション解析**（oligonucleotide hybridization analysis）にもとづいたものである．オリゴヌクレオチドは短い一本鎖 DNA 分子であり，通常は 50 塩基長よりも短く，試験管内で合成される．条件が適切であれば，オリゴヌクレオチドは別の DNA 分子とすべての塩基対を形成できる場合にのみ，その分子とハイブリッド形成する．もし 1 塩基でもミスマッチがあれば，その箇所は塩基対を形成せず，ハイブリダイゼーションは起こらない（図 3.8）．したがって，オリゴヌクレオチドハイブリダイゼーション解析で SNP の 2 種類のアレルを区別することができる．オリゴヌクレオチドハイブリダイゼーション解析にもとづいた，さまざまな SNP タイピング手法が考案されている．例えば次のようなものがあげられる．

- **DNA チップ**（DNA chip）技術では，多数のさまざまなオリゴヌクレオチドを高密度で整列させた，2 cm² ないしそれ以下のガラスやシリコンの基板を用いる．解析したい DNA 試料を蛍光標識してチップ上に滴下し，蛍光顕微鏡でチップを観察してハイブリダイゼーションを検出する．蛍光シグナルの位置は，どのオリゴヌクレオチドが試料 DNA とハイブリッド形成したかを示している（図 3.9）．オリゴヌクレオチドの配列と試料 DNA 中のそれと相補的な配列とが完全に一致することがハイブリダイゼーションには必要であり，SNP の 2 種類のアレルのうちどちらが試料にあるのかがわかる．オリゴヌクレオチドはチップ上に 1 cm² あたり 30 万もの高密度で配置可能であり，それぞれの SNP について 2 種類のアレルに対応するオリゴヌクレオチドをチップに載せたとしたら，2 cm² のチップを用いた 1 回の実験で 30 万個の SNP をタイピングできることになる．

- **液相ハイブリダイゼーション**（solution hybridization）は，マイクロタイタープレートのウェル（穴）の中で行われる．この検出法を使えば，オリゴヌクレオチドとハイブリッド形成しなかった一本鎖 DNA と，オリゴヌクレオチドと試料 DNA のハイブリッド形成により生じた二本鎖 DNA とを区別できる．最も広く使われている検出法は蛍光シグナルの消光を利用している．この方法については 2.2 節ですでに説明したが，リアルタイム PCR の過程で PCR 産物の合成を経時的にモニタリングするのに使われるレポータープローブでも利用されている方法である（図 2.21 参照）．SNP タイピングでは，オリゴヌクレオチドの一方の末端に蛍光色素を，もう一方の末端に消光物質を結合させておく．オリゴヌクレオチドと試料 DNA とのハイブリ

図 3.9 DNA チップを用いた SNP タイピング オリゴヌクレオチドはチップ上に整列して固定されている．標識 DNA を滴下して，ハイブリダイゼーションが起きた位置をレーザースキャンあるいは共焦点蛍光顕微鏡で調べる．

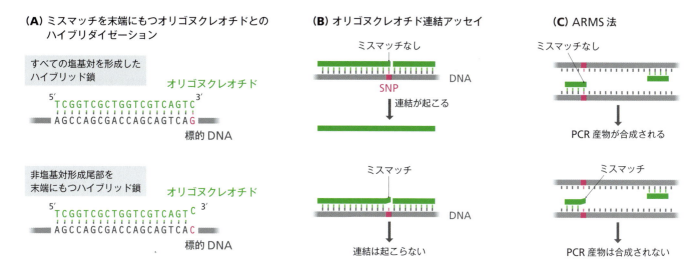

図 3.10 **SNP タイピングの手法** (A) 条件が適切であれば，SNP での 1 塩基のミスマッチが 5′ 末端か 3′ 末端で起こるようにしたオリゴヌクレオチドは，1 塩基のみミスマッチがある標的 DNA とハイブリッド形成して，塩基対を形成していない短い「尾部」を生じる。(B) オリゴヌクレオチド連結アッセイによる SNP タイピング。(C) ARMS 法。

ダイゼーションは，蛍光シグナルが発生することで示される。このような SNP タイピングの手法は**分子ビーコン法**（molecular beacon）と呼ばれることもある。

もう 1 つのタイピング手法として，SNP での 1 塩基のミスマッチが 5′ 末端か 3′ 末端で起こるようにしたオリゴヌクレオチドを利用する方法がある。条件が適切であれば，このオリゴヌクレオチドは 1 塩基のみミスマッチがある標的 DNA とハイブリッド形成するが，末端のミスマッチのため 1 塩基の短い「尾部」を生じる（図 3.10A）。この特性はつぎの 2 種類の方法に利用される。

- **オリゴヌクレオチド連結アッセイ**（oligonucleotide ligation assay）では，互いに隣り合って試料 DNA にアニーリングする 2 つのオリゴヌクレオチドを用いるが，そのうち 1 つの 3′ 末端がちょうど SNP の位置にくるようにしておく。このオリゴヌクレオチドが試料 DNA とすべての塩基対を形成できる場合は，そのオリゴヌクレオチドはもう一方のオリゴヌクレオチドと連結させることができる（図 3.10B）。しかし，試料 DNA の SNP がそれ以外のアレルであれば，オリゴヌクレオチドの 3′ 末端は塩基対を形成できず，もう一方のオリゴヌクレオチドと連結させることはできない。このように連結産物ができるかどうかを調べることでアレルをタイピングできる。ある 1 つの SNP を分析する場合，連結産物ができたかどうかは，上述した STRP タイピングの場合と同じように，反応後の溶液をキャピラリー電気泳動にかけることでわかる。
- **ARMS 法**（amplification refractory mutation system）では，1 対の PCR プライマーのうちの 1 つが解析用オリゴヌクレオチドとなる。解析用オリゴヌクレオチドの 3′ 末端が SNP と塩基対を形成できれば，そのオリゴヌクレオチドは *Taq* ポリメラーゼによって伸長させることができ，PCR 産物が生じる。SNP がそれ以外のアレルであれば，3′ 末端が塩基対を形成できず PCR 産物は生じない（図 3.10C）。

3.3 遺伝地図作成のための基礎知識

ここまで遺伝地図作成に使われるさまざまなマーカーについてみてきた。そこで次に地図作成の手法そのものをみていこう。そうした手法はすべて**遺伝的連鎖**（genetic linkage）を利用したものである。遺伝的連鎖は Gregor Mendel が 19 世紀半ばに行った遺伝学上の

*1 訳注：
日本では古くから「優性」、「劣性」という用語が使われてきたが、それぞれ「顕性」、「潜性」と呼ぶことを2017年に日本遺伝学会が提案している。

独創的な発見から導き出された。

遺伝の法則と連鎖の発見

遺伝地図作成の基礎にあるのは，Mendelが1865年に最初に提唱した遺伝の法則である。エンドウの交配実験の結果から，エンドウは1つの遺伝子について2種類のアレルをもつが，どちらか1つの表現型だけが現れるとMendelは結論づけた。もしエンドウがある特定の形質に関して純系，すなわち**ホモ接合体**（homozygote）であるならば，2つの同じアレルをもち，そのアレルの示す表現型が現れることは容易に理解できる（図3.11A）。しかし，互いに表現型の異なる2種類の純系エンドウを交配させても，すべての子（F_1 世代）が同じ表現型を示すことをMendelは示した。このF_1植物は，アレルの片方は母親から，もう片方は父親から受け継いでいるので，その表現型を担う座位については**ヘテロ接合体**（heterozygote）であるはずである。Mendelは，このヘテロ接合性の状態では片方のアレルがもう片方のアレルの影響を無効にすると仮定し，F_1植物に現れる表現型を**優性**（dominant；顕性），もう一方の表現型を**劣性**（recessive；潜性）と表現した*1（図3.11B）。

これはMendelが研究したアレル対の間では完璧に正しい説明であるものの，この単純な優性劣性の関係は成り立たない場合もあることが今ではわかっている。それは次のような場合である。

- **不完全優性**（incomplete dominance；不完全顕性）。この場合，ヘテロ接合体の表現型は2つのホモ接合体の中間となる。エンドウはそうではなかったが，カーネーションなどの植物の花色がその例であり，赤い花と白い花のカーネーションを交配させたとき，そのF_1ヘテロ接合体の花は赤でも白でもなくピンク色となる（図3.12A）。
- **共優性**（co-dominance；共顕性）。この場合，ヘテロ接合体にはホモ接合体の表現型の両方が現れる。ヒトの血液型には共優性の例がいくつかみられる。例えば，MN式血液型の2つのホモ接合体はM型とN型であり，それぞれM型またはN型の糖タンパク質を合成する。ヘテロ接合体は両方の糖タンパク質を合成することからMN型といわれる（図3.12B）。

Mendelは優性と劣性の発見だけではなく，さらに交配実験を行い，2つの遺伝法則を確立した。第1法則は「アレルはランダムに分離する」という分離の法則である。つまり，両親のアレルをAおよびaとすれば，F_1世代がアレルAを受け継ぐ確率とアレルaを受け継ぐ確率は同じである。第2法則は「2つのアレルは独立して分離する」という独立の法則である。すなわち遺伝子Aの遺伝と遺伝子Bの遺伝は互いに独立していて干渉し合わない。これらの法則により，遺伝的交配の結果を予測することができる（図3.13）。

Mendelの仕事が1900年に再発見されたとき，その第2法則は初期の遺伝学者たちを悩ませた。なぜなら，まもなく遺伝子は染色体上に存在することが明らかとなり，すべての生物で染色体数よりも遺伝子数のほうが多いことがわかったからである。それぞれの染色体は1つの単位としてまとまって受け継がれるので，複数の遺伝子が同じ染色体上にあることから，それらのアレルは一緒に受け継がれるだろうと考えられた（図3.14）。これが遺伝的連鎖の原理であり，すぐに連鎖は正しいことが示された。しかし，結果は予測

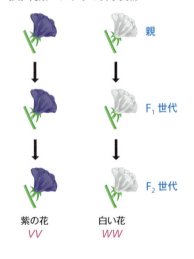

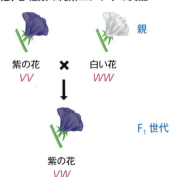

図3.11 ホモ接合体とヘテロ接合体 Mendelはエンドウにみられる7組の対照的な形質について研究したが，ここに示した紫の花色と白い花色はその1つである。(A)純系の植物は常に親と同じ色の花を咲かせる。これらはすべてホモ接合体で，2つの同じアレルをもっている。ここでは紫の花についてVV，白い花についてWWとしている。(B)2種類の純系植物を交配させると，F_1世代にはその表現型のどちらか1つだけが現れる。F_1植物の遺伝型はVWで，Vが優性アレル，Wは劣性アレルであるとMendelは推測した。

されたものと完全には一致せず，多くの遺伝子の間では期待された完全な連鎖は成り立たなかった。遺伝子は互いに独立に受け継がれるか（遺伝子がそれぞれ別の染色体上にある場合はそのように予測される），あるいは連鎖を示したとしても**部分連鎖**（partial linkage）にすぎなかった（あるときは一緒に受け継がれ，ときにはそうでなかった）（図 3.15）。この予想と観察の食い違いの解決が，遺伝地図作成のための手法の開発に重要なステップとなった。

部分連鎖は減数分裂の際の染色体の振る舞いから説明がつく

重要なブレークスルーは Thomas Hunt Morgan によってもたらされた。細胞の核が分裂するときの染色体の振る舞いと部分連鎖との関連性に気づいたのである。19 世紀終わりの細胞学者たちは細胞の核分裂の 2 つの様式，すなわち**体細胞分裂**（mitosis；**有糸分裂**）と**減数分裂**（meiosis）とをすでに区別していた。より一般的なのは体細胞分裂で，体細胞の二倍体の核が分裂して 2 つの娘核を作る過程であり，娘核はやはり二倍体になる（図 3.16）。ヒトの一生に要するすべての細胞を作るためには，約 10^{17} 回の体細胞分裂を起こす必要がある。体細胞分裂がはじまる前に核内の各染色体は複製されるが，その複製された娘染色体どうしがすぐに分離することはなく，はじめはセントロメア部分で結合したままである。この娘染色体は，体細胞分裂の後期に 2 つの新しい核に分配されるときまで分離しない。それぞれの娘核が完全な染色体セットを受け取ることは当然ながら非常に重要であり，その目的を達成するために体細胞分裂は非常に複雑なのだろう。

体細胞分裂は細胞分裂における基本的事象であるが，興味深いのは，減数分裂の際立った特徴である。減数分裂は生殖細胞でのみ起こり，1 つの二倍体細胞から一倍体の配偶子が 4 つできる。配偶子は有性生殖の際，相手側の配偶子と融合することができる。減数分裂では 4 つの一倍体細胞ができ，体細胞分裂では 2 つの二倍体細胞ができるが，その理由は簡単で，減数分裂では 2 回の核分裂が起こるが，体細胞分裂では 1 回しか起こらないからである。これは重要な違いであるが，減数分裂と体細胞分裂の決定的な違いはもっと微妙なものである。二倍体の細胞には，各染色体の独立したコピーが 2 つずつあることを思い出してほしい（第 1 章）。これらを**相同染色体**（homologous chromosome）の対と呼ぶ。体細胞分裂の間，相同染色体は互いに分かれたままであり，それぞれが複製され，

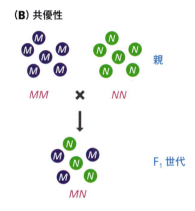

図 3.12　Mendel が調べなかった 2 種類のアレル相互作用　(A) カーネーションの花色の不完全優性。(B) MN 式血液型の共優性。

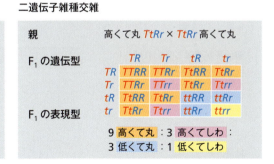

図 3.13　メンデルの法則で遺伝的交配の結果を予測できる　2 種類の交配とその予測される結果を示す。**一遺伝子雑種交雑**（monohybrid cross）では 1 つの遺伝子のアレルを追跡する。ここでは丈の高いエンドウのアレルを T，丈の低いエンドウのアレルを t で示す。T が優性で，t は劣性である。アレルはランダムに分離するというメンデルの第 1 法則から予測される，F_1 世代の遺伝型と表現型を示している。Mendel がこの交配を行ったときには，丈の高いエンドウが 787，丈の低いエンドウが 277（つまり 2.84：1 の比率）という結果が得られた。**二遺伝子雑種交雑**（dihybrid cross）では 2 つの遺伝子のアレルを追跡する。第 2 の遺伝子はマメの形を決定するもので，そのアレルは優性の R（丸）と劣性の r（しわ）である。メンデルの第 1 法則と第 2 法則（2 つのアレルは独立して分離する）から予測される，F_1 世代の遺伝型と表現型を示している。

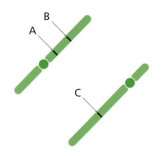

図3.14 同じ染色体上にある遺伝子は連鎖を示すはずである 遺伝子AとBは同じ染色体上にあるので、一緒に受け継がれるはずである。したがって、AとBの受け継ぎにはメンデルの第2法則が当てはまらない。遺伝子Cは別の染色体上にあるので、第2法則はAとCまたはBとCの受け継ぎには当てはまる。Mendelは連鎖を発見しなかったが、それは彼が研究したエンドウの7つの遺伝子が、それぞれ別の染色体上にあったからである。

独立に娘核に受け継がれる。しかし、減数分裂では相同染色体は決して独立していない。減数分裂の最初の段階である減数第一分裂前期に、各染色体はその相同染色体と対合して**二価染色体** (bivalent) を形成する (図3.17)。これは各染色体が複製されてから分離するまでみられる。したがって、二価染色体には染色体コピーが4つ含まれ、その1つずつが減数分裂の最終段階でみられる4つの配偶子に入る。二価染色体の状態でいる間に、**染色分体** (chromatid) の腕部が物理的に切断され、DNA領域を交換することがある。この現象は**交差** (crossing over；乗換え) または**組換え** (recombination) と呼ばれ、1909年にベルギーの細胞学者Janssensによって発見された。これはMorganが部分連鎖について考えはじめたわずか2年前のことであった。

この交差の発見は、Morganが部分連鎖を説明するうえでどのように役立ったのだろうか。これを理解するためには、交差が遺伝子の受け継ぎにもたらす影響について考える必要がある。おのおのが2種類のアレルをもつ2つの遺伝子を例に考えてみよう。第1の遺伝子をAとし、そのアレルを*A*と*a*、第2の遺伝子をBとし、そのアレルを*B*と*b*とする。これら2つの遺伝子がMorganの研究していたキイロショウジョウバエ (*Drosophila melanogaster*) の2番染色体上にあるとしよう。2番染色体の1つがアレル*A*とアレル*B*を、もう1つがアレル*a*とアレル*b*をもつとし、その二倍体核の減数分裂を追ってみよう。

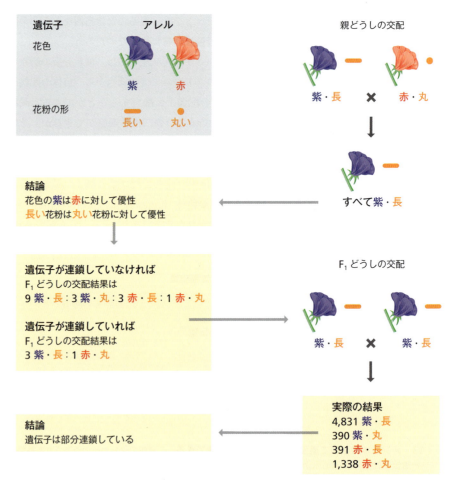

図3.15 部分連鎖 部分連鎖は20世紀初頭に発見された。ここに示した交配は、Bateson, Saunders, Punnettが1905年にスイートピーで行ったものである。親どうしの交配は典型的な二遺伝子雑種交雑の結果を示し (図3.13参照)、得られたF₁植物がすべて同じ表現型であったことから、優性のアレルは紫の花と長い花粉であることがわかった。F₁どうしの交配は予期しない結果になった。F₂植物は9：3：3：1の比 (遺伝子がそれぞれ別の染色体上にある場合の期待値) でも、3：1の比 (遺伝子が完全に連鎖しているときの期待値) でもなかった。この予想外の比率は部分連鎖の特徴である。

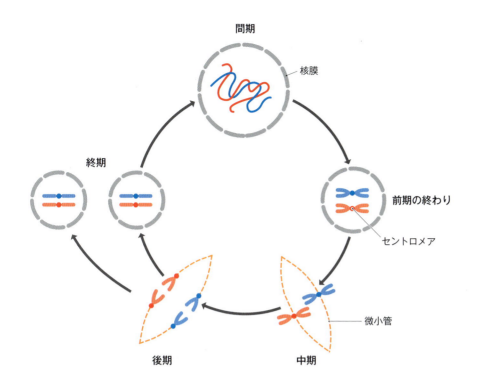

図 3.16 **体細胞分裂（有糸分裂）** 核分裂と核分裂の間，すなわち間期には，染色体はほどけた形をとっている（7.1 節）。体細胞分裂の前期に染色体は凝縮しはじめ，前期の終わりまでには光学顕微鏡で観察できる構造体となる。各染色体は DNA 複製をすでに終了しているが，2 つの娘染色体はセントロメア部分で結合している。ほとんどの真核生物では核膜は中期に消失し，染色体が細胞の中央に整列する。そして，微小管が娘染色体を細胞の両端へ引き寄せる。終期になると娘染色体の集団の周囲に核膜がふたたび形成され，その結果，親の核は二等分されて娘核ができる。ここでは単純化して 1 対の相同染色体（一方は赤，他方は青で示す）だけを図示している。

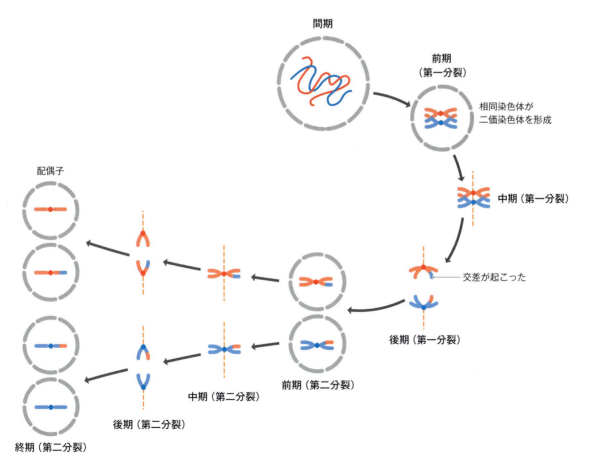

図 3.17 **減数分裂** 1 対の相同染色体（一方は赤，他方は青で示す）で起こることを図示している。減数分裂がはじまると染色体は凝縮し，1 対の相同染色体は対合して 1 個の二価染色体を形成する。二価染色体の状態では交差，つまり染色分体の腕部が切断されて DNA 領域の交換が起こることがある。減数分裂では続いて 2 回の核分裂が起こる。1 回目の分裂では 2 つの核が生じ，それぞれに含まれる各染色体の 2 つのコピーはまだセントロメア部分で結合している。2 回目の分裂ではそれぞれ各染色体の 1 つのコピーをもつ 4 つの核ができる。したがって，減数分裂の最終産物である配偶子は一倍体となる。

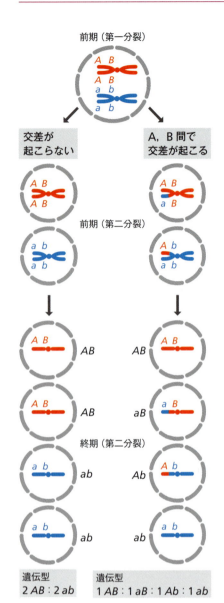

図3.18 連鎖している遺伝子における交差の影響 1対の相同染色体を一方は赤，他方は青で示す。遺伝子Aは遺伝子Bと連鎖しており，それぞれアレルA，a，アレルB，bをもつ。左側はA，B間で交差が起こらない減数分裂を示している。生じる配偶子のうち2つの遺伝型はAB，残り2つの遺伝型はabである。右側の図ではA，B間で交差が起こっている。その結果，4つの配偶子の遺伝型はすべて異なることになり，AB，aB，Ab，abである。

図3.18にこの状況を示してあるが，2つの筋書きを考えてみる。

- 遺伝子Aと遺伝子Bの間で交差が起こらない場合。この場合，分裂後に生じる配偶子のうち2つはアレルAとアレルBを含む染色体をもち，もう2つはアレルaとアレルbをもつ。言い換えれば，2つの配偶子の**遺伝型**（genotype；遺伝子型）はAB，残り2つの遺伝型はabである。
- 遺伝子Aと遺伝子Bの間で交差が起こる場合。これにより，相同染色体間で遺伝子Aを含むDNA領域が交換される。その結果，4つの配偶子の遺伝型はすべて異なることになり，AB，aB，Ab，abである。

では，100個の同じ細胞の減数分裂の結果はどうなるか考えてみよう。もし交差が起こらなければ，配偶子の遺伝型は200 AB，200 abとなる。これは完全連鎖（complete linkage）であり，遺伝子Aと遺伝子Bは減数分裂の間，まとまって行動している。しかし，もしいくつかの核でAとBの間の交差が起こったなら（こちらの場合のほうが多い），この1組のアレルは1つの単位としてまとまって受け継がれはしないだろう。100回の減数分裂のうち40回で交差が起こったとすると，配偶子の遺伝型は160 AB，160 ab，40 Ab，40 aBとなる。この連鎖は不完全で，部分連鎖である。**親遺伝型**（parental genotype）と同じABあるいはabの遺伝型をもつ配偶子のほかに，**組換え遺伝型**（recombinant genotype）であるAbあるいはaBの遺伝型をもつ配偶子もみられることになる。

部分連鎖から遺伝地図作成へ

減数分裂の際に起こる交差で部分連鎖を説明できることを理解すると，Morganはすぐに染色体上の遺伝子の相対的な位置を知る方法を思いついた。実際のところは，最も重要な仕事はMorgan自身ではなく，彼の研究室で研究していた学生のArthur Sturtevantが行ったものである。Sturtevantは，交差はランダムに起こり，染色分体上のどの位置でも起こる確率は等しいものと仮定した。この仮定が正しいならば，互いに近くにある2つの遺伝子は，遠く離れた2つの遺伝子よりも交差によって分離する頻度は低くなる。さらに，2つの遺伝子が交差により連鎖しなくなる頻度は，それら遺伝子の染色体上の距離に比例する。したがって，**組換え頻度**（recombination frequency）は2つの遺伝子間の距離を表す尺度となる。さまざまな遺伝子間の組換え頻度を算出すれば，染色体上でのそれ

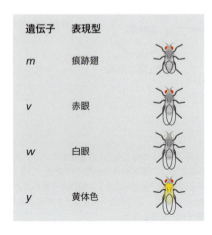

図3.19 組換え頻度の値から遺伝地図を作成する Arthur Sturtevantがショウジョウバエを用いて行った最初の実験を例に示す。4つの遺伝子はすべてショウジョウバエの1番染色体上にある。遺伝子間の組換え頻度と，その値から推定される遺伝地図上の位置を示している。

ら遺伝子の相対的な位置を示した地図を作成することができるのである。

　Sturtevant が作成した最初の地図は，ショウジョウバエ 1 番染色体上の 4 つの遺伝子の位置を示したものであった（図 3.19）。その後，Morgan の研究グループはできる限り多くのショウジョウバエ遺伝子を地図上に位置づけることに着手し，1915 年までに 85 の遺伝子の位置を決定した。ショウジョウバエの核にみられる 4 組の染色体に対応して，これらの遺伝子は 4 つの**連鎖群**（linkage group）に分類される。遺伝子間の距離は**地図単位**（map unit）で表され，1 地図単位は 2 つの遺伝子間の組換え頻度が 1％となる距離である。この表記法に従えば，組換え頻度が 1.3％である白眼遺伝子と黄体色遺伝子の間の距離は 1.3 地図単位となる（図 3.19 参照）。近年，地図単位は**センチモルガン**（centiMorgan：cM）と呼ばれるようになってきている。Morgan によって最初に位置を決められた 85 の遺伝子は，眼の色，翅や体の形など，遺伝的交配で得られたショウジョウバエを観察するだけで分類できる表現型を規定するものであった。しかし，生化学試験でタイピングされる遺伝子や，さらには PCR やその他の DNA 解析法（3.2 節）でそのアレルを同定できる DNA マーカー（RFLP，SSLP，SNP など）についても，この手法は同じように有用である。そのため，次の節で述べるように，さまざまな生物で連鎖解析が行われ，得られた地図には多数の種類のマーカーの位置が示されている。

　先に進む前に，連鎖解析の基本原理に関連して考慮しておかなければならない最後の問題が 1 つある。交差がランダムに起こるという Sturtevant の仮定は，全面的に正しいというわけではなかった。物理地図作成や DNA 塩基配列決定によって明らかにされた DNA 分子上のマーカーの実際の位置と遺伝地図を比較すると，**組換えホットスポット**（recombination hotspot）と呼ばれる染色体上のいくつかの領域は，他の領域と比べて交差の起こる頻度が高いことがわかったのである。このことは，2 つのマーカー間の遺伝地図上の距離は，物理地図上の距離とは必ずしも一致しないことを意味する（図 3.26 参照）。また今日では，1 つの染色分体が同時に 2 つ以上の交差を起こすことがあることが知られている。しかし，2 つの交差がどの程度まで近くで起こるかには限界があり，それが地図作成の不正確さの原因となっている。とはいえ，マーカーの並ぶ順番については，連鎖解析で通常は正しく推定することができる。その間の距離についても，ゲノム塩基配列決定プロジェクトの枠組みや，マーカー利用選抜のような手法の補助として有用な遺伝地図を作成する目的には十分正確といえる。そこで次に，さまざまな生物で連鎖解析がどのように行われるのか検討してみることにしよう。

3.4　さまざまな生物の連鎖解析

　連鎖解析が実際にどのように行われるかを理解するには，次の 3 通りの状況を考えてみる必要がある。

- 計画的な交配実験が可能なショウジョウバエやマウスのような生物での連鎖解析
- 計画的な実験はできないが，その代わりとして家系図を使うことができるヒトでの連鎖解析
- 減数分裂を行わない細菌での連鎖解析

計画的な交配実験が可能なときの連鎖解析

　ここで学ぶ連鎖解析の第 1 のタイプは，Morgan らが考案した方法の現代版である。この方法は，遺伝型のわかっている親どうしの交配実験の結果の解析にもとづいており，少なくとも理論上はすべての真核生物に適用することができる。倫理的な観点からヒトにはこの方法は使えない。また，妊娠期間が長かったり，生まれてから成熟する（次の交配が

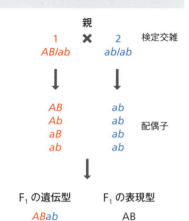

図3.20 優性と劣性を示すアレル間の検定交雑 AとBはそれぞれアレル A, a と B, b をもつマーカーである。生じた子の表現型を解析する。二重ホモ接合体である親（親2）はともに劣性アレルである a と b をもつため、これらのアレルは子の表現型に実際上影響を与えない。したがって、F_1 世代の個々の表現型から、それが由来する親1の配偶子の遺伝型がわかる。

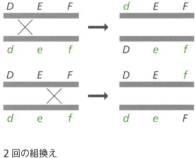

図3.21 三遺伝子雑種交雑における組換えの影響 外側の2つのマーカーは、いずれも1回の組換えで連鎖からはずれるが、中央のマーカーが外側の2つのマーカーとの連鎖からはずれるには2回の組換えが必要となる。

できるようになる）までに時間がかかったりする動物や植物では実用上の問題があり，連鎖解析の効率は悪い。

図 3.18 に戻ると，遺伝地図作成に重要なのは，減数分裂で生じる配偶子の遺伝型の決定であることがわかる。場合によっては，配偶子を直接解析することで遺伝型を決定できることもある。例えば，出芽酵母（*Saccharomyces cerevisiae*）などの真核微生物の配偶子は，一倍体のコロニーとして増殖させることが可能であり，その遺伝型は生化学試験やDNAマーカーのタイピングで決定できる。DNAマーカーを使えば，高等真核生物についても配偶子の遺伝型を直接決定することが可能である。つまり，精子から DNA を抽出し，PCR によって RFLP, SSLP, SNP のタイピングができる。残念なことに，この精子のタイピングには大変労力がいる。そのため，高等真核生物での連鎖解析は通常，配偶子を直接調べるのではなく，両親の2つの配偶子が融合して生まれた二倍体の子の遺伝型を決定することにより行われる。これがすなわち遺伝的交配である。

遺伝的交配の複雑な点は，交配によってできた二倍体の子は，1回ではなく2回の減数分裂（両親のそれぞれで1回ずつ）の結果として生じたものであること，そして多くの生物で雄性，雌性両方の配偶子形成時に交差が起こりうることである。どうにかして二倍体の子の遺伝型から，2回の減数分裂で起こった交差現象を探り出さなければならない。そのためには交配計画を注意深く設定する必要がある。標準的な手法としては，**検定交雑**（test cross）を利用する。上述したショウジョウバエ2番染色体上の2つのマーカー，A（アレル A とアレル a）と B（アレル B とアレル b）について，これらを地図上に位置づけるための検定交雑計画を図 3.20 に示す。この検定交雑で大切なのは両親の遺伝型である。

- 一方の親は**二重ヘテロ接合体**（double heterozygote）である。つまり，この親には4種類すべてのアレルが存在し，その遺伝型は *AB/ab* である。この表記は1対の相同染色体の片方がアレル A と B をもち，他方が a と b をもつことを示している。二重ヘテロ接合体は2つの純系（例えば *AB/AB* と *ab/ab*）の交配によって得られる。

- もう一方の親は純系の**二重ホモ接合体**（double homozygote）である。つまり，この親は2番染色体の相同部位の双方に同じアレルをもつ。図 3.20 に示した例では，相同部位の双方にアレル a とアレル b があり，その遺伝型は *ab/ab* である。

この二重ヘテロ接合体の遺伝型は，図 3.18 で減数分裂を追った細胞と同じである。したがって，この親由来の配偶子の遺伝型を推測することと，**組換え体**（recombinant）の割合を計算することが目的となる。もう一方の親（二重ホモ接合体）由来のすべての配偶子は，組換えが起こっても起こらなくても遺伝型 ab となることに注意してほしい。アレル a と b はともに劣性なので，子の表現型には親で起こった減数分裂の結果は実際上反映されない。これは図 3.20 に示したように，生じた二倍体の子の表現型を調べれば，二重ヘテロ接合体由来の配偶子の遺伝型がわかることを意味している。したがってこの検定交雑により，1回の減数分裂の結果を直接調べることができ，2つのマーカー間の組換え頻度や染色体上の距離を計算できることになる。

このタイプの連鎖解析の威力は，1回の交配で3つ以上のマーカーを調べることにより増大する。これによって組換え頻度の算出が速くなるだけでなく，得られたデータを少し解析するだけで，それぞれのマーカーの相対的位置関係もわかるようになる。なぜなら，3つのマーカーが並んでいる場合，中央のマーカーが外側の2つのマーカーのどちらとも連鎖しないという結果を得るためには2回の組換えが必要になるが，外側のマーカーどうしが連鎖しないという結果を得るには1回の組換えでよいからである（図 3.21）。2回の組換えは1回の組換えよりも起こりにくいので，中央のマーカーが非連鎖となる頻度は低い。このような3点交雑（three-point cross）から得られた典型的なデータを表 3.2 に示す。三重ヘテロ接合体（*ABC/abc*）と三重ホモ接合体（*abc/abc*）を交配させる検定交

表 3.2　3 点交雑で得られた典型的な一連のデータ		
子の遺伝型	子の数	推定される組換え
ABC/abc, abc/abc	987	なし（親と同じ遺伝型）
aBC/abc, Abc/abc	51	1 回（A と B/C の間）
AbC/abc, aBc/abc	63	1 回（B と A/C の間）
ABc/abc, abC/abc	2	2 回（1 回は C と A の間，もう 1 回は C と B の間）

雑が行われた。子の遺伝型で最も頻度が高いのは親のいずれかと同じもので，これはマーカー A，B，C を含む領域で組換えが起こらなかった結果である。比較的頻度が高い子の遺伝型には 2 つのタイプがあり（示した例ではそれぞれ 51 個体と 63 個体の子がみられた），どちらも 1 回の組換えが起こった結果と考えられる。これらの遺伝型をみると，1 つのタイプではマーカー A が B，C と連鎖していないことが，もう 1 つのタイプではマーカー B が A，C と連鎖していないことがわかる。これらの結果から，A と B が端に位置するマーカーであると解釈できる。マーカー C が A，B と連鎖していない子の数を調べれば，この結論を確認できる。そのような遺伝型の子は 2 個体しかみられず，これは 2 回の組換えが必要なことを示している。したがってマーカー C は A と B の間にある。

考慮しなければならない重要なことがもう 1 つある。図 3.20 と表 3.2 に示したように，優性，劣性のはっきりしたマーカーを検定交雑で調べる場合，二重または三重ホモ接合体の親は劣性のアレル（ab/ab または abc/abc）をもっていなければならない。しかし，もし共優性のマーカーが使われたとしたら，二重ホモ接合体の親はどの組合せのホモ接合性アレル（AB/AB，Ab/Ab，aB/aB，ab/ab）をもっていてもかまわない。このタイプの検定交雑の例をあげた図 3.22 は，その理由を説明している。PCR によってタイピングされた DNA マーカーは，実質的に共優性であることに注意してほしい。したがって，図 3.22 は DNA マーカーを使って連鎖解析を行ったときの典型的な筋書きを示している。

ヒトの家系解析による遺伝地図作成

ヒトでは，あらかじめ両親の遺伝型を選んで地図作成のための適切な交配実験を計画することは当然不可能である。その代わりとして，何世代かにわたる家系の遺伝型を調べ，そこから組換え頻度を算出するためのデータを得なければならない。これは**家系解析**（pedigree analysis）と呼ばれる。多くの場合，得られるデータには限りがあり，またその解釈もしばしば困難である。なぜならば，ヒトの結婚は都合よく検定交雑のようにはならないし，またすでに死亡しているか，あるいは協力してもらえないために，家系を構成するすべてのメンバーの遺伝型が得られるとは限らないからである。

この問題点を図 3.23 に示した。この例では，両親と 6 人の子どもからなる 1 家系にみられる遺伝病について検討している。遺伝病はヒトの遺伝的マーカーとして使われることが多く，疾患が一方のアレルに，健常がもう一方のアレルに対応する。図 3.23A の家系図から，母親と子ども 4 人が患者であることがわかる。家族の報告から母方の祖母もこの疾患にかかっていたことがわかったが，その祖母も，その夫つまり母方の祖父も，今はすでに亡くなっている。祖父母も家系図に加えることはできるが（家系図の中の斜線は死亡を示している），その遺伝型は得られない。疾患の原因遺伝子がマイクロサテライト M（M_1，M_2，M_3，M_4 の 4 種類のアレルをもつ）と同じ染色体上に存在することはわかっている。目的は，この原因遺伝子のマイクロサテライトに対する相対的な位置を決めることである。

原因遺伝子とマイクロサテライト M の間の組換え頻度を求めるためには，何人の子ど

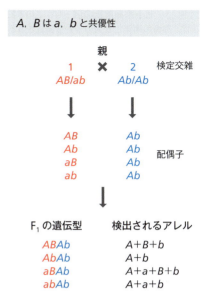

検出されたアレルから親 1 の配偶子の遺伝型を同定できる。
A だけが検出されたら，親 1 の配偶子は A である。
A と a が検出されたら，親 1 の配偶子は a である。

図 3.22　共優性を示すアレル間の検定交雑　A と B は両アレルが共優性のマーカーである。この例では二重ホモ接合体の親の遺伝型は Ab/Ab である。F_1 世代の各個体がもつアレルは，PCR などで直接調べることができる。そのアレルの組合せから，各個体が由来する親 1 の配偶子の遺伝型を推測できる。

図 3.23　ヒト家系解析の例　(A) この家系図は，存命の両親と6人の子から構成される家系にみられる遺伝病の遺伝様式を示している。母方の祖父母についての情報は，記録から得られたものである。疾患のアレル（黒塗り）は健常のアレル（白塗り）に対して優性である。目的は，家族のマイクロサテライトMのアレル（M_1，M_2など）をタイピングして，疾患の原因遺伝子とマイクロサテライトの連鎖の程度を調べることである。(B) この家系図は2通りの解釈が可能である。仮説1は，組換え頻度が低く，原因遺伝子がマイクロサテライトと強く連鎖していることを示す。仮説2は原因遺伝子とマイクロサテライトの連鎖が弱いことを示す。(C) この問題は母方の祖母の「復活」により解決する。彼女のマイクロサテライトの遺伝型と矛盾しないのは仮説1のみである。

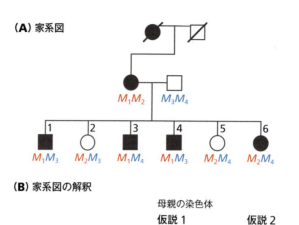
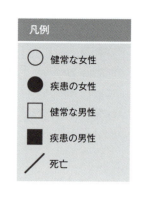

もに組換えが起こっているかを調べなければならない。6人の子どもの遺伝型をみると，1，3，4番の子どもは疾患のアレルとマイクロサテライトアレルの M_1 をもっていることがわかる。また，2，5番の子どもは健常なアレルとマイクロサテライトアレルの M_2 をもっている。したがって，2つの仮説を立てることができる。1つの仮説は，母親の相同染色体の2つのコピーの遺伝型は疾患-M_1 と健常-M_2 であり，1〜5番の子どもは母親の遺伝型をそのまま受け継ぎ，6番の子どもだけに組換えが起こっている，というものである（図 3.23B）。この仮説は，原因遺伝子とマイクロサテライトマーカーは比較的近くで連鎖していて，両者間の交差は頻繁には起こらないことを示している。第2の仮説は，母親の相同染色体の遺伝型は健常-M_1，疾患-M_2 である，というものである。この場合，1〜5番の子どもに組換えが起こっていて，6番の子どもだけ遺伝型をそのまま受け継いでいることになる。この仮説は，原因遺伝子とマイクロサテライトマーカーが染色体上で比較的離れていることを意味している。十分なデータがないので，この2つの仮説のうちどちらが正しいかを決めることはできない。

　図 3.23 の家系が提示している問題の最も満足のいく解決法は，祖母の遺伝型を知ることだろう。連続ドラマに登場する家族のように，実は祖母がまだ死んでいなかったとしよう。視聴率の低下を救うのに格好のタイミングで彼女はふたたび姿を現して全員をびっくりさせる。祖母のマイクロサテライトMの遺伝型は M_1M_5 だと判明した（図 3.23C）。これにより，母親が受け継いだ染色体の遺伝型は疾患-M_1 であることがわかる。したがって，

第1の仮説が正しく，6番の子どもだけに組換えが起こっているという結論が得られる。

昔の病理標本や新生児の血液試料を含むガスリー試験紙などからDNAを抽出することは可能であるが，通常，鍵となる人物の「復活」は現実の家系ではありえない。不完全な家系は**ロッドスコア**(lod score)と呼ばれる尺度を使って統計学的に解析される。これは，2つのマーカーが連鎖している「可能性(odds)の対数(logarithm)」の頭文字からつけられた名前だが，調べようとしている2つのマーカーが同じ染色体上に存在するかどうか，言い換えれば，そのマーカーが連鎖しているかどうかを判定する目的でおもに使われる。ロッドスコアが3以上であれば，それは1,000：1以上の可能性に相当し，連鎖していると確信をもって結論できるとされる。ロッドスコア解析により連鎖を示す結果が得られた場合には，さまざまな組換え頻度についてロッドスコアを計算することにより，家系解析で得られたデータを最もよく説明する組換え頻度を決定することができる。複数の家系からデータが得られれば理想的で，結果の信頼性は向上する。子の数が多いほど，その解析結果の確実性は高くなる。図3.23でみたように，少なくとも3世代にわたって遺伝型を解析することが重要である。このような理由から家系試料の収集が進められており，パリにあるヒト多型研究センター(Centre d'Études du Polymorphisme Humaine：CEPH)で維持されているものがその一例である。CEPHでは，祖父母4人すべてと少なくとも8人の孫から構成される家系の培養細胞株を維持している。得られた結果をCEPHのデータベースに登録することに同意した研究者なら誰でも，CEPHの試料をDNAマーカーの相対的な位置の決定に利用できる。

細菌の遺伝地図作成

ここで考えるべき遺伝地図作成の最後のタイプは，細菌を対象としたものである。細菌の遺伝地図の作成法を開発しようとした遺伝学者たちが直面した大きな問題は，これらの生物は通常一倍体なので減数分裂を行わないことである。したがって，細菌DNAの相同領域間に交差を起こさせる，別の方法を工夫しなければならなかった。細菌がそのDNAの一部を別の細菌へ移入させるための3つの機構を利用するのである(図3.24)。

- **接合**(conjugation)。これは2つの細菌が物理的に結合して，一方の細菌(供与菌)からもう一方の細菌(受容菌)へDNAを移す方法で，供与菌の染色体の一部あるいは全部のDNAコピーを移入させることができる。また，1 Mb (1×10^6 bp)程度までの長さの染色体DNA領域がプラスミドに組み込まれて移入されることもあり，これは**エピソーム移入**(episome transfer)と呼ばれる。
- **形質導入**(transduction)。50 kb程度までの小さなDNA断片が，ファージを介して供与菌から受容菌へ移入される。
- **形質転換**(transformation)。供与菌が細胞外に放出したDNA断片(ほとんどが50 kb以下の長さ)を，受容菌が周囲の環境から取り込む。

生化学マーカーがしばしば使われるが，その場合，優性すなわち**野生型**(wild type)の表現型はある生化学的性質(例えば，トリプトファン合成能)をもつもの，劣性の表現型はそれとは相補的な性質をもつもの(例えば，トリプトファン合成能がない)である。遺

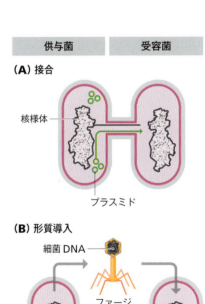

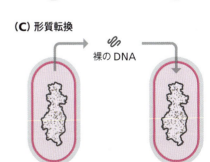

図3.24　細菌がDNAを別の細菌へ移入させるための3つの機構　(A)接合によって，染色体やプラスミドのDNAが供与菌から受容菌へ移入されることがある。2つの細菌が物理的に結合し，**線毛**(pilus/複数形：pili)と呼ばれる細い管を通してDNAが移動すると考えられている。(B)形質導入では，供与菌の小さなDNA断片がファージを介して移入される。(C)形質転換は形質導入と似ているが，裸のDNAが移入される点が異なる。(B)と(C)の機構では供与菌は死んでしまう場合が多い。(B)の形質導入では，供与菌からファージが放出されるときに供与菌は死ぬ。(C)の形質転換では，通常は供与菌の自然死によりDNAが放出される。

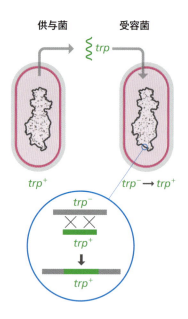
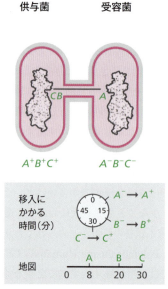
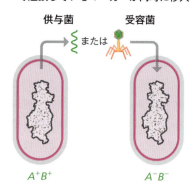

図 3.25　細菌の遺伝地図作成の基本原理
(A) トリプトファン合成に必要な遺伝子が，野生型供与菌（遺伝型を trp^+ で示す）から遺伝子の機能を欠損した受容菌（trp^-）へ移入される。(B) 接合を利用した遺伝地図作成。(C) 形質導入や形質転換を利用した遺伝地図作成。

伝子の移入の解析は通常，野生型のアレルをもつ供与菌と劣性のアレルをもつ受容菌の間で行われ，受容菌への移入の確認は，その遺伝子が発揮する生化学的機能の獲得を調べることで行われる。図 3.25A に示す例では，トリプトファン合成に必要な遺伝子が，野生型供与菌（遺伝型を trp^+ で示す）から遺伝子の機能を欠損した受容菌（trp^-）へ移入される。この受容菌はトリプトファン要求株と呼ばれる。「**栄養要求株**(auxotroph)」という用語は，野生型では必要ない栄養素（この場合はトリプトファン）が与えられないと生存できない変異体微生物を呼ぶのに用いられる。移入後，供与菌の DNA が受容菌の染色体に組み込まれ，trp^- の受容菌が trp^+ となるには，2 カ所で交差が起こらなければならない。

遺伝地図作成の詳細は用いる遺伝子移入法によって異なる。接合の場合，DNA は 1 本の糸が管の中を通るように供与菌から受容菌へ移入される。したがって DNA 分子上のマーカーの相対的な位置は，そのマーカーが受容菌へ移入されるのにかかった時間を測定すれば決定できる。図 3.25B に示す例では，マーカー A，B，C は接合がはじまってからそれぞれ 8 分，20 分，30 分で移入される。大腸菌（*Escherichia coli*）の染色体が完全に移入されるのには約 100 分かかる。一方，形質導入や形質転換の場合は，移入される DNA 断片が短い（50 kb 以下）ので，互いに比較的近くに位置するマーカーの相対的な位置を決定できる。すなわち，2 つのマーカーが同時に移入される頻度は，細菌の染色体上で両者がどの程度近くにあるかに関係している（図 3.25C）。

連鎖解析の限界

これまでみてきたとおり，連鎖解析のためのデータは，マーカーの受け継ぎを左右する生物学的プロセスを利用した実験で得られる。生物学的プロセスとは，減数分裂であったり，細菌での DNA 移入などである。得られるデータの質を改善するためにこれらの過程に手を加えることは，不可能ではないにせよ難しい。例えば減数分裂は複雑な細胞内過程であり（図 3.17 参照），遺伝地図の精度と正確さを高めるために遺伝学者ができることはほとんどない。これは，連鎖解析には本質的な限界があって，得られる地図の実用性が制限されてしまうことを意味している。最も重要な 2 つの限界とは次のようなものである。

- 遺伝地図の精度は調べることができた交差の数に依存している。これは微生物についてはあまり問題とならない。微生物は膨大な数の個体を実験に使うことができ，

図 3.26 **出芽酵母III番染色体の遺伝地図と物理地図の比較** この比較によって遺伝地図と物理地図の食い違いが明らかになる．後者は DNA 塩基配列決定により定められたものである．遺伝地図ではいちばん上の 2 つのマーカー（*glk1* と *cha1*）の順序が間違っており，その他のマーカーも相対的な位置関係が異なっていることに注意．

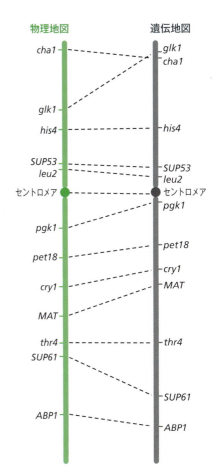

数多くの交差を調べることができるので，得られる遺伝地図も各マーカー間の距離がわずか数 kb といったきわめて詳細なものになる．例えば，大腸菌のゲノム塩基配列決定プロジェクトが開始された 1990 年の時点で，最も新しい遺伝地図には平均 3.3 kb に 1 つの割合で 1,400 以上のマーカーが含まれていた．これはゲノム配列が正しく構築されていることを確認するうえで十分詳細なものであった．出芽酵母のゲノム計画も同様に詳細な遺伝地図に支えられていた（平均 10 kb に 1 つの割合で約 1,150 のマーカーが含まれていた）．問題はヒトやその他の大部分の高等真核生物の場合である．この場合，多くの子を得ることは不可能であり，比較的わずかな数の減数分裂しか観察することができないため，連鎖解析の精度が制限されてしまう．数十 kb 離れたマーカーが遺伝地図上では同じ位置に示されてしまうのである．

- 遺伝地図は正確さに限界がある．この点に関しては 3.3 節で，染色体上で交差はランダムに起こるという Sturtevant の仮定について説明したときに触れた．実際には組換えホットスポットが存在し，ある部位では他の部位よりも交差が起こりやすいので，この仮定は部分的にしか正しくない．このことが遺伝地図の正確さに及ぼす影響は 1992 年に例示された．すなわち，出芽酵母III番染色体の完全な塩基配列が公表され，DNA 塩基配列決定により示されたマーカーの実際の位置と，遺伝地図を直接比較できるようになったのである（図 3.26）．そこには相当の食い違いがみられ，1 対の遺伝子が遺伝地図では誤った順序で配置されていたほどであった．出芽酵母はゲノムの遺伝地図作成が徹底的に研究されてきた 2 つの真核生物のうちの 1 つである（もう 1 つはショウジョウバエ）．もし出芽酵母の遺伝地図ですら不正確だとしたら，解析の詳細さが劣る他の生物の遺伝地図はどこまで正確だといえるのだろうか．

こうした限界が理由で，より多くのマーカーをより正確に染色体上に位置づけるための別の方法が開発されてきた．これらの方法は連鎖解析を使わず，それゆえ従来の遺伝学的手法にもとづいたものではない．物理地図作成と総称されるこれらの代替手法について，次の 2 つの節で説明する．

3.5 DNA 分子の直接分析による物理地図作成

物理地図作成のための数多くの手法が開発されているが，マーカーの位置の特定に使われるアプローチによって便宜上 2 種類に分類することができる．

- DNA 分子あるいは染色体を直接分析する方法．
- 完全な DNA 分子中での位置がわかっている，もしくは推察できる DNA 断片にマーカーを割り当てる方法．

直接分析する方法のうち最も単純なものは DNA 分子中の制限部位の位置を決める方法であり，**制限地図作成**（restriction mapping）と呼ばれる．

従来の制限地図作成は小さい DNA 分子にのみ適用可能である

DNA マーカーとして RFLP を用いた遺伝地図は，多型を示す制限部位をゲノム中に位置づけたものであるが（3.2 節），ゲノム中の制限部位が多型を示すことは非常に少なく，

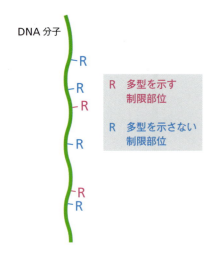

図 3.27 すべての制限部位が多型を示すわけではない

多くの部位はこの方法では位置づけることはできない（図 3.27）。多型を示さない制限部位を別の方法で位置づけ，ゲノム地図上のマーカー密度を高めることはできるだろうか。これがまさに制限地図作成でなしうることである。

制限地図を構築する最も単純な方法は，それぞれ異なる標的配列を認識する 2 種類の制限酵素によって DNA 分子を消化し，生じる断片の長さを比較することである。制限酵素 *Eco*RI と *Bam*HI を用いた例を図 3.28 に示す。この例は小さな DNA 分子の制限地図作成での従来のアプローチを説明している。それは以下の 3 つのタイプの消化を行うことである。

- 最初に，DNA 分子を 2 つの酵素の一方で消化し，生じた断片の長さをアガロースゲル電気泳動で測定する。次に，もう一方の酵素で同じ DNA 分子を消化し，生じた DNA 断片を再度アガロースゲルで泳動して長さを測定する。ここまでの結果から，それぞれの酵素が作用した制限部位の数はわかるが，それぞれの相対的な位置関係は決定できない。
- 2 つの酵素で同時に DNA 分子を消化する。図 3.28 の例で示したように，この**二重制限酵素消化**（double restriction）で得られる断片の長さから，4 カ所の制限部位の位置を決められる。
- **部分消化**（partial restriction）を行う。これは 1 つの制限酵素を使うが，反応時間を短時間にしたり，準至適温度で作用させたりすることにより，消化反応が完全には進まないようにするものである。部分消化では，完全に消化された断片に加え，1 つないしそれ以上の未消化部位を保持した部分制限断片からなる複雑な制限断片のセットが得られる。部分消化で得られた断片の長さから，地図を完成させることができる。

使用する酵素による切断部位が比較的少ないときには，上述の方法で確実な地図を作ることができる。しかし切断部位が増えるにつれ，単一，二重，部分消化による産物が増え，地図を構築するためにはそれらすべての長さを決定して比較しなければならない。コンピュータ解析が利用されているが，それでも結局は問題が生じる。消化物があまりにも多くの断片を含むときには，アガロースゲル上でバンドが重なってしまい，長さを正確に測定できないバンドや見逃されてしまうバンドが出てくるだろう。たとえすべての断片の長さを正確に測定できたとしても，いくつかのものの長さが似通っていたとしたら，それらを利用して正確な地図を構築することはできないかもしれない。それゆえ従来の制限地図作成のアプローチは，大きな分子よりも小さな分子に適しており，地図を構築できる分子の大きさには制限部位の出現頻度に依存した上限がある。実際には DNA 分子が 50 kb 未満の長さであれば，6 ヌクレオチドの認識配列をもつ酵素を選択することで，通常誤りのない制限地図の作成が可能である。50 kb は細菌や真核生物の最も小さい染色体よりはるかに小さいものの，数種のウイルスや細胞小器官のゲノムをカバーできる大きさではあり，この方法で構築された全ゲノムの制限地図は実際，これら小さい分子の塩基配列決定プロジェクトが行われる際に重要な役割を果たしている。クローニングされた細菌や真核生物のゲノム DNA が 50 kb 未満であれば，同様にこのアプローチは有用である。

オプティカルマッピングは長い DNA 分子中の制限部位の位置を決めることができる

電気泳動以外の方法で DNA 分子中の制限部位の位置を決めることもまた可能である。**オプティカルマッピング**（optical mapping）と呼ばれる技術を使えば，消化した DNA 分子を顕微鏡下で観察するだけで制限部位の位置を決めることができる。

溶液中の DNA はランダムコイル構造をとり，分子どうしが互いに凝集して塊となりや

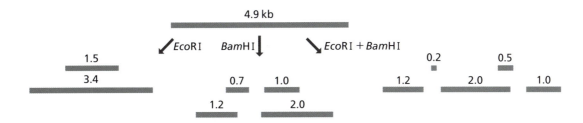

二重制限酵素消化の結果の解釈

断片	結論
0.2 kb, 0.5 kb	これらは 0.7 kb の BamHI 断片に由来していなければならないので，内部に EcoRI 部位がある。
1.0 kb	これは内部に EcoRI 部位をもたない BamHI 断片でなければならない。もし 1.0 kb 断片を下のように配置すると，1.5 kb の EcoRI 断片を説明できない。
1.2 kb, 2.0 kb	これらも内部に EcoRI 部位をもたない BamHI 断片でなければならない。またこれらの部位は，3.4 kb の EcoRI 断片内になければならない。それには 2 つの可能性がある。

地図 I / **地図 II**

BamHI による部分消化の予想結果

もし地図 I が正しいとしたら，部分消化の産物は 1.2+0.7＝1.9 kb の断片を含むはずである。
もし地図 II が正しいとしたら，部分消化の産物は 2.0+0.7＝2.7 kb の断片を含むはずである。

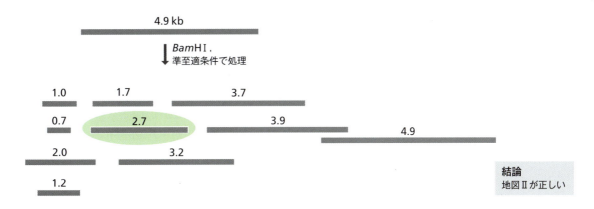

結論
地図 II が正しい

図 3.28 従来の制限地図作成のアプローチ 目的は，4.9 kb の直鎖状 DNA 分子上の EcoRI 部位（E）と BamHI 部位（B）の位置を決めることである。単一制限酵素消化と二重制限酵素消化の結果を，図のいちばん上に示している。二重制限酵素消化で得られた断片の長さから，中央の図に示した 2 種類の地図候補が構築できる。これらの地図では，3 つある BamHI 部位のうち 1 つの位置が解決できていない。BamHI による部分消化で調べると（図のいちばん下），地図 II が正しいものであることがわかる。

すい。それゆえオプティカルマッピングの鍵は，それぞれの DNA 分子を直鎖状の構造に伸張させることである。それによって観察された制限部位の位置が，DNA 配列中の制限部位の位置を正確に反映したものとなる。DNA 分子が十分には伸張されずにランダムコイル構造の一部が残っていると，制限部位間の実際の距離を算出することは難しくなる。最も初期のオプティカルマッピングでは，**ゲル伸張法**（gel stretching）と呼ばれる方法で DNA 分子を伸張させた。溶解したアガロースゲルの中に染色体 DNA を懸濁させ，これをわずかに傾けたスライドガラス上に滴下して，アガロースがゆっくりと流れながら冷えて固まるようにする。その過程でアガロース内の DNA 分子が整列して伸張するのである（図 3.29A）。またゲルは制限酵素を含んでおり，マグネシウムイオンを添加することで

図3.29 ゲル伸張法と分子コーミング
（A）ゲル伸張法を行うには，染色体DNA分子を含む溶解したアガロースゲルを，わずかに傾けたスライドガラス上に滴下する。ゲルが流れながら固まるにつれ，DNA分子は伸張する。塩化マグネシウムを添加することでゲルに含まれる制限酵素を活性化させ，DNAを消化させる。分子が徐々に縮むにつれて，切断部位を示すギャップがみえてくる。（B）分子コーミングでは，カバーガラスをDNA溶液に浸す。溶液中のDNA分子は一方の末端でカバーガラスに付着する。その後，秒速0.3 mmの速さでカバーガラスを引き上げると，平行に整列したDNA分子の「櫛」ができる。

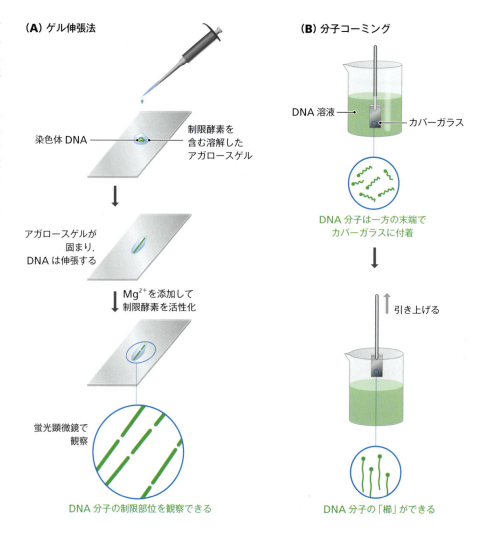

活性化させることができる（すべての制限酵素は作用するのにマグネシウムを必要とする）。その後，DNAを染色するDAPI（4′,6-ジアミジノ-2-フェニルインドール）のような蛍光色素を加えてDNA分子を可視化し，高倍率の蛍光顕微鏡下でDNA繊維を観察する。DNAがもつ弾力性により自然に伸張が緩んで制限部位は徐々にギャップとなるため，切断部位の相対的な位置を記録することができる。

ゲル伸張法は比較的容易に行えるが，ゲル小滴中でのDNA繊維のねじれが，このアプローチで得られる解像度を制限する要因となる。ゲルを使用しない別のDNA分子伸張法として**分子コーミング**（molecular combing）がある。シリコンコートしたカバーガラスをDNA溶液に浸して5分間おき（この間にDNA分子は一方の末端でカバーガラスに付着する），秒速0.3 mm程度の定速で溶液から引き上げる（図3.29B）。メニスカス（表面張力によって溶液とカバーガラスの境に形成された曲面）から引き出すのに必要な力でDNA分子を伸張させるのである。空気にさらされたカバーガラスの表面が乾けば，DNA分子は平行に整列したまま固定される。この方法で800 bp未満しか離れていない制限部位でも可視化できる。

オプティカルマッピングが最初に行われたのは，BACベクター（2.3節）に組み込まれた大きなDNA断片に対してであった。ゲノムDNAにこの技術を利用できる可能性はその後，熱帯熱マラリア原虫（*Plasmodium falciparum*）の1 Mbの染色体および細菌 *Deinococcus radiodurans* の2本の染色体と1つのプラスミド（それぞれ2.65, 0.41, 0.18 Mb；表8.2参照）の研究で確立された。1 Mbを超える長さの分子は，偶発的な切断を起こす

ことなく精製して伸張させることは難しいため，オプティカルマッピングによる地図の多くは，部分的に重なり合っている断片の集団から得たデータから構築されている。例えば D. radiodurans の 2.65 Mb の染色体は 157 個の断片から地図が作成された。この手法では数多くの断片をそれぞれ観察しなければならないため多大な作業量となり，最初の分子が大きいほど作業量は増大する。そのため近年は手順を自動化して，多くの制限部位の位置を効率よく決めるための技術の研究に重点が置かれている。これらの自動化された手順では，マイクロ流体デバイスを利用して伸張させた分子が 1 つずつ光検出器を通過するようになっている。分子の伸張に分子コーミングの一種を使用しているシステムもあるが，別のシステムでは DNA 分子が電極格子の間を移動するうちに部分的に伸張し，その後溶媒の流れにより完全に伸張して，直鎖状の分子がようやく通り抜けられる幅のナノチャネルに入る（図 3.30）。当然であるが，この方法は DNA 断片がナノチャネルに入るまで制限酵素による分解を受けないことを前提としている。そうするための 1 つの方法は，マイクロ流体デバイス内でマグネシウムイオンの濃度勾配が形成されるようにデバイスを設計し，制限酵素が DNA 断片とともにナノチャネルに入ったときのみ活性化されるようにしておくことである。そのため制限部位はナノチャネル内で切断され，DNA 断片に生じたギャップはただちに検出器で記録される。こうしたデータ生成の自動化やデータのコンピュータ解析により，オプティカルマッピングの適用範囲は非常に広がり，現在ではさまざまな植物や動物のゲノムにも用いられるようになっている。

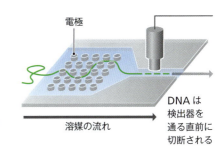

図 3.30　制限部位のオプティカルマッピングのためのマイクロ流体デバイス　DNA 分子は電極格子を通り抜けるうちに部分的に伸張し，その後完全に伸張して DNA 二重らせんよりもわずかに広いナノチャネルに入る。マグネシウムイオンの濃度勾配が形成されているナノチャネル内で DNA は切断される。

オプティカルマッピングはその他の DNA マーカーの位置を決めるのにも使える

伸張された DNA 分子の観察により制限地図作成が可能であることが 2000 年代にわかると，制限部位以外の DNA マーカーの位置を決めることができるオプティカルマッピングの新しい変法が開発された。こうしたオプティカルマッピングの改良に部分的に寄与したのは，当時並行して開発が行われていた DNA 分子の物理地図作成に用いられるもう 1 つの技術である**蛍光 in situ ハイブリダイゼーション**（fluorescence in situ hybridization：FISH）の変法であった。

オプティカルマッピングと同様に，FISH でも染色体や伸張させた DNA 分子のマーカー部位を直接観察できる。オプティカルマッピングとの違いは，FISH で観察されるマーカーは DNA 分子中の塩基配列であり，それと相補的な配列をもつ蛍光 DNA プローブとのハイブリダイゼーションにより位置が可視化されるという点である（図 3.31）。この技術は 1980 年代に**中期染色体**（metaphase chromosome；7.1 節）に対してはじめて使われた。細胞分裂を行おうとしている核から調製された中期染色体は，高度に凝縮し，セントロメアの位置と染色後に現れるバンドパターンの特徴からそれぞれの染色体の見分けがつく外観をしている（図 7.6 参照）。それゆえこのタイプの FISH によりマーカーのセントロメアと染色体バンドに対する相対的な位置を決定できるが，2 つのマーカーが最低 1 Mb 離れていないと独立したハイブリダイゼーションシグナルとして見分けることができないので，高解像度の地図作成には使えない。そのため中期染色体の FISH のおもな用途は，新たなマーカーがどの染色体上に存在するのかを知り，地図上の位置を別の方法でより精細に決定するための準備として，その大まかな位置を確認することである。

1990 年代に開発された FISH の変法では，中期染色体の代わりに機械的に伸張させた

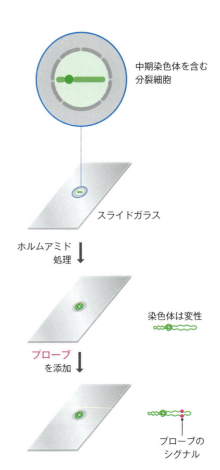

図 3.31　蛍光 in situ ハイブリダイゼーション　分裂細胞の試料をスライドガラス上で乾燥させてホルムアミドで処理すると，染色体は変性するが中期に特徴的な形態は失われない。プローブが染色体 DNA とハイブリッド形成した位置は，標識プローブの蛍光シグナルを検出することにより可視化される。

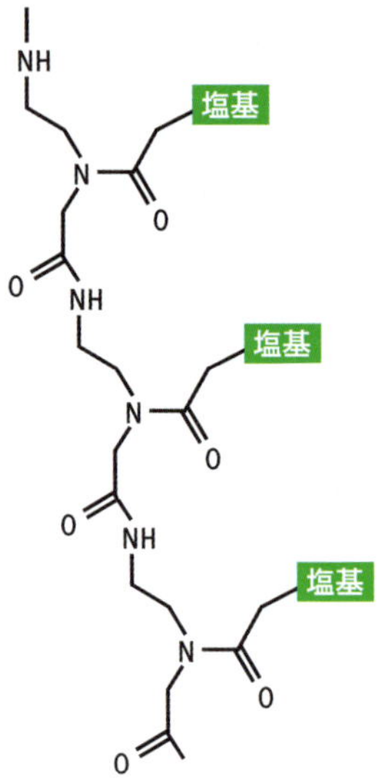

図 3.32 ペプチド核酸の一部 ペプチド核酸は通常の核酸でみられる糖-リン酸骨格の代わりにアミド骨格をもつ。

染色体，あるいは染色体が自然に伸張する核分裂の前期や間期に調製した染色体を標的材料とする。しかしこれらの新しい方法をもってしても，25 kb よりも近い 2 つのマーカーは見分けることができない。FISH の解像度をさらに上げるためには，染色体そのものではなく精製した DNA を用いることが必要であった。当初は**ファイバー FISH**（fiber-FISH）と呼ばれたこのアプローチは，本質的にはオプティカルマッピングの変法であり，上述したものと似た構造のマイクロ流体デバイスで伸張させた DNA 断片に対して行われる。制限地図作成と比べた場合のファイバー FISH の利点は，どのような DNA 配列に対してもそれを標的とするプローブが設計できることであり，そのため検出できるマーカーの種類に制限がない。

このタイプのオプティカルマッピングのおもな課題は，DNA 断片が伸張されてマイクロ流体チャネルを通り検出器を通過する間，プローブが DNA 断片上の特異的な位置に結合したままであるようにすることである。従来のハイブリダイゼーションプローブでは，標的 DNA は少なくとも部分的に変性させて，プローブと結合する一本鎖領域をむきだしにしなければならない。解離したもう一方の DNA 鎖はプローブと競合し，場合によってはそれを置換して二本鎖分子を再形成するだろう。もしこれが DNA が検出器を通過する前に起こるならば，データは何も得られないことになる。この問題の 1 つの解決法は**ペプチド核酸**（peptide nucleic acid：**PNA**）をプローブとして用いることである。これは糖-リン酸骨格をアミド結合に置き換えたポリヌクレオチド類似体である（図 3.32）。PNA プローブと DNA 分子上のその標的配列の間で起こるハイブリダイゼーションは，通常の DNA-DNA 相互作用よりも 2 つの理由から安定である。第 1 に，DNA-DNA ハイブリッド鎖の安定性は，2 本のポリヌクレオチド鎖の負電荷を帯びた糖-リン酸骨格間の反発により，いくらか弱まるのである。PNA 鎖のアミド骨格には荷電がなく，この反発作用は生じない。第 2 に，PNA はその標的配列と 2 種類の方法で塩基対を形成できるのである。つまり，標準的なワトソン・クリック型塩基対による対合に加えて，ピリミジン含量の高い PNA はその標的配列と**フーグスティーン型塩基対**（Hoogsteen base pair）も形成できる。フーグスティーン型塩基対の塩基の組合わせはワトソン・クリック型塩基対と同じ（A-T，G-C）であるが，塩基対を結びつける水素結合の作り方が異なる（図 3.33）。これは 1 本の DNA 鎖が同時に 2 本の PNA 鎖と結合できることを意味している（一方とはワトソン・クリック型塩基対で，もう一方とはフーグスティーン型塩基対で）。結果とし

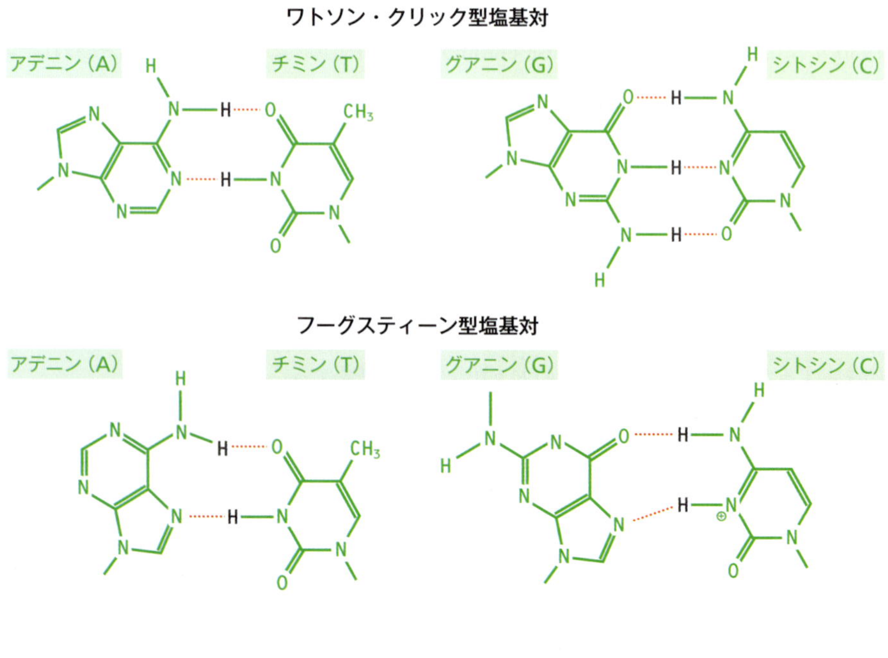

図 3.33 フーグスティーン型塩基対 このタイプの塩基対はペプチド核酸と DNA 鎖の間で形成される。

て生じる**三本鎖**（triplex）のPNA$_2$DNAはDNA–DNAハイブリッド鎖よりも安定で，そのためオプティカルマッピングの過程で解離してしまうおそれが少ない。

オプティカルマッピングに関連して，簡単に触れておきたい新しい技術が他に2つある。それらの技術はゲノム地図上のマーカーの位置決定には直接の関係はないが，ゲノムの構造と発現について重要な情報を提供するものである。

- GCに富む領域の位置は，DNA断片を部分的に変性させることにより決定できる。これはマイクロ流体デバイス中で温度を上げたり，あるいはホルムアミドなどの化学的変性剤を加えたりすることで可能である。A–T塩基対が2つの水素結合をもつのに対し，G–C塩基対は3つの水素結合をもつため，GCに富む領域はこれらの条件下でも解離しにくい。したがって，二本鎖特異的な色素を加えれば，GCに富む領域を可視化できる。一部のゲノムではGCに富む領域は遺伝子の場所を示しており，そのためこの方法で得られるデータはゲノム配列のアノテーションに有用である。
- メチル化されている制限部位を切断できない制限酵素を使ってオプティカルマッピングを行えば，DNAメチル化のパターンを明らかにすることができる。10.3節で述べるように，あるヌクレオチドにメチル基を付加するのが遺伝子の発現を抑制する1つの方法である。そのため，ゲノムの特定の領域がメチル化されているかどうかを調べることで，その領域の遺伝子が不活性化されているか発現しているかを推測することができる。

3.6　マーカーをDNA断片に割り当てることによる物理地図作成

物理地図作成の2番目のアプローチは，マーカーをゲノム断片に割り当てる方法であり，同じ断片内にある2つのマーカーはゲノム内で互いに近接しているはずであることにもとづいている。この方法では，それぞれのマーカーは**配列タグ部位**（sequence-tagged site：**STS**）と呼ばれ，通常100～500 bpの比較的短いDNA配列であり，識別しやすく，研究対象の染色体やゲノムにただ1度しか出現しないものである。1セットのSTSマーカーを地図上に位置づけるためには，1本の染色体あるいはゲノム全体に由来する，配列が部分的に重なり合っているDNA断片の集団が必要となる。図3.34に示す例では，この断片の集団は1本の染色体から調製したもので，染色体上のすべての部位がこの集団に平均5回は現れるようになっている。地図を構築するためのデータは，どの断片がどのSTSマーカーを含むかを調べることで得られる。これはハイブリダイゼーション解析によっても実行できるが，一般的には，迅速でしかも自動化されているPCRが使われる。

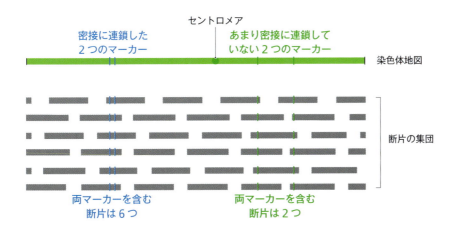

図3.34　STSマッピングに適した断片の集団　断片の集団は1本の染色体の全体を網羅し，任意に選んだ染色体上の位置は平均して5つの断片に含まれる。青色の2つのSTSマーカーは染色体地図上で近接しており，同じ断片にみいだされる可能性が高い。緑色の2つのSTSマーカーは互いに離れており，同じ断片にみいだされることは少ない。

2つのSTSマーカーが同じ断片上に存在する可能性は，どれだけゲノム内で互いに近接しているかに依存する。もし両者が非常に近接していれば，それらは常に同じ断片にみいだされる可能性が高いが，両者がかなり遠く離れていれば，同じ断片にあったりなかったりするだろう。したがって，このデータを用いて2つのマーカー間の距離を算出することができる。これは連鎖解析による地図上の距離の決定方法に似ている（3.4節）。連鎖解析では2つのマーカー間で交差が起こる頻度から地図上の距離が計算されることを思い出してほしい。**STSマッピング**（STS mapping）も本質的には同じで，異なるのは，地図上の距離が2つのマーカー間で生じる切断の頻度にもとづいていることだけである。

しかし，STSマッピングに関するこの説明は，いくつかの重大な疑問点を無視している。それは，STSとは正確には何なのか，そしてどのようにしてDNA断片の集団を得るのか，ということである。

あらゆる単一コピーDNA配列がSTSとして用いられる

STSとして用いるためには，DNA配列が2つの基準を満たしていなければならない。第1に，さまざまなDNA断片についてSTSの有無を調べるためにPCR解析を利用するので，その塩基配列がわかっていなければならない。第2に，研究対象の染色体や，DNA断片の集団が全ゲノムを網羅している場合には，ゲノム全体にただ1度しか出現しない配列でなければならない。もし仮に配列が複数の場所にあるものだったとすると，STSマッピングのデータはあいまいなものになってしまう。したがって，STSが反復DNA配列にみられる塩基配列を含まないように注意しなければならない。

これらの基準は容易に満たされ，STSマーカーはさまざまな方法で得られているが，最も一般的な由来は発現配列タグ，SSLP，ランダムゲノム配列である。

- **発現配列タグ**（expressed sequence tag：EST）は，相補的DNA（cDNA）クローンの解析から得られた短い塩基配列である。cDNAはmRNA試料を二本鎖DNAに変換して調製する（図3.35）。細胞内のmRNAはタンパク質コード遺伝子に由来するので，cDNAやそれから得られたESTは，mRNAが抽出された細胞内で発現していた遺伝子の塩基配列を表している。ESTは重要な遺伝子の塩基配列に到達する迅速な手段だと考えられ，仮にその塩基配列が不完全であっても価値がある。もしESTが単一コピー遺伝子に由来するもので，同じないし非常によく似た塩基配列をもつ遺伝子ファミリーの一員に由来するものでなければ，そのESTはSTSとしても用いることができる。
- SSLPを利用した遺伝地図作成については3.2節で述べたが，物理地図作成でもSSLPをSTSとして用いることができる。連鎖解析によってすでに位置が決められているSSLPは，遺伝地図と物理地図とを直接関連づけるものとして特に価値がある。
- **ランダムゲノム配列**（random genomic sequence）は，クローニングされたゲノム

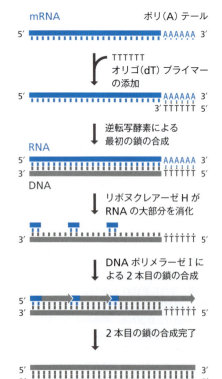

図3.35　cDNA調製の1つの方法　真核生物のほとんどのmRNAは，その3′末端にポリ（A）テールをもっている（1.2節）。cDNA合成の最初の段階では，この一連のA配列をプライマーのアニーリング部位として用いる。このプライマーはすべてTからなる短い（典型的には20塩基長）合成オリゴヌクレオチドであり，オリゴ（dT）プライマーとして知られる。RNAを鋳型としてコピーするDNAポリメラーゼの一種である逆転写酵素（2.1節）によって最初のDNA鎖の合成が行われる。1本目のDNA鎖の合成が完了したら，できたDNA-RNAハイブリッド鎖のうちのRNA成分だけを特異的に分解するリボヌクレアーゼHで処理する。条件を調節すれば，この酵素はRNAのすべてを分解するのではなく短い部分を残し，これがDNAポリメラーゼIにより触媒される2本目のDNA鎖の合成反応のプライマーとなる。このポリメラーゼは5′→3′エキソヌクレアーゼ活性をもち（2.1節），RNAプライマーを分解してDNAに置き換えることができる。それによりcDNAの2本目の鎖の合成が完了する。

DNAの任意の断片の塩基配列を決定するか，あるいはデータベースに登録されている塩基配列をただ単にダウンロードしてくることで得られる。もしこれらの配列が連鎖解析によってすでに位置が決められているSNPを含んでいるならば，やはり遺伝地図と物理地図とを直接関連づけることが可能である。

STSマッピングに用いるDNA断片は放射線ハイブリッドとして得られる

STSマッピングの第2の構成要素は，研究対象の染色体やゲノム全体を網羅するDNA断片の集団であり，**マッピング材料**（mapping reagent）と呼ばれることもある。マッピング材料として利用されているものには現在のところ2つある。クローンライブラリーと**放射線ハイブリッド**（radiation hybrid）パネルである。最初に，放射線ハイブリッドパネルについて述べる。

放射線ハイブリッドとは，別の生物種の染色体断片を含む細胞や個体である。この技術は1970年代にヒトの染色体ではじめて開発されたものであり，ヒト細胞に3,000～8,000 radのX線を照射すると染色体はランダムに破壊され，線量が高いほど短い断片を生じるという発見にもとづいている（図3.36A）。この処理によりヒト細胞は死に至るが，その前に照射細胞を非照射のハムスターなどの齧歯類細胞と融合させることで，その染色体断片を増幅させることができる。融合はポリエチレングリコールによる化学処理か，センダイウイルスへの曝露によって促進される（図3.36B）。すべてのハムスター細胞が染色体断片を取り込むとは限らないので，ハイブリッド細胞を同定する方法が必要である。よく用いられる選択方法では，チミジンキナーゼ（TK）かヒポキサンチンホスホリボシルトランスフェラーゼ（HPRT）を合成できないハムスター細胞株が用いられる。これら2つの酵素のうちどちらかを欠損している細胞は，ヒポキサンチン，アミノプテリン，チミジンを含む培地（HAT培地）で培養すると死に至る。融合後，細胞をHAT培地で培養すれば，そこで増殖してくる細胞は，ヒトのTKやHPRTの遺伝子を含むDNA断片を獲得したハイブリッドハムスター細胞である。これらの酵素がハイブリッド細胞内で合成され，選択培地でも細胞が増殖できるようになるからである。ハイブリッド細胞は，ハムスターの染色体へランダムに挿入されたヒトDNA断片を含んでいることになる。通常その断片のサイズは5～10 Mbで，それぞれの細胞はヒトゲノムの15～35％に相当する断片を含んでいる。この細胞の集団は放射線ハイブリッドパネルと呼ばれ，もしSTS同定のために行われるPCRによってハムスターゲノムDNAの相当する領域が増幅されなければ，STSマッピングのマッピング材料として利用することができる。

放射線ハイブリッドマッピングは，ヒトゲノムの最初の物理地図作成で重要な役割を果たした。200個に満たない放射線ハイブリッドパネルが使われたが，これにより41,000個のSTSマーカーを100 kbの解像度でゲノム上に位置づけることができた。このことは，2つのマーカーの間が100 kb未満ならば，それらはゲノム上で同じ位置を占めるようにみえることを意味する。この解像度の程度は，間隔が1 kb未満のマーカーを区別できるオプティカルマッピングよりもはるかに劣るが，それでも塩基配列が決定されていないゲノムの最初の地図作成としては十分といえる。ヒトゲノムでの成功に続いて，その他の哺乳類や，ゼブラフィッシュやニワトリといった哺乳類以外の生物でも放射線ハイブリッドマッピングが行われた。この手法の植物への適用においてもいくつかの進展があった。例えば，オオムギの放射線ハイブリッドパネルが作製されており，これはそのプロトプラストを放射線照射して染色体を断片化し，タバコのプロトプラストと融合させたものである。ワタの放射線ハイブリッドパネルは，その1つの種である*Gossypium hirsutum*の花粉を放射線照射し，近縁種である*Gossypium barbadense*と受精させることで作製された。同

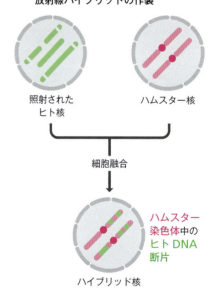

図3.36 放射線ハイブリッド （A）ヒトの細胞をX線照射した結果。染色体は短い断片に破壊され，線量が高いほどより短い断片を生じる。（B）照射されたヒト細胞を非照射ハムスター細胞と融合させることで，放射線ハイブリッドが形成される。簡略化のため核だけを示している。

様のアプローチはコムギでも成功しつつあり，115 個の放射線ハイブリッドパネルを使った最近の研究では，26,299 個の SNP を 249 kb の解像度でゲノム上に位置づけている．

クローンライブラリーもマッピング材料として利用される

　巨大で複雑なゲノムの塩基配列決定のための準備として，ゲノムや分離した染色体を断片化し，BAC（2.3 節）のような収容能の大きいベクターでそれぞれの断片をクローニングする．これによりクローンライブラリー，すなわち平均サイズが数百 kb の DNA 断片の集団が得られる．部分的に重なり合っているさまざまなクローンの断片は全体としてもとのゲノムや染色体を網羅しているので，クローンライブラリーは塩基配列決定の作業に役立つほか，STS マッピングのマッピング材料としても利用することができる．

　ゲノム DNA から作製したクローンライブラリーはゲノム全体に相当し，特定の染色体に由来する DNA から作製すれば染色体特異的ライブラリーとなる．特定の染色体を分離するためには**フローサイトメトリー**（flow cytometry）が用いられる．この手法を行うには，まず分裂細胞（凝縮した染色体をもつ）を注意深く破壊して無傷な染色体の混合物を得る．次に，その染色体を蛍光色素で染色する．染色体に結合する色素の量はその大きさに依存するので，大きな染色体ほど多くの色素と結合し，小さな染色体よりも明るい蛍光を発する．この染色体標本を希釈して，それぞれが 1 本の染色体を含むような小滴の流れを作り，細い隙間を通過させる（図 3.37）．蛍光強度を計測する検出器を小滴が通過する際に，目的の染色体を含む小滴を同定することができる．目的の小滴のみに電荷を与えて進路を偏向させることにより，他から分離することができる．では，ヒトの 21 番染色体と 22 番染色体の場合のように，2 種類の染色体の大きさが似ているときはどうすればよいだろうか．通常これらの分離は，DNA に非特異的に結合する色素ではなく，AT や GC に富む領域に選択的に結合する色素を用いることによって行う．このような色素の例として，それぞれヘキスト 33258 とクロモマイシン A3 がある．同じような大きさの 2 種類の染色体が **GC 含量**（GC content）まで同じであることはまれなので，AT や GC に富む領域に選択的に結合する色素の量によって両者を区別することができる．

　放射線ハイブリッドパネルと比べ，クローンライブラリーには STS マッピングにとって重要な利点が 1 つある．それは，部分的に重なり合っているクローンのアセンブリを長く連続した DNA 配列のベースとして利用でき，そして後でこの配列を物理地図上に正確に位置づけるために STS データが使えることである．もし STS マーカーが連鎖解析によってすでに位置が決められている SSLP や SNP を含んでいるならば，DNA 配列，物理地図，遺伝地図のすべてを統合できることになる．

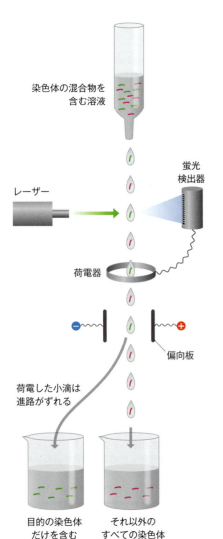

図 3.37　フローサイトメトリーによる染色体の分離　蛍光染色した染色体の混合物を希釈して，それぞれが 1 本の染色体を含むような小滴の流れを作り，細い隙間を通過させる．蛍光検出器によって目的の染色体を含む小滴からのシグナルを同定し，目的の小滴のみに電荷を与える．小滴が偏向板に到達したとき，荷電した小滴は進路がずれて分離ビーカーに入っていく．他の小滴は偏向板をまっすぐに素通りし，廃棄ビーカーに集められる．

まとめ

- ゲノム地図は遺伝子やその他の認識できる特徴の位置を示しており，それゆえ DNA 配列が正しく構築されているかどうかを確認できることから，塩基配列決定プロジェクトの枠組みとなる．
- ゲノム地図は，疾患に関与する遺伝子の機能を同定したり，家畜の食肉生産量などの

形質を制御する QTL を同定したりするための手法においても利用される。
- 最初の遺伝地図では，アレルを区別できる遺伝子がマーカーとして使われた。アレルの区別には眼の色のように簡単に見分けられる表現型や，生化学試験が用いられた。
- 今日では制限断片長多型（RFLP），単純配列長多型（SSLP），一塩基多型（SNP）のような DNA マーカーが広く使われている。これらは PCR を用いることで迅速かつ容易にタイピングできる。
- 染色体上の遺伝子や DNA マーカーの相対的な位置は連鎖解析で決定される。この手法により 1 組のマーカー間の組換え頻度を算出することが可能で，遺伝地図上のマーカーの相対的な位置を推定するのに必要なデータを得ることができる。
- 多くの生物では計画的な交配実験でマーカーの受け継ぎを追跡することで連鎖解析が行われるが，これはヒトでは行うことができない。ヒトゲノムの遺伝地図作成は，家系解析と呼ばれる方法で大家族でのマーカーの受け継ぎを調べることで行われる。
- 遺伝地図は精度が比較的低く正確さに限界があるので，ゲノム塩基配列決定プロジェクトに利用する場合には物理地図で精査する必要がある。
- 小さい DNA 分子中の制限部位の位置は，制限地図作成により決めることができる。
- オプティカルマッピングにより，長い DNA 分子中の制限部位やその他の DNA マーカーの位置を直接観察できる。
- 最も詳細な物理地図はマッピング材料を使った STS マッピングによって得られる。マッピング材料は，染色体やゲノム全体を網羅する，配列が部分的に重なり合っている DNA 断片の集団である。クローンライブラリーや放射線ハイブリッドパネルがマッピング材料として利用されている。

株式会社日立製作所の田中俊明氏と Hitachi High Technologies America, Inc. の永井健夫氏には，第 3 章の翻訳に際し，ご示唆いただいたことに感謝する。

章末問題

短答式問題

1. ゲノム塩基配列決定プロジェクトにおける過去と現在の地図利用法について述べよ。
2. ゲノムの遺伝地図と物理地図の違いを簡潔に説明せよ。
3. なぜ PCR によって RFLP タイピングが迅速かつ容易にできるようになったのか？ PCR がなかった時代の RFLP タイピングはどのように行われていたか？
4. なぜ SNP が DNA マーカーとして最も広く利用されているのか説明せよ。また，SNP タイピングのさまざまな手法について概要を述べよ。
5. 遺伝子間の連鎖は遺伝地図作成にどのように利用されるか？ 個々の染色体の遺伝地図は，(A) ショウジョウバエ，(B) ヒトでどのようにして得られるのかそれぞれ説明せよ。
6. メンデルの 2 つの遺伝法則とは何か？ メンデルの法則では想定されていなかった，遺伝地図作成の重要な要素とは何か？
7. 連鎖解析の実験で検定交雑に二重ホモ接合体が用いられるのはなぜかを説明せよ。そのホモ接合体のアレルが，検定しようとする特性について劣性であることが望ましいのはなぜか？
8. ヒトの家系解析の限界について概要を述べ，その限界の影響を実際の家系解析で最小限に抑えるためにどのような対策が講じられているか説明せよ。
9. 細菌のゲノム地図作成に利用された 3 つの方法について簡単に説明せよ。
10. オプティカルマッピングの基本原理について述べ，ゲノム研究においてなぜオプティカルマッピングが重要になっているのかを説明せよ。
11. 放射線ハイブリッドはどのようにゲノム地図作成に利用されたか？
12. 科学者はどのようにして特定の 1 種類の染色体から DNA のクローンライブラリーを作製するのか？

論述式問題

1. 遺伝地図作成に使われる DNA マーカーの理想的な特徴とはどのようなものか？ RFLP，SSLP，SNP はそれぞれどの程度まで

理想的なマーカーと考えられるか？
2. 生物学の研究における DNA チップ技術の応用について調べて論評せよ。
3. 遺伝の詳細な研究に利用する生物の望ましい特徴とはどのようなものか？
4. ゲノム研究に地図がまったく必要なくなるときは果たしてくるだろうか？
5. 遺伝地図と物理地図はどちらがより有用か？

推薦図書と参考文献

遺伝学の歴史に関する書籍

Orel, V. (1996) *Gregor Mendel: The First Geneticist*. Oxford University Press, Oxford.

Shine, I. and Wrobel, S. (2009) *Thomas Hunt Morgan: Pioneer of Genetics*. University Press of Kentucky, Lexington, Kentucky.

Sturtevant, A.H. (2001) *A History of Genetics*. Cold Spring Harbor Laboratory Press, New York. Morgan らが行った初期の遺伝地図作成に関する記述。

遺伝的マーカーと DNA マーカー

Sobrino, B., Brión, M. and Carracedo, A. (2005) SNPs in forensic genetics: a review on SNP typing methodologies. *Forensic Sci. Int.* 154:181–194.

Wang, D.G., Fan, J.-B., Siao, C.-J., et al. (1998) Large-scale identification, mapping, and genotyping of single-nucleotide polymorphisms in the human genome. *Science* 280:1077–1082.

Yamamoto, F., Clausen, H., White, T., et al. (1990) Molecular genetic basis of the histo-blood group ABO system. *Nature* 345:229–233.

連鎖解析

Morton, N.E. (1955) Sequential tests for the detection of linkage. *Am. J. Hum. Genet.* 7:277–318. ヒト家系解析におけるロッドスコアの使用。

Strachan, T. and Read, A.P. (2010) *Human Molecular Genetics*, 4th ed. Garland, London. 第 13 章でヒトの遺伝地図作成を扱っている。

Sturtevant, A.H. (1913) The linear arrangement of six sex-linked factors in *Drosophila*, as shown by their mode of association. *J. Exp. Zool.* 14:43–59. ショウジョウバエでの最初の連鎖地図の作成。

制限地図作成とオプティカルマッピング

Hosoda, F., Arai, Y., Kitamura, E., et al. (1997) A complete *Not*I restriction map covering the entire long arm of human chromosome 11. *Genes Cells* 2:345–357.

Ichikawa, H., Hosoda, F., Arai, Y., et al. (1993) A *Not*I restriction map of the entire long arm of human chromosome 21. *Nat. Genet.* 4:361–366.

Jing, J.P., Lai, Z.W., Aston, C., et al. (1999) Optical mapping of *Plasmodium falciparum* chromosome 2. *Genome Res.* 9:175–181.

Levy-Sakin, M. and Ebenstein, Y. (2013) Beyond sequencing: optical mapping of DNA in the age of nanotechnology and nanoscopy. *Curr. Opin. Biotechnol.* 24:690–698. ゲノム研究におけるオプティカルマッピングの幅広い応用に関する記述。

Lin, J., Qi, R., Aston, C., et al. (1999) Whole-genome shotgun optical mapping of *Deinococcus radiodurans*. *Science* 285:1558–1562.

Michalet, X., Ekong, R., Fougerousse, F., et al. (1997) Dynamic molecular combing: stretching the whole human genome for high-resolution studies. *Science* 277:1518–1523.

Zhou, S., Wei, F., Nguyen, J., et al. (2009) A single molecule scaffold for the maize genome. *PLoS Genet.* 5:e1000711. オプティカルマッピングによるトウモロコシのゲノム地図作成。

放射線ハイブリッド

Hudson, T.J., Church, D.M., Greenaway, S., et al. (2001) A radiation hybrid map of mouse genes. *Nat. Genet.* 29:201–205.

Itoh, T., Watanabe, T., Ihara, N., et al. (2005) A comprehensive radiation hybrid map of the bovine genome comprising 5593 loci. *Genomics* 85:413–424.

Mazaheri, M., Kianian, P.M.A., Kumar, A., et al. (2015) Radiation hybrid map of barley chromosome 3H. *Plant Genome* 8 (doi:10.3835/plantgenome2015.02.0005).

McCarthy, L. (1996) Whole genome radiation hybrid mapping. *Trends Genet.* 12:491–493.

Tiwari, V.K., Heesacker, A., Riera-Lizarazu, O., et al. (2016) A whole-genome, radiation hybrid mapping resource of hexaploid wheat. *Plant J.* 86:195–207.

Walter, M.A., Spillett, D.J., Thomas, P., et al. (1994) A method for constructing radiation hybrid maps of whole genomes. *Nat. Genet.* 7:22–28.

ゲノムの塩基配列を決定する

4章

4.1 ジデオキシ法

4.2 次世代塩基配列決定法

4.3 ゲノムの塩基配列決定をいかにして行うか

4.4 真核生物のゲノム塩基配列決定プロジェクト

ゲノム計画の最終目標は調べたい生物の完全なDNA配列を得ることである。この章では，ゲノム計画の究極的な目標である塩基配列決定に焦点を当て，その手法や研究上の戦略について述べる。DNAの塩基配列決定のための手法は，当然ながら非常に重要なテーマであり，この章も，まず塩基配列決定の方法論を詳しくみていくことからはじめる。個々の塩基配列決定実験で得られた短い配列は，次に，正しい順序で連結し，ゲノムを構成している染色体の配列，すなわちマスター配列の構築にもっていかねばならない。したがって4.3節では，マスター配列を正しく構築するための戦略について述べる。

長年にわたってさまざまなDNA塩基配列決定法が開発されてきており，今後も重要な新しい手法が登場するに違いない。現在利用されている手法は，大きく2種類に分類される。

- **ジデオキシ法**（dideoxy method；鎖伸長終結法〔chain-termination method〕，サンガー法〔Sanger method〕；4.1節）。これは1970年代にFredrick Sangerらによって考案された。
- **次世代塩基配列決定法**（next-generation sequencing；4.2節）。これは**大量並列法**（massively parallel strategy）にもとづいた手法の総称であり，数百万もの塩基配列を同時に決定することができる。

4.1 ジデオキシ法

ジデオキシ法は1970年代に導入され，その後，あらゆる塩基配列決定法の中で最も広く使われる方法になっていった。ヒトゲノム計画やその他の真核生物および種々の細菌，古細菌（アーキア）のゲノム計画を含む，2000年代半ば以前に完了したゲノム塩基配列決定プロジェクトは，すべてジデオキシ法を利用して行われたものである。最近のゲノム計画では大量の塩基配列決定をはるかに迅速に行うことが可能な次世代塩基配列決定法が利用されることが多くなっているが，今でも多くの分子生物学研究室では，PCR産物や，プラスミドベクターあるいはファージベクターに組み込まれた短い挿入配列のような，短いDNA分子の塩基配列決定にはジデオキシ法を用いている。

ジデオキシ法の概略

ジデオキシ法は，一本鎖DNA分子の長さがたった1ヌクレオチドでも違えば，**ポリアクリルアミドゲル電気泳動**（polyacrylamide gel electrophoresis：PAGE）でそれらを分離できるという原理にもとづいている。例えば，長さ50〜80 cm，穴径0.1 mmのキャピラリー管で電気泳動を行えば，およそ1,500塩基長までのあらゆる長さの一本鎖DNA分子を1塩基長の精度で分離することができる（図4.1）。

ジデオキシ法では，塩基配列を決定したいDNA分子をコピーするDNAポリメラーゼが用いられる。まず鋳型DNAに短いオリゴヌクレオチドをアニーリングさせる。このオ

図 4.1 キャピラリー管を用いたポリアクリルアミドゲル電気泳動により，さまざまな長さの一本鎖 DNA 分子を 1 塩基長の精度で分離できる　(A) ジデオキシ法で使用されるキャピラリーゲルの寸法。(B) 電気泳動による長さの異なる DNA 分子の分離。

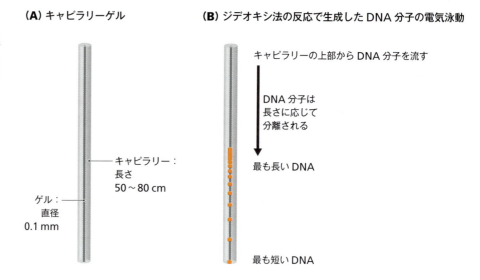

リゴヌクレオチドは，鋳型 DNA に相補的な新しい DNA 鎖を合成する際のプライマーとして働く（図 4.2A）。鎖伸長反応の基質として 4 種類のデオキシヌクレオシド三リン酸（dNTP，すなわち dATP，dCTP，dGTP，dTTP）が必要で，通常は数千ヌクレオチドの長さに伸長するまで反応が続く。しかしジデオキシ法では，4 種類の dNTP のほかに 4 種類の**ジデオキシヌクレオシド三リン酸**（dideoxynucleoside triphosphate：ddNTP，すなわち ddATP，ddCTP，ddGTP，ddTTP）を少量ずつ反応液に加えておくため，反応はそれほど長くは続かない。各 ddNTP はそれぞれ異なる蛍光マーカーで標識しておく。

ポリメラーゼは，dNTP と ddNTP を区別することなく伸長中の DNA 鎖に取り込んでいくが，ddNTP はヌクレオチドの連結に必要な 3′-ヒドロキシ基を欠いているので，ddNTP

図 4.2 ジデオキシ法による DNA 塩基配列決定　(A) ジデオキシ法による塩基配列決定では，一本鎖の鋳型 DNA と相補的な新生 DNA 鎖の合成が行われる。(B) 反応液には 4 種類のジデオキシヌクレオシド三リン酸（ddNTP）が少量ずつ含まれているので，鎖の合成がどこまでも進むことはない。取り込まれた ddNTP の 3′ 炭素にはヒドロキシ基ではなく水素原子が結合しているため，それ以上 DNA 鎖が伸長できないからである。(C) ddATP が取り込まれると，DNA 鎖の伸長は鋳型鎖の T に対応する位置で終結する。その結果，末端が A のさまざまな長さの分子が生成する。別の ddNTP が取り込まれれば，末端がそれぞれ C，G，T のさまざまな長さの分子ができる。

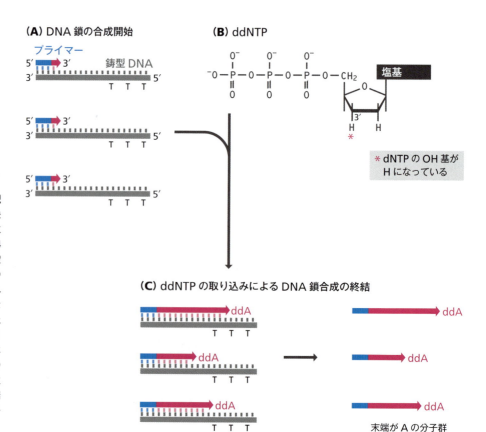

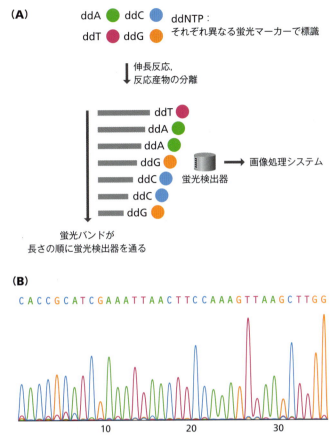

図 4.3 ジデオキシ法の反応で生成した分子から塩基配列を読みとる (A) 各ジデオキシヌクレオシド三リン酸 (ddNTP) をそれぞれ異なる蛍光マーカーで標識しておく。電気泳動中に蛍光検出器を通る分子は、標識によってどのジデオキシヌクレオチドが含まれているかを識別できる。この情報は画像処理システムに送られる。(B) 得られた DNA 塩基配列をプリントアウトしたもの。塩基配列はそれぞれがヌクレオチドの位置を示す一連のピークで表される。この例では、緑色のピークが A, 青色が C, 橙色が G, 赤色が T である。

が取り込まれると伸長はそこで終結する (図 4.2B)。ddNTP よりも dNTP のほうがはるかに多く存在しているため、DNA 鎖の伸長は必ずしもプライマーの近くで終結するとは限らず、ddNTP が取り込まれて反応が終結するまでに、数百のヌクレオチドの重合が起こる。結果として、さまざまな長さの新しい DNA 分子が合成され、おのおのの末端に結合しているジデオキシヌクレオチドについた標識は、鋳型 DNA の対応する位置にあるヌクレオチドと塩基対を形成するヌクレオチドの種類を示していることになる (図 4.2C)。

DNA の塩基配列を決定するには、伸長が終結した各 DNA 鎖の末端のジデオキシヌクレオチドを識別するだけでよい。ここでポリアクリルアミドゲルが重要な役割を果たす。得られた DNA 混合物をキャピラリーゲルに入れて電気泳動を行うと、DNA 分子が長さによって分離される。分離された DNA 分子は長さの順に次々と蛍光検出器を通り、ジデオキシヌクレオチドについた標識が識別される (図 4.3A)。つまり、各分子の末端が A, C, G, T のどれであるかを検出できるのである。こうして得られた塩基配列はプリントアウトすることもできるし (図 4.3B)、解析のためにデータとして保存しておくこともできる。

塩基配列決定に利用できる DNA ポリメラーゼは限られている

どの鋳型依存性 DNA ポリメラーゼも一本鎖 DNA にアニーリングしたプライマーを伸長させるが、すべてのポリメラーゼが DNA の塩基配列決定に利用できるわけではない。

塩基配列決定用のポリメラーゼが満たすべきおもな条件は次の3つである。

- **合成鎖伸長能**（processivity）が高いこと。これはポリメラーゼが自然に伸長反応を終結するときのポリヌクレオチド鎖の長さに相当する。塩基配列決定用のポリメラーゼには，伸長反応を終結させる ddNTP が取り込まれるまでは DNA から離れることのない，高い合成鎖伸長能が要求される。
- 5′→3′エキソヌクレアーゼ活性がないか無視できるほど小さいこと。大半の DNA ポリメラーゼはエキソヌクレアーゼ活性ももち，DNA ポリヌクレオチドを合成するだけでなく分解することもできる（2.1節）。これは DNA の塩基配列決定には不利である。なぜなら，新生鎖の 5′ 末端からヌクレオチドが除去されて長さが変化すると，正しい塩基配列を読むことができなくなってしまうからである。
- 3′→5′エキソヌクレアーゼ活性がないか無視できるほど小さいこと。DNA ポリメラーゼが新生鎖の 3′ 末端のジデオキシヌクレオチドを除去しないようにするために，これも必要な条件である。ジデオキシヌクレオチドが除去されてしまうと，DNA 鎖はさらに伸長して短い DNA 鎖は反応液中にほとんど存在しなくなる。そのため，プライマー付近の配列が読めなくなってしまう。

これらはかなり厳しい条件であるため，初期の DNA 塩基配列決定には人工的に修飾した酵素が使われていた。ジデオキシ法の原法ではクレノウポリメラーゼ（Klenow polymerase）が使われた。この酵素は，タンパク質分解や遺伝子工学的手法によって，大腸菌（*Escherichia coli*）の DNA ポリメラーゼの 5′→3′エキソヌクレアーゼ活性を失わせたものである（2.1節）。しかしクレノウポリメラーゼは合成鎖伸長能が比較的低く，1 回の実験で塩基配列を決定できる長さは 250 bp 程度に限られる。また，ddNTP の取り込みによるのではなく，自然に伸長が終結した非特異的な産物が生じてしまう。これらの問題を避けるために，現在では塩基配列決定実験の多くに *Taq* ポリメラーゼが使われている。この酵素は合成鎖伸長能が高く，エキソヌクレアーゼ活性もない。そのため，ジデオキシ法で用いるのに理想的で，1 回の実験で 750 bp を超える長さの塩基配列を決定することができる。

Taq ポリメラーゼを用いたジデオキシ法

Taq ポリメラーゼを用いるジデオキシ法は**サーマルサイクル塩基配列決定法**（thermal cycle sequencing）と呼ばれる。この方法は PCR と似ているが，プライマーは 1 種類だけを用い，反応液には 4 種類の ddNTP を少量ずつ加えておく（図 4.4）。プライマーが 1 種類しかないため，鋳型 DNA の一方の鎖だけが複製され，最終反応産物は線形的に蓄積していき，PCR のように指数関数的には増えない。標準的なジデオキシ法と同様に反応液に含まれる ddNTP により DNA 鎖伸長が終結するので，上述の方法で反応産物を検出して塩基配列を読む。

サーマルサイクル塩基配列決定法は通常，PCR 産物や，プラスミドベクターあるいはファージベクターに組み込まれた DNA を用いて行われる。PCR 産物の塩基配列を決定する場合，PCR の際に用いたプライマーの 1 つを塩基配列決定反応でも利用することができる。PCR の 2 種類のプライマーをそれぞれ使って 2 つの塩基配列決定反応を別々に行えば，順方向の**フォワード配列**（forward sequence）と逆方向の**リバース配列**（reverse sequence）を読むことが可能となる（図 4.5A）。この方法は PCR 産物が 750 bp を超え

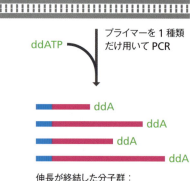

図 4.4 サーマルサイクル塩基配列決定法 反応は PCR と似ているが，プライマーは 1 種類だけを用い，反応液には 4 種類のジデオキシヌクレオシド三リン酸（ddNTP）を少量ずつ加えておく。この例では，結果として DNA 鎖伸長が A で終結した分子群が生成しているが，末端が C，G，T の分子群も同様に生成する。反応産物を電気泳動で分離して塩基配列を読む。

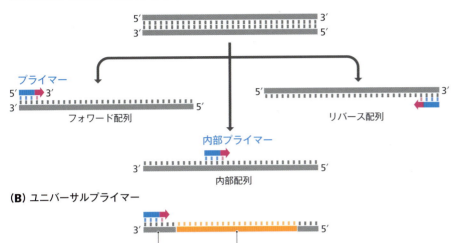

図4.5 ジデオキシ法で使われるさまざまな種類のプライマー (A) 順方向，逆方向，内部にそれぞれ設計されたプライマーを使って，PCR産物の異なる部位から塩基配列を読むことができる。(B) ユニバーサルプライマーは，挿入されたDNAのすぐ隣のベクターDNA配列にアニーリングする。1つのユニバーサルプライマーで，挿入されたあらゆるDNAの塩基配列を決定できる。

ていて1回の実験で塩基配列を決定するには長すぎる場合に，特に好都合である。また，PCR産物の内部にアニーリングするように新たなプライマーを設計し，その部位から一方向に読むこともできる。

　クローニングされたDNAを読む場合には，**ユニバーサルプライマー**（universal primer）を使うことができる。これは挿入されたDNAのすぐ隣のベクターDNA配列に相補的なプライマーのことである（図4.5B）。同じベクターでクローニングされたDNA断片は，すべて同じプライマーで塩基配列を決定できるという利点がある。順方向と逆方向のユニバーサルプライマーを使えば，挿入配列の両端から塩基配列を読むことができる。また，内部プライマーを設計すれば，長い挿入配列の途中から塩基配列を読むことも可能である。

ジデオキシ法の威力と限界

　1970年代後半に2つのDNA塩基配列決定法が開発された。1つは，ここまで述べてきたジデオキシ法であり，もう1つが**化学分解法**（chemical degradation method）である。化学分解法はジデオキシ法とはまったく異なる方法であり，特定の塩基配列の位置で二本鎖DNAを切断する化学物質を用いる。得られた断片の長さをポリアクリルアミドゲル電気泳動（PAGE）で測定して，最初の分子の塩基配列を推定する。当初はいずれの方法もよく行われていたが，しだいにジデオキシ法が優勢となった。化学分解法で使われる化学物質は有毒であるため，実験者の健康に有害だということもその理由の一つとしてあるだろうが，おもな理由はジデオキシ法のほうが自動化が容易だったということだろう。複数のキャピラリー電気泳動を並列で稼動できる自動化塩基配列決定装置は，最大で384の塩基配列を1時間で読むことができる。つまり，1回の実験で平均750 bpの塩基配列を読めるとすると，1つの装置で24時間以内にほぼ7 Mbの情報を得ることができることになる。もちろんこれには24時間体制の技術的なサポートが必要であり，理想的には反応液の調製をして反応産物を塩基配列決定装置にかけることが可能なロボットデバイスを利用して行うのがよい。

　こうした工場のような体制を確立して維持することができれば，全ゲノムの塩基配列決定に必要なデータを比較的短時間で得ることができる。ジデオキシ法を集中的に利用して塩基配列決定を行う戦略は，初期のゲノム計画で採用され，大部分が5 Mbよりも短い細菌のゲノムに対しては特に有効であった。例えば，インフルエンザ菌（*Haemophilus influenzae*）のゲノム塩基配列決定（4.3節）では，ジデオキシ法の実験が28,643回行われ，

図 4.6 **塩基配列の読み誤りを見つけるにはリード深度が必要である** 個々のリードに含まれる読み誤りを特定するためには，同じゲノム領域を複数回読む必要がある．この例では，網掛けした列のリード 4 に不一致がみられ，これは塩基配列の読み誤りによるものと考えられる．この位置の正しい塩基は C である．

```
                    ACCATCGTAGCTTCAGTATGTATGTACTAG      リード 1
ATGTTTGTAGCTAGGATCGTAGCTACC                            リード 2
   TTTGTAGCTAGGATCGTAGCTACCATCGTAGCTT                  リード 3
                    TTGTAGCTTCAGTATGTATGTACTAG         リード 4
       GGATCGTAGCTACCATCGTAGCTTCAGT                    リード 5
ATGTTTGTAGCTAGGATCGTA                                  リード 6
ATGTTTGTAGCTAGGATCGTAGCTACCATCGTAGCTTCAGTATGTATGTACTAG 推定される配列
```

11.6 Mb の塩基配列が得られた．インフルエンザ菌のゲノムサイズは 1.8 Mb であるが，どの塩基配列決定法を用いてもすべての塩基配列を完全に正確に読むことは不可能なので，個々の**リード**（read：塩基配列決定装置で読まれる一つながりの配列）に含まれる読み誤りを特定するために，同じゲノム領域を複数回読む必要が生じる（図 4.6）．ジデオキシ法で読み誤りを特定するためには，最低でも 5 倍の**リード深度**（read depth：**カバレッジ**〔coverage〕）が必要となる．つまり，どのヌクレオチドも最低 5 本のリードに含まれる必要がある．このような要件を満たす必要があるにもかかわらず，ジデオキシ法はヒトゲノムのみならず，その他の真核生物，例えば線虫（*Caenorhabditis elegans*）やキイロショウジョウバエ（*Drosophila melanogaster*）のゲノム塩基配列決定にも利用された．ヒトゲノムのサイズは 3,235 Mb あるので，5 倍のリード深度で塩基配列を決定するには，5×3,235＝16,175 Mb の塩基配列決定が必要となる．平均 750 bp の塩基配列を読めるジデオキシ法を 2,150 万回以上も行う必要があることになるが，実際にこれを上回る回数の塩基配列決定が行われた．ヒトゲノム計画では最初のドラフト配列（概要配列）が 2001 年に発表された時点で（4.4 節），23,147 Mb もの塩基配列が読まれていたのである．

これらのプロジェクトは成功したわけだが，ジデオキシ法に頼っている限り，どれだけ多くの塩基配列決定装置を工場のように稼働させたとしても，ゲノム研究の進捗は遅いままだろうということが，2000 年代初頭には認識されていた．このままでは新しい生物種のゲノム塩基配列決定のたびに，何カ月あるいは何年も労力を割かなければならない．同一種の複数個体のゲノム配列を決定する**ゲノム塩基配列再決定**（genome resequencing）に特にいえることであるが，費用も重要な懸案事項である．ゲノム塩基配列再決定で得られた個々のゲノム配列を比較することで，ヒトの遺伝病や穀物の極限環境への適応に関連する配列の多様性を同定することができる．**個別化医療**（personalized medicine）の 1 つの目標は，個人のゲノム配列を使って，疾患の発症リスクを診断したり，その患者がもつ遺伝子の特徴にもとづいて効果的な治療計画を立てたり治療薬を選択したりすることである．ゲノム塩基配列再決定にもとづいた個別化医療やその他の研究計画を実現するためには，費用対効果が高く高速な塩基配列決定法を用いて個人のゲノムの塩基配列決定を行うことが不可欠である．

ジデオキシ法は，短い DNA 断片の塩基配列決定においては，そのスピードと簡便さにより今でも日常的に使われている．しかし，ゲノム計画においては，ジデオキシ法はほぼ完全に次世代塩基配列決定法にとって代わられた．次世代塩基配列決定法は，より高速で費用がかからず，はるかに大量の塩基配列を決定できるためである．

4.2 次世代塩基配列決定法

次世代塩基配列決定法とは，1 回の実験で何千何万もの DNA 断片の塩基配列を同時に決定できる各種技術の総称である．次世代塩基配列決定法には**塩基配列決定用ライブラリー**（sequencing library）を作製して用いるという共通の特徴があり，この特徴こそが，次世代塩基配列決定法を従来のジデオキシ法から明確に区別している．ジデオキシ法では，

PCRやクローニングによって得られたDNA断片を1種類ずつ塩基配列決定することしかできないが，次世代塩基配列決定法ならば，全ゲノム塩基配列を構築するのに必要となる莫大な量のデータをきわめて高速に得ることができるのである。また，これほどの規模で塩基配列決定を行うためには，ジデオキシ法では多くの塩基配列決定装置を工場のように稼働させなければならないが，次世代塩基配列決定法ならば，1台の塩基配列決定装置を1回かせいぜい数回動かすだけで必要な量のデータを得ることができ，費用もかなり節約できる。

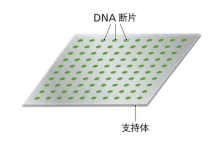

図4.7 **ライブラリーとして支持体に固定化されたDNA断片** 1つの高集積アレイには実際には何百万ものDNA断片が固定化されている。

次世代塩基配列決定法に共通の特徴は塩基配列決定用ライブラリーの作製である

各種の次世代塩基配列決定法に共通した特徴としてあげられるのは，ライブラリーとして数多くのDNA断片を支持体に固定化した**高集積アレイ**（massively parallel array；図4.7）をあらかじめ作製しておくことで，多くの反応を同時に行うことができるようになる点である。DNA断片の長さは通常100〜500 bpであるが，正確な長さはそれぞれの手法の能力によって異なる。そのような長さにゲノムDNAを切断するのに使われる最も一般的な方法は**超音波処理**（sonication）である。重要なのはDNA分子の切断がランダムに起こるという点である。というのも，それぞれのDNA断片は末端から塩基配列が決定されるからである。ジデオキシ法では断片の内部に結合するプライマーを設計して塩基配列を決定することが可能だが，次世代塩基配列決定法ではそれができない。したがって，断片の末端は材料であるDNA分子全体にわたってランダムに分布している必要があり，そうすることではじめて分子全体の塩基配列決定が可能になる。

次世代塩基配列決定法において，DNA断片を固定化する方法には2種類ある。1つ目の方法では，表面に数多くの短いオリゴヌクレオチドを結合させたスライドガラスが支持体として用いられる（図4.8）。DNA断片の末端に**アダプター**（adaptor）と呼ばれる短い二本鎖DNAを連結し，さらにDNA断片全体を変性させて一本鎖にする。アダプターの塩基配列は短いオリゴヌクレオチドと相補的になっており，その結果，一本鎖となったDNA断片はスライドガラス上に固定化される。2つ目の方法では，**ストレプトアビジン**（streptavidin）タンパク質に覆われた小さな金属ビーズが支持体として用いられる。この方法でもDNA断片にアダプターを連結するが，アダプターの5′末端は**ビオチン**（biotin）で標識されている。ビオチンはストレプトアビジンと強固に結合する小さな有機分子で，

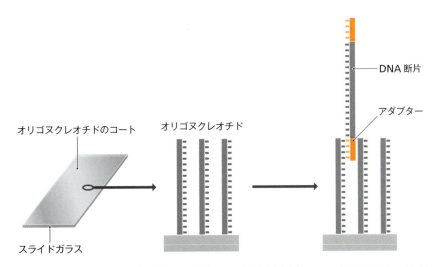

図4.8 **塩基配列決定用ライブラリーにおけるDNA断片の固定化** DNA断片の末端にアダプターを連結し，スライドガラスに結合させたオリゴヌクレオチドとの塩基対形成によって固定化する。

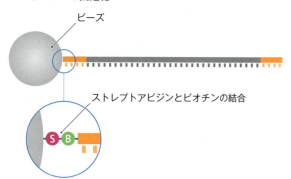
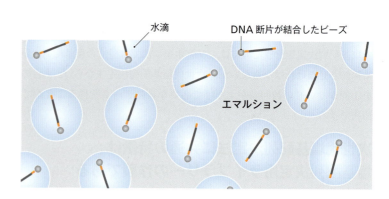

図4.9　DNA断片の金属ビーズへの固定化　(A) DNA断片はストレプトアビジン (Sで示す) とビオチン (Bで示す) の結合を介してビーズに固定化される。(B) DNA断片が結合したビーズを油と水の混合液の中で震盪してエマルションを作る。このとき1つの水滴の中に1つのビーズが含まれるようにする。

そのためビオチンつきDNA断片はストレプトアビジンつき金属ビーズに結合する (図4.9A)。このとき1つのビーズに平均して1つの断片が結合するようにDNA断片とビーズの比を調整する。このビーズを油と水の混合液の中で震盪してエマルションを作る。ここでは1つの水滴の中に1つのビーズが含まれるように条件を設定する (図4.9B)。そしてそれぞれの水滴を、プラスチックプレート上にアレイ状に並んだウェルに移すのだが、ここでも1つのウェルに1つのビーズが入るようにする。

ライブラリー作製の最後の段階は、固定化されたDNA断片をPCRで増幅し、塩基配列決定に十分な量のコピーを得ることである。ここで上述のアダプターが第2の役割を果たす。すなわち、プライマーがアニーリングする配列として使われるのである。DNA断片自体の塩基配列はさまざまであるが、すべての断片に同じアダプターを連結してあるので、同じプライマーを使って増幅することができる。スライドガラスを支持体として用いる方法では、PCR産物は近傍のオリゴヌクレオチドに結合する。その結果、それぞれの鋳型DNA断片が最初に結合した部位の周辺で増幅され、最終的には同一の固定化断片で構成されるクラスターが出来上がる (図4.10A)。金属ビーズを用いる方法では、PCR反応はプラスチックプレート上のウェルに移す前にエマルションの水滴の中で進行し、それぞれのPCR産物は別々の水滴中に蓄積していく (図4.10B)。

さまざまな次世代塩基配列決定法が考案されている

速度と正確さと低コストを兼ね備えた次世代塩基配列決定法のプラットフォームの開発をめざして、ここ数年、複数の企業間で熾烈な競争が繰り広げられた。現在最も一般的な方法は、**可逆的ターミネーター塩基配列決定法** (reversible terminator sequencing) にもとづくものである。この方法は、ジデオキシ法と同様に、DNAポリメラーゼによるヌクレオチド伸長反応で、末端に取り込まれた際に新生鎖の伸長を終結させる改変ヌクレオチドを利用している。ジデオキシ法と違うのは、終結の段階が可逆的であるということである。末端に取り込まれた改変ヌクレオチドがいずれの塩基であるかを識別したのちに、改変ヌクレオチドの3′炭素に結合している遮断基を除去できるのである (図4.11)。最も単純な方法では、この除去可能な遮断基が蛍光標識を兼ねており、4種類のヌクレオチドにそれぞれ異なる蛍光標識が施される。反応液には通常のdNTPが含まれておらず、改変ヌクレオチドを1つ取り込むたびに鎖伸長は中断する。その間に光学デバイスで蛍光標識を検出し、末端のヌクレオチドがいずれの塩基であるかを識別する。続いて、遮断基を除去する酵素と反応させることで、次の改変ヌクレオチドが結合できるようになる。これを繰り返して塩基配列が決定されるのである。次世代塩基配列決定法では、DNA断片の末端にはライブラリー作製の過程で連結したアダプター配列があるので、上述の工程は

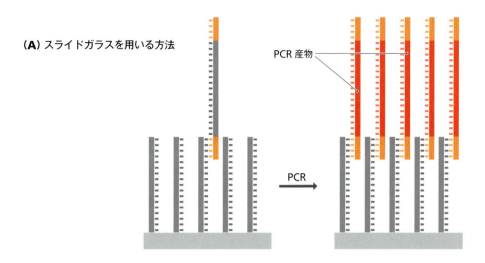
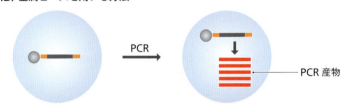

図 4.10 固定化されたライブラリーの増幅 (A) スライドガラスを支持体として用いる方法では，PCR 産物は近傍のオリゴヌクレオチドに結合し，その結果，同一の固定化断片で構成されるクラスターが出来上がる。(B) 金属ビーズを用いる方法では，PCR はエマルションの水滴の中で行われ，それぞれの PCR 産物は別々の水滴中に蓄積していく。

このアダプター配列にアニーリングするプライマーから開始する。こうすることにより，ライブラリー中のあらゆるクラスターの塩基配列を同時に決定することが可能となる。この方法で生成されるリードは，せいぜい 300 bp 程度と比較的短いが，数多くの断片を並列的に読むことにより 1 回の実験で 2,000 Mb にも及ぶ配列を得ることができる。この技

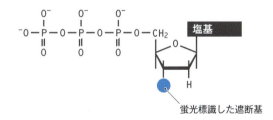
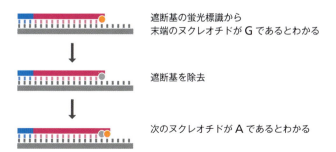

図 4.11 可逆的ターミネーター塩基配列決定法 (A) 可逆的ターミネーターヌクレオチドの構造。蛍光標識した除去可能な遮断基が 3′ 炭素に結合している。(B) ヌクレオチドを 1 つ取り込むたびに鎖伸長は中断するので，その間に蛍光標識を検出して末端のヌクレオチドがいずれの塩基であるかを識別する。続いて遮断基を除去することで，次のヌクレオチドが結合できるようになる。

図4.12　パイロシークエンス法　反応を止めるヌクレオチドを用いずにDNA鎖の合成反応を行う。ヌクレオチダーゼ存在下で4種類のデオキシヌクレオシド三リン酸（dNTP）を順番に加える工程を繰り返す。伸長中のDNA鎖に取り込まれなかったdNTPはヌクレオチダーゼによって分解される。dNTPが取り込まれたことは，放出されたピロリン酸が最終的に化学発光を起こすことで検出できる。それゆえ伸長中のDNA鎖に取り込まれたdNTPの種類と順番を知ることができる。

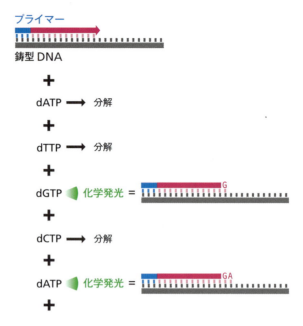

術は塩基配列決定装置を販売している企業の名前から，一般的には**Illumina塩基配列決定法**（Illumina sequencing）と呼ばれている。

　このIllumina塩基配列決定法の技術が導入される以前は，最も一般的な次世代塩基配列決定法は**パイロシークエンス法**（pyrosequencing）と呼ばれるアプローチにもとづくものであった。この方法では，反応液には通常のdNTPのみが含まれており，鎖伸長反応の終結は起こらない。DNAポリメラーゼによってdNTPが新生鎖の3′末端に付加されるたびにピロリン酸（pyrophosphate）が放出されるが，このピロリン酸とATPスルフリラーゼ（ATP sulfurylase）という酵素を反応させ，生じたATPを最終的に化学発光として検出する。すなわち化学発光は鎖伸長反応が1ヌクレオチドだけ進むたびに発生するシグナルということになる。もちろん4種類のdNTPを同時に加えたのでは，連続して発光が起きてしまい意味のある配列情報は得られない。異なる塩基のdNTPを順番に加える工程を繰り返すことにより（例えば，A→T→G→C→A→T……），どのdNTPがどのような順番で取り込まれたかを発光パターンから推定することができる（図4.12）。磁気ビーズに固定化されたライブラリーを用いるパイロシークエンス法は，**454塩基配列決定法**（454 sequencing）と呼ばれる次世代塩基配列決定法で採用されている。この名前もまた，この技術を最初に開発した企業の名前に由来している。最新の454塩基配列決定法では，1,000 bp程度の長さのリードが生成され，1回の実験で700 Mbの配列を得ることができる。

　Ion Torrent塩基配列決定法（Ion Torrent sequencing）のアプローチは，パイロシークエンス法と類似している。すなわち，DNA断片を固定化したライブラリーに塩基の異なるdNTPを順番に加える工程を繰り返す方法をとる。しかしIon Torrent塩基配列決定法では，鎖伸長反応でヌクレオチドが取り込まれるたびに遊離するピロリン酸の水素イオンを検出する。この反応はポリアクリルアミドビーズに固定化されたDNA断片で起きる。ビーズは**イオン感応性電界効果トランジスタ**（ion-sensitive field effect transistor：**ISFET**）と呼ばれる検出システムのウェルに入れておく。ISFETは水素イオンを検出するたびに電気パルスを発生する。dNTPを順番に加えたときの電気パルスの発生パターンから，DNA断片の配列を推定することができる。この方法で生成されるリードの長さは400 bp程度であるが，この技術のいちばんの利点は電子検出系を用いていることにある。というのも，Illumina塩基配列決定法や454塩基配列決定法で採用されている光学検出系に比

べて，電子検出系は構成が単純でランニングコストも安いからである。

4番目に述べる次世代塩基配列決定法は，これまでに述べた方法とは根本的に異なるもので，**SOLiD 塩基配列決定法**（sequencing by oligonucleotide ligation and detection）と呼ばれる。これは DNA ポリメラーゼによる新しい DNA 鎖の合成ではなく，鋳型に相補的な一連のオリゴヌクレオチドのハイブリッド形成にもとづいて塩基配列を推定する方法である。まず鋳型 DNA の末端に連結したアダプター配列にプライマーをアニーリングさせるが，この点はこれまでに述べた新しい DNA 鎖の合成による方法と同様である。次に 5 塩基長の一連のオリゴヌクレオチドを DNA リガーゼとともに加える。このオリゴヌクレオチドの塩基配列は 1,024 通りある。鋳型に結合したプライマーに続く 5 つのヌクレオチドは，これらのオリゴヌクレオチドのうちの 1 つと必ず相補的である。その相補的なオリゴヌクレオチドが鋳型とハイブリッド形成し，DNA リガーゼによってプライマーに連結される（図 4.13）。この工程は 50～75 のオリゴヌクレオチドが鋳型に結合するまで繰り返される。このように SOLiD 塩基配列決定法は原理的にはきわめて直接的な方法といえる。しかしながら，鋳型とハイブリッド形成した配列の推定には多くの計算処理を要する。1,024 種類のオリゴヌクレオチドは 4 種類のみの蛍光マーカーで標識されており，したがって 256 種類ずつの 4 つのファミリーに分けられる。この区別はランダムに行われるわけではなく，オリゴヌクレオチドはその先頭の 2 塩基にもとづいて 4 つのファミリーに分けられているのである。それゆえ 1 つのファミリーには先頭の 2 塩基が共通のオリゴヌクレオチドが 64 種類ずつ含まれていることになる。例えば，先頭の 2 塩基が AT である 5 塩基長のオリゴヌクレオチド ATNNN（N は任意のヌクレオチド）は 64 種類あるが，それらすべてが 1 つのファミリーに含まれているわけである。ハイブリッド形成したオリゴヌクレオチドの蛍光標識を検出することで，5 塩基の配列のうち先頭の 2 塩基の色がわかる。しかし，それだけでは明らかに不完全（5 塩基のうち先頭の 2 塩基しか読んでいない）かつあいまい（4 種類の 2 塩基に同じ標識がついている）である。そこで，2 つ目のプライマーを使ってこの工程が繰り返される。この 2 つ目のプライマーは，1 つ目のプライマーから 1 塩基ずれた位置（$n-1$ の位置）にアニーリングするように設計されている（図 4.14）。同様に，$n-2$，$n-3$，$n-4$ の位置にアニーリングするように設計したプライマーを使ってこの工程が繰り返される。結果的に鋳型上のすべてのヌクレオチドが 2 回ずつ読まれることになり，色の組合わせからあいまいさなく塩基配列を決定することが可能となる。この 2 回の読み取りにより，SOLiD 塩基配列決定法は高い正確性をもつ。しかし，生成されるリードは他の方法より短く，サイクル数に応じて典型的には 50～75 bp である。鋳型の配列について事前に何らかの情報が得られている場合は，計算量の問題はさほど深刻ではない。つまり，SOLiD 塩基配列決定法は，ゲノム DNA 断片の *de novo* 塩基配列決定法として利用するよりも，むしろ個人の DNA 試料から多型を検出するためのゲノム塩基配列再決定に向いているといえる。

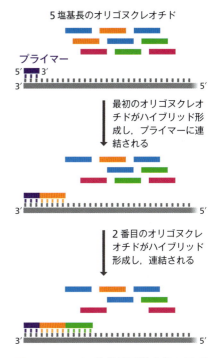

図 4.13 SOLiD 塩基配列決定法の原理
5 塩基長のオリゴヌクレオチドの混合物は，考えられる 1,024 通りの配列をすべて含んでいる。鋳型 DNA と相補的なオリゴヌクレオチドがプライマーのすぐ隣にハイブリッド形成し，DNA リガーゼによってプライマーに連結される。このサイクルは繰り返され，2 番目のオリゴヌクレオチドについてもハイブリッド形成と連結が起こる。

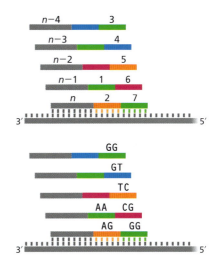

図 4.14 SOLiD 塩基配列決定法の実験結果の解釈 1 つ目のプライマーについて行われた一連のハイブリッド形成と連結反応が，同様に他の 4 つのプライマーについても行われる。1 つ目のプライマーの結合位置を n とすると，2 つ目から 5 つ目のプライマーはそれぞれ $n-1$，$n-2$，$n-3$，$n-4$ の位置にアニーリングするように設計されている。ハイブリッド形成している各オリゴヌクレオチドに結合している蛍光標識の色を示してある。この例では，n プライマーの 3′ 末端のヌクレオチドは A であることがわかっている。したがって，オリゴヌクレオチド 1 の先頭の 2 塩基は AN（N は任意のヌクレオチド）でなければならない。凡例を参照すると，この 2 塩基は AA であると同定できる。よってオリゴヌクレオチド 2 の先頭の 2 塩基は AN でなければならず，蛍光標識の色からこの 2 塩基は AG であることがわかる。この工程をオリゴヌクレオチド 7 まで繰り返すことで，全体の塩基配列は AAGGTCGG であることが明らかになる。

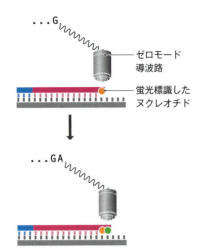

図4.15　1分子リアルタイム塩基配列決定法　ゼロモード導波路によって各ヌクレオチドの付加が検出される。

第三世代，第四世代の塩基配列決定法ではリアルタイムで塩基配列を決定できる

　より高速かつ低コストでのゲノム塩基配列決定を可能にすべく，新しいDNA塩基配列決定技術が次々と生み出されている。これまでに述べた新しいDNA鎖の合成による3つの方法の1つの限界は，DNA鎖の末端ヌクレオチドを識別するために短時間の遅れが生じることが不可避であるという点である。可逆的ターミネーター塩基配列決定法では，ヌクレオチドが付加するたびに3′遮断基を取り除くのに時間が必要であるし，パイロシークエンス法とIon Torrent塩基配列決定法に関しては，4種類のヌクレオチドを別々に加えるために遅れが生じる。この遅れは配列を読むのにかかる時間を増大させ，DNAポリメラーゼの合成鎖伸長能を低下させるので生成されるリードの長さも限られてしまう。

　そこで近年，DNA鎖の末端ヌクレオチドを識別するために遅れを生じさせず，鋳型上をポリメラーゼが連続的に進行するのと同時に塩基配列を読めるような方法に注目が集まっている。これは**第三世代塩基配列決定法**（third-generation sequencing），もしくはリアルタイム塩基配列決定法（real-time sequencing）と呼ばれる。これまでに開発された第三世代塩基配列決定法の中で最も有望視されているものの1つに，**1分子リアルタイム塩基配列決定法**（single-molecule real-time sequencing）がある。この方法では**ゼロモード導波路**（zero-mode waveguide）と呼ばれる非常に精巧な光学系を利用して，1分子の鋳型DNAからの相補鎖合成を観察することができる（図4.15）。基質となるヌクレオチドはやはり蛍光標識されているが，光学系が非常に精巧なので，検出するために伸長反応を中断させる遮断基を使う必要がない。ヌクレオチドが取り込まれると蛍光標識はただちに除去されるため，鎖合成の進行が止められることはない。生成されるリードの長さは2万bpにも及ぶと報告されている。この技術はPacific Biosciencesという企業が最初に開発したため，**PacBio塩基配列決定法**（PacBio sequencing）と呼ばれることが多い。

　続く**第四世代塩基配列決定法**（fourth-generation sequencing）では，鎖合成は不要となり，DNA分子をコピーすることなしに塩基配列を直接読むことができるようになるだろう。これは**ナノポア塩基配列決定法**（nanopore sequencing）のめざすところである。この方法では，DNA分子がかろうじて通り抜けられる程度の小さな穴（ナノポア）のある合成膜を使用する。膜の片側を正に，もう片側を負に荷電させて電流を流すと，電気泳動によりDNA分子が1つのナノポアに近づく。もとのDNA分子は二本鎖であるが，ナノポア近傍にある**DNAヘリカーゼ**（DNA helicase）の働きで塩基対が破壊され，一方の鎖のみが穴を通り抜ける（図4.16）。一本鎖DNAを構成する4種類のヌクレオチドはそれぞれ形が異なるので，通り抜ける際にナノポアをふさぐ度合いがそれぞれ異なる。その結果，膜を通過するイオンの流れがわずかに乱されることになる。したがって，この電流の変動を計測することでポリヌクレオチド鎖の塩基配列を推定することができる。この方法にはDNAの合成工程が含まれないことから，生成されるリードの長さはDNAポリメラーゼの合成鎖伸長能によって制限されることがなく，50 kbにも及ぶと報告されている。ただし，現状ではまだこの技術には限界がある。というのも，ポリヌクレオチド鎖がナノポアを通り抜ける速度によっては，塩基配列決定の正確性が損なわれるからである。したがって検出系の改良が試みられており，またナノポアの構造を改良することでポリヌクレオチド鎖の通り抜ける速度を遅くすることも検討されている。

4.3　ゲノムの塩基配列決定をいかにして行うか

　DNAの塩基配列決定に利用できる方法がわかったところで次に考えなければならない

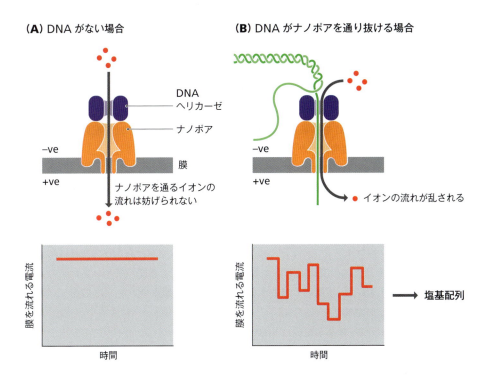

図 4.16 ナノポア塩基配列決定法 （A）膜の片側からもう片側に電流が流されている。DNA がないときには，ナノポアを通るイオンの流れが妨げられることはなく，膜を流れる電流は一定である。（B）ポリヌクレオチド鎖がナノポアを通り抜ける際には，イオンの流れがわずかに乱される。各ヌクレオチドもしくは隣接したヌクレオチドの組合せによりイオンの流れの乱れる度合いが異なるため電流が変動し，これによりポリヌクレオチド鎖の塩基配列を推定することができる。

のは，上記の方法で生成された多数の短いリードから，いかにして全ゲノム塩基配列を構築するかということである。1990 年代にジデオキシ法が自動化されて以来，塩基配列を生成すること自体はゲノム塩基配列決定プロジェクトの制限要因ではなくなった。代わっていちばん困難な課題となったのは**配列アセンブリ**（sequence assembly）である。これは何千何万もの短いリードを連続したゲノム配列に変換する手順のことをいう。最も直接的な配列アセンブリのアプローチは，塩基配列決定実験で得られた短い配列の中から重なり合う部分を探して，マスター配列を構築していくやり方である（図 3.1）。これを**ショットガン法**（shotgun method）と呼ぶ。

ショットガン法の有用性はインフルエンザ菌のゲノム塩基配列決定によって証明された

1990 年代初頭には，ショットガン法が実際に使えるかどうかについて激しい議論が交わされていた。すべてのリードを比較して重なり合う部分を同定していくのに必要なデータ処理量は，たとえ最も小さなゲノムを対象にしたとしても，現存するコンピュータの処理能力をはるかに超えるだろうと多くの分子生物学者たちが主張した。しかしこうした懸念は，1995 年にインフルエンザ菌の 1,830 kb のゲノム配列が報告されたことで解消された。

インフルエンザ菌のゲノム配列を得るために使われた戦略を図 4.17 に示す。第 1 段階では，超音波処理によってゲノム DNA をランダムに切断する。得られた DNA 断片をアガロースゲル電気泳動にかけ，1.6〜2.0 kb のサイズの DNA 断片を精製してプラスミドベクターに組み込む。こうしてできたクローンライブラリーから，19,687 のクローンが無作為に選ばれ，ジデオキシ法による塩基配列決定実験が 28,643 回行われた。一部のクローンについては両端から塩基配列が読まれたため，行われた塩基配列決定実験の回数はクローンの数よりも多くなっている。塩基配列決定実験のうち 16% は，400 bp 以上の塩基配列しか得られなかったため失敗と考えられた。それ以外の 24,304 の塩基配列の長さを合計すると 11,631,485 bp となり，これはインフルエンザ菌ゲノムの長さのおよそ 6 倍に当たる。ゲノム配列を完全に網羅するためには，この程度の冗長性が必要であると考え

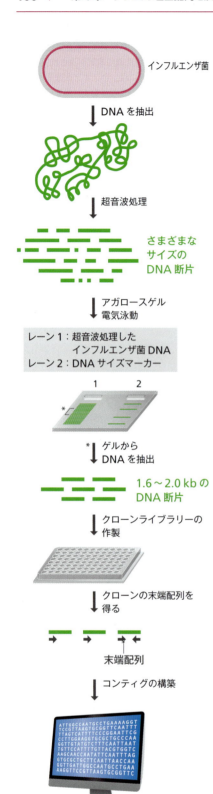

図4.17 ショットガン法によるインフルエンザ菌ゲノムの塩基配列決定 インフルエンザ菌のゲノムDNAを超音波処理によって切断し、アガロースゲル電気泳動にかけて1.6〜2.0 kbのサイズのDNA断片を精製した。このDNA断片をプラスミドベクターに組み込んでクローンライブラリーを作製した。このライブラリーから選択したクローンの末端配列を集め、コンピュータで配列の重なり合う部分を同定してつなぎ合わせた。これによって140個のコンティグが得られた。

られた。512 MBのRAMを搭載したコンピュータを30時間稼働させて配列アセンブリを行い、その結果、連続的につなぎ合わされた長い配列が140個得られた。これらの配列は**コンティグ**（contig）と呼ばれ、それぞれがゲノム上の重なり合わない別々の領域に相当する。

次の段階は、得られたコンティグ間の塩基配列を得ることにより、コンティグをつなぎ合わせる作業である。まず両端の配列が別々のコンティグに含まれるようなクローンが存在しないかどうか、ライブラリーを調べる。もしそのようなクローンがみつかれば、そのクローンの塩基配列を改めて決定することで2つのコンティグ間のギャップを埋めることができる（図4.18A）。実際、そのようなクローンが98個みつかり、98のギャップは容易に埋めることができた。

残る42のギャップを埋める配列は、おそらくクローニングベクター中で不安定であったためライブラリーに存在しなかったのだろう。この物理的ギャップを埋めるために、種類の異なるベクターを使って2つ目のクローンライブラリーが作製された。プラスミドベクターの種類を変えただけでは、前回のライブラリーでクローニングされなかった配列がまた不安定である可能性が高いので、今度はλベクター（2.3節）が使われた。この新しいライブラリーに対し、84種類のオリゴヌクレオチドをプローブとしてハイブリダイゼーション反応が行われた。これら84種類のプローブは、つなぎ合わされていないコンティグの末端と同じ配列をもつオリゴヌクレオチドである（図4.18B）。2つのオリゴヌクレオチドが同一のλクローンとハイブリッド形成するならば、そのコンティグの末端はそのλクローンの配列中に存在することを示し、そのλクローンの塩基配列を決定すればギャップが埋まることになる。このようにして、残る42の物理的ギャップのうち23が埋められた。

ギャップを埋めるもう1つの方法は、上述の84種類のオリゴヌクレオチドから2つずつ選び、それらをプライマーとしてインフルエンザ菌のゲノムDNAのPCRを行うことである。まず、オリゴヌクレオチドを2つずつ任意に選び、単純にPCR産物が得られるか否かでギャップを埋める1対のオリゴヌクレオチドを同定した（図4.18B参照）。得られたPCR産物の塩基配列を決定すればギャップが埋まることになる。さらに別の方法として、もっと論理的なやり方で1対のプライマーが選ばれた。例えば、オリゴヌクレオチドをインフルエンザ菌のゲノムDNAに対するサザンハイブリダイゼーション（図2.14参照）のプローブとして用い、さまざまな制限断片と反応させて、同じ制限断片とハイブリッド形成する1対のオリゴヌクレオチドが同定された。この方法で同定された1対のオリゴヌクレオチドは同じ制限断片中に含まれているはずで、ゲノム上でごく近くに位置していることが予想される。つまり、そのオリゴヌクレオチドが由来する1対のコンティグも近接しており、その間のギャップは、2つのオリゴヌクレオチドをプライマーとして用いたゲノムDNAのPCRによって埋めることができる。

多くの原核生物ゲノムがショットガン法によって解読された

ショットガン法によって小さなゲノムの塩基配列をかなり短期間で決定できることが示されたことで、膨大な数の微生物について相次いでゲノム塩基配列決定が行われた。インフルエンザ菌ゲノムの塩基配列が報告されてからほどなく、同じ1995年にマイコプラズ

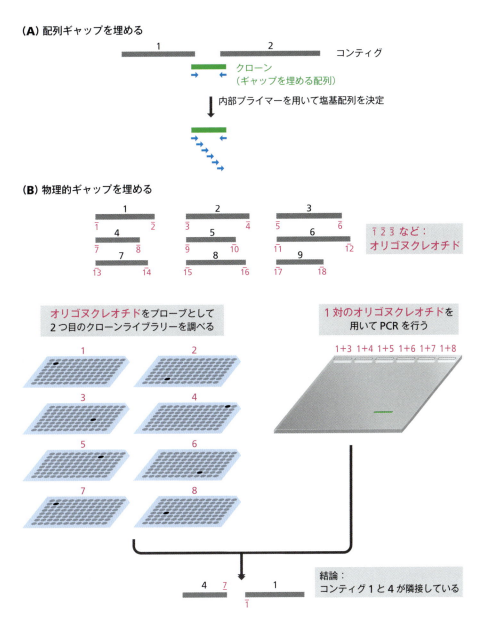

図4.18　インフルエンザ菌ゲノムの最初の構築で使用された，コンティグ間のギャップを埋める方法　(A)「配列ギャップ (sequence gap)」とは，ライブラリー中にすでに含まれるクローンの塩基配列決定によって埋めることができるギャップである。この例では，コンティグ1と2の末端配列が同じ1つのプラスミドクローン内にあるので，その両端の配列を内部プライマーとして挿入DNAの塩基配列を決定し，ギャップを埋める配列を得る。(B)「物理的ギャップ (physical gap)」とは，最初のクローンライブラリー中にはみつからない配列領域を指す。これはおそらく，用いたクローニングベクター中ではその領域が不安定であるためだと考えられる。このようなギャップを埋めるための方法を2つ示す。左側の図では，プラスミドベクターではなくλベクターを使って調製した2つ目のクローンライブラリーを，コンティグの末端配列に対応するオリゴヌクレオチドをプローブとしてスクリーニングしている。オリゴヌクレオチド1と7が同一のクローンと反応するので，このクローンはコンティグ1と4の間にあるギャップを埋める挿入DNAを含んでいることになる。右側の図では，1対のオリゴヌクレオチドをプライマーとしてPCRを行っている。1と7の組合せだけがPCR産物を与えることから，この2つのオリゴヌクレオチドに対応するコンティグ末端が，ゲノム上でごく近くに位置していることが予想される。PCR産物またはλクローンの挿入DNAの塩基配列を決定すれば，コンティグ1と4の間のギャップを埋めることができる。

▽ *Mycoplasma genitalium* の580 kbのゲノム塩基配列決定が完了した。当初こそ実現可能性が疑問視されていたが，すべてとはいわないまでも大部分の原核生物種のゲノムをショットガン法によって構築できるということはすぐに受け入れられた。これらのゲノムは比較的短いため，重なり合う配列をみつけるのにコンピュータの処理能力はそれほど必要とされない。2000年代になって次世代塩基配列決定法が導入されると，1回の実験で長さの合計がゲノム全長の数百倍にも及ぶリードを容易に得られるようになったため，ギャップを埋める作業は大した問題ではなくなった。

　上述したインフルエンザ菌の場合と同様に，多くの原核生物ゲノムは *de novo* 塩基配列決定法 (*de novo* sequencing)，すなわちリードどうしの重なり合いをみつけだす方法のみを用いて構築された。6,500以上の原核生物種のゲノム配列がこの方法で決定されている。ただし，現時点でデータベースに登録されている原核生物の完全なゲノム配列は4万以上もある。というのも，生物種によっては，ゲノムの多様性 (8.2節) を理解する目的で複数回の塩基配列決定が行われているからである。そのような塩基配列再決定プロジェクトでは，コンピュータの処理能力をあまり必要としない別な方法により配列アセンブリが行われている。塩基配列がすでに決定されている生物種の別の個体のゲノムの塩基

図 4.19 塩基配列再決定プロジェクトにおける参照ゲノム配列の利用
参照ゲノム配列上の関連する領域に，別なゲノムから得られたリードを正しく位置づける。

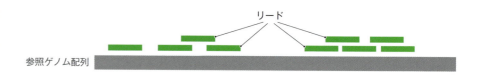

配列を構築する際に，既知のゲノム配列を**参照ゲノム配列**（reference genome）として利用する方法である。リードどうしの重なり合いをみつけだしてゲノムを最初から構築するのではなく，既知の参照ゲノム配列の中から配列が一致ないしは類似している領域を検索して，そこにリードを位置づけていくのである（図4.19）。

ゲノム配列を新たに決定しようとしている生物種が，ゲノム配列が既知の別の生物種と近縁関係にある場合にも，両者の配列はおそらく類似性が高いので，参照ゲノム配列を利用したアプローチがとられることがある。通常，新しいゲノムから得られたリードは，コンティグを構築してから参照ゲノム配列との比較に持ち込まれる。というのも，コンティグを作ることで配列比較の確度を上げられるからである。ただしこの方法では，**組換え**（recombination）によって遺伝子の順番が入れ替わった領域が新しいゲノムに含まれる場合，構築の誤りが生じるので，細心の注意を払わなければならない（図4.20）。この種の組換えでは転位した断片の配列自体は変化せず，単にゲノム上の別の位置に挿入されるだけである。つまり配列が変化するのは転位した断片の境界のみであり，この境界が同定されなければ，参照ゲノム配列にもとづいて構築したゲノムに組換えはないということがいえる。

真核生物ゲノムにショットガン法を適用する場合は，洗練されたアセンブリプログラムが必要である

真核生物のゲノムにもショットガン法によるアプローチが適用されるが，その配列アセンブリは2つの要因により複雑なものとなる。1つ目の要因はリードのデータサイズである。真核生物のゲノムは原核生物のものよりもはるかに長い（例えばインフルエンザ菌ゲノムは1.83 Mbしかないのに対し，ヒトゲノムは3,235 Mbもある）。したがって，十分なリード深度を確保するためには，はるかに多くのリードが必要となる。配列アセンブリの際に問題となるのは，実際には単にリードの数ではなくリードのペアの数である。というのも，配列どうしの重なり合いをみつけるためにはペアの比較をする必要があるからである。それゆえ，リードの数が多くなるにしたがって，データ解析の複雑さは爆発的に増大する。例えばリードがn本とすると，そのペアの数は$2n^2-2n$となるのである。

2つ目の問題は，ゲノムが反復DNA配列を含んでいる場合にはショットガン法では誤

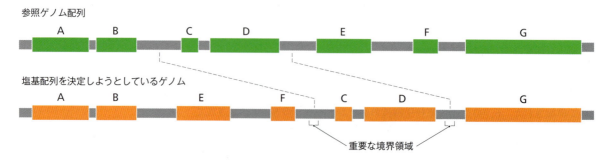

図 4.20 参照ゲノム配列を利用する際，組換えが起きていると問題が生じる この例では，遺伝子CとDの位置が，塩基配列を決定しようとしているゲノムと参照ゲノム配列の間で異なっている。塩基配列が決定された領域に，この組換えの重要な境界領域が含まれていない場合，塩基配列を決定しようとしているゲノムで遺伝子の並び順が異なっているという事実は認識されないだろう。

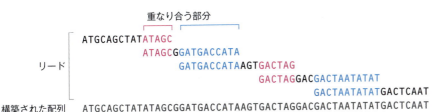

図 4.21 **オーバーラップグラフを用いた配列アセンブリ** リード間の重なり合う部分を同定してマスター配列が構築される。

りが生じる可能性があることである。反復 DNA 配列とは，ゲノム中の 2 つ以上の場所に出現する最大で数 kb 程度の長さの塩基配列をいう。3.1 節で学んだように，反復配列が複数の場所に存在すると，ショットガン法によるアプローチにおいて問題を引き起こす。というのも，読まれた塩基配列が反復配列と部分的に一致したり完全にその中に含まれていたりすると，ゲノム上の別の場所にある同じ反復配列とも重なり合っていると誤って解釈されてしまうことがありうるのである（図 3.3A 参照）。その結果，ゲノム配列の一部が誤った場所に位置づけられてしまったり，脱落してしまったりすることが起きる。反復 DNA 配列は大部分の原核生物ゲノムでは比較的少ないが，真核生物ゲノムでは一般的であり，生物種によっては反復 DNA 配列がゲノム全体の 50% 以上を占めることもある。

初期の**配列アセンブラ**（sequence assembler），すなわちリードをコンティグに変換するソフトウェアパッケージは，リードどうしを単純に比較して重なり合う部分が最も長いものどうしを統合していき，最終的に配列どうしの重なり合いがみつからなくなるまでこの工程を繰り返す，という方法をとっていた（図 4.21）。この方法により**オーバーラップグラフ**（overlap graph）が得られ，それを用いてマスター配列が構築される。コンピュータ業界の用語でいえば，このアプローチは**貪欲アルゴリズム**（greedy algorithm）に従っている。つまり，繰り返し作業の各段階で最も理にかなった選択をしている。しかしながら，貪欲アルゴリズムでは最適解ではなく次善の解しか得られないことがしばしばある。このアルゴリズムは全体を俯瞰して本質を見極めることなしに，繰り返し作業の各段階を他から独立したものとして考えるからである。オーバーラップグラフを用いる方法では，上述した反復 DNA 配列による構築の誤りが起こりうるが，これはまさに貪欲アルゴリズムの弊害といえる。さらに，オーバーラップグラフの構築自体も多くの計算処理を要する。したがって，ジデオキシ法でゲノム塩基配列決定を行う程度であれば，この方法で配列アセンブリが可能であるが，次世代塩基配列決定法ではるかに多数の短いリードが生成される場合は，もはやこの方法では解析できない。

より最近になって開発された配列アセンブラは，それほど多くの計算処理を必要としない代替法を採用しており，次世代塩基配列決定法で生成されたリードに対しても適用可能である。これらの配列アセンブラは**ドブラングラフ**（de Bruijn graph）と呼ばれる概念を利用している。ドブラングラフとは，一群の文字列間にみられる重複を同定するための数学的概念である。文字列の長さはすべて同じでなければならない。したがって，この方法を配列アセンブリに応用する際には，まずはじめにリードを k-mer と呼ばれる短い断片（典型的には 20〜30 塩基長）に分割する必要がある。ある k-mer と完全に同一の k-mer があれば一方を削除する。この過程でデータセットのサイズを小さくできる。次にそれぞれの k-mer をプレフィックス配列（prefix sequence；k-mer から最後の 1 塩基を除いたもの）とサフィックス配列（suffix sequence；k-mer から最初の 1 塩基を除いたもの）に変換する（図 4.22A）。続いて一方のサフィックス配列がもう一方のプレフィックス配列と同一であるような k-mer のペアを探索することで，k-mer どうしの重なり合いをみつける。こうしてすべての重複を同定したのち，k-mer はドブラングラフとして結びつけられる。ドブラングラフの中では，各 k-mer は点すなわち「節」で表され，プレフィックス配列と

図 4.22 ドブラングラフを用いた配列アセンブリ (A) 20 塩基長の *k*-mer およびそのプレフィックス配列とサフィックス配列。(B) ドブラングラフを用いた配列アセンブリの例。この例では，*k*-mer は 3 塩基長であり，実際に配列アセンブリを行うには短すぎるが，この方法の原理を説明するのには役立つだろう。一方のサフィックス配列がもう一方のプレフィックス配列と同一であるような *k*-mer のペアが同定されている。最初の 2 つの *k*-mer では GA が，2 番目と 3 番目の *k*-mer では AC が一致している。*k*-mer のペアは矢印で示されている「辺」で結ばれている。その結果，マスター配列を読みとることが可能なひと続きの配列ができる。(C) 塩基配列が反復 DNA 配列を含んでいても，グラフ上にオイラー路を同定できれば，ドブラングラフから塩基配列を正しく構築することができる。オイラー路とは，すべての辺を 1 度だけ通るような経路のことをいう。この例のオイラー路は，辺 1 から辺 9 を番号順に通る経路である。ACC という反復 DNA 配列があるにもかかわらず，マスター配列を正しく構築できている。

(A) *k*-mer のプレフィックス配列とサフィックス配列

```
      k-mer  ATGCAGCTATATAGCGGATG
プレフィックス配列  ATGCAGCTATATAGCGGAT
 サフィックス配列   TGCAGCTATATAGCGGATG
```

(B) ドブラングラフからマスター配列を読みとる

マスター配列 TGACCGCAGTTA

(C) ドブラングラフ上のオイラー路

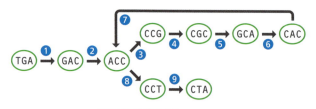

マスター配列 TGACCGCACCTA

サフィックス配列が重複する *k*-mer どうしは線すなわち「辺」で結ばれている（図 4.22B）。そしてマスター配列がグラフから読みとられる。もし塩基配列が反復 DNA 配列を含んでいれば，ドブラングラフは直線状ではなく枝分かれしたグラフとなる。そのような場合，コンピュータを使ってグラフ上に**オイラー路**（Eulerian pathway）をみつけだすことを試みる。オイラー路とは，すべての辺を 1 度だけ通るような経路のことをいう。オイラー路を同定できれば，それは反復 DNA 配列を含んでいても，塩基配列を正しく構築することができることを示している（図 4.22C）。

ドブラングラフが非常に複雑でオイラー路を探しあてられなかった場合でも，枝分かれ構造がみつかったこと自体に価値がある。その領域に未解決の反復 DNA 配列があることを示唆しているからである。この事実が判明すれば，その領域をより詳細に調べることが可能となる。例えば，2 つ目の塩基配列決定用ライブラリーを作製して，その際にライブラリーの断片の長さを，該当領域の最長の反復配列よりも長く設定するという方法がある。この長い断片の塩基配列を両端から読むことで，**ペアエンドリード**（paired-end read）が得られる。反復 DNA 配列のコピーが含まれた断片があれば，そのペアエンドリードから反復配列の両側の塩基配列が判明し，配列アセンブリが解決するのである（図 4.23）。

また，ペアエンドリードを使用することで，ゲノム上で隣どうしに位置するコンティグを同定することも可能となる。この作業により一連の**スカフォールド**（scaffold）が得られる。スカフォールドは一連のコンティグからなり，コンティグ間のギャップはペアエンドリードの間に存在する（図 4.24）。より多くの塩基配列がデータセットに加われば，より長いスカフォールドを構築することができる。長い断片をクローニングできる細菌人工染色体（BAC）のようなベクターに挿入した 100 kb ないしそれ以上の断片からペアエンドリードを得て，配列アセンブリの正確性をチェックすることも可能である。もしペアエンドリードどうしが，予想される位置関係で単一のスカフォールド内におさまらなければ，

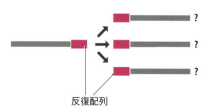

(A) あいまいさのある配列アセンブリ

反復配列

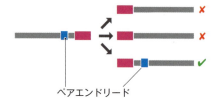

(B) ペアエンドリードによる配列アセンブリの解決

ペアエンドリード

図 4.23 ペアエンドリードを使って反復 DNA 配列を含む領域の配列アセンブリを解決する (A) この例では，反復配列の下流に位置づけることができる配列断片が 3 つ同定されており，ドブラングラフとしてはあいまいさがある。(B) この反復配列にまたがるような DNA 断片の塩基配列を両端から読むことで，どの配列断片が実際に反復配列の下流に位置しているのかがわかる。

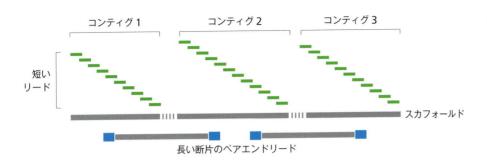

図 4.24 **スカフォールド** 長い断片のペアエンドリードを使用して，コンティグを正しい順番に配置することができる。

それは構築の誤りが生じているということである。

階層的ショットガン法によって，より複雑なゲノムの塩基配列も決定できる

　初期に行われたヒトを含む真核生物のゲノム塩基配列決定には，**階層的ショットガン法** (hierarchical shotgun method) と呼ばれるショットガン法の変法が用いられた。このアプローチでは，塩基配列の前段階としてゲノムを典型的には 300 kb 程度の長い断片にし，長い断片を収容可能な BAC のようなベクターに挿入してクローニングを行う (2.3 節)。次に重なり合いのある DNA 断片をもつクローンどうしを同定し，連続した**クローンコンティグ** (clone contig) を構築する (図 4.25)。続いてそれぞれのクローンの挿入配列の配列アセンブリをショットガン法で行い，クローンコンティグにもとづいた順番で挿入配列をつなぎ合わせることでマスター配列を構築する。同じ反復配列が単一のクローン挿入配列の中に複数コピー存在するときには問題が生じるが，そのようなときでも，反復配列をもつクローンと重なり合うクローンの配列を検討することで，構築の誤りを同定することができる (図 4.26)。

　階層的アプローチは，大きな真核生物ゲノムの塩基配列決定プロジェクトにおいて今なお使われている。例えば，オオムギ，コムギやその他の植物などがこれに該当する。このアプローチの主要な欠点は，重なり合う部分をもつクローンを同定するために時間と労力

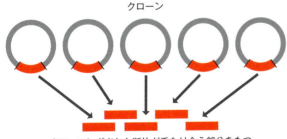

図 4.25 **クローンコンティグ** このクローンセットに含まれる断片は互いに重なり合う部分をもち，そこから連続したクローンコンティグを構築することができる。

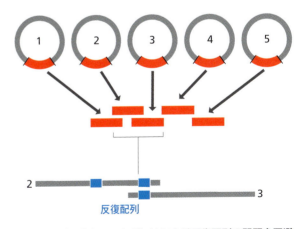

図 4.26 **階層的ショットガン法により反復配列の問題を回避することができる** クローン 2 に含まれる断片には，同じ反復配列が 2 コピー存在する。そのため，クローン 2 に由来するリードから塩基配列を構築する際に，2 つの反復配列の間の領域が抜け落ちてしまう可能性がある。しかし，クローン 3 には反復配列が 1 コピーしか存在しないため，この誤りは避けることができる。こうしてこの反復配列周辺の配列はあいまいさなく構築することができ，配列全体の正しい構築が保証される。

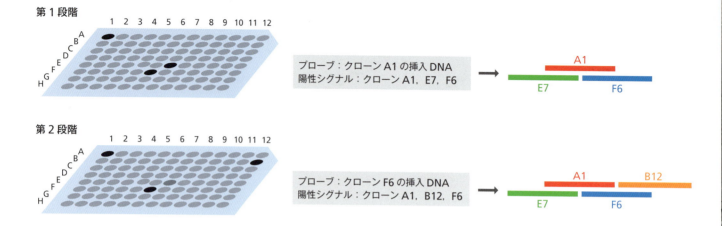

図 4.27 染色体歩行 挿入 DNA の異なる 96 のクローンからなるライブラリーを作製する。染色体歩行では，まず，1 つのクローンの挿入 DNA をハイブリダイゼーション用プローブとして，ライブラリー中のほかのすべてのクローンをスクリーニングする。図に示した例では，クローン A1 の挿入 DNA がプローブとして用いられ，これは自身とクローン E7, F6 に反応している。したがって，E7 と F6 の挿入 DNA には，A1 の挿入 DNA と重なり合う部分がある。染色体歩行を続けるには，今度はクローン F6 の挿入 DNA がプローブとして用いられる。反応したクローンは A1, B12, F6 であり，B12 の挿入 DNA が F6 の挿入 DNA と重なっていることがわかる。

図 4.28 PCR を用いた染色体歩行 クローン 1 の挿入 DNA の末端領域にアニーリングする 2 つのオリゴヌクレオチドを設計する。このオリゴヌクレオチドをプライマーとして，ライブラリー中のほかのクローンすべてについて PCR を試みる。クローン 15 だけが PCR 産物を生じるので，クローン 1 とクローン 15 の挿入 DNA には重なり合う部分があることがわかる。染色体歩行を続けるには，クローン 15 のもう一方の末端領域の塩基配列を決定して，次の 2 つのオリゴヌクレオチドを設計し，ほかのクローンすべてとの PCR に用いる。

を要することである。重なり合う部分をもつ一連のクローンを構築する最も単純な方法は，ライブラリー中のあるクローンからはじめて，それと重なり合う 2 番目のクローンを同定し，さらに 2 番目と重なり合う 3 番目のクローンを同定するというように，同定を続けていくことである。これは**染色体歩行**(chromosome walking)という技術の基本であり，クローンコンティグを構築するために開発された最初の方法である。原法では，あるクローンの挿入 DNA をハイブリダイゼーション用プローブとして，ライブラリー中のすべてのクローンをスクリーニングする。重なり合う部分をもつクローンはハイブリダイゼーションシグナルが陽性となるので，そのクローンの挿入 DNA を次のプライマーとし，染色体歩行を続けていく（図 4.27）。この方法の欠点は，プローブ中に反復配列が含まれていると，重なり合う部分をもつクローンだけでなく，重なり合いはないが同じ反復配列をもつクローンともハイブリッド形成してしまうことである。この問題を避けるための代替法として，クローンの挿入 DNA の末端領域のみを増幅するプライマーを設計し，これらのプライマーを用いてライブラリー中のすべてのクローンについて PCR を試みるという方法がある。正しいサイズの PCR 産物を生じるクローンがあれば，そのクローンは重なり合う部分を含んでいることになる（図 4.28）。作業効率をさらに上げるためには，1 つ 1 つのクローンについて PCR を行うのではなく，重なり合う部分をもつクローンを間違いなくみつけだせるようなやり方で，それらをグループ化して PCR を行う。図 4.29 でこの方法を説明している。

グループ化した PCR でスクリーニングしたとしても，染色体歩行は時間のかかる操作であり，15 ないし 20 以上のクローンからなるクローンコンティグをこの方法で構築するのは難しい場合が多い。それでは，代わりの方法はないのだろうか。

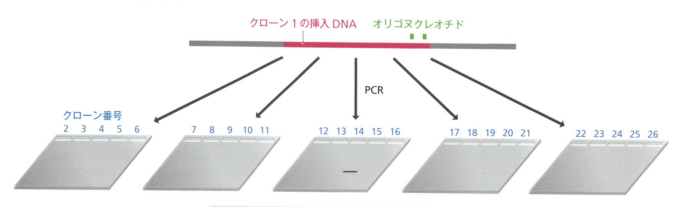

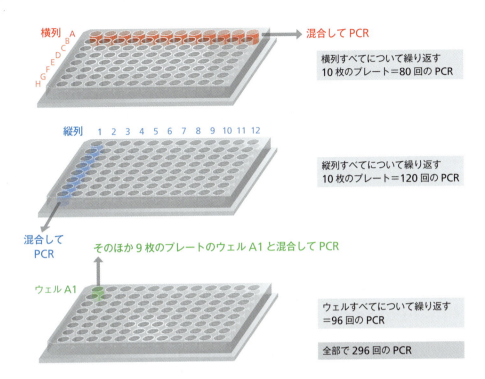

図4.29 **マイクロタイタープレート上でクローンをグループ化してスクリーニングする** この例では，960のクローンからなるライブラリーをPCRでスクリーニングしている。PCRを960回行うのではなく，ここに示したようにクローンをグループ化して296回のPCRを行う。多くの場合，陽性のクローンを明確に同定できる。陽性クローンが複数ある場合は，1枚のプレートについて横列と縦列のPCRを行うだけで同定できる場合もある。例えば，プレート2の横列A，プレート6の横列D，プレート2の縦列7，プレート6の縦列9で陽性のPCR反応がみられたとすると，2つの陽性クローンが，プレート2のウェルA7，プレート6のウェルD9にあることがわかる。もし，同じプレートに2つ以上の陽性クローンがある場合には，ウェル単位のPCRが必要になる。

おもな代替法としては，**クローンフィンガープリント法**（clone fingerprinting）を用いたやり方がある。この方法からは，クローニングされたDNA断片の物理的構造についての情報が得られる。この情報，すなわち「フィンガープリント」をほかのクローンの同じ情報と比較することにより，クローン間での類似度や重なり合う部分の有無をみつけだせる。クローンフィンガープリント法では，以下に示す技術が単独で，もしくは組み合わせて用いられている（図4.30）。

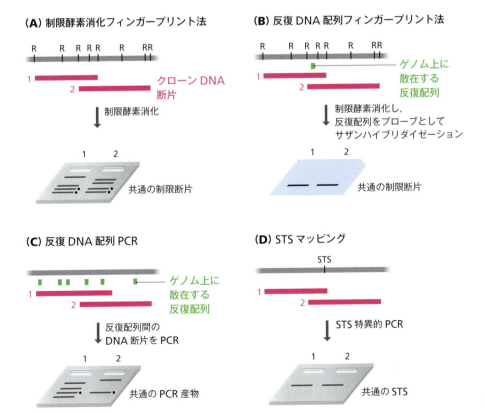

図4.30 **4種類のフィンガープリント技術**

- **制限酵素消化パターン**（restriction pattern）は，クローンを種々の制限酵素で消化したのち，アガロースゲル電気泳動で分離することで得られる．2つのクローンが重なり合う挿入配列をもっていると，これらのフィンガープリントには共通の位置にバンドが生じる．このバンドに重なり合う配列由来の断片が含まれるわけである．

- **反復DNA配列フィンガープリント法**（repetitive DNA fingerprinting）は，制限酵素によって得られた断片について，ゲノム上に散在する反復配列の1つもしくは複数をプローブとしてサザンハイブリダイゼーションを行うことで得られる．制限酵素消化フィンガープリント法と同様に，共通に反応したバンドを調べることで重なり合う配列をもつクローンを同定できる．

- **反復DNA配列PCR**（repetitive DNA PCR）または**散在反復配列PCR**（interspersed repeat element PCR：**IRE-PCR**）は，ゲノム上に散在する反復配列とアニーリングするプライマーを用いて，隣接する反復配列間の**単一コピーDNA**（single-copy DNA）を増幅する方法である．反復配列はゲノム中に均等に存在しているわけではないので，反復DNA配列PCRによって得られた産物のサイズをほかのクローンのものと比較することで，重なり合う配列をもつクローンを同定できる．

- **STSマッピング**（STS mapping）は特に有用である．なぜならこの方法は，配列タグ部位（sequence-tagged site：STS）の染色体物理地図上にクローンコンティグを位置づけることができるからである．個々のSTSマーカー（3.6節）についてクローンライブラリー中のすべてのクローンを対象にPCRを行うと，各STSはゲノム上に1カ所しかないと考えられるので，PCR産物が生じるすべてのクローンは重なり合う挿入配列をもっていることになる．

染色体歩行と同様に，フィンガープリント技術を効果的に用いるためには，クローンをグループ化してスクリーニングする必要がある．また理想をいえば，得られた結果を解析するコンピュータ技術とともに用いるべきである．

ゲノム配列とはそもそも何なのか，そしてそれはどのような場面でも必要なものなのか

この章ではどのようにしてゲノム配列を得ることができるのかを議論してきた．しかしながら「ゲノム配列」という言葉がそもそも何を意味しているのかについては考察していない．それについてここで考えてみよう．

すでに述べてきたように，大部分の生物種では唯一のゲノム配列というものは存在しない．同じ生物種でも各個体のゲノムには個体差があり，配列の多様性が認められるゲノム上の位置はしばしば相当な数になる．例えばヒトのゲノムには1,000万もの一塩基多型（SNP）があり，塩基の種類が人によって異なっている．平均してゲノム上の325 bpごとにSNPが1つ存在することになる．したがって，ゲノム配列といっても，それはその生物種のゲノムの1つの代表例をみているにすぎない．実際，初期に研究された生物種のゲノム配列は，いくつかのゲノムからの寄せ集めであった．塩基配列決定用ライブラリーは染色体ごとに別々に作製されたが，各ライブラリーに用いるDNAは同一の個体から採取したものとは限らなかったからである．たとえ同じ個体から採取した試料を使ったとしても，二倍体の生物種であればゲノムを2コピーもっているので，各コピーで多くのSNPの塩基が異なっているという問題が生じる．この**ヘテロ接合性**（heterozygosity）は，構築の過程であいまいさの原因となる（図4.31）．通常はそのうち1つの塩基が，その位

図4.31　配列アセンブリに影響するヘテロ接合性　配列アセンブリが行われたこの領域では，ある特定の位置が一部のリードではCとなっていたが，ほぼ同数のリードではTとなっていた．これはヘテロ接合性に起因し，相同染色体のうち1本はこの位置がC，もう1本はTとなっている．

...ATGAGCATCGATGCA[C/T]CAGCAGATTGAGCTAC...

置の代表的な塩基として採用される。

完全な配列，すなわちすべての塩基が誤りなく同定され，あらゆるリードが正しい場所に位置づけられた配列を得ることは，真核生物のゲノムでは今のところ不可能であるということを認識しておくのも重要である。**完了配列**（finished sequence）とされているものであっても，通常はコンティグ間に配列決定ができていないギャップがいくつかあり，平均して 10^4 ヌクレオチドに1カ所の誤りを含んでいる。**ドラフト配列**（draft sequence；概要配列）に含まれるギャップや誤りはさらに多く，順番や向きがあいまいなコンティグさえ含まれることがある。配列決定が進行中で部分的に構築されたゲノムもあり，極端な場合には構築がまったく行われていないリードの寄せ集めということもある。

「完了配列」や「ドラフト配列」といった用語の意味に関する混乱を避けるため，ゲノム配列の完成度をより正確に評価できる多くの指標が考案されてきた。その1つが **N50 長**（N50 size）であり，コンティグにもスカフォールドにも適用できる。コンティグのN50長は次のようにして求められる。

- まず，すべてのコンティグの長さを足し合わせる。
- コンティグを長いものから短いものへと並べる。
- 最も長いコンティグからその長さを順番に足していき，足し合わせた長さが最初に求めた全コンティグ長の半分をちょうど超えるまで続ける。
- 最後に足されたコンティグの長さがN50長の値となる。

N50長が大きいほど，より完全な構築ができていることを示す。別の指標として **NG50 長**（NG50 size）というものがある。これはコンティグやスカフォールドの長さの合計ではなく，ゲノム自体のサイズをもとに計算する。したがって，NG50長を指標とすれば，異なる生物種間でゲノム配列の完成度を直接比較することができる。

最後に，仮にゲノム塩基配列決定が完了していたとしても，どのような場面でも全ゲノム塩基配列が必要なわけではないということを理解しておかなければならない。ゲノムはあらゆる領域が興味深いものであるが，どの領域により強い関心をもつかは人それぞれなのである。例えばある種の研究課題に対しては，**エクソーム**（exome）の配列が重要となる。エクソームとはゲノムに含まれるエクソン，すなわちタンパク質をコードしている部分の完全な集団を指す。エクソームの配列の個人差はタンパク質の多型につながり，がんやその他の疾患の原因となりうる。ヒトのエクソームはおよそ 48 Mb の DNA からなり，これはゲノム全長の 1.5% 程度に相当する。したがってエクソームの塩基配列決定はゲノム全体の塩基配列決定ほどの困難は伴わない。次世代塩基配列決定法ではライブラリー作製の際に**標的配列濃縮**（target enrichment）の工程を入れることで，エクソームやその他の領域に絞って塩基配列決定を行うことができる。まず，ゲノム中の標的領域に対応した約 150 塩基長の合成オリゴヌクレオチドから構成される，巨大なオリゴヌクレオチドセットを作製する（図 4.32）。オリゴヌクレオチドを**ベイト**（bait；「餌」という意味）として用いてゲノム DNA とハイブリッド形成させ，目的の DNA 断片を捕捉する。ベイトに磁気ビーズをつけておけば，標的でない DNA 断片は溶液に残して，捕捉された DNA 断片のみを磁石で回収することができる。こうして捕捉した DNA 断片をベイトからはずして，塩基配列決定用ライブラリーの作製に用いるのである。

4.4 真核生物のゲノム塩基配列決定プロジェクト

この章の締めくくりとして，4つの真核生物種のゲノム計画についてみてみよう。技術がしだいに進歩するなかで，塩基配列決定や配列アセンブリにおける困難がどのように乗り越えられてきたかを理解することができるだろう。

図 4.32 **標的配列濃縮** (A) 関心のあるゲノム領域の DNA 断片を捕捉するためにベイトが使われている。(B) 捕捉された DNA 断片についてのみ塩基配列決定を行う。

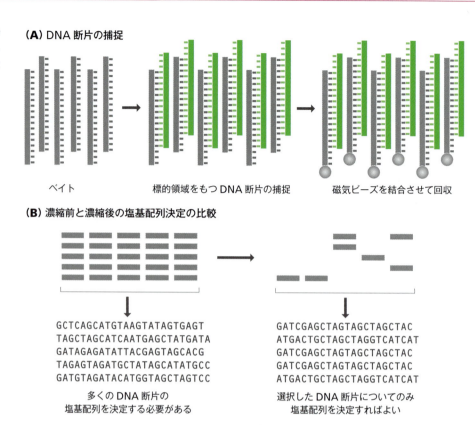

ヒトゲノム計画：英雄時代のゲノム塩基配列決定

ヒトゲノム計画（Human Genome Project）は，世界中の遺伝学者が参加する自由ではあるが組織化された共同研究プロジェクトとして 1980 年代の後半に策定された。このプロジェクトでは，ヒトゲノムの**ユークロマチン**（euchromatin）領域の塩基配列の少なくとも 95％ を 2005 年までに決定するという目標が掲げられた。ユークロマチンとは，ほとんどの遺伝子が位置している領域である（10.1 節）。ヒトゲノム計画がはじまる前に完全な塩基配列が得られていたゲノムはウイルスと細胞小器官のものに限られ，最も長いのはタバコやその他の植物の葉緑体ゲノムで 155 kb だった。そこから一足飛びに 3,325 Mb のヒトゲノムに挑戦しようという計画は，一部の生物学者たちには狂気の沙汰と考えられた。ショウジョウバエなどいくつかの生物で包括的な遺伝地図は作成されていたが，ヒトの家系解析を行うにはヒト特有の問題があるうえ（3.4 節），多型マーカーが比較的少ないこともあって，大半の遺伝学者はヒトゲノムの地図を作成するのは無理ではないか，そして地図がなければゲノム配列を構築することも不可能なのではないかと考えていた。

2〜5 Mb ごとに 1 つのマーカーを設定するのが現実的な限界ではないかと考えられていたが，このプロジェクトが当初掲げた目標は 1 Mb ごとに 1 つのマーカーをもつ遺伝地図を得ることだった。最初のブレークスルーをもたらしたのは，制限断片長多型（RFLP）の発見であった。この多型は動物ゲノムにみられる高密度の DNA 多型マーカーとしては最初に発見されたものである。393 の RFLP とそれ以外の 10 の多型マーカーを使った最初のヒト RFLP 地図が 1987 年に発表された。マーカー密度は平均して 10 Mb ごとに 1 つであった。この遺伝地図は 1994 年までに 7,000 のマーカーを含むように拡張された。これらのマーカーは単純配列長多型（SSLP）が大半を占めており，0.7 Mb ごとに 1 つのマーカー密度であった。物理地図の作成もそれほど遅れることなく，平均して 199 kb ごとに 1 つのマーカー密度で 15,088 の STS マーカーを含む放射線ハイブリッド地図が 1995 年に報告された。この地図にはその後さらに 20,104 の STS マーカーがつけ足され

たが，その大部分は発現配列タグ（EST）であり，物理地図上にタンパク質コード遺伝子が位置づけられたことになる。こうして統合されたSTS地図は，遺伝学的手法によってゲノム上に位置づけられたおよそ7,000のSSLPマーカーを含んでいた。結果として，物理地図と遺伝地図を直接比較することが可能となり，STSデータを含むクローンコンティグ地図によって両地図を関連づけることができた。最終的に完成した包括的な統合地図が，ヒトゲノム計画の塩基配列決定段階における枠組みとして利用された。

塩基配列決定段階では30万のBACクローンからなるライブラリーが利用された。BACクローンのゲノム地図上の位置は既知であり，したがって一連のクローンコンティグを構築することが可能であった。個々のBAC挿入配列の塩基配列をジデオキシ法で決定し，これらの挿入配列から構築したクローンコンティグがゲノム地図上に位置づけられた。ヒトゲノム計画の塩基配列決定段階がちょうどはじまった頃，労力のかかるクローンコンティグの構築を行わずに，最終的な配列をショットガン法によって生成する方法が，第2の研究グループにより検討されはじめていた。第2の研究グループに先を越されることを懸念したヒトゲノム計画のオーガナイザーたちは，ドラフト配列の完成を早めるべく計画の前倒しを行った。完全なヒト染色体（22番染色体）の最初のドラフト配列は1999年12月に報告され，数カ月後には21番染色体のドラフト配列も完成した。そしてついに2000年6月26日，米国大統領立ち会いのもと，2つのプロジェクトをそれぞれ率いてきたFrancis CollinsとCraig Venterが共同でヒトゲノムドラフト配列の完成を発表し，8カ月後に論文として公表された。

クローンコンティグ法で得られたドラフト配列はゲノム全体の90％しかカバーしておらず，残りの320 Mbはおもに**構成的ヘテロクロマチン**（constitutive heterochromatin）に存在している。ゲノムのこの部分はDNAが高度に凝縮した構造をとっている領域で，遺伝子はほとんど存在しない（10.1節）。ドラフト配列によってカバーされた90％のゲノム領域は，塩基配列が少なくとも4回以上読まれ，許容できる精度が得られていた。しかしながら，塩基配列が8〜10回読まれ，「完了」レベルと考えられた領域は25％しかなかった。さらに，このドラフト配列にはおよそ15万ものギャップが含まれ，各断片が正しい順序で配置されていない部分もおそらくあることがわかっていた。計画の最終段階を主導した国際ヒトゲノム配列決定コンソーシアム（International Human Genome Sequencing Consortium）は，ユークロマチン領域の少なくとも95％について，誤りが10^4塩基に1カ所未満で，最も困難なものを除くすべてのギャップが埋められた完了配列を得ることを目標として設定した。この目標を達成するためには，BAC，P1ファージ由来人工染色体（PAC），フォスミド，コスミドに挿入された4万6千ものクローンの塩基配列をさらに決定する必要があった。最初の染色体の完了配列が2004年に報告され，その1年後には全ゲノム塩基配列が完全に決定された。

ヒトゲノム計画は，1980年代から1990年代にかけて利用可能であったマッピングや塩基配列決定のための技術の限界を打ち破る象徴的な取り組みであった。塩基配列決定そのものにとどまらず，このプロジェクトは将来的なゲノム研究の方向性を主導する基盤を作った。特にショットガン法の成功により，配列アセンブリを実行するにあたって，真核生物ゲノムの包括的な地図は必ずしも必要ないことが示された。また，1コピーのヒトゲノムの塩基配列が決定されれば，それを参照配列として使用することで別個体のゲノム配列の構築が容易になることも認識された。そこで次に，ヒトゲノム配列を参照配列として別の生物種のゲノム配列が構築された，とりわけ興味深い1つの例をみてみよう。

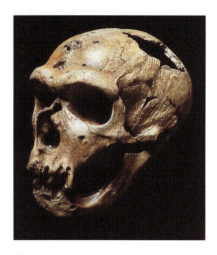

図4.33　40〜50歳のネアンデルタール人男性の頭蓋骨　この標本は約5万年前のもので，フランスのラ・シャペル＝オー＝サンで発見された。(John Reader / Science Photo Library の厚意による)

ネアンデルタール人のゲノム：ヒトゲノム配列を参照配列として絶滅種のゲノム配列を構築する

　ネアンデルタール人(Neanderthal)は20万年前から3万年前にかけてヨーロッパとアジアの一部に住んでいたヒト属の絶滅種である。保存骨格はわれわれホモ・サピエンス(*Homo sapiens*)と多くの点で似通った特徴を示していることから，古生物学者はネアンデルタール人をヒト属に分類して，*Homo neanderthalensis* と名づけた。われわれに最も近縁な化石人類である。ネアンデルタール人にみられる特徴の多くは，氷期の寒冷な気候への適応によるものと考えられている。例えば，大きな鼻腔は肺に入る前に空気を温めるのに役立っただろう(図4.33)。

　3万年前に絶滅したネアンデルタール人のゲノム配列を，いったいどのようにして得ることができたのだろうか。それは**古代DNA**(ancient DNA)からもたらされたのである。生物が死んでもDNA分子は死体の中に何年かは残っていることが知られている。何世紀も前の，ときには何千年も前の骨やその他の組織に，分解されたDNAの短い断片が残っていることさえある。残念なことに，古代DNAの研究は論争にさらされてきた。1990年代初頭には，ヒトの古代DNAが骨などの考古学試料から検出されたという報告が多数あった。しかしながら，決定された塩基配列は古代DNAのものではなく，試料を掘り出した考古学者やDNAを抽出した分子生物学者に由来する現代のDNAのものであることが判明した例も多かったのである。世界的に成功した映画『ジュラシック・パーク』の影響で，琥珀の中に閉じ込められていた昆虫や，ひいては恐竜の骨からDNAを検出したという報告がなされたが，すべて誤りであったことが今ではわかっている。古代DNAというものが本当に存在するのかどうか，多くの生物学者が疑いをもちはじめた。しかしながら，非常に注意深く取り扱えば100万年前の試料からでも本物の古代DNAを抽出できるということが，しだいに明らかになってきた。それならばネアンデルタール人のDNAも残っている可能性は十分にある。

　種は異なるがネアンデルタール人とホモ・サピエンスのゲノムは十分に類似しており，ヒトゲノム配列を参照配列としてネアンデルタール人のリードから配列アセンブリを行うことが可能だろうと予想された。したがって，ネアンデルタール人のゲノム塩基配列決定では *de novo* アセンブリを試みる必要はないと考えられた。しかしながら，通常のゲノムアセンブリでは遭遇しない問題が1つある。長い時を経てDNAが分解しており，古代DNA研究者が**ミスコード損傷**(miscoding lesion)と呼んでいる変化が起きている場合があるのである。ミスコード損傷とは，塩基配列決定実験で別の塩基として読まれてしまうような塩基の化学変化のことをいう。最もよくみられるミスコード損傷は，水分の存在下で促進される脱アミノ反応によるシトシンからウラシルへの変換である(図4.34A)。古代DNA分子にこのミスコード損傷が起こると，Cは誤ってTと読まれてしまう。この塩基配列決定の誤りは，ネアンデルタール人とホモ・サピエンスのゲノム配列の真の相違とは区別されなければならない。したがって，ネアンデルタール人のゲノム配列を正確に読むためには，ゲノムのそれぞれの位置を含むリードの数をできるだけ多くして，十分なリード深度を確保する必要がある(図4.34B)。これらのリードのそれぞれは古代DNAの異なる断片に由来するため，すべての断片の同じ位置でミスコード損傷が起きている可能性はきわめて低い。ネアンデルタール人とホモ・サピエンスのゲノム配列の真の相違はSNPであり，ある特定の位置を含むすべてのリードに存在するはずである。一方，ミスコード損傷は1つのリードにのみ生じている。

　はじめて完全な塩基配列が決定されたネアンデルタール人のゲノムは，シベリアのアルタイ山脈の洞窟でみつかった約5万年前の成人女性のつま先の骨から採取されたもので

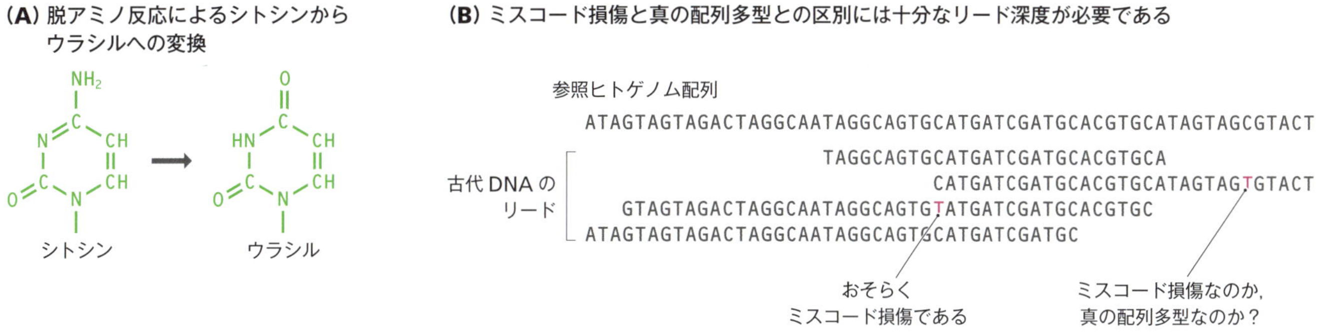

(A) 脱アミノ反応によるシトシンから
ウラシルへの変換

シトシン → ウラシル

(B) ミスコード損傷と真の配列多型との区別には十分なリード深度が必要である

参照ヒトゲノム配列
ATAGTAGTAGACTAGGCAATAGGCAGTGCATGATCGATGCACGTGCATAGTAGCGTACT

古代DNAの
リード
```
                            TAGGCAGTGCATGATCGATGCACGTGCA
                                       CATGATCGATGCACGTGCATAGTAGTGTACT
         GTAGTAGACTAGGCAATAGGCAGTGTATGATCGATGCACGTGC
ATAGTAGTAGACTAGGCAATAGGCAGTGCATGATCGATGC
```

おそらく
ミスコード損傷である

ミスコード損傷なのか，
真の配列多型なのか？

あった。ネアンデルタール人ゲノムの5つのライブラリーが作製され，Illumina塩基配列決定法により22億7,800万以上にも及ぶリードが得られた。リードの平均長はわずか75 bp程度しかなかった。古代DNAの第2の問題は，長い時を経てDNAが分解して短い断片になってしまい，個々のリードの長さも短くなってしまうことである。リードの短さにもかかわらず，平均して52倍のリード深度でゲノム配列を構築することにより，高い精度での構築が十分に可能であった。

こうして得られたゲノム配列から，ネアンデルタール人とそのホモ・サピエンスとの関係について，どのようなことがわかったのだろうか。この質問に対する答えは18.3節で述べることにしよう。そこでは進展の速い**古代ゲノム学**（paleogenomics）の分野，すなわち絶滅種のゲノムの研究について詳しくみていきたい。

ジャイアントパンダのゲノム：次世代塩基配列決定法のデータのみにショットガン法を適用した例

ジャイアントパンダ（*Ailuropoda melanoleuca*）は絶滅危惧種であり，中国西部の山岳地帯に生息する野生の個体は1,500頭程度と推定されている（図4.35）。ジャイアントパンダのゲノムサイズは約2,400 Mbであり，ヒトゲノムよりいくぶん短いが，これは反復DNA配列が少ないためであり遺伝子の数はほぼ同じである。ジャイアントパンダのゲノムは，次世代塩基配列決定法のデータのみにもとづいて塩基配列が決定された最初のゲノムである。これ以前に行われた小さな真核生物ゲノムの塩基配列決定では，ジデオキシ法と次世代塩基配列決定法の両者から得られたデータを組み合わせてショットガン法を適用していた。まず次世代塩基配列決定法で得られた短いリードのコンティグを構築し，次にクローニングされた長い断片からジデオキシ法によりペアエンドリードを得て，それをもとにコンティグからスカフォールドを構築していたのである。この方法の欠点は，クローンライブラリーの作製や，ペアエンドリードを得るために個々のクローンの塩基配列を決定するのに，時間と費用がかかることである。したがって，ジデオキシ法を使わずに，次世代塩基配列決定法で得られるリードのみからゲノム配列を構築する戦略は，結果として時間も費用も節約できることになる。

ジャイアントパンダのゲノムを配列決定するにあたっては，150 bp，500 bp，2 kb，5 kb，10 kbという一連の平均長の断片を含む塩基配列決定用ライブラリーがそれぞれ作製された。ライブラリーに含まれる断片の塩基配列をIllumina塩基配列決定法で読むことで，計176,000 Mbのリードが得られた。これらのリードから，ゲノム配列が以下のように段階的に構築された（図4.36）。

- まずドブラングラフを用いて，500 bp以下の短いリードについて互いに重なり合う部分を同定し，コンティグが構築された。得られたコンティグは長さの合計が2,000 Mbでリード深度は39倍であったが，N50長は1.5 kbと小さかった。つまり，

図4.34 ミスコード損傷は古代DNAの塩基配列を決定する際に問題となる (A) シトシンの脱アミノ反応によりウラシルが生じる。このミスコード損傷がDNA配列にあると，Cは誤ってTと読まれてしまう。(B) ミスコード損傷と真の配列多型とを見分けるためには，十分なリード深度を確保する必要がある。この例では，ミスコード損傷の可能性がある塩基が2カ所ある。そのうち1つは，4本のリードのうち1本のみに存在することから，ミスコード損傷であるとの確証が得られる。もう1つの塩基は1本しかリードが得られていないDNA領域にある。そのため，CからTへの変化がミスコード損傷によるものか，それとも真の配列多型であるかを区別することはできない。

図4.35 ジャイアントパンダ（Manymanの厚意によりCC BY-SA 3.0ライセンスのもとに掲載）

図 4.36 ジャイアントパンダのゲノム塩基配列決定　(A) 500 bp 以下の短いリードからコンティグが構築された。(B) ペアエンドリードを使って，コンティグからスカフォールドが構築された。(C) コンティグ間のギャップの一部は，片方の末端がコンティグ内に位置するペアエンドリードの，もう片方の末端の周辺に短いリードを位置づけることにより埋めることができた。

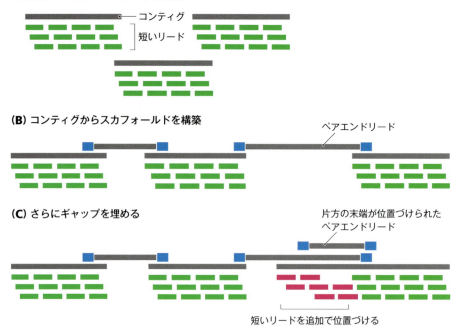

この段階で得られたコンティグは，いずれも非常に短いものであった。

- 次に各ライブラリーの断片から得られたペアエンドリードを使って，コンティグからスカフォールドが構築された。ペアエンドリードは，Illumina 塩基配列決定法の変法により固定化された各断片の両端の配列を取得して得られた。得られたスカフォールドの N50 長は 1.3 Mb で，長さの合計は 2,300 Mb であった。構築された配列の長さの合計が 2,000 Mb から 2,300 Mb に増えたのは，スカフォールドを構成するコンティグの間にギャップが存在したからである。

- スカフォールド内のギャップの少なくとも一部は埋めることができた。これは，ペアエンドリードの片方の末端がコンティグ内に位置し，もう片方の末端がギャップ内にあるときに可能となった。この場合，ギャップ内にある末端は，短いリードを追加で位置づける際の足がかりとなる。この段階を経てコンティグの N50 長は 40 kb まで増加し，残されたギャップ（大部分は高度に反復した DNA 配列）はスカフォールドの長さの合計の 2.4% 程度まで減った。この最終段階の配列アセンブリにより，リード深度は平均で 65 倍となり，ゲノム上の位置の 95% が 20 本以上のリードに含まれるようになった。

ゲノムの解析からジャイアントパンダの特殊な食生活に関して興味深い知見が得られた。ジャイアントパンダが地理的に非常に限られた場所で暮らしている理由の 1 つは，竹を主食としていることによる。ゲノムには肉食に関連する遺伝子のほとんどが含まれていることから，ジャイアントパンダは本来肉も消化できるはずである。しかしながら，味覚受容体の遺伝子に起きた変異により，肉を好ましくないものとして感じるようになっているのである。竹を消化するためにはセルロースを分解する能力が必要だが，ジャイアントパンダのゲノムにはそれを可能とするような遺伝子はみつからなかった。1 つの可能性として，**マイクロバイオーム**（microbiome），すなわち消化管内に生息する細菌群が，ジャイアントパンダの食生活に必須の機能を担っているのかもしれない。

ジャイアントパンダの最初のゲノム配列を参照配列として，全個体の 2% に相当する 34 個体のゲノム配列が構築された。この塩基配列再決定プロジェクトにより 3 つの個体群が同定され，種全体としての多様性を維持するための交配計画を策定する指標となった。

また、ゲノム配列の比較から、ジャイアントパンダの個体数の減少には気候変動も影響してはいるが、そのおもな原因は人間による環境破壊であるということも示唆された。

オオムギのゲノム：遺伝子空間という考え方

オオムギは年間生産高という観点からは世界で4番目に重要な穀物である。生産されるオオムギの大部分は家畜飼料として消費されるが、約4分の1は食品としてあるいは麦芽から作られるアルコール飲料として人間が消費する。オオムギはもともと食物繊維が豊富な植物であるが、さらに食物繊維を増やすことを目的とした交配計画も進行中である。また、過酷な環境への適応可能性も検討されており、気候の変化があっても生産量を維持できるような品種の作出が期待されている。なかでも乾燥した環境下でも生産可能な穀物への要求は高まっており、オオムギに干ばつへの耐性をもたせるような交配が重要な目標として掲げられている。

交配計画は植物のゲノムについての深い知識を必ずしも必要としないが、鍵となる遺伝子や量的形質座位（QTL）が同定され、そのゲノム上の位置がわかれば、より効果的な交配計画を立てることができ、成果も得られやすい。オオムギのゲノムサイズは5,100 Mbもあり、その80%を反復DNA配列が占めているため、リードからゲノム配列を構築する作業は困難をきわめる。今なおドラフトゲノム配列でさえも完成していない。遺伝子とそのゲノム上の位置を少なくともある程度まで特定したいというニーズに応えられるような、オオムギゲノムの代替的な表現方法が模索された。そこでオオムギの研究者らは**遺伝子空間**（gene space）という概念に至った。つき詰めていえば、遺伝子空間とは大多数のオオムギ遺伝子の配列を詳細なゲノム地図上に位置づけたものである。オオムギの遺伝子空間の構築において鍵となった段階は以下のとおりである（図4.37）。

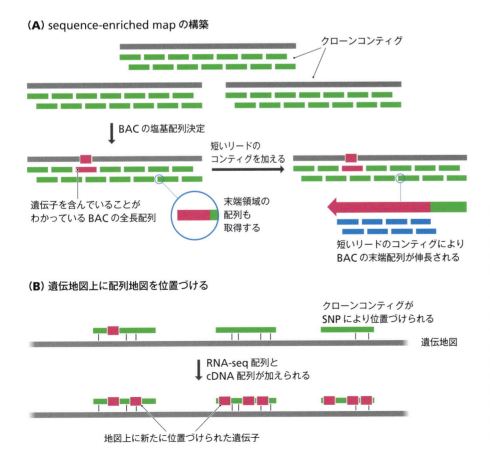

図4.37　オオムギの遺伝子空間の構築
（A）BAC挿入配列の全長および末端領域の塩基配列を決定してクローンコンティグを構築することにより、sequence-enriched mapが作成された。短いリードのコンティグとの重なり合いを同定することで末端の配列が伸長されていった。（B）遺伝地図上の位置がすでにわかっているSNPやその他の配列の特徴をもつクローンコンティグをみいだすことにより、sequence-enriched mapがオオムギの7本の染色体の遺伝地図と関連づけられた。その後、RNA-seqリードからの構築やcDNAの塩基配列決定により得られた24,154の遺伝子の塩基配列が、クローンコンティグの配列決定された領域中で検索され、sequence-enriched mapがさらに拡張された。

- まず，571,000 の BAC クローンの STS マッピングにより詳細な物理地図が作成された。これらのクローンから 9,265 のコンティグが構築され，ゲノムの 97% 以上に相当する 4,980 Mb の領域がカバーされた。クローンコンティグの N50 長は 904 kb で，これは個々の遺伝子の全体が単一のコンティグに含まれるようにするのに十分な大きさである。

- BAC ライブラリーのうち，遺伝子を含んでいることがすでにわかっている 5,341 クローンの挿入配列に加え，無作為に選んだ 937 のクローンの挿入配列の塩基配列が決定され，物理地図上に位置づけられた。さらに 304,523 の BAC クローンの挿入配列の末端領域から，追加の配列が得られた。この作業によって，その大部分が遺伝子を含む 1,136 Mb にも及ぶ配列が物理地図上に位置づけられ，これが sequence-enriched map（精密な配列情報が得られた地図）とされた。

- ゲノム DNA から断片長が 300 bp と 2.5 kb の 2 つの Illumina 塩基配列決定用ライブラリーが作製された。リードの de novo アセンブリによって計 1,900 Mb のコンティグが構築されたが，その多くは短く，反復 DNA 配列のみからなるものであった。長さが 1 kb で反復配列が含まれていないコンティグは 376,261 あり，そのうち 112,989 に sequence-enriched map と重なり合う配列があった。これにより地図に含まれる塩基配列の量が 300 Mb 以上増えた。

- さらに，遺伝地図作成のデータが sequence-enriched map に加えられた。そして，コンティグの中に SNP やその他の短い配列で過去に連鎖解析により地図上の位置が同定されたものが含まれていないか検索が行われた。その結果，4,556 のコンティグを遺伝地図上に位置づけることができた。

- 最後に，遺伝子が sequence-enriched map 上に位置づけられた。まず，植物の成長における発芽から花を経て種を作るまでの 8 つの段階の RNA が準備された。RNA から cDNA が合成され，塩基配列決定用ライブラリーが作製された。得られた **RNA-seq 法**（RNA sequencing）のリードは，要するにエクソームと考えられ，これらから遺伝子のエクソン部分の配列を構築できる。得られたエクソン配列を，クローンコンティグの配列決定された領域中で検索することにより，エクソン配列が地図に付け加えられた。既知の 28,592 の cDNA 配列も，同様の方法で位置づけられた。これにより 26,159 の遺伝子が同定され，そのうち 24,154 について sequence-enriched map 上の位置が同定された。

こうしてオオムギの遺伝子空間が出来上がった。遺伝子空間は 26,159 の遺伝子のエクソン配列を含み，物理地図または遺伝地図，もしくはその両方での位置がわかっている SNP やその他の DNA マーカーを含む配列データと同様に，24,154 の遺伝子が物理地図と遺伝地図を統合した地図上に位置づけられている。ドラフトゲノム配列は得られていないが，遺伝子空間が得られたことで，重要な形質を決定するような遺伝子の同定や，それらの遺伝子を利用した交配計画の立案をめざす研究において必須な，遺伝子配列およびマーカー位置に関する基本的な情報が得られるようになった。

まとめ

- ジデオキシ法は PCR 産物のような短い DNA 分子の塩基配列決定に用いられている。
- 次世代塩基配列決定法とは，1 回の実験で何千何万もの DNA 断片の塩基配列を同時に決定できる各種技術の総称である。
- 次世代塩基配列決定法では，ライブラリーとして数多くの DNA 断片を支持体に固定

化した高集積アレイをあらかじめ作製しておくことで，多くの反応を同時に行うことができる。
- 第三世代，第四世代の塩基配列決定法は，次世代塩基配列決定法に勝る点があり，中期的には次世代法にとって代わることが予想される。
- ゲノム塩基配列決定において最も難しい点は，数多くの塩基配列決定実験で得られた短い塩基配列を正しい順につなぎ合わせることである。
- 細菌の小さなゲノムでは，リードの中から重なり合う部分を探してマスター配列を構築していく，ショットガン法による配列アセンブリが可能である。
- 真核生物のゲノムにショットガン法によるアプローチを適用するには，ドブラングラフを用いるような，より複雑な構築の手順が必要となる。
- より複雑なゲノムの塩基配列決定には，クローンコンティグを利用した階層的ショットガン法が用いられる。クローンコンティグは，対象とするゲノムの物理地図ないし遺伝地図上に位置づけられている断片と重なり合う部分をもつ，長い断片を収容可能なBACのようなベクターに挿入された一連のクローンからなる。
- N50長がゲノム配列の完成度の指標として用いられる。
- ヒトゲノムのドラフト配列は2000年に完成した。ネアンデルタール人のゲノム配列も決定されている。
- ジャイアントパンダのゲノムは，次世代塩基配列決定法のデータのみにもとづいて塩基配列が決定された最初のゲノムである。

章末問題

短答式問題

1. DNA鎖合成反応中にジデオキシヌクレオチドを取り込ませることで，DNA配列を読むことができるのはなぜか説明せよ。
2. ジデオキシ法に利用できるDNAポリメラーゼが満たすべき3つの条件とは何か？
3. ジデオキシ法と次世代塩基配列決定法の長所と短所を比較せよ。現代のゲノム研究において，ジデオキシ法はどのような場面で使われているか？
4. 次世代塩基配列決定法において，塩基配列決定用ライブラリーはどのようにして作製されるか？
5. 次にあげる方法ではどのようにしてDNA配列が得られるかそれぞれ説明せよ。(A)可逆的ターミネーター塩基配列決定法，(B)パイロシークエンス法，(C) Ion Torrent塩基配列決定法，(D) SOLiD塩基配列決定法。
6. 第三世代，第四世代の塩基配列決定法が優れているのはどのような点か？
7. インフルエンザ菌のゲノム塩基配列決定に使われた方法について概略を述べよ。
8. 真核生物ゲノムにショットガン法を適用する場合に，配列アセンブリを複雑なものとする要因とは何か？
9. 連続した配列をリードからどのように構築するか説明せよ。
10. ゲノム塩基配列決定の階層的ショットガン法について説明せよ。
11. クローンフィンガープリント法にはどのような技術が用いられるか？
12. (A)ヒトおよび(B)ジャイアントパンダのゲノムの最初の塩基配列決定で使用されたアプローチを比較せよ。

論述式問題

1. 1970年代後半に2つのDNA塩基配列決定法，すなわちジデオキシ法と化学分解法が開発された。当初はいずれの方法もよく行われていたが，しだいにジデオキシ法が一般的になっていった。化学分解法が選択されなくなったのはなぜか？
2. 約2.6 MbのサイズのDNAゲノムをもつ新種の細菌を発見したとしよう。この細菌のゲノム配列を得る方法を詳細に記述せよ。
3. 122 bpのDNA分子をランダムに切断して重なり合う部分をもつ断片とし，その塩基配列を決定した。得られたリードは以下のとおりである。

CGTAGCTAGCTAGCGATT
GATTTAGTTCGCCCATTCG
GCTGTAGCATGTTTTCGC
TTCGCTCAGCATCGGATTT
AGCTAGCTAGCGATTTAGT
TAGCATGTTTTCGCTCAGC
TTTCGCTCAGCATCGGATT
ATTTAGTTTAGCTGTAGCA
CATTCGCGATGCTATCTCT
GTTGACGCATACGGCGGG
TCGTAGCTAGCTAGCGAT
ATGCTATCTCATCTGATTT
ATTTAGTTCGCCCATTCGC
ATTTAGTTGACGCATACGG
ATGCATCGTAGCTAGCTAG
CTCAGCATCGGATTTAGTT

```
CGATGCTATCTCATCTGAT
CGCATACGGCGGGGGGAT
```
リード間の重なり合いを探索することで，もとのDNA分子の塩基配列を再構成できるか？ もしできないとしたら，どのような問題があり，それはどのようにすれば解決できるか？

4. 大きな真核生物ゲノムの塩基配列決定に階層的ショットガン法を使うことの利点と欠点について評価せよ。

5. 某製薬会社が，ある遺伝病関連遺伝子の塩基配列決定に莫大な時間と研究費を費やしている。この会社は，その遺伝子とタンパク質産物の研究をしており，当該遺伝病の治療薬の開発を行っている。その遺伝子の塩基配列について会社は特許権を主張できるだろうか？ 自分の考えを述べよ。

推薦図書と参考文献

ジデオキシ法

Brown, T.A. (ed.) (2000) *Essential Molecular Biology: A Practical Approach*, Vol. 1 and 2, 2nd ed. Oxford University Press, Oxford. ジデオキシ法によるDNA塩基配列決定の詳細な手順を含む。

Prober, J.M., Trainor, G.L., Dam, R.J., et al. (1987) A system for rapid DNA sequencing with fluorescent chain-terminating dideoxynucleotides. *Science* 238:336–341.

Sanger, F., Nicklen, S. and Coulson, A.R. (1977) DNA sequencing with chain-terminating inhibitors. *Proc. Natl Acad. Sci. U S A* 74:5463–5467. ジデオキシ法についての最初の記述。

Sears, L.E., Moran, L.S., Kissinger, C., et al. (1992) CircumVent thermal cycle sequencing and alternative manual and automated DNA sequencing protocols using the highly thermostable Vent® (exo-) DNA polymerase. *Biotechniques* 13:626–633.

次世代塩基配列決定法と第三世代，第四世代塩基配列決定法

Buermans, H.P.J. and den Dunnen, J.T. (2014) Next generation sequencing technology: advances and applications. *Biochim. Biophys. Acta* 1842:1932–1941.

Chen, F., Dong, M., Ge, M., et al. (2013) The history and advances of reversible terminators used in new generations of sequencing technology. *Genomics Proteomics Bioinformatics* 11:34–40.

Deamer, D., Akeson, M. and Branton, D. (2016) Three decades of nanopore sequencing. *Nat. Biotechnol.* 34:518–524.

Feng, Y., Zhang, Y., Ying, C., et al. (2015) Nanopore-based fourth-generation DNA sequencing technology. *Genomics Proteomics Bioinformatics* 13:4–16.

Goodwin, S., McPherson, J.D. and McCombie, W.R. (2016) Coming of age: ten years of next-generation sequencing technologies. *Nat. Rev. Genet.* 17:333–351.

Heather, J.M. and Chain, B. (2016) The sequence of sequencers: the history of sequencing DNA. *Genomics* 107:1–8.

Quail, M., Smith, M., Coupland, P., et al. (2012) A tale of three next generation sequencing platforms: comparison of Ion Torrent, Pacific Biosciences and Illumina MiSeq sequencers. *BMC Genomics* 13:341.

Ronaghi, M., Uhlén, M. and Nyrén, P. (1998) A sequencing method based on real-time pyrophosphate. *Science* 281:363–365. パイロシークエンス法。

van Dijk, E.L., Auger, H., Jaszczyszyn, Y. and Thermes, C. (2014) Ten years of next-generation sequencing technology. *Trends Genet.* 30:418–426.

ショットガン法

Fleischmann, R.D., Adams, M.D., White, O., et al. (1995) Whole-genome random sequencing and assembly of *Haemophilus influenzae* Rd. *Science* 269:496–512.

Fraser, C.M., Gocayne, J.D., White, O., et al. (1995) The minimal gene complement of *Mycoplasma genitalium*. *Science* 270:397–403. 塩基配列が決定された2つ目の細菌ゲノム。

Loman, N.J., Constantinidou, C., Chan, J.Z.M., et al. (2012) High-throughput bacterial genome sequencing: an embarrassment of choice, a world of opportunity. *Nat. Rev. Microbiol.* 10:599–606.

配列アセンブリ

Ekblom, R. and Wolf, J.B.W. (2014) A field guide to whole-genome sequencing, assembly and annotation. *Evol. Appl.* 7:1026–1042.

Miller, J.R., Koren, S. and Sutton, G. (2010) Assembly algorithms for next-generation sequencing data. *Genomics* 95:315–327.

Schatz, M.C., Witkowski, J. and McCombie, W.R. (2012) Current challenges in *de novo* plant genome sequencing and assembly. *Genome Biol.* 13:243.

階層的ショットガン法

Adams, M.D., Celniker, S.E., Holt, R.A., et al. (2000) The genome sequence of *Drosophila melanogaster*. *Science* 287:2185–2195.

She, X., Jiang, Z., Clark, R.A., et al. (2004) Shotgun sequence assembly and recent segmental duplications within the human genome. *Nature* 431:927–930. 反復DNA配列を含む場合の全ゲノムショットガン法による配列アセンブリの精度について論じている。

Venter, J.C., Adams, M.D., Sutton, G.G., et al. (1998) Shotgun sequencing of the human genome. *Science* 280:1540–1542.

Weber, J.L. and Myers, E.W. (1997) Human whole-genome shotgun sequencing. *Genome Res.* 7:401–409.

画期的な塩基配列決定プロジェクト

International Barley Genome Sequencing Consortium (2012) A physical, genetic and functional sequence assembly of the barley genome. *Nature* 491:711–716.

International Human Genome Sequencing Consortium (2001) Initial sequencing and analysis of the human genome. *Nature* 409:860–921. ヒトゲノム計画で得られたドラフト配列。

International Human Genome Sequencing Consortium (2004) Finishing the euchromatic sequence of the human genome. *Nature* 431:931–945.

Li, R., Fan, W., Tian, G., et al. (2010) The sequence and *de novo* assembly of the giant panda genome. *Nature* 463:311–317.

Prüfer, K., Racimo, F., Patterson, N., et al. (2014) The complete genome sequence of a Neanderthal from the Altai Mountains. *Nature* 505:43–49.

Venter, J.C., Adams, M.D., Myers, E.W., et al. (2001) The sequence of the human genome. *Science* 291:1304–1351. ショットガン法で得られたドラフト配列。

ゲノムアノテーション

5章

5.1 DNA配列のコンピュータ解析によるゲノムアノテーション

5.2 遺伝子転写産物の解析によるゲノムアノテーション

5.3 ゲノムワイドRNAマッピングによるアノテーション

5.4 ゲノムブラウザ

　ゲノム配列の解明は，それ自体が最終目標なのではない。ゲノム配列中の遺伝子の位置を決定し，その他の興味深い特徴をみつけ，役割がわかっていない遺伝子の機能を割り当てていくことが重要である。コンピュータ解析と実験を組み合わせることで，これらの難問に取り組むことができるが，ゲノムの完全な記述は非常に難しい課題である。2004年以来，解読が完了したヒトゲノム配列が利用可能となっているものの，ゲノムに含まれる遺伝子の総数はいまだに不確かであり，同定された遺伝子の多くは機能がわかっていない。ゲノム配列を理解するための新しい手法の開発は，ゲノム研究における主要な目標の1つとなっている。

　この章では，ゲノム配列中の遺伝子の位置を突き止めるプロセス，すなわち**ゲノムアノテーション**（genome annotation）に用いられる方法について述べる。第6章では，機能がわかっていない遺伝子に機能を割り当てるためのさまざまな方法を探求する。

5.1　DNA配列のコンピュータ解析によるゲノムアノテーション

　アセンブルされたゲノム配列が得られたならば，さまざまな方法を用いて遺伝子がどの場所に位置しているかを決めることができる。これらの方法は2つに分けられる。1つは，コンピュータを用いて塩基配列を精査するやり方，もう1つは，実験的に解析することで遺伝子の位置を決定する方法である。

　塩基配列の精査によって遺伝子の位置を決めることができるのは，遺伝子の塩基配列はランダムではなく，一定の特徴をもっているからである。現在のところ，この特徴が完全にはわかっていないため，塩基配列の精査により確実に遺伝子の位置を決定できるとまではいえないが，それでもなお有力な方法であり，新しいゲノム配列を解析する際にはまず最初に行われることが多い。コンピュータを利用したゲノム研究の方法論は**バイオインフォマティクス**（bioinformatics；生物情報学）と呼ばれている。まず，このバイオインフォマティクスについてみていこう。

遺伝子のコード領域とはオープンリーディングフレームである

　タンパク質をコードする遺伝子は**オープンリーディングフレーム**（open reading frame：ORF）を含んでいる。ORFはその遺伝子がコードしているタンパク質のアミノ酸配列を指定する一連のコドン配列であり（図5.1），必ずではないがたいていの場合，開始コドンであるATGではじまり，終止コドンであるTAA，TAG，TGAのいずれかで終わる（1.3節）。したがって，DNA配列を検索して，ATGではじまり終止コドンで終わるORFをみつけるのは，遺伝子を探す1つの方法である。この方法は**ORFスキャン**（ORF scanning），あるいは *ab initio* **遺伝子予測**（*ab initio* gene prediction）と呼ばれる。ただし，この検索はそれほど単純ではない。DNA配列にはどのヌクレオチドを開始位置に

オープンリーディングフレーム

図5.1　タンパク質をコードする遺伝子は三つ組コドンからなるオープンリーディングフレームを含んでいる　ある遺伝子の最初の4つと最後の2つのコドンを示す。この遺伝子の最初の4つのコドンはメチオニン（開始コドン）-グリシン-セリン-アラニンを指定し，最後の2つのコドンはフェニルアラニン-終止コドンを指定している。

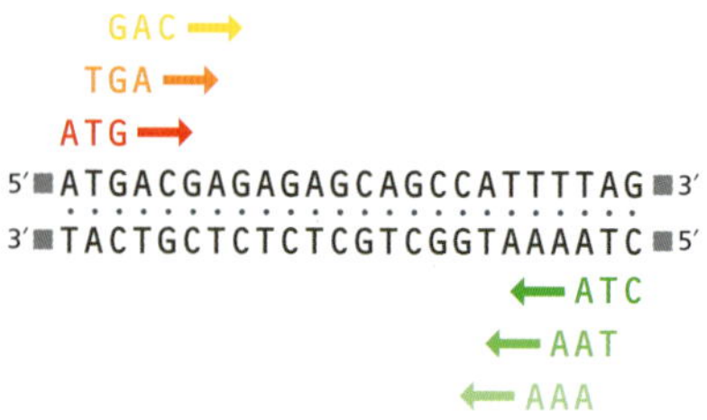

```
       GAC →
      TGA →
     ATG →
5'-■ATGACGAGAGAGCAGCCATTTTAG■-3'
3'-■TACTGCTCTCTCGTCGGTAAAATC■-5'
                          ← ATC
                         ← AAT
                        ← AAA
```

図 5.2 二本鎖 DNA 分子には 6 つのリーディングフレームが考えられる いずれの鎖もともに 5'→3' 方向に読みとられる。どの塩基を開始位置として選ぶかによって，それぞれの鎖に 3 つずつのリーディングフレームが存在する。

図 5.3 ORF スキャンは細菌ゲノム中の遺伝子の位置を決定する有効な方法である 4,522 bp の大腸菌ラクトースオペロンを示しており，50 コドンよりも長い ORF に下線を引いてある。この領域には赤線で示した 2 つの真の遺伝子 *lacZ* と *lacY* がある。これらの真の遺伝子は黄線で示した疑似 ORF よりもずっと長いので，解釈を誤ることはない。

選ぶかによって，6 つのリーディングフレーム (reading frame) が考えられるからである。つまり，1 本の鎖に順方向のリーディングフレームが 3 つ，相補鎖に逆方向のリーディングフレームが 3 つ存在する（図 5.2）。とはいえ，コンピュータを使えば，6 つのリーディングフレームすべてをスキャンして ORF を探すことは容易だろう。では，遺伝子の位置を決める手段として，この方法はどのくらい効率的なのだろうか。

ORF スキャンが成功するかどうかの鍵は，DNA 配列中に終止コドンが現れる頻度である。DNA がランダムな配列で GC 含量が 50% であると仮定すれば，3 つの終止コドン (TAA, TAG, TGA) はそれぞれ平均して $4^3 = 64$ 塩基に 1 回の割合で現れることになる。終止コドンは A, T の塩基配列を多く含むので，GC 含量が 50% よりも多くなれば出現頻度は減少するが，それでも 100 ～ 200 塩基に 1 回の割合で現れると予想できる。それゆえ，配列がランダムな DNA には 50 コドン（150 塩基）よりも長い ORF はあまりみつからないはずである（ATG という開始コドンの存在によって ORF を規定するのであれば，なおさらそうだろう）。しかし，たいていの遺伝子は 50 コドンよりも長く，平均の長さは細菌で 300 ～ 350 コドン，ヒトでは約 450 コドンである。そこで，ORF スキャンの最も単純なやり方では，予測される遺伝子の最短の長さを例えば 100 コドンと考えて，それより長いものをすべて ORF の候補として記録する。

この方法で実際にうまくいくのだろうか。細菌のゲノムであれば単純な ORF スキャンは有効であり，DNA 配列中のほとんどの遺伝子の位置を決定できる。図 5.3 に示したのは大腸菌 (*Escherichia coli*) ゲノムの一領域で，50 コドンよりも長いすべての ORF に下線を引いてある。配列中の真の遺伝子は 50 コドンよりもずっと長いので，解釈を誤ることはない。細菌では遺伝子どうしが近接しており，**遺伝子間領域** (intergenic region) が比較的少ない（大腸菌ではたった 11% である；11.2 節参照）ことも，解析を容易にしている。真の遺伝子がゲノム中で部分的に重なり合っていないと仮定するなら（ほとんどの

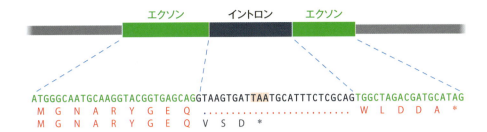

図5.4 **イントロンが存在するとORFスキャンは難しくなる** イントロンを1つ含む短い遺伝子の塩基配列を示している。この遺伝子が翻訳されて生じるタンパク質の正しいアミノ酸配列を，塩基配列のすぐ下に示す。この配列ではmRNAからタンパク質への翻訳に先立ち転写産物からイントロンが除去されるので，イントロンはなくなっている。下段では，イントロンの存在に気づかないまま塩基配列が翻訳されている。その結果，アミノ酸配列はイントロン内で終結している。アミノ酸配列は1文字略号（表1.2参照）で示してある。＊印は終止コドンの位置を示す。

細菌遺伝子でこの仮定は正しい），短い疑似ORFを真の遺伝子と見誤る可能性があるのは，それが遺伝子間領域にあった場合のみである。ゲノム中の遺伝子間領域が少なければ，単純なORFスキャンの結果の解釈を誤ることは少なくなる。

単純なORFスキャンは高等真核生物ゲノムにはあまり有効でない

ORFスキャンは細菌ゲノムには有効だが，高等真核生物のDNA配列中の遺伝子の位置を決めるのにはあまり役立たない。その理由の1つは，真の遺伝子どうしの間がかなり離れており（例えば，ヒトゲノムでは約62％が遺伝子間領域である），疑似ORFを検出する可能性が高くなるからである。しかし，ヒトや高等真核生物一般のゲノムでいちばん問題となるのは，遺伝子がしばしばイントロン（1.2節）によって分断されており，そのためDNA配列中で連続したORFになっていないことである。多くのエクソンは100コドン未満で，なかには50コドン未満のものもあり，イントロンまでリーディングフレームとして読んでしまうと，たいていORFの終わりと見誤るような終止コドンの配列に行き当たる（図5.4）。言い換えれば，高等真核生物の遺伝子はゲノム配列中に長いORFとしては現れず，単純なORFスキャンでは位置を決めることはできない。

イントロンに起因するこの問題を解決することは，ORFを検出するための新しいソフトウェアを作るうえでの中心的課題である。単純なORFスキャンに比べて，次のような3つの改良が加えられている。

- **コドンの偏り**（codon bias）を考慮する。すべての生物種の遺伝子で，すべてのコドンが同じ頻度で使われているわけではない。例えば，アミノ酸のロイシンは遺伝暗号に従って6種類のコドン（TTA，TTG，CTT，CTC，CTA，CTG；図1.26参照）によって指定されうるが，ヒトではおもにCTGによって指定され，TTAやCTAはごくまれにしか使われない。同様に，バリンを指定する4種類のコドンのうち，ヒトではGTGの使用頻度がGTAの4倍もある。コドンの偏りが存在する生物学的な理由はわかっていないが，すべての生物種に偏りがみられ，種によってその偏りは異なる。真のエクソンにはコドンの偏りがみられるが，無作為に選んだ三つ組ヌクレオチドには偏りがみられないはずである。したがって，研究している生物種のコドンの偏りをORFスキャンのソフトウェアに組み込んでおく。
- **エクソン-イントロン境界**（exon-intron boundary）には特徴的な塩基配列が存在するので，検索することができる。とはいえ，その特徴はそれほど明確なものではないので，簡単な作業ではない。**上流**（upstream）側のエクソン-イントロン境界の塩基配列は，たいてい5′-AG↓GTAAGT-3′となっている（矢印の位置が正確な境界を示す）。矢印のすぐ下流のGTのみが不変の配列であり，その他の塩基はここに示したもの以外の場合も多い。こうした塩基配列は**コンセンサス配列**（consensus sequence；共通配列）と呼ばれる，配列が知られているすべての上流側エクソン-イントロン境界の中で，各位置における出現頻度が最も高い塩基を示した配列であり，実際の配列には異なる塩基が含まれることも多いのである（図5.5）。

図5.5 **上流側のエクソン-イントロン境界のコンセンサス配列と，真の遺伝子にみられる実際の塩基配列との関係** コンセンサス配列と異なる塩基を赤で示す。上流側エクソン-イントロン境界では，スプライス部位（矢印で示す）のすぐ下流にあるGTのみが不変である。

下流側のエクソン-イントロン境界の塩基配列は，さらに一定しておらず，5′-PyPyPyPyPyPyNCAG↓-3′で示される（"Py"はピリミジン塩基のTまたはCであり，Nは任意のヌクレオチド）。

- **上流調節配列**（upstream regulatory sequence）を利用して，遺伝子がはじまる位置を定めることができる。これらは遺伝子の発現にかかわるDNA結合タンパク質が認識する配列であり（12.2節），エクソン-イントロン境界の場合と同様に配列上の特徴がある。残念ながら，やはりエクソン-イントロン境界と同じように調節配列は多様であり，原核生物よりも真核生物のほうが多様性が高い。また，真核生物ではすべての遺伝子が同じ調節配列の組合せをもっているわけではない。したがって，これらを用いて遺伝子の位置を決定することには限界がある。

以上3つの改良を単純なORFスキャンに加えた方法は，限界があるにもかかわらず，一般的にはすべての高等真核生物のゲノムに応用できる。個々の生物種については，それぞれの固有の特徴にもとづいた改良を付け加えることもできる。例えば，脊椎動物では多く（ヒトでは約40～50%）の遺伝子の上流に**CpGアイランド**（CpG island）がある。これはゲノム全体の平均と比較してGC含量が高い約1 kbの配列であり，識別しやすく，これが脊椎動物のDNAにある場合，そのすぐ下流から遺伝子がはじまる可能性が非常に高い。

真核生物ゲノムの*ab initio*遺伝子予測は，コンピュータプログラムの進歩にもかかわらず，いまだ完全なものではない。遺伝子のはじまりと終わりの位置は多くのゲノムでほぼ100%の精度で予測できるが，エクソン-イントロン境界の予測精度はずっと悪く，60～70%程度のことが多い。これらはコドンの偏りのような何らかの先見的な知識を考慮したうえでの数字である。もし新しいゲノム配列がまったく研究されていないとしたら，たとえ遺伝子予測ソフトウェアの多くが機械学習機能を備えており，コンピュータがゲノムアノテーションを徐々に作り上げていくにつれてコドン頻度の適切なパターンを認識するように訓練されていたとしても，遺伝子予測の精度はもっと低くなるだろう。

非コードRNA遺伝子の位置を決める

ORFスキャンはタンパク質をコードする遺伝子には使えるが，rRNAやtRNAなどの非コードRNA（1.2節）をコードする遺伝子にも使えるだろうか。これらの遺伝子はORFを含んでいないため，今まで述べてきたような方法では位置が決められない。しかし，非コードRNA分子にはそれなりの際立った特徴があり，それを利用すればゲノム配列中で位置を特定することができる。最も重要な特徴は，折りたたまれてtRNA分子の**クローバー葉構造**（cloverleaf structure）のような二次構造をとることである（図5.6A）。このような二次構造は，DNAの二重らせん構造のように2本のポリヌクレオチド鎖間ではなく，**分子内塩基対形成**（intramolecular base pairing）によって，1本のポリヌクレオチド鎖の異なる部分間で塩基対を形成する。分子内で塩基対を形成するには，同一分子内の2つの部分の塩基配列が相補的でなければならない。そしてクローバー葉構造のような複雑な構造を形成するには，これら相補的な塩基配列の構成塩基が，RNA塩基配列内で特徴的な順序で並んでいなければならない（図5.6B）。これらの特徴は，ゲノム配列中の

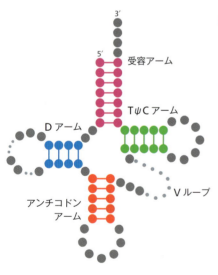

(A) tRNAのクローバー葉構造

(B) 大腸菌 tRNA^Leu 遺伝子の塩基配列の一例

5′ GCCGAAGTGGCGAAATCGGTAGTCGCAGTTGATTCAAAATCAACCGTAGAAATACGTGCCGGTTCGAGTCCGGCCTTCGGCACCA 3′

図 5.6　tRNAの際立った特徴が非コードRNA遺伝子の位置を決めるのに役立つ　(A) あらゆるtRNAは折りたたまれてクローバー葉構造を形成する。色づけした4つの領域で分子内塩基対を形成している。(B) 大腸菌のロイシン特異的tRNAをコードする遺伝子のDNA配列を示す。色づけした部分が(A)で示した分子内塩基対を形成している領域に相当する。これらの部分が互いに塩基対を形成できるようにするために生じる配列上の制約を手がかりとして，コンピュータプログラムでtRNA遺伝子の位置を特定できる。

tRNA 遺伝子の位置を決めるための有力な情報源となり，この目的に特化して設計されたプログラムはたいていうまく働く。

tRNA と同様に，rRNA やいくつかの短鎖非コード RNA（sncRNA；1.2 節）も特徴的な二次構造を形成するため，その遺伝子を同定することはそれほど難しくない。その他の非コード RNA 遺伝子は，コードする RNA が比較的短い塩基対しか形成しなかったり，一定のパターンの塩基対を形成しなかったりするため，位置を決めるのが難しい。このような RNA 遺伝子の位置を決めるのには，3 つの方法がある。

図 5.7 RNA の典型的なステムループ構造

- 非コード RNA の中には複雑な二次構造をとらないものもあるが，たいていは 1 つ以上の**ステムループ構造**（stem-loop structure）をもっている。この構造は**ヘアピン構造**（hairpin structure）とも呼ばれ，最も単純なタイプの塩基対形成によるものである（図 5.7）。この構造の DNA 配列をスキャンするプログラムを用いれば，非コード RNA が存在する可能性のある領域を特定できる。このようなプログラムは熱力学の法則を考慮しており，ループの大きさ，ステムにある塩基対の数，G–C 塩基対の割合（水素結合を 3 つもつ G–C 塩基対のほうが，2 つもつ A–T 塩基対よりも安定なことを思い出すこと；図 1.9 参照）などの特徴を加味したうえで，ステムループ構造の安定性を評価することができる。ステムループ構造の安定性がある値を超えると予測される場合，非コード RNA 遺伝子が存在する可能性が高いと考えられる。
- タンパク質をコードする遺伝子の場合と同様に，非コード RNA 遺伝子に関係する調節配列も検索することができる。これらの調節配列は，タンパク質をコードする遺伝子のそれとは異なり，非コード RNA 遺伝子の上流だけでなく内部にも存在しうる。
- 小型のゲノムの場合，タンパク質をコードする遺伝子をゲノム全域にわたって検索した後，残った領域に注意する。こうした「何もない領域」には，何もないどころか，慎重に調べると非コード RNA 遺伝子がみつかることがしばしばある。

相同性検索と比較ゲノム学によって遺伝子予測に新たな局面が開かれた

ab initio 遺伝子予測の限界をある程度まで補う方法が**相同性検索**（homology search）である。この検索は一連の三つ組ヌクレオチドが真のエクソンなのかランダムな塩基配列なのかを調べる目的で行われる。DNA データベース中の既知の遺伝子の配列を検索し，調べたい塩基配列と比較する。調べたい塩基配列が既知の遺伝子の一部であれば，完全な一致が検出されるが，それが相同性検索の目的ではない。この検索の目的は，ある完全に新しい塩基配列が，何らかの既知の遺伝子の配列と「類似性」をもっていないかどうかを調べることである。そうした類似性が検出されれば，両者は**相同配列**（homologous sequence）であり，進化的に関連していることがわかる。そうすれば，新しくみつかった遺伝子の機能を割り当てることができるが，これが相同性検索の主要な利用法である。これについては，次の章（6.1 節）でゲノム解析について述べる際にふたたび取り上げることにする。相同性検索は ORF スキャンで位置を特定したエクソン候補の信憑性を担保するので，遺伝子を予測するうえでも中心的な役割を果たす。相同性検索の結果，候補のエクソン配列が 1 つないしそれ以上の一致を示せば，おそらくそれは真のエクソンである。しかしまったく一致を示さない場合，その真偽を評価するには何らかの実験によるゲノムアノテーションが必要となる。

2 つ以上の近縁生物種ゲノムの塩基配列情報があれば，より精密な相同性検索が可能となる。近縁生物種のゲノムは同じ祖先から受け継いだ類似性をもっており，さらにその種

図5.8 近縁生物種のゲノムには類似性がある

(A) 2つの生物種が共通祖先から分かれる過程で、遺伝子構成がどのように変化するかを示している。共通祖先はA〜Eで示す5種類の遺伝子をもっているが、片方の種では遺伝子Cはもはや存在せず、もう一方の種では遺伝子Aが短くなっている。(B) 近縁種のDNA配列には類似性がある。祖先のもつ遺伝子の短い部分配列と、子孫生物種におけるその相同配列を示している。

が独自の進化をはじめたときから蓄積されてきた種特異的な特徴が加わっている（図5.8）。自然選択の結果、近縁種のゲノム間の配列類似性は、遺伝子内で高く遺伝子間領域では低い。したがって近縁種の遺伝子を比較すれば、塩基配列の類似性が高い場合に両者が相同遺伝子であると容易に同定できる。また、比較対象のゲノムと明らかな相同性がないORFであれば、ほぼ確実にランダムな塩基配列であり、真の遺伝子ではないとして除外できる。このタイプの解析は**比較ゲノム学** (comparative genomics) と呼ばれ、出芽酵母 (*Saccharomyces cerevisiae*) ゲノムのアノテーションの際に有効であることが明らかになった。出芽酵母のほかに、*S. paradoxus*, *S. mikatae*, *S. bayanus* をはじめとする出芽酵母に近縁のさまざまな半子嚢菌類 (Saccharomycetes) についても、そのゲノムの完全配列または部分配列が利用可能となっている。これらのゲノムを比較することによって、出芽酵母の多くのORFが真の遺伝子であると確認された。また、予測されたORFのうち約500は、近縁種のゲノムに相当するものがないことを根拠に遺伝子の候補から除外することができた。これら近縁の酵母ゲノム間にみられる**シンテニー** (synteny)、つまり遺伝子の並び順が保存されていることを利用すれば、この解析方法の威力はさらに大きなものになる。進化の過程を経て各近縁種のゲノムでは種特異的に遺伝子の再配列が起きているが、それを経てもなお、1種以上の近縁種で、遺伝子の並び順が出芽酵母と同じであるゲノム領域が多く残っている。このため、相同遺伝子を同定することは非常にたやすくなるが、さらに重要なのは、疑似ORF、それも特に短い疑似ORFを確信をもって除外できることである。近縁種のゲノムで、そのORFに相当する位置を詳しく調べることによって、相同遺伝子が存在しないことを確認できるからである（図5.9）。

酵母以外の近縁生物種のグループにもシンテニーはみられる。2つ目の重要な例はイネ科植物で、商業的に重要な穀物であるオオムギ、トウモロコシ、サトウモロコシ、サトウキビ、アワ、イネなどが含まれる。2005年に塩基配列が決定されたイネゲノムのサイズは、これらの中では最小の430 Mbである。野草であるミナトカモジグサ (*Brachypodium distachyon*) のゲノムはさらにサイズが小さく（270 Mb）、塩基配列が決定されて、より大きな穀物ゲノムとシンテニーを有することが示されている。このグループ内でみられるシンテニーはこれまでに塩基配列が決定された穀物ゲノムのアノテーションに重要で、オオムギの遺伝子空間（4.4節）のようなリソースの構築に利用されてきた。RNA-seq法とcDNA塩基配列決定によって配列が得られた24,154のオオムギ遺伝子のうち3,743は、sequence-enriched map（精密な配列情報が得られた地図）に登録されている配列との重なり合いによって決められたのではなく、ミナトカモジグサ、イネ、サトウモロコシのゲノムで相当する部分との比較を行うことによってsequence-enriched map上の位置を推

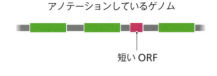

図5.9 ゲノムのシンテニーを利用して短いORFが真の遺伝子かを調べる この例では、短いORFが4つの近縁種ゲノムのうち3つに含まれているので、真の遺伝子である可能性が高い。

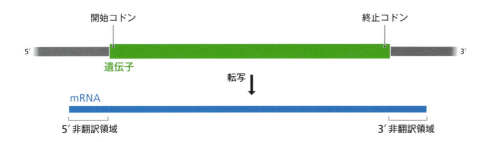

図 5.10 転写産物は遺伝子よりも長い

定し，それによりオオムギの遺伝子空間での位置が割り当てられたのである。

5.2 遺伝子転写産物の解析による ゲノムアノテーション

　ゲノムアノテーションの2つ目のやり方では，実験によってゲノム配列中の遺伝子の位置を決定する。これらの実験では通常，DNA分子を直接調べるのではなく，遺伝子から転写されたRNA分子を検出する。遺伝子はすべて転写されてRNAとなり，**分断遺伝子**（discontinuous gene）の場合は**一次転写産物**（primary transcript）からイントロンが除去された後，エクソンどうしが連結される（12.4節）。したがって，DNA断片の中で転写される塩基配列の位置を決める手法を利用すれば，エクソンや遺伝子全体の位置を決定することができる。1つ注意しなければならないのは，転写産物は通常，遺伝子のコード領域よりも長いことである。これは，転写が開始コドンよりも何十塩基か上流からはじまり，終止コドンよりも何十ないし何百塩基も下流まで続くからである（図5.10）。これら上流や下流の**非翻訳領域**（untranslated region：**UTR**）が存在するため，転写産物の解析では遺伝子のコード領域のはじまりと終わりの位置を正確に決めることができない。しかし，特定の領域に遺伝子が存在することはわかり，そのエクソン-イントロン境界の位置を決めることはできる。多くの場合，これだけの情報で十分で，コード領域の大枠を描くことができる。

ある断片が転写される塩基配列をもつかどうかは ハイブリダイゼーション解析によって決定できる

　転写される塩基配列を調べるのにいちばん簡単な方法は，ハイブリダイゼーション解析を基本としたものである。細胞のRNA分子を特殊なアガロースゲル電気泳動で分離し，ニトロセルロース膜かナイロン膜へ移しとる。ゲノムの標識断片をプローブとしてハイブリダイゼーションを行うと，その断片中の遺伝子から転写されたRNAが検出できる。この方法は**ノーザンハイブリダイゼーション**（northern hybridization）と呼ばれ（図5.11），理論的には，DNA断片上に存在する遺伝子の数とそれぞれのコード領域のサイズを決めることができる方法である。この方法には弱点が2つある。

- 遺伝子によっては長さの違う複数の転写産物を生じうる場合がある。というのは，エクソンが選択されて，成熟型mRNAまで保持されるものとされないものがあるからである（12.4節）。このような場合，その断片がただ1つの遺伝子しか含んで

図 5.11 **ノーザンハイブリダイゼーション**　RNA抽出物を変性した状態でアガロースゲル電気泳動にかける。臭化エチジウムで染色したのちに2つのバンドが検出されている。これらは2つの最も大きいrRNA分子（1.2節）で，ほとんどの細胞内に多量に存在する。これより小さいtRNAも多量に存在するが，ごく短いためゲルの下端に流出してしまい検出されない。また，ほとんどの細胞でmRNAは臭化エチジウム染色で検出できるバンドを形成するほど多量には存在しない。泳動後，バンドをゲルからナイロン膜へ移しとり（ブロッティング），この例では放射性標識したDNA断片をプローブとしてハイブリダイゼーションを行う。その結果，1本のバンドがオートラジオグラフィーで検出されている。これは，プローブに使用したDNA断片の中に，転写された塩基配列の一部ないしすべてが含まれていることを示す。

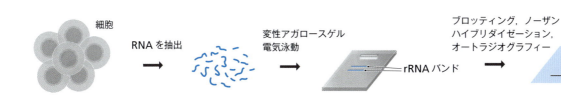

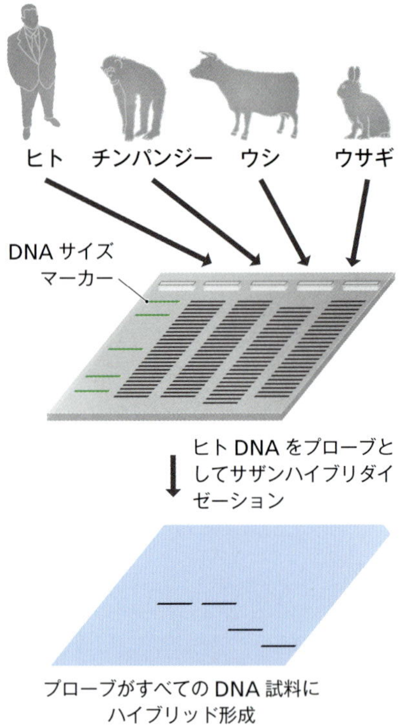

図5.12　ズーブロット法　ヒトのDNA断片が近縁種のDNAとハイブリッド形成するかどうかを調べることが目的である。ヒト，チンパンジー，ウシ，ウサギのDNA試料を調製し，制限酵素で切断してアガロースゲル電気泳動を行う。そしてヒトのDNA断片をプローブとして，サザンハイブリダイゼーションを行う。ハイブリダイゼーションで動物のDNAに陽性シグナルが検出されれば，発現した遺伝子がヒトのDNA断片に含まれることを示している。この例でハイブリダイゼーションに用いたウシやウサギのDNA由来の制限断片は，ヒトやチンパンジーのそれよりも短いことに注意。これは転写された塩基配列周辺の制限地図がウシやウサギでは異なることを示しているが，相同遺伝子が4つの生物種すべてに存在するという結論には影響を与えない。

いなかったとしても，ノーザンハイブリダイゼーションでは複数のバンドが検出されることになる。遺伝子が多重遺伝子族（7.3節）の一員であるときにも，これと同様の問題が起こりうる。

- 多くの生物種では生物体全体を使って実験するのは現実的でなく，特定の器官や組織からRNAを抽出して実験が行われる。その器官や組織に発現していない遺伝子はRNA集団の中に存在せず，調べたいDNA断片をプローブとしてハイブリダイゼーションを行っても検出することができない。また，たとえ生物体を丸ごと使ったとしても，すべての遺伝子がハイブリダイゼーションシグナルを示すわけではない。なぜなら，多くの遺伝子が特定の発生段階でしか発現していないからである。発現していても非常に微量で，ハイブリダイゼーション解析の検出限界未満という場合もある。

組織特異的に発現する遺伝子や発現量が低い遺伝子の問題を回避するために，別のタイプのハイブリダイゼーション解析も行われている。これはRNAではなく他の生物種で近縁のDNA配列を探す方法で，相同性検索と同じく，近縁生物種では相同遺伝子の配列に類似性があるが，遺伝子間領域の配列は通常は大きく異なっている，という事実にもとづいている。ある生物種から得たDNAについて，近縁生物種のDNA断片をプローブとしてサザンハイブリダイゼーションを行ったとき，1つないしそれ以上のハイブリダイゼーションシグナルが得られたら，プローブが近縁種の遺伝子を1つないしそれ以上含んでいる可能性が高い（図5.12）。これは**ズーブロット法**（zoo-blotting）と呼ばれている。

転写産物の末端を正確にマッピングする方法がある

ノーザンハイブリダイゼーションとズーブロット法で遺伝子を含むDNA断片を同定することはできるが，これらの方法ではその遺伝子の正確な位置はわからない。転写産物のDNA配列へのより正確なマッピングには別の手法が必要である。1つの可能性として，DNAではなくRNAを出発材料として用いる特殊なPCRがある。最初の段階で逆転写酵素によってRNAを一本鎖cDNAに変換し（図3.35参照），次にこのcDNAを鋳型として，従来のPCRと同様に*Taq*ポリメラーゼを用いて増幅する。このような方法は**逆転写PCR**（reverse transcriptase PCR：**RT-PCR**）と総称されるが，ここで用いるのはその応用法の1つ，**RACE法**（rapid amplification of cDNA end）である。最も簡単な方法では，プライマーの1つとして，調べたい遺伝子がはじまる位置に近い遺伝子内の部位に特異的なものを使う。このプライマーはその遺伝子のmRNAに結合し，これによって逆転写酵素に触媒される反応が可能となり，mRNAの開始部分に対応したcDNAが合成される。このcDNAの3′末端の配列はmRNAの5′末端に対応することになる（図5.13）。次に，ターミナルデオキシヌクレオチジルトランスフェラーゼ（TdT）処理により，cDNAの3′末端に短いポリ（A）テールが付加される。このポリ（A）テールに第2のプライマーがアニーリングし，PCRの最初のサイクルで一本鎖cDNAが二本鎖に変換される。その後のPCR反応では，この二本鎖分子が増幅される。増幅された分子の塩基配列を決定すれば，転写産物がはじまる位置がわかることになる。

図 5.13　RACE 法　調べたい RNA 分子の 5′ 末端に近い遺伝子内の部位にアニーリングする DNA プライマーを使い，プライマーの伸長によってこの RNA を cDNA の一部に変換する。dATP 存在下でのターミナルデオキシヌクレオチジルトランスフェラーゼ（TdT）処理により，生じた cDNA の 3′ 末端はさらに伸長し，最終的にポリ（A）テールが付加されることになる。このポリ（A）テールはアンカープライマーのアニーリング部位として働く。アンカープライマーの伸長によって一本鎖 cDNA は二本鎖となり，通常の PCR で増幅することができるようになる。RNA の 5′ 末端を増幅することから，この方法は 5′-RACE 法と呼ばれる。同様の方法（3′-RACE 法）で 3′ 末端の塩基配列を増幅することもできる。

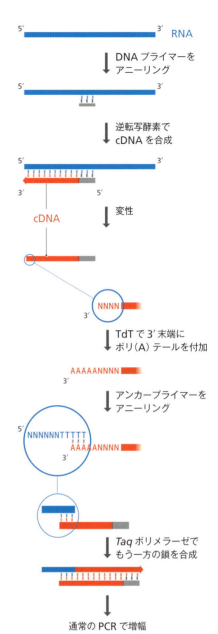

　転写産物を正確にマッピングするもう 1 つの方法として，**ヘテロ二本鎖解析**（heteroduplex analysis）がある。この方法では調べたい遺伝子の一本鎖 DNA が必要で，それは **M13 ファージ**（M13 phage）をもとにしたベクターに組み込んでクローニングすることで得られる。M13 ファージの複製によって，ファージゲノムの一本鎖コピーを含むファージ粒子が形成される。それゆえ，M13 ファージベクターに組み込んでクローニングされた DNA は，組換え型ファージから精製することで一本鎖 DNA として得ることができる。適切な RNA 試料と混ぜると，一本鎖 DNA クローン中の転写される塩基配列は，対応する mRNA とヘテロ二本鎖を形成する。図 5.14 に示した例のように，この mRNA の開始部分はクローニングされた制限断片内にある。したがって，クローニング断片の一部はヘテロ二本鎖を形成するが，残りの部分は形成しない。この一本鎖部分は，**S1 ヌクレアーゼ**（S1 nuclease）のような一本鎖特異的ヌクレアーゼで処理して分解する。アルカリ処理で RNA を分解し，残った一本鎖 DNA をアガロースゲルもしくはポリアクリルアミドゲルで電気泳動することによって，ヘテロ二本鎖のサイズを決定する。得られたサイズを利用して，クローニング断片末端の制限部位との相対的な位置をもとに，転写産物がはじまる位置を決定できる。

エクソン-イントロン境界の位置も正確に決定できる

　エクソン-イントロン境界の位置もヘテロ二本鎖解析で決定できる。その方法は図 5.14 に示したものとほぼ同じであるが，クローニングされた制限断片内に含まれるのが転写産物がはじまる位置ではなく，エクソン-イントロン境界であるという点だけが異なる。

　ゲノム配列中のエクソンを探すもう 1 つの方法は，**エクソントラップ法**（exon trapping）と呼ばれ，**ミニ遺伝子**（minigene）を含んでいる特別なベクターを必要とする。ミニ遺伝子はイントロン配列を挟んだ 2 つのエクソンを含み，最初のエクソンの上流には，真核細胞において転写を開始するのに必要なシグナル配列をもっている（図 5.15）。このベクターを使うためには，調べたい DNA 断片をベクターのイントロン内の制限部位に挿入する。このベクターを適切な真核生物の細胞株に導入すると，転写され，生じた RNA はさらにスプライシングを受ける。結果として，ゲノム断片中に含まれていたすべてのエクソンが，ミニ遺伝子の上流側と下流側のエクソンの間に挟まれて存在するようになる。ミニ遺伝子の 2 つのエクソンにアニーリングするプライマーを用いて RT-PCR を行い，DNA 断片を増幅して塩基配列を決定する。ミニ遺伝子の塩基配列はすでにわかっているので，挿入されたエクソンのはじまりと終わりの位置を決めれば，エクソン-イントロン境界の位置が正確にわかる。

5.3　ゲノムワイド RNA マッピングによるアノテーション

　これまでみてきた転写産物の解析法は，個々の遺伝子を短い DNA 断片の配列上にマッピングするよう設計されている。脊椎動物や植物の平均的なゲノムには何万もの遺伝子が存在するので，そうした方法に頼ったゲノムアノテーションでは，RNA マッピングは時

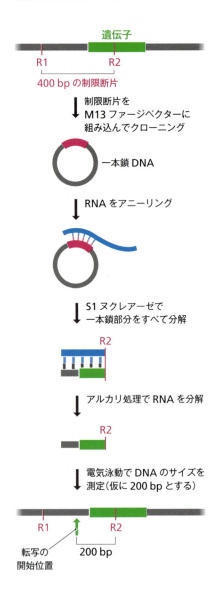

図5.14 **S1ヌクレアーゼマッピング** S1ヌクレアーゼを利用して転写産物をマッピングする方法である。S1ヌクレアーゼは一本鎖のDNAまたはRNAを分解する酵素であり，大半が二本鎖からなる分子中では一本鎖の部分だけを分解し，二本鎖DNAやDNA-RNAハイブリッドは分解しない。ここに示した例では，転写単位がはじまる部分を含む制限断片をM13ファージベクターに組み込んでクローニングし，得られた一本鎖DNAをRNA試料とハイブリッド形成させる。S1ヌクレアーゼ処理によって得られるヘテロ二本鎖は，一端が転写産物のはじまりの位置で，もう一端が下流の制限部位（R2）である。ヘテロ二本鎖を形成していたDNA断片のサイズをゲル電気泳動によって測定し，下流の制限部位との相対的な位置をもとに，転写単位の開始位置を決定する。

間のかかる非常に面倒な作業にならざるをえない。それゆえ，多数の転写産物を並列にマッピングできる代替手法を探求する必要がある。

タイリングアレイによって転写産物を染色体やゲノム全体にマッピングすることができる

多数の転写産物を並列にマッピングする方法として最初に登場したのは，特殊なDNAチップである**タイリングアレイ**（tiling array）を使う方法である。3.2節で学んだように，DNAチップはガラスやシリコンの小さな基板に多数のさまざまなオリゴヌクレオチドを整列させたもので，DNA試料とハイブリッド形成させることによって，そのDNA中にあるSNPのタイピング（型判定）ができる（図3.9参照）。タイリングアレイでは，染色体上の配列や全ゲノム塩基配列の長さをカバーする一連のオリゴヌクレオチドが使われ，隣接するオリゴヌクレオチド間には部分的な重なりをもたせるか，あるいは短いギャップを含ませる（図5.16）。すべての必要なオリゴヌクレオチドをチップに載せるためには，高密度のアレイが必要である。従来の技術では，それぞれのオリゴヌクレオチドは別に合成しておき，それをチップ上の適切な場所にスポットする。この方法は比較的少ない数のSNPをタイピングするのに用いられる低密度アレイには適しているが，高密度のタイリングアレイには適さない。高密度アレイを実現するためには，オリゴヌクレオチドはチップ上で直接合成する必要があるが，これは簡単ではない。なぜなら通常の合成方法では，基質となるヌクレオチドを配列の順番に1つずつ反応液に加え，オリゴヌクレオチドの末端に付加させていく。しかし，これをチップ上で行ったら，すべてのオリゴヌクレオチドが同じ配列になってしまうからである。そこで，基質として改変ヌクレオチドを用い，光で活性化させなければ伸長中のオリゴヌクレオチドの末端に付加しないようにしておく。**光リソグラフィー**（photolithography）と呼ばれる手法により，チップ上のそれぞれ

図5.15 **エクソントラップ法** エクソントラップ法に用いるベクターは，宿主真核生物での遺伝子発現に必要なシグナル配列（12.2節）と，それに続く2つのエクソンからなる。マッピングされていないエクソンをもつ調べたいDNAをベクターに組み込み，宿主細胞に導入する。一次転写産物のスプライシングによって，マッピングされていないエクソンがミニ遺伝子のエクソンの上流と下流に挟まれて連結される。得られたRNA分子をRT-PCRで増幅し，塩基配列を決定してマッピングされていないエクソンの境界を同定する。

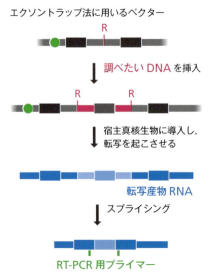

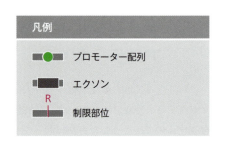

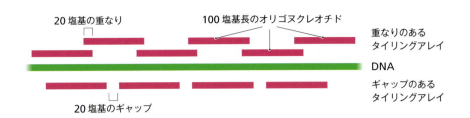

図 5.16 **タイリングアレイ** ともに100塩基長のオリゴヌクレオチドからなる2種類のアレイを示す。上のアレイはオリゴヌクレオチド間に重なりがあり，下のアレイはオリゴヌクレオチド間に短いギャップがある。

の場所で光パルスによって活性化されたオリゴヌクレオチドにのみ，その段階で存在しているヌクレオチド基質が付加していく（図5.17）。この手法を用いれば，$1\,cm^2$ あたり30万ものオリゴヌクレオチドを搭載した超高密度アレイの作製が可能となる。

タイリングアレイでハイブリッド形成させるのは，SNPタイピングの場合のようなDNAではなく，ゲノムアノテーションを行いたい生物種から得られた標識RNA試料である。ハイブリッド形成が起きたアレイ上の場所には，RNA試料中の分子にハイブリッド形成するオリゴヌクレオチドが含まれていることになる。したがって転写された塩基配列のゲノム上の位置が明らかとなる。得られたハイブリダイゼーションデータから遺伝子の位置を正しく決定できない可能性もあり，それには2つの理由が考えられる。1つ目は，上述したように転写産物は遺伝子よりも長いことがあり，上流や下流のUTRに含まれるオリゴヌクレオチドもシグナルを与えうるからである。2つ目は，マッピングの精度は，アレイ上のオリゴヌクレオチドの長さや，それらの間の重なりやギャップの長さに依存するからである。図5.16に示したアレイデザインの例では，マッピングの精度は重なりのあるアレイで±30塩基，ギャップのあるアレイでは±70塩基となる。

RNA試料を採取する器官や組織は，できる限り多くの遺伝子の転写産物が試料に含まれるように注意して選ばなければならない。ヒトのような高等真核生物では，ゲノムに含まれるすべての遺伝子の転写産物を含んだ試料を得ることは，不可能ではないにせよ非常に難しい。1つの臓器や細胞種ですべての遺伝子が発現しているわけではなく，1つの細胞種であっても遺伝子の発現パターンは時間とともに変化するからである。むしろ，タイリングアレイはおもに，こうした細胞特異的または時間依存的な遺伝子発現パターンを理解する目的で使われている。以上のことからわかるように，転写産物のゲノムワイドなマッピングによって完全なゲノムアノテーションを行うためには，さまざまな組織から採取したRNA試料を調べる必要がある。ある種の遺伝子だけがタイリングアレイの標的となるように，RNA試料をさまざまな方法で分画することも可能である。最もよく用いられる分画の手法は，3′末端にポリ（A）テールをもつRNAを前もって選別することである。ポリ（A）テールとは，真核生物mRNAの3′末端に転写後に付加される最大で250ものアデニンヌクレオチドである（1.2節）。オリゴ（dT）-セルロース（短いチミジンオリゴヌクレオチドを結合させたセルロースビーズ）を充填したカラムによる**アフィニティークロマトグラフィー**（affinity chromatography）が，真核生物のRNA試料からポリアデニル化mRNA画分を精製するのに用いられる（図5.18）。

転写産物の塩基配列をゲノム上に直接マッピングすることができる

転写産物によるゲノムアノテーションの最も直接的な方法は，それらの転写産物の塩基配列を決定し，配列データを使って転写されたRNAの遺伝子をゲノム中から探し出すことである。小規模には，この方法はcDNAクローンのライブラリーにおいて，挿入DNAの塩基配列を決定することによって可能である。cDNAライブラリーの塩基配列決定が役に立つかどうかは2つの要素に依存する。1つ目は，ライブラリー中の目的のcDNA

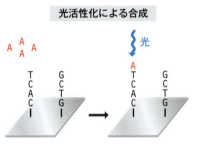

図 5.17 **DNAチップ上での光活性化オリゴヌクレオチド合成**

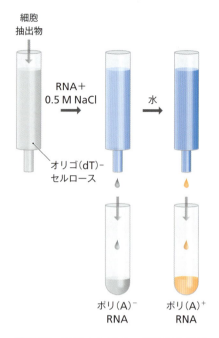

図 5.18 アフィニティークロマトグラフィーによるポリアデニル化 RNA の精製
クロマトグラフィーカラムにはオリゴ(dT)-セルロースが充填されている。高塩濃度条件下では，真核生物の mRNA に付加しているポリ(A)テールとカラムのオリゴ(dT)分子との間のハイブリダイゼーションが促進される。それゆえ，ポリアデニル化 RNA はカラム中に残り，おもに非コード RNA からなるポリ(A)テールをもたない画分はカラムを通過する。その後，水で溶出すると，オリゴ(dT)-ポリ(A)塩基対は破壊され，ポリ(A)テールをもつ画分が得られる。

の存在量である。たいていのライブラリーでは，RNA 試料を採取した細胞において高いレベルで発現している遺伝子に相当するクローンの占める割合が大きい。逆に，発現レベルの低い遺伝子の転写産物は少なく，そのクローンがライブラリー中に占める割合は小さく，目的のクローンを同定するまでに多くのクローンをスクリーニングする必要があるだろう。例えば，ある細菌人工染色体 (BAC) クローン中の遺伝子をマッピングしたいとしよう。その際，この問題を解決する 1 つの方法は，**cDNA キャプチャー法**（cDNA capture）を利用して目的のクローンをライブラリー中に濃縮することである。cDNA キャプチャー法は **cDNA セレクション法**（cDNA selection）とも呼ばれ，BAC 断片を cDNA のプールに繰り返しハイブリッド形成させて，ハイブリッド形成しなかった cDNA は洗い流して捨て去る。cDNA プールには非常に多くの異なる配列が含まれているので，関係のないクローンすべてを捨て去ることはまずできないが，調べたい DNA 断片に特異的にハイブリッド形成するクローンの割合をかなり増やすことはできる。したがって，目的のクローンを同定するために厳格な条件でスクリーニングしなければならないライブラリーのサイズを小さくすることができる。

cDNA 塩基配列決定によるゲノムアノテーションの成否を決める 2 番目の要素は，個々の cDNA 分子の完全さである。通常，cDNA は逆転写酵素によって RNA 分子を一本鎖 DNA にコピーし，DNA ポリメラーゼによって一本鎖 DNA から二本鎖 DNA に変換することによって作製される（図 3.35 参照）。いずれかの鎖合成反応が終結せず，途中で途切れた cDNA になってしまう可能性は常にある。また，RNA の分子内塩基対の存在も不完全なコピーの一因となる。途切れた cDNA 配列からでも DNA 配列中の遺伝子の位置を決めることはできるが，遺伝子のはじまりと終わりの位置やエクソン-イントロン境界の正確な位置を調べるのに必要な配列は失われていることがある。

RNA-seq データを利用したゲノムアノテーションは，次世代塩基配列決定法の進歩によりますます魅力的な方法になってきている。RNA-seq 法は，Illumina 法などのハイスループット（高効率）の塩基配列決定法の応用であり，DNA から直接作ったライブラリーではなく，cDNA から作製したライブラリーを用いる。それゆえ，配列のリード（次世代塩基配列決定法において，読みとられて出てくる配列のこと）は，もともとの RNA 試料に含まれる転写産物の一部のみに相当する。これらのリードは，ゲノム塩基配列再決定プロジェクトの際に DNA 配列のリードを参照ゲノム配列上にマッピングするのと同じやり方で (4.3 節)，ゲノム配列上に直接マッピングすることができる。唯一の違いは，RNA-seq リードでは長いスカフォールド（いくつかの断片が連結されたもの）は生成されず，

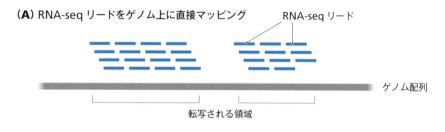

図 5.19 RNA-seq リードを参照ゲノム配列上にマッピングする 2 つのアプローチ
(A) リードをゲノム上に直接マッピングする方法。(B) リードをアセンブルしてコンティグを構築してから，ゲノム上にマッピングする方法。

ゲノム中の転写される領域だけにマッピングされる配列の集合が作成されることである（図5.19A）。これと同様の結果が得られる別の手法として，RNA-seqリードの配列群に対してde novoアセンブリを行い，構築されたコンティグ（切れ目なく連結された配列）を参照ゲノム配列上にマッピングする方法がある（図5.19B）。後者の手法には利点がある。多くの遺伝子は**多重遺伝子族**（multigene family）の一員であり，互いに配列類似性を有する（7.3節）。短いRNA-seqリードを個別に参照ゲノム配列上に直接マッピングした場合，そのうちのいくつかは同じ多重遺伝子族の複数の遺伝子と部分的に一致する可能性があり，マッピング工程が複雑になる。マッピングする前に完全長の転写産物の塩基配列を決定しておけば，同じ遺伝子ファミリーの別の遺伝子と簡単に区別がつけられるのである。

RNA-seq法を利用したマッピングは，ゲノムアノテーションやさまざまな組織での遺伝子発現パターンの研究において，ますます重要になってきている。しかしながら，その解析には多くの計算処理を要するため，RNA-seqデータを利用しつつも手っ取り早く遺伝子をマッピングする手法が常に探し求められている。そのような方法の1つが**CAGE法**（cap analysis of gene expression）である。この方法では，真核生物mRNAの5′末端に存在する**キャップ構造**（cap structure）を利用する。キャップ構造とは，転写後にmRNAの5′末端に付加される7-メチルグアノシンであり，転写産物の最初のヌクレオチドに通常とは異なる5′-5′三リン酸結合で結合している（1.2節）。このキャップ構造は次のようにしてCAGE法で利用される。標準的なcDNA合成プロセスの最初の段階でDNA-RNAハイブリッド鎖が形成される（図5.20）。RNAが完全長コピーであるか，途中で途切れていても先頭部分を含んでいれば，ハイブリッドのRNA鎖にはキャップ構造がまだ結合している。キャップ構造の7-メチルグアノシンは5′-5′三リン酸結合で隣のヌクレオチドに結合しているので，2′位と3′位の炭素にはいずれもヒドロキシ基が結合しており，**ジオール**（diol）構造を形成している。酸化剤を加えるとジオールの2′位と3′位の炭素間の結合が特異的に切断され，糖は直鎖構造となって**ビオチン**（biotin）と呼ばれる小分子有機化合物に共有結合できるようになる。**アビジン**（avidin）はビオチンに高い結合能を有する卵白のタンパク質であるが，このアビジンで被覆した磁気ビーズを使うことで，キャップをもつハイブリッドを捕捉できる。捕捉したハイブリッドのRNA部分を分解し，2本目のcDNA鎖を合成する。スループットの低い初期のCAGE法では，この時点でcDNAの塩基配列を決定し，転写産物の5′末端に相当する配列をマッピングしていた。RNA-seq法の利用に合わせて改良されたCAGE法では，塩基配列を決定する必要がある末端配列はすべて非常に短くなっている。2本目のcDNA鎖合成の前に，制限酵素EcoP151の認識配列を含む短いオリゴヌクレオチドをcDNAの開始端に連結するのである（図5.21）。EcoP151はIII型制限酵素（2.1節）で，制限部位から27塩基離れた位置でDNAを切断する。2本目のcDNA鎖合成の後，この酵素を加えるとcDNAは切断され，最初のmRNAの5′末端を含む27塩基長のタグ（目印の意味）が得られる。試料中のすべてのcDNAに由来するすべてのタグを回収し，塩基配列を決定して参照ゲノム配列上にマッピングする。CAGE法は方法論的には複雑であるが，完全長のRNA-seqライブラリーからのリードをマッピングするのに比べて，解析でのコンピュータ負荷は軽減されている。それゆえCAGE法は，ゲノム配列から遺伝子の開始位置を高速に同定する手段として期待できる。

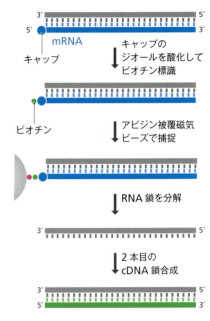

図5.20　CAGE法　CAGE法ではキャップ構造を利用して，合成されたcDNAにmRNAの先頭部分が必ず含まれるようにする。キャップを酸化剤で開裂させてビオチン標識することで，アビジンで被覆した磁気ビーズを使って捕捉できるようになる。捕捉したハイブリッドは二本鎖cDNAに変換し，塩基配列を決定する。

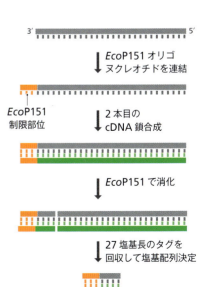

図5.21　CAGE法に続いて行われるcDNA末端領域の高速な塩基配列決定　図5.20に示したCAGE法によって得られる一本鎖cDNAに，EcoP151の制限部位を含むオリゴヌクレオチドを連結する。2本目のcDNA鎖合成とEcoP151処理によって，短いタグが得られる。すべてのタグを回収してRNA-seq法により塩基配列を決定することで，試料中のすべてのmRNAの5′末端配列が得られる。

5.4 ゲノムブラウザ

ゲノムアノテーションプロジェクトの結果を表示するのに最も便利な方法はグラフィカルに表示することであり，DNA配列を横軸にとって，遺伝子やその他の興味深い特徴がみられる位置に「しるし」がつけられる。**ゲノムブラウザ**（genome browser）はゲノムアノテーションデータをこのやり方で表示するためのソフトウェアパッケージである。その表示画面は非常に複雑となる。というのは，ゲノムブラウザで表示される情報は，高い確度で同定されたORFの位置に加え，6つすべてのリーディングフレーム分の信憑性に疑問のある短いORF，非コードRNA遺伝子，転写産物のはじまりと終わりの位置，マッピングされたDNAマーカーの位置，反復DNA配列の位置と種類など，非常に多岐にわたるからである。ゲノム地図は，ゲノムブラウザを使えばさまざまな解像度で表示できる。染色体の全長を1画面におさめることもできれば，1つ1つの塩基を区別できるレベルまでズームインすることもできる。たいていのゲノムブラウザには検索機能もあり，調べたい遺伝子やマーカー，あるいはゲノム上の位置をすぐに表示させることができる。

新しく塩基配列が決定されたゲノムのドラフト版や最終版のアノテーションを誰もが利用できるように，多くのゲノムブラウザはオンラインで利用される。ゲノム研究の原則の1つとして，データは誰もが利用できるようになっていなければならない。ゲノム配列の情報を整理して提供するデータベースは長い時間をかけて確立されてきた。最も重要なデータベースとして**GenBank**がある。これは米国の国立衛生研究所（National Institutes of Health：NIH）の下部組織である国立生物工学情報センター（National Center for Biotechnology Information：NCBI）によって維持されている。オンラインゲノムブラウザはいくつかあるが，ゲノムアノテーションにおける役割はどれも同じである。最も広く用いられている2つのゲノムブラウザは，欧州バイオインフォマティクス研究所（European Bioinformatics Institute）によって維持されている**Ensembl**と，カリフォルニア大学サンタクルーズ校による**UCSC Genome Browser**である（図5.22）。この2つはいずれも，ヒトゲノム以外にいくつかの脊椎動物や無脊椎動物のアノテーションも提供している。植物のゲノムアノテーションを提供している**PlantGDB**のような，より特化したオンラインゲノムブラウザもある。

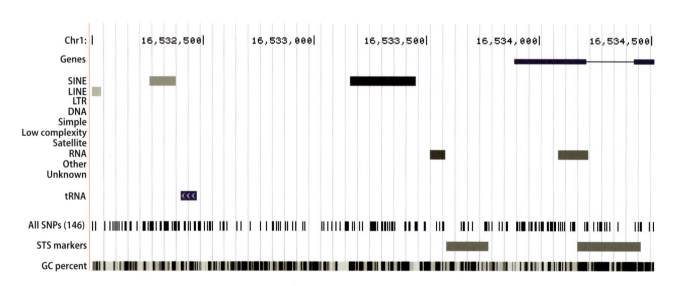

図 5.22 オンラインゲノムブラウザによって提供される情報の例 ヒト1番染色体の塩基位置 16,532,000〜16,534,500 のアノテーションのUCSC Genome Browser による表示例（少し描き直してある）。ゲノムアノテーションのさまざまな情報をカスタマイズして表示させることができる。この図の例ではタンパク質をコードする遺伝子の位置を表示させており，エクソンは横長のボックス，イントロンは線で示されている。さまざまな種類の反復DNA配列，tRNA遺伝子，SNP，STSマーカーも表示されている。いちばん下には5 bpのウィンドウ幅でのGC含量が表示されている。

まとめ

- ゲノムアノテーションとは，ゲノム配列中の遺伝子の位置を突き止めるプロセスである。
- タンパク質をコードする遺伝子は，オープンリーディングフレーム（ORF）を探すことで位置を決定できる。しかし，真核生物の場合はイントロンが存在し，その境界配列もさまざまであるため問題は複雑で，遺伝子を正確に同定することが難しくなる。
- 非コード RNA 遺伝子は，その特徴（おもに，塩基対形成によりステムループ構造などの二次構造をとりうる RNA 配列）を探すことで位置を決定できる。
- 遺伝子の位置は相同性検索によって決定することもできる。これは，別のゲノムに存在する相同遺伝子と比較することにより，調べたいゲノムで同定された遺伝子候補が真の遺伝子であることを示す方法である。
- 実験手法により遺伝子の位置を決定するには，ゲノムから転写された RNA 分子を検出する。これには逆転写 PCR（RT-PCR）やヘテロ二本鎖解析による転写産物のマッピングが含まれる。
- エクソン-イントロン境界の位置は，エクソントラップ法と呼ばれる手法で実験的に決定できる。
- タイリングアレイは転写産物の位置のゲノムワイドマッピングに用いられる。
- CAGE 法をはじめとする，次世代塩基配列決定法による RNA の塩基配列決定は，ゲノム中の転写される領域を同定するのにますます重要になってきている。
- ゲノムアノテーションはゲノムブラウザを使って表示できる。

章末問題

短答式問題

1. 原核生物ではコンピュータ解析で ORF を同定するのが比較的容易なのはなぜか？
2. ORF スキャンが真核生物のゲノム配列から遺伝子を探すのにどのように使われているか述べよ。
3. 「コドンの偏り」という言葉の意味するところは何か？
4. tRNA や rRNA などの機能性 RNA 分子をコードする遺伝子をゲノム配列から探すときに用いられる，これらの RNA 分子の構造的特徴の概略を述べよ。
5. 遺伝子の塩基配列を比較する際に用いられる「相同」という言葉を定義せよ。
6. ゲノムアノテーションにおける比較ゲノム学の利用例をあげよ。
7. ある DNA 断片中に存在する遺伝子の数を調べるのにノーザンハイブリダイゼーションを用いる場合，2 つの限界がある。それは何か？
8. RACE 法によってどのように遺伝子の転写開始点の位置を決定するか述べよ。
9. ヘテロ二本鎖解析はどのように転写産物のマッピングに用いられるか？
10. エクソン-イントロン境界を実験的に同定する方法を述べよ。
11. タイリングアレイとは何か？ ゲノムアノテーションにタイリングアレイはどのように用いられるか？
12. RNA-seq 法の解析の際のコンピュータ負荷を，どのように CAGE 法によって軽減できるか説明せよ。

論述式問題

1. 将来，バイオインフォマティクスによって真核生物のゲノム配列に存在するタンパク質をコードする遺伝子の位置や機能を完全に説明できるようになることを，あなたはどの程度信じるか？
2. さまざまな生物種のゲノムにみられるコドンの偏りを説明する仮説を立てよ。その仮説は検証可能か？
3. 「比較ゲノム学は疾患遺伝子の研究に重要な役割を果たしている」。この意見について論評せよ。
4. タイリングアレイを用いた研究により，ヒトゲノムの ORF 間にある遺伝子間領域の配列から多くの転写産物が合成されることがわかってきた。インターネットや本書の他の章を利用して，そのような転写産物の性質と機能を探究せよ。
5. Ensembl Bacteria ゲノムブラウザ（http://bacteria.ensembl.org/index.html）を使って，大腸菌ゲノムにおける β-ガラクトシダーゼ遺伝子の位置を検索せよ。β-ガラクトシダーゼ遺伝子を中心とする 30 kb の領域の遺伝子マップを描け（もしくはエクスポートせよ）。

推薦図書と参考文献

コンピュータ解析による遺伝子同定

Fickett, J.W. (1996) Finding genes by computer: the state of the art. *Trends Genet.* 12:316–320.

Guigó, R., Flicek, P., Abril, J.F., et al. (2006) EGASP: the human ENCODE Genome Annotation Assessment Project. *Genome Biol.* 7(Suppl 1):S2, 1–31.　遺伝子同定のためのコンピュータプログラムの精度の比較。

Ohler, U. and Niemann, H. (2001) Identification and analysis of eukaryotic promoters: recent computational approaches. *Trends Genet.* 17:56–60.

Pavesi, G., Mauri, G., Stefani, M. and Pesole, G. (2004) RNAProfile: an algorithm for finding conserved secondary structure motifs in unaligned RNA sequences. *Nucleic Acids Res.* 32:3258–3269.　機能性 RNA 遺伝子の同定。

Quax, T.E.F., Claassens, N.J., Söll, D. and van de Oost, J. (2015) Codon bias as a means to fine-tune gene expression. *Mol. Cell* 59:149–161.

Yandell, M. and Ence, D. (2012) A beginner's guide to eukaryotic genome annotation. *Nat. Rev. Genet.* 13:329–342.

比較ゲノム学

Alföldi, J. and Lindblad-Toh, K. (2013) Comparative genomics as a tool to understand evolution and disease. *Genome Res.* 23:1063–1068.

Kellis, M., Patterson, N., Endrizzi, M., et al. (2003) Sequencing and comparison of yeast species to identify genes and regulatory elements. *Nature* 423:241–254.

Paterson, A.H., Bowers, J.E., Feltus, F.A., et al. (2009) Comparative genomics of grasses promises a bountiful harvest. *Plant Physiol.* 149:125–131.

遺伝子同定のための実験手法

Berk, A.J. (1989) Characterization of RNA molecules by S1 nuclease analysis. *Methods Enzymol.* 180:334–347.

Church, D.M., Stotler, C.J., Rutter, J.L., et al. (1994) Isolation of genes from complex sources of mammalian genomic DNA using exon amplification. *Nat. Genet.* 6:98–105.　エクソントラップ法。

Frohman, M.A., Dush, M.K. and Martin, G.R. (1988) Rapid production of full-length cDNAs from rare transcripts: amplification using a single gene-specific oligonucleotide primer. *Proc. Natl Acad. Sci. USA* 85:8998–9002.　RACE 法の実例。

Pellé, R. and Murphy, N.B. (1993) Northern hybridization: rapid and simple electrophoretic conditions. *Nucleic Acids Res.* 21:2783–2784.

ゲノムワイド RNA マッピング

Lemetre, C. and Zhang, Z.D. (2013) A brief introduction to tiling microarrays: principles, concepts, and applications. *Methods Mol. Biol.* 1067:3–19.

Lovett, M. (1994) Fishing for complements: finding genes by direct selection. *Trends Genet.* 10:352–357.　cDNA キャプチャー法。

Mockler, T.C. and Ecker, J.R. (2005) Applications of DNA tiling arrays for whole-genome analysis. *Genomics* 85:1–15.

Takahashi, H., Kato, S., Murata, M. and Carninci, P. (2012). CAGE (cap analysis of gene expression): a protocol for the detection of promoter and transcriptional networks. *Methods Mol. Biol.* 786:181–200.

Yazaki, J., Gregory, B.D. and Ecker, J.R. (2007) Mapping the genome landscape using tiling array technology. *Curr. Opin. Plant Biol.* 10:534–542.

ゲノムブラウザの URL

Ensembl　http://www.ensembl.org/index.html
Ensembl Bacteria　http://bacteria.ensembl.org/index.html
UCSC Genome Browser　https://genome.ucsc.edu/
PlantGDB　http://www.plantgdb.org/

遺伝子の機能を同定する

6章

6.1 遺伝子機能のコンピュータ解析

6.2 遺伝子の不活性化や過剰発現によって機能を割り当てる

6.3 発現パターンやタンパク質産物の研究によって遺伝子の機能を理解する

6.4 古典的な遺伝学的解析を用いて遺伝子の機能を同定する

　ゲノム配列中の遺伝子の位置が突き止められたら，次には，その機能が何かを解明する必要がある。遺伝子機能の解明はゲノム研究の重要な領域であることがわかっている。いくつかのゲノム塩基配列決定プロジェクトが完了したときに，われわれは思っていたほどゲノムの内容について理解していないということが明らかになったからである。例えば大腸菌（*Escherichia coli*）と出芽酵母（*Saccharomyces cerevisiae*）のゲノムは，その塩基配列決定プロジェクトがはじまる以前から従来の遺伝学的解析によって精力的に研究されていた。そのため遺伝学者たちは，これらの生物種の遺伝子はほとんど同定できたものと相当の確信をもっていた。しかしゲノム塩基配列決定によって，われわれの知識と実際との間には大きな隔たりがあることがわかった。大腸菌ゲノム配列の最初のアノテーションでみいだされた 4,288 のタンパク質コード遺伝子のうち，機能がよくわかっているものは約 3 分の 1 にすぎず，38％は機能がまったく不明であった。出芽酵母についても非常によく似た状況であった。それゆえ，遺伝子に機能を割り当てるための手法は，ゲノム配列を理解するうえで非常に重要といえる。

　ゲノムアノテーションと同様に，機能がわかっていない遺伝子の機能を同定する試みは，コンピュータ解析と実験によって行われている。まずはコンピュータ解析のほうから話をはじめよう。

6.1　遺伝子機能のコンピュータ解析

　DNA 配列中の遺伝子の位置をみつけるのに，コンピュータ解析が重要な役割を担っているということはすでにみてきた。そして，この目的を達成するための最も強力な手法は相同性検索であることも述べた。相同性検索では，調べたい DNA 配列と，データベースに登録されたそのほかすべての DNA 配列とを比較することで遺伝子の位置を突き止める。近縁生物種の遺伝子が類似した塩基配列をもっているということが相同性検索の基本であり，そのため，すでに塩基配列が決定されている他の生物種の遺伝子との類似性を探すことによって，それと相同な新しい遺伝子をみつけることができる。ではここで，相同性検索についてもっと深く掘り下げ，それによって新しい遺伝子に機能を割り当てていく仕組みについてみていこう。

相同性は進化的な関連を反映している

　相同遺伝子とは，遺伝子間の塩基配列に類似性があることから，進化上の祖先を共有していることがわかる遺伝子どうしである。18.4 節でみるように，この類似性にもとづいて分子系統発生に関する推定が行われる。相同遺伝子は 2 種類に分類される（図 6.1）。

- **オーソロガス遺伝子**（orthologous gene）は，共通祖先から分岐した異なる生物種に存在する相同遺伝子である。通常，同一ないし非常に類似した機能をもつ。例えば，ヒトとチンパンジーのミオグロビン遺伝子はオーソロガス遺伝子である。

図 6.1 オーソロガス遺伝子とパラロガス遺伝子

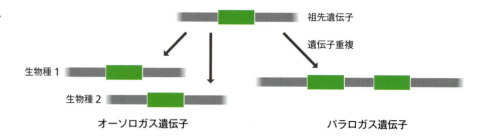

- パラロガス遺伝子（paralogous gene）は同じ生物種に存在し，通常は多重遺伝子族（7.3節）の一員である。共通祖先は存在する場合もしない場合もある。例えば，ヒトのミオグロビン遺伝子と β グロビン遺伝子はパラロガス遺伝子であり，5億5,000万年ほど前に起きた祖先遺伝子の重複により生じた（18.2節）。

通常，2つの相同遺伝子の塩基配列は完全には同一ではない。なぜなら，それぞれの遺伝子が変異によるランダムな変化を受けているからである。しかし，祖先遺伝子の配列が共通であることから相同遺伝子の配列には類似性がある。相同性検索ではこの配列類似性を利用する。基本原理はこうである。新しく塩基配列が決定された遺伝子が，すでに塩基配列が決定されている遺伝子と類似していることがわかれば，進化的な関連があることを推定することができる。すなわち，新しい遺伝子の機能は，既知の遺伝子の機能と同じであるか少なくとも類似していると考えられる。

「相同性（homology）」と「類似性（similarity）」という言葉は厳密には異なる。関連する2つの遺伝子の塩基配列が80％同一であるときに（図 6.2），「80％の相同性」と記載するのは間違いである。2つの遺伝子には進化的な関連が「ある」か「ない」かのどちらかであり，両者の中間状態はないので，相同性にパーセントの値を付すのは意味がない。

相同性検索により遺伝子の機能に関する情報が得られる

相同性検索は DNA 配列について行うが，通常は検索を実行する前に，遺伝子の塩基配列をアミノ酸配列に変換しておく。その理由の1つは，タンパク質中には20種類のアミノ酸があるが，DNA 中にはたった4種類の塩基しか存在しないので，無関係の遺伝子の場合，塩基配列を比べるよりもアミノ酸配列を比べるほうが違いがはっきりすることが多いからである（図 6.3）。したがって相同性検索は，アミノ酸配列を使ったほうが結果があいまいになりにくい。

相同性検索プログラムは，まず問い合わせ配列（検索配列）とデータベースの配列をアラインメント（整列）する作業で始まる。そしてアラインメントのたびにスコアを計算し，問い合わせ配列と調べている配列が相同であるかどうかを評価する。スコアを割り出す方法は2つある。

- 単純なプログラムでは，両方の配列間で一致するアミノ酸を数える。この数を百分率に換算して，2つの配列の「同一性（identity）」とする。
- もっと高度なプログラムでは，同一でないアミノ酸間の化学的類似性を用いて，その配列中の各位置のスコアを割り出す。同一のアミノ酸や類似性の高いアミノ酸（例えば，ロイシンとイソロイシン，アスパラギン酸とアスパラギン）であればスコアは高く，類似性の低いアミノ酸（例えば，システインとチロシン，フェニルアラニンとセリン）であればスコアは低い。この解析から配列間の「類似性」が求められる。

図 6.2 80％の配列同一性を示す2つの DNA 配列

```
配列1    GGTGAGGGTATCATCCCATCTGACTACACCTCATCGGGAGACGGAGCAGT
配列2    GGTCAGGATATGATTCCATCACACTACACCTTATCCCGAGTCGGAGCAGT
一致箇所 *** *** *** ** ***** ********* *** *** ********
```

```
         G  A  P  G  M  W  L  R  L  A  A  G  S  F  Q  H  A  G
配列1    GGTGCACCCGGTATGTGGCTGCGATTAGCAGCGGGATCGTTTCAGCATGCAGGG
         *  ***  ****  **  ***  *  ***  ****  *****  ***  **  ****  **  *
配列2    GATACACCCCGTATTTGGCAGCAATTTGCAGGGGGATGGTTGCACCATGGAGCG
         D  T  P  R  I  W  Q  Q  F  A  G  G  W  L  H  H  G  A
```

図6.3　2つのDNA配列間の相同性の有無は，アミノ酸配列レベルで比較するとはっきりすることが多い　2つの塩基配列で同一の塩基を緑色で，同一でない塩基をピンク色で示してある。塩基配列の同一性は＊印で示したように76％である。この値は2つの塩基配列が相同であるという証拠となるかもしれない。しかし，この塩基配列をアミノ酸に翻訳すると，その同一性は28％に減少する。同一のアミノ酸を橙色で，同一でないアミノ酸を赤色で示してある。アミノ酸配列の比較から，塩基配列レベルでの類似性は偶然のものであり，2つの配列間に相同性はないことが示唆される。アミノ酸配列は1文字略号（表1.2参照）で示してある。

　なるべく高いスコアが出るように，研究者が設定した制限の範囲内で，片方または両方の配列中のさまざまな位置にギャップを挿入するようなアルゴリズムが作られている。これは，実際の遺伝子の進化の過程で起こると考えられている，1つないし隣接する数個のアミノ酸を指定する一連の塩基の挿入や欠失に対応させる操作である。

　相同性検索を実際に行うのは，それほどやっかいではない。この種の解析を行うプログラムにはいくつかあるが，最もよく知られているのは**BLAST**（Basic Local Alignment Search Tool）である。DNAデータベースのウェブサイトに接続し，そこにある検索ツールに配列を入力するだけで解析ができる。標準のBLASTプログラムは配列類似性が40％以上の相同遺伝子を同定するのに有効だが，類似性がこれより低いと進化的な関連を検出しにくくなる。**PSI-BLAST**（Position-Specific Iterated BLAST）と呼ばれる改良版では，標準のBLAST検索で得た相同配列をプロファイルに組み込み，それを用いて最初の検索では検出できなかった相同配列を同定することにより，より遠い近縁関係の配列を同定できる。

　BLASTや類似のプログラムによる相同性検索はゲノム研究において大変重要なものとなっているが，限界があることも忘れてはならない。問題になってきているのは，データベース中に間違った機能を割り当てられた遺伝子が存在するということである。このような遺伝子が問い合わせ配列の相同配列であると同定され，新しい配列に間違った機能が割り当てられてしまうと，この問題はますます大きくなる。また，相同遺伝子が異なる生物学的機能をもつ場合もある。例えば，眼の水晶体にあるクリスタリンの遺伝子には代謝酵素の遺伝子と相同なものがある。この場合，問い合わせ配列とクリスタリン遺伝子の配列が相同であっても，問い合わせ配列がクリスタリン遺伝子の配列であるとはいえず，同様に問い合わせ配列と代謝酵素遺伝子の配列に明らかな相同性があっても，問い合わせ配列が代謝酵素遺伝子のものとはいえない，ということになる。

タンパク質ドメインの同定は機能が知られていない遺伝子に機能を割り当てるのに役立つことがある

　機能がわかっていない遺伝子の塩基配列やアミノ酸配列の相同性検索で，一致する配列がデータベース中にみつからない場合はどうしたらよいだろうか。そのような場合でも，機能がわかっているタンパク質の**ドメイン**（domain）のアミノ酸配列を探すことによって，遺伝子機能の少なくとも一部を推定することはできるかもしれない。タンパク質ドメインとは，ある生化学的機能をタンパク質に付与する特徴的な三次構造をもつタンパク質の部分である。タンパク質ドメインの例として**Cys_2His_2型ジンクフィンガー**（Cys_2His_2 zinc finger）がある。このドメインは2つのシステインと2つのヒスチジンを含む12残基ほどのアミノ酸からなり，βシートと1本のαヘリックスで構成されている。これらの2つの構造はタンパク質の表面から突き出た指のような形をしており，それらの間で亜鉛原子が2つのシステインおよび2つのヒスチジンと配位結合している（図6.4）。ジンクフィンガーはDNA結合タンパク質に含まれる構造で（11.2節），機能がわかっていない遺伝子にジンクフィンガーのアミノ酸配列がみつかれば，その遺伝子はDNA結合タンパク質をコードしていることがわかる。アミノ酸配列からは，タンパク質の機能だけでなく細胞内局在に関する情報も得られる。これは**局在化配列**（sorting sequence）と呼ばれるモチー

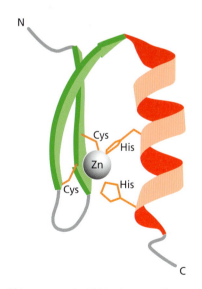

図6.4　Cys_2His_2型ジンクフィンガー　このジンクフィンガーは酵母のSWI5タンパク質のものである。このモチーフを構成するβシート中の2つのシステインと，αヘリックス中の2つのヒスチジンに，亜鉛原子が配位結合している。橙色はこれらのアミノ酸の側鎖を，NとCはそれぞれモチーフのアミノ末端とカルボキシ末端を示している。

フを探すことによって推定できる。局在化配列によって，タンパク質は核やミトコンドリアといった細胞小器官へ輸送されたり，細胞から分泌されることを指定されたりする。

相同性検索と同様に，機能がわかっていない遺伝子に保存された配列モチーフの同定は，例えば，スイスバイオインフォマティクス研究所（Swiss Institute of Bioinformatics）によって維持されている **PROSITE** などのタンパク質構造データベースに付属している検索ツールを使うことでオンラインで実行できる。ただし，解析結果の解釈には気をつけなければならない。2つのタンパク質が共通のドメインをもっていることは，類似の生化学的活性を有していることを意味してはいるが，全体的な機能が似ていることを意味しているわけでは必ずしもない。**テューダードメイン**（Tudor domain）ファミリーのタンパク質がよい例である。その名前からわかるように，これらのタンパク質はいずれも1つないしそれ以上のテューダードメインをもっている。テューダードメインは5本のストランドを含む，約60残基のアミノ酸からなるβシート構造で，別のタンパク質のメチル化アルギニンやメチル化リシンに結合する。この生化学的活性はテューダードメインに特異的なものだが，これに伴うタンパク質機能は実にさまざまである。最初に同定されたテューダードメインタンパク質は，キイロショウジョウバエ（*Drosophila melanogaster*）の *tudor* 遺伝子がコードしているタンパク質で，発生過程の卵母細胞で **piwi 結合 RNA**（piwi-interacting RNA：**piRNA**）の合成に関与している。短鎖非コードRNA（sncRNA）であるpiRNAは，**piwi タンパク質**（piwi protein）に結合して複合体を形成し，発生過程のさまざまな段階で遺伝子発現を調節する（12.1節）。さまざまな生物種にみられる別のテューダードメインタンパク質の中には同様にpiRNAの合成にかかわっているものもあるが，その他に，RNAスプライシング（12.4節），RNA干渉（12.3節），DNA損傷応答（16.2節），ヒストン修飾（10.2節）にかかわっているファミリーメンバーのタンパク質もみつかっている。これらすべてのプロセスにおいて，テューダードメインタンパク質は別のタンパク質のメチル化アルギニンやメチル化リシンとの結合を介してその作用を発揮していると考えられる。それゆえ，機能がわかっていない遺伝子中にテューダードメインの配列がみつかれば，ドメインに特異的な生化学的活性を同定したことにはなるが，それだけでは，既知のテューダードメインタンパク質が担っているさまざまな機能以外の具体的な機能を遺伝子に割り当てることはできない。

遺伝子機能のアノテーションは共通の用語を必要とする

見逃しやすいがきわめて重要なゲノムアノテーションの側面として，さまざまな遺伝子の機能を記述するための，合意が得られた一貫性のある用語の必要性がある。一貫性が重要である理由としてまず第1にあげられるのは，共通の用語を用いて遺伝子の機能を記述したときにのみ，2つの生物種間でゲノムアノテーションを厳密に比較することができるということがある。アノテーションの際に，同じ遺伝子の機能を記述するのに異なる用語が使われたとしたら，比較をするコンピュータは遺伝子の同一性を認識できず，その結果，2つのゲノム間の類似性を正確に同定することができなくなるだろう。したがって，階層的な分類システムにもとづいた用語を用いることが必要なのだが，それにはさらなる利点もある。機能が部分的にしかわかっていない遺伝子（例えば，1つないしそれ以上のタンパク質ドメインが同定されたような場合）についても，わかっている機能だけを記述することが可能となるのである。

ゲノム塩基配列決定がはじまるよりも以前に，包括的なタンパク質分類システムが提案されており，これはゲノムアノテーションに必要な階層構造をそなえていた。酵素タンパク質のみを対象としたこのシステムは，1961年に国際生化学・分子生物学連合（International Union of Biochemistry and Molecular Biology）によって最初に合意され

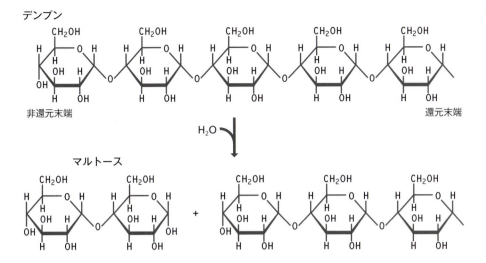

図 6.5 **EC 3.2.1.2 で指定される酵素の作用機序** EC 番号の最初の 3 つの数字が意味しているのは，この酵素が加水分解酵素で酵素反応に水が関与すること（EC 3），2 つの糖や糖とその他の分子をつなぐグリコシド結合を切断すること（EC 3.2），その結合が酸素原子（または硫黄原子）を含むこと（EC 3.2.1）である。4 番目の数字は，デンプン，グリコーゲンやその他の多糖類分子を構成するグルコース間の（α1→4）O-グリコシド結合を特異的に切断することで，ポリマーの非還元末端から二糖類のマルトースを放出させる酵素であること（EC 3.2.1.2）を意味している。

た。この分類によると，酵素はまず 6 つの大分類に分けることができる。

- EC（Enzyme Commission）1：酸化還元酵素（オキシドレダクターゼ）
- EC 2：転移酵素（トランスフェラーゼ）
- EC 3：加水分解酵素（ヒドロラーゼ）
- EC 4：除去付加酵素（リアーゼ）
- EC 5：異性化酵素（イソメラーゼ）
- EC 6：合成酵素（リガーゼ）

これらの大分類はさらに小分類され，個々の酵素には 4 つの数字からなる **EC 番号**（EC number）が与えられる。例えば，EC 3.2.1.2 は加水分解酵素（EC 3）で，グリコシド結合を切断するもの（EC 3.2）であり，糖とその他の分子の結合が酸素原子か硫黄原子を含み（EC 3.2.1），より具体的にはデンプン，グリコーゲンやその他の多糖類分子を構成するグルコース間の（α1→4）O-グリコシド結合を切断することで，ポリマーの非還元末端から二糖類のマルトースを放出させる（EC 3.2.1.2）酵素である（図 6.5）。酵素活性はこのように特異的かつ階層的に記述され，この酵素の一般名である β-アミラーゼと書くよりもずっと情報量が多いものとなる。機能がわかっていない遺伝子とデータベースに登録されたエントリとの間に相同性検索で 40% のアミノ酸配列類似性がみられれば，その遺伝子の機能として EC 番号の最初の 3 つの数字（EC 3.2.1）を割り当てることができるとされている。つまり，このレベルの類似性は，機能がわかっていない遺伝子がコードする酵素タンパク質の触媒機構が，データベース中のマッチしたタンパク質と同じだということを示している。もし類似性が 60% 以上であれば，問い合わせ配列のタンパク質とマッチしたタンパク質とは同一の基質を使っている可能性が高く，EC 番号の 4 番目の数字も割り当てることができる。

遺伝子の機能を記述する 2 つ目のやり方として，**Gene Ontology（GO）システム**がある。当初はショウジョウバエゲノムのアノテーションのために策定されたものであるが，現在ではそれ以外の多くの生物種にも適用されている。GO システムは酵素だけでなくあらゆるタンパク質に適用できる。また GO システムは分類システムというよりは，標準化された用語を使った詳細な語彙集であり，タンパク質の分子機能や，それが寄与する生物学的プロセス，細胞内局在を記述するのに用いることができる。例えば，β-アミラーゼの分子機能は次のように記述される。"Catalysis of the reaction: (1,4-alpha-D-glucosyl)(n+1) + H2O = (1,4-alpha-D-glucosyl)(n-1) + alpha-maltose. This reaction is the hydrolysis of 1,4-alpha-glucosidic linkages in polysaccharides so as to remove successive maltose units from the non-reducing ends of the chains." この記述は，分子機

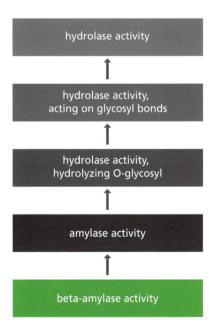

図 6.6 **β-アミラーゼの Gene Ontology システムによるグラフ表記** 階層的な表記であり，一番下が最も特異的，一番上がその逆となっている。

能の階層的なカテゴリー分類を表す**有向非巡回グラフ**（directed acyclic graph：**DAG**）と呼ばれる情報モデル化図とともに表示される（図6.6）。この点は酵素機能がEC番号でカテゴリー分類されるのと似ている。

GOの用語は標準化されているので，その記述はコンピュータを使って検索することができる。したがって，異なるゲノムの相同遺伝子を同定することが可能なだけでなく，同じゲノムもしくはいくつかのゲノムにおいて同じ機能をもつ遺伝子群を同定することもできるようになる。また，DAGのおかげでいろいろなレベルでの検索が可能となっている。すなわち，β-アミラーゼの例では"beta-amylase activity"を検索語にするとβ-アミラーゼの相同遺伝子のみが表示されるが，"hydrolase activity, hydrolyzing O-glycosyl"を検索語にすると，より広い範囲で関連する加水分解酵素群が得られる。

6.2 遺伝子の不活性化や過剰発現によって機能を割り当てる

機能がわかっていない遺伝子に機能を割り当てるためのコンピュータ手法はますます洗練されてきているが，バイオインフォマティクスによるアプローチには限界があり，ゲノム中でみつかるすべての新しい遺伝子の機能を同定することは無理である。そのため，コンピュータ解析の結果を補足し拡張する実験手法が必要となる。

遺伝子の不活性化による機能解析

新しい遺伝子の機能解析のために実験手法を開発することは，ゲノム研究における最も大きな課題の1つとなっている。現在使われている方法論や戦略は，塩基配列決定プロジェクトによって発見されつつある膨大な数の，機能がわかっていない遺伝子の機能を割り当てるのには，必ずしも適切なものではないと，多くの分子生物学者たちが同意することだろう。問題は，そうした手法のめざすところが遺伝子から機能を特定することにあり，従来の遺伝学的解析でとられる過程の逆だということである。従来の遺伝学的解析は，観察される特徴，すなわち表現型から出発して，その原因となっている遺伝子ないしは遺伝子群を同定することをめざしている。しかし，われわれが現在取り組んでいる課題は，新しい遺伝子から出発して，理想的には，それにそなわっている表現型の同定に至るという正反対の方向なのである。

従来の遺伝学的解析では，ある表現型の遺伝的背景を研究するために，表現型が変化した**変異体**（mutant）の生物を探す。変異体は，例えば培養細菌のような生物の個体群を紫外線照射したり，変異原性をもつ化学物質で処理したりすることで実験的に得られ，また自然の個体群の中からみつかる場合もある。そして，その変異体で変化している遺伝子ないしは遺伝子群を遺伝的交配（3.4節）によって研究し，それによって遺伝子をゲノム上に位置づけ，また，すでに特徴がわかっている別の遺伝子に同じものがないかどうかを調べる。クローニングや塩基配列決定法などの分子生物学的手法によって，遺伝子の詳細をさらに研究することもできる。

このような従来の解析の一般的な原理は，ある表現型の原因遺伝子を同定するには，変異表現型を示す生物で不活性化されている遺伝子を探せばよいということである。もし出発点が表現型ではなく遺伝子であるならば，類似の戦略として，遺伝子に変異を起こし，その結果生じる表現型の変化を同定すればよいということになる。これが，機能がわかっていない遺伝子の機能を割り当てるのに用いられる大半の技術において基本となる。

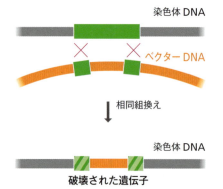

図6.7　相同組換えによる遺伝子不活性化
ベクターは不活性化させたい遺伝子の両端と配列の等しい2つのDNA領域を含んでいる。これらの領域が染色体上の標的遺伝子と組換えを起こし，結果として標的遺伝子は破壊されることになる。

図6.8 **酵母における遺伝子欠失カセットの利用** 遺伝子欠失カセットは，制限部位に挟まれた抗生物質耐性遺伝子と，酵母での発現に必要なプロモーター配列を含んでいる。標的遺伝子の両端の配列を制限部位に挿入し，ベクターを酵母細胞に導入する。ベクターに挿入された配列が染色体上の標的遺伝子と組換えを起こし，標的遺伝子は破壊される。遺伝子が破壊された細胞は抗生物質耐性遺伝子を発現しているため，ジェネティシンを含む寒天培地上で培養することで選別できる。kan^R はカナマイシン耐性遺伝子で，カナマイシンとはジェネティシンを含む一連の抗生物質の総称である。

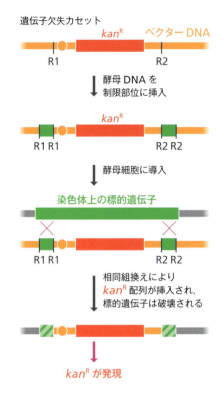

相同組換えにより特定の遺伝子を不活性化させることができる

特定の遺伝子を不活性化させる最も簡単な方法は，関係のない DNA 断片を挿入することによりその遺伝子を破壊することである（図6.7）。これは，染色体上の遺伝子と別のDNA 断片（標的遺伝子と同一の配列を一部含んでいるもの）の間で，**相同組換え**（homologous recombination）を起こさせることによって可能となる。相同組換えをはじめとする組換え現象は複雑であり，詳細については 17.1 節で扱う。ここでは，2 つのDNA 分子が類似した塩基配列をもっていると，組換えによって分子の一部どうしが交換されることを知っていれば十分である。

実際にはどのようにして遺伝子の不活性化を行うのだろうか。2 つの例をみてみよう。1 つは出芽酵母の例である。1996 年にゲノム塩基配列決定が完了して以来，酵母を研究する分子生物学者たちは国際的な研究協力体制のもと，機能がわかっていない遺伝子の機能をできる限り多く決定するというプロジェクトに従事してきた。そこでは多くの場合，図6.8 に示したような技術が利用された。中心となる構成要素は遺伝子欠失カセット（deletion cassette）と呼ばれ，抗生物質耐性遺伝子を含んでいる。この遺伝子は通常の酵母ゲノムの構成要素ではないが，酵母染色体に導入すると，抗生物質ジェネティシンに耐性の性質をもつ形質転換された酵母細胞が生じる。遺伝子欠失カセットは，新しい DNA の断片をカセットの両端に連結させてから使う。これにより連結された断片は，不活性化させたい酵母遺伝子の一部と同一の配列を含むようになる。この修飾カセットを酵母細胞に導入すると，カセットの末端部分と染色体上の酵母遺伝子との間で相同組換えが起こり，後者が抗生物質耐性遺伝子に置き換わる。これにより，ジェネティシンを含む寒天培地上で培養すれば組換えの起こった細胞を選別することができるようになる。得られたコロニーは標的遺伝子が欠失しており，その表現型を調べることでその遺伝子の機能について何らかの知見が得られる。

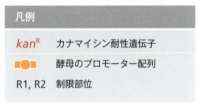

この方法による遺伝子不活性化は簡単ではあるが，調べたいすべての遺伝子について行うとなると時間がかかる。出芽酵母の研究では，これは考慮すべき重大な事項であった。というのも 6,274 ある 100 コドン以上の長さのオープンリーディングフレーム（ORF）のうち，それまでの遺伝学的解析または相同性検索の結果から機能が割り当てられていたものは，60%にすぎなかったからである。残りの 40%にあたる合計で 2,500 以上の遺伝子については，実験によって機能を割り当てる必要があった。それゆえ，遺伝子を不活性化させるための効率の高い手法が開発された。その手法は**バーコード欠失法**（barcode deletion strategy）と呼ばれ，基本的な遺伝子欠失カセット法を改良した方法である。違いはカセットに 20 塩基長のバーコード配列が 2 つ含まれていることで，そのバーコード配列は欠失させたい標的遺伝子ごとに異なり，したがって特定の変異体に対するタグとして働く（図6.9）。すべてのバーコード配列は同じ配列ペアによって挟まれており，1 回のPCR で増幅させることができる。これにより，それぞれが別の遺伝子を欠失している変

図6.9 **バーコード欠失法で使われる遺伝子欠失カセット** 2 つのバーコード配列は各カセットごとに異なる 20 塩基長の配列で，PCR で増幅することができる。これらのバーコード配列は，相同組換えの際にカナマイシン耐性遺伝子（kan^R）とともに酵母ゲノムに挿入される。バーコード配列は特定の遺伝子欠失変異体に対するタグとして働く。

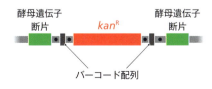

異体酵母が混ざり合っていても，それらの表現型を1回の実験でスクリーニングすることが可能となる。例えば，グルコースを多く含む培地で育つのに必要な遺伝子群を同定するには，複数の変異体を混ぜ合わせて，その条件下で培養する。培養後，培地からDNAを精製し，バーコード解読のためのPCRを行う。その結果，それぞれ異なるバーコードをもつPCR産物の混合物が得られるが，各バーコードの相対量はグルコースを多く含む培地で培養した後のそれぞれの変異体の量を反映している。存在しないかわずかしか検出されないバーコードは，その条件下での成長に必要な遺伝子が不活性化された変異体であることを示している。

　遺伝子を不活性化させるための2つ目の方法は，酵母よりもむしろマウスでよく用いられる。マウスはヒトの**モデル生物**（model organism）としてよく使われる。マウスゲノムはヒトゲノムによく似ており，ヒトと同じ遺伝子を多く含んでいるからである。そのため機能がわかっていないヒト遺伝子の機能解析では，ヒトでの実験は倫理的に現実的ではないことから，それに相当するマウス遺伝子を不活性化させる実験が広く利用されている。この方法でも酵母で述べた手順と同じように，相同組換えを利用して標的遺伝子の不活性化された細胞を得る。ここでの問題は，変異細胞1つだけではなく，変異体マウスそのものを手に入れる必要があることである。なぜなら，標的遺伝子を不活性化させたときの表現型への影響は，完全な個体を使ってはじめて正確に評価できるからである。これを実現するためには，特殊なマウス細胞である**胚性幹細胞**（embryonic stem cell；**ES 細胞**〔ES cell〕）を使う必要がある。ES細胞は他のほとんどのマウス細胞と違い，**分化全能性**（totipotent）をもつ。つまり，1つの発生経路に方向づけされておらず，分化してあらゆる種類の細胞になりうる可能性をもっている。人工的に改変したES細胞をマウス胚に注入すると発生が進行し，改変したES細胞から生じた変異細胞と，胚のそれ以外のすべての細胞から生じた細胞が混ざり合った**キメラ**（chimera）のマウスが得られる。しかしこれはまだ最終目的とするものではない。キメラマウスどうしを交配させると，その子孫のうちの何匹かは改変したES細胞由来の配偶子から生じたものとなり，キメラではなく，すべての細胞が不活性化された遺伝子をもっている。これが**ノックアウトマウス**（knock-out mouse）であり，うまくいけば調べたい遺伝子の機能に関する情報が表現型から得られるだろう。この方法でさまざまな遺伝子の不活性化が可能だが，ホモ接合のノックアウトマウスが致死的となるために研究できない場合もある。そのようなときには，正常な配偶子と操作したES細胞由来の配偶子から生じたヘテロ接合のノックアウトマウスを得る。このマウスは調べたい遺伝子の正常なコピーを1つもっているが，もう片方のコピーの不活性化による表現型への影響が現れうるからである。

相同組換えを用いない遺伝子不活性化

　機能を解析するために遺伝子を破壊する方法は相同組換え以外にもある。他の方法として，例えば**トランスポゾンタギング法**（transposon tagging）がある。これは転位性遺伝因子であるトランスポゾンを挿入することによって，遺伝子の機能を破壊する方法である。ほとんどのゲノムにはトランスポゾンが存在し（9.2節），その大部分は不活性であるが，通常いくつかはゲノムの別の場所に転位する活性を保っている。通常の状態ではトランスポゾンの転位はほとんど起こらないが，組換えDNA技術を用いれば外的刺激に反応して転位するように改変したトランスポゾンを作ることができることがある。酵母のトランスポゾン *Ty1* を使った例を**図**6.10に示す。トランスポゾンタギング法はショウジョウバエのゲノム解析においても重要で，この場合，**P因子**（P element）と呼ばれるショウジョウバエの内在性トランスポゾンを用いる。トランスポゾンの転位は多少の差はあれ基本的にはランダムな現象で，最終的に挿入される位置は予測できないため，特定の遺伝子を標的

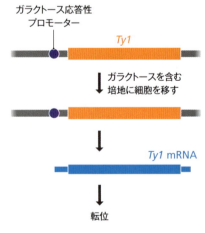

図6.10　転位の人為的誘導　組換えDNA技術を用いて酵母ゲノムの *Ty1* 配列の上流にガラクトース応答性のプロモーター配列を置く。ガラクトース非存在下では *Ty1* は転写されず，転位活性を示さない。ガラクトースを含む培地に細胞を移すと，プロモーターが活性化されて *Ty1* が転写され，転位が開始する。

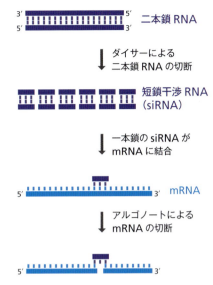

図6.11　RNA干渉　二本鎖RNAはダイサー（Dicer）というリボヌクレアーゼによって切断され，20〜25塩基長の短鎖干渉RNA（siRNA）になる。siRNAの片方の鎖が標的mRNAと塩基対を形成し，アルゴノート（Argonaut）と呼ばれるエンドヌクレアーゼによって標的mRNAが切断される。

にするのが難しく，これがトランスポゾンタギング法の弱点となっている。ある特定の遺伝子を不活性化させたいときには，数多くの転位を起こさせて，得られた個体の中から目的の遺伝子に挿入が起こっているものをスクリーニングしなければならない。逆にトランスポゾンタギング法は，遺伝子をランダムに不活性化させ，興味深い表現型の変化がみられた個体の子孫を調べて機能の類似した遺伝子群を同定するような，包括的なゲノム解析には向いている。

遺伝子不活性化のためのまったく別のアプローチとして，**RNA干渉**（RNA interference：**RNAi**）を利用した方法がある。これは正常な生体内でも起きている現象の1つで，短いRNA分子が細胞内で遺伝子発現を抑制するよう作用する（12.3節）。遺伝子そのものではなく，転写されたmRNAを破壊することにより標的遺伝子の発現を抑制する方法として，ゲノム研究に利用されている。標的mRNAと配列が一致する短い二本鎖RNAを細胞に導入すると，その二本鎖RNAはさらに切断されていくつもの短い断片となり，これによりmRNAの分解が誘導される（図6.11）。

RNAiの有効性が最初に示された生物は，ゲノム塩基配列決定が完了し，高等真核生物の重要なモデル生物とみなされている線虫（*Caenorhabditis elegans*；14.3節）であった。線虫ゲノムの2万の遺伝子のほぼすべてについて，RNAiによる発現抑制の実験がすでに行われている。RNAiの実験で最も重要なのは，一本鎖の短鎖干渉RNA（short interfering RNA：siRNA）のもととなる二本鎖RNAを，対象とする生物に導入する段階である。線虫の場合は餌にRNAを入れておけばよい。線虫は大腸菌などの細菌を食べるので，寒天培地に生やした細菌の上で飼育する。目的の線虫遺伝子と同じ配列の二本鎖RNAを発現する遺伝子をクローニングして細菌に入れておけば，それの経口摂取によってRNAiが起こる。あるいは，二本鎖RNAを線虫に直接注入する方法もあるが，こちらのほうが，時間がかかる。

RNAiはたいていの真核生物で自然に起きている現象であるが，遺伝子の機能を解析する手段として一般的に応用する場合には，以下の3つの点が問題となる。

- RNAiでは標的遺伝子の発現を完全に阻害できるとは限らない。発現抑制が十分にできないことはよくあり，このことからノックアウトではなくノックダウンと呼ばれる。発現抑制の度合いに応じて，遺伝子ノックダウンの表現型に与える影響は評価できたりできなかったりする。
- RNA干渉を起こすsiRNAは非常に短いため，オフターゲット効果が起こりうる。

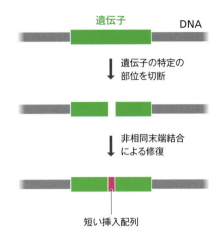

図 6.12　標的部位可変ヌクレアーゼによる遺伝子不活性化　標的部位可変ヌクレアーゼによって切断された部位は，誤りを起こしやすい非相同末端結合によって修復される。修復部位のDNAには数塩基の挿入や欠失が入りやすく，結果として標的遺伝子は破壊されることになる。

つまり，siRNAが標的遺伝子以外のmRNAにも結合し，複数の遺伝子の発現が抑制されることがある。

- 哺乳類では培養細胞であれ生体であれ，二本鎖RNAの人為的な導入によってしばしば**インターフェロン**（interferon）と呼ばれるシグナルタンパク質の活性化が起こり，抗ウイルス防御機構が刺激される。このインターフェロン応答によって生じる表現型の変化が，標的遺伝子の発現抑制による特異的な変化を隠してしまうことがある。マウスの卵母細胞のようにインターフェロン応答を示さない哺乳類細胞もあるが，たいていの場合，哺乳類においてRNAiで遺伝子ノックダウンを行おうとする際には特別な手法を用いなければならない。

RNAiの問題点の多くを回避できる，2つ目の天然由来の遺伝子不活性化のための手法として，**標的部位可変ヌクレアーゼ**（programmable nuclease）を用いる方法がある。これはゲノムの特定の部位を標的として設定できるヌクレアーゼであり，任意の遺伝子で二本鎖切断を起こすことが可能である（図6.12）。二本鎖切断が起こると，真核生物にそなわっている**非相同末端結合**（nonhomologous end-joining：NHEJ）と呼ばれる自然修復機構が刺激され，DNA鎖はふたたび結合するようになる。しかしながらNHEJは誤りを起こしやすく，修復部位に短い挿入や欠失が入りやすい。この修復が遺伝子内で行われれば，挿入や欠失などの塩基配列の変化が起きてその遺伝子を不活性化させることになる。この不活性化は完全であり，真のノックアウトといえる。さらには永続的であり，siRNAが常に存在していなければ抑制を維持できないRNAiによるノックダウンとは対照的である。このように標的部位可変ヌクレアーゼは遺伝子の機能を解析する手段として理想的なシステムであるが，実際に利用するにはどのように使えばいいのだろうか。いくつかのシステムが開発されているが，最も注目されているのは**Cas9エンドヌクレアーゼ**（Cas9 endonuclease）を利用した方法である。Cas9エンドヌクレアーゼは20塩基長のガイドRNAによって標的部位へ誘導される。ガイドRNAは5′-NGG-3′もしくは5′-NAG-3′という配列（Nは任意の塩基）のすぐ上流に結合し，エンドヌクレアーゼによって切断される23塩基長の標的部位を作り出す（図6.13）。標的配列は厳密に設定できるので特異性は確保でき，その配列がゲノム中で唯一の配列となるようにしておけば，オフターゲット効果を回避できる。

Cas9エンドヌクレアーゼは，**CRISPR**（clustered regularly interspaced short palindromic repeats；8.2節）と呼ばれる反復配列とともに原核生物の免疫システムを構成している。真核細胞で遺伝子不活性化を行う場合には，まずCas9エンドヌクレアーゼを合成できるようにする必要がある。1つのやり方は，アデノ随伴ウイルスベクターを使って，化膿レンサ球菌（*Streptococcus pyogenes*）からクローニングしたCas9遺伝子を目的の細胞株に導入し，それから2回目のクローニング実験で1つないしそれ以上のガイドRNA配列を導入することである。あるいは，Cas9遺伝子とガイドRNA配列を同時に導入することも可能である。

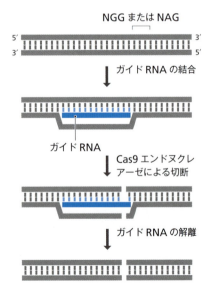

図 6.13　Cas9エンドヌクレアーゼによるDNAの切断　切断の標的部位は20塩基長のガイドRNAによって指定される。5′-NGG-3′もしくは5′-NAG-3′という配列（Nは任意の塩基）のすぐ上流に位置する，23塩基長の標的部位と塩基対を形成するようにガイドRNAを設計する必要がある。

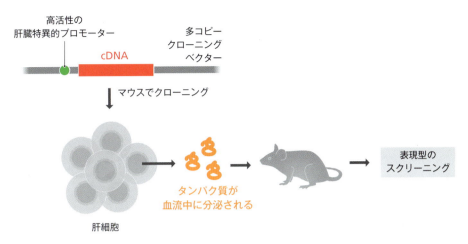

図 6.14 **遺伝子の過剰発現による機能解析** 調べたい遺伝子を過剰発現させて，トランスジェニックマウスの表現型に影響が現れるかどうかをみることが目的である。その遺伝子の cDNA を多コピークローニングベクターに挿入する。クローニングベクターには，挿入された遺伝子をマウスの肝細胞内で発現させるために高活性のプロモーター配列が含まれている。遺伝子そのものではなく cDNA を用いるのは，cDNA にはイントロンが含まれないので短く，試験管内で扱いやすいためである。

遺伝子の過剰発現も機能を調べるのに役立つ

　ここまでは，調べたい遺伝子を不活性化させる機能喪失（loss of function）の手法についてみてきた。これと補完的なものとして，調べたい遺伝子の活性が正常よりもずっと高い生物を作製し，表現型にどのような影響を与えるかを調べる，機能獲得（gain of function）の手法もある。この実験の結果は慎重に解釈する必要がある。なぜなら，表現型の変化が過剰発現させた遺伝子に特異的な機能によるものなのか，それとも，その遺伝子が通常は不活性の状態にある組織の中で，遺伝子産物が過剰に合成されるという異常な状態を反映した特異性の乏しい変化であるのか，を区別する必要があるからである。このような限界はあるものの，過剰発現の実験は遺伝子の機能に関する重要な情報を提供してきた。

　遺伝子を過剰発現させるためには，挿入された遺伝子ができる限り多くのタンパク質を合成するように設計された，特別なクローニングベクターを使う必要がある。このベクターは**多コピー**（multicopy）ベクターと呼ばれ，宿主細胞の中で 1 細胞あたり 40〜200 コピーに増幅し，調べたい遺伝子のコピーが多数作られる。このベクターはまた，調べたい遺伝子のそれぞれのコピーが大量の mRNA に変換され，できる限り多くのタンパク質が確実に合成されるように，高活性のプロモーター配列（12.2 節）も含んでいる必要がある。図 6.14 に示した例では，クローニングベクターは肝臓でしか発現されない高活性のプロモーターを含んでおり，作製された**トランスジェニックマウス**（transgenic mouse）は肝臓内で目的の遺伝子を過剰発現する。この例で研究されているヒト遺伝子はその塩基配列から，血流中に分泌されるタンパク質をコードしている可能性が示唆されている。トランスジェニックマウスにおいて肝臓で合成された目的のタンパク質は，血流中に分泌される。挿入された遺伝子の機能を手がかりにトランスジェニックマウスの表現型を検索したところ，興味深いことに，ヒト遺伝子をもつトランスジェニックマウスは正常マウスよりも骨密度が著しく高いことがわかった。この結果は 2 つの理由から重要である。1 つは，その遺伝子が骨形成に関与していることが判明したことである。もう 1 つは，骨密度を増加させるタンパク質の発見は，骨がもろくなる骨粗鬆症の治療薬の開発に結びつくかもしれないことである。

遺伝子の不活性化や過剰発現が表現型に与える効果は認識しにくいことがある

　遺伝子の不活性化や過剰発現の実験で非常に重要なのは，標的遺伝子の機能の手がかりとなるような表現型の変化を見極めることである。実はこれが意外に難しい。いかなる生

物であろうとも，調べなければならない表現型の範囲は膨大である。酵母のような単細胞生物でさえそのリストは相当長く（表6.1A），多細胞の真核生物ではさらに長い（表6.1B）。

表6.1　出芽酵母と線虫の遺伝子スクリーニングで調べられる代表的な表現型

表現型
(A) 出芽酵母の全遺伝子のスクリーニング
DNA合成と細胞周期
RNA合成とプロセシング
タンパク質合成
ストレス応答
細胞壁の合成と形態形成
生化学物質の細胞内輸送
エネルギーと糖質代謝
脂質代謝
DNA修復と組換え
発生
減数分裂
染色体構造
細胞構造
分泌とタンパク質輸送
(B) 線虫の胚発生初期に関与する遺伝子のスクリーニング
親の生殖不能・生殖障害
浸透圧の制御
極体の放出
減数分裂
間期への移行
表層の動態
前核・核の出現
中心体の付着
前核の移動
紡錘体集合
紡錘体の伸長・完成
姉妹染色分体の分離
染色体の分離
細胞質分裂
非対称分裂
細胞分裂の速度
発生の一般的な速度
重度の多面発現的欠陥
膜結合型細胞小器官の完成
卵のサイズ
異常な細胞質構造
異常の複雑な組合せ

高等生物では，不可能とはいわないまでも，完全な評価を行うことが難しい形質（例えば行動など）がある。さらに遺伝子の中には不活性化の影響がとても微妙なものがあり，その表現型を調べたときに認識できないこともありうる。酵母のⅢ番染色体にある最も長い遺伝子はその好例である。この遺伝子は 2,167 コドンあり，酵母に典型的なコドンの偏りをもつことから，疑似 ORF ではなく機能性遺伝子であろうと考えられていた。しかし，この遺伝子の不活性化による目立った効果はみられず，変異酵母細胞は正常酵母と同じ表現型であるように思われた。一時は，この遺伝子は必ずしも必要のないもので，そのタンパク質産物は必須ではない機能に関係しているか，または別の遺伝子によって代償される機能をもつのだろうと考えられていた。その後，グルコースと酢酸が存在する低い pH 条件下で培養した場合，正常酵母は耐えられるが変異体は死滅することがわかった。その結果，問題の遺伝子は，酵母細胞が酢酸塩のような不要な物質を細胞外に汲み出す機構にかかわっていると推測された。この機構は間違いなく酵母に必須の機能だが，その必要性を表現型から突き止めるのは困難だったのである。

　非常に注意深くスクリーニングをしても，遺伝子の不活性化が，認識できる表現型の変化として現れないことは多い。酵母ゲノムの 6,692 の遺伝子のうち約 5,000 は，個別に不活性化しても細胞死を引き起こすことはなく，その多くは不活性化させても通常の培養条件下では代謝特性に変化がみられない。こうした遺伝子が表現型に与える効果は，細胞をさまざまな条件下で培養したり，同じ表現型に影響を与える複数の遺伝子を同時に不活性化させたりして，はじめて明らかとなることが多い。ヒトのゲノムには必須ではない遺伝子が数百もあるようで，そのような遺伝子は両方のコピーの活性が自然変異によって失われたとしても，その人の健康に認識できるような影響は認められない。これらの事実は，多くの生物種のゲノムの完全な機能アノテーションは，遺伝子の不活性化や過剰発現のみに頼ったアプローチではなしとげられないことを示している。

6.3　発現パターンやタンパク質産物の研究によって遺伝子の機能を理解する

　新しい遺伝子の機能を同定するためにゲノム研究で使われている主要な技術は，遺伝子の不活性化や過剰発現である。しかし，遺伝子の機能に関する情報を得るために用いられている手法はそれだけではない。どの組織でどのようなときに遺伝子が発現しているかを調べたり，その遺伝子がコードしているタンパク質を研究したりすることで，遺伝子の機能についてさらなる知見が得られる。

レポーター遺伝子や免疫細胞化学によって遺伝子がいつどこで発現しているのかを明らかにできる

　遺伝子がいつどこで発現しているのかを明らかにすることによって，その遺伝子の機能を知るための手がかりが得られることも多い。もし遺伝子が多細胞生物の特定の器官や組織，あるいは器官や組織中の特定の細胞に限って発現していたならば，その情報から遺伝子産物の一般的な役割を推論することができる。遺伝子が発現する発生段階についての情報も同様であり，この種の解析は，ショウジョウバエの発生の最も初期の段階で働く遺伝子の機能を理解するのに特に有用であることがわかっている（14.3 節）。また，哺乳類の発生の遺伝学を解明する目的でも，ますます使用されるようになってきている。明確な発生段階を生活環として有する酵母のような単細胞生物にも応用可能である。

　生物の体内における遺伝子発現パターンは，**レポーター遺伝子**（reporter gene）を使って解析することができる。これは簡便な方法，理想的には目視によって発現をモニターで

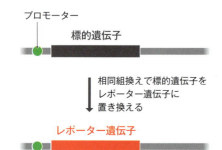

図 6.15 レポーター遺伝子 調べたい遺伝子のオープンリーディングフレームをレポーター遺伝子のもので置き換える。その結果,目的遺伝子の発現パターンを決めている調節配列の制御下に,レポーター遺伝子が配置される。

表 6.2 レポーター遺伝子の例

遺伝子	遺伝子産物	検出法
lacZ	β-ガラクトシダーゼ	組織化学的試験
uidA	β-グルクロニダーゼ	組織化学的試験
lux	ルシフェラーゼ	生物発光
gfp	緑色蛍光タンパク質	蛍光

きる遺伝子である(表 6.2)。例えば,レポーター遺伝子を発現している細胞が青色に発色したり,蛍光を発したり,何らかの可視的なシグナルを発する。調べたい遺伝子がいつどこで発現しているかを知るための信頼できる指標として使うためには,レポーター遺伝子が目的の遺伝子と同じ調節を受けるようにしておかなければならない。そのためには,目的の遺伝子の ORF をレポーター遺伝子のもので置き換えればよい(図 6.15)。遺伝子発現を制御する調節配列はたいてい ORF の上流にあるので,レポーター遺伝子は目的の遺伝子と同じ発現パターンを示すはずである。それゆえ,レポーター遺伝子のシグナルを調べることで,目的の遺伝子の発現パターンを明らかにすることができる。

ある遺伝子がどの細胞で発現しているかを知ることと同様に,その遺伝子にコードされているタンパク質が細胞内のどこでみつかるかを調べることもしばしば有用である。例えば,タンパク質産物がミトコンドリアや核,あるいは細胞表面に局在していることがわかれば,それは遺伝子の機能に関する重要なデータとなる。レポーター遺伝子はここでは役立たない。なぜなら,レポーター遺伝子が連結されている遺伝子上流の DNA 配列は,タンパク質産物を細胞内の正しい場所に配置するのにはかかわっていないからである。細胞局在に関する情報を含んでいるのはタンパク質のアミノ酸配列そのものであり,タンパク質の細胞内局在を調べるためには直接それを探すしかない。そのための手法が**免疫細胞化学**(immunocytochemistry)である。これは目的のタンパク質に特異的な抗体を使用する方法であり,抗体はそのタンパク質にのみ結合し,ほかのものには結合しない。細胞内での位置がわかるように抗体を標識しておけば,結合したタンパク質の位置を可視化することができる(図 6.16)。低解像度の研究では蛍光標識と共焦点顕微鏡が用いられ,高解像度の研究では金コロイドなどの電子密度の高い標識と電子顕微鏡が用いられる。

部位特異的変異導入によって遺伝子機能の詳細を探索できる

遺伝子の不活性化や過剰発現によってその一般的な機能を明らかにすることはできるが,コードされているタンパク質の詳細な機能まではわからない。例えば,ある遺伝子の一部がそのタンパク質産物を細胞内の特定区画に導くアミノ酸配列をコードしていると推測されたり,あるいは,化学的または物理的なシグナルに応答するタンパク質の機能に関与していることが示唆されたりすることがある。これらの仮説を検証するには,その遺伝子の塩基配列のうち関連していると推測される部分を欠失もしくは変異させる一方で,残りの大部分はそのままにして,そのタンパク質が合成され機能の大半を発揮できるようにする必要がある。このような細かい変更は,さまざまな方法による**部位特異的変異導入**(site-directed mutagenesis),すなわち *in vitro* 変異導入(*in vitro* mutagenesis)によって可能となる。これらは重要な手法であり,遺伝子機能の研究にとどまらず,**タンパク質**

図 6.16 免疫細胞化学 細胞を赤色の蛍光マーカーで標識した抗体で処理する。例えばミトコンドリア内膜に蛍光シグナルが観察されたとすると,ミトコンドリア内膜のおもな生化学的機能は電子伝達と酸化的リン酸化であるため,標的タンパク質がこれらの機構にかかわっているという仮説が立てられる。

工学（protein engineering）の分野でも応用され，産業や臨床での利用に適した性質をもつ新規タンパク質の創製に使われている。

長い間，生物学者たちは従来からの**変異誘発**（mutagenesis）の方法を使ってきた。つまり，ゲノム中に変異を導入するために，変異原性をもつ化学物質に生物をさらすのである。変異は DNA 分子内のランダムな位置に起こるので，興味のある変異をみつけるためには膨大な数の変異体をスクリーニングしなければならない。しかし，膨大な数のスクリーニングが可能な微生物であっても，最も望ましいのは，ある特定の遺伝子に一連の変異を導入して，その1つが研究対象のタンパク質の興味深い部分に影響を与えることである。こうした従来の変異誘発とは異なり，部位特異的変異導入では特定の部位に変異を導入することができる。重要な手法には以下のようなものがある。

- **オリゴヌクレオチド誘導変異導入**（oligonucleotide-directed mutagenesis）では，導入したい変異に相当する 1 塩基のミスマッチをもつオリゴヌクレオチドを，一本鎖とした標的遺伝子にアニーリングさせる。通常この一本鎖 DNA は M13 ファージベクターで遺伝子をクローニングして得られる。オリゴヌクレオチドをアニーリングさせた一本鎖 DNA に DNA ポリメラーゼを加えると，オリゴヌクレオチドをプライマーとして DNA 鎖の合成反応がはじまり，反応は環状の鋳型分子を一周する（図 6.17A）。こうして得られた二本鎖 DNA を大腸菌に導入すると，DNA 複製によって組換え DNA 分子の大量のコピーが産生される。これらのうち半分はもとの DNA 鎖のコピーであり，もう半分は変異配列を含む鎖のコピーである。二本鎖 DNA 分子は M13 ファージ粒子の形成を導き，細菌から放出されるファージの約半分は変異分子のコピーをもつことになる。ファージを寒天培地上にプレーティングするとプラークが形成されるので，もとのオリゴヌクレオチドをプローブとしたハイブリダイゼーションにより変異体プラークを同定する（図 6.17B）。
- **人工遺伝子合成**（artificial gene synthesis）により，望みの位置に変異をもつ遺伝子を試験管内で合成することができる。通常およそ 150 塩基長の部分的に重なり合う一連のオリゴヌクレオチドを合成し，DNA ポリメラーゼを用いてつなぎ合わせる。
- PCR を用いて変異遺伝子を作製することもできる。ただし，オリゴヌクレオチド

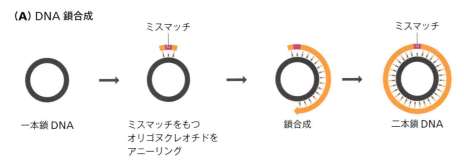

図 6.17　オリゴヌクレオチド誘導変異導入　（A）鋳型 DNA とのミスマッチをもつ短いオリゴヌクレオチドをプライマーとして，2 本目の DNA 鎖の合成がはじまる。（B）大腸菌内での複製を経て，変異分子を含む M13 ファージ粒子とそうでない分子を含むファージ粒子が形成される。プラークを膜へ移しとり，もとのオリゴヌクレオチドをプローブとしたハイブリダイゼーションにより変異体プラークを同定する。

図 6.18　PCRによる部位特異的変異導入の方法の一例

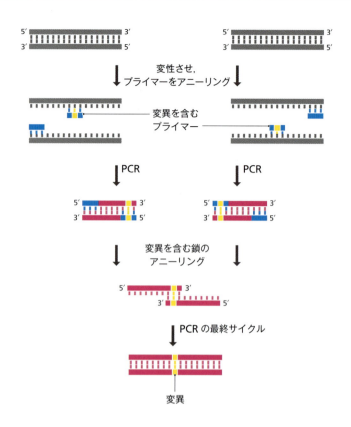

誘導変異導入と同様に，1回に導入できる変異は1つだけである。図 6.18 に示すように，この方法では通常のプライマー（鋳型 DNA と完全に相補的なもの）と，変異を含むプライマー（1塩基だけミスマッチが生じるもの）の2つを用いる。したがって，はじめの段階では2種類の PCR 産物が存在する。その後これらの PCR 産物が混ざって，PCR の最終段階では変異をもつ完全長の DNA が合成される。

変異を導入した遺伝子は，6.2節で述べたように相同組換えを利用して宿主に戻すことができる。もしくは，挿入 DNA からタンパク質を合成できるように設計された大腸菌のベクターに移し，変異タンパク質を得ることもできる。相同組換えを用いた場合，酵母でも組換えは一部の細胞でしか起こらないので，組換えを起こして変異遺伝子が挿入された細胞を選別する手段が必要である。通常の方法では，変異遺伝子のすぐ隣にマーカー遺伝子（例えば抗生物質耐性遺伝子）を置いて，このマーカーによってもたらされた表現型の細胞を探す。たいていの場合，ゲノム内にマーカー遺伝子が挿入された細胞には，隣の変異遺伝子も挿入されており，それらが求める細胞となる。問題は，部位特異的変異導入実験では，調べたい遺伝子の活性の変化がみられたとしても，それがマーカー遺伝子を隣に置いたことによるゲノム内の環境変化に起因する間接的な結果ではなく，導入した変異による特異的なものであることを確認しなければならないことである。そのためには，さらに複雑な2段階の遺伝子置換を使う（図 6.19）。まず標的遺伝子をマーカー遺伝子で置き換え，この組換えが起こった細胞をマーカー遺伝子の表現型を選択することにより同定する。次にこれらの細胞に2つ目の遺伝子置換を行い，マーカー遺伝子を変異遺伝子で置き換え，それが成功したかどうかを今度はマーカー遺伝子の表現型を欠いた細胞を探すことによって調べる。これらの細胞は変異遺伝子をもち，その表現型を調べれば誘導した変異がタンパク質産物の機能に及ぼす影響を明らかにすることができる。

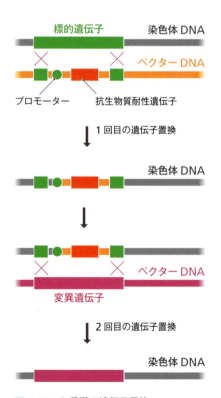

図 6.19　2段階の遺伝子置換

6.4 古典的な遺伝学的解析を用いて遺伝子の機能を同定する

6.2節の冒頭で，ゲノムの機能アノテーションは従来の遺伝学のアプローチとは逆であると述べた。従来の遺伝学が表現型から出発して，その原因となっている遺伝子ないしは遺伝子群を同定しようと試みるのに対し，機能アノテーションは遺伝子から出発して，その機能を発見しようと試みるからである。古典的なアプローチは**順遺伝学**（forward genetics），遺伝子から出発するアプローチは**逆遺伝学**（reverse genetics）と呼ばれることがある。ここまでは逆遺伝学のアプローチによるゲノムの機能アノテーションだけをみてきたが，それは順遺伝学がもはや重要でないということではない。それどころか，順遺伝学は現在でもゲノム研究のさまざまな分野において主流であり，特に**遺伝病**（inherited disease）の原因となるヒト遺伝子の同定では盛んに用いられている。

遺伝病の原因となるヒト遺伝子の同定

遺伝病はゲノム中の欠損によって引き起こされる疾患で，親から子孫へと継承される可能性がある。ただ1つの遺伝子の欠損によって引き起こされる**単一遺伝子疾患**（monogenic inherited disease）が，ヒトでは6,000以上も知られている。発生頻度は疾患によって大きく異なり，遺伝性乳がんや嚢胞性線維症のように数百から数千出生あたり1人にみられる頻度の高いものから，毎年数症例しか発生しない非常にまれな疾患もある（表6.3）。遺伝病はヒト以外の動物にもある。血統書つきのイヌの品種のように，人為的な繁殖が行われているために遺伝的多様性が低くなっている動物では特に多くみられる。

表現型の詳細がほとんどわかっていない場合でも，順遺伝学によって表現型にかかわる遺伝子を同定することが可能である。表現型の遺伝が単純なメンデル型の様式（3.3節）に従い，それゆえ単一の遺伝子によって支配されていることを確定するだけでよい。遺伝病であることが確定できたら，罹患者の家系からDNA検体を集めて家系解析を行い，疾患遺伝子とマッピングされたDNAマーカーの間の連鎖を決定する（3.4節）。この方法論をさらに詳しく説明するために，家系解析を逆遺伝学の手法と組み合わせて遺伝性乳がんの感受性遺伝子を同定するやり方をみていこう。

遺伝性乳がんの家系の最初の研究は，ヒトゲノム上にすでにマッピングされている制限断片長多型（RFLP；3.2節）と原因遺伝子の相対的な位置を決めることをめざしていた。

表6.3 英国における頻度の高い遺伝病の一部

疾患	症状	頻度
遺伝性乳がん	がん	女児300出生に1人
嚢胞性線維症	肺疾患	2,000出生に1人
ハンチントン病	神経変性疾患	2,000出生に1人
デュシェンヌ型筋ジストロフィー	進行性の筋力低下	男児3,000出生に1人
血友病A	血液疾患	男児4,000出生に1人
鎌状赤血球症	血液疾患	10,000出生に1人
フェニルケトン尿症	精神遅滞	12,000出生に1人
βサラセミア	血液疾患	20,000出生に1人
網膜芽細胞腫	眼のがん	20,000出生に1人
血友病B	血液疾患	男児25,000出生に1人
テイ・サックス病	失明，運動制御の喪失	200,000出生に1人

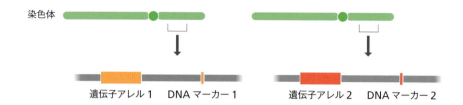

図 6.20　染色体上で互いに近くにある 2 つのマーカー間の連鎖不平衡　これら 2 つのマーカー間での組換えは起こりにくいので，特定のアレルの組合せ（この場合，遺伝子アレル 1 と DNA マーカー 1，遺伝子アレル 2 と DNA マーカー 2）が家系や個体群全体の中で優勢となる。

この研究によって，乳がんの発生率の高い家系では，患者の女性の多くが D17S74 と呼ばれる RFLP のアレルをもっていることがわかった。このことから，乳がん遺伝子はヒトゲノム上で D17S74 の近くにあるに違いないと考えられた。なぜなら，互いに近くにある 2 つのマーカー間では組換えは起こりにくく，それら 2 つのマーカーのアレルは一緒に遺伝するはずだからである（図 6.20）。これは **連鎖不平衡**（linkage disequilibrium）と呼ばれる。この例では，疾患遺伝子の変異アレルが D17S74 の片方のアレルと連鎖しており，この遺伝子の変異のないアレルが D17S74 のもう片方のアレルと連鎖している。このRFLP マーカーは 17 番染色体の長腕にマッピングされていたので，乳がん遺伝子もゲノム上の同じ場所，おそらくは q21 と呼ばれる染色体領域内に位置しているはずであると結論づけられた（図 6.21）。その後，別の家系解析において，q21 領域に存在することが知られていた短鎖縦列反復配列（short tandem repeat：STR）と乳がん遺伝子の連鎖を調べることで，より詳細な染色体上の位置（D17S1321 および D17S1325 と呼ばれる約 600 kb 離れている 2 つの STR の間）が決められた。

別の家系解析を繰り返して症例数を増やしていけば，おそらく乳がん遺伝子の位置をさらに細かく決めることはできたかもしれない。しかし，遺伝子をゲノム上の 1 Mb 以下の領域にマッピングできたのであれば，通常は逆遺伝学の手法でその同定が可能である。ゲノムアノテーションにより，D17S1321 と D17S1325 の間の領域には 60 以上の遺伝子が含まれることが知られており，そのうちのどれかが乳がん遺伝子だということになる。乳がん遺伝子は乳腺と卵巣の組織（卵巣がんは遺伝性乳がんとしばしば関連している）で発現しているだろうと考えられたため，これらの **候補遺伝子**（candidate gene）の発現パターンが検討された。期待された発現パターンを示す遺伝子については，他の哺乳類のゲノムに対して BLAST 検索が実行された。変異した際に疾患を起こすほど重要なヒト遺伝子であれば，他のさまざまな哺乳類にも相同遺伝子がみつかるはずだと考えられたからである。最後に，ここまでの解析でまだ候補遺伝子として残っている遺伝子群について，遺伝性乳がんの女性とそうでない女性とで塩基配列が調べられ，患者の遺伝子にのみ含まれるはずの疾患の原因変異が探された。これらの解析が完了した時点で最も有力な候補遺伝子は，22 個のエクソンを含む約 100 kb の遺伝子で，1,863 アミノ酸からなるタンパク質をコードしていた。後に BRCA1 と名づけられたこの遺伝子は，乳腺と卵巣の組織で発現しており，マウス，ラット，ウサギ，ヒツジ，ブタに相同遺伝子がみつかったが，ニワトリにはなかった。決定的なことに，5 つの罹患家系において，この遺伝子のアレルはタンパク質の機能を失わせる可能性のある変異をもっていた。その後の研究で，BRCA1 がコードしているタンパク質は転写調節と DNA 修復にかかわっており，また BRCA1 は異常な細胞分裂を妨げるがん抑制遺伝子としても働いていることがわかった。

ゲノムワイド関連解析によっても疾患やその他の形質の原因遺伝子を同定できる

家系解析は単一遺伝子疾患の原因遺伝子の同定には有効であったが，より複雑な遺伝的背景をもつ多くのヒト疾患ではそれほど成功していない。いくつかのがんや，冠動脈疾患，骨粗鬆症のような疾患は多遺伝子性であり，ただ 1 つの遺伝子ではなく同時に働く多く

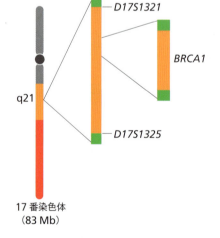

図 6.21　乳がん感受性遺伝子 BRCA1 のマッピング　この遺伝子はまず 17 番染色体長腕の q21 と呼ばれる領域にマッピングされた（左）。追加のマッピング実験によって，2 つの短鎖縦列反復配列（STR）座位（D17S1321 と D17S1325）に挟まれた 600 kb まで領域が狭められた（中央）。発現した配列を調べることにより，ついに BRCA1 の有力な候補が同定された（右）。

の遺伝子によって支配されている。多遺伝子性の形質の多くは量的であり，つまり患者はもっているアレルの組合せに応じて異なる度合いの感受性を示す。これが意味するところは，同じ家系の患者2人の遺伝型が異なっている可能性があるということである。このような状況では，疾患の表現型の遺伝は単純なメンデル型の様式には従わず，家系データを使って疾患とDNAマーカーを確信をもって結びつけることができなくなる。

ゲノムワイド関連解析（genomewide association study：**GWAS**）は，多遺伝子性の形質にも利用できる遺伝子同定のための代替アプローチである。GWASでは，DNAマーカーを個々の遺伝子に結びつけるのではなく，ゲノム全域から疾患に関連するマーカーすべてを同定することを試みる。これらのマーカーの位置から，多遺伝子性の形質の一部に寄与している候補遺伝子の位置が明らかとなる。GWASでは，その疾患に罹患している人としていない人を含む大規模なコホート（観察対象となる集団）と，それらの個体から得られたDNA検体についてタイピング（型判定）を行うDNAマーカーの巨大パネルが必要となる。DNA検体は，血液検体などの生体試料を集めた**バイオバンク**（biobank）から得られることが多い。検体は患者とボランティアからインフォームドコンセントを得たうえで提供されたもので，個人の病歴に関する詳細な情報を伴っている。DNAマーカーは一塩基多型（SNP）一択である。ヒトゲノム中の詳細な位置が知られている膨大な数のSNPが存在し，DNAチップ技術（3.2節）によって多数のSNPのタイピングが容易にできるからである。最も初期に行われたGWASの1つは，高齢者の視覚障害の原因となる加齢黄斑変性の研究においてであった。患者96人と対照50人について226,204のSNPをタイピングすることによって，この疾患と強い関連を示す2つのSNPが同定された。2つのSNPはいずれも，炎症応答の調節にかかわるタンパク質である補体因子Bをコードする遺伝子のイントロンに位置している。この遺伝子は，現在，加齢黄斑変性にかかわっていると考えられている5つの遺伝子（3本の染色体に分かれて存在する）のうちの1つである。

GWASを使った研究はしだいに大がかりになってきており，現在では高血圧のような非常に複雑な疾患についてもGWASが行われている。こうした研究では何万人ものコホートを対象に百万以上のSNPのタイピングが行われる。研究の規模を大きくすれば分解能が上がって，1回のスクリーニングで多数の座位の関連を同定することができるようになる。世界各国で行われた一連のGWASプロジェクトの結果，高血圧と関連を有する60以上の遺伝子が報告されている。GWASを使った研究はヒト以外の生物種でも行われており，例えば穀物では出穂期（植物が開花期に達するまでかかる時間），種子の数や重さのような複雑な形質に関連している遺伝子の同定に有効であることがわかっている。

まとめ

- 遺伝子の機能は相同性検索によって仮に割り当てることができる。相同遺伝子には進化的な関連があり，必ずではないが多くの場合，機能が類似しているからである。
- 保存された配列モチーフの同定も遺伝子の機能を決定するのに役立つことがある。
- 遺伝子の機能を実験によって解析する手法の多くは，その生物の表現型に与える遺伝子不活性化の影響を調べるものである。
- 遺伝子不活性化は機能が失われた遺伝子コピーを用いた相同組換えによって行うことができる。
- トランスポゾンの挿入，RNA干渉，CRISPR技術を利用して遺伝子不活性化を行うこともできる。

- 遺伝子の過剰発現も機能の評価に利用できる。
- 不活性化と過剰発現の実験はいずれも，表現系の変化を認識しにくく遺伝子の正確な機能が明らかにならないことがある。
- タンパク質の細胞内局在は，レポーター遺伝子の発現や免疫組織化学によって決定できる。
- 部位特異的変異導入によって，遺伝子機能のより詳細な研究を行うことができる。
- ヒトの疾患遺伝子候補は，家系解析やゲノムワイド関連解析によってみいだすことができる。

章末問題

短答式問題

1. オーソロガス遺伝子とパラロガス遺伝子の違いは何か？
2. BLAST検索がどのようにして実行されるか述べよ。また，このアプローチで遺伝子の機能を割り当てていくときに，なぜときどき間違いが起こるのか説明せよ。
3. タンパク質ドメインの同定はゲノム配列の機能解析にどのように利用されるか？
4. 遺伝子機能の分類に用いられるEC番号とGOシステムの主要な特徴を概略せよ。
5. 遺伝子機能の研究における相同組換えの役割について論じよ。
6. トランスポゾンタギング法による遺伝子不活性化について説明せよ。
7. RNA干渉とは何か？ それはどのように遺伝子機能の研究で利用されているか？
8. CRISPRシステムは真核生物の遺伝子の不活性化にどのように利用されているか？
9. 遺伝子機能の研究における遺伝子過剰発現の利用について概略を述べよ。
10. 遺伝子の不活性化と過剰発現の実験の，ゲノム配列の機能アノテーションにおける強みと弱みを比較せよ。
11. 免疫組織化学と部位特異的変異導入が遺伝子機能の理解にどのように利用されているか述べよ。
12. 遺伝病の原因遺伝子を同定するためのアプローチについて概略を述べよ。

論述式問題

1. 次のアミノ酸配列を問い合わせ配列としてBLAST検索（https://blast.ncbi.nlm.nih.gov/Blast.cgi）を実行せよ。
   GLSDGEWQLVLNVWGKVEADLAGHGQEVLIRLFKGHPETLEKFDKFKHLKSEKGSEDLKKHGNTVETALEGILKKKALELFKNDIAAKTKELGFLG
   このアミノ酸配列を含むタンパク質は何か？ この検索によってみつかった相同配列の多くは，オーソロガス遺伝子かパラロガス遺伝子か？
2. 次のアミノ酸配列をもつ重要なタンパク質ドメインがある。
   KRARTAYTRYQTLELEKEFHFNRYLTRRRRIEIAHALCLSERQIKIWFQNRRMKWKKDN
   ドメインを同定し，その機能を説明せよ。
3. 遺伝子不活性化を利用した研究によって，ゲノム中のいくつかの遺伝子には冗長性があることがわかってきた。つまり，同じ機能をもつ遺伝子が存在し，不活性化させても生物の表現型には影響しない。遺伝子の冗長性に関して，どのような進化上の疑問が生じるだろうか？ また，その疑問に対してどのような答えが考えられるか？
4. 生物におけるRNA干渉の本来の役割を探究せよ。
5. 限界はあるものの，過剰発現の実験は機能がわかっていない遺伝子の機能に関する重要な情報を提供してきた。機能解析におけるこの手法の全般的な可能性について評価せよ。

推薦図書と参考文献

コンピュータ解析による機能割り当て

Altschul, S.F., Gish, W., Miller, W., et al. (1990) Basic local alignment search tool. *J. Mol. Biol.* 215:403–410. BLASTプログラム。

NCBI BLAST. National Center for Biotechnology Information https://blast.ncbi.nlm.nih.gov/Blast.cgi 塩基配列やアミノ酸配列の相同性検索を実行するためのオンラインツール。

Friedberg, I. (2006) Automated protein function prediction—the genomic challenge. *Brief. Bioinform.* 7:225–242.

Henikoff, S. and Henikoff, J.G. (1992) Amino acid substitution matrices from protein blocks. *Proc. Natl Acad. Sci. U S A* 89:10915–10919. アミノ酸間の化学的類似性をもとに配列類似性スコアを計算する方法。

Lee, D., Redfern, O. and Orengo, C. (2007) Predicting protein function from sequence and structure. *Nat. Rev. Mol. Cell Biol.* 8:995–1005.

Pek, J.W., Anand, A. and Kai, T. (2012) Tudor domain proteins in development. *Development* 139:2255–2266.

RNA干渉の研究

Fraser, A.G., Kamath, R.S., Zipperlen, P., et al. (2000) Functional genomic analysis of *C. elegans* chromosome I by systematic RNA interference. *Nature* 408:325–330.

Kittler, R., Putz, G., Pelletier, L., et al. (2004) An endoribonuclease-prepared siRNA screen in human cells identifies genes essential for cell division. *Nature* 432:1036–1040.

Novina, C.D. and Sharp, P.A. (2004) The RNAi revolution. *Nature* 430:161–164.

Sönnichsen, B., Koski, L.B., Walsh, A., et al. (2005) Full-genome RNAi profiling of early embryogenesis in *Caenorhabditis elegans*. *Nature* 434:462–469.

CRISPR

Kim, H. and Kim, J.-S. (2014) A guide to genome engineering with programmable nucleases. *Nat. Rev. Genet.* 15:321–334.

Shalem, O., Sanjana, N.E. and Zhang, F. (2015) High-throughput functional genomics using CRISPR-Cas9. *Nat. Rev. Genet.* 16:299–311.

遺伝子不活性化のさまざまな手法

Evans, M.J., Carlton, M.B.L. and Russ, A.P. (1997) Gene trapping and functional genomics. *Trends Genet.* 13:370–374. ES細胞の使用。

Ross-Macdonald, P., Coelho, P.S.R., Roemer, T., et al. (1999) Large-scale analysis of the yeast genome by transposon tagging and gene disruption. *Nature* 402:413–418.

Wach, A., Brachat, A., Pöhlmann, R. and Philippsen, P. (1994) New heterologous modules for classical or PCR-based gene disruptions in *Saccharomyces cerevisiae*. *Yeast* 10:1793–1808. 相同組換えによる遺伝子不活性化。

過剰発現，免疫細胞化学，部位特異的変異導入

Carrigan, P.E., Ballar, P. and Tuzmen, S. (2011) Site-directed mutagenesis. *Methods Mol. Biol.* 700:107–124.

Kunkel, T.A. (1985) Rapid and efficient site-specific mutagenesis without phenotypic selection. *Proc. Natl Acad. Sci. U S A* 82:488–492. オリゴヌクレオチド誘導変異導入。

Ramos-Vara, J.A. (2005) Technical aspects of immunohistochemistry. *Vet. Pathol.* 42:405–426.

Tsien, R. (1998) The green fluorescent protein. *Annu. Rev. Biochem.* 67:509–544. レポーター遺伝子系。

古典的遺伝学による遺伝子機能の同定

Bush, W.S. and Moore, J.H. (2012) Genome-wide association studies. *PLoS Comput. Biol.* 8:e1002822.

Hall, J.M., Lee, M.K., Newman, B., et al. (1990) Linkage of early-onset familial breast cancer to chromosome 17q21. *Science* 250:1684–1689.

Huang, X. and Han, B. (2014) Natural variations and genome-wide association studies in crop plants. *Annu. Rev. Plant Biol.* 65:531–551.

Miki, Y., Swensen, J., Shattuck-Eidens, D., et al. (1994) A strong candidate for the breast and ovarian cancer susceptibility gene *BRCA1*. *Science* 266:66–71.

第II部　ゲノムの構成

真核生物の核ゲノム

7章

7.1 核ゲノムは染色体に含まれている

7.2 核ゲノム上に遺伝子はどのように配置されているのか

7.3 遺伝子はいくつ存在し，その機能は何であろうか

7.4 真核生物の核ゲノムにみられる反復DNA配列の存在量

　ここからの3つの章では，この地球上にみいだされるさまざまなタイプのゲノムの構成について概説する．ゲノムは大きく3種類に分けることができるので，3つの章でそれぞれについてみていきたい．
- 真核生物の核ゲノム（第7章）．われわれにとって最も興味のあるゲノムであるヒトゲノムを含む．
- 原核生物ゲノムと真核生物の細胞小器官ゲノム（第8章）．真核生物の細胞小器官は古代の原核生物に由来しているので，この2つは一緒にみていく．
- ウイルスゲノムと転位性遺伝因子（第9章）．転位性遺伝因子の中にはウイルスゲノムと関連するものがあるので，この2つは一緒にみていく．

7.1　核ゲノムは染色体に含まれている

　核ゲノム（nuclear genome）はいくつかの直鎖状DNA分子に分かれており，それぞれが1本の染色体を構成している．その例外は知られておらず，これまでに解析されたすべての真核生物は少なくとも1本の染色体をもち，DNA分子は常に直鎖状である．唯一，違いがみられるのは染色体の数だが，それぞれの生物の特徴とは関係ないようである．例えば，出芽酵母（*Saccharomyces cerevisiae*）の染色体数は16であり，キイロショウジョウバエ（*Drosophila melanogaster*）の4倍である．トビキバハリアリ（*Myrmecia pilosula*）の染色体数はわずかに1であり，インドキョンの染色体数は4である．染色体数はゲノムサイズとも相関しない．サンショウウオの中にはヒトの30倍ものサイズのゲノムをもつものがいるが，染色体数は半分である．こうした比較は興味深いが，現時点ではゲノム自体について何ら有用な情報を与えてくれない．これらはむしろ，ゲノム構造の形成にかかわってきた進化上の出来事が，生物種によって異なっていることを反映している．

染色体はそこに含まれるDNA分子の長さよりずっと短い

　細胞分裂に際して，それぞれのヒト染色体はわずか数μmの長さの凝縮した構造をとる．それに対して，ヒトゲノムを構成する24のDNA分子は，最も短いもので1.6 cm，最も長いものは8.5 cmであり，平均の長さは4 cmを超える．したがって，DNA分子を染色体におさめるためには，高度に組織化された折りたたみシステムが必要である．DNAの折りたたみ状態は遺伝子の発現に影響するので（第10章），ゲノムがどのように機能する

図 7.1　ヒトの核から抽出したクロマチンのヌクレアーゼ保護アッセイ　穏やかな方法で核からクロマチンを抽出し，ヌクレアーゼで処理する。(左) 結合タンパク質間の各リンカー領域ごとに平均して 1 カ所だけ DNA が切断されるような限定条件下でヌクレアーゼ処理を行う。タンパク質を除去した後，DNA 断片をアガロース電気泳動で分離すると，その長さは 200 bp またはその整数倍であることがわかる。(右) ヌクレアーゼ処理を完全に行うと，リンカー領域の DNA はすべて切断され，DNA 断片の長さはすべて 146 bp となる。以上の結果から，この形態のクロマチンでは，146 bp の DNA が緊密に結合したタンパク質複合体が，DNA に沿って 200 bp の規則的な間隔で並んでいることがわかる。

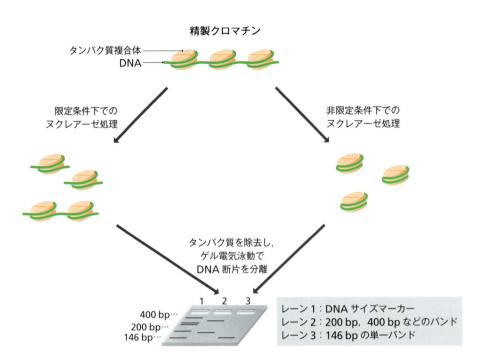

かを考える前に，この折りたたみシステムを理解しておかなければならない。

1970 年代初頭，生化学的解析と電子顕微鏡解析により，DNA の折りたたみの研究において重要な発見があった。当時，核 DNA が**ヒストン**（histone）と呼ばれる DNA 結合タンパク質群と結合していることはすでに知られていたが，結合様式の詳細は明らかでなかった。1973 年から 1974 年にかけて，いくつかの研究グループが，クロマチン構造をできる限り維持するような穏やかな方法で核から抽出した**クロマチン**（chromatin；DNA-ヒストン複合体）を使って，**ヌクレアーゼ保護アッセイ**（nuclease protection assay）を行った。ヌクレアーゼ保護アッセイでは，タンパク質との結合によって保護されていない DNA のみが切断されるように調節した条件で，クロマチンをヌクレアーゼ処理する。切断によって生じた DNA 断片のサイズにより，もとの DNA 分子上での DNA-タンパク質複合体の位置がわかる（図 7.1）。精製クロマチンをヌクレアーゼで限定分解すると，ほとんどの DNA 断片の長さは約 200 bp またはその整数倍となることから，規則的な間隔でヒストンが DNA に配置されていることが示唆された。

こうした生化学的解析の結果は，1974 年，精製クロマチンの電子顕微鏡写真が得られたことで裏づけられた。すなわち，ヌクレアーゼ保護アッセイで示唆されていたヒストンの規則的な配置が，DNA の紐に沿って規則的に並ぶタンパク質のビーズとして観察されたのである（図 7.2A）。別の生化学的解析によって，おのおののビーズ，すなわち**ヌクレオソーム**（nucleosome）は，ヒストン H2A，H2B，H3，H4 をそれぞれ 2 つずつ，合計 8 つのヒストンを含むことが明らかとなった。構造研究により，これら 8 つのタンパク質は円筒形の**コア八量体**（core octamer）を形成し，その外側に DNA が 2 回巻きついていることがわかった（図 7.2B）。生物種によって異なるが，140〜150 bp の DNA が 1 つ

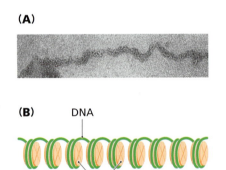

図 7.2　ヌクレオソーム　(A) 精製クロマチンの電子顕微鏡写真。数珠状構造をとっていることがわかる。(B) 数珠状構造のモデル。おのおののビーズ，すなわちヌクレオソームは，円筒形のコア八量体の外側に DNA が 2 回巻きついてできている。コア八量体は 8 つのタンパク質からなる。ヒストン H3 と H4 それぞれ 2 つずつが中央の四量体を形成し，その上下に H2A-H2B 二量体が 1 つずつ結合している（図 7.4 参照）。(C) ヌクレオソームに対するリンカーヒストンの正確な位置はわかっていないが，ここに示したようにリンカーヒストンは留め金として働き，DNA がヌクレオソームからはずれないようにしていると考えられている。(A：Barbara Hamkalo, University of California, Irvine の厚意による)

のヌクレオソームに含まれており，各ヌクレオソームは50〜70 bpの**リンカーDNA** (linker DNA) によって隔てられている．したがって，ヌクレアーゼ保護アッセイで示されていたとおり，反復単位は190〜220 bpとなる．

コア八量体を形成するヒストンに加えて，別の一群のヒストンが存在する．これらは**リンカーヒストン** (linker histone) と呼ばれ，互いによく似ている．ヒトの場合，ヒストンH1.0〜H1.5，H1oo，H1t，H1xがある．それぞれのヌクレオソームに1つのリンカーヒストンが結合して**クロマトソーム** (chromatosome) を形成しているが，リンカーヒストンの正確な位置はわかっていない．リンカーヒストンが留め金として働き，巻きついたDNAがヌクレオソームからはずれないようにしているという古典的なモデルが構造研究により支持されている（図7.2C）．しかし，少なくとも一部の生物種では，リンカーヒストンはヌクレオソームの外側（留め金として働く場合に想定される位置）ではなく，コア八量体とDNAの間に挿入されていることが示唆されている．

図7.2Aに示した**数珠状構造** (beads-on-a-string structure) は，生きている核の中ではまれにしかみられない，緩んだ構造のクロマチンを表していると考えられている．1970年代半ばに開発された穏やかな細胞破壊法により，幅が約30 nmでより凝縮度の高い**30 nm線維** (30 nm fiber) と呼ばれる複合体の存在が示された．どのようにヌクレオソームが集合して30 nm線維を形成しているのかは詳しくわかっていないが，いくつかのモデルが提唱されている．そのうちの2つを図7.3に示す．1つは，30 nm線維内の個々のヌクレオソームがリンカーヒストンを介した相互作用によって集合しているとするモデル，もう1つは，ヌクレオソームの外側までのびたコアヒストンのテール（尾部）がヌクレオソームの集合に関与しているとするモデルである（図7.4）．後者の仮説は魅力的である．というのも，これらのテールが化学修飾を受けることで30 nm線維が開かれ，その領域に存在する遺伝子が活性化されるからである（10.2節）．

中期染色体の特徴

30 nm線維は，**細胞周期** (cell cycle) の核分裂と核分裂の間にあたる**間期** (interphase) におけるクロマチンの主要な構造であると考えられている．核が分裂する際には，DNAはより凝縮した構造をとり，凝縮度の高い**中期染色体** (metaphase chromosome) となる．これが光学顕微鏡で観察できる染色体の形態であり（図7.5），染色体といえば普通は中

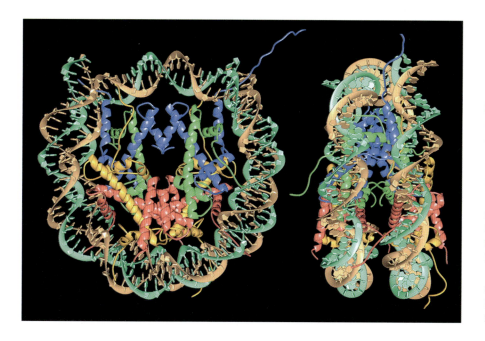

図7.3 30 nm線維の2つのモデル ソレノイドモデル（A）が何年間も支持されていたが，クライオ電子顕微鏡によって得られた最近の知見は，らせん状リボンモデル（B）を支持している．ソレノイドモデルでは1本の数珠状構造がコイルを形成しているのに対し，らせん状リボンモデルでは2本の数珠状構造が互いに巻きつき合っている．(Dorigo B, Schalch T, Kulangara A et al. [2004] *Science* 306:1571–1573 より American Association for the Advancement of Scienceの許諾を得て掲載)

図7.4 2つの方向からみたヌクレオソームコア八量体の構造 左の図は円筒形のコア八量体を上から下に向かって見下ろしたもので，右の図は横からみたもの．コア八量体に巻きついたDNAの2本の鎖を茶色と緑色で示している．コア八量体は，ヒストンH3（青色）とH4（黄緑色）それぞれ2つずつからなる中央の四量体と，その上下に位置する1対のH2A–H2B二量体（橙色と赤色）により構成されている．コア八量体から各ヒストン分子のN末端テールが突き出していることに注意．(Luger K, Mäder AW, Richmond RK et al [1997] *Nature* 389:251–260 より Macmillan Publishers Ltd. の許諾を得て掲載)

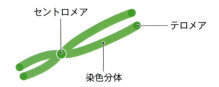

図 7.5 中期染色体の模式図 中期染色体は DNA 複製が行われた後に形成されるので，おのおのの染色体は，実際には 2 本の染色分体がセントロメアで寄り合わさったものである。染色分体の末端にはテロメアと呼ばれる構造がある。

期染色体の形態が頭に浮かぶ。中期染色体は細胞周期において DNA 複製が行われた後に形成されるので，おのおのの染色体は DNA 分子を 2 コピーもっている。これら 2 コピーの DNA 分子は**セントロメア** (centromere) で寄り合わさっており，セントロメアの位置は染色体ごとに決まっている。染色体の腕の部分（染色体腕）は**染色分体** (chromatid) と呼ばれ，その末端には**テロメア** (telomere) と呼ばれる構造がある。染色分体は染色体ごとに長さが異なるため，染色分体の長さとセントロメアの位置によって個々の染色体を区別できる。染色体を染色すれば，さらにはっきりとした特徴がわかる。多種多様な染色法があり（表 7.1），いずれも染色体ごとに特徴的な縞模様の染色パターン（バンドパターン）を示す。したがって，ある生物の染色体セットは，各染色体のバンドパターンを示した**カリオグラム** (karyogram；核型図) として表すことができる。ヒトのカリオグラムを図 7.6 に示す。

ヒトのカリオグラムは大部分の真核生物を代表するものといってよいが，生物によってはヒトのゲノムにはみられない変わった特徴をもつものがある。それには次のようなものがある。

- **小染色体** (microchromosome)。鳥類や，ある種の魚類，爬虫類，両生類に存在する。20 Mb 以下の比較的短いサイズであるが，多くの場合，遺伝子密度が高い。ニワトリのゲノムは 38 本の常染色体と，Z および W と呼ばれる 2 本の性染色体に分かれている。38 本の常染色体のうち，5 本は 50 Mb 以上の長さをもつ**大染色体** (macrochromosome) に分類され，これらはヒトの染色体のサイズに相当する。それ以外の 33 本の常染色体のうち，5 本は 20〜50 Mb の長さの中染色体 (intermediate chromosome)，28 本が小染色体で，その多くは 10 Mb 以下，いくつかは 1 Mb 以下である。小染色体上には 1 Mb あたり 13〜42 の遺伝子が存在するのに対し，大染色体では 1 Mb あたり 9〜16 しか存在しない。それゆえ，小染色体の遺伝子密度は大染色体のおよそ 2〜3 倍も高いことになる。

- **B 染色体** (B chromosome)。集団中の一部の個体のみがもつ余分な染色体で，植物によくみられるが，菌類，昆虫，動物でも知られている。核分裂の際の異常によって，正常な染色体が断片化したもののようである。遺伝子（rRNA 遺伝子が多い）を含むものもあるが，これらが機能遺伝子であるかどうかは不明である。B 染色体は生物学的特性に影響を与える可能性があり，例えば植物では生存能力の低下と関連している。B 染色体は遺伝様式が不規則なので，細胞系列から徐々に失われると考えられている。

- **分散型動原体染色体** (holocentric chromosome；ホロセントリック染色体) は，セントロメアを 1 つだけもっているのではなく，セントロメアとして働く多数の構造が全長にわたって散在している。線虫 (*Caenorhabditis elegans*) にはこの染色体が存在する。

表 7.1 染色体のバンドパターンを観察するための染色法

染色法	手順	バンドパターン
G バンド法	タンパク質を限定分解後，ギムザ染色	濃いバンドは AT が豊富，薄いバンドは GC が豊富
R バンド法	熱変性後，ギムザ染色	濃いバンドは GC が豊富，薄いバンドは AT が豊富
Q バンド法	キナクリン染色	濃いバンドは AT が豊富，薄いバンドは GC が豊富
C バンド法	水酸化バリウムで変性後，ギムザ染色	濃いバンドは構成的ヘテロクロマチン（10.1 節参照）を含む

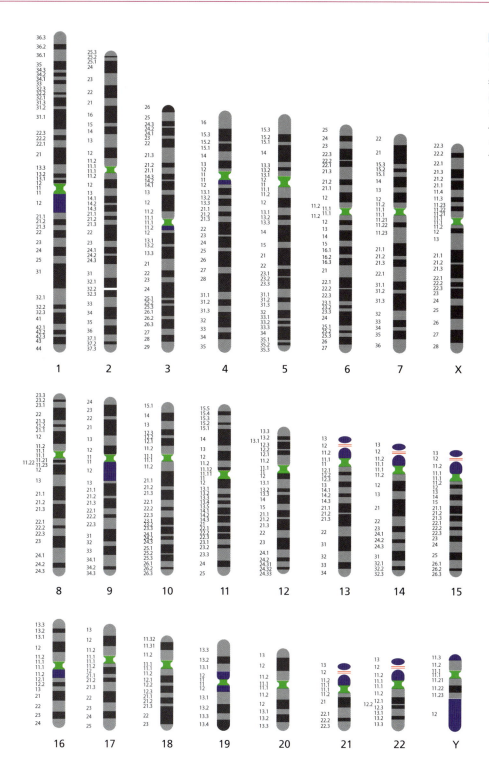

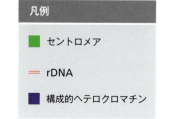

図7.6 ヒトのカリオグラム G バンド法によって得られたヒト染色体のバンドパターンを示している。それぞれの染色体の下に染色体番号を，左にバンド番号を記してある。rDNA は rRNA 遺伝子の多数のコピーがクラスターを形成している領域を示す（7.3 節）。構成的ヘテロクロマチンは，ほとんどあるいはまったく遺伝子を含まない高度に凝縮したクロマチンである（10.1 節）。

セントロメアとテロメアにおける DNA-タンパク質相互作用

　セントロメアやテロメアの DNA とその結合タンパク質には，セントロメアやテロメアがもつ特殊な機能に関連した特徴がある。

　高等真核生物のセントロメアの塩基配列に関する理解の最初のブレークスルーは，シロイヌナズナ（*Arabidopsis thaliana*）の研究によってもたらされた。シロイヌナズナは遺伝学的解析が容易で，その DNA 配列上のセントロメアの位置がかなり正確にわかっている。セントロメア領域には反復配列が非常に多く，そのため正確な塩基配列を決定することが

図 7.7　出芽酵母のセントロメア DNA
CDE I は 9 bp，CDE II は 80〜90 bp，CDE III は 11 bp の長さである。セントロメア DNA の一部とみなされている隣接領域も含め，その全長は約 120 bp である。

難しいので，ゲノム配列から除外されることがしばしばある。しかし，2000 年に終了したシロイヌナズナのゲノム塩基配列決定プロジェクトでは，セントロメア配列の解析に特に注意が払われた。シロイヌナズナのセントロメアは 0.4〜3.0 Mb の領域を占め，ほとんどが 178〜180 bp の反復配列によって構成されている。シロイヌナズナのゲノム配列が決定されるまでは，セントロメア DNA のほぼすべてがこの反復配列によって構成されていると考えられていた。しかし，シロイヌナズナのセントロメアは，この反復配列に加え，ゲノム全体に散在するさまざまな反復配列も多数含んでいたのである。現在では，ほとんどの生物種のセントロメア DNA が，シロイヌナズナのものと同様の構成をもつことがわかっている。例えばヒトのセントロメアは 1〜5 Mb の領域を占めているが，そのうちの 1〜4 Mb が**アルフォイド DNA**（alphoid DNA）と呼ばれる 171 bp の反復配列によって構成され，残りの領域は長さが 70 bp 以下の他の反復配列のファミリーによって構成されている。

　シロイヌナズナやヒトにみられるこのようなセントロメア DNA の構成パターンは，ほとんどすべての真核生物で観察される。このようなセントロメアを，染色体 DNA の一定の領域を占めるセントロメアという意味で，**領域セントロメア**（regional centromere）と呼ぶ。一方，**点セントロメア**（point centromere）と呼ばれる出芽酵母のセントロメアは，反復 DNA 配列を含まず，約 120 bp の短い単一コピーの配列である。この配列は CDE I および CDE III と呼ばれる 2 つの短い配列と，その間に位置する CDE II と呼ばれる長い配列からなる（図 7.7）。CDE II の塩基配列は多様であるが，常にアデニンとチミンに非常に富んでいる。一方，CDE I と CDE III の塩基配列は高度に保存されており，16 本ある酵母染色体の間で互いによく似ている。CDE II に変異が起こってもセントロメアの機能に影響がみられることはまれだが，CDE I と CDE III の変異は通常セントロメアの形成を妨げる。短く反復配列を含まない酵母のセントロメア DNA は，セントロメア DNA がタンパク質と相互作用して機能的なセントロメアを形成する過程の理解に大きな進展をもたらした。重要な役割を果たしているのは，Cse4 と呼ばれる特別な染色体タンパク質である。Cse4 はヒストン H3 と構造が類似しており，ヒストン H3 との交換でセントロメアのヌクレオソーム中に導入される。このヌクレオソームの正確な構成はわかっていないが，おそらくヒストン H3 が Cse4 に交換されただけで，通常のヌクレオソームと同じ八量体を形成しているものと思われる。ただし，Cse4 とヒストン H2A，H2B，H4 を 1 つずつ含むヘミソーム（hemisome），あるいは Cse4 とヒストン H4 を 2 つずつ含むテトラソーム（tetrasome）も，別の可能性として考えられる。Cse4 とは別に，2 種類のタンパク質 Cbf1 と Cbf3 は CDE I と CDE III にそれぞれ結合し，さらに**動原体**（kinetochore）を構成する 20 種類ほどのタンパク質の少なくともいくつかとも結合する。動原体は 1 対の染色分体を娘核に引き寄せる微小管の結合点として働く（図 7.8）。酵母の点セントロメアに関する上述のモデルは，その他の真核生物の領域セントロメアにも適用できるようである。領域セントロメアの場合，ヒストン H3 は CENP-A というタンパク質に交換される。しかし，領域セントロメアには多くのヌクレオソームが含まれており，すべてのヌクレオソームで交換が起きるのかどうかは不明である。

　染色体の第 2 の重要な構造は，テロメアと呼ばれる末端領域である。テロメアは染色体末端の目印となるため重要であり，この目印によって細胞は染色体切断によって生じた異常な末端と本物の末端とを区別することができる。細胞は前者を修復しなければならないが，後者を修復してはいけない。ヒトのテロメア DNA は 5′-TTAGGG-3′ という反復配列の数百ものコピーからなり，二本鎖 DNA 分子の 3′ 末端が少し突出した形で存在する（図 7.9）。TRF1, TRF2, POT1 を含む一群の**テロメア結合タンパク質**（telomere-binding protein）がテロメア反復配列に結合し，他のタンパク質とともに**シェルタリン**（shelterin）

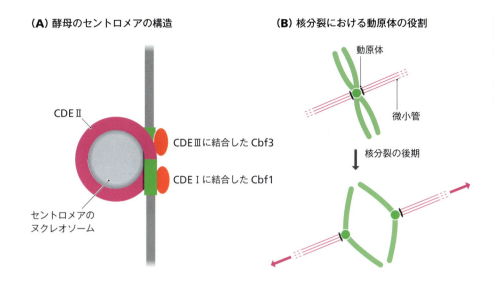

図7.8 **酵母のセントロメア** (A) 酵母のセントロメアにおけるDNA-タンパク質相互作用。タンパク質とDNA領域の正確な位置関係はわかっておらず、この図は模式的なものである。(B) 核分裂における動原体の役割。核分裂の後期に、各染色分体は動原体に結合した微小管の収縮により分離する。

と呼ばれる構造を形成する。この構造は、テロメアをヌクレアーゼによる分解から保護するとともに、DNA複製の際にテロメア長を維持する酵素の活性を制御する。

7.2 核ゲノム上に遺伝子はどのように配置されているのか

ここまで、われわれは真核生物の核ゲノムの物理的構造について学んだ。ここからは、どのような遺伝子がどのようにゲノム上に配置されているかについて考えてみよう。

遺伝子はゲノム上に均一に分布しているのではない

真核生物ゲノムに含まれる遺伝子とその相対的な位置に関するわれわれの知識のほとんどは、第5章と第6章で述べたような、バイオインフォマティクスと実験的手法を利用したゲノム配列の解析によって得られてきた。ゲノム塩基配列決定が一般的になる以前に、少なくとも酵母、ショウジョウバエ、ヒトのようによく研究されている生物種については、連鎖解析によって一部の遺伝子のマッピングとその機能の決定が可能であった。また、個々の遺伝子の多くや、染色体上の狭い領域については、DNA配列も知られていた。後者の例としては、β鎖様グロビン遺伝子クラスターを含むヒト11番染色体上の65 kbの領域があげられる（図7.19参照）。したがって当時の遺伝学者たちは、例えばヒトのゲノム上における遺伝子の分布について大まかにではあるが幅広く理解していたし、クローニングが行われ塩基配列が決定された遺伝子の構造については詳しい知識をもっていた。

ゲノム塩基配列決定が一般的になる前の研究による1つの成果は、遺伝子は真核生物の染色体上に均一に分布しているのではないことがわかったことであった。2つの観察結果が、遺伝子の不均一な分布を示唆していた。1つは、染色体を染色したときに現れるバンドパターンである。この手法で用いられる色素（表7.1参照）はDNAに結合するが、多くの場合、特定の塩基対に強く結合する。例えば、ギムザ染色はアデニンとチミンに富むDNA領域に対する親和性が高い。したがって、ヒトのカリオグラム（図7.6参照）で濃く染まっているGバンドは、アデニンとチミンに富むゲノム領域と考えられる。ヒトゲノムの塩基組成は全体の59.7%がアデニンまたはチミンなので、濃いGバンドのAT含量は60%よりもかなり高いはずである。一方、遺伝子のAT含量は通常45〜50%であるため、濃いGバンドに含まれる遺伝子は少ないだろうと細胞遺伝学者たちは予測した。

遺伝子の不均一な分布を示すもう1つの証拠は、ゲノム構成の**アイソコアモデル**

図7.9 **テロメア** ヒトのテロメア末端の塩基配列。3′突出末端の長さはそれぞれのテロメアで異なっている。

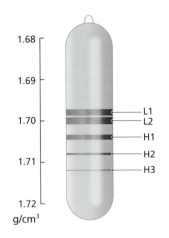

図7.10　等密度遠心分離法により分離されたアイソコアと考えられるDNAバンド　約100 kbの長さに断片化したヒトDNAは，等密度遠心分離法により5つのバンドに分離される。これらのバンドの浮遊密度は，それぞれ1.698，1.700，1.704，1,712 g/cm³である。それぞれのバンドに含まれるDNAはGC含量が異なっている。アイソコア理論によれば，L1とL2はアデニンとチミンに富むアイソコアであり，H1，H2，H3はグアニンとシトシンに富むアイソコアである。

(isochore model) から得られた。1980年代初頭に提唱されたこのモデルによれば，真核生物ゲノムはさまざまな部分領域のモザイクであり，それぞれの部分領域は300 kb以上の長さで均一な塩基組成をもち，隣接する部分領域の組成とは異なる。このアイソコアモデルは次のような実験により支持された。まずゲノムDNAを約100 kbの断片に切断し，アデニンとチミン，またはグアニンとシトシンに富む領域に対して特異的に結合する色素で処理した後，**等密度遠心分離法**（isopycnic centrifugation）によって分離する。この方法は**浮遊密度遠心分離法**（buoyant density centrifugation）とも呼ばれ，8 M塩化セシウムのような高密度溶液の上にDNA断片を重層し，45万g以上の遠心力で数時間遠心分離する。遠心力によって一部の塩化セシウム分子は底に向かって移動し，遠心管内に密度勾配が形成される。それぞれのDNA断片も遠心管の底に向かって移動するが，その**浮遊密度**（buoyant density）と塩化セシウム溶液の密度が釣り合った位置で止まる。DNA断片の浮遊密度はさまざまな要因によって決まるが，その要因の1つが構造である（直鎖状，環状，超らせん状態をとる同じDNA分子は，それぞれ浮遊密度が異なる）。しかし分子がすべて直鎖状であれば，浮遊密度はおもにGC含量によって決まる。したがって，浮遊密度がわかればGC含量は次の計算式で求めることができる。

$$GC\ 含量\ (\%) = \frac{浮遊密度\ (g/cm^3) - 1.660}{0.098} \times 100$$

この実験をヒトDNAで行うと5つの画分がみられ，それぞれが特有の塩基組成をもつ異なるアイソコアであるとされた。アデニンとチミンに富む浮遊密度の低い2つのアイソコア（L1，L2）と，グアニンとシトシンに富む浮遊密度の高い3つのアイソコア（H1，H2，H3）である（図7.10）。このうちH3はヒトゲノム内で最も少なく全体の3%しかないが，遺伝子の25%以上を含む。このことは遺伝子がヒトゲノム上に均一に分布していないことを明確に示している。

その後，真核生物ゲノムの塩基配列が決定されたことで，それぞれの染色体上には遺伝子が不均一に分布していることが確認された。例えば，シロイヌナズナのゲノム上での遺伝子密度は平均で100 kbあたり25遺伝子であるが，遺伝子が非常に少ないセントロメアやテロメアを除いても，遺伝子密度は100 kbあたり1遺伝子から38遺伝子まで幅がある。図7.11では，この植物の5本の染色体のうち最も長いものを例として示している。同じことがヒトゲノムについてもいえる。いくつかの染色体上には数**メガ塩基対**（megabase pair：Mb）にわたって遺伝子密度が非常に低い**遺伝子砂漠**（gene desert）が存在する。タンパク質コード遺伝子の分布についても，染色体間で非常に不均一であり，13番染色体の1 Mbあたり3.16遺伝子から，19番染色体の1 Mbあたり22.61遺伝子まで幅がある。Gバンドに含まれる遺伝子は少ないだろうという予測は，ある程度まで正

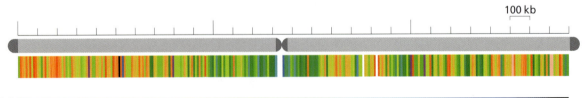

図7.11　シロイヌナズナの5本の染色体のうち最も長いものの遺伝子密度　29.1 Mbの長さの1番染色体。塩基配列が決定された部分を薄い灰色で，セントロメアとテロメアを濃い灰色で示している。染色体の下に遺伝子密度を疑似カラー（低密度が濃紺，高密度が赤色）で表示してある。遺伝子密度は100 kbあたり1遺伝子から38遺伝子まで幅がある。（The Arabidopsis Genome Initiative [2000] *Nature* 408:796–815よりMacmillan Publishers Ltd. の許諾を得て掲載）

しかった。というのは，しばしばGバンドにはイントロンを多数もつ長大な遺伝子が数個だけ含まれていることがあり，ときには1つの遺伝子がバンド全体を占めていることさえあるからである。一方，アイソコアモデルの形勢はあまり芳しいものではない。アイソコアモデルの提唱者たちは，アイソコアがすべてとはいわないまでもほとんどの真核生物ゲノムに検出されると今でも主張している。しかしゲノム配列の解析から，真核生物の染色体に沿った塩基組成の変化のパターンは実際にはずっと複雑であることがわかり，アイソコア理論ではこれらを単純化しすぎているのではないかと考えられている。例えば哺乳類ゲノムはGC含量が均一な部分領域を確かに含んではいるが，これらの均一な部分領域はすべて合わせてもゲノム全体の3分の2を占めるにすぎない。残りの領域のGC含量はさまざまで，他から区別できるような部分領域を形成していない。GC含量が均一な部分領域の長さはほとんどが100 kb以下であり，アイソコアとして想定されている300 kb以上の長さのものはたった2％（ゲノム全体の28％以下）しかない。結局，アイソコア理論は間違った理論なのかもしれない。しかし仮に間違っていたとしても，ゲノム塩基配列決定がまだ一般的でない時代にゲノム構造に関する考察を分子生物学者たちに促したという点において，アイソコア理論が重要な役割を果たしたことは事実である。

ヒトゲノムの一部分を観察する

真核生物では染色体上での遺伝子密度が均一でないため，その一部分の遺伝子構成をもってゲノム全体を代表する領域とみなすことは難しい。こうした難しさはあるが，異なる真核生物間では遺伝子構成の全体像がかなり異なっていることは明らかである。このような差異は，ゲノムの遺伝学的特徴や進化的歴史の違いを反映しているため，理解しておく必要がある。この点について論じるにあたり，まずヒトゲノムの短い一部分を詳しく観察してみることにしよう。

われわれがこれから観察しようとしている領域（図7.12）は，ヒト1番染色体長腕の中央付近にあり，200 kbの長さで，塩基位置 55,000,000～55,200,000 に相当する。この領域は次の特徴をもっている。

- 次の3つのタンパク質コード遺伝子の全体もしくは一部分が含まれる。
  - 塩基位置 54,998,944 からはじまる *BSND* 遺伝子の続きの部分。この遺伝子は塩素イオンチャネルタンパク質をコードする。これは膜タンパク質で，塩素イオンをはじめとするさまざまなイオンが細胞に出入りするための小孔を形成す

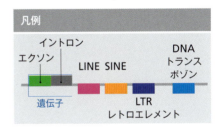

図 7.12　ヒトゲノムの 200 kb の領域　この領域はヒト1番染色体の塩基位置 55,000,000～55,200,000 に相当する。遺伝子領域のうち，エクソンは緑色，イントロンは灰色で示している。（UCSC Genome Browser, hg38 assembly のデータによる）

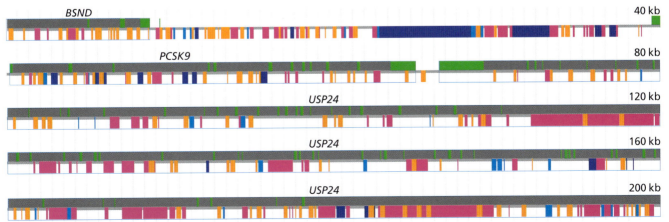

- *PCSK9* 遺伝子は，プロタンパク質転換酵素ズブチリシン / ケキシン 9 型（pro-protein convertase subtilisin/kexin type 9）をコードする。このタンパク質は肝臓，腸，腎臓の組織で産生され，低密度リポタンパク質の分解に関与することで，コレステロールの代謝に重要な役割を果たしている。
  - *USP24* 遺伝子の前半部分。この遺伝子はユビキチン特異的ペプチダーゼ 24 （ubiquitin-specific peptidase 24）をコードする。これは**ユビキチン化**（ubiquitination）されたタンパク質から**ユビキチン**（ubiquitin）鎖を除去するプロテアーゼである。ユビキチンは低分子の調節タンパク質であり，タンパク質への付加および解離が，そのタンパク質の細胞内局在や分解を制御する（13.3 節）。*USP24* の大部分は図 7.12 に含まれており，塩基位置 55,215,366 で終了する。以上 3 つの遺伝子はイントロンで分断されていることに注意してほしい。*BSND*，*PCSK9*，*USP24* が含んでいるイントロンの数はそれぞれ 3，11，73 である。
- **散在反復配列**（interspersed repeat）が数多く含まれる。これはゲノム上に何度も繰り返し出現する配列であり，おもに 4 種類ある。**長鎖散在反復配列**（long interspersed nuclear element：LINE），**短鎖散在反復配列**（short interspersed nuclear element：SINE），**LTR レトロエレメント**（LTR retroelement），**DNA トランスポゾン**（DNA transposon）である（9.2 節）。このゲノムの短い一部分だけを観察しても，遺伝子間領域やタンパク質コード遺伝子のイントロン内にそれぞれの反復配列が無数にみられる。

この 200 kb のヒトゲノム領域の最も特筆すべき特徴は，タンパク質コード遺伝子として働く部分が比較的少ないことである。3 つの遺伝子のエクソン（遺伝子内で生物学的情報を含む領域）の合計は 10,644 bp であり，これは 200 kb のうちのわずか 5.3％にすぎない。実は，この領域は他のゲノム領域に比べれば，むしろ遺伝子に富む領域なのである。ヒトゲノムに含まれるエクソンはたった 48 Mb にすぎず，ゲノム全体のわずか 1.5％である。これに対して，ゲノムの 43％は散在反復配列によって占められている（図 7.13）。

酵母ゲノムは非常にコンパクトである

真核生物の種間では遺伝子構成にどの程度の違いがあるのだろうか。ゲノムサイズについては確かに相当の違いがある。すなわち最小で 10 Mb 以下，最大では 10 万 Mb を超

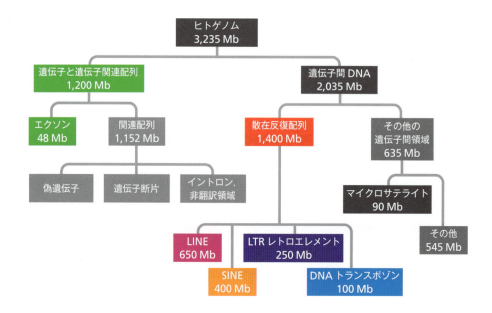

図 7.13　ヒトゲノムの構成

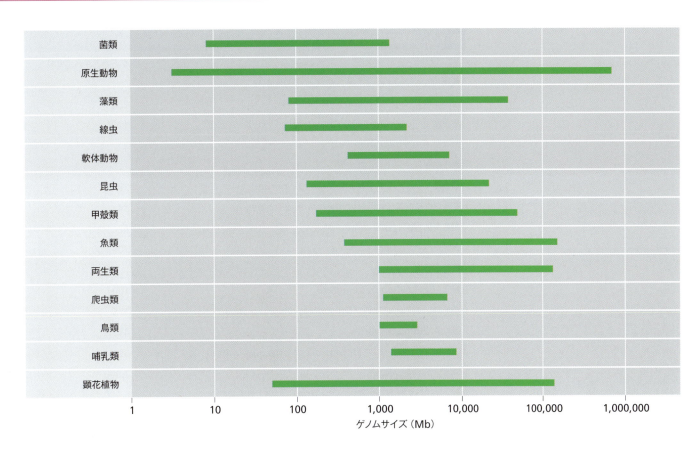

図 7.14 さまざまな真核生物のゲノムサイズの範囲

えるものまである．図 7.14 と表 7.2 からわかるように，ゲノムサイズは生物の複雑さをある程度は反映している．実際，最も単純な真核生物である菌類は最小のゲノムをもち，高等真核生物である脊椎動物や顕花植物は最大のゲノムをもつ．もし生物の複雑さがそのゲノムに含まれる遺伝子の数に関係していると考えるならば，高等真核生物が多くの遺伝子を入れておくだけの大きなゲノムを必要とするのは当然のことのように思うかもしれない．しかし，生物の複雑さと遺伝子数にはほとんど相関がないのである．ヒトゲノムのサイズは 3,235 Mb で，最新の解析によれば 20,441 個のタンパク質コード遺伝子を含んでいる．出芽酵母のゲノムサイズは 12.2 Mb で，これはヒトゲノムの 0.004 倍にあたるので，遺伝子数は 0.004 × 20,441，すなわちたった 82 と予想するかもしれない．しかし実際には，出芽酵母ゲノムは 6,692 個のタンパク質コード遺伝子を含んでいる．

長い間，生物の複雑さとゲノムサイズとが正確には相関しないことは謎とされ，**C 値パラドックス**（C-value paradox）と呼ばれていた．しかし実際には，その答えはきわめて単純であった．すなわち単純な生物のゲノムでは，遺伝子が密に詰めこまれているので隙間が少ないのである．出芽酵母のゲノムはこの点をよく表している．図 7.15 には酵母ゲノムの典型的な 200 kb 領域を示している．この領域は酵母の 16 本の染色体のうちのⅣ番染色体に由来している．この染色体は酵母で最も長い染色体ではあるが，酵母ゲノム自体が小さいのでわずか 1.53 Mb しかない．この 200 kb の領域はⅣ番染色体の 13 % を占めており，下流領域がセントロメアに隣接した塩基位置 250,000 〜 450,000 に相当する．この酵母ゲノム領域を先にみたヒトゲノム領域と比較すると（図 7.15A，B；図 7.12 も参照），次の 3 つの特徴がみてとれる．

- 酵母ゲノム上の遺伝子密度はヒトゲノムに比べて著しく高い．Ⅳ番染色体のこの領域には，タンパク質をコードすると予想される 104 の遺伝子と，4 つの tRNA，そして 1 つの核小体低分子 RNA（snoRNA）遺伝子が存在する．
- 酵母遺伝子はイントロンで分断されているものが比較的少ない．Ⅳ番染色体のこの

表7.2 真核生物のゲノムサイズ

種	ゲノムサイズ (Mb)
菌類	
微胞子虫 Encephalitozoon intestinalis	2.3
出芽酵母（Saccharomyces cerevisiae）	12.2
糸状菌 Aspergillus nidulans	31
原生動物	
熱帯熱マラリア原虫（Plasmodium falciparum）	23
キイロタマホコリカビ（Dictyostelium discoideum）	34
肉胞子虫 Neospora caninum	62
アメーバ Polychaos dubium	200,000
無脊椎動物	
線虫（Caenorhabditis elegans）	100
キイロショウジョウバエ（Drosophila melanogaster）	175
カイコ（Bombyx mori）	432
アメリカムラサキウニ（Strongylocentrotus purpuratus）	814
コオロギ Laupala sp.	2,000
トノサマバッタ（Locusta migratoria）	6,500
脊椎動物	
トラフグ（Takifugu rubripes）	365
ハツカネズミ（Mus musculus）	2,640
ヒト（Homo sapiens）	3,235
肺魚 Protopterus aethiopicus	143,000
植物	
シロイヌナズナ（Arabidopsis thaliana）	135
イネ（Oryza sativa）	430
トウモロコシ（Zea mays）	2,500
エンドウ（Pisum sativum）	4,300
パンコムギ（Triticum aestivum）	16,500
キヌガサソウ（Paris japonica）	165,000

領域には4つのイントロンが存在し，4つのタンパク質コード遺伝子に1つずつ含まれている．酵母ゲノム全体でもイントロンを含む遺伝子は239しか存在せず，そのうちの大多数はイントロンを1つだけ含んでいる．

- Ⅳ番染色体のこの領域に存在する散在反復配列は，わずか2つしかない．いずれも短縮型のLTRレトロエレメント（9.2節）で，1つはδエレメント，もう1つはτエレメントと呼ばれる．散在反復配列が酵母ゲノム全体に占める割合は，わずか3.4%である．最も多いのは完全長のLTRレトロエレメント（出芽酵母の株によって異なるが約50コピー）と短縮型のLTRレトロエレメント（300〜400コピー）である．

酵母のゲノム構成は，ヒトゲノムに比べてずっとコンパクトだということがわかるだろう．遺伝子自体がより短くてイントロンが少なく，遺伝子間領域も比較的短くて，さらに散在反復配列やその他の非コード配列が占める割合も少ない．

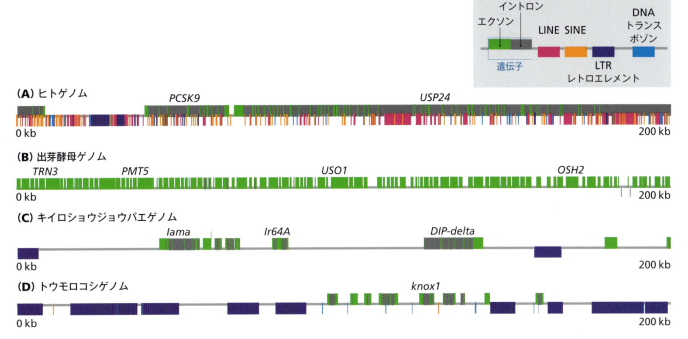

図 7.15 ヒト，出芽酵母，ショウジョウバエ，トウモロコシのゲノムの比較 （A）図 7.12 に示したヒト 1 番染色体中の 200 kb の領域。（B）出芽酵母Ⅳ番染色体の塩基位置 250,000〜450,000 に相当する 200 kb の領域（UCSC Genome Browser, sacCer3 assembly のデータによる）。（C）キイロショウジョウバエ 3 番染色体の塩基位置 5,300,000〜5,500,000 に相当する 200 kb の領域（UCSC Genome Browser, dm6 assembly のデータによる）。（D）トウモロコシ 1 番染色体の塩基位置 5,000,000〜5,200,000 に相当する 200 kb の領域（EnsemblPlants AGPv4 assembly のデータによる）。

他の真核生物の遺伝子構成

単純な生物のゲノムほど遺伝子が密に存在するという仮説は，他の生物を調べたときにも成り立つ。次の例として，ショウジョウバエゲノムの 200 kb 領域をみてみよう。ショウジョウバエは酵母よりも複雑であるが，ヒトよりは複雑でないことを考えると，ショウジョウバエのゲノム構成は酵母とヒトの中間になると予想される。図 7.15C はこれを表している。酵母と同様に，ショウジョウバエの染色体で最も大きい 3 番染色体左腕上の，塩基位置 5,300,000〜5,500,000 に相当する 200 kb 領域を取り上げた。この領域には 8 つの遺伝子が存在する。そのうちの 6 つにはイントロンがあり，その長さはヒトの遺伝子の場合と同程度である。また，わずか 2 つの散在反復配列が存在し，これらは LTR レトロエレメントである。ショウジョウバエゲノムには LINE，SINE，DNA トランスポゾンも存在するが，この領域にはみられない。3 つの生物の全ゲノムを比較したときにも同様の傾向がみられる（表 7.3）。すなわち，ショウジョウバエの遺伝子密度は酵母とヒトの中間であり，ショウジョウバエの遺伝子がもつイントロンの平均数は，酵母よりも多いがヒトよりは少ない。

散在反復配列についても同様の傾向がみられ，酵母，ショウジョウバエ，ヒトのゲノム

表 7.3　酵母，ショウジョウバエ，ヒトのゲノムの比較

特徴	酵母	ショウジョウバエ	ヒト
遺伝子密度（遺伝子数/Mb）	549	80	6
タンパク質コード遺伝子に含まれるイントロンの数（平均値）	0.05	3	8
散在反復配列がゲノムに占める割合	3.4%	12%	44%

のそれぞれ3.4, 12, 44％を占める（表7.3参照）。散在反復配列はゲノム中の遺伝子密度を決めるのに重要な役割を担っていることが明らかになりつつある。トウモロコシのゲノムはこの好例である。トウモロコシゲノムは2,500 Mbで，顕花植物の中では比較的小さい。図7.15Dに示したこのゲノムの200 kb領域は，9つの遺伝子を含み，そのうちの7つは1つないしそれ以上の短いイントロンをもっている。このゲノム領域においては，遺伝子よりも散在反復配列の存在のほうが際立った特徴であり，例えるなら散在反復配列が海を形成し，その中に島のように遺伝子が存在している（遺伝子アイランド）。散在反復配列はおもにLTRレトロエレメントであり，遺伝子間領域の大部分を占めている。トウモロコシゲノム全体でみれば，その約50％を散在反復配列が占めると推定されている。ある種の生物のゲノムでは，1つないしそれ以上のタイプの散在反復配列の数が著しく増幅していることがわかってきている。このことにより，生物の複雑さが増してもゲノムサイズは必ずしも大きくならず，また類似した生物種間でもゲノムサイズが大きく異なることがあるという，C値パラドックスの大きな疑問点が説明できるかもしれない。アメーバの一種である*Polychaos dubium*はこの好例である。アメーバは原生動物なので，同じ原生動物であるキイロタマホコリカビ（*Dictyostelium discoideum*）などと同様に100 Mb以下のゲノムをもっているだろうと思うかもしれない（表7.2参照）。しかし実際のサイズは20万Mbもある。同様に，コオロギのゲノムは他の昆虫と同程度のサイズと予想するかもしれないが，実際は約2,000 Mbでショウジョウバエゲノムの11倍もある。

7.3 遺伝子はいくつ存在し，その機能は何であろうか

　第5章と第6章でゲノム配列中の遺伝子の位置や機能を突き止める方法について学んだ。また，バイオインフォマティクスや実験的手法を利用して遺伝子の同定や機能解析を行う多くの手法があるにもかかわらず，どのような真核生物のゲノムについても，完全なゲノムアノテーションを行うことは現在のところ困難ないし不可能であることを知った。このことはすなわち，われわれはまだゲノム上にいくつの遺伝子があるかを正確には知っておらず，またゲノムにコードされているタンパク質の機能を完全に記述することはできていないことを意味している。しかし一方でわれわれは，ゲノム配列が決定された多くの生物種については，遺伝子の数について妥当な推定をすることができ，また機能が同定された遺伝子に関する情報からゲノム全体の機能を注意深く推定することができる。

遺伝子数は生物の複雑さとは相関しない

　ヒトゲノムの最新のアノテーションによれば，20,441のタンパク質コード遺伝子と，22,219の非コードRNA遺伝子があるとされている。ここ数年の間，タンパク質コード遺伝子の数は減る傾向にあるが，これは疑問のあるオープンリーディングフレームが遺伝子として認められなくなってきているからである。ヒトゲノム上のタンパク質コード遺伝子の数をわずか19,000としている推定もある。一方，非コードRNA遺伝子については，さまざまな種類の非コードRNAが発見されていることから，その数は最近大幅に増加している。12.1節でトランスクリプトームの構成について学ぶ際にも気がつくだろうが，この分野のゲノム研究は現時点では非常に流動的である。転写産物が確かに機能をもつ遺伝子が新たにみつかる一方で，遺伝子とされていたが転写産物が機能をもたないことがわかった塩基配列は遺伝子のリストから削除される。そのバランスによって，種々の生物がもつ非コードRNA遺伝子の数は今後も増減すると思われる。

　この地球上で最も洗練された生物であるヒトは，他のどんな生物よりも多くの遺伝子をもっていると予想するかもしれない。さまざまな生物種がもつタンパク質コード遺伝子の

表7.4 さまざまな真核生物におけるタンパク質コード遺伝子の数

種	タンパク質コード遺伝子の数
出芽酵母（*Saccharomyces cerevisiae*）	6,692
分裂酵母（*Schizosaccharomyces pombe*）	5,145
線虫（*Caenorhabditis elegans*）	20,362
シロイヌナズナ（*Arabidopsis thaliana*）	27,416
キイロショウジョウバエ（*Drosophila melanogaster*）	13,918
イネ（*Oryza sativa*）	35,679
ニワトリ（*Gallus gallus*）	15,508
ヒト（*Homo sapiens*）	20,441

Ensembl（リリース85），Ensembl Plants（リリース32），Ensembl Fungi（リリース32）のデータによる。

数を比較した表7.4は，一見するとこの予想を支持しているようにみえる。確かに，酵母は6,692，ショウジョウバエは14,000弱，ニワトリは15,508の遺伝子をもつ。しかし，もう少し注意深く眺めてみると，生物の複雑さと遺伝子数の相関は怪しくなってくる。遺伝子の数からみれば，ヒトやその他の霊長類は決して最も複雑な生物とはいえない。シロイヌナズナは27,000以上，イネは35,000以上のタンパク質コード遺伝子をもっている。植物で遺伝子数が多いのは，光合成にかかわるタンパク質をコードする遺伝子が必要であるからと考えるかもしれないが，それは見当違いであろう。必要な遺伝子数という点では，哺乳類のような高等脊椎動物のもつさまざまな特殊化された機能が，植物の光合成能を上回っている。いずれにせよ，植物ゲノムに遺伝子が多いことは，表7.4の遺伝子数にみられる唯一の例外でもなければ最も顕著な例外でもない。線虫は成体がたった1,000個そこそこの細胞で構成される微小な生物だが，そのゲノムは20,362のタンパク質コード遺伝子をもっており，この数はヒトゲノムがもつ機能するタンパク質コード遺伝子の数をほぼ確実に上回っている。

　このような遺伝子数の比較から，ゲノム生物学の1つの重要な側面がみえてくる。ヒトゲノムの塩基配列が決定される以前には，ゲノム上のタンパク質コード遺伝子の数は8万～10万と予測されており，この数は2000年にドラフト配列（概要配列）が発表される数カ月前まで信じられていた。このかつての推定値は，1つの遺伝子はたいてい1つのmRNAと1つのタンパク質をコードするという仮定にもとづいて出されたものである。この仮定にもとづけば，ヒトゲノム上の遺伝子の数はヒト細胞内にみられるタンパク質の数に近いはずで，その結果，8万～10万という数が推定された。しかし，タンパク質コード遺伝子が実際にはこの数字より少ないという事実は，1つの遺伝子が複数のタンパク質をコードすることができることを示している。イントロンを含む遺伝子がヒトゲノム上には数多くみられるが，そのような遺伝子は複数のタンパク質をコードすることができる（1.2節）。イントロンが最初に発見された時点では，イントロンを含む遺伝子はたった1つの**スプライシング経路**（splicing pathway）に従い，すべてのエクソンが単純につながれて1つのmRNAが作られると考えられていた。しかし現在われわれは，イントロンを含む遺伝子の多くで**選択的スプライシング**（alternative splicing）が行われることを知っている。すなわち，遺伝子から転写されたmRNA前駆体からは，種々のスプライシング経路を経て異なったエクソンの組合せによるさまざまなmRNAが作られる。これによってイントロンを含む遺伝子から，関連性はあるが異なった複数のタンパク質が作られる。甲状腺と神経組織でそれぞれ別のスプライシング経路を経るヒト遺伝子の例を図7.16に示す。脊椎動物では選択的スプライシングがかなり一般的にみられる。ヒトのタンパク質

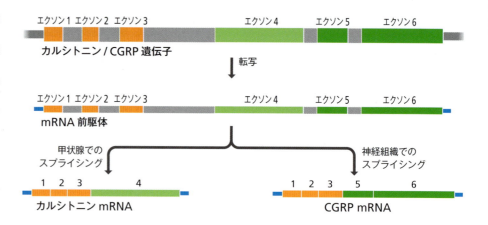

図 7.16　2 種類のスプライシング経路があるヒト遺伝子の例　ヒトカルシトニン/カルシトニン遺伝子関連ペプチド（CGRP）遺伝子には 2 種類のスプライシング経路があり，それぞれ別のタンパク質が産生される。甲状腺ではエクソン 1，2，3，4 を連結させるスプライシング反応により，カルシトニンの mRNA が作られる。カルシトニンは血中のカルシウムイオン濃度を調節する短鎖ペプチドホルモンである。神経組織ではエクソン 1，2，3，5，6 が連結され，CGRP の mRNA が作られる。CGRP は感覚ニューロンで作用して疼痛反応に関与する神経伝達物質である。

コード遺伝子の 75％，2 つ以上のイントロンを含むタンパク質コード遺伝子に限ればその 95％で選択的スプライシングが行われ，1 つの遺伝子から異なるスプライシング経路を経た mRNA が平均して 4 種類産生される。下等真核生物でも選択的スプライシングはみられるが，脊椎動物ほど一般的ではない。例えば線虫ではタンパク質コード遺伝子の約 25％で選択的スプライシングが行われ，1 つの遺伝子から平均して 2.2 種類の mRNA が産生される。

選択的スプライシングを考慮すれば，「遺伝子はいくつ存在するのか」という質問は生物学的に真に重要なものではないことがわかる。というのは，遺伝子数は産生されるタンパク質の数を示しておらず，したがってゲノムに収容可能な遺伝情報の量の指標とはならないからである。生物の複雑さを示す適切な指標を得るためには，遺伝子や選択的スプライシングによる mRNA を，その機能に従って分類することが必要である。しかし，出芽酵母のように比較的単純な生物でさえも，遺伝子の機能を同定することは難しく，完全な分類ができないことが現在の問題となっている。同定が特に難しい機能もあることから，そのような機能をもつ遺伝子が既存の遺伝子カタログの中に含まれていないことは十分に考えられる。こうした制約があることを念頭におきながら，いくつかの生物の遺伝子カタログをみていくことにしよう。

遺伝子カタログは生物種個有の特徴を示す

2 万あるヒトのタンパク質コード遺伝子の半分以上は，機能がわかっているか，かなり正確に推定することが可能である。遺伝子の機能は Gene Ontology（GO）システムに従って記述され（6.1 節），これにより関連した活性をもつ遺伝子のグループを同定することができる。GO システムでは遺伝子の機能をさまざまな視点（例えば，分子機能，生物学的プロセス）から分類することができ，ある遺伝子のグループはさらに階層的に細分類される。その有用性を知るために，分子機能の視点から分類されたヒト遺伝子のカタログを調べてみよう（図 7.17）。GO システムの「分子機能」という大分類をみると，結合（タンパク質と別の分子の特異的部位の間に生じる非共有結合性相互作用，と定義される）に関与するタンパク質をコードする遺伝子が 5,570，触媒活性をもつタンパク質（酵素）をコードする遺伝子が 5,090 あることがわかる。下位分類に目を向けると，結合タンパク質をコードする遺伝子のうち，2,854 は別のタンパク質に結合するタンパク質を，2,350 は核酸に結合するタンパク質をそれぞれコードすることがみてとれる。また，触媒活性をもつタンパク質をコードする遺伝子の中では，加水分解酵素が 2,134 遺伝子と最も大きなグループで，転移酵素が 1,542 遺伝子でそれに続く。大分類に戻ると，上記の結合タンパク質と触媒活性をもつタンパク質に次ぐ大きなグループの遺伝子は，受容体活性をもつタンパク質をコードしている。これらは細胞表面や細胞質に存在する受容体タンパク質で，ホルモン

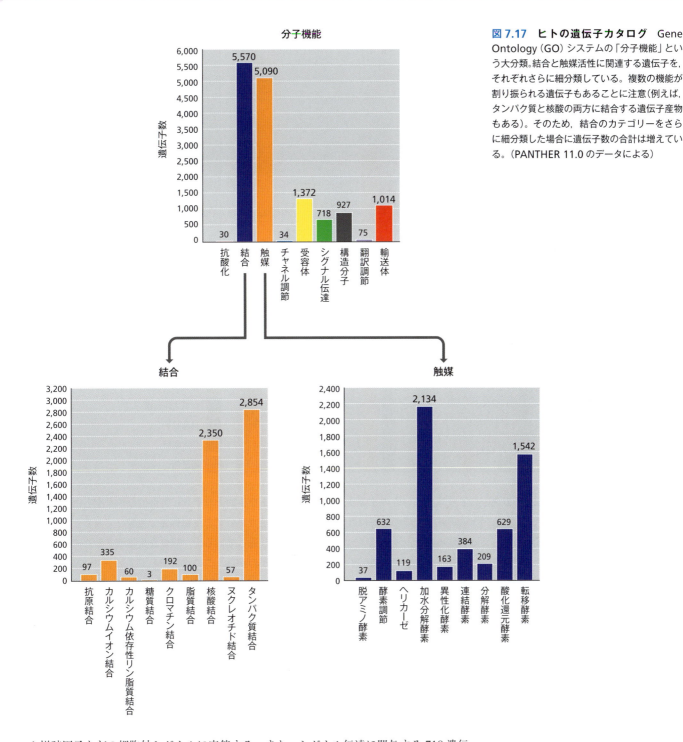

図7.17 ヒトの遺伝子カタログ Gene Ontology (GO) システムの「分子機能」という大分類。結合と触媒活性に関連する遺伝子を、それぞれさらに細分類している。複数の機能が割り振られる遺伝子もあることに注意(例えば、タンパク質と核酸の両方に結合する遺伝子産物もある)。そのため、結合のカテゴリーをさらに細分類した場合に遺伝子数の合計は増えている。(PANTHER 11.0 のデータによる)

や増殖因子などの細胞外シグナルに応答する。また、シグナル伝達に関与する718遺伝子が1つのグループを形成しており、これらは細胞外シグナルに応答して活性を変える遺伝子や酵素と、受容体タンパク質の間の橋渡しをする。さらに別の1,014遺伝子は輸送体活性をもつタンパク質をコードし、分子やイオンの細胞膜通過やミトコンドリアなどの細胞小器官での出入りを制御する。927遺伝子は構造タンパク質をコードし、これらは例えば細胞骨格や細胞外マトリックスの一部を構築する。

　GO システムの「生物学的プロセス」という大分類に注目して、同様にヒトの遺伝子カタログを解析することもできる。このような解析は、ヒトゲノムの生物学的・生化学的な能力に関する記述という視点からは興味深いが、1つの生物種の遺伝子カタログだけでは情報量は限られている。異なる生物種の比較を行うことで、このような遺伝子カタログは

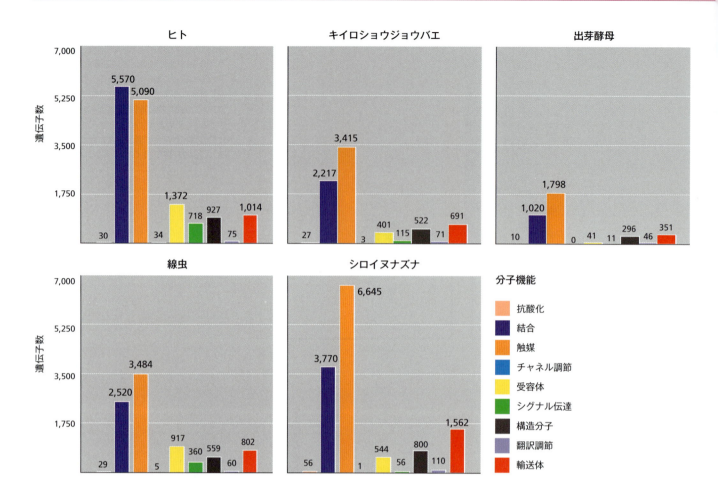

図7.18 さまざまな生物種の遺伝子カタログの比較 ヒト，キイロショウジョウバエ，出芽酵母，線虫，シロイヌナズナの遺伝子カタログのうち，GOシステムの「分子機能」という大分類を示している。(PANTHER 11.0のデータによる)

より意義深いものとなり，さらにさまざまな生物それぞれに特徴的な性質をもたらすゲノムの基盤機能の理解にもつながる。遺伝子カタログを生物種間で比較してみると，遺伝子の基本的なセットはすべての真核生物で共通しているが，複雑な生物ほどそれぞれのカテゴリーに含まれる遺伝子の数が多いことがわかる。この点に関して，ヒト，ショウジョウバエ，酵母，線虫，シロイヌナズナにおける分子機能分類の比較を示した（図7.18）。9つのカテゴリーのうちの5つでヒトが最も多くの遺伝子をもっている。例外は抗酸化活性，触媒活性，翻訳調節因子，輸送体活性で，これらに含まれる遺伝子はシロイヌナズナで最も多い。他の4つの生物種とは異なり，シロイヌナズナには光合成に関与する遺伝子のセットが必要であることを考えると，このことは納得できる。シロイヌナズナだけがもっている遺伝子には，光合成におけるカルビン回路やその他の特殊な生化学経路に必要なものばかりでなく，光合成の副産物である過酸化物の処理や，他の4つの生物にはない葉緑体の内外へのイオンや分子の輸送に必要なものも含まれる。結合タンパク質のカテゴリーに最も多くの遺伝子を含んでいる生物種がヒトだけであることは特に興味深い。この事実は，ヒトやその他の脊椎動物の生物学的な洗練度は，タンパク質-タンパク質間やタンパク質-DNA間の相互作用をより多く作り出せる能力に一部関係している可能性を示唆している。また，線虫が受容体活性とシグナル伝達に関与する遺伝子を比較的多くもっていることも興味深い。その数はショウジョウバエの2倍にのぼり，ヒトの半分を超える。これらの機能の下位分類を調べてみると，ヒトゲノムとショウジョウバエゲノムには幅広い種類の受容体タンパク質の遺伝子が含まれるのに対し，線虫では受容体が1つの種類（Gタンパク質共役受容体）に偏っていることがわかる。一方，輸送体タンパク質については，これら3つの生物種が同様の遺伝子セットをもっている。このことは，輸送体タンパク質により代謝物を細胞膜の内外に移動させる機能は，真核生物の進化の比較的早い時期に

表7.5 さまざまな生物種のゲノムがコードしているタンパク質ドメインの例

ドメイン	機能	ドメインをコードする遺伝子の数				
		ヒト	キイロショウジョウバエ	線虫	シロイヌナズナ	出芽酵母
Cys_2His_2 型ジンクフィンガー	DNA 結合	2,474	824	295	221	49
GATA ジンクフィンガー	DNA 結合	44	26	41	49	10
ホメオボックス	発生過程における遺伝子発現制御	827	284	136	149	9
デス	プログラム細胞死	118	30	24	0	0
コネキシン	細胞間の電気的結合	70	0	0	0	0
エフリン	神経細胞の増殖	15	1	5	0	0

InterPro 58.0 のデータによる。

完成されていたことを示唆している。このように，生物種間で遺伝子カタログを比較することは，さまざまなゲノムの機能の理解だけでなく，その機能がいつごろ獲得されたかを知るための助けにもなる。

遺伝子カタログで分類に使われているのは GO システムだけではない。興味深い別の方法は，遺伝子の機能ではなく，遺伝子がコードするタンパク質の構造にもとづいて分類を行うことである。タンパク質分子は一連の**ドメイン**（domain）で構成されており，それぞれのドメインが固有の生化学的機能をもっている。例えば**ジンクフィンガー**（zinc finger）は DNA 分子と結合する機能をタンパク質に付与するドメインの1つであり（11.2節），6本のαヘリックスで構成されるデスドメイン（細胞死誘導ドメイン）はアポトーシスに関与する多くのタンパク質にみられるドメインである。それぞれのドメインは特徴的なアミノ酸配列をもっている。通常，それぞれのドメインのアミノ酸配列はまったく同じではないが十分に類似しているので，タンパク質のアミノ酸配列を調べれば，そのドメインをもっているかどうかがわかる。タンパク質のアミノ酸配列は遺伝子の塩基配列で指定されるため，あるタンパク質中に存在するドメインは，そのタンパク質をコードする遺伝子の塩基配列からもわかる。したがって，ゲノムに存在する遺伝子を，それらがコードするタンパク質ドメインによって分類できる。この方法は全体的な機能がわかっていない遺伝子の分類にも使えるので，ゲノム中のより多くの遺伝子を分類できるという利点がある。脊椎動物ゲノムは，他の生物種にはまれであるか存在しない多くのタンパク質ドメインをコードしている。これらのドメインには細胞接着，細胞間の電気的結合，神経細胞の増殖にかかわるものが含まれる（表7.5）。こうした機能は他の真核生物にはない特徴を脊椎動物に付与すると考えられており興味深い。

遺伝子ファミリー

DNA 塩基配列決定が行われるようになった当初から，同一ないし類似の配列をもつ遺伝子群である**多重遺伝子族**（multigene family）が，多くのゲノムに共通する特徴として知られていた。例えば，研究されているすべての真核生物は（さらに，最も単純なものを除いたすべての細菌も），rRNA の遺伝子コピーを多数もっている。ヒトゲノムには数千もの 5S RNA 遺伝子があり，これらの多くは1番染色体上で1つのクラスターを形成している。また，28S，5.8S，18S rRNA 遺伝子を含む反復配列も数百コピー存在し，13，14，15，21，22番染色体上でクラスターを形成している（図7.6 参照）。rRNA はタンパク質を合成するリボソームと呼ばれる粒子の構成成分である。その遺伝子のコピーが多数存在する理由は，細胞分裂の際に何万個ものリボソームを新しく形成する必要があり，そのために多くの rRNA 合成が要求されるからだと考えられている。

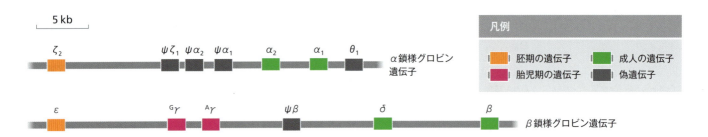

図7.19　ヒトのα鎖様およびβ鎖様グロビン遺伝子クラスター　α鎖様グロビン遺伝子クラスターは16番染色体上に，β鎖様グロビン遺伝子クラスターは11番染色体上に位置する。いずれのクラスターも発生過程の異なる段階で発現する遺伝子と，少なくとも1つの偽遺伝子を含んでいる。α鎖様グロビン遺伝子であるζ$_2$の発現は胚期にはじまり胎児期まで続く。すなわち，胎児期特異的なα鎖様グロビンは存在しない。θ$_1$偽遺伝子は発現するものの，そのタンパク質産物には活性がない。その他の偽遺伝子は発現しない。

　rRNA遺伝子は単純な多重遺伝子族（simple/classical multigene family）の例であり，これに属するすべての遺伝子は同一ないしほとんど同一な配列をもっている。このような遺伝子ファミリーは，いまだ完全には明らかにされていない進化の過程を経て（18.2節），個々の遺伝子の塩基配列を保ったまま遺伝子重複が起こることで生じたと考えられている。一方，複雑な多重遺伝子族（complex multigene family）では，個々の遺伝子の配列には類似性があるが，遺伝子産物はそれぞれ違う性質をもっている。このような多重遺伝子族は下等真核生物よりも高等真核生物で一般的にみられ，哺乳類のグロビン遺伝子が代表的な例である。グロビンは血液中のタンパク質で，会合してヘモグロビンを形成する。ヘモグロビン分子はα鎖様グロビンとβ鎖様グロビンのそれぞれ2つずつから構成される。ヒトでは，α鎖様グロビンは16番染色体上にある小さな多重遺伝子族によってコードされており，β鎖様グロビンは11番染色体上の別の多重遺伝子族にコードされている（図7.19）。これらの遺伝子は，1970年代後半に最初に塩基配列が決定されたいくつかの遺伝子のうちの1つである。塩基配列から，それぞれの多重遺伝子族に属する遺伝子は，互いに類似しているが同一ではないことがわかった。実際，βグロビンとεグロビンをそれぞれコードする2つの遺伝子は，β鎖様グロビン遺伝子クラスター内で塩基配列の違いが最も大きく，類似性は79.1%にすぎない。この数字は，2つのタンパク質を同じβ鎖様グロビンに分類するには十分な類似性であるが，それぞれが固有の生化学的性質をもつには十分な違いである。α鎖様グロビン遺伝子クラスターでも同様な違いがある。

　グロビン遺伝子にはなぜこのような違いがあるのだろうか。その答えは，個々の遺伝子の発現パターンを検討した結果から導かれた。すなわち，それぞれのグロビン遺伝子は，ヒトの発生過程の異なる段階で発現していることがわかったのである。例えばβ鎖様グロビン遺伝子クラスターでは，εは初期胚で発現し，$^G\gamma$と$^A\gamma$（この2つの遺伝子のタンパク質産物はアミノ酸が1つだけ異なる）は胎児で，またδとβは成人で発現する（図7.19参照）。それぞれのβ鎖様グロビンタンパク質の生化学的性質は，ヒトの発生過程でヘモグロビンが果たす生理学的役割のわずかな変化を反映している。例えば，成長過程の胎児は母親から酸素をもらっている。したがって，酸素は母親のヘモグロビンから胎児のヘモグロビンに受け渡される必要がある。これを可能とするためには，酸素に対する親和性が母親のヘモグロビンよりも胎児のヘモグロビンで高くなければならない。こうすることで，母親と胎児のヘモグロビンが胎盤で出会った際に，胎児が母親から酸素を受け取ることができる。$^G\gamma$と$^A\gamma$は，このような酸素の受け渡しを可能とする酸素親和性の高いグロビンをコードしている。

　グロビン遺伝子のように個々の遺伝子がクラスターを形成している多重遺伝子族のほかに，遺伝子がゲノム全体に散在している多重遺伝子族もある。エネルギー産生にかかわる酵素であるアルドラーゼをコードする5つのヒト遺伝子はこの例で，それぞれ3, 9, 10, 16, 17番染色体上にある。重要な点は，多重遺伝子族中の遺伝子が散在していても互いに配列類似性があることで，これは進化上の祖先が同じであることを示している。配列の比較によって，1つの遺伝子ファミリー内だけでなく，異なるファミリー間にも関連性がみいだされることがある。例えば，α鎖様グロビン遺伝子とβ鎖様グロビン遺伝子ではす

べての遺伝子にある程度の配列類似性がみられることから，これらが1つのグロビン遺伝子を祖先として進化してきたと考えられる。このような場合，これら2つの多重遺伝子族は1つの**遺伝子スーパーファミリー**（gene superfamily）を構成しているという。おのおのの遺伝子間の類似性をもとに，遺伝子重複によってそれぞれの遺伝子が生じてきた様子を図に表すことができる（18.2節）。

偽遺伝子と進化の過程で生じたその他の残骸

発生過程の異なる段階で発現する機能遺伝子に加え，ヒトのグロビン遺伝子クラスターには5つの**偽遺伝子**（pseudogene）も存在する。α鎖様グロビン遺伝子クラスターの$\psi\zeta_1$，$\psi\alpha_1$，$\psi\alpha_2$，θ_1と，β鎖様グロビン遺伝子クラスターの$\psi\beta$である（図7.19参照）。また，ゲノム全体に散在している5つのアルドラーゼ遺伝子のうち2つは偽遺伝子であり，3，10番染色体に存在する。偽遺伝子とは何だろうか。

偽遺伝子とは，真の遺伝子と配列類似性があるものの，実際に機能するRNAやタンパク質をコードしていない塩基配列である。偽遺伝子は真の遺伝子から派生したもので，進化の過程で生じた遺伝子の残骸とみなされている。このことは，ゲノムが常に変化していることを意味している。あるケースでは，塩基配列の変異によって機能を失った遺伝子が偽遺伝子となる。多くの場合，変異は遺伝子の機能にわずかな影響しか及ぼさないが，なかには重要な影響を与えるものがあり，たった1つの塩基が変異しただけで遺伝子の機能が完全に失われることもある。遺伝子が機能を失って偽遺伝子になると，さらなる変異の蓄積により遺伝子の破壊が進行し，最終的には遺伝子の残骸としてすら認識できなくなる。塩基配列の変異によって出現した偽遺伝子は，**非プロセス型偽遺伝子**（nonprocessed pseudogene）または**通常型偽遺伝子**（conventional pseudogene）と呼ばれる。これらは2種類に大きく分けられる。

- **重複偽遺伝子**（duplicated pseudogene）は，多重遺伝子族のうちの1つの遺伝子が変異によって機能を失ったものである。偽遺伝子が担っていた機能は多重遺伝子族の他の遺伝子によって代償されるので，重複偽遺伝子の出現は生物にとって通常は有害とはならない。異なる生物種のゲノムを比較すると，1つの種では偽遺伝子であるものが，別の種では機能遺伝子として働いているという例が数多く認められる。例えば，δグロビン遺伝子はヒトでは機能しているが，マウスでは偽遺伝子である。このことは，進化の過程でヒトとマウスが種として分岐した後のどこかの時点で，マウスにつながる系統のδグロビン遺伝子が変異によって機能を失ったことを意味している。

- **単一偽遺伝子**（unitary pseudogene）も変異によって生じるが，この場合，もとの遺伝子はファミリーを構成していない。そのため，変異によって失われた遺伝子の機能は，他の遺伝子によって代償されない。遺伝子機能の喪失は多くの場合致命的であり，このような変異が起こった細胞は死に至るため，変異が将来の進化系統に継承されることはない。したがって，単一偽遺伝子はまれであり，もとの遺伝子の機能の喪失が生物にとって許容されるものであった場合に限られる。ヒトゲノムに存在する単一偽遺伝子の数はおそらく50以下であり，最もよく知られた例はL-グロノラクトンオキシダーゼ（L-gulonolactone oxidase）偽遺伝子である。多くの哺乳類では，L-グロノラクトンオキシダーゼ遺伝子の働きでアスコルビン酸（ビタミンC）が合成される。しかしヒトを含む直鼻猿亜目の哺乳類では，この遺伝子は偽遺伝子となっており，アスコルビン酸を食事から摂取する必要がある。

別のケースでは，変異とは関係のない機構で偽遺伝子ができる。これらは**プロセス型偽遺伝子**（processed pseudogene）と呼ばれ，遺伝子発現後の過程で起こる異常によって生

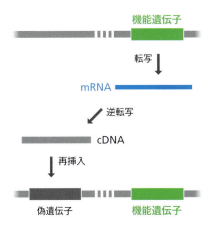

図7.20 プロセス型偽遺伝子の起源 プロセス型偽遺伝子は，機能遺伝子から転写されたmRNAのコピーがゲノムに組み込まれてできると考えられている。すなわち，mRNAは逆転写されてcDNAとなり，これがもとの遺伝子と同じ染色体や別の染色体に再挿入される。

図 7.21　短縮型遺伝子と遺伝子断片

じる。プロセス型偽遺伝子とは，遺伝子の mRNA から逆転写されてできた相補的 DNA（cDNA）がゲノム中に再挿入されたものである（図 7.20）。プロセス型偽遺伝子は mRNA のコピーであるから，もとの遺伝子に存在するイントロンは含んでいない。また，もとの遺伝子の発現を調節する遺伝子上流の領域も含んでいないことから，活性をもたないのである。ゲノムには非プロセス型偽遺伝子以外にも進化の過程で生じた遺伝子の残骸が存在する。1 つは**短縮型遺伝子**（truncated gene）であり，完全な遺伝子の一方の末端が種々の長さで失われたものである。もう 1 つは**遺伝子断片**（gene fragment）で，これは遺伝子内の短い領域が残ったものである（図 7.21）。

　近年，偽遺伝子とされていた塩基配列が，実は何らかの機能を果たしている可能性について論議されている。一部の偽遺伝子は転写されて RNA となり，そのうちのさらに一部（ヒトゲノムでは 100 あまり）は翻訳されてタンパク質を与える。転写自体は偽遺伝子が機能をもっていることの証拠にはならない。非プロセス型偽遺伝子では，オープンリーディングフレームや上流の調節配列は，転写がいよいよ不可能となるまでは残っているので，転写や翻訳を受けることは十分考えられる。偽遺伝子を機能のある配列として再定義するためには，転写や翻訳の産物が細胞内で実際に機能していることを示す必要がある。少なくともいくつかの偽遺伝子が，このような例に該当する可能性が示されている。ヒトにおける例として，*PTEN* 遺伝子に由来する非プロセス型偽遺伝子である *PTENP1* があげられる。*PTEN* は細胞分裂を制御するシグナル伝達経路の 1 つにかかわるホスファターゼをコードしている。*PTEN* の発現はマイクロ RNA（miRNA）によって部分的に制御されており，この miRNA は *PTEN* RNA に結合してその分解を促進する（12.3 節）。*PTENP1* 偽遺伝子の転写産物は，この miRNA に結合して細胞内の miRNA 量を低下させ，*PTEN* の機能が完全に抑制されないようにしている（図 7.22A）。*PTENP1* の転写レベルを低下させると *PTEN* の発現が抑制され，これにより細胞分裂速度が上昇することが実験で示されている。この結果は，ある種の大腸がんで *PTENP1* 偽遺伝子の欠失がみられることとも符合している。すなわち，*PTENP1* の転写産物が存在しないこれらの細胞では，*PTEN* の発現が抑制されて細胞分裂の制御ができなくなり，それによって細胞のがん化が

図 7.22　***PTENP1* 偽遺伝子の想定される機能**　(A) 正常組織においては，*PTENP1* の転写産物にも miRNA が結合することで，*PTEN* 遺伝子に対する発現抑制が妨げられていると考えられる。(B) ある種のがんでは *PTENP1* が欠失している。*PTENP1* の転写産物という miRNA 結合部位がなくなったことで，*PTEN* mRNA の分解が促進され，細胞分裂の制御ができなくなるのかもしれない。

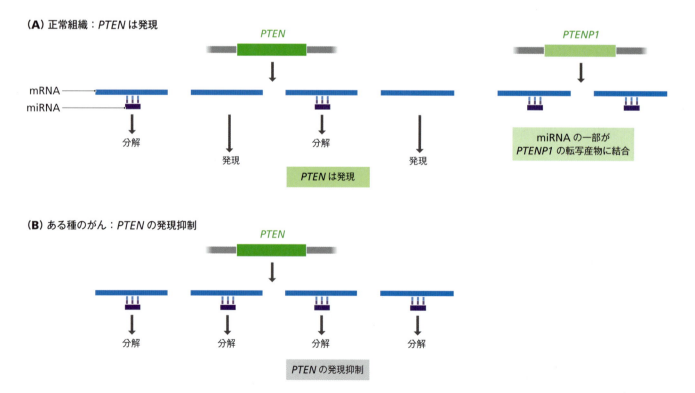

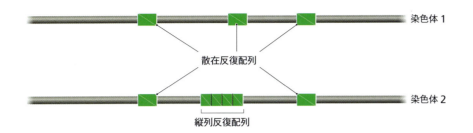

図7.23 2種類の反復DNA配列：散在反復配列と縦列反復配列

引き起こされると考えられる（図7.22B）。この現象は全体として，*PTENP1* 配列が偽遺伝子ではなく，重要な制御機能をもっていることを示す明確な証拠であるように思うかもしれない。しかし一方で，もしある遺伝子が有用な機能をもっているのであれば，その遺伝子には正の自然選択が働くと予想されるが，進化学的な解析によれば *PTENP1* はそのようなケースにはあたらない。翻訳されてタンパク質産物を与えるヒトの偽遺伝子の多くについても同様の進化学的解析が行われたが，正の自然選択を受けているという証拠はみつかっていない。このように，転写されている偽遺伝子が果たしている役割の重要性については，いまだ疑問が残されている。

7.4 真核生物の核ゲノムにみられる反復DNA配列の存在量

ここまでヒトやその他の脊椎動物のゲノムをみてきて，そのDNA配列の多くの部分が反復配列によって占められていることを知った（図7.12，7.15参照）。反復DNA配列は2種類に分けられる（図7.23）。1つはゲノム全体に散在している反復配列，すなわち散在反復配列で，これらは個々の反復単位がゲノム上に一見ランダムに分布している。もう1つは**縦列反復配列**（tandem repeat）であり，これらは反復単位が隣り合って並んでいる。

縦列反復配列は真核生物染色体のセントロメアなどにみられる

縦列反復配列は**サテライトDNA**（satellite DNA）とも呼ばれる。ゲノムDNAの断片を**密度勾配遠心分離法**（density gradient centrifugation）で分画すると，縦列反復配列を含むDNA断片がサテライトバンドを形成するからである（7.2節参照）。例えば，ヒトのDNAを50〜100 kbの断片に切断して密度勾配遠心分離法で分画すると，主要バンド（浮遊密度1.701 g/cm^3）のほかに3本のサテライトバンド（1.687，1.693，1.697 g/cm^3）が現れる。主要バンドに含まれるDNA断片はほとんどが反復のない単一コピーの配列からなり，GC含量はヒトゲノムの平均値である40.3%に近い。サテライトバンドに含まれるDNA断片は反復DNA配列を含むので，GC含量と浮遊密度がゲノム全体の平均値と異なる（図7.24）。そのような断片は，一連の反復単位が数百kbも続く長い縦列反復配列を含んでいる。1つのゲノムが反復単位の異なる複数のサテライトDNAを含むこともある。反復単位の長さは5 bp未満のものから200 bpを超えるものまである。ヒトのDNAでみられる3本のサテライトバンドは，少なくとも4種類の反復単位を含んでいる。

ヒト染色体のセントロメア領域にみられるアルフォイドDNAについてはすでに述べたが（7.1節），これもサテライトDNAの1つである。サテライトDNAにはゲノム全体に散在しているものもあるが，多くのものはセントロメアに存在しており，1つもしくは複数の特別なセントロメア結合タンパク質の結合部位として構造的役割を果たしている可能性がある。

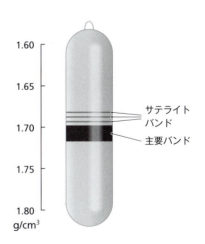

図7.24 **ヒトゲノム中のサテライトDNA**
ヒトDNAのGC含量は平均40.3%で，浮遊密度は平均1.701 g/cm^3 である。おもに単一コピーの配列からなるDNA断片のGC含量と浮遊密度はこの値に近く，密度勾配遠心分離法を行うと主要バンドに含まれることになる。浮遊密度1.687，1.693，1.697 g/cm^3 の3本のサテライトバンドは，反復配列を含むDNA断片からなる。これらのDNA断片のGC含量は反復配列のモチーフに依存し，ゲノム全体の平均値とは異なる。これらの断片の浮遊密度は単一コピーDNAとは異なるので，密度勾配上で別の位置に現れる。

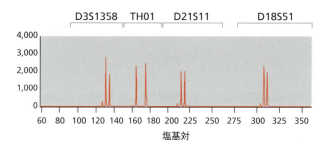

図 7.25 遺伝的プロファイルの一部 遺伝的プロファイリングでは，CODIS (Combined DNA Index System) と呼ばれる 13 のマイクロサテライト部位に存在する配列の長さを，一連の PCR 反応によって同定する。図はそのうち 4 つの部位，D3S1358，TH01，D21S11，D18S51 の結果を示している。この 4 セットの PCR 産物は，1 回のキャピラリー電気泳動で一緒に解析された。それぞれのマイクロサテライト部位にピークが 2 本ずつみられるが，これは解析された個人の相同染色体上で，4 つのマイクロサテライト部位がいずれもヘテロ接合となっている（配列が異なっている）ことを示している。縦軸はピークの高さを示す任意の単位。(Promega Corporation の厚意による)

ミニサテライトとマイクロサテライト

　密度勾配遠心分離法ではバンドとして現れないが，サテライト DNA として分類される縦列反復配列がもう 2 種類ある。**ミニサテライト**（minisatellite）と**マイクロサテライト**（microsatellite）である。ミニサテライトでは 25 bp 以下の反復単位が最大 20 kb のクラスターを形成している。一方，マイクロサテライトのクラスターは短く通常 150 bp 以下であり，反復単位は通常 13 bp 以下である。

　ミニサテライトについては，実はすでに染色体の構造的特徴に関連して取り上げている。テロメア DNA はミニサテライトの一例であり，ヒトでは 5′-TTAGGG-3′ というモチーフの数百ものコピーからなる（図 7.9 参照）。テロメア DNA がどのように形成されたかはある程度わかっており，DNA 複製において重要な機能をもつことも知られている（15.4 節）。テロメアのミニサテライトに加え，真核生物ゲノムの中には種々のミニサテライトをもつものもあり，すべてではないがその多くは染色体の末端付近にみられる。こうしたミニサテライトの機能についてはわかっていない。

　マイクロサテライトも縦列反復配列の一例である。ヒトのマイクロサテライトで最も一般的なのは 2 塩基の繰り返しで，ゲノム全体で約 150 万コピーもあり，AT のモチーフが最も多い。また 3 塩基の繰り返しも 100 万コピーを超える。散在反復配列と同様に，マイクロサテライトが機能をもつかどうかはよくわかっていない。マイクロサテライトは，細胞分裂の際にゲノムを複製する過程で生じた複製スリップ（16.1 節）と呼ばれるエラーに由来することがわかっており，ゲノム複製の過程でやむを得ず生じてしまう配列にすぎないのかもしれない。

　マイクロサテライトの機能は，仮にあったとしてもまだわかっていないが，遺伝学者にとってその存在は非常に好都合である。多くのマイクロサテライトは配列が変化しやすく，反復単位の数は同じ生物種であっても個体によって異なる。これは DNA 複製の過程でマイクロサテライトがコピーされるときに複製スリップがときどき起こり，反復単位が挿入されたり，それより頻度は低いが 1 つないしそれ以上の反復単位が欠失したりするからである。一卵性の双子や三つ子は別として，同じ長さのマイクロサテライトをまったく同じ組合せでもっている人は世の中に 2 人といない。したがって，十分な数のマイクロサテライトを調べれば，1 人ひとりに固有の**遺伝的プロファイル**（genetic profile）を作成することができる。遺伝的プロファイリングは法医学の手段としてよく知られているが（図 7.25），犯罪者鑑定はマイクロサテライトの多様性の応用としては比較的単純なものである。より高度な解析では，遺伝的プロファイルの一部は母親由来で一部は父親由来であるという事実を利用している。すなわち，マイクロサテライトを利用して血縁関係や動植物の類縁関係を調べることもできるのである。

散在反復配列

　縦列反復配列は，マイクロサテライトについて述べたのと同様の複製スリップや，ある

いはDNAの組換えによってもとの配列が増幅して生じたと考えられている。これらの現象によって，個々の反復単位はゲノム全体に散在するのではなく，連なった反復配列となる。一方で散在反復配列は，ゲノム中でもとの配列とは離れた場所に反復単位のコピーを作るような，異なる機構によって生じたに違いない。これを起こす最もよくみられる機構は**転位**（transposition）であり，ほとんどの散在反復配列は転位活性をもっている。転位は一部のウイルスゲノムの特徴でもある。これによってウイルスは，感染細胞のゲノムにウイルスゲノムを挿入することができ，この挿入された配列をゲノムのあちこちへ移動させることができる。ある種の散在反復配列は転位活性をもつウイルスゲノムに由来するので，第9章でまずウイルスゲノムの特徴を詳細に検討してから，さまざまな種類の散在反復配列について述べることにしたい。

まとめ

- 真核生物の核ゲノムはいくつかの直鎖状DNA分子に分かれており，それぞれが1本の染色体を構成している。
- 染色体中でDNAはヒストンと結合して折りたたまれ，ヌクレオソームを形成している。ヌクレオソームは互いに相互作用して，30 nm線維やさらに凝縮度の高いクロマチンの高次構造を形成している。
- 最も凝縮したクロマチンの形態が中期染色体であり，これは分裂中の細胞において光学顕微鏡で観察でき，染色により特徴的な染色パターンを示す。
- セントロメアは中期染色体上にみられ，動原体を構成する特別なタンパク質を含んでいる。動原体は1対の染色分体を娘核に引き寄せる微小管の結合点である。
- テロメアは染色体末端を維持しており，反復配列と特別な結合タンパク質を含んでいる。
- 遺伝子は脊椎動物の染色体上に均一に分布しているのではない。いくつかの染色体上には遺伝子密度が非常に低い遺伝子砂漠が存在する。
- ヒトゲノムでは遺伝子のコード領域はゲノム全体の1.5％以下とほんのわずかであり，またゲノムの43％は種々の反復DNA配列によって占められている。これに対し，出芽酵母ゲノムはずっとコンパクトであり，反復配列が占める割合は3.4％にすぎない。一般にサイズの大きなゲノムほど反復配列を多く含む。遺伝子数が同程度の生物でも，まったく異なるサイズのゲノムをもつことがあることは，これによって説明できる。
- ヒトのタンパク質コード遺伝子の数は20,441で，線虫の遺伝子とほぼ同数である。しかし選択的スプライシングにより，ヒトゲノムは線虫ゲノムよりも多くの種類のタンパク質を作り出すことができる。
- 遺伝子カタログはゲノムに存在する遺伝子の機能をカテゴリー別に分類している。遺伝子カタログを生物種間で比較してみると，遺伝子の基本的なセットはすべての真核生物で共通しているが，複雑な生物ほどそれぞれの機能カテゴリーに含まれる遺伝子の数が多いことがわかる。
- 同一ないし類似の配列をもつ遺伝子群である多重遺伝子族を構成している遺伝子も多い。脊椎動物のグロビン遺伝子など，それぞれの遺伝子が発生過程の異なる段階で発現する多重遺伝子族もある。
- 真核生物の核ゲノムは，偽遺伝子や遺伝子断片など，進化の過程で生じた残骸も含んでいる。

- 真核生物の核ゲノムにみられる反復DNA配列には，散在反復配列と縦列反復配列とがある。散在反復配列のほとんどは転位活性をもっている。縦列反復配列には，セントロメアにみられるサテライトDNA，テロメアDNAなどのミニサテライト，そしてマイクロサテライトが含まれる。

章末問題

短答式問題

1. 真核生物のクロマチンをヌクレアーゼで処理することで，DNAの折りたたみについて何がわかるか？
2. 30 nm線維ではヌクレオソームがどのように配置されているか説明せよ。
3. (A) 小染色体，(B) B染色体の特徴をそれぞれ列記せよ。
4. シロイヌナズナのセントロメアの塩基配列決定によって何がわかったか？　その発見はなぜ驚くべきものだったのか？
5. 染色体末端にテロメアがあることはなぜ重要なのか説明せよ。
6. 酵母とヒトの染色体を比較したとき，遺伝子分布と反復DNA配列の数にはどのような違いがあるか？
7. ヒトゲノムに含まれる遺伝子の数は，多くの研究者が当初予測していた数よりもかなり少なかった。当初の予測で遺伝子数が多く見積もられたのはなぜか？
8. ヒト，ショウジョウバエ，酵母，線虫，シロイヌナズナの遺伝子カタログを比較した場合，これらの生物種のどのような生物学的特徴がみてとれるか？
9. ヒトのグロビン遺伝子クラスターの構成について述べよ。また，それぞれの遺伝子がどのように働いているか説明せよ。
10. 非プロセス型偽遺伝子の2つのタイプの違いを述べよ。
11. プロセス型偽遺伝子がどのようにして生じるか述べよ。
12. ヒトのゲノムにはどのような種類の反復DNA配列が存在するか？

論述式問題

1. DNAの折りたたみ状態はどのように遺伝子の発現に影響すると考えられるか？
2. アイソコア理論について擁護もしくは批判せよ。
3. ヒトゲノム内の遺伝子間領域の想定される機能について論じよ。
4. 真核生物ゲノムの典型的な特徴を記述することはどの程度まで可能か？
5. いくつかの偽遺伝子がその機能を維持していたら，あるいは新しい機能を獲得したら，ゲノムの進化にどのような影響がみられるか？

推薦図書と参考文献

染色体の構造

Copenhaver, G.P., Nickel, K., Kuromori, T., et al. (1999) Genetic definition and sequence analysis of *Arabidopsis* centromeres. *Science* 286:2468–2474.

Cutter, A.R. and Hayes, J.J. (2015) A brief review of nucleosome structure. *FEBS Lett.* 589:2914–2022.

de Lange, T. (2005) Shelterin: the protein complex that shapes and safeguards human telomeres. *Genes Dev.* 19:2100–2110.

Harshman, S.W., Young, N.L., Parthun, M.R. and Freitas, M.A. (2013) H1 histones: current perspectives and challenges. *Nucleic Acids Res.* 41:9593–9609.

Robinson, P.J.J. and Rhodes, D. (2006) Structure of the '30 nm' chromatin fibre: a key role for the linker histone. *Curr. Opin. Struct. Biol.* 16:336–343.　30 nm線維の構造モデルについての総説。

Schueler, M.G., Higgins, A.W., Rudd, M.K., et al. (2001) Genomic and genetic definition of a functional human centromere. *Science* 294:109–115.　ヒトのセントロメア配列の特徴についての詳細。

Travers, A. (1999) The location of the linker histone on the nucleosome. *Trends Biochem. Sci.* 24:4–7.

遺伝子の分布

Bernardi, G. (1989) The isochore organization of the human genome. *Annu. Rev. Genet.* 23:637–661.

Costantini, M., Clay, O., Auletta, F. and Bernardi, G. (2006) An isochore map of human chromosomes. *Genome Res.* 16:536–541.

Elhaik, E. and Graur, D. (2014) A comparative study and a phylogenetic exploration of the compositional architectures of mammalian nuclear genomes. *PLoS Comput. Biol.* 10:e1003925. アイソコア理論に対する反論。

Ovcharenko, I., Loots, G.G., Nobrega, M.A., et al. (2005) Evolution and functional classification of vertebrate gene deserts. *Genome Res.* 15:137–145.

真核生物ゲノムの構造と構成に関する重要な論文とデータベース

Adams, M.D., Celniker, S.E., Holt, R.A., et al. (2000) The genome sequence of *Drosophila melanogaster*. *Science* 287:2185–2195.

Arabidopsis Genome Initiative (2000) Analysis of the genome sequence of the flowering plant *Arabidopsis thaliana*. *Nature* 408:796–815.

***C. elegans* Sequencing Consortium** (1998) Genome sequence of the nematode *C. elegans*: a platform for investigating biology. *Science* 282:2012–2018.

Dujon, B. (1996) The yeast genome project: what did we learn? *Trends Genet.* 12:263–270.

International Chicken Genome Sequencing Consortium (2004) Sequence and comparative analysis of the chicken genome provide unique perspectives on vertebrate evolution. *Nature* 432:695–716.

International Human Genome Sequencing Consortium (2001) Initial sequencing and analysis of the human genome. *Nature* 409:860–921.

Naidoo, N., Pawitan, Y., Soong, R., et al. (2011) Human genetics and genomics a decade after the release of the draft sequence of the human genome. *Hum. Genomics* 5:577–622.

Venter, J.C., Adams, M.D., Myers, E.W., et al. (2001) The sequence of the human genome. *Science* 291:1304–1351.

ゲノムの特徴

Balakirev, E.S. and Ayala, F.J. (2003) Pseudogenes: are they "junk" or functional DNA? *Annu. Rev. Genet.* 37:123–151.

Csink, A.K. and Henikoff, S. (1998) Something from nothing: the evolution and utility of satellite repeats. *Trends Genet.* 14:200–204.

Fritsch, E.F., Lawn, R.M. and Maniatis, T. (1980) Molecular cloning and characterization of the human β-like globin gene cluster. *Cell* 19:959–972.

Payseur, B.A., Jing, P. and Haasl, R.J. (2011) A genomic portrait of human microsatellite variation. *Mol. Biol. Evol.* 28:303–312.

Petrov, D.A. (2001) Evolution of genome size: new approaches to an old problem. *Trends Genet.* 17:23–28.　C値パラドックス，そしてゲノムサイズの違いの原因となりうる遺伝学的過程についての総説。

Poliseno, L., Salmena, L., Zhang, J., et al. (2010) A coding-independent function of gene and pseudogene mRNAs regulates tumour biology. *Nature* 465:1033–1038.　PTENP1偽遺伝子。

Tutar, Y. (2012) Pseudogenes. *Comp. Funct. Genomics* 2012:424526.

Xu, J. and Zhang, J. (2016) Are human translated pseudogenes functional? *Mol. Biol. Evol.* 33:755–760.

インターネット上の情報源

ExPASy Enzyme Nomenclature Database　http://enzyme.expasy.org/　酵素とそのEC番号。

Gene Ontology Consortium　http://www.geneontology.org/　GOシステムの詳細。

KEGG (Kyoto Encyclopedia of Genes and Genomes)　http://www.genome.jp/kegg/　塩基配列が決定されたすべてのゲノムの構造と構成の詳細を含むデータベース集。

PANTHER (Protein Analysis Through Evolutionary Relationships)　http://www.pantherdb.org/　遺伝子とタンパク質ファミリーのデータベースで，重要なゲノムの遺伝子カタログを含む。

原核生物ゲノムと真核生物の細胞小器官ゲノム

8章

8.1 原核生物ゲノムの構造的特徴

8.2 原核生物ゲノムの遺伝学的特徴

8.3 真核生物の細胞小器官ゲノム

　原核生物（prokaryote）は内部の複雑な区分けがほとんどない細胞からなる生物で，遺伝学的特徴も生化学的性質も大きく異なる2つのグループから構成されている。
- **細菌**（bacterium/複数形：bacteria；厳密には真正細菌ともいう）は，グラム陰性菌（例えば大腸菌〔*Escherichia coli*〕），グラム陽性菌（例えば枯草菌〔*Bacillus subtilis*〕），シアノバクテリア（例えばアナベナ〔*Anabaena*〕）や，その他多くの一般的にみられる原核生物を含んでいる。
- **古細菌**（archaea；アーキア）はまだ十分に研究されておらず，熱水泉や強酸性の流水など，通常の生物の生育には適さない環境にのみ生息している**極限環境生物**（extremophile）であるとかつては考えられていた。しかし現在では，古細菌はもっと一般的にみられるもので，ヒトの消化管のような普通の環境にも生息していることがわかっている。

　この章では原核生物ゲノムのほか，原核生物を起源とし，その特徴を多く有する真核生物の**ミトコンドリア**（mitochondrion/複数形：mitochondria）や**葉緑体**（chloroplast）のゲノムについてもみていく。原核生物のゲノムは比較的小さいため，これまでに6,500種の細菌や古細菌がもつ4万以上の全ゲノム塩基配列が報告されている。その結果，原核生物ゲノムの構造に関する数多くの知見が蓄積してきており，場合によっては，原核生物のほうが真核生物よりも詳しくわかっているような事項さえある。そして明らかになってきたのは，原核生物種全体にわたって膨大な多様性が存在しており，ときには密接に関連している生物種間でさえも大きな多様性がみられることである。

8.1　原核生物ゲノムの構造的特徴

　原核生物のゲノムは真核生物のものとは大きく異なっており，特に細胞内での物理的な存在様式はまったく異なっている。原核細胞内に存在するDNAとタンパク質の複合体構造は，便宜的に染色体と呼ばれてはいるが，真核生物の染色体とはまったく似ていない。

　従来，典型的な原核生物のゲノムは1個の環状DNA分子で，これといって特徴のない原核細胞の中にあって唯一，薄く染まる**核様体**（nucleoid）と呼ばれる領域に存在すると考えられてきた（図8.1）。この考え方は大腸菌などのよく研究されている細菌のゲノムには当てはまるが，これからみていくように，原核生物ゲノムの様子が詳しくわかってくると，ゲノム塩基配列決定が一般的になる以前に予想されていたことに疑問が呈されるケースがいくつか生じてきた。こうした問題点は原核生物ゲノムの物理的構造から，その遺伝子構成にまで及んでいる。

原核生物の染色体の従来の見方

　真核生物の染色体と同じように，原核生物ゲノムも比較的小さな空間におさめる必要がある（例えば，長さ1.6 mmの環状の大腸菌染色体に対して，大腸菌細胞の大きさはたっ

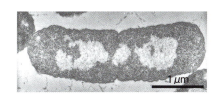

図8.1　大腸菌の核様体　分裂中の大腸菌の縦断像を示す透過型電子顕微鏡写真。核様体は細胞中央部にある明るい部分である。（Conrad Woldringh, University of Amsterdam の厚意による）

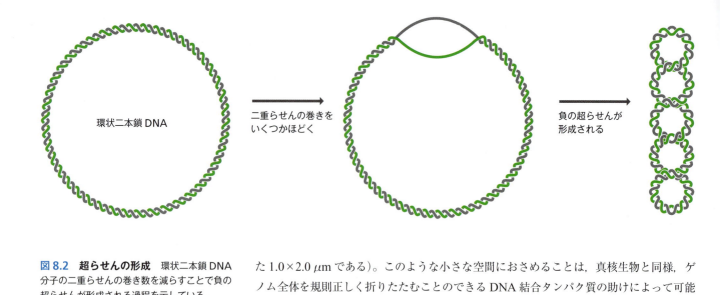

図 8.2 超らせんの形成 環状二本鎖 DNA 分子の二重らせんの巻き数を減らすことで負の超らせんが形成される過程を示している。

た $1.0 \times 2.0\ \mu m$ である）。このような小さな空間におさめることは，真核生物と同様，ゲノム全体を規則正しく折りたたむことのできる DNA 結合タンパク質の助けによって可能となっている。

核様体中の DNA の構造に関する知見は，ほとんどが大腸菌の研究から得られた。まず最初に目につく特徴は，環状の大腸菌ゲノムが**超らせん** (supercoil) 構造をとっていることである。超らせんは DNA の二重らせんにひねりが加えられたり（正の超らせん），ひねりが緩められたり（負の超らせん）することで形成される。直鎖状の DNA であれば，ひねられたり緩められたりすることでねじれが生じても，DNA の末端が回転すればただちに解消されるが，環状 DNA の場合は末端がないので，生じたねじれをそのような方法で解消することはできない。その代わりに環状 DNA では，DNA が同じ DNA に巻きついてより小さな構造を作ることで対応している（図 8.2）。したがって，超らせんの形成は環状 DNA 分子を限られた狭い空間に詰めこむ理想的な手段となっている。細胞から取り出した核様体の研究をすることで，1970 年代にはじめて大腸菌の環状ゲノムの詰めこみに超らせんの形成が関与しているという証拠が示されたが，その後，1981 年にそれが生きている細胞内の DNA の特徴であることが確かめられた。大腸菌では超らせんが，DNA ジャイレースと呼ばれるトポイソメラーゼによって形成され調節されると考えられている。この酵素の働きについては，15.1 節で DNA 複製における役割について考える際に詳しくふれることにする。

取り出した核様体の研究によって，大腸菌 DNA はたとえ 1 つの切れ目が入ったとしても，すべてが自由に回転しほどけてしまうわけではないことが示された。というのは，細菌 DNA はその弛緩を制限するようなタンパク質に結合しており，1 つの切れ目での回転だけでは分子の限られた領域の超らせんの解消しか起こらないためと考えられている（図 8.3）。大腸菌ゲノムがこのような独立領域（ドメイン）構造をとっているというモデルを最も強く支持する証拠は，トリメチルソラレンという化合物が超らせんを形成した DNA とそうでないものとを区別できることを利用した実験からもたらされた。トリメチルソラレンを 360 nm の光パルスで光化学的に活性化させると，この化合物は DNA のねじれの程度に比例した速度で二本鎖 DNA に結合する。したがって，単位時間あたりに結合しているトリメチルソラレンの量を測定することにより，DNA の超らせんの程度を調べることができる。大腸菌に放射線を照射してその DNA の一本鎖に切れ目を入れると，トリメチルソラレンの結合量は放射線の照射量に反比例する（図 8.4）。この結果は，放射線の照射量を増やすにつれて切れ目をもつドメインの数が増え，DNA 分子全体の超らせんが徐々に解消するとされるドメイン構造モデルの予想と一致する。これに対して，もし大腸菌の核様体がドメインで構成されていなければ，1 カ所の切れ目で分子全体の超らせんの

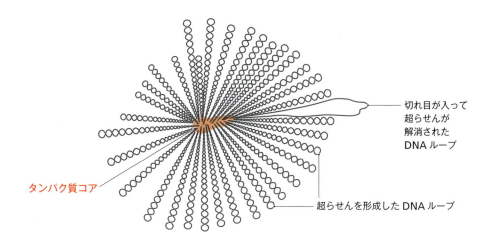

図 8.3 **大腸菌の核様体の構造モデル** 中央のタンパク質コアから，超らせんを形成した40〜50のDNAループが放射状に広がっている。そのうちの1つは緩んだ環状になっており，この領域のDNA鎖に切れ目が入って超らせんが解消されたことを示している。

解消が一気に起こる。つまり，放射線の照射はトリメチルソラレンの結合に対して「全か無」の効果をもつはずである。

　最近では，大腸菌DNAはタンパク質コアに結合し，そこから超らせんを形成したループとなって細胞内に放射状に広がっていると考えられている。それぞれのループは超らせんを形成したおよそ10〜100 kbのDNAからなり，この長さは1つの切れ目によって超らせんが解消されるDNA量に相当する。核様体のタンパク質構成は，多様な**核様体関連タンパク質**（nucleoid-associated protein）からなっており，それらは染色体構造の折りたたみに関与していると考えられている。この分野の初期の研究は，核様体関連タンパク質の **HUファミリー** (HU family) の発見がもとになって進められた。このタンパク質は研究されたほとんどの細菌に存在し，真核生物のヒストンH2Bとのアミノ酸配列の類似性をいくらかもっている。それぞれのHUタンパク質は，サブユニットであるHUαまたはHUβのいずれか2つからなるホモ**二量体**（dimer），あるいはそれぞれ1つずつからなるヘテロ二量体である。HUを結晶化させて行ったX線結晶解析では，いくつかのサブユニットが集まって，DNAが巻きついてヌクレオソームに似た構造がとれる八量体を形成していることが示された。しかし，このような集合は細胞内では観察されておらず，核様体内でHUタンパク質がこのように振舞っているという証拠はない。HUタンパク質は単に結合したDNAを折り曲げ，超らせんを形成したループを作りやすくしているだけなのかもしれない。**ヒストン様核様体構成タンパク質**（histone-like nucleoid structuring protein：H-NS）も，DNAの折りたたみへの関与が提唱されている。このタンパク質は超らせんループの両末端に存在すると考えられているアデニンとチミンに富む領域に特異的に結合する。したがってH-NSは核様体コア構造の構成成分かもしれない。

　ここまで典型的な細菌の染色体として，特に大腸菌の染色体について説明してきた。しかし細菌の染色体と第2の原核生物である古細菌の染色体とは区別して考える必要がある。多くの海洋性の種を含む古細菌の1グループであるクレンアーキオータ（Crenarchaeota）は，これまで述べてきた細菌の核様体関連タンパク質に似たタンパク質をもっているのに対し，別のグループのユーリアーキオータ（Euryarchaeota）は，よりヒストンに似たタンパク質をもっている。ユーリアーキオータのいくつかの種では，ヒストン様タンパク質は四量体となっておよそ60 bpのDNAに結合し，真核生物のヌクレオソームに似た構造を形成する。また別の種では，ヒストン様タンパク質はさまざまなサイズの大きな多量体を形成し，より長いDNA領域に結合できる。古細菌の核様体についてはまだほとんどわかっていないが，ユーリアーキオータでは，このヒストン様タンパク質がDNAの折りたたみに中心的な役割を果たしていると考えられている。

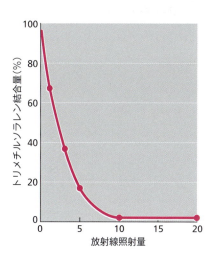

図 8.4 **放射線の照射量とトリメチルソラレンの結合量の関係を示すグラフ** トリメチルソラレンの結合量は放射線の照射量が増えるにしたがって減少する。このことは，放射線による傷が染色体分子に蓄積するにしたがって，核様体DNAの超らせんが徐々に解消すると予想するドメイン構造モデルを支持している。

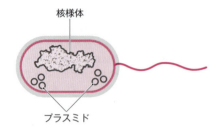

図 8.5 プラスミドは一部の原核細胞内に存在する小さい環状 DNA 分子である

一部の細菌は直鎖状ゲノムや分節ゲノムをもつ

　上述したように，大腸菌ゲノムは 1 個の環状 DNA 分子である。これは調べられた大多数の細菌や古細菌にも当てはまる。しかし直鎖状ゲノムをもつ例もみつかっており，その数はしだいに増えてきている。直鎖状ゲノムは 1989 年にライム病の病原体である *Borrelia burgdorferi* で最初にみつかり，その後，放線菌 *Streptomyces coelicolor* と土壌細菌 *Agrobacterium tumefaciens* でも発見された。直鎖状 DNA 分子には遊離の末端があるが，これは切断によって生じた末端とは区別される必要がある。そのため，このような染色体には真核生物のテロメア(7.1 節)に相当する末端構造が必要になる。*B. burgdorferi* と *A. tumefaciens* の本物の染色体末端では，2 本の DNA ポリヌクレオチド鎖の 5′ 末端と 3′ 末端間が共有結合でつながれた構造で区別されている。*S. coelicolor* では，本物の染色体末端には目印となる特別な結合タンパク質が結合して区別されている。

　大腸菌ゲノムと異なるもう 1 つのゲノム構造として，ゲノムが複数の DNA 分子に分かれて存在する分節ゲノムがあり，これは一部の原核生物にみられる。このような分節ゲノムについてしばしば問題となるのは，真のゲノムとプラスミド由来のゲノムの区別である。プラスミドは短い DNA で，すべてではないが大部分は環状であり，細菌細胞内に宿主の染色体と共存している（図 8.5）。ある種のプラスミドは宿主ゲノム中に組み込まれることができるが，それ以外のものはずっと単独で存在していると考えられている。プラスミドの複製は宿主染色体とは独立に行われ，1 つの細胞内で 1,000 個ないしそれ以上のコピー数をもつものもある。宿主細菌が分裂する際にプラスミドも娘細胞に分配されるが，これは宿主染色体の分配とは別の機構で行われる。プラスミドは通常，宿主染色体には存在しない遺伝子をもっているが，多くの場合それらの遺伝子は宿主細菌には不可欠なものではなく，抗生物質耐性など通常の生育条件であれば必要のない形質をコードしている（表 8.1）。宿主にとって必須でないという特性に加えて，多くのプラスミドは細胞から細胞へと移動でき，同じプラスミドがときには細菌の種を越えてみつかることがある。このようなプラスミドの特性から，原核細胞内のプラスミドは宿主ゲノムとは独立した存在であり，多くの場合，宿主ゲノムの一部として考えるべきではない。

　大腸菌 K12 は 4.64 Mb の染色体をもち，さまざまな組合せのプラスミド（いずれも数 kb 程度の長さしかなく，宿主の生存に必須ではない）を含んでいる。このような細菌では，染色体をそれ自身のゲノムと考えて差し支えないだろう。しかし他の原核生物ではそう簡単ではない（表 8.2）。コレラの病原体であるコレラ菌 O1 株エルトール型（*Vibrio cholerae* O1 El Tor）は，2.96 Mb と 1.07 Mb の 2 つの環状 DNA 分子をもち，4,113 の遺伝子のうち 73 ％が大きいほうの DNA 分子に存在する。これら 2 つの DNA 分子が一緒になってゲノムの役割を果たしているのは明らかであるが，詳しくみてみると，病原性に関連する遺伝子のほか，遺伝子発現やエネルギー産生といった細胞の主要な機能を担う遺伝子のほとんどは大きい分子のほうにある。小さい分子も多くの必須遺伝子をもつが，

表 8.1　代表的なプラスミドの特徴

種類	遺伝子の機能	例
耐性プラスミド	抗生物質耐性	大腸菌やその他の細菌の Rbk
稔性プラスミド	細菌の接合と DNA 移入	大腸菌の F
キラープラスミド	他の細菌を殺す毒素の合成	コリシンを産生する大腸菌の Col
分解プラスミド	通常は存在しない分子を代謝する酵素	トルエンを代謝する *Pseudomonas putida* の TOL
病原プラスミド	病原性	双子葉植物に根頭がん腫病を引き起こす *Agrobacterium tumefaciens* の Ti

表8.2 原核生物のゲノム構成の例

種	ゲノム構成		
	DNA分子	サイズ（Mb）	遺伝子数
大腸菌（*Escherichia coli*）K12	環状分子×1	4.642	4,315
コレラ菌（*Vibrio cholerae*）O1 El Tor	環状分子×2		
	染色体	2.961	3,008
	巨大プラスミド	1.072	1,105
放射線耐性菌 *Deinococcus radiodurans* R1	環状分子×4		
	1番染色体	2.649	2,699
	2番染色体	0.412	360
	環状プラスミド	0.177	130
	環状プラスミド	0.046	35
Borrelia burgdorferi B31	環状分子×9，直鎖状分子×11		
	直鎖状染色体	0.911	875
	環状プラスミド cp9	0.009	8
	環状プラスミド cp26	0.026	29
	環状プラスミド cp32-1	0.031	41
	環状プラスミド cp32-3	0.030	39
	環状プラスミド cp32-4	0.030	40
	環状プラスミド cp32-6	0.030	40
	環状プラスミド cp32-7	0.031	40
	環状プラスミド cp32-8	0.031	40
	環状プラスミド cp32-9	0.031	32
	直鎖状プラスミド lp5	0.005	6
	直鎖状プラスミド lp17	0.017	14
	直鎖状プラスミド lp21	0.019	10
	直鎖状プラスミド lp25	0.024	9
	直鎖状プラスミド lp28-1	0.028	16
	直鎖状プラスミド lp28-2	0.030	20
	直鎖状プラスミド lp28-3	0.029	19
	直鎖状プラスミド lp28-4	0.027	19
	直鎖状プラスミド lp36	0.037	28
	直鎖状プラスミド lp38	0.039	28

Ensembl Bacteria ゲノムブラウザ（リリース32）のデータによる。

プラスミドとみなせるいくつかの特徴ももっている。例えば，ファージや他のプラスミドから遺伝子を取り込む機能をプラスミドに付与する，**インテグロン**（integron）と呼ばれる一群の遺伝子またはDNA配列が，小さいほうのDNA分子には存在する。したがって，小さいほうのDNA分子は，コレラ菌の祖先が進化の過程で獲得した巨大プラスミド（megaplasmid）とみることもできる。放射線耐性菌 *Deinococcus radiodurans* R1 は，放射線の有害な影響に打ち勝つための多くの遺伝子をもつため非常に興味深い。そのゲノム構成はコレラ菌と同じように，必須遺伝子を2つの環状染色体と2つのプラスミドに分けて配置しているのである。しかしこれらのコレラ菌や *D. radiodurans* R1 のゲノムは，*B. burgdorferi* B31 のものと比べれば単純なほうである。*B. burgdorferi* B31 は，875の

染色体：
必須遺伝子をもち，核様体に存在する

クロミド：
必須遺伝子をもち，プラスミドの機構で分配される

プラスミド：
必須でない遺伝子をもち，プラスミドの機構で分配される

図 8.6 原核生物の染色体，クロミド，プラスミドの違い

遺伝子をもつ 911 kb の直鎖状染色体と，総計 504 kb の長さで 478 の遺伝子を含む多くて 19 個の直鎖状および環状プラスミドをもっている。このプラスミド上のほとんどの遺伝子の機能は不明であるが，機能のわかったものの中には，膜タンパク質やプリン生合成など一概に不要とはいえない機能を担うものが存在する。このことから，*B. burgdorferi* B31 のプラスミドのいくつかはゲノムとして必須の構成成分であると考えることができる。このように一部の原核生物は，多くの DNA 分子に分かれて高度に分節化したゲノムをもっている可能性がある。こうしたゲノム構造は典型的な原核生物のものとは異なり，むしろ真核生物の核でみられる染色体に似ている。

コレラ菌や *D. radiodurans* R1 などの細菌に含まれる，宿主にとって必須の遺伝子をもつプラスミドを指す新しい用語として，微生物遺伝学者たちは**クロミド**（chromid）という言葉を考案した。これまで細菌にみられる DNA 分子は染色体とプラスミドの 2 つに分けられてきたが，クロミドが加わって 3 つに分けられることになった（図 8.6）。

- 細菌の染色体は 1 つないしそれ以上の数で，必須遺伝子をもち，核様体に存在する。
- 真正のプラスミドは宿主に必須でない遺伝子をもち，独立した機構で分配されるという点で宿主染色体と区別される。
- クロミドは宿主の生存に必須の遺伝子をもち，プラスミドと同じ機構で分配される。

この用語の使い方に従えば，コレラ菌は 1 つの染色体と 1 つのクロミドをもち，*D. radiodurans* R1 は 2 つの染色体と 2 つのクロミドをもつことになる。

8.2 原核生物ゲノムの遺伝学的特徴

塩基配列の解析によるゲノムアノテーションは，真核生物よりも原核生物のほうが格段に容易である（5.1 節）。これまでに塩基配列が決定された原核生物ゲノムのほとんどについて，十分正確に遺伝子数が見積もられ，かなり包括的な遺伝子機能のリストが作られている。こうした解析は予想外の知見をもたらし，微生物学者たちは原核生物における種とは何かということを再検討せざるをえなくなった。このような進化上の問題点についてはこの章の後半で論じるが，その前に，原核生物ゲノムの遺伝子構成がどのようになっているかをみていくことにする。

大腸菌 K12 ゲノムの遺伝子構成

細菌のゲノムでは遺伝子どうしが近接しており遺伝子間領域が少ないということはすでに学んだ。ゲノム配列の中から遺伝子を同定するための手法である ORF スキャンの長所と短所を考えるうえで，この特徴は重要な要素であった（図 5.3 参照）。この点をもう 1 度強調するために，大腸菌 K12 の環状ゲノム全体の遺伝地図を図 8.7 に示す。大腸菌のゲノムにも遺伝子間の配列はあるが，それは全体の 11% にすぎず，この大きさで描いた遺伝地図では見分けられないほど短い断片としてゲノム全体に分布している。その意味で大腸菌は，これまでにゲノム配列が決定された原核生物の典型であるといえる。原核生物ゲノムには非常にむだが少ないのである。このようにむだのないゲノム構成は，すばやく複製できるなど原核生物に有利であるという考え方もあるが，十分な実験的裏づけがあるわけではない。

もう少し詳しく大腸菌 K12 のゲノムをみてみよう。典型的な 50 kb の領域を図 8.8 に示す。この領域とヒトゲノムの典型的な領域（図 7.12 参照）とを比較すると，大腸菌の領域のほうがより多くの遺伝子を含み，遺伝子間領域がずっと少ないことは明白である。43 の遺伝子が全体の 85.9% を占めている。一部の遺伝子間には実際に隙間がないといってよいほどである。例えば，*thyA* と *thyB* はたった 1 塩基離れているだけあり，*thyB* の

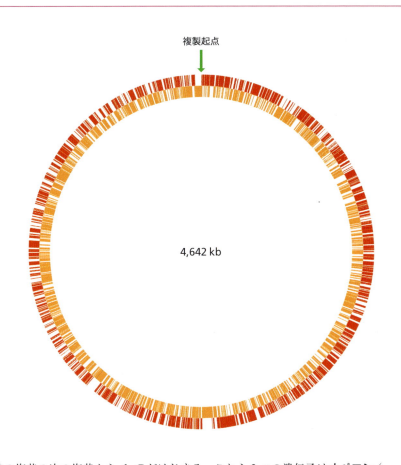

図 8.7　**大腸菌 K12 のゲノム**　複製起点を頂点にした地図を示す．環の外側の遺伝子は時計回りに転写され，内側のものは反時計回りに転写される．（Frederick Blattner, University of Wisconsin–Madison の厚意による）

最後の塩基の次の塩基から *thyC* がはじまる．これら 3 つの遺伝子は**オペロン**（operon）の例である．オペロンとは同じ 1 つの生化学経路（この場合はトレオニンの合成）に属し，同時に発現する遺伝子のセットを指す．一般的に原核生物の遺伝子は真核生物の対応する遺伝子と比べ，真核生物の遺伝子からイントロンを除いたとしても，平均してそのおよそ 3 分の 2 と短い．また，細菌の遺伝子は古細菌の遺伝子よりも少し長いようである．

原核生物ゲノムについて，また別の 2 つの特徴が図 8.8 からみいだせる．第 1 の特徴は反復配列があまり存在しないということである．たいていの原核生物ゲノムには，真核生物ゲノムでみられるようなコピー数の多い散在反復配列ファミリーに相当するものは存在しない．その代わり原核生物ゲノムには，図 8.8 に示した 50 kb の領域内にみられる**挿入配列**（insertion sequence）IS1 や IS186 のように，ゲノム上のいくつかの場所に存在する特殊な反復配列が存在する．これらはゲノム上を移動する能力をもつ転位性遺伝因子の例で，挿入配列の場合にはある細胞から別の細胞へ，ときには異なる生物種間を移動することさえある．したがって，図 8.8 に示した IS1 と IS186 の位置はこの配列を取り出した特定の大腸菌に固有のもので，別の株を調べた場合には別の位置にあったり，まったくなかったりすることもある．原核生物ゲノムにはいくつかの転位性遺伝因子ファミリーがあることが知られている．それらの構造については，9.2 節で転位性遺伝因子について詳しく学ぶ際に改めて述べることにする．また多くの原核生物ゲノムには，少なくとも数種類の非転位性の反復配列も存在する．そのうち最も重要なのはつぎの 2 つである．

- **遺伝子外パリンドローム反復配列**（repetitive extragenic palindromic〔REP〕sequence）．多くは 20 〜 35 bp の長さで，単独もしくは縦列で存在する．REP 配列

図 8.8　**大腸菌ゲノムの 50 kb 領域**　塩基位置 377 〜 50,377 の領域を示している．この縮尺で表示すると，いくつかの遺伝子は互いに近すぎてひと続きのようにみえることに注意（例えば *thrA* と *thrB* と *thrC*, *caiD* と *caiC*, *fixA* と *fixB*, *fixC* と *fixX*）．（UCSC Microbial Genome Browser のデータによる）

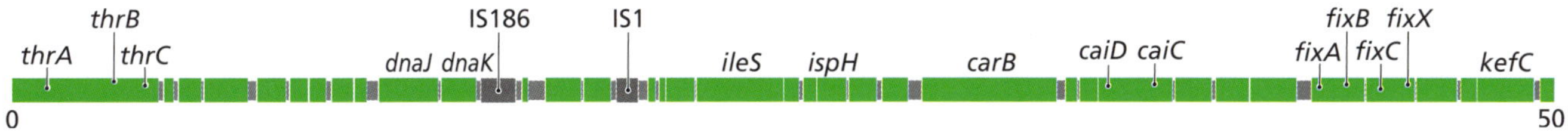

の多くは転写されて短いRNA分子を産生する。これは折りたたまれて複雑なステムループ構造を形成し，ある種の細菌で遺伝子発現制御に関与していると考えられている。

- **CRISPR**（clustered regularly interspaced short palindromic repeats）。これについてはすでに述べたように，真核生物の遺伝子の機能を解析する目的で行われる遺伝子不活性化のための手法の1つにおいて，標的部位可変ヌクレアーゼを作り出す材料になっている（6.2節）。CRISPRでは20～50 bpの配列が縦列に並んでおり，それぞれの反復配列は固有の塩基配列をもつ同じような長さのスペーサー配列で隔てられている。いくつかのスペーサー配列はファージゲノムの一部と似ており，このことからCRISPRは原核生物の免疫システムを構成していると考えられている。つまり，スペーサー配列の転写産物がガイドRNAとなって侵入したファージのゲノムに結合し，CasエンドヌクレアーゼによるDNA切断を促すことによってファージDNAを不活性化させる（Casエンドヌクレアーゼをコードするgeneは通常CRISPRに隣接している）。

原核生物ゲノムに含まれる転位性および非転位性の反復配列の数は，生物種によって大きく異なっている。通常は原核生物ゲノムの1%以下を占めるにすぎないが，いくつかの例外もある。例えば髄膜炎菌（*Neisseria meningitidis*）Z2491のゲノムは15種類の反復配列を3,700コピー以上も含んでおり，2.18 Mbのゲノムのほぼ11%が反復配列によって占められている。

原核生物ゲノムの第2の特徴は，図8.8からわかるように，イントロンがほとんどみられないことである。大腸菌K12にはイントロンを含む遺伝子はまったくない。それ以外の細菌や古細菌でもイントロンがみられることはまれである。原核生物でみつかったイントロンは**グループⅠイントロン**（group Ⅰ intron）または**グループⅡイントロン**（group Ⅱ intron）に属し，真核生物のmRNA前駆体に含まれるイントロンとは大きく異なっている。例えば，グループⅠとグループⅡのイントロンは分子内塩基対形成によって複雑な構造に折りたたまれ，自己スプライシングを起こすことができる。つまり，このようなイントロンは酵素タンパク質の助けを借りずに転写産物RNAから取り除かれるのである。また，このようなイントロン配列の少なくともいくつかはゲノム中で別の場所へ移動することもできる。自己触媒反応で働くので，このようなイントロンが遺伝子に挿入されてもその遺伝子の発現に影響することはない。イントロンが挿入された遺伝子が転写されると，挿入されたイントロンは自己スプライシングで除去され，機能のあるmRNAが残ることになる。このように，原核生物のイントロンは遺伝子間領域ではなく遺伝子配列を標的とする特殊な転位性遺伝因子とみなすことができる。

オペロンは原核生物ゲノムの特徴である

大腸菌K12のゲノムから明らかになった原核生物ゲノムの特徴の1つとしてオペロンの存在がある。オペロンとはゲノム中で隣接して存在する1組の遺伝子で，ある遺伝子の終わりから次の遺伝子のはじまりまでわずか1～2塩基しか離れていない。1つのオペロン内の遺伝子はすべて1つの単位として発現する。典型的な一例として大腸菌の**ラクトースオペロン**（lactose operon）がある。これは最初にみつかったオペロンであり，二糖類のラクトースを単糖類のグルコースとガラクトースに分解する過程にかかわる3つの遺伝子からなる（図8.9A）。単糖類はエネルギーを産生する解糖系の基質となるので，ラクトースオペロン内の遺伝子の機能は，大腸菌がエネルギー源として利用できる形にラクトースを変換することである。ラクトースは大腸菌が通常生息しているような環境には存在しないため，ほとんどの場合このオペロンは発現しておらず，ラクトースを利用するた

めの酵素群が合成されることはない。しかし，ラクトースがある環境では，このオペロンのスイッチがオンになり，3つの遺伝子が同時に発現してラクトースを利用するための酵素群が協調的に合成される。これは細菌の遺伝子発現制御の古典的な例である。

ラクトースオペロンは，オペロンにコードされた酵素の基質によってスイッチがオンになる**誘導性オペロン**（inducible operon）の例である。遺伝子産物が触媒する経路の産物によって制御されるような**抑制性オペロン**（repressible operon）も存在する。この例として，トリプトファンを前駆体であるコリスミ酸から合成するのに必要な酵素のセットをコードする5つの遺伝子からなるトリプトファンオペロンがある（図8.9B）。このオペロンの制御分子はトリプトファンで，その細胞内レベルが下がるとオペロンが発現し，より多くの合成酵素が作られてトリプトファンの供給が増加する。トリプトファンのレベルが回復するとオペロンのスイッチはオフになる。

大腸菌 K12 のゲノムには全部で 850 のオペロンがある。そのうちの 450 はそれぞれ 2 つの遺伝子だけからなるが，最も長いオペロンは 18 の遺伝子を含んでいる。オペロンは多くの原核生物ゲノムに広くみられる特徴で，ある細菌種では 2,000 以上も存在する。しかしその数は常に多いわけでない。乳酸菌 *Lactobacillus helveticus* H10 は 2,052 の遺伝子をもつが，オペロンは 35 しかなく，そのうち最も長いものは 6 つの遺伝子からなる。*Psudomonas syringae* DC3000 は 5,619 の遺伝子と 25 のオペロンをもち，そのうちの 1 つは 18 の遺伝子を含んでいる。海洋細菌 *Rhodopirellula baltica* はオペロンを1つももたず，7,325 の遺伝子はすべて独立した転写単位を構成している。かつてはオペロンは原核生物ゲノムに固有の特徴だと考えられていたが，現在では真核生物にまったくないとはいい切れなくなっている。例えば線虫（*Caenorhabditis elegans*）のゲノムでは，近接して並ぶ複数の遺伝子が1つの転写単位として転写される例は少なくない。キイロショウジョウバエ（*Drosophila melanogaster*）でもいくつかの例が知られている。

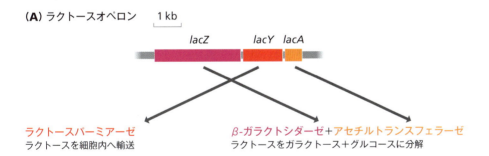

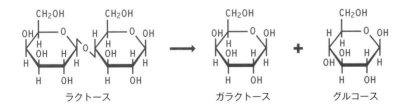

図 8.9 大腸菌の2つのオペロン (A) ラクトースオペロン。3つの遺伝子は *lacZ*, *lacY*, *lacA* と呼ばれている。*lacZ* と *lacY* は 52 bp, *lacY* と *lacA* は 64 bp 離れている。3つの遺伝子はすべて同時に発現する。*lacY* はラクトースを細胞内へ輸送するラクトースパーミアーゼ（透過酵素）をコードする。*lacZ* と *lacA* はラクトースを単糖類のガラクトースとグルコースに分解する酵素をコードする。(B) トリプトファンオペロン。コリスミ酸をトリプトファンに変換する多段階の生化学経路にかかわる酵素をコードする5つの遺伝子からなる。トリプトファンオペロン内の遺伝子どうしの距離は，ラクトースオペロンの場合よりも短い。*trpE* と *trpD*, *trpB* と *trpA* は 1 bp 重なり合っている。*trpD* と *trpC* は 4 bp, *trpC* と *trpB* は 12 bp 離れている。

原核生物のゲノムサイズと遺伝子数は生物学的な複雑さと相関している

　原核生物ゲノムで最も大きいものと真核生物ゲノムで最も小さいものは，ほぼ同じサイズである。しかし全体としてみれば，原核生物ゲノムは真核生物ゲノムよりもはるかに小さい（表8.3）。例えば大腸菌 K12 のゲノムは 4.64 Mb しかなく，酵母ゲノムの5分の2のサイズで，4,315 の遺伝子しかもっていない。多くの原核生物ゲノムのサイズは 5 Mb より小さいが，塩基配列が決定されたゲノムのサイズの範囲は，共生細菌 *Nasuia deltocephalinicola* NAS-ALF の 112 kb から粘液細菌 *Sorangium cellulosum* So0157-2 の 14.8 Mb まで幅がある。

　配列の89%を遺伝子が占める大腸菌 K12 のゲノムのように，むだのないゲノム構成は原核生物では一般的である。実際，遺伝子密度の平均は87%で，85〜90%の範囲にほとんどのゲノムが含まれる。これはゲノムのサイズが遺伝子数に比例することを意味する。遺伝子の数は，その原核生物が生息している生態学的ニッチの特性を反映したものであり，生物種によって非常に大きな幅がある。最も大きなゲノムをもつ原核生物は，土壌中で独立生活を営む細菌である傾向がある。そのような環境では一般的にさまざまな物理的状況や生物学的状況が生じうるため，これらの生物種のゲノムはその多様な状況に対応できるものでなければならない。*S. cellulosum* がそのよい例である。この細菌がもつ 10,400 のタンパク質コード遺伝子には，セルロースを糖まで分解するための酵素をコードするものがいくつか含まれる。また，抗菌活性や抗真菌活性のある化合物を合成する酵素をコードする遺伝子もあり，土壌中の複雑な生態系の中で生存競争を生き抜くために役立っている。細胞間情報伝達に関与するタンパク質をコードする遺伝子も含まれ，群体として集団で移動したり，集合して多細胞の子実体となり耐久性の高い芽胞を形成したりすることを可能にしている。*S. cellulosum* の対極にある，最も小さいゲノムをもつ原核生物の多くは偏性寄生細菌である。例えば *N. deltocephalinicola* はヨコバイの内部共生体で，この昆虫の腹部の特殊な構造内で生息している。この細菌は，ヨコバイが食物から摂取しなければならない2種類のアミノ酸を合成でき，宿主に供給している。その見返りとして，この細菌はさまざまな栄養素を宿主の昆虫から受け取っている。つまりこの細菌は，独立生活

表8.3　さまざまな原核生物のゲノムサイズと遺伝子数

種	ゲノムサイズ（Mb）	遺伝子数
細菌		
共生細菌 *Nasuia deltocephalinicola* NAS-ALF	0.11	169
マイコプラズマ *Mycoplasma genitalium* G37	0.58	559
肺炎球菌（*Streptococcus pneuniae*）R6	2.00	2,228
コレラ菌（*Vibrio cholerae*）O1 El Tor	4.03	4,113
結核菌（*Mycobacterium tuberculosis*）H37Rv	4.41	4,096
大腸菌（*Escherichia coli*）K12	4.64	4,315
緑膿菌（*Peudomonas aeruginosa*）PA01	6.26	5,807
粘液細菌 *Sorangium cellulosum* So0157-2	14.78	10,473
古細菌		
超好熱性メタン菌 *Methanocaldococcus jannaschii* DSM2661	1.74	1,875
好熱性硫黄細菌 *Archaeoglobus fulgidus* DSM4304	2.18	2,515

Ensembl Bacteria ゲノムブラウザ（リリース 32）のデータによる。

を営む細菌に必要な，代謝物合成やエネルギー産生に使われる多くの酵素をもたなくても生きていける。その結果，N. deltocephalinicola のゲノムは，たった 137 のタンパク質コード遺伝子（その多くは DNA 複製，転写，翻訳など必須の機能に関係している）をもつだけで済むようになったのである。

さまざまな原核生物ゲノムの比較から，独立生活を営む細胞に必要な最少の遺伝子数を推定することができる。最初にゲノム配列が決定された生物の 1 つであるマイコプラズマ Mycoplasma genitalium G37 は，純粋に独立生活を営む生物であり，476 のタンパク質コード遺伝子をもつ。M. genitalium の遺伝子に変異を導入して不活性化させたものの数を徐々に増やしていく実験によって，このうち 382 の遺伝子が必須であることが示された。しかしこれらは M. genitalium にとって生存に必要な最小の遺伝子セットであり，同じような不活性化実験で他の生物種のゲノムを調べたところ，このような方法で求めた必須遺伝子の数は生物種ごとに違うことが明らかになった。いくつかの生物種では最小の遺伝子セットに含まれる遺伝子の数は 382 より多く，逆に 382 より少ない生物種もわずかながらあった。ある研究では，変異を導入した細菌をアミノ酸などの栄養素を含む富栄養培地で培養すれば，ネズミチフス菌（Salmonella typhimurium）LT2 の増殖にはたった 230 の遺伝子で十分であることが示された。自然環境で細菌が合成しなければならない多くの化合物が十分に供給される条件であれば，必須遺伝子のセットは N. deltocephalinicola のような共生細菌と同じくらいまで小さくできる。

ゲノムサイズと遺伝子数は同じ生物種内でも異なっている

ゲノム計画は，原核生物における種とは何かということについてのわれわれの理解に混乱をもたらすことになった。この命題は微生物学では常に問題となってきたものでもある。というのも，生物学において一般的な種の定義は微生物には適用しにくかったからである。Linnaeus（リンネ）のような初期の分類学者たちは形態にもとづいて種を分類し，1 つの種に属する生物はすべて同じないし非常によく似た形態的特徴をもつものとした。この分類法は 20 世紀初頭まで盛んに用いられ，1880 年代には細菌の分類に染色や生化学的試験を利用した Robert Koch らによって，はじめて微生物に適用された。しかし，このようにして決められた種の多くが，性質の非常に異なる多様な生物からなることがわかり，この分類法は不正確なことが明らかとなってきた。例えば大腸菌という種の場合，他の細菌種でもそうであるが，無害なものから致死的なものまで病原性の程度が大きく異なる株から成り立っている。20 世紀の間に，生物学者たちは進化という視点から種の概念を定義しなおし，現在のわれわれは種を「互いに交配することのできる生物集団」としてとらえている。しかし，微生物に適用する場合は，どちらかといえばこの定義のほうが問題である。というのは，生化学的ならびに生理学的な特徴にもとづいて別の種として分類できる原核生物間でも，遺伝子を交換する方法はいくつかあるからである（図 3.24 参照）。したがって，**遺伝子流動**（gene flow）を妨げる障壁の存在を中心とした高等生物における種の概念は，原核生物には当てはめることができない。

原核生物にこのような種の概念を当てはめることの難しさは，ゲノム塩基配列決定によりますます浮き彫りになった。同じ種に属する別の株のゲノム配列が非常に異なっていることがあり，多くの場合，個々の株は固有の遺伝子セットをもっていることがわかったのである。このような例は，胃潰瘍をはじめとするヒトの消化管に生じる疾患の原因となるピロリ菌（Helicobacter pylori）の 2 つの株どうしの比較から最初にみつかった。その 2 つの株は英国と米国で分離されたもので，それぞれ 1.67 Mb と 1.64 Mb のサイズのゲノムをもつ。最初のゲノムアノテーションの結果，大きいゲノムからは 1,552，小さいほうからは 1,495 の遺伝子がみつかり，そのうち 1,406 は 2 つの株に共通であった。言い換

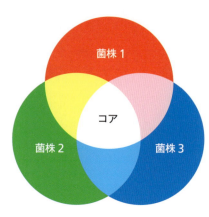

図 8.10　パンゲノムの概念　原核生物の3つの菌株がもつゲノムの遺伝子構成を模式的に示している。それぞれの株がもつ遺伝子セットを円で示す。3つの円の重なる部分（白色）がコアゲノムである。アクセサリーゲノムはコアゲノムに含まれない遺伝子で構成される。これに属する遺伝子は、1つの株のゲノムにしかない固有の遺伝子（赤色、濃い青色、緑色）と、2つの株のゲノムに共通の遺伝子（黄色、ピンク色、水色）に分けられる。

えれば、ゲノムに含まれる遺伝子のそれぞれ約6％と約9％が、その菌株に固有のものであった。菌株の違いがさらに端的に現れるのは、研究室で広く利用されている大腸菌 K12 株と最も病原性の強い大腸菌 O157：H7 株のゲノム配列を比較した場合である。これらのゲノムの長さはかなり異なっており、K12 株が 4.64 Mb であるのに対して O157：H7 株は 5.59 Mb で、病原性株のほうに余分にある配列はゲノム全体の 200 近い場所に散在している。これら O157：H7 株に固有の配列は O アイランド (O-island) と呼ばれるが、そこには K12 株にはない 1,300 以上の遺伝子が含まれており、その多くは O157：H7 株の病原性にかかわる毒素やその他のタンパク質をコードしている。しかし、余分な配列があるのは O157：H7 株だけではない。K12 株にも固有の配列からなる 234 の領域があり、この K アイランド (K-island) は平均すると O アイランドよりも短い領域であるが、それでも O157：H7 株にはない 500 以上の遺伝子を含んでいる。このように大腸菌の O157：H7 株も K12 株もそれぞれに固有の遺伝子をもっており、それぞれの遺伝子リストの約 25％ と約 12％ を占めている。この違いは高等生物における種の概念で許容される塩基配列の違いよりかなり大きなもので、また、これまでに提案された微生物の種の定義のいずれでも同じ種として認定することは難しい。

　原核生物の同じ生物種内でみられるゲノムサイズや遺伝子構成の違いを受けて、**パンゲノム** (pan-genome) という概念が導かれている。この概念にもとづけば、細菌の1つの種のゲノム全体（パンゲノム）は2つの要素に分けられる（図 8.10）。

- 1つは**コアゲノム** (core genome) で、1つの種に属するすべての細菌がもつ遺伝子のセットを含んでいる。
- もう1つは**アクセサリーゲノム** (accessory genome) で、1つの種に属するさまざまな菌株がもつ、コアゲノム以外の遺伝子の集合を指す。

したがってコアゲノムは、その種を特徴づける基本的な生化学的活性や細胞活性に対応しているとみなすことができる。これに対してアクセサリーゲノムは、個々の菌株が発揮できる機能の集合として、その種が全体として発揮できるすべての生物学的な機能特性に対応している。このパンゲノムの概念にもとづけば、1つの細胞がもつ1つないしそれ以上の DNA 分子をゲノムとしていた従来の見方から離れ、種を総体としてみたときの遺伝子構成としてゲノムを再定義することになる。

　最初にパンゲノムが報告された原核生物の1つにレンサ球菌 *Streptococcus agalactiae* がある。この細菌はヒトの消化管や尿生殖路に生息しているが、非病原性株と病原性株がある。後者は成人の場合、尿路感染症を引き起こし、新生児の場合は致死性の感染症となる場合がある。*S. agalactiae* の8つの分離株のゲノム配列の比較から、パンゲノムとして 2,700 遺伝子があげられ、そのうち 1,800 がコアゲノムを構成し、残りの 900 がアクセサリーゲノムを構成していた。その 900 の内訳は、260 が1つの株にしかない固有の遺伝子で、残りは2つ以上の株にあるが、定義のように8つの株すべてには存在しないものであった。

　S. agalactiae のパンゲノムの解析から明らかなように、コアゲノムとアクセサリーゲノムに含まれる遺伝子の数は、解析データに新たな菌株が追加されるにつれて変化するはずである。従来のコアゲノムに含まれていた遺伝子をもたない菌株が新たにみつかれば、コアゲノムのサイズは小さくなることになる。逆に新しい菌株に固有の遺伝子が加わるごとに、アクセサリーゲノムの遺伝子数は増加していくだろう。全部ではないがいくつかの細菌種で、この予想は正しいことが確認された。例えば大腸菌のパンゲノムのサイズは、2,000 を超える菌株の塩基配列が決定された現段階でも増えつづけている。そして、大腸菌の完全なパンゲノムに含まれる遺伝子の数はおよそ6万と考えられている（図 8.11）。一方、コアゲノムのサイズは安定していて、100 番目の菌株の塩基配列が決定された段階

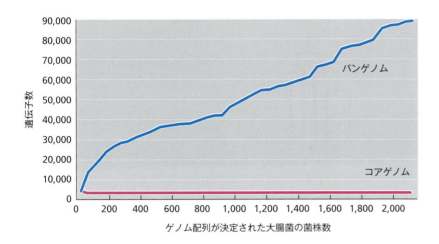

図 8.11　**大腸菌のパンゲノム**　ゲノム配列が決定された大腸菌の菌株数の増加に伴う，パンゲノムとコアゲノムに含まれる遺伝子の数の変化を示したグラフ．大腸菌のパンゲノムは「開いたパンゲノム」であり，そのサイズは増えつづけている．これに対してコアゲノム（ここに示した例では95％以上の菌株がもっている遺伝子によって構成されるゲノムと定義している）に含まれる遺伝子の数は3,188で一定している．このパンゲノムに含まれる遺伝子の数はおそらく多く見積もりすぎている．というのは，データには大まかなゲノムアセンブリしか行われていない配列もあるため，将来的に誤った（疑似）ORFであることが判明して除外されるものを含んでいる可能性が高いからである．大腸菌の完全なパンゲノムに含まれる遺伝子の数はおよそ6万と考えられている．(Land M, Hauser L, Jun SR et al [2015] *Funct. Integr. Genomics* 15:141–161 より CC BY ライセンスのもとに掲載；Springer Science + Business Media の厚意による)

で到達した3,188という遺伝子数は，それ以降ほとんど変化していないことに注意してほしい．大腸菌の場合のように構成する遺伝子数が増えつづけているパンゲノムは，「開いたパンゲノム（open pan-genome）」といわれる．これに対して，いくつかの細菌種は「閉じたパンゲノム（closed pan-genome）」をもち，新しい菌株のゲノム配列が加わってもパンゲノムのサイズはもはや増加しない．例として炭疽菌（*Bacillus anthracis*）があり，そのパンゲノムは2,985の遺伝子を含み，そのうちコアゲノムを構成するのは2,893である．開いたパンゲノムをもつ細菌種は，アクセサリーゲノムに含まれる膨大な数の遺伝子によって多様な生態学的ニッチで生息できる．それに対し，閉じたパンゲノムをもつ細菌種がアクセサリーゲノムに比較的少数の遺伝子しかもっていないことは，それが生息する生態学的環境が限定されていることを反映していると考えられている．

原核生物の種の区別は遺伝子の水平伝播によってさらにあいまいになる

プラスミドやときには染色体上の遺伝子が，接合やファージによる形質導入，あるいは外来DNA断片の取り込みによって細菌細胞間を移動することは，1940年代から知られていた．このような**遺伝子の水平伝播**（lateral/horizontal gene transfer）の仕組みは，細菌の遺伝地図作成に用いられる手法の基礎となるため（3.4節），少なくとも大腸菌のようなモデル生物では詳しく研究されてきた．初期の研究で，ある条件下では種の異なる細菌（例えば大腸菌とネズミチフス菌）の間でも遺伝子の伝播が起こりうることが示されている．したがって，種の異なる原核生物にしばしば同じ遺伝子がみつかるという事実は，ゲノム塩基配列決定が一般的になるまでには受け入れられていた．それでもなお，最初に塩基配列が決定されたいくつかの原核生物ゲノムの比較によって，遺伝子の水平伝播の証拠が多数みつかったことは大きな驚きであった．

2つの生物種において，遺伝子の塩基配列から推定される系統関係が，全ゲノム塩基配列から推定される関係と矛盾する場合，その遺伝子の水平伝播が検出されたことになる．水平伝播は，2つの種が共通祖先から分岐した時点よりもずっと最近になって起きる．そのため変異が蓄積して塩基配列が変わるほどの時間はたっておらず，伝播した遺伝子の塩基配列は2つの種で比較的よく似ていることになる．したがってこれら2つの種は，全ゲノム塩基配列を比較したときに原核生物の系統樹で互いに離れた位置に置かれたとしても，伝播した遺伝子の塩基配列のみを比較した場合には近い位置に置かれることになる（図8.12）．このような解析によって，細菌と古細菌の間で起こるものも含め，遺伝子の水平伝播の例が数多くみつかってきた．その結果，細菌が周囲からDNAを取り込む仕組みに大きな関心がもたれ，DNAの取り込みが考えられていたよりも広く起きている現象であ

図 8.12 系統樹の解析により遺伝子の水平伝播を検出する (A) 7 つの生物種の全ゲノム塩基配列の比較によれば，種 A と種 F は系統樹上の離れた位置に置かれる．(B) 遺伝子 X の塩基配列のみを比較した場合，種 A と種 F は系統樹上の近い位置に置かれる．これは比較的最近になって遺伝子 X が種 F から種 A に水平伝播したため，両者でこの遺伝子の塩基配列の類似性が高いためである．

(A) 全ゲノム塩基配列から推定される系統関係

(B) 遺伝子 X の塩基配列から推定される系統関係

遺伝子 X が種 F から種 A に水平伝播　　みかけ上，種 A と種 F は近縁となる

ること，また DNA 断片を捕捉して細胞内へ輸送する役割を担う膜タンパク質を多くの細菌がもっていることが知られるようになった．

遺伝子の水平伝播が原核生物の進化に与える影響は，まだ完全には明らかにされていない．最近問題となっている，病院や通常の生活環境におけるメタ個体群を経由した抗生物質耐性遺伝子の伝播は，人間社会と最も関連の深い影響の 1 つではあるが，明らかに遺伝子の水平伝播の一側面にすぎない．遺伝子の水平伝播が生物の特性に大きな変化をもたらした例もみつかっている．好熱菌 *Thermotoga maritima* がもつ 1,952 の遺伝子のうち，およそ 25％は古細菌から獲得したもので，おそらくこれらの遺伝子がこの細菌が高温に耐える能力のもととなっている．また，高度好塩性古細菌（haloarchaea）の祖先はもともと嫌気性であったが，細菌からおよそ 1,000 の遺伝子が伝播されたことで酸素への耐性を獲得し，潮だまりのような高塩濃度の環境に生息する極限環境生物としてではあるが，好気的な生育様式に適応できるようになったと考えられている．

種の異なる生物の間で起きた小規模の遺伝子伝播により，受け手側の種が新しい代謝能力を獲得した例がいくつか知られている．高度好塩性古細菌のメチルアスパラギン酸回路はこのようにして進化してきたようである．他の多くの生物と同じように，高度好塩性古細菌はアミノ酸やヌクレオチドなどの生合成産物の炭素源として酢酸を使うものが多い．しかし高度好塩性古細菌のいくつかの種は，メチルアスパラギン酸回路と呼ばれる新しく獲得した代謝経路を使用する．この回路は高塩濃度の環境に適したもので，最初の段階でアセチル CoA がリンゴ酸に変換される．このメチルアスパラギン酸回路は，さまざまな細菌や古細菌がもつグリオキシル酸回路と，*Rhodobacter* や *Methylobacterium* といった限られた属のみがもつエチルマロニル CoA 経路という，2 つの経路の構成因子を組み合わせたものである．2 つの経路が同じ種で同時に働いてることはないので，高度好塩性古細菌が進化の過程でメチルアスパラギン酸回路を新しく獲得するためには，少なくとも 2 つの別の種から遺伝子を受け取る必要がある．遺伝子の水平伝播によって代謝経路を新しく獲得した別の例として，*Methanosarcina* 属のメタン生成古細菌がもつアセチル CoA 合成経路がある．この場合，メタン生成古細菌は *Clostridium* 属のセルロース分解細菌から 2 つの遺伝子を受け取っている．また，*Thermosipho* 属の好熱菌は，グラム陽性細菌門の細菌から 31 の遺伝子を受け取ることでグルタミン酸からビタミン B_{12} を合成する能力を獲得している．

メタゲノムは細菌集団の構成を表している

　原核生物のゲノム解析の一般的なアプローチでは，塩基配列の決定は1つの種のゲノムについて行われる．まずその細菌種を純粋培養してDNAを抽出し，次世代塩基配列決定法によって得られた配列リード（塩基配列決定装置で読まれる一つながりの配列）をアセンブルしてゲノム配列にまとめる．しかし，このアプローチには1つの大きな弱点がある．微生物学者たちは古くから知っていたことだが，細菌や古細菌を自然の生育環境から分離するために使われてきた人工的な培養条件は，必ずしもすべての種に適したものではなく，そのような条件下では生育できず，それゆえ分離できない菌は多い．だが，培養できなければ，少なくとも通常のアプローチではゲノムの塩基配列を決定することはできない．

　メタゲノム学（metagenomics）と呼ばれる新しいアプローチは，この問題に対処するためのものである．メタゲノム学では特定の生育環境（例えば海水や土壌）に含まれるすべてのゲノムの塩基配列を網羅的に決定する．まず環境試料から，それぞれの細菌種を分離せずに直接DNAを調製する．そこから得られるリードは，培養できない細菌種のものをも含む数多くのさまざまなゲノムに由来している．この渾然とした大量のリードをアセンブルしてそれぞれの生物種のゲノム配列にまとめていくのは大変な作業ではあるが，十分な数のリードがありさえすれば，試料に含まれていた生物種の数が極端に多くない限り可能である．この方法で，ある特定の生育環境に存在する細菌種を網羅的に同定でき，その相対的な存在比もそれぞれのゲノムに対応するリードの数から見積もることができる．得られたゲノム配列には，これまで微生物学者が目にしたこともない細菌種のものも含まれ，それらはゲノム配列としてしか研究対象とすることができない．しかし，その未知の細菌種の代謝能力をゲノム配列から推測することが可能であり，そこから生態系（栄養素の循環など）への寄与の度合いを評価することができるようになる．

　メタゲノム学による初期の研究の1つでは，サルガッソー海の表層水1,500 Lを採集して調製した細菌DNAから，1 Mbを超える塩基配列が決定された．この塩基配列には1,800を超える種のゲノム断片が含まれていたが，そのうち148種は新種であった．また，油田や酸性鉱山排水で汚染された場所の試料を使った同様の研究では，微生物集団が汚染にどのように反応し，どのように汚染環境の回復に役立つかが評価された．あるいは農場の土を使った研究では，微生物の活動が農作物の生育や生産性にどのように影響するかが調べられた．しかしメタゲノム学で最も盛んに行われているのは，ヒトの**マイクロバイオーム**（microbiome）の研究である．これはヒトの体表や体内に生息している微生物のすべてを指す．健康な成人のマイクロバイオームにはざっと見積もって1万種の細菌が含まれ，そのうちおよそ1,000種が腸内に生息している．マイクロバイオームに含まれるほとんどの細菌種は無害で，病原菌が増えるのは何らかの感染を受けたときのみである．マイクロバイオームの重要性は長年にわたり軽視されてきたが，少なくともいくつかの細菌種は有益な役割を果たしていることを示す実験結果が増えてきている．消化管内では細菌がある種の糖質を，腸細胞が吸収できる代謝物まで分解することが明らかになった．宿主であるヒトは，細菌の働きなしではこのような糖質を栄養源として利用できないことになる．メタゲノム学によるヒトのマイクロバイオームの多様な研究がめざしているのは，ヒトの体における生態系のさまざまな部分（腸，呼吸器，尿生殖路，皮膚など）に生息する細菌を同定し，個人間や地域間でその構成にどのような違いがみられるのかを明らかにすることである．また，マイクロバイオームがヒトの健康にどのように影響し，疾患によってどのように変化するのかを理解することである．

8.3　真核生物の細胞小器官ゲノム

ここでふたたび真核生物の世界に戻って，ミトコンドリアや葉緑体に存在するゲノムについてみていこう。いくつかの遺伝子が核外に存在しているという可能性は，1950年代にはじめて提唱された。当初そのような遺伝子は**染色体外遺伝子**（extrachromosomal gene）と呼ばれたが，アカパンカビ（*Neurospora crassa*），出芽酵母（*Saccharomyces cerevisiae*），緑藻類クラミドモナス（*Chlamydomonas reinhardtii*）のある特定の遺伝子の通常とは異なる遺伝様式を説明するには，そう考えると都合がよかったのである。ほぼ同時期に電子顕微鏡や生化学的研究によって，ミトコンドリアや葉緑体にDNA分子が存在していることが示唆された。1960年代初頭までにはさまざまな証拠が集積され，核ゲノムとは別に独立して存在する**ミトコンドリアゲノム**（mitochondrial genome）と**葉緑体ゲノム**（chloroplast genome）の存在が受け入れられるようになった。

細胞小器官ゲノムの起源は細胞内共生説によって説明される

細胞小器官ゲノムが発見されると，その起源についてさまざまな推測がなされた。**細胞内共生説**（endosymbiont theory）は，現在ではほとんどの研究者が少なくとも大筋では正しいと受け入れているが，1960年代にはじめて提唱されたときはきわめて常識はずれな考えとみなされていた。細胞内共生説は，細胞小器官の遺伝子発現の仕組みが多くの点で細菌のものと似ているという観察結果にもとづいている。さらに，遺伝子の塩基配列を比較すると，細胞小器官の遺伝子は対応する真核生物の核遺伝子よりも細菌のものに似ていることが判明した。細胞内共生説とは，ミトコンドリアや葉緑体はかつて独立生活を営んでいた細菌に由来し，進化のごく初期の段階で，真核細胞の祖先である細胞と共生という形で融合したという考えである（図8.13）。

ミトコンドリアや葉緑体となる以前の共生段階を示すと思われる形態をもつ生物が発見され，細胞内共生説はより強く支持されるようになった。例えば，灰色藻（glaucophytes）という藻類は**シアネレ**（cyanelle）と呼ばれる光合成器官をもつが，これは葉緑体というよりはむしろ細胞内に取り込まれたシアノバクテリアに似ている（図8.14）。シアネレはシアノバクテリアの細胞壁の名残と考えられるペプチドグリカンの外層をもち，その集光性タンパク質は葉緑体のものよりは独立生活を営むシアノバクテリアのものに似ている。一方，ミトコンドリアとなる以前の細胞内共生を示唆するような現存生物をみつけるのは難しいが，1つの可能性としてアメーバの一種 *Pelomyxa* があげられる。これはミトコンドリアをもたない代わりに，エネルギーを供給しているかどうかは明らかでないが，共生細菌をもっている。

ミトコンドリアや葉緑体がかつて独立生活を営んでいた細菌であるならば，細胞内共生がはじまってから細胞小器官から核への遺伝子の移行が起きているはずである。この移行がどのように行われたのか，例えば多くの遺伝子がいちどに移ったのか，少しずつ徐々に移っていったのかはわかっていない。しかし細胞小器官から核へ，そして細胞小器官どうしの間で，DNAの移行が今でも起こっていることは確かである。このことは葉緑体ゲノムの部分配列が決定された1980年代初頭に明らかになった。ある種の植物の葉緑体ゲノムには，ミトコンドリアゲノムの一部をコピーしたDNA断片が（ときには遺伝子全長を含むものも）含まれていたのである。この知見は細胞小器官どうしの間で，いわゆる**プロミスカスDNA**（promiscuous DNA；「ごたまぜの」DNAという意味）の移行が起きたことを意味している。しかし，このような遺伝子の移行が唯一の形ではないことも，現在では知られている。シロイヌナズナ（*Arabidopsis thaliana*）のミトコンドリアゲノムには，核DNAのさまざまな断片とともに葉緑体DNAの16の断片が存在する。葉緑体DNA

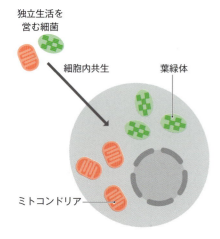

図8.13　細胞内共生説　この説によるとミトコンドリアや葉緑体は，真核細胞の祖先である細胞と共生関係にあった独立生活を営んでいた細菌の名残である。

図8.14　灰色藻 *Cyanophora paradoxa* の細胞内にみられるシアネレ（Michael Abbey/Science Photo Library の厚意による）

の断片には6つのtRNA遺伝子が含まれ，ミトコンドリアに移行してからも活性を保持している。この植物の核ゲノムには葉緑体ゲノムやミトコンドリアゲノムの短い断片がいくつか存在するが，なかには2番染色体のセントロメア領域にミトコンドリアゲノムの270 kbにも及ぶ断片が挿入されているような例もある。ミトコンドリアDNAの核ゲノムへの移行は脊椎動物でも知られている。

プロミスカスDNAがゲノム間で起きたDNA移行の可能性を示しているのと同様に，宿主と細胞小器官の関係性がミトコンドリアや葉緑体の場合と比べて発展途上にあるような，驚くべき細胞内共生の一例もある。*Paulinella*は色素胞（chromatophore）と呼ばれる光合成小器官をもつアメーバである。シアネレと同じように，色素胞での光合成の反応経路は，葉緑体のものよりはシアノバクテリアのものに似ている。しかしながらシアネレとは異なり，色素胞は867のタンパク質コード遺伝子を含む1.02 Mbのサイズのゲノムをもっている。これはシアノバクテリアのゲノムの小型版ともいえ，0.2 Mb以下で遺伝子を200しか含まない葉緑体やシアネレの典型的なゲノムよりもかなり大きい。したがって*Paulinella*では，色素胞のゲノムサイズを削減する過程はまだその途上にあるように思われる。色素胞の遺伝子セットを調べると，アミノ酸やその他の代謝物の合成経路全体の遺伝子が色素胞ゲノムから抜け落ちており，細胞内共生によってそのような機能が失われたことがわかる。これに対して，DNA複製，転写，翻訳のための遺伝子や，光合成に必要なタンパク質と酵素を合成するための遺伝子は保持されている。したがって色素胞は共生体の典型的な特徴をそなえているといえる。つまり自身がもはや作れない代謝物を宿主に依存し，エネルギー産生とゲノムの複製，遺伝子発現に関しては自律性を維持している。これに対して細胞小器官は，そのゲノムサイズと遺伝子構成は大きく削減されており，核遺伝子にコードされているタンパク質や酵素の助けなしには，もはやエネルギー産生やゲノムの複製，遺伝子発現を行うことができない。

ほとんどの細胞小器官ゲノムは環状構造をもつ

ほとんどすべての真核生物にはミトコンドリアゲノムが存在し，ほとんどの光合成真核生物には葉緑体ゲノムが存在する。当初，すべての細胞小器官ゲノムは環状DNAであると思われていた。電子顕微鏡を使った観察ではいくつかの細胞小器官から環状と直鎖状のDNAがみつかったが，直鎖状分子は単に試料作製中に環状分子が切れて生じたものと考えられた。今でもほとんどのミトコンドリアゲノムや葉緑体ゲノムは環状であると考えてよいが，生物種によってさまざまであることがわかっている。多くの真核生物では細胞小器官内に環状ゲノムが直鎖状となったものが共存しているし，葉緑体の中にはたいていそのゲノムの一部からなる小さい環状分子が共存している。葉緑体ゲノムのこの特徴は渦鞭毛藻（dinoflagellate）と呼ばれる海洋性藻類に極端な形で現れており，その葉緑体ゲノムはそれぞれに遺伝子を1つずつ含む数多くの小さな環状分子に分かれている。そしてゾウリムシ（*Paramecium*），クラミドモナス（*Chlamydomonas*）やいくつかの酵母などの真核微生物では，ミトコンドリアゲノムは常に直鎖状分子として存在することがわかってきた。

細胞小器官ゲノムの細胞あたりのコピー数はあまりよくわかっていない。ヒトのミトコンドリアにはおよそ10個の同一分子が含まれ，細胞あたりおよそ8,000コピーが存在することになる。出芽酵母では総数はおそらくもっと少なく，細胞あたりおよそ100コピー以下である。クラミドモナスのような光合成微生物の葉緑体には80～90個のゲノムDNA分子が含まれ，細胞あたりおよそ1,000コピーと，高等植物の葉細胞に比べて大体10分の1のコピー数になる。1950年代以降いまだに完全には解決されていない謎として，細胞小器官の遺伝子を遺伝的交配によって調べると，ミトコンドリアゲノムにしても葉緑

表8.4 ミトコンドリアゲノムと葉緑体ゲノムのサイズ

種	分類	ゲノムサイズ (kb)
ミトコンドリアゲノム		
Plasmodium falciparum	原生動物（熱帯熱マラリア原虫）	6
Chlamydomonas reinhardtii	緑藻類（クラミドモナス）	16
Mus musculus	脊椎動物（マウス）	16
Homo sapiens	脊椎動物（ヒト）	17
Metridium senile	無脊椎動物（イソギンチャク）	17
Chondrus crispus	紅藻類	26
Aspergillus nidulans	子嚢菌類（麹菌の近縁種）	33
Reclinomonas americana	原生動物	69
Saccharomyces cerevisiae	酵母（出芽酵母）	79
Brassica oleracea	顕花植物（キャベツ）	360
Arabidopsis thaliana	顕花植物（シロイヌナズナ）	367
Zea mays	顕花植物（トウモロコシ）	681
Cucumis sativus	顕花植物（キュウリ）	1,556
葉緑体ゲノム		
Bigelowiella natans	クロララクニオン藻	69
Marchantia polymorpha	苔類（ゼニゴケ）	121
Pisum sativum	顕花植物（エンドウ）	122
Oryza sativa	顕花植物（イネ）	135
Nicotiana tabacum	顕花植物（タバコ）	156
Chlamydomonas reinhardtii	緑藻類（クラミドモナス）	204
Floydiella terrestris	緑藻類	521

NCBIゲノムデータベースのデータによる。

体ゲノムにしても，まるで1個の細胞に1コピーしか含まれていないかのような結果が得られるという問題がある。これは実際とは明らかに異なっているが，細胞小器官ゲノムが親から子に受け渡される仕組みについて，われわれの理解はまだ十分ではないことを示している。

ミトコンドリアゲノムのサイズはまちまちで，生物の複雑さとは相関しない（表8.4）。大半の多細胞生物のミトコンドリアゲノムは小さく，遺伝子もほとんど隙間なく密集して配置されている。16,569 bpからなるヒトのミトコンドリアゲノムはその典型である（図8.15）。出芽酵母（図8.16）などほとんどの下等真核生物や顕花植物のミトコンドリアゲノムはヒトのそれよりも大きく，遺伝子はさほど密集しておらず，その多くの遺伝子にはイントロンが含まれる。一方，葉緑体ゲノムのサイズにはそれほど違いはなく（表8.4），ほとんどが図8.17に示すイネの葉緑体ゲノムと同じような構造をしている。

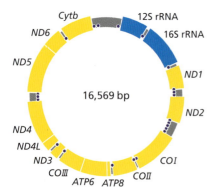

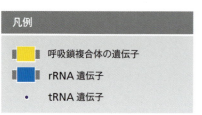

図8.15　ヒトのミトコンドリアゲノム　ヒトのミトコンドリアゲノムは小さく，構成にむだな隙間がない。*ATP6*遺伝子と*ATP8*遺伝子の一部が重なり合っているほどである。*ATP6*, *ATP8*はATPアーゼのサブユニット6, 8の遺伝子，*COI*, *COII*, *COIII*はシトクロムcオキシダーゼのサブユニットI, II, IIIの遺伝子，*Cytb*はアポシトクロムbの遺伝子，*ND1*～*ND6*はニコチンアミドアデニンジヌクレオチド（NADH）デヒドロゲナーゼのサブユニット1～6の遺伝子である。

8.3 真核生物の細胞小器官ゲノム

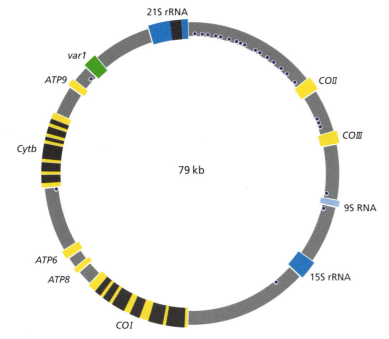

図 8.16 出芽酵母のミトコンドリアゲノム 酵母のミトコンドリアゲノムでは、ヒトのミトコンドリアゲノムほど遺伝子は密集しておらず、いくつかの遺伝子はイントロンを含んでいる。これは多くの下等真核生物や植物に典型的な構成である。*ATP6*、*ATP8*、*ATP9* は ATP アーゼのサブユニット 6、8、9 の遺伝子、*COI*、*COII*、*COIII* はシトクロム *c* オキシダーゼのサブユニット I、II、III の遺伝子、*Cytb* はアポシトクロム *b* の遺伝子、*var1* はリボソームタンパク質の遺伝子である。9S RNA 遺伝子はリボヌクレアーゼ P という酵素の RNA 成分をコードする。

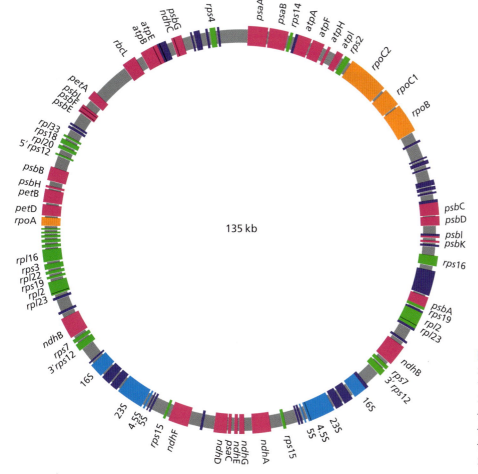

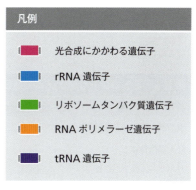

図 8.17 イネの葉緑体ゲノム 機能がわかっている遺伝子のみを示す。この図には示していないが、イントロンを含む遺伝子が多数ある。これらイントロンを含む遺伝子には、tRNA 遺伝子もいくつか含まれる。作られる tRNA がみなほとんど同じ大きさなのに、tRNA 遺伝子の大きさがまちまちなのはこのためである。

細胞小器官の遺伝子構成

　細胞小器官ゲノムは核ゲノムに比べてずっと小さいことから，含まれる遺伝子はずっと少ないと予想でき，実際そのようになっている．ゲノムサイズ同様，ミトコンドリアの遺伝子数は熱帯熱マラリア原虫（*Plasmodium falciparum*）の3個から原生動物 *Reclinomonas americana* の93個まで開きがある（表8.5）．最も小さいものをのぞくすべてのミトコンドリアゲノムには，非コードrRNA遺伝子と呼吸鎖を構成するタンパク質の少なくとも一部をコードする遺伝子が存在し，後者はミトコンドリアの主要な生化学的特性に関与している．遺伝子を多く含むタイプのミトコンドリアゲノムには，さらにtRNAやリボソームタンパク質，そして転写や翻訳，細胞質からミトコンドリアへのタンパク質輸送にかかわるタンパク質がコードされている（表8.5）．ほとんどの葉緑体ゲノムには200個程度の同じような組合せの遺伝子があり，同じようにrRNA，tRNA，リボソームタンパク質，そして光合成にかかわるタンパク質をコードするものが含まれる（図8.17参照）．

　表8.5からは細胞小器官ゲノムの一般的な特徴が浮かび上がってくる．これらのゲノムは細胞小器官にあるタンパク質の一部をコードしているが，すべてには対応しない．細胞小器官ゲノムにコードされていないタンパク質は核遺伝子にコードされており，細胞質で合成されて細胞小器官へ輸送される．タンパク質をミトコンドリアや葉緑体へ輸送する機構が細胞にあるなら，なぜ細胞小器官のタンパク質すべてが核ゲノムにコードされていないのだろうか．この疑問にはっきりと答えることはまだできないが，1つの可能性として，細胞小器官ゲノムにコードされるタンパク質の少なくともいくつかは非常に疎水性が高く，ミトコンドリアや葉緑体を囲む膜を通り抜けることができず，そのため細胞質から細胞小器官へ移動できないのではないかと考えられている．細胞がこのようなタンパク質を細胞小器官に存在させる唯一の方法は，最初からそこで合成することである．

表8.5　ミトコンドリアゲノムの遺伝子構成

特徴	P. falciparum	C. reinhardtii	H. sapiens	S. cerevisiae	A. thaliana	R. americana
タンパク質コード遺伝子						
呼吸鎖複合体	3	7	13	7	17	23
リボソームタンパク質	0	0	0	1	7	27
輸送タンパク質	0	0	0	0	3	6
RNAポリメラーゼ	0	0	0	0	0	4
翻訳因子	0	0	0	0	0	1
その他	0	1	0	0	0	2
小計	3	8	13	8	27	63
非コードRNA遺伝子						
rRNA遺伝子	0	14*	2	2	3	3
tRNA遺伝子	0	3	22	24	21	26
その他のRNA遺伝子	0	0	0	1	0	1
小計	0	17	24	27	24	30
全遺伝子						
遺伝子数の合計	3	25	37	35	51	93
ゲノムサイズ（kb）	6	16	17	79	367	69

NCBIゲノムデータベースのデータによる．*C. reinhardtii の rRNA 遺伝子は多数に断片化しているが，全体で標準的なミトコンドリア rRNA の2つ分をコードしている．

まとめ

- 原核生物は細菌と古細菌というはっきりと異なる2つのグループから構成されている。
- 細菌のゲノムは，これといって特徴のない原核細胞の中にあって唯一，薄く染まる核様体と呼ばれる領域に存在する。そのDNAは結合タンパク質からなるコアに結合し，そこから超らせんを形成したループとなって細胞内に放射状に広がっている。
- 大腸菌ゲノムは1個の環状DNA分子であるが，原核生物の中には直鎖状のゲノムをもつものや，複数の環状あるいは直鎖状DNA分子に分かれて存在する分節ゲノムをもつものもある。さらに複雑なものになると，どの分子が真のゲノムで，どの分子が必須でないプラスミドなのか区別が難しい場合もある。
- 原核生物ゲノムにはむだが少なく，反復DNA配列がほとんどみられない。
- オペロンを構成している遺伝子も多い。オペロンに含まれる遺伝子は同時に発現し，機能的にも関連している。
- 遺伝子数は生物学的な複雑さと相関している。最も大きいゲノムは土壌中で独立生活を営む細菌のもので，最も小さいゲノムは偏性寄生細菌のものである。
- ゲノムサイズと遺伝子数は同じ原核生物種内でも異なっている。コアゲノムはその種に属するすべての細菌がもつ遺伝子のセットである。アクセサリーゲノムはその種に属するさまざまな菌株がもつ，コアゲノム以外の遺伝子の集合を指す。
- 細菌と古細菌の間で起こるものも含め，さまざまな原核生物種の間で遺伝子の水平伝播の例が数多くみつかっている。
- 海水のような特定の生育環境に含まれるすべてのゲノムを網羅的に調べるメタゲノム学によって，実際に存在する生物種のうちのかなりの割合が未同定のままであることがわかってきた。
- 真核細胞のミトコンドリアや葉緑体のゲノムは，真核細胞の祖先である細胞と共生という形で融合した，かつて独立生活を営んでいた細菌に由来する。したがってそれらのゲノムは原核生物の特徴をそなえている。
- ミトコンドリアや葉緑体のゲノムはほとんどが環状分子で，分節化している場合もあり，細胞あたり数千コピーが存在する。
- ミトコンドリアゲノムは5〜1,500 kbとさまざまなサイズで，3〜93個の遺伝子をもつ。これらの遺伝子にはミトコンドリアのrRNA，tRNA，そして呼吸鎖を構成するタンパク質などがコードされている。
- 葉緑体ゲノムは60〜525 kbのサイズで，200個程度の同じような組合せの遺伝子をもつ。その多くは機能性RNAや光合成にかかわるタンパク質をコードしている。

章末問題

短答式問題

1. 真核生物の染色体と大腸菌の染色体の違いについて概要を述べよ。
2. 大腸菌の染色体が超らせん構造のドメインで構成されており，その弛緩を制限するようなタンパク質に結合していることを支持する証拠は，どのような実験で得られたか？
3. 大腸菌のHUタンパク質と真核生物のヒストンタンパク質の間に類似点があるとしたら，それはどのような点か？
4. 大腸菌ゲノムは1個の環状DNA分子である。原核生物にはこれ以外にどのようなゲノム構造がみつかっているか？
5. 典型的な原核生物ゲノムでは遺伝子やその他の塩基配列がどのように配置されているか説明せよ。また原核生物と哺乳類のゲノムを比較すると，遺伝子の密度，イントロンの数，反復DNA配列の含量にどのような違いがみられるか？
6. オペロンの重要な特徴を列記せよ。また原核生物のゲノムを構成する要素としてのオペロン全般の重要性を述べよ。

7. 原核生物がもつ遺伝子の数に影響する要因について論じよ。
8. コアゲノムとアクセサリーゲノムの違いについて述べよ。
9. 遺伝子の水平伝播は原核生物ゲノムの遺伝子構成にどのような影響を与えたか？
10. 海水などの環境のメタゲノム学による研究が生物学にもたらした新しい情報について述べよ。
11. ミトコンドリアや葉緑体の起源に関する細胞内共生説について概要を述べよ。
12. さまざまな生物種のミトコンドリアゲノムや葉緑体ゲノムの遺伝子構成を比較せよ。

論述式問題

1. 原核生物のゲノムは1個の環状DNA分子であるという従来の見方は捨て去るべきだろうか？　もしそうであれば，原核生物ゲノムの新しい定義としてはどのようなものがふさわしいか？
2. 独立生活を営む細胞にとって必要最少な約230の遺伝子にはどのようなものが含まれるか推測せよ。
3. ゲノム塩基配列決定によりさまざまな発見がなされているが，原核生物の「種」という概念は今後も残ると考えられるか？
4. 細胞内共生説の決定的な証明は可能か？
5. なぜ細胞小器官ゲノムというものが存在するのか？

推薦図書と参考文献

原核生物の核様体

Anuchin, A.M., Goncharenko, A.V., Demidenok, O.I. and Kaprelyants, A.S. (2011) Histone-like proteins of bacteria. *Appl. Biochem. Microbiol.* 47:580–585.

Dillon, S. and Dorman, C.J. (2010) Bacterial nucleoid-associated proteins, nucleoid structure and gene expression. *Nat. Rev. Microbiol.* 8:185–195.

Peeters, E., Driessen, R.P.C., Werner, F. and Dame, R.T. (2015) The interplay between nucleoid organization and transcription in archaeal genomes. *Nat. Rev. Microbiol.* 13:333–341.

Sinden, R.R. and Pettijohn, D.E. (1981) Chromosomes in living *Escherichia coli* cells are segregated into domains of supercoiling. *Proc. Natl Acad. Sci. USA* 78:224–228.

代表的な原核生物のゲノム配列

Blattner, F.R., Plunkett, G., Bloch, C.A., et al. (1997) The complete genome sequence of *Escherichia coli* K-12. *Science* 277:1453–1462.

Bult, C.J., White, O., Olsen, G.J., et al. (1996) Complete genome sequence of the methanogenic archaeon *Methanococcus jannaschii*. *Science* 273:1058–1073.

Fraser, C.M., Casjens, S., Huang, W.M., et al. (1997) Genomic sequence of a Lyme disease spirochaete, *Borrelia burgdorferi*. *Nature* 390:580–586.

Heidelberg, J.F., Eisen, J.A., Nelson, W.C., et al. (2000) DNA sequence of both chromosomes of the cholera pathogen *Vibrio cholerae*. *Nature* 406:477–483.

Land, M., Hauser, L., Jun, S.-R., et al. (2015) Insights from 20 years of bacterial genome sequencing. *Funct. Integr. Genomics* 15:141–161.

Parkhill, J., Achtman, M., James, K.D., et al. (2000) Complete DNA sequence of a serogroup A strain of *Neisseria meningitidis* Z2491. *Nature* 404:502–506.

White, O., Eisen, J.A., Heidelberg, J.F., et al. (1999) Genome sequence of the radioresistant bacterium *Deinococcus radiodurans* R1. *Science* 286:1571–1577.

原核生物の遺伝子数

Alm, R.A., Ling, L.-S.L., Moir, D.T., et al. (1999) Genomic-sequence comparison of two unrelated isolates of the human gastric pathogen *Helicobacter pylori*. *Nature* 397:176–180.

Hutchison, C.A., Chuang, R.-Y., Noskov, V.N., et al. (2016) Design and synthesis of a minimal bacterial genome. *Science* 351: aad6253.

Perna, N.T., Plunkett, G., Burland, V., et al. (2001) Genome sequence of enterohaemorrhagic *Escherichia coli* O157:H7. *Nature* 409:529–533.

Rouli, L., Merhej, V., Fournier, P.E. and Raoult, D. (2015) The bacterial pangenome as a new tool for analysing pathogenic bacteria. *New Microbes New Infect.* 7:72–85.

Tettelin, H., Masignani, V., Cieslewicz, M.J., et al. (2005) Genome analysis of multiple pathogenic isolates of *Streptococcus agalactiae*: implications for the microbial "pan-genome". *Proc. Natl Acad. Sci. USA* 102:13950–13955.

遺伝子の水平伝播

Khomyakova, M., Bükmez, Ö., Thomas, L.K., et al. (2011) A methylaspartate cycle in haloarchaea. *Science* 331:334–337.

Mell. J.C. and Redfield, R.J. (2014) Natural competence and the evolution of DNA uptake specificity. *J. Bacteriol.* 196:1471–1483.

Ochman, H., Lawrence, J.G. and Groisman, E.A. (2000) Lateral gene transfer and the nature of bacterial innovation. *Nature* 405:299–304.

Soucy, S.M., Huang, J. and Gogarten, J.P. (2015) Horizontal gene transfer: building the web of life. *Nat. Rev. Genet.* 16:472–482.

Swithers. K.S., Soucy, S.M. and Gogarten, J.P. (2012) The role of reticulate evolution in creating innovation and complexity. *Int. J. Evol. Biol.* 2012:418964.

メタゲノム学

Conrad, R. and Vlassov, A.V. (2015) The human microbiota: composition, functions, and therapeutic potential. *Med. Sci. Rev.* 2:92–103.

Huang, L.-N., Kuang, J.-L. and Shu, W.-S. (2016) Microbial ecology and evolution in the acid mine drainage model system. *Trends Microbiol.* 24:581–593.

Sharpton, T.J. (2014) An introduction to the analysis of shotgun metagenomic data. *Front. Plant Sci.* 5:209.

Venter, J.C., Remington, K., Heidelberg, J.F., et al. (2004) Environmental genome shotgun sequencing of the Sargasso Sea. *Science* 304:66–74.

細胞小器官ゲノム

Keeling, P.J. and Archibald, J.M. (2008) Organelle evolution: what's in a name? *Curr. Biol.* 18:R345–R347.　*Paulinella* についての解説。

Lang, B.F., Gray, M.W. and Burger, G. (1999) Mitochondrial genome evolution and the origin of eukaryotes. *Annu. Rev. Genet.* 33:351–397.

Margulis, L. (1970) *Origin of Eukaryotic Cells*. Yale University Press, New Haven, Connecticut.　ミトコンドリアと葉緑体の起源に関する細胞内共生説についての最初の記述。

Palmer, J.D. (1985) Comparative organization of chloroplast genomes. *Annu. Rev. Genet.* 19:325–354.

インターネット上の情報源

MetaRef　http://metaref.org/　パンゲノムのデータベース。
ODB (Operon DataBase)　http://operondb.jp/

ウイルスゲノムと転位性遺伝因子 9章

9.1 バクテリオファージと真核生物ウイルスのゲノム

9.2 転位性遺伝因子

　この章ではウイルスゲノムについて述べるが，ウイルスはこれまでみてきたものの中で最も単純な生命体である。事実，ウイルスは生物学的観点からみるとあまりに単純で，本当に生命体としてとらえてよいのか自問しなければならないほどである。こうした疑問がわく理由の1つは，ウイルスが他のどの生命体とも異なる成り立ちをしている（ウイルスは細胞ではない）ことであり，もう1つの理由はウイルスの生活環の特徴にある。ウイルスは最も極端な形の偏性寄生生物であり，宿主細胞の中でしか増殖できない。また，ウイルスゲノムが複製・発現するためには，宿主の遺伝機構の少なくとも一部をウイルス自身の目的のために乗っとる必要がある。一部のウイルスはみずからのDNAポリメラーゼやRNAポリメラーゼをコードする遺伝子をもつが，多くは，ゲノムの複製や転写に関しては宿主の酵素に依存している。すべてのウイルスは宿主のリボソームや翻訳機構を利用して，子孫ウイルスのコート（カプシド）タンパク質となるポリペプチドを合成する。これはウイルスの遺伝子が宿主の遺伝子発現機構に適合しなければならないことを意味する。そのため，ウイルスは特定の生物に対する特異性が非常に高く，幅広い生物種に感染することはできない。

　この章では，真核生物や原核生物のゲノムにおいて反復配列のかなりの部分を占める転位性遺伝因子についても扱い，これらとウイルスゲノムの関連を考える。なぜなら，反復配列の少なくとも一部はウイルス由来であり，事実上，宿主細胞からの脱出能を失ってしまったウイルスゲノムであることが近年明らかになってきたからである。

9.1　バクテリオファージと真核生物ウイルスのゲノム

　ウイルスには数多くの種類があるが，遺伝学者たちが最も注目してきたのは細菌に感染するウイルスである。これらはバクテリオファージ（bacteriophage）と呼ばれる（単にファージともいう）。1930年代，黎明期の分子生物学者たち，特にMax Delbrückが，遺伝子研究に用いる便利なモデル生物としてファージを選んだが，それ以降，詳細な研究が行われている。ここではDelbrückにならい，ウイルスゲノムを語る出発点としてファージを取り上げることにする。

ファージゲノムの構造と構成はさまざまである

　ファージは2つの基本要素，タンパク質と核酸から構成されている。タンパク質はコート，つまり**カプシド**（capsid）を形成し，その内部には核酸からなるゲノムが含まれる。基本的なカプシド構造には3種類ある（図9.1）。

- **正二十面体カプシド**（icosahedral capsid）。個々のポリペプチドサブユニット，すなわち**プロトマー**（protomer）が，核酸を取り囲む三次元的幾何学構造に配置される。大腸菌（*Escherichia coli*）に感染するMS2ファージや，緑膿菌（*Pseudomonas aeruginosa*）に感染するφ6ファージなどは，このタイプのカプシドをもっている。

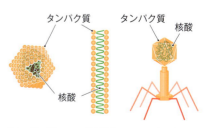

図9.1　バクテリオファージの一般的な3種類のカプシド構造

表 9.1　典型的なバクテリオファージとそのゲノムの特徴

ファージ	宿主	カプシド構造	ゲノム構造	ゲノムサイズ (kb)	遺伝子数
λ	腸内細菌	頭尾	二本鎖直鎖状 DNA	48.5	73
M13	腸内細菌	線維状	一本鎖環状 DNA	6.4	10
MS2	腸内細菌	正二十面体	一本鎖直鎖状 RNA	3.6	4
φ6	*Pseudomonas*	正二十面体	二本鎖直鎖状分節 RNA	2.9, 4.0, 6.4	13
φX174	腸内細菌	正二十面体	一本鎖環状 DNA	5.4	11
PM2	*Pseudoalteromonas*	正二十面体	二本鎖直鎖状 DNA	10.0	22
SPO1	*Bacillus*	頭尾	二本鎖直鎖状 DNA	133	204
T4	腸内細菌	頭尾	二本鎖直鎖状 DNA	169	278
T7	腸内細菌	頭尾	二本鎖直鎖状 DNA	39.9	60

NCBI ゲノムデータベースのデータによる。ゲノム構造はカプシド内におけるものを示す。宿主細胞内では違う構造で存在するものもある。

- **線維状カプシド**（filamentous capsid）あるいは**らせん状カプシド**（helical capsid）。プロトマーはらせん状に配置され，棒状の構造を作る。例として，大腸菌の M13 ファージなどがある。
- **頭尾カプシド**（head-and-tail capsid）。核酸を含む正二十面体の頭部が線維状の尾部に付着しており，さらに，宿主細胞への核酸の注入を助ける構造をもつ場合もある。例として，大腸菌の T4 ファージや λ ファージ，枯草菌（*Bacillus subtilis*）の SPO1 ファージなどがある。

ファージゲノムについて述べるときは，DNA ではなく「核酸」という言葉を用いなければならない。ゲノム分子が RNA でできている場合もあるからである。ウイルスは，遺伝物質が DNA であるという Avery らや Hershey と Chase の結論（1.1 節）に矛盾する生命体である。ファージやその他のウイルスは，別の原則にも反している。すなわち，ウイルスのゲノムは DNA であれ RNA であれ，二本鎖だけでなく一本鎖の場合もありうるのである。表 9.1 に示すように，ファージのゲノム構造は多種多様であることが知られている。ほとんどのファージでは，全ゲノムを構成するのは単一の DNA または RNA 分子である。しかし，すべてがそうというわけではなく，いくつかの RNA ファージは**分節ゲノム**（segmented genome）をもち，複数の異なる RNA 分子が遺伝子を運んでいる。ファージゲノムのサイズは，最小のファージで約 1.6 kb，T2，T4，T6 といった大きなファージで 150 kb 以上あり，非常に多様である。

ファージのゲノムは比較的小さいので，1970 年代後半に開発された迅速で効率的な DNA 塩基配列決定法によって，全塩基配列が明らかにされた最初のものの 1 つである。遺伝子の数は MS2 ファージではたった 4 つだけだが，より複雑な頭尾ファージの場合は

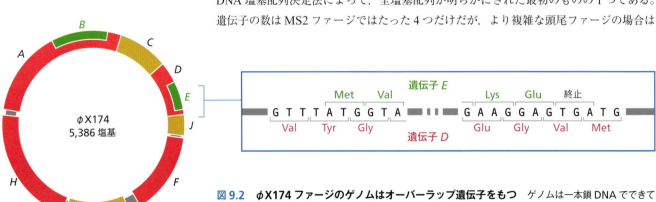

図 9.2　φX174 ファージのゲノムはオーバーラップ遺伝子をもつ　ゲノムは一本鎖 DNA でできている。拡大した領域は，遺伝子 E と D が重なり合っている部分の最初と最後を示している。他の 2 つのオーバーラップ遺伝子，A* と K はこの図には示していない。

200以上もあり，さまざまである（表9.1参照）。小さいファージのゲノムに比較的少数の遺伝子が含まれているのは当然だが，それらはとても複雑な様式で配置されている場合がある。例えば，φX174ファージは，数個の遺伝子を重ね合わせることで，より多くの生物学的情報をゲノムにうまく詰めこんでいる（図9.2）。これらの**オーバーラップ遺伝子**（overlapping genes）は塩基配列を共有しているが（例えば，遺伝子 *B* が遺伝子 *A* の中に完全に含まれているなど），転写産物が異なる開始位置から，そして多くの場合異なるリーディングフレームで翻訳されることで，異なる遺伝子産物をコードしている。オーバーラップ遺伝子はウイルスでは珍しくない。ファージが大きくなるほどゲノムに含まれる遺伝子は多くなるが，それは，これらのファージのカプシド構造がより複雑になったり，感染サイクルにおいて必要となる，ファージがコードする酵素の数が増えたりすることを反映している。例えば，T4ファージのゲノムには，カプシドの構築だけに関与する遺伝子が40ほども含まれている。その複雑さにもかかわらず，これらの大きなファージでさえ，感染サイクルを完結させるためには宿主遺伝子がコードしているタンパク質やRNAが少なくともいくつかは必要である。

ファージゲノムの複製戦略

　ファージはその生活環によって，**ビルレントバクテリオファージ**（virulent bacteriophage）または**溶菌ファージ**（lytic phage）と，**テンペレートバクテリオファージ**（temperate bacteriophage）または**溶原化ファージ**（lysogenic phage）の2つのグループに分類される。これらのグループの基本的な違いは，溶菌ファージは初感染の直後に宿主細菌を殺してしまうのに対し，溶原化ファージはかなりの期間，ときには宿主細胞が何世代も経る間，宿主の中でじっとしていることである。溶菌ファージと溶原化ファージの代表的な例は，それぞれT4ファージおよびλファージという2種類の大腸菌ファージである。

　T系の大腸菌ファージ（T1〜T7）は，分子遺伝学者が利用できるようになった最初のもので，多くの研究が行われてきた。その溶菌感染サイクルは，1939年にEmory EllisとMax Delbrückによってはじめて明らかにされた。彼らは培養した大腸菌にT4ファージを加え，ファージが細菌に接着するまで3分間待った後，感染した細胞の数を60分間にわたって計測した。その結果，最初の22分間は感染細胞の数が変わらないことがわかった（図9.3A）。この**潜伏期**（latent period）は，ファージが宿主の中で増殖するのに必要な時間である。22分以降，感染細胞の数は増加しはじめ，最初に感染した宿主細胞の溶菌が起こり，合成された新しいファージが他の細胞に感染していくことを示していた。この**一段増殖曲線**（one-step growth curve）のそれぞれの段階で起こる分子レベルの現象を図9.3Bに示す。最初に起こるのは，宿主細菌表面の受容体タンパク質へのファージ粒子の接着である。ファージの種類によってその受容体は異なる。例えば，T4ファージの受容体はOmpC（Ompは外膜タンパク質〔outer membrane protein〕を意味している）と呼ばれるタンパク質で，外膜を貫くチャネルを形成して栄養素の取り込みを促進するタンパク質であるポーリン（porin）の一種である。接着したファージは，その尾部構造からゲノムDNAを細胞内に注入する。ファージDNAが侵入するとただちに宿主のDNA，RNAおよびタンパク質の合成が停止し，ファージゲノムの転写がはじまる。5分以内に宿主細菌のDNA分子は分解され，生じたヌクレオチドがT4ゲノムの複製に利用されるようになる。12分後，新生ファージのカプシドタンパク質が出現しはじめ，最初の完全なファージ粒子が組み立てられる。最終的に潜伏期の終了とともに，細胞が破裂して新生ファージ

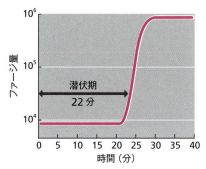

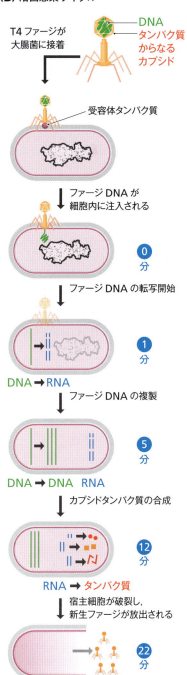

図9.3　溶菌感染サイクル　(A) EllisとDelbrückの実験で明らかにされた一段増殖曲線。(B) 溶菌感染サイクルで起こる分子レベルの現象。

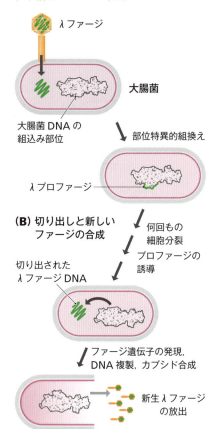

(A) 宿主DNAへの組込み
λファージ
大腸菌
大腸菌DNAの組込み部位
部位特異的組換え
λプロファージ

(B) 切り出しと新しいファージの合成
切り出されたλファージDNA
何回もの細胞分裂
プロファージの誘導
ファージ遺伝子の発現, DNA複製, カプシド合成
新生λファージの放出

図9.4　λファージの溶原化感染サイクル　誘導後は溶菌感染サイクルと同じである。

が放出される。典型的な感染サイクルでは，1細胞につき200～300個のT4ファージが合成され，そのすべてが続いて別の細菌細胞に感染することができる。

ファージは溶菌感染サイクルをたどるものがほとんどであるが，λファージのように溶原化感染サイクルも行えるものがある。2.3節でクローニングベクターとしてλファージが用いられることを述べた際に，溶原化感染サイクルでλファージゲノムが宿主DNAに組み込まれることも説明した。これはファージDNAが細胞に注入された直後に起こり，その結果，組み込まれたファージDNAは**プロファージ**（prophage）と呼ばれる休眠型ファージになる（図9.4A）。組込みは，λファージと大腸菌のゲノムに存在する同一の15 bpの配列の間で起こる**部位特異的組換え**（site-specific recombination；17.2節）による。これは，λファージゲノムが大腸菌DNAの常に同じ部位に組み込まれるということを意味している。組み込まれたプロファージは細菌ゲノムとともに複製され，娘細胞に受け継がれることで，いくつもの細胞世代を超えて宿主のDNA分子中に存続することになる。しかし，何らかの化学的刺激や物理的刺激によってプロファージが**誘導**（induction）されると，溶菌感染サイクルへの切り替えが起こる。これらの刺激はDNAの損傷に関連していると考えられ，宿主細胞の自然死の時期が近いことを知らせるシグナルとなる可能性がある。このような刺激に反応して，第2の組換え現象がファージゲノムを宿主DNAから切り出し，ファージDNAの複製がはじまって，ファージのコートタンパク質が合成される（図9.4B）。最終的に細胞は破裂し，新しいλファージ粒子が放出される。溶原化感染によってファージの生活環にはさらなる複雑さが加わり，ファージはその場の条件に最も適合した特定の感染戦略を確実にとれるようになっている。

真核生物ウイルスのゲノムの構造と複製戦略

真核細胞に感染するウイルスのカプシドは，正二十面体または線維状のいずれかである（頭尾構造はファージに特有のものである）。真核生物，特に動物を宿主とするウイルスの明らかな特徴の1つは，ウイルス構造の追加要素となる脂質膜によってカプシドが覆われる場合のあることである（図9.5）。この膜は，新しいウイルス粒子が宿主細胞から離れるときに宿主から得たもので，その後，ウイルス特異的なタンパク質の挿入により修飾されることもある。

真核生物ウイルスのゲノムは多種多様な構造を示す（表9.2）。DNAの場合もあれば，

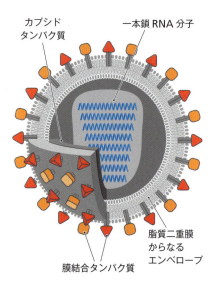

図9.5　真核生物に感染するレトロウイルスの構造　カプシドは脂質膜で覆われ，その膜にウイルスタンパク質がさらに付加される。

カプシドタンパク質
一本鎖RNA分子
脂質二重膜からなるエンベロープ
膜結合タンパク質

表9.2　典型的な真核生物ウイルスとそのゲノムの特徴		
ウイルス	宿主	ゲノム構造
アデノウイルス	哺乳類	二本鎖直鎖状DNA
B型肝炎ウイルス	哺乳類	環状DNA（部分一本鎖，部分二本鎖）
A型インフルエンザウイルス	哺乳類，鳥類	一本鎖直鎖状分節RNA
パルボウイルス	哺乳類	一本鎖直鎖状DNA
ポリオウイルス	哺乳類	一本鎖直鎖状RNA
レオウイルス	哺乳類	二本鎖直鎖状分節RNA
レトロウイルス	哺乳類，鳥類	一本鎖直鎖状RNA
タバコモザイクウイルス	植物	一本鎖直鎖状RNA
ワクシニアウイルス	哺乳類	二本鎖直鎖状DNA

ゲノム構造はウイルスカプシド内におけるものを示す。宿主細胞内では違う構造で存在するものもある。

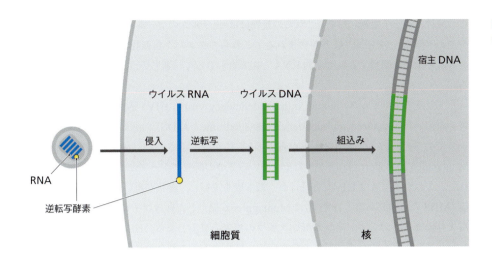

図 9.6 レトロウイルスゲノムの宿主染色体への組込み

RNA の場合もある。一本鎖の場合もあれば，二本鎖（もしくは，一本鎖領域をもつ部分的な二本鎖）の場合もある。直鎖状の場合や環状の場合，分節している場合やしていない場合もある。理由はまだ誰にもわからないが，植物のウイルスは RNA ゲノムをもつものがほとんどである。ゲノムサイズのばらつきは，ファージゲノムにみられるものとほぼ同じ範囲であるが，最も大きい部類の真核生物ウイルスゲノム（例えば，ワクシニアウイルスの 195 kb）は，ファージゲノムの最大のものよりかなり大きい。

ほとんどの真核生物ウイルスは，宿主細胞を破壊する増殖感染サイクル（ファージの溶菌感染サイクルに相当）しか行わないが，ファージと同様に，宿主細胞の遺伝機構を乗っとるものも少数存在する。多くのウイルスは宿主細胞と長い期間（何年にもわたることもある）共存し，感染サイクルが終盤に向かう頃にようやく宿主の機能が停止して，細胞内に蓄えられた子孫ウイルスが放出される。持続的に新しいウイルス粒子が産生されて，細胞から放出される場合もある。このような持続感染は，ウイルスゲノムが宿主の DNA に組み込まれなくても起こりうる。真核生物ウイルスには溶原化ファージにさらに似た生活環をもつものもある。数々の DNA ウイルスや RNA ウイルスが宿主ゲノムに組み込まれ，それが宿主細胞に劇的な影響をもたらすこともある。**ウイルスレトロエレメント**（viral retroelement）は組込み型の真核生物ウイルスの例である。その複製経路には，RNA からなるゲノムが DNA に変換されるという奇抜な段階が含まれている。ウイルスレトロエレメントには 2 種類ある。1 つは**レトロウイルス**（retrovirus）であり，RNA からなるゲノムをカプシドが包んでいる。もう 1 つは**パラレトロウイルス**（pararetrovirus）で，カプシドに包まれたゲノムは DNA でできている。ウイルスレトロエレメントが RNA を DNA に変換できるということは，1970 年に Howard Temin と David Baltimore によってそれぞれ独自に確認された。レトロウイルスが感染した細胞を用いた研究で，Temin と Baltimore は，RNA を鋳型として DNA コピーを作製することができる，現在では**逆転写酵素**（reverse transcriptase）と呼ばれている酵素を分離したのである（逆転写酵素はゲノム研究の実験で非常に有用である；2.1 節参照）。典型的なレトロウイルスのゲノムは，長さ 7～12 kb の一本鎖 RNA 分子である。宿主細胞に侵入した後，カプシド内に存在する数分子の逆転写酵素によって，レトロウイルスゲノムは二本鎖 DNA へと複製される。そして，二本鎖 DNA となったゲノムは宿主の DNA に組み込まれる（図 9.6）。λファージとは異なり，レトロウイルスのゲノムは宿主 DNA 内の挿入部位と相同な塩基配列をもっていない。ゲノムが宿主 DNA に組み込まれることは，レトロウイルス遺伝子の発現に必須である。遺伝子は 3 つあり，*gag*（ギャグ），*pol*（ポル），*env*（エンブ）と呼ばれる（図 9.7）。それぞれがポリタンパク質をコードしており，それは翻訳後に切断されて機能を

図 9.7 **レトロウイルスのゲノム** 長鎖末端反復配列（LTR）は 250～1,400 bp であり，ゲノム複製において重要な役割を果たす。

もつ複数の遺伝子産物になる。これらの産物には，ウイルスのコートタンパク質（*env* 由来）や逆転写酵素（*pol* 由来）などが含まれる。これらのタンパク質産物は，レトロウイルスゲノムの全長に相当する転写産物 RNA と組み合わさって，新しいウイルス粒子を産生する。

　ヒト免疫不全ウイルス（human immunodeficiency virus：HIV）感染症および後天性免疫不全症候群（acquired immunodeficiency syndrome：AIDS）の病原因子はレトロウイルスであるということが 1983 年から 1984 年にかけて示された。最初の HIV は，Luc Montagnier と Robert Gallo がそれぞれ率いる 2 つの研究グループによって別々に分離された。このウイルスは HIV-1 と呼ばれ，最も広く流行し，症状が重いタイプの HIV 感染症/AIDS の原因である。1985 年に Montagnier が発見した類縁ウイルスである HIV-2 はあまり広まっておらず，症状が軽いタイプの疾患の原因となる。HIV は血流中の特定のリンパ球を攻撃するため，宿主の免疫応答を抑制する。これらのリンパ球は表面に CD4 と呼ばれるタンパク質を多数発現しており，このタンパク質が HIV の受容体として働く。HIV 粒子は CD4 タンパク質に結合し，脂質でできたエンベロープ（外被）と細胞膜とが融合したのち，リンパ球の中に侵入する。

がんの原因となるレトロウイルスがある

　疾患の原因となるレトロウイルスは HIV だけではない。ある種のレトロウイルスは，**細胞形質転換**（cell transformation）を誘導し，がんを引き起こす可能性がある。形質転換は細胞の形態や生理機能の変化をもたらす。培養細胞では形質転換により増殖のコントロールが失われ，形質転換した細胞は単層ではなく無秩序な塊となって増えていく（図 9.8）。動物個体においては，細胞の質質転換が腫瘍のできる発端になると考えられている。

　レトロウイルスが細胞の形質転換を引き起こす経路には 2 種類あると考えられている。白血病ウイルスなどのレトロウイルスの場合，組み込まれたプロウイルスが宿主ゲノムの中でじっとしている長い潜伏期を経てはじめて形質転換を生じることもあるが，それは感染による自然の成り行きである。別のレトロウイルスの場合，そのゲノム構造の異常により形質転換が引き起こされることもある。こうしたウイルスは詳細不明のプロセスにより取り込んだ細胞由来の遺伝子をもっている。形質転換能のあるレトロウイルスのうち少なくとも 1 つ（ラウス肉腫ウイルス）は，標準的なレトロウイルスの遺伝子に加えて，細胞由来の遺伝子をもっている（図 9.9A）。他の例では，レトロウイルスの遺伝子の一部が細胞由来の遺伝子に置き換わっている（図 9.9B）。後者の場合，**欠損型レトロウイルス**（defective retrovirus）になる可能性がある。すなわち，ウイルスの複製に必要な酵素やカ

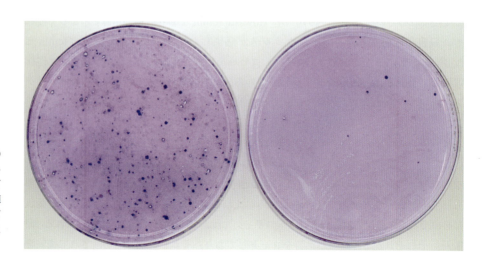

図 9.8　ヒト培養細胞の形質転換　右側のシャーレでは，ヒトの正常細胞が単層で増殖している。左側では，細胞が形質転換を起こしている。細胞の塊がみえ，正常であれば細胞増殖を制御するはずのプロセスがいくつか破綻していることを示している。（Klaus Bister, University of Innsbruck の厚意による）

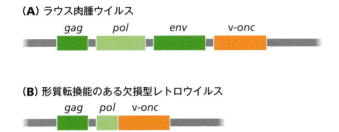

図 9.9 **形質転換能のあるレトロウイルスのゲノム** (A) すべてのウイルス遺伝子をそなえているラウス肉腫ウイルスのゲノム。(B) 形質転換能のある欠損型レトロウイルスのゲノム。

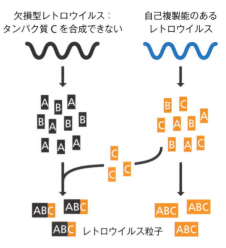

図 9.10 **欠損型レトロウイルスも，自己複製能のあるレトロウイルスと同じ細胞に感染すれば感染性ウイルス粒子を産生できることがある** 自己複製能のあるレトロウイルスはヘルパーとして働き，欠損型ウイルスが合成できないタンパク質を供給する。

プシドタンパク質をコードする遺伝子を失うことで，複製したり新たなウイルスを作ったりすることができなくなるという意味である。欠損型レトロウイルスは増殖活性がないというわけでは必ずしもない。同じ細胞の中で他のレトロウイルスが提供したタンパク質を利用することができるからである（図 9.10）。形質転換能のあるレトロウイルスが細胞の形質転換を引き起こすことができるのは，取り込まれた細胞由来の遺伝子の性質によるものである。この取り込まれた遺伝子（**がん遺伝子**〔oncogene〕の頭文字をとって v-*onc* と呼ばれる）は，細胞増殖にかかわるタンパク質をコードしていることが多い。もともとの正常な遺伝子は，細胞内で厳密に制御されており，必要なときに限られた量だけ発現する。v-*onc* 遺伝子は，遺伝子構造の変化やレトロウイルス自体の発現シグナルの影響により，制御の緩い異なる様式で発現すると考えられている。このように発現パターンが変化した結果の 1 つとして，細胞分裂がコントロールできなくなり，形質転換した状態に至る可能性がある。

生物界の辺境に存在するゲノム

ウイルスは生物界と非生物界の境界領域を占めている。この境界領域の本当の辺境に（あるいはそれを越えたところに），ゲノムと分類するべきかどうか微妙ともいえるさまざまな核酸分子が存在する。**サテライト RNA**（satellite RNA）や**ウイルソイド**（virusoid）がその例である。これらはおよそ 320〜400 塩基長の RNA 分子で，それ自身のカプシドタンパク質はコードせず，代わりにヘルパーウイルスのカプシドの中に入って細胞から細胞へと移動する。この 2 種類の違いは，サテライト RNA がヘルパーウイルスのゲノムとカプシドを共有するのに対し，ウイルソイドの RNA 分子は単独でカプシドに包まれることである。これらは一般にヘルパーウイルスの寄生体とみなされるが，サテライト RNA やウイルソイドなしではヘルパーウイルスが複製できない，すなわち共生関係にあることを示唆する例が，少なくともいくつかみつかっている。サテライト RNA とウイルソイドはどちらもおもに植物にみられ，**ウイロイド**（viroid）と呼ばれるもっと極端なグループも同様である。ウイロイドは 240〜475 塩基長の RNA 分子で，遺伝子をもたずカプシドに包まれることもなく，裸の RNA のまま細胞から細胞へと伝播する。これには，柑橘類の果樹の成長を阻害するカンキツエクソコーティスウイロイド（citrus exocortis viroid）のような，経済的に重要な病原体も含まれる。ウイロイドやウイルソイドは環状一本鎖分子

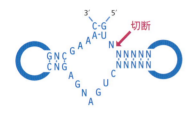

図 9.11　ウイロイドとウイルソイドの複製過程における，つながったゲノムの自己触媒反応による切断　(A) 複製過程。(B) ハンマーヘッド型 (hammerhead) 構造。各切断部位で形成され，酵素活性をもつ。N は任意のヌクレオチド。

で，宿主やヘルパーウイルスのゲノムがコードする酵素によって複製される。複製された RNA 分子は直列につながり，一部のウイロイドやウイルソイドでは，この RNA 分子自身が酵素として働く自己触媒反応によって切断される（図 9.11）。

植物細胞の中で複製する核酸分子は，仮に遺伝子をもたなくてもゲノムとみなしうるかもしれない。しかし，**プリオン** (prion) については同じことはいえない。というのも，この感染性の病原粒子は核酸をもたないからである。プリオンはヒツジやヤギにみられるスクレイピー (scrapie) の病原因子で，ウシへの伝播はウシ海綿状脳症 (bovine spongiform encephalopathy : BSE) を引き起こす。それがさらにヒトに伝播するとクロイツフェルト・ヤコブ病 (Creutzfeldt-Jakob disease) の一病型を引き起こす，という説には議論の余地があるものの，多くの生物学者には受け入れられている。当初，プリオンはウイルスと考えられていたが，現在ではそれがタンパク質のみからなることが明らかとなっている。PrP^C と呼ばれる正常型プリオンタンパク質は，哺乳類の細胞核の遺伝子にコードされており脳で合成されるが，その機能はまだわかっていない。PrP^C はプロテアーゼによって容易に分解されるが，感染型タンパク質である PrP^{SC} は，β シート構造をより多く含むプロテアーゼ抵抗性の構造をもち，感染組織において線維状の集積物を形成している。機序はまだわかっていないが，細胞の中に侵入した PrP^{SC} は新しく合成された PrP^C を感染型に変えることができ，その結果，病気を引き起こす。PrP^{SC} が別の動物に 1 分子以上移行すると，その動物の脳で新たな PrP^{SC} の蓄積が起こり，病気が伝播することになる（図 9.12）。同様の性質をもつ感染性タンパク質は下等真核生物でも知られており，出芽酵母 (*Saccharomyces cerevisiae*) のプリオンである Ure3 や Psi^+ などの例がある。しかし，プリオンは遺伝物質というより遺伝子産物であり，その感染性ゆえに分類について当初混乱が生じたものの，ウイルスやサブウイルス粒子（ウイルソイド，ウイロイドなど）と関連性がないのは明らかである。

9.2　転位性遺伝因子

第 7 章と第 8 章で，真核生物のゲノムや程度は少ないものの原核生物のゲノムには，ゲノム全体にわたって散在している反復配列があり，なかにはコピー数がゲノムあたり数千にもなるものがあること，個々の反復配列はみかけ上ランダムに分布していることを述べた。これら散在反復配列の多くは，DNA 断片がゲノム上のある位置から別の位置へ移動する**転位** (transposition) によってその分布パターンが決まる。これらの移動可能な断片は**転位性遺伝因子** (transposable genetic element)，あるいは**トランスポゾン** (transposon) と呼ばれる。これらの中には，もとの位置から配列が切り出されて他の場所に再度組み込まれる，**保存型転位** (conservative transposition) によって移動するものがある。保存型転位では，トランスポゾンが単にゲノム上での位置を変えるだけなので，コピー数は増えない（図 9.13）。一方，**複製型転位** (replicative transposition) をするものもある。これは，トランスポゾンがもとの位置にとどまったまま，複製されたものが新たな位置に組み込まれるため，コピー数が増加する。したがって複製型転位は，ゲノム全体にわたって散在する形でトランスポゾンを増加させる。

どちらのタイプの転位でも組換えが起こるが，転位の過程の詳細については，17.3 節で組換えやそれに関連したゲノム再編成について述べる際に扱うことにする。ここでは，真核生物や原核生物のゲノムにみられるトランスポゾンのさまざまな構造，ならびにそれ

図 9.12　プリオンの作用機序　健常なヒツジは脳内に PrP^C タンパク質をもつ。PrP^{SC} タンパク質が感染すると，新たに合成された PrP^C が PrP^{SC} に変化し，ヒツジではスクレイピーとして知られる病気を起こす。

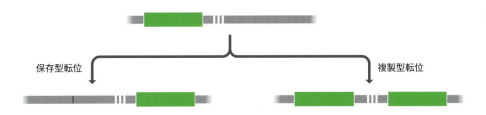

図 9.13　保存型転位と複製型転位

らの因子とウイルスゲノムの間に存在する関連性について述べる。

長鎖末端反復配列をもつ RNA トランスポゾンはウイルスレトロエレメントと関連がある

　複製型転位をするトランスポゾンはさらに，RNA 中間体を経て転位するものとそうでないものに分けられる。RNA 中間体を経る過程は**レトロ転位**（retrotransposition）と呼ばれ，通常の転写過程によって**レトロトランスポゾン**（retrotransposon）の RNA コピーが合成されることではじまる（図 9.14）。その後，転写産物は複製されて二本鎖 DNA となるが，複製産物は最初はゲノム外の独立した分子として存在する。トランスポゾンのこの DNA コピーは最終的にゲノムに組み込まれるが，その位置はもとの配列と同じ染色体の場合もあれば，別の染色体の場合もある。結果として，トランスポゾンのコピーが 2 つ，ゲノム上の異なる位置にできることになる。レトロ転位の機構を図 9.6 に示したレトロウイルスの複製と比較すると，レトロ転位の過程のはじまりとなる RNA 分子は内在性のゲノム配列から転写されるのに対し，レトロウイルスの複製では外来性のウイルスゲノムからの転写であるという重要な違いはあるものの，これら 2 つの過程がよく似ていることがわかる。この類似性から，これら 2 種類の遺伝因子の間に存在する関連性が示唆される。

　RNA トランスポゾンは**レトロエレメント**（retroelement）とも呼ばれ，真核生物ゲノムには一般的にみられるが，原核生物ではまれであり，あまり研究されていない。真核生物のものは大きく 2 種類に分類される。**長鎖末端反復配列**（long terminal repeat：**LTR**）をもつものと，もたないものである。LTR は，それをもつレトロエレメントの RNA コピーが二本鎖 DNA へと逆転写される過程において中心的な役割を果たし（17.3 節），レトロウイルスにも存在する（図 9.7 参照）。これらのウイルスは，内在性の LTR トランスポゾンも含むエレメントのスーパーファミリーのメンバーであることが現在では明らかとなっている。

　このような内在性エレメントとして最初にみつかったのは酵母の *Ty* エレメントであり，長さは 6.3 kb で，ほとんどの出芽酵母のゲノムに約 50 コピー存在する。酵母ゲノムには *Ty* エレメントが何種類か存在する。その中で最も多いのが *Ty1* で，ショウジョウバエの *copia* レトロエレメントに似ている。したがって，これらのエレメントは *Ty1/copia* ファミリーと呼ばれる。ウイルスレトロエレメントの構造（図 9.15A）と *Ty1/copia* レトロエレメントの構造（図 9.15B）を比較すると，類縁関係は明らかである。*Ty1/copia* レトロエレメントは 2 つの遺伝子（酵母では *TyA* および *TyB* と呼ばれる）をもち，これらはウイルスレトロエレメントの *gag* および *pol* に似ている。*TyB* は，*Ty1/copia* レトロエレメントの転位に中心的な役割を果たす逆転写酵素を含むポリタンパク質をコードしている。しかし，*Ty1/copia* レトロエレメントは，ウイルスの外被タンパク質をコードする *env* 遺伝子に相当するものを欠いている点に注意すべきである。これは，*Ty1/copia* レトロエレメントは感染性のあるウイルス粒子を作ることができず，そのため宿主細胞から出ていくことができないことを意味している。ただし，*TyA* ポリタンパク質由来のコアタンパク質とレトロエレメントの RNA および DNA コピーからなるウイルス様粒子（virus-like

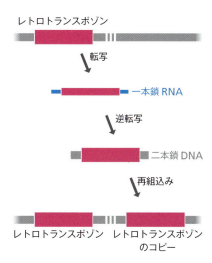

図 9.14　**レトロ転位**　図 7.20 と比較すると，この現象はプロセス型偽遺伝子が生じる過程と本質的に同じであることがわかる。

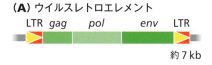

図 9.15　**LTR レトロエレメントのゲノム構造**

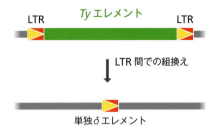

図9.16 *Ty* エレメントの両端にある LTR の間での相同組換えによってδエレメントが生じる

particle：VLP）を形成することはできる。これとは対照的に，LTR レトロエレメントの第2のファミリーである *Ty3/gypsy* ファミリー（これも酵母とショウジョウバエのそれぞれのエレメントにもとづく名称）と呼ばれるものは，*env* 遺伝子に相当するものをもっており（図9.15C），その少なくとも一部は感染性のあるウイルスを作ることができる。これらは内在性トランスポゾンに分類されてはいるが，感染性のあるものはウイルスレトロエレメントとみなすべきである。

酵母のゲノムは，*Ty* エレメントのうち 330 bp の LTR だけを，さらに 300〜400 コピーもっている。これらの単独 LTR は，おそらく *Ty* エレメントの2つの LTR の間での相同組換えによりエレメントの大部分が切り出され，LTR が1つ残ることで生じたものである（図9.16）。この切り出しは *Ty* エレメントの転位にはおそらくかかわっていない。図9.14 に示したように，転位は RNA を介するプロセスで起こるからである。これらの単独 LTR のうち最も多いものはδエレメントと呼ばれ，*Ty1/copia* レトロエレメントに由来している。σエレメントは *Ty3/gypsy* レトロエレメントに由来する単独 LTR であり，ゲノムあたり 20〜30 コピー存在する。

LTR レトロエレメントは真核生物ゲノムのかなりの部分を占めており，特にトウモロコシのような草本目のサイズの大きい植物ゲノム（図7.15D 参照）では顕著である。これらのエレメントは，無脊椎動物や脊椎動物のゲノムにおいても重要な構成要素であるが，ヒトや他の哺乳類のゲノムでは，ほとんどの LTR レトロエレメントは真のトランスポゾンというより，ウイルスレトロエレメントの残骸であるらしい。これらの配列は**内在性レトロウイルス**（endogenous retrovirus：ERV）と呼ばれ，ヒトゲノムの約9%を占める（表9.3）。ヒトの ERV は長さ 6〜11 kb で，*gag*, *pol*, *env* 遺伝子をもつ。ほとんどの場合，これらの遺伝子のいずれかの機能を失わせる変異や欠失を含んでいるが，ヒト ERV の一種である HERV-K の中には機能しうる遺伝子をそなえているものもいくつかある。個人個人のゲノムにおける HERV-K エレメントの位置を比べると，HERV-K ファミリーの少なくとも一部はレトロトランスポゾンとしての活性があると推測された。また，一部の HERV-K エレメント由来の RNA は，ウイルス様粒子内にパッケージングされて細胞から細胞へと移動できるという証拠もある。これらの発見により，ヒトの疾患において HERV-K が果たしている役割に関する研究がはじまった。筋萎縮性側索硬化症（amyotrophic lateral screlosis：ALS）は，1941 年にこの病気で亡くなった米国の有名な野球選手にちなんでルーゲーリッグ病とも呼ばれる神経変性疾患であるが，患者の脳からは HERV-K 由来の転写

表9.3 ヒトゲノムにみられる転位性遺伝因子

分類	ファミリー	ゲノムに占める比率 (%)
LINE	LINE-1	17.5
	LINE-2	3.4
	LINE-3	0.3
SINE	*Alu*	10.5
	MIR	2.5
	MIR3	0.4
LTR レトロエレメント	ERV1	2.9
	ERVL	5.8
DNA トランスポゾン	TcMar	1.5
	hAT	2.2

hg38 アセンブリの RepeatMasker 解析のデータによる。LINE：長鎖散在反復配列，SINE：短鎖散在反復配列，LTR：長鎖末端反復配列，ERV：内在性レトロウイルス。

産物やタンパク質が検出される。HERV-K 由来の産物が検出されることだけでは，それが ALS の原因であるという証明にはならないが，マウスの脳で HERV-K の *env* 遺伝子を発現させると運動ニューロンの機能の異常と ALS に似た症状が認められることが示され，両者に関連のある可能性が示唆されている。HERV-K エレメントは，関節リウマチなどの自己免疫疾患へのかかりやすさにも関与している可能性がある。

長鎖末端反復配列をもたない RNA トランスポゾンもある

すべての RNA トランスポゾンが LTR をもっているわけではない。LTR をもたないレトロエレメントは**レトロポゾン**（retroposon）と呼ばれる。そのうち哺乳類で最も重要なものは，**長鎖散在反復配列**（long interspersed nuclear element：**LINE**）と**短鎖散在反復配列**（short interspersed nuclear element：**SINE**）である。SINE はヒトゲノムにみられるあらゆるタイプの散在反復配列の中でコピー数が最も多く，170 万コピー以上あり，ゲノム全体の 14% 近くを占める（表 9.3）。LINE はそれよりも頻度が低く，100 万コピーを少し超える程度だが，長さがあるためゲノム中に占める割合は大きい（20% 以上）。LINE や SINE がヒトゲノムに多く存在するということは，7.2 節でみた 200 kb の DNA 断片における頻度からもよくわかる（図 7.12 参照）。

ヒトゲノムには 3 種類の LINE が存在する。そのうちの 1 つである LINE-1 は最もコピー数が多く，転位活性をもつ唯一のタイプである。一方，LINE-2 と LINE-3 は活性のない残骸である。LINE-1 は完全長が 6.1 kb で 2 つの遺伝子をもっており，そのうちの 1 つはウイルス *pol* 遺伝子産物に似たポリタンパク質をコードしている（図 9.17A）。LTR はもたないが，LINE-1 の 3′ 末端には一連の A–T 塩基対が続いていることが特徴で，通常ポリ(A) 配列と呼ばれる領域となっている（もちろん，もう一方の DNA 鎖ではポリ(T) 配列になるわけだが）。LINE がコードする逆転写酵素は，もとの転写産物 RNA の完全な DNA コピーを常に作るわけではないので，LINE-1 の配列はすべて完全長というわけではなく，3′ 末端部分を失っている場合もある。この欠失は頻繁に起こるため，ヒトゲノムの LINE-1 で完全長のものはわずか 1% であり，すべてのコピーの平均長は 900 bp にすぎない。SINE は LINE よりもずっと短く，わずか 100〜400 bp 程度であり，遺伝子を含まない（図 9.17B）。つまり，SINE は自身の逆転写酵素を作らずに，LINE が合成した逆転写酵素を「拝借する」のである。霊長類のゲノムに最も多い SINE は *Alu* **エレメント**（*Alu* element）であり，ヒトでは約 120 万コピー存在する。*Alu* エレメントは左右の半分ずつからなり，おのおのは似たような 120 bp の配列で，右半分には 31〜32 bp の挿入配列がある（図 9.18）。マウスゲノムには B1 エレメントと呼ばれる関連エレメントがあり，長さは *Alu* エレメントの半分に相当する 130 bp である。*Alu* エレメントの中には RNA コピーを作る活性をもつものがあり，エレメントが増える機会をもたらしている。*Alu* エレメントは 7SL RNA（タンパク質の細胞内移動に関与する非コード RNA）の遺伝子に由来する。最初の *Alu* エレメントは，7SL RNA が偶然逆転写され，その DNA コピーがヒトゲノムに組み込まれて生じた可能性がある。SINE の中には tRNA 遺伝子（7SL RNA 遺伝子と同様，真核細胞では RNA ポリメラーゼⅢで転写される）に由来するものもあり，RNA ポリメラーゼⅢで合成された転写産物は，時としてレトロポゾンに変わりやすくなるような何らかの性質をもつことが示唆される。

LINE や SINE の転位はまれな現象であるが，LINE-1 の転位はヒトやマウスの培養細胞で観察されている。そして，最近起きた LINE-1，*Alu* エレメントやその他の SINE のタンパク質コード配列への挿入により，ヒトの遺伝病の原因となるような遺伝子の不活性化が生じたと考えられている。このことは少数の血友病患者で確認されており，血液凝固第Ⅷ因子の遺伝子が LINE-1 配列によって分断され，この重要な血液凝固タンパク質の合

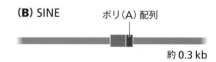

図 9.17 LTR をもたないレトロエレメント
LINE と SINE はどちらも 3′ 末端にポリ(A) 配列をもつ。

図 9.18 *Alu* エレメントの構造 *Alu* エレメントは左半分と右半分からなり，それぞれ 120 bp で，右半分には 31〜32 bp の挿入配列と 3′ 末端のポリ(A) 配列がある。それぞれの半分の塩基配列は（挿入配列を除いて）約 85% の類似性がある。

成が妨げられている。この最初の発見以来，25を超える疾患の原因としてLINE-1の挿入が疑われており，SINEの挿入がかかわっている疾患の例も増えつつある。

　LTRをもたないレトロエレメントは原核生物のゲノムでもいくつか知られているが，真核生物のRNAトランスポゾンに比べるとコピー数は非常に少ない。原核生物のものは真正細菌と古細菌（アーキア）にわたって幅広く分布しているものの，その分布は均等ではない。例えば，大腸菌にはレトロエレメントをもつ株もあれば，もたない株もある。細菌のレトロエレメントのうち最もよくみられるのが**レトロン**（retron）で，逆転写酵素の遺伝子を含む2 kbの配列である。レトロンの2つ目の部位は，逆転写酵素によってDNAコピーが作られる70〜80塩基長のRNAに相当する。コピーされた一本鎖DNAの5′末端はRNAの中のグアニンヌクレオチドと2′-5′ホスホジエステル結合を形成し，生じたDNA-RNAハイブリッド鎖は塩基対形成による二次構造をとる。この構造が何らかの機能をもっているかどうかについては議論が続いている。しかし，レトロンが産生する逆転写酵素がネズミチフス菌（*Salmonella typhimurium*）のヒト腸管への定着能を高めるとか，レトロン配列の存在がコレラ菌（*Vibrio cholerae*）の病原性を高めるといった実験結果が報告されている。

DNAトランスポゾンは原核生物のゲノムでは一般的である

　すべてのトランスポゾンがRNA中間体を必要とするわけではない。**DNAトランスポゾン**（DNA transposon）と呼ばれるものは，DNAからDNAへという，より直接的な転位を行うことができる。DNAトランスポゾンは，多くの原核生物ゲノムで重要な構成要素となっている。8.2節（図8.8参照）でみた大腸菌DNAの50 kbの断片に存在する挿入配列（insertion sequence：IS）エレメントのIS1とIS186は，DNAトランスポゾンの例である。コピー数は生物種や株によりさまざまであるが，大腸菌ゲノムは通常，種々のタイプのISエレメントを30〜50もっている。ISエレメントは長さ0.7〜2.5 kbで，配列のほとんどは転位を触媒する酵素である**トランスポザーゼ**（transposase）をコードする1つか2つの遺伝子が占めている（図9.19A）。ISエレメントの両端には，ISの種類ごとに50 bp程度までの長さの1対の**逆方向反復配列**（inverted repeat）があり，標的DNAに組み込まれると，宿主ゲノムには同じ向きの短い（通常4〜15 bp）**直列反復配列**（direct repeat）が作られる。ISエレメントは複製的にも保存的にも転位することができる。

　ISエレメントは，第2のタイプのDNAトランスポゾンの構成要素でもある。これらは**複合トランスポゾン**（composite transposon）と呼ばれ，最初に大腸菌で研究され，今では多くの原核生物に広くみられることが知られている。複合トランスポゾンの両端には1対のISエレメントがあり，その間のDNA領域に通常1つまたは複数の遺伝子（抗生物質耐性遺伝子のことが多い）をもっている（図9.19B）。例えばTn10はテトラサイクリン耐性遺伝子をもち，Tn5とTn903はともにカナマイシン耐性遺伝子をもつ。複合トランスポゾンの中には，両端に同一のISエレメントをもつものもあれば，異なるタイプのエレメントをもつものもある。また，ISエレメントが同じ向きの直列反復配列となっている場合もあれば，逆方向反復配列となっている場合もある。このような違いがあっても，複合トランスポゾンの転位機構，すなわちISエレメントの一方もしくは両方にコードされるトランスポザーゼで触媒される保存型転位という機構は共通しているようである。

　原核生物には，他にもさまざまなDNAトランスポゾンが知られている。大腸菌で重要なものをさらに2つあげる。

- **Tn3型トランスポゾン**（Tn3-type transposon）あるいは**ユニットトランスポゾン**（unit transposon）は，みずからトランスポザーゼの遺伝子をもつので，転位するために両端にISエレメントをもつ必要がない（図9.19C）。Tn3エレメントは複

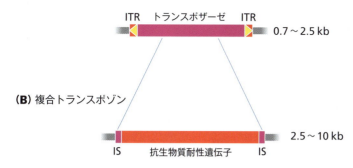
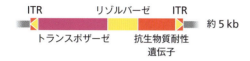
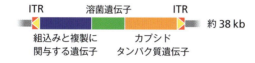

図9.19 **原核生物のDNAトランスポゾン** 4種類を示す。挿入配列，Tn3型トランスポゾン，転位性ファージは，両端に短い（50 bp未満）逆方向末端反復配列（inverted terminal repeat：ITR）をもつ。Tn3型トランスポゾンのリゾルバーゼ遺伝子は，転位過程にかかわるタンパク質をコードする。

製型転位を行う。

- **転位性ファージ**（transposable phage）は細菌に感染するウイルスで，正常な感染サイクルの一部として複製型転位を行う（図9.19D）。

原核生物のゲノムは転位活性を失ったIS断片も含んでいる。これらはMITE（miniature inverted repeat transposable element）と呼ばれている。MITEはDNAトランスポゾンが一部欠失した残骸の総称であり，最初は植物において同定された。

DNAトランスポゾンは真核生物のゲノムではまれである

ヒトゲノムの3.7%は種々のタイプのDNAトランスポゾンが占めている（表9.3）。これらはすべて，末端に逆方向反復配列をもち，転位反応を触媒するトランスポザーゼの遺伝子をもっている。しかし，これらのエレメントの大部分は，トランスポザーゼ遺伝子が機能しなかったり，転位に必要なトランスポゾン末端の配列が欠失したり変異したりしているため，転位活性をもたない。

活性のあるDNAトランスポゾンは植物のほうが多く，トウモロコシでみつかった*Ac/Ds*トランスポゾン（*Ac/Ds* transposon）や*Spm*エレメント（*Spm* element）などがある。*Ac/Ds*エレメントはトランスポゾンとしてみつかった最初のものであり，1950年代にBarbara McClintockが発見した。ある種の遺伝子は可動性であり，染色体のある位置から別の位置へ移動できるという彼女の結論は巧妙な遺伝学的実験にもとづいたものであり，転位の分子基盤は1970年代後半まで解明されなかった。これらの植物トランスポゾンの興味深い特徴は，一群となって一緒に働くということである。例えば*Ac*エレメントは，*Ac*エレメントと*Ds*エレメントの両方を認識するトランスポザーゼをコードしている。*Ds*エレメントは*Ac*エレメントの一種だが，トランスポザーゼ遺伝子の一部がなくなるような内部の欠失がある。すなわち，*Ds*エレメントはみずからトランスポザーゼを合成

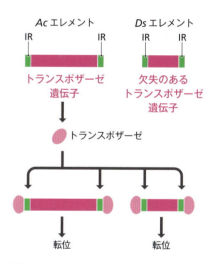

図9.20 **トウモロコシの*Ac/Ds*トランスポゾンファミリー** 完全長の*Ac*エレメントは4.2 kbで，機能のあるトランスポザーゼ遺伝子を含む。トランスポザーゼは*Ac*エレメントの両端にある11 bpの逆方向反復配列（IR）を認識し，転位反応を触媒する。*Ds*エレメントは内部に欠失があり，自身のトランスポザーゼは合成しない。しかしIRはもっており，*Ac*エレメントの作るトランスポザーゼによってIRが認識されるため，*Ds*エレメントも転位することができる。トウモロコシのゲノムには約10種類の*Ds*エレメントが存在し，欠失のサイズは194 bpから数 kbに及ぶ。

図 9.21 **体細胞におけるトランスポゾンの転位によって生じたトウモロコシの粒の斑状の着色** 色鮮やかなトウモロコシ (*Zea mays*) は，俗に「インディアンコーン」として知られる。(Lena Struwe, Rutgers University の厚意による)

することはできず，完全長の *Ac* エレメントが作るトランスポザーゼの活性を介してのみ転位することができるのである (図 9.20)。同様に，完全長の *Spm* エレメントは欠失型エレメントを伴っており，これらは完全なエレメントがコードするトランスポザーゼを利用して転位する。*Ac* エレメントの活性は，トウモロコシの正常な生活環において明らかであり，体細胞における転位は，例えばトウモロコシの粒の斑状の着色として現れるような遺伝子発現の変化を引き起こす (図 9.21)。

McClintock がトウモロコシのゲノムは転位性遺伝子をもつということに気づいたのは，実の粒の異なる色のパターンの遺伝学的基盤について研究していたからである。キイロショウジョウバエ (*Drosophila melanogaster*) の DNA トランスポゾンである **P 因子** (P element) も，後に転位が原因であると判明した不思議な遺伝現象の研究から，同じように発見された。この現象は**交雑発生異常** (hybrid dysgenesis) と呼ばれ，キイロショウジョウバエの実験用の系統の雌と野生の雄をかけ合わせたときに起こる。このようなかけ合わせで生まれた子孫のハエは不妊で，さまざまな遺伝的機能障害を伴う染色体異常をもっている。この現象は以下のように説明されている。まず，野生のショウジョウバエは活性のない状態の P 因子 (トランスポザーゼ遺伝子と両端に逆方向反復配列をもつ典型的な DNA トランスポゾン) をもっており，実験用の系統のショウジョウバエはこの P 因子をもっていない。かけ合わせを行うと，野生のハエから受け継いだ P 因子が受精卵の中で活性化され，さまざまな別の部位へと転位し，交雑発生異常の特徴である遺伝子の分断を引き起こす (図 9.22)。この活性化がなぜ起こるのかは正確にはわかっていないが，より興味深い疑問として，野生のキイロショウジョウバエが P 因子をもっているのに，実験用の系統はなぜもっていないかということがある。実験用の系統のほとんどは，90 年ほど前に Thomas Hunt Morgan が集め，彼らが最初の遺伝地図作成実験 (3.3 節) に使ったショウジョウバエの子孫である。当時の野生のハエには P 因子はなかったようであるが，過去 90 年の間に何らかの理由で野生のハエのゲノム中に増えたのである。野生のハエと実験

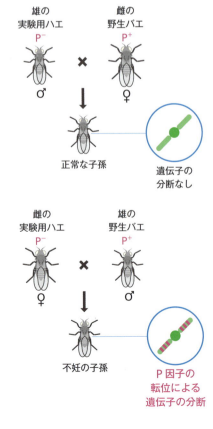

図 9.22 **交雑発生異常** 実験用の雄のハエと野生の雌のハエを交配させると正常な子が生まれるが，雄側を野生のハエにすると子は不妊となる。可能な説明の 1 つとして，P 因子をもつハエ (図の P⁺) の細胞質には P 因子の転位を抑制する因子が含まれると考えられる。雌の P⁺ハエと雄の P⁻ハエの交配で得られた受精卵はこの抑制因子をもつため，子は正常となる。しかし，雄の P⁺ハエの精子は抑制因子をもたないため，雄の P⁺ハエと雌の P⁻ハエの交配で得られた受精卵は抑制因子をもたず，P 因子の転位が起こり，子が交雑発生異常を示すことになる。

用のハエの間に生存力のある子孫が生まれないということは，これら2つの集団は，生物種を同定するための主要な基準の1つ(すべての個体が交配して子孫を作ることができる)を満たさないということを意味する。このことは，少なくとも一部の生物では，集団を構成する個体群のゲノムにおいて，集団が異なると転位性遺伝因子の増え方も異なるということが，種の分化を推し進めているのではないかという興味深い可能性を示している。

まとめ

- ウイルスに関する初期の研究は，もっぱらバクテリオファージ(細菌に感染するウイルス)が中心であった。
- ファージはタンパク質と核酸からなり，タンパク質はゲノムを囲むカプシドを形成する。
- カプシドの基本的な構造には3種類あるが，ゲノムの構成は多様である。ファージの種類によって，ゲノムがDNAのこともあればRNAのこともあり，一本鎖のこともあれば二本鎖のこともある。単一分子のこともあれば，複数の分節に分かれている場合もある。
- ファージは2種類の異なる感染サイクルをたどる。すべてのファージは溶菌感染サイクルによって感染することができ，その場合はただちに新しいファージが合成され，通常宿主細胞の死を伴う。溶原化感染サイクルも行えるファージがあり，ファージゲノムのコピーが宿主のDNAに挿入され，宿主細胞が何世代も経る間，宿主の中でじっとしている。
- 真核生物ウイルスは，ゲノムの構成という点ではファージと同じく多様であるが，カプシド構造は2種類だけである。
- ほとんどの真核生物ウイルスは，宿主細胞を破壊する増殖感染サイクルしか行わないが，宿主細胞がただちに死ぬわけでは必ずしもない。溶原化ファージと同様，ゲノムを真核生物の染色体に組み込むことができるDNAウイルスやRNAウイルスも多い。
- HIV感染症/AIDSの病原因子であるHIVなどのウイルスレトロエレメントは，組込み型のRNAウイルスの例である。
- サテライトRNAやウイルソイドは，遺伝子をもたず，他のウイルスに依存して伝播する感染性RNA分子である。ウイロイドはカプシドに包まれることのない小さな感染性RNA分子で，プリオンは感染性タンパク質である。
- ある種の転位性遺伝因子は，ゲノム内で転位することはできても細胞から出ていくことのできないDNA配列であり，RNAウイルスと関連性がある。これらの因子はウイルスレトロエレメントの感染過程と似た経路でRNA中間体を経て転位する。
- *Ty1/copia*や*Ty3/gypsy*といったレトロトランスポゾン，および哺乳類の内在性レトロウイルスは，RNAウイルスと最も密接に関連している転位性遺伝因子である。
- 哺乳類のゲノムにはLINEやSINEと呼ばれる別のタイプのRNAトランスポゾンも含まれるが，そのほとんどは転位活性を失っている。
- DNAトランスポゾンは転位の過程にRNA中間体を利用しない。DNAトランスポゾンは細菌によくみられ，抗生物質耐性遺伝子が拡散する原因となる。
- DNAトランスポゾンは真核生物にはあまりみられないが，トウモロコシの*Ac/Ds*トランスポゾン(詳細に研究された最初のトランスポゾン)やキイロショウジョウバエのP因子(実験用ショウジョウバエの雌と野生のハエの雄とを交配させたとき起こる交雑発生異常の原因)のような重要な例もある。

章末問題

短答式問題

1. ウイルスと細胞の違いは何か？　ウイルスを生物とみなすことは妥当か？
2. ウイルスゲノムと細胞ゲノムの重要な違いの概略を述べよ。
3. ウイルスゲノムにみられることのあるオーバーラップ遺伝子とはどういうものか，例を用いて説明せよ。
4. 溶菌ファージが初感染してから宿主細胞を溶菌させるまでに，どれくらい時間がかかるか？　T4ファージの溶菌感染サイクルの時間経過はどのようなものか？
5. ファージと真核生物ウイルスのカプシドの違いを説明せよ。
6. レトロウイルスの生活環のおもな段階をあげよ。
7. トランスポゾンとは何か？
8. ヒトゲノムにみられるLTRレトロエレメントの特徴を説明せよ。
9. ヒトゲノムにみられるレトロポゾンの特性と種類について述べよ。
10. 複合トランスポゾンの一般的特徴とは何か？
11. 植物でみつかったDNAトランスポゾンの重要な特徴とは何か？
12. ショウジョウバエの交雑発生異常の原理を説明せよ。

論述式問題

1. ウイルスはどの程度まで生命体の一種であると考えられるか？
2. 小さなゲノムをもつファージ（φX174ファージなど）でも宿主細胞内で問題なく複製できる。それなのにT4ファージのようなファージはなぜ大きくて複雑なゲノムをもつ必要があるのか？
3. T4ファージなど一部のファージは，感染後に宿主のRNAポリメラーゼを修飾し，宿主大腸菌の遺伝子を認識できないようにして，代わりにファージの遺伝子を転写させる。このような修飾はどのようにして行われるのか？
4. 宿主のゲノム内に存在して複製したり，宿主ゲノムの複製に伴って複製されたりするが，宿主に何の利益ももたらさない遺伝因子があり，「利己的DNA」と呼ばれることがある。この概念について，特にトランスポゾンに当てはめて論ぜよ。
5. LTRレトロエレメントはなぜLTRをもっているのか？

推薦図書と参考文献

バクテリオファージの遺伝学に関する古典的論文

Delbrück, M. (1940) The growth of bacteriophage and lysis of the host. *J. Gen. Physiol.* 23:643–660.

Doermann, A.H. (1952) The intracellular growth of bacteriophages. *J. Gen. Physiol.* 35:645–656.

Ellis, E.L. and Delbrück, M. (1939) The growth of bacteriophage. *J. Gen. Physiol.* 22:365–384.

Lwoff, A. (1953) Lysogeny. *Bacteriol. Rev.* 17:269–337.

バクテリオファージのゲノム配列

Dunn, J.J. and Studier, F.W. (1983) Complete nucleotide sequence of bacteriophage T7 DNA and the locations of T7 genetic elements. *J. Mol. Biol.* 166:477–535.

Sanger, F., Air, G.M., Barrell, B.G., et al. (1977) Nucleotide sequence of bacteriophage ΦX174 DNA. *Nature* 265:687–695.

Sanger, F., Coulson, A.R., Hong, G.F., et al. (1982) Nucleotide sequence of bacteriophage λ DNA. *J. Mol. Biol.* 162:729–773.

真核生物ウイルス

Baltimore, D. (1970) RNA-dependent DNA polymerase in virions of RNA tumour viruses. *Nature* 226:1209–1211.

Dimmock, N.J., Easton, A.J. and Leppard, K.N. (2016) *An Introduction to Modern Virology*, 7th ed. Blackwell Scientific Publishers, Oxford.　ウイルスに関する最良の概説書。

Lesbats, P., Engelman, A.N. and Cherepanov, P. (2016) Retroviral DNA integration. *Chem. Rev.* 116:12730–12757.

Temin, H.M. and Mizutani, S. (1970) RNA-dependent DNA polymerase in virions of Rous sarcoma virus. *Nature* 226:1211–1213.

生物界の辺境

Flores, R., Gas, M.-E., Molina-Serrano, D., et al. (2009) Viroid replication: rolling-circles, enzymes and ribozymes. *Viruses* 1:317–334.

Mastrianni, J.A. (2010) The genetics of prion diseases. *Genet. Med.* 12:187–195.

Prusiner, S.B. (1996) Molecular biology and pathogenesis of prion diseases. *Trends Biochem. Sci.* 21:482–487.

RNAトランスポゾン

Gifford, R. and Tristem, M. (2003) The evolution, distribution and diversity of endogenous retroviruses. *Virus Genes* 26:291–315.

Krastanova, O., Hadzhitodorov, M. and Pesheva, M. (2005) Ty elements of the yeast *Saccharomyces cerevisiae*. *Biotechnol. Biotechnol. Equip.* 19(Suppl 2):19–26.

Li, W., Lee, M.-H., Henderson, L., et al. (2015) Human endogenous retrovirus-K contributes to motor neuron disease. *Sci. Transl. Med.* 7:307ra153.

Richardson, S.R., Doucet, A.J., Kopera, H., et al. (2015) The influence of LINE-1 and SINE retrotransposons on mammalian genomes. *Microbiol. Spectr.* 3:MDNA3-0061-2014.

Song, S.U., Gerasimova, T., Kurkulos, M., et al. (1994) An Env-like protein encoded by a *Drosophila* retroelement: evidence that gypsy is an infectious retrovirus. *Genes Dev.* 8:2046–2057.

Tugnet, N., Rylance, P., Roden, D., et al. (2013) Human endogenous retroviruses (HERVs) and autoimmune rheumatic disease: is there a link? *Open Rheumatol. J.* 7:13–21.

DNA トランスポゾン

Comfort, N.C. (2001) *The Tangled Field: Barbara McClintock's Search for the Patterns of Genetic Control.* Harvard University Press, Cambridge, MA. 転位性遺伝因子を発見した遺伝学者の伝記。要約版として，**Comfort, N.C.** (2001) *Trends Genet.* 17: 475–478 がある。

Engels, W.R. (1983) The P family of transposable elements in *Drosophila. Annu. Rev. Genet.* 17:315–344.

Gierl, A., Saedler, H. and Peterson, P.A. (1989) Maize transposable elements. *Annu. Rev. Genet.* 23:71–85.

Siguier, P., Gourbeyre, E. and Chandler, M. (2015) Bacterial insertion sequences: their genomic impact and diversity. *FEMS Microbiol. Rev.* 38:865–891.

Siguier, P., Gourbeyre, E., Varani, A., et al. (2015) Everyman's guide to bacterial insertion sequences. *Microbiol. Spectr.* 3:MDNA3-0030-2014.

インターネット上の情報源

RepeatMasker http://www.repeatmasker.org/ "Genome Analysis and Downloads" のページで，さまざまなゲノムに含まれる反復DNA配列の構成を調べることができる。

第Ⅲ部 ゲノムの発現

ゲノムへの接近

10章

10.1 核の内部

10.2 ヌクレオソームの修飾とゲノム発現

10.3 DNAの修飾とゲノム発現

　ゲノムに含まれる生物学的情報を細胞が活用するためには，それぞれが1つの情報単位である多くの遺伝子を協調的に発現させなければならない。こうした協調的な遺伝子発現こそが，トランスクリプトーム（ゲノムから転写されるRNAの総体）の構成を決定し，ひいてはプロテオーム（ゲノムによって発現されたタンパク質の総体）の性質を特徴づけ，細胞が発揮しうる生物学的機能を決定している。第Ⅲ部では，生物学的情報がゲノムからプロテオームへ変換されていく過程についてみていく。これらの過程に関するわれわれの知見は，まず個々の遺伝子の研究（多くは「裸の」DNAを使った試験管内の実験）から得られた。こうした実験をもとにした遺伝子発現の解釈は，近年さらに詳細なものになっている。というのは，実際に発現するのは遺伝子1つずつではなくゲノムであり，その発現が起こっているのは試験管内ではなく生きている細胞内であるという事実を踏まえて，最新技術による研究が行われるようになったからである。

　これからゲノム発現について詳述していくが，この第10章ではまず，真核細胞のゲノムに含まれる生物学的情報を活用する際に，核内の環境が及ぼす大きくかつ重要な影響をみていくことにする。すなわち，ゲノム情報の利用のしやすさは，DNAのクロマチンへの詰めこまれ方によって決まり，さらに，染色体の一部または全体の発現抑制（不活性化）という過程の影響を受ける。第11章では，DNA結合タンパク質がゲノム発現において果たす重要な役割を述べ，これらのタンパク質の構造がどのように特定の結合部位の認識を可能にしているのか説明する。トランスクリプトームの構成，ゲノム発現の過程全体におけるトランスクリプトームの役割については第12章で取り上げ，第13章ではプロテオームの構成と役割について同様の問題を扱う。第10章から第13章へと読み進めると，トランスクリプトームやプロテオームの構成は，ゲノム発現の一連の過程におけるさまざまな段階で制御されていることに気がつくだろう。このような制御機構については第14章でまとめて取り上げ，細胞外シグナルに応答して，また分化や発生をもたらす生化学的変化を引き起こしながら，ゲノムがどのように細胞や個体の中で振る舞うのかをみていく。

10.1　核の内部

　A，C，G，Tというヌクレオチドが続くゲノム配列の表記をみるか，あるいは染色体の一部分を調べるゲノムブラウザを使ってみると（例えば，図5.22），その発現を担うDNA結合タンパク質は，ゲノムのどの部分に対しても容易に近づけると想像しがちであ

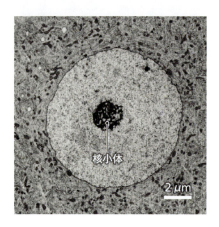

図 10.1　**核小体**　この電子顕微鏡写真は脊髄神経節中の神経細胞の核を示している。従来の電子顕微鏡で核を観察すると，核小体だけが明確な構造としてみえる。(Martinelli C, Sartori P, Ledda M & Pannese E [2003] *Brain Res. Bull.* 15:147–151 より Elsevier の許諾を得て掲載)

る。ところが，実際の状況はまるで異なる。真核細胞の核や原核生物の核様体に存在する DNA には，ゲノム発現には直接関係しないさまざまなタンパク質が結合しており，ゲノム発現にかかわる RNA ポリメラーゼやその他のタンパク質が遺伝子に近づくには，これらの結合タンパク質をとりはずさなければならない。原核生物のゲノム（8.1 節）の場合，一般的にゲノムの物理的構成についての知見がきわめて乏しいため，こうした機構はほとんどわかっていない。しかし真核生物の場合，DNA をクロマチンに折りたたむこと（7.1 節）がどのようにゲノム発現に影響を与えるかについて徐々に明らかにされつつある。これは現在盛んに研究が行われている分子生物学の一領域であり，最近の研究によると，折りたたみにかかわるヒストンやその他のタンパク質は，DNA が巻きついた単なる不活性な構造体ではなく，個々の細胞でゲノムのどの部分を発現させるかを決める過程に積極的にかかわっていることが示されている。この分野の発見の多くは，核の構造についての新たな考察から得られており，この章ではまずこの話題を取り上げる。

核は秩序だった内部構造をもつ

　核の内部構造については，まず光学顕微鏡と電子顕微鏡によって調べられた。このような従来の技術で観察すると，核の内部は比較的均質で，明るい領域と暗い領域が認められるほか，唯一の明確な構造として**核小体**（nucleolus）がみられる。核小体は rRNA の合成とプロセシングを行う場所であり，電子顕微鏡で核を観察すると暗い領域としてみえる（図 10.1）。このような顕微鏡による初期の研究は，核がほとんど内部構造をもたないことを示唆しており，いわゆる「ブラックボックス」であると考えられた。しかしこの解釈は近年になって覆され，現在では核は，発揮すべき多彩な生化学的活性に応じた秩序だった構造をとっていると理解されている。実際，核の内部は細胞質と同様に複雑である。唯一異なる点は，細胞質では細胞内区画が膜によって機能的にも物理的にも分けられているが，核内部の機能的な区画は膜によって隔てられてはいないことである。それゆえ，従来の光学顕微鏡や電子顕微鏡では核の内部構造を観察できないのである。

　核の構造についての新しいイメージは，さまざまな種類の核タンパク質を蛍光マーカーで標識する技術が開発されてはじめて明らかになってきた。これは**緑色蛍光タンパク質**（green fluorescent protein：**GFP**）のコード配列を，研究対象としているタンパク質の遺伝子に結合させることで実現された。通常のクローニング技術を使って改変された遺伝子を宿主のゲノムへ挿入すると，蛍光標識されたタンパク質を合成する遺伝子組換え細胞が得られる。その細胞を蛍光顕微鏡で観察することで，標識タンパク質の核内での局在が明らかになる。例えば，rRNA のプロセシングにかかわる核小体内低分子リボ核タンパク質（small nucleolar ribonucleoprotein）の構成成分の 1 つである，フィブリラリン（fibrillarin）というタンパク質を GFP 標識して発現させることで，核小体を可視化することができる（図 10.2A）。また，mRNA のスプライシング（12.4 節）にかかわるタンパク質を蛍光標

図 10.2　**真核生物の核の内部構造**　タンパク質を GFP 標識して得られた生きた細胞の核の像。(A) 核小体を青色で，カハール体を黄色で示している。(B) 色のついた領域は核スペックルで，RNA スプライシングにかかわるタンパク質の局在を示している。(Misteli T [2001] *Science* 291:843–847 より American Association for the Advancement of Science の許諾を得て掲載)

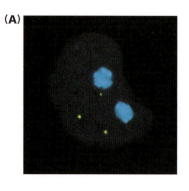
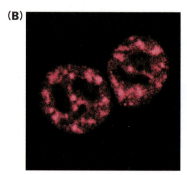

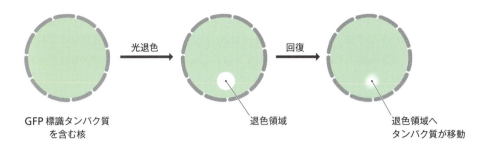

図 10.3 **光退色後蛍光回復法（FRAP）** 蛍光標識されたタンパク質を含む核の狭い領域にレーザーを照射して蛍光を退色させる。その後，核内の非照射領域から退色領域へタンパク質が移動するのを観察することができる。

識することで，この酵素が核内の広い範囲に分布し，核小体ほど明確ではないものの，**核スペックル**（nuclear speckle）と呼ばれる特定の領域に局在していることが示された（図10.2B）。核内低分子 RNA（snRNA；12.1 節）や核小体低分子 RNA（snoRNA；12.1 節）の合成に関与すると考えられている，**カハール体**（Cajal body）と呼ばれる構造も蛍光標識により観察されている（図 10.2A）。

　光退色後蛍光回復法（fluorescence recovery after photobleaching：**FRAP**）と呼ばれる顕微鏡解析技術を用いると，蛍光標識されたタンパク質の核内での動きを可視化することができる。この技術では，まず集光させた高エネルギーレーザーを核内の狭い領域に照射することでその部分を**光退色**（photobleaching）させる。レーザーパルスは照射された領域の蛍光シグナルを不活性化させるため，その領域は顕微鏡のイメージの中で色が抜けたようにみえる。この退色領域では徐々に蛍光シグナルが回復するが，これは退色の効果がなくなったためではなく，蛍光タンパク質が核内の非照射領域から退色領域へ移動することで起きる（図 10.3）。それゆえ，蛍光シグナルが急速に回復すれば，蛍光標識したタンパク質が核内で活発に動き回っていることを示し，逆に回復が遅ければ，そのタンパク質の動きが比較的遅いことを示している。このような研究によって，核タンパク質の動きは，制約がまったくない場合に想定されるほど速くはないことが明らかになった。これは，核内に大量の DNA や RNA が存在することを考えれば理解できるが，それでもタンパク質は核の端から端までほんの数分間で行き来することができる。したがって，ゲノム発現にかかわるタンパク質は，刻々と変化する細胞の需要に応じて，ある活性部位から別の部位へと自由に移動することができるのである。特にリンカーヒストン（7.1 節）は，ゲノム上の結合部位に対して脱着を繰り返すことが明らかにされている。この発見は，クロマチンを構成する DNA-タンパク質複合体は動的であるという事実を裏づける意味で重要であり，この章の後半でみていくように，ゲノム発現と大いにかかわる観察結果である。

非分裂期の核に含まれる DNA はさまざまな凝縮度を示す

　7.1 節において，クロマチンは真核細胞の核に存在するゲノム DNA と染色体タンパク質の複合体であると述べた。クロマチン構造は，最も基本的な構造であるヌクレオソーム，30 nm クロマチン線維（図 7.2，7.3 参照）から，核が分裂しているときのみにみられる真核細胞の最も凝縮したクロマチン構造である中期染色体に至るまで，階層的に構築されている。細胞分裂の後，染色体は比較的緩んだ構造をとり，**染色体ペインティング法**（chromosome painting）のような特殊な技術を用いなければ，個別の構造体として識別することはできない。非分裂期の核を光学顕微鏡で観察すると，核小体を除き，核内は濃淡さまざまに染まる領域が混在しているようにみえる（図 10.4）。淡い領域は**ユークロマチン**（euchromatin）と呼ばれ，30 nm 線維，あるいは単純な数珠状構造の状態のヌクレオソーム（図 7.2A 参照）のような，比較的緩んだ構造をとる DNA から構成されると考えられている。ユークロマチンは，RNA へと転写される活性化遺伝子を含む染色体DNA であり，これらの領域が比較的緩んだ構造をとることで，転写にかかわる RNA ポ

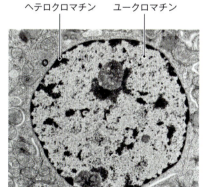

図 10.4 **ユークロマチンとヘテロクロマチン** モルモット形質細胞の電子顕微鏡写真。核内の淡い領域がユークロマチンで，濃い領域がヘテロクロマチンである。（Don Fawcett, Science Photo Library の厚意による）

リメラーゼやその他のタンパク質がこれらの遺伝子に接近することができるのである。

濃い領域は**ヘテロクロマチン**（heterochromatin）と呼ばれ，分裂期の染色体ほどではないものの，比較的凝縮した構造をとる DNA を含んでいる。2 種類のヘテロクロマチンの存在が知られている。

- **構成的ヘテロクロマチン**（constitutive heterochromatin）はすべての細胞において恒常的に存在し，一般に遺伝子を含まない DNA 領域であるため，凝縮した構造を常に保持しうる。この構造をとる染色体部分としては，セントロメアやテロメアの DNA が含まれ，それ以外に他の染色体の一部の領域にも存在する。例えば，ヒトの Y 染色体の大部分はこの構成的ヘテロクロマチンからなる（図 7.6 参照）。
- **条件的ヘテロクロマチン**（facultative heterochromatin）は恒常的に存在する構造ではなく，特定の時期に一部の細胞で観察される構造である。条件的ヘテロクロマチンは，特定の細胞において，もしくは細胞周期の特定の時期において不活性な（転写されない）遺伝子を含んでいる。これらの遺伝子が不活性なときに，その DNA 領域が凝縮してヘテロクロマチンが形成される。

核マトリックスは染色体 DNA に付着点を与えると考えられている

ユークロマチン領域における正確な DNA 構造は不明だが，電子顕微鏡を用いることで，4～200 kb の長さをもつループ状の DNA を観察することができる。これらのループの両末端は，**核マトリックス**（nuclear matrix）と呼ばれる，細胞質中に広がる細胞骨格に相当する線維状の網目構造に付着していると考えられている。しかし，これは細胞生物学分野で論争の領域になっている。核膜の内側には細かい線維状の網目構造があり，核膜に埋め込まれたタンパク質に付着した**核ラミナ**（nuclear lamina）を形成していることが知られている。議論になっているのは，この網目構造が核の内部領域までのびて，核質全体に広がるマトリックスを形成しているかどうかという点である。

核マトリックスの存在は，特殊な方法で処理した哺乳類細胞の核の観察から示唆された。Tween 系化合物のような非イオン性の弱い界面活性剤に細胞を浸して膜を溶解させた後，デオキシリボヌクレアーゼ処理で核内の DNA を分解し，塩抽出によって塩基性のヒストンタンパク質を取り除くと，タンパク質と RNA からなる複雑に絡み合った線維状の構造が現れ，それが核全体に広がっている様子が観察できる（図 10.5）。このマトリックスを作り上げている構造タンパク質は**マトリン**（matrin）や**ラミン**（lamin）であり，DNA ポリメラーゼや DNA トポイソメラーゼのような，ゲノムの複製にかかわる酵素やその他のタンパク質もこれらの構造タンパク質と一緒に存在する。これらの実験は核マトリックスの存在を示す明確な証拠であるように思うかもしれない。電子顕微鏡で観察されるこれらの構造が，調製の過程で生じた人工的な構造ということがあるだろうか。最初の疑問は，特殊な処理をしていない核を**蛍光顕微鏡法**（immunofluorescence microscopy）で観察し

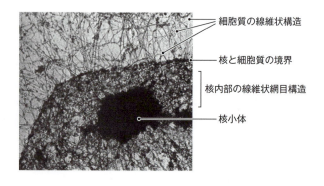

図 10.5　核マトリックスの存在を示す証拠　この透過型電子顕微鏡写真は，培養したヒト HeLa 細胞の核マトリックスを示している。細胞を非イオン性界面活性剤で処理して細胞膜を除き，デオキシリボヌクレアーゼ処理で DNA の大部分を分解し，さらに硫酸アンモニウムで抽出してヒストンやその他のクロマチン結合タンパク質を除去した。（Penman S, Fulton A, Capco D et al. [1982] *Cold Spring Harb. Symp. Quant. Biol.* 46:1013–1028 より Cold Spring Harbor Laboratory Press の許諾を得て掲載）

図 10.6　核内のユークロマチンの構造を示した模式図　4〜200 kb の長さをもち，おもに 30 nm クロマチン線維の形をしたユークロマチン DNA のループが，スカフォールド/マトリックス付着領域（S/MAR）と呼ばれる AT に富む領域で核マトリックスに付着している様子を示している。

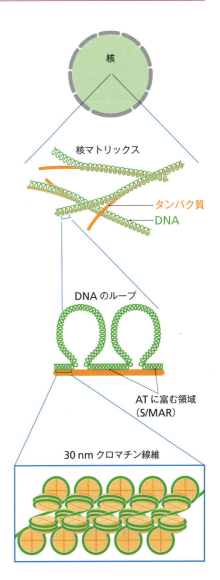

た際にもたらされた。先に述べた GFP を利用した方法のように，蛍光顕微鏡は蛍光標識を使って特定のタンパク質の細胞内の局在を可視化する。先の実験との違いは，GFP 融合タンパク質として興味のあるタンパク質を合成するように細胞に手を加えるのではなく，組織切片に対して，そのタンパク質に特異的に結合する蛍光標識抗体を反応させて，標的とするタンパク質の局在を可視化する点である。核マトリックスのタンパク質に特異的な抗体を用いてこの技術を使えば，蛍光の網目構造が現れると予想される。ところがそのような構造は観察されず，マトリックスのタンパク質は線維状ではなく，むしろはっきりとした点状の局在を示したのである。核マトリックスの性質や重要性に関する疑問は，一部のがん細胞を含むある種の細胞ではマトリックスがみられないという実験結果からももたらされた。

　おそらく，多くの細胞の核内に線維状のマトリックスが存在するという最も説得力のある証拠は，染色体 DNA の中にマトリックスタンパク質に結合する塩基配列が存在するという事実であろう。これらの領域には過去にさまざまな名前がつけられたが，現在では一般に**スカフォールド/マトリックス付着領域**（scaffold/matrix attachment region：**S/MAR**）と呼ばれている。個々の S/MAR は 100〜1,000 bp の長さをもち，特徴的な配列を含んではいないが AT に富み，ゲノム配列の中で識別することができる。キイロショウジョウバエ（*Drosophila melanogaster*）のゲノムには 7,350 個以上の，シロイヌナズナ（*Arabidopsis thaliana*）の 4 番染色体には 1,358 個以上の S/MAR が存在するようである。またヒトのゲノムにはおそらく 8 万〜9 万個の S/MAR が存在する。それらの場所は，複製起点やタンパク質コード遺伝子（特に高い転写活性をもつ遺伝子）の転写開始部位と一致するか，近接している。

　対になった S/MAR が DNA の付着点となることで，電子顕微鏡で観察された個々のユークロマチンループが説明できると考えられている（図 10.6）。一部の S/MAR はすべての細胞で使われているようにみえることから，核の基本的な構造の組織化に寄与していると考えられている。また，他の S/MAR は特定の細胞だけで使われており，一部の S/MAR は，ホルモンや増殖因子などの細胞外シグナルに応じて，マトリックスタンパク質と結合したり，あるいは結合を解消したりしている。これらの S/MAR による結合は，転写にかかわるタンパク質がクロマチンループに含まれる遺伝子に接近できるかどうかを決定，あるいは制御していることが推測される。例えば，ループに含まれる遺伝子を活性化させる際，隣り合うループを合体させて大きなループを形成したり，遺伝子のスイッチをオフにする際には，活性化されたループを凝縮させて小さなループに変えたりするような機構が考えられる。

染色体はそれぞれ核内部において占める位置が決まっている

　当初，真核細胞の染色体は核内部でランダムに分布していると考えられていた。現在では，この考えは誤りで，染色体はそれぞれ独自の空間，すなわち**染色体テリトリー**（chromosome territory）を占めると考えられている。染色体テリトリーは染色体ペインティング法で可視化できる。この方法は蛍光 *in situ* ハイブリダイゼーション（FISH；3.5節）の一種で，ハイブリダイゼーションに使うプローブは，個々の染色体の異なる領域に特異的に対合するように設計された DNA 分子の混合物で，すべて同じ蛍光標識がつけられている。それゆえ，個々の染色体を異なる色で標識することができる。細胞分裂中期の

図 10.7 染色体テリトリー　（A）異なる色のプローブを用いたハイブリダイゼーション標識によって可視化した，ヒトの間期核内の染色体。（B）個々の染色体を識別した画像（A）の説明。（Speicher MR & Carter NP [2005] *Nat. Rev. Genet.* 6:782–792 より Macmillan Publishing Ltd. の許諾を得て掲載）

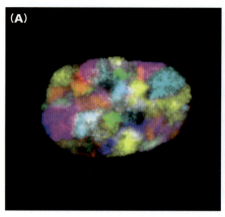
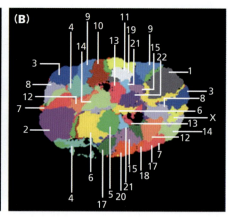

核に対して染色体ペインティング法を行うと，個々の染色体が占めるテリトリーが明らかになる（図 10.7）。これらのテリトリーは核内の空間の大部分を占めるが，**非クロマチン領域**（nonchromatin region）によって互いに隔てられ，その領域にはゲノム発現にかかわる酵素などのタンパク質が局在している。

　染色体テリトリーは，それぞれの核内部で決まった位置にあるようにみえる。これは，セントロメア（7.1 節）の構成要素である CENP-B タンパク質を GFP で標識し，このタンパク質，つまりはセントロメアの占める場所を経時的に観察した実験から結論づけられた。1 つ 1 つのセントロメアは，ときには比較的ゆっくりと動くことがあるが，全体的には細胞周期を通して同じ位置を保っている。テリトリーの相対的な位置は細胞が分裂せずにいる間はほとんど変わらないが，細胞分裂後には変化することが数多くの研究によって示されており，実際に娘細胞の核では異なるパターンが観察される。ところが，テリトリーの場所には一定の制約があると考えられており，ある染色体の断片が他の染色体に結合してしまう**転座**（translocation）という現象は，以前から特定の染色体どうしで起こる頻度が高いことが知られていた。例えば，ヒトの 9 番染色体と 22 番染色体との転座によって，**フィラデルフィア染色体**（Philadelphia chromosome）と呼ばれる異常染色体が生じ，これは慢性骨髄性白血病の一般的な原因となる（図 10.8）。同じ転座が繰り返し生じることから，転座の起こる染色体のテリトリーは，核内で高い頻度で互いに隣接していることが示唆される。また少なくとも一部の生物では，特定の染色体が優先的に核膜近傍のテリトリーを占めるという証拠もある。この領域ではゲノム発現の度合いは相対的に低く，例えばニワトリゲノムの大染色体（7.1 節）のように，活性な遺伝子をほとんど含まない染色体がこの核膜近傍領域にみつかることが多い。

　個々の染色体テリトリーの内部における活性な遺伝子の位置については，さらに議論の的になっている。活性な遺伝子は，染色体間領域に隣接し，遺伝子の転写に関与する酵素やタンパク質と相互作用しやすいテリトリーの表面に局在していると考えられていた。この見方は，転写産物 RNA がテリトリーの表面だけでなく内部にもみつかることを示した実験結果などから，現在は疑問視されている。より精密な顕微鏡解析によって，染色体テリトリー内部には通り道があることが示されている。この通り道は，染色体間領域のさまざまな部分をつなぎ，転写装置がテリトリー内部へと入り込むことを可能にしている（図 10.9）。

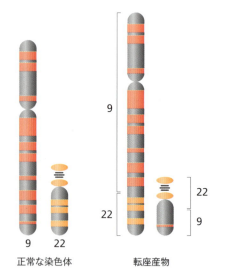

図 10.8 ヒトの 9 番染色体と 22 番染色体との転座によって生じる産物　正常なヒト 9 番および 22 番染色体を左に，転座産物を右に示す。小さいほうの転座産物がフィラデルフィア染色体である。一般に 9 番染色体と 22 番染色体は，図に示した位置で切断される。切断は多くの場合正しく修復されるが，ときには修復の誤りによってハイブリッド産物が生じる。フィラデルフィア染色体が比較的高い頻度で生じるのは，9 番および 22 番染色体が核内で隣接したテリトリーを占めるためだと考えられている。9 番染色体の切断点は *ABL* 遺伝子の内部にあり，この遺伝子の産物は細胞のシグナル伝達にかかわっている（14.1 節）。転座によって新しいコード配列がこの遺伝子の開始位置に連結されることで異常タンパク質が作り出され，この異常タンパク質は細胞の形質転換を引き起こし，慢性骨髄性白血病を発症させる。

個々の染色体は一連のトポロジカル関連ドメインによって構成される

　核の内部構造を研究するために使われる最も強力ないくつかの方法では，まず核をホル

図 10.9　染色体テリトリー内部の通り道　左側の図は，各テリトリーが 1 つの区画を形成し，活性な遺伝子がテリトリーの表面に局在しているとした最初のモデル。右側の図は，テリトリー内部を走る通り道を付け加えた修正モデルを示す。

ムアルデヒドで処理し，互いに近接したクロマチン鎖中の DNA とタンパク質の間に共有結合を導入して，クロマチン鎖どうしを結合させる（図 10.10）。その結果生じたクロマチンのネットワークを制限酵素処理すると，核内で近接した 2 カ所のゲノム領域に由来する 2 つの DNA が結合した断片が得られる。DNA リガーゼを添加して断片の末端どうしを連結し，70℃に加熱することで共有結合が解消される。この一連の操作を経た最終産物は，もともと核内で近接した位置にあった 2 つの DNA 断片からなる環状 DNA となる。この方法は **3C 法**（chromosome conformation capture）と呼ばれる。もともとこの 3C 法は，相互作用があると推測される特定の領域どうしが，実際に相互作用しているかどうかを確かめるために使われていた。それゆえ，環状 DNA 中に存在する断片の組合せは予想可能なため，ポリメラーゼ連鎖反応（PCR）を使って，3C 法の結果生じた混合物の中に，目的とする環状 DNA が存在するかどうかを確認することができた。より洗練された 3C 法では，次世代塩基配列決定法によって結合断片を含むすべての環状 DNA の塩基配列を決定し，核内で起きているすべての相互作用を検出することができる。

共有結合させたクロマチンを用いて最初に行われた 3C 法では，大部分の相互作用は同じ染色体に存在する DNA 配列どうしで起こり，異なる染色体間の相互作用はかなりまれであることが明らかになった。これらの結果は，染色体が核内で絡み合って存在しているというより，むしろ個々のテリトリーを占めているという考えを確立するのに役立った。その後，3C 法を用いたさらに詳細な研究によって，個々の染色体が一連の**トポロジカル関連ドメイン**（topologically associated domain：**TAD**）によって構成されていることが明らかになった。個々の TAD は，コイル状やループ状に折りたたまれたひと続きのクロマチン部分からなる。この構造は数多くのドメイン内部の相互作用を生じさせるが，ドメイン間の相互作用はほとんど起こらない（図 10.11）。

キイロショウジョウバエのゲノムは約 1,000 個の TAD を含み，個々の TAD のサイズは 10 ～ 1,000 kb の範囲で，平均すると 100 kb になる。ヒトとマウスのゲノムには 2,000 ～ 3,000 個の TAD があるが，平均サイズは約 1 Mb であり，ショウジョウバエに比べてだいぶ大きい。TAD は調べられたすべての後生動物のゲノムに存在しているが，植物ではまだみいだされていない。染色体上の TAD の分布は，1 つの細胞が生きている間変化することはなく，1 つの生物種のすべての細胞で同じである。またドメイン構造は，異なる霊長類のように近縁の種間で保存されているという証拠まである。この保存性は，近縁種のゲノム間のシンテニー（異なる種の染色体間で，遺伝子が同じ順番で配置されていること）を反映しており，TAD を**機能ドメイン**（functional domain）とみなせることを示している。これは，個々の TAD は同じような発現調節を受ける遺伝子のセットを含んでおり，TAD の中に調節配列も存在しているという特徴からも裏づけられる。1 つの TAD に含まれる遺伝子が活性化されている場合，TAD は比較的緩んだ構造をとる。これは転写にかかわるタンパク質の接近を助けているのだろう。TAD に含まれる遺伝子が不活性化されている場合，その抑制された TAD はより凝縮した構造をとると考えられる。

TAD の構造と，そこに含まれる遺伝子のオン/オフを切り替える際に起きる構造的変化についての上の議論は，核マトリックスに付着すると考えられているクロマチンループについての話と明らかによく似ている。これらのクロマチンループは TAD に比べて小さく，例えばキイロショウジョウバエでは平均して 16 kb 程度の長さである。また，クロマチンループは AT に富むはっきりと区別できる S/MAR をその両端にもつが，TAD の境

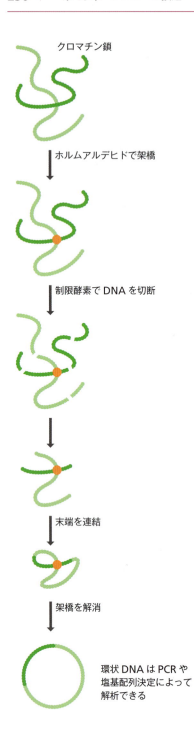

図 10.10 **3C法** 単純な3C法を示す。クロマチン線維中のDNAをホルムアルデヒドで架橋させた後，制限酵素で切断する。DNAリガーゼを添加すると，互いに近接したDNA末端どうしが連結され，核内で近接した位置にあった2つのDNA断片からなる環状DNAが形成される。これらの断片が予想できる場合は，連結部分の両側にアニーリングするプライマーを使ったPCRによって，環状DNAの形成を確認することができる。あるいは，クロマチンの中で相互作用する可能性に関する事前の情報がない場合は，環状DNAの塩基配列を決定することで連結部分を特定することができる。

界領域には共通するような特徴はみられない。現時点では，クロマチンループは個々のTADの中の部分構造を形成している可能性が高いが，正確な関係の解明にはさらなる研究が必要である。

インスレーター配列がトポロジカル関連ドメインの境界を決めている

　TADの境界には，**インスレーター配列**（insulator sequence）と呼ばれる長さ1〜2 kbの配列がある。インスレーター配列はショウジョウバエで最初にみつかり，現在では各種の真核生物で同定されている。例えば，scsおよびscs'（scsは特殊クロマチン構造〔specialized chromatin structure〕を表す）と呼ばれる1対の配列は，ショウジョウバエゲノムにある2つの*hsp70*遺伝子の両側に位置している（図10.12）。

　インスレーター配列は個々のTADの独立性を維持し，近接するドメイン間の相互作用を抑えている。scsあるいはscs'を本来の位置から取り出し，ある遺伝子とその遺伝子の発現を制御する上流の調節モジュールの間に挿入すると，その遺伝子はもはや調節モジュールに応答しなくなり，調節モジュールの影響から隔離されてしまう（図10.13A）。このことから，本来の位置にあるインスレーター配列は，1つのドメイン内にある遺伝子が，隣り合うドメインにある調節モジュールの影響を受けないようにしていることがわかる（図10.13B）。このインスレーター配列の性質によって，真核生物を宿主として遺伝子クローニングを行う場合に生じる**位置効果**（positional effect）を回避することもできる。位置効果とは，ある新しい遺伝子が真核生物の染色体に組み込まれた場合に起こる，遺伝子発現のばらつきのことである。このばらつきは，遺伝子挿入がきわめてランダムに起こるために生じると考えられている。つまり，遺伝子が高度に凝縮したクロマチン領域に挿入された場合，その遺伝子は不活性化され，反対に緩んだクロマチン領域に挿入されれば，その遺伝子は発現することになるだろう（図10.14A）。scsとscs'が位置効果を回避できることは，これらの配列をショウジョウバエの眼の色を決定する遺伝子の両側に配置する実験によって示された。インスレーター配列を両側にもたせてショウジョウバエのゲノムに導入すると，この遺伝子は一貫して高いレベルで発現したが，対照的にインスレーター配列をもたせなかった場合，この遺伝子の発現レベルにはばらつきがみられた（図

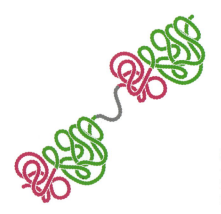

図 10.11 **トポロジカル関連ドメイン** 4つのドメインはひと続きのクロマチン部分である。この例の場合，2つ目と3つ目のドメインは構造をとらないクロマチン断片によって連結されている。

10.14B)．この実験やその他の関連実験から，インスレーター配列はクロマチンの折りたたみ方に変化をもたらすことができ，ゲノムの新たな部位にインスレーター配列が挿入されると1つのTADが形成されると考えられる。

インスレーター配列がどのようにその役割を果たしているのかはまだ明らかではないが，インスレーター配列そのものではなく，ショウジョウバエのSu(Hw)や哺乳類のCTCFのような，インスレーター配列に特異的に結合するDNA結合タンパク質がその機能を担っているのだと考えられている。実験からわかってきたことは，Su(Hw)がインスレーター配列に結合すると，CP190やMod(mdg4)のような別のタンパク質と相互作用し，特に後者のMod(mdg4)は，分子接着剤のような働きをして，対となるインスレーター配列どうしを結合させるだけでなく，インスレーター配列間のDNAにループを作らせてTADの形成を可能にする（図10.15)。哺乳類では，CTCFがコヒーシン（cohesin）やコンデンシン（condensin）と呼ばれるリング状のタンパク質複合体と相互作用して，同じ効果をもたらしていると考えられている。しかし，Su(Hw)やCTCF，その他のインスレーター結合タンパク質の役割についてのわれわれの理解は，TADに関する知識と同様にまだ不完全である。哺乳類のゲノムには1万以上のCTCF結合部位があるが，その多くはインスレーター活性をもつ配列中には位置していない。それゆえ，インスレーター結合タンパク質がゲノム構築において果たしている役割は，付加的なものに違いない。インスレーター結合タンパク質とインスレーター配列との関係は，特別な性質をもつインスレーター配列を作るための特異的な相互作用というよりはむしろ，インスレーター結合タンパク質が果たしている，より一般的な役割の部分的な側面をみているのかもしれない。

図10.12　ショウジョウバエゲノムのインスレーター配列　2つの*hsp70*遺伝子を含むショウジョウバエゲノムの領域を示している。これら1対の遺伝子の両側にscsおよびscs′というインスレーター配列が位置している。2つの遺伝子の下にある矢印は，これらの遺伝子が二重らせんの別々の鎖にあり，互いに反対方向に転写されることを示す。

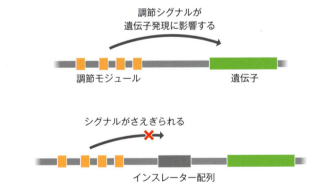

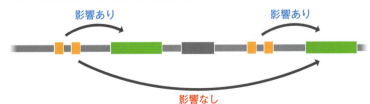

図10.13　インスレーター配列はトポロジカル関連ドメインの独立性を維持している　(A) インスレーター配列を遺伝子とその上流の調節モジュールの間に挿入すると，調節シグナルが遺伝子に及ぶのが妨げられる。(B) 本来の位置にあるインスレーター配列は，ドメイン間の干渉を妨げる。そのため，ある遺伝子の調節モジュールが別のドメイン内にある遺伝子の発現に影響することはない。

(A) 位置効果

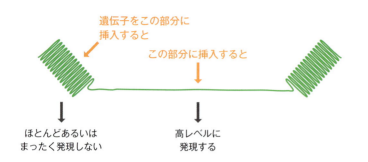

遺伝子をこの部分に挿入すると → ほとんどあるいはまったく発現しない

この部分に挿入すると → 高レベルに発現する

(B) インスレーター配列は位置効果を回避する

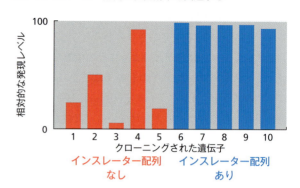

図10.14　**位置効果**　(A)高度に凝縮したクロマチン領域に挿入された遺伝子は不活性化される。緩んだクロマチン領域に挿入された遺伝子は転写活性を示す。(B)インスレーター配列の有無によるクローニング実験の結果。インスレーター配列がない場合（赤色），クローニングされた遺伝子の発現レベルは，挿入されたクロマチンの凝縮度に応じてばらつきがみられる。インスレーター配列が両側にある場合（青色），インスレーター配列がその挿入部位にトポロジカル関連ドメインを形成するので，発現レベルは一貫して高い。

10.2　ヌクレオソームの修飾とゲノム発現

10.1節では，クロマチン構造がゲノム発現に影響を及ぼすという考えを示した。染色体のある特定の断片がとるクロマチンの凝縮度によって，その断片に含まれる遺伝子に，RNAポリメラーゼや他の転写関連タンパク質が接近できるかどうかが決められるという考えである。しかし，ここまでは単にクロマチンの構造を議論してきただけで，どのようにその構造変化がもたらされるかについては問いかけてこなかった。次に取り上げるのがこの問題である。

ヒストンのアセチル化はゲノム発現をはじめとする核の多くの機能に影響を及ぼす

ヌクレオソームは，真核生物のクロマチン構造の主要な決定因子である。というのは，ヌクレオソームに含まれるヒストンタンパク質の化学構造が，クロマチン断片の凝縮度に影響を与える主要な要因となっているからである。ヒストンタンパク質は多様な修飾を受けるが，このうち最もよく研究されているのは**ヒストンのアセチル化**（histone acetylation）である。これは，ヌクレオソームを形成する，各ヒストン分子のN末端領域のリシンにアセチル基が付加される修飾である（図10.16）。ヒストンのN末端は，ヌクレオソー

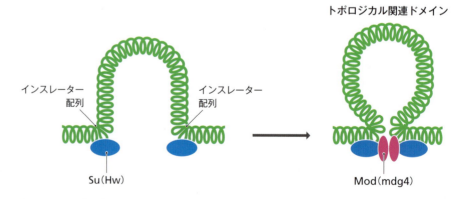

図10.15　**トポロジカル関連ドメインの形成におけるSu(Hw)とMod(mdg4)の役割**　トポロジカル関連ドメインを形成すべきクロマチン領域の両側のインスレーター配列に，Su(Hw)が結合する。Mod(mdg4)がSu(Hw)に結合し，分子接着剤のような働きをして1対のインスレーター配列どうしを結びつけ，クロマチンループとしてのトポロジカル関連ドメインを形成させる。

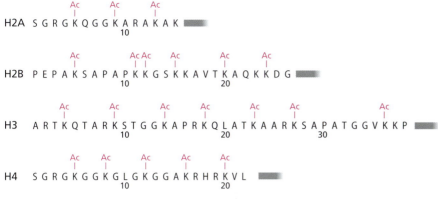

図 10.16　**4 種類のコアヒストンの N 末端領域においてアセチル基が付加されるリシンの位置**　ヒトのヒストンの配列を示す。各配列は N 末端のアミノ酸からはじまっている。

ムの中心となるヒストンの八量体からテール（尾部）として突き出ており（図 7.4 参照），この領域がアセチル化されると，ヒストンの DNA に対する親和性が減少し，おそらくヌクレオソームどうしの相互作用も弱められ，30 nm クロマチン線維が不安定化する。ヘテロクロマチンのヒストンは概してアセチル化されておらず，一方，活性化ドメインのヒストンはアセチル化されている。これは，この種の修飾が DNA の凝縮に関係することを如実に示している。

　ヒストンのアセチル化とゲノム発現の関連が明確に示されたのは，1996 年，数年間にも及ぶ研究努力の末に，ヒストンにアセチル基を付加する酵素である**ヒストンアセチルトランスフェラーゼ**（histone acetyltransferase：**HAT**）がはじめて同定されたときだった。その結果，ゲノム発現に重大な影響を及ぼすことが知られていたいくつかのタンパク質が，実際に HAT 活性をもつことが示されたのである。例えば，最初に発見された HAT の 1 つで，p55 と呼ばれる繊毛虫類テトラヒメナのタンパク質は，それ以前から転写開始複合体（12.2 節）の形成を促進することが知られていた，酵母の Gcn5 タンパク質と相同なタンパク質であることが示された。同様に，種々の遺伝子を活性化させる役割を果たしていると考えられていた，哺乳類の p300/CBP と呼ばれるタンパク質は，実は HAT であることが明らかにされた。これらの知見と，さらに細胞の種類によってヒストンのアセチル化の様式が異なるという結果は，ヒストンのアセチル化がゲノム発現の調節に大きな役割を果たしていることを明確に示している。

　HAT は試験管内でヒストンをアセチル化できるが，大部分の HAT はヌクレオソームそのものに対してはほとんど活性を示さない。これは，HAT が核内において単独で働くことはほとんどなく，酵母における SAGA 複合体や ADA 複合体，ヒトの TFTC 複合体のように，多数のタンパク質からなる複合体（多タンパク質複合体）を形成して働くことを示唆している。これらの複合体は巨大な多タンパク質複合体の代表例であり，以降いくつかの章で多くの例を紹介するように，ゲノム発現におけるさまざまな反応を触媒し調節している。例えば，SAGA は少なくとも 18 のタンパク質から構成され，全体の分子質量は 180 万にも及ぶ。この複合体は 27 × 17 × 13 nm の大きさの粒子を形成しており，これは巻きついた DNA を含めて直径 11 nm となるヌクレオソームよりも大きく，粒子の長径は 30 nm クロマチン線維に匹敵する。SAGA 複合体は，HAT 活性を示す GCN5 タンパク質に加えて，遺伝子の転写過程を開始させる TATA 結合タンパク質（TATA-binding protein：TBP；12.2 節）に関連した一群のタンパク質や，TBP の機能を促進する 5 つの TBP 関連因子（TBP-associated factor：TAF）を含んでいる。SAGA をはじめとする HAT 複合体が複雑な構成をとっており，また，これらの複合体の中に，遺伝子発現の開始という別の役割をもつタンパク質が存在しているということは，遺伝子を活性化させる個々の反応が密接に結びついていることを示しており，ヒストンのアセチル化はその全過

程の中の不可欠な一過程と考えられる。

　これまでに，少なくとも5つのHATタンパク質ファミリーが報告されている。GCN5関連アセチルトランスフェラーゼ（GCN5-related acetyltransferase：GNAT）は，SAGA，ADA，TFTC複合体の構成要素であり，明らかに遺伝子の活性化と関係しているが，ある種のDNA損傷，特に二本鎖切断や紫外線照射による損傷の修復にも関与している（16.1節）。もう1つのHATファミリーは，このファミリーに属する4つのタンパク質の頭文字からMYSTと呼ばれ，同じように転写活性化とDNA修復にかかわるほか，細胞周期の制御にも関与している。ただし，ゲノムが広範囲にわたり損傷を受けると細胞周期がいったん停止することから（15.5節），細胞周期との関係は単にDNA修復機能の別の側面をみているだけかもしれない。個々のHAT複合体は，それぞれ異なる種類のヒストンをアセチル化しているようであり，一部のHAT複合体は，基本転写因子であるTFⅡEやTFⅡFのような，ゲノム発現にかかわるヒストン以外のタンパク質もアセチル化できる（TFⅡEとTFⅡFについては12.2節で述べる）。それゆえ，HATはゲノムの発現，複製，維持に対してさまざまな機能をもつ，用途の広いタンパク質であることが明らかになりつつある。

ヒストンの脱アセチルはゲノムの活性化領域を抑制する

　遺伝子の活性化は可逆的なはずである。そうでなければ，発現のスイッチがオンになった遺伝子は恒久的に活性化されたままになってしまう。それゆえ，ヒストンテールからアセチル基を取り除き，上述したHATによる転写活性化効果を逆転させる一群の酵素が存在したとしても，それほど意外なことではない。これこそが，**ヒストンデアセチラーゼ**（histone deacetylase：**HDAC**）の役割である。HDAC活性と遺伝子の発現抑制との関連は，1996年，HDACとして最初に同定された哺乳類のHDAC1が，転写リプレッサーとして知られていたRpd3と呼ばれる酵母のタンパク質と類縁であることが示されて明らかになった。したがって，ヒストンの脱アセチルと転写抑制との関係は，アセチル化と転写活性化のつながりと同じように，当初は異なる活性をもつと考えられていた2つのタンパク質が，実際には類縁のタンパク質であることが示されて確かめられた。これらは，遺伝子とタンパク質機能に関する研究における相同性検索の威力を示す好例である（6.1節）。

　HATと同様に，HDACは多タンパク質複合体の中に含まれる。その一例が哺乳類のSin3複合体であり，少なくとも7つのタンパク質から構成され，HDACであるHDAC1とHDAC2に加えて，デアセチラーゼ活性はもたないが，脱アセチルの過程に不可欠な補助的機能を果たす他のタンパク質が含まれる。そのような補助タンパク質の例として，Sin3複合体の構成成分であるRBBP4とRBBP7があり，これらはヒストンとの結合に寄与すると考えられている。RBBP4とRBBP7は，網膜芽細胞腫（Rb）タンパク質と相互作用する因子として最初に同定された。Rbタンパク質は，各種の遺伝子の活性が必要とされるまで，その発現を抑えておくことで細胞増殖を制御しており，このタンパク質に変異が生じるとがんの発生につながる。Sin3とがん関連タンパク質とのつながりは，遺伝子の発現抑制におけるヒストン脱アセチルの重要性を示す強い証拠となる。Sin3以外の脱アセチル複合体としては，Sin3と共通するHDAC1，HDAC2，RBBP4，RBBP7に加えて，異なる補助タンパク質が組み合わさった哺乳類のNuRDや，エネルギー要求性（NAD依存性）という点で他のHDACとは異なる酵母のSir2がある。Sir2の際立った特徴から，HDACは当初考えられていたよりも多様であり，ヒストン脱アセチルが未発見の新規な役割を果たす可能性を示唆している。

　HDAC複合体の研究によって，ゲノムの活性化と不活性化という，異なる機構の関連

性が明らかになりつつある。Sin3 と NuRD はいずれもメチル化 DNA（10.3 節）に結合するタンパク質を含んでおり，さらに NuRD は，ヌクレオソームリモデリング複合体である SWI/SNF（後述）の構成成分とよく似たタンパク質を含んでいる。NuRD は実際，試験管内の実験で典型的なヌクレオソームリモデリング装置として機能する。今後の研究によって，現在異なる種類とみなされている修飾どうしの新しい関係が明らかになるだろう。もちろん，新しい関係と思っているものが，実はたった1つの全体的機序を別の側面からとらえていただけという可能性も考えられる。

アセチル化だけがヒストンの修飾ではない

ヒストンのリシンに対するアセチル化と脱アセチルは最もよく研究されたヒストン修飾であるが，唯一の修飾様式ではない。そのほかにも，3種類の共有結合による修飾が起こることが知られている。

- リシンとアルギニン残基のメチル化。当初，メチル化は不可逆的な修飾であり，クロマチン構造に恒久的な変化をもたらすと考えられていた。その後，リシンやアルギニン残基を脱メチルする酵素が発見されたことで，この考えは見直されることになったが，メチル化の影響が比較的長期にわたって及ぶということについては，まだ受け入れられている。
- セリン，トレオニン，チロシン残基のリン酸化。
- ヒストン H2A，H2B の C 末端領域におけるリシン残基のユビキチン化。この修飾では，**ユビキチン**（ubiquitin）と呼ばれる，さまざまな状況でみつかる低分子タンパク質，あるいはユビキチンと関連した，**SUMO**（small ubiquitin-like modifier）と呼ばれる低分子ユビキチン様修飾タンパク質が付加される。
- ヒストン H3，H4 の N 末端領域のシトルリン化。シトルリン化は，アルギニン側鎖の末端の =NH 基が =O 基に置換されて，アルギニンがシトルリンと呼ばれる関連アミノ酸に変換されて起きる。

アセチル化の場合と同じく，これらの修飾はクロマチン構造を変化させ，細胞機能に多大な影響をもたらす。例えば，ヒストン H2A のセリン 1 のリン酸化は，転写の抑制と関係があり，ヒストン H2B のユビキチン化は，細胞周期の制御においてユビキチンが果たす全体的な役割の一部を担っている。ヒストン H3 の N 末端から 4 番目と 9 番目のリシンにおけるメチル化の効果は，とりわけ興味深い。リシン 9 のメチル化は，HP1 タンパク質の結合部位を形成することでクロマチン凝縮を引き起こし，遺伝子発現を抑制するが，この過程はリシン 4 に 2 つあるいは 3 つのメチル基が付加されていると妨げられる。したがって，リシン 4 のメチル化は開いたクロマチン構造を生じさせ，活性な遺伝子と関連している。βグロビン遺伝子を含む 11 番染色体の領域，またおそらく他の領域でも同様に，リシン 4 のメチル化は，ヒストン H3 への NuRD デアセチラーゼの結合も妨げ，ヒストンはアセチル化されたままとなる。したがって，リシン 4 のメチル化は，ヒストンのアセチル化と協調してそのクロマチン領域を活性化させているのだろう。

これまでの知見をまとめると，4種類のコアヒストン中の少なくとも 80 の部位が，共有結合による修飾を受けることが知られている（図 10.17）。多様なヒストン修飾が存在し，異なる修飾が協調して働いているという認識が高まるにつれて，**ヒストン暗号**（histone code）の存在が示唆されるようになった。ヒストン暗号とは，ヒストンの化学修飾の組合せが，ある特定の時期に発現されるゲノム領域を規定したり，損傷の修復やゲノム複製と細胞周期の連動といった，ゲノム機能の他の側面を決定したりするという考え方である（表 10.1）。ヒストン暗号の存在はまだ証明されていないが，特定のヒストン修飾のパターンが遺伝子活性と密接に関連しているのは明白である。例えば，ヒトの 21 番および 22 番

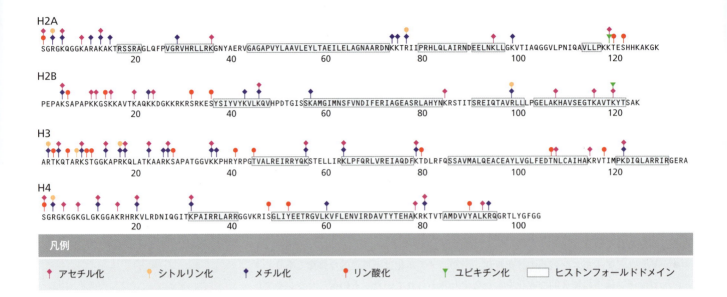

図10.17 4種類のコアヒストンで修飾が起きる位置 ヒトのヒストンの配列を示す。ヒストンフォールドドメインは、ヌクレオソームのDNAと直接結合するヒストンタンパク質の部分である。

染色体では、ヒストンH3のリシン4がトリメチル化され、リシン9とリシン14がアセチル化されている領域は、活性な遺伝子の転写開始点と一致し、その領域にはジメチル化されたリシン4もみつかる場合がある（図10.18）。クロマチン修飾のすべての場合に当てはまるように、それが原因なのか結果なのかを見分けることが重要である。つまり、これらの組合せのヒストン修飾によって、特定の遺伝子が活性化されたのか、あるいはこれらのヒストン修飾は、遺伝子の転写が活性化される過程で生じた副次的な結果にすぎないのか、という問題である。

ヌクレオソームの再配置もゲノム発現に影響を及ぼす

ゲノム発現に影響するもう1つのクロマチン構造変化は、**ヌクレオソームリモデリング**（nucleosome remodeling）である。これは、ゲノムの狭い領域において、ヌクレオソームの構造を変化させる、あるいはヌクレオソームの位置を変えることであり、それによってDNA結合タンパク質がその結合部位へ接近できるようになる。ただし、この過程はすべての遺伝子の転写に必須の条件ではないようで、少なくともいくつかの例では、遺伝子発現をオンにするタンパク質がヌクレオソームの表面に結合する、あるいはリンカーDNAと相互作用することで、ヌクレオソームの位置を変えることなくその機能を果たすことができる。一方他の例では、ヌクレオソームの位置の変更が遺伝子活性化の必須条件であることがはっきりと示されている。これは、活発に転写されている遺伝子周辺において、**DNアーゼI高感受性部位**（DNase I hypersensitive site）が検出されることから明

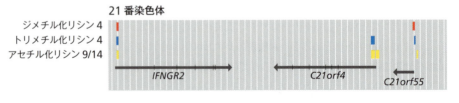

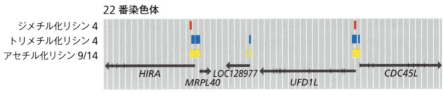

図10.18 ヒストンH3の修飾パターンは遺伝子活性と関連している ヒトの21番染色体と22番染色体中の100 kbの領域を示している。肺の線維芽細胞においてジメチル化されたリシン4、トリメチル化されたリシン4、アセチル化されたリシン9/14に富む領域を、既知の遺伝子の位置に対して示す。矢印は遺伝子が転写される向きを表している。

表 10.1 ヒストン修飾の機能

ヒストン	アミノ酸	修飾	機能
H2A	セリン 1	リン酸化	転写抑制
	リシン 5	アセチル化	転写活性化
	リシン 119	ユビキチン化	精子形成
H2B	リシン 5	モノメチル化	転写活性化
	リシン 5	トリメチル化	転写抑制
	リシン 12	アセチル化	転写活性化
	セリン 14	リン酸化	DNA 修復
	リシン 15	アセチル化	転写活性化
	リシン 20	アセチル化	転写活性化
	リシン 120	ユビキチン化	転写活性化, 減数分裂
H3	トレオニン 3	リン酸化	有糸分裂
	リシン 4	メチル化	転写活性化
	リシン 9	メチル化	転写抑制
	リシン 9	アセチル化	転写活性化
	セリン 10	リン酸化	転写活性化
	トレオニン 11	リン酸化	有糸分裂
	リシン 14	アセチル化	転写活性化, DNA 修復
	アルギニン 17	メチル化	転写活性化
	リシン 18	アセチル化	転写活性化, DNA 修復
	リシン 27	モノメチル化	転写活性化
	リシン 27	ジ, トリメチル化	転写抑制
	リシン 27	アセチル化	転写活性化
	セリン 28	リン酸化	有糸分裂
	リシン 36	トリメチル化	転写活性化
	リシン 79	モノ, ジメチル化	転写活性化
H4	セリン 1	リン酸化	有糸分裂
	アルギニン 3	メチル化	転写活性化
	リシン 5	アセチル化	転写活性化
	リシン 8	アセチル化	転写活性化, DNA 修復
	リシン 12	アセチル化	転写活性化, DNA 修復
	リシン 16	アセチル化	転写活性化, DNA 修復
	リシン 20	モノ, トリメチル化	転写抑制
	リシン 59	メチル化	転写抑制

らかである（DN アーゼ I はデオキシリボヌクレアーゼの 1 つ）。例えば, ヒト β 鎖様グロビン遺伝子クラスター（遺伝子が集まって存在している領域）の上流の DNA には, 5 つの DN アーゼ I 高感受性部位が存在している（図 10.19）。それぞれ短い DNA 領域で,

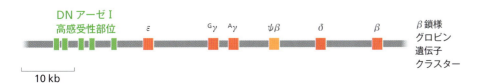

図 10.19　ヒト β 鎖様グロビン遺伝子クラスター上流の DN アーゼ I 高感受性部位
β 鎖様グロビン遺伝子クラスターの上流 20 kb には, 一連の高感受性部位がある。これらに加えて, 個々の遺伝子のすぐ上流の, RNA ポリメラーゼが結合する場所にも高感受性部位がある。これらの高感受性部位は発生段階特異的で, 近接する遺伝子が活性化されている発生の時期にだけみられる。

図 10.20　ヌクレオソームのリモデリング，横滑り，転移

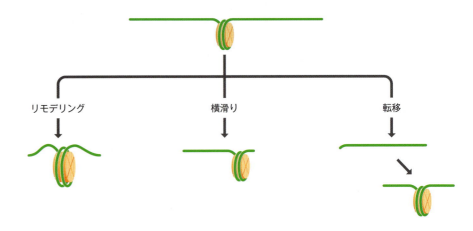

遺伝子クラスターの他の部分よりも容易に DN アーゼ I によって切断される．これらの部位は，ヌクレオソームの構造が変化しているか，あるいはヌクレオソームが存在していない場所に相当し，そのため DNA を認識する結合タンパク質が接近可能な場所だと考えられている．同じように，キイロショウジョウバエのゲノムでは，他のタンパク質のフォールディングに関与するタンパク質（13.4 節）をコードする *hsp70* 遺伝子の活性化は，この遺伝子の上流領域に DN アーゼ I 高感受性部位が作り出されることと関連している．ヒトのゲノム全体には，およそ 290 万カ所の DN アーゼ I 高感受性部位がある．これらの高感受性部位の大部分は，関連する遺伝子が活性化されている組織だけで検出することができる．

　上述したアセチル化やその他の化学修飾とは異なり，ヌクレオソームリモデリングはヒストン分子の共有結合による変化を伴わない．リモデリングはエネルギーに依存した過程によって引き起こされ，ヌクレオソームとそれに巻きついた DNA との接触を弱める（図 10.20）．

- 厳密な意味でのリモデリングは，ヌクレオソームの構造変化を伴うがその位置は変化しない．この構造変化の実態は明らかでないが，試験管内でリモデリングを引き起こすと，ヌクレオソームの大きさが倍になり，結合している DNA の DN アーゼ感受性は増大する．
- **横滑り**（sliding）または**シス変位**（*cis*-displacement）は，DNA に沿ってヌクレオソームを物理的に移動させる．
- **転移**（transfer）または**トランス変位**（*trans*-displacement）は，ヌクレオソームが別の DNA 分子，あるいは同一 DNA 分子の離れた場所へ移動されることで起きる．

HAT と同様に，ヌクレオソームリモデリングを担うタンパク質は大きな複合体として協調して働く．その一例が SWI/SNF で，少なくとも 10～12 個のタンパク質からなる複合体で，多くの真核生物に存在する．そのサブユニットタンパク質には，DNA 結合活性をもつものや，ヒストンのアセチル化やメチル化を認識して結合するものが含まれ，おそらくこれらのサブユニットが，ゲノムの活性な領域に複合体全体を導くと考えられる．他のサブユニットは，ヒストン H2B のリシン 120 にユビキチンを付加する活性をもち（図 10.17 参照），この修飾は高い転写活性を示す領域と関連する．したがって SWI/SNF は，ヌクレオソームの再配置とヒストン修飾という，現在遺伝子活性化の中心とみなされている 2 種類の活性を統合しているのである．

10.3　DNA の修飾とゲノム発現

　ゲノム機能は DNA そのものが化学修飾されることでも大きく変化しうる．これらの変

化は，ゲノムの特定の領域，あるいは染色体全体にも及ぶ領域の半永続的な遺伝子発現抑制と関連しており，多くの場合その修飾状態は，細胞分裂で生じる子孫細胞に受け継がれる。この修飾は **DNA メチル化** (DNA methylation) によってもたらされる。

DNA メチル化によるゲノムの発現抑制

真核生物では，**DNA メチルトランスフェラーゼ** (DNA methyltransferase) と呼ばれる酵素によってメチル基が付加されることで，染色体 DNA 分子の塩基であるシトシンが 5-メチルシトシンに変化していることがある（図 10.21）。シトシンのメチル化は下等真核生物では比較的まれだが，脊椎動物ではゲノム中のシトシン総数の最大 10%がメチル化され，植物では 30%もメチル化されている。メチル化はランダムに起こるのではなく，一般に 5′-CG-3′ という配列のシトシンに限られ，植物では 5′-CNG-3′ という配列内のシトシンにも起きる。メチル化活性には 2 種類あることが知られている（図 10.22）。1 つは **維持メチル化** (maintenance methylation) であり，ゲノム複製後，親鎖のメチル化部位と向かい合う位置にある，新生鎖上のシトシンにメチル基を付加する。そのため，この維持メチル化活性によって，2 つの娘 DNA 分子が親 DNA 分子のメチル化パターンを確実に維持できるようになり，これは，メチル化のパターンが細胞分裂を経て受け継がれることを意味している。もう 1 つの活性は **新生メチル化** (de novo methylation) で，メチル基をまったく新しい位置に導入することで，ゲノムの局所領域のメチル化パターンを変化させる。

維持メチル化と新生メチル化は，どちらも遺伝子の発現抑制を引き起こす。この事実は，メチル化された遺伝子とメチル化されていない遺伝子をクローニングして細胞に導入し，その発現の程度を測定する実験から示されている。すなわち，DNA がメチル化されていると，遺伝子発現は起こらないのである。メチル化と遺伝子発現との関連は，染色体 DNA のメチル化パターンを調べると，活発に転写されている遺伝子がメチル化されていない領域に局在していることからも明白である。例えば，ヒトの全遺伝子の 40〜50% は CpG アイランド（5.1 節）の近くに存在し，CpG アイランドのメチル化の状況がその近接遺伝子の発現パターンを反映している。つまり，すべての組織で発現するハウスキーピング遺伝子の CpG アイランドはメチル化されておらず，一方，組織特異的遺伝子の場合は，その遺伝子が発現している組織に限り，その遺伝子に関連する CpG アイランドはメチル化されていない。メチル化パターンは細胞分裂後も維持されることから，どの遺伝子を発現させるかを規定している情報が娘細胞に受け継がれることに注意してほしい。このため，分化した組織内で，細胞が新たな細胞に置き換わったり，新しい細胞が補充されたりしたとしても，その組織におけるしかるべき遺伝子発現パターンは確実に保持されているのである。

DNA メチル化の重要性は，ヒト疾患の研究からも裏づけられている。ICF と呼ばれる症候群 (immunodeficiency, centromere instability and facial anomaly；免疫不全，セントロメア不安定性，顔貌異常を伴う疾患) は，その名のとおり幅広い病態を示すが，これは新生メチル化を担う酵素の 1 つである DNA メチルトランスフェラーゼ 3b (Dnmt3b) をコードする遺伝子の変異によって起こり，さまざまなゲノム領域での低メチル化と関連している。逆の状況である過剰なメチル化は，ある種のがんにおいて異常な発現パターンを示す遺伝子の CpG アイランドにみられる。しかし，これらの場合にみられるメチル化の異常は，病態の「原因」ではなく「結果」であるという可能性も十分考えられる。

メチル化がどのようにゲノム発現に影響を及ぼすかは，長年にわたり謎であった。現在では，**メチル化 CpG 結合タンパク質** (methyl-CpG-binding protein：**MeCP**) が，HDAC 複合体である Sin3 や NuRD の構成成分であることが知られている。この知見から，メチ

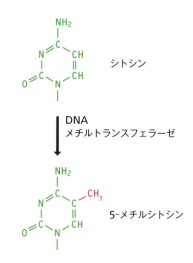

図 10.21 DNA メチルトランスフェラーゼによるシトシンから 5-メチルシトシンへの変換

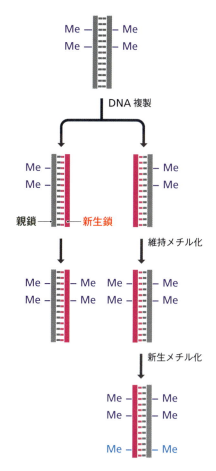

図 10.22 維持メチル化と新生メチル化

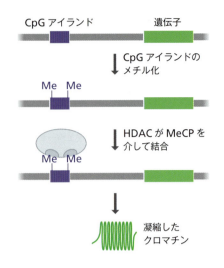

図 10.23 **DNA メチル化とゲノム発現の関連を示すモデル** 遺伝子上流の CpG アイランドのメチル化は，ヒストンデアセチラーゼ（HDAC）複合体の構成成分であるメチル化 CpG 結合タンパク質（MeCP）の認識シグナルとなる。HDAC は CpG アイランドの領域のクロマチン修飾を変化させ，遺伝子を不活性化させる。CpG アイランドと遺伝子の相対的な位置関係や大きさは，実際の位置関係や大きさに合わせて描かれてはいないことに注意。

ル化された CpG アイランドは HDAC 複合体の標的部位となり，HDAC 複合体は周囲のクロマチン構造を変化させることで近接する遺伝子の発現を抑制する，というモデルが導かれた（図 10.23）。

メチル化はゲノムインプリンティングと X 染色体不活性化に関係する

　DNA メチル化とゲノムの発現抑制の関連を裏づける証拠は，**ゲノムインプリンティング**（genomic imprinting）および **X 染色体不活性化**（X-chromosome inactivation）と呼ばれる興味深い現象からも示されている。

　ゲノムインプリンティングは，生物全般でみれば比較的まれな現象だが，哺乳類ゲノムのもつ重要な特性である。これは，二倍体核内の相同染色体上に存在する 1 対の遺伝子の片方だけが発現し，もう片方はメチル化によってその発現が抑制される現象である。この現象は，一部の昆虫（キイロショウジョウバエでは起こらないようであるが）や植物においてもみられる。1 対の遺伝子のうち，ゲノムインプリンティングを受けて不活性化されるのは常に同じ遺伝子である。つまり，一部の遺伝子では母親由来の遺伝子が不活性化され，他の遺伝子では父親由来の遺伝子が不活性化される。ヒトやマウスでは，およそ 200 の遺伝子でインプリンティングが観察されており，これらにはタンパク質コード遺伝子と非コード RNA 遺伝子の両方が含まれる。インプリンティングを受ける遺伝子はゲノム上に散在しているが，クラスターを形成していることが多い。例えばヒトでは，少なくとも 10 個のインプリンティング遺伝子を含む 15 番染色体の 2.2 Mb の領域があるほか，それより小さなものとして，少なくとも 8 個のインプリンティング遺伝子を含む 11 番染色体の 1 Mb の領域がある。

　ヒトのインプリンティング遺伝子の一例として *Igf2* があり，これは細胞間シグナル伝達（14.1 節）にかかわる増殖因子をコードしている。*Igf2* の場合，父親から受け継いだ遺伝子のみが発現している（図 10.24）。これは，母親から受け継いだ染色体では，*Igf2* 遺伝子とその近傍の DNA がメチル化され，遺伝子発現が起こらないためである。もう 1 つのインプリンティング遺伝子である *H19* は，*Igf2* から約 90 kb 離れた位置にあるが，インプリンティングは逆であり，母親由来の遺伝子が発現し，父親由来の遺伝子が不活性化されている。インプリンティングは，**インプリンティング制御配列**（imprinting control element）と呼ばれる，インプリンティング遺伝子クラスターから数 kb 以内にみつかる DNA 配列によって制御される。この領域がインプリンティング遺伝子のメチル化を調節しているが，その機序についての詳細はいまだ明らかではない。また，インプリンティングの役割についても不確かなところがある。1 つの可能性は発生過程に寄与するというもので，これは，母親由来のゲノムを 2 つもつように人工的に作製された単為発生マウスが適切に発生できないことから想定されている。さらに，プラダー・ウィリー症候群（Prader-Willi syndrome）やアンジェルマン症候群（Angelman syndrome）のように，インプリンティングの機能不全が関係しているいくつかの遺伝病では，発生異常の特徴がみられる。インプリンティングを受ける個々の遺伝子は，体温調節から睡眠，母性保育行動まで，多岐にわたる生理機能に関係している。インプリンティングの役割については，生物種における雌雄間の進化上の対立にもとづくという，より微妙な説も提唱されている。

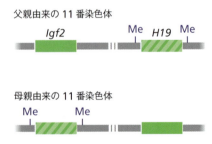

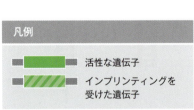

図 10.24 **ヒト 11 番染色体上の 2 つのインプリンティング遺伝子** *Igf2* は母親から受け継いだ染色体上でインプリンティングを受け，*H19* は父親由来の染色体上でインプリンティングを受ける。図の縮尺は正確ではなく，2 つの遺伝子は約 90 kb 離れている。

X染色体不活性化は比較的理解しやすい。この現象はインプリンティングの特別な形態であり，雌の哺乳類細胞において1本のX染色体がほぼ完全に不活性化される。X染色体不活性化は，雌がX染色体を2本もつのに対して，雄は1本しかもたないために起こる。もし雌のX染色体が両方とも転写活性を示すとしたら，X染色体上の遺伝子にコードされているタンパク質は，雌では雄に比べて2倍合成されることになる。このような望ましくない事態を避けるため，雌のX染色体の1本はその発現が抑制されており，核内ではバー小体 (Barr body) と呼ばれる，ヘテロクロマチンのみから構成される凝縮した構造として観察される。不活性化されたX染色体上の大部分の遺伝子は発現が抑制されているが，まだ明らかにされていない何らかの理由によって，およそ20%の遺伝子は不活性化を免れ，機能を保持している。

X染色体不活性化は胚発生の初期に起こり，X染色体上に存在するX染色体不活性化センター (X chromosome inactivation center：*Xic*) によって制御されている。X染色体不活性化を受ける細胞では，一方のX染色体上の*Xic*がヘテロクロマチンの形成を開始し，このヘテロクロマチンが開始点から広がって，転写が活性化されたままの遺伝子を含む少数の短い領域を除いて，染色体全体に影響を及ぼすようになる。この過程が完了するまでには数日を要する。X染色体不活性化の正確な仕組みは明らかではないが，X染色体不活性化センターに存在する*Xist*と呼ばれる遺伝子が不活性化に重要な役割を果たしている。*Xist*は17 kbの非コードRNAへと転写され，このRNAが染色体を覆ってヘテロクロマチンが形成される。それと同時にさまざまなヒストン修飾が起こる。ヒストンH3のリシン9がメチル化され（この修飾がゲノム不活性化に関連していることを思い出してほしい；表10.1参照），ヒストンH4は脱アセチル化され（ヘテロクロマチンで通常起きるように），そしてヒストンH2Aは特殊なヒストンであるマクロH2A1に置き換えられる。また，特定のDNA配列がDNAメチルトランスフェラーゼ3a (Dnmt3a) によって高度にメチル化されるが，これは不活性化された状態が確立された後に起きるようである。X染色体不活性化は受け継がれ，不活性化が生じた最初の細胞に由来するすべての細胞で観察される。

正常な二倍体の雌の細胞では，一方のX染色体が不活性化され，もう一方は活性を維持している。注目すべきは，性染色体の構成が異常になっている二倍体の雌の細胞でも，X染色体不活性化の結果として1本のX染色体のみ活性が維持されることである。例えば，X染色体が1本しかないまれな場合には不活性化は起こらず，核型がXXXである場合は，3本のX染色体のうち2本が不活性化される（図 10.25A）。これは，核に含まれるX染色体の数を数え，適切な数の染色体を不活性化させる機構が存在するということを意味している。実際のところ，この機構はただ単にX染色体の数を数えるだけではなく，常染色体の数も数えて両者の数を比較しているのである。このことは，もし通常の二倍体の細胞が4本のX染色体をもつ場合，3本のX染色体が不活性化されるが，四倍体（すなわちX染色体を4本，常染色体を4セットもつ）の場合は2本のX染色体が不活性化されることから明らかである（図 10.25B）。細胞が染色体の数を数える仕組みは細胞遺伝学者にとって長年の謎であり，現在もわれわれを悩ませつづけている。しかし，最近の研究成果では，X染色体不活性化センターにあり，*Xist* RNAのアンチセンスに相当するRNAをコードする*Tsix*と呼ばれる遺伝子がこの過程にかかわることが示唆されている。この*Tsix*を過剰発現させると，不適切な数の染色体が不活性化されてしまう。この影響は，*Tsix* RNAと*Xist* RNAの間で塩基対が形成され，*Xist*による不活性化の開始が妨げられるために起きているようである。このモデルによると，不活性化されるX染色体の数は，作られる*Tsix* RNAの量に依存し，*Tsix* RNAの量はX染色体のコピー数に依存する。さらに，常染色体の遺伝子によって，コピー数に依存した様式で調節されているのかもしれ

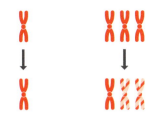

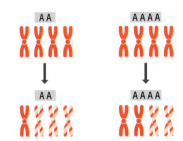

図 10.25　X染色体不活性化　(A) X染色体が1本しかない場合，不活性化は起こらない。X染色体が3本ある場合，2本が不活性化される。(B) 常染色体について二倍体 (AA) の細胞では，4本のX染色体のうち3本が不活性化される。それに対して四倍体 (AAAA) の細胞では，2本のX染色体のみが不活性化される。

ない。

まとめ

- 核内の環境はゲノムの発現に大きくかつ重要な影響を及ぼす。
- 真核細胞の核は高度に秩序だった内部構造をもち，その中には，rRNAのプロセシング，mRNAのスプライシング，核内低分子RNAや核小体低分子RNAの合成に関連した構造が含まれる。
- クロマチンのとる最も凝縮した構造はヘテロクロマチンで，ゲノム発現を担うタンパク質はヘテロクロマチン内の遺伝子には接近できず，これらの遺伝子は発現されない。
- 核は染色体DNAが付着する線維状の核マトリックスを含むと考えられているが，このマトリックスの存在を疑問視する意見もある。
- 核内部で染色体はそれぞれ独自の染色体テリトリーをもち，これらのテリトリーは，ゲノム発現にかかわる酵素などのタンパク質が局在する非クロマチン領域によって互いに隔てられている。
- 染色体は一連のトポロジカル関連ドメインによって構成され，個々のドメインは，コイル状やループ状に折りたたまれたひと続きのクロマチン部分からなる。
- 個々のドメインは1対のインスレーター配列によって区切られており，それによってドメインの独立性が維持されている。
- ヌクレオソームは真核生物におけるゲノム機能の主要な決定因子である。というのは，ヌクレオソームがDNA鎖上の位置を占めているという理由だけでなく，ヌクレオソームに含まれるヒストンタンパク質の詳細な化学構造が，そのクロマチン領域の凝縮度を決める主要な要因となっているからである。
- 各コアヒストンのN末端領域のリシンのアセチル化は，ゲノムの特定の領域の活性化に関連し，脱アセチルはゲノムの発現を抑制する。ヒストンは，メチル化，リン酸化，ユビキチン化による修飾も受ける。
- ヌクレオソームの修飾の特定の組合せが，どのようにゲノムに解釈されるべきかを規定する，ヒストン暗号が存在する可能性がある。
- すべてではないが一部の遺伝子の発現には，ヌクレオソームの再配置が必要である。
- ゲノムのさまざまな領域はDNAメチル化によっても発現が抑制され，その関連酵素はヒストンデアセチラーゼと協調的に働いている可能性がある。
- DNAメチル化は，相同染色体上に存在する1対の遺伝子の片方だけの発現が抑制されるゲノムインプリンティングや，雌の核において1本のX染色体がほぼ完全に不活性化されるX染色体不活性化に関与している。

章末問題

短答式問題

1. 核の内部構造を調べるために使われた手法を述べよ。
2. 構成的ヘテロクロマチンと条件的ヘテロクロマチンの違いを述べよ。
3. 染色体ペインティング法によって核内部で染色体が占める位置について何が明らかになったか？
4. 転座は特定の染色体どうしで起こる頻度が高い。このことは核内における染色体の配置について何を示しているか？
5. トポロジカル関連ドメインはどのように真核生物の染色体内部でみいだされたか？
6. 真核生物を宿主として遺伝子クローニングを行う場合に生じることがある位置効果は，どのように説明されるか？
7. インスレーター配列とは何か？　また，その特徴的な性質とはどのようなものか？

8. ヒストンアセチルトランスフェラーゼの例をあげ，ヌクレオソームの修飾におけるこれらの酵素の役割を述べよ．
9. ヒストンデアセチラーゼがゲノム発現の調節に果たしている役割は何か？
10. 「ヒストン暗号」という言葉は何を意味しているか説明せよ．
11. なぜクロマチン構造の変化を調べるためにDNアーゼⅠが用いられるのか？ DNAがDNアーゼⅠによる切断を受けやすいということは，遺伝子発現に関して何を意味しているか？
12. DNAメチル化はどのようにゲノム機能に影響を与えるのか？

論述式問題

1. 最新の電子顕微鏡技術によって明らかになった核の内部構造の様子が，細胞試料を調製するために用いられた方法の結果として生じた人工的な構造ではなく，核の実際の構造を正確に描写していると，どの程度考えることができるか？
2. 生物学の多くの分野では，「原因」と「結果」を区別するのが難しい．ヌクレオソームリモデリングとゲノム発現について，この問題を検討せよ．ヌクレオソームリモデリングがゲノム発現の変化を引き起こすのか，それとも，発現が変化することによってヌクレオソームが再配置されるのか？
3. ヒストン暗号仮説について検討し評価せよ．
4. 維持メチル化は，2つの娘DNA分子におけるDNAメチル化のパターンが，親分子のパターンと同じになるように保証している．言い換えれば，メチル化のパターンとそれが伝える遺伝子発現に関する情報は受け継がれる．クロマチン構造の他の特徴も，同じように受け継がれる可能性がある．このような現象は，遺伝子によって遺伝的形質が決定されるというメンデル遺伝の考え方にどのような影響を及ぼすか？
5. 核内のX染色体と常染色体の数を数え，適切な数のX染色体を不活性化させるような機構としてどういったものが考えられるか？

推薦図書と参考文献

核の内部構造と，核マトリックスに関する論争

Misteli, T. (2001) Protein dynamics: implications for nuclear architecture and gene expression. *Science* 291:843–847.

Pathak, R.U., Srinivasan, A. and Mishra, R.K. (2014) Genomewide mapping of matrix attachment regions in *Drosophila melanogaster*. *BMC Genomics* 15:1022.

Razin, S.V., Borunova, V.V., Iarovaia, O.V. and Vassetzky, Y.S. (2014) Nuclear matrix and structural and functional compartmentalization of the eucaryotic cell nucleus. *Biochemistry (Moscow)* 79:608–618.

Wilson, R.H.C. and Coverley, D. (2013) Relationship between DNA replication and the nuclear matrix. *Genes Cells* 18:17–31.

染色体テリトリー

Cremer, T. and Cremer, M. (2010) Chromosome territories. *Cold Spring Harb. Perspect. Biol.* 2:a003889.

Gerlich, D., Beaudouin, J., Kalbfuss, B., et al. (2003) Global chromosome positions are transmitted through mitosis in mammalian cells. *Cell* 112:751–764.

Williams, R.R.E. (2003) Transcription and the territory: the ins and outs of gene positioning. *Trends Genet.* 19:298–302.

染色体のドメイン

Bell, A.C., West, A.G. and Felsenfeld, G. (2001) Insulators and boundaries: versatile regulatory elements in the eukaryotic genome. *Science* 291:447–450.

Cavalli, G. and Misteli, T. (2013) Functional implications of genome topology. *Nat. Struct. Mol. Biol.* 20:290–299.

Fujioka, M., Mistry, H., Schedl, P. and Jaynes, J.B. (2016) Determinants of chromosome architecture: insulator pairing in *cis* and in *trans*. *PLoS Genet.* 12:e1005889.

Gerasimova, T.I., Byrd, K. and Corces, V.G. (2000) A chromatin insulator determines the nuclear localization of DNA. *Mol. Cell* 6:1025–1035.

Matharu, N.K. and Ahanger, S.H. (2015) Chromatin insulators and topological domains: adding new dimensions to 3D genome architecture. *Genes* 6:790–811.

Pirrotta, V. (2014) Binding the boundaries of chromatin domains. *Genome Biol.* 15:121. インスレーター結合タンパク質．

Sexton, T. and Cavalli, G. (2015) The role of chromosome domains in shaping the functional genome. *Cell* 160:1049–1059.

Sexton, T., Yaffe, E., Kenigsberg, E., et al. (2012) Three-dimensional folding and functional organization principles of the *Drosophila* genome. *Cell* 148:458–472.

Tanay, A. and Cavalli, G. (2013) Chromosomal domains: epigenetic contexts and functional implications of genomic compartmentalization. *Curr. Opin. Genet. Dev.* 23:197–203.

ヒストンの化学修飾

Ahringer, J. (2000) NuRD and SIN3: histone deacetylase complexes in development. *Trends Genet.* 16:351–356.

Bannister, A.J. and Kouzarides, T. (2011) Regulation of chromatin by histone modifications. *Cell Res.* 21:381–395.

Bernstein, B.E., Kamal, M., Lindblad-Toh, K., et al. (2005) Genomic maps and comparative analysis of histone modifications in human and mouse. *Cell* 120:169–181. 21番および22番染色体におけるヒストン修飾の位置と遺伝子活性の相関．

Carrozza, M.J., Utley, R.T., Workman, J.L. and Côté, J. (2003) The diverse functions of histone acetyltransferase complexes. *Trends Genet.* 19:321–329.

Imai, S., Armstrong, C.M., Kaeberlein, M. and Guarente, L. (2000) Transcriptional silencing and longevity protein Sir2 is an NAD-dependent histone deacetylase. *Nature* 403:795–800.

Khorasanizadeh, S. (2004) The nucleosome: from genomic organization to genomic regulation. *Cell* 116:259–272. ヒストン修飾，ヌクレオソームリモデリング，DNAメチル化についての総説．

Lachner, M., O'Carroll, D., Rea, S., et al. (2001) Methylation of histone H3 lysine 9 creates a binding site for HP1 proteins. *Nature* 410:116–120.

Lawrence, M., Daujat, S. and Schneider, R. (2016) Lateral thinking:

how histone modifications regulate gene expression. *Trends Genet.* 32:42–56.

Sneppen, K. and Dodd, I.B. (2012) A simple histone code opens many paths to epigenetics. *PLoS Comput. Biol.* 8:e1002643. ヒストン暗号の使われ方についてのモデル。

Taunton, J., Hassig, C.A. and Schreiber, S.L. (1996) A mammalian histone deacetylase related to the yeast transcriptional regulator Rpd3p. *Science* 272:408–411.

Timmers, H.T. and Tora, L. (2005) SAGA unveiled. *Trends Biochem. Sci.* 30:7–10.

Verdin, E., Dequiedt, F. and Kasler, H.G. (2003) Class II histone deacetylases: versatile regulators. *Trends Genet.* 19:286–293.

Zhang, T., Cooper, S. and Brockdorff, N. (2015) The interplay of histone modifications—writers that read. *EMBO Rep.* 16:1467–1481.

ヌクレオソームリモデリング

Aalfs, J.D. and Kingston, R.E. (2000) What does 'chromatin remodeling' mean? *Trends Biochem. Sci.* 25:548–555. ヒストン修飾とヌクレオソームリモデリングについての議論。

Becker, P.B. and Workman, J.L. (2013) Nucleosome remodeling and epigenetics. *Cold Spring Harb. Perspect. Biol.* 5:a017905.

Euskirchen, G., Auerbach, R.K. and Snyder, M. (2012) SWI/SNF chromatin-remodeling factors: multiscale analyses and diverse functions. *J. Biol. Chem.* 287:30897–30905.

Tang, L., Nogales, E. and Ciferri, C. (2010) Structure and function of SWI/SNF chromatin remodeling complexes and mechanistic implications for transcription. *Prog. Biophys. Mol. Biol.* 102:122–128.

DNA メチル化，インプリンティング，X 染色体不活性化

Ballabio, A. and Willard, H.F. (1992) Mammalian X-chromosome inactivation and the *XIST* gene. *Curr. Opin. Genet. Dev.* 2:439–447.

Barlow, D.P. and Bartolomei, M.S. (2016) Genomic imprinting in mammals. *Cold Spring Harb. Perspect. Biol.* 6:a018382.

Brown, C.J. and Greally, J.M. (2003) A stain upon the silence: genes escaping X inactivation. *Trends Genet.* 19:432–438.

Costanzi, C. and Pehrson, J.R. (1998) Histone macroH2A1 is concentrated in the inactive X chromosome of female mammals. *Nature* 393:599–601.

Jeppesen, P. and Turner, B.M. (1993) The inactive X chromosome in female mammals is distinguished by a lack of histone H4 acetylation, a cytogenetic marker for gene expression. *Cell* 74:281–289.

Lee, J.T. (2005) Regulation of X-chromosome counting by *Tsix* and *Xite* sequences. *Science* 309:768–771.

Smith, Z.D. and Meissner, A. (2013) DNA methylation: roles in mammalian development. *Nat. Rev. Genet.* 14:204–220.

ゲノム発現における
DNA 結合タンパク質の役割

11章

11.1 DNA 結合タンパク質とその結合部位の研究手法

11.2 DNA 結合タンパク質に特有の特徴

11.3 DNA と DNA 結合タンパク質の相互作用

　第 10 章において，個々の遺伝子の活性は，その遺伝子を含むクロマチンドメインの凝縮度や，遺伝子付近のヌクレオソームの精密な位置取りによって影響を受けるという事実を学んだ．そのときはクロマチンやヌクレオソームといった高次構造に注目したが，より低次のレベルでは，ゲノムへの接近しやすさはヒストンタンパク質と DNA の相互作用を通じて制御されるものと考えて差し支えない．これらの相互作用は，ゲノム発現において **DNA 結合タンパク質**（DNA-binding protein）が果たす中心的な役割の実例である．ヒストンのほか，個々の遺伝子の転写に関与するタンパク質のいくつかは，DNA 結合タンパク質である．DNA の複製，修復，組換えにかかわる DNA 結合タンパク質もあれば，DNA ではなく RNA に結合する関連タンパク質の大きなグループもある．DNA 結合タンパク質の多くは特異的な塩基配列を認識し，それをおもな標的部位として結合するが，配列特異性をもたずゲノムのさまざまな部位に結合するヒストンのようなタンパク質も存在する．

　この章では DNA 結合タンパク質に特有の構造的特徴について検討し，こうした特徴がどのようにして DNA 結合タンパク質のゲノムへの結合を可能にするのかを，特に配列特異的結合タンパク質がその結合部位を認識する方法に焦点を絞ってみていく．DNA と DNA 結合タンパク質の相互作用の性質とその効果を理解することは，ゲノム研究における重要で活発な研究分野である．そこでまず，DNA 結合タンパク質の構造を決定する手法と，DNA 分子上の結合部位を同定する手法について学ぶことからはじめよう．

11.1 DNA 結合タンパク質とその結合部位の研究手法

　DNA 結合タンパク質とゲノムの相互作用を研究する手法は 2 つのカテゴリーに分類される．

- さまざまな手法のうちで最も重要なものは，**X 線結晶解析**（X-ray crystallography）と**核磁気共鳴分光法**（nuclear magnetic resonance〔NMR〕spectroscopy）である．これらは DNA 結合タンパク質の構造を決定するために用いられ，DNA 分子と配列特異的に結合するタンパク質の構造的特徴を明らかにするのに特に有用である．
- 精度はさまざまであるが，DNA 結合タンパク質が結合する DNA 分子上の部位を決定する方法がいくつかある．

X 線結晶解析では結晶化が可能なあらゆるタンパク質の構造データが得られる

　DNA 結合タンパク質が精製できれば，そのタンパク質単独，あるいは結合部位に結合した状態での構造を決定する試みがなされる．これにより，タンパク質の DNA 結合部位の立体構造の研究や，DNA 分子との結合のしかたの解明が可能となる．X 線結晶解析と

図11.1 **X線結晶解析** (A) 研究対象の分子の結晶にX線ビームを当てることでX線回折像が得られる。(B) リボヌクレアーゼの結晶のX線回折像。

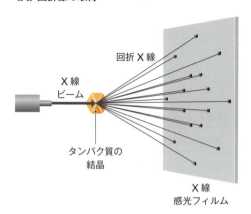

(A) 回折像の取得

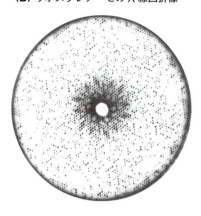

(B) リボヌクレアーゼのX線回折像

NMR分光法の2つの手法が，このような研究の中心的位置を占めている。

X線結晶解析には19世紀末以来の長い歴史があり，**X線回折**（X-ray diffraction）現象にもとづいている。X線の波長は非常に短く0.01〜10 nmである。それは可視光の波長の4,000分の1で，化学構造中の原子間距離に近い。X線ビームが結晶中に入射すると，X線の一部は透過して直進するが，回折されて入射したときとは異なった角度で結晶から出てくるX線もある。結晶は多数の同じ分子が規則的に配置して構成されているので，回折パターンにある種の規則性が生じる。ビームの横断面に置いたX線感光フィルムや電気的検出器には一連の回折斑が現れ，このような**X線回折像**（X-ray diffraction pattern）から結晶中の分子の構造を推定することができる（図11.1）。回折斑の相対的位置は結晶中の分子の配置を示しており，それらの相対的な強度から分子構造についての情報が得られる。分子が大きく複雑になるほど回折斑の数も増え，比較すべきデータの数が大きくなる。それゆえ，非常に単純な分子でなければ，解析にはコンピュータの助けが必要となる。

X線回折像の解析がうまくいけば，**電子密度地図**（electron density map）を作成することができる（図11.2）。タンパク質の場合，電子密度地図は折りたたまれたポリペプチド鎖の構造を示しており，そこからαヘリックスやβシートのような構造的特徴の位置を決定できる。解像度の高い電子密度地図が得られれば，ポリペプチド鎖を構成する個々のアミノ酸の側鎖が同定可能で，それらの相対的配向も決定できるので，タンパク質の構造中に形成される水素結合やその他の相互作用を推測することが可能となる。うまくいけば0.1 nmの分解能での解析も可能である（つまり，0.1 nm離れた構造を識別できる）。タンパク質の場合，炭素原子間の結合距離は大部分が0.1〜0.2 nm，炭素原子と水素原子間の結合距離は0.08〜0.2 nmであり，0.1 nmの分解能が得られれば非常に詳細な立体構造

(A) リボヌクレアーゼの電子密度地図の一部

(B) 分解能0.2 nmの電子密度地図の解釈によるチロシン側鎖の同定

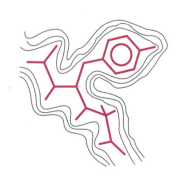

図11.2 **電子密度地図** (A) リボヌクレアーゼの電子密度地図の一部。(B) 分解能0.2 nmの電子密度地図の解釈。チロシンの側鎖が同定できる。

モデルを作成できる。X線結晶解析の制限の1つは，構造を決定する前にタンパク質を結晶化させなければならないことである。たいていのタンパク質は過飽和溶液から良好な質の結晶が得られるので，この点は問題にはならない。しかし，特に外側が疎水領域からなる膜タンパク質など，結晶化が困難か不可能なタンパク質もある。

NMR分光法は比較的小さいタンパク質の構造研究に用いられる

X線結晶解析と同様に，NMR分光法も20世紀前半以来の長い歴史をもつ手法であり，1936年に最初の報告がなされた。この手法の原理は原子核のスピンが磁気モーメントを生じることにもとづいている。スピンをもつ原子核を外部磁場の中に置くと，原子核はαおよびβと呼ばれる2種類の配向のいずれかをとる（図11.3）。α配向（磁気モーメントが磁場と同方向）のエネルギーのほうが若干低い。NMR分光法では，α配向からβ配向への遷移を誘起するのに必要な電磁波の周波数を測定して，このエネルギー差を決定する。測定された周波数は，研究対象の原子核の**共鳴周波数**（resonance frequency）と呼ばれる。各種の原子核はそれぞれ固有の共鳴周波数をもっているが，近傍の電子が外部磁場の一部を遮蔽するので，実際に測定される共鳴周波数は固有の値とはわずかに異なる（典型的には10 ppm以下；ppmは100万分の1）。この測定された共鳴周波数と原子核固有の共鳴周波数とのわずかな差を**化学シフト**（chemical shift）といい，その値から原子核の置かれている化学的環境を推測することが可能で，構造についての情報を得ることができる。また，COSY（correlation spectroscopy）やTOCSY（total correlation spectroscopy）のような特別な手法により，原子核に化学結合している原子を同定することができる。NOESY（nuclear Overhauser effect spectroscopy）などの解析手法を使えば，原子核に化学結合していないが空間的に近接している原子の同定も可能である。

NMR分光法の対象となる原子核は，陽子または中性子の数が奇数でなければならない。そうでない原子核はスピンをもたないからである。NMR分光法によるタンパク質の研究の大部分は^{1}Hを対象にしており，目的はすべての水素原子の化学的環境と共有結合を同定し，その情報からタンパク質の全体構造を推定することにある。^{13}Cや^{15}NもNMR分光法の対象となり，こうした希少な**同位体**（isotope）で炭素原子や窒素原子の少なくとも一部を置換したタンパク質の解析により，^{1}Hを対象にした研究を補強することもよく行われる。

うまくいけばNMR分光法のデータから，タンパク質の構造についてX線結晶解析と同程度の分解能をもつ詳細な情報を得ることができる。NMR分光法の大きな利点は溶液中の分子の構造研究に使えることであり，X線結晶解析のためにタンパク質の結晶を得る際にときどき遭遇する問題を回避できる。また，タンパク質のフォールディングの過程や基質を加えた際に生じるタンパク質の構造変化を調べる目的には，溶液中での構造を調べるほうが有利である。NMR分光法が不利な点は，比較的小さなサイズのタンパク質にしか使えないことである。これにはいくつかの理由があるが，例えば，^{1}Hであれ他の原子核であれ，すべての（もしくはできるだけ多数の）原子核について共鳴周波数を同定する必要があることがあげられる。そのためには共鳴周波数が重ならないように，それぞれの原子核がなるべく別々の化学シフトをもっていなければならない。タンパク質が大きくなると，原子核の数が増えて周波数が重なりがちとなり，構造情報は失われる。NMR分光法にはこのような制限もあるが，それでもなお非常に有用である。実際，NMR分光法で解析するのに適した小さなサイズで，興味深いタンパク質は多数存在する。さらに，ペプチドは完全なタンパク質とはいえないまでも，核酸との結合といったタンパク質機能を研究する際のモデルと考えることができ，その構造解析によって重要な情報を得ることができる。

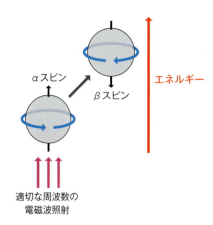

図11.3　NMR分光法の原理　スピンをもつ原子核は，外部磁場の中に置かれると2種類の配向をとることができる。αスピン状態からβスピン状態への遷移を誘起するのに必要な電磁波の周波数を測定して，α，β間のエネルギー差を決定する。

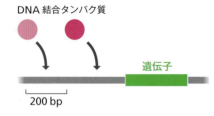

図11.4　DNA結合タンパク質の結合部位は遺伝子のすぐ上流にある

ゲルシフト法によりタンパク質に結合するDNA断片を同定できる

　例えばヒストンのように，DNA結合タンパク質の多くは，DNA分子のどのような塩基配列にも結合できる．一方，配列特異性を示し，ゲノムの特定の位置にのみ安定に結合するDNA結合タンパク質もある．そうした配列特異的結合タンパク質の結合部位を同定するための手法により，DNA結合タンパク質の構造研究を補完することができる．こうした手法の大部分はゲノム時代が到来する以前に開発されたもので，クローニングした2 kb程度までの長さのDNA断片中に存在するタンパク質結合部位を同定できるように設計されている．これらの手法が開発される契機となったのは，遺伝子の転写を制御するタンパク質である**転写因子**（transcription factor）の多くが，その標的遺伝子のすぐ上流にある特異的な配列をもつ部位に結合して作用を発揮する，という発見であった（図11.4）．この事実は，新たに発見された遺伝子が上流領域を含んでいれば，その発現を制御するタンパク質の少なくとも一部はそこに結合するということを意味している．

　クローニングしたDNA断片上のタンパク質結合部位を同定する手法はいくつかあるが，正確さの程度には差異がある．正確さは最も低いが最も容易に行える手法は，「裸」のDNA断片とタンパク質が結合した断片との間で電気泳動時の挙動が大きく異なることを利用するものである．短い断片は長い断片よりもゲルの網目構造の間を速く移動するので，アガロースゲル電気泳動によってDNA断片を分離できることを思い出そう（2.1節）．DNA断片にタンパク質が結合しているとゲルの通過が妨げられるので，DNA-タンパク質複合体は原点により近い位置にバンドを形成する（図11.5）．これが**ゲルシフト法**（gel retardation analysis）である．実際の実験では，タンパク質結合部位を含むと想定される領域近傍の制限断片の混合物を用いる．制限断片を核タンパク質抽出物（真核生物を研究している場合）と混合し，電気泳動で得られたバンドパターンを，タンパク質と混合していない制限断片のパターンと比較して，泳動が遅れた断片を同定する．研究のこの段階ではDNA結合タンパク質は精製されていないのが普通なので，核抽出物を用いる．しかし，タンパク質が精製されているなら，それを用いて混合物の場合と同じように容易に実験を行うことができる．

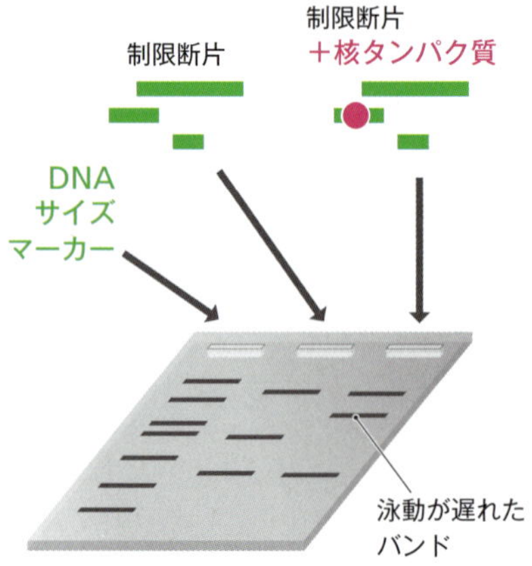

修飾保護アッセイにより結合部位を厳密に絞りこむ

　DNA配列中のタンパク質結合部位の概略の位置はゲルシフト法で決められるが，結合部位を厳密に絞りこむことはできない．結合部位の予想される長さは長くても数十bpであるのに対し，泳動が遅れた断片の長さは数百bpであることが多く，そのどこにタンパク質の結合部位があるかはわからない．また，泳動が遅れた断片が大きい場合には，いくつかのタンパク質に対する複数の結合部位を含んでいる可能性がある．逆に，泳動が遅れた断片が非常に小さい場合には，結合部位の一部が隣の断片にまたがっている可能性がある．この場合，隣の断片だけではタンパク質と安定な複合体を形成できず，その断片は遅延しない．したがって，ゲルシフト法は出発点にすぎず，さらに詳しい情報を得るためには別の手法が必要になる．

　修飾保護アッセイ（modification protection assay）を用いると，ゲルシフト法ではわからなかった部分が明らかになる．この手法は，DNA分子にタンパク質が結合していると塩基配列のその部分が保護されて修飾を受けないという現象にもとづいている．修飾を行う方法は2通りある．

- ヌクレアーゼで処理する方法．結合タンパク質で保護されている部分を除いたホスホジエステル結合をすべて切断する．

図11.5　ゲルシフト法　一群のDNA制限断片を核抽出物と混合すると，制限断片の1つにDNA結合タンパク質が結合する．DNA-タンパク質複合体は「裸の」DNA断片よりも分子質量が大きいため，ゲル電気泳動ではゆっくり移動する．その結果，この断片のバンドは泳動が遅れるので，核抽出物と混合していない制限断片のバンドパターンと比較することで同定できる．

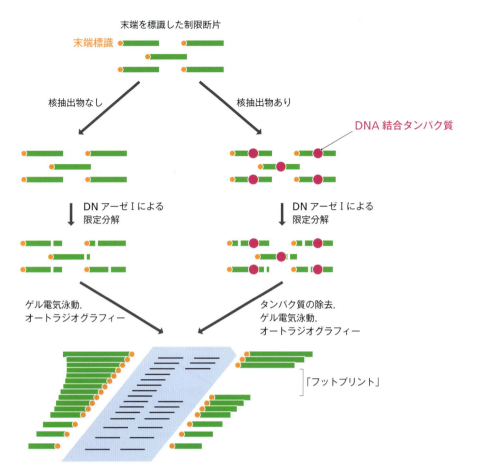

図 11.6　DN アーゼ I フットプリント法
結合タンパク質を含む試料と含まない試料を，各 DNA 断片が平均 1 カ所でのみ切断されるような限定条件下で DN アーゼ I 処理する。断片の集団としてみた場合には，結合タンパク質で保護されている部分を除きすべての結合が切断されることになる。結合タンパク質を除去し，両方の試料を電気泳動にかけてから標識断片を可視化すると，保護されていた部分が「フットプリント」として現れる。出発材料となる制限断片は一端のみを標識しておく。通常，長い制限断片を両端に標識を付加させる酵素で処理したのち，別の制限酵素で標識分子を切断し，生じた断片のうち片方を精製することで一端のみが標識された断片を得る。DN アーゼ I 処理をマンガン塩の存在下で行うことにより，この酵素は標的分子をランダムに二本鎖切断して平滑末端の断片を与える。この例では断片は放射性標識されており，電気泳動ゲルのバンドパターンはオートラジオグラフィーで可視化できる。

- 硫酸ジメチル（dimethyl sulfate：DMS）のようなメチル化剤で処理する方法。DMS はグアニンヌクレオチドにメチル基を付加するが，結合タンパク質で保護されているグアニンはメチル化されない。

どちらの方法も**フットプリント法**（footprinting）と呼ばれる実験方法を用いる。ヌクレアーゼフットプリント法では，調べたい DNA 断片の一端を標識し，結合タンパク質（核抽出物または精製タンパク質）と複合体を形成させてからデオキシリボヌクレアーゼ I（DN アーゼ I）で処理する。通常，DN アーゼ I は結合タンパク質で保護されている DNA 部分を残し，それ以外のホスホジエステル結合をすべて切断する。しかし，この方法はあまり有用ではない。というのは，このように短い断片の塩基配列を決定するのは難しいからである。図 11.6 に示す巧妙な方法を用いるほうが速い。ヌクレアーゼ処理は温度や酵素量を調節した限定条件下で行い，1 つの DNA 断片につき平均して 1 回しか「あたり」が出ないようにする。つまり，全長のうち 1 カ所でのみ切断されるように条件を調節する。各断片はそれぞれ 1 カ所でのみ切断されるが，断片の集団としてみた場合には，結合タンパク質で保護されている部分を除きすべての結合が切断されることになる。そしてタンパク質を除去し，反応液を電気泳動にかけてから標識断片を可視化する。各断片は，一方の端が標識されており，もう一方の端が切断部位になっている。結果として，1 ヌクレオチドずつ長さの異なる断片群に対応したはしご状のバンドが観察される。はしごの途中にはバンドのない空白領域が現れる。この空白領域が「フットプリント（足跡）」で，保護されていたホスホジエステル結合の位置，すなわち DNA 配列中のタンパク質結合部位に相当する。

もう 1 つの修飾保護アッセイでは，DN アーゼ I 消化の代わりに，各 DNA 断片あたり平均 1 つのグアニンがメチル化されるように調節した条件で DMS 処理を行う（図 11.7）。

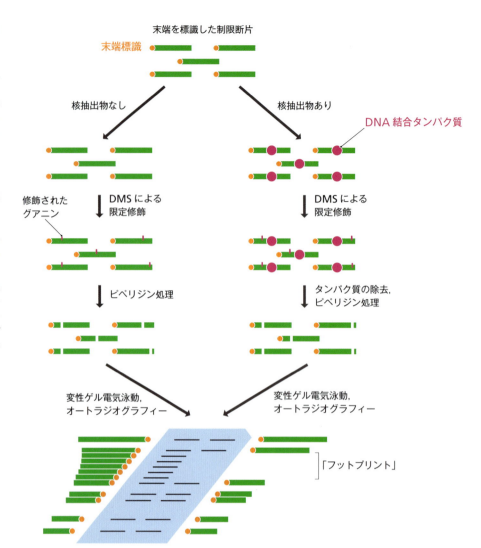

図11.7 硫酸ジメチル (DMS) 修飾保護アッセイ DNアーゼI フットプリント法と似た手法だが，DNアーゼI 消化の代わりに，各断片あたり平均1つのグアニンがメチル化されるように量を調節して DMS 処理を行う。結合タンパク質で保護されているグアニンは修飾されない。タンパク質を除去してからピペリジンで処理すると，修飾ヌクレオチドの位置でDNA が切断される。ここでは図を簡略化するためにDNA 分子が二本鎖切断されているように示してあるが，実際にはピペリジンは修飾されている DNA 鎖しか切断しないので，一本鎖にニック（切れ目）が入るだけである。そこで，二本鎖を解離させるために変性ゲル電気泳動を行う。得られたオートラジオグラムには，一方の端が標識されており，もう一方の端がピペリジン処理で生じた末端になっている，さまざまなサイズの一本鎖断片が現れる。対照のDNA 鎖（核抽出物と混合していないDNA）のバンドパターンは制限断片中の全グアニンの位置を示し，試料のバンドパターンに現れるフットプリントから，どのグアニンが保護されていたかがわかる。

結合タンパク質で保護されているグアニンは修飾されない。タンパク質を除去してからピペリジンで処理すると，修飾ヌクレオチドの位置で一本鎖切断が起こる。二本鎖DNAを一本鎖に解離させる尿素のような変性剤の存在下で電気泳動にかけると，一本鎖の一部は一方の端が標識されており，もう一方の端がピペリジン処理で生じた末端になっている。電気泳動後，対照のDNA鎖（核抽出物と混合していないDNA）は制限断片中の全グアニンの位置を示すバンドパターンを与える。試料のバンドパターンに現れるフットプリントから，どのグアニンが保護されていたかがわかる。

修飾干渉アッセイによりタンパク質が結合している中央のヌクレオチドを同定できる

修飾干渉アッセイ（modification interference assay）を修飾保護アッセイと混同してはならない。修飾干渉アッセイはタンパク質の結合を別の側面から研究するための手法であり，タンパク質が結合するのに必須の塩基が例えばメチル基の付加などによって変化してしまうと，結合が阻害されるという原理にもとづいている。この手法の一例を図11.8に示す。一端を標識したDNA断片を修飾試薬（この場合はDMS）によって限定条件下で処理すると，各DNA断片あたり平均1つのグアニンがメチル化される。そして，結合タンパク質あるいは核抽出物を加え，断片を電気泳動する。その結果，バンドは2つ現れる。1つはDNA-タンパク質複合体のバンドで，もう1つはタンパク質が結合していない

図 11.8 硫酸ジメチル（DMS）修飾干渉アッセイ DNA 断片中のグアニンを修飾する DMS 修飾保護アッセイと似た手法だが，結合タンパク質と混合する前に DMS 処理を行い，結合に対する修飾の影響を調べる。図 11.7 と同様に，図を簡略化するためにピペリジン処理で DNA 分子が二本鎖切断されているように示してあるが，実際にはピペリジンは修飾されている鎖のみ切断する。

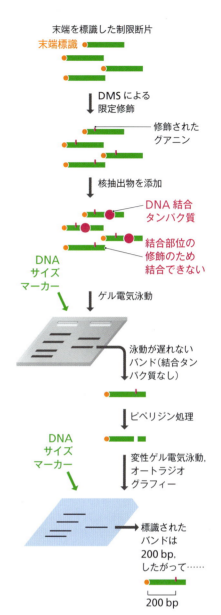

DNA を含むバンドである。後者は結合に不可欠な 1 つ以上のグアニンがメチル化処理によって修飾されたため，タンパク質の結合が阻害された DNA 分子を含んでいる。どのグアニンが修飾されているかを同定するために，断片をゲルから精製してピペリジンで処理すると，修飾ヌクレオチドの位置で一本鎖切断が起こる。修飾保護アッセイの場合と同じように，切断の結果は変性ゲル電気泳動によって可視化できる。標識された断片の長さからもとの断片中のどのグアニンがメチル化されたかがわかり，DNA 配列中においてタンパク質の結合に必要なグアニンの位置を決めることができる。結合にかかわるアデニン，シトシン，チミンも同様の手法で同定できる。

タンパク質結合部位のゲノムワイド解析

ゲルシフト法と修飾保護アッセイを用いて，遺伝子に隣接する領域にある DNA 結合タンパク質の結合部位のマッピングが，多数の生物種を対象に行われてきた。こうした研究の成果の 1 つとして，いくつかの重要な転写因子の結合部位にみられるコンセンサス配列（共通配列）が同定された。動物での例の 1 つとして，**サイクリック AMP 応答配列**（cyclic AMP response element：**CRE**）がある。この場合，コンセンサス配列は 5′-TGACGTCA-3′ で，**サイクリック AMP 応答配列結合タンパク質**（cyclic AMP response element-binding protein：**CREB**）の認識配列である。**サイクリック AMP**（cyclic AMP：**cAMP**）の濃度が高くなると，CREB は CRE に結合して隣接する遺伝子の転写を活性化させる。細胞内の cAMP 濃度は血糖値といった生理状態を制御するホルモンの存在によって影響を受ける。したがって CREB は，ホルモンによる細胞外シグナルを細胞内の遺伝子発現パターンに変換する経路において，最終的な役割を果たす分子といえる（図 11.9）。大部分の転写因子結合部位のコンセンサス配列は比較的厳密である（CRE のコンセンサス配列を，例えば 5.1 節で述べた下流側のエクソン−イントロン境界の塩基配列と比較してみてほしい）。それゆえ，ゲノム配列においてそのモチーフをただ網羅的に検索すれば，コンセンサス配列の位置を容易に決定できると思うかもしれない。しかし実際には，そのような方法は偽陽性の配列が同定される比率が高く，ゲノムアノテーション研究で通常は用いられていない。結合部位の標準的な特徴をすべてそなえている配列が，結合部位として働いていないこともある。また，配列としては正しいが，大部分の細胞でメチル化されていてタンパク質の結合が阻害されている場合もある。

配列の検索がたとえゲノム中のタンパク質結合部位を同定するうえで信頼できる方法であったとしても，それで得られるカタログは格別興味あるものではないだろう。われわれが本当に知りたいのは，特定の組織でどの部位にタンパク質が結合するのか，また分化や発生の過程で，結合パターンが外的刺激に応答してどのように変化するかということである。そうした情報は，ゲノム中の配列モチーフの単なるマッピングにとどまらず，異なる組織や違った生理条件下でゲノムがどのように発現するのかといった，より意義深いゲノムアノテーションを可能にする。

タンパク質が結合した部位をゲノムワイドに検出するための最も有用な方法は，**ChIP-seq 法**（chromatin immunoprecipitation sequencing）である。ChIP-seq 法の最初の段階では，細胞をホルムアルデヒドで処理して DNA−タンパク質間に架橋を形成させる。ホルムアルデヒドのこの使い方は 3C 法（chromosome conformation capture：10.1 節）の場合と似ている。DNA−タンパク質複合体を抽出し，超音波処理によって DNA を断片化

(A) ATPからcAMPへの変換

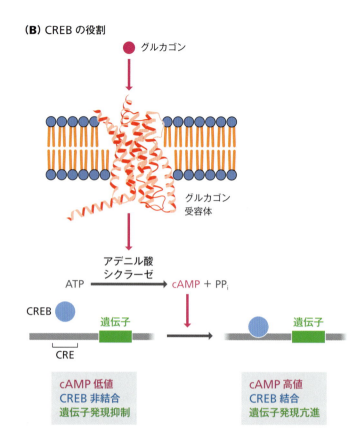

(B) CREBの役割

図11.9 サイクリックAMP応答配列結合タンパク質（CREB）の役割 （A）CREBは細胞内のサイクリックAMP（cAMP）濃度に応答する。細胞内のcAMP濃度はATPをcAMPに変換する酵素である**アデニル酸シクラーゼ**（adenylate cyclase）の活性に依存する。（B）CREBの役割。この例では、低血糖状態に応答してグルカゴンが膵臓から分泌されている。グルカゴン分子は細胞表面の受容体タンパク質に結合し、アデニル酸シクラーゼの活性化を刺激する。その結果、細胞内のcAMPの量が増加し、特定の遺伝子の上流にあるcAMP応答配列（CRE）に対するCREBの結合を促進する。この遺伝子の産物は血糖値を上昇させて正常な値に戻す働きがある。

させる（図11.10）。ゲノムに結合した転写因子などのタンパク質は架橋されているので、抽出や断片化の操作をしても解離することはない。次の段階では、目的の転写因子が結合したDNA断片を混合物から単離する。これは目的の転写因子に特異的な抗体を使って、DNA–タンパク質複合体を免疫沈降させることで可能である。ついで70℃に加熱してDNA–タンパク質の架橋を破壊し、遊離したDNA断片の塩基配列を次世代塩基配列決定

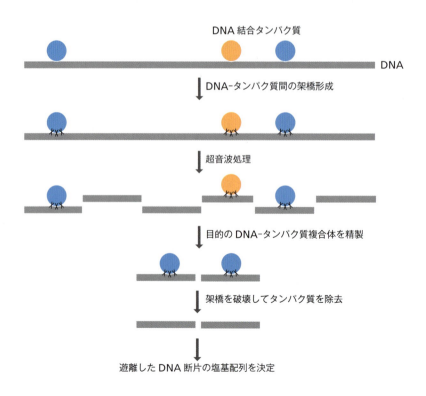

図11.10 ChIP-seq法

法で決定する．リードをゲノム配列上にマッピングすれば，もとの細胞で転写因子が結合していた部位が明らかになる．**ChIP-on-chip法**（または **ChIP-chip法**）と呼ばれる類似の手法も目的は同じであるが，塩基配列決定ではなくマイクロアレイを用いて，精製したDNA-タンパク質複合体から遊離したDNA断片を同定する．

11.2 DNA結合タンパク質に特有の特徴

数多くのDNA結合タンパク質やDNA-タンパク質複合体の構造が，X線結晶解析やNMR分光法によって決定されている．配列特異的なDNA結合タンパク質の構造を比較するとすぐにわかるように，そのファミリー全体はDNA分子と相互作用するタンパク質の部分構造にもとづいて，少数のグループに分類できる（表11.1）．こうしたタンパク質の部分構造，すなわち**DNA結合モチーフ**（DNA-binding motif）はさまざまなタンパク質に存在しており，いろいろな生物にわたってみられることが多い．したがって，その少なくとも一部は，おそらく複数回進化してきたと考えられる．ここでは2つのモチーフ，**ヘリックス・ターン・ヘリックスモチーフ**（helix-turn-helix motif）と**ジンクフィンガー**（zinc finger）について詳しくみていくことにし，他のものについては簡単に触れるにとどめる．

表11.1 DNA結合モチーフ

モチーフ	モチーフをもつタンパク質の例
配列特異的DNA結合モチーフ	
ヘリックス・ターン・ヘリックスファミリー	
基本的なヘリックス・ターン・ヘリックス	大腸菌のラクトースリプレッサー
ホメオドメイン	ショウジョウバエのアンテナペディアタンパク質
ペアードホメオドメイン	後生動物の転写因子 Pax
POUドメイン	後生動物の転写因子 PIT-1, OCT-1, OCT-2
ウィングドヘリックス・ターン・ヘリックス	哺乳類の転写因子 E2F
ジンクフィンガーファミリー	
Cys_2His_2型ジンクフィンガー	真核生物の転写因子 TFIIIA
GATAジンクフィンガー	真核生物の転写因子 GATAファミリー
トレブルクレフフィンガー	後生動物の核内受容体転写因子
その他のモチーフ	
塩基性ヘリックス・ループ・ヘリックス	真核生物の転写因子 MYC
リボン・ヘリックス・ヘリックス	細菌のリプレッサー MetJ, Arc, Mnt
HMGボックス	哺乳類の性決定タンパク質 SRY
TBPドメイン	真核生物の TATA結合タンパク質
βバレル二量体	パピローマウイルスの E2タンパク質
Rel相同ドメイン（RHD）	哺乳類の転写因子 NF-κB
配列非特異的DNA結合モチーフ	
ヒストンフォールド	真核細胞のヒストン
HU/IHFモチーフ*	細菌のタンパク質 HU と IHF
ポリメラーゼクレフト	DNAポリメラーゼと RNAポリメラーゼ

*HU/IHFモチーフは，細菌のHUタンパク質（8.1節）にみられる配列非特異的DNA結合モチーフであるが，組込み宿主因子（integration host factor：IHF）タンパク質では配列特異的DNA結合モチーフとして働く．

ヘリックス・ターン・ヘリックスモチーフは原核生物と真核生物のタンパク質にみられる

ヘリックス・ターン・ヘリックスモチーフはDNAに結合する構造として同定された最初のものである。その名称からわかるように、このモチーフは1つのターンで隔てられた2本のヘリックスから構成されている（図11.11）。ここでいうターンとはランダムな構造ではなく、βターン（β-turn）と呼ばれる特定の構造を指し、4つのアミノ酸からなり、2番目は通常グリシンである。このターンと1番目のαヘリックスにより、2番目のαヘリックスはタンパク質表面でDNA分子の主溝内部に適合するような向きに固定される。この2番目のαヘリックスは認識ヘリックス（recognition helix）と呼ばれ、DNAと接触してDNA配列を読みとることができる。ヘリックス・ターン・ヘリックス構造は通常20残基程度のアミノ酸からなり、タンパク質全体のほんの一部分にすぎない。タンパク質の別の部分がDNA分子の表面と接触し、認識ヘリックスが主溝内部で正しい位置をとるように助けることもある。

原核生物と真核生物のDNA結合タンパク質はヘリックス・ターン・ヘリックスモチーフを利用しているものが多い。細菌では、最もよく研究されている調節タンパク質のいくつかにヘリックス・ターン・ヘリックスモチーフがあり、個々の遺伝子発現のスイッチをオンにしたりオフにしたりしている。その一例は、大腸菌（*Escherichia coli*）のラクトースオペロンの発現を調節する**ラクトースリプレッサー**（lactose repressor）である（12.2節）。さまざまな真核生物のヘリックス・ターン・ヘリックスタンパク質の中にも、**ホメオドメイン**（homeodomain）タンパク質のように、そのDNAとの結合が発生段階におけるゲノム発現の調節に重要な役割を果たしているものが多い。これらの役割については14.3節で触れることにする。ホメオドメインはヘリックス・ターン・ヘリックスモチーフが拡張されたもので、60残基ほどのアミノ酸からなる。これらのアミノ酸は4本のαヘリックスを形成しており、2番目と3番目のヘリックスの間にβターンがあり、3番目のヘリックスが認識ヘリックスとして働き、1番目のヘリックスは構造の安定化に寄与している（図11.12）。

真核生物にみられるヘリックス・ターン・ヘリックスモチーフには次のようなものもある。

- **POUドメイン**（POU domain）は、通常、ホメオドメインをもつタンパク質にみられる。これら2つのモチーフは二重らせんの別々の領域に結合することによって、一緒に作用するものと考えられる。"POU"という名称は、このモチーフをもつことが最初に発見された3つのタンパク質の頭文字に由来している。

- **ウィングドヘリックス・ターン・ヘリックスモチーフ**（winged helix-turn-helix motif）は、基本的なヘリックス・ターン・ヘリックス構造が拡張されたタイプの1つで、ヘリックス・ターン・ヘリックスモチーフの一方の側に3番目のαヘリックスがあり、もう一方の側にβシートがある。

原核生物と真核生物の多くのタンパク質にヘリックス・ターン・ヘリックスモチーフがみられるが、認識ヘリックスと主溝との相互作用の詳細はすべての場合でまったく同じというわけではない。認識ヘリックスの長さはさまざまで、一般に真核生物のタンパク質では長い。主溝でのヘリックスの配向は必ずしも同じではなく、ヌクレオチドと接触するアミノ酸の認識ヘリックス内での位置にも違いがある。

ジンクフィンガーは真核生物のタンパク質によくみられる

これから詳しくみていくDNA結合モチーフの第2のタイプはジンクフィンガーであり、

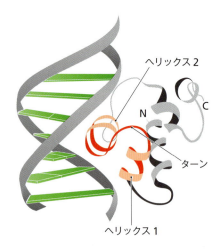

図11.11 ヘリックス・ターン・ヘリックスモチーフ DNA結合タンパク質のヘリックス・ターン・ヘリックスモチーフ（赤色）が、DNA二重らせんの主溝内部に配向している様子を示している。NとCはそれぞれモチーフのN末端とC末端。

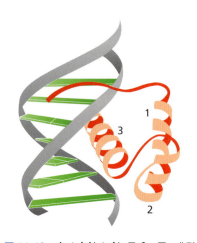

図11.12 ホメオドメインモチーフ 典型的なホメオドメインの最初の3本のヘリックスを示している。1番目から3番目までのヘリックスはモチーフに沿って順にN→C方向に並んでおり、3番目のヘリックスが主溝内部に配向している。

原核生物ではまれであるが，真核生物のタンパク質には非常によくみられる構造である。線虫（*Caenorhabditis elegans*）には 350 種類以上のジンクフィンガータンパク質がみられ，また，哺乳類の遺伝子の 10％以上がジンクフィンガータンパク質をコードしている（表 7.5 参照）。

ジンクフィンガーは少なくとも 6 種類ある。最初に詳しく研究されたのは **Cys$_2$His$_2$ 型ジンクフィンガー**（Cys$_2$His$_2$ zinc finger）で，2 つのシステインと 2 つのヒスチジンを含む 12 残基ほどのアミノ酸からなり，β シートと 1 本の α ヘリックスで構成されている。これらの 2 つの構造はタンパク質の表面から突き出た指の形をしており，それらの間で亜鉛原子が 2 つのシステインおよび 2 つのヒスチジンと配位結合している（図 11.13）。DNA 分子の主溝内部と接触する重要な部分が α ヘリックスで，その位置は β シートと亜鉛原子によって決まる。β シートは DNA の糖-リン酸骨格と相互作用し，亜鉛原子は β シートと α ヘリックスの相対的な位置関係を適切に保っている。したがって，Cys$_2$His$_2$ 型ジンクフィンガーの α ヘリックスは認識ヘリックスであり，ヘリックス・ターン・ヘリックス構造の 2 番目のヘリックスに類似している。別のタイプのジンクフィンガーではフィンガーの構造が異なり，あるものは β シートを含まず 1 本ないしそれ以上の α ヘリックスのみからなる。また，亜鉛原子を保持している構造の細部も異なっている。例えば，**マルチシステイン型ジンクフィンガー**（multicysteine zinc finger）はヒスチジンを欠いており，亜鉛原子は 4 つのシステインと配位結合している。GATA ファミリーの転写因子にみられる **GATA ジンクフィンガー**（GATA zinc finger）は，マルチシステイン型ジンクフィンガーの一種である。

ジンクフィンガーの興味深い特徴は，1 つのタンパク質内に複数のフィンガーがときおりみられることである。2 つ，3 つ，あるいは 4 つのフィンガーをもつタンパク質や，それよりずっと多くのフィンガーをもつものもある（ヒキガエルのタンパク質には 37 個ものフィンガーをもつものがある）。多くの場合，個々のジンクフィンガーは独立に DNA 分子と接触していると考えられているが，それぞれのフィンガーが複雑に関係し合う場合もある。転写因子の特定のグループである核内受容体ファミリーの DNA 結合ドメインでは，6 つのシステインを含む 2 本の α ヘリックスが合わさって 2 つの亜鉛原子に配位している。標準的なジンクフィンガーよりも大きなこの構造は，**トレブルクレフフィンガー**（treble clef finger；トレブルクレフとはト音記号〔高音部記号〕のこと）と呼ばれる（図 11.14）。このモチーフでは，α ヘリックスのうち 1 本が主溝に入り，もう 1 本が別のタンパク質と接触するようである。

その他の核酸結合モチーフ

これ以外にもさまざまな DNA 結合モチーフが，さまざまなタンパク質中にみいだされている。

- **塩基性ヘリックス・ループ・ヘリックスモチーフ**（basic helix-loop-helix motif）は，ヘリックス・ターン・ヘリックスファミリーとは区別されており，真核生物のさまざまな転写因子にみられる。1 番目の α ヘリックスは塩基性アミノ酸（アルギニン，ヒスチジン，リシンなど）を高い頻度で含む領域をもち，DNA の主溝に結合する（図 11.15）。ヘリックス・ループ・ヘリックス構造の残りの部分は，転写因子の二量体化を促進する。活性な転写因子は二量体であり，2 つのサブユニットが同じ場合をホモ二量体（homodimer），異なる場合をヘテロ二量体（heterodimer）という。
- **リボン・ヘリックス・ヘリックスモチーフ**（ribbon-helix-helix motif）は，認識構造として α ヘリックスを使わずに配列特異的に DNA に結合する，数少ないモチーフの 1 つである。α ヘリックスの代わりにリボン（β シートの 2 本のストランド）

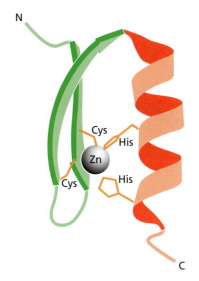

図 11.13 Cys$_2$His$_2$ 型ジンクフィンガー このジンクフィンガーは酵母の SWI5 タンパク質にみられるものである。亜鉛（Zn）原子は，モチーフの β シートの 2 つのシステインと α ヘリックスの 2 つのヒスチジンの間にある。橙色の線はこれらのアミノ酸の側鎖を表している。

図 11.14 トレブルクレフフィンガー 橙色で示した 4 つのシステインと配位結合している各亜鉛（Zn）原子を示している。

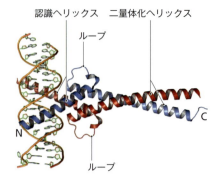

図 11.15 塩基性ヘリックス・ループ・ヘリックスモチーフ 2つの塩基性ヘリックス・ループ・ヘリックスサブユニットからなる二量体を示している。2つのサブユニットは二量化ヘリックスの相互作用で結びつけられている。

が主溝に接触する（図 11.16）。リボン・ヘリックス・ヘリックスモチーフは，細菌のいくつかの遺伝子調節タンパク質にみられる。

- **HMG ボックス**（HMG〔high mobility group〕box）は，およそ75残基のアミノ酸からなり，L字型の形状を作る3本のαヘリックスで構成されている。HMGタンパク質群は，本来電気泳動時の性質にもとづいてひとまとめに分類された，多様なクロマチンタンパク質の大きなグループである。このタンパク質群には，HMGボックスを典型的には1つもつ配列特異的転写因子がいくつか含まれるが，配列特異性をもたない DNA 結合タンパク質も含まれている。そのような配列非特異的 DNA 結合タンパク質も通常1つ以上の HMG ボックスをもっており，DNA の複製や修復の過程に関与している。変異原の作用でヌクレオチドが化学修飾を受けた DNA 分子には変形が生じるが，これらのタンパク質はその領域を認識する（16.2節）。

RNA 結合タンパク質もまた RNA 分子との結合にかかわる特異的モチーフをもっているが，その多くは配列非特異的に働く。最も重要なものとして，次のものがあげられる。

- **RNA 認識ドメイン**（RNA recognition domain）は，4本のβストランドと2本のαヘリックスで構成され，それらが β-α-β-β-α-β の順に並んでいる。中央にある2本のβストランドが一本鎖 RNA 分子に結合する。RNA 認識ドメインは最もよくみられる RNA 結合モチーフであり，250種類以上のタンパク質にみつかっている。一本鎖 DNA に結合する少数のタンパク質にも類似のドメインがみられる。

- **二本鎖 RNA 結合ドメイン**（double-stranded RNA binding domain：dsRBD）は RNA 認識ドメインと似ているが，α-β-β-β-α の構造をとっている。構造の端にある α ヘリックスと β ストランドの間に RNA 結合能がある。名称からわかるように，このモチーフは二本鎖 RNA に結合するタンパク質にみられる。

- **KH ドメイン**（KH〔K homology〕domain）は β-α-α-β-β-α の構造をとり，対をなす2本のαヘリックスの間に結合能がある。KH ドメインには2つのグループがある。一方のグループでは3本のβストランドが逆平行βシートを形成しており，他方のグループではβストランドのうち2本が平行βシートを形成している。前者は主として真核生物のタンパク質にみられ，後者はおもに原核生物にみられる。KH ドメインはいくつかの一本鎖 DNA 結合タンパク質にもみられる。

この他，タンパク質の中には DNA 結合ホメオドメインが RNA 結合活性ももっている

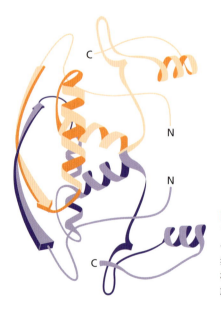

図 11.16 リボン・ヘリックス・ヘリックスモチーフ 大腸菌の MetJ リプレッサーにみられるリボン・ヘリックス・ヘリックスモチーフを示している。橙色と紫色で示した2つの同じサブユニットの二量体である。構造の左側にあるβストランドが二重らせんの主溝に接触する。

ものがある。例えば，あるリボソームタンパク質は，ホメオドメインと類似の構造を介してrRNAに結合する。また，キイロショウジョウバエ（*Drosophila melanogaster*）のビコイド（14.3節）のような一部のホメオドメインタンパク質は，DNAとRNAの両方に結合することができる。

11.3 DNAとDNA結合タンパク質の相互作用

近年，ゲノムとDNA結合タンパク質の相互作用についての理解が変わりはじめている。特異的な塩基配列を結合部位として認識するタンパク質が，二重らせんの周囲を走る主溝と副溝（図1.9参照）の内部に露出している塩基の化学基に接触して，その結合部位を認識しているという理解は，周知の事実として受け入れられてきた。これは**直接認識**（direct readout）と呼ばれ，現在でもなお，DNA結合タンパク質と結合部位の間の相互作用として支配的なものと考えられている。しかし近年では，個々の塩基配列が二重らせんのそれぞれの場所の立体構造に微妙な影響を及ぼし，直接認識を助けていることがわかりはじめている。こうした立体構造の微妙な変化を介して，DNA配列は間接的にもタンパク質の結合に影響を与えうるのである。

塩基配列の直接認識

WatsonとCrickが提唱した二重らせん構造（図1.9参照）からわかるように，ヌクレオチド中の塩基はDNA分子の内側にあっても完全に埋もれてしまっているわけではなく，プリン塩基やピリミジン塩基の化学基のいくつかには，らせんの外側から接触することができる。したがって，塩基配列の直接認識は，塩基対を破壊して二重らせんをほどかなくても行えるはずである。

結合タンパク質が塩基の化学基と化学結合を形成するためには，タンパク質はらせん周囲を走る2種類の溝の一方もしくは両方の内部に接触しなければならない。B型DNAの場合，主溝内部に露出している部分の塩基が何であるか，どちらを向いているかが，ほとんどの塩基配列について明確に読みとれる。しかし副溝内部での読みとりはやや不明確になる（図11.17）。そのため，B型DNAの直接認識は，おもに主溝内部での接触を通じて行われる。その他の型のDNAでは，結合タンパク質とDNAの接触についての情報はずっと少ないが，B型DNAとの接触のしかたとはかなり異なるようである。例えばA型DNAでは主溝は深くて狭く（図1.11参照），タンパク質分子のどの部分もB型DNAほど簡単には侵入できそうにない。そのため，より浅い副溝のほうが直接認識に重要な役割を果たしている可能性が高い。Z型DNAには主溝は事実上存在しないが，らせんの表面からの直接認識がある程度までは可能である。

塩基配列はらせん構造にさまざまな間接的影響を及ぼす

当初，細胞内のDNA分子の構造は比較的均一で，おもにB型の二重らせんであると考えられていた。短い断片の中にはA型のものも存在する可能性があり，また，特に分子の末端付近にはZ型DNA領域もあるかもしれないが，二重らせんの大部分の領域はおおむねB型DNAに違いないと考えられてきた。しかし現在では，DNAの構造ははるかに多様であり，A型，B型，Z型やその中間形態の構造が1つのDNA分子内に共存可能であり，場所によって構造が異なることがわかっている。さらに，B型DNAの領域であっても，主溝や副溝の形態が通常とは異なる場合もある。こうした構造の多様性は塩基配列に依存しており，その原因の1つは隣接する塩基間に生じる塩基スタッキング（base stacking；塩基の積み重なり）相互作用である。塩基スタッキングは塩基対と同様，らせ

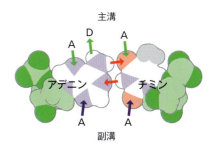

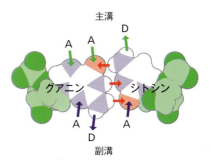

図11.17　直接認識による塩基対の認識
A–T塩基対とG–C塩基対を空間充填モデルで示している。糖–リン酸部分は緑色，窒素原子は紫色，酸素原子は赤色，チミンのメチル基は灰色で表示してある。赤色の矢印は塩基間の水素結合，緑色の矢印は主溝内部の水素結合アクセプター（Aの矢印）と水素結合ドナー（Dの矢印），青色の矢印は副溝内部のそれらを示す。主溝内部では，水素結合ドナーとアクセプターの配置，さらにメチル基のふくらみの有無から，2つの塩基対を区別することができる。一方，副溝内部では，水素結合アクセプターの配置が両方の塩基対で類似しており，区別に役立つ特徴はグアニンのアミノ基に由来する水素結合ドナーしかない。したがって，副溝で2つの塩基対を区別するのは主溝の場合よりも難しい。大部分の配列特異的DNA結合タンパク質で，認識構造が副溝ではなく主溝と接触するのはこのためである。

んの安定性に寄与しているばかりでなく，個々のヌクレオチド内の共有結合の周囲に起こる回転の程度にも影響を及ぼし，これにより特定の位置でのらせんの立体構造が決まるのである．ある塩基対の回転可能な範囲は，塩基スタッキング相互作用を介して，隣接する塩基対が何であるかによって影響を受ける．これは，らせんの全体的な立体構造に塩基配列が間接的な影響を及ぼすことを意味しており，おそらく構造そのものが情報となって，結合タンパク質がDNA分子上の適切な結合部位を認識するのを助けているのだろう．非典型的なB型らせんを特異的に認識するタンパク質はみつかっていないので，現段階では，これは単に理論的な可能性にとどまる．しかし，らせんの立体構造が，DNAとタンパク質の相互作用に何らかの役割を果たしているのではないかと考えている研究者は多い．

もう1つの立体構造変化は**DNAの屈曲**（DNA bending）である．これはDNAに元来そなわっている柔軟性（環状にも超らせんにもなる）を指しているのではなく，塩基配列が引き起こすDNAの局所的な屈曲のことをいう．他のさまざまな立体構造変化がそうであるように，DNAの屈曲も塩基配列に依存している．DNA分子中のポリヌクレオチド鎖がアデニンの反復配列（3～5つのアデニンからなる）を2つ以上含み，その間が10または11ヌクレオチド隔たっていると，アデニンに富む領域の3′末端側で折れ曲がる．DNA結合タンパク質が結合してから二重らせん構造に屈曲やねじれが誘起される例はいくつか知られているが，らせんの立体構造でもそうであったように，DNAの屈曲がタンパク質の結合にどの程度まで影響するのかはわかっていない．

DNAとタンパク質の接触

DNAと結合タンパク質の接触は共有結合ではない．主溝内部では，タンパク質の認識構造中のアミノ酸側鎖と塩基との間に水素結合が形成される．一方，副溝では疎水性相互作用がより重要である．DNAらせんの表面では水素結合もいくらか生じるが，おもな相互作用は，各ヌクレオチドのリン酸基の負電荷とリシンやアルギニンのようなアミノ酸の側鎖の正電荷との間に生じる静電的なものである．らせん表面や主溝内部で生じる水素結合は，DNAとタンパク質の間に直接形成される場合もあれば，水分子が結合を媒介する場合もある．これらの機構のほとんどは一般化できない．このレベルのDNA–タンパク質相互作用では，それぞれの場合に固有の特徴があり，結合の詳細についてはほかのタンパク質との比較からではなく，構造研究により明らかにしなければならない．

特異的な塩基配列を認識するタンパク質のほとんどは，DNA分子の別の部分にも非特異的に結合する．実際，細胞内のDNA量は非常に多く，そして結合タンパク質の量は非常に少ないため，タンパク質は多くの時間，DNAに非特異的に結合していることが示されている．非特異的な結合と特異的な結合が異なるのは，後者のほうが熱力学的に安定だという点である．そのため，非特異的に結合できる部位が何百万も存在したとしても，タンパク質は特異的部位に結合できる．この熱力学的安定性を達成するためには，できる限り多くのDNA–タンパク質相互作用が特異的な結合に関与する必要がある．多くのDNA結合モチーフの認識構造が，らせんの主溝にぴったりと適合するように進化してきた理由は，このことから部分的に説明できる（DNA–タンパク質相互作用の数は主溝内部において最大である）．また，なぜ一部のDNA–タンパク質相互作用がDNAやタンパク質の構造変化を引き起こし，相互作用している表面の適合性をさらに上げて，より多くの結合が形成されるようにするのか，ということも説明できる．

特異性を確実にするためには相互作用の数を最大にする必要がある．これは多くのDNA結合タンパク質が，2つのタンパク質が結合してできた二量体として存在する理由の1つでもある．実際，ヘリックス・ターン・ヘリックスタンパク質の大半とジンクフィンガータンパク質の多くは二量体として働く．二量体化すれば，2つのタンパク質の

DNA結合モチーフが両方ともらせんに接触できる。両者はおそらくある程度まで協調し合うので，結果的に相互作用の数は単量体の場合の2倍以上となる。多くのタンパク質はDNA結合モチーフだけでなく，二量体化を引き起こす特徴的なドメインを別にもっており，それがタンパク質どうしの接触にかかわっている。その1つの例として**ロイシンジッパー**（leucine zipper）がある。ロイシンジッパーは，通常よりもずっときつく巻かれたαヘリックスで，表面の片側にロイシンが連なって存在している。これが別のタンパク質のロイシンジッパーと接触して二量体を形成する（図11.18）。上述したように，塩基性ヘリックス・ループ・ヘリックスモチーフも，タンパク質どうしの接触を介してホモ二量体やヘテロ二量体の形成を促進することができる。

　DNA結合モチーフの認識ヘリックスの構造を解明することで，タンパク質の標的部位の配列を予測してDNAに対する結合の特異性を十分詳細に理解できるかどうかは，興味深い問題である。現在のところこの目標はほとんど達成されていないが，ある種のジンクフィンガーに関連した相互作用については，いくつかの規則がみいだされている。これらのタンパク質では，4つのアミノ酸（3つは認識ヘリックスに存在し，1つはそのすぐ隣）が標的部位の塩基と重要な結合を形成する。さまざまなジンクフィンガーの認識ヘリックス中のアミノ酸配列を結合部位の塩基配列と比較することで，相互作用を支配している一連の規則をみいだすことが可能となってきている。新規のジンクフィンガーの認識ヘリックスのアミノ酸がわかれば，いくらかあいまいさが残る可能性はあるにしても，これらの規則からそのタンパク質の塩基配列特異性を予測することができる。

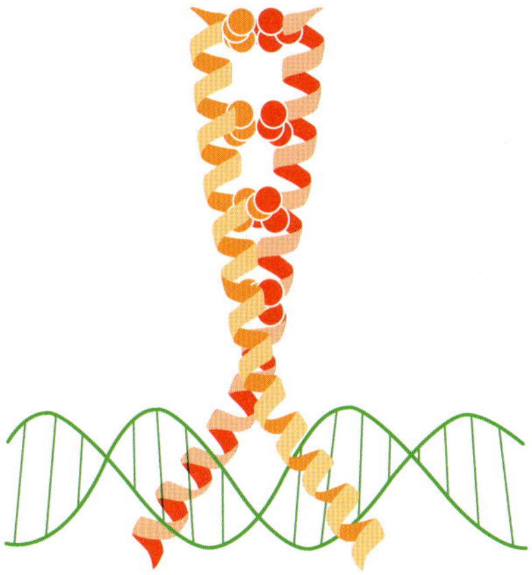

図 11.18　ロイシンジッパー　これは bZIP 型ロイシンジッパーである。赤色と橙色で示した構造は，それぞれ別のポリペプチド鎖の一部である。球はロイシンの側鎖を表している。2本のヘリックスのロイシンは疎水性相互作用で互いに結合し，2本のポリペプチド鎖を二量体タンパク質として結びつけている。bZIP 構造では，二量体化ヘリックスはのびて塩基性ドメイン DNA 結合モチーフを形成する。これは塩基性アミノ酸に富むαヘリックスであり，塩基性ヘリックス・ループ・ヘリックスモチーフに似ている。この図の塩基性ドメインヘリックスは，DNA の主溝と接触している。

まとめ

- ゲノム発現をはじめとするゲノム機能の主役は，ゲノムに結合してその生化学的機能を遂行するDNA結合タンパク質である。
- DNA結合タンパク質の構造はX線結晶解析と核磁気共鳴分光法によって研究されてきた。
- DNA分子上のDNA結合タンパク質の結合部位はゲルシフト法で決定でき，さらに詳しい情報は修飾アッセイによって得ることができる。タンパク質の結合部位をゲノムワイドに検出するためにはChIP-seq法を利用できる。
- 二重らせんと相互作用する特別なドメインを介して，DNA結合タンパク質は特異的なDNA配列に結合できる。
- ヘリックス・ターン・ヘリックスモチーフは，原核生物と真核生物のDNA結合タンパク質によくみられるドメインである。
- ジンクフィンガーは真核生物によくみられるDNA結合ドメインである。
- RNA配列と特異的に結合するドメインをもつRNA結合タンパク質も存在する。
- ある種のタンパク質はDNA配列の直接認識によって結合部位を認識する。直接認識はタンパク質が二重らせんの主溝内部に接触することで可能となる。主溝内部では，プリン塩基やピリミジン塩基についている化学基の位置によってヌクレオチドの種類が識別される。
- アデニンに富む配列に生じるDNAの屈曲など，塩基配列がらせんの立体構造に及ぼすさまざまな間接的効果により，直接認識は影響を受ける。
- 多くのDNA結合タンパク質が二量体として働き，らせん上の2カ所に同時に接触する。ロイシンジッパーのようなタンパク質表面の特別な構造が二量体化を促進する。

章末問題

短答式問題

1. タンパク質の構造を研究するために，X線結晶解析がどのように使用されるのか述べよ。
2. タンパク質の構造を研究する手段として核磁気共鳴分光法がもつ長所と短所を要約せよ。
3. DNA分子中のタンパク質結合部位を同定するために，ゲルシフト法がどのように使用されるのか説明せよ。
4. タンパク質がDNA分子に結合する部位を明らかにするために，修飾アッセイはどのように使用されるか？
5. 特定のDNA結合タンパク質の結合部位の位置をゲノムワイドに明らかにする目的で利用可能な手法を述べよ。
6. 原核生物や真核生物のDNA結合タンパク質にみられる，いくつかのタイプのヘリックス・ターン・ヘリックスモチーフについて述べよ。
7. Cys_2His_2型ジンクフィンガーの一般的特徴はどのようなものか？ また，このモチーフはどのようにDNAに結合するのか？
8. RNA結合ドメインの3つの例を述べよ。
9. 二重らせんの2本のポリヌクレオチド鎖をほどかずに，なぜ塩基配列の直接認識が可能なのか説明せよ。
10. 塩基配列が二重らせんの構造に及ぼす間接的効果とはどのようなものか？ また，これらの効果はDNA結合タンパク質の結合にどのような影響を与えるか？
11. 屈曲が生じるDNA領域の特徴について述べよ。
12. ロイシンジッパーとは何か？

論述式問題

1. DNAは結晶を形成しないが，二重らせん構造の発見に至った研究ではX線回折による解析が非常に重要な役割を果たした。X線回折による解析がどのように利用されたか述べよ。
2. 核磁気共鳴分光法の分解能は磁場の強さに比例する。このことが過去20年間にわたる核磁気共鳴分光法の進歩に与えた影響を調べ，将来に向けたこの手法の可能性について予測せよ。
3. DNA分子中のタンパク質結合部位をゲノムワイドに検出するために，DNAチップやマイクロアレイがどのように使用されるか述べよ。
4. DNA結合モチーフにはなぜこれほど多くの種類があるのか？
5. 1つ以上のジンクフィンガーを含むタンパク質の結合部位の塩基配列を明らかにする目的で，そのジンクフィンガーのアミノ酸配列を利用することはどの程度まで可能か？

推薦図書と参考文献

X線結晶解析とNMR分光法

Cavanagh, J., Fairbrother, W.J., Palmer, A.G. , et al. (2006) *Protein NMR Spectroscopy: Principles and Practice,* 2nd ed. Academic Press, London.

Garman, E.F. (2014) Developments in X-ray crystallographic structure determination of biological macromolecules. *Science* 343:1102–1108.

タンパク質結合部位を同定するための手法

Galas, D. and Schmitz, A. (1978) DNAase footprinting: a simple method for the detection of protein–DNA binding specificity. *Nucleic Acids Res.* 5:3157–3170.

Garner, M.M. and Revzin, A. (1981) A gel electrophoresis method for quantifying the binding of proteins to specific DNA regions: application to components of the *Escherichia coli* lactose operon regulatory system. *Nucleic Acids Res.* 9:3047–3060. ゲルシフト法。

Mundade, R., Ozer, H.G., Wei, H., et al. (2014) Role of ChIP-seq in the discovery of transcription factor binding sites, differential gene regulation mechanism, epigenetic marks and beyond. *Cell Cycle* 13:2847–2852.

Park, P.J. (2009) ChIP-seq: advantages and challenges of a maturing technology. *Nat. Rev. Genet.* 10:669–680.

DNA結合モチーフとRNA結合モチーフ

Fierro-Monti, I. and Mathews, M.B. (2000) Proteins binding to duplexed RNA: one motif, multiple functions. *Trends Biochem. Sci.* 25:241–246.

Gangloff, Y.G., Romier, C., Thuault, S., et al. (2001) The histone fold is a key structural motif of transcription factor TFIID. *Trends Biochem. Sci.* 26:250–257.

Harrison, S.C. and Aggarwal, A.K. (1990) DNA recognition by proteins with the helix–turn–helix motif. *Annu. Rev. Biochem.* 59:933–969.

Herr, W., Sturm, R.A., Clerc, R.G., et al. (1988) The POU domain: a large conserved region in the mammalian *pit-1, oct-1, oct-2,* and *Caenorhabditis elegans unc-86* gene products. *Genes Dev.* 2:1513–1516.

Mackay, J.P. and Crossley, M. (1998) Zinc fingers are sticking together. *Trends Biochem. Sci.* 23:1–4.

Malhotra, S. and Sowdhamini, R. (2015) Collation and analyses of DNA-binding protein domain families from sequence and structural databanks. *Mol. Biosyst.* 11:1110–1118.

Najafabadi, H.S., Mnaimneh, S., Schmitges, F.W., et al. (2015). C2H2 zinc finger proteins greatly expand the human regulatory lexicon. *Nat. Biotechnol.* 33:555–562.

Schreiter, E.R. and Drennan, C.L. (2007) Ribbon–helix–helix transcription factors: variations on a theme. *Nat. Rev. Microbiol.* 5:710–720.

Stros, M., Launholt, D. and Grasser, K.D. (2007) The HMG-box: a versatile protein domain occurring in a wide variety of DNA-binding proteins. *Cell. Mol. Life Sci.* 64:2590–2606.

Valverde, R., Edwards, L. and Regan, L. (2008) Structure and function of KH domains. *FEBS J.* 275:2712–2726.

DNAとDNA結合タンパク質の相互作用

Halford, S.E. and Marko, J.F. (2004) How do site-specific DNA-binding proteins find their targets? *Nucleic Acids Res.* 32:3040–3052.

Kielkopf, C.L., White, S., Szewczyk, J.W., et al. (1998) A structural basis for recognition of A·T and T·A base pairs in the minor groove of B-DNA. *Science* 282:111–115.

Rohs, R., Jin, X., West, S.M., et al. (2010) Origins of specificity in protein–DNA recognition. *Annu. Rev. Biochem.* 79:233–269.

Stormo, G.D. and Fields, D.S. (1998) Specificity, free energy and information content in protein–DNA interactions. *Trends Biochem. Sci.* 23:109–113.

トランスクリプトーム

12章

トランスクリプトーム（transcriptome）とは細胞内に存在するRNA分子の完全な集団を指し，活性化された遺伝子から転写されたRNAや，転写後分解されずに残ったRNAからなる。以前はタンパク質をコードするメッセンジャーRNA（mRNA）の総体をトランスクリプトームと定義していたが，近年，さまざまな細胞機能における非コードRNAの重要性が示され，細胞内の全RNAの総体を意味する言葉として使用されるようになった。

この章では，まず原核生物と真核生物のトランスクリプトームを構成するRNAについて述べた後，個々のトランスクリプトームに含まれるRNAを同定する手法を紹介する。この手法はアノテーションプロジェクトにおけるゲノム上へのRNAのマッピング（5.3節）と同じであるため，この章ではトランスクリプトーム解析に関連した手法についてのみ説明する。次に，細胞内のトランスクリプトームがどのようにして維持され，また環境や生理条件に応答して変化するかを理解するため，RNAの合成，分解，プロセシングの仕組みとそれらを制御する機構について述べる。最後に，がん研究や植物の環境ストレスに対する応答機構の研究におけるトランスクリプトーム解析の貢献について紹介する。

- 12.1 トランスクリプトームの構成分子
- 12.2 トランスクリプトームの構成分子の合成
- 12.3 トランスクリプトームの構成分子の分解
- 12.4 トランスクリプトームの構成へのRNAプロセシングの影響
- 12.5 トランスクリプトーム解析

12.1 トランスクリプトームの構成分子

多くの原核生物と真核生物において，mRNAは細胞内に存在する全RNAの5%に満たない。トランスクリプトームの大部分は非コードRNAによって占められ，それらはタンパク質をコードしていないが，機能をもつRNAとして重要な役割を担っている（1.2節）。1950年代以降，非コードRNAとしては，リボソームを構成するリボソームRNA（rRNA）と，アミノ酸をリボソームに運び，mRNA上の塩基配列に指定された順にアミノ酸がつなげられるようにする（翻訳という）転移RNA（tRNA）の2種類が知られていた（13.3節）。

rRNAやtRNAのほかにも，多くの生物はさまざまな非コードRNAを細胞内にそなえており，それらの中にはごく最近同定され，依然として機能が明らかでないものもある。真核生物の非コードRNAは，長さにもとづいて2つのグループに分けることができる。200塩基長を基準とし，それよりも短いRNAを短鎖非コードRNA（short noncoding RNA：sncRNA），長いRNAを長鎖非コードRNA（long noncoding RNA：lncRNA）と呼ぶ。原核生物ではrRNAを除くすべての非コードRNAが200塩基よりも短いため，この分類は適用されない。

mRNAはトランスクリプトームのごく一部分だが複雑である

トランスクリプトームに占めるmRNAの割合は5%以下であるにもかかわらず，それらは多様な遺伝子から発現した転写産物からなるため複雑である。例えば，ヒトのトランスクリプトーム解析は，1つの組織につき1万〜1万5,000の遺伝子が発現していることを明らかにしており，数の点においては小脳と精巣が最も複雑で，骨格筋と肝臓は単純で

図 12.1　1つの遺伝子から何種類もの mRNA が合成されうる　4つのエクソンと，選択的転写開始点および選択的転写終結点を3つずつもつ遺伝子を例にあげ，この遺伝子から合成されうる転写産物のうちの5つを示す。エクソン，転写開始点，転写終結点の組合せからは，理論上，135の異なる転写産物が生じうる。選択的スプライシングでは，各エクソンは必ずしも mRNA 中に含まれなくてもよいが，エクソンどうしの順番は変えられない（例えば，1-3-4 はありうるが，1-4-3 はありえない）。

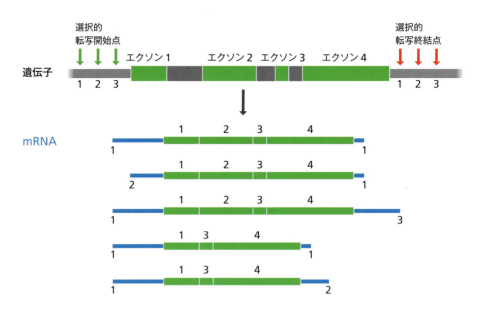

ある。しかしながら，トランスクリプトームを構成する mRNA 群の複雑さは，単に発現している遺伝子の数の多さによるわけではない。この章でこれから述べていくように，選択的スプライシング（7.3 節）や，1つの遺伝子上に複数の転写開始点および転写終結点が存在することによって，同じ遺伝子から複数の異なる mRNA が産生されるからである（図 12.1）。これらの選択的な合成やプロセシング様式により，細胞内の1万〜1万5,000の遺伝子から10万種以上の mRNA 分子を含むトランスクリプトームが生じる。

　トランスクリプトームを構成する mRNA の種類はある程度正確に同定できるが，個々の mRNA の分子数を測定することは難しい。さまざまな mRNA の相対的な量は，タイリングアレイ上のプローブの輝度や RNA-seq 法におけるリード数から見積もることができるが（5.3 節），マイクロアレイ解析や RNA-seq 法の結果を転写産物の絶対量として取り扱うことには問題がある。正確な定量には，mRNA の分子数が既知の対照試料を使って較正曲線を作成する必要があるが，マイクロアレイ解析や RNA-seq 法の実験で較正曲線の作成が行われることはまれである。mRNA の分子数は適切な対照をおいた定量 PCR（2.2 節）によって見積もることができる。また，細胞ごとの RNA 量を推定するためには蛍光 in situ ハイブリダイゼーション（3.5 節）を用いることができる。しかしながら，これらの方法は個々の遺伝子からの転写産物の分子数を評価することはできるが，スプライスバリアントを厳密に区別して定量することはできない。こうした手法上の限界はあるが，これまでの報告によると，典型的な哺乳類細胞にはおよそ20万の mRNA 分子が存在し，1遺伝子あたりの mRNA の数は平均して15分子程度であると推測される。もちろん，mRNA の分子数は mRNA の種類や細胞ごとに異なり，例えば大脳の細胞では，サイクリック AMP 応答配列（CRE；11.1 節）に結合する転写因子であるサイクリック AMP 応答配列結合タンパク質（CREB）の mRNA の分子数は25以下であるのに対し，同様に CRE に結合するリプレッサータンパク質の mRNA の分子数は240にも及ぶ。特殊な性質をもつ組織では，ごく少数の mRNA がトランスクリプトームの大半を占めることもある。例えばコムギ種子の胚乳では，休眠期に蓄えられて発芽の際のアミノ酸供給源として利用されるグリアジンというタンパク質が大量に合成されており，発生中の胚乳に存在する全 mRNA のほぼ30％をグリアジン mRNA が占める。

短鎖非コード RNA は多様な機能をもつ

　1958年には tRNA が発見されていたにもかかわらず，それ以外に sncRNA が存在する

ことは，1960年代にRNA抽出物についてゲル電気泳動が行われるまで疑われたこともなかった。RNAの電気泳動からは，真核生物が比較的ウリジンに富む短いRNAをもつこと，それらはおもに核に存在することが明らかになった。それらのRNAはウリジンに富むことからU-RNAと呼ばれることもあるが，より一般的には**核内低分子RNA**（small nuclear RNA：**snRNA**）という用語が使われる。個々のsnRNAはU1-snRNA，U2-snRNAなどと呼ばれ，典型的な長さは105〜190塩基であるが，もっと長いものもある。多くのsnRNA（Smサブグループ）は細胞質へ輸送され，そこでタンパク質と相互作用することにより**核内低分子リボ核タンパク質**（small nuclear ribonucleoprotein：**snRNP**）と呼ばれる複合体を形成する。一方で，Lsmサブグループと呼ばれるsnRNAは核内でsnRNPを形成し，細胞質へ輸送されることはない。多くのsnRNPは核内の核スペックル（図10.2B参照）と呼ばれる領域に存在し，他のsnRNAとの相互作用を介して，mRNA前駆体中のエクソンどうしの連結やイントロンの除去を行う構造体である**スプライソソーム**（spliceosome）を形成する（12.4節）。snRNAのおもな機能はスプライシングの制御であると考えられてきたが，その他の機能も報告されている。例えばU7-snRNAはスプライソソームには含まれず，ヒストンmRNA前駆体のプロセシングに働く。

核小体低分子RNA（small nucleolar RNA：**snoRNA**）は，真核生物の核内で2番目に多いsncRNAである。その名前からわかるように，核小体（10.1節）に局在してrRNAの化学修飾（1.2節）を行う。snRNA同様に，snoRNAもメチル化やプソイドウラシルへの変換（図1.18参照）を触媒するか否かで2つのサブグループに分けられる。また，カハール体（図10.2A参照）でsnRNAの化学修飾を行うsnoRNAもあり，それらはしばしば**カハール体特異的低分子RNA**（small Cajal body-specific RNA：**scaRNA**）と呼ばれる。

核外にも遺伝子発現制御を含むさまざまな役割をもつsncRNAが存在する。それらは線虫（*Caenorhabditis elegans*）や植物の**RNAサイレンシング**（RNA silencing）機構（12.3節）が分子レベルで明らかになった1990年代後半にはじめて発見された。2000年以降，制御機能をもつsncRNAにはいくつかの種類があり，それらが個々の遺伝子発現の調節に中心的役割を果たしていることが明らかになりつつある。おもなグループを以下に示す。

- **短鎖干渉RNA**（short interfering RNA：**siRNA**）は，**RNA干渉**（RNA interference：**RNAi**）の経路で働く20〜25塩基長のsncRNAである。相補的な配列をもつ標的mRNAと塩基対を形成し，ヌクレアーゼ活性による切断を誘導することで，特定のmRNAの発現抑制を行う。詳細は12.3節で述べる。
- **マイクロRNA**（microRNA：**miRNA**）はsiRNA同様にRNAiの経路で働くsncRNAである。siRNAとmiRNAの違いは，siRNAが直鎖状の二本鎖RNA前駆体から合成されるのに対し，miRNAはステムループ構造をとる前駆体から切り出されて合成されるという点である（図12.2）。

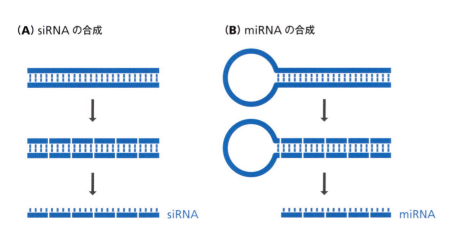

図12.2　siRNAとmiRNAの合成　(A) 短鎖干渉RNA（siRNA）は，直鎖状の二本鎖RNA前駆体から切り出されて合成される。(B) マイクロRNA（miRNA）は，一本鎖RNAがステムループ構造をとり二本鎖を形成した部分から切り出されて合成される。

- **piwi 結合 RNA**（piwi-interacting RNA：**piRNA**）は，siRNA や miRNA よりもやや長い 25〜30 塩基長の RNA である。キイロショウジョウバエ（*Drosophila melanogaster*）で最初に発見され，その後多くの後生動物からもみつかった piwi タンパク質と結合する。piRNA は，動物細胞がもつ短い機能性 RNA において，最も大きなグループを構成するが，機能については未解明な点が残されている。piRNA の働きは RNAi だけでなく，例えば，DNA メチル化を誘導することでレトロトランスポゾン（9.2 節）中の遺伝子の発現を抑制する機能ももつ。

より特殊化した役割をもつ sncRNA もある。**ヴォールト RNA**（vault RNA）は，多くの真核生物に存在する機能未知のタンパク質-RNA 複合体であるヴォールト（vault）を構成する sncRNA である。ヴォールトは核膜孔複合体と相互作用する傾向があることから，核-細胞質間の物質輸送にかかわるものと推測されている。また別のタンパク質-RNA 複合体として真核生物のシグナル認識粒子がある。これは 6 つのタンパク質と **7SL RNA** と呼ばれる非コード RNA からなる複合体で，新たに翻訳されたポリペプチドを小胞体へ移行させる働きをもつ。**7SK RNA** と呼ばれる真核生物の非コード RNA は，P-TEFb（positive transcriptional elongation factor b）と呼ばれる複合体の活性を調節するタンパク質-RNA 複合体の構成成分である。P-TEFb はタンパク質コード遺伝子の転写効率を制御している。このほかにも，tRNA 前駆体のプロセシングにかかわるリボヌクレアーゼ P や，複製の際に染色体末端が短縮していくのを防ぐテロメラーゼ（15.4 節）といった酵素の構成成分として，さまざまな非コード RNA が同定されている。

これまでに述べた sncRNA は真核生物に固有のものである。古細菌（アーキア）と細菌は，真核生物において snRNP を構成するタンパク質に似たタンパク質をもっており，原核生物でも snRNP が形成されている可能性があるが，その機能は不明である。8.2 節で原核生物のゲノムについて学んだ際に述べたように，細菌では遺伝子外パリンドローム反復（REP）配列および CRISPR から非コード RNA が転写されている。また，細菌の**転移-メッセンジャー RNA**（transfer-messenger RNA：**tmRNA**）は損傷した mRNA の翻訳を可能とする回復機構の一部をなしている。

長鎖非コード RNA は謎に包まれた転写産物である

ゲノムアノテーションプロジェクトの最も大きな発見の 1 つは，真核生物の遺伝子間領域の大部分に lncRNA がコードされているということだった。lncRNA は 100 コドン以上のオープンリーディングフレームをもたず，機能をもつタンパク質をコードしない RNA であり，ヒトのゲノム上には推定 5 万以上の lncRNA が規定されている。lncRNA の大部分は特定の組織あるいは発生段階でのみ転写される。細胞内に存在する lncRNA の分子数は mRNA よりずっと少なく，多くの場合，1 細胞あたり 2, 3 分子以下である。lncRNA には，遺伝子間領域にコードされる**長鎖遺伝子間非コード RNA**（long intergenic noncoding RNA：**lincRNA**）と呼ばれるもののほかに，mRNA のイントロン内にコードされているものや，タンパク質をコードするエクソンと部分的に重なり合っているものがある。それらはしばしば mRNA に対して相補的な配列，すなわちアンチセンス鎖側にコードされている。さらに，lncRNA にはイントロンをもつものもある（図 12.3）。真核生物のゲノム上には，センス鎖およびアンチセンス鎖にコードされた多数の lncRNA が部分的にオーバーラップしながら，何十 kb にもわたって切れ目なくコードされている領域が複数存在する。

多くの lncRNA が何らかの機能をもっているに違いないと考えられているが，その機能を解明することは難しい。*Xist* RNA と *Tsix* RNA は，哺乳類の雌で誘導される X 染色体不活性化に関与することがわかっている。ゲノムインプリンティング（10.3 節）におい

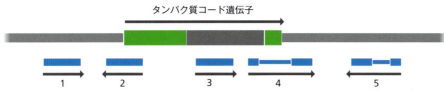

図12.3 長鎖非コードRNA（lncRNA）と長鎖遺伝子間非コードRNA（lincRNA）のマッピング例

1 lincRNA（センス鎖）
2 タンパク質をコードするエクソンと部分的に重なり合っているlncRNA（アンチセンス鎖）
3 イントロン内に位置するlncRNA（センス鎖）
4 イントロンをもつlncRNA（センス鎖）
5 イントロンをもつlincRNA（アンチセンス鎖）

て，同様の機能が示唆されるRNAもある．偽遺伝子から転写されるlncRNAもあり，それらのごく一部は翻訳されるが，タンパク質産物に機能があることを示す説得力のある証拠はない．機能のある偽遺伝子について7.3節で述べた際に強調したように，生化学的な反応に関与することから細胞内で機能をもつことが推測されるタンパク質と，正の自然選択を受けており進化的な意味で真に機能をもつことが示されたタンパク質とは区別する必要がある．lncRNAが機能をもっているかどうかを評価する際にも，同様の問題が浮上する．例えば，一部のlncRNAは転写因子が結合する配列をもつことから，それらの転写因子のデコイ（おとり）として働く可能性がある．トランスクリプトーム中にデコイlncRNAが存在すれば，転写因子の下流にあるタンパク質コード遺伝子の発現は抑制される（図12.4）．このような遺伝子発現調節はlncRNAの真の機能である可能性もあるが，単にlncRNAがそれらの遺伝子の転写のじゃまになるだけかもしれない．

　もし多くのlncRNAが真の意味での機能をもっていないのであれば，それらはなぜ転写されるのだろうか．lncRNAの少なくとも一部は転写のノイズにすぎないことが示唆されている．真核生物ゲノムの大部分を占める遺伝子間領域には，変異によって生じた，プロモーター様の配列や機能遺伝子の転写に働く配列様のものが必然的に存在するだろう．特にそれらが機能ドメイン内にあって，転写を活性化させる調節シグナルの影響を受ける場合には，細胞はそれらの配列が転写シグナルとして機能することを防ぎえない．この仮説にもとづけば，多くのlncRNAは細胞が排除できないジャンク産物だということになる．

　lncRNAの機能はよくわかっていないが，ヒトの疾患や発生異常とlncRNAとの関連が明らかになりつつある．これまでに500以上のlncRNAについてヒトのがんとの関連が示唆されており，ヒト1番染色体から転写される1.2 kbのlncRNAであるPCAT6

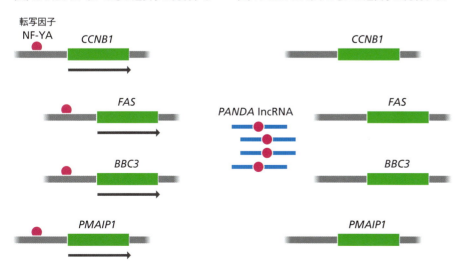

図12.4 *PANDA*はヒトのトランスクリプトームにおいてデコイとして働くlncRNAである　*PANDA*はRNA分子であるが，転写因子NF-YAに結合する．(A)*PANDA*が発現していないときには，NF-YAはさまざまな標的遺伝子の上流に結合する．標的遺伝子にはアポトーシス（プログラム細胞死）を誘導するものが含まれる．(B)*PANDA*の存在下では，NF-YAはこのlncRNAに結合するため，標的遺伝子の上流への結合が阻害される．これにより標的遺伝子の発現がオフになり，アポトーシスが抑制される．*PANDA*は，ゲノムに損傷をもつ細胞が，アポトーシスと細胞周期停止との間でバランスをとる際に働くと考えられている．DNA損傷は転写因子p53を活性化させることで，*PANDA*遺伝子の発現をオンにする．lncRNAの発現はアポトーシス遺伝子の活性化を妨げたり遅れさせたりすることで，細胞が速やかに死をむかえるよりもDNA損傷を修復し，生きつづけるための機会を与える．

（prostate cancer-associated transcript 6）は，前立腺がん組織においてRNA量が増加する。また，PCAT6のRNA量とがんの転移リスクには著しい相関がある。同様の関連がPCAT6と肺がんの間にもみられ，肺がんの進行に対するPCAT6の促進的な作用が報告されている。lncRNAと疾患との関連は引き続き発見されていることから，lncRNAはまだまだ注目されるべき研究対象であるといえる。

トランスクリプトームを構成するRNAの同定にはマイクロアレイやRNA-seq法が用いられる

　トランスクリプトームの研究に用いられる手法は，ゲノムアノテーションの際のゲノムワイドRNAマッピング（5.3節）と同じものである。RNAやその相補的DNA（cDNA）に対するDNAチップ，すなわちタイリングアレイや**マイクロアレイ**（microarray）を用いた解析によって，トランスクリプトームを構成するRNAの同定がこれまで盛んに行われてきた。マイクロアレイは通常，ゲノム上のタンパク質コード配列のみをカバーする。近年では，次世代塩基配列決定装置の使用が比較的容易になったことからRNA-seq法の重要性が高まりつつあるが，大量に出力されるデータの扱いには依然として困難が伴う。

　転写産物のマッピングやトランスクリプトーム解析にマイクロアレイ解析とRNA-seq法を利用する際の1つの違いは，RNA-seq法はしばしば定量データを必要とする点である。RNAのマッピングに関していえば，重要な情報は，転写産物がトランスクリプトーム中に存在するか否かということのみである。トランスクリプトームの中身についてより詳細に理解するためには，個々のRNAの相対量と，異なるRNAどうしの量の比較が重要になる。異なる組織間，あるいは同じ組織の正常検体と疾患検体間の比較では，特定の転写産物の有無ではなく，遺伝子発現の亢進ないし抑制を反映した相対的な発現量の変化が，しばしば注目すべき特徴として現れる。

　マイクロアレイを用いる場合には，RNA試料間における同じ遺伝子のハイブリダイゼーション強度の違いは，アレイ上の標的DNAの量，プローブの標識される効率，ハイブリダイゼーション効率などの実験的要因ではなく，RNA量の真の違いを表していると考えられる。しかし，たとえ1つの研究室内でさえ，これらの要因を完全な正確性をもって制御することは困難であり，異なる研究室間で正確に再現することはほとんど不可能である。このことは，異なるアレイ解析の結果を正確に比較するためには，正規化のステップがデータ解析に必要であることを意味している。したがってアレイには，おのおのの実験においてバックグラウンドの値を決めるための陰性対照（ネガティブコントロール）と，常に同じシグナルを呈する陽性対照（ポジティブコントロール）を含める必要がある。脊椎動物のトランスクリプトームでは，アクチン遺伝子が陽性対照としてよく用いられる。これは，ある特定の組織におけるアクチンの発現の程度が，発達の時期や病気の状態にかかわりなく非常に一定している傾向があるからである。もっともよい方法は，1回の解析につき2つのトランスクリプトームを1つのアレイ上で直接比較できるように実験を計画することである。例えば，異なる蛍光プローブで標識したcDNA試料を1つのアレイ上にハイブリッド形成させ，適切な波長を用いて検出した各スポット上での2つの蛍光シグナルの相対的な強度を決定することで，2つのトランスクリプトーム中のRNAの量の差を測定する方法があげられる（図12.5）。

　RNA-seq法を用いる場合には，遺伝子上にマッピングされたリード数の違いから，異なるトランスクリプトーム間における転写産物の相対量を評価することになる。理論的には，あるRNAの発現レベルがトランスクリプトームAで高く，トランスクリプトームBで低ければ，RNA-seq法で得られるRNAのリード数もトランスクリプトームAで多く，トランスクリプトームBで少ないはずである。マイクロアレイ解析と同様に，RNA-seq

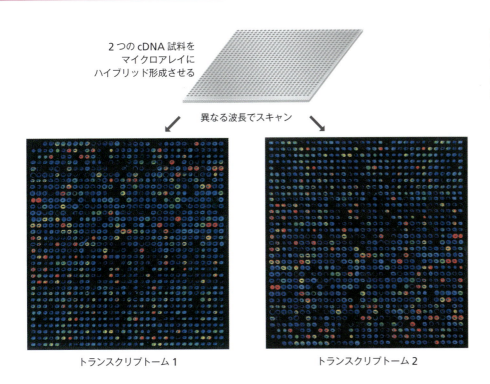

図 12.5 **1回の実験で2つのトランスクリプトームを比較する** (Strachan T, Abitbol M, Davidson D & Beckmann JS [1997] *Nat. Genet.* 16:126–132 より Macmillan Publishers Ltd. の許諾を得て掲載)

法の正規化には，2つの組織において同程度に発現することが期待される遺伝子が対照として用いられる。

　2つ以上のトランスクリプトームの正確な比較が可能であると仮定すれば，遺伝子の発現パターンの複雑な違いを見分けることが可能になる。よく似た発現パターンを示す遺伝子どうしは関連する機能をもつと考えられるため，トランスクリプトームの中身をカタログ化するだけでなく，ゲノムの機能アノテーションに関連した問題を取り扱うこともできる。そのためには，異なる遺伝子間の発現を比較するための精密な手法が必要である。マイクロアレイ解析とRNA-seq法に適応できる標準的な方法として，**階層的クラスタリング** (hierarchical clustering) がある。この方法では，各トランスクリプトーム中のすべての遺伝子ペアの発現レベルを比較して，それらの発現レベル間の相関度を示す値を決める。これらのデータは**デンドログラム** (dendrogram；樹状図) として示され，発現パターンに相関のある遺伝子がグループ化される (図 12.6)。デンドログラムは遺伝子間の機能的な関係をはっきりとわかりやすく，視覚的に提示してくれる。

12.2　トランスクリプトームの構成分子の合成

　トランスクリプトームの構成は，トランスクリプトーム中の個々のRNAの合成と分解のバランスによって決定される。多くのRNAは，合成効率（単位時間あたりに合成される分子数）と分解効率が等しくなったときに定常状態をむかえる (図 12.7)。トランスクリプトーム中のRNA量を増加させるためには，合成効率を上げるか分解効率を下げなけ

図 12.6 **7種のトランスクリプトームにおける5つの遺伝子の発現プロファイルの比較**　高エネルギーの栄養素を培地に加え，異なる時間培養した細胞から7種のトランスクリプトームを得た。赤を高発現，緑を低発現とし，5つの遺伝子の発現プロファイルを示す。階層的クラスタリングによるデータ解析の後，デンドログラムを作成し，5つの遺伝子の発現プロファイル間の類似度を示した。

図12.7　トランスクリプトーム中のRNAの量に対する合成効率と分解効率の影響（A）合成効率と分解効率が等しければ，RNAは定常状態にあり，分子数は一定である。（B）合成効率の上昇（あるいは分解効率の低下）はRNAの分子数を増加させる。この分子数の増加は，合成効率が低下して二次的な定常状態に達するまで続く。（C）合成効率の低下（あるいは分解効率の上昇）はRNAの分子数を減少させる。これにより，新しい定常状態に達するか，ここに示した例のように，トランスクリプトーム中からRNAが完全になくなる。

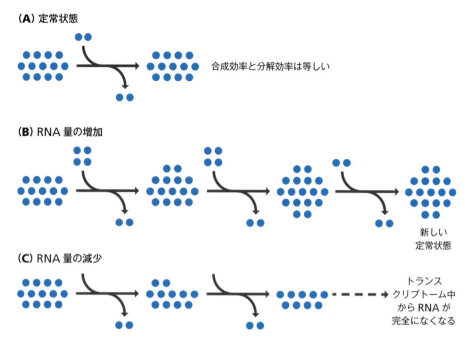

ればならない。逆に，トランスクリプトーム中のRNA量を減少させるためには，合成効率を下げるか分解効率を上げる必要がある。それゆえ，RNAの合成と分解がどのように制御されているか理解することは，ホルモンや環境の変化といった外的刺激に対して，トランスクリプトームの構成がどのように応答するかを理解するための中核となるだけでなく，発生や分化，疾患における遺伝子発現パターンの変化についても深い認識をもたらす。まずは，RNAの中でも特にタンパク質をコードするmRNAに着目し，RNAがどのように合成されているかについて述べる。

RNAポリメラーゼはRNAを合成する分子装置である

　DNAを鋳型としてRNAを転写する酵素をDNA依存性RNAポリメラーゼと呼ぶことについては1.2節で触れた。これらの酵素は$5' \rightarrow 3'$方向にRNAを合成する。転写されたRNAと鋳型DNAの間には塩基対が形成され，転写産物がDNAと相補的な配列をもつことが保証される（図1.13参照）。

　真核生物の核遺伝子の転写には3種類のRNAポリメラーゼが必要で，それらは**RNAポリメラーゼⅠ**（RNA polymerase Ⅰ），**RNAポリメラーゼⅡ**（RNA polymerase Ⅱ），**RNAポリメラーゼⅢ**（RNA polymerase Ⅲ）と呼ばれる。それぞれは8〜12個のサブユニットをもち，500 kDaを超えるタンパク質である。これらのRNAポリメラーゼは構造が互いにきわめてよく似ているが，機能はまったく異なっている。それぞれに互換性はなく，異なる遺伝子群に対して働く（表12.1）。ほとんどの研究は，タンパク質コード遺伝子を転写するRNAポリメラーゼⅡに集中している。RNAポリメラーゼⅡは，Smサブグループに分類されるsnRNAのほか，一部のsnoRNA，siRNA，miRNA，piRNAと，ほとんどのlncRNAも合成する。RNAポリメラーゼⅢはtRNAを含むさまざまなsncRNAを合成する。RNAポリメラーゼⅠは28S, 5.8S, 18S rRNA遺伝子を含む多コピーの反復単位を転写する。植物はさらに2つのRNAポリメラーゼ（ⅣとⅤ）をもつ。これらはRNAポリメラーゼⅡと関連があり，特定のsiRNA遺伝子群を転写する。

　古細菌は，真核生物のものと非常によく似たRNAポリメラーゼを1種類だけもつ。しかし，これが原核生物の典型というわけではない。細菌のRNAポリメラーゼはかなり異なっており，$\alpha_2\beta\beta'\omega\sigma$（2個の$\alpha$サブユニット，各1個の$\beta$と$\beta$類縁の$\beta'$サブユニット，

表 12.1　真核生物の核内に存在する 3 種類の RNA ポリメラーゼの機能

RNA ポリメラーゼ	合成する RNA の種類
RNA ポリメラーゼ I	28S, 5.8S, 18S rRNA
RNA ポリメラーゼ II	mRNA, Sm サブグループの snRNA, 一部の snoRNA, siRNA*, miRNA, piRNA, lncRNA
RNA ポリメラーゼ III	tRNA, 5S rRNA, Lsm サブグループの snRNA, 一部の snoRNA, 7SL RNA, 7SK RNA

*植物では，一部の siRNA は RNA ポリメラーゼ IV と V によって合成される。

各 1 個の ω と σ サブユニット）で表されるように，6 つのサブユニットのみから構成される。α，β，β′，ω サブユニットは真核生物 RNA ポリメラーゼのサブユニットの構造的なホモログであるが，σ サブユニットは構造，機能の両面において特別な性質をもっている。機能に関しては以下の節で述べる。

　細菌のものとよく似た RNA ポリメラーゼは葉緑体にもあり，このことは葉緑体が細菌を起源とすることを反映している（8.3 節）。加えて，単子葉植物と双子葉植物の葉緑体は，核ゲノム上の遺伝子にコードされている単一サブユニットの RNA ポリメラーゼを，それぞれ 1 つか 2 つ，細胞質から取り込む。多くの遺伝子は葉緑体と核のゲノムにコードされている RNA ポリメラーゼによって転写されるが，光合成組織では葉緑体にコードされている RNA ポリメラーゼがより頻繁に利用される。核にコードされている RNA ポリメラーゼのみによって転写される遺伝子もいくつか存在する。興味深いことに，それらの遺伝子の中には，葉緑体 RNA ポリメラーゼの β サブユニットをコードする *rpoB* 遺伝子が含まれる。ミトコンドリアも核遺伝子にコードされている単一サブユニットからなる独自の RNA ポリメラーゼをもつ。ミトコンドリアゲノムにコードされる RNA ポリメラーゼは存在しない。

　細菌の RNA ポリメラーゼは，1 分あたり数百塩基の速度で RNA を合成することができる。ゆえに，数千塩基の長さしかない大腸菌（*Escherichia coli*）の平均的な遺伝子は，数分で転写が完了する。真核生物の RNA ポリメラーゼ II は 1 分あたり最大 2,000 塩基と，細菌の RNA ポリメラーゼよりもさらに迅速に RNA を合成するが，真核生物の遺伝子は細菌のものよりも長いため，RNA 1 分子の合成に数時間かかることもある。例えば，ヒトのジストロフィン遺伝子にコードされている 2,400 kb にも及ぶ転写産物は，20 時間かけて合成される。ほとんどの RNA ポリメラーゼの正確性は，$10^4 \sim 10^5$ 塩基ごとに 1 回のエラーを起こす程度であるが，RNA は通常多コピーであり，誤りを含む転写産物は全体のごく一部にすぎないため，このレベルの不正確さは問題にならない。エラー率は，塩基対を形成できない箇所に生じた DNA-RNA 二本鎖のふくらみによって誘起される RNA ポリメラーゼの**後退**（backtracking）によって，最小限に抑えられる（図 12.8）。RNA ポリメラーゼはわずかな構造的変化を検知して鋳型上を後退し，エラーの上流で RNA を切断する。その後，RNA ポリメラーゼは RNA を合成するための構造に戻り，ふたたび前進して転写を続ける。

転写開始点はプロモーター配列によって示される

　転写は，DNA 上の正しい位置，すなわち RNA に写しとられなければならない個々の遺伝子のすぐ上流からはじまることがきわめて重要である。その位置は**プロモーター**（promoter）と呼ばれる標的配列により示され，RNA ポリメラーゼ自身か，RNA ポリメラーゼが結合する足場となる DNA 結合タンパク質によって認識される（図 12.9）。

　細菌の RNA ポリメラーゼは，転写開始点のおよそ 10 bp と 30 bp 上流に存在する 2 つ

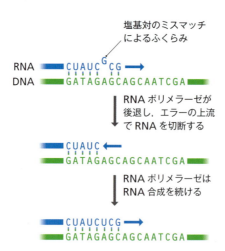

図 12.8　RNA ポリメラーゼの後退は転写の誤りのプルーフリーディング（校正）を可能にする

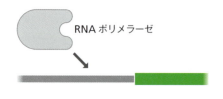

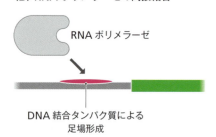

図 12.9　RNA ポリメラーゼがプロモーターに結合する 2 種類の方法　(A) 細菌でみられる，RNA ポリメラーゼによるプロモーターの直接認識。(B) DNA 結合タンパク質によるプロモーターの認識。DNA 結合タンパク質は RNA ポリメラーゼが結合する足場となる。

の領域からなるプロモーター配列を認識する。大腸菌では，プロモーターのコンセンサス配列（共通配列）は次のとおりである。

- −35 ボックス：5′-TTGACA-3′
- −10 ボックス：5′-TATAAT-3′

細菌の RNA ポリメラーゼの DNA 結合部位である σ サブユニットと DNA が相互作用するためには，これら 2 つのモチーフが二重らせんの同じ面に向かなければならないため，ボックス間の間隔が重要である。上記のコンセンサス配列は，分子質量がおよそ 70 kDa の $σ^{70}$ サブユニットをもつ細菌 RNA ポリメラーゼに対する標準的な配列である。大腸菌やその他の細菌は，異なる −35 ボックスを特異的に認識するさまざまな σ サブユニットをもつ。例えば，細菌が熱ストレスにさらされると合成される $σ^{32}$ サブユニットは，高温耐性遺伝子の上流に存在する −35 ボックスを認識する（図 12.10）。高温耐性遺伝子には，タンパク質を熱分解から守るシャペロンタンパク質や，熱によって生じた DNA 損傷を修復する酵素などがコードされている。栄養飢餓状態や窒素制限下において利用される σ サブユニットもある。σ サブユニットの使い分けを通じて，大腸菌は環境や栄養要求性の変化に応答したトランスクリプトームの再構成を行うことができる。大腸菌以外の細菌においても選択的な σ サブユニットが利用されている。例えば肺炎桿菌（*Klebsiella pneumoniae*）では，窒素固定にかかわる遺伝子の発現をオンにするために $σ^{54}$ サブユニットが使用され，また *Bacillus* 属の細菌は，通常の生長期から芽胞形成期への転換に必要な発現遺伝子群の切り替えに，さまざまな種類の異なる σ サブユニットを利用している（14.3 節）。

真核生物では，プロモーターという用語は，遺伝子の転写開始に重要なすべての配列をまとめて表すのに用いられる。いくつかの遺伝子では，これらの配列は数も非常に多く，機能も多様である。これらには，**コアプロモーター**（core promoter）または**基本プロモーター**（basal promoter）とも呼ばれる領域（転写開始複合体が形成される場所）に加え，コアプロモーターの上流に位置する 1 つないしそれ以上の**上流プロモーター配列**（upstream promoter element）という領域が含まれる。通常，**転写開始**（transcription initiation）は上流プロモーター配列なしでも起こるが，非効率的である。このことは，上流プロモーター配列に結合するタンパク質の少なくともいくつかは転写アクチベーターとして働き，それが結果的に遺伝子発現を「促進（promote）」することを示している。したがって，プロモーターにこれら上流プロモーター配列を含めるのは妥当なことである。

真核生物の 3 種類の RNA ポリメラーゼは，それぞれ別のタイプのプロモーター配列を認識する。どの遺伝子がどの RNA ポリメラーゼによって転写されるかは，プロモーターの違いによって決まる。脊椎動物における詳細を以下にまとめる（図 12.11）。

12.2 トランスクリプトームの構成分子の合成

図 12.10　大腸菌における σ³² サブユニットによる遺伝子発現制御　(A) 大腸菌の熱ショック応答にかかわる遺伝子の上流に位置するプロモーター配列。(B) 熱ショックプロモーターは σ⁷⁰ サブユニットをもつ通常の大腸菌 RNA ポリメラーゼには認識されないが，σ³² サブユニットをもつ RNA ポリメラーゼによって認識される。

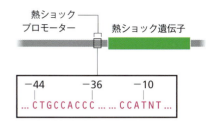

σ^{70} RNA ポリメラーゼは結合できない

σ^{32} RNA ポリメラーゼは熱ショックプロモーターに結合できる

- RNA ポリメラーゼ I のプロモーターは，−45 〜 +20 の転写開始点付近に存在するコアプロモーターと，その約 100 bp 上流にある**上流制御配列**（upstream control element：UCE）から構成される。

- RNA ポリメラーゼ II のプロモーターは多様であり，転写開始点の上流数 kb まで広がっている場合もある。コアプロモーターは 2 つの部分から構成される。−25 ボックスあるいは **TATA ボックス**（TATA box）と呼ばれる部分と，+1 周辺の**イニシエーター（Inr）配列**（initiator [Inr] sequence）と呼ばれる部分である。TATA ボックスのコンセンサス配列は 5′-TATAWAAR-3′（W は A または T，R は A または G），哺乳類の Inr 配列のコンセンサス配列は 5′-YYANWYY-3′（Y は C または T，N は任意のヌクレオチド）である。RNA ポリメラーゼ II によって転写される遺伝子の中には，これら 2 つの配列のうち一方しかコアプロモーター内にもたないものもある。さらに驚くことに，「**ヌル遺伝子**（null gene）」と呼ばれる，いずれの配列ももたない遺伝子も存在する。このような遺伝子であっても転写はされるが，TATA ボックスや Inr 配列をもつ遺伝子と比べると転写開始点のばらつきが大きい。一部の遺伝子では別の配列がコアプロモーター内にみられることがあり，例として次のようなものがある。
  - **下流プロモーター配列**（downstream promoter element：DPE）は +28 〜 +32 に存在する。配列には多様性があり，TFIID と結合することから同定された。TFIID は転写開始に中心的な役割を果たす複合体である。
  - **B 応答エレメント**（B responsive element：BRE）は GC に富む 7 bp のモチーフで，TATA ボックスのすぐ上流あるいは下流に位置している。別の転写開始複合体成分である TFIIB によって認識される。
  - **近位配列エレメント**（proximal sequence element：PSE）は，RNA ポリメラーゼ II によって転写される snRNA 遺伝子の上流，−45 〜 −60 に存在する。

  コアプロモーター内の配列のほかに，RNA ポリメラーゼ II で転写される遺伝子には多様な上流プロモーター配列があり，それらは通常，転写開始点から 2 kb 以内に位置している。機能についてはこの章で後述する。

- RNA ポリメラーゼ III のプロモーターは少なくとも 3 種類に分類される。このうちの 2 種類は，転写を促進する配列が遺伝子の内部にあるという点で特徴的である。通常この配列は 50 〜 100 bp で，両側の保存配列と中央の可変配列から構成されている。残りの 1 種類は，TATA ボックスと，標的遺伝子の上流にあるプロモーター

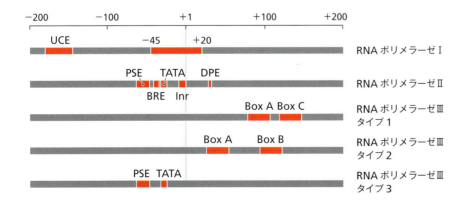

図 12.11　真核生物のプロモーターの構造　UCE：上流制御配列，PSE：近位配列エレメント，BRE：B 応答エレメント，TATA：TATA ボックス，Inr：イニシエーター配列，DPE：下流プロモーター配列。

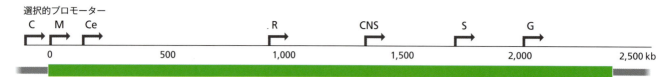

図 12.12　選択的プロモーター　ヒトのジストロフィン遺伝子がもつ 7 つの選択的プロモーターの位置を示す。それぞれのプロモーターが活性化される組織を略号で示す。C：皮質組織，M：筋肉，Ce：小脳，R：腎組織（と大脳，心筋組織），CNS，中枢神経系（と腎組織），S：シュワン細胞，G：普遍的（筋肉以外のほとんどの組織）。

配列（上述の PSE など）をもつという点で，RNA ポリメラーゼⅡのプロモーターと似ている。興味深いことに，この種のプロモーターは RNA ポリメラーゼⅢによって転写される Lsm サブグループの snRNA 遺伝子にみられる。このことは，これらの遺伝子が RNA ポリメラーゼⅡによって転写される Sm サブグループの snRNA 遺伝子に似たプロモーター配列をもつことを意味している。

さらに複雑な状況が**選択的プロモーター**（alternative promoter）を持つ真核生物の一部の遺伝子で見られ，同じ遺伝子から複数の転写産物が生み出される。その一例がヒトのジストロフィン（dystrophin）遺伝子であり，この遺伝子の欠損によってデュシェンヌ型筋ジストロフィー（Duchenne muscular dystrophy）が引き起こされることから詳しく研究されてきた。ジストロフィン遺伝子は，全長 2.4 Mb にも及び，78 個のイントロンをもつ最も大きなヒト遺伝子の 1 つである。少なくとも 7 つの選択的プロモーターをもち，それぞれが異なる組織で活性化されて長さの異なる mRNA を生み出す（図 12.12）。選択的プロモーターはまた，発生の異なる時期に構造の異なる関連タンパク質を作り出したり，1 つの細胞においてわずかに生化学的性質の異なる複数の類似タンパク質を産生することも可能にする。後者は，「使い分けられる」プロモーターという意味で通常は「選択的（alternative）」プロモーターと呼ばれているものが，正確には同時に活性をもちうる「多重（multiple）」プロモーターとしてふるまうことを意味している。このような現象は実際に多くの遺伝子においてみられる。例えば，ゲノムワイドな解析から，ヒトの線維芽細胞では 10,500 のプロモーターが活性化されていることが明らかになっている。しかしながら，これらのプロモーターによって発現が誘導される遺伝子の数は 8,000 未満である。このことは，かなりの数の遺伝子が，2 つないしそれ以上のプロモーターから同時に発現することを示唆している。

細菌 RNA の合成はリプレッサータンパク質とアクチベータータンパク質によって制御される

大腸菌プロモーターのコンセンサス配列はきわめて多様性が高く，−35 ボックスと −10 ボックスのモチーフにも多様性がみられる（表 12.2）。この多様性の高さは，まだ不明な点が多い転写開始点付近や転写単位下流の約 50 塩基の配列特性とともに，プロモー

表 12.2　大腸菌のプロモーター配列

遺伝子	タンパク質産物	−35 ボックス	−10 ボックス
コンセンサス		5′-TTGACA-3′	5′-TATAAT-3′
argF	オルニチントランスカルバミラーゼ	5′-TTGTGA-3′	5′-AATAAT-3′
can	炭酸デヒドラターゼ	5′-TTTAAA-3′	5′-TATATT-3′
dnaB	DnaB ヘリカーゼ	5′-TCGTCA-3′	5′-TAAAGT-3′
gcd	グルコースデヒドロゲナーゼ	5′-ATGACG-3′	5′-TATAAT-3′
gltA	クエン酸シンターゼ	5′-TTGACA-3′	5′-TACAAA-3′
ligB	DNA リガーゼ	5′-GTCACA-3′	5′-TAAAAG-3′

ター効率に影響を及ぼす。プロモーター効率とは，単位時間あたりの生産的な転写開始の回数として定義される（生産的な転写開始とは，RNA ポリメラーゼがプロモーターから離れ，完全長の転写産物を合成することをいう）。さまざまなプロモーター間で，その効率には 1,000 倍もの差があり，最も効率的なプロモーター，すなわち**強いプロモーター**（strong promoter）は最も弱いプロモーターの 1,000 倍も生産的な転写開始の回数が多い。これを**転写開始の基本効率**（basal rate of transcription initiation）の違いという。

プロモーターの構造は転写開始の基本効率を決定するのみで，遺伝子の転写が環境や生化学的な要求性の変化に応答できるようにする働きはない。こうした一過性の変化は，特定の遺伝子の転写の基本効率を抑制もしくは促進する調節タンパク質によってもたらされる。

細菌における転写開始制御機構の基礎は 1960 年代初頭，François Jacob と Jacques Monod のグループをはじめとする，ラクトースオペロンを研究していた遺伝学者たちによって築かれた。ラクトースオペロンは，ラクトースをグルコースとガラクトースに変換するためのタンパク質をコードする 3 つの遺伝子からなる遺伝子群のことである（図 8.9A 参照）。彼らの行った遺伝学的解析によって，プロモーターの近傍で**ラクトースリプレッサー**（lactose repressor）の結合部位として機能する，**オペレーター**（operator）と呼ばれる座位が同定された（図 12.13）。オペレーターに結合して RNA ポリメラーゼのプロモーターへの結合を阻害するラクトースリプレッサーに注目した初期のモデルは，RNA ポリメラーゼが特異的 DNA 配列に結合できなくなるという単純な仕組みのものだった。リプレッサー（抑制）タンパク質が結合するかどうかは，アロラクトース（allolactose）が細胞

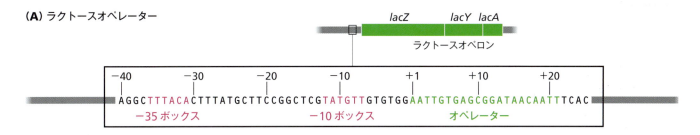

(A) ラクトースオペレーター

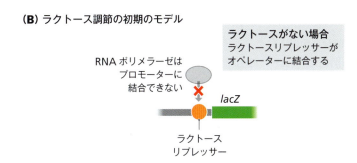
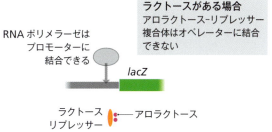

(B) ラクトース調節の初期のモデル

図 12.13　大腸菌におけるラクトースオペロンの制御　(A) オペレーター配列はラクトースオペロンのプロモーターのすぐ下流にある。この配列が逆向き対称（5′→3′ の方向に読んだときに，両方の DNA 鎖で配列が同じ）になっていることに注意。これにより，4 つの同一サブユニットからなる四量体であるリプレッサーの 2 つのサブユニットが 1 対となって 1 カ所のオペレーターに結合できる。(B) ラクトース調節の初期のモデルは，ラクトースリプレッサーはオペレーターに結合して，RNA ポリメラーゼのプロモーターへの接触を阻害する単純な阻害装置であり，そのためにオペロン内の 3 つの遺伝子の発現が停止するというものだった。しかし実際には，ラクトース非存在下でもときおり数分子の転写産物が合成される程度にはリプレッサーは解離しており，細胞内にはオペロンにコードされる 3 種類の酵素が常に数分子（おそらく 5 分子以下）存在している。これは，細菌がラクトース源と接触した際，細胞内にいくらか取り込み，即座にグルコースとガラクトースに加水分解できることを意味する。この反応の中間産物であるアロラクトースはラクトースの異性体で，リプレッサーに結合することでラクトースオペロンの発現を誘導する。アロラクトースの結合はリプレッサーに構造変化を起こさせ，その結果，リプレッサーはオペレーターに結合できなくなる。こうして RNA ポリメラーゼがプロモーターに結合できるようになり，3 つの遺伝子が転写される。誘導が十分だと約 5,000 分子のタンパク質が細胞内に産生される。しかし，ラクトースの供給が絶たれるとアロラクトースがなくなり，リプレッサーがオペレーターに再結合してオペロンの転写が止まる。mRNA の半減期は 3 分以下であり，分解されると酵素は合成されない。

内に存在するかどうかに依存している。アロラクトースはラクトースの異性体で，オペロンの**インデューサー**（inducer；誘導因子）の1つである。アロラクトースが細胞内に存在する時には，アロラクトースの結合によるリプレッサーのヘリックス・ターン・ヘリックスモチーフの構造変化が誘導され，リプレッサーはオペレーターを認識できなくなる。それゆえ，アロラクトース-リプレッサー複合体はオペレーターに結合できず，RNAポリメラーゼはそのプロモーターに接近できるようになる。しかし，ラクトースの供給が絶たれてアロラクトースがなくなるとリプレッサーはふたたびオペレーターに結合し，転写は阻害される。こうして，オペロンはそこにコードされる酵素が必要になったときにのみ転写される。

ラクトースオペロン調節の最初のモデルの大部分は，制御領域のDNA塩基配列の決定とオペレーターに結合したリプレッサーの構造研究によって確かめられたが，その後，DNAにはリプレッサーの結合できる部位が3カ所（塩基位置－82，+11，+412）存在することが発見され，話が少し複雑になってきた。遺伝学的解析から決定されたオペレーターは+11にあり（図12.13A参照），3カ所の中でこの部位にリプレッサーが結合する場合にのみ，RNAポリメラーゼとプロモーターの結合が阻害されると予想される。しかし実際にはほかの2カ所も，その一方あるいは両方の除去によりリプレッサーの転写抑制機能が著しく阻害されることから，抑制に一定の効果をもつ。リプレッサーは4つの同一サブユニットからなる四量体であるが，1つのオペレーターには2つのサブユニットが1対となって結合するため，結果的にリプレッサーは3つのオペレーター部位のうち2カ所に同時に結合することができる。このことから，1対のサブユニットの+11への結合が，他のサブユニットの－82または+412への結合によって促進ないし安定化されることが考えられる。あるいは，リプレッサーはRNAポリメラーゼのプロモーターへの結合自体を阻害するわけではなく，オペレーター配列に結合することで，RNAポリメラーゼがプロモーター領域から離れることを阻害するという可能性も考えられる。

リプレッサーによる抑制と同様に，多くの細菌オペロンと遺伝子の転写は，アクチベーター（活性化）タンパク質によって促進される。**カタボライト活性化タンパク質**（catabolite activator protein：**CAP**）はサイクリックAMP受容体タンパク質（cyclic AMP receptor protein：CRP）とも呼ばれ，細菌ゲノムに多数点在する認識配列に結合し，RNAポリメラーゼのαサブユニットと相互作用することで，結合部位の下流にあるプロモーターからの転写開始を活性化させる。この活性化の特徴は，CAPの結合によって結合部位の二重らせんに生じる，90°の折れ曲がりを引き金として誘導されることである。これらのプロモーターからの生産的な転写開始は，CAPの標的配列への結合に依存する。CAPが結合していなければ，そのプロモーターによって調節される遺伝子の転写は誘導されない。

CAPの標的配列への結合は，細菌がグルコース飢餓状態になったときにのみ起こる。細菌が利用可能なグルコースの量は，糖の細胞への取り込みを行うタンパク質複合体の構成成分であるⅡA^{Glc}タンパク質によってモニタリングされている。グルコースが細胞内へ輸送されると，ⅡA^{Glc}が脱リン酸される（翻訳後修飾によってタンパク質に付加されていたリン酸基が除去される）。脱リン酸されたⅡA^{Glc}は，アデニル酸シクラーゼ（adenylate cyclase）と呼ばれる，ATPをサイクリックAMP（cyclic AMP：cAMP）に変換する酵素の働きを阻害する（図12.14）。つまり，グルコースが豊富に存在するときには細胞内のcAMPのレベルは低くなり，標的配列との結合にcAMPを必要とするCAPはDNAから遊離したままの状態となって，CAPが制御するオペロンの発現は抑制される。CAPの標的配列の1つは，ラクトースオペロンのプロモーター近傍に位置している。細菌にグルコースとラクトースの両方を与えると，CAPの標的配列への結合はみられなくなり，ラクトースリプレッサーが結合していないにもかかわらず，ラクトースオペロンからの転

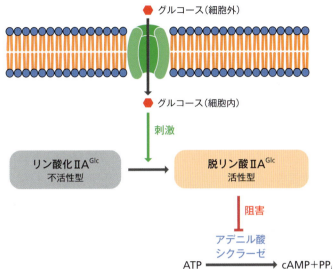
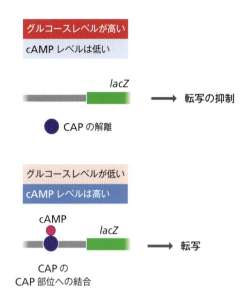

写は起こらなくなる。細菌がグルコースを使い果たすと細胞内の cAMP レベルは上昇し，ラクトースオペロンの上流などに存在する標的配列に CAP が結合する。これによりラクトース遺伝子の転写が活性化され，細菌はラクトースを一次エネルギー源として利用できるようになる。このようにして CAP は，利用可能な糖を最も効率よく活用できるように，大腸菌のトランスクリプトームを再編成する。ある種類の糖を優先的に代謝し，それが枯渇すれば別の糖の利用に切り替えるという大腸菌やその他の細菌がもつ能力は，1941 年に Monod によって発見された。この現象には，**ジオーキシー**（diauxie）というフランス語を由来とする名前がついている（図 12.15）。

図 12.14 カタボライト活性化タンパク質の役割　（A）グルコースを取り込んだ細菌では，ⅡA^{Glc} の脱リン酸が起こる。これにより，アデニル酸シクラーゼが阻害され，ATP の cAMP への変換が抑制される。（B）カタボライト活性化タンパク質（CAP）は cAMP の存在下でのみ DNA に結合する。グルコースが存在すると cAMP レベルは低下し，CAP は DNA に結合せず，RNA ポリメラーゼを活性化させない。グルコースが枯渇すると cAMP レベルが上昇し，CAP の DNA への結合と，それに伴う標的遺伝子の転写活性化が誘導される。

細菌 RNA の合成は転写終結の調節によって制御される

転写開始は細菌 RNA の合成過程における主要な制御ポイントであると考えられるが，それだけによってトランスクリプトームの構成は最適化されるわけではない。

現在考えられているモデルによれば，転写は不連続な過程であり，RNA ポリメラーゼは定期的に一時停止して，転写産物にさらにヌクレオチドを付加して伸長を続けるか，鋳型から解離して転写を終結させるかの選択をする。どちらが選択されるかは，どちらの選択肢が熱力学的に有利であるかに依存している。このモデルが強調しているのは，転写終

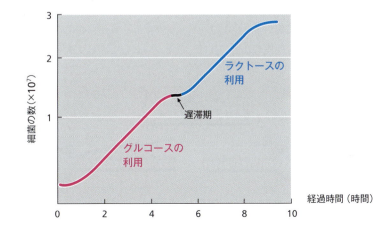

図 12.15 グルコースとラクトースを含む培地で大腸菌を培養したときにみられる典型的なジオーキシー増殖曲線　最初の数時間は，炭素とエネルギーの供給源にグルコースを利用して指数関数的に増加する。グルコースを使い果たすと，短い遅滞期ののちに，ラクトースを利用してふたたび指数関数的に増殖しはじめる。この遅滞期の間にラクトースを利用するための遺伝子の発現が誘導される。

図 12.16 細菌の終結構造 DNA 配列中に逆方向の回文配列が存在することによって，転写産物はステムループ構造を形成する。

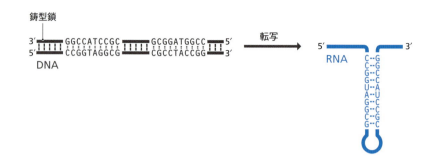

結が起こるためには，RNA 合成の継続よりも解離のほうが有利となるような鋳型 DNA 上の位置に RNA ポリメラーゼが到達しなければならない，という点である。このモデルを裏づけるように，転写が終結する細菌ゲノムの部位の多くは，転写後にステムループ構造をとるような，逆方向の回文配列によって特徴づけられる（図 12.16）。ステムループ構造の形成は RNA ポリメラーゼと鋳型の相互作用を全体的に弱め，転写の継続よりも，RNA ポリメラーゼの鋳型からの解離を起こしやすくすると考えられる。**内在性転写終結領域**（intrinsic terminator）においては，RNA ポリメラーゼの結合は鋳型上の連続したアデニンによってさらに弱められる。というのも，結果として，転写産物は 2 本の水素結合しかもたない A–U 塩基対を形成して DNA と相互作用することになり，3 本の水素結合をもつ G–C 塩基対に比べると結合力が弱くなるからである（図 12.17A）。あるいは，**ρ 依存性転写終結領域**（Rho-dependent terminator）においては，RNA ポリメラーゼがステムループ構造で停滞すると，ρ ヘリカーゼが DNA と転写産物の間の塩基対を破壊し，転写を終結させる（図 12.17B）。

　細菌において転写を終結させるステムループ構造の機能は，**転写減衰**（attenuation）と呼ばれる制御過程として利用されている。大腸菌のトリプトファンオペロン（図 8.9B 参照）はその典型的な例である。このオペロンでは，転写開始点からオペロンの最も上流に位置する *trpE* 遺伝子の開始点までの間に，大小 2 パターンのステムループ構造が形成されうる。これらのステムループ構造のうち，小さいほうのみが ρ 依存性転写終結領域として働く。大きなステムループ構造と終結ステムループ構造は位置が重なり合っているため，いちどにどちらか一方しか形成されない。どちらのステムループ構造が形成されるかは，RNA ポリメラーゼとリボソームとの相対的な位置関係に依存している。リボソームは，転写産物の 5′ 末端が合成されるやいなやそこに結合し，遺伝子をタンパク質へと翻訳する（図 12.18）。リボソームが停滞し，RNA ポリメラーゼに追いつくことができないと，大きなステムループ構造が形成されて転写は続行する。しかし，リボソームが RNA ポリメラーゼに遅れずについていけば，リボソームは大きいほうのステムループ構造を壊し，その結果，終結ステムループ構造が形成されて転写が終結する。リボソームの停滞が起こるのは，終結シグナルの上流に，2 残基のトリプトファンを含む 14 残基のアミノ酸からなるペプチドをコードする短いオープンリーディングフレームが存在するからである。もし遊離トリプトファンの量が限られていれば，リボソームはこのペプチドを合成する途

図 12.17 細菌における転写終結のもう 1 つのモデル （A）内在性転写終結領域では，RNA ポリメラーゼの DNA への結合は，鋳型上の連続したアデニンによって弱められる。（B）ρ 依存性転写終結領域における転写終結。ρ（Rho）は，転写産物に沿って RNA ポリメラーゼを追いかけるヘリカーゼである。RNA ポリメラーゼがステムループ構造で停滞すると，ρ が RNA ポリメラーゼに追いついて DNA–RNA 間の塩基対を破壊し，転写産物の放出を促す。

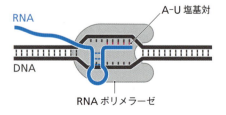

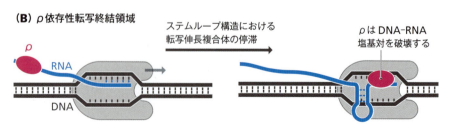

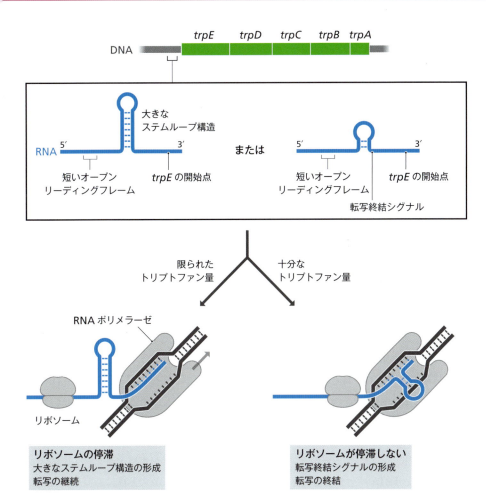

図 12.18 トリプトファンオペロンにおける転写減衰

で停滞し，RNA ポリメラーゼは転写産物を合成しつづける。この転写産物にはトリプトファンの生合成にかかわる遺伝子のコピーが含まれているため，その合成によって，細胞のトリプトファンに対する要求が満たされる。十分な量のトリプトファンが細胞内に蓄積すると，転写減衰系によってトリプトファンオペロンのそれ以上の転写が阻害される。というのも，もはやリボソームはこの短いペプチドを合成する途中で停滞せず，RNA ポリメラーゼに追いついて終結シグナルを形成させるからである。

　大腸菌のトリプトファンオペロンは転写減衰だけでなく，リプレッサータンパク質によっても制御される。転写減衰とリプレッサーによる抑制がどのように協調してオペロンの発現を制御しているのかは詳しくはわかっていない。しかし，リプレッサーによる転写抑制が基本的なオン/オフの切り替えスイッチとして働き，転写減衰は実際の遺伝子発現のレベルを厳密に制御していると考えられている。転写減衰は，大腸菌やその他の細菌のアミノ酸生合成にかかわるいくつかのオペロンの転写制御ならびに他のタイプの栄養制限や，温度などの環境変化に応答してトランスクリプトームを再編成するために用いられる。これらの異なる転写減衰システムに共通しているのは，転写産物が選択的なステムループ構造をもつということであるが，終結ステムループ構造の形成機構はさまざまである。大腸菌のトリプトファンオペロンと同様にリボソームの停滞を利用する転写減衰システムもあれば，2つのステムループ構造の大きいほうを破壊することで転写を終結させる小分子（アミノ酸など）の結合によって直接的に制御される**リボスイッチ**（riboswitch）と呼ばれるシステムもある。RNA 結合タンパク質との相互作用によって制御される第 3 のグループも存在する。

真核生物RNAの合成はおもにアクチベータータンパク質によって制御される

　RNAポリメラーゼの結合部位付近に存在する特異的な配列を認識して結合するDNA結合タンパク質により，転写開始が変化するという重要な点を，細菌の転写制御から学んだ．この点は真核生物でも転写制御の基本となっているが，細菌の場合とは異なる点が1つある．細菌のRNAポリメラーゼはプロモーターに対する親和性が強く，最も弱いプロモーターを除けば，転写開始の基本効率はほとんどのプロモーターで比較的高い．しかし，多くの真核生物の遺伝子においてはこれと真逆である．RNAポリメラーゼⅡとⅢの転写開始複合体のプロモーターへの結合は非効率的で，たとえどんなに強いプロモーターであっても転写開始の基本効率は非常に低い．そのため，効果的に転写を開始するためには，複合体の構築が別のタンパク質によって活性化される必要がある．細菌と比べると，真核生物では転写開始調節の戦略が異なり，リプレッサーよりもアクチベーターが中心的な役割を果たす．

　細菌のRNAポリメラーゼとは違い，真核生物のRNAポリメラーゼはコアプロモーターに直接的には結合しない．RNAポリメラーゼⅡによって転写される遺伝子に最初に接触するのは，**基本転写因子**（general transcription factor）のTFⅡDである．この転写因子は**TATA結合タンパク質**（TATA-binding protein：TBP）と，少なくとも12個の**TBP関連因子**（TBP-associated factor：TAF）から構成されている．TBPは配列特異的なDNA結合タンパク質で，TATAボックス領域内の副溝と接触する特別なDNA結合ドメインをもつ．TAFは**TAFおよびイニシエーター依存性補助因子**（TAF- and initiator-dependent cofactor：TIC）と呼ばれる別のタンパク質と協調して，TBPがTATAボックスに結合するのを助け，TATAボックスを欠くプロモーターでは，Inr配列の認識にも関与している可能性がある．

　X線結晶解析により，TBPはサドルのような形をしていて，二重らせんに部分的に巻きついており，RNAポリメラーゼが配置されるための足場のようになっていることがわかった（図12.19）．RNAポリメラーゼは，さらにTFⅡA，TFⅡB，TFⅡFの3つの転写因子の助けを借りて呼び込まれ，ここにTFⅡEとTFⅡHが加わることで**転写開始前複合体**（transcription preinitiation complex）が構築される．初期のモデルでは，転写開始前複合体の構築は段階的なプロセスで，TFⅡA，TFⅡB，RNAポリメラーゼⅡ，TFⅡF，TFⅡE，TFⅡHが順番に集まってくるとされていた．しかし現在では，TBPが形成する足場に転写開始前複合体が構築される前に，少なくともいくつかの転写因子はRNAポリメラーゼと結合していると考えられている．

　どちらのモデルが正しいとしても，転写開始前複合体の完成に続いて，RNAポリメラーゼの最も大きなサブユニットの**C末端ドメイン**（C-terminal domain：CTD）のリン酸化が起こる．哺乳類のCTDでは，7つのアミノ酸からなる配列Tyr-Ser-Pro-Thr-Ser-Pro-Serが52回繰り返されている．各反復単位中の3つのセリンのうちの2つは，リン酸化を受ける能力があり，このリン酸化は，TFⅡHの2つのサブユニットがもつプロテインキナーゼ活性によって触媒される．リン酸化はRNAポリメラーゼのイオン特性を大きく変化させることで，RNAポリメラーゼが転写開始複合体を離れてRNA合成を開始できるようにする．

　ここまでで，真核生物のタンパク質コード遺伝子の転写開始の仕組みを述べた．では，転写の速度はどのような仕組みで適切なレベルに保たれているのだろうか．これには，**転写因子**（transcription factor）と呼ばれるDNA結合タンパク質が重要な役割を担っている．転写因子は，転写開始前複合体に含まれるTFⅡDといった基本転写因子とは区別される．

図12.19　TATAボックスに結合したTBPは転写開始複合体構築の足場となる　TBP二量体を茶色で，DNAを銀色と緑色で示す．（Song Tan, Penn State Universityの厚意による）

図 12.20 **転写因子の結合部位** エンハンサーは標的遺伝子を含む機能ドメイン内のどこにでも存在しうる。

調節的な転写因子の例としては細胞内の cAMP レベルの上昇に応答して CRE に結合し，標的遺伝子を活性化させる CREB があげられる（11.1 節）。他にも，ステロイドホルモンや熱ショックといった，さまざまな刺激を遺伝子発現に反映させる転写因子がある。転写因子の結合部位は標的遺伝子の近傍にある場合もあれば，もっと離れた位置に存在することもある（図 12.20）。

- 近位結合部位は上流プロモーター配列であり，ほとんどが標的遺伝子の転写開始点から 2 kb 以内に位置している。これらの部位への転写因子の結合は，結合部位が位置しているプロモーターから転写される遺伝子の転写のみに影響を及ぼす。
- 離れた位置にある結合部位は**エンハンサー**（enhancer）内に存在し，標的遺伝子を含む機能ドメイン内であればどこにでも存在しうる。1 つのエンハンサーは，機能ドメイン中の複数の遺伝子の転写に影響を及ぼしうるが，近隣のドメインに存在する遺伝子への作用はインスレーター配列によって妨げられる（10.1 節）。

転写因子の標的配列への結合は，どのように転写開始を活性化または抑制するのだろうか。標的配列に結合した転写因子は，**メディエーター**（mediator）と呼ばれるタンパク質複合体と物理的に相互作用し，ついでメディエーターが転写開始前複合体と相互作用する，というのがその答えである（図 12.21）。メディエーターは，TBP への RNA ポリメラーゼのポジショニングを含む複合体の構築や，CTD のリン酸化による RNA ポリメラーゼの活性化など，さまざまな過程に関与すると考えられている。つまり，メディエーターはその名前からわかるように，転写因子からのシグナルを転写開始前複合体に「伝達（mediate）」しているのである。

プロモーターからの RNA ポリメラーゼ II の基本的な転写開始レベルは低いため，この RNA ポリメラーゼに対する転写因子のほとんどはアクチベーターである。転写開始を抑制するタンパク質はほんのわずかしか知られておらず，それらは上流プロモーター配列や，もっと離れた位置にある**サイレンサー**（silencer）内に結合する。サイレンサーは，ヒストンの脱アセチル（10.2 節）や DNA メチル化（10.3 節）を介して，ゲノム発現を普遍的に抑制している場合もあるが，個別のプロモーターに特異的な作用を及ぼすものもある。転写を状況に応じて活性化または抑制するタンパク質もある。Pit-1 は，POU ドメインの名前の由来となった 3 種類のタンパク質のうちの最初に同定されたものであるが（11.2 節），DNA 上の結合部位の配列に応じて転写を活性化させたり抑制したりする。結合部位内に付加的ヌクレオチドが 2 つ存在すると Pit-1 の立体構造が変化し，Pit-1 が N-CoR と呼ばれる別のタンパク質と結合できるようになって，標的遺伝子の転写が抑制される（図 12.22）。

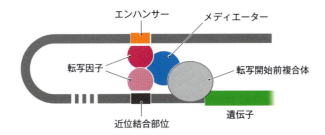

図 12.21 **メディエーターの役割** メディエーターは，エンハンサーや近位結合部位上の転写因子，および，転写開始前複合体のさまざまな部位と相互作用する。エンハンサーに結合した転写因子がメディエーターと相互作用するためには，DNA は折れ曲がっていなければならないことに注意。

図12.22 プロラクチン遺伝子および成長ホルモン遺伝子の上流標的部位に結合した転写アクチベーターPit-1のPOUドメインの立体構造 Pit-1は二量体で，それぞれの単量体にPOUドメインが2つずつある。1つの単量体中の2つのドメインを赤色で，もう1つの単量体中の2つのドメインを青色で示している。円筒はαヘリックスを表し，α3は各ドメインの認識ヘリックスである。結合部位と接触する際，両ドメインの立体構造には違いがあることに注意。成長ホルモン遺伝子の結合部位のほうが開いた構造をとっており，そのためPit-1二量体がN-CoRなどのタンパク質と結合できるようになるので，成長ホルモン遺伝子の転写は抑制される。したがってPit-1は，プロラクチン遺伝子の転写を活性化させるが，成長ホルモン遺伝子の転写は抑制する。(Scully KM, Jacobson EM, Jepsen K et al. [2000] *Science* 290:1127–1131 より American Association for the Advancement of Scienceの許諾を得て掲載)

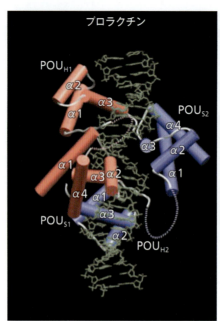
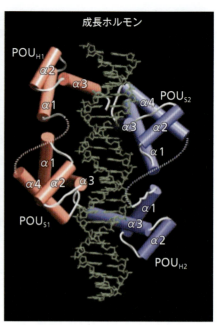

12.3　トランスクリプトームの構成分子の分解

　トランスクリプトームの構成分子がどのように合成されるかを理解したので，次にどのように分解されるかに目を向けなければならない。すでに議論したように(図12.7参照)，個々の転写産物の合成と分解にかかわるプロセスが協調して働くことで，トランスクリプトームの構成を決めたり，置かれた状況に応じて構成を変化させることが可能になる。

いくつかのプロセスが非特異的な RNA 代謝として知られている

　あるRNAの分解効率は，トランスクリプトームにおけるその**半減期**(half-life)を決定することで推測できる。これは，新たな合成が行われないと仮定したとき，あるRNAの量がもとの半分になるのに要する時間のことである。半減期は**パルス標識法**(pulse labeling)によって測定できる。研究対象の細胞に放射活性をもつ4-チオウラシルのような標識されたRNA合成基質を短時間与えることで，ウラシル分子の4位に結合している酸素原子が^{35}Sに置換される。パルス標識を施している間に合成されたRNAは標識された塩基を含むが，その前後に合成されたものには含まれない。パルス標識後に時間をおいて抽出したRNAからの放射線量を測定することで，標識された分子の分解効率を求めることができる。この推定によると，RNAの半減期は生物種間でも生物種内でも非常に大きなばらつきがある。細菌のmRNAは一般にきわめて速やかに入れ替わり，半減期が2，3分を超えることはまれである。このことは，世代間隔が20分程度の活発に増殖している細菌において，タンパク質の合成パターンが迅速に変化しうることに現れている。真核生物のmRNAは寿命がより長く，半減期は平均して酵母で10〜20分，哺乳類で数時間である。非コードRNAの半減期に関する研究はほとんどないが，真核生物においてtRNAやrRNAはいずれもmRNAよりゆっくりと代謝され，tRNAの半減期は9時間から数日，rRNAの半減期は8日にも及ぶことが示唆されている。lncRNAの半減期にも大きなばらつきがあり，マウス神経芽細胞腫細胞においては2時間に満たないものから16時間を超えるものまである。

　パルス標識法によって測定された半減期は，多くのタイプのRNAが継続的に代謝されていることを示している。これは，一般的な意味では，トランスクリプトームの構成は，

それぞれの転写産物の合成効率の変化に応答していることを意味する。このような代謝の大部分はおそらく非特異的であり，ある特定のタイプのすべての RNA に作用し，各遺伝子の転写産物間の区別を行わないものである。細菌では，非特異的な mRNA 分解は**デグラドソーム**（degradosome）によって行われる。デグラドソームはタンパク質複合体であり，mRNA の 3′ 末端から順番に塩基を除去するポリヌクレオチドホスホリラーゼ（PNPase），転写終結配列などのステムループ構造をときほぐして PNPase が mRNA に沿って進行するのを助ける RNA ヘリカーゼ B，mRNA 分子を内部で切断するリボヌクレアーゼ E と呼ばれるエンドヌクレアーゼを含んでいる。真核生物でデグラドソームに相当するのは**エキソソーム**（exosome）であり，それぞれがリボヌクレアーゼ活性を有する 6 つのタンパク質からなる環状構造と，環状構造の上部に乗った 3 つの RNA 結合タンパク質から構成される。別のリボヌクレアーゼが一過的にエキソソームと相互作用する。分解される RNA はまず RNA 結合タンパク質によって捕捉され，環状構造中央のチャネルを通って環状タンパク質のリボヌクレアーゼ活性にさらされる（図 12.23）。

エキソソームは真核細胞の細胞質にも核にも存在する。核のエキソソームの主要な役割は，転写やプロセシングが正しく行われず，それゆえ細胞質に放出されない異常な RNA を速やかに分解することだろう。異常な RNA は**品質監視機構**（surveillance mechanism）によって検出される。この機構は，DNA が不正確にコピーされて生じるような終止コドンを欠いた RNA や，RNA スプライシングの際に間違った形でエクソンが連結されたため誤った位置に終止コドンをもつような RNA をみつけだす。品質監視機構には mRNA を探索して異常をみつけだすタンパク質複合体が含まれ，異常な転写産物をエキソソームやその他の分解経路へと送る。tRNA の化学修飾の異常を探索する品質監視機構もある。修飾の誤りには問題ないものもあるが非常に重大なものもあり，そのような誤りを含む tRNA は，エキソソームあるいは tRNA に特異的な代謝経路により速やかに分解される。

RNA サイレンシングは侵入したウイルス RNA を分解する機構として発見された

非特異的な RNA 代謝は，ある特定の遺伝子の転写効率の変化が，トランスクリプトームにおけるその転写産物の定常的な濃度の変化をもたらすことを保証している。ここ 20 年間でゲノムに関するわれわれの理解が最も進んだ領域の 1 つは，たいていの生物種が，個々の転写産物，とりわけ mRNA を分解して，トランスクリプトームから迅速かつ完全に除去することができるような機構をそなえていることがしだいに明らかになってきたことである。真核生物は，ウイルスゲノムのような外来 RNA による攻撃から細胞を守る別の RNA 分解機構もそなえていることが長年知られていた。この過程はもともと RNA サイレンシングと呼ばれていたが，RNAi という別名のほうがなじみのある名称となっている。RNAi の機構は，遺伝子の機能を調べるために遺伝子を選択的に不活性化させる方法としてゲノム研究者に活用されている（6.2 節）。

RNAi の標的 RNA は二本鎖でなければならないので，細胞の mRNA はその標的とはならない。しかし，ウイルスゲノムの多くは二本鎖 RNA であるか，二本鎖 RNA を中間体として複製するので（9.1 節），RNAi の標的となる。二本鎖 RNA はいくつかのタンパク質によって認識され，そこに**ダイサー**（Dicer）というリボヌクレアーゼが結合する。ダイサーは二本鎖 RNA を 20〜25 塩基長の siRNA へと切断する（図 12.24）。これによりウイルスゲノムは不活性化されるが，もしウイルスゲノムがすでに転写されていたとしたらどうなるだろうか。転写がすでに起こってしまっていれば，ウイルスの有害な影響が早晩現れてくるはずで，RNAi は細胞を傷害から守りえなかったのだと思うかもしれない。しかし，近年の注目すべき発見の 1 つが，ウイルス mRNA に特異的に起こる RNAi の第

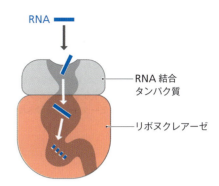

図 12.23 真核生物のエキソソームにおける RNA 分解 分解される RNA はまずエキソソーム上部の RNA 結合タンパク質によって捕捉され，リボヌクレアーゼの環状構造中央のチャネルを通過し，チャネル中でエキソヌクレアーゼ活性とエンドヌクレアーゼ活性によって分解される。

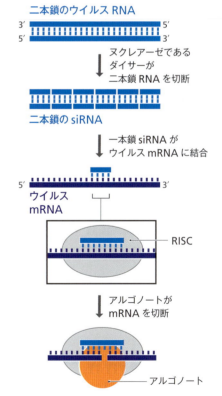

図 12.24 RNA サイレンシング経路 二本鎖のウイルス RNA はダイサーによって切断されて二本鎖の siRNA を生じる。一本鎖となった siRNA がウイルス mRNA と塩基対を形成して RNA 誘導サイレンシング複合体（RISC）の形成を誘導し，RISC 内のエンドヌクレアーゼであるアルゴノートが mRNA を切断してその発現を抑制する。

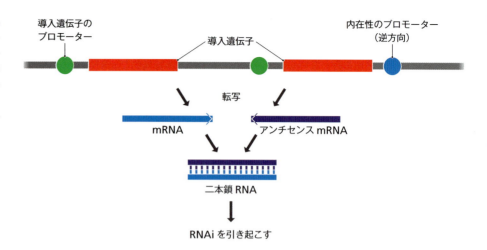

図12.25 導入遺伝子がときに不活性なのはRNA干渉(RNAi)によって説明できる わかりやすくするために，mRNAとアンチセンスmRNAは，挿入された導入遺伝子の異なるコピーから転写されるように描いている。両者は単一の導入遺伝子がそれ自身のプロモーターと内在性のプロモーターから転写されて生じることもある。

2段階である。ウイルスゲノムの切断により生じたsiRNAはそれぞれの鎖に分離し，それらが細胞内に存在するウイルスmRNAとふたたび塩基対を形成するのである。こうして生じた二本鎖領域では，**RNA誘導サイレンシング複合体**（RNA-induced silencing complex：RISC）が形成される。RISCにはアルゴノート（Argonaut）ファミリーのエンドヌクレアーゼが含まれており，mRNAを切断してその発現を抑制する。

RNAiの分子過程を発見するに至った研究は，1990年代後半に線虫を用いて行われた。その後，RNAiは出芽酵母（*Saccharomyces cerevisiae*）のような少数の例外を除くほとんどの真核生物で起こることが示された。RNAiはまた，RNA分解にかかわるものの，それ以前は無関係と思われていたさまざまな反応と関係していたのである。例えば，ある種のトランスポゾンの転位には二本鎖RNA中間体が関係しているが，その分解にRNAiがかかわっていることが今では知られている。これによって真核生物は，トランスポゾンがゲノムに大量に広がるのを防いでいる。また遺伝子工学者を困惑させてきたこととして，ある種の生物，特に植物で，クローニング技術によってゲノムに挿入された導入遺伝子が発現抑制を受けるという現象がある。しかし今では，導入遺伝子が偶然プロモーターの下流に挿入されたときに，この種の発現抑制が起こりうることがわかっている。内在性のプロモーターが導入遺伝子の全体もしくは一部分のアンチセンスmRNAの合成を指令し，このアンチセンスmRNAが導入遺伝子自身のプロモーターによって作られたセンスmRNAと塩基対を形成して二本鎖RNAとなり，RNAiを引き起こすのである（図12.25）。さまざまな生物種でクエリング（quelling），共抑制（cosuppression），転写後遺伝子サイレンシング（posttranscriptional gene silencing）などとして知られる現象も，すべてRNAiの異なる形であることがわかっている。

マイクロRNAは特定の標的mRNAの分解を引き起こすことで遺伝子発現を制御する

多くの生物種で，2種類以上のダイサータンパク質がみつかっている。例えばキイロショウジョウバエには2つの類似したダイサーがある。ショウジョウバエの2つ目のダイサーは，ウイルスRNAに働くのではなく，ショウジョウバエゲノムにコードされ，RNAポリメラーゼIIによって転写される**フォールドバックRNA**（foldback RNA；折り返しRNA）に働くことが判明している。これらのRNAは，分子内塩基対形成によって生じたステムループ構造をいくつかもつ前駆体分子として合成されることからフォールドバックと呼ばれる（図12.26）。そのステムがダイサーによって切断され，約21塩基長の短い二本鎖のmiRNAを生じる。二本鎖のうち一方の鎖が分解されて機能のあるmiRNAとなる。いくらかのmiRNAはやや異なる方法で生成され，前駆体miRNAの遺伝子の転

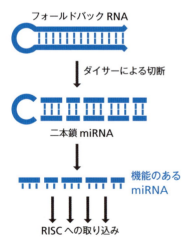

図12.26 フォールドバックRNA前駆体からのmiRNAの生成 フォールドバックRNAのステムがダイサーによって切断され，短い二本鎖のマイクロRNAを生じる。その一方の鎖が分解されて機能のあるmiRNAとなる。

写によって生じるのではなく，タンパク質をコードする mRNA ができるときに切り出されたイントロンから生成される。イントロン内部にステムループ構造が形成され，やはりダイサーによって切断される。

それぞれの miRNA は細胞の mRNA の一部と相補的であり，標的配列と塩基対を形成して RISC の形成を誘導する。miRNA の結合部位は多くの場合，標的 mRNA の 3′ 非翻訳領域にあり，多コピー存在することもある（図 12.27）。したがって，アルゴノートによる切断は mRNA のコード領域を破壊するのではなく，ポリ(A) 配列の除去を引き起こすことになる。これにより，ポリ(A) 配列が関与する翻訳開始の過程が阻害されるのかもしれない。あるいは，ポリ(A) 配列が除去された mRNA は，エキソソームか非特異的な RNA 代謝経路によって分解されるのかもしれない。その詳しい機構はどのようなものであれ，アルゴノートによる切断によって mRNA のサイレンシングが引き起こされる。

miRNA によるサイレンシング系として最初に解析されたのは，線虫の遺伝子 lin-4 と let-7 が関係するものである。これらはどちらもフォールドバック RNA をコードしており，それがダイサーにより切断されて miRNA を生じる。これら 2 つの遺伝子のどちらかが変異すると線虫の発生過程に異常が引き起こされることから，この種の RNA 分解が，異常な mRNA や有害となりうる mRNA を排除する手段としてだけでなく，トランスクリプトームの構成を制御する重要な役割を担っていることが示唆される。この考えは線虫の miRNA に関するその他の研究によっても支持されている。それによるとこれらの分子は細胞死，神経細胞の分化，脂肪貯蔵の制御といった多様な生物学的事象に関与している。ゲノム解析の結果では，ヒトは 1,000 種類ほどの miRNA を合成できるようであり，これにより 1 万に及ぶ遺伝子の mRNA を標的とすることができる。これは，異なる遺伝子の mRNA が同じ miRNA 結合配列をもっていることや，mRNA が RISC に取り込まれるためには miRNA と mRNA が厳密に適合する必要はないことなどによるものだろう。miRNA の中にはタンパク質コード遺伝子の近傍に位置して，その mRNA を標的とするものがある。このような場合，同じ調節タンパク質が mRNA と miRNA の両方の合成を調節することが可能である。これにより miRNA の合成とタンパク質コード遺伝子の抑制を直接的に調和させることができる。それゆえ，mRNA 合成が停止されるとただちに mRNA が分解されることになる。しかし多くの場合には miRNA とタンパク質コード遺伝子は同じ場所になく，mRNA の合成と分解の調和をとる方法は明らかではない。

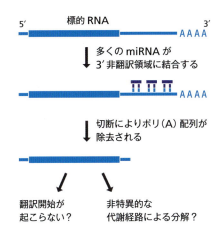

図 12.27 miRNA の結合部位は多くの場合，標的 mRNA の 3′ 非翻訳領域にある

12.4　トランスクリプトームの構成への RNA プロセシングの影響

　大部分の RNA は，合成や分解とともに，切断や，場合によっては結合反応により加工されて，最初の転写産物から機能のある分子へと変換される。多くの RNA 種において，これらのプロセシング反応は通常の合成経路の一部であり，トランスクリプトームの構成に影響を与えるような顕著な転写後の調節ポイントを含まない。このことは，rRNA 前駆体や tRNA 前駆体のプロセシング（1.2 節）や，一部の tRNA，rRNA，細胞小器官の転写産物の前駆体からイントロンを除去するスプライシング過程に当てはまるであろう。

　トランスクリプトームの構成に影響を与える明確な重要性をもった RNA プロセシングの 1 つは，真核生物における mRNA 前駆体のスプライシングである。なぜなら，選択的スプライシングの過程は，単一の mRNA 前駆体からさまざまな mRNA を生成することができるからである。それゆえ，真核生物のトランスクリプトームの構成を決定する過程を完全に理解するためには，mRNA 前駆体のスプライシングがどのように制御されるかを学ばなければならない。

真核生物の mRNA 前駆体のイントロンのスプライシング過程

　mRNA 前駆体のイントロンの大部分において，イントロン配列は 5'-GU-3' という 2 塩基ではじまり，5'-AG-3' という 2 塩基で終わる。したがって，それらは **GU-AG イントロン**（GU-AG intron）と呼ばれる。ごく少数はこのクラスに入らず，末端配列にもとづいて **AU-AC イントロン**（AU-AC intron）と呼ばれていたが，多くの例の解析から，これらの配列にはゆらぎがあり，このタイプのすべてのイントロンが AU-AC モチーフを有するわけではないことが明らかになっている。スプライシング過程は両方のタイプのイントロンで細部のごくわずかな違いを除けば類似しているので，ここでは GU-AG イントロンに焦点を当てることにする。

　保存された GU-AG モチーフはイントロンが発見されてまもなくみつかり，そしてただちにスプライシング過程に重要だろうと考えられるようになった。真核生物のゲノム配列がアノテーションされ，5.1 節でイントロン境界を同定するための方法について述べた際にみたように，イントロン配列がデータベースに蓄積されるにしたがって，GU-AG モチーフは，5' および 3' スプライス部位（切断部位）周辺のもっと長い保存配列の一部にすぎないことが明らかとなった。これ以外の保存配列も一部の真核生物には存在する。高等真核生物のイントロンには通常，イントロン配列の 3' 末端のすぐ上流にピリミジンに富む領域，**ポリピリミジン配列**（polypyrimidine tract）が存在する（図 12.28）。この配列は酵母のイントロンではあまりみられないが，酵母では 3' スプライス部位の上流 18 bp から 140 bp の間に 5'-UACUAAC-3' という保存配列が存在する。この配列は高等真核生物には存在しない。

　保存された配列モチーフは GU-AG イントロンの重要な領域であり，スプライシングに関与する RNA 結合タンパク質の認識配列として機能したり，スプライシングにおけるその他の重要な役割を果たしていると推定される。スプライシングを理解しようとする初期の試みは技術的な問題（特に，スプライシング過程を詳細に解析できるような無細胞スプライシング系を開発するうえでの困難）によって妨げられたが，1990 年代になって爆発的に多くの情報が得られた。こうした研究から，スプライシング経路が 2 段階に分けられることがわかった（図 12.29）。

- 5' スプライス部位あるいは**供与部位**（donor site）の切断。これはエステル転移反応（transesterification）によって起こり，イントロン配列内に存在するアデノシンの 2' 位に結合しているヒドロキシ基によって促進される。酵母では，このアデノシンは 5'-UACUAAC-3' 保存配列の最後のアデノシンである。ヒドロキシ基による攻撃の結果，5' スプライス部位のホスホジエステル結合が切断され，イントロンの最初の塩基（5'-GU-3' モチーフの G）と内部アデノシンとを結ぶ新たな 5'-2' ホスホジエステル結合が形成される。その結果，イントロンはそれ自身で環状化し，**投げ縄構造**（lariat structure）をとる。

- 3' スプライス部位あるいは**受容部位**（acceptor site）の切断とエクソンの連結。これは第 2 のエステル転移反応によって起こり，上流側エクソン末端の 3'-ヒドロキシ基によって促進される。このヒドロキシ基は 3' スプライス部位のホスホジエス

図 12.28　脊椎動物のイントロンにみられる保存配列．"Py" はピリミジン塩基（U または C）を表す．

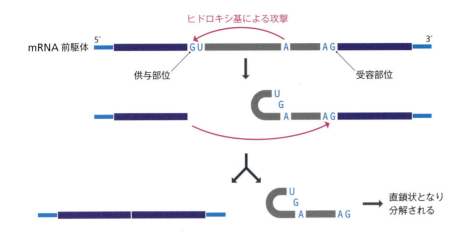

図 12.29　**スプライシングの概要**　5′ スプライス部位（供与部位）の切断は，イントロン配列内に存在するアデノシンの 2′ 位に結合しているヒドロキシ基（-OH）によって促進され，その結果，投げ縄構造が形成される。その後，上流側エクソン末端の 3′-OH 基が 3′ スプライス部位（受容部位）の切断を誘導し，2 つのエクソンが連結される。放出されたイントロンは直鎖状となり分解される。

テル結合を攻撃して切断し，投げ縄構造のイントロンを遊離させる。それと同時に，上流側エクソンの 3′ 末端が下流側エクソンの新たに生じた 5′ 末端と結合し，スプライシング反応は完了する。投げ縄構造のイントロンはその後，直鎖状 RNA となり分解される。

化学的な意味において，イントロンのスプライシングは細胞にとってさほど大きな困難ではない。それは 2 回のエステル転移反応にすぎず，さまざまな酵素によって行われる多くの生化学反応と比べても特に複雑ではない。それではなぜ，これから説明するような複雑なスプライシング装置が生じたのだろうか。この反応の難しさは幾何学的な問題にある。問題の 1 つは，スプライス部位間に存在する膨大な距離である。それは数十 kb にも及び，mRNA が直鎖状だとすると 100 nm 以上に相当するので，スプライス部位どうしを近くにもってくる手段が必要となる。これは snRNP（12.1 節）の役割であり，snRNP はその他の補助タンパク質とともに mRNA 前駆体に結合し，一連の複合体を形成する。その最も重要なものがスプライソソームであり，その内部で実際のスプライシング反応が起こる。

スプライシングは **E 複合体**（complex E）の形成からはじまる（図 12.30）。この複合体は，RNA–RNA 塩基対の形成などによって 5′ スプライス部位に結合する U1-snRNP と，RNA–タンパク質相互作用によって分岐部位（branch site），ポリピリミジン配列，およびおそらく 3′ スプライス部位にそれぞれ結合するタンパク質因子 SF1，U2AF1，U2AF2 からなる。次のステップは E 複合体から**スプライソソーム前駆複合体**（prespliceosome complex）とも呼ばれる **A 複合体**（complex A）への変換であり，U2-snRNP が分岐部位に結合して起きる。この結合はおそらく塩基対の形成ではなく，U2-snRNP に相互作用するタンパク質の 1 つと分岐部位との相互作用によるものである。U1-snRNP と U2-snRNP の相互作用により 5′ スプライス部位と分岐部位がごく近くにくる。そして U4-，U5-，U6-snRNP がイントロンに結合して，**前駆触媒活性スプライソソーム**（precatalytic spliceosome）とも呼ばれる **B 複合体**（complex B）が形成される。その結果，さらなる相互作用が生じて，3′ スプライス部位が 5′ スプライス部位と分岐部位の近くにくる。すると U1-snRNP と U4-snRNP が複合体から解離してスプライソソームを生じる。こうしてイントロンの 3 つの重要な部位すべてが近くに集まり，U2-snRNP と U6-snRNP に触媒された切断・結合反応が起こる。スプライシング反応の最初の産物は**後スプライソソーム複合体**（post-spliceosome complex）で，そこからスプライシングを受けた mRNA と，U2-，U5-，U6-snRNP が結合したままの投げ縄構造のイントロンが解離する。

図 12.30　snRNP と補助タンパク質がスプライシングに果たす役割　スプライシング過程で起こる一連の反応については多くの未解決の問題があり，この図がすべて正しいとは限らない．大切なのは，snRNP どうしの結合によって，イントロンの 3 つの重要な部位（2 つのスプライス部位と 1 つの分岐部位）が近接するようになる点である．タンパク質因子 SF1, U2AF1, U2AF2 は E 複合体のみにみられ，A 複合体が形成される過程で解離すると考えられる．

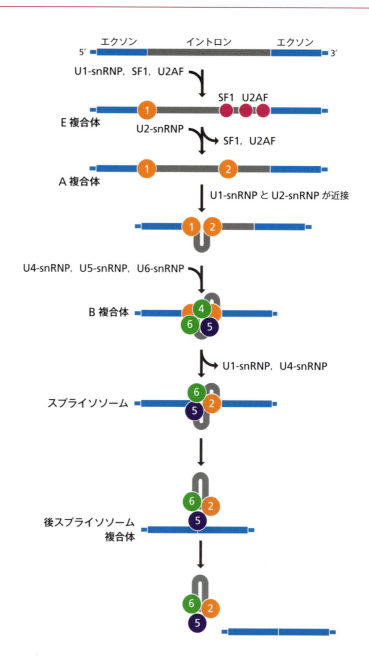

スプライシング過程は高い正確性を有する必要がある

　スプライシングには正確性が不可欠である．本来のエクソン-イントロン境界から 1 塩基でも異なる部位で切断されると，転写産物のオープンリーディングフレームが中断され，生成した mRNA は機能をもたなくなる．スプライス部位の選択にも正確性が求められる．すべてのスプライス部位は類似しているため，ある mRNA 前駆体が 2 つ以上のイントロンを含んでいれば，誤ったスプライス部位が連結されて，**エクソンスキッピング**（exon skipping），つまり成熟型 mRNA からのエクソンの消失が起こる可能性がある（図 12.31A）．また，**潜在的スプライス部位**（cryptic splice site），すなわち真のスプライス部位のコンセンサスモチーフに似たイントロン内やエクソン内の部位が不運にも選択される可能性がある（図 12.31B）．潜在的スプライス部位はほとんどの mRNA 前駆体に存在しており，スプライシング装置はこれらを無視しなければならない．

　スプライス部位の選択を調節する上で重要な役割を担うのは，**エクソン内スプライシングエンハンサー**（exonic splicing enhancer：ESE），エクソン内スプライシングサイレン

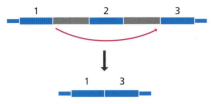
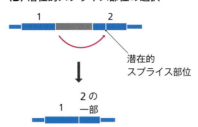

図 12.31　スプライシングの 2 つの異常な形　(A) エクソンスキッピングでは，異常なスプライシングの結果，エクソンの 1 つが mRNA から失われる．(B) 潜在的スプライス部位が選択されると，図に示すようにエクソンの一部が mRNA から失われる．あるいは，潜在的スプライス部位がイントロン中に存在していれば，そのイントロンの一部が mRNA 内に保持されてしまう．

サー (exonic splicing silencer: ESS)，**イントロン内スプライシングエンハンサー** (intronic splicing enhancer: ISE)，**イントロン内スプライシングサイレンサー** (intronic splicing silencer: ISS) という短い塩基配列である．これらの配列にタンパク質が結合し，近傍のスプライス部位の選択を促進あるいは抑制する．たいてい，エンハンサーに結合するのは，セリン (S と略記) とアルギニン (R と略記) に富むドメインを有する **SR タンパク質** (SR protein) である．転写開始期に RNA ポリメラーゼⅡの最大サブユニットの CTD がリン酸化されると，SR タンパク質はただちに CTD に結合する．SR タンパク質は転写産物を合成している RNA ポリメラーゼに同乗して移動し，スプライシングエンハンサー配列が転写されるやいなや，エンハンサー配列に結合する．電子顕微鏡を用いた解析から，転写とスプライシングが一緒に起こっていることが示されており，この RNA ポリメラーゼⅡに親和性をもつスプライシング因子の発見は，この観察結果を生化学的に裏づけるものである．SR タンパク質は，スプライシングエンハンサーに結合すると，E 複合体内で U1-snRNP と U2AF の間の結合を確立するなど，さまざまな役割を果たしているようである．このことは，SR タンパク質がスプライス部位の選択に果たす役割を知る手がかりになるだろう．というのも，E 複合体の形成は，どのスプライス部位を連結するかを決めるスプライシング過程の重要な段階だからである．

　エクソン内やイントロン内のスプライシングサイレンサーの作用機序についてはまだ理解が進んでいない．これらの配列は**ヘテロ核リボ核タンパク質** (heterogeneous nuclear ribonucleoprotein: hnRNP) の結合部位として働く．しかしながら，その名前からわかるように，これらは RNA-タンパク質複合体の広いグループで，その多くは RNA に結合して核内でいくつかの役割を果たしている．hnRNP I と hnRNP L はイントロンやエクソンの特異的な部位に結合しているようであり，スプライシングの制御に関係する．その作用機序は，単純に，スプライス部位，分岐部位，ポリピリミジン配列をブロックすることで E 複合体形成を妨げてスプライシングを阻害するというものかもしれない．

エンハンサー配列やサイレンサー配列が選択的スプライシング様式を指定する

　選択的スプライシングはトランスクリプトームの構成を決める主要な要因とみなされている．7.3 節でみたように，ヒトのタンパク質コード遺伝子の 75%，2 つ以上のイントロンを含むタンパク質コード遺伝子に限ればその 95% が選択的スプライシングを受け，1 つの遺伝子から平均して 4 種類の異なる mRNA，すなわち**アイソフォーム** (isoform) が産生される．選択的スプライシングは次の 4 つに分類できる．

- **エクソンスキッピング** (exon skipping) では，最終的な mRNA から 1 つないしそれ以上のエクソンが除外される (図 12.31A 参照)．
- **代替スプライス部位選択** (alternative splice site selection) では，通常の供与部位または受容部位が使用されず，第 2 の部位が用いられる (図 12.31B 参照)．
- **選択的エクソン** (alternative exon) では，mRNA は 1 対のエクソンのどちらか一

方のみを含み，同時に両方のエクソンが含まれることはない．
- **イントロン保持**（intron retention）では，通常は mRNA 前駆体からスプライシングにより除去されるイントロンが最終的な mRNA に残留する．残留イントロンが mRNA の上流や下流の非翻訳領域中に位置することもあれば，保持されたイントロンがオープンリーディングフレームを含み，mRNA がコードするタンパク質のアミノ酸配列として用いられる例もある．

選択的スプライシングの重要性は，以下の2つの例から十分に示されるだろう．第1の例は，どのような生物にとっても重要な性決定に関するものである．ショウジョウバエの場合，性は一連の選択的スプライシングによって決定される．一連の反応の最初の遺伝子は *sxl* である．その転写産物には選択的エクソンが1つ含まれ，それがその前のエクソンと連結されると，不活性型の SXL タンパク質が生じる．雌のスプライシング経路ではこのエクソンが除外され，機能のある SXL が作られる（図 12.32）．SXL は，第2の転写産物 *tra* において，U2AF2 を通常の 3′ スプライス部位ではなく，より下流の別のスプライス部位へと誘導し，潜在的スプライス部位でのスプライシングを促進する．その結果生じる雌特異的な TRA タンパク質は，ふたたび選択的スプライシングに関与する．今度は，TRA は SR タンパク質と結合して多因子複合体を形成する．この複合体は *dsx* という第3の mRNA 前駆体のエクソンに存在する ESE に結合し，この転写産物中の二次的な雌特異的スプライス部位の選択を促進する．雌雄で異なる DSX タンパク質は，ショウジョウバエの性の主要な決定要因である．

選択的スプライシングの第2の例は，一次転写産物から合成される mRNA の複雑さを示すものである．ヒトの *slo* 遺伝子は，カリウムイオンの細胞内への流入と排出を制御する膜タンパク質をコードしている．この遺伝子は 35 のエクソンをもっており，そのうち 8 つが選択的スプライシングを受ける（図 12.33）．8 つの選択的エクソンがさまざまな組合せで選択的スプライシングを受け，その結果，機能的特徴の少しずつ異なる膜タンパク質を指定する 500 種類以上の mRNA が生じる．*slo* 遺伝子は内耳で活性を示し，蝸牛の基底膜上にある有毛細胞の聴覚特性を決定している．それぞれの有毛細胞は 20〜2万 Hz の異なる周波数の音に応答し，個々の細胞の応答性は部分的に Slo タンパク質の性質によって決まっている．したがって，ヒトの聴覚域は蝸牛の有毛細胞内における *slo* 遺伝子の選択的スプライシングによって決定されているのである．

現在，相当な数の選択的スプライシング経路がわかっており，これらの経路のいくらかについては，選択的な結果をもたらす選択がどのように制御されるかが明らかになっている．外見上の複雑さの下には，エンハンサー，サイレンサー，およびその結合タンパク質の間で起こるさまざまな相互作用の結果を説明する**スプライシング暗号**（splicing code）が存在するものと予想される．現状でのスプライシング暗号の理解は初歩的段階であり，それゆえ，どのように選択的スプライシングが調節されるかについての理解には，依然として大きな欠落が存在する．

12.5　トランスクリプトーム解析

ここまで，トランスクリプトーム中のコード RNA および非コード RNA について探査し，トランスクリプトームの構成がどのように決定されるのか，トランスクリプトーム中の RNA の合成，分解，プロセシングにかかわる生物学的事象をみてきた．この章を締めくくるにあたり，生物学研究におけるトランスクリプトーム解析の重要性について述べる．

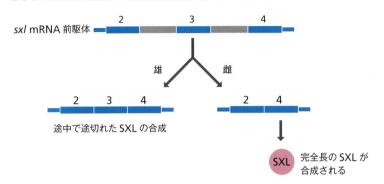

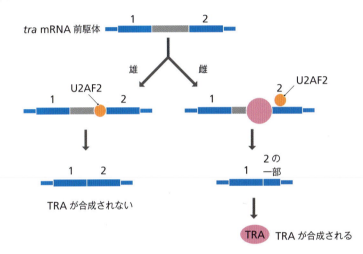

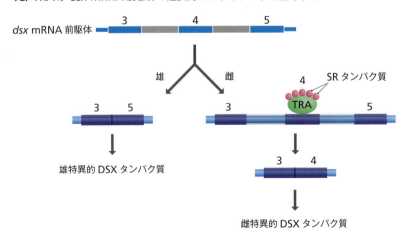

図 12.32 ショウジョウバエの性決定にかかわる遺伝子の発現におけるスプライシングの制御　(A) 一連の反応は，*sxl* mRNA 前駆体の性特異的な選択的スプライシングではじまる．雄では *sxl* mRNA はすべてのエクソンをもっているが，エクソン 3 は終止コドンを含んでいるため，途中で途切れたタンパク質が合成される．雌ではエクソン 3 が除外され，機能のある完全長の SXL タンパク質が生じる．(B) 雌では SXL が *tra* mRNA 前駆体の第 1 イントロンの 3′ スプライス部位を阻害する．U2AF2 はこの部位に結合することができず，代わりにエクソン 2 内部の潜在的スプライス部位のスプライシングを指令する．その結果，機能のある TRA タンパク質をコードする mRNA が生じる．雄では SXL がないため 3′ スプライス部位は阻害されず，機能がない mRNA が合成される．(C) 雄では *dsx* mRNA 前駆体のエクソン 4 が除外され，その結果，雄特異的な DSX タンパク質をコードする mRNA が生じる．雌では TRA が SR タンパク質とエクソン 4 内部のスプライシングエンハンサーの結合を安定化させる．その結果，このエクソンは除外されず，雌特異的な DSX タンパク質をコードする mRNA が生じる．2 種類の DSX タンパク質は，雌雄の生理作用を決定する主要な因子である．エクソン 4 と 5 の間のイントロンには 5′ スプライス部位がないため，これらのエクソンが連結されることはない．雌ではエクソン 4 の最後にあるポリ(A)付加シグナルが用いられる．

トランスクリプトーム解析はゲノムアノテーションに役立つ

5.3 節において，ゲノムアノテーションを行う際に RNA マッピングを用いて，ゲノム中の転写される領域を同定するさまざまなやり方を述べた．その方法には，トランスクリプトームの構成を解析するために用いられる 2 つの主要な手法であるマイクロアレイ解

図 12.33 ヒトの *slo* 遺伝子　この遺伝子は 35 のエクソン（四角で示す）をもっている．そのうち 8 つ（緑色）は選択的であり，異なる *slo* mRNA にはこれらが異なる組合せで含まれている．8! = 40,320 通りのスプライシング経路によって 40,320 通りの mRNA となりうるが，ヒト蝸牛では 500 種類ほどの mRNA のみが合成されていると考えられている．

析とRNA-seq法が含まれる。トランスクリプトーム解析とRNAマッピングは基本的には同じ手順であり，その違いは，前者が細胞内のRNA構成を知るために行われるのに対し，後者はDNA配列中に存在する遺伝子を同定するために行われるという点にある。これら2つは相補的なもので，多くのプロジェクトにおいて両者に区別はなく，トランスクリプトーム解析はゲノムアノテーションと密接に関係している。ゲノムアノテーションにおけるトランスクリプトーム解析の重要性を例証するため，キイロショウジョウバエのトランスクリプトームのカタログ化が，どのようにショウジョウバエゲノムのアノテーションにきわめて詳細な情報を付与したかをみてみよう。

遺伝子の発現パターンやトランスクリプトームは，多細胞生物のさまざまな組織でそれぞれ異なり，また，環境要因に応じて変化する。したがって，包括的なゲノムアノテーションを行うためのトランスクリプトーム解析では，多くの異なるRNAライブラリーを作製して塩基配列を決定しなければならない。あるプロジェクトでは，ショウジョウバエの幼虫，さなぎ，成体が解剖されて，タンパク質コード遺伝子の転写産物を多く含むポリアデニル化RNA（5.3節）が，神経系，消化器系，生殖系，内分泌系や，表皮，筋肉の異なる部位を含むさまざまな組織から精製された。熱ショックや低温ショックにさらされたハエの成体や，重金属，除草剤，殺虫剤といった環境汚染物質にさらされたハエの成体や幼虫からのライブラリーも付け加えられた。

このプロジェクトで同定された転写産物の数は，キイロショウジョウバエのゲノムアノテーションで明らかとなっている約1万4,000のタンパク質コード遺伝子数（表7.4参照）をはるかに上回っている。この矛盾は，もちろん，単一の遺伝子から複数の転写産物を指定できる選択的プロモーターや選択的スプライシング経路の使用によるものと説明できる。転写産物の中には，**選択的ポリアデニル化部位**（alternative polyadenylation site）を有するものもあり，RNAポリメラーゼIIによって合成されたRNAの3′末端の特徴であるポリ(A)テールの付加前に，転写産物が2カ所以上の選択的な部位で切断されうることを意味している（図12.1参照）。複数の転写産物を生じる遺伝子の数は予想外のものではなく，全遺伝子数の42％であった（哺乳類では95％）。ショウジョウバエの性決定における選択的スプライシングの重要性も強調された。575の性特異的な選択的スプライシングが起こっており，その多くは雄の精巣や雌の卵巣で合成された転写産物におけるものである。単一の遺伝子が選択的スプライシングによるmRNAアイソフォームを異なる組織特異性をもって生じる，その他の多くの例も同定された。

ショウジョウバエの転写産物の解析結果における驚きは，少数の遺伝子において転写様式が極度に複雑であったことである。各遺伝子から1,000種類以上の転写産物を生じる47の遺伝子が同定され，これらのアイソフォームを合計するとトランスクリプトームのカタログの50％を占めていた（図12.34）。これら47遺伝子の転写産物の多くは組織特

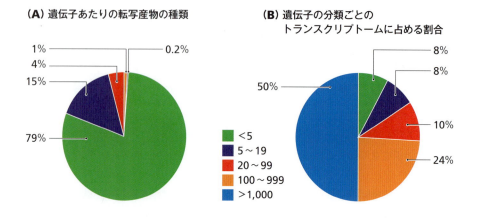

図12.34　ショウジョウバエのトランスクリプトームにおける選択的スプライシング（A）いくつの転写産物を生じるかによって遺伝子を分類している。79％の遺伝子が5種類未満の転写産物を生じる。対照的に，47遺伝子（全体の0.2％）は1,000種類を超えるRNAを生じる。（B）それぞれに分類された遺伝子の転写産物がトランスクリプトーム全体に占める割合。全体の半分のRNAが，47遺伝子から生じるそれぞれ1,000種類を超える転写産物に占められている。（Brown JB, Boley N, Eisman R, et al. [2014] *Nature* 512: 393–399のデータによる）

異的で，56％が初期胚にのみ存在するRNAであり，27％が神経系組織にのみ存在していた。第2の驚きは，これら多くの選択的な転写産物は同一のタンパク質を指定し，RNAのアイソフォーム間の違いがオープンリーディングフレームに影響を与えないことである。その一例は*pUf68*あるいはhalf pint（ショウジョウバエ遺伝学者はショウジョウバエの遺伝子に面白い名前をつけることを好む）と呼ばれる遺伝子である。この遺伝子は成体の卵巣組織において，一連の選択的スプライシングを制御するタンパク質をコードしている。*pUf68*の変異は卵発生異常となり，正常より小さいため，half pint（小柄な人）という名前がつけられたのである。*pUf68*の一次転写産物は多様な選択的スプライシング経路をとって100以上のアイソフォームを生じるが，half pintタンパク質は1種類しかない。これは，選択的スプライシングがmRNA前駆体の上流の非翻訳領域に存在するエクソンでのみ起こり，したがってオープンリーディングフレームには影響を与えないからである。こうした結果をどのように解釈すればよいのだろうか。lncRNAと同様に，同じタンパク質をコードする転写産物の多様性を転写のノイズとして片づける傾向がある。この仮説によれば，mRNAが正しい組織で正しい時期に作られる限りは，最終的なmRNAを合成する過程は重要ではない。説明がどのようであれ，ショウジョウバエやその他の真核生物において多くのRNAアイソフォームを生じる遺伝子が発見されたことは，トランスクリプトーム解析を複雑にし，ゲノムアノテーションに付随してトランスクリプトームの詳細な解析を行うことの重要性を強調している。

がんのトランスクリプトーム

　がん化によるトランスクリプトームの再構成は1997年にはじめて記載され，正常大腸上皮細胞とがん化した大腸細胞とで有意な量的違いがある289種のmRNAが存在し，その約半数は膵臓がん細胞においても量的変化がみられることが示された。これは重要な観察結果であった。なぜなら，正常細胞とがん細胞のトランスクリプトームの差異を理解することは，その生化学的な違いを理解することであり，それゆえがん治療の新たな道筋を示すことにつながるからである。トランスクリプトーム解析は，がんの診断にも応用されている。1999年に急性リンパ性白血病のトランスクリプトームが急性骨髄性白血病のものとは異なっていることが示されたのが，この領域での最初のブレークスルーであった。この研究では27のリンパ性がんと11の骨髄性がんが調べられ，トランスクリプトーム全体としてはわずかにしか異なっていないが，2種類のがんで見られた差異は，両者を明確に分けるのには十分であった。この研究の重要性は，もし明らかな形態学的指標がみつかる前の早期段階で正確にがんを診断できれば，寛解率が改善することにある。この2つの白血病については遺伝学的手法を用いなくても区別がつくので必ずしも当てはまらないが，非ホジキンリンパ腫などその他のがんにおいては重要である。この疾患の最も一般的な病型はびまん性大細胞型B細胞リンパ腫であり，長年の間このタイプの腫瘍はすべて同じものと考えられていた。しかしトランスクリプトーム解析によってこの見解が変わり，B細胞リンパ腫は2つのサブタイプに明確に分類できることが示された。2つのサブタイプのトランスクリプトームを区別することによって，おのおのを異なるクラスのB細胞と関連づけることが可能となり，各リンパ腫に特化した治療法の探索が推し進められている。

　トランスクリプトーム解析は，乳がんについても新たな情報を与えている。2000年代初頭，この方法により乳がんを5つのサブタイプ（ルミナールA型，ルミナールB型，HER2陽性，基底細胞型，正常細胞様）に分類することができるようになった。それぞれのサブタイプは異なる特性をもち，要するに，同じ組織をおかす異なる疾患である。乳がんのトランスクリプトームの詳細な解析により，ありえそうな乳がんの経過，とりわけ原

発のがん細胞から体内の他の部位へ広がって新たな腫瘍となる転移のリスク予測を可能にする遺伝子群の発現プロファイルが明らかにされた。転移を開始する細胞変化はがん進行のかなり後期に起こるものと考えられていたため，がん化の早期の段階でトランスクリプトームプロファイルを転移のリスク予測に用いることができるというのは，予想外の発見であった。トランスクリプトーム解析は，転移の遺伝学的基盤の予想外の一面も明らかにした。特に，転移のリスクは，乳がんだけでなく他の上皮組織のがんにおいても，腫瘍のトランスクリプトームに，けがなどの外傷から回復する組織に通常みられる mRNA が存在することと関係しているようである。このことは腫瘍が治癒しない傷害であるとの仮説に結びつくことで，可能な治療法への新たな研究を押し進めている。

このようにトランスクリプトームは，乳がんやその他のがんの理解に重要な影響を与えている。現在の挑戦は，異なるがんや異なるステージのがんのトランスクリプトームのカタログを詳細にすることよりも，がんのトランスクリプトームについてもっている情報を治療の道具立てへと生かすことに向けられている。マイクロアレイ解析や RNA-seq 法は費用がかかり，日常的に個々の患者の予後を予測する目的では用いられていない。がんにおいて，疾患の進行の際に発現が増加ないし減少する遺伝子の正味の重要性を評価するためにもかなりの研究が必要である。発現パターンの変化の多くは，腫瘍形成に能動的役割を担うというよりも，がんの存在によってもたらされるものである。遺伝子発現の変化の詳細な記載を行うトランスクリプトーム解析は，がんの進行に中心的な役割を果たしている遺伝子を同定する出発点であり，これら最初の知見を活用するには，他の多くの遺伝学的研究や生化学的研究が必要である。

トランスクリプトームと植物のストレスに対する反応

生物学の研究者でない多くの人たちには，植物がストレスの多い生活を送るという考えは驚くべきことで，植物が暖かな陽光の下で生活しているという認識と合致しないものである。事実，植物が高温や低温，乾燥，害虫の存在などに応答する能力はきわめて重要である。植物は動けないので，走って逃げたり，特定のストレスの影響が厳しくない場所へ移動してストレスをやわらげることができない。したがって，植物は環境ストレスによる負荷に生化学的・生理的な解決策をみつけなければならない。これらの解決法は，それ自体の興味とともに，農作物の収穫量の改善や，気候変動時の収穫量の維持のために，より効果的に改変することが考えられているために重要である。

植物のストレス応答は重要なので，数十年にわたってさまざまな研究法によって生物学者たちに研究されてきた。このような研究により，いくつかの個別のストレス応答機構がよく理解されてきた。例えば，多くの植物は，細胞を脱水状態とする環境ストレスに応答して，デヒドリン (dehydrin) というタンパク質を産生する。このようなストレスには，乾燥，高温，高い塩条件などが含まれる。デヒドリンは多くの親水性アミノ酸を含み，オープンコイル構造をとるので，これらのアミノ酸の多くは露出して水分子と水素結合を形成することができる。結果として，デヒドリンタンパク質は，細胞の水分量の保持に働く。

個別のストレス応答は解析されているが，複合的なストレスに対する植物の応答についてはあまりわかっていない。ストレスの組合せは自然環境では珍しいことではなく，例えば，高い湿度は病原性細菌数の増加と関係しているかもしれない。2つ以上のストレスにさらされたとき，植物はそれぞれ独立なストレス応答機構を働かせる必要があるのか，あるいは，ひとまとめにいくつかのストレスに対処する協調的な応答をとることができるよう，これらのプロセスは構成要素を共有しているのだろうか。これらの問いは，温度のストレス，光の強度，塩分，病原性細菌などの異なる組合せにさらされたシロイヌナズナ (*Arabidopsis thaliana*) のトランスクリプトーム解析によって取り組まれている。病原性

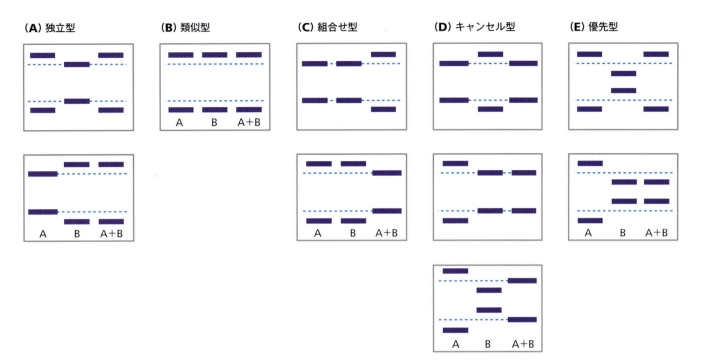

図12.35 シロイヌナズナのストレス応答に関与するRNAの転写の様式 各パネルはストレスA, ストレスB, ストレスA+Bに対して可能性のある応答を示す。破線はストレスがないときの転写産物量を示し, 破線より上, 下にある線はそれぞれ転写産物量の増加, 減少を示す。(Rasmussen S, Barah P, Suarez-Rodriguez MC et al. [2013] *Plant Physiol.* 161:1783–1794 のデータによる)

細菌のストレスについては, 細菌のフラジェリンタンパク質のペプチドを葉に添加することで誘導された。計210のマイクロアレイ解析によって, 異なる組合せのストレスに対し, 10種の生態型(ecotype)のシロイヌナズナの応答が解析された。生態型とは, 特定の環境条件に適応した, ある地理的位置の植物個体群である。それぞれのストレスの組合せで, 以下の5つの分類の1つに当てはまるRNAが同定された(図12.35)。

- 独立型(independent-mode)のRNA。ストレスAとストレスBのいずれかに対してのみ応答して増加あるいは減少する。組合せストレスA+Bに対しても同様に応答する。明らかにこれらのRNAが指定するタンパク質は, 一方のストレスへの応答に必要だが, 別のストレスには不要である。植物が高い光強度に耐えうるようにする特殊な役割を果たす葉緑体タンパク質がその例である。
- 類似型(similar-mode)のRNA。ストレスA, ストレスB, ストレスA+Bのいずれに対しても同じように量的変化する。これらのRNAが指定するタンパク質は, ストレスAとBに共通な応答機構を構成する。
- 組合せ型(combinatorial-mode)のRNA。ストレスAとストレスBに同じ応答をするが, ストレスA+Bの組合せには異なる応答をする。組合せ型のRNAは, 場合によっては個々のストレスには応答するがストレスが組み合わさったときには応答せず, また別のケースでは, ストレスが組み合わさったときにのみ応答する。
- キャンセル型(canceled-mode)のRNA。ストレスAとストレスBに異なる応答をするが, ストレスA+Bの組合せには応答しない。
- 優先型(prioritized-mode)のRNA。ストレスAとストレスBに異なる応答をするが, この場合, ストレスA+Bの組合せに対してどちらか一方のストレスの場合と同様に応答する。

これら5つの分類の応答を考えると, 後ろの3つである, 組合せ型, キャンセル型, 優先型は, 個々のストレスへの応答からストレスが組み合わさったときの応答が予測できないRNAであるという点で特に興味深い。言い換えれば, これらの分類群は2つのストレスが組み合わさったときに個々のストレスの応答経路が異なった機能をすることを示している。例えばキャンセル型RNAは1つのストレスと戦うために必要とされるが, 第2

のストレスと組み合わさっているときには必要のないタンパク質を指定する．これに対し，組合せ型は2つのストレスを同時に感じたときにのみ必要とされるタンパク質を産生するRNAを含んでいる．

　たいていのストレスの組合せに対して，応答を示す転写産物の大部分がこれら予測できない3つの型の1つに分類され，これら3つの型の総和で平均して転写産物の85％を占める．この結果は，ストレス応答経路間にかなりの相互接続性があること，植物が1つのストレスに応答する生化学的事象は，2つ以上のストレスに対応する事象とはしばしば異なっていることを明らかにしている．重要なことに，キャンセル型の転写産物は，あるストレスへの応答が第2のストレスへの応答を実際に妨げるかもしれないケースを示している．2つのストレスに対するトランスクリプトームの詳細な解析から，熱ストレス応答は塩分への応答より優位であることが示唆され，自然環境でこのような組合せを経験した植物は生育できそうにないと考えられる．したがって，トランスクリプトーム解析は全体として，植物のストレス反応についてのより広範な研究計画をリセットする．

まとめ

- トランスクリプトームとは細胞内に存在するRNA分子の完全な集団である．
- mRNAはたいていの細胞ではトランスクリプトームのごく一部を占めるにすぎないが，さまざまな転写産物からなる．
- トランスクリプトームは多様な機能をもつさまざまな短鎖非コードRNAを含む．
- トランスクリプトームは機能のよくわかっていない長鎖非コードRNAも含む．
- トランスクリプトームの構成はマイクロアレイ解析やRNA-seq法によってカタログ化できる．
- トランスクリプトームの構成分子はRNAポリメラーゼによって合成される．真核生物では3種類のRNAポリメラーゼがあり，それぞれ異なる核遺伝子群の転写を担う．
- 転写が開始する部位はプロモーター配列によって示される．一部の遺伝子は選択的プロモーターをもち，同じ遺伝子から複数の転写産物が生み出される．
- 細菌の転写開始はアクチベータータンパク質とリプレッサータンパク質の組合せの作用でおもに制御される．転写産物がそれ以上は必要なくなった場合，転写の早期終結による付加的な制御を受ける遺伝子もある．
- 真核生物の転写開始は転写因子と呼ばれるアクチベータータンパク質によっておもに制御される．転写因子はメディエータータンパク質を介して転写開始複合体と相互作用する．
- RNAは非特異的な過程とRNAサイレンシングによって代謝され，後者は特異的なmRNAを分解の標的とすることができる．
- 大部分のRNAは切断や，場合によっては結合反応により加工されて最初の転写産物から機能のある分子へと変換される．
- RNAにはスプライシングによりイントロンを除去されるものもある．真核生物におけるmRNA前駆体のスプライシングは，遺伝子の転写産物が選択的スプライシングによってさまざまなmRNAを生じることで，さまざまなタンパク質を生成することができるので，とりわけ重要である．
- 選択的スプライシングの際，調節タンパク質の結合部位である短いエンハンサー配列やサイレンサー配列によってスプライス部位の選択が調節される．
- トランスクリプトーム解析は，転写される領域の同定によってゲノムアノテーション

に役立つ。がん化によるトランスクリプトームの再構成は異なるがんのサブタイプを区別可能にし，疾患に伴う遺伝子発現パターンの変化を明らかにする。植物の環境ストレスへの応答もトランスクリプトーム解析により研究されている。

章末問題

短答式問題

1. 真核生物のトランスクリプトームにみられるさまざまな種類の非コードRNAについて述べよ。
2. 少なくともいくつかの長鎖非コードRNAが機能をもっていることを示唆する証拠は何か？
3. トランスクリプトームの構成はどのように(A)マイクロアレイ解析や(B)RNA-seq法によって明らかにされるか概要を述べよ。
4. 真核生物の3種類のRNAポリメラーゼの構造を細菌のものと比較せよ。細胞小器官遺伝子の転写を行うRNAポリメラーゼの重要な特徴は何か？
5. (A)細菌のRNAポリメラーゼ，(B)RNAポリメラーゼⅠ，(C)RNAポリメラーゼⅡ，(D)RNAポリメラーゼⅢのプロモーターの構造の違いについて説明せよ。
6. 細菌のmRNA合成はどのように制御されているか？
7. 真核生物の遺伝子の転写開始におけるメディエータータンパク質の役割について述べよ。
8. 細菌と真核生物における非特異的なRNA分解の過程についてそれぞれ概要を述べよ。
9. どのようにして特異的なRNAがsiRNAやmiRNAによる分解の標的となるのか説明せよ。
10. 真核生物のmRNA前駆体のスプライシング過程について概要を述べよ。
11. 選択的スプライシングとは何か，また，どのように制御されているか？
12. トランスクリプトーム解析はどのようにがん研究に用いられているか？

論述式問題

1. 真核生物がなぜ3種類のRNAポリメラーゼをもっているのかを説明する仮説を立てよ。その仮説は検証可能か？
2. 大腸菌ラクトースオペロンの転写制御の最初のモデルは，François JacobとJacques Monodにより1961年に発表された(Jacob, F. and Monod, J. [1961] Genetic regulatory mechanisms in the synthesis of proteins. *J. Mol. Biol.* 3: 318–356)。もっぱら遺伝学的解析によってなされた彼らの研究が，現在知られている分子機構をどこまで正確に説明することができるか検証せよ。
3. 真核生物の転写開始の調節を考えるうえで，大腸菌はどの程度よいモデルとなっているか？ 真核生物において同様のことを理解するうえで，大腸菌からの類推がどう役立ったか，またはどう役立たなかったか具体例をあげて，その考えの根拠を示せ。
4. 分断遺伝子は高等生物では一般的だが，細菌にはほとんど存在しない。その考えられる理由について述べよ。
5. AU-ACイントロンの研究は，GU-AGイントロンのスプライシングの詳細に関してどの程度の知見をもたらしてきたか？

推薦図書と参考文献

トランスクリプトームの構成分子

Clark, M.B., Choudhary, A., Smith, M.A., et al. (2013) The dark matter rises: the expanding world of regulatory RNAs. *Essays Biochem.* 54:1–16.

Clark, M.B., Johnston, R.L., Inostroza-Ponta, M., et al. (2012) Genome-wide analysis of long noncoding RNA stability. *Genome Res.* 22:885–898.

Kung, J.T.Y., Colognori, D. and Lee, J.T. (2013) Long noncoding RNAs: past, present, and future. *Genetics* 193:651–669.

Ramsköld, D., Wang, E.T., Burge, C.B. and Sandberg, R. (2009) An abundance of ubiquitously expressed genes revealed by tissue transcriptome sequence data. *PLoS Comput. Biol.* 5:e1000598.

Wagatsuma, A., Sadamoto, H., Kitahashi, T., et al. (2005) Determination of the exact copy numbers of particular mRNAs in a single cell by quantitative real-time RT-PCR. *J. Exp. Biol.* 208:2389–2398.

Wan, L., Zhang, L., Fan, K., et al. (2016) Knockdown of long noncoding RNA PCAT6 inhibits proliferation and invasion in lung cancer cells. *Oncol. Res.* 24:161–170.

トランスクリプトームの研究手法

Leung, Y.F. and Cavalieri, D. (2003) Fundamentals of cDNA microarray data analysis. *Trends Genet.* 19:649–659.

Wang, Z., Gerstein, M. and Snyder, M. (2009) RNA-Seq: a revolutionary tool for transcriptomics. *Nat. Rev. Genet.* 10:57–63.

Wilhelm, B.T. and Landry, J.-R. (2009) RNA-Seq—quantitative measurement of expression through massively parallel RNA-sequencing. *Methods* 48:249–257.

RNAポリメラーゼ，プロモーター，RNA合成

Allen, B.L. and Taatjes, D.J. (2015) The Mediator complex: a central integrator of transcription. *Nat. Rev. Mol. Cell Biol.* 16:155–166.

Börner, T., Aleynikova, A.Y., Zubo, Y.O. and Kusnetsov, V.V. (2015) Chloroplast RNA polymerases: role in chloroplast biogenesis. *Biochim. Biophys. Acta* 1847:761–769.

Geiduschek, E.P. and Kassavetis, G.A. (2001) The RNA polymerase Ⅲ transcription apparatus. *J. Mol. Biol.* 310:1–26.

Kadonaga, J.T. (2012) Perspectives on the RNA polymerase II core promoter. *Wiley Interdiscip. Rev. Dev. Biol.* 1:40–51.

Kandiah, E., Trowitzsch, S., Gupta, K., et al. (2014) More pieces to the puzzle: recent structural insights into class II transcription initiation. *Curr. Opin. Struct. Biol.* 24:91–97.

Kim, T.H., Barrera, L.O., Zheng, M., et al. (2005) A high-resolution map of active promoters in the human genome. *Nature* 436:876–880. ヒトゲノムにおける選択的プロモーターの使用頻度を明らかにしている。

Mathew, R. and Chatterji, D. (2006) The evolving story of the omega subunit of bacterial RNA polymerase. *Trends Microbiol.* 14:450–455.

Russell, J. and Zomerdijk, J.C.B.M. (2005) RNA-polymerase-I-directed rDNA transcription, life and works. *Trends Biochem. Sci.* 30:87–96.

Saecker, R.M., Record, M.T. and deHaseth, P.L. (2011) Mechanism of bacterial transcription initiation: RNA polymerase–promoter binding, isomerization to initiation-competent open complexes, and initiation of RNA synthesis. *J. Mol. Biol.* 412:754–771.

RNA 合成の制御

Browning, D.F. and Busby, S.J.W. (2016) Local and global regulation of transcription initiation in bacteria. *Nat. Rev. Microbiol.* 14:638–650.

Kadonaga, J.T. (2004) Regulation of RNA polymerase II transcription by sequence-specific DNA binding factors. *Cell* 116:247–257.

Kim, Y.-J. and Lis, J.T. (2005) Interactions between subunits of *Drosophila* Mediator and activator proteins. *Trends Biochem. Sci.* 30:245–249.

Naville, M. and Gautheret, D. (2009) Transcription attenuation in bacteria: themes and variations. *Brief. Funct. Genomic. Proteomic.* 8:482–492.

Oehler, S., Eismann, E.R., Krämer, H. and Müller-Hill, B. (1990) The three operators of the *lac* operon cooperate in repression. *EMBO J.* 9:973–979.

Swigon, D., Coleman, B.D. and Olson, W.K. (2006) Modeling the Lac repressor-operator assembly: the influence of DNA looping on Lac repressor conformation. *Proc. Natl Acad. Sci. USA* 103:9879–9884.

RNA の分解

Carpousis, A.J., Vanzo, N.F. and Raynal, L.C. (1999) mRNA degradation: a tale of poly(A) and multiprotein machines. *Trends Genet.* 15:24–28.

Coller, J. and Parker, R. (2004) Eukaryotic mRNA decapping. *Annu. Rev. Biochem.* 73:861–890.

Defoiche, J., Zhang, Y., Lagneaux, L., et al. (2009) Measurement of ribosomal RNA turnover *in vivo* by use of deuterium-labeled glucose. *Clin. Chem.* 55:1824–1833.

Mello, C.C. and Conte, D. (2004) Revealing the world of RNA interference. *Nature* 431:338–342.

Pratt, A.J. and MacRae, I.J. (2009) The RNA-induced silencing complex: a versatile gene-silencing machine. *J. Biol. Chem.* 284:17897–17901.

Singh, G. and Lykke-Andersen, J. (2003) New insights into the formation of active nonsense-mediated decay complexes. *Trends Biochem. Sci.* 28:464–466.

Sontheimer, E.J. and Carthew, R.W. (2005) Silence from within: endogenous siRNAs and miRNAs. *Cell* 122:9–12.

Vanacova, S. and Stefl, R. (2007) The exosome and RNA quality control in the nucleus. *EMBO Rep.* 8:651–657.

Wilson, R.C. and Doudna, J.A. (2013) Molecular mechanisms of RNA interference. *Annu. Rev. Biophys.* 42:217–239.

スプライシング

Black, D.L. (2003) Mechanisms of alternative pre-messenger RNA splicing. *Annu. Rev. Biochem.* 72:291–336.

Blencowe, B.J. (2000) Exonic splicing enhancers: mechanism of action, diversity and role in human genetic diseases. *Trends Biochem. Sci.* 25:106–110.

Lynch, K.W. and Maniatis, T. (1996) Assembly of specific SR protein complexes on distinct regulatory elements of the *Drosophila doublesex* splicing enhancer. *Genes Dev.* 10:2089–2101.

Matera, A.G. and Wang, Z. (2014) A day in the life of the spliceosome. *Nat. Rev. Mol. Cell Biol.* 15:108–121.

Padgett, R.A., Grabowski, P.J., Konarska, M.M. and Sharp, P.A. (1985) Splicing messenger RNA precursors: branch sites and lariat RNAs. *Trends Biochem. Sci.* 10:154–157. イントロンのスプライシングに関する基本的な事項がよくまとめられている。

Stetefeld, J. and Ruegg, M.A. (2005) Structural and functional diversity generated by alternative mRNA splicing. *Trends Biochem. Sci.* 30:515–521.

Tarn, W.-Y. and Steitz, J.A. (1997) Pre-mRNA splicing: the discovery of a new spliceosome doubles the challenge. *Trends Biochem. Sci.* 22:132–137. AU-AC イントロン。

Valcárcel, J. and Green, M.R. (1996) The SR protein family: pleiotropic functions in pre-mRNA splicing. *Trends Biochem. Sci.* 21:296–301.

Wahl, M.C., Will, C.L. and Lührmann, R. (2009) The spliceosome: design principles of a dynamic RNP machine. *Cell* 136:701–718.

事例研究

Brown, J.B., Boley, N., Eisman, R., et al. (2014) Diversity and dynamics of the *Drosophila* transcriptome. *Nature* 512:393–399.

Eswaran, J., Cyanam, D., Mudvari, P., et al. (2012) Transcriptomic landscape of breast cancers through mRNA sequencing. *Sci. Rep.* 2:264.

Rasmussen, S., Barah, P., Suarez-Rodriguez, M.C., et al. (2013) Transcriptome responses to combinations of stresses in *Arabidopsis*. *Plant Physiol.* 161:1783–1794.

Urquidi, V. and Goodison, S. (2007) Genomic signatures of breast cancer metastasis. *Cytogenet. Genome Res.* 118:116–129.

プロテオーム

13章

13.1 プロテオームの構成を調べる

13.2 相互作用するタンパク質を同定する

13.3 プロテオームの構成タンパク質の合成と分解

13.4 タンパク質プロセシングのプロテオーム組成への影響

13.5 プロテオームを越えて

　プロテオーム（proteome）とは，細胞内に存在するタンパク質分子の完全な集団を指す。すなわち，プロテオームはゲノム情報と細胞の生化学的機能を最終的に結びつけるものであり，異なる細胞のプロテオームの違いを調べることはゲノムがどのような働きをしているのか，またゲノムの一部の機能が失われるとどうして病気が引き起こされるのかを理解する鍵となる。トランスクリプトームの研究は，これらの問題の一部に対する解答を与えてくれる。しかし，トランスクリプトームの研究により，ある細胞でどの遺伝子が活性化されているかは正確にわかるが，そのタンパク質が存在しているかについてはそれほど正確にはわからない。というのは，タンパク質の量は単純にmRNAの量によって決まるのではなく，mRNAがタンパク質に翻訳される速度やそのタンパク質が分解される速度によっても影響されるからである。さらに，タンパク質の中には，翻訳された一次産物は活性をもたず，活性化されるために物理的あるいは化学的な修飾を必要とするものもある。したがって，細胞や組織の生化学を理解するうえで，活性型タンパク質の量を決めることは必須である。

　プロテオームに関してわれわれが考察しなければならない問題は，第12章でトランスクリプトームについて検討した問題とほぼ同様である。最初に，プロテオームの構成タンパク質をカタログ化し，細胞内でどのように機能しているかを理解するために用いられるさまざまな方法について説明する。次にプロテオームの構成タンパク質の合成と分解，プロセシングに関与する事象について学ぶ必要がある。最後に，より厳密にプロテオームと細胞の生化学的機能の関係についてみていくことにする。

13.1 プロテオームの構成を調べる

　プロテオームを研究するための方法論は**プロテオミクス**（proteomics）と呼ばれている。厳密にいえば，プロテオミクスはプロテオームに関して情報を提供することのできるさまざまな技術の集合である。その情報とは存在するタンパク質の種類だけでなく，個々のタンパク質の機能や細胞内局在に関するものなども含む。プロテオームの構成を研究するために用いられる特異的な技術は，**タンパク質プロファイリング**（protein profiling）または**発現プロテオミクス**（expression proteomics）と呼ばれる。

　タンパク質プロファイリングは通常2段階で行われる。
- 第1段階では試料中の個々のタンパク質が互いに分離される。
- 第2段階でタンパク質が同定される。これには通常，**質量分析法**（mass spectrometry）が用いられる。

　基本的なアプローチは，**トップダウンプロテオミクス**（top-down proteomics）ならびに**ボトムアッププロテオミクス**（bottom-up proteomics）の2種類に分けられる（図13.1）。両者の違いは，トップダウンプロテオミクスでは個々のタンパク質を直接，質量分析法で調べるのに対し，ボトムアッププロテオミクスでは，トリプシンなどの配列特異的なプロ

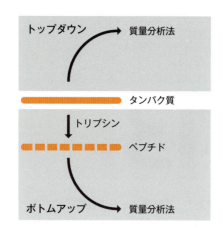

図 13.1　トップダウンプロテオミクスとボトムアッププロテオミクス　トップダウンプロテオミクスではタンパク質そのものを質量分析法で調べる。ボトムアッププロテオミクスではタンパク質に由来するペプチドを調べる。この例では，ペプチドはタンパク質のトリプシン処理によって得られている。トリプシンはアルギニンまたはリシンの直後を切断する。

テアーゼによりタンパク質をペプチドに分解してから質量分析法で調べるという点である。

タンパク質プロファイリングにおけるタンパク質の分離段階

　プロテオームを調べるためには，まずその構成タンパク質の精製試料を用意する必要がある。これがどれほど難しいかは，プロテオームの複雑さによって異なる。細菌や細胞画分（例えばミトコンドリアなど）の比較的単純なプロテオームに比べると，哺乳類のプロテオームに含まれる1万〜2万種類のタンパク質の分離には，より高度な方法が必要になる。したがって，分離技術に何を選ぶかは，研究対象のプロテオームの複雑さによって決まるところがある。

　ポリアクリルアミドゲル電気泳動（polyacrylamide gel electrophoresis：PAGE）は，複雑な混合試料の中からタンパク質を分離する標準的な方法である。ゲルの組成と電気泳動を行う条件によって，タンパク質の化学的あるいは物理的な特性の違いにもとづいてタンパク質が分離される。方法の1つに，ドデシル硫酸ナトリウム（sodium dodecyl sulfate：SDS）と呼ばれる界面活性剤を用いるものがある。SDSはタンパク質を変性させ，折りたたまれていない状態のポリペプチド鎖の長さに応じた負電荷を与える。この条件ではタンパク質は分子質量にもとづいて分離され，陽極に向かって最も小さいタンパク質が最も速く移動する。別の方法として**等電点電気泳動**（isoelectric focusing electrophoresis）がある。この方法では，電圧を印加するとpH勾配を形成する化学物質を含むゲル中でタンパク質の分離を行う。タンパク質はpH勾配の中で全体の電荷がゼロとなる**等電点**（isoelectric point）まで移動する。

　複雑なプロテオームを調べる場合には，上述の2種類のPAGEを併用した**二次元ゲル電気泳動**（two-dimensional gel electrophoresis）がしばしば行われる。一次元目では等電点電気泳動によってタンパク質を分離し，次に，そのゲルをSDS溶液に浸し，90°回転させて一次元目と直角の方向に二次元目の電気泳動を行いその分子質量によってタンパク質を分離する（図13.2）。この方法は1枚のゲルで数千のタンパク質を分離することができ，ゲルを染色するとタンパク質は複雑なパターンのスポットとして現れる（図13.3）。個々のスポットをゲルから切り出せば，その中に含まれるタンパク質を精製できたことになる。しかし，2万個のスポットを切り出すことは明らかに骨が折れる作業であり，実際のところ二次元ゲル電気泳動がプロテオーム中のすべてのタンパク質をカタログ化する目的に使われることはない。それよりも，例えば正常組織と病変組織といった，2つあるいはそれ以上の同種のプロテオーム間で存在量に差異がみられるような興味深いタンパク質の同定に使用されている。

　PAGEによるタンパク質分離に代わる方法として，**カラムクロマトグラフィー**（column

図 13.2　二次元ゲル電気泳動

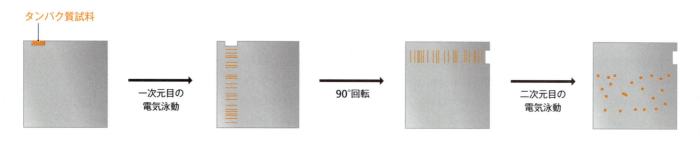

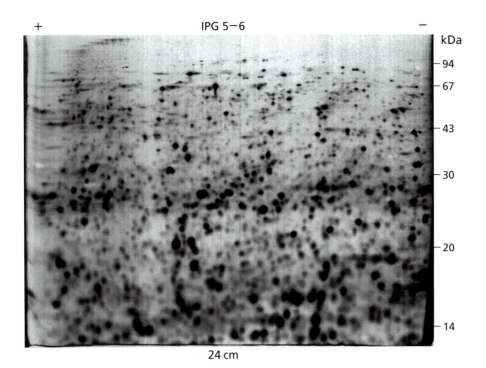

図 13.3　二次元ゲル電気泳動の結果　マウスの肝臓タンパク質を pH 5〜6 の等電点電気泳動により一次元目の方向に分離し，分子質量によって二次元目の方向に分離した。タンパク質のスポットは銀染色によって可視化してある。(Görg A, Obermaier C, Boguth G et al. [2000] *Electrophoresis* 21:1037–1053 より John Wiley & Sons, Inc. の許諾を得て掲載)

chromatography) がある。この方法では充填剤を詰めたカラムにタンパク質の混合試料を通過させる。混合試料中のタンパク質は充填剤中をさまざまな速度で移動し，その結果バンド状に分離される。カラムから出る溶液は一連の画分として回収し，個々のタンパク質が異なる画分に含まれるようにすることができる（図 13.4）。**固定相** (solid phase；充填剤あるいは**レジン**〔resin〕) の種類や**移動相** (mobile phase；タンパク質をカラムに通すために使用される液体) の組成によって，タンパク質のさまざまな物理化学的性質のうち，どの要素が分離を得るために用いられるかが決まる。タンパク質プロファイリングにおいて，最も一般的に用いられる 2 種類のカラムクロマトグラフィーは以下のとおりである。

- **逆相液体クロマトグラフィー** (reverse-phase liquid chromatography) では，炭化水素のような非極性の化学基で表面が覆われたシリカ粒子を固定相として用いる。移動相はメタノールやアセトニトリルのような有機溶媒と水の混合液である。ほとんどのタンパク質は表面に疎水性領域を有するため非極性の充填剤に吸着するが，この吸着の安定性は液相の有機溶媒濃度が増加するにつれて減少する。したがって，移動相の水と有機溶媒の組成を徐々に変化させることにより，表面の疎水性の度合いに応じてタンパク質が**溶出** (elution) されることになる。

- **イオン交換クロマトグラフィー** (ion-exchange chromatography) では，タンパク質をその実効電荷に応じて分離する。充填剤は正電荷か負電荷を帯びたポリスチレンビーズからなる。ビーズが正電荷を帯びていれば，負電荷を帯びたタンパク質が結合し，逆もまた同様である。結合したタンパク質は，カラムに流す緩衝液中の塩濃度を徐々に増加させることによって溶出される。電荷を帯びた塩イオンは，充填剤の結合部位に対してタンパク質と競合するため，電荷の少ないタンパク質は低塩濃度で溶出され，電荷の多いタンパク質は高塩濃度でないと溶出されない。したがって，塩濃度を徐々に上げていくことで，タンパク質を実効電荷によって分離することができる。あるいは，pH 勾配も用いることができる。タンパク質の実効電荷は pH に依存し，上述したようにタンパク質の等電点に相当する pH で電荷がゼロになる。移動相の pH を徐々に変化させることで，タンパク質を等電点によって分離することができる。

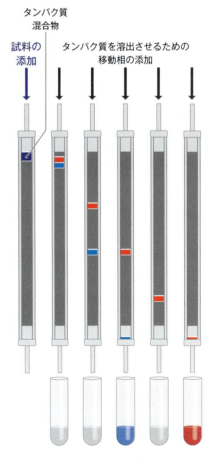

図 13.4　カラムクロマトグラフィー　タンパク質はカラムの中を移動しながらバンド状に分離される。実際には，数十から数百のタンパク質がこの方法で分離できる。

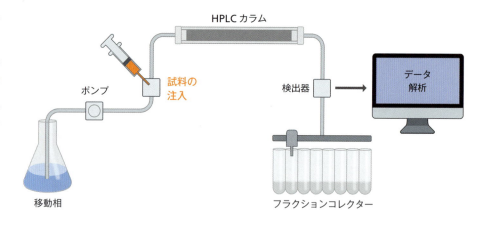

図 13.5　高速液体クロマトグラフィー（HPLC）　典型的な HPLC 装置を示している。注入したタンパク質混合物は，移動相の溶液とともに高圧でカラムに送られる。カラムから溶出されたタンパク質は，通常は 210～220 nm の紫外吸収を測定して検出される。一定量ごとに分画して回収することもできるし，検出器からのデータと分画を同調させて各タンパク質のピークをそれぞれ単一の画分として回収することもできる。

二次元ゲル電気泳動と比較して，カラムクロマトグラフィーは実施のうえで手間が少なく，ポリアクリルアミドゲル上のスポットからタンパク質を回収するといった分離後の精製操作を行うことなく，カラムから溶出されたときに個々のタンパク質を回収できるという利点がある。カラムクロマトグラフィーは一般的に内径 1 mm 以下のキャピラリー管に液相を高圧で送液しながら行われる。**高速液体クロマトグラフィー**（high-performance liquid chromatography：**HPLC**）と呼ばれるこの手法では高い分離能が得られ，クロマトグラフィー特性が類似したタンパク質でも分離することができる（図 13.5）。

分離能を上げるために，タイプの異なるクロマトグラフィーカラムを連結して，最初のカラムからの各画分を 2 番目のカラムに通し，追加の分離を行うこともできる（図 13.6A）。この方法では，きわめて複雑なタンパク質混合物でも完全に分離することができる。あるいは，タンパク質をまず一次元の SDS-PAGE か等電点電気泳動により分離して，泳動後のゲルを切断して断片とし（図 13.6B），各断片内のタンパク質群を順次カラムクロマトグラフィーシステムに導入する。もしトップダウンプロテオミクスを行っているならば，カラムから溶出されたタンパク質を回収する（オフラインモード）よりも，直接カラムをオンラインで質量分析計につなげるほうがよい。各タンパク質はカラムから溶出されると同時に質量分析計で分析される（図 13.6C）。このオンラインモードは，標準的なボトムアッププロテオミクスでは用いることができない。なぜなら，各タンパク質は質量分析計に導入する前にプロテアーゼによって断片化されていなければならないからである。

(A) 連結したカラムによるクロマトグラフィー

(B) PAGE 後にカラムクロマトグラフィー

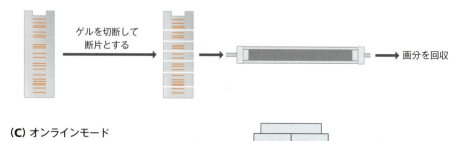

図 13.6　タンパク質プロファイリングにおける分離段階の 3 つの構成　(A) 2 つのクロマトグラフィーカラムを連結する。(B) ポリアクリルアミドゲル電気泳動（PAGE）の各画分をクロマトグラフィーカラムに導入する。(C) クロマトグラフィーカラムを質量分析計に直接つなげるオンラインモード。これら 3 つの方法を組み合わせることもできる。

ショットガンプロテオミクス (shotgun proteomics) と呼ばれる改良ボトムアップ法では，オンラインモードも利用可能である。この方法では，タンパク質はカラムクロマトグラフィーの前にプロテアーゼによって処理される。一次元電気泳動のゲル断片から得られた混合物や，あるいはそれほど複雑なものでなければプロテオーム全体も測定の対象とすることができる。どちらの場合も，タンパク質そのものではなくペプチドをカラムクロマトグラフィーで分離し，溶出された分子はオンラインモードで質量分析計に直接導入される。

タンパク質プロファイリングにおけるタンパク質の同定段階

プロテオームの構成タンパク質の分離に続いて，個々のタンパク質の同定が行われる。トップダウンプロテオミクスではタンパク質そのものが，ボトムアッププロテオミクスではタンパク質の断片化により生じたペプチドが分析対象となる。タンパク質やペプチドの同定は以前は困難な仕事であったが，プロテオーム研究の必要性も一因となって質量分析法が進歩し，この問題の大部分は解決した。

質量分析法では，化合物を高エネルギーの場にさらしたときに生じるイオンの質量と荷電数の比，すなわち**質量電荷比** (mass-to-charge ratio；m/z と表す) から化合物を同定する。タンパク質プロファイリングに最初に広く用いられるようになった質量分析法は，**マトリックス支援レーザー脱離イオン化飛行時間型質量分析法** (matrix-assisted laser desorption ionization time-of-flight：**MALDI-TOF**) と呼ばれるタイプのものであった。この技術は，二次元ゲル電気泳動やカラムクロマトグラフィーによって精製されたタンパク質をプロテアーゼによって切断し，得られた混合物中のペプチドを同定するというボトムアッププロテオミクス，すなわち**ペプチドマスフィンガープリント法** (peptide mass fingerprinting) の基礎となった。MALDI-TOF の最初の段階はペプチドのイオン化である。混合物を結晶質の有機マトリックス (通常，シナピン酸と呼ばれるフェニルプロパノイド化合物が用いられる) に取り込ませ，紫外レーザーで励起することによりイオン化を起こさせる。励起光は最初にマトリックスをイオン化し，続いてペプチド分子へのプロトンの付加，または脱離により，**分子イオン** (molecular ion) が生成される ($[M+H]^+$ または $[M-H]^-$；M はペプチド)。イオン化によって気化したペプチドは，質量分析計のチューブ内で電場により加速される。飛行経路はイオン源から検出器までまっすぐな場合もあるが，多くの場合，イオンはまず**リフレクトロン** (reflectron) に向けられ，反射したイオンビームが検出器に飛ばされる (図 13.7)。リフレクトロンは，一定の大きさの装置内に，より長い飛行経路を設けることができるだけなく，m/z の等しいすべてのイオンが同じ速

図 13.7 タンパク質プロファイリングにおける MALDI-TOF の使用 (A) マトリックス支援レーザー脱離イオン化飛行時間型質量分析法 (MALDI-TOF) では，ペプチドはレーザーからのパルスエネルギーによってイオン化され，チューブ内で加速されてリフレクトロンに向かい，反射されて検出器に到達する。各ペプチドの飛行時間はその質量電荷比に依存する。(B) 得られたデータは各ペプチドの質量電荷比を示すスペクトルとして表示される。コンピュータ上で質量電荷比は分子質量に変換され，調べようとしている生物のゲノムにコードされているすべてのタンパク質のプロテアーゼ処理により生成しうる，あらゆるペプチドの質量に対して比較が行われる。その結果，検出されたペプチドが由来するタンパク質が同定される。

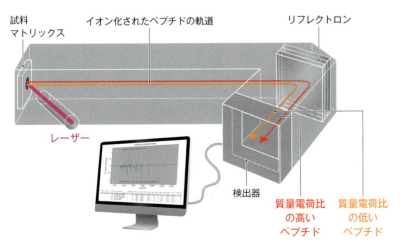

(A) MALDI-TOF 質量分析計

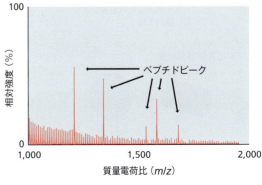

(B) MALDI-TOF スペクトル

度で質量分析計内を進むことを確実にする焦点調整装置として働く。飛行時間型質量分析計は，イオンが検出器に到達するまでにかかる時間を利用してその質量電荷比を計算するため，このことはきわめて重要である。荷電数は常に+1か-1であるため，飛行時間は容易に分子質量へと変換でき，そこからペプチドのアミノ酸組成を推定することができる。例えば，二次元電気泳動ゲルの1つのタンパク質のスポットから得られたペプチドを解析にかけた場合には，アミノ酸組成の情報をゲノムの塩基配列と関係づけることによって，そのタンパク質をコードする遺伝子を同定することができる。また，1つのタンパク質から得られたペプチドのアミノ酸組成は，その遺伝子の塩基配列が正しいかどうかの検証にも利用され，特にエクソン-イントロン境界を正しく同定できているかどうかを確かめるために用いられる。これは，ゲノムアノテーションが正確であることを保証するだけでなく，同じ遺伝子から複数のタンパク質ができる選択的スプライシングの経路を同定するのにも役立つ。

　MALDI-TOFでは通常，ゲル電気泳動やカラムクロマトグラフィーにより精製されたタンパク質を同定する。タンパク質混合物のプロテアーゼ処理によって大量にペプチドが生成されると，2つのペプチドが同等のm/zをもつ可能性が高くなり，MALDI-TOFではそれらを区別できなくなるため，ショットガンプロテオミクスにはあまり向いていない。近年，質量分析法のペプチド分解能を改良し，ショットガン解析を支援する2つの技術革新が導入された。その1つは**エレクトロスプレーイオン化法**（electrospray ionization）であり，HPLCと質量分析計の間にオンラインで行うことができる。HPLCから出てきた溶液に高電圧を印加し，電荷を帯びた液滴のエアロゾルを発生させ，その気化によって溶解しているペプチドへ電荷を移行させる。このイオン化法の利点は，$[M+H]^+$，$[M-H]^-$といった1価の分子イオンだけではなく，$[M+nH]^{n+}$のような多価イオンも得られるということである。単一のペプチドからm/zの異なる複数のイオンが生成すれば，そのペプチドの組成を推定するうえで利用可能な情報量が増えることになる。

　2つ目の技術革新は，質量分析計の内部でペプチドを小さな断片に壊すこと（フラグメンテーション）である。フラグメンテーションは，強いイオン化条件下ではイオン化の段階で引き起こされる場合があり，イオン化する分子に大きなエネルギーが与えられると，分子内で化学結合の切断が起きる。しかし，ペプチドの質量分析法では通常，フラグメンテーションはその後の段階まで遅らされ，ペプチドの分子イオンとヘリウムのような不活性分子との衝突により誘起される。この衝突はペプチド結合の切断を引き起こし，そのm/zによってもとのペプチドの組成を明らかにすることができるさまざまな**フラグメントイオン**（fragment ion）が得られる。十分な数のフラグメントイオンが得られれば，そのデータからペプチドのアミノ酸配列を解明できる。ペプチドのアミノ酸配列がわかれば，単に組成に関する情報だけが得られる場合よりも，いっそう正確にもとのタンパク質を同定することが可能となる。衝突誘起によるフラグメンテーションは，トップダウンプロテオミクスにおいても利用される。なぜなら，タンパク質そのものの分子イオンの解析は，一般にはプロテオーム中のすべてのタンパク質を区別するには十分ではないからである。タンパク質を明確に同定するためには，フラグメントイオンの解析をする必要がある。

　イオン化法の改良やフラグメンテーションの利用といった技術革新に伴い，プロテオミクス研究に用いられる質量分析計の種類も多様化している。飛行時間型の質量分析計に加え，ペプチドやタンパク質に用いられる別のタイプの**質量分析部**（mass analyzer）をもつ質量分析計として，次のようなものがある（図13.8）。

- **四重極質量分析計**（quadrupole mass spectrometer）の質量分析部は，イオンが通過するチャネルを囲んで互いに平行に配置された4本の磁性ロッドからなる。振動電場がロッドに印加されると，イオンは複雑に偏向し，小刻みに揺れ動くような

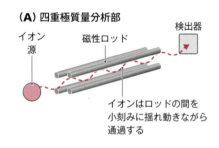

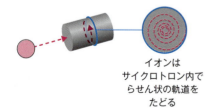

図13.8　2種類の質量分析部　(A) 四重極質量分析部。(B) フーリエ変換イオンサイクロトロン共鳴（FT-ICR）質量分析部。

軌道を描きながら四重極を通過する。電場の強さを徐々に変化させることで，m/z の異なるさまざまなイオンをロッドに衝突させずに四重極を通過させることができる。

- **フーリエ変換イオンサイクロトロン共鳴質量分析計**（Fourier transform ion cyclotron resonance〔FT-ICR〕mass spectrometer）の質量分析部は，個々のイオンを捕獲してサイクロトロン内で励起するイオントラップを有している。イオンは外側へ向かってらせん状に加速され，そのらせんの動径は質量電荷比を表している。

質量分析部を直列に連結して，1つのペプチドやタンパク質について得られる情報量をさらに増やすことができる。これを**タンデム質量分析法**（tandem mass spectrometry）と呼ぶ。最初の質量分析部で分子イオンを分析し，続いてフラグメンテーションが行われ，2番目の質量分析部でフラグメントイオンの分析を行うのが典型的な構成である。

プロテオームの構成を比較する

タンパク質プロファイリング研究は，単一のプロテオームからすべてのタンパク質を同定するのではなく，2つのプロテオームのタンパク質組成の差異を調べることが目的となる場合がしばしばある。もしその差が比較的大きければ，二次元電気泳動ゲルを染色して観察するだけで明らかにわかるだろう。しかし，プロテオームの生化学的特徴にみられる重要な変化は，個々のタンパク質の量の比較的小さな変化によることもありうるので，わずかな変化を検出する方法は必須である。

1つの可能性は，2つのプロテオームからの試料を別々の蛍光マーカーで標識し，同じ二次元電気泳動ゲルで一緒に泳動することである。これは2つのトランスクリプトームの比較に用いられる方法と同じである（図12.5 参照）。同じ二次元電気泳動ゲルを異なる波長で可視化することにより，2つのゲルを比較する場合と比べて，同じスポットの強度をより正確に測定することが可能となる。

より正確な解析を行うためのボトムアッププロテオミクスの手法として，**同位体標識アフィニティータグ法**（isotope-coded affinity tag：ICAT）がある。これらのタグはペプチドに付加させることができる化学基のことを指し，例えば，炭素同位体で最も天然存在比の高い ^{12}C か，希少な ^{13}C を含む短鎖の炭化水素である（図 13.9）。2つのプロテオーム中のタンパク質を通常の方法で分離し，各プロテオームから回収された同じタンパク質をプロテアーゼで処理する。一方の試料のペプチド群を ^{12}C タグで標識し，他方を ^{13}C タグで標識する。^{12}C タグと ^{13}C タグは質量が異なるため，^{12}C タグで標識したペプチドから得られる分子イオンの m/z は，^{13}C タグで標識した同一のペプチドから得られるものと区別できる。したがって，2つのプロテオームから得られたペプチドを同時に質量分析計にかけることが可能となる。それぞれのプロテオームに由来する同一ペプチドの1対は，区別可能な m/z をもつため，マススペクトル上でわずかに異なる位置に観測される（図 13.10）。ピークの高さを比較することにより，各ペプチドの相対量を見積もることがで

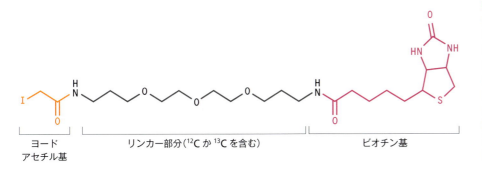

図 13.9 プロテオーム研究で用いられる典型的な同位体標識アフィニティータグ
ヨードアセチル基はシステインと反応してペプチドに付加する。リンカー部分は ^{12}C か ^{13}C のどちらかを含んでおり，同位体標識としての役目を担っている。末端のビオチン基により，アビジンが固定されたカラムを用いたアフィニティークロマトグラフィーで標識ペプチドと非標識ペプチドを分離することができる。よって，システインをもっていない非標識ペプチドを質量分析の前に除去することができる。

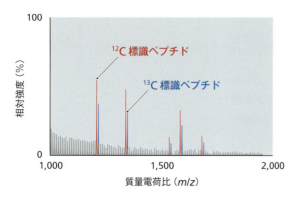

図 13.10　同位体標識アフィニティータグ法による 2 つのプロテオームの解析　マススペクトルの中で，^{12}C を含むペプチドのピークは赤色，^{13}C を含むペプチドのピークは青色で示してある．研究対象のタンパク質は，^{12}C タグで標識したプロテオーム中に約 1.5 倍多く存在している．

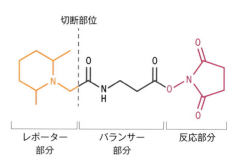

図 13.11　典型的な同重体タグ　レポーター部分とバランサー部分は，すべてのタグが同じ分子質量となるように ^{13}C で標識されている．ペプチドがフラグメンテーションを起こすとき，タグは図に示した位置で切断され，それぞれのタグで質量の異なるレポーター部分を放出する．このタグの反応部分はアミノ基を含む側鎖をもつアミノ酸の標識に用いられる．

きる．

　ICAT のおもな欠点として，^{12}C タグと ^{13}C タグで標識したペプチドのクロマトグラフィー特性がわずかに異なるため，とりわけ逆相液体クロマトグラフィーにおいて，標識ペプチドがカラムから出てくる時間がわずかに異なるおそれがあるということがある．異なる質量をもつことはタンデム質量分析法においても障害となる．なぜなら，^{12}C タグと ^{13}C タグで標識したペプチドは最初の質量分析部を異なる速度で通過し，そのためフラグメントイオンが 2 番目の質量分析部に入る時間も異なってくるからである．これらの問題は**同重体標識**（isobaric labeling）によって回避することができる．この方法では，それぞれのタグは 3 つの部分からなる．すなわち，ペプチドに付加するための反応部分，^{13}C で標識されたバランサー部分，そして同じく ^{13}C で標識されたレポーター部分である（図 13.11）．それぞれのタグは同じ質量をもつように設計されており，つまり同重体（isobar）である．したがって，2 つのプロテオームに由来する標識ペプチドからは同じ m/z をもつ分子イオンが生成し，これらは最初の質量分析部では同じように振る舞う．しかしながら，各タグのバランサー部分とレポーター部分における ^{13}C の分布は異なっており，2 番目の質量分析部でタグが開裂すると，各タグに固有の質量をもつフラグメントイオンが放出される．2 番目の質量分析部で検出されたレポーターフラグメントイオンの相対量により，2 つのプロテオームにおけるもとのペプチドの相対量を見積もることができる．

　最後にあげる方法として，微生物や真核生物の細胞株を扱うときに用いられる**代謝標識**（metabolic labeling）がある．^{12}C ではなく ^{13}C を含む栄養源を加えた培養液で微生物や細胞を培養すると，すべてのタンパク質は ^{13}C で標識される．この方法で研究対象のプロテオーム試料を入手できれば，すべてのタンパク質は前もって標識されているため，個々のペプチドにタグを付加する必要はない．上述したようにカラムクロマトグラフィーや最初の質量分析部での振る舞いが異なってくるという欠点はあるが，この方法によってプロテオーム中の全タンパク質の相対量の迅速かつ効率の高い比較が可能になる．

タンパク質プロファイリングの別のアプローチとして検出用タンパク質アレイが用いられる

　ゲルやカラムによる分離後に行う質量分析は，プロテオームの構成をプロファイリングするのに効果的であるが，労力を要し費用のかかる方法である．こうしたアプローチはプロテオームの最初の特徴づけを行う段階では必要だが，多くの研究計画の目的はプロテオームの構成すべてのカタログ化ではなく，例えば外的刺激に対する応答や正常組織から

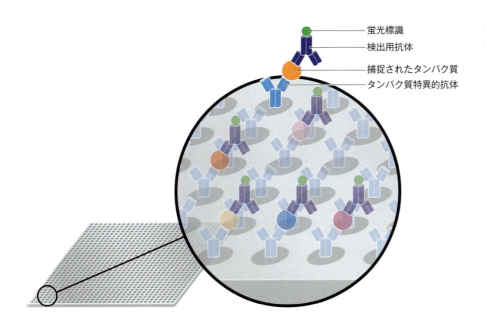

図 13.12 抗体アレイによるタンパク質の検出 捕捉されたタンパク質は，蛍光標識したポリクローナル抗体を用いて検出される。

病変組織への変遷の際に，プロテオームに起こる変化を調べることである。そのような応用研究には，より迅速に個々のタンパク質の相対量を評価できる方法が望ましい。

タンパク質アレイ（protein array）は，タンパク質プロファイリングを行うためにトップダウンプロテオミクスやボトムアッププロテオミクスの代わりとなる主要な方法である。固定されている分子がDNAではなくタンパク質であるという点を除けば，タンパク質アレイはDNAアレイ（12.1節）に似ている。タンパク質アレイにはいくつかのタイプがあり，13.2節で学ぶタンパク質間相互作用を検出するものもある。タンパク質プロファイリングのために使われるタイプは，**検出用タンパク質アレイ**（analytical protein array）もしくは**抗体アレイ**（antibody array）と呼ばれ，2つ目の名前はこのアレイに固定されているものが一連の抗体であることを示している。それぞれの抗体はプロテオーム中の異なるタンパク質に特異性を有するように設計されている。プロテオーム試料がこのアレイに添加されると，各タンパク質はそれぞれの抗体に結合してアレイ上に捕捉される。アレイ上の各位置のタンパク質結合量は，プロテオーム中におけるそのタンパク質の存在量に依存している。捕捉されたタンパク質は，通常すべてのタンパク質に結合しうる2つ目のポリクローナル抗体を用いて検出される。この抗体は蛍光標識されており，タンパク質が捕捉されたアレイ上の位置でシグナルを発する（図13.12）。DNAアレイと同じように，発する蛍光の強度によってプロテオーム中の各タンパク質の量を定量できる。

検出用タンパク質アレイを設計するうえで難しいのは，それぞれの抗体が標的タンパク質に特異的であり，別のタンパク質とは交差反応しないようにすることである。抗体によって認識されるエピトープが複数のタンパク質の表面に共通した特徴である場合，交差反応が起こってしまう。しかし，交差反応しないアレイを設計することさえできれば，大量生産が可能で実際の使用は比較的容易である。数十万種類の抗体を1つのチップ上に載せることも可能ではあるが，ほとんどの抗体アレイはプロテオームの特定の構成分子を評価する目的で設計されており，固定されている抗体は1,000種類未満である。代表的な用途として，さまざまなヒト組織におけるサイトカインの有無のスクリーニングや相対量の評価があげられる。この目的では640種類のタンパク質を標的とした市販のアレイが入手可能である。

13.2 相互作用するタンパク質を同定する

　相互作用する1対もしくは一群のタンパク質を同定することで、プロテオームの機能に関する重要なデータが得られる。個々のタンパク質レベルでは、この情報は新しくみつかった遺伝子やタンパク質に機能情報を割り当てようとする際にしばしば役に立つ（第6章）。というのは、新しくみつかったタンパク質が機能のよくわかっている別のタンパク質と相互作用する場合、その相互作用が当該タンパク質の機能を示唆していることがよくあるからである。例えば、機能未知のタンパク質が細胞表面にあるタンパク質と相互作用する場合、当該タンパク質は細胞間シグナル伝達（14.1節）に関与している可能性がある。

タンパク質間相互作用を同定する

　タンパク質間の相互作用を調べる方法はいくつかある。特に便利な2つの方法として、**ファージディスプレイ法**（phage display method）と**酵母ツーハイブリッド法**（yeast two-hybrid method）がある。ファージディスプレイ法では特殊なクローニングベクターが使用される。このベクターはλファージもしくは、M13ファージなどの線維状ファージをもとにしたもので、その中に組み込まれた外来遺伝子がファージのコート（外被）タンパク質遺伝子と融合した形で発現するように設計されている（図13.13A）。したがって、ファージタンパク質はファージコートの中に外来タンパク質をもつことになり、そのタンパク質はファージの表面に「提示（display）」された形となって、ファージが出会うタンパク質と相互作用できるようになる。ファージディスプレイ法を用いてタンパク質の相互作用を調べるための方法にはいくつかある。ある方法では、研究対象のタンパク質を提示させ、一連の精製タンパク質または機能がわかっているタンパク質断片との相互作用を調べる。この方法は、おのおのの試験をするのに時間がかかるため限界がある。したがって、

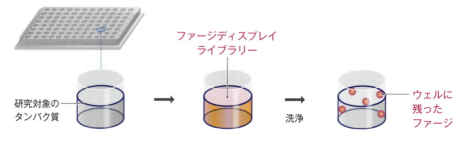

図13.13　ファージディスプレイ法　(A) ファージディスプレイ法では、ベクターとしてゲノムを1カ所のみで切断する制限部位をコートタンパク質の遺伝子内にもつファージゲノムが使われる。この技術は当初、f1ファージと呼ばれる線維状ファージのgene IIIコートタンパク質を用いて行われたが、現在はλファージをはじめとするファージも利用されている。ディスプレイファージを作製するために、研究対象のタンパク質をコードするDNA配列を制限部位に挿入し、連結したリーディングフレーム（研究対象の遺伝子からコートタンパク質遺伝子まで、コドンが途切れることなく続いたもの）ができるようにする。大腸菌を形質転換させ、この組換え分子からコートタンパク質と研究対象のタンパク質からなる融合タンパク質を合成させる。形質転換した細菌によって産生されたファージ粒子は、研究対象のタンパク質をその表面に「提示」している。(B) ファージディスプレイライブラリーの利用。研究対象のタンパク質をマイクロタイタープレートのウェル（穴）に固定しておき、ファージディスプレイライブラリーを加える。1回以上の洗浄後、ウェルに残ったファージは、研究対象のタンパク質と結合するタンパク質を提示している。

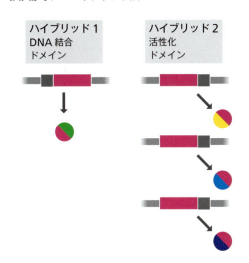
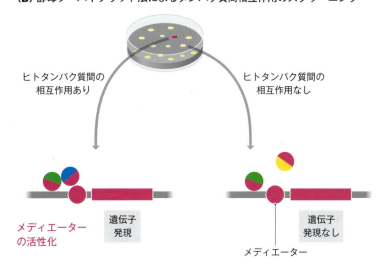

図 13.14 **酵母ツーハイブリッド法** (A) 図の左側では，ヒトタンパク質の遺伝子を酵母の転写因子の DNA 結合ドメインの遺伝子に連結している。これを酵母に形質導入すると，連結 DNA から一部にヒトタンパク質，一部に酵母の転写因子をもつ融合タンパク質が合成される。図の右側では，さまざまなヒト DNA 断片を転写因子の活性化ドメインの遺伝子に連結している。これらの連結 DNA からはさまざまな融合タンパク質が合成される。(B) 2 種類の連結 DNA を混合して酵母に同時に導入する。レポーター遺伝子を発現しているコロニーでは，2 種類の融合タンパク質のヒトタンパク質部分が相互作用しており，それによって転写因子の DNA 結合ドメインと活性化ドメインが近くに配置され，メディエータータンパク質を活性化させることができる。

可能性のあるタンパク質間相互作用について事前に何らかの情報が得られている場合にのみ適している。より強力なアプローチとして，一連のタンパク質を提示するクローンを集めた**ファージディスプレイライブラリー**（phage display library）を作製し，ライブラリー中のどのタンパク質が研究対象のタンパク質と相互作用するかを調べる方法がある（図 13.13B）。

酵母ツーハイブリッド法では，より複雑な方法でタンパク質間相互作用を検出する。12.2 節で，真核生物では転写因子が遺伝子の発現を制御していることをみた。この機能を実現するために，転写因子は遺伝子の上流にある DNA 配列に結合し，転写開始を制御するメディエータータンパク質を活性化させる必要がある（図 12.21 参照）。DNA との結合とメディエーターの活性化というこの 2 つの機能は，転写因子のそれぞれ別の部分が担っている。転写因子によっては，DNA 結合ドメインを含む部分と活性化ドメインを含む部分の 2 つに切断することができる。これら 2 つの部分は，細胞内では相互作用することで転写因子として機能する。

酵母ツーハイブリッド法では，レポーター遺伝子に対する転写因子としての機能を欠損している出芽酵母（*Saccharomyces cerevisiae*）を用いる。したがって，レポーター遺伝子は発現していない。まず，相互作用を調べたいタンパク質の遺伝子に，転写因子の DNA 結合ドメインをコードする人工遺伝子を連結する。調べたいタンパク質は，酵母に限らずどのような生物種のものでもよい。図 13.14A に示した例では，ヒトのタンパク質を調べている。このような連結 DNA を組み込んだベクターを酵母に導入すると，転写因子の DNA 結合ドメインがヒトタンパク質に連結した**融合タンパク質**（fusion protein）が合成される。この転写因子は DNA に結合する能力しかもっていないので，メディエータータンパク質に影響を与えることはできず，酵母はやはりレポーター遺伝子を発現することはできない。調べたいヒトタンパク質と相互作用できるタンパク質をコードする

図 13.15　タンパク質アレイによるタンパク質間相互作用の検出　アレイにはさまざまなタンパク質が固定されている。検出される蛍光シグナルは，どのタンパク質が研究対象のタンパク質と結合しているのかを示している。

DNA 断片に，転写因子の活性化ドメインをコードする配列を連結した，第2の連結 DNA を酵母に同時に導入してはじめて，レポーター遺伝子が発現するようになる（図 13.14B）。ファージディスプレイ法の場合と同様に，可能性のある相互作用について事前に何らかの情報が得られていれば，個々の DNA 断片を酵母ツーハイブリッド法で1つ1つ調べることが可能である。しかし通常は，活性化ドメインをコードする配列を DNA 断片の混合物と連結し，多様な連結 DNA を作製する。形質導入後，細胞をプレートに播き，レポーター遺伝子を発現するものだけを選別する。選別された細胞は，活性化ドメインをコードする配列が，研究対象のタンパク質と相互作用できるタンパク質をコードする DNA 断片と連結された連結 DNA をもつものである。

　タンパク質間相互作用の研究にはタンパク質アレイを用いることもできる。タンパク質プロファイリングに用いるアレイとは異なり，固定されたタンパク質は抗体ではなく，相互作用の有無を調べたい実際のタンパク質である。蛍光標識した研究対象のタンパク質をアレイに添加すると，蛍光シグナルを発するアレイ上の位置によって研究対象のタンパク質と相互作用するタンパク質が示される（図 13.15）。この方法では，研究対象のタンパク質とそれ以外の広範なタンパク質との間の相互作用を1回の実験で調べることができるが，タンパク質間相互作用を調べるための研究で第1の選択肢となることは少なく，標準的な方法は依然としてファージディスプレイ法や酵母ツーハイブリッド法である。タンパク質アレイは，例えば特定の DNA 配列に結合するタンパク質の同定といった DNA-タンパク質相互作用，あるいは薬剤のような小分子とタンパク質の相互作用を調べる場合に，より広く用いられている。

タンパク質複合体の構成成分を同定する

　ファージディスプレイ法と酵母ツーハイブリッド法は，相互作用する2つのタンパク質を同定する有用な方法であるが，そのような相互作用はタンパク質間相互作用のごく基本的な一面にすぎない。細胞内の多くの活動はタンパク質複合体によって担われている。これらの複合体には，遺伝子の転写制御に中心的な役割を果たしているメディエーター（12.2節）や，mRNA 前駆体からイントロンを除去するスプライソソーム（12.4節）などがある。典型的な場合，タンパク質複合体は常に存在している一連のコアタンパク質と，特別な条件下で結合するさまざまな補助タンパク質とから構成されている。コアタンパク質と補助タンパク質を同定することは，タンパク質複合体がどのようにしてその機能を発揮するかを理解するうえで重要である。これらのタンパク質は，ファージディスプレイ法や酵母ツーハイブリッド法を用いた一連の実験によって1つ1つ同定される場合もあるが，タンパク質複合体の構成成分を決定するためのより直接的な方法が明らかに必要である。

　タンパク質複合体の構成成分を同定するには，原理的にはファージディスプレイライブラリーを用いることができる。なぜなら，この方法によれば，研究対象のタンパク質と相互作用するすべてのタンパク質を1回の実験で同定できるからである（図 13.13B 参照）。しかし問題は，大きなタンパク質はファージの複製サイクルを阻害するので十分には発現されないことにある。この問題を克服するために，通常は完全長のタンパク質ではなく，その一部である短いペプチドを提示させる必要がある。しかしその場合，提示されたペプチドは，もとの完全長タンパク質にあるタンパク質間相互作用に必要な部位のいくつかを

欠いている可能性があり，複合体のすべての構成タンパク質とは相互作用できないかもしれない（図13.16）。このような問題が起こらないように完全長タンパク質を用いることができる方法として，**アフィニティークロマトグラフィー**（affinity chromatography）がある。アフィニティークロマトグラフィーでは，研究対象のタンパク質をクロマトグラフィーの充填剤に結合させてカラムに充填する。細胞抽出液を低塩濃度の緩衝液で希釈してカラムに通すと，研究対象のタンパク質と複合体の構成タンパク質との間に水素結合が形成される（図13.17A）。したがって，充填剤に結合させた研究対象のタンパク質と相互作用するタンパク質はカラムに保持され，その他のタンパク質はすべて洗い流される。ついで高塩濃度の緩衝液で，研究対象のタンパク質と相互作用するタンパク質を流出させる。この方法の欠点は研究対象のタンパク質を精製する必要があることで，これには時間がかかり，大規模スクリーニングに用いることは難しい。より洗練された手法として，**タンデムアフィニティー精製法**（tandem affinity purification：TAP法）と呼ばれる方法がある。これは出芽酵母のタンパク質複合体を調べる手段として開発された方法であり，研究対象のタンパク質の遺伝子を修飾することによって，そのタンパク質のC末端にカルモジュリン（calmodulin）と呼ばれるタンパク質が結合できるようにしてある。タンパク質複合体が壊れないように穏やかな条件下で調製した細胞抽出液を，カルモジュリン分子を結合させた充填剤を詰めたカラムに通す。これにより，研究対象のタンパク質とそれに結合しているタンパク質を同時に固定化できる[*1]（図13.17B）。どちらの方法でも，精製したタンパク質は質量分析法によって同定される。1,739の酵母遺伝子を対象とした大規模スクリーニングでは，タンデムアフィニティー精製法によって232のタンパク質複合体が同定され，それ以前の実験ではわかっていなかった344の遺伝子の機能について新しい情報を得ることができた。

アフィニティークロマトグラフィーのもう1つの欠点は，複合体中の1つのタンパク質が，その複合体中の他のタンパク質を分離するための「ベイト」（「餌」という意味）として用いられることである。複合体中の構成タンパク質がベイトと直接相互作用しない場

図13.16 ファージディスプレイ法では，タンパク質複合体のすべての構成成分を検出できるとは限らない このタンパク質複合体は，コアタンパク質およびそれと相互作用する5つの小さなタンパク質からなる。図の右下に示したような，コアタンパク質由来のペプチドを用いてファージディスプレイ法を行う。このペプチドは相互作用するタンパク質のうち2つを検出することはできるが，それ以外の3つのタンパク質は結合部位がコアタンパク質の別の部位にあるため検出できない。

[*1] 訳注：
最も一般的なTAP法では，対象となるタンパク質のC末端にカルモジュリン結合ペプチド，TEV切断部，IgG結合領域を融合させて発現し，2段階の精製法を組み合わせて複合体を精製する。

(A) 標準的なアフィニティークロマトグラフィー　**(B) タンデムアフィニティー精製法**

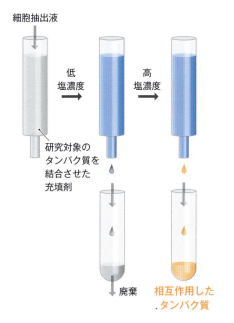
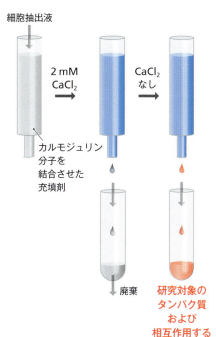

図13.17 アフィニティークロマトグラフィーによるタンパク質複合体の精製　(A) 標準的なアフィニティークロマトグラフィーでは，研究対象のタンパク質を充填剤に結合させる。細胞抽出液を低塩濃度の緩衝液で希釈してカラムに通し，タンパク質複合体のほかの構成成分を研究対象のタンパク質に結合させる。その後，結合したタンパク質は高塩濃度の緩衝液で溶出させる。(B) タンデムアフィニティー精製法では，細胞抽出液を2 mMの塩化カルシウム（$CaCl_2$）を含む緩衝液で希釈してカラムに通す。この条件下では，修飾した研究対象のタンパク質およびそれが相互作用するタンパク質と，充填剤に結合させたカルモジュリン分子との結合が促進される。その後，目的とするタンパク質は$CaCl_2$を含まない緩衝液で溶出させる。

図 13.18　アフィニティークロマトグラフィーの欠点　複合体中の構成タンパク質がベイトタンパク質（"B"で示す）と直接相互作用しない場合は，そのタンパク質は検出されない可能性がある。

合は，そのタンパク質は検出されない可能性がある（図 13.18）。したがってこれらの方法は，複合体中に存在するタンパク質の一部を同定することはできるが，必ずしもすべてを同定できるとは限らない。完全な複合体を精製する方法の開発は，現在の研究の大きな目標となっている。**共免疫沈降法**（co-immunoprecipitation）では，タンパク質複合体が壊れないように穏やかな条件下で細胞抽出液を調製する。研究対象のタンパク質に特異的な抗体を加えると，そのタンパク質とともに，これと複合体を形成するすべてのタンパク質が沈殿してくる。その一群のタンパク質をプロテアーゼ処理した後にボトムアッププロテオミクスを行えば，複合体の構成タンパク質を同定することができる。このようなショットガンプロテオミクスの手法は**多次元タンパク質同定法**（multidimensional protein identification technique：MudPIT）と呼ばれる。この方法は，酵母リボソームの大サブユニットの研究ではじめて用いられ，それ以前には複合体に含まれることが知られていなかった 11 のタンパク質を同定することができた。

機能的な相互作用をするタンパク質の同定

　タンパク質どうしが機能的な相互作用をするためには，物理的な相互作用が必ず必要というわけではない。例えば，大腸菌（*Escherichia coli*）のような細菌では，ラクトースパーミアーゼ（透過酵素）と β-ガラクトシダーゼは，どちらも炭素源としてラクトースを利用するので機能的な相互作用を行っている。しかし，これら 2 つのタンパク質間に物理的な相互作用はない。ラクトースパーミアーゼは細胞膜にあり，ラクトースを細胞内に運搬する。一方，β-ガラクトシダーゼは細胞質にあり，ラクトースをグルコースとガラクトースに分解する（図 8.9A 参照）。同じ生化学的経路でともに働く酵素の多くは，互いに物理的相互作用をしない。したがって，物理的なタンパク質間相互作用のみに注目していると，多くの機能的な相互作用を見逃してしまうことになる。

　機能的な相互作用をするタンパク質を同定する方法にはいくつかある。そのほとんどはタンパク質を直接的に調べるものではないので，厳密にいえば「プロテオミクス」の範疇に入るものではない。しかし，そこから得られる情報は，プロテオミクス研究の結果とともにタンパク質相互作用地図に含まれることが多いので，ここで取り上げておく。これらの方法には以下のものがある。

- 比較ゲノム学は，機能的な関係をもつ一群のタンパク質を同定するためにさまざまな方法で用いられている。1 つのアプローチは，ある生物種では異なる分子として存在する 2 つのタンパク質が，別の生物種では融合して 1 つのタンパク質になっているという観察結果にもとづいている。例をあげると，ヒスチジンの生合成にかかわる酵素をコードしている酵母の *HIS2* 遺伝子がある。大腸菌には *HIS2* と相同な遺伝子が 2 つある。1 つはそれ自身が *his2* と呼ばれ，*HIS2* の 5′ 領域と配列相同性があり，もう 1 つは *his10* と呼ばれ，3′ 領域に相同性がある（図 13.19）。*his2* と *his10* にコードされるタンパク質は，大腸菌のプロテオーム中で相互作用することにより，ヒスチジン生合成の活性を担う。配列データベースを解析することによって，ある生物種では 2 つのタンパク質であるものが，別の生物種では 1 つのタンパク質に融合している例がたくさんみつかっている。細菌のオペロンを調べる同様のアプローチもある。オペロンは同時に転写される 2 つ以上の遺伝子からなり，普通は機能的に関係している（8.2 節）。例えば，大腸菌のラクトースパーミアーゼと β-ガラクトシダーゼの遺伝子は，ラクトース利用に関与する別のタンパク質とともに同じオペロン上に存在している（図 8.9A 参照）。細菌オペロン上にある複数の遺伝子間の機能的な関係は，真核生物ゲノム上にあるその相同遺伝子にコードされるタンパク質間の機能的な相互作用を推測するのに利用される。

図 13.19　相同性検索を利用したタンパク質間相互作用の予測　酵母 *HIS2* 遺伝子の 5′ 領域は大腸菌 *his2* と，3′ 領域は大腸菌 *his10* と，それぞれ配列相同性がある。

- トランスクリプトーム研究によって，タンパク質間の機能的な相互作用を同定することもできる。なぜなら，機能的に関係のある mRNA は異なる条件下でよく似た発現パターンを示すことがよくあるからである。
- 遺伝子不活性化の研究からも有用な情報が得られる。もし2つ以上の遺伝子が同時に不活性化された場合にのみ表現型が変化するなら，それらの遺伝子はその表現型を発現するために一緒に機能していると考えられる。

タンパク質相互作用地図はプロテオーム中での相互作用を表す

　細胞内で相互作用する1対もしくは一群のタンパク質を同定するファージディスプレイ法や酵母ツーハイブリッド法といった手法によって得られた情報をもとに，**タンパク質相互作用地図**(protein interaction map)を構築することができる。このタイプの地図では，おのおののタンパク質が点すなわち**節**(node)で表され，結合タンパク質のペアが線すなわち**辺**(edge)で結ばれている。このようにして作成されたネットワークは，プロテオームの構成タンパク質間に生じる相互作用の詳細を示している。最初のタンパク質相互作用地図のいくつかは，2001年に比較的単純なプロテオームについて作成された。ほとんどのデータは酵母ツーハイブリッド法によって得られたものであった。これらの中には，ピロリ菌(*Helicobacter pylori*)のプロテオームを構成するタンパク質のほぼ半数が関与する1,200を超える相互作用を示した地図や，出芽酵母のプロテオームを構成する1,870のタンパク質間の2,240の相互作用を示した地図が含まれている(図13.20A)。最近では新しい手法を適用することで，出芽酵母のより詳細な地図や，ヒトやその他の真核生物の地図も作成されている(図13.20B)。ある生物種のタンパク質相互作用地図は，より広範囲にわたる**インタラクトーム**(interactome)の一部を構成している。インタラクトームとは起こりうるすべての分子間相互作用を指す。例えば，タンパク質とその活性を制御する低分子間の相互作用や，遺伝子とその発現を制御する DNA 結合タンパク質間の相互作用などが含まれる。

　これらのタンパク質相互作用地図から，どのような面白い特徴がみつかっただろうか。最も興味深い発見は，各ネットワークには数多くの相互作用をもち**ハブ**(hub；中心)となっている少数のタンパク質が存在し，その他の多くのタンパク質はそれぞれ非常に少ない相互作用しかもっていないということである(図13.21A)。タンパク質を不活性化させるような変異によって破壊的な効果が生じた場合に，プロテオームに与える影響を最小限に抑えるような構造になっていると考えられる。ネットワーク全体が障害を受けるのは，非常に相互作用の多い節にあるハブタンパク質の1つに変異が起こった場合のみだろう。この仮説は，遺伝子の不活性化実験(6.2節)から，酵母タンパク質のかなりの割合が冗長性をもっている，つまりそのタンパク質が機能を失ってもプロテオーム全体としては正常

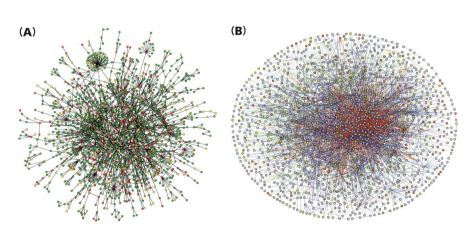

図13.20　タンパク質相互作用地図　(A) 2001年に報告された最初の出芽酵母タンパク質相互作用地図。図中の点はそれぞれ1つのタンパク質を示し，相互作用するタンパク質どうしを線で結んである。赤色の点は必須タンパク質で，これらのうちどれかを不活性化させる変異は致死となる。緑色の点で示すタンパク質の遺伝子に変異が生じても死には至らない。橙色の点で示すタンパク質の遺伝子変異は増殖をにぶらせる。黄色の点で示すタンパク質の遺伝子変異の影響は，この地図が作成された時点ではわかっていなかった。(B) ヒトのタンパク質相互作用地図。(A：Jeong H, Mason SP, Barabási AL & Oltvai ZN [2001] *Nature* 411:41-42 より Macmillan Publishers Ltd. の許諾を得て掲載，B：Stelzl U, Worm U, Lalowski M et al. [2005] *Cell* 122: 957-968 より Elsevier の許諾を得て掲載)

(A) 完全な地図　　　　　　　　　　(B) パーティーハブを除いた地図　　　　　　(C) デートハブを除いた地図

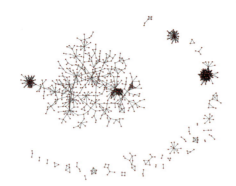
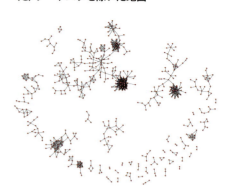

図13.21　**出芽酵母のタンパク質相互作用地図中のハブ**　この地図は2004年に報告された。(A) 完全な地図の中ではハブがはっきりとみてとれる。(B) パーティーハブを除いても，ネットワークはもとの状態をほぼ保っている。(C) デートハブを除くと，ネットワークはサブネットワークへと分断されてしまう。(Han J-DJ, Bertin N, Hao T et al. [2004] *Nature* 430:88-93 より Macmillan Publishers Ltd. の許諾を得て掲載)

に機能しつづけ，細胞の表現型には目にみえるほどの影響がない，という結果が得られたこととも一致している。これらのハブタンパク質は，その発現パターンと，直接結合する相手により，2つのグループに分けることができる。第1のグループはすべての相手と同時に相互作用するものである。これらはパーティーハブ (party hub) と呼ばれており，除いても全体的な構造にはほとんど影響がない（図13.21B）。これに対して，時に応じて相手を替えて相互作用を行う第2のグループはデートハブ (date hub) と呼ばれ，これらを除くとネットワークは小さなサブネットワークへと分断されてしまう（図13.21C）。このことは，パーティーハブは個々の生理学的過程の中で機能しており，プロテオーム全体の構成にはあまり貢献していないことを意味している。一方，デートハブは生理学的過程どうしをつなぐことでプロテオームを構成する重要な役割を担っている。

　現在までに作成されたほとんどのタンパク質相互作用地図はいまだに不完全である。これは単純にプロテオーム中に起きているすべての相互作用が同定されていないためである。実際，タンパク質間相互作用を検出するための手法の能力と感度の限界を念頭において考えれば，たとえどんなプロテオームであれ完全なタンパク質相互作用地図を作成できるかどうかは疑わしい。得られたネットワークに偽の相互作用が含まれていないことを保証するためには，これらの手法の正確さも考慮する必要がある。これらの問題はヒトのタンパク質相互作用地図の現在の状況に反映されている。報告されているすべての相互作用を考慮すると，このネットワークは約3万のタンパク質と35万の相互作用からなる。しかし，2種類の手法で確認されたものに限ると，その数は16,000のタンパク質と116,000の相互作用まで減少する。明らかにこれらのネットワークは不完全であり，ヒトのプロテオームに存在すると考えられている7万のタンパク質のほんの一部分しか表していない。また，同定された相互作用の多くは確認がとられていない。しかし，このような限界はあるものの，タンパク質相互作用地図はプロテオームと細胞内の生化学との関係を調べるための有用な手段である。例えば，異なる遺伝子の変異が同じ疾患を引き起こす場合，それらの遺伝子がコードするタンパク質は，ネットワーク内の同じ**疾患モジュール** (disease module) に属していることがよくある（図13.22）。つまり，プロテオーム中で相互作用する構成分子の生化学的機能の欠損や変化が，疾患の症状をもたらしている。たとえタンパク質相互作用地図が不完全であっても，これまで疾患との関連が知られていなかったタンパク質をモジュール内に同定することによって，その疾患の生化学的基盤をより詳細に理解することができるようになった。多発性硬化症と関節リウマチのように，疾患モジュールが部分的に重なり合っている場合があることも（図13.22参照），ある疾患の患者が同時に別の疾患を発症する割合，すなわち**併存率** (comorbidity) の理解に重要な知見を与えている。

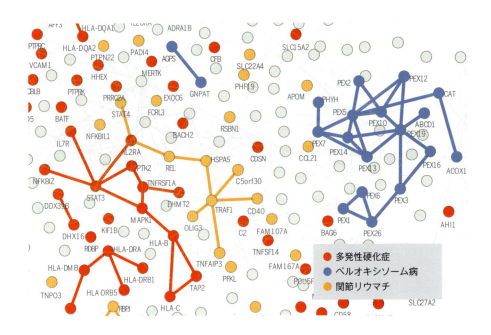

図13.22 ヒトのタンパク質相互作用地図中の疾患モジュール 多発性硬化症，ペルオキシソーム病，関節リウマチの疾患モジュールを示す．モジュールが部分的に重なり合っている疾患のペア（例えば，多発性硬化症と関節リウマチ）には，共通の症状がいくつかあり，併存率も高い．モジュールが重なり合わない疾患のペア（例えば，多発性硬化症とペルオキシソーム病）には，臨床上の共通点はみられない．(Menche J, Sharma A, Kitsak M et al. [2015] *Science* 347:841 より American Association for the Advancement of Science の許諾を得て掲載)

13.3 プロテオームの構成タンパク質の合成と分解

　プロテオームの構成は，プロテオーム中の個々のタンパク質の合成と分解のバランスによって決定される．プロテオームとタンパク質という単語を別にすれば，これはトランスクリプトームの構成について述べた文章（12.2節）とまったく同じである．原理はまさに同じで，図12.7に示したRNAの合成と分解のダイナミクスはタンパク質にも同様に当てはまる．したがって，どのようにプロテオームが維持され，外的刺激に対して，あるいは分化や発生，疾患の過程でどのようにプロテオームが変化するかを理解するためには，第12章と同じトピック，すなわち合成，分解，プロセシングについて，今度はRNAではなくタンパク質に関して学ぶ必要がある．

リボソームはタンパク質合成のための分子装置である

　タンパク質は**リボソーム**（ribosome）と呼ばれるRNA-タンパク質複合体によって合成される．1個の大腸菌細胞には約2万のリボソームがあり，細胞質中に散在している．ヒトの細胞には平均して100万以上のリボソームが存在し，細胞質中に散在しているほか，いくらかは小胞体の外膜表面や，細胞内に広がる管状または小嚢状のネットワークの表面に局在している．

　当初，リボソームはタンパク質合成において受動的な存在，すなわち，mRNAが翻訳されてポリペプチドが合成される際の足場構造にすぎないとみなされていた．年月とともにこの見方は変わり，現在では，リボソームは積極的な2つの役割をタンパク質合成において果たしていると考えられている．

- リボソームはmRNA，アミノアシルtRNA，補助タンパク質因子を，互いに正しい場所に配置することでタンパク質合成を「調整」している．
- rRNAを含むリボソームの成分は，タンパク質合成の過程で起きる化学反応の少なくとも一部，例えば2つのアミノ酸をペプチド結合によって連結する主要な反応を触媒している．

　リボソームのタンパク質合成への関与が明らかになった1950年代には，mRNAがどのようにしてポリペプチドに翻訳されるかを理解するうえで，リボソームの構造に関する詳細な知見が不可欠であることを生物学者たちはすでに認識していた．20世紀初頭にリ

図 13.23　真核生物と細菌のリボソームの構成　ヒトのリボソームと大腸菌のリボソームの構成の詳細を示している。リボソームタンパク質の数は，生物種によって多少異なる。

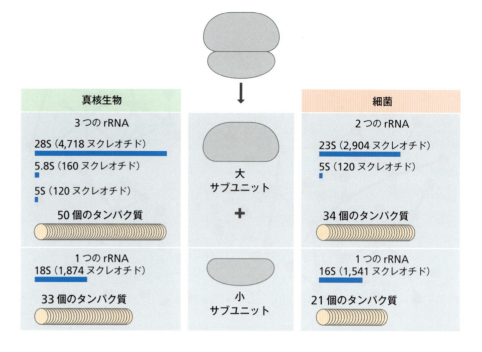

リボソームは光学顕微鏡の分解能ぎりぎりの微小な粒子として発見され，当初は「ミクロソーム（microsome）」と呼ばれていた．1940 年代から 1950 年代にかけてはじめて撮影された電子顕微鏡写真から，細菌のリボソームは 29×21 nm の卵形で，真核生物のリボソーム（種によって多少異なるが平均して 32×22 nm 程度）よりもやや小さいことがわかった．構成成分の研究から，リボソームは大小 2 つのサブユニットからなり，各サブユニットは一群の**リボソームタンパク質**（ribosomal protein）と，1 種類もしくは複数の rRNA から構成されることが明らかになった（図 13.23）．タンパク質合成に参加していないときは，リボソームはそれぞれのサブユニットに分かれ，次の翻訳に参加するまではサブユニットのままで細胞質中に存在することが現在ではわかっている．

真核生物と細菌のリボソームの基本的な構成が明らかになると，今度は，種々の rRNA やタンパク質が互いにどのように会合しているのかに，興味の中心が移っていった．rRNA の塩基配列がはじめて決定されると，その保存領域が塩基対を形成して複雑な二次構造をとることができるという重要な情報が得られた（図 13.24）．すなわち，rRNA はリボソーム内で骨組みの役割を果たしており，それにタンパク質が結合していることが示唆されたのである．この解釈はタンパク質合成における rRNA の積極的な役割を過小評価しているが，それでも，その後の研究の基礎をなす有用な土台となった．

その後の研究は，おもに細菌のリボソームについて行われた．細菌のリボソームは真核生物のものよりも小さく，また，液体培地で高密度培養した細菌の抽出液から大量に調製することができたからである．細菌のリボソームを研究するにあたっては，次のような多くの技術が用いられた．

- **ヌクレアーゼ保護アッセイ**（nuclease protection assay）では，rRNA とタンパク質がどの部分で接しているかを同定できる（7.1 節）．
- **タンパク質間架橋法**（protein-protein cross-linking）では，リボソーム内で互いに近くに位置する 1 対もしくは一群のタンパク質を同定できる．
- **電子顕微鏡法**（electron microscopy）はしだいに洗練されてきており，リボソームの全体構造を詳細に明らかにすることができる．例えば，観察する前に個々のリボソームタンパク質を特異的な抗体で標識しておく**免疫電子顕微鏡法**（immunoelectron microscopy）のような新技術は，リボソーム表面におけるリボソームタンパ

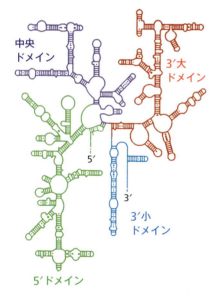

図 13.24　塩基対形成による大腸菌 16S rRNA の構造　16S rRNA は細菌のリボソーム小サブユニットに存在する唯一の rRNA である．標準的な塩基対（G–C, A–U）を線で表し，非標準的な塩基対（例えば G–U）を点で表している．

ク質の位置を決定するのに用いられている。
- **部位特異的ヒドロキシルラジカルプローブ法** (site-directed hydroxyl radical probing)。この方法は，Fe（Ⅱ）イオンがヒドロキシルラジカルを発生させ，ラジカル発生部位から1 nm以内にあるRNAのホスホジエステル結合を切断する性質を利用している。この方法によって，大腸菌リボソーム中のリボソームタンパク質の正確な位置が決定された。例えば，S5リボソームタンパク質の位置を決定するには，S5タンパク質のさまざまなアミノ酸をFe（Ⅱ）で標識し，再構成したリボソーム内でヒドロキシルラジカルを発生させる。16S rRNAが切断された位置から，S5タンパク質と16S rRNAの位置関係を推定することができる（図13.25）。

近年，上述の技術を補足する方法としてX線結晶解析（11.1節）が利用されるようになり，リボソームの構造に関する重要な知見が得られている。リボソームのような大きい分子の結晶解析から得られる大量のX線回折データを解析するのは，とてつもない大仕事である。特に，リボソームの作用機構を推定できるほど詳しい構造情報を得ることはきわめて難しい。しかしこの試みは成功し，mRNAおよびtRNAとの結合様式を含め，細菌のリボソームの詳細な全体構造が現在では知られている（図13.26A）。これらの研究から，細菌では2つのリボソームサブユニットが互いに連結することで，アミノアシルtRNA（アミノ酸が結合したtRNA）が結合できる2つの部位を形成することが明らかになった。これらは**P部位**（P site）および**A部位**（A site），もしくは**ペプチジル部位**（peptidyl site）および**アミノアシル部位**（aminoacyl site）と呼ばれる。P部位はアミノアシルtRNAで占められており，それに結合しているアミノ酸が伸長中のポリペプチド鎖の末端に付加される。A部位には次に使用されるアミノ酸を運ぶアミノアシルtRNAが入る。また，**E部位**（E site）もしくは**出口部位**（exit site）と呼ばれる3つ目の部位があり，ポリペプチド鎖にアミノ酸を付加させ終わったtRNAがそこから出ていく（図13.26B）。X線結晶解析によって明らかにされた構造から，これら3つの部位はリボソームの大サブユニットと小サブユニット間の空間に位置し，mRNAはおもに小サブユニットによって形成されるチャネルを通って移動していくことが示されている。各アミノ酸が付加されるたびに，リボソームは2つのサブユニットがわずかに逆方向に回転した，より密ではない構造をとる。これによってサブユニット間の空間が広がり，オープンリーディングフレーム中の次のコドンを読むために，リボソームがmRNAに沿って移動できるようになる。

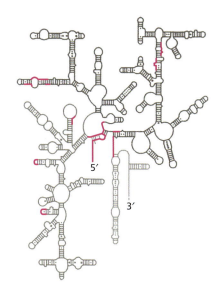

図13.25　大腸菌16S rRNAがS5リボソームタンパク質と接する位置　S5タンパク質と接する位置（赤色で示す）の分布から，塩基対形成により二次構造を作っている16S rRNAが，リボソームの立体構造内でさらに複雑に折りたたまれていることがわかる。

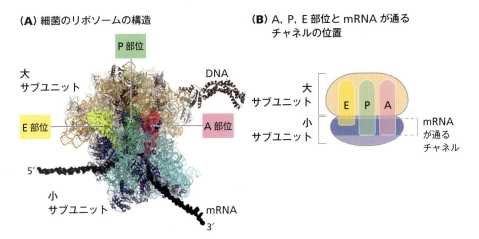

図13.26　細菌のリボソームの詳細な構造　(A) mRNAを翻訳中のリボソームの構造。A，P，E部位にあるtRNAをそれぞれ赤色，緑色，黄色で示している。(B) A，P，E部位とmRNAが通るチャネルの相対的な位置を表した略図。(A: Schmeing TM & Ramakrishnan V [2009] *Nature* 461:1234–1242より Macmillan Publishing Ltd. の許諾を得て掲載)

細菌はストレス下でリボソームを不活性化させてプロテオームのサイズを小さくする

　X線結晶解析は活性化されたリボソームの構造を解くばかりでなく，細菌が栄養制限といったストレス下でプロテオームのサイズを小さくすることも明らかにした．飢餓状態では細胞質中のアミノ酸が枯渇するため，アミノ酸の結合していないtRNAがリボソームのA部位に入るようになる．そのようなtRNAは大腸菌ではL11リボソームタンパク質によって検知され，**緊縮応答**（stringent response）が開始される．L11タンパク質はRelAと呼ばれるリボソーム結合タンパク質を活性化させる．RelAはATPの二リン酸基をGTP分子に転移させることで，GTPをグアノシン-5′-三リン酸-3′-二リン酸（pppGpp）に変換する．続いてpppGppは，グアノシンペンタホスファターゼ（guanine pentaphosphatase）の働きでグアノシン-5′-二リン酸-3′-二リン酸（ppGpp）に変換される．このppGppはストレス応答分子である**アラーモン**（alarmone）の一種で（図13.27），ストレスに対応するために細胞内の幅広い活動を修飾する．飢餓状態の細菌が行うストレス応答の1つは，全体的には転写を低下させる一方で，アミノ酸合成にかかわる遺伝子の転写を増加させることである．これらの変化は，ppGppが細菌のRNAポリメラーゼのβおよびβ′サブユニットに結合し，タイプの異なるプロモーターに対する親和性を変化させることによって起きる．

　ストレス状態を切り抜けて外部からの栄養の供給を待つ間，細菌はアミノ酸の生合成を促進することで，プロテオームの維持に不可欠なメンテナンスを行うことができる．全体的に代謝活性は衰えるので，タンパク質の合成速度を全体的に低下させることでプロテオームのサイズを小さくする．これは**開始因子**（initiation factor）であるIF-2にppGppが結合することで，少なくともある程度は達成される．IF-2はタンパク質合成の第1段階，すなわちmRNAのオープンリーディングフレームの開始コドン近くにある**リボソーム結合部位**（ribosome binding site）で，**翻訳開始複合体**（translation initiation complex）を構築する段階で必要となる．翻訳開始複合体は，リボソームの2つのサブユニット，開始コドンを認識する**開始tRNA**（initiator tRNA），そして3種類の開始因子からなる．IF-2の役割は，GTPの加水分解により翻訳開始複合体の構築に必要なエネルギーを供給することである．しかし，IF-2はGTPよりもppGppに対する親和性のほうが高くppGppが存在するときはそれに結合する．GTPの加水分解が行われなければ翻訳は開始段階で停止し，タンパク質合成が全体的に抑制され，結果的にプロテオームのサイズが小さくなる．

　飢餓状態でタンパク質の合成が抑制されると，細菌は余剰のリボソームをもつことになる．これら余剰のリボソームは，それぞれのサブユニットに分かれることなく不活性化さ

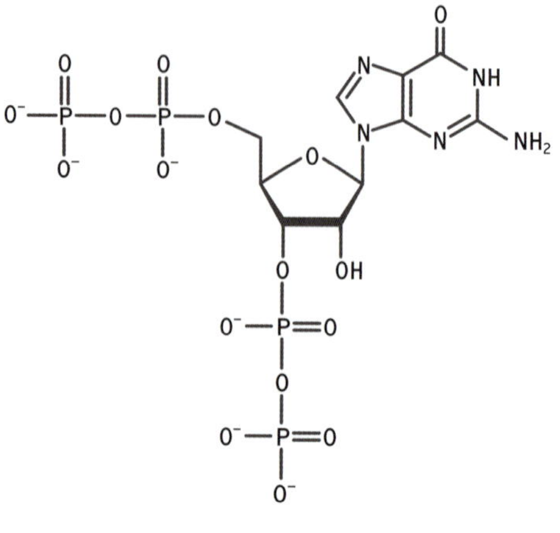

図13.27 アラーモンであるグアノシン-5′-二リン酸-3′-二リン酸（ppGpp）の構造

れた状態で保存されている。A部位とP部位は**リボソーム調節因子**（ribosome modulation factor）と呼ばれるタンパク質によってブロックされ，2つのリボソームが**休眠促進因子**（hibernation promotion factor）と呼ばれる第2のタンパク質と相互作用して，リボソーム二量体を形成する。二量体は不活性化されているが，環境条件が改善すると機能型のリボソームに戻り，タンパク質合成をすぐに再開できる。

真核生物の開始因子はプロテオームの大規模なリモデリングにかかわる

真核生物の開始因子はメディエーターでもあり，プロテオームの組成に大規模な変化をもたらす。細菌と真核生物とでリボソームの構造は似ているが，タンパク質合成が行われる方法は特に開始段階において異なる。真核生物では翻訳開始複合体が開始コドンの位置で構築されるのではなく，mRNAの5′末端で構築された複合体がmRNAに沿って開始コドンの位置まで**スキャン**（scanning）してくるのである。**翻訳開始前複合体**（translation preinitiation complex）と呼ばれる翻訳開始複合体の第1の構成成分は，リボソーム小サブユニット，開始tRNAに結合した開始因子eIF-2と1分子のGTPからなる三元複合体，そして3種類の開始因子，eIF-1，eIF-1A，eIF-3から構築される（図13.28）。構築された翻訳開始前複合体はmRNAの5′末端のキャップ構造（図1.17A参照）に結合し，さらなる開始因子がスキャンの開始前に呼び込まれる。

翻訳開始の過程はeIF-2のリン酸化によって抑制される。リン酸化されたeIF-2はGTP分子に結合できず，開始tRNAをリボソーム小サブユニットに運ぶことができなくなるのである。熱ショックのようなストレス下ではeIF-2のリン酸化が起こり，タンパク質合成が全体的に抑制される。しかし，これは細菌の緊縮応答のようなプロテオームのサイズを小さくするための手段ではなく，むしろ細胞をストレスから保護するさまざまなタンパク質の量を増加させることで，プロテオームのリモデリングをもたらす。これは真核生物における第2の翻訳開始経路によって起きる。この代替経路では**配列内リボソーム進入部位**（internal ribosome entry site：IRES）で翻訳開始複合体が構築され，スキャンが行われないのでeIF-2の不活性化が問題とならない。IRESは細菌のリボソーム結合部位と機能が似ているが，開始コドンとの相対的な位置関係は細菌のリボソーム結合部位よりも多様である。この真核生物における第2の翻訳開始経路は，ピコルナウイルス（picornavirus）に関連して最初に発見された。ピコルナウイルスは一群のRNAウイルスで，ヒトポリオウイルスや風邪の原因となるライノウイルスがこれに含まれる。ピコルナウイルスの転写産物にはキャップ構造がなく，代わりにIRESをもつ。そのためピコルナウイルスは自身の転写産物の翻訳には影響を与えることなく，宿主細胞のタンパク質合成を阻害することができる。宿主のリボソームがIRESを認識するためにウイルスタンパク質を必要としないことは重要である。言い換えれば，IRESから翻訳を開始させるのに必要なタンパク質やその他の因子が，真核細胞にはもともとそなわっているということになる。この発見は真核生物のmRNAに存在するIRES配列の探索を加速させ，現在のところ約150のIRESが同定されている。ストレス下でeIF-2とスキャンの過程が不活性化された際，IRESをもつmRNA（IRES-mRNA）が選択的に翻訳される。

eIF-2は真核生物におけるタンパク質合成の大規模な制御のうち最も詳しく研究されている例であるが，最近の研究から，キャップ依存的な翻訳開始を抑制してIRESをもつmRNAの翻訳に切り替えるための，別の機構もいくつか存在することが明らかにされている。その1つは，有糸分裂時に別の開始因子eIF-4Eがリン酸化されて起きる。eIF-4Eは，mRNAの5′末端に翻訳開始前複合体が結合するのを補助する**キャップ結合複合体**（cap binding complex）の構成成分である。eIF-4Eのリン酸化はキャップ結合複合体のmRNA

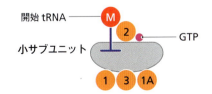

図13.28 真核生物のタンパク質合成のための翻訳開始前複合体 開始因子は1，1A，2，3で示している。開始tRNAがメチオニン（M）に結合している。図は概要であり，複合体全体の詳細な構造は知られていない。

への親和性を低下させ，キャップ依存的な翻訳開始を抑制して，有糸分裂時に必要なタンパク質をコードする IRES-mRNA の翻訳を促進する。明らかにこれらのタンパク質はストレス時に必要なタンパク質と同じものではなく，したがってキャップ依存的な翻訳開始の抑制が，単にすべての IRES-mRNA の翻訳を増加させるということではない。細胞の需要に応じて特定の転写産物群を翻訳させるように，IRES からの翻訳開始を制御している機構が存在するはずである。このことはキャップ依存的な翻訳開始の抑制の3つ目の例からも強調される。この例では，キャップ結合複合体の別の構成成分である eIF-4G が切断されることにより，アポトーシスに関連するタンパク質をコードする IRES-mRNA の翻訳が促進される。IRES からの翻訳開始という点では同じだが，明らかに細胞は有糸分裂時の応答とアポトーシスへの経路とを区別する必要がある。異なる IRES-mRNA セットの翻訳がどのように制御されているかは現在のところ不明であるが，個々の IRES に対するリボソームの親和性を調節しているらしい **IRES トランス作用因子**（IRES trans-acting factor：**ITAF**）の発見は，解明への道筋を示している。

個々の mRNA の翻訳も調節を受ける

　翻訳開始の大規模な制御によって起こるプロテオームのサイズや組成の全体的な変化と同様に，個々の mRNA の翻訳速度も調節を受ける。細菌における**転写産物特異的調節**（transcript-specific regulation）の機構のいくつかには，RNA 結合タンパク質の標的 mRNA への結合がかかわっている。それによりリボソーム結合部位への接近が妨げられ，結果的に翻訳開始複合体の構築が阻害される。最も有名な例は，大腸菌のリボソームタンパク質遺伝子のオペロンである（図 13.29A）。各オペロンから転写される mRNA のリーダー領域は，そのオペロンがコードするリボソームタンパク質のうちの1つの結合部位として働く配列を含んでいる。このタンパク質が合成されると，rRNA に結合するか，あるいは mRNA のリーダー領域に結合する。細胞内に遊離の rRNA があれば，rRNA との結合が有利に起こる。一方，遊離の rRNA がすべてリボソームに組み込まれてしまえば，リボソームタンパク質は自身の mRNA に結合して翻訳開始を阻害し，その mRNA がコードするリボソームタンパク質の合成のスイッチを切る。他の mRNA にも同様の機構が働き，各リボソームタンパク質の合成が細胞内の遊離 rRNA の量に応じて調節されている。

　哺乳類で起きる RNA 結合タンパク質による転写産物特異的調節の第2の例には，鉄貯蔵タンパク質フェリチン（ferritin）がかかわっている（図 13.29B）。鉄が存在しないときは，フェリチンの合成はフェリチン mRNA のリーダー領域にある**鉄応答配列**（iron-response element）と呼ばれる配列に結合するタンパク質によって阻害されている。その結合タンパク質は，開始コドンを探し求めて mRNA に沿ってスキャンを試みるリボソームをブロックする。鉄が存在するときは，結合タンパク質は mRNA から離れ，mRNA が翻訳される。興味深いことに，鉄の取り込みにかかわる関連タンパク質であるトランスフェリン受容体（transferrin receptor）をコードする mRNA にも鉄応答配列が存在するが，この場合，鉄の存在下で結合タンパク質が mRNA から離れても，mRNA は翻訳されることなく分解される。細胞内に鉄が存在するときは外部から鉄を取り込む必要がなく，トランスフェリン受容体の活性は要求されないので，これは理にかなっている。

　いくつかの細菌における mRNA の翻訳開始は，mRNA 内の認識配列に結合する短い RNA によっても制御される。しかし，短い RNA には標的 mRNA の翻訳を活性化させるものもあるので，必ずしも翻訳が阻害されるわけではない。OxyS と呼ばれる109塩基長の大腸菌 RNA はその一例で，40種類程度の mRNA の翻訳を制御している。OxyS の合成は，細胞の酸化的傷害を引き起こす過酸化水素やその他の活性酸素種によって活性化される。合成された OxyS は，これらの状況下で有害な産物をコードする mRNA の翻訳

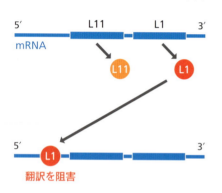

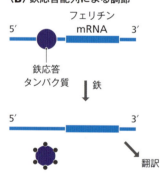

図 13.29　翻訳開始の転写産物特異的調節　(A) 細菌におけるリボソームタンパク質合成の調節。大腸菌の L11 オペロンは，L11 および L1 リボソームタンパク質の遺伝子コピーを含む mRNA に転写される。L1 タンパク質は，結合相手である 23S rRNA 分子の L1 結合部位が満たされると，mRNA の5′非翻訳領域に結合してそれ以上翻訳開始が起こらないようにする。(B) 哺乳類におけるフェリチンタンパク質合成の調節。鉄が存在しないときは，鉄応答タンパク質がフェリチン mRNA の5′非翻訳領域に結合し，フェリチンの合成を阻害している。

のスイッチを切り，一方で酸化的傷害から細菌を防御する産物をコードする mRNA の翻訳のスイッチを入れる。翻訳が阻害される機構は，これまで述べてきた RNA 結合タンパク質がかかわる例と同様で，OxyS の標的 mRNA への結合がリボソーム結合部位への接近を妨げる。一方，翻訳の活性化にはもう少し巧妙な機構が働いている。活性化の場合，標的 mRNA はリボソーム結合部位がステム領域に位置するようなステムループ構造を形成することができ，それゆえ翻訳開始複合体の構成成分は接近できない。OxyS の標的 mRNA への結合はステムループ構造を破壊し，翻訳開始が起こるようにリボソーム結合部位を露出させる。

　ステムループ構造やその他の二次構造は，真核生物の多くの mRNA の 5′ 非翻訳領域にも形成されうる。翻訳開始複合体が mRNA に沿ってスキャンを行う際には，これらの二次構造は分子内塩基対を破壊するヘリカーゼである開始因子 eIF-4A によって解消される。しかし，二次構造の存在は翻訳開始複合体の進行を遅らせ，mRNA からタンパク質が合成される速度，つまり**翻訳効率**（translational efficiency）を下げる。mRNA によって翻訳効率は異なるので，プロテオームは単純にトランスクリプトームを反映しているわけではなく，タンパク質の相対量とその mRNA の相対量は一致しない。翻訳効率の高い mRNA は転写産物あたり多くのタンパク質を産生する。mRNA 内の二次構造の形成に影響を与えることで翻訳効率を変化させるような調節タンパク質や調節 RNA によって，真核生物におけるタンパク質合成の転写産物特異的調節が行われている可能性については，現在も研究が進められている。

プロテオームの構成タンパク質の分解

　プロテオームが時に応じて変化するためには，機能が不要になったタンパク質を除去する必要がある。目的のタンパク質のみを除去できるように，この過程は選択的でなければならず，また，例えば細胞周期の移行のような急激な変化に対応できるように，迅速に起こる必要もある。

　長年の間，タンパク質の分解は研究の主流ではなく，細胞周期や細胞分化などの過程とタンパク質の分解がどのように関連しているのかについての理解は，1990 年代まで進展がみられなかった。現在でさえ，われわれの知識はタンパク質の一般的な分解経路の記述に大きく偏っており，分解経路の制御や，特定のタンパク質を分解の標的とする機構については，あまりよくわかっていない。タンパク質の分解経路には多くのタイプがあると考えられているが，そうした経路の相互関連についても明確ではない。細菌では，さまざまなプロテアーゼが協調してタンパク質の分解を行っていると考えられており，特に不明な点が多い。一方，真核生物では，**ユビキチン**（ubiquitin）と**プロテアソーム**（proteasome）がかかわる唯一の経路で，ほとんどのタンパク質が分解される。

　タンパク質の分解にユビキチンが関係していることは，1975 年にはじめて明らかにされた。ウサギの細胞において，この多量に存在する 76 残基のアミノ酸からなるタンパク質が，エネルギー依存的なタンパク質分解反応に関与していることが示されたのである。その後の研究で，分解の標的となるタンパク質中のリシンにユビキチン分子を 1 つ，もしくは鎖状にいくつも付加する酵素が同定された（図 13.30）。ユビキチンと同様な機能をもつ，SUMO（small ubiquitin-like modifier）のようなユビキチン様タンパク質も存在する。ユビキチン化（ubiquitination）は 3 段階で行われ，ユビキチン分子は最初にユビキチン活性化酵素（ubiquitin-activating enzyme）に結合し，続いてユビキチン結合酵素（ubiquitin-conjugating enzyme）に転移され，最後にユビキチンリガーゼ（ubiquitin ligase）によって標的タンパク質に付加される。この過程で分解の標的となるタンパク質は，どのようにして認識されるのだろうか。それには結合酵素とリガーゼの特異性が関係

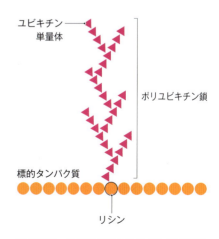

図 13.30　分解の標的となるタンパク質のユビキチン標識　標的タンパク質のリシンに付加されたポリユビキチン鎖が分解のための標識として働く。

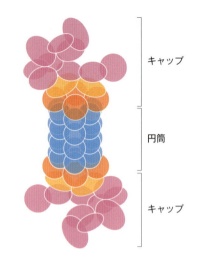

図 13.31　真核生物のプロテアソーム　2つのキャップの構成タンパク質をピンク色と橙色で，円筒の構成タンパク質を青色で示す。

しているようである。ほとんどの生物種は多くの種類のユビキチン結合酵素とユビキチンリガーゼをもっている。例えばヒトでは，35種類の結合酵素と数百種類のリガーゼが存在する。これらの結合酵素とリガーゼの組合せによって，タンパク質に対する特異性が決まると考えられている。おそらく細胞内外の刺激に応答して異なる組合せの酵素が活性化されることが，特定のタンパク質やタンパク質群の特異的な分解を誘導する鍵となるのだろう。

　ユビキチン依存性タンパク質分解経路の第2の構成要素はプロテアソームで，ユビキチン化されたタンパク質は，この構造体の内部で分解される。真核生物のプロテアソームは複数のサブユニットからなる大きな構造体で，両端にキャップをもつ中空の円筒である（図13.31）。円筒は4つのリングからなり，それぞれのリングは7つのタンパク質で構成されている。2つの内部リングに存在するタンパク質はプロテアーゼであり，その活性部位はリングの内側表面に位置している。古細菌（アーキア）のプロテアソームもほぼ同じ大きさであるが，構造は比較的単純で，たった2種類のタンパク質の複数コピーからなる。ユビキチン化されたタンパク質はプロテアソームのキャップと直接相互作用するか，あるいは**ユビキチン受容体タンパク質**（ubiquitin-receptor protein）を介して相互作用している可能性もある。分解されるタンパク質は，プロテアソームに入る前に少なくとも部分的にフォールディングがほどけ，ユビキチン標識が取り除かれなければならない。これらの過程はキャップに存在するタンパク質によって触媒され，ATPの加水分解により放出されるエネルギーを必要とする。プロテアソームに入ったタンパク質は，4〜10アミノ酸長の短いペプチドに切断される。生じたペプチドは細胞質に放出され，そこでアミノ酸まで分解されてタンパク質合成に再利用される。

13.4　タンパク質プロセシングのプロテオーム組成への影響

　翻訳が遺伝子発現の終点なのではない。リボソームから出てくるポリペプチドは不活性であり，細胞内で機能し役割を果たすためには，翻訳後プロセシングを経なければならない。正しい三次構造をとるまでは多くのポリペプチドは不活性のままなので，最も基本的な翻訳後プロセシングは**タンパク質のフォールディング**（protein folding）である。いくつかのポリペプチドは，機能を獲得するためにさまざまな方法で切断されたり，また多くは化学修飾を受けたりする。それゆえプロテオームは機能性タンパク質だけでなく，プロセシングを受ける前のさまざまなタンパク質を含んでいる。プロセシングを受ける前のタンパク質の一部は，プロセシングが完了して機能性タンパク質となるまで，かなりの期間は不活性のままである。したがってプロテオームの構成タンパク質を完全に理解するためには，タンパク質のプロセシングについて知っておかなければならない。

アミノ酸配列はタンパク質フォールディングに必要な情報を含んでいる

　分子生物学の中心原理の1つは，ポリペプチド鎖が正しい立体構造をとるために必要な情報は，すべてアミノ酸配列に含まれているということである。配列と構造の関連は，ウシ膵臓から精製した**リボヌクレアーゼ**（ribonuclease）を緩衝液中で再懸濁させた実験によって，1950年代に最初に確立された。リボヌクレアーゼはわずか124アミノ酸からなる低分子タンパク質で，4つのジスルフィド結合をもっている。その三次構造はおもにβシートからなり，αヘリックスはほとんど含まれていない。尿素を加えて水素結合を破壊すると酵素活性が低下し（酵素活性はRNA切断能を測定して求められた），溶液の粘

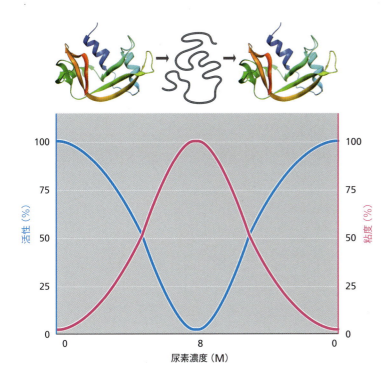

図 13.32 **リボヌクレアーゼの変性と自発的な再生** 尿素濃度を 8 M まで上げていくと，タンパク質の活性が低下し，溶液の粘度が上昇する。これはタンパク質が変性を起こし，ポリペプチド鎖がほどかれたことを示している。透析によって尿素を除くと，タンパク質はふたたびフォールディング構造をとり，活性はもとのレベルにまで回復し，溶液の粘度は下がる。

度が上昇した（図 13.32）。これはリボヌクレアーゼが変性を起こし，規則的な構造をとらないポリペプチド鎖へとほどかれたことを示している。透析によって尿素を除くと，粘度が下がり酵素活性が回復した。これは非常に重要な実験結果である。変性剤（この場合，尿素）を除くと，このタンパク質は自発的にふたたびフォールディング構造をとる，というのが結論である。この実験では，4つのジスルフィド結合は尿素によって破壊されないので，そのままの状態である。しかし，還元剤でジスルフィド結合を破壊して尿素処理を行っても同じ結果が得られ，タンパク質の**再生**（renaturation）とともに酵素活性が回復した。このことから，ジスルフィド結合はタンパク質がふたたびフォールディング構造をとるために必要なのではなく，タンパク質がとる三次構造を単に安定化しているにすぎないことが示された。

　フォールディング過程はランダムには起こりえないことがすぐに認識された。というのは，あるタンパク質が最終的に適した構造をとる前にすべての可能な構造を探るには時間がかかりすぎるからである。100 アミノ酸のポリペプチド鎖がすべての構造を確認するためには，およそ 10^{87} 秒もかかると推測された。それは宇宙の年齢よりもはるかに長い時間である。タンパク質は**フォールディング経路**（folding pathway）に従い，段階を追って適した三次構造に導かれる（図 13.33）。現在，**モルテングロビュール**（molten globule：「溶融した小球」という意味）モデルが研究者によって支持されている。このモデルの最初の

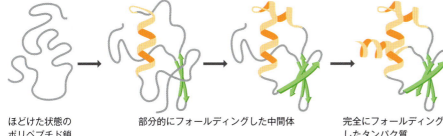

ほどけた状態の　　　部分的にフォールディングした中間体　　　完全にフォールディング
ポリペプチド鎖　　　　　　　　　　　　　　　　　　　　　　　　　したタンパク質

図 13.33 **タンパク質のフォールディング経路**

図 13.34　タンパク質フォールディングの熱力学的表現　フォールディング経路は漏斗に見立てられる。ほどけた状態のポリペプチド鎖はまず数多くの中間体構造のいずれかに適合するため，漏斗の上部は広い。タンパク質が折りたたまれるにつれて漏斗は狭くなり，さらなるフォールディングへの選択肢が少なくなる。タンパク質が完全な構造に近づくにしたがって，徐々に選択肢は少なくなっていき，最終的に完全にフォールディングしたタンパク質が下部の排出部から出る。漏斗の側面にそれてしまうと，誤って折りたたまれた構造になる。タンパク質が漏斗の側面に入ってしまうと，正常の位置に戻るためには部分的に構造をほどかなければならなくなる。

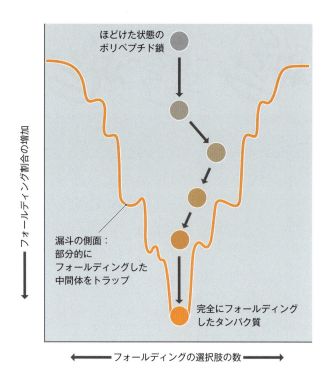

段階では，疎水性のアミノ酸側鎖が水を避けることによってポリペプチド鎖が速やかに凝集し，最終的なタンパク質よりもひとまわり大きいコンパクトな構造（モルテングロビュール）をとる。このモルテングロビュールへの凝集の過程で，ポリペプチド鎖の一部分が自発的にαヘリックスやβシートへと折りたたまれるのかもしれない。モルテングロビュールは「溶融」しているので，立体構造を迅速に変化させ，適した三次構造が徐々に形成されるように次々とフォールディングを決定していく。大きなタンパク質ではこの段階で正確に折りたたまれたサブドメインが形成され，それらのサブドメインを組み立てることで最終的な三次構造が出来上がるのかもしれない。すべての過程にはわずか数秒しかかからない。熱力学的な観点からは，ポリペプチド鎖は漏斗の下に向かって進み，徐々によりランダムではない立体構造をとる，とみなされている（図 13.34）。最終的な構造に向けてフォールディング経路の各段階を経るごとに，可能な構造の選択肢は少なくなっていくので，漏斗は狭くなっていく。しかし，タンパク質は漏斗の側面に迂回させられ，不完全な構造に誘導されることもある。不完全な構造が十分に安定でなければ，部分的もしくは完全に構造がほどかれ，タンパク質は漏斗の中心に戻って完全な立体構造に向かう生産的なルートを探すことになる。

試験管内での実験は，タンパク質フォールディングの基本原理を確立するうえで重要な役割を果たしてきた。しかし，細胞内ではそれらはタンパク質フォールディングのよいモデルではないかもしれない。細胞内のタンパク質は合成が完了する前からフォールディングがはじまる可能性があり，それを試験管内での実験で再現することは非常に難しい。そのため，細胞内でのタンパク質フォールディング，特に別のタンパク質のフォールディングを助けるタンパク質である**分子シャペロン**（molecular chaperone）の研究が精力的に進められた。分子シャペロンはさまざまなグループに分けられ，最も重要なものは次のとおりである。

- **Hsp70 シャペロン**（Hsp70 chaperone）は，*dnaK* 遺伝子によってコードされている大腸菌の Hsp70 を含み，DnaK タンパク質と呼ばれることもある。
- **シャペロニン**（chaperonin）の代表的なものは，細菌と真核生物の細胞小器官に存在する GroEL/GroES 複合体や，真核生物の細胞質と古細菌にみられる TRiC およ

びその関連複合体である。

　分子シャペロンはタンパク質の三次構造を規定するわけではなく，タンパク質が正しい構造をみいだすのを手助けしているだけである．上述した2種類の分子シャペロンは，それぞれ異なる様式でこれを行う．Hsp70シャペロンは，タンパク質（翻訳中のタンパク質も含む）の疎水性領域に結合し（図13.35），タンパク質を緩んだ構造にとどめておくことでフォールディングを手助けする．これは，折りたたまれたタンパク質中で相互作用を生じるポリペプチド部分の間の会合を調節することで行われると考えられている．詳しいことはわかっていないが，この機構にはHsp70シャペロンの結合と解離が繰り返されることが関係しており，そのサイクルには毎回，ATPの加水分解により放出されるエネルギーが必要とされる．Hsp70シャペロンはフォールディング過程だけでなく，タンパク質の疎水性領域を遮蔽する必要がある過程にもかかわっている．例えば膜を透過する輸送や，複数のサブユニットからなる複合体へのタンパク質の組込み，熱ストレスによって破壊されたタンパク質の凝集阻害，などの場合である．

　シャペロニンは，これとはまったく異なる様式で働く．GroELとGroESは複数のサブユニットからなり，中心に穴の開いた中空の弾丸のような構造をしている（図13.36）．折りたたまれていないタンパク質が1つずつ穴に入り，折りたたまれて出てくる．その仕組みはわかっていないが，GroEL/GroES複合体は，フォールディング構造をとっていないタンパク質がほかのタンパク質と凝集しないように防ぐ「かご」として働き，穴の内側表面は疎水性から親水性へと移行して，疎水性アミノ酸がタンパク質の内側に埋め込まれるのを促進すると考えられている．仮説はこれ以外にもあり，その穴が誤って折りたたまれたタンパク質をときほぐし，正しい三次構造をとるための新たな機会が得られるように細胞質に戻す，と考えている研究者もいる．

　真核生物にはHsp70シャペロンとTRiCシャペロニンのいずれも存在するが，タンパク質のフォールディングにはおもにHsp70シャペロンがかかわっているようである．プロテオームの10％を占めるタンパク質（おもに細胞骨格を構成するものや細胞周期にかかわるもの）のみが，TRiCによって折りたたまれる．

タンパク質分解による切断で活性化されるタンパク質もある

　タンパク質分解による切断は真核生物では比較的よくみられる現象であるが，細菌ではそれほど多くない．切断によるプロセシングは，生じたタンパク質の生理活性が細胞にとって有害となる分泌ポリペプチドでしばしばみられる．これらのタンパク質は不活性な前駆体として合成され，分泌後に活性化されるため，細胞は傷つけられない．つまり，細胞内のプロテオームは完全長だが不活性なポリペプチドを含み，分泌されたプロテオームは切断を受けて活性化されたポリペプチドを含む．メリチン（melittin）はその一例である．メ

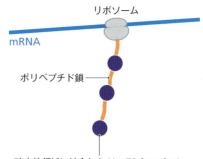

図13.35 **Hsp70シャペロン** Hsp70シャペロンは，ほどけた状態のポリペプチド鎖（翻訳中のタンパク質も含む）の疎水性領域に結合し，タンパク質を緩んだ構造にとどめておくことでフォールディングを手助けする．

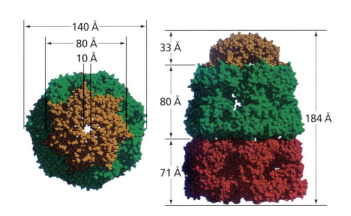

図13.36 **GroEL/GroESシャペロニン** 左側は平面図，右側は側面図である．1 Åは0.1 nmに相当する．構造のGroES部分（茶色）は，7つの同一タンパク質サブユニットからなっている．GroEL部分は，14の同一タンパク質が2つのリング（赤色と緑色）を形成しており，それぞれのリングが7つのサブユニットを含む．タンパク質は右側の図の底部からおもに入る．（Xu Z, Horwich AL & Sigler PB [1997] *Nature* 388:741–750より Macmillan Publishing Ltd. の許諾を得て掲載）

図 13.37 ハチ毒の前駆体プロメリチンのプロセシング　矢印は切断部位を示す。

リチンはハチ毒に最も多く含まれるタンパク質で，刺されたヒトや動物に細胞溶解を引き起こす原因となる。動物の細胞だけでなくハチの細胞にも有害であるため，はじめは不活性な前駆体として合成されなければならない。この前駆体はプロメリチン（promelittin）といい，N末端に22残基のアミノ酸が余分についている。この余分な配列は細胞外プロテアーゼによって11カ所で切断されて除去され，活性体であるメリチンが放出される。このプロテアーゼはX-Y（Xはアラニン，アスパラギン酸もしくはグルタミン酸，Yはアラニンまたはプロリン）という配列のジペプチドを放出するが，このモチーフはメリチンの配列中には存在しないため，切断されない（図13.37）。

インスリン（insulin）は，脊椎動物の膵臓のランゲルハンス島で産生され，血糖値を調節しているタンパク質であるが，同様のプロセシングを受ける。インスリンは105残基のアミノ酸からなるプレプロインスリン（preproinsulin）として合成される（図13.38）。そのプロセシング経路では，まず最初の24アミノ酸が除去されてプロインスリン（proinsulin）ができる。ジスルフィド結合の形成後，さらに2カ所で切断されて中央部（C鎖）が切り出され，完成したインスリンタンパク質には2つのジスルフィド結合によって連結されたA鎖とB鎖が残る。はじめに除去される断片（N末端から24残基のアミノ酸）は**シグナルペプチド**（signal peptide）で，疎水性の高いアミノ酸が連なっており，この部分により新たに合成されたプレプロインスリンの小胞体への輸送が促進される。これが細胞からインスリンが分泌される輸送経路の最初の段階である。

別の例として，**ポリタンパク質**（polyprotein）と呼ばれるタンパク質がある。これらは

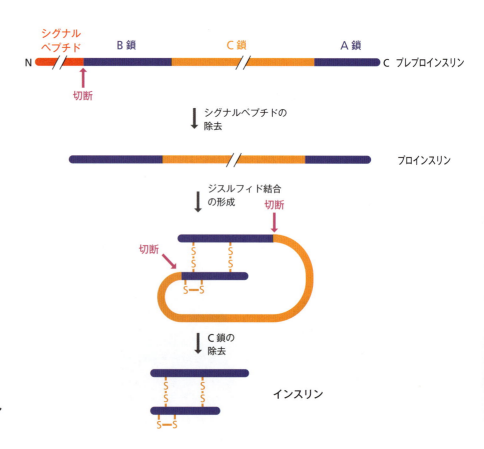

図 13.38　プレプロインスリンのプロセシング

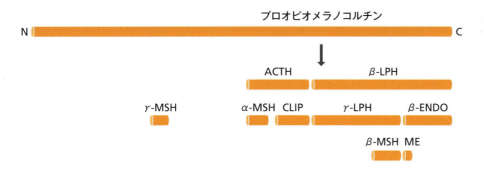

図13.39 ポリタンパク質であるプロオピオメラノコルチンのプロセシング ACTH：副腎皮質刺激ホルモン，CLIP：コルチコトロピン様中葉タンパク質，ENDO：エンドルフィン，LPH：リポトロピン，ME：メチオニンエンケファリン，MSH：メラニン細胞刺激ホルモン。図には示していない2つのペプチドがある。そのうちの1つはγ-MSHを産生するプロセシングの中間体であり，もう1つの機能はわかっていない。ここに示したように，理論的にはプロオピオメラノコルチンのプロセシングによってメチオニンエンケファリンを得ることができるが，ヒトで産生されるメチオニンエンケファリンのほとんどは，おそらくプロエンケファリンと呼ばれる別のペプチドホルモン前駆体に由来している。

切断されて別々のタンパク質となるが，それらのタンパク質の機能は互いにまったく異なる場合がある。例えば，下垂体で合成されるプロオピオメラノコルチン（proopiomelanocortin）と呼ばれるポリタンパク質は，少なくとも11種類のペプチドホルモンを含んでいる。プロオピオメラノコルチンは267残基のアミノ酸からなる前駆体として合成され，細胞質から分泌小胞へ輸送される際，26残基がシグナルペプチドとして除去される。プロオピオメラノコルチンはプロテアーゼによって認識される数多くの切断部位をもっているが，すべての部位がすべての組織で切断されるわけではなく，発現しているプロテアーゼの種類によって切断パターンと産物が決まる（図13.39）。例えば，下垂体前葉の副腎皮質刺激ホルモン産生細胞では，副腎皮質刺激ホルモンとリポトロピンが産生される。下垂体中葉のメラニン細胞刺激ホルモン産生細胞では，切断部位が異なり，メラニン細胞刺激ホルモンが作られる。プロオピオメラノコルチンの切断パターンの違いにより，合計で11種類のペプチドが産生されうる。このようにプロオピオメラノコルチンのプロテオームへの寄与は組織特異的である。

真核生物に感染するいくつかのタイプのウイルスは，ゲノムサイズを小さくするための手段としてポリタンパク質を用いている。1つのポリタンパク質遺伝子にまとめてしまえば，プロモーターも転写終結配列も1つで済み，1個ずつ遺伝子を並べるよりもスペースをとらない。したがって，これらのウイルスに感染した細胞のプロテオームは，前駆体タンパク質，成熟タンパク質，プロセシングを受けたタンパク質の混合物となる可能性がある。ヒト免疫不全ウイルス1型（HIV-1）はその一例である。HIV-1はその複製サイクルでGagポリタンパク質を合成する。Gagは切断されて4つのタンパク質と2つの短いスペーサーペプチドになる。これら4つのタンパク質のうちの3つはHIVカプシドの構成成分であり，残る1つはp6と呼ばれ，ウイルス粒子が細胞から放出される過程に関与している。HIV-1はまた，Gag-Polと呼ばれるGagの延長体を合成し，その延長部分からはHIVゲノムの複製に関与する2つの酵素と，GagおよびGag-Polの切断を担うプロテアーゼが切断によって生成する。このプロテアーゼの一部は産生される新しいウイルス粒子に貯蔵され，次の複製サイクルで合成されたポリタンパク質を切断するために利用される。

化学修飾によってタンパク質活性の重要な変化が引き起こされる

ゲノムは22種類のアミノ酸をコードすることができる。標準的な遺伝暗号により指定される20種類と，セレノシステインおよび（少なくとも古細菌では）ピロリシンである。セレノシステインとピロリシンは，それぞれ5′-UGA-3′と5′-UAG-3′の配列依存性コドン再指定によってポリペプチドに挿入される（1.3節）。このレパートリーはタンパク質の翻訳後化学修飾によって大幅に増え，莫大な種類のアミノ酸が作り出される。単純な修飾はすべての生物種で起こるが，より複雑な修飾（特にグリコシル化）は細菌ではまれである。

最も単純な化学修飾としては，小さな化学基（アセチル基，メチル基，リン酸基など；

表 13.1　翻訳後化学修飾の例

修飾	修飾を受けるアミノ酸	タンパク質の例
小さな化学基の付加		
アセチル化	リシン	ヒストン
メチル化	リシン	ヒストン
リン酸化	セリン，トレオニン，チロシン	シグナル伝達にかかわる一部のタンパク質
ヒドロキシ化	プロリン，リシン	コラーゲン
カルバモイル化	リシン	リブロースビスリン酸カルボキシラーゼ
N-ホルミル化	N 末端グリシン	メリチン
糖側鎖の付加		
O 結合型グリコシル化	セリン，トレオニン	多数の膜タンパク質と分泌タンパク質
N 結合型グリコシル化	アスパラギン	多数の膜タンパク質と分泌タンパク質
脂質側鎖の付加		
アシル化	セリン，トレオニン，システイン	多数の膜タンパク質
N-ミリストイル化	N 末端グリシン	シグナル伝達にかかわる一部のプロテインキナーゼ
ビオチンの付加		
ビオチン化	リシン	種々のカルボキシラーゼ

(A) O 結合型グリコシル化

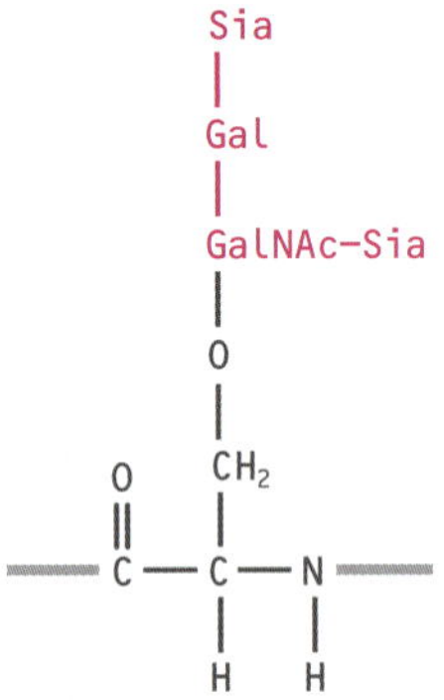

(B) N 結合型グリコシル化

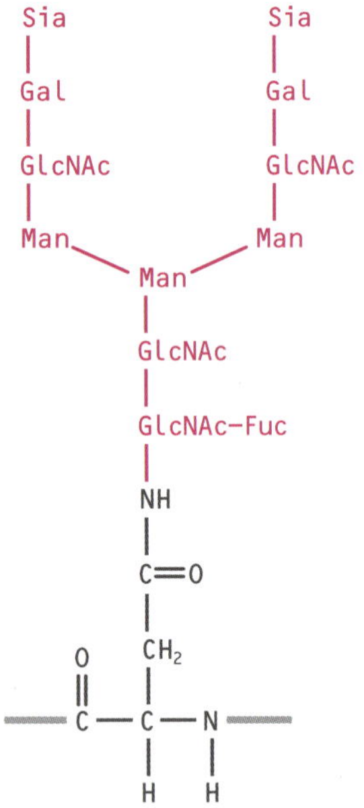

図 13.40　グリコシル化　(A) O 結合型グリコシル化。ここに示した構造は多くの糖タンパク質にみられる。図ではセリンに結合しているが，トレオニンにも結合しうる。(B) N 結合型グリコシル化。通常，O 結合型グリコシル化でみられるよりも大きな糖構造が結合する。図は複雑なグリカンがアスパラギンに結合している典型的な例を示している。Fuc：フコース，Gal：ガラクトース，GalNAc：N-アセチルガラクトサミン，GlcNAc：N-アセチルグルコサミン，Man：マンノース，Sia：シアル酸。

表 13.1）のアミノ酸側鎖への付加や，ポリペプチド末端アミノ酸のアミノ基またはカルボキシ基への付加がある。150 種類以上の修飾アミノ酸がさまざまなタンパク質中にみつかっている。個々の修飾は非常に特異的であり，同じタンパク質のどの分子でも同じアミノ酸が同じように修飾される。より複雑な化学修飾としては**グリコシル化**（glycosylation）があり，**グリカン**（glycan）と呼ばれる大きな糖鎖がポリペプチドに結合する。グリコシル化は次の 2 つに大別される（図 13.40）。

- **O 結合型グリコシル化**（O-linked glycosylation）では，グリカンがセリンまたはトレオニンのヒドロキシ基を介して結合する。
- **N 結合型グリコシル化**（N-linked glycosylation）では，グリカンがアスパラギンの側鎖のアミノ基を介して結合する。

グリコシル化によってタンパク質には，各種の単糖 10～20 個からなる分枝鎖が結合することになる。こうしたグリカンはタンパク質を細胞内の特定の場所に送り届けるための標識となったり，血流中を循環しているタンパク質の安定性を高めたりしている。その他の大規模な修飾としては長鎖脂質の付加があり，多くの場合セリンやシステインに付加される。この修飾は**アシル化**（acylation）と呼ばれ，多くの膜結合タンパク質にみられる。あまり頻度は高くないが**ビオチン化**（biotinylation）という修飾もある。これは酢酸やプロピオン酸のような有機酸のカルボキシ化を触媒する少数の酵素に，ビオチン分子が結合するものである。

個々のタンパク質が有する化学修飾を同定することは，タンパク質プロファイリングに必須である。これはタンパク質の正確な生化学的活性を決定するのに，その化学修飾がしばしば中心的な役割を果たすためである。例えば，植物の葉のプロテオームの主要な成分であり，生物圏で最も豊富なタンパク質といわれているリブロースビスリン酸カルボキシラーゼ（ribulose-bisphosphate carboxylase：Rubisco）は，光合成経路の重要な反応を触媒する。この反応で二酸化炭素はリブロース 1,5-ビスリン酸と反応して固定される。こ

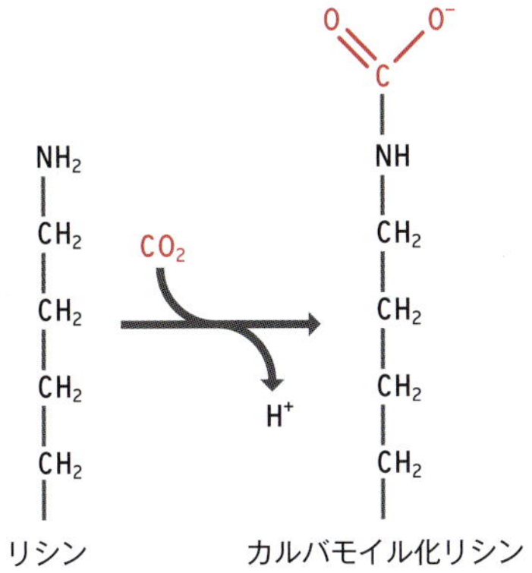

図 13.41 カルバモイル化されたリシンの生成

の酵素の活性部位（1分子に8個の同一部位がある）には，カルボキシ基の付加によりカルバモイル化されたリシンがある（図 13.41）．弱光条件下ではリシンのカルバモイル化は起こらないため，Rubisco の活性は低下する．このように，植物が太陽光から吸収しているエネルギーの量と炭素固定の速度を調和させるために酵素を制御する手段として，化学修飾が利用されている．化学修飾によって活性型から非活性型に変換される酵素は非常に多い．この点ではリン酸化修飾が重要で，例えばシグナル伝達経路において，細胞表面受容体から転写因子やその他の調節タンパク質にシグナルを伝えるタンパク質群を活性化させるために使用される（14.1節）．

　タンパク質プロファイリングを行う際，化学修飾を受けたペプチドやタンパク質は，その m/z 値の特徴的な変化にもとづいて検出することができる．しかし，修飾を受けたタンパク質の割合は比較的少ないことがあり，その場合，修飾タンパク質を検出するためには濃縮法が必要となることがある．リン酸化タンパク質はこの範疇に入る．というのも，シグナル伝達のためには数分子のタンパク質が活性化されれば十分だからである．リン酸化ペプチドは，リン酸基と金属イオン（Fe^{3+}，Ca^{2+}，Zr^{4+} など）との間で生じる相互作用を利用した**固定化金属イオンアフィニティークロマトグラフィー**（immobilized metal ion affinity chromatography）によって，プロテオームからある程度精製することができる．一部の非リン酸化ペプチドもアフィニティーカラムに保持されるため，精製は完全ではないが，リン酸化ペプチドを検出するには十分な純度で試料が得られる．リン酸化タンパク質以外の修飾タンパク質についても，アフィニティークロマトグラフィーを用いてプロテオームから濃縮することができる．例えば，グリコシル化タンパク質は，特異的な糖結合特性を有する植物または動物のタンパク質である**レクチン**（lectin）を利用して濃縮できる．レクチンの例としては，タチナタマメ（*Canavalia ensiformis*）由来のコンカナバリン A（concanavalin A）があげられ，これは O 結合型グリカンの末端に位置するグルコースやマンノースに結合する．

13.5　プロテオームを越えて

　従来，タンパク質合成がゲノム発現の最終段階であるとみなされていたが，この見方が，ゲノムと細胞の生化学とを最終的に結びつけるプロテオームの真の役割を覆い隠してきたといえる．この結びつきの特徴を探索することは，現代生物学の最も興味深く生産的な分野の1つであることがわかってきており，**メタボローム**（metabolome）および**システム生物学**（systems biology）を取り巻く新しい概念につながっている．

メタボロームとは細胞に存在する代謝物の完全な集団である

生物学における最も重要な進歩は，革新的な実験によるものではなく，ある問題について生物学者が新しい考え方を考案した結果によるものであることが多い．メタボロームの概念が導入されたことはその一例である．メタボロームは，ある条件のもとで細胞または組織に存在する代謝物の完全な集団と定義される．言い換えれば，メタボロームは生化学の青写真であり，**メタボロミクス**（metabolomics）あるいは**生化学的プロファイリング**（biochemical profiling）と呼ばれるその研究手法により，病気の状態をはじめ，細胞や組織によって指定される種々の生理的状態の基礎をなす生化学について正確に記述するものである．細胞の生化学を代謝物のリストとして整理することで，メタボロミクスは，プロテオミクスやその他のゲノム発現研究から得られるリスト情報と直接的に関係づけることのできるデータセットをもたらすのである．

メタボロームは，赤外分光法，質量分析法，核磁気共鳴分光法などの化学的技術を，単独であるいは組み合わせて細胞内のメタボローム構成分子群を同定，定量することにより解析することができる．これらのデータが，解糖系やトリカルボン酸（tricarboxylic acid：TCA）回路などの，よく知られた生化学的経路のさまざまな段階の反応速度に関する知識と統合されれば，細胞生化学を構成する経路のネットワーク内での代謝物の流れ，すなわち**代謝フラックス**（metabolic flux）をモデル化することが可能となる（図 13.42）．メタボロームの変化は，刺激に対する変化という観点からみると，1つ以上のネットワーク内での代謝物の流れと定義することができ，生理的状態の変化に対して生化学にもとづいた洗練した形で記述することができる．このことは**代謝工学**（metabolic engineering）へと発展する可能性がある．代謝工学とは，例えば細菌での抗生物質の合成を増加させる目的で，変異や組換え DNA 技術によってゲノムを変化させ，細胞の生化学に影響を与える技術である．

現在，メタボロミクスは細菌や酵母のように，生化学が比較的単純な生物種において最

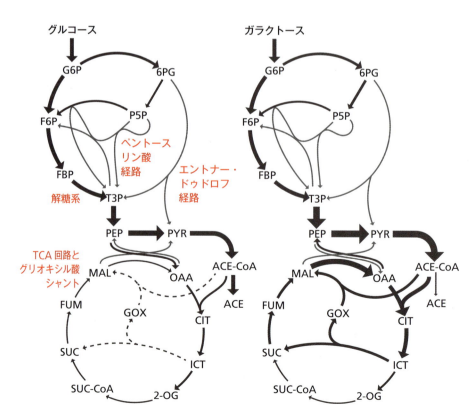

図 13.42　大腸菌による糖利用の代謝フラックス研究　代謝フラックス解析のこの例は，グルコース（左）およびガラクトース（右）についての大腸菌の好気性増殖における中心エネルギー産生経路を経る代謝物の流れを示す．フラックス解析は，ガラクトースの利用がグルコース利用と比較して，グリオキシル酸シャントのより大きな利用およびトリカルボン酸（TCA）回路の改変利用を行っていることを示している．G6P：グルコース 6-リン酸，6PG：6-ホスホグルコン酸，F6P：フルクトース 6-リン酸，P5P：ペントース 5-リン酸，FBP：フルクトースビスリン酸，T3P：3-ホスホグリセリン酸，PEP：ホスホエノールピルビン酸，PYR：ピルビン酸，ACE-CoA：アセチル CoA，ACE：酢酸，MAL：リンゴ酸，OAA：オキサロ酢酸，FUM：フマル酸，GOX：グリオキシル酸，CIT：クエン酸，SUC：コハク酸，SUC-CoA：スクシニル CoA，ICT：イソクエン酸，2-OG：2-オキソグルタル酸．(Haverkorn van Rijsewijk BRB, Nanchen A, Nallet S et al. [2011] *Mol. Syst. Biol.* 7:477 より EMBO Press の許諾を得て掲載)

も進んでいる．また今では，正常組織や病変組織，あるいは薬を服用している患者の組織について代謝プロファイルを記述する目的で，ヒトのメタボロームに関する研究が盛んである．これらの研究が成熟すれば，病気の状態で起こる特定の代謝異常を回復させたり和らげたりする薬剤を設計するための代謝情報として使うことができるだろう．また，生化学的プロファイリングによって，薬剤治療の望むべからざる副作用を指摘できる可能性があり，それらの副作用が最小限に抑えられるように薬剤の化学構造に修飾を施したり，服用のしかたを変えたりすることができるようになるだろう．

システム生物学は細胞の活動を統合的に記述する

現在，代謝フラックスなどの概念が注目されているということは，ゲノムがその合成を指揮しているRNA，タンパク質，代謝物などの分子の観点からではなく，これらの分子が協調して機能した結果である生物学的なシステムの観点から，ゲノムの発現を理解し表現することの重要性を示している．このシステム重視の観点は近年，遺伝子からゲノムへ飛躍したことによるものである．ゲノム解読以前に分子生物学において常識であった原理の1つに，1940年代にGeorge BeadleとEdward Tatumによって最初に提唱された「1遺伝子1酵素」仮説があった．「1遺伝子1酵素」仮説によって彼らは，1つの遺伝子が1つのタンパク質をコードしており，そのタンパク質が酵素である場合は1つの生化学的反応を触媒することを強調した．例えば，大腸菌の*trpC*遺伝子は，インドール-3-グリセロールリン酸シンターゼをコードしており，この酵素は1-(*O*-カルボキシフェニルアミノ)-1′-デオキシリブロース-5′-リン酸をインドール-3-グリセロールリン酸に変換する．しかし，この酵素は単独では働かない．なぜなら，その活性はトリプトファン合成に至る生化学的経路の一部を担っており，この経路上のほかの酵素は*trpA*，*trpB*，*trpD*，*trpE*遺伝子によってコードされていて，*trpC*とともに大腸菌のトリプトファンオペロンを形成しているからである（図8.9B参照）．したがって，トリプトファン生合成経路は単純な生物学的システムであり，トリプトファンオペロンはこの経路を特徴づける一群の遺伝子である．しかし，単にオペロン上の遺伝子を転写し，翻訳するだけではトリプトファン合成には至らない．そのシステムがうまく働くためには，生合成を担う酵素が細胞内の適切な場所に，適切な量で，適切な時期に存在している必要がある．それゆえこのシステムは，以下のものに依存している．すなわち，その遺伝子によってコードされているタンパク質の合成速度，これらのタンパク質が活性化されて機能のある酵素になるために起こる正しいフォールディング，酵素分子の分解速度，細胞内での局在，トリプトファン合成の基質あるいは補因子として働く代謝物が必要量存在すること，などである．この単純な生物学的システムは，実はかなり複雑であることが予測されてきている．しかもこのシステムは，大腸菌ゲノムの4,315遺伝子のうちたった5つについて考慮に入れているだけである．

初期の段階（2000年代半ば）から，システム生物学的手法が大腸菌の鞭毛合成にかかわる生物学研究に有効であることが示され，数多くの分野でシステム生物学が進歩してきた．ゲノム解読以前の研究では，鞭毛の合成には，12のオペロンによって制御される51の遺伝子が必要であり，3つのグループとして活性化されることが知られていた（図13.43）．まず活性化される第1のグループは，マスター調節タンパク質として働くタンパク質をコードする2つの遺伝子からなる．これは第2のグループの7つのオペロンのスイッチをオンにし，それらの遺伝子が一緒に鞭毛の基本構造の構成要素を作る．これらの遺伝子のうちの1つは第2の調節タンパク質をコードしており，残りの4つのオペロンのスイッチをオンにして鞭毛フィラメントの合成を行う．これによって，細菌が化学的刺激に反応して，鞭毛を回転させることにより誘引物質に向かって泳ぐことが可能となる．個々のオペロンにつなぐレポーター遺伝子を注意深く選ぶことによって，各グループのオペロンが

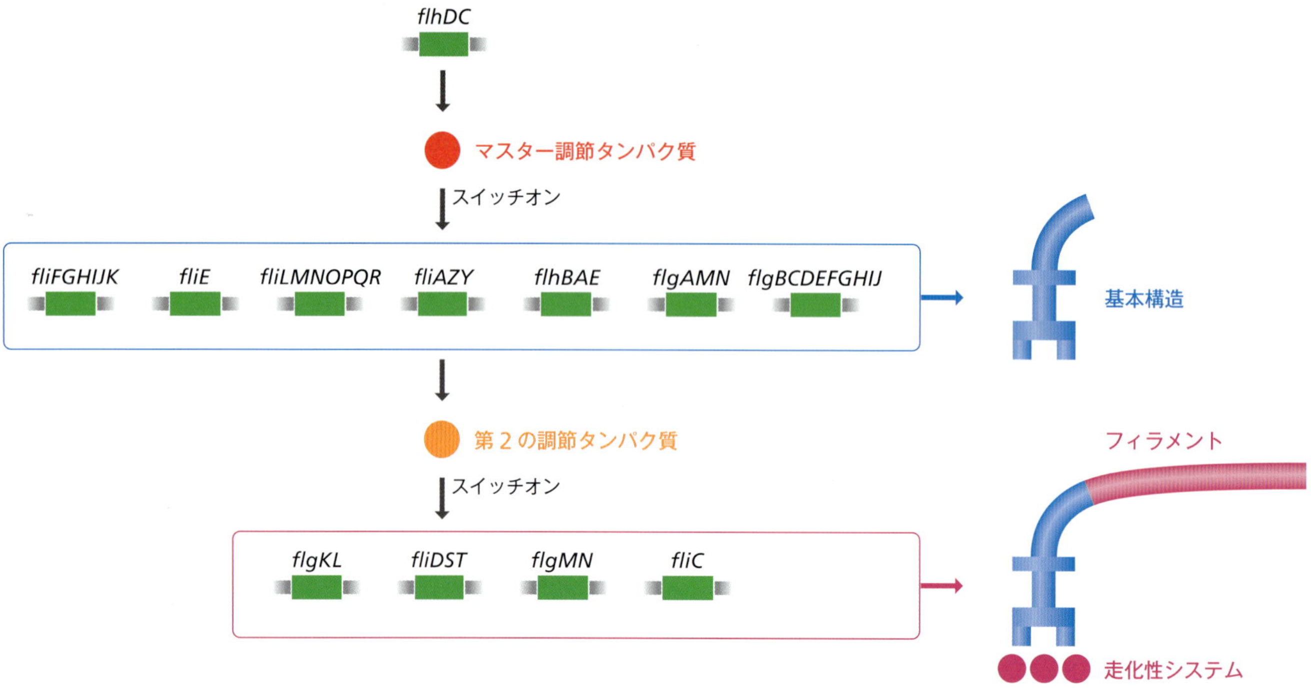

図13.43 大腸菌の鞭毛の生合成に関与するシステム

活性化される正確な順序がわかり，おのおののオペロンに対して活性化係数（発現の相対的割合の速度）を決めることができる。ここから得られる情報は，上述の生物学的システムをコンピュータ上でモデル化するのに十分であり，2つの調節タンパク質の詳細な役割を決定することが可能となった。コンピュータモデルからは，このシステムに対するわずかな変化の影響（調節因子の1つの性質の変化など）が予測でき，これは生物学的システムを用いてさらに実験で確かめられる。

細菌研究の初期の成功に続いて，システムのモデル化手法は，ヒトを含む真核生物におけるより複雑な生物学的プロセスに適用されてきた。ヒトの疾患にシステム生物学を適用した興味深い例として，エストロゲンによるがん性細胞増殖に対するタモキシフェンやICI 182780などの薬剤について，GRP78と呼ばれるシャペロンタンパク質が，いくつかの乳がんの薬剤耐性に関与することが発見された。GRP78の合成が減少すると，がん性細胞はアポトーシスを受け，増殖しない。対照的に，GRP78が過剰発現されると，がんは薬剤耐性となり，損傷細胞成分を分解および再利用することによってがん細胞が薬剤治療によって引き起こされるストレスに応答する過程であるオートファジー（autophagy）が増加する。したがって，タンパク質フォールディング（GRP78の正常機能），アポトーシス，およびオートファジーの間の相互作用の分析は，乳がん細胞がどのようにして薬剤耐性を引き起こすかを示し，これはよりよい抗エストロゲン薬の設計につながる。重要な問題は，タンパク質フォールディング，アポトーシス，およびオートファジーを理解するための分子基盤に対する測定が十分に包括的で，可能性のある薬剤耐性機構を高い信頼性をもって示すことができているかどうかである。この質問に答えるために，利用可能なデータを用いて，正常組織におけるタンパク質フォールディング，アポトーシス，およびオートファジーについて，それぞれの分子事象に対し別個のモデルを構築した。これら3つのモデルは，乳がん組織におけるこれらの過程間のクロストークに関する情報を追加することによって統合された（図13.44）。クロストークとは，1つの過程中に発生する事象が，2つ目の過程の事象に影響を与えることを指す。その後，数学的手法を用いて，統合モデルが，抗エストロゲン薬の存在下または非存在下における乳がん細胞において，GRP78を抑制もしくは過剰発現した際に観察された結果をいかにうまく説明するかが検討され

13.5 プロテオームを越えて 339

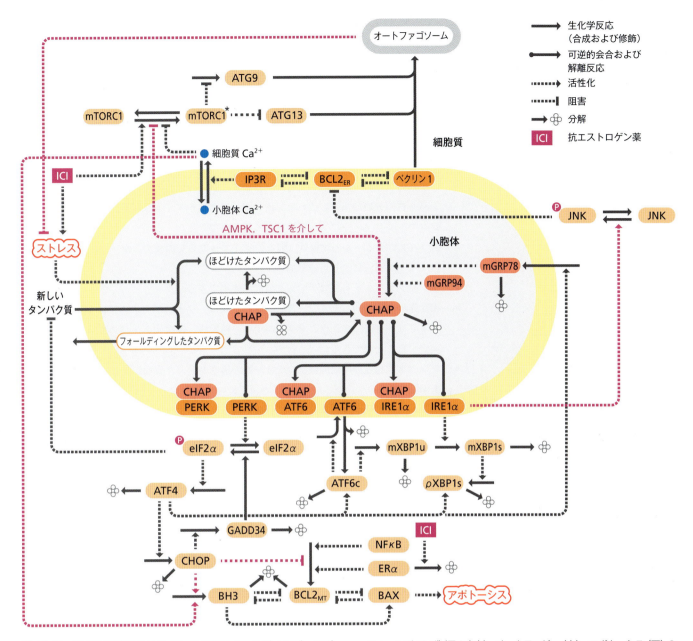

図 13.44 乳がん細胞におけるタンパク質フォールディング，アポトーシス，およびオートファジーの統合モデル 実線は生化学反応（合成，分解，修飾），破線は相互作用を示す（矢尻で終わる線は活性化，太線で終わる線は阻害を示す）。黄色で囲まれた領域は小胞体であり，タンパク質フォールディングが起きる。アポトーシスおよびオートファジーは細胞質で生じる。この統合されたモデルは，正常なヒト細胞におけるタンパク質フォールディング（図の中央），オートファジー（上），アポトーシス（下）のために構築された別々のモデルから構築され，乳がんにおける過程間のクロストークに関する既知のデータにより連結している。(Parmar JH, Cook KL, Shajahan-Haq AN et al. [2013] *Interface Focus* 3 [4]: 20130012 より The Royal Society の許諾を得て掲載)

た。数学的解析によって予測された結果は実験データとよく一致しており，タンパク質フォールディング，アポトーシス，およびオートファジーの現在の知識は堅牢であり，乳がんにおける薬剤耐性の分子基盤に関する実験データについて，図 13.44 に示す型式のモデルを使って解釈したり，モデルに適用できたりすることが示された。

まとめ

- プロテオームとは，細胞内に存在するタンパク質分子の完全な集団である。
- プロテオームの構成は，トップダウンプロテオミクスまたはボトムアッププロテオミクスのアプローチで調べることができる。トップダウンプロテオミクスでは個々のタンパク質を直接，質量分析法で調べるのに対し，ボトムアッププロテオミクスでは，トリプシンなどの配列特異的なプロテアーゼによりタンパク質をペプチドに分解してから質量分析法で調べる。
- いずれのアプローチにおいても，プロテオミクスの最初の段階はプロテオーム中のタンパク質の分離である。これは二次元ポリアクリルアミドゲル電気泳動またはカラムクロマトグラフィーによって達成することができる。
- 2つのプロテオームの比較は，別々の蛍光マーカーで標識するか，同位体標識アフィニティータグ法により可能である。
- タンパク質アレイもプロテオーム研究に使用できる。
- 相互作用する1対もしくは一群のタンパク質は，ファージディスプレイ法，酵母ツーハイブリッド法，タンデムアフィニティー精製法，多次元タンパク質同定法によって同定することができる。
- タンパク質相互作用地図はプロテオームの構成タンパク質間に生じる相互作用の詳細を示している。
- タンパク質はリボソームによって合成される。リボソームはタンパク質の合成中に起こる事象を調整し，化学反応の少なくとも一部を触媒する。細菌はストレス下でリボソームを不活性化させることができる。
- 真核生物では，開始因子がプロテオームの大規模なリモデリングにかかわる。例えば，熱ショックのようなストレス下ではeIF-2のリン酸化が起こり，タンパク質合成が全体的に抑制される。個々のmRNAの翻訳も調節を受ける。
- プロテオームが状況の変化に応答するためには，タンパク質は分解される必要がある。分解経路では，標的タンパク質がユビキチンで標識され，プロテアソームで分解される。
- フォールディングによって正しい三次構造をとるまでは多くのポリペプチド鎖は不活性である。アミノ酸配列はフォールディングに必要な情報を含んでいる。しかし，大きなタンパク質のフォールディングは，部分的に折りたたまれたタンパク質が誤った経路へ進むこともある複雑な過程である。分子シャペロンは別のタンパク質のフォールディングを助け，フォールディングの誤りの数を減らす。
- 一部のタンパク質は切断によるプロセシングを受けて，不活性な前駆体から活性型に変換される。ポリタンパク質は切断されて複数のタンパク質を産生する。
- グリコシル化，アシル化，小さな化学基の付加といった化学修飾により，タンパク質の活性を変化させることができる。
- メタボロームは，ある条件のもとで細胞または組織に存在する代謝物の完全な集団と定義される。
- システム生物学は細胞の活動を統合的に記述することをめざしている。

章末問題

短答式問題

1. トップダウンプロテオミクスとボトムアッププロテオミクスで使用される方法の違いを述べよ。
2. タンパク質プロファイリングを行う際，質量分析の前にプロテオームの構成タンパク質を分離する方法について述べよ。
3. タンパク質プロファイリングに使用されるいくつかの質量分析法について概要を述べよ。
4. 2つのプロテオームの構成の違いをどのようにして特定できるか？
5. 相互作用するタンパク質を同定する方法にはどのようなものがあるか？
6. 細菌と真核生物のリボソームの構成を比較せよ。
7. 細菌がストレス下でどのようにプロテオームのサイズを小さくするかを説明せよ。
8. 開始因子のリン酸化および転写産物特異的調節によって，どのように真核生物のプロテオームに大小の変化がもたらされうるのか説明せよ。
9. タンパク質はどのように分解されるか？
10. タンパク質フォールディング経路の重要な特徴について概要を述べ，タンパク質フォールディングにおける分子シャペロンの役割を説明せよ。
11. （A）タンパク質分解による切断，（B）化学修飾のタンパク質プロセシングにおける役割をそれぞれ要約せよ。
12. メタボロミクスとシステム生物学の目的について説明せよ。

論述式問題

1. 1対のタンパク質が機能的な相互作用を行っているが，物理的な相互作用はないという状況は，どのような場合に考えられるか？　また，その逆のケース，すなわち1対のタンパク質が物理的な相互作用を行っているが，機能的な関係はない，ということはありうるか？
2. タンパク質相互作用地図におけるハブの役割について論じよ。
3. DNAがmRNAを介さずに直接タンパク質に翻訳されたとしても，生物学的に問題はないように思える。真核細胞にとってmRNAが仲介することで得られる利点は何か？
4. タンパク質合成の詳細な過程を理解するうえで，リボソームの構造研究はどれだけ重要な役割を果たしてきたか？
5. 現在，システム生物学が大変注目を集めている理由を説明せよ。

推薦図書と参考文献

プロテオームの構成を調べる方法

Catherman, A.D., Skinner, O.S. and Kelleher, N.L. (2014) Top Down proteomics: facts and perspectives. *Biochem. Biophys. Res. Commun.* 445:683–693.

Görg, A., Weiss, W. and Dunn, M.J. (2004) Current two-dimensional electrophoresis technology for proteomics. *Proteomics* 4:3665–3685.

Mann, M., Hendrickson, R.C. and Pandey, A. (2001) Analysis of proteins and proteomes by mass spectrometry. *Annu. Rev. Biochem.* 70:437–473.

Phizicky, E., Bastiaens, P.I.H., Zhu, H., et al. (2003) Protein analysis on a proteomic scale. *Nature* 422:208–215. プロテオミクスのすべてを網羅した総説。

Shimada, T., Yoshida, H. and Ishihama, A. (2013) Involvement of cyclic AMP receptor protein in regulation of the rmf gene encoding the ribosome modulation factor in *Escherichia coli*. *J. Bacteriol.* 195:2212–2219.

Sutandy, F.X.R., Qian, J., Chen, C.-S. and Zhu, H. (2013) Overview of protein microarrays. *Curr. Protoc. Protein Sci.* 27:Unit 27.1.

Walton, H.F. (1976) Ion exchange and liquid column chromatography. *Anal. Chem.* 48:52R–66R.

Yates, J.R. (2000) Mass spectrometry: from genomics to proteomics. *Trends Genet.* 16:5–8.

Zhang, Y., Fonslow, B.R., Shan, B., et al. (2013) Protein analysis by shotgun/bottom-up proteomics. *Chem. Rev.* 113:2343–2394.

Zhu, H., Bilgin, M. and Snyder, M. (2003) Proteomics. *Annu. Rev. Biochem.* 72:783–812.

タンパク質間相互作用の同定

Gavin, A.-C., Bösche, M., Krause, R., et al. (2002) Functional organization of the yeast proteome by systematic analysis of protein complexes. *Nature* 415:141–147.

Han, J.-D.J., Bertin, N., Hao, T., et al. (2004) Evidence for dynamically organized modularity in the yeast protein-protein interaction network. *Nature* 430:88–93. パーティーハブとデートハブの定義。

Jeong, H., Mason, S.P., Barabási, A.-L. and Oltvai, Z.N. (2001) Lethality and centrality in protein networks. *Nature* 411:41–42. 最初の酵母タンパク質相互作用地図。

Menche, J., Sharma, A., Kitsak, M., et al. (2015) Uncovering disease-disease relationships through the incomplete interactome. *Science* 347:1257601.

Pande, J., Szewczyk, M.M. and Grover, A.K. (2010) Phage display: concept, innovations, applications and future. *Biotechnol. Adv.* 28:849–858.

Parrish, J.R., Gulyas, K.D. & Finley, R.L. (2006) Yeast two-hybrid contributions to interactome mapping. *Curr. Opin. Biotechnol.* 17:387–393.

Snider, J., Kotlyar, M., Saraon, P., et al. (2015) Fundamentals of protein interaction network mapping. *Mol. Syst. Biol.* 11:848.

タンパク質の合成

Kapp, L.D. and Lorsch, J.R. (2004) The molecular mechanics of eukaryotic translation. *Annu. Rev. Biochem.* 73:657–704.

Rodnina, M.V. (2016) The ribosome in action: tuning of translational efficiency and protein folding. *Prot. Sci.* 25:1390–1406.

Schmeing, T.M. and Ramakrishnan, V. (2009) What recent ribosome structures have revealed about the mechanism of translation. *Nature* 461:1234–1242.

Steitz, T.A. and Moore, P.B. (2003) RNA, the first macromolecular catalyst: the ribosome is a ribozyme. *Trends Biochem. Sci.* 28:411–418.

Wilson, D.N. and Cate, J.H.D. (2012) The structure and function of the eukaryotic ribosome. *Cold Spring Harb. Perspect. Biol.* 4:a011536.

プロテオームの構成に影響を与える因子

Hershey, J.W.B., Sonenberg, N. and Mathews, M.B. (2012) Principles of translational control: an overview. *Cold Spring Harb. Perspect. Biol.* 4:a011528.

Hinnebusch, A.E., Ivanov, I.P. and Sonenberg, N. (2016) Translational control by 5′-untranslated regions of eukaryotic mRNAs. *Science* 352:1413–1416.

Komar, A.A. and Hatzoglou, M. (2011) Cellular IRES-mediated translation: the war of ITAFs in pathophysiological states. *Cell Cycle* 10:229–240.

Polikanov, Y.S., Blaha, G.M. and Steitz, T.A. (2012) How hibernation factors, RFF, HPF, and YfiA turn off protein synthesis. *Science* 336:915–918.

タンパク質の分解

Varshavsky, A. (1997) The ubiquitin system. *Trends Biochem. Sci.* 22:383–387.

Voges, D., Zwickl, P. and Baumeister, W. (1999) The 26S proteasome: a molecular machine designed for controlled proteolysis. *Annu. Rev. Biochem.* 68:1015–1068.

タンパク質フォールディングとその他のタンパク質プロセシング

Anfinsen, C.B. (1973) Principles that govern the folding of protein chains. *Science* 181:223–230. タンパク質フォールディングに関する最初の実験。

Chapman-Smith, A. and Cronan, J.E. (1999) The enzymatic biotinylation of proteins: a post-translational modification of exceptional specificity. *Trends Biochem. Sci.* 24:359–363.

Daggett, V. and Fersht, A.R. (2003) Is there a unifying mechanism for protein folding? *Trends Biochem. Sci.* 28:18–25.

Drickamer, K. and Taylor, M.E. (1998) Evolving views of protein glycosylation. *Trends Biochem. Sci.* 23:321–324.

Mayer, M.P. (2013) Hsp70 chaperone dynamics and molecular mechanism. *Trends Biochem. Sci.* 38:507–514.

Smith, A.I. and Funder, J.W. (1988) Proopiomelanocortin processing in the pituitary, central nervous system, and peripheral tissues. *Endocr. Rev.* 9:159–179.

Yébenes, H., Mesa, P., Muñoz, I.G., et al. (2011) Chaperonins: two rings for folding. *Trends Biochem. Sci.* 36:424–432.

メタボロミクスとシステム生物学

Beger RD (2013) A review of applications of metabolomics in cancer. *Metabolites* 3:552–574.

Covert, M.W., Schilling, C.H., Famili, I., et al. (2001) Metabolic modeling of microbial strains *in silico*. *Trends Biochem. Sci.* 26:179–186. 代謝フラックスの概念を説明している。

Kirschner, M.W. (2005) The meaning of systems biology. *Cell* 121:503–504.

Parmar, J.H., Cook, K.L., Shajahan-Haq, A.N., et al. (2013). Modelling the effect of GRP78 on anti-oestrogen sensitivity and resistance in breast cancer. *Interface Focus* 3:20130012.

細胞と個体における
ゲノムの発現

14章

14.1 外界シグナルに対するゲノムの応答

14.2 細胞分化を導くゲノム機能の変化

14.3 発生の基盤となるゲノム機能の変化

　第Ⅲ部の第10章では核の内部を調べ，染色体DNAが折りたたまれてヌクレオソームやクロマチン線維を形成することがどのように個々の遺伝子への接近しやすさに影響するのか，そしてそのことがゲノム発現の全体のパターンをどのように決めるのかを考えた。第11章と第12章では核にとどまり，DNA結合タンパク質とゲノムの相互作用がどのようにトランスクリプトームの合成を導くのかをみた。第13章では細胞質へ話を移し，プロテオームの合成と維持について探索した。これら4つの章を通じて，ゲノムとそれが規定しているRNAとタンパク質の合成についてみてきたわけだが，ゲノムはそれ自身の利益のためだけにあるわけではない。ゲノムはそれ自身が1つの個体である細胞の中に，あるいはより大きな多細胞生物の一部である1つの細胞の中に存在する。トランスクリプトームやプロテオームを介して，ゲノムは細胞の中で起きる生化学的な活動を規定しており，それによって細胞がエネルギーを産生したり，成長したり，分裂したりすることが可能となる。それゆえ，細胞の生化学的な活動が栄養素の供給量や曝露された物理的・化学的な条件に対して常に適切なものとなるように，ゲノムは細胞外の環境に応答しなければならない。また，多細胞生物の細胞もホルモンや増殖因子に応答しなければならない。それらの刺激は生物が順応しなければならない環境の変化を伝達し，重要なこととして，多細胞生物が1つの個体として機能することができるように個々の細胞の生化学的な活動を調和させる。こうした細胞外シグナルに対するゲノムの応答は，通常一過性である。シグナルが止まれば発現パターンはもとの状態に戻り，別のシグナルを受け取れば発現パターンは別のものとなる。

　ゲノム機能の変化には永続的あるいは少なくとも半永続的なものもあり，その場合には細胞の生化学的特性が容易に逆戻りできないような変化を起こす。この変化により，特異的な生理機能をもつ細胞への**分化**（differentiation）が誘導される。分化は多くの単細胞生物にもみられるが，われわれは通常，多細胞生物で起こる分化について考えることが多い。多細胞生物では分化によって，さまざまな特殊化した細胞（ヒトでは400種類以上）が組織や器官を形成する。これらの複雑な多細胞構造の構築や改変の過程が個体の**発生**（development）である。発生が正常に終了するためには，ゲノム機能が経時的な制御を受けることにより正しい順番で適切な時期に分化事象が起こる必要がある。

　この章では，細胞や個体の中でゲノムがどのように細胞外シグナルに応答し，分化や発生の基盤をなす生化学的な変化を引き起こしているのかをみていく。これらすべての過程の基盤となるのがゲノム発現の調節であり，前の2つの章で述べたトランスクリプトームとプロテオームにおいても常に重要なテーマであった。したがってゲノム発現を調節する多くの仕組みについてはすでに説明してきたが，ここでの目的は単にその復習ではなく，章のタイトルが表しているように，ゲノム発現を調節する仕組みが細胞や個体の中でどのように働いているのかを理解することである。

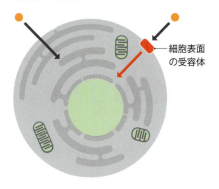

図 14.1 細胞外シグナル物質が細胞内で起こる反応に影響を与える2通りの方法

直接的活性化：シグナル物質の細胞内への移行

間接的活性化：細胞表面の受容体を介したシグナル伝達

細胞表面の受容体

14.1 外界シグナルに対するゲノムの応答

単細胞生物にとって最も重要な外界シグナルは栄養素の利用に関するもので，これらの細胞は栄養素の種類とその相対量が時間とともに変動する環境の中で生きている．単細胞生物のゲノムにはさまざまな栄養素の取り込みと利用にかかわる遺伝子が含まれており，利用可能な栄養素が変わるとゲノム機能が変化して，その時点で利用可能な栄養素を利用するために必要な遺伝子のみが発現する．グルコースやラクトースの供給に対する大腸菌（$Escherichia\ coli$）のラクトースオペロンの応答（12.2節）は，細菌ゲノムの発現が外部環境に存在する栄養素の影響を受ける1つの典型的な例である．多細胞生物の大部分の細胞はこれよりも変化の少ない環境で生きているが，その環境を維持するためにはさまざまな細胞の活動が協調する必要がある．これらの細胞にとっておもな外的刺激は，ホルモン，増殖因子やその関連物質であり，これらは生体内でシグナルを伝達してゲノム機能の協調した変化を起こさせる化合物である．

外界シグナルとなる栄養素，ホルモン，増殖因子やその他の細胞外物質がゲノム機能を変化させるためには，細胞内で起こる反応を変化させる必要がある．これには2通りの方法がある（図14.1）．

- それ自身がシグナル物質として細胞膜を通過して細胞内に入り，直接的に作用する．
- シグナルを細胞内に伝達する細胞表面の受容体に結合することによって，間接的に作用する．

直接的であれ間接的であれ，シグナル伝達は細胞生物学における最も重要な研究領域の1つであり，がん化にかかわる異常な生理活性との関係において特に注目されている．シグナル伝達の多くの例が発見されており，多数の生物種に共通したものも少数の生物種にしかみられないものもある．この節では，最も重要なシグナル伝達経路について概説する．

細胞外シグナル物質の取り込みによるシグナル伝達

細胞膜を通過して細胞内に入ることができるシグナル物質について最初に考察しよう．細胞内に入ったシグナル物質がゲノムの発現に影響を与える最も簡単な方法は，ここまでの章でみてきたようなさまざまな調節タンパク質と同様に働くことである．例えば，転写開始複合体の構築を促進したり抑制したり（12.2節），あるいはスプライシングエンハンサーやスプライシングサイレンサーと相互作用したり（12.4節）といった作用があげられる．これはゲノム機能を調節する魅力的で簡単な方法であるように思えるが，一般的な方法ではない．その理由は明らかではないが，膜を通って効率よく運ばれるのに必要な疎水的性質と，水分に富む細胞質を通ってそれが働く核やその他の細胞内の場所へ移動するのに必要な親水的性質とを併せもつタンパク質を作り出すのが難しいことに，おそらく少なくとも一部は関係があるのだろう．

このようにして作用するシグナル物質のわかりやすい例は，おもに乳汁に（少しは血液中にも）存在する哺乳類のタンパク質であるラクトフェリン（lactoferrin）である．ラクトフェリンの特異的機能には不明な点も多いが，微生物の攻撃に対する生体防御機能を果たしていると考えられている．その名前からわかるようにラクトフェリンは鉄を結合できることから，その防御機能の少なくとも一部は，乳汁中の遊離鉄イオン濃度を下げることで，侵入した微生物からその増殖に必須の補因子を奪うことによるものと思われる．このことからはラクトフェリンがゲノムの発現に何か役割を果たしているようには思えないかもしれない．しかし，1980年代初頭からこのタンパク質がさまざまな機能をもつことが知られるようになり，DNA結合能をもつことがわかってきた．ラクトフェリンが免疫細胞に取り込まれてその核に入りゲノムと結合することが1992年に示され，DNA結合能がこ

のタンパク質の第2の機能，すなわち「免疫応答にかかわる血液細胞の刺激」に関係していることが明らかになった．その後，DNA結合が配列特異的であり，結合したラクトフェリンが少なくとも培養細胞においてはインターロイキン1β遺伝子の転写活性化を引き起こすことが示された．これらの結果はラクトフェリンが転写因子であることを示唆しているようにも思えるが，そのように結論するには注意が必要である．ラクトフェリン遺伝子は2つの選択的プロモーター（12.2節）をもっている．一方のプロモーターからの転写産物からは，分泌されて別の細胞に取り込まれる完全長のタンパク質が作られる．もう一方のプロモーターからの転写産物からは，δラクトフェリンと呼ばれる短縮型のタンパク質が作られ，それは完全長タンパク質のN末端に存在するシグナルペプチドを欠いている．したがってδラクトフェリンは分泌されないが，合成された細胞内で転写因子として働くことが示されている．それゆえ分泌された完全長ラクトフェリンの転写活性だと思っていたものは，実際にはδラクトフェリンの結合部位に結合したことによる活性であった可能性もある．培養細胞を用いた実験系でこの偽の結合が観察できたとしても，それは通常の組織では何の意義ももたないものかもしれない．

　細胞内に入ることができるシグナル物質のうち，それ自体がゲノム発現のアクチベーターやリプレッサーとして作用できるものは少ないが，細胞内にすでに存在している調節タンパク質の活性に影響を及ぼすことができるものは多い．12.2節でみた大腸菌のラクトースオペロンは，このタイプの調節の一例である．このオペロンはラクトースの細胞外濃度に応答する．つまりラクトースはシグナル分子として細胞内に入り，異性体であるアロラクトースに変換された後，ラクトースリプレッサーのDNA結合能に影響を及ぼすことによってラクトースオペロンが転写されるかどうかを決定する（図12.13参照）．糖の利用にかかわる遺伝子をコードする他の多くの細菌オペロンも，同様の方法で調節されている．シグナル物質と転写因子との相互作用も，真核生物におけるゲノム機能の調節によく用いられている．細胞内の金属イオンの量を適切に保つ調節系はその好例である．細胞はその生化学反応に銅や亜鉛などの金属イオンを補因子として必要とするが，これらの金属は細胞内にある一定量以上蓄積されると毒性を示すようになる．そのため，その取り込みは注意深く調節されている必要があり，環境中に金属化合物が欠乏しているときにも細胞は十分な金属イオンを含み，逆に環境中の金属イオン濃度が高いときには金属イオンを過剰に蓄積しないようにしなければならない．そのために使われている戦略を説明するための例として，出芽酵母（*Saccharomyces cerevisiae*）の銅調節系があげられる．出芽酵母はMac1p，Ace1pという2つの銅イオン依存性転写因子をもっている．これらの因子は両方とも銅イオンを結合し，この結合によって立体構造の変化が誘起され，これらの因子が標的遺伝子の発現を促進できるようになる（図14.2）．Mac1pの標的遺伝子は銅の取り込みタンパク質をコードしており，Ace1pの標的遺伝子は銅の解毒にかかわるスーパーオキシドジスムターゼなどのタンパク質をコードしている．シグナル分子として働く金属イオンによって調節されるMac1p活性とAce1p活性のバランスによって，細胞内の銅の量は適切なレベルに確実に保たれている．

　転写アクチベーターは**ステロイドホルモン**（steroid hormone）の標的でもある．ステロイドホルモンとは高等真核生物の細胞の生理活性をある範囲内に調節しているシグナル物質であり，これには性ホルモン（雌の性発達にかかわるエストロゲン，雄の性発達にかかわるプロゲステロン），グルココルチコイド，ミネラルコルチコイドが含まれる．ステロイドは疎水性なので細胞膜を容易に通過する．細胞内に入ったそれぞれのホルモンは，通常は細胞質に存在する特異的な**ステロイド受容体**（steroid receptor）タンパク質に結合する．結合によって活性化された受容体は核へ移行し，標的遺伝子の上流にある**ホルモン応答配列**（hormone response element）に結合して転写アクチベーターとして働く．各受容

図14.2　出芽酵母における銅による遺伝子発現の制御　酵母は銅を含む金属タンパク質である酵素（シトクロム*c*オキシダーゼやチロシナーゼなど）をいくつかもっているため，微量の銅を必要とするが，過剰の銅は細胞にとって有害である．銅の濃度が低いときは，転写因子であるMac1pが銅の結合によって活性化され，銅の取り込みにかかわるタンパク質をコードする遺伝子群の発現のスイッチをオンにする．一方，銅の濃度が高すぎるときには別の転写因子Ace1pが活性化され，銅の解毒にかかわる遺伝子群のスイッチをオンにする．

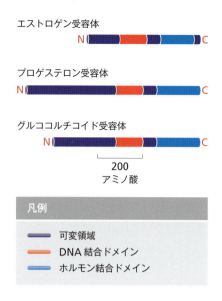

図14.3 **すべてのステロイド受容体は構造的に類似している** 3種類の受容体タンパク質を比較している。模式図として折りたたまれていないポリペプチド鎖の形で表示しているが、いずれの受容体も2つの保存された機能ドメインをもっている。DNA結合ドメインはすべてのステロイド受容体できわめてよく似ており、そのアミノ酸配列は50～90％の同一性を示す。ホルモン結合ドメインの保存性はそれほど高くはなく、配列同一性は20～60％である。

体の応答配列は50～100個の遺伝子の上流（多くの場合エンハンサー領域）に存在するので、1つのステロイドホルモンが細胞の生理活性を大きく変化させることができる。すべてのステロイド受容体は、DNA結合ドメインだけでなく、その他の部分についても構造的に類似している（図14.3）。これらの類似性を利用することで、リガンドとなるホルモンや細胞機能が未定でも、推定上のステロイド受容体あるいはオーファン（みなしご）ステロイド受容体が多数同定された。さらに構造上の類似性によって、結合するホルモンはステロイドホルモンではないが、ステロイド受容体と同じクラスに属する第2の受容体タンパク質群として、**核内受容体スーパーファミリー**（nuclear receptor superfamily）が明らかとなった。その名前からわかるように、核内受容体は細胞質ではなく核に存在する。骨の発達制御にかかわるビタミンDの受容体や、オタマジャクシからカエルへの変態を促進するチロキシンの受容体がこれらには含まれる。

ステロイド受容体と核内受容体は二量体であり、それぞれのサブユニットはこのグループのタンパク質に特徴的なトレブルクレフフィンガー（図11.14参照）の1つをもっている。それぞれのジンクフィンガーはホルモン応答配列中の6塩基の配列を認識して結合する。多くのステロイド受容体の応答配列は、1対の6塩基の認識配列が0～4塩基のスペーサー配列に隔てられて同じ向きに並んだ直列反復配列か、逆向きに並んだ逆方向反復配列となっている（図14.4）。核内受容体の応答配列もこれに似ているが、認識配列は直列反復配列となっていることが多い。スペーサー配列は、認識配列間の距離を受容体タンパク質中のジンクフィンガーの配置に合うようにしているにすぎない。このことは、ジンクフィンガーの方向性と認識配列間の距離によって特異性が維持され、異なる受容体タンパク質が同じジンクフィンガーの組合せをもっていても異なる応答配列を認識できることを意味している。

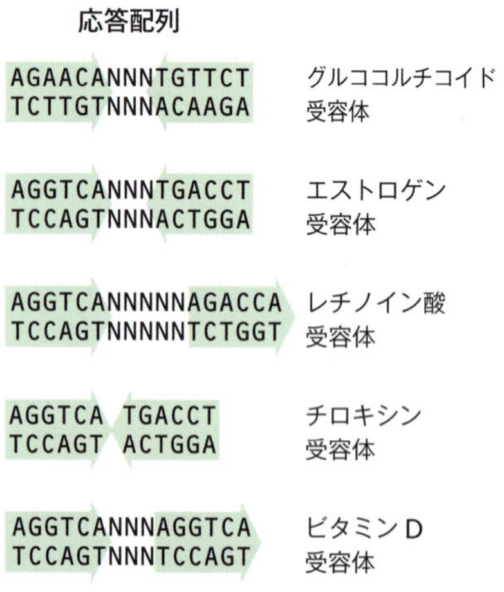

受容体タンパク質は細胞膜の外側から内側へシグナルを伝達する

多くの細胞外シグナル物質は親水性に富むため脂質膜を通過できず、細胞にはそれを取り込むための特別な輸送機構もないため細胞内に入ることができない。ゲノム機能に影響を与えるには、細胞膜を超えてシグナルを細胞の中へ伝えるために、これらのシグナル物質が細胞表面の受容体に結合しなければならない（図14.1参照）。細胞表面の受容体は膜貫通タンパク質であり、その外側表面上にはシグナル物質の結合部位がある。シグナル物質の結合は受容体の立体構造の変化を引き起こし、細胞内で起こる**シグナル伝達**（signal transduction）経路の第1段階となる生化学的事象を誘導する。

細胞表面の受容体にはいくつかのタイプがあるが、ゲノム発現の変化を仲介するもののほとんどは**受容体型キナーゼ**（kinase receptor）あるいは**キナーゼ会合型受容体**（kinase-associated receptor）である。その名が示すように、これらの受容体は細胞質のタンパク質にリン酸基を付加することで細胞内のシグナル伝達経路を活性化させる。最も重要な例は標的タンパク質のチロシン残基にリン酸を付加する**受容体型チロシンキナーゼ**（tyrosine kinase receptor）である。ほとんどの受容体型チロシンキナーゼは2つの同一サブユニットからなる二量体である。それぞれのサブユニットは細胞外のリガンド結合ドメインと細胞内のキナーゼドメインからなり、2つのドメインは25～35のアミノ酸からなる疎水性の膜貫通ドメインで隔てられている（図14.5）。受容体型チロシンキナーゼは、**サイ**

図14.4 **典型的なステロイド受容体と核内受容体の応答配列** レチノイン酸受容体の応答配列は例外で、6塩基の認識配列が完全な反復配列ではなく、スペーサー配列も5塩基以上ある。

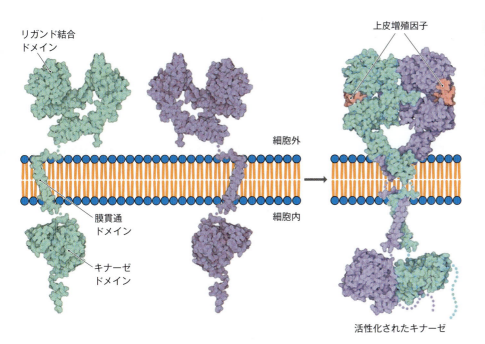

図 14.5 **受容体型チロシンキナーゼ** これは受容体型チロシンキナーゼの典型的な例である上皮増殖因子（EGF）受容体である。受容体サブユニットのそれぞれに EGF が結合すると二量体化が誘導され，2 つの単量体の細胞内領域にあるキナーゼドメインが活性化される。

トカイン（cytokine）のような増殖因子やインスリンのようなホルモンを含むさまざまな細胞外シグナル物質を認識する。シグナル物質がないときには受容体の 2 つのサブユニットは解離している。シグナル物質が結合すると 2 つのサブユニットが集合して二量体を形成し，それによって細胞内のキナーゼドメインが活性化されて細胞内シグナル伝達経路を開始させる。

　細胞内のタンパク質を活性化させるためにリン酸化されるアミノ酸はチロシンだけではない。**受容体型セリン／トレオニンキナーゼ**（serine/threonine kinase receptor）も受容体型チロシンキナーゼと同様に働くが，この受容体は細胞内の標的タンパク質のセリンかトレオニンをリン酸化する。このタイプの受容体が認識するシグナル物質には，トランスフォーミング増殖因子 β（transforming growth factor β：TGFβ）や骨形成タンパク質（bone morphogenetic protein）ファミリーのサイトカインなどがある。

　受容体型チロシンキナーゼと受容体型セリン／トレオニンキナーゼはいずれもキナーゼ活性をもち，細胞内の標的タンパク質を直接リン酸化する。**チロシンキナーゼ会合型受容体**（tyrosine kinase-associated receptor）は少し異なっており，受容体自身はキナーゼ活性をもっていない。その代わり細胞内のチロシンキナーゼの活性に影響を及ぼすことで間接的に作用する。次の項ではこのタイプの受容体の例をみてみよう。

一部のシグナル伝達経路では受容体とゲノムの間が少ない段階でつながっている

　一部のシグナル伝達経路では，細胞外シグナル物質の結合による細胞表面受容体への刺激が転写因子の活性に直接的な効果を及ぼす。これは細胞外シグナルが伝達されてゲノムの応答が起こる最も単純な機構といえる。

　インターロイキンやインターフェロンなど，多くのサイトカインの膜表面受容体はこのような直接的な機構を使っている。これらの細胞外のポリペプチドは **JAK-STAT 経路**（JAK-STAT pathway）を介してゲノムの発現に影響を与え，細胞の増殖や分裂を調節している。この経路はすべての脊椎動物でみつかっており，キイロショウジョウバエ（*Drosophila melanogaster*）や線虫（*Caenorhabditis elegans*）を含む多くの無脊椎動物にも関連した経路が存在する。脊椎動物のサイトカイン受容体はチロシンキナーゼ会合型受容体

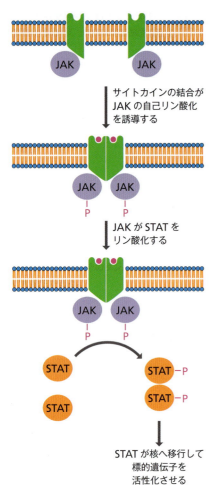

図14.6 JAK-STAT経路

であり，それぞれの受容体は細胞内で**ヤヌスキナーゼ**（Janus kinase：**JAK**）と結合している。サイトカインが結合すると受容体の二量体化が誘導され，1対のJAKが接近することで互いをリン酸化する（図14.6）。リン酸化によって活性化されたJAKは，**STAT**（signal transducer and activator of transcription）と呼ばれる転写因子をリン酸化する。リン酸化されたSTATは二量体を形成し，核へ移行してさまざまな遺伝子の発現を促進する。

哺乳類では，これまでにSTAT1，STAT2，STAT3，STAT4，STAT5A，STAT5B，STAT6と呼ばれる7種類のSTATが同定されている。このうちSTAT2以外はホモ二量体を形成することができる。またSTAT1とSTAT2，STAT1とSTAT3，STAT5AとSTAT5Bは，それぞれヘテロ二量体を形成することができる。形成される二量体の組成は細胞外シグナル物質の種類と濃度によって異なる。形成可能な二量体は9種類しかないので，JAK-STAT経路の柔軟性は限られたものではないかと思われたが，ある特定の二量体がいつも同じ遺伝子群を活性化させるという予測は間違いであることが判明した。例えばインターロイキン6とインターロイキン10は，ヒトの骨髄細胞におけるゲノム発現に対して正反対の効果を示す。インターロイキン6は炎症応答を誘導し，インターロイキン10は炎症抑制する。ところが，いずれもSTAT3の二量体化を介してその応答を惹起するのである。同じ二量体がどのようにもとのシグナルの性質に依存して異なるゲノムの応答を仲介するのかはまだわかっていない。

STATタンパク質のDNA結合ドメインは，樽形のβシート構造から出ている3つのループで構成されている。**免疫グロブリンフォールド**（immunoglobulin fold）と呼ばれるこの構造は多くのタンパク質でみつかっているが，通常はDNA結合とはかかわっていない。DNAと結合するためにこの免疫グロブリンフォールドを使っている別のタンパク質としてNF-κBおよびRelという転写因子がある。これらのタンパク質の間の類似性はDNA結合ドメインの三次構造のみに当てはまり，STAT，NF-κB，Relの間にアミノ酸配列全体の類似性はほとんどない。おもに精製したSTATの配列既知のオリゴヌクレオチドへの結合活性を調べる研究から，ほとんどのSTAT二量体のDNA結合部位のコンセンサス配列（共通配列）は5′-TTN$_{5\sim6}$AA-3′であることがわかった。この配列の周辺のヌクレオチドの多様性と内部のNの違いによって，それぞれの二量体の実際の結合部位が規定されていると考えられている。この結合部位の特別なタイプとして**インターフェロンγ応答配列**（interferon γ-activated sequence：**GAS**）と呼ばれるものがある。いくつかのヘテロ二量体は例えばp48のようなタンパク質と結合し，コンセンサス配列が5′-AGTTTNNNTTTCC-3′である**インターフェロン刺激応答配列**（interferon-stimulated response element：**ISRE**）と呼ばれる別の結合部位を認識する。ChIP-seq法（11.1節参照）により，標的遺伝子の近傍やエンハンサー領域に数千ものSTAT二量体結合部位が同定されている。しかしながら，これらの結合部位の多くはGASやISREを含んでおらず，ゲノムとSTATとの相互作用は最初に考えられたよりももっと複雑であることが示唆された。リン酸化されていないSTATも条件によってはゲノムの発現に影響を与えることを示した研究や，リン酸化されたSTATが3つ以上のSTATからなる多量体を形成することを示した研究からも，この複雑性は裏づけられている。これらの結果は，上述したインターロイキン6とインターロイキン10の作用の違いのように，同じSTAT二量体がシグナル物質の種類によって異なる効果を発揮しうることの説明となるかもしれない。

一部のシグナル伝達経路では受容体とゲノムの間にいくつもの段階がある

JAK-STAT経路はもっと一般的にみられるシグナル伝達と比べると単純である。一般

的なシグナル伝達では，受容体は多くの段階からなる経路の最初の段階にすぎず，最終的に1つないしそれ以上の転写因子の活性化が引き起こされる。このような**カスケード**(cascade)経路はさまざまな生物種で多数みつかっているが，最も重要なのは**MAPキナーゼ経路**(mitogen activated protein kinase pathway：MAPK 経路)または MAPK/ERK 経路と呼ばれるものである。

MAPK 経路は，サイトカインと同様の作用を示すが細胞分裂を特異的に活性化させるマイトジェン(mitogen)をはじめとする，多くの細胞外シグナルに応答する。その経路の初期段階の中心に位置するのが Ras タンパク質であり，哺乳類細胞では3種類の Ras (H-Ras, K-Ras, N-Ras) が知られている。Ras は **G タンパク質**(G-protein)の1つで，グアノシン二リン酸(GDP)またはグアノシン三リン酸(GTP)と結合する低分子タンパク質である。Ras は GDP が結合しているときは不活性型であるが，GDP が GTP に置き換わると活性型となる。どちらのヌクレオチドが Ras に結合しているかは，**グアニンヌクレオチド交換因子**(guanine nucleotide exchange factor：**GEF**)と **GTPアーゼ活性化タンパク質**(GTPase-activating protein：**GAP**)の活性のバランスに依存している(図14.7)。GEF は GDP を GTP に置き換えて Ras を活性化させ，GAP は Ras の GTP 分解活性を促進して結合している GTP を GDP に変換し，Ras を不活性化させる。

細胞外シグナルの存在がどのように Ras の活性化と不活性化を正確に導くのだろうか。Ras はマイトジェン受容体近くの細胞膜の内側に結合している。シグナル物質の結合により，受容体の二量体化と2つのサブユニットの細胞内領域の相互リン酸化が引き起こされる(図14.8)。SOS タンパク質のような GEF はリン酸化された受容体と結合し，Ras に結合している GDP を GTP に置き換えて Ras を活性化させる。リン酸化された受容体は RasGAP のような GAP も呼びよせるが，GAP は GEF とは正反対の効果を示し，GTP の GDP への分解を促進することにより Ras を不活性化させる。それゆえ GEF と GAP の活性のバランスが Ras に結合するヌクレオチドを決定し，それ以降のシグナル伝達経路を調節することになる。

GTP と結合している Ras は，MAPK 経路の最初のタンパク質である Raf を活性化させることができる。Raf 自身がキナーゼであるが，普段は N 末端側領域が折りたたまれており触媒部位に接近できないため不活性である。GTP と結合している Ras は Raf と結合し，その構造変化を誘導して活性部位の阻害を解除する。それにより Raf はリン酸化反応のカスケードを開始することができるようになる(図14.9)。Raf は Mek をリン酸化して活性化させ，活性化された Mek は MAP キナーゼ(MAPK)をリン酸化する。リン酸化により活性化された MAPK は核へ移行し，いくつもの転写因子をリン酸化して活性化させる。また，MAPK は Rsk と呼ばれる別のキナーゼをリン酸化して活性化させ，これが第2の転写因子群をリン酸化して活性化させる。MAPK 経路中の1つないしそれ以上のタンパク質を特異性がわずかに異なる関連タンパク質で置き換えて，別の転写因子群を活性化させることでさらなる柔軟性が生まれる。

MAPK 経路は脊椎動物の細胞が用いている経路だが，それ以外の生物にも哺乳類の経路でみつかっている中間因子に似た分子を利用する同等の経路がみられる。これらのカスケード経路のそれぞれの段階は2つのタンパク質間の物理的相互作用を伴い，経路上その下流にある分子は多くの場合リン酸化を受けることになる。リン酸化によって下流のタンパク質は活性化され，カスケードの次の段階で働くタンパク質と相互作用できるように

図14.8 MAP キナーゼ経路の最初の段階である Ras の活性化 受容体サブユニットへのマイトジェンの結合が受容体の二量体化と自己リン酸化を誘導する。SOS タンパク質のようなグアニンヌクレオチド交換因子(GEF)が受容体と結合し，Ras に結合している GDP を GTP に置き換えて Ras を活性化させる。

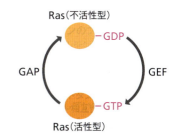

図14.7 Ras の活性化と不活性化 Ras は G タンパク質の1つで，GDP が結合しているときは不活性型である。グアニンヌクレオチド交換因子(GEF)は GDP を GTP に置き換えて Ras を活性化させる。GTP アーゼ活性化タンパク質(GAP)の作用はその逆で，Ras の GTP 分解活性を促進して GTP を GDP に変換し，Ras を不活性化させる。

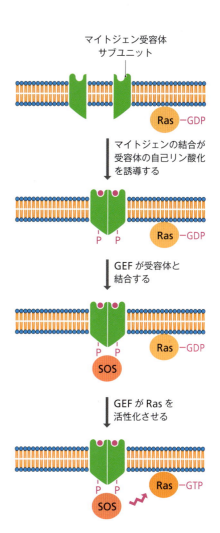

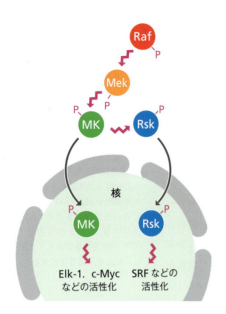

図 14.9　**MAP キナーゼ経路の第 2 段階以降**　MK は MAP キナーゼ（MAPK）。Elk-1, c-Myc, SRF (serum response factor；血清応答因子) は経路の最後で活性化される転写因子の例である。

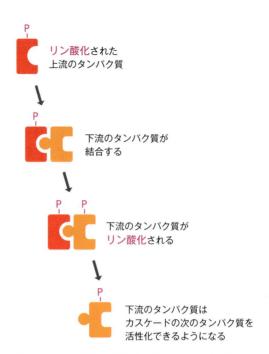

図 14.10　**シグナル伝達カスケードにおけるタンパク質間相互作用の仕組み**　上流のタンパク質がリン酸化されると下流のタンパク質と結合できるようになる。結合によって下流のタンパク質の受容ドメインがリン酸化され，シグナルが伝わっていく。

なる。これらの相互作用には，SH2 ドメインや SH3 ドメインといったような，相手タンパク質の受容ドメインに結合する特別なタンパク質間結合ドメインが必要である。受容ドメインは，結合が起こるためにリン酸化されなければならない 1 つ以上のチロシン残基を含んでいる。上流のタンパク質がもっている受容ドメインのリン酸化の状態によって，下流の相手と結合してシグナルを伝えることができるかどうかが決められている（図 14.10）。

セカンドメッセンジャーを介して働くシグナル伝達経路もある

　シグナル伝達カスケードには，外界シグナルを直接ゲノムに伝えず間接的に転写に影響を及ぼすものもある。そのような経路は**セカンドメッセンジャー**（second messenger）を利用している。セカンドメッセンジャーは特異性の低い細胞内シグナル物質であり，細胞表面の受容体からいくつかの経路へシグナルを伝達する。そのため，転写だけでなくさまざまな細胞の活性が 1 つのシグナルに応答することになる。

　グルコースが細菌細胞内のサイクリックアデノシン一リン酸（cAMP）濃度に影響を与えることによって，カタボライト活性化タンパク質（CAP）を調節する機構を 12.2 節で述べた。真核細胞でもサイクリックヌクレオチドは重要なセカンドメッセンジャーである。一部の細胞表面の受容体にはグアニル酸シクラーゼ活性をもつものがあり，GTP をサイクリックグアノシン一リン酸（cGMP）に変換するが，この種の受容体の多くは間接的に細胞質のシクラーゼ（環化酵素）とデシクラーゼ（脱環化酵素）の活性に影響を与える。シクラーゼとデシクラーゼは cGMP と cAMP の細胞内濃度を決めており，それによってさまざまな標的酵素の活性を調節している。標的酵素の一例がプロテインキナーゼ A（protein kinase A）であり，これは cAMP により活性化される。プロテインキナーゼ A の機能の 1 つは，サイクリック AMP 応答配列結合タンパク質（CREB）と呼ばれる転写因子をリン酸化して活性化させることである。活性化された CREB は p300/CBP と呼ばれる別のタンパク質と結合する。このタンパク質はヒストンタンパク質を修飾してクロ

マチン構造とヌクレオソームの位置取りを変化させることで（10.2節），CREB の標的遺伝子の転写活性を促進する。

cAMP によって間接的に活性化されるばかりでなく，p300/CBP はもう 1 つのセカンドメッセンジャーであるカルシウムイオンにも応答する。小胞体内腔のカルシウムイオン濃度は細胞のその他の部位よりも高いので，小胞体のカルシウムチャネルが開口すると細胞質へカルシウムイオンが流入する。これは受容体型チロシンキナーゼを活性化させる細胞外シグナルによって引き起こされる。活性化された受容体型チロシンキナーゼはホスホリパーゼ（phospholipase）を活性化させ，ホスホリパーゼは細胞膜内側の脂質化合物ホスファチジルイノシトール-4,5-ビスリン酸（PtdIns(4,5)P$_2$）を，イノシトール-1,4,5-三リン酸（Ins(1,4,5)P$_3$）と 1,2-ジアシルグリセロール（1,2-diacylglycerol：DAG）とに分解する。Ins(1,4,5)P$_3$ が小胞体のカルシウムチャネルを開口させる（図 14.11）。Ins(1,4,5)P$_3$ と DAG はそれ自体が，別のシグナル伝達カスケードを開始させることのできるセカンドメッセンジャーである。カルシウムイオンまたは脂質で誘導されるカスケードは，いずれも転写因子を間接的に標的とするが，直接の標的は他のタンパク質である。例えばカルシウムイオンはカルモジュリン（calmodulin）と呼ばれるタンパク質に結合し，これを活性化させることでプロテインキナーゼ，ATP アーゼ，ホスファターゼ，ヌクレオチドシクラーゼなどさまざまな酵素の活性を調節している。

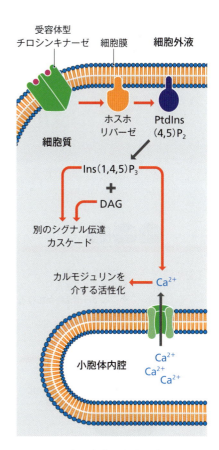

図 14.11　カルシウムセカンドメッセンジャー系の誘導　DAG：1,2-ジアシルグリセロール，Ins(1,4,5)P$_3$：イノシトール-1,4,5-三リン酸，PtdIns(4,5)P$_2$：ホスファチジルイノシトール-4,5-ビスリン酸。

14.2　細胞分化を導くゲノム機能の変化

ゲノム機能の一過性の変化は定義からして容易に逆行可能なものであり，外的刺激が除かれればゲノムの発現パターンはもとの状態に戻る。これに対して，細胞分化の基盤となるゲノム機能の永続的ないし半永続的な変化は長期にわたって続き，はじめに誘導した刺激がなくなっても維持されつづける。したがって，この長期的変化をもたらす調節機構には転写因子の調節以外の仕組みもかかわっているのではないかと予想される。この予想は正しい。分化を導く仕組みにはクロマチン構造の変化やゲノムの物理的な再編成がかかわっている。

分化の過程はクロマチン構造の変化を伴うことがある

クロマチン構造がゲノム発現に影響を与えるいくつかの仕組みについては 10.2 節で学んだ。これらの仕組みは，ヌクレオソームの再配置による個別のプロモーターにおける転写開始の調節から，高次のクロマチン構造によって広い領域の DNA を働かなくさせる発現抑制まで幅広いものである。後者はゲノム機能を長期にわたって変化させるのに重要な方法であり，多くの分化事象に関係している。その 1 つの例が**ポリコーム群タンパク質**（Polycomb group〔**PcG**〕protein）である。PcG タンパク質はキイロショウジョウバエで最初にみつかり，やがて哺乳類や植物などの生物種にもホモログがあることが判明した。ポリコームタンパク質は**ポリコーム応答配列**（Polycomb response element）と呼ばれる DNA 配列を認識し，そこに結合することで局所的なヘテロクロマチン形成を促し，凝縮したクロマチン構造を作ることでその領域に含まれる遺伝子群の転写を抑制する（図 14.12）。それぞれの応答配列はおよそ 10 kb の長さであり，その領域には PHO（pleiohomeotic）タンパク質や PHOL（pleiohomeotic like）タンパク質のような PcG タンパク質の結合部位が多数存在する。それらの結合部位では最初に PhoRC 複合体が形成され，おそらくポリコームシステムの最初の DNA 認識要素として働く（図 14.13）。ひとたび PhoRC 複合体が DNA に結合すると，PRC2（Polycomb repressive complex 2；ポリコーム抑制複合体 2）と呼ばれる別の PcG タンパク質複合体が引き寄せられる。

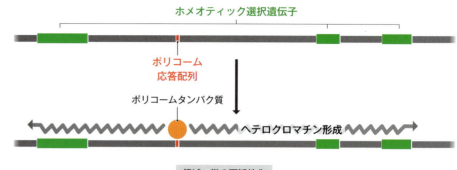

図 14.12　ポリコーム群タンパク質はショウジョウバエゲノムの局所的なヘテロクロマチン形成を促して遺伝子の不活性化を維持する

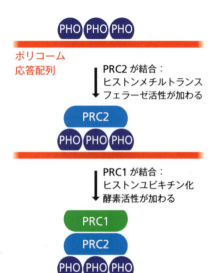

図 14.13　ショウジョウバエのポリコーム応答配列上でのポリコーム群タンパク質の会合　PHO タンパク質と PHOL タンパク質が応答配列を認識し、形成された足場に PRC2 と PRC1 が結合する。ヒトやその他の脊椎動物も PRC1 および PRC2 と同等の複合体をもっているが、はっきりとしたポリコーム応答配列はないようであり、これらの生物でポリコーム群タンパク質がどのように結合部位を認識しているのかはわかっていない。

PRC2 の構成因子の 1 つである EZH2 はヒストンメチルトランスフェラーゼであり、ヒストン H3 のリシン 27 のトリメチル化とおそらくリシン 9 のメチル化を行う (10.2 節)。これらは抑制的なヒストン修飾であり (表 10.1 参照)、ヘテロクロマチンの形成を促す。リシンのメチル化は PRC1 (Polycomb repressive complex 1；ポリコーム抑制複合体 1) により認識される。PRC1 の構成成分である別のヒストン修飾酵素がヒストン H2A のリシン 119 にユビキチンを付加し、ヘテロクロマチンの凝縮を両方向の数十 kb にわたり広げる。EZH2 はまた、標的部位に結合した PcG 複合体へ DNA メチルトランスフェラーゼを呼びよせ、そのゲノム領域は DNA メチル化によってさらに不活性化される (10.3 節)。

ショウジョウバエで発現が抑制される領域は、**ホメオティック選択遺伝子** (homeotic selector gene) を含んでいる。14.3 節で後述するように、ホメオティック選択遺伝子はハエの個々の体節の発生を規定している。それぞれの体節が特定の場所に 1 つだけ形成されなければならないので、細胞が正しいホメオティック選択遺伝子のみ発現させることが重要である。このことは、PcG タンパク質が不要なホメオティック選択遺伝子を永続的に不活性化させることで保証されている。しかしながら、どの遺伝子を不活性化させるかを PcG タンパク質が決めているわけではない。PcG タンパク質が応答配列に結合する前に、これらの遺伝子の発現はすでに抑制されているからである。それゆえ PcG タンパク質の役割は、遺伝子の不活性化を「はじめる」のではなく「維持する」ことだということになる。重要な点は、形成されたヘテロクロマチンは継承される、すなわち細胞分裂後も新しい 2 つの細胞は親細胞で形成されたヘテロクロマチンを保持するということである。ゲノム機能のこの種の調節は 1 つの細胞だけでなく細胞系譜を通じて永続的なのである。

トリソラックス群タンパク質 (trithorax group〔trxG〕protein) は PcG タンパク質と似たような機構で働くが作用は逆で、活性な遺伝子領域において開いたクロマチン構造を維持する。trxG タンパク質の標的には PcG タンパク質によって不活性化されるものと同じホメオティック選択遺伝子が含まれる。どのように PcG タンパク質と trxG タンパク質の正反対の作用が調節されているかはまだわかっていない。遺伝子にオン / オフの切り替えスイッチがそなわっていて、それを PcG タンパク質がオフにし、trxG タンパク質がオンにするという考えはおそらく単純化しすぎである。もしそうであるならば、ゲノムの標的領域が抑制されているときはその領域には PcG タンパク質が結合しており、活性化されているときには trxG タンパク質が結合していると考えられる。しかし実際には、標的領域には PcG タンパク質と trxG タンパク質の両方が常に存在しているらしい。1 つの仮説は、PcG タンパク質によって誘導されたヘテロクロマチンが初期状態であり、特定の細胞で機能が必要となった遺伝子領域においては、trxG タンパク質が PcG タンパク質の作用を調節する、というものである。

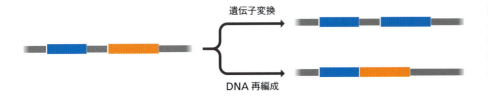

図 14.14 **遺伝子変換と DNA 再編成** この単純な例では，遺伝子変換により橙色の遺伝子が青い遺伝子の第 2 のコピーに置き換えられる。DNA 再編成により 2 つの遺伝子の相対的な位置が変化して互いに連結される。

酵母の接合型は遺伝子変換によって決定される

　ゲノムの発現パターンの永続的な変化は，ゲノムの物理的構造の変化によっても引き起こされる。ここでいう物理的構造の変化とは，上述したようなクロマチン構造の変化，すなわちゲノム配列は変化せずに，特定の領域が凝縮してヘテロクロマチンを形成し接近できなくなるような変化を指しているのではない。物理的構造とは塩基配列を意味し，その変化とは遺伝子変換と DNA 再編成を指している。**遺伝子変換**（gene conversion）とは，ゲノムの一部が削除されて別の領域のコピーに置き換えられることをいい，DNA 再編成とは，離れていたゲノム領域が互いに連結されることをいう（図 14.14）。これらの現象は，分化状態を維持するのに必要なゲノム発現の永続的な変化を引き起こすための，大がかりだが効果的な方法である。

　細胞の分化に遺伝子変換を利用している 1 つの例として，酵母の**接合型**（mating type）があげられる。接合型は，酵母やその他の真核微生物においては性と同等なものである。これらの生物はおもに無性細胞分裂（vegetative cell division；栄養生殖）により増殖するので，細胞集団が 1 つないし数個の祖先細胞に由来することになり，その大部分あるいはすべてがただ 1 つの接合型で占められ，有性的に増殖できなくなるおそれがある。出芽酵母やその他いくつかの生物は，**接合型変換**（mating-type switching）と呼ばれる方法で，この問題を回避している。

　出芽酵母の 2 種類の接合型は a および α と呼ばれる。それぞれの接合型の酵母は，もう一方の接合型の酵母の細胞表面受容体に結合する短いポリペプチドフェロモン（a では 12 アミノ酸，α では 13 アミノ酸）を分泌している。フェロモンの結合によって MAPK シグナル伝達経路が開始されると，細胞内のゲノム発現パターンが変化して微妙な形態学的・生理学的変化が引き起こされ，細胞は有性生殖可能な配偶子に変換される。したがって，接合型の異なる 2 つの一倍体系統を混合すると配偶子の形成が誘導され，融合して二倍体の**接合子**（zygote）が形成される。この接合子の中で減数分裂が起こり，**子嚢**（ascus）と呼ばれる構造体の中に一倍体の**子嚢胞子**（ascospore）が 4 つ生じる。子嚢が破裂して放出された子嚢胞子は，体細胞分裂によって新たな一倍体の**栄養細胞**（vegetative cell）を形成する（図 14.15）。

　接合型はⅢ番染色体上に存在する *MAT* 遺伝子によって規定されている。この遺伝子には 2 種類のアレル *MAT*a と *MAT*α があり，一倍体の酵母細胞は自身がもっているアレルに相当する接合型を示す。Ⅲ番染色体の別の場所には，*HMR*a および *HML*α と呼ばれる 2 つの *MAT* に似た遺伝子がある。これらの遺伝子はそれぞれ *MAT*a および *MAT*α と同じ塩基配列をもつが，上流にその転写開始を抑制するサイレンサーがあるため，どちらの遺伝子も発現しない。これら 2 つの遺伝子はサイレントな接合型カセット（silent mating-type cassette）と呼ばれる。この発現抑制にはヒストンデアセチラーゼ活性をもつある種の Sir タンパク質（10.2 節）がかかわっており，*HMR*a と *HML*α 領域のクロマチン構造の変化が抑制に関与していることを示している。

　接合型変換は HO エンドヌクレアーゼによって開始される。このヌクレアーゼは *MAT* 遺伝子内にある 24 bp の配列を二本鎖切断する（図 14.16）。これにより遺伝子変換を起こすことが可能となる。遺伝子変換の詳細については 17.1 節で述べるが，現時点で重要

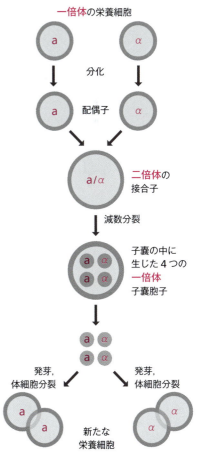

図 14.15 **出芽酵母の生活環**

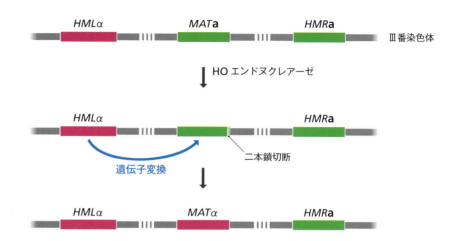

図 14.16 酵母の接合型変換 この例では細胞の最初の接合型は a である。HO エンドヌクレアーゼが *MAT*a 座位を切断し，*HML*α 座位との間で遺伝子変換がはじまる。その結果，細胞の接合型は α へと変換される。

なのは，エンドヌクレアーゼによってできた 3′ 遊離末端の 1 つが，2 つのサイレントな接合型カセットのうちの 1 つを鋳型とした DNA 合成により伸長されるということである。新しく合成された DNA はその後，*MAT* 座位にある DNA を置き換える。鋳型として選ばれるサイレントな接合型カセットは通常，*MAT* 座位に元からあるアレルとは配列が異なる方である。そのため，新しく合成された DNA 鎖に置き換えられると，*MAT* 遺伝子は *MAT*a から *MAT*α，あるいはその逆へと変換される。こうして接合型変換が完了する。

MAT 遺伝子は転写アクチベーター MCM1 と相互作用する調節タンパク質（*MAT*a の場合 1 つ，*MAT*α の場合 2 つ）をコードしている。*MAT*a と *MAT*α の遺伝子産物は MCM1 に対する効果がそれぞれ異なるので，アレル特異的なゲノム発現パターンを規定している。この発現パターンは，ふたたび接合型変換が起こるまで半永続的に維持される。

ゲノム再編成が免疫グロブリンと T 細胞受容体の多様性を担っている

DNA 再編成によってゲノム機能が永続的に変化する顕著な例が脊椎動物には 2 つある。この 2 つの例は互いによく似ており，免疫グロブリン（immunoglobulin）と T 細胞受容体（T-cell receptor）の多様性を担っている。

免疫グロブリンと T 細胞受容体は関連したタンパク質で，それぞれ B 細胞，T 細胞で合成される。どちらのタンパク質もそれを産生した細胞の外側表面に結合するが，免疫グロブリンは血流中にも放出される。これらのタンパク質は細菌，ウイルスや，その他の好ましくない物質（**抗原**〔antigen〕と呼ばれる）と結合することによって，それらの侵入から生体を防御している。生物は一生の間に膨大な種類の抗原にさらされており，したがって免疫系はこれと等しい膨大な種類の免疫グロブリンと T 細胞受容体を合成しなければならない。実際，ヒトは約 10^8 種類もの免疫グロブリンと T 細胞受容体を合成できる。しかし，ヒトゲノムにはタンパク質コード遺伝子が 20,441 しかない。これらすべての免疫グロブリンと T 細胞受容体はどこから生じるのだろうか。

その答えをみつけるために，典型的な免疫グロブリンの構造をみてみよう。免疫グロブリンはジスルフィド結合で連結された 4 本のポリペプチド鎖からなる四量体である（図 14.17）。2 本の長い重鎖（heavy chain：H 鎖）と 2 本の短い軽鎖（light chain：L 鎖）がある。異なる重鎖の配列を比較してみると，その違いはおもにポリペプチド鎖の N 末端領域にあり，C 末端側の部分はすべての重鎖でとてもよく似ている。すなわち定常領域であることがわかる。軽鎖についても同様であるが，定常領域の配列で区別される κ 軽鎖と λ 軽鎖の 2 つのファミリーがある点は異なる。

脊椎動物のゲノムには免疫グロブリンの重鎖や軽鎖そのものをコードする完全な遺伝子

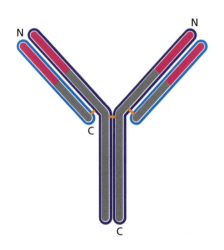

図 14.17 免疫グロブリンの構造 免疫グロブリンはジスルフィド結合で連結された 2 本の重鎖と 2 本の軽鎖からなる。重鎖は長さ 446 アミノ酸で，1～108 番目のアミノ酸が可変領域（赤色で示す）を形成しており，それ以降は定常領域が続いている。軽鎖は長さ 214 アミノ酸で，重鎖と同じく N 末端側の 108 アミノ酸が可変領域である。ジスルフィド結合が個々の鎖を結びつけており，この結合とその他の相互作用とによってタンパク質は複雑な三次元構造に折りたたまれている。

図 14.18 ヒト 14 番染色体上の免疫グロブリン重鎖座位の構造　数字はこの座位にみられる各遺伝子断片の数を示している。一部の遺伝子断片は偽遺伝子のようであり，活性のある断片の数は V_H 断片で 38〜46，D_H 断片で 23，J_H 断片で 6，C_H 断片で 5〜11 と推定されている。

は存在しない。これらのタンパク質は遺伝子の断片によって指定されるのである。重鎖の遺伝子断片は 14 番染色体上の 1 Mb の領域内にあり，11 の定常領域（C_H）遺伝子断片と，その上流に 123〜129 の V_H 遺伝子断片，27 の D_H 遺伝子断片，9 の J_H 遺伝子断片がある（図 14.18）。V_H，D_H，J_H 遺伝子断片は，重鎖の可変領域の異なる構成成分 V（variable），D（diversity），J（joining）をそれぞれコードしている。軽鎖の遺伝子断片も 2 番染色体上（κ 軽鎖）と 22 番染色体上（λ 軽鎖）に同様に配置されており，違いは軽鎖には D 成分がないことだけである。

　B 細胞の分化の初期に，ゲノム内の免疫グロブリン座位は再編成を起こす。重鎖座位内では D_H 断片の 1 つがまず J_H 断片の 1 つと連結され，続いてこの DJ 断片に V_H 断片の 1 つが連結される（図 14.19）。この再編成は普通の組換えとは異なり，RAG1，RAG2 という 2 つのタンパク質に触媒される。一連の 8 bp と 9 bp のコンセンサス配列が目印となって，その位置で遺伝子断片を連結するための切断と再結合が起こる。その結果，免疫グロブリンの V_H，D_H，J_H の 3 つの遺伝子断片を指定する完全なオープンリーディングフレームをもった 1 つのエクソンが形成される。このエクソンは転写後のスプライシングによって C_H 断片のエクソンと連結されて完全な重鎖 mRNA になり，その B 細胞のみに特異的な免疫グロブリンとして翻訳される。同様な DNA 再編成によって，その B 細胞の軽鎖 VJ エクソンが κ 座位あるいは λ 座位で形成され，転写後のスプライシングによって軽鎖 C 断片のエクソンと連結される。

　定常という名称にもかかわらず，免疫グロブリンの定常領域はすべてが同一なわけではない。定常領域のわずかな違いにより，免疫系においてそれぞれが特異的な役割をもっている免疫グロブリンの 5 つのクラス，IgA，IgD，IgE，IgG，IgM ができる。B 細胞はまず，C_H 断片がクラスターの最も 5′ 側に位置する Cμ 配列によって指定された IgM 分

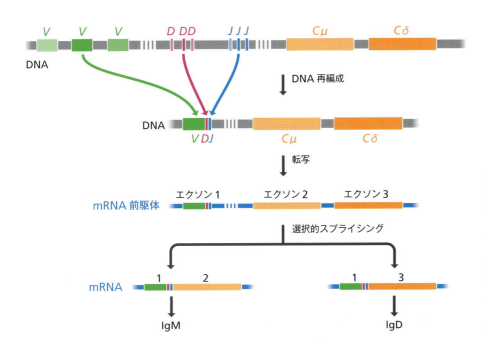

図 14.19 特異的な免疫グロブリンの合成　重鎖座位内の DNA 再編成によって V，D，J 遺伝子断片が連結され，さらに mRNA のスプライシングによって C 遺伝子断片と連結される。未熟 B 細胞では VDJ エクソンは常に Cμ エクソン（エクソン 2）と連結され，IgM タンパク質を指定する mRNA が産生される。B 細胞分化の初期には，選択的スプライシングによって VDJ エクソンが Cδ エクソン（エクソン 3）とも連結され，IgD タンパク質も産生されるようになる。

図 14.20 免疫グロブリンのクラススイッチ この例では7つの C_H 断片の欠失により，$C\gamma2$ 断片が J 断片の近傍に配置されている。それゆえ，この B 細胞は IgG 分子を合成して分泌するようになる。ψ で示した 2 つの断片は偽遺伝子である。

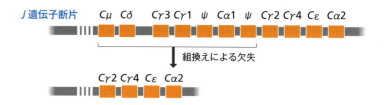

子を合成する。図 14.19 に示したように，その後の分化の過程で未熟 B 細胞は，選択的スプライシングによってクラスターの 2 番目に位置する C_H 断片（$C\delta$）のエクソンを VDJ 断片のエクソンに連結させることで，IgD タンパク質も合成するようになる。免疫細胞の一生における後期になると，成熟した一部の B 細胞は**クラススイッチ**（class switching）を起こし，合成する免疫グロブリンのクラスを完全に切り替える。このクラススイッチには，$C\mu$，$C\delta$ 配列と合わせて，これらの配列と B 細胞が新たに合成する免疫グロブリンのクラスを指定する C_H 断片の間に位置する染色体領域を欠失させるというさらなる組換えを必要とする。例えば，成熟した B 細胞で最も一般的な IgG を合成するように切り替わるときには，IgG の重鎖を指定する $C\gamma$ 断片の 1 つをクラスターの最も 5′ 側に配置させるような欠失が起こる（図 14.20）。このようにクラススイッチは B 細胞の分化過程でみられるゲノム再編成の 2 番目の例である。その機構は VDJ 再編成とは異なり，組換えに RAG タンパク質は必要ない。

T 細胞受容体の多様性も同様の再編成によって生まれる。すなわち，V, D, J, C 遺伝子断片がさまざまな組合せで連結されることで，その細胞のみに特異的な遺伝子が形成される。T 細胞受容体は，免疫グロブリン重鎖に似た 1 本の β 鎖と，免疫グロブリン κ 軽鎖に似た 1 本の α 鎖の組合せで構成される。T 細胞受容体は T 細胞の細胞膜に組み込まれ，これによって T 細胞は細胞外の抗原を認識して応答することができる。

14.3 発生の基盤となるゲノム機能の変化

多細胞真核生物の発生過程は受精卵にはじまり成体で終わる。この間に複雑な一連の遺伝学的，細胞学的，生理学的事象が存在し，これが正しい順序で，正しい細胞で，適切な時期に起こらなければ，この過程は成功しない。発生過程の結果，ヒトでは約 400 種類に分化した 10^{13} 個の細胞からなる成人が出来上がる。個々の細胞の活性は，ほかのすべての細胞の活性と協調している。このように複雑な発生過程を解明することは，現代分子生物学の強力な研究手法をもってしても手に負えないように思えるかもしれないが，近年この過程の解明に向けて大きな進歩がみられるようになってきた。こうした進歩を支えている研究は 3 つの基本理念にもとづいている。

- 個々の細胞の分化の基盤となる遺伝学的ならびに生化学的な事象を説明し，理解することは可能なはずである。それゆえ，分化した個々の組織やさらに複雑な体の部分が，どのようにして構築されるかを理解することもできるはずである。
- 個々の細胞で起きる現象を細胞間で協調させるシグナル伝達経路を研究できるはずである。この仕組みの分子レベルでの解明がはじまっていることは 14.1 節で述べた。
- 進化上の起源が共通であることを反映して，さまざまな生物種の発生過程には類似性，相同性がある。このことは，ヒトの発生に関する情報が，発生過程が比較的単純であるため選ばれたモデル生物の研究から得られることを意味している。

発生生物学には遺伝学，分子生物学，細胞生物学，生理学，生化学，システム生物学の幅広い領域が含まれている。しかしここでは発生におけるゲノムの役割についてのみ扱い，

発生研究のすべての側面を幅広く概観することはしない。発生過程で起こるゲノム機能の変化について考えるために，4つのモデル系を単純なものから順にみていこう。

λファージ：遺伝子スイッチが2つの発生経路の選択を可能とする

発生におけるゲノムの役割を学ぶにあたって，大腸菌に感染するファージを最初に取り上げるのは奇妙に思うかもしれない。しかしこれこそが，ヒトやその他の脊椎動物の発生の基盤となるゲノムの役割を明らかにしてきた，分子生物学者たちによる長い研究過程の出発点だったのである。それゆえ，比較的単純な生物から複雑な生物へという，この研究の流れにわれわれも従うことにしよう。

9.1節において，λファージのような溶原化ファージは宿主細胞に感染後，2つの複製経路をとりうることを学んだ。これらのファージは，初感染の直後（λファージでは45分以内）に新しいファージが合成されて細胞から放出される溶菌感染サイクルのほかに，ファージDNAが宿主染色体に組み込まれる溶原化感染サイクルもたどりうる。組み込まれたプロファージは何世代にもわたってその状態を維持し，物理的または化学的な刺激が加わってはじめて，λファージゲノムの切り出し，ファージの合成，宿主細胞の溶菌が起こる（図9.3，9.4参照）。では，ファージはどのようにして溶菌感染サイクルか溶原化感染サイクルかを選ぶのだろうか。この問いに答えるためには，まず溶原化の基盤となる一連の遺伝学的事象を理解する必要がある。

λファージのゲノムは P_L および P_R という2つのプロモーターをもち，ファージが自身のDNAを細胞に注入するとすぐに大腸菌のRNAポリメラーゼによって認識される。RNAポリメラーゼは N および cro と呼ばれる，λファージゲノムの2つの前初期遺伝子（immediate early gene）を転写する（図14.21）。N 遺伝子の産物は**抗転写終結タンパク質**（antiterminator protein）であり，DNAと結合して，宿主のRNAポリメラーゼに N と cro のコード配列の直後にある終結シグナルを無視させる。終結シグナルを通過したRNAポリメラーゼは後初期遺伝子（delayed early gene）を転写する。後初期遺伝子には $cⅡ$，$cⅢ$ が含まれ，協調して $cⅠ$ の転写を活性化させる。$cⅠ$ は重要な遺伝子であり，$cⅠ$ リプレッサーをコードしている。このタンパク質は溶菌感染サイクルを終了させて溶原化状態を維持するための重要なマスタースイッチで，P_L と P_R の近傍にそれぞれ位置するオペレーター O_L と O_R に結合することによってこれを行う（図14.22）。その結果，λファージゲノムのほぼ全体が発現抑制される。なぜなら，P_L と P_R は前初期遺伝子や後初期遺伝子だけでなく，新しいファージの合成や宿主細胞の溶菌に必要なタンパク質をコードする後期遺伝子（late gene）の転写も制御しているからである。活性のある数少ない遺伝子の

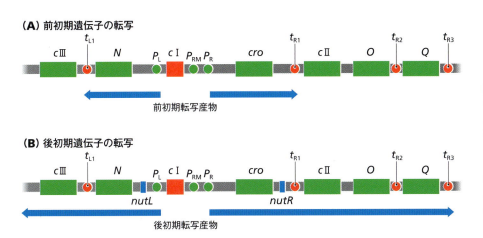

図14.21　λファージの前初期遺伝子と後初期遺伝子の転写　(A) プロモーター P_L と P_R から2つの前初期mRNAがまず転写され，転写は t_{L1} と t_{R1} で止まる。(B) P_L から t_{L1} までの転写で合成されたmRNAはNタンパク質をコードしている。Nタンパク質が抗転写終結部位 nutL と nutR に結合すると，RNAポリメラーゼは t_{L1} と t_{R1} より下流まで転写を続けるようになる。P_R からの転写は終結部位 t_{R2} も無視して t_{R3} まで転写を続ける。

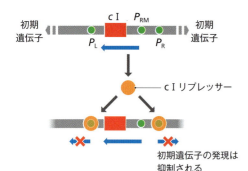

図14.22　cIリプレッサーの役割　cIリプレッサーはオペレーターO_LとO_Rに結合し，プロモーターP_LとP_Rからの転写を抑制する。

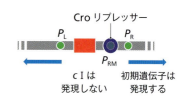

図14.23　Croリプレッサーの役割　CroリプレッサーはcIの転写を抑制し，cIリプレッサーが合成されなくなるので初期遺伝子の転写がそれ以上抑制されなくなる。

1つが，自身のプロモーターから転写される*int*である。この遺伝子は，λファージDNAを宿主ゲノムに部位特異的に組み込む活性をもつインテグラーゼをコードしている。何回もの細胞分裂を経ても溶原化状態は維持される。なぜなら，低いレベルではあるがcI遺伝子は発現しつづけており，P_LとP_Rのスイッチをオフにしつづけるのに十分な量のcIリプレッサーが細胞内に常に存在するからである。cI遺伝子が発現を続けるのは，O_Rに結合したcIリプレッサーはP_Rからの転写を抑制するだけでなく，自身のプロモーターP_{RM}を活性化させるからである。それゆえ，このcIリプレッサーの二重の役割は溶原化に重要なのである。

いったんcIが発現すると，cIリプレッサーはファージが溶菌感染サイクルに入るのを防ぎ，溶原化状態の確立と維持を保証する。しかしλファージは必ず溶原化感染サイクルに入るというわけではなく，感染がただちに宿主の溶菌を引き起こす場合もある。これは第2の前初期遺伝子*cro*の活性によって起こる。*cro*もリプレッサータンパク質をコードしており，このCroリプレッサーはcIの転写を抑制する（図14.23）。したがって，cIと*cro*の競争の結果により，溶菌か溶原化かが決定されることになる。cIリプレッサーがCroリプレッサーより速く合成されれば，ゲノムの発現が抑制されて溶原化状態が続く。一方，*cro*が競争に勝てば，ゲノムを抑制するのに十分な量のcIリプレッサーが合成される前に，CroリプレッサーがcIの発現を阻害する。その結果，ファージは溶菌感染サイクルに入る。この決定は，細胞内のcIリプレッサーとCroリプレッサーの蓄積速度に依存した偶然の結果のように思われるが，環境条件も決定に影響を及ぼしうる。例えば富栄養培地では，おそらく宿主が増殖しているときには新しいファージを合成する方が有利であるため，バランスは溶菌感染サイクルに傾く。この溶菌感染サイクルへの移行は，cIIタンパク質を分解するプロテアーゼの活性化により起こる。cIIがcIIIと協調してcI遺伝子の転写を活性化させる過程が阻害されるのである。

ファージが溶原化感染サイクルに入ると，cIリプレッサーがO_LとO_Rに結合している限りその状態は維持される。活性のあるcIリプレッサーの量が一定濃度以下になるとプロファージが誘導される。これは偶然の自発的誘導か，物理的または化学的な刺激に応答して起こる。これらの刺激は大腸菌の非特異的防御機構である**SOS応答**（SOS response）を活性化させる。SOS応答には大腸菌の*recA*遺伝子の発現が含まれており，その産物がcIリプレッサーの切断を誘導して不活性化させる。これによって，ファージを溶菌感染サイクルに誘導する初期遺伝子の発現のスイッチがオンになる。cIリプレッサーの不活性化によりcI自身の転写も活性化を受けなくなり，cIリプレッサーの合成によって溶原化がふたたび起こる可能性が回避されている。cIリプレッサーの不活性化はこうしてプロファージの誘導を引き起こす。

このモデル系からわかるのは次のことである。

- 単純な遺伝子スイッチにより細胞は2つの発生経路の選択を決定できる。

- 遺伝子スイッチには複数のプロモーターの活性化と不活性化の組合せがかかわっている。
- 適切な刺激に応答して別の発生経路へ移行することが可能である。

枯草菌の芽胞形成：2つの細胞種における活性の協調

次に取り上げるモデル系は枯草菌（*Bacillus subtilis*）の芽胞形成（sporulation）である。λファージの溶原化もそうであるが，これは厳密にいえば発生過程ではなく細胞分化の一種にすぎない。しかしながら，この過程は多細胞生物の真の発生を研究するときに扱わなければならない2つの基本的な問題を示している。その問題とは，ゲノム機能の一連の経時的変化がどのように制御されているかということと，個々の細胞で起こる現象をシグナル伝達がどのように協調させているのかということである。枯草菌のモデル系としての利点は，実験室で容易に培養できることと，変異体の解析や遺伝子の塩基配列決定のような遺伝学的ならびに分子生物学的な手法を用いて研究しやすいことにある。

枯草菌は好ましくない環境条件に応答して芽胞（spore）を形成できるいくつかの細菌の1つである。芽胞は劣悪な物理的，化学的条件に対する耐久性がきわめて高く，何十年あるいは何世紀にもわたって生きのびることができる。この耐久性をもたらしているのは，多くの化学物質を通さない芽胞外被の特殊な性質や，DNAやその他の生体高分子の分解を遅らせ，休眠期間が長くなっても生存できるようにする芽胞内の生化学的変化である。

実験室では，栄養飢餓状態によって芽胞形成を誘導することが多い。これにより，細菌は細胞の中央に隔壁を形成する通常の無性細胞分裂をやめる。その代わりに，通常よりも薄い隔壁を細胞の端のほうに形成する（図14.24）。これによって細胞内には小さな前芽胞（prespore）と大きな母細胞の2つの区画ができる。芽胞形成が進むと前芽胞は母細胞にすっぽりと包みこまれる。2種類の細胞は異なっているが協調した分化過程をたどり，前芽胞は生化学的変化を起こして休眠期間に入れる状態となり，母細胞は芽胞の周りに耐久性のある外被を形成して最終的には死滅する。

芽胞形成の過程で起こるゲノム機能の変化は，枯草菌のRNAポリメラーゼのプロモーター特異性を変化させる特殊なσサブユニット（12.2節）の合成によっておもに調節されている。このような単純な調節系が，熱ストレスに対する大腸菌の応答でどのように用いられているかについてはすでにみてきた（図12.10参照）。この調節系は芽胞形成の過程で起こるゲノム機能の変化においても重要である。枯草菌の通常のσサブユニットはσ^A，σ^Hと呼ばれる。これらのσサブユニットは栄養細胞で合成され，RNAポリメラーゼがプロモーターを認識し，通常の増殖と細胞分裂を維持するのに必要なすべての遺伝子の転写が行われるようにする。前芽胞と母細胞ではσ^Aとσ^Hがそれぞれσ^Fとσ^Eに置き換わり，これらが別のプロモーター配列を認識するためゲノムの発現パターンは大きく変化する。無性細胞分裂から芽胞形成への切り替えのマスタースイッチとしての働きは，栄養細胞に不活性型として存在するSpo0Aと呼ばれるタンパク質が担っている。このタンパク質は，栄養素の欠乏などの環境ストレスの存在を示す細胞外シグナルに応答するプロテインキナーゼカスケードにより，リン酸化を受けて活性化される。まずKinA，KinBと呼ばれる2つのキナーゼが自己リン酸化を起こし，続いてリン酸基がSpo0F，Spo0Bを経てSpo0Aに渡される（図14.25）。活性化されたSpo0Aは，栄養細胞のRNAポリメラーゼによって転写されるさまざまな遺伝子の発現を調節する転写因子であり，通常のσ^A，σ^Hサブユニットによって認識される。環境ストレスに応答してスイッチの入る遺伝子にはσ^F，σ^Eの遺伝子も含まれており，結果的に前芽胞と母細胞の分化へと切り替わる（図14.26）。

はじめはσ^F，σ^Eとも，2つの分化しつつある細胞の両方に存在する。これは必ずしも望ましいことではない。というのも，σ^Fは前芽胞に特異的なサブユニットであり，前芽

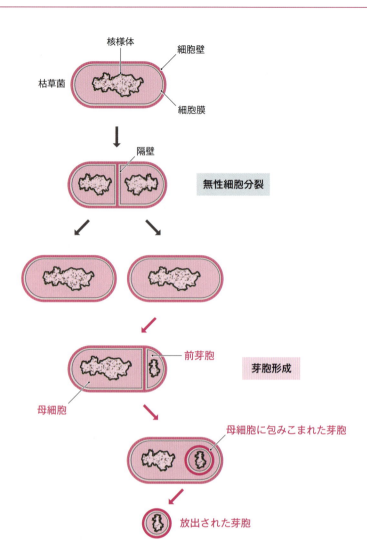

図 14.24 枯草菌の芽胞形成 図の上半分は通常の無性細胞分裂を示している。隔壁は菌体の中央に形成され，2つの同一な娘細胞が形成される。図の下半分は芽胞形成を示している。隔壁は細胞の端のほうに形成され，大きさの異なる母細胞と前芽胞が形成される。やがて前芽胞は母細胞にすっぽりと包みこまれる。最終的に耐久性の高い成熟した芽胞が放出される。

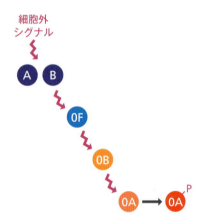

図 14.25 Spo0A の活性化に至るリン酸化カスケード A：KinA，B：KinB，0F：Spo0F，0B：Spo0B，0A：Spo0A。

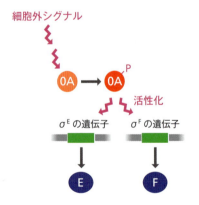

図 14.26 枯草菌の芽胞形成における Spo0A の役割 図 14.25 に示したように，Spo0A は環境ストレスに由来する細胞外シグナルに応答してリン酸化される。Spo0A は転写アクチベーターであり，RNA ポリメラーゼの σ^E，σ^F サブユニットをコードする遺伝子の活性化にかかわる。0A：Spo0A，E：σ^E，F：σ^F。

胞でのみ活性があるべきで，一方，σ^E は母細胞に特異的なサブユニットだからである。したがって，正しい細胞で適切なサブユニットを活性化，不活性化させる手段が必要である。これは次のような機構で起こると考えられている（図 14.27）。

- σ^F は第 2 のタンパク質 SpoⅡAB が複合体から解離することによって活性化される。この反応は第 3 のタンパク質 SpoⅡAA によって制御されている。リン酸化されていない SpoⅡAA は SpoⅡAB に結合し，SpoⅡAB が σ^F に結合するのを阻害する。つまり，SpoⅡAA がリン酸化されていないときは，σ^F は複合体から解離して活性型となり，SpoⅡAA がリン酸化されると，σ^F は SpoⅡAB に結合して不活性型となる。母細胞では SpoⅡAB が SpoⅡAA をリン酸化し，σ^F に結合して不活性状態に保つ。しかし前芽胞では，SpoⅡAB による SpoⅡAA のリン酸化が別のタンパク質 SpoⅡE によって阻害され，σ^F は解離して活性型となる。SpoⅡE が前芽胞では SpoⅡAB に拮抗できるが，母細胞でこれができないのは，SpoⅡE 分子が隔壁表面の膜に結合しているからである。前芽胞は母細胞よりもはるかに小さいが，隔壁の表面積は同じなので，SpoⅡE 濃度は前芽胞で高く，これが SpoⅡAB に拮抗することを可能にしている。

- σ^E はその前駆体タンパク質の切断によって活性化される。この切断を行うプロテアーゼは，前芽胞と母細胞の間の隔壁を貫通している SpoⅡGA であり，母細胞側にプロテアーゼドメインがある。SpoⅡGA が活性化されるためには，前芽胞に σ^F が存在している必要がある。この関係の詳細な性質は明らかではないが，前芽胞側

14.3 発生の基盤となるゲノム機能の変化

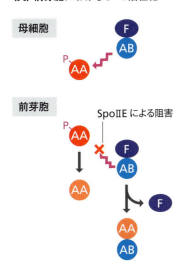

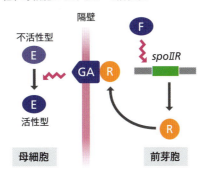

図 14.27 **枯草菌の芽胞形成過程における前芽胞、母細胞特異的σサブユニットの活性化** (A) 母細胞ではσ^F は SpoⅡAB に結合しているため不活性である。SpoⅡAB は SpoⅡAA をリン酸化し、σ^F の解離を防いでいる。前芽胞におけるσ^F の活性化は、SpoⅡAB との複合体からの解離によって起こり、これは膜に結合した SpoⅡE の濃度によって間接的に制御されている。(B) 母細胞におけるσ^E の活性化は、その前駆体タンパク質の SpoⅡGA による切断によって起こる。そのためにはおそらく、σ^F 依存性タンパク質である SpoⅡR が前芽胞で発現する必要がある。AA：SpoⅡAA, AB：SpoⅡAB, E：σ^E, F：σ^F, GA：SpoⅡGA, R：SpoⅡR。

の受容体ドメインに SpoⅡR が結合することによって、SpoⅡGA が活性化される可能性がある。SpoⅡR の遺伝子はそのプロモーターがσ^F により特異的に認識される遺伝子の1つで、前芽胞でσ^F に認識されて転写が起こると、母細胞でプロテアーゼが活性化されてσ^E 前駆体が活性型σ^E へと変換される。このモデルが正しいとすると、受容体を介するシグナル伝達経路 (14.1 節) の典型的な例だということになる。

σ^F とσ^E の活性化は物語のはじまりにすぎない。前芽胞では、活性化されてから約1時間後にσ^F は未知の (おそらく母細胞からの) シグナルに応答し、ゲノム機能にわずかな変化が起こる。これには、芽胞分化の後期に必要なタンパク質をコードする遺伝子群の上流プロモーターに結合する、新たなσサブユニットであるσ^G の遺伝子の転写が含まれている。この芽胞分化の後期に必要なタンパク質の1つが SpoⅣB で、これは別の隔壁結合プロテアーゼ SpoⅣF を活性化させる (図 14.28)。このプロテアーゼは第2の母細胞特異的σサブユニットであるσ^K を活性化させる。σ^K はσ^E に認識されて転写される遺伝子にコードされているが、前芽胞から活性化シグナルを受けるまでは母細胞内で不活性化状態にある。σ^K は母細胞分化の後期に必要なタンパク質をコードする遺伝子群の転写を誘導する。

まとめると、枯草菌の芽胞形成の要点は次のようになる。

- マスタータンパク質 Spo0A が、リン酸化のカスケードを介して外的刺激に応答し、芽胞形成へのスイッチをオンにすべきかどうか、いつオンにすべきかを決定する。
- 前芽胞と母細胞におけるσサブユニットのカスケードによって、この2つの細胞でゲノム機能の経時的な変化が起こる。
- 細胞間シグナル伝達によって、前芽胞と母細胞で起こる現象が協調して進行する。

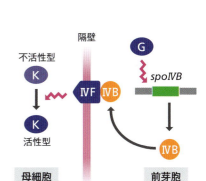

図 14.28 **枯草菌の芽胞形成過程におけるσ^K の活性化** 機構はσ^E の活性化 (図 14.27B 参照) とよく似ている。G：σ^G, K：σ^K, ⅣB：SpoⅣB, ⅣF：SpoⅣF。

線虫：位置情報と細胞運命決定の遺伝学的基盤

微小な線虫 (図 14.29) を多細胞真核生物の発生の単純なモデルとして用いた研究は、

図 14.29 **線虫** 体長約1mm の雌雄同体の成体の顕微鏡写真。陰門は線虫の腹側中央にある小さな突起物である。陰門の両側に体内の卵細胞がみえる。(Kendrew J [ed] [1994] *Encyclopedia of Molecular Biology* より John Wiley & Sons, Inc. の許諾を得て掲載)

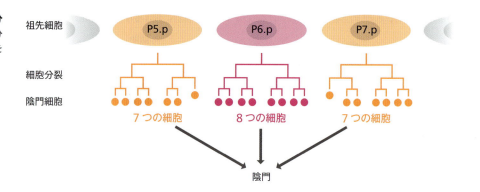

図 14.30　**線虫の陰門細胞を生じる細胞分裂**　3つの祖先細胞がプログラムに従って分裂して22の子孫細胞になり，位置の再編を行って陰門を形成する。

Sydney Brennerによって1960年代にはじめられた。線虫は実験室で容易に飼育でき，世代時間が短く，受精卵から成体になるまでわずか3.5日である。1世代のすべてのステージを通じて透明なので，殺さずに内部の観察をすることができる。このことは線虫の発生過程を最初から最後まで細胞レベルで追うことができるという点で重要である。受精卵から成体までの発生経路におけるすべての細胞分裂が明らかにされており，個々の細胞が特異的な役割をいつ獲得するのかも解明されている。線虫の発生経路はほぼ画一的といってよく，細胞の分裂と分化のパターンはすべての個体でほとんど同じである。それは個々の細胞を正しい分化過程へと誘導する細胞間シグナル伝達が行われていることによるところが大きいように思われる。このことを説明するために線虫の陰門形成についてみていこう。

多くの線虫は雌雄同体であり，雄と雌の生殖器を両方もっている。陰門（vulva）は雌の生殖器の一部であり，精子を受け入れて受精卵が形成される管である。成体の陰門は22個の細胞からなり，それらは発生の過程で腹側に並んでいた3つの祖先細胞に由来している（図14.30）。それぞれの祖先細胞は分化の過程で運命が決定されて陰門細胞となる。中央に位置するP6.pと呼ばれる祖先細胞は一次陰門細胞になる運命を選び，分裂して8つの細胞になる。P5.pおよびP7.pと呼ばれる祖先細胞は二次陰門細胞になる運命を選び，分裂してそれぞれ7つの細胞になる。これら22個の細胞は位置の再編を行って陰門を形成する。

陰門形成において重要なことは，卵細胞を含む組織である生殖腺に対して正しい位置で発生が起こらなければならない点である。陰門が間違った場所に発生すると，生殖腺は精子を受け入れることができず，卵細胞は受精できない。陰門の祖先細胞が必要とする位置情報は，生殖腺中にあるアンカー細胞（anchor cell）と呼ばれる細胞によって提供される（図14.31）。アンカー細胞の重要性は，線虫の胚でこの細胞を破壊する実験によって示された。アンカー細胞なしでは陰門は発生しないのである。これはアンカー細胞がP5.p，P6.p，

図 14.31　**線虫の陰門形成の過程で細胞運命の決定にかかわるアンカー細胞の想定される役割**　アンカー細胞からシグナル物質LIN-3が放出され，アンカー細胞に最も近いP6.p（ピンク色）が，一次陰門細胞になる運命を選ぶと考えられている。P5.pとP7.p（橙色）はアンカー細胞から離れており，低濃度のLIN-3にさらされて二次陰門細胞になる。本文で述べたように，二次陰門細胞になる運命の決定は，一次陰門細胞からのシグナルにも影響されるとする証拠がある。

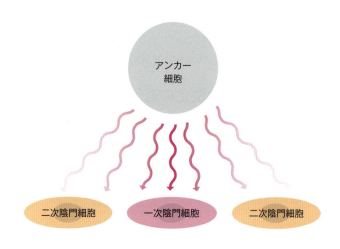

P7.pの分化を誘導する細胞外シグナル物質を分泌していることを意味している。このシグナル物質は*lin-3*遺伝子にコードされているLIN-3と呼ばれるタンパク質である。

なぜP6.pは一次陰門細胞になる運命を選び，P5.pとP7.pは二次陰門細胞になる運命を選ぶのだろうか。それは2つの細胞間シグナル伝達機構の組合せによるらしい。一方のシグナル伝達機構にはLIN-3がかかわっており，図14.31に示したように，その濃度勾配のためにアンカー細胞に近いP6.pと少し離れたP5.pとP7.pとでは受ける影響が異なる。細胞膜表面にあるLIN-3の受容体はLET-23と呼ばれる受容体型チロシンキナーゼであり，LIN-3が結合して活性化されると一連の反応を細胞内で開始させてMAPK様タンパク質を活性化させる。活性化されたMAPK様タンパク質は，さまざまな転写因子のスイッチをオンにする。活性化されるMAPK様タンパク質の種類，したがってスイッチがオンにされる転写因子の種類は，活性化されたLET-23の数，したがって細胞外のLIN-3の濃度によって決まる。このように，シグナルを受け取る細胞が一次陰門細胞になるか二次陰門細胞になるかは，その細胞とアンカー細胞との距離によって規定されている。

一次陰門細胞になる運命を選んだP6.pはDSLタンパク質を合成し，その一部は細胞膜に埋め込まれ，一部は分泌される。埋め込まれたものと分泌されたものの両方が，P5.pとP7.p上の受容体タンパク質LIN-12と相互作用することが可能であり，二次陰門細胞になる運命の選択に寄与する第2のシグナル伝達経路を誘導する。この経路の重要性は，4つ以上の細胞が陰門形成に関与する変異体が異常な性質を示すことからも支持される。これらの変異体では一次陰門細胞になる祖先細胞が2つ以上あるが，そのすべてが二次陰門細胞になる2つの祖先細胞に囲まれていることから，線虫において二次陰門細胞になる運命の選択は，隣接した一次陰門細胞の存在に依存していることが示唆される。

まとめると，線虫の陰門形成の研究からわかった一般概念は次のようになる。

- 多細胞生物では位置情報が重要である。つまり，正しい構造は適切な場所に形成されなければならない。
- 少数の祖先細胞の分化運命の決定によって，多くの細胞からなる構造体が構築される。
- 細胞間シグナル伝達では濃度勾配を利用することによって，シグナルを出す細胞に対して異なる位置にある細胞に異なる応答を誘導できる。

ショウジョウバエ：位置情報から体節化されたボディプランへの変換

発生についてわれわれがみていく最後の生物はキイロショウジョウバエである。ショウジョウバエを用いた実験の歴史は，Thomas Hunt Morganがはじめて遺伝学研究のモデル系として用いた1910年までさかのぼる。Morganは次のような利点からショウジョウバエを選んだ。体が小さく1回の実験で多くの個体を扱うことができること，餌が少なくて済むこと（好物はバナナ），眼の色の異常など簡単に見分けられる遺伝的特徴をもつ変異体が自然集団に存在することなどである。成体のハエのボディプラン（体の基本設計）は，幼虫と同様に，それぞれが異なる構造上の役割をもつ一連の体節によって作られている。それが最もわかりやすいのは胸部で，それぞれが1対の肢をもつ3つの体節からなる。また腹部は8つの体節からなる。頭部の体節構造は少しわかりにくいが，やはり体節からできている（図14.32）。一方，初期胚は1つの**シンシチウム**（syncytium：合胞体）であり，大きな細胞質と多数の核からなる（図14.33）。ショウジョウバエの研究から得られた知識は発生過程の理解に大きく貢献した。それは，成体の正しい場所に複雑な体の部分を構築するための位置情報を，この未分化の胚がどのようにして得ているのか，という

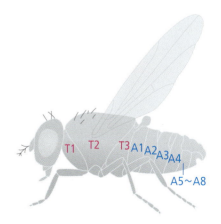

図14.32 キイロショウジョウバエ成体の体節パターン 頭部も体節からできているが，そのパターンは成体の形態からは識別しにくい。

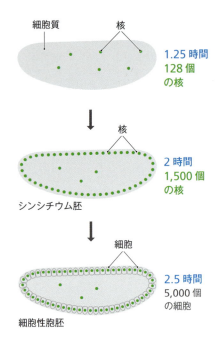

図 14.33　ショウジョウバエ胚の初期発生　ショウジョウバエの初期胚の珍しい特徴は，ほとんどの生物のように多くの細胞からなるのではなく，1つのシンシチウムとして存在することである。この構造は核分裂を 13 回起こすまで持続し，その間に 1,500 個の核が作り出される。その後，それぞれが 1 つの核をもつ細胞がシンシチウムの外側を囲むように出現する。この構造は胞胚（blastoderm）と呼ばれる。胚は長さ 500 μm，直径 170 μm である。

ことに関する知識である。

　胚が最初に必要とする位置情報は，どちらの端が前方（anterior）でどちらが後方（posterior）か，またどちらが背側（dorsal）でどちらが腹側（ventral）かを決定するための情報である。この情報はシンシチウム内に形成されるタンパク質の濃度勾配によって与えられる。これらのタンパク質の多くは，胚の遺伝子から合成されるのではなく，母親から胚に入った mRNA をコードする**母性効果遺伝子**（maternal-effect gene）により規定される。例えば，*bicoid* 遺伝子は卵細胞と接している母親のナース細胞（nurse cell）で転写され，mRNA が未受精卵に入る。入った位置が前端となるが，その位置は卵室内の卵細胞の向きによって決まる。*bicoid* mRNA は卵細胞の前部領域にとどまり，その 3′ 非翻訳領域を介して細胞内の細胞骨格に結合する。そして，ビコイド（Bicoid）タンパク質がシンシチウム内に拡散し，前端部で最も高く後端部で最も低い濃度勾配が形成される（図 14.34）。ハンチバック（Hunchback），ナノス（Nanos），コーダル（Caudal），トルソ（Torso）と呼ばれる別の母性効果タンパク質も同様に前後軸の決定に貢献し，ドーサル（Dorsal）などのタンパク質が背腹軸を決定する。結果として，シンシチウムの各場所が，さまざまな母性効果タンパク質の相対量によって規定される特有の化学的特性をもつことになる。

　この基本的な位置情報は，**ギャップ遺伝子**（gap gene）群の発現によってより詳細なものになる。前後軸勾配タンパク質のうち 3 つ（ビコイド，ハンチバック，コーダル）は，胚の内側に並んだ核内（図 14.33 参照）のギャップ遺伝子を標的とする転写因子である。個々の核内のギャップ遺伝子の発現の特異性は，勾配タンパク質の相対濃度に依存している。したがって，前後軸に沿った核の位置に依存していることになる。一部のギャップ遺伝子はビコイド，ハンチバック，コーダルによって直接活性化される。例えば *buttonhead*，*empty spiracles*，*orthodenticle* などの遺伝子はビコイドによって活性化される。また別のギャップ遺伝子は間接的にスイッチがオンになる。トルソによってスイッチがオンにされる転写因子に応答する *huckebein* や *tailless* などの場合がそうである。この複雑な相互作用の結果，ギャップ遺伝子産物の相対濃度によって胚の中の位置情報がより詳細なものになる（図 14.35）。

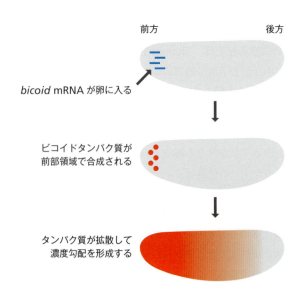

図 14.34　ショウジョウバエ胚におけるビコイド勾配の確立　*bicoid* mRNA が卵の前端に入る。mRNA から翻訳されたビコイドタンパク質がシンシチウム内に拡散し，濃度勾配が形成される。

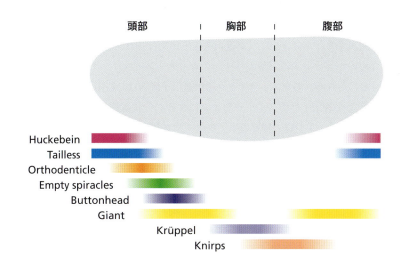

図 14.35 キイロショウジョウバエの胚発生過程で位置情報を与えるギャップ遺伝子産物の役割 それぞれのギャップ遺伝子産物の濃度勾配を色つきの棒で示す。成体では頭部，胸部，腹部になる胚の領域を示している。

次に活性化される遺伝子群は**ペアルール遺伝子**（pair-rule gene）群で，これらが基本的な体節パターンを確立する。ペアルール遺伝子の転写はギャップ遺伝子産物の相対濃度に応答して，細胞内に取り込まれた核の中で起こる。そのため，ペアルール遺伝子産物はシンシチウム内に拡散せず，それを発現している細胞内に局在する。その結果，胚は一連の帯で構成されているようにみえる。個々の帯は特定のペアルール遺伝子を発現している細胞群からなる。遺伝子の活性化が進むと，今度は**セグメントポラリティー遺伝子**（segment polarity gene）群のスイッチがオンになり，最終的に幼虫ハエの体節になるそれぞれの帯の大きさと正確な位置が決定される。母性効果タンパク質の勾配によって決定された大まかな位置情報は，こうして徐々にはっきりと規定された体節パターンへと変換されていく。

ホメオティック選択遺伝子は高等真核生物の発生の普遍的な特徴である

ショウジョウバエの幼虫の体節パターンがどのように成体の複雑な体のパターンへと変換されるのだろうか。ペアルール遺伝子とセグメントポラリティー遺伝子によって胚の体節パターンが確立されるが，個々の体節が何になるかは決定されない。これはホメオティック選択遺伝子群の仕事である。これらの遺伝子は，変異を起こすと成体ハエに突拍子もない影響を及ぼすことから発見された。例えば Antennapedia 遺伝子に変異が起こると，正常なハエでは触角を作るはずの頭部体節が肢を作る体節に変わってしまうので，変異体のハエでは触角があるべき場所に 1 対の肢が生える。初期の遺伝学者たちは，この怪物のような**ホメオティック変異体**（homeotic mutant）に魅了され，20 世紀のはじめの数十年間で多数の変異体が集められた。

ホメオティック変異の遺伝地図作成により，ショウジョウバエのホメオティック選択遺伝子は 3 番染色体上に 2 つのクラスターを形成していることが明らかとなった。頭部体節と胸部体節の決定にかかわる遺伝子を含む Antennapedia 遺伝子群（Antennapedia complex：ANT-C）と，腹部体節の決定にかかわる遺伝子を含む bithorax 遺伝子群（bithorax complex：BX-C）である（図 14.36）。bicoid など，ホメオティック選択遺伝子以外の発生関連遺伝子の一部も ANT-C に存在する。まだ完全には理解されていないが，ANT-C と BX-C の興味深い特徴の 1 つは，遺伝子の配列順序がショウジョウバエ体節の順序に一致していることである。つまり，ANT-C の最初の遺伝子がショウジョウバエのいちばん前方の体節を制御している labial で，BX-C の最後の遺伝子が最後方の体節を規定している Abdominal B である。

個々のホメオティック選択遺伝子は，ギャップ遺伝子産物とペアルール遺伝子産物の分

図 14.36 キイロショウジョウバエの Antennapedia 遺伝子群と bithorax 遺伝子群 いずれの遺伝子群もショウジョウバエの 3 番染色体に存在し Antennapedia 遺伝子群（ANT-C）が bithorax 遺伝子群（BX-C）の上流にある。遺伝子は通常ここに示した順序で並べられるが，転写は右から左に向かって行われる。図は遺伝子の正確な長さを反映したものではない。遺伝子の完全な名前は次のとおりである。lab：labial，pb：proboscipedia，Dfd：Deformed，Scr：Sex combs reduced，Antp：Antennapedia，Ubx：Ultrabithorax，abdA：abdominal A，AbdB：Abdominal B。ANT-C には，ホメオティック選択遺伝子ではない zerknüllt と bicoid が pb と Dfd の間に，fushi tarazu が Scr と Antp の間に存在する。

布によって決まる位置情報に応じて活性化されるため，各体節で正しいホメオティック選択遺伝子が発現する。ホメオティック選択遺伝子産物はそれ自体が転写因子で，DNAに結合するためのホメオドメイン型のヘリックス・ターン・ヘリックスモチーフ（11.2節）をもっている。それぞれのホメオティック選択遺伝子産物は，特定の体節の発生過程を開始するのに必要な遺伝子群のスイッチをオンにする。分化状態は次の2つの作用によって確実に維持される。1つは，個々のホメオティック選択遺伝子産物が他のホメオティック選択遺伝子の発現に対してもつ抑制効果で，もう1つは，14.2節で述べたように，クロマチンの構造を変化させて特定の細胞では発現しないホメオティック選択遺伝子の不活性化を維持するポリコーム群タンパク質の働きである。

ショウジョウバエの個々のホメオティック選択遺伝子のホメオドメインはきわめてよく似ている。この観察にもとづいて研究者は，1980年代にホメオドメインをプローブとしたハイブリダイゼーション実験によって，他のホメオティック選択遺伝子の検索を行った。まずショウジョウバエゲノムが調べられ，ホメオドメインを含む未知の遺伝子がいくつか単離された。ところが，これらの遺伝子はホメオティック選択遺伝子ではなく，発生にかかわる転写因子をコードする別の遺伝子であることがわかった。例えば，ペアルール遺伝子である *even skipped* や *fushi tarazu*，セグメントポラリティー遺伝子である *engrailed* などである。他の生物のゲノムも探索され，ホメオドメインがヒトを含む広範な動物の遺伝子に存在することが明らかになった。これらの遺伝子の解析から，いくつかのホメオドメイン遺伝子は *ANT-C* や *BX-C* に似たクラスターを形成しており，ショウジョウバエのボディプランの構築を規定している遺伝子群と同等の機能をもっていることが明らかとなった。例えばマウスの *HoxC8* 遺伝子の変異は，腰椎の1つを胸椎に変化させて過剰な1対の肋骨の形成を引き起こす。前腕部が欠失したり手や足に過剰な指が形成されるなど，四肢の形成異常を引き起こす *Hox* 変異もある。

現在，ショウジョウバエのホメオティック選択遺伝子の *ANT-C* と *BX-C* は1つの大きな遺伝子複合体の2つの部分であるとみなされており，このホメオティック選択遺伝子複合体は通常，*HOM-C* と呼ばれる。脊椎動物には，*HoxA* から *HoxD* まで4つのホメオティック選択遺伝子クラスターがある。これら4つの遺伝子クラスターを *HOM-C* とともに並べて比べてみると（図14.37），対応する位置の遺伝子間に類似性があり，ホメオティック選択遺伝子複合体の進化の歴史を昆虫から人類までたどることができる（18.2節参照）。ショウジョウバエと同様，脊椎動物の複合体内の遺伝子の順序は，成体のボディプランにおいてその遺伝子が規定している構造の順序を反映している。これは神経系の発生を調節しているマウスの *HoxB* クラスターで特にはっきりしている（図14.38）。こうした基本的レベルで，ショウジョウバエやその他の単純な真核生物の発生過程が，ヒトやその他の複雑な生物における過程と似ているという結論が得られたのは驚くべきことである。ショウジョウバエの研究がヒトの発生に直接適用できるという発見は，将来の研究の

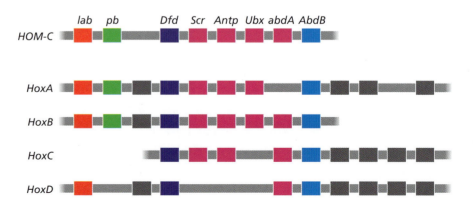

図14.37　ショウジョウバエの *HOM-C* 遺伝子複合体と脊椎動物の4つの *Hox* 遺伝子クラスターの比較　類似の構造と機能をもつタンパク質コード遺伝子は同じ色で示す。図は遺伝子の正確な長さを反映したものではない。

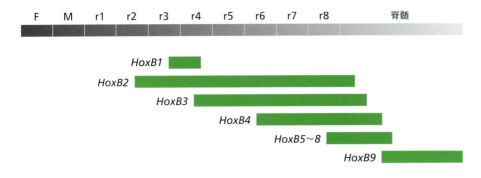

図 14.38 **HoxB クラスターのホメオティック選択遺伝子によるマウス神経系の規定** 図は神経系を模式的に示したもので，HoxB クラスターのそれぞれの遺伝子（HoxB1 ～ HoxB9）によって構造が規定される神経系の位置を緑の棒で表している。神経系は，F：前脳，M：中脳，r1 ～ r8：菱脳節（ロンボメア）1 ～ 8，そして脊髄によって構成される。菱脳節は発生過程でみられる後脳の体節である。

可能性に大きな見通しを開かせた。

ホメオティック選択遺伝子は植物においても発生の基盤となっている

　発生モデル系としてショウジョウバエの果たす役割は，脊椎動物を越えて広がっている。植物の発生過程は多くの点でショウジョウバエやその他の動物とは大きく異なる。しかし，遺伝子レベルではある程度類似性があり，ショウジョウバエの発生に関して得られた知識は，植物を用いた類似の研究の結果を解釈するのに十分役立つ。特に，限られた数のホメオティック選択遺伝子がショウジョウバエのボディプランを制御しているという認識は，花の構造が少数のホメオティック選択遺伝子によって決定されていると仮定した植物の発生モデルを導くことになった。

　すべての花は同じ中心をもつ 4 つの輪生（whorl）からなる類似の形に作られており，それぞれの輪生が花の異なる器官を構成している（図 14.39）。いちばん外側の輪生 1 は葉が変形した「がく片」であり，発生初期には芽を包みこんで保護している。次の輪生 2 は特徴のある花弁で，その内側にあるのが輪生 3（雄の生殖器官である「雄ずい〔おしべ〕」）と輪生 4（雌の生殖器官である「雌ずい〔めしべ〕」）である。

　植物の発生研究のほとんどは，キンギョソウ（Antirrhinum）と小さなアブラナ科の植物シロイヌナズナ（Arabidopsis thaliana）を用いて行われている。シロイヌナズナのゲノムサイズはわずか 135 Mb で（表 7.2 参照），知られている顕花植物ゲノムの中で最も小さいものの 1 つであり，そのこともシロイヌナズナがモデル生物として使われてきた理由である。これら植物はホメオドメインタンパク質をもっていないと思われるが，変異を起こすと「がく片」が「雌ずい」になるといった花構造のホメオティックな変化をもたらす遺伝子は存在する。このような変異体の解析により，3 種類のホメオティック選択遺伝子 A，B，C が花の発生を制御しているとする **ABC モデル**（ABC model）が導かれた。

- 輪生 1 は A クラス遺伝子によって規定される。シロイヌナズナでは apetala1 と apetala2。
- 輪生 2 は B クラス遺伝子と協調して働く A クラス遺伝子によって規定される。B クラス遺伝子の例として apetala3 と pistillata。
- 輪生 3 は B クラス遺伝子と C クラス遺伝子 agamous によって規定される。
- 輪生 4 は C クラス遺伝子によって規定される。

ショウジョウバエの研究から予想されるように，ホメオティック選択遺伝子産物 A，B，C は転写因子である。APETALA2 以外のすべてのタンパク質が DNA 結合ドメインである **MADS ボックス**（MADS box）をもっている。A，B，C タンパク質とともに作用して花の微細な構造を決定する SEPALLATA1，2，3 などのタンパク質にも MADS ボックスが存在する。花の発生系のその他の構成要素として，少なくとも 1 つのマスター遺伝子がある（キンギョソウでは floricaula，シロイヌナズナでは leafy と呼ばれる）。この

図 14.39 **花は 4 つの輪生によって形成されている**

マスター遺伝子は，無性的な成長から有性的な成長へのスイッチを制御して花の発生を開始させ，ホメオティック選択遺伝子の発現パターンを確立する役割にもかかわっている。植物もPcGタンパク質（14.2節）をもっている。シロイヌナズナがもっているPcGタンパク質はCURLY LEAFおよびSWINGERで，これらは特定の輪生で活性が必要ないホメオティック選択遺伝子を含むクロマチン領域の不活性化を担う，重要なヒストンメチルトランスフェラーゼであると考えられている。

まとめ

- ゲノムの発現パターンを一過性に変化させることで，細胞は外部環境の変化に対応することができる。これらの環境変化には個々の細胞の生化学的な活動を調和させるシグナル物質の有無も含まれる。
- ゲノム発現のより永続的な変化が分化や発生の基盤となっている。
- ゲノムの発現パターンの一過性の変化は，個々の遺伝子の転写に影響を及ぼす外的刺激におもに応答して起こる。
- 細胞外シグナル物質のいくつかは，細胞内に取り込まれて直接転写に影響を及ぼす。哺乳類のラクトフェリンはその1つの例である。
- ステロイドホルモンも細胞内に入るが，転写アクチベーターとして働く受容体タンパク質を介してゲノム発現に影響を与える。
- その他のシグナル物質の効果は細胞表面の受容体を介するもので，その多くは細胞外シグナルに応答して二量体を形成し，ゲノムへと続くシグナル伝達経路を開始させる。
- いくつかのシグナル伝達経路では，細胞外シグナル物質の結合による細胞表面受容体への刺激が転写因子の活性に直接的な効果を及ぼす。JAK-STAT経路はその1つの例である。
- MAPキナーゼ経路などのシグナル伝達経路では，受容体とゲノムの間にいくつもの段階がある。そのような経路のいくつかは，サイクリックヌクレオチドやカルシウムイオンといったセカンドメッセンジャーを利用してゲノム発現をはじめとする多くの細胞活性に影響を与える。
- 分化の過程ではゲノム発現の半永続的な変化が起こり，それはクロマチン構造の変化，遺伝子変換，あるいはゲノム再編成によってもたらされる。
- λファージの溶原化感染サイクルは，単純な遺伝子スイッチにより2つの発生経路の選択がどのように行われているかを示している。
- 枯草菌の芽胞形成の研究により，ゲノム発現の経時的変化がどのように起こるか，また細胞間シグナル伝達によって発生経路がどのように制御されているかが明らかになった。
- 細胞運命の決定機構は，線虫の陰門形成の研究によって明らかにされた。
- 最も多くの情報が得られてきた発生遺伝学の経路はショウジョウバエの胚発生である。制御されたゲノム発現パターンによって複雑なボディプランがどのように決定されるかが示された。
- ショウジョウバエの研究はホメオティック選択遺伝子の存在を明らかにし，これがショウジョウバエだけでなく脊椎動物や植物の発生過程も制御していることがわかった。

章末問題

短答式問題

1. 分化と発生の違いについて概要を述べ，その違いの基盤をなす事象について説明せよ．
2. ラクトフェリンが転写因子として働くことができることを示唆する証拠をあげよ．
3. ステロイドホルモンはゲノム発現にどのような影響を及ぼすか？
4. 知られている細胞表面受容体のさまざまな種類を比較せよ．
5. シグナル伝達の (A) JAK-STAT 経路と (B) MAP キナーゼ経路についてそれぞれ説明せよ．
6. ゲノム発現の調節におけるセカンドメッセンジャーの役割について概要を述べよ．
7. ポリコーム群タンパク質がどのようにゲノムの発現に影響を与えるか述べよ．
8. 脊椎動物の免疫細胞は少数の遺伝子セットからどのようにして膨大な種類の免疫グロブリンを産生するのか？
9. λファージで溶菌感染サイクルか溶原化感染サイクルかの選択を制御している過程について概要を述べよ．
10. 枯草菌の芽胞形成の過程において，σ^F と σ^E は前芽胞と母細胞の両方に存在する．前芽胞で σ^F はどのように活性化されるか？
11. 線虫のアンカー細胞はどのようにして陰門祖先細胞を陰門細胞に分化誘導するのか？ アンカー細胞からのシグナルを受けた陰門祖先細胞はなぜ異なる分化経路をたどるのか？
12. ショウジョウバエの胚発生の研究により，どのように脊椎動物のホメオティック選択遺伝子が発見されたか述べよ．

論述式問題

1. 動物細胞の細胞膜の外側に露出している細胞表面受容体の細胞外領域を同定するのに，どのような方法を用いたらよいか？
2. シグナル伝達の研究により，どのようにしてがんの基盤となる異常な生理活性への理解が進歩したのか述べよ．
3. 線虫とキイロショウジョウバエは高等真核生物の発生を理解するうえでよいモデル生物といえるか？
4. 高等真核生物の発生の理想的なモデル生物として重要な性質はどのようなものか？
5. ショウジョウバエはホメオティック選択遺伝子複合体を1つもち，脊椎動物は4つもっている．この発見からゲノム進化について推測できることは何か？ ホメオティック選択遺伝子複合体を5つ以上もつ生物は存在すると考えられるか？

推薦図書と参考文献

細胞内に取り込まれる細胞外シグナル物質

He, J. and Furmanski, P. (1995) Sequence specificity and transcriptional activation in the binding of lactoferrin to DNA. *Nature* 373:721–724.

Mariller, C., Hardivillé, S., Hoedt, E., et al. (2012) Delta-lactoferrin, an intracellular lactoferrin isoform that acts as a transcription factor. *Biochem. Cell Biol.* 90:307–319.

Son, K.-N., Park, J., Chung, C.-K., et al. (2002) Human lactoferrin activates transcription of IL-1β gene in mammalian cells. *Biochem. Biophys. Res. Commun.* 290:236–241.

Tsai, M.-J. and O'Malley, B.W. (1994) Molecular mechanisms of action of steroid/thyroid receptor superfamily members. *Annu. Rev. Biochem.* 63:451–486.

Winge, D.R., Jensen, L.T. and Srinivasan, C. (1998) Metal-ion regulation of gene expression in yeast. *Curr. Opin. Chem. Biol.* 2:216–221.

細胞表面の受容体タンパク質とシグナル伝達経路

Cargnello, M. and Roux, P.P. (2011) Activation and function of the MAPKs and their substrates, the MAPK-activated protein kinases. *Microbiol. Mol. Biol. Rev.* 75:50–83.

Karin, M. and Hunter, T. (1995) Transcriptional control by protein phosphorylation: signal transmission from the cell surface to the nucleus. *Curr. Biol.* 5:747–757.

Lemmon, M.A. and Schlessinger, J. (2010) Cell signaling by receptor tyrosine kinases. *Cell* 141:1117–1134.

Robinson, M.J. and Cobb, M.H. (1997) Mitogen-activated protein kinase pathways. *Curr. Opin. Cell Biol.* 9:180–186.

Schlessinger, J. (1993) How receptor tyrosine kinases activate Ras. *Trends Biochem. Sci.* 18:273–275.

Spiegel, S., Foster, D. and Kolesnick, R. (1996) Signal transduction through lipid second messengers. *Curr. Opin. Cell Biol.* 8:159–167.

Villarino, A.V., Kanno, Y., Ferdinand, J.R. and O'Shea, J.J. (2015) Mechanisms of Jak/STAT signaling in immunity and disease. *J. Immunol.* 194:21–27.

Wang, Y. and Levy, D.E. (2012) Comparative evolutionary genomics of the STAT family of transcription factors. *JAKSTAT* 1:23–33.

分化の過程におけるゲノム機能の変化

Alt, F.W., Blackwell, T.K. and Yancopoulos, G.D. (1987) Development of the primary antibody repertoire. *Science* 238:1079–1087. 免疫グロブリンの多様性の形成．

Geisler, S.J. and Paro, R. (2015) Trithorax and Polycomb group-dependent regulation: a tale of opposing activities. *Development* 142:2876–2887.

Haber, J.E. (2012) Mating-type genes and *MAT* switching in *Saccharomyces cerevisiae*. *Genetics* 191:33–64.

Kim, D.H. and Sung, S. (2014) Polycomb-mediated gene silencing in *Arabidopsis thaliana*. *Mol. Cells* 37:841–850.

単純な発生経路

Higgins, D. and Dworkin, J. (2012) Recent progress in *Bacillus subtilis* sporulation. *FEMS Microbiol. Rev.* 36:131–148.

Oppenheim, A.B., Kobiler, O., Stavans, J., et al. (2005) Switches in bacteriophage lambda development. *Annu. Rev. Genet.* 39:409–429.

線虫の発生

Aroian, R.V., Koga, M., Mendel, J.E., et al. (1990) The *let-23* gene necessary for *Caenorhabditis elegans* vulval induction encodes a tyrosine kinase of the EGF receptor subfamily. *Nature* 348:693–699.

Katz, W.S., Hill, R.J., Clandinin, T.R. and Sternberg, P.W. (1995) Different levels of the *C. elegans* growth factor LIN-3 promote distinct vulval precursor fates. *Cell* 82:297–307.

Kornfeld, K. (1997) Vulval development in *Caenorhabditis elegans*. *Trends Genet.* 13:55–61.

Schindler, A.J. and Sherwood, D.R. (2013) Morphogenesis of the *Caenorhabditis elegans* vulva. *Wiley Interdiscip. Rev. Dev. Biol.* 2:75–95.

Sharma-Kishore, R., White, J.G., Southgate, E. and Podbilewicz, B. (1999) Formation of the vulva in *Caenorhabditis elegans*: a paradigm for organogenesis. *Development* 126:691–699.

ショウジョウバエの胚発生と脊椎動物のホメオティック選択遺伝子

Gaunt, S.J. (2015) The significance of *Hox* gene collinearity. *Int. J. Dev. Biol.* 59:159–170.

Gebelein, B. and Ma, J. (2016) Regulation in the early *Drosophila* embryo. *Rev. Cell Biol. Mol. Med.* 2:140–167.

Ingham, P.W. (1988) The molecular genetics of embryonic pattern formation in *Drosophila*. *Nature* 335:25–34.

Krumlauf, R. (1994) *Hox* genes in vertebrate development. *Cell* 78:191–201.

Maconochie, M., Nonchev, S., Morrison, A. and Krumlauf, R. (1996) Paralogous *Hox* genes: function and regulation. *Annu. Rev. Genet.* 30:529–556. 脊椎動物のホメオティック選択遺伝子について述べている。

Mahowald, A.P. and Hardy, P.A. (1985) Genetics of *Drosophila* embryogenesis. *Annu. Rev. Genet.* 19:149–177.

Mallo, M, Wellik, D.M. and Deschamps, J. (2010) *Hox* genes and regional patterning of the vertebrate body plan. *Dev. Biol.* 344:7–15.

Zakany, J. and Duboule, D. (2007) The role of *Hox* genes during vertebrate limb development. *Curr. Opin. Genet. Dev.* 17:359–366.

植物の花の発生

Ma, H. (1998) To be, or not to be, a flower—control of floral meristem identity. *Trends Genet.* 14:26–32.

Parcy, F., Nilsson, O., Busch, M.A., et al. (1998) A genetic framework for floral patterning. *Nature* 395:561–566.

Robles, P. and Pelaz, S. (2005) Flower and fruit development in *Arabidopsis thaliana*. *Int. J. Dev. Biol.* 49:633–643.

Theissen, G. (2001) Development of floral organ identity: stories from the MADS house. *Curr. Opin. Plant Biol.* 4:75–85.

第IV部　ゲノムの複製と進化

ゲノム複製

15章

15.1 ゲノム複製におけるトポロジー

15.2 ゲノム複製の開始過程

15.3 複製フォークで起こる反応

15.4 複製の終結

15.5 真核生物のゲノム複製の制御

　ゲノムの主要な機能は，みずからの細胞の生化学的特性を規定することである。これまでみてきたように，この目的を達成するためにゲノムは，細胞の生化学的活性を担いそして調節するRNAとタンパク質からそれぞれ構成される，トランスクリプトームとプロテオームの合成と維持を行っている。こうした機能を継続的に発揮するためには，細胞分裂のたびにゲノムが複製される必要がある。すなわち，細胞に含まれるすべてのDNA分子のコピーが細胞周期の適切な時期に作製されなければならず，作製されたDNA分子のコピーは，娘細胞のそれぞれにゲノムの完全なコピーが受け継がれるように分配されなければならない。

　ゲノム複製について学ぶとき，分子の詳細にとらわれるあまり，その過程の本質的な意味を見失いがちである。例えば，分子レベルでは，ゲノム複製の正確さは娘細胞が正確なコピーを獲得するために不可欠であり，それによって娘細胞は母細胞と同じように機能したり，ゲノムの塩基配列に刻まれた遺伝的プログラムに従って新しい機能を獲得したりすることができると考えてしまう。しかしもう少し広い視野で考えてみると，母ゲノムと娘ゲノムがまったく完全に同一であるということは，進化が起こりえないということである。なぜなら，性質の変化や環境への異なる適応性をもたらすようなゲノムの多様性が生じることにより，進化が起こるからである。ゲノムの多様性は，種間の違いだけでなく同一種内の個体間の違いの原因ともなっている。

　第IV部ではDNA複製とゲノム進化の関連について探る。まずこの章では，分子生物学的，生化学的，細胞生物学的な手法を駆使して明らかになったゲノム複製の精巧な過程について述べる。第16章と第17章では，変異や組換えによってどのようにゲノム配列の多様性が生じるかについてみていく。さらに第18章では，それらの現象によりゲノムの構造や遺伝的要素が進化の過程でどのように形作られてきたかについて学ぶ。

15.1　ゲノム複製におけるトポロジー

　ゲノム複製についての研究は，1953年にWatsonとCrickがDNAの二重らせん構造を最初に提唱して以来，行われてきた。1953年から1958年にかけて最も関心を集めていたのはDNAの**トポロジー問題**（topological problem），すなわち構造形態に関する問題であった。この問題は，DNAの2本のポリヌクレオチド鎖のコピーを作製する際に，二重らせんを巻き戻してほどく必要があることに起因するものだが，1950年代半ばには

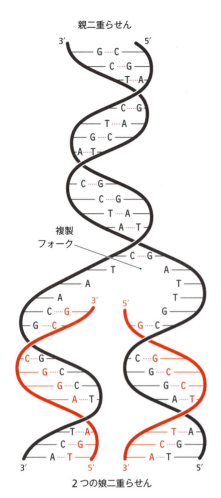

図 15.1　WatsonとCrickにより提唱されたDNA複製のモデル　親二重らせんのポリヌクレオチド鎖を黒で示す。その両鎖をそれぞれ鋳型として，赤で示す鎖が新しく合成される。新生鎖の塩基配列は鋳型分子との塩基対形成によって決定される。親らせんの2本のポリヌクレオチド鎖は簡単には分離しないため，トポロジー問題が生じる。すなわち，DNA複製時にはらせん構造を何らかの方法で巻き戻す必要がある。

すでに注目を集めていた。というのは，二重らせんがDNAの正しい構造であると認めるうえで，このことが解決すべきおもな障壁となっていたからである。ゲノム複製時に起こる分子レベルの事象を学ぶ前に，このトポロジー問題を細胞がどのように解決しているかをまず理解しておく必要がある。

二重らせん構造が複製の過程を複雑にしている

WatsonとCrickがDNAの二重らせん構造の発見を報告したNature誌の論文は，分子生物学の分野で最も有名な一節の1つで締めくくられている。

「ここで仮定した特異的な塩基対形成を考えることで遺伝物質がコピーされる仕組みをただちに説明できることに，われわれは気がついていないわけではない。」

彼らがここで考えていた塩基対形成の過程とは，二重らせんを構成する2本の鎖のそれぞれが第2の相補鎖を合成するための鋳型となり，できた娘二重らせんは両方とも親分子と同一になるというものである（図15.1）。この説はDNAが二重らせん構造をとるとすれば当然の帰結のようにも思われるが，わずか1カ月後にNature誌に発表された第2報でWatsonとCrick自身が認めたように，ある疑問が残る。第2報では複製過程についての仮説がさらに詳細に述べられているが，複製過程に必要な二重らせんの巻き戻しから予想される，この仮説の難点も指摘されている。これらの難点のうち，最もささいなものは合成された娘分子どうしが絡み合う可能性で，最も重大なものは巻き戻しに伴うDNAの回転である。すなわち，巻き戻しによって二重らせんの10 bpごとにDNAが1回転するので，全長250 Mbのヒト1番染色体が完全に複製されるには，染色体DNAが2,500万回も回転しなければならないのである。空間的な制約のある核内でこのような現象が起こる仕組みを想像するのは難しいが，それでも直鎖状の染色体DNA分子の巻き戻しは物理的に不可能とはいいきれない。これに対して，細菌やファージのゲノムのような，遊離末端のない環状二本鎖DNA分子ではこのような回転は不可能であるため，おそらくWatsonとCrickの仮説どおりの複製は起こりえない。このジレンマの解明こそが1950年代の分子生物学における最大の関心事だった。

一部の分子生物学者，とりわけMax Delbrückはトポロジー問題をきわめて深刻にとらえていたので，DNAの構造が二重らせんであるとする説に当初は反対していた。トポロジー問題は二重らせんの**プレクトネミック**（plectonemic；絡み合ったという意味）な特性，つまり巻き戻さなければ2本の鎖を分離できないという特性に起因している。しかし二重らせんが実際には**パラネミック**（paranemic；横並びのという意味）な特性，つまり巻き戻すことなく横にずらすだけで2本の鎖を分離できる特性をもっていたとすれば，この問題は解決する。そこで，二重らせんがその回転とは逆方向にねじれて，さらに高次の超らせん構造を形成することによってパラネミックな構造に転換するという説や，DNA分子内にはWatsonとCrickが提唱した右巻きの二重らせんと同じ長さの左巻きの二重らせん構造が存在し，「バランスがとれている」とする説が提唱された。二本鎖DNAが二重らせんではなく横並びのリボン状構造をとっているという可能性も，短期間ではあるが検討されたことがあり，驚いたことに1970年代後半にはこの仮説が再評価された。しかしトポロジー問題に対するこれらの説は次々に却下された。というのは大半の説では，DNAの構造を裏づけるX線回折の結果やその他の実験データとは相容れないような二重らせんの構造変化を必要としたからである。

トポロジー問題の解決に向けてはじめて現実的な進展があったのは，二重らせんの2本の鎖の分離を説明する「切断-再結合（breakage-and-reunion）」モデルがDelbrückに

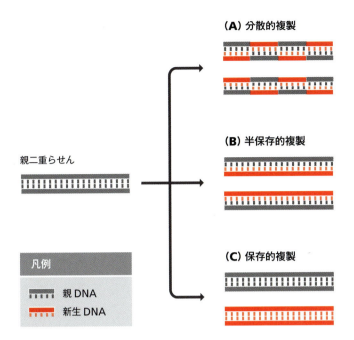

図 15.2　DNA 複製の 3 つのモデル　わかりやすくするために DNA 分子を「らせん」ではなく「はしご」で示している。

よって提唱された 1954 年のことであった．このモデルでは鎖の分離が，分子の回転を伴うらせんの巻き戻しによってではなく，一方の鎖の切断により生じたニック（切れ目）をもう一方の鎖が通り抜け，そのニックが再結合されることで起こるとされた．この仮説はトポロジー問題に対する正しい解決にかなり近づいたものといえる．というのは，DNA トポイソメラーゼが実際にこのようなことを行っているからである（図 15.4A 参照）．しかし残念なことに，Delbrück は切断 – 再結合を複製過程そのもので起こる DNA 合成と結びつけようとしたため，問題をかえって複雑にしてしまった．つまり彼は DNA 複製のモデルとして，娘鎖のある部分は親 DNA で，またある部分は新しく合成された DNA でできていると考えた．この **分散的複製** (dispersive replication) は，Watson と Crick が提唱した **半保存的複製** (semiconservative replication) と対照をなしている（図 15.2）．第 3 の可能性として，複製が完全に保存的に起こり，娘二重らせんの一方は新生鎖のみから，もう一方は親鎖のみからなるという **保存的複製** (conservative replication) がありうる．保存的複製を可能とする機構はおよそ考えにくいが，この複製様式をとれば親らせんを巻き戻すことなく複製が完了すると想像できる．

メセルソン・スタールの実験により半保存的複製が証明された

Delbrück による切断 – 再結合モデルの提案がきっかけとなり，図 15.2 に示した 3 つの DNA 複製様式を検証するための実験が行われるようになった．当時，放射性同位体の使用が分子生物学の分野ではじまったばかりで，DNA を標識して新生 DNA 鎖を親鎖と区別する試みがなされた．複製が 2 回以上繰り返されると，二重らせんの新生 DNA 部分の分布，すなわち放射性標識の分布には，それぞれの複製様式によって違いが生じると予想される．したがって新生 DNA 分子の放射活性を分析すれば，細胞においてどの複製様式が働いているかが決定できるはずである．しかし残念なことに，DNA 分子が示す放射活性を正確に測定するのは難しく，明確な結果は得られなかった．さらに標識に使われた放射性同位元素 ^{32}P の半減期が短いことも結果の解釈を難しくした．

問題の解決は Matthew Meselson と Franklin Stahl によってもたらされた．1958 年，彼らは標識に放射性同位体ではなく非放射性の「重」窒素同位体 ^{15}N を使って実験を行った．^{15}N で標識された DNA 分子は標識されない分子に比べて浮遊密度が高いので，密度

勾配遠心分離法により複製された二重らせんを分析することが可能になった。MeselsonとStahlはまず、$^{15}NH_4Cl$を含む培養液で大腸菌（*Escherichia coli*）を培養し、DNA分子に重窒素同位体を取り込ませました。次に細胞を通常の培地に移し、細胞分裂1回に相当する20分後と、2回に相当する40分後に試料を採取した。そして各試料からDNAを抽出し、密度勾配遠心分離法で分析した（図15.3A）。DNA複製が1回終了したとき、^{14}Nの存在下（通常培地）で合成された娘分子は密度勾配上で単一のバンドを形成した。これは、いずれの二重らせんも等量の新生DNAと親DNAからなることを示している。この結果

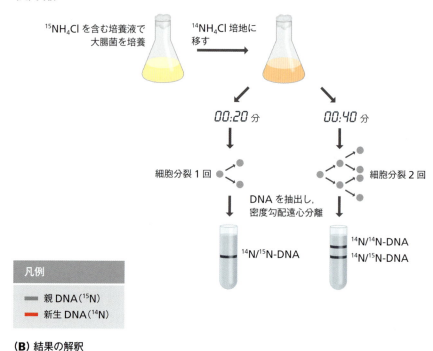

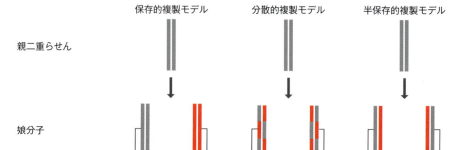

図15.3　メセルソン・スタールの実験
(A) MeselsonとStahlが行った実験では、まず$^{15}NH_4Cl$（重窒素同位体で標識した塩化アンモニウム）を含む培養液で大腸菌を培養した。次に、細胞を通常の（$^{14}NH_4Cl$を含む）培地に移し、20分後（細胞分裂1回終了）と40分後（2回終了）に試料を採取した。そして各試料からDNAを抽出し、密度勾配遠心分離法で分析した。20分後ではすべてのDNAがほぼ等量の^{14}Nと^{15}Nを含んでいたが、40分後では2本のバンドがみられ、その一方は$^{14}N/^{15}N$ハイブリッドDNA分子、もう一方は^{14}Nのみを含むDNA分子に相当していた。(B) DNA複製の3つのモデルから予想される実験結果をそれぞれ示す。20分後の試料で実際にみられたバンドパターンは単一バンドであるため、1回の複製で一方は^{15}Nのみ、もう一方は^{14}Nのみを含む2種類の二重らせんが形成されるはずの保存的複製モデルは否定できる。この$^{14}N/^{15}N$ハイブリッドDNA分子の単一バンドは、分散的複製モデルと半保存的複製モデルの両方に当てはまるが、40分後の試料でみられた2本のバンドは半保存的複製モデルにのみ合致する。つまり、2回の複製後、分散的複製モデルでは引き続き$^{14}N/^{15}N$ハイブリッドDNA分子のみが形成されるはずであるが、半保存的複製モデルでは孫娘分子に^{14}Nのみを含むDNA分子が含まれてくるのである。

から，1回の複製でバンドが2本現れるはずの保存的複製モデル（図15.3B）は即座に却下されたが，Delbrückによる分散的複製モデルとWatsonとCrickによる半保存的複製モデルの区別はできない。しかし，2回の複製が終了したDNA分子を分析すれば両者を区別することができる。密度勾配には2本のバンドが形成され，その一方は等量の新生DNAと親DNAからなるハイブリッド分子，もう一方は新生DNAのみからなる分子に相当していた。この結果は半保存的複製モデルに合致し，2回の複製後にはすべての分子がハイブリッド分子になるはずの分散的複製モデルには当てはまらない。

DNAトポイソメラーゼはトポロジー問題を解決する

メセルソン・スタールの実験によって，細胞におけるDNA複製がWatsonとCrickの提唱どおり半保存的に行われることが明らかとなり，したがって細胞内にはDNAのトポロジーを変化させる仕組みが存在することが示唆された。しかしこの仕組みの解明には，**DNAトポイソメラーゼ**（DNA topoisomerase）と呼ばれる酵素群の活性が明らかにされるまで，実におよそ25年の歳月が必要であった。

DNAトポイソメラーゼは，**複製フォーク**（replication fork）の進行のため生じる分子のねじれを解消することで，トポロジー問題を解決している。これは，Delbrückが予想した反応とよく似ているが同じではない切断–再結合反応により行われる。I型およびII型と呼ばれる2種類のDNAトポイソメラーゼの存在が知られており，違いはI型が二重らせんの一方の鎖を切断するのに対して，II型は両方の鎖を切断する。I型は一本鎖切断後の挙動によりIA型とIB型に細分類される（図15.4）。

- IA型トポイソメラーゼは一方の鎖を切断し，切断されていないもう一方のポリヌクレオチド鎖に，生じたニックを通り抜けさせる。この過程で**リンキング数**（linking number；環状分子において二本鎖が互いに絡み合う回数）が1つ変化する。
- IB型トポイソメラーゼは，切断された鎖を切断されていない鎖の周りで回転させ

(A) IA型トポイソメラーゼ

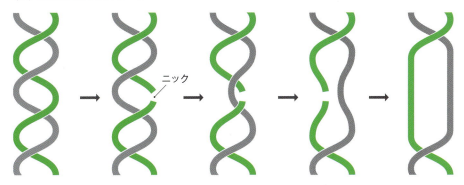

(B) IB型トポイソメラーゼ

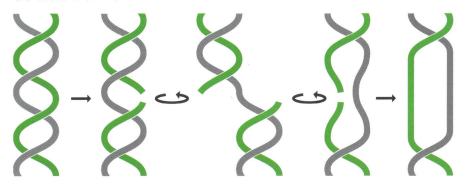

図15.4 I型トポイソメラーゼの作用様式 （A）IA型トポイソメラーゼはDNA分子の一方の鎖を切断し，切断されていないもう一方の鎖に，生じたニックを通り抜けさせる。（B）IB型トポイソメラーゼはDNA分子の一方の鎖を切断し，切断された鎖を切断されていない鎖の周りで回転させる。

図 15.5　Ⅱ型トポイソメラーゼの作用様式

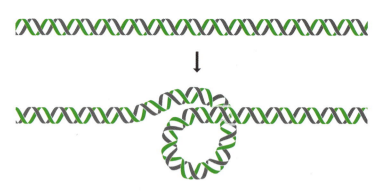

↓ 両方の鎖を切断し，らせんの別の部分を通り抜けさせる

↓ 2本の鎖の再結合

↓ らせんは部分的にほどかれる

ることによって，ねじれ応力を解消する分子ローターとして働く。リンキング数は複数の減少となる。

　Ⅱ型トポイソメラーゼもⅡA型とⅡB型に細分類されるが，両者は同じように働く。すなわち，二重らせんの両方の鎖を切断し，らせんの別の部分を通り抜けさせてから再結合する（図 15.5）。この場合はリンキング数が2つ変化する。

　DNA鎖の切断は，トポロジー問題の解決法として少々荒っぽいと思うかもしれない。確かに，DNAトポイソメラーゼが鎖の再結合に失敗すれば，複製過程を妨害してしまうおそれがある。しかし，DNAトポイソメラーゼの作用機序を考えると，その可能性は低いことがわかる。すなわち，切断された鎖の一方の切断端は，酵素の活性部位にあるチロシンと共有結合を形成して保持されているのである。IA型とⅡ型の酵素では，切断されたDNA鎖の5′遊離末端にあるリン酸基がチロシンとの結合に使われ，IB型の酵素では3′リン酸基を介して結合している。

　4つの型のDNAトポイソメラーゼ（IA型，IB型，ⅡA型，ⅡB型）はそれぞれ構造がはっきりと異なり，おそらく別々に進化してきたと考えられる。IA型は大腸菌で最初にみつかり，しばらくは原核生物特有のものと考えられていたが，現在ではTop3と呼ばれるIA型酵素がほとんどの真核生物に存在することが知られている。しかし，真核生物の主要なトポイソメラーゼはIB型である。今のところ，IB型酵素は原核生物ではみつ

かっていないが，一部の古細菌（アーキア）はIB型に似た酵素をコードする遺伝子をもっていることがゲノムアノテーションで示されている。IIA型はすべての種で知られており，IIB型は古細菌と植物でみつかっている。

二重らせんのトポロジーが原因で複雑な機構をとっているのは複製だけではない。DNAにらせんの導入や解消を生じさせる転写や組換えなどの過程においても，DNAトポイソメラーゼが同様に重要な役割を果たしていることがわかってきている。また，真核生物のII型トポイソメラーゼは，染色体分離の際に絡み合ったDNA分子の解離にも携わっている。DNAトポイソメラーゼの大半はDNAのねじれを解消する機能のみをもつが，細菌の **DNAジャイレース**（DNA gyrase；IIA型トポイソメラーゼ）や古細菌のリバースジャイレース（reverse gyrase；IA型トポイソメラーゼ）など，原核生物の一部の酵素はDNA分子に超らせんを導入することができる（図8.1参照）。

半保存的複製のバリエーション

DNA複製の半保存的な機序に例外は知られていないが，その基本的な仕組みにはいくつかのバリエーションが存在する。図15.1に示したような複製フォークを経るDNAコピーの作製は，真核生物の染色体DNA分子や原核生物の環状ゲノムにおいて圧倒的に多い仕組みである。しかし，一部の小さな環状DNA分子では，**置き換え型複製**（displacement replication）と呼ばれる少々異なる過程がみられる。これらの分子の複製起点は約500 bpの **Dループ**（D-loop）によって特徴づけられ，この領域ではRNA分子がDNA鎖の片方と塩基対を形成しているために二重らせん構造が損なわれている（図15.6）。このRNA分子が娘鎖の片方の鎖の合成のプライマーとなる。娘鎖の合成は，二重らせんの片方の鎖がまず連続的に複製され，最初の娘ゲノムの合成が完了した後，新生鎖に追い出されたもう一方の鎖の複製が起こるという過程を経る。置き換え型複製は，ヒトやその他の脊椎動物のミトコンドリアゲノムの主要な複製様式だと考えられているため，詳細な研究が行われてきた。

通常の半保存的複製と比べた場合の置き換え型複製の利点は明らかではない。これに対

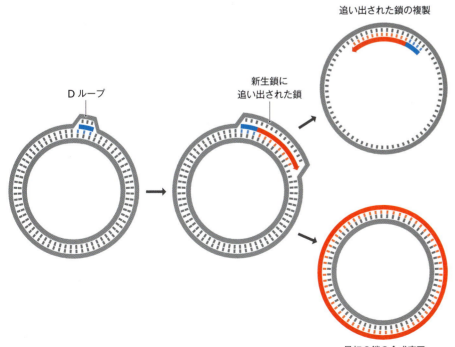

図15.6 置き換え型複製 DループにはDNA合成のプライマーとなる短いRNA分子が含まれる。片方の鎖の合成が完了した後，新生鎖に追い出されたもう一方の鎖に別のRNAプライマーが結合し，複製が開始される。この図では新しく合成されたDNAを赤色で示している。

図 15.7　ローリングサークル型複製

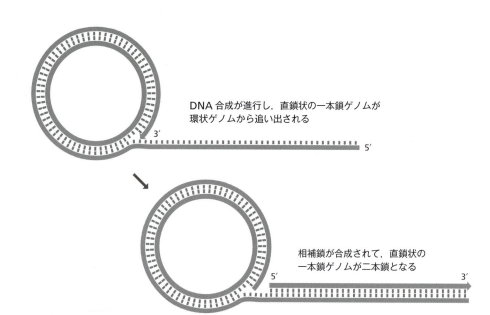

して，**ローリングサークル型複製**（rolling-circle replication）と呼ばれる特殊な置き換え型複製は，環状ゲノムの多くのコピーを迅速に合成するための効率のよい様式である。λファージをはじめとする多くのファージでみられるローリングサークル型複製は，親鎖の一方に入れられたニックからはじまる。3′遊離末端からDNA合成が進行し，5′末端側は徐々に新生鎖に置き換えられて環状ゲノムから追い出される。DNA合成が進んで鋳型分子を一回りすると，親鎖の一方は完全に追い出されることになるが，さらに合成が進んで一本鎖の完全長ゲノムが直列に複数連なった鎖が生じる（図15.7）。この鎖の相補鎖が合成されるとゲノム間の境界が切断され，生じた各断片が環状化して簡単に二本鎖環状分子に変換される。

15.2　ゲノム複製の開始過程

　ゲノムの複製を開始させるためには，特定の場所で二重らせんを開き，2つの複製フォークを作り出して複製装置を組み立てなければならない。複製の開始はランダムに起こる過程ではなく，**複製起点**（replication origin）と呼ばれるDNA分子上の同じか似たような場所から常に開始する。いったん複製がはじまると，複製起点から2つの複製フォークが現れ，DNAに沿って互いに反対方向に反応が進んでいく。つまり，たいていのゲノムでは複製は両方向に進行する（図15.8）。細菌の環状ゲノムの複製起点は1つだけで，複製フォーク1つあたり数千kbのDNAが複製されることになる。ところが，真核生物の染色体には多数の複製起点が存在し，それぞれの複製フォークの進む距離は短くなる。例えば，出芽酵母（*Saccharomyces cerevisiae*）では400前後の複製起点があり，DNAの15.25 kbごとに1つの複製起点が存在することになる。ヒトでは複製起点の数は3万〜5万程度で，65〜110 kbごとに1つの複製起点が存在する。

大腸菌の複製起点における複製開始

　複製の開始についての研究は，真核生物よりも細菌で明らかに進んでいる。大腸菌の複製起点は *oriC* と呼ばれる。複製起点をもたないプラスミドに *oriC* 領域由来のDNA断片を導入する実験から，大腸菌の複製起点はおよそ245 bpの領域と推定されている。この大腸菌の複製起点の長さは，他の細菌と比較すると短いほうであり，細菌の複製起点の一

図 15.8　細菌の環状染色体（A）と真核生物の直鎖状染色体（B）の二方向性DNA複製

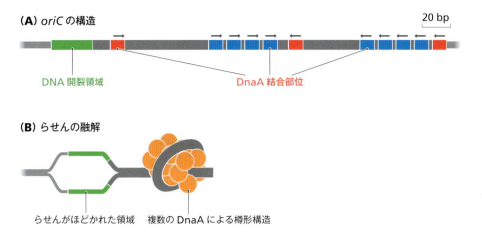

図15.9 大腸菌の複製起点 (A) 大腸菌の複製起点は oriC と呼ばれ，およそ 245 bp の長さである。oriC は DNA 開裂領域（DUE）と 11 個の DnaA 結合部位を含んでいる。それらの部位への DnaA の結合の強さはさまざまであり，ここでは強く結合する部位を赤色で，弱く結合する部位を青色で示している。最も左と最も右に位置する強い結合部位の塩基配列は 5′-TGTGGATAA-3′，中央のものは 5′-TGTGATAA-3′ である。弱い結合部位も長さはこれらと同じくらいであるが，塩基配列はもっと多様である。(B) DnaA の oriC への結合状態を示すモデル。この結合によって DUE の二重らせんが開裂（「融解」）していく。

般的な長さは 100〜1,000 bp である。長さの違いはあっても種々の細菌の複製起点は大変よく似た構造をしており，AT に富む **DNA 開裂領域**（DNA unwinding element：**DUE**）と，DnaA と呼ばれるタンパク質がさまざまな強さで結合する 5〜12 個の結合部位を含んでいる（図 15.9A）。DnaA は，大腸菌では 3 つある強く結合する部位には常時結合しており，それ以外の部位には複製がはじまる直前に結合する。結合部位が 5〜12 個あることから 5〜12 個の DnaA が oriC に結合すると思うかもしれないが，実際には結合した DnaA が非結合型のものと相互作用して，約 10〜20 個の DnaA が oriC に結合する。この結合は，大腸菌染色体の構造が本来の状態，つまり DNA が負の超らせん構造（8.1 節）をとっている場合にのみ起こる。

　DnaA が結合すると，AT に富む DUE で二重らせんが開裂（「融解」）する（図 15.9B）。その正確な仕組みはわかっていないが，DnaA は塩基対を解離させる酵素活性をもっていないようであることから，二重らせんの**融解**（melting）は DnaA の結合によって生じたねじれ応力によるものと考えられている。これを説明する魅力的なモデルとして，複数の DnaA により樽形の構造が作られ，その周りにらせんが巻きついているというものがある。らせんの融解は，大腸菌の DNA の折りたたみにかかわる代表的なタンパク質である HU（8.1 節）によって促進される。

　二重らせんが融解すると，ほどけた領域の両側に複製フォークを構築する一連の反応がはじまる。まず，これら 2 つの位置のそれぞれに**プライミング前複合体**（prepriming complex）が結合する。プライミング前複合体は当初，DnaB と DnaC のそれぞれ 6 つずつ，合計 12 個のタンパク質から構成されているが，DnaC の役割は一時的なもので，プライミング前複合体ができると DnaC はただちに解離する。DnaC の機能はおそらく DnaB の結合を補助しているだけと考えられる。DnaB は DNA ヘリカーゼであり，塩基対を解離させる。そして，複製起点の一本鎖領域を広げ，ゲノム複製の伸長過程に関与する酵素が結合できるようにする。これで大腸菌の複製開始の過程は完了し，複製フォークは起点から離れて進行をはじめ，DNA のコピー作製が開始される。

酵母の複製起点については詳細がわかっている

　大腸菌の oriC の位置と長さを正確に決定するために，複製起点をもたないプラスミドに oriC 領域由来の DNA 断片を導入する実験が行われたと述べたが，これは出芽酵母の複製起点の同定にも有効であることがわかった。この手法によって同定された複製起点は**自律複製配列**（autonomously replicating sequence：**ARS**）と呼ばれる。酵母の典型的な複製起点は大腸菌の oriC よりも短く，通常 200 bp 以下だが，大腸菌の場合と同様，サブドメインと呼ばれるそれぞれ機能の異なる配列領域を含んでいる（図 15.10A）。最も

(A) 酵母の複製起点の構造

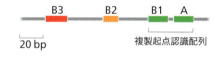

(B) らせんの融解

図15.10 酵母の複製起点の構造 (A) 出芽酵母の複製起点として働く，典型的な自律複製配列（ARS）である ARS1 の構造。機能をもつ配列であるサブドメイン A，B1，B2，B3 の相対的な位置関係を示している。(B) ARS 結合タンパク質 1（ABF1）がサブドメイン B3 に結合すると，サブドメイン B2 内でらせんの融解が誘発される。複製起点認識複合体（ORC）はサブドメイン A と B1 に常に結合している。

重要なものはサブドメインAで，**ARSコンセンサス配列**（ARS consensus sequence：**ACS**）とも呼ばれる。この11 bpの配列は出芽酵母ゲノムに12,000以上みつかるが，通常の環境で複製起点として働くものは400にすぎない。ACSとその隣のサブドメインB1は全長40 bpあまりの**複製起点認識配列**（origin recognition sequence）を構成する。この配列は6個のタンパク質から構成される**複製起点認識複合体**（origin recognition complex：**ORC**）の結合部位である（図15.10B）。酵母のORCは常に複製起点に結合しており，ゲノム複製の制御に関与し，DNA複製の開始と細胞周期のタイミングを同調させる調節シグナル（15.5節）と複製起点の間の橋渡しをする[*1]。

ORCが直接二重らせんを融解させるという証拠はない。融解に影響を与える可能性がある配列を捜すと，酵母の典型的な複製起点にみられる保存された配列，サブドメインB2とB3が候補としてあげられる（図15.10A参照）。現在の理解では，ARS結合タンパク質1（ARS-binding factor 1：ABF1）と呼ばれるDNA結合タンパク質がサブドメインB3に結合することで融解が誘発され（図15.10B参照），ATに富みMCMヘリカーゼの結合部位として働くサブドメインB2が最初に開裂されると考えられている[*2]。大腸菌の場合と同様，酵母の複製起点で二重らせんが融解すると，続いて複製酵素群がDNAに結合して複製開始の過程が完了し，複製フォークはDNAに沿って進行をはじめる。

高等真核生物の複製起点の同定はそれほど簡単ではない

ヒトをはじめとする高等真核生物の複製起点を同定する試みは，つい最近までそれほど順調ではなかった。**複製開始領域**（initiation region；複製がはじまる染色体DNAの部分）は，さまざまな生化学的手法によって決定されてきた。例えば，標識ヌクレオチドの存在下で複製を開始させ，反応を止めて標識された新生DNA鎖を単離し，そのゲノム上の位置を決定するといった方法である。こうした実験により，哺乳類染色体には複製開始にかかわる特定の領域が存在することが示唆されたが，すぐにこの領域内には酵母の複製起点に相当する配列がないことが明らかになった。さらに，複製能欠失プラスミドに2 kb以上の哺乳類のDNA断片を組み込んでヒト細胞に導入すると複製が起きるが，大腸菌由来のDNA断片を組み込んでも効率は少し低いが複製は起きることから，哺乳類の複製起点の存在は疑われることになった。そして，哺乳動物のORCは酵母のORCを構成するタンパク質の相同タンパク質からなるが，結合配列の特異性をもたず，細胞周期の特定の時期に複製起点として働くことがないゲノム上の多くの部位に結合することも示された。

高等真核生物の複製起点を同定するための最新の試みは，ゲノム複製の過程でDNA合成がはじまった場所をゲノム全体から探し出すことである。種々の手法が利用されてきたが，最も成功しているのは次のものである（図15.11）。

- **SNS-seq法**（short nascent strand〔SNS〕sequencing）では，ゲノム複製がはじまった直後にDNAを抽出し，新たに合成された短鎖DNAを精製して塩基配列を決定する。そして参照ゲノム配列上のその位置を決定し，複製起点の位置とする。この手法の問題点は，新たに合成された短鎖DNAと，DNA抽出の際に切断されて生じた産物との区別が難しいことである。

- **bubble-seq法**では，やはりゲノム複製がはじまった直後にDNAを抽出するが，抽出したDNAを制限酵素で切断し，複製起点から複製フォークが両方向に進むことにより生じる**複製バブル**（replication bubble）を単離する。そして複製バブルの塩基配列を決定することにより，複製起点を特定する。

これらの解析法により，さまざまな細胞種で数千もの複製開始領域が同定されているが，異なる手法によって得られた結果が一致しないという問題がある。ある例では，SNS-seq法とbubble-seq法によってそれぞれ同定された複製開始領域は33％しか一致しなかった。

[*1]訳注：
ORCは複製起点を規定する働きをしているというのが現在のコンセンサスである。

[*2]訳注：
B3がないARSもあるため，ABF1の複製起点での働きはおそらく限定的である。実際に開裂を促進するという証拠はなく，クロマチン構造との関係も考えられる。

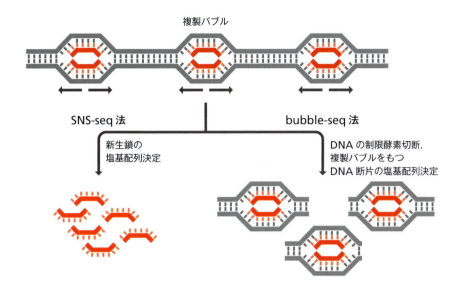

図 15.11 **複製起点の位置を特定する方法**
（左）SNS-seq 法では，新たに合成された短鎖 DNA の塩基配列を決定する。（右）bubble-seq 法では，DNA を制限酵素で切断し，複製バブルをもつ DNA 断片の塩基配列を決定する。どちらの方法でも，決定された塩基配列のゲノム上の位置を決定し，複製起点の位置とする。

同種の手法を用いた場合でも同じで，ヒト HeLa 細胞で SNS-seq 法の 2 種類の変法によって同定された複製開始領域は 14％しか一致しなかった。この不一致は，単一の細胞種が毎回異なる複製起点を使っていると考えれば説明できるかもしれないが，1 回の実験では使われている複製起点の一部しか決定できていないという可能性も考えられる。

これらの効率の高い手法によって同定された数多くの複製開始領域を調べても，高等真核生物の複製起点の明確な特徴はみつかっていない。そのため，高等真核生物では複製起点ははっきり決まっておらず，どこから複製がはじまるかは DNA の塩基配列ではなく，おもにクロマチン構造によって決められていると考えられている。この仮説に合致して，クロマチンからヌクレオソームが除去されて生じる，負の超らせん構造をとっている DNA 領域に ORC は結合しやすい。また，ゲノム複製の特定の段階で使われる複製起点に，ヒストン修飾によって目印がつけられている可能性もある。

15.3　複製フォークで起こる反応

ゲノム複製の中心的役割を担うのは娘鎖の合成を行う DNA ポリメラーゼである。DNA ポリメラーゼは，構造や酵素活性の特徴にもとづいて少なくとも 7 つのグループに分類することができる（表 15.1）。この中には，DNA 複製や損傷を受けた DNA の修復（16.2 節）に関与する DNA 依存性 DNA ポリメラーゼだけでなく，RNA 依存性 DNA ポリメラーゼである逆転写酵素や，鋳型に依存しない DNA ポリメラーゼであるターミナルデオキシヌクレオチジルトランスフェラーゼ（TdT；2.1 節）も含まれる。複製フォークで起こる反応を理解するためには，ゲノム複製を行う DNA ポリメラーゼの特性をまず知っておく必要がある。

DNA ポリメラーゼは DNA を合成する（そして分解する）分子装置である

DNA ポリメラーゼが触媒するおもな化学反応は，DNA ポリヌクレオチド鎖の $5'\to 3'$ 方向の合成である。2.1 節で学んだように，この本来の機能に加えて，少なくとも 1 種類のエキソヌクレアーゼ活性を示す DNA ポリメラーゼもある。つまり，そのような酵素はポリヌクレオチド鎖を合成するだけでなく，分解もする（図 2.7 参照）。

- 細菌と真核生物の鋳型依存性 DNA ポリメラーゼの多くは，$3'\to 5'$ エキソヌクレアーゼ活性をもつ。この活性により，これらの酵素は合成されたばかりの鎖の $3'$

表 15.1　DNA ポリメラーゼ

グループ	例	生物種	おもな役割
A	DNA ポリメラーゼ I	細菌	ラギング鎖合成の完結
	DNA ポリメラーゼ γ	真核生物	ミトコンドリア DNA の複製
	DNA ポリメラーゼ θ	真核生物	二本鎖切断の修復
B	DNA ポリメラーゼ α, δ, ε	真核生物	DNA 複製
	DNA ポリメラーゼ II	細菌	損傷 DNA の複製
	DNA ポリメラーゼ ζ	真核生物	損傷 DNA の複製
C	DNA ポリメラーゼ III	細菌	主要な複製酵素
D	DNA ポリメラーゼ D	古細菌	DNA 複製
X	DNA ポリメラーゼ β	真核生物	塩基除去修復
	DNA ポリメラーゼ λ, μ	真核生物	二本鎖切断の修復
	ターミナルデオキシヌクレオチジルトランスフェラーゼ (TdT)	真核生物	免疫グロブリン遺伝子や T 細胞受容体遺伝子の再編成
Y	DNA ポリメラーゼ IV, V	細菌	損傷 DNA の誤りの多い複製
	DNA ポリメラーゼ η, ι, κ	真核生物	損傷 DNA の誤りの多い複製
RT	逆転写酵素	レトロエレメント	ウイルス複製, レトロエレメントの転位

末端からヌクレオチドを除去できる。これは DNA 鎖合成の際の偶発的な塩基対形成の誤りを正す，**プルーフリーディング**（proofreading；校正）機能として働いている。

- それほど多くはないが，DNA ポリメラーゼには 5′→3′ エキソヌクレアーゼ活性をもつものがあり，これらは複製しようとする鋳型鎖にすでに結合しているポリヌクレオチド鎖を部分的に除去する必要がある場合に働く。

DNA ポリメラーゼを単離する試みは，1950 年代半ばに DNA 合成が遺伝子の複製の鍵を握っていることが認識されるとすぐに開始された。細菌の DNA ポリメラーゼはおそらく 1 種類だけであろうと思われていたので，1957 年に Arthur Kornberg が現在では **DNA ポリメラーゼ I**（DNA polymerase I）と呼ばれている酵素を単離した時点では，この酵素こそ複製をつかさどる主要な酵素であると広く考えられていた。そのため，DNA ポリメラーゼ I をコードする大腸菌の polA 遺伝子を不活性化させても致死的とはならない（細胞は変わらずゲノムを複製できる）という実験結果は，驚きをもってむかえられた。さらには，第 2 の DNA ポリメラーゼとして発見された **DNA ポリメラーゼ II**（DNA polymerase II）をコードする polB 遺伝子の不活性化も致死的ではないことがわかった。大腸菌での複製にかかわる主要な DNA ポリメラーゼである **DNA ポリメラーゼ III**（DNA polymerase III）が単離されたのは，1972 年になってからだった。後述するように，ゲノム複製に関与するのは DNA ポリメラーゼ I と III である。DNA ポリメラーゼ II や，細菌の DNA ポリメラーゼ IV や V は，損傷 DNA の修復におもにかかわっていることがわかっている（16.2 節）。

DNA ポリメラーゼ I と II が単一のポリペプチドであるのに対し，DNA ポリメラーゼ III は複数のサブユニットで構成されており，複製を担う主要な酵素としての機能に適応している。α と呼ばれるサブユニットが新しいポリヌクレオチド鎖を合成し，その他のサブユニットは複製過程では補助的役割を担う。例えば，ε サブユニットは 3′→5′ エキソヌクレアーゼ活性を担う。β サブユニットは「**スライディングクランプ**（sliding clamp；滑る留め金）」としての役目を果たし，ポリメラーゼ複合体を鋳型 DNA にしっかり固定し，かつポリメラーゼが新たなポリヌクレオチド鎖を合成しながら鋳型に沿って動くことを可

能にしている。

　真核生物には少なくとも15種類のDNAポリメラーゼが存在し，哺乳類ではギリシャ文字の接尾辞で区別される（α，β，γ，δなど）。ただし，この命名では大腸菌のDNAポリメラーゼⅢのサブユニットと同じ名称をもつことになり，混乱を招くおそれもある。主要な複製酵素は**DNAポリメラーゼδ**（DNA polymerase δ）と**DNAポリメラーゼε**（DNA polymerase ε）であり，**増殖細胞核抗原**（proliferating cell nuclear antigen：**PCNA**）と呼ばれる補助タンパク質とともに働く。PCNAはホモ三量体で，DNAを囲み，DNAポリメラーゼやその他の複製にかかわるタンパク質の結合部位となる[*3]。**DNAポリメラーゼα**（DNA polymerase α）もまたゲノム合成に重要な機能を果たし，**DNAポリメラーゼγ**（DNA polymerase γ）は核遺伝子にコードされているが，ミトコンドリアゲノムの複製に関与する。原核生物と同様に，その他の真核生物DNAポリメラーゼの多くは損傷DNAの修復に関与する。

＊3 訳注：
大腸菌DNAポリメラーゼⅢのβサブユニットと機能的に同じ役割を果たし，酵素を鋳型にしっかり固定する。

DNAポリメラーゼにはゲノム複製を複雑にする制約がある

　DNAポリメラーゼにはゲノム複製を複雑にする2つの制約がある。第1に，DNAポリメラーゼはDNA鎖を5′→3′方向にしか合成できない。そのため，親二重らせんの一方の鎖（**リーディング鎖**〔leading strand〕）は連続的に合成されるが，もう一方の**ラギング鎖**（lagging strand）では合成が不連続に行われ，生じる短い断片が連結されて完全な娘鎖となる（図15.12）。ラギング鎖の合成が不連続に行われることが証明されたのは，現在では**岡崎フラグメント**（Okazaki fragment）と呼ばれているこれらの短い断片が大腸菌からはじめて単離された1969年のことだった。岡崎フラグメントの長さは細菌では1,000〜2,000塩基長であるが，真核生物ではさらに短く，およそ200塩基長以下である。このことは，不連続的なDNA合成の1回ごとにヌクレオソーム1個分のDNAが複製されることを示しているのかもしれず興味深い（コアヒストンに巻きついているDNAの長さは140〜150 bp，リンカーDNAは50〜70 bpである；7.1節）。

　DNAポリメラーゼによるDNA合成の第2の制約は，図15.12にも描かれているように，新しいポリヌクレオチド鎖の合成開始にプライマーが必要なことである。完全に一本鎖であるDNAを鋳型としてDNAポリメラーゼが合成を開始できない理由ははっきりわかっていないが，正確な複製に不可欠な，この酵素のプルーフリーディング機能に関係しているのかもしれない。つまり，伸長しつつあるDNA鎖の3′末端に取り込まれたヌクレオチドが鋳型と塩基対を形成できない場合には，その誤りを訂正するために，DNAポリメラーゼの5′→3′合成活性に代わって3′→5′エキソヌクレアーゼ活性が働かなければならない。言い換えれば，3′末端が塩基対を形成している場合にのみ，DNAポリメラーゼの5′→3′合成活性が働くのである。完全に一本鎖の鋳型では塩基対を形成している3′末端のヌクレオチドが存在しないので，DNAポリメラーゼを活性化させるには3′末端ヌクレオチドを提供するプライマーが必要だということになる。

　理由は何であれDNAの複製にはプライマーが必要で，それはさほど問題なく合成することができる。DNAポリメラーゼはプライマーがないと一本鎖を鋳型にできないが，RNAポリメラーゼはプライマーなしで一本鎖DNAを鋳型としてRNA鎖を合成できるからである。細菌では**プライマーゼ**（primase）という転写には関与しない特殊なRNAポリメラーゼが，10〜12塩基長のプライマーを合成する。いったんプライマーが形成されると，それに続けてDNAポリメラーゼⅢがDNA鎖を合成していく（図15.13A）。真核生物のプライマーゼでは事情が少し複雑になり，プライマーゼはDNAポリメラーゼαにしっかりと結合しており，この酵素と協調して新生鎖の最初の数ヌクレオチドを合成する。このプライマーゼは7〜12ヌクレオチドのRNAからなるプライマーを合成し，そ

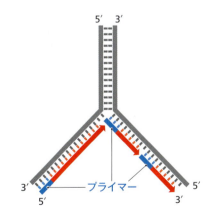

図15.12　DNA複製を複雑にする制約　二本鎖DNAの複製を複雑にする2つの制約がある。第1に，5′→3′方向のDNA合成により連続的に複製できるのはリーディング鎖だけである。ラギング鎖は不連続に複製しなければならない。第2に，DNA合成の開始にはプライマーが必要である。

図15.13 （A）細菌と（B）真核生物のDNA合成におけるプライミング　真核生物のプライマーゼはDNAポリメラーゼαと複合体を形成している。RNAプライマーに続けて、DNAポリメラーゼαが新生DNAの最初の約20ヌクレオチドを合成する。

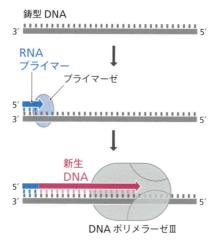

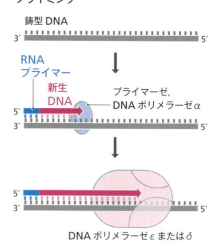

の後DNAポリメラーゼαがおよそ20ヌクレオチドのDNAを付加してプライマーを伸長させる。この伸長したDNA鎖にはリボヌクレオチドがいくつか混ざっていることが多いが、その取り込みがDNAポリメラーゼαによるのか、プライマーゼの断続的な活性によるのかは不明である。RNA-DNAプライマーの合成が終了すると、DNAポリメラーゼεがリーディング鎖の合成を、DNAポリメラーゼδがラギング鎖の合成を継続する（図15.13B）。

　プライミング（priming；プライマーの合成と新生鎖の合成開始）は、リーディング鎖では複製起点で1回だけ起これば良い。リーディング鎖のコピーは、いったんプライミングが起こると複製完了まで連続的に合成されるからである。一方ラギング鎖でのプライミングは、新しい岡崎フラグメントの合成をはじめるたびに繰り返し起こらなければならない。大腸菌では岡崎フラグメントは1,000〜2,000塩基長であり、ゲノム複製1回につきおよそ4,000回のプライミングが必要である。真核生物では岡崎フラグメントがさらに短く、プライミングの回数もさらに多くなる。

ラギング鎖複製の完成には岡崎フラグメントの連結が必要である

　複製フォークで起こる反応の多くは細菌と真核生物で似ている。複製フォークの進行はヘリカーゼ活性により維持され、ヘリカーゼの巻き戻し反応により複製フォーク前方に生じるねじれ応力はDNAトポイソメラーゼにより解消される。一本鎖DNAはもともと「くっつきやすく」、ヘリカーゼの作用で生じた2本のポリヌクレオチド鎖は、何もしなければヘリカーゼが通過するとただちに塩基対を再形成してしまうだろう。また、一本鎖DNAはヌクレアーゼの攻撃を受けやすく、何らかの方法で保護しておかなければ分解してしまう可能性が高い。この好ましからざる結果を回避するため、一本鎖となったポリヌクレオチド鎖には**一本鎖DNA結合タンパク質**（single-stranded DNA-binding protein：SSB）が結合し、その再結合や切断が起こらないようにしている（図15.14A）。大腸菌の

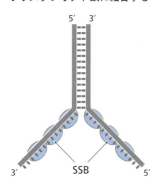

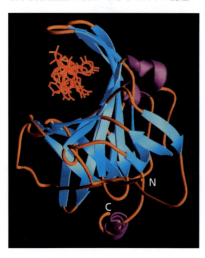

図15.14　DNA複製における一本鎖DNA結合タンパク質（SSB）の役割　（A）SSBはヘリカーゼの作用で生じた塩基対を形成していないポリヌクレオチド鎖に結合し、鎖どうしの塩基対形成や一本鎖特異的ヌクレアーゼによる分解を妨げる。（B）真核生物のSSBである複製タンパク質A（RPA）の構造。RPAのβシートが水路状の構造を形成し、その内部にDNA（左上に橙色で示す。長軸方向からみている）を囲いこんでいる。（B：Bochkarev A, Pfuetzner RA, Edwards AM & Frappier L [1997] Nature 385:176–181 より Macmillan Publishers Ltd. の許諾を得て掲載）

15.3 複製フォークで起こる反応

図 15.15　DNA ポリメラーゼⅢ二量体によるリーディング鎖とラギング鎖の並行的な複製のモデル　ここに示したように、ラギング鎖はループ状になりながら DNA ポリメラーゼⅢ上を通過していくと考えられている。そのため、複製している分子に沿って DNA ポリメラーゼⅢ二量体が移動することで、リーディング鎖とラギング鎖を並行して複製することができる。γ, δ, δ′, χ, ψ サブユニットからなるγ複合体は、1 分子が 2 分子の DNA ポリメラーゼⅢに共有されている。

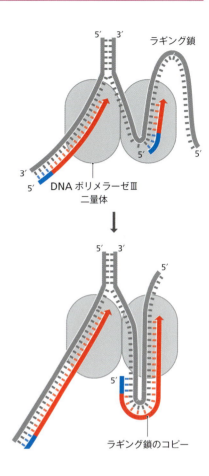

SSB は 4 つの同じサブユニットから構成され、真核生物の主要な SSB である**複製タンパク質 A**（replication protein A：**RPA**）は 3 つの異なるタンパク質からなるヘテロ三量体である。大腸菌と真核生物の SSB はともに同じように働いている。すなわち、複数の SSB が並んで作られる水路状の構造の中にポリヌクレオチド鎖を囲いこんでいる（図 15.14B）。一本鎖部分をコピーするために複製複合体が結合する前に SSB は解離しなければならないが、この過程は**複製メディエータータンパク質**（replication mediator protein：**RMP**）と呼ばれる別のタンパク質が担っている。大腸菌では二量体を形成した DNA ポリメラーゼⅢが、1 分子はリーディング鎖を合成し、もう 1 分子はクランプローダー（clamp loader）とも呼ばれる 1 つのγ複合体（γ-complex）とともにラギング鎖を合成する[*4]（図 15.15）。γ複合体のおもな役割は、それぞれの DNA ポリメラーゼのβサブユニット（スライディングクランプ）と相互作用して、鋳型に対する酵素の着脱を調節することである。この機能は、ラギング鎖の複製において、各岡崎フラグメントの合成開始時と終了時に酵素を繰り返し着脱する際に主として必要である。この DNA ポリメラーゼⅢ二量体と岡崎フラグメントの合成開始に必要なプライマーゼを合わせて**レプリソーム**（replisome）と呼んでいる。真核生物では、それぞれリーディング鎖とラギング鎖を合成する DNA ポリメラーゼεとδは、二量体を形成せず離れた状態で存在する。ラギング鎖の複製の際に DNA ポリメラーゼを着脱する大腸菌のγ複合体の機能は、真核生物では**複製因子 C**（replication factor C：**RFC**）と呼ばれる複数のサブユニットからなる補助タンパク質が担っている。

ゲノム複製を完成させるためには解決されなければならない問題が 1 つある。合成されたばかりのラギング鎖は一連の岡崎フラグメントとして断片化した状態になっている。ラギング鎖合成を完成させるには、岡崎フラグメントの RNA プライマーを DNA に置き換え、隣り合ったフラグメントを連結しなければならない。ゲノム複製のこの段階の反応は細菌と真核生物でかなり違っている。

岡崎フラグメントの RNA プライマーは、次のフラグメントを合成する DNA ポリメラーゼが 5′→3′ エキソヌクレアーゼ活性をもっていれば、その働きにより除くことができる。その部分を DNA で置き換えることにより、隣接する岡崎フラグメントの DNA 部分の 5′ 末端までラギング鎖 DNA を合成することができる。しかし残念ながら、細菌のラギング鎖を合成する DNA ポリメラーゼⅢには 5′→3′ エキソヌクレアーゼ活性はない（表 15.2）。DNA ポリメラーゼⅢは隣接する岡崎フラグメントの 5′ 末端まで到達するとラギング鎖から解離し、代わりに DNA ポリメラーゼ I が結合する。DNA ポリメラーゼ I には 5′→3′ エキソヌクレアーゼ活性があり、プライマーはもちろん、通常は隣接する岡崎フラグメントの DNA 部分の 5′ 末端までも除去する。そして、生じた隙間を埋めながら岡崎フラグメントの 3′ 末端を伸長させていく（図 15.16A）。その結果、2 つの岡崎フラグメントは末端部分に欠損のない完全な DNA 鎖となって隣接する形になる。最後に **DNA リガーゼ**（DNA ligase）がホスホジエステル結合によって 2 つの岡崎フラグメントを連結し、ラギング鎖のこの領域の複製は完成する。

真核生物では、岡崎フラグメントから RNA プライマーを除去するのに必要な 5′→3′ エキソヌクレアーゼ活性をもつ DNA ポリメラーゼは存在しないようであり、問題はさらに大きい。したがって、細菌について述べたものとはまったく別の方法でこの問題を解決

[*4] 訳注：
最近の研究では 3 分子の DNA ポリメラーゼⅢが複製フォークにあり、1 分子がリーディング鎖を合成し、ラギング鎖合成には 2 分子の DNA ポリメラーゼⅢが交互に使われることにより、効率のよい DNA 合成を行っていると考えられている。

表15.2 細菌と真核生物のゲノム複製にかかわるDNAポリメラーゼのエキソヌクレアーゼ活性

酵素	エキソヌクレアーゼ活性	
	3′→5′	5′→3′
細菌のDNAポリメラーゼ		
DNAポリメラーゼⅠ	あり	あり
DNAポリメラーゼⅢ	あり	なし
真核生物のDNAポリメラーゼ		
DNAポリメラーゼα	なし	なし
DNAポリメラーゼδ	あり	なし
DNAポリメラーゼε	あり	なし

している。中心的な役割を果たしているのは**フラップエンドヌクレアーゼ1**（flap endonuclease 1：FEN1）である。この酵素のエンドヌクレアーゼ活性は特殊なもので，DNAの5′末端側が鋳型DNAから離れて一本鎖になった構造（フラップ構造）をとったときに，分岐点のホスホジエステル結合を切断する。FEN1はDNAポリメラーゼδとともに，隣接する岡崎フラグメントのRNAプライマーに近づく。RNAプライマーをラギング鎖に結びつけている塩基対がヘリカーゼにより破壊され[*5]，プライマー部分は岡崎フラグメントを伸長させてくるDNAポリメラーゼに押しのけられてフラップ構造を形成し，FEN1による切断で除去される（図15.16B）。そしてDNAリガーゼが最後のホスホジエステル結合を形成し，岡崎フラグメントどうしを連結させる。この機構によれば，RNAプライマーだけでなく，プライミング酵素であるDNAポリメラーゼαが当初合成したDNAも含めた部分が除去される可能性も考えられる。この仮説は魅力的である。な

[*5] 訳注：
DNAポリメラーゼδはPCNAとともにDNA/RNA鎖を押しのけながらDNA合成を行うことができるため，この反応でヘリカーゼは想定されていない。

図15.16　隣り合った岡崎フラグメントを連結するための一連の反応　(A) 大腸菌のDNAポリメラーゼⅢは5′→3′エキソヌクレアーゼ活性をもっていないため，隣接する岡崎フラグメントのRNAプライマーの位置まで到達するとDNA合成を停止する。この時点でDNA合成はDNAポリメラーゼⅠに引き継がれる。DNAポリメラーゼⅠには5′→3′エキソヌクレアーゼ活性があり，RNAプライマーを除去してDNAで置き換えることができる。DNAポリメラーゼⅠは通常，隣接する岡崎フラグメントのDNA部分の一部まで新しくDNAで置き換えてから，鋳型DNAから解離する。DNAリガーゼが最後のホスホジエステル結合を形成し，複製過程におけるこの一連の反応は終了する。(B) 真核生物のDNAポリメラーゼδもエキソヌクレアーゼ活性をもっていないが，隣接する岡崎フラグメントのプライマー部分がヘリカーゼにより剥がされ［訳注5参照］，その部分までDNAの合成を行う。形成されたフラップ構造はFEN1による切断で除去される。

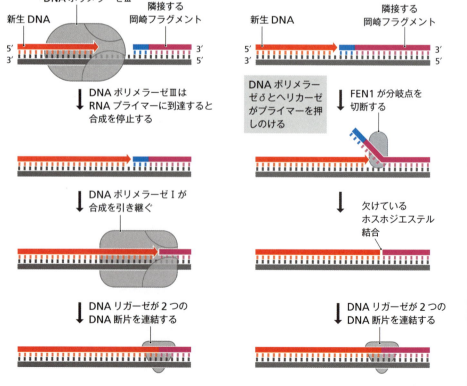

ぜなら，DNAポリメラーゼαは3′→5′エキソヌクレアーゼ活性によるプルーフリーディング機能をもたず（表15.2参照），その産物には誤りがかなり多いからである。この領域がフラップ構造の一部としてFEN1による切断で除去され，その後DNAポリメラーゼδ（プルーフリーディング機能をもち，鋳型に非常に忠実なコピーを合成する）によって再合成されることで，DNAポリメラーゼαによる誤りが娘二重らせんに恒久的に保持されることのないようにしていると考えられる。

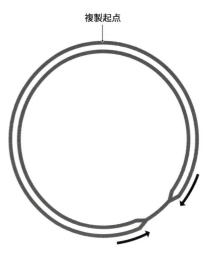

図15.17　大腸菌の環状ゲノムの複製では起こりえない状況　複製フォークの一方が半周地点を越えて進行している。大腸菌のDNA複製では，Tusの機能によりこのようなことは起こらない。

15.4　複製の終結

複製フォークは，直鎖状ゲノムに沿って，あるいは環状ゲノムの円周上を進行していく。複製フォークの進行は通常であれば妨げられることはないが，転写中の領域に出会ってしまった場合はそうはいかない。DNA合成はRNA合成の約5倍の速度で行われるので，複製複合体は簡単にRNAポリメラーゼを追い越してしまいそうだが，おそらくそのようなことは起こらない。実際には複製フォークはRNAポリメラーゼの後方でいったん停止し，転写が終了した後に複製を再開すると考えられている。

最終的に複製フォークはDNA分子の末端に到達するか，逆方向に移動してきた第2の複製フォークに出会うことになる。そのとき起こることは，ゲノム複製で最も研究が進んでいない過程の1つである。

大腸菌ゲノムの複製は特定の領域で終結する

細菌のゲノムは1つだけしかない複製起点から両方向に複製される（図15.8A参照）。すなわち，2つの複製フォークは，ゲノム地図上の複製起点と正反対の位置で出会うはずである。しかし，例えば転写が行われている領域を複製しなければならないといった理由で一方の複製フォークの進行が遅れた場合には，もう一方の複製フォークが半周地点を越えて複製を継続する可能性があると思うかもしれない（図15.17）。そうなったとしても合成される娘分子に影響が及ぶとは考えられないので，このような進行もありそうに思える。ところが実際には，細菌ゲノムには**複製終結配列**（terminator sequence）が存在するため，複製フォークは決してこのようには進行しない。大腸菌ゲノムでは10の複製終結配列が同定されており（図15.18A），それぞれが**Tus**（terminus utilization substance）と呼ばれる配列特異的DNA結合タンパク質の認識部位として働く。

Tusの作用様式は非常に変わっている。Tusは複製終結配列に結合し，ゲノムのある方向へ進行している複製フォークは通過させるが，その反対方向に進行する複製フォークを停止させる。この一方向からの複製だけを終結させる性質は，二重らせん上でTusがとる向きで決まる（図15.18B）。どのようにTusが働くのか正確にはわかっていないが，Tusが複製フォークの進行を担うヘリカーゼであるDnaBと直接相互作用すると考えられてきた。しかしこの仮説は疑問視されるようになっている。それは，レプリソームのタンパク質なしで個々の複製フォークの進行を調べる実験系を用いた最近の研究から，Tusと複製フォークの相互作用こそが鍵である可能性が支持されたからである。この実験系ではポリヌクレオチド鎖の一方の端を固定し，他方の端に磁気ビーズを結合させる。そして，**磁気ピンセット**（magnetic tweezer）により磁場の強さや方向を調節して，磁気ビーズが結合したポリヌクレオチド鎖の動きを制御する（図15.19）。磁気ビーズを固定端から離すことにより，二重らせんは開裂して複製フォークが形成され，ビーズが離れるほどに複製フォークは進んでゆく。この実験から，複製終結配列が複製フォークの通過を許容する方向であれば複製フォークは進むが，許容しない方向では複製フォークの進行はTusにより妨害されることがわかった。したがって，TusとDNAの相互作用が少なくともある

図 15.18 大腸菌の DNA 複製における複製終結配列の役割 （A）大腸菌ゲノムにある 10 の複製終結配列の位置を示している。矢じりの向きは複製フォークが複製終結配列を通過する向きである。（B）Tus は複製終結配列に結合し，ある方向から接近してくる複製フォークは通過させるが，その反対方向から接近してくる複製フォークを停止させる。

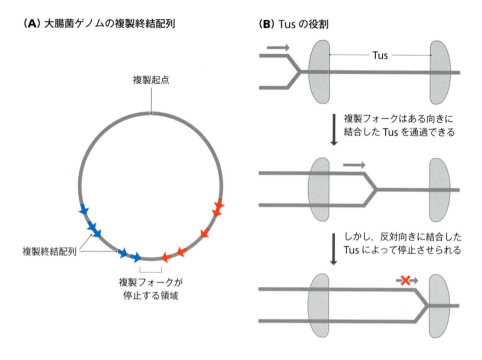

図 15.19 磁気ピンセットを用いた Tus の機能の解析 （A）磁気ピンセットで磁気ビーズを操作することにより，2 本のポリヌクレオチド鎖を引き離すことができる。（B）そのようにして作った複製フォークは，DNA に結合した Tus が通過を許容する方向からのみ通過することができる。レプリソームのタンパク質は存在しないので，複製フォークの停止には Tus と複製されている DNA の相互作用が少なくともある程度は働いていると結論できる。

程度は働いていることを示している。この結果は Tus と DnaB のタンパク質間相互作用を否定するものではないが，それだけでは Tus の関与する複製フォーク停止の全容を説明できないことを意味している。

その機構はどのようなものであれ，大腸菌ゲノムでは複製終結配列の向き，すなわちそれに結合した Tus の向きにより，2 つの複製フォークはいずれも複製起点と正反対の位置にある比較的短いゲノム領域で停止する（図 15.18A 参照）。このため複製の終結は常に同じ位置ないしその近くで確実に起こる。両方向からきたリーディング鎖はもう 1 つの複製フォーク由来のラギング鎖と連結され，レプリソームは解体される。最終産物は両方向からの複製フォークにより合成された DNA が連結してできた 2 つの娘分子であり，これは II 型トポイソメラーゼである DNA トポイソメラーゼ IV によって分離される。

(A) 磁気ピンセットによるポリヌクレオチド鎖の操作

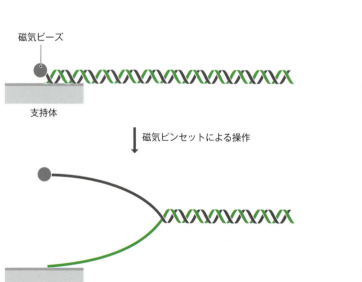

(B) 複製フォークの進行に Tus が及ぼす影響

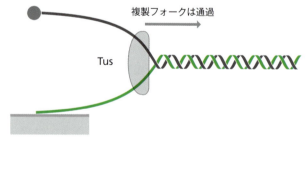

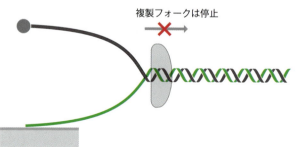

真核生物の複製終結についての知見はほとんどない

　真核生物の複製終結については，大腸菌とは比較にならないほどわずかしか知られていない。細菌の複製フォークを停止させる複製終結配列と似た機能をもつ配列が酵母染色体でみつかっており，これらの配列には絡み合った娘染色体を分離させるⅡ型トポイソメラーゼである Top2 が結合している。しかし，これらの配列のない位置で停止する複製フォークもあり，またこれらの配列があっても特殊なヘリカーゼがあれば複製フォークは通過するので，その重要性ははっきりしない。高等真核生物では，複製フォークを停止させる場所があるという証拠はほとんどなく，複製フォークは反対方向からきたもう 1 つの複製フォークとぶつかるまで進行を続けると考えられている。そして，リーディング鎖はもう 1 つの複製フォーク由来のラギング鎖と連結される。

　真核生物の核内では，DNA 合成は**複製工場**（replication factory）あるいは**複製フォーカス**（replication focus）と呼ばれる，周囲から区別されて固定された場所で起こる。この中にはすべての複製関連タンパク質が含まれ，DNA はそこを通るときに複製されていく。10 個程度の複製起点であれば 1 つの複製工場におさまり，複製起点間の DNA は合成されるにつれループ状に複製工場の外に出てくると考えられている。このモデルでは，1 つの複製工場内では隣接した複製フォークの進行を協調させることができるので，隣接した複製フォークは適切な場所で出会い，はっきりと決まった複製終結配列の必要性は低くなる。また複製工場モデルは，真核生物の核内で合成された娘 DNA 分子がひどく絡み合うことがないのはなぜかという難問も解決する。Ⅱ型トポイソメラーゼには DNA 分子のもつれをほどく活性があるが，その切断－再結合反応を過度に引き起こさないように，もつれ自体が最小限に抑えられていると一般的には考えられている。1 つの複製工場が染色体の 1 つの領域を複製することによって，娘分子が特定の配置をとり，これによって少なくともある程度は DNA がからまることなく保たれると予想されている。**コヒーシン**（cohesin）もまた重要な役割を担う。コヒーシンは複数のサブユニットからなる環状分子で，複製フォーク通過直後の 2 つの娘分子に接着する。そして，姉妹染色分体をつなぎとめて配向を維持し，細胞分裂後期に切断タンパク質によってコヒーシンが分断されると，娘染色体が分離する（図 15.20）。

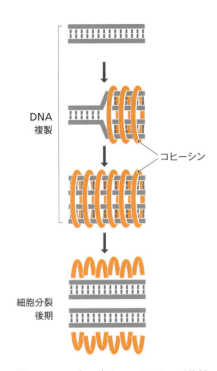

図 15.20　コヒーシン　コヒーシンは複製フォーク通過直後の 2 つの娘分子に接着して，細胞分裂後期までこれらをつなぎとめる。分裂後期に切断タンパク質によってコヒーシンが分断されると，娘核への分配に先立ち，複製された染色体が分離する。

少なくとも一部の細胞では テロメラーゼが染色体 DNA の複製を完結させる

　複製過程の説明を終える前に触れておくべき問題が 1 つ残っている。染色体 DNA の複製を繰り返すたびに起こる，直鎖状二本鎖 DNA 分子の末端の短縮を回避するための仕組みである。この短縮が起こる機構には次の 2 通りがある。

- ラギング鎖の 3′ 末端の最終部分は複製されない可能性がある。というのは，最後の岡崎フラグメントのプライマーが本来形成されるべき位置が鋳型上になく，プライミングが起こらないからである（図 15.21A）。この部分の岡崎フラグメントが合成されないということは，ラギング鎖のコピーは親鎖よりも短くなることを意味する。このコピーがそのままの長さで鋳型となって次回の複製が行われると，生じた孫娘分子はもとの親分子よりも短くなる。
- 最後の岡崎フラグメントのプライマーがラギング鎖の 3′ 末端の最終部分にたとえ形成されたとしても，末端の多少の短縮は起こるだろう。というのは，この末端 RNA プライマーは，プライマー除去のための通常の過程では DNA に変換できないからである（図 15.21B）。つまり，そのためには隣接する岡崎フラグメントの 3′ 末端から DNA 鎖を伸長させる必要があるが，分子のいちばん最後ではそれがで

図 15.21 直鎖状 DNA 分子が DNA 複製後に短くなる 2 通りの機構 いずれの例でも，親分子は通常どおりに複製され，リーディング鎖は完全なコピーが作製される。（A）ラギング鎖の場合は，最終の岡崎フラグメントが合成されずコピーは不完全である。これは，岡崎フラグメントのプライマーがラギング鎖上で約 200 bp おきに合成されるからである。ある岡崎フラグメントがラギング鎖の 3′ 末端から 200 bp 以内の位置ではじまっていれば，次のプライミングが起こる場所はなく，残存部分のコピーは作製されない。結果としてラギング鎖由来の娘分子は 3′ 突出部をもつことになり，この娘分子が複製されると，生じた孫娘分子はもとの親分子よりも短くなる。（B）最後の岡崎フラグメントのプライマーがラギング鎖の 3′ 末端の最終部分にかろうじて配置されているが，その RNA プライマーは DNA に変換できない。そのためにはさらに外側に位置する別の岡崎フラグメントから DNA 鎖を伸長させなければならないからである。末端 RNA プライマーが細胞周期を通じて保持されるかどうかは明らかでない。また，保持された RNA プライマーが次回の複製過程で DNA としてコピーされるかどうかもわかっていない。もしプライマーが保持されないか DNA に変換されないならば，孫娘分子の 1 つはもとの親分子よりも短くなる。

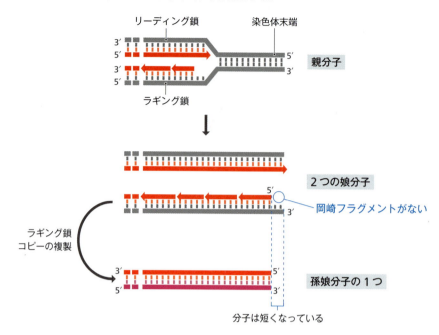

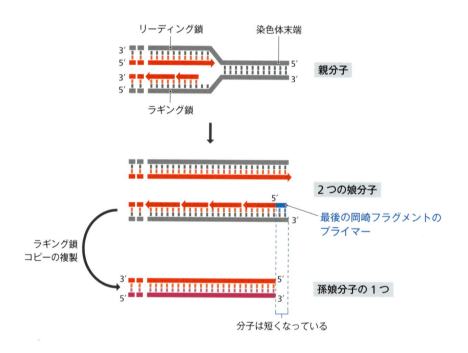

きないのである。

　この問題が認識されると，真核生物染色体の末端にある特殊な DNA 配列であるテロメアが注目を集めるようになった。7.1 節で述べたように，テロメア DNA はミニサテライトの一種であり，多くの高等真核生物では 5′-TTAGGG-3′ という短い反復モチーフの数百ものコピーが，縦列反復配列として各染色体の両末端に存在する。DNA 末端の短縮を回避するための仕組みについてのヒントは，テロメア DNA が合成される機序にある。テロメア DNA の大部分は通常の複製反応によりコピーが作製されるが，それが唯一の方法

図 15.22　テロメラーゼによるヒト染色体末端の伸長　ヒト染色体 DNA 分子の 3′ 末端を示している。この部分にはヒトのテロメア反復モチーフ 5′-TTAGGG-3′ が縦列反復配列として存在する。テロメラーゼ RNA は DNA 分子の末端と塩基対を形成し，テロメラーゼが DNA 分子をわずかに伸長させる。テロメラーゼ RNA はその後，DNA ポリヌクレオチド鎖に沿ってわずかに移動し，新しい部位と塩基対を形成する。DNA 分子はさらに数ヌクレオチドだけ伸長される。この過程の繰り返しにより染色体末端が十分に伸長される。

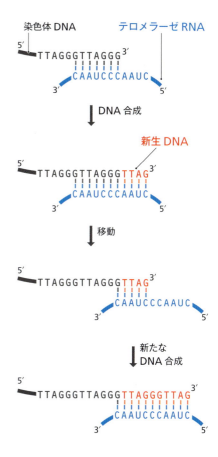

表 15.3　さまざまな生物のテロメア反復配列とテロメラーゼ RNA 配列

種	テロメア反復配列	鋳型となるテロメラーゼ RNA 配列
ヒト	5′-TTAGGG-3′	5′-CUAACCCUAAC-3′
オキシトリカ	5′-TTTTGGGG-3′	5′-CAAAACCCCAAAACC-3′
テトラヒメナ	5′-TTGGGG-3′	5′-CAACCCCAA-3′

オキシトリカ（*Oxytricha*）とテトラヒメナ（*Tetrahymena*）は，テロメア研究に特に適した原生動物である。増殖の特定の時期に染色体が小断片に分断され，生じた断片すべてがテロメアをもつようになるので，1 細胞あたりのテロメアの数が多いからである。

というわけではない。複製過程の制約を補うために，テロメアは**テロメラーゼ**（telomerase）が触媒する独自の機構で伸長することができる。テロメラーゼは特殊な酵素で，タンパク質と RNA からなる。ヒトのテロメラーゼを構成する RNA は 450 塩基長で，5′ 末端付近に 5′-CUAACCCUAAC-3′ という塩基配列を含む。この塩基配列の中央部は，ヒトのテロメア反復配列 5′-TTAGGG-3′ と相補的かつ逆向きとなっている。この相補性のおかげで，テロメラーゼは図 15.22 に示すコピー作製機構を介して，ポリヌクレオチド鎖の 3′ 末端にあるテロメア DNA を伸長させることができる。テロメラーゼ RNA を各伸長過程での鋳型として，タンパク質部分の逆転写酵素活性が DNA を合成する。このモデルが正しいことは，テロメア反復配列とテロメラーゼ RNA の種間比較から示されている（表 15.3）。すなわち，比較したどの生物種でも，テロメラーゼ RNA はテロメアに存在する反復モチーフのコピーを作りうる配列をもっていたのである。すべての生物種においてテロメラーゼにより合成された DNA はグアニン含量が高く，グアニンに富む反復配列を含む DNA 鎖であることは興味深い。

テロメラーゼが合成できるのは，このグアニンに富む鎖のみである。それに相補的なシトシンに富むポリヌクレオチド鎖を伸長させる仕組みはわかっていない。しかしおそらく，グアニンに富む鎖が十分長いときには，プライマーゼ-DNA ポリメラーゼ α 複合体がその末端に結合し，通常と同じように相補鎖の合成を開始すると思われる（図 15.23）。この反応には新しい RNA プライマーが必要であるため，シトシンに富む鎖はグアニンに富む鎖よりも短くなる。しかし重要な点は，染色体 DNA の全長が変化していないことであ

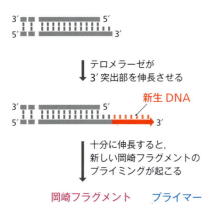

図 15.23　染色体末端における伸長過程の完了　テロメラーゼが 3′ 末端を十分に伸長させると，新しい岡崎フラグメントのプライミングと合成が起こり，3′ 末端の伸長部分が完全な二本鎖末端になると考えられている。

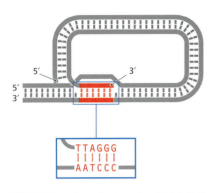

図 15.24 **t ループ** テロメアの 3′ 突出部が折り返して二重らせんに侵入することで t ループが形成される。

る。哺乳類細胞では，伸長反応が終わった後，テロメア末端の 3′ 突出部が折り返して二重らせんに侵入し，シトシンに富む鎖上の相補的な塩基配列と塩基対を形成している（図 15.24）。t ループ (t-loop) と呼ばれるこの構造の形成は，テロメア結合タンパク質である TRF2 によって触媒され，これ以上の伸長を必要としない染色体末端をさらに安定化させている可能性がある。

それぞれの染色体末端を適切な長さに確実に伸長させるため，テロメラーゼ活性がきわめて慎重に制御される必要があるのは明らかである。この制御機構の一部は TRF1 タンパク質が担っている。TRF1 はテロメア反復配列に結合し，テロメラーゼ活性を抑制する（7.1 節）。テロメアが短くなるにつれて結合している TRF1 の数は減少し，テロメラーゼが染色体末端に結合できるようになってテロメアを伸長させる。テロメアが伸長していくと TRF1 がふたたび結合し，テロメラーゼ活性はふたたび抑制される。事実上，TRF1 は特定の染色体末端においてテロメラーゼ活性を制御する負のフィードバックループを仲介していることになる。このモデルの 1 つの難点は，TRF1 がテロメラーゼ活性を抑制する作用が実験では認められないことであった。そのため生体内での TRF1 の働きも疑問視されていたが，最近，テロメラーゼを実際に阻害する PinX1 というタンパク質が TRF1 と結合することが示され，TRF1 と PinX1 が協調してテロメラーゼ活性を制御していることが示唆されている。

テロメア長は細胞老化やがんに関係している

意外に思うかもしれないが，テロメラーゼはすべての哺乳類細胞で活性化されているわけではない。この酵素は初期胚では機能しているが，誕生後は生殖細胞と**幹細胞** (stem cell) でのみ活性を示す。幹細胞は生命体の一生を通じて分裂しつづける前駆細胞であり，新しい細胞を作りつづけて器官や組織の機能を保つ。体細胞にはテロメラーゼ活性がなく，細胞分裂のたびに染色体の短縮が起こる。細胞分裂が何度も繰り返されると，染色体末端がどんどん切り詰められて最終的には必須の遺伝子まで失われてしまうかもしれない。しかし，これがテロメラーゼ活性を欠く細胞で起こる不具合のおもな原因となっているとは考えにくい。重要なのは染色体両端がタンパク質で「キャップ」された状態を維持し，偶発的な染色体切断により生じたキャップのない末端どうしを連結させる DNA 修復酵素（16.2 節）の作用から守ることである。この保護キャップを形成するヒトの TRF2 をはじめとするタンパク質は，テロメア反復配列をその結合配列として認識するので，テロメアがなければ結合部位を失う。キャップタンパク質が存在しなければ，修復酵素は短縮した染色体の末端どうしを誤って連結してしまう。おそらく，これがテロメア短縮によって引き起こされる細胞周期停止の根本的な原因である。

こうしてテロメアの短縮は細胞系譜の終結を招く。そこで，テロメア短縮の過程と**細胞老化** (cell senescence) との関連をさぐる試みがなされてきている。細胞老化はもともと培養細胞で観察された現象である。あらゆる培養細胞は寿命が限られており，特定の分裂回数を経ると細胞は老化状態に入り，生存はしているがもはや分裂を起こすことができなくなる（図 15.25）。ある種の哺乳類細胞株，特に線維芽細胞（結合組織の細胞）では，細胞内で活性なテロメラーゼを合成させることで老化の進行を遅らせることができる。この実験はテロメアの短縮と老化との明らかな関連を示唆するものだが，厳密に連動しているかどうかには疑問が呈されており，細胞老化をもとに生命体の加齢について考察することはきわめて難しい。

すべての細胞系が老化を示すわけではない。がん化した細胞は培養条件下で無限に分裂することができ，その不死性は生体における腫瘍増殖に似ていると考えられている。ある種のがんでは，この老化の欠如がテロメラーゼの活性化に関連していることが示されてい

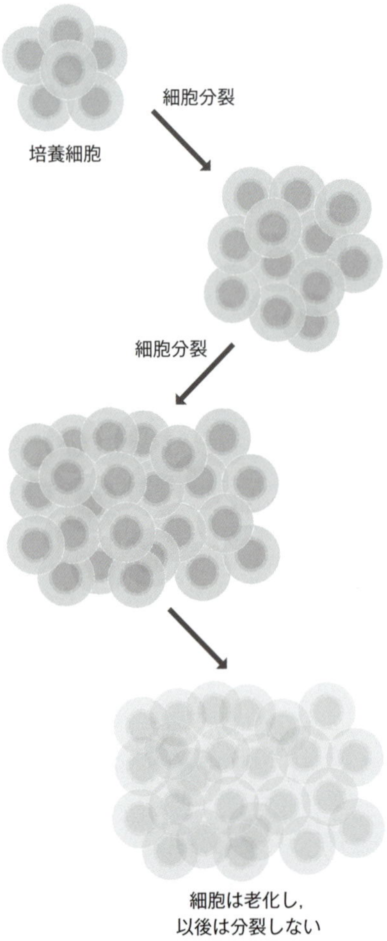

図 15.25 **培養細胞は細胞分裂を繰り返すと老化状態に入る**

図 15.26 オリゴヌクレオチドを用いたテロメラーゼ活性の阻害 テロメラーゼ RNA の塩基配列の一部に相補的なオリゴヌクレオチドは，テロメラーゼ RNA に結合してその染色体 DNA との結合を阻害する．そのためテロメアの伸長が抑制される．

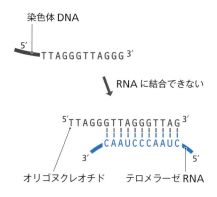

る．何回もの細胞分裂を経てもテロメア長が変化しないこともあるが，テロメラーゼ活性の亢進によりテロメアが正常よりも長くなることが多い．これらの観察は，テロメラーゼ活性を阻害する薬剤が，がん治療に有用である可能性があることを示している．がん細胞のテロメラーゼを阻害する試みは，この酵素のタンパク質部分とテロメラーゼ RNA の両方を標的として行われている．タンパク質部分に対する抗体を作製してワクチンとして用いることにより，テロメラーゼを不活性化させることができる．臨床試験では，このようなワクチンが患者の血流中のがん細胞を減少させることが示されており，他の部位への転移を抑制する効果が期待されている．ワクチンによって腫瘍の増殖やがん化そのものを阻害できるかどうかはまだ明らかではない．もう1つのアプローチは，テロメラーゼ RNA の塩基配列の一部に相補的な短いオリゴヌクレオチドを用いるものである．このオリゴヌクレオチドはテロメラーゼ RNA に結合し，テロメラーゼを阻害すると期待される（図15.26）．テロメラーゼを標的としたワクチンやオリゴヌクレオチドは，がんの治癒をめざした数多くの治療法の中では最も可能性の高い部類に入る．しかし，現時点での障害は，テロメラーゼを必要としない代替機構によりテロメアを維持し，したがって老化もしないがん細胞が存在することである．この代替機構では，まだ長さに余裕のある染色体から，もう機能を維持できないほど短くなった染色体へテロメア反復配列が転位する．ある種のがん細胞ではこの機構が働いており，テロメラーゼを阻害する試みの妨げとなっている．

ショウジョウバエは末端短縮問題に対するユニークな解決法をもっている

テロメラーゼのタンパク質部分とそれ以外の逆転写酵素のアミノ酸配列を比較すると，テロメラーゼと最も類似性が高いのは，レトロポゾン（9.2節）と呼ばれる長鎖末端反復配列（LTR）をもたないレトロエレメントにコードされている逆転写酵素である．この結果は，ショウジョウバエのテロメアがもつ特殊な構造と考え合わせると非常に興味深い．ショウジョウバエのテロメアは，それ以外の多くの生物のような短い反復配列ではなく，6〜10 kb の長い縦列反復配列から構成されている．この反復配列は，*HeT-A*，*TART*，*TAHRE* と呼ばれるショウジョウバエにみられる3種類の典型的なレトロポゾンの完全な，もしくは部分的なコピーである．このテロメアは，テロメラーゼがつかさどる過程とよく似た過程により維持されている（図15.27）．すなわち，テロメア内のレトロポゾンが転写されて RNA となり，それを鋳型として *TART* や *TAHRE* にコードされている逆転写酵素が DNA コピーを作製する（*HeT-A* は逆転写酵素遺伝子をもっていない）．

ショウジョウバエのテロメアがもつ特殊な構造は単に偶然の産物なのかもしれないが，テロメラーゼとレトロポゾンの逆転写酵素の類似性から示唆されるように，ショウジョウバエ以外の生物のテロメアが実は断片化したレトロポゾンであるという魅力的な可能性も捨てがたい．

15.5 真核生物のゲノム複製の制御

ゲノム複製は，細胞が実際に分裂する前に完了するように制御されていることが必須である．真核生物は，ゲノム複製を**細胞周期**（cell cycle）と同調させるとともに，例えばDNA が損傷してコピー完了前に修復する必要があるような状況では複製を停止させると

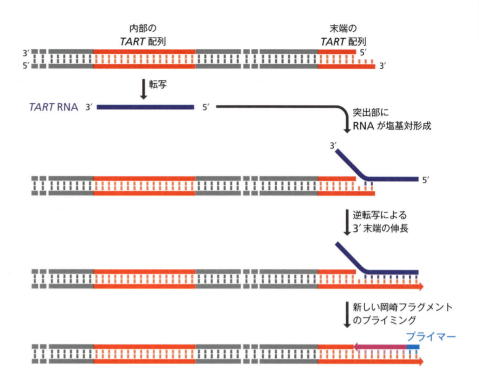

図 15.27　**ショウジョウバエのテロメア維持のモデル**　この例では TART 配列がテロメアの最末端に位置しており，DNA 複製により典型的な 3′ 突出部ができている．この 3′ 突出部に，テロメアの短縮による影響を受けない領域にある TART 配列に由来する RNA が塩基対を形成し，逆転写されることにより DNA 鎖が伸長される．それにより伸長反応を完結させるための新しい岡崎フラグメントのプライミングが可能となる．

いう巧妙な制御機構をもっている．この章の締めくくりとして，ゲノム複製の制御機構についてみていこう．

ゲノム複製は細胞周期と同調していなければならない

細胞周期という概念は，黎明期の細胞生物学者たちが行った光学顕微鏡による研究を発端とする．分裂している細胞を顕微鏡下で観察すると，分裂期と間期を繰り返していることがわかった．分裂期は核や細胞の分裂が起こる期間であり（図 3.16 参照），間期は光学顕微鏡下ではめだった変化がほとんどみられない比較的穏やかな時期である．染色体の分裂は間期に起こることが知られていたため，DNA が遺伝物質として同定されると，間期はゲノム複製が起こる時期としてにわかに注目されるようになった．そして，細胞周期は次の 4 段階からなる過程であると解釈しなおされることになった（図 15.28）．

- **M 期**（M〔mitosis〕phase）．核や細胞が分裂する期間．
- **G1 期**（G1〔gap 1〕phase）．M 期と S 期の合間で，転写や翻訳をはじめとする細胞の一般的な活動が起こる期間．
- **S 期**（S〔synthesis〕phase）．ゲノムが複製される期間．
- **G2 期**（G2〔gap 2〕phase）．第 2 の合間．

細胞分裂に先立ってゲノムが完全に，しかも 1 度だけ複製されるためには，S 期と M 期の連動が重要なのは明らかである．これを確実に行うために，鍵となる移行段階として一連の**細胞周期チェックポイント**（cell cycle checkpoint）が存在し，それを通過した細胞だけが細胞周期の次の段階に進むことができるようになっている．ゲノム複製に最も重要なのは **G1/S チェックポイント**（G1/S checkpoint）であり，このチェックポイントを通過した細胞だけが DNA 複製を行うことができる．細胞が傷ついたり，例えば重要な遺伝子の変異などでゲノムに損傷が生じたりすると，細胞は損傷が修復されるまでこのチェックポイントで細胞周期を停止させることができる．細胞周期の後半には **G2/M チェックポイント**（G2/M checkpoint）があり，細胞が分裂に入れる状態にあるかどうかを確認するために，ゲノムのあらゆる場所が間違いなく一度だけ複製されていることを確かめている．

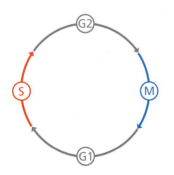

図 15.28　**細胞周期**　各期の時間配分は細胞の種類によって異なる．G1 と G2 はギャップ期，M は分裂期，S は合成期である．

複製起点のライセンス化がG1/Sチェックポイントを通過するための必要条件である

おもに出芽酵母の研究から，ゲノム複製の制御に関するモデルが提示されている。このモデルでは，細胞がG1/Sチェックポイントを通過するためには**複製起点のライセンス化**（origin licensing；複製開始の許可）が必要だとされる。複製起点のライセンス化のためには，**複製前複合体**（pre-replication complex：**pre-RC**）と呼ばれるタンパク質複合体が複製起点上に構築される必要がある。染色体上に多数存在する複製起点には，6個のタンパク質から構成されるORC（複製起点認識複合体）が前回の細胞分裂が終わった直後から結合している。ライセンス化のためには，まずCdc6とCdt1という2つのタンパク質がORCのもとに来なければならない。Cdc6はATP分解酵素で，ORC上のATPを分解してエネルギーを放出する（図15.29）。このエネルギーを用いてMCM2〜7六量体を複製起点に結合させる[*6]。MCM2〜7は複製フォークで二重らせんの開裂を行うヘリカーゼの中心となる。MCM2〜7の結合とともにCdc6とCdt1は複製起点から解離し，pre-RCが完成する。多くの真核生物でも，同じような反応が起こっていることがわかってきている。

複製起点のライセンス化によって細胞はG1/Sチェックポイントを通過できるようになるが，pre-RC自体は不活性でゲノム複製を開始することはできない。活性化のためにはpre-RCから**複製開始前複合体**（preinitiation complex：**pre-IC**）への変換が必要である。出芽酵母では，S期開始に合わせてサイクリン依存性キナーゼ（cyclin-dependent kinase：CDK）とDbf4依存性キナーゼ（Dbf4-dependent kinase：DDK）が，不活性なヘリカーゼのMCM2，MCM4，MCM6サブユニットなどの標的タンパク質をリン酸化する。このリン酸化により，Cdc45とGINSをpre-RCに呼び込む一連の反応がはじまり，pre-RCはpre-ICになる（図15.30）。呼び込まれたGINSは4つのタンパク質からなり，Cdc45とともに真核生物ヘリカーゼの構成成分となる。MCM2〜7，Cdc45，GINSからなるヘリカーゼは活性で，複製を開始して複製フォークを複製起点から進行させることができる。

pre-RCおよびpre-ICの構成成分の同定により，ゲノム複製の開始がどのように起こるかの理解は進んだが，依然として細胞周期において複製がそれ以外の反応とどのように連携しているかはわからない。細胞周期の制御は複雑な過程であり，その中で大きな役割を担っているのはCDKタンパク質で，細胞周期の中で特異的な機能を示す酵素や酵素以外のタンパク質をリン酸化して活性化させる。CDKの活性は細胞周期の時期ごとに変化するが，G1期開始時の活性が最低で，S期には急激に増加する（図15.31）。細胞周期の時期に応じて異なるタンパク質の機能が必要であるが，CDKの活性はそれらのタンパク質の活性に影響を与えると考えられており，そのために細胞周期が順番に進んでいく。大半のCDKが細胞周期を通じて核内に存在しているので，CDKタンパク質自体が制御を受けているはずである。このCDK活性の制御は，細胞周期の時期により量が異なる**サイクリン**（cyclin）と呼ばれるタンパク質（図15.32），CDKを活性化させる別のキナーゼ，そして複製阻害タンパク質がそれぞれ働くことによる。主要な複製阻害タンパク質の1つはジェミニン（geminin）で，S期，G2期，M期に蓄積して，すでに複製されたゲノム領域の再複製を防いでいる。ジェミニンはCdt1に結合し，ヘリカーゼの中心である

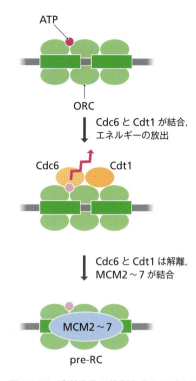

図15.29　真核生物の複製起点のライセンス化　複製起点認識複合体（ORC）にCdc6とCdt1が結合し，ATPの加水分解により放出されたエネルギーを用いてMCM2〜7が複製起点に結合する。それとともにCdc6とCdt1は複製起点から解離し，複製前複合体（pre-RC）が完成する。

[*6] 訳注：
Cdc6，ORC，MCM2〜7はすべてATPに結合し分解する活性をもつ。最近の研究からは，MCM2〜7のATP分解がMCM2〜7六量体の複製起点への結合に必要なことがわかっている。

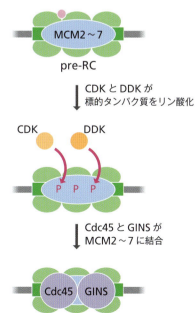

図15.30　複製前複合体（pre-RC）の活性化　サイクリン依存性キナーゼ（CDK）とDbf4依存性キナーゼ（DDK）が，MCM2〜7を含む標的タンパク質をリン酸化する。これによりCdc45とGINSがpre-RCに結合できるようになり，活性なヘリカーゼの構築が完成して，pre-RCは複製開始前複合体（pre-IC）になる。

図 15.31 細胞周期を通じた CDK 活性の変化

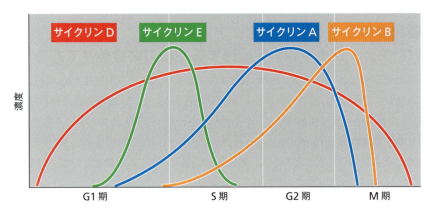

図 15.32 細胞周期を通じた哺乳類サイクリン量の増減　細胞周期を通じて 4 種類のサイクリンの量はそれぞれ増減し，サイクリン依存性キナーゼ（CDK）活性の時期特異的な変化をもたらす。

MCM2〜7 が，複製された娘 DNA 上の複製起点に結合できないようにする。細胞周期の後期に活性のある多くのタンパク質がそうであるように，プロテアソームにより分解されるタンパク質を標的とするユビキチンリガーゼである**後期促進複合体 / シクロソーム**（anaphase-promoting complex/cyclosome：**APC/C**；13.3 節）の標的にジェミニンもなり，分裂後期に分解される。したがって，APC/C は核内のタンパク質群の存在状態を大きく変え，細胞分裂により生じた娘細胞で細胞周期が再始動することができるようにしていることになる。

複製起点すべてから同時に複製が開始するのではない

複製開始がすべての複製起点で同時に起こるわけではない。ある複製起点は S 期の早い時期に，あるものは後期に「発火（活性化）」する。出芽酵母の研究からは，複製起点の発火パターンは細胞分裂のたびに変化するわけではなく一定で，ユークロマチンやセントロメアは S 期の早い時期に，ヘテロクロマチンやテロメアは遅れて複製される。一般的なパターンとしては，このことが正しいことが最近の研究でも確認されているが，それぞれの細胞間での発火パターンに関連性がほとんどないことがわかり，発火パターンが細胞間で受け継がれてはいないことが示唆されている。

生きた細胞の中で起きている複製起点の発火をどのように追跡できるのだろうか。1 つの方法は，ブロモデオキシウリジン（BrdU）のようなヌクレオチド類似体により，分裂する細胞を短時間標識（パルス標識）し，チミジンの代わりに伸長するポリヌクレオチド鎖に取り込ませることである。パルス標識時に合成された DNA はチミジンとともに BrdU を含むが，標識前後のものはチミジンしか含まない。DNA を抽出し，スライドガラス上で分子コーミングを行うと，DNA 分子は線状の繊維のようになる（3.5 節）。次に，BrdU を特異的に認識する蛍光標識した抗体で処理すると，BrdU によるパルス標識時に複製されたゲノム領域がわかる。S 期の異なる時期に標識した細胞から抽出した DNA を比較することにより，複製起点の発火パターンを追跡できる。この手法により分裂酵母（*Schizosaccharomyces pombe*）の複製パターンの解析が行われた（この酵母は出芽酵母のように小さな芽を出すのではなく，均等に分裂する）。解析の結果，S 期の早い時期に最初に発火する複製起点は，ゲノム全体に何の法則性もなく分布していることがわかった。さらに S 期が進行すると多くの複製起点が発火するが，それらは個々の染色体のさまざまな場所に密集して存在していた。しかし，密集している場所は個々の細胞ごとに異なり（図 15.33），それらのパターンが複製開始領域の DNA 配列によって決まっているのではないことを示している。むしろ，密集している場所はユークロマチンで，ゲノムの複製が開

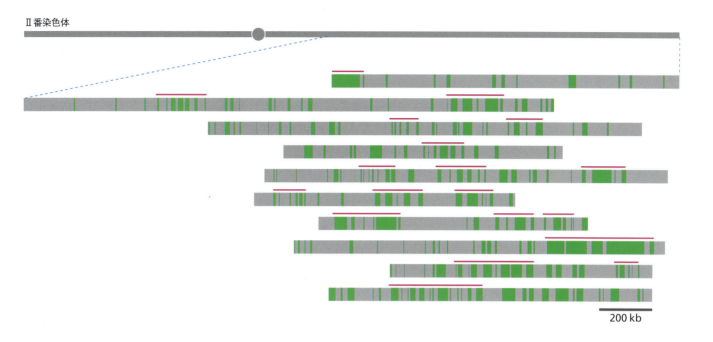

始する部位として無作為に選ばれているようである。このことは出芽酵母のヒストンデアセチラーゼ RPD3 の変異株を用いた実験により支持されている。この変異をもつ細胞はヒストンのアセチル化が通常より亢進しているため，より緩んだ構造のクロマチンをもつが，複製起点の制御も弱くなり，通常では S 期の後期まで複製されない領域の複製起点が，S 期の初期に複製を開始するものが現れる。

パルス標識時に BrdU が取り込まれた長さから，複製フォークの進行速度も調べることができる。それによると，分裂酵母の複製フォークの平均速度は毎分 2.8 kb であり，最も速いものでは毎分 11 kb に及ぶものもある（図 15.34）。この速度は出芽酵母で測定されたものやヒト細胞で推定されているものと同様であるが，大腸菌に比較するとはるかに遅い。栄養の豊富な条件下では大腸菌の細胞分裂の間隔は 20 分以内であり，その間に毎分 116 kb の速度でゲノム全体がコピーされる。複製フォークの移動速度はいくつかの因子に依存している。特に大きな影響を与えるのは染色体上の障害物で，例えば遺伝子の転写のために DNA に結合している RNA ポリメラーゼや，修復されないと複製できないような DNA の損傷部位がそれにあたる。そのような障害物に遭遇すると複製フォークは停止する。障害物が除かれると複製フォークはまた動きはじめるか，反対方向の複製フォークが残された部分の複製を終えてやってくるまで停止している。しかしながら，ときおり両方からの複製フォークがともに停止してしまうことがある。この状況は，停止した複製フォーク間で新たな複製起点が活性化されることによって救済される。G1 期にライセンス化された状態の複製起点は常に余分にあるので，ジェミニンのような複製阻害タンパク質が存在しても救済可能である。このことは，複製起点には活性化されているが使われていないものが多数あり，その中には全ゲノムの複製が終わっても使われていないものもあることを意味している。

ゲノムが損傷したときには細胞は種々の対応をする

細胞周期チェックポイントは，損傷 DNA がそのまま複製されないようにするためにも重要である。損傷にはさまざまなものがあり，紫外線照射によって隣接したヌクレオチドが二量体になったり（16.1 節），一本鎖や二本鎖が切断されたものがある。損傷が検知されると，DNA が修復されるまで G1/S チェックポイントで細胞周期は停止する。G1/S

図 15.33 複製起点の発火パターンは個々の細胞ごとに異なる 分裂酵母のⅡ番染色体上の部分的に重なり合っている 10 分子の DNA を示している。DNA 分子はブロモデオキシウリジン（BrdU）でパルス標識し，分子コーミングで線状にそろえた後，標識された部分を BrdU 特異的な抗体で検出した。活性な複製起点が密集している場所はそれぞれの分子で同じではなく，個々の細胞ごとに複製起点の発火パターンが異なっていることを示している。発火した複製起点が密集しているおもな場所を，それぞれの DNA 分子の上側にピンク色の線で示している。（Kaykov A & Nurse P [2015] *Genome Res.* 25:391–401 より，Cold Spring Harbor Laboratory Press の許諾を得て CC BY 4.0 ライセンスのもとに掲載）

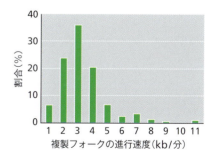

図 15.34 分裂酵母の複製フォークの進行速度 （Kaykov A & Nurse P [2015] *Genome Res.* 25:391–401 より，Cold Spring Harbor Laboratory Press の許諾を得て CC BY 4.0 ライセンスのもとに掲載）

チェックポイント以外にも，1つまたは複数の複製フォークが停止するとゲノム複製全体を止めるS期チェックポイントや，細胞分裂前に複製後の損傷が修復されることを保証するG2/Mチェックポイントがある。

　細胞周期の停止は，DNA損傷や複製フォーク停止のような損傷の指標により活性化されたシグナル伝達経路により起こる。それらのうち2つの経路はプロテインキナーゼであるATMとATRにより開始され，これらのキナーゼは損傷により直接活性化されるか，損傷を検知するタンパク質により活性化される。ATMはおもにゲノムの二本鎖切断に応答し，ATRはS期に複製フォークを停止させる一本鎖切断を含む種々の損傷に応答する。ATM経路の標的には，その変異によって乳がんになりやすくなるBRCA1のほか，チェックポイントキナーゼChk2も含まれる。もう1つのチェックポイントキナーゼであるChk1はATR経路により活性化される。これらのチェックポイントキナーゼは，G2/Mチェックポイントの通過を調節するCdc25のような細胞周期調節タンパク質に働く。Cdc25はリン酸化により分解されるので，DNA損傷が修復されるまで細胞周期が停止することになる。

　DNA損傷の程度がひどくなければ，DNA修復過程が活性化される（16.2節）。もし損傷が修復不能なほどであれば，細胞は**アポトーシス**（apoptosis）と呼ばれるプログラムされた細胞死に向かう。アポトーシスはDNA損傷の結果として起こる個々の体細胞の死であり，細胞が変異を含んだDNAを複製して腫瘍やがん性増殖を生じさせることに比べれば被害は少ない。哺乳類において細胞周期の停止やアポトーシスの誘導に中心的な役割を果たしているのは，p53と呼ばれるタンパク質である。p53はがん抑制タンパク質に分類される。というのは，このタンパク質が欠損すると損傷ゲノムをもつ細胞がS期チェックポイントを免れて増殖し，がん化するおそれがあるからである。p53はATM，ATR両経路の標的であり，活性化されると細胞周期停止やアポトーシスに直接関与すると考えられている多くの遺伝子の転写がはじまり，同時にこれら以外の遺伝子の発現を抑制して細胞周期停止やアポトーシスの過程が進みやすいようにする。

まとめ

- ゲノムがその機能を継続的に発揮するためには，細胞分裂のたびにゲノムが複製される必要がある。
- WatsonとCrickはDNAの構造の発見を最初に報告した際に，二重らせんを構成する2本の鎖を結びつけている特異的な塩基対形成によって，それぞれの鎖の正確なコピー作製が可能であることを指摘した。そして，2本の親鎖をそれぞれ鋳型として相補的な娘鎖が合成されるという，半保存的な複製機構を想定した。
- メセルソン・スタールの実験により半保存的な複製機構が正しいことが確認された。しかし，二重らせんの2本の鎖がどのようにして分離されるのか，特に回転の自由がほとんどない環状分子でどのようにして分離されるのかという点に関しては，依然として問題が残っていた。
- DNAトポイソメラーゼの発見によりトポロジー問題は解決された。この酵素は二重らせんの一方もしくは両方の鎖の切断と再結合を繰り返すことで2本の鎖を分離する。
- 半保存的な複製機構に例外は知られていないが，置き換え型複製やローリングサークル型複製のような特殊な複製機構もみられる。
- ゲノム複製は複製起点から開始される。細菌や酵母の複製起点については研究が進ん

- でいるが，高等真核生物の複製起点についてはわかっていないことも多い。
- 複製がはじまると，2つの複製フォークがDNAに沿って互いに反対方向に進んでいく。
- DNAポリメラーゼはDNA鎖を5′→3′方向にしか合成できない。このことは，リーディング鎖と呼ばれる一方の鎖は連続的な複製が可能であるが，もう一方のラギング鎖は短い断片として複製されなければならないことを意味している。この断片は岡崎フラグメントと呼ばれる。
- DNA合成にはRNAポリメラーゼによるプライミングが必要である。
- 細菌ではレプリソームと呼ばれる複製複合体は，DNAポリメラーゼに加え，「スライディングクランプ」をはじめとする補助タンパク質から構成されている。スライディングクランプはポリメラーゼをDNAにしっかり固定し，かつポリメラーゼがDNAに沿って動くことを可能にしている。
- 複製の終結は，細菌の染色体では特定の領域で起こるが，真核生物の染色体では起こる場所がはっきり決まっていない。
- 真核生物の染色体では複製によってテロメアがしだいに短縮するので，その末端を維持するための特殊な過程を必要とする。テロメアはテロメラーゼによって伸長される。テロメラーゼは新しいテロメア反復配列を合成するための鋳型となるRNAを含んでいる。
- ゲノムの複製は細胞周期と連動していなければならない。この連動は，その多くが細胞周期の特定の時期にのみ活性化される調節タンパク質が協調して働くことで達成される。
- 複製起点における複製前複合体の構築は，1回の細胞周期でゲノムが1度だけ複製されるように調節している重要な過程である。
- 複製が進行しているときには，S期チェックポイントがDNA損傷に応答してゲノム複製を停止または終結させる。

章末問題

短答式問題

1. メセルソン・スタールの実験が行われる以前には，DNA複製の機序が分散的，半保存的，保存的のいずれであるかはわかっていなかった。これら3種類の複製機序により生じる娘分子のDNAにみられる違いについて述べよ。
2. DNA複製におけるDNAトポイソメラーゼの役割について概要を述べよ。
3. (A)置き換え型複製と(B)ローリングサークル型複製の機構についてそれぞれ説明せよ。
4. DnaAタンパク質は大腸菌の複製起点のどこに，どのように結合するか？
5. 真核生物の複製起点の同定に用いられてきた手法にはどのようなものがあるか？
6. DNA複製を行う細菌と真核生物のDNAポリメラーゼの重要な特徴を列挙せよ。
7. 岡崎フラグメントは(A)細菌と(B)真核生物でそれぞれどのように連結されるか？
8. 大腸菌のゲノム複製の終結についてわかっていることは何か？どのようなタンパク質や配列がこの過程にかかわっているか？
9. 真核生物がDNA複製を繰り返すと直鎖状染色体の末端がしだいに短縮するのはなぜか？
10. 真核細胞においてテロメラーゼ活性はどのように調節されているか？
11. 「複製起点のライセンス化」とはどのような意味か説明し，細胞周期におけるその役割について述べよ。
12. 真核生物ゲノムのさまざまな部分の複製のタイミングについて，一般的にはどのようなパターンが観察されているか？

論述式問題

1. メセルソン・スタールの実験が行われる以前から，DNA複製の半保存的な機序が支持されていた理由について論じよ。
2. DNAトポイソメラーゼがなかったとしたら，細胞内のDNA分子を複製することは可能か？
3. 大腸菌のDNAポリメラーゼIをコードしているpolAを不活性化させても致死的とはならないのはなぜか？
4. 新しいポリヌクレオチド鎖の合成開始に，すべてのDNAポリメラーゼがなぜプライマーを必要とするのかを説明する仮説を立てよ。その仮説は検証可能か？
5. 真核生物のゲノム複製について得られている知見は，複製フォー

クで起こっている反応に関するものが多い．今後の課題は，このような DNA を中心とした複製過程の知見から，核内で複製がどのように組織化されて行われているかを示すモデルを構築することである．そのようなモデルを構築することで，複製工場の果たす役割や，娘分子のからまりを回避する仕組みなどの問題の解決をめざす．これらの問題を 1 つ以上解決できるような研究計画を考案せよ．

推薦図書と参考文献

ゲノム複製に関する研究史

Crick, F.H.C., Wang, J.C. and Bauer, W.R. (1979) Is DNA really a double helix? *J. Mol. Biol.* 129:449–461. DNA はらせん構造ではなく横並びの構造をとるという提案に対する Crick の回答．

Holmes, F.L. (1998) The DNA replication problem, 1953–1958. *Trends Biochem. Sci.* 23:117–120.

Kornberg, A. (1989) *For the Love of Enzymes: The Odyssey of a Biochemist.* Harvard University Press, Boston, Massachusetts. DNA ポリメラーゼの発見者による興味深い自伝．

Meselson, M. and Stahl, F. (1958) The replication of DNA in *Escherichia coli. Proc. Natl Acad. Sci. USA* 44:671–682. メセルソン・スタールの実験．

Okazaki, T. and Okazaki, R. (1969) Mechanism of DNA chain growth, Ⅳ. Direction of synthesis of T4 short DNA chains as revealed by exonucleolytic degradation. *Proc. Natl Acad. Sci. USA* 64:1242–1248. 岡崎フラグメントの発見．

Watson, J.D. and Crick, F.H.C. (1953) Genetical implications of the structure of deoxyribonucleic acid. *Nature* 171:964–967. らせん構造の発見直後に提唱された DNA 複製過程のモデル．

DNA トポイソメラーゼ

Berger, J.M., Gamblin, S.J., Harrison, S.C. and Wang, J.C. (1996) Structure and mechanism of DNA topoisomerase Ⅱ. *Nature* 379:225–232 and 380:179.

Champoux, J.J. (2001) DNA topoisomerases: structure, function, and mechanism. *Annu. Rev. Biochem.* 70:369–413.

Stewart, L., Redinbo, M.R., Qiu, X., et al. (1998) A model for the mechanism of human topoisomerase Ⅰ. *Science* 279:1534–1541.

Vos, S.M., Tretter, E.M., Schmidt, B.H. and Berger, J.M. (2011) All tangled up: how cells direct, manage and exploit topoisomerase function. *Nat. Rev. Mol. Cell Biol.* 12:827–841.

複製起点

Diffley, J.F.X. and Cocker, J.H. (1992) Protein–DNA interactions at a yeast replication origin. *Nature* 357:169–172.

Gilbert, D.M. (2010) Evaluating genome-scale approaches to eukaryotic DNA replication. *Nat. Rev. Genet.* 11:673–684. 複製起点をマッピングするためのゲノムワイド解析．

Hyrien, O. (2015) Peaks cloaked in the mist: the landscape of mammalian replication origins. *J. Cell Biol.* 208:147–160.

Krysan, P.J., Smith, J.G. and Calos, M.P. (1993) Autonomous replication in human cells of multimers of specific human and bacterial DNA sequences. *Mol. Cell. Biol.* 13:2688–2696.

Leonard, A.C. and Méchali, M. (2013) DNA replication origins. *Cold Spring Harb. Perspect. Biol.* 5:a010116.

Li, H. and Stillman, B. (2012) The origin recognition complex: a biochemical and structural view. *Subcell. Biochem.* 62:37–58.

Mott, M.L. and Berger, J.M. (2007) DNA replication initiation: mechanisms and regulation in bacteria. *Nat. Rev. Microbiol.* 5:343–354.

DNA ポリメラーゼと複製フォークで起こる反応

Bochkarev, A., Pfuetzner, R.A., Edwards, A.M. and Frappier, L. (1997) Structure of the single-stranded-DNA-binding domain of replication protein A bound to DNA. *Nature* 385:176–181.

Burgers, P.M.J. (2009) Polymerase dynamics at the eukaryotic DNA replication fork. *J. Biol. Chem.* 284:4041–4045.

Finger, L.D., Atack, J.M., Tsutakawa, S., et al. (2012) The wonders of flap endonucleases: structure, function, mechanism and regulation. *Subcell. Biochem.* 62:301–326.

Hozák, P. and Cook, P.R. (1994) Replication factories. *Trends Cell Biol.* 4:48–52.

Hübscher, U., Nasheuer, H.-P. and Syväoja, J.E. (2000) Eukaryotic DNA polymerases, a growing family. *Trends Biochem. Sci.* 25:143–147.

Johnson, A. and O'Donnell, M. (2005) Cellular DNA replicases: components and dynamics at the replication fork. *Annu. Rev. Biochem.* 74:283–315. 細菌ならびに真核生物における複製の詳細．

Pomerantz, R.T. and O'Donnell, M. (2007) Replisome mechanics: insights into a twin polymerase machine. *Trends Microbiol.* 15:156–164.

Soultanas, P. and Wigley, D.B. (2001) Unwinding the 'Gordian knot' of helicase action. *Trends Biochem. Sci.* 26:47–54.

Trakselis, M.A. and Bell, S.D. (2004) The loader of the rings. *Nature* 429:708–709. スライディングクランプとクランプローダー．

複製の終結とテロメラーゼの役割

Berghuis, B.A., Dulin, D., Xu, Z.-Q., et al. (2015) Strand separation establishes a sustained lock at the Tus–Ter replication fork barrier. *Nat. Chem. Biol.* 11:579–585. 分子ピンセットを用いた Tus とレプリソームの相互作用の研究．

Blackburn, E.H. (2000) Telomere states and cell fates. *Nature* 408:53–56.

Cech, T.R. (2004) Beginning to understand the end of the chromosome. *Cell* 116:273–279. テロメラーゼのすべてを網羅した総説．

Dewar, J.M., Budzowska, M. and Walter, J.C. (2015) The mechanism of DNA replication termination in vertebrates. *Nature* 525:345–350.

Fachinetti, D., Bermejo, R., Cocito, A., et al. (2010) Replication termination at eukaryotic chromosomes is mediated by Top2 and occurs at genomic loci containing pausing elements. *Mol. Cell* 39:595–605.

Jafri, M.A., Ansari, S.A., Alqahtani, M.H. and Shay, J.W. (2016) Roles of telomeres and telomerase in cancer, and advances in telomerase-targeted therapies. *Genome Med.* 8:69.

Pardue, M.-L. and DeBaryshe, P.G. (2003) Retrotransposons provide an evolutionarily robust non-telomerase mechanism to maintain telomeres. *Annu. Rev. Genet.* 37:485–511.

Shay, J.W. and Wright, W.E. (2006) Telomerase therapeutics for cancer: challenges and new directions. *Nat. Rev. Drug Discov.* 5:577–584. がん治療のためにテロメラーゼを阻害する試み。

Smogorzewska, A. and de Lange, T. (2004) Regulation of telomerase by telomeric proteins. *Annu. Rev. Biochem.* 73:177–208.

ゲノム複製の制御

Bertoli, C., Skotheim, J.M. and de Bruin, R.A.M. (2013) Control of cell cycle transcription during G1 and S phases. *Nat. Rev. Mol. Cell Biol.* 14:518–528.

Kaykov, A. and Nurse, P. (2015) The spatial and temporal organization of origin firing during the S-phase of fission yeast. *Genome Res.* 25:391–401.

Sancar, A., Lindsey-Boltz, L.A., Ünsal-Kaçmaz, K. and Linn, S. (2004) Molecular mechanisms of mammalian DNA repair and the DNA damage checkpoints. *Annu. Rev. Biochem.* 73:39–85.

Stillman, B. (1996) Cell cycle control of DNA replication. *Science* 274:1659–1664.

Symeonidou, I.E., Taraviras, S. and Lygerou, Z. (2012) Control over DNA replication in time and space. *FEBS Lett.* 586:2803–2812.

Yekezare, M., Gómez-González, B. and Diffley, J.F.X. (2013) Controlling DNA replication origins in response to DNA damage—inhibit globally, activate locally. *J. Cell Sci.* 126:1297–1306.

Zhou, B.-B.S. and Elledge, S.J. (2000) The DNA damage response: putting checkpoints in perspective. *Nature* 408:433–439.

変異とDNA修復

16章

16.1 変異の原因

16.2 変異やその他の損傷の修復

ゲノムは**変異**（mutation；突然変異ともいう）による塩基配列の小規模な変化の蓄積により，時とともに変化する動的な存在である。変異とはゲノム中の短い領域で生じた塩基配列の変化を指す（図16.1A）。変異の多くは，あるヌクレオチドが別のヌクレオチドで置き換えられる**点変異**（point mutation）である（単純変異〔simple mutation〕，一部位変異〔single-site mutation〕ともいう）。点変異は2種類に分類される。その1つは**トランジション**（transition；塩基転位）で，プリン塩基から別のプリン塩基，あるいはピリミジン塩基から別のピリミジン塩基への変化（A→G，G→A，C→T，T→C）をいう。もう1つは**トランスバージョン**（transversion；塩基転換）で，プリン塩基からピリミジン塩基，あるいはピリミジン塩基からプリン塩基への変化（A→C，A→T，G→C，G→T，C→A，C→G，T→A，T→G）を指す。そのほかに，1個ないし隣接する数個のヌクレオチドが加わる**挿入変異**（insertion mutation）や，ヌクレオチドが失われる**欠失変異**（deletion mutation）もある。

変異を引き起こす原因としては，DNA複製の誤りや，DNAと反応して個々のヌクレオチドの構造を変えてしまう化学物質や放射線のような**変異原**（mutagen；変異誘発因子）による損傷効果があげられる。すべての細胞には，発生する変異の数を最小限にとどめるために**DNA修復**（DNA repair）を行う酵素がそなわっている。これらの酵素が作用する様式には2通りある。1つは複製前修復（prereplicative repair）といわれ，異常な構造をもつヌクレオチドをDNA上に発見し，複製が起こる前にこれを修正する。もう1つは複製後修復（postreplicative repair）といわれ，新しく合成されたDNAに生じた誤りを発見して修正する（図16.1B）。したがって，変異とは「DNA修復の失敗」の結果とみなすことができる。

変異が発生すると，その細胞に重大な影響を与える可能性がある。ある重要な遺伝子に変異が生じ，その遺伝子にコードされているタンパク質が欠損することで，細胞が死に至ることもありうるだろう。しかし変異によっては細胞の表現型に大した影響を与えないこともあり，まったく影響がみられない場合も多い。第18章で述べるように，致死的でない変異はすべてゲノムの進化に貢献する可能性があるが，そのためには生物が子孫を残す際にこれらの変異が次代に受け継がれる必要がある。細菌や酵母などの単細胞生物の場合，致死的でない，あるいは修復されたゲノム変化はすべて娘細胞に受け継がれ，その細胞を祖先とする子孫細胞の系譜の永続的な特徴となる。それに対して多細胞生物の場合，ゲノム進化において意味をもつのは生殖細胞系列で起こった変異のみである。体細胞に生じたゲノムの変化は進化の点からは重要ではないが，それが生物の健康状態に影響する有害な表現型を示す場合には，生物学的に重要な意義をもつことになる。

この章では論理的に話を進めるため，まず変異を引き起こす原因について述べ，次に変異が修復される仕組みについて説明する。

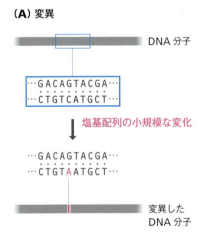

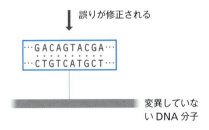

図16.1 変異とDNA修復 （A）変異とはDNA分子の塩基配列に生じた小規模な変化である。ここでは点変異を示すが，他にもいくつかの種類の変異が存在する（本文参照）。（B）DNA修復は，複製の誤りや変異原の作用の結果生じた変異を修正する。

16.1 変異の原因

変異の発生の様式には2通りある。1つはDNA複製の過程で自然発生的に生じる場合で，生じた変異は**自然変異**（spontaneous mutation）といわれる。通常，DNAポリメラーゼには自身が複製フォークで新たに合成したポリヌクレオチド鎖の配列を校正するプルーフリーディング機能がそなわっているが（15.3節），この機能がうまく働かない場合に誤りが生じるのである。娘鎖に取り込まれたヌクレオチドが鋳型DNA上の対応する位置のヌクレオチドと適合せず，正常な塩基対を形成できなくなることから，このような状態は**ミスマッチ**（mismatch）と呼ばれる（図16.2A）。もしミスマッチが修復されずに娘DNA

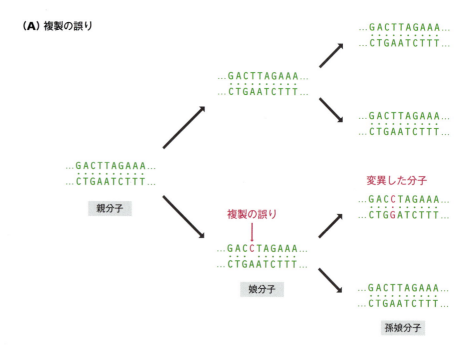

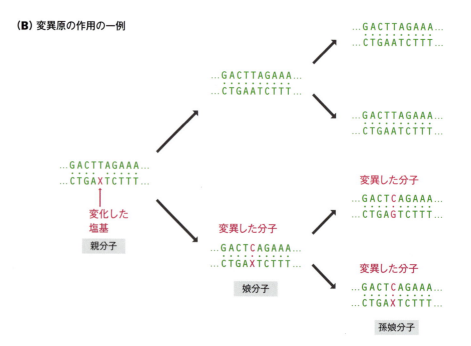

図16.2 変異の例 (A) 複製の誤りは，一方の娘DNA分子においてミスマッチを生じる。この図の場合，鋳型DNA中のアデニンの1つが誤って複製され，本来チミンであるべきところがシトシンに変わっている。このミスマッチを含む分子が複製されると，正しい配列をもつ二重らせんと変異した配列をもつ二重らせんが1本ずつ生じる。(B) 変異原が親分子の下側の鎖の中にあるアデニンの構造を変化させた結果，ヌクレオチドXを生じた。このXはもう一方の鎖中のチミンと塩基対を形成できなくなり，結果としてミスマッチを生じる。この親分子が複製される際，Xがシトシンと塩基対を形成することで変異した娘分子が生じる。この娘分子がさらに複製されると，この変異は両方の孫娘分子に継承されることになる。

分子中に残った場合，次回の DNA 複製で作られる孫娘 DNA 分子の一方は二本鎖がともに変異した状態となり，その先ずっと継承されることになる。

もう 1 つの変異発生様式は，変異原が親 DNA と反応し，ヌクレオチドの塩基対形成能に影響を与えるような構造変化を引き起こす場合である。通常，このような変化は親二本鎖 DNA の片方の鎖のみに生じるため，娘 DNA 分子は一方のみが変異をもつが，次回の DNA 複製で作られる孫娘 DNA 分子は両方とも変異をもつことになる（図 16.2B）。

複製の誤りが点変異の原因となる

純粋に化学反応として考えた場合，相補的な塩基対形成は特段正確なものとはいえない。酵素の助けを借りずに，鋳型に依存して DNA を合成する方法はいまだに開発されていないが，仮にこれを試験管内で単なる化学反応として行うことができたとしたら，その結果として合成されたポリヌクレオチド鎖は 100 塩基あたり 5〜10 カ所もの点変異を含むだろう。この 5〜10％というエラー率は，ゲノム複製としては到底許容できない値である。すなわち，DNA 複製を担う鋳型依存性 DNA ポリメラーゼは，その反応の正確さを桁違いに高めることを要求されている。このことは次のような 2 つの方法によって達成されている。

- DNA ポリメラーゼがもつ正しいヌクレオチドを選択する機構が，鋳型依存性 DNA 合成の正確さを劇的に高めている。この選択がどのように行われているか正確にはわかっていないが，ポリメラーゼのヌクレオチド結合部位の構造が開閉することが関係している。つまり，ポリメラーゼが閉じた構造をとったとき，選ばれたヌクレオチドが鋳型上に配置され，正しい塩基対が形成されるかどうかを確認しているのである。もし塩基の組合せが正しくなければ，合成中のポリヌクレオチド鎖の 3′ 末端に付加される前にそのヌクレオチドは排除される。
- DNA ポリメラーゼがもつプルーフリーディング機能（15.3 節）によって，DNA 合成の正確さはさらに高められる。つまり，DNA ポリメラーゼは 3′→5′ エキソヌクレアーゼ活性をもっているため，厳密なヌクレオチド選択機構を逃れて新生鎖の 3′ 末端に付加されてしまった，誤ったヌクレオチドを除去することができる（図 2.7B 参照）。

大腸菌（*Escherichia coli*）は，ヌクレオチド 10^7 個あたり，わずか 1 個という低いエラー率で DNA を合成することができる。興味深いことに，この誤りは 2 つの娘 DNA 分子に均等に分布しているのではなく，ラギング鎖のほうがリーディング鎖よりも正確に複製される。この理由はよくわかっていないが，ラギング鎖合成のみにかかわる DNA ポリメラーゼⅠ（15.3 節）と主要な複製酵素である DNA ポリメラーゼⅢの反応の正確さの違いというよりは，おそらく 2 本の鎖に生じた誤りを修復する効率の違いが関係していると考えられている。

DNA 合成の間に起こる誤りのすべてがポリメラーゼの責任というわけではない。場合によっては，酵素が鋳型と塩基対を形成できる「正しい」ヌクレオチドを付加しているにもかかわらず，誤りが生じてしまうこともある。これは，個々のヌクレオチド塩基が 2 種類の**互変異性体**（tautomer），すなわち動的平衡状態にある構造異性体のいずれかとして存在しているためである。例えば，チミンにはケト型およびエノール型という 2 種類の互変異性体があり，個々のチミン分子は両異性体の間をときおり遷移している。平衡はケト型の側に大きく偏っているが，時として複製フォークが通過する，まさにそのときに鋳型 DNA にエノール型のチミンが生じることもある。このとき，エノール型のチミンはアデニンではなくグアニンと塩基対を形成する性質があるため，誤りが生じてしまうのである（図 16.3）。同様の問題がアデニンにもあり，まれに生じるイミノ型互変異性体のア

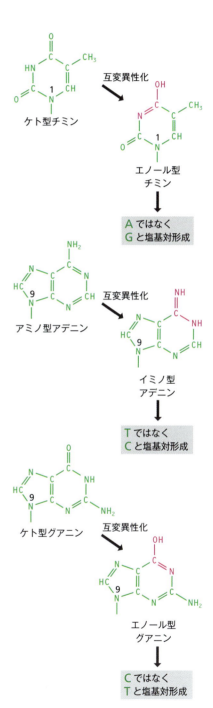

図 16.3 塩基対形成に対する互変異性体の影響 ここに示す 3 つの例では，それぞれの塩基の 2 種類の互変異性体間で塩基対形成の性質が異なっている。シトシンにもアミノ型とイミノ型の互変異性体があるが，両方ともグアニンと塩基対を形成する。

デニンはシトシンと対合しやすく，またグアニンの場合にはエノール型になるとチミンと対合しやすい．これらの稀な互変異性体は DNA 複製後には必然的に通常の異性体に戻り，娘 DNA 分子においてミスマッチを生じることになる．

上述したように，大腸菌における DNA 合成のエラー率は 10^7 回に 1 回である．しかし，大腸菌のゲノム複製全体でのエラー率は $10^{10} \sim 10^{11}$ 回に 1 回とされている．ポリメラーゼのエラー率と比べたときのこの正確さの改善は，新たに複製された DNA を走査してミスマッチが存在する場所をみつけ，複製酵素がおかすわずかな誤りを正してくれるミスマッチ修復系によるものである（16.2 節）．これによって大腸菌のゲノムでは，修復されない誤りが平均して 2,000 回の複製ごとにわずか 1 個しか生じないようになっているのである．

複製の誤りは挿入変異や欠失変異も引き起こす

複製に際して起こる誤りは点変異だけではない．複製の異常により，合成途中のポリヌクレオチド鎖に余分なヌクレオチドが少数挿入されたり，逆に鋳型上のヌクレオチドがいくつか複製されずに読み飛ばされるといったことが起こりうる．遺伝子のコード領域内でこのような挿入や欠失が起こると，その遺伝子が指定するタンパク質を翻訳する際のリーディングフレームをずらしてしまう**フレームシフト変異**（frameshift mutation）を生じる可能性がある（図 16.4）．すべての挿入や欠失について「フレームシフト」という用語が使われがちだが，これは正確とはいえない．なぜなら，3 個（あるいは 3 の倍数個）のヌクレオチドが挿入または欠失した場合には，コドンの追加や欠落，あるいはその領域の両端のコドンの部分的な変化が起きるだけで，タンパク質のリーディングフレームには影響がないからである．さらに，あたりまえのことだが，タンパク質に翻訳される可能性があるリーディングフレーム候補となる領域（オープンリーディングフレーム）以外の場所，たとえばイントロンやゲノムの遺伝子間領域などでも，多くの挿入や欠失が起きている．

挿入変異や欠失変異はゲノムのあらゆる場所で起こる可能性があるが，マイクロサテライト（3.2 節）のように鋳型 DNA が短い反復配列を含む場合にとりわけ起こりやすい．これは反復配列が**複製スリップ**（replication slippage）を引き起こす可能性があるためで，鋳型鎖とそのコピーである新生鎖の相対的な位置関係がずれることにより，鋳型の一部が 2 度コピーされたり，逆にコピーされずに読み飛ばされたりする．その結果，新しく合成されたポリヌクレオチド鎖において，反復単位の数が増えたり減ったりするのである（図 16.5）．このことが，マイクロサテライト配列が多型に富む主要な理由である．複製スリップによってときおり生じる新しい長さの変異配列が，集団内の既存のアレル群のコレクションに追加されていくことになる．

図 16.4　フレームシフト変異　ここでは欠失によって生じたフレームシフト変異を示す．いちばん上の配列では，1 つのコドンを構成する 3 個のヌクレオチドが欠失している．これにより，タンパク質産物はアミノ酸 1 個分だけ短くなるが，その他の配列には影響はない．一方，いちばん下の配列ではヌクレオチドが 1 個だけ欠失しており，これによりフレームシフトが生じている．すなわち，この欠失よりも下流のコドンは終止コドンを含めてすべて変化するため，タンパク質合成は本来の終止コドンの位置では停止せず，先に進んでしまう．3 ヌクレオチドの欠失が隣り合う 2 つのコドンにまたがっていた場合には，結果はさらに複雑になることに注意．例えば，Met-Gly-Lys-Tyr というアミノ酸配列をコードする …ATGGGCAAATAT… という配列から GCA という 3 個のヌクレオチドが欠失した場合を考えてみると，新しい配列は …ATGGAATAT… となり，これは Met-Glu-Tyr をコードする．つまり，2 個のアミノ酸が別の 1 個のアミノ酸によって置き換えられることになる．

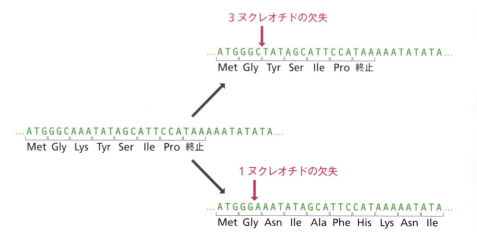

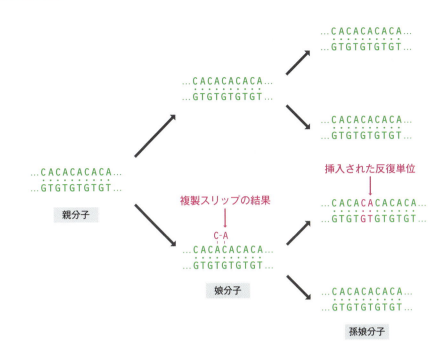

図 16.5 **複製スリップ** この図は，CA という配列が 5 回繰り返したマイクロサテライトの複製を示している。親分子の複製の際にスリップが起こり，娘分子のうちの一方では新しく合成されたポリヌクレオチド鎖に反復配列が 1 単位余分に挿入されている。この娘分子が複製されると，もとの親分子よりも 1 単位長いマイクロサテライトをもつ孫娘分子が生じることになる。

複製スリップは，最近ヒトでみつかった**トリプレットリピート伸長病**（trinucleotide repeat expansion disease）の発症と，少なくとも一部関係している可能性がある。これらは神経変性疾患で，3 塩基を単位とする比較的短い反復配列が，正常の 2 倍ないしそれ以上の長さに伸長することによって発症する。例えば，ヒトの *HTT* 遺伝子には 5′-CAG-3′ という配列が 6～29 回反復している領域があり，タンパク質産物においてはグルタミンが連続した配列をコードしている。ハンチントン病（Huntington disease）ではこの反復数が 38～180 回に増え，ポリグルタミンの長さがのびてタンパク質の機能が損なわれてしまう。ポリグルタミンのコドンの伸長により発症する疾患は，このほかにもいくつか知られている（表 16.1）。また，精神遅滞を伴う疾患の中には，ある遺伝子の 5′ 非翻訳領域に存在する 3 塩基反復配列の伸長によって引き起こされるものがあり，これにより染色

表 16.1　ヒトのトリプレットリピート伸長病の例

座位	反復配列		関連する疾患
	正常型	変異型	
ポリグルタミン伸長（すべて遺伝子のコード領域）			
AR（エクソン 1）	$(CAG)_{13\sim31}$	$(CAG)_{40}$	球脊髄性筋萎縮症
ATN1（エクソン 5）	$(CAG)_{6\sim35}$	$(CAG)_{49\sim88}$	歯状核赤核淡蒼球ルイ体萎縮症
ATXN1（エクソン 8）	$(CAG)_{6\sim39}$	$(CAG)_{41\sim83}$	脊髄小脳失調症 1 型
ATXN3（エクソン 8）	$(CAG)_{12\sim40}$	$(CAG)_{52\sim86}$	マシャド・ジョセフ病
HTT（エクソン 1）	$(CAG)_{6\sim29}$	$(CAG)_{38\sim180}$	ハンチントン病
脆弱部位伸長			
AFF2（5′-UTR）	$(GCC)_{4\sim39}$	$(GCC)_{200以上}$	脆弱 XE 症候群
FMR1（5′-UTR）	$(CGG)_{6\sim50}$	$(CGG)_{200\sim4,000}$	脆弱 X 症候群
その他の伸長			
DMPK（3′-UTR）	$(CTG)_{5\sim37}$	$(CTG)_{40\sim50}$	筋強直性ジストロフィー
FXN（イントロン 1）	$(GAA)_{5\sim30}$	$(GAA)_{70\sim1,000}$	フリードライヒ運動失調症

UTR：非翻訳領域

体が特に切れやすい場所，いわゆる**脆弱部位**（fragile site）が生じる．しかし，この染色体の切断が疾患を引き起こすわけではない．脆弱 X 症候群（fragile X syndrome）や脆弱 XE 症候群（fragile XE syndrome）では，3 塩基反復配列の伸長が遺伝子の上流にある CpG アイランドの異常なメチル化を引き起こすため，この遺伝子の発現が抑制されてタンパク質が作られなくなってしまうのである．反復配列の伸長がイントロンや 3′ 非翻訳領域で起こる場合も知られており，多くはその遺伝子の発現や mRNA のプロセシングに影響を与える．1 つの例外は *DMPK* 遺伝子の 3′ 非翻訳領域における伸長で，*DMPK* mRNA 自身の転写やプロセシングには影響せずに，他の RNA のスプライシングが妨げられる．この理由はわかっていないが，*DMPK* mRNA の伸長した部分がスプライシングにかかわるタンパク質因子に結合することで正常な標的 RNA に作用することができなくなる，あるいはこれらのタンパク質因子と標的 RNA との結合を制御するシグナル伝達経路が何らかの形で損なわれている，といった可能性が考えられる．最後に，疾患の発症にかかわる変異でもっと長い配列の伸長によるものも少数だが知られている．例えば進行性ミオクローヌスてんかん（progressive myoclonus epilepsy）では，*CSTB* 遺伝子のプロモーター領域に存在する CCCCGCCCCGCG という配列の繰り返しが，通常は 2～3 回のところ 30 回以上に伸長している．

　3 塩基反復配列の伸長がどのようにして起こるのかは，詳しくはわかっていない．この伸長は，マイクロサテライト配列でみられるような通常の複製スリップによるものと比べると，はるかに規模が大きい．そして，いったん伸長がある程度の長さに達すると，その後の複製でさらに伸長が起こりやすくなるようであり，患者の家系では世代を経るにしたがって症状が重篤になっていく．反復配列の伸長は細胞が分裂を休止していても，つまり，ゲノムを活発に複製していない細胞でも起こりうる．当初，非分裂細胞で起こる伸長は，DNA の**二本鎖切断修復**（double-strand break repair）の副産物として生じるのではないかと考えられていたが，この仮説を支持する証拠は得られていない．現在ではむしろ，除去修復（変異を含む DNA 断片を除去し，生じた一本鎖ギャップを DNA 鎖の再合成により埋める修復様式；16.2 節）の過程で伸長が起こりうるという考えが有力視されている．除去された断片が 3 塩基反復領域の一部または全体を含んでいれば，修復過程における DNA 合成段階で起こる複製スリップが反復配列の伸長につながる可能性がある．

変異は化学的変異原や物理的変異原によっても起こる

　環境中に存在する天然の化学物質の多くは変異原性をもっているが，これに加えて近年では人類の工業活動によって新たな化学的変異原が生み出されている．放射線のような物理的要因もまた変異原性をもつ．ほとんどの生物は多かれ少なかれこれらの変異原にさらされており，その結果としてゲノムが損傷を受けている．

　変異原とは，「変異を引き起こす化学的または物理的な要因」と定義される．変異を引き起こすことはないが細胞に損傷を与える他の環境中の要因は変異原とは明確に区別されることから，この定義は重要である（表 16.2）．この分類のしかたでは一部重複も生じるが（例えば，ある種の変異原は発がん性物質でもある），それぞれの要因は固有の生物学的効果をもっている．さらにこの変異原の定義により，DNA に損傷を起こしても変異は引き起こさないような要因も，真の変異原とは区別される．例として，DNA 分子の切断を起こすようなものがあげられるが，このような損傷は DNA 複製を停止させ，細胞死を引き起こすものの，厳密な意味での変異ではない．したがって，それを引き起こす要因は変異原とは呼べないのである．

　変異原が変異を引き起こす様式には 3 通りある．

- 一部の変異原は**塩基類似体**（base analog）として働き，複製フォークで新たに

表 16.2　細胞に損傷を引き起こす環境物質の分類

物質	細胞への影響
発がん性物質	がん（真核細胞の悪性形質転換）を引き起こす
染色体異常誘発物質	染色体の断片化を引き起こす
変異原物質	変異を引き起こす
造腫瘍性物質	腫瘍形成を誘導する
催奇形性物質	発生異常を引き起こす

　　DNA が合成される際に誤って基質として利用される。
- DNA と直接反応し，DNA 複製の際に鋳型鎖のコピーに誤りを生じさせるような構造変化を引き起こす変異原もある。以下で個々の変異原についてみていくが，この構造変化は実にさまざまである。
- さらにある種の変異原は DNA に間接的に作用する。これらの変異原そのものは DNA の構造に影響を与えないが，変異原性をもつ化学物質（例えば過酸化物）を細胞に合成させる。

変異原には膨大な種類があるため，すべてを包括した分類法を考案することは困難である。そこで，ここでは代表的なものだけを取り上げることにする。化学的変異原には次のようなものがある。

- **塩基類似体**はプリン塩基やピリミジン塩基で，DNA の標準的な塩基に構造が似ているため，細胞内で合成されるヌクレオチドに取り込まれる。このようにして生じた異常なヌクレオチドは，ゲノム複製の際に DNA 合成の基質となりうる。例えば，**5-ブロモウラシル**（5-bromouracil：5-bU；図 16.6A）はチミンと同様の塩基対形成が可能であり，娘鎖の合成の際に鋳型のアデニンの向かい側に付加される。5-bU の変異原性は，2 つの互変異性体間の平衡が，通常のチミンでは非常に稀少なエノール型のほうにより偏っていることによる。これは，次の複製時にポリメラーゼがエノール型 5-bU に出会う確率が高くなることを意味するが，エノール型の 5-bU はチミンの場合と同様にアデニンよりもグアニンと対合しやすく（図 16.6B），そのため点変異が引き起こされることになる（図 16.6C）。**2-アミノプリン**（2-aminopurine）も同様である。これはアデニン類似体で，アミノ型の互変異性体はチミンと対合するが，イミノ型になるとシトシンと対合する。2-アミノプリンではイミノ型のほうがアミノ型よりも多く存在するため，結果として 2-アミノプリンの取り込みはチミンからシトシンへのトランジションの頻度を上昇させる。
- **脱アミノ剤**（deaminating agent）も点変異を引き起こす。ゲノム DNA 分子では，塩基の脱アミノ（アミノ基の除去）が自発的にある程度起こっているが，その反応は亜硝酸のような化学物質によって促進される。亜硝酸は大気中の窒素から生成され，換気の悪い部屋などの閉鎖空間で蓄積する可能性があり，アデニン，シトシン，グアニンを脱アミノする（チミンにはアミノ基がないので脱アミノされない）。一方，別の脱アミノ剤である亜硫酸水素ナトリウムはシトシンのみに作用する。グアニンが脱アミノされるとキサンチンが生じるが，これが鋳型ポリヌクレオチド鎖に存在するとそこで複製が止まってしまうため，結果として変異原性は示さない。それに対して，アデニンが脱アミノされるとヒポキサンチンとなり（図 16.7），これはチミンよりもシトシンと対合しやすい。また，シトシンの脱アミノはウラシルを生じ，これはグアニンではなくアデニンと対合しやすくなる。したがって，これら 2 種

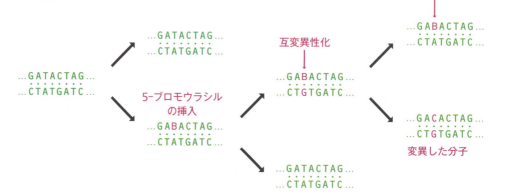

図16.6 5-ブロモウラシルとその変異原性

(A) 5-ブロモウラシル

(B) 5-ブロモウラシルとの塩基対形成

ケト型 5-ブロモウラシル　　アデニン　　エノール型 5-ブロモウラシル　　グアニン

(C) 5-ブロモウラシルの変異原性

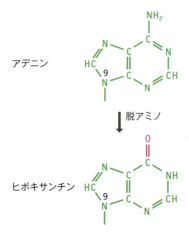

図16.7 **ヒポキサンチンはアデニンの脱アミノにより生成される**　ヒポキサンチンを含むヌクレオシドは**イノシン**（inosine）と呼ばれる。

類の塩基の脱アミノは，鋳型鎖がコピーされる際に点変異を生じることになる。

- **アルキル化剤**（alkylating agent）は，点変異を起こす可能性がある第3の種類の変異原である。**エチルメタンスルホナート**（ethyl methanesulfonate：**EMS**）やジメチルニトロソアミン，殺虫剤としても用いられるハロゲン化メチルなどの化学物質は，DNA分子中のヌクレオチドにアルキル基を付加する。アルキル化の影響は，ヌクレオチドが修飾される位置や付加されるアルキル基の種類によって異なる。ある種のメチル化はヌクレオチドの塩基対形成に影響を与えないため，変異原性を伴わない。一例としてシトシンから5-メチルシトシンへの変換があげられるが，これは脊椎動物や植物のゲノムで幅広く起こっており，遺伝子発現の抑制と関連している（10.3節）。その一方で，修飾されたヌクレオチドの塩基対形成能を変化させ，結果として点変異を引き起こすようなメチル化も存在する。さらに，アルキル化がDNA分子の二本鎖間に架橋を形成したり，単に複製複合体の進行を妨げることでDNA複製を停止させる場合もある。

- **インターカレート剤**（intercalating agent）と呼ばれる物質は，挿入変異を引き起こすことが多い。この種の変異原で最も有名なものが**臭化エチジウム**（ethidium bromide）で，これは紫外線を照射すると蛍光を発するので，アガロースゲル電気泳動後にDNAのバンドの位置を観察するために使われてきた。臭化エチジウムや他のインターカレート剤は平面状の構造をした分子で，DNA二重らせんの塩基対

間の隙間に入り込んでらせんを少し巻き戻し，このため隣接する塩基対間の距離が広がることになる（図16.8）。

次に，最も重要な物理的変異原としては以下のようなものがあげられる。

- 波長260 nmの紫外線照射は，隣接したピリミジン塩基間の二量体化を引き起こす。特にチミンどうしが隣接している場合には，**シクロブタン型二量体**（cyclobutane-type dimer）を生じる（図16.9A）。このような二量体はほかのピリミジン塩基の組合せでも生じ，その起こりやすさは5′-CT-3′＞5′-TC-3′＞5′-CC-3′ の順である。一方，プリン二量体はそれほど生じない。紫外線照射による二量体化は通常，構造が変化した鎖が複製される際に欠失変異を引き起こす。紫外線によって生じるもう1つの**光産物**（photoproduct）として，隣接するピリミジン塩基の一方の4位炭素と他方の6位炭素とが共有結合した**(6-4)損傷**（(6-4) lesion）が知られている（図16.9B）。

- 電離放射線は，その種類と強度によりDNAにさまざまな影響を与える。点変異，挿入変異，欠失変異に加えて，ゲノムの複製を阻害するより重度のDNA損傷を引き起こす可能性がある。電離放射線の中にはDNAに直接作用するものもあれば，過酸化物のような反応性の高い物質の生成を促進することで間接的に作用するものもある。

- 熱は，ヌクレオチドの塩基と糖の間をつなぐβ-N-グリコシド結合の加水分解を促進する（図16.10A）。この反応はプリン塩基のほうがピリミジン塩基よりも起こりやすい。塩基の遊離により**AP部位**（apurinic/apyrimidinic site：脱プリン/脱ピ

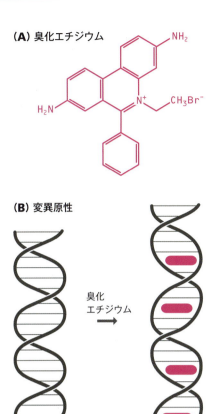

図16.8 臭化エチジウムの変異原性 (A) 臭化エチジウムは平面状の構造をした分子で，二重らせんの塩基対間の隙間に入り込むことができる。(B) らせんに挿入した臭化エチジウム分子を横からみたところ。挿入により隣接する塩基対間の距離が広がることに注意。

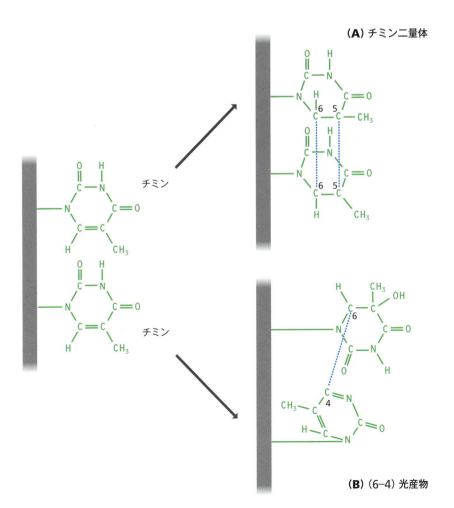

図16.9 紫外線照射によって生じる光産物 ポリヌクレオチド鎖内で隣接している2つのチミン塩基を示す。(A) シクロブタン型チミン二量体は，紫外線によって形成された2本の共有結合を含む。一方は6位の炭素どうしを，もう一方は5位の炭素どうしを結びつけている。(B) (6-4)光産物では，一方のチミンの6位の炭素と，隣接するチミンの4位の炭素の間で共有結合が形成されている。

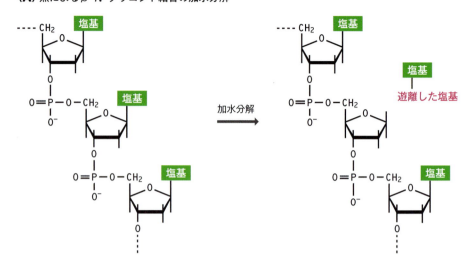

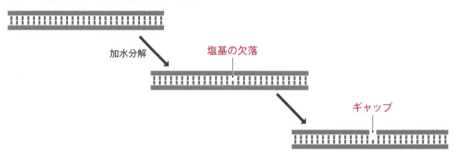

図16.10 熱の変異原性 (A) 熱はβ-N-グリコシド結合の加水分解を引き起こし，これによりポリヌクレオチド鎖に塩基欠落部位が生じる。(B) 熱による加水分解が二本鎖DNA分子に及ぼす影響を示した模式図。塩基欠落部位は不安定であり，これが分解することで片方の鎖にギャップが生じる。

リミジン部位），あるいは**塩基欠落部位**（baseless site）とも呼ばれる部位が生じる。残された糖-リン酸部分は不安定ですぐに分解されてしまい，DNAが二本鎖であればそこにギャップが生じることになる（図16.10B）。しかし，この反応には通常，変異原性はない。というのも，細胞にはこのようなギャップを修復するための効果的な機構（16.2節）がそなわっており，それゆえヒトの細胞では1個あたり1日に1万ものAP部位が発生していることを考慮しても安心なのである。

16.2 変異やその他の損傷の修復

きわめて多様な様式でゲノムに変異が生じてしまうことを学んできたが，ゲノムを修復するためにも同様に多種多様な仕組みがあることを知れば安心できるだろう。ゲノムが複製時に起こる誤りや膨大な数の損傷を毎日受けていることを考えれば，細胞が効率的な修復系をもつことは必要不可欠といえる。これらの修復系なしでは，DNA損傷によって重要な遺伝子の機能が損なわれ，ゲノムがその基本的な細胞機能を維持できなくなるまでに数時間しかもたないだろう。同様に，細胞が数回分裂するだけで，ゲノムがその機能を失ってしまうほど多くの複製の誤りが蓄積してしまうだろう。

ほとんどの細胞には，以下の4種類のDNA修復系がそなわっている（図16.11）。

- **直接修復**（direct repair）では，その名前からわかるように，損傷を受けたヌクレオチドに直接作用して，もとの構造に変換しなおす。

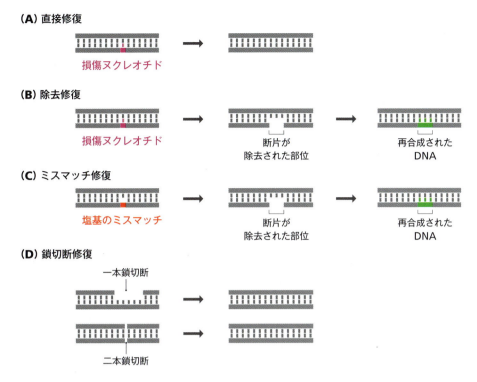

図 16.11 　4 種類の DNA 修復系

- **除去修復**（excision repair）では，ポリヌクレオチド鎖の損傷部位が除去されたのち，DNA ポリメラーゼによって正しい塩基配列が再合成される．
- **ミスマッチ修復**（mismatch repair）は複製の誤りを修正するもので，適合しないヌクレオチドを含むある程度の長さの一本鎖 DNA を除去したうえで，生じたギャップを修復する．
- **鎖切断修復**（break repair）は，DNA の一本鎖および二本鎖切断を修復するために使われる．

直接修復系は DNA 鎖のニックをつなぎ，ある種のヌクレオチド修飾を修正する

化学的または物理的な変異原によって引き起こされる大部分の DNA 損傷の修復には，図 16.11B に示したように，損傷ヌクレオチドの除去とそれに続く DNA 鎖の再合成が必要である．損傷したヌクレオチドのうち，直接修復できるものはわずかしかない．例えば，DNA 鎖に生じた**ニック**（nick；切れ目）は DNA リガーゼによって修復されるが，修復できるのはニックの両側に無傷の 5′-リン酸基と 3′-ヒドロキシ基が残るようにホスホジエステル結合が切断された場合に限られる（図 16.12）．電離放射線の効果によって生じるニックでは，このような構造がしばしばみられる．

ある種のアルキル化損傷も，もとの構造に直接戻すことが可能である．そのような修復は，アルキル基をヌクレオチドから自身のポリペプチド鎖に転移させる酵素によって行われる．このような活性をもつ酵素は多くの生物で知られており，その 1 つである大腸菌の酵素 Ada は，この菌が DNA 損傷に応答して活性化される適応過程に関与している．Ada はチミンの 4 位やグアニンの 6 位についた酸素原子に結合したアルキル基を取り除くほか，アルキル化されたホスホジエステル結合も修復できる．このアルキル基の転移は不可逆的であり，すなわち Ada は 1 度その生化学反応を行ったら不活性化されてしまう**自殺酵素**（suicide enzyme）の一例である．しかし，アルキル化された Ada は今度は転写因子として働くようになり，Ada 自身とほかの 3 種類の修復タンパク質の遺伝子を含む

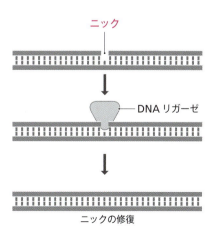

図 16.12 　DNA リガーゼによるニックの修復

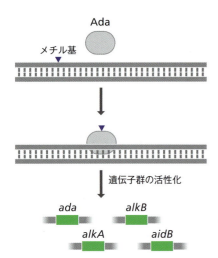

図 16.13　大腸菌の酵素 Ada によって促進される適応応答　ヌクレオチドから Ada にアルキル基が転移されると，この酵素は *ada* レギュロンを活性化させる転写因子として働くようになる。レギュロンとは，共通の転写因子（もしくは転写因子群）によって制御される一群の遺伝子で，オペロンとは違って互いに近接していないものを指す。*ada* 遺伝子は Ada をコードする。このレギュロンに属する他の遺伝子としては，塩基除去修復に関与する DNA グリコシラーゼをコードする *alkA*，別の種類のアルキル化修復酵素をコードする *alkB*，機能不明な *aidB* がある。

ada レギュロン（*ada* regulon）を活性化させる（図 16.13）。これらの遺伝子の活性化が適応応答を引き起こすのである。真核生物にもアルキル化修復酵素があり，一例としてヒトの O^6-メチルグアニン DNA メチルトランスフェラーゼ（O^6-methylguanine-DNA methyltransferase：MGMT）は，その名前からわかるように，グアニンの 6 位についた酸素原子からアルキル基を取り除く。真核生物の酵素については転写への影響は認められず，アルキル化されると単に分解される。

最後に，シクロブタン型二量体は**光回復**（photoreactivation）と呼ばれる光依存性の直接修復系によって修復される。大腸菌では **DNA フォトリアーゼ**（DNA photolyase；正式名称はデオキシリボジピリミジンフォトリアーゼ）と呼ばれる酵素がこの反応にかかわっている。波長 300〜500 nm の光の刺激によってこの酵素はシクロブタン型二量体に結合し，本来の単量体ヌクレオチドに復帰させる。DNA フォトリアーゼには，補因子として葉酸を含むものと，フラビン化合物を含むものの 2 種類が存在する。いずれの補因子も光エネルギーを捕捉し，これを利用して電子をシクロブタン型二量体に受け渡すことで単量体への開裂を引き起こす。光回復は幅広い生物にみられるが，普遍的な修復様式ではない。この系は多くの細菌に存在するが，すべてというわけではなく，また脊椎動物を含めてかなりの種類の真核生物でも存在が知られているが，ヒトやその他の有胎盤哺乳類にはないようである。似たような光回復として，**(6–4) 光産物フォトリアーゼ**（(6–4) photoproduct photolyase）による (6–4) 損傷の修復がある。大腸菌にもヒトにもこの酵素はないが，他のさまざまな生物がこれをもっている。

塩基除去修復はさまざまな損傷ヌクレオチドを修復する

損傷の直接的な修正は重要ではあるが，ほとんどの生物がもつ DNA 修復機構の中では全体のごく一部にすぎない。それに比べると除去修復系ははるかに一般的で，広範な変異を修正することができる。

塩基除去修復（base excision repair）は，この種の修復系の中では最も単純なもので，例えばアルキル化剤や電離放射線への曝露によって生じるような比較的軽微な損傷の修復に用いられる。塩基除去修復にはいくつかの様式があり，損傷塩基のみが置き換えられる**ショートパッチ修復**（short-patch repair）と，損傷塩基を含む 10 個程度までのヌクレオチドの除去と再合成が起こる**ロングパッチ修復**（long-patch repair）に大きく分けられる。いずれの修復経路も，損傷塩基とヌクレオチドの糖部分をつなぐ β-*N*-グリコシド結合を切断する **DNA グリコシラーゼ**（DNA glycosylase）によって開始される。この反応は，熱誘導性の AP 部位の発生と同等の効果をもつものである（図 16.10A 参照）。個々の DNA グリコシラーゼには一定の特異性があり（表 16.3），ある細胞がもつさまざまなグリコシラーゼの特異性によって，この経路で修復できる損傷ヌクレオチドの範囲が規定される。ほとんどの生物では，ウラシル（脱アミノされたシトシン）やヒポキサンチン（脱アミノされたアデニン）のような脱アミノ塩基，5-ヒドロキシシトシンやチミングリコールのような酸化反応産物，3-メチルアデニンや 7-メチルグアニンのようなメチル化塩基をこの系で処理できる。塩基除去修復にかかわる DNA グリコシラーゼのほとんどは，DNA 二重らせんの副溝に沿って移動しながら損傷ヌクレオチドを探すと考えられているが，なかには複製酵素に付随しているものもあるようである。

DNA グリコシラーゼはまず異常な構造の塩基をらせんの外側の位置にはじきだし，次にそれをポリヌクレオチド鎖からとりはずすことで損傷塩基を除去する。これにより AP 部位（塩基欠落部位）が生じる。ショートパッチ経路では，2 通りの様式によりこの AP 部位が 1 ヌクレオチド分のギャップに変換される。

- 大腸菌のエキソヌクレアーゼⅢやエンドヌクレアーゼⅣ，あるいはヒトの APE1

表 16.3　哺乳類の DNA グリコシラーゼの例

DNA グリコシラーゼ	特異性
MBD4	ウラシル
MPG	エテノアデニン，ヒポキサンチン，3-メチルアデニン，3-メチルグアニン，7-メチルグアニン
NEIL1	チミングリコール，ホルムアミドピリミジン，8-オキソグアニン，5-ヒドロキシウラシル，ジヒドロキシウラシル
NTHL1	5-ヒドロキシシトシン，5-ヒドロキシウラシル，ホルムアミドピリミジン，チミングリコール
OGG1	ホルムアミドピリミジン，8-オキソグアニン
SMUG1	ウラシル
UNG	ウラシル，5-ヒドロキシウラシル

のような **AP エンドヌクレアーゼ**（AP endonuclease）は，AP 部位の 5′ 側のホスホジエステル結合を切断する（図 16.14A）。ある種の AP エンドヌクレアーゼは，さらに損傷ヌクレオチドの最後の残骸であるリボースを AP 部位から取り除くことができるようであるが，それ以外はこのような能力をもたず，糖と隣接するヌクレオチドの間のホスホジエステル結合を切断する別の酵素である**ホスホジエステラーゼ**（phosphodiesterase）と協力して働く。それに対して，真核生物では DNA ポリメラーゼβがもつ**リアーゼ**（lyase）活性により，このリボースを除去することができる（図 16.14B）。

- DNA グリコシラーゼが 2 種類の機能を有していれば，この酵素は（おそらく損傷塩基の除去と同時に）AP 部位の 3′ 側を切断することができる。この切断に続いて，ホスホジエステラーゼや DNA ポリメラーゼβ，あるいは大腸菌では DNA ポリメラーゼⅠがもつ 5′→3′ エキソヌクレアーゼ活性によってリボースが取り除かれる。どちらの方法をとるにせよ，生じた 1 ヌクレオチド分のギャップは DNA ポリメラーゼによって埋められるが，このとき，DNA 分子のもう一方の鎖上の無傷の塩基との塩基対

図 16.14　**塩基除去修復**　損傷した塩基が DNA グリコシラーゼによって除去された後，塩基除去修復は以下の 3 つの経路のいずれかにより進行する。(A) AP エンドヌクレアーゼが，AP 部位の 5′ 側のホスホジエステル結合を切断する。その後，AP エンドヌクレアーゼ，ホスホジエステラーゼ，もしくは DNA ポリメラーゼβのリアーゼ活性によってリボースが除去される。(B) もう 1 つのショートパッチ経路では，2 種類の機能を有する DNA グリコシラーゼによりリボースの 3′ 側で最初の切断が起こる。その後，ホスホジエステラーゼ，DNA ポリメラーゼβのリアーゼ活性，もしくは DNA ポリメラーゼⅠの 5′→3′ エキソヌクレアーゼ活性によってリボースが除去される。(C) ロングパッチ経路は，AP エンドヌクレアーゼによる 5′ 側の切断で開始される。その後，ラギング鎖の複製と同様の反応過程により，AP 部位からはじまる 2〜10 個のヌクレオチドの除去と再合成が起こる。

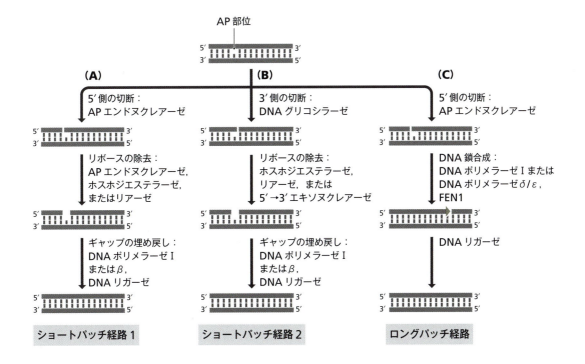

形成によって正しいヌクレオチドの挿入が保証される。このギャップを埋める酵素は大腸菌では DNA ポリメラーゼⅠ，哺乳類では DNA ポリメラーゼβである。ギャップが埋められた後，最後のホスホジエステル結合の形成が DNA リガーゼによって行われる。

ロングパッチ経路では，DNA グリコシラーゼ活性によって生じた AP 部位の 5′ 側が AP エンドヌクレアーゼによって切断されるが，それ以上の切断は起こらない。その代わり，ラギング鎖の複製（15.3 節）に類似したやり方で，まず損傷部位への最初のヌクレオチドの挿入に続き，計 2～10 個の新しいヌクレオチドが合成される（図 16.14C）。細菌ではこの合成は DNA ポリメラーゼⅠによって行われ，置き換えられるポリヌクレオチド断片はこの酵素がもつ 5′→3′ エキソヌクレアーゼ活性によって分解される。真核生物では，DNA ポリメラーゼδまたはεがこの断片を押しのけながら新生鎖を合成し，その結果生じたフラップ構造はフラップエンドヌクレアーゼ 1（FEN1）によって切り取られる。塩基除去の主要な経路はショートパッチ修復のようであるが，2 つの経路間の選択は，少なくとも部分的にはその修復反応を開始した DNA グリコシラーゼの性質によって影響を受ける。

ヌクレオチド除去修復はより大規模な損傷の修復に利用される

ヌクレオチド除去修復（nucleotide excision repair）は塩基除去修復と比べてはるかに幅広い特異性をもち，鎖間架橋や大きな化学基の結合により修飾された塩基など，より重度の損傷を処理することができる。この機構はシクロブタン型二量体の修復も可能であり，この**暗修復**（dark repair）と呼ばれる過程は，ヒトなどの光回復系をもたない生物に対してこの種の損傷を修復するための手段を与えている。

ヌクレオチド除去修復では，損傷を受けたヌクレオチドを含む一本鎖 DNA 断片が切り出され，新しい DNA に置き換えられる。したがって，まず最初に選択的な塩基の除去が起こるわけではない点，また比較的長いポリヌクレオチド鎖が切り出されるという点を除けば，この過程は塩基除去修復とよく似ている。最もよく研究されているヌクレオチド除去修復の例としては，大腸菌のショートパッチ機構があげられる。この過程は，切り出されるポリヌクレオチド断片やその後に再合成される領域の長さが，通常 12 ヌクレオチドと比較的短いことからこのように呼ばれている。しかし，ヌクレオチド除去修復のショートパッチ機構と塩基除去修復のロングパッチ経路で置き換えられる DNA 断片の長さがそれほど変わらないことを考えると，このように塩基除去修復とヌクレオチド除去修復で同じ用語を使うのはあまり適切とはいえない。

ショートパッチ修復は，**UvrABC エンドヌクレアーゼ**（UvrABC endonuclease；エクシヌクレアーゼ〔excinuclease〕とも呼ばれる）という酵素複合体によって開始される。まず最初に，2 分子の UvrA と 1 分子の UvrB からなる三量体タンパク質が損傷部位の DNA に結合する。損傷部位がどのようにして認識されるのかはよくわかっていないが，この反応の特異性が非常に幅広いことから，個々の損傷の種類を直接見分けているのではなく，例えば二重らせんのゆがみのような DNA 損傷のより一般的な特性をみているに違いない。この複合体の構成成分の中で UvrA はもっぱら損傷部位の探索にかかわっているらしく，いったん損傷部位をみつけると UvrA は複合体から離れてしまい，それ以後の修復過程には関与しない。UvrA が解離すると UvrC が結合できるようになり（図 16.15），形成された UvrBC 二量体が損傷部位の両側でポリヌクレオチド鎖を切断する。最初に UvrB が損傷ヌクレオチドの下流側 5 番目のホスホジエステル結合を切断し，続いて UvrC が上流側 8 番目のホスホジエステル結合を切断する。結果として 12 ヌクレオチドが切り出されるが，特に UvrB の切断部位により，この数は多少変わる場合もある。切断された領域は，DNA ヘリカーゼⅡ（UvrD とも呼ばれる）によりオリゴヌクレオチド

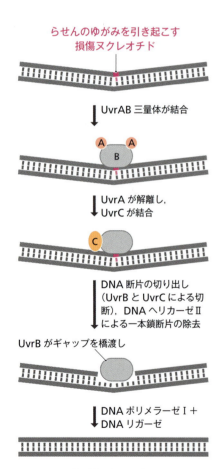

図 16.15　大腸菌におけるショートパッチヌクレオチド除去修復　損傷したヌクレオチドがらせんのゆがみを引き起こし，このゆがみがショートパッチ機構を開始する UvrAB 三量体による認識シグナルの 1 つになると考えられている。A は UvrA，B は UvrB，C は UvrC を表す。

の状態で取り除かれるのが普通であるが，この酵素はDNA断片をもう一方の鎖につなぎ止めている塩基対を壊すことでこの断片をとりはずしているものと考えられる．UvrCもこの段階ではずれるが，UvrBはそのまま残り，断片の除去によってできたギャップを橋渡しするように結合する．これは露出した一本鎖領域がその内部で塩基対形成するのを防ぐためと考えられているが，この一本鎖領域が損傷を受けるのを防いだり，DNAポリメラーゼを必要な場所に導くといった役割をUvrBが担っている可能性もある．塩基除去修復と同様にギャップはDNAポリメラーゼIによって埋められ，最後のホスホジエステル結合がDNAリガーゼによって形成される．加えて，大腸菌のヌクレオチド除去修復にはロングパッチ機構も存在する．この系にもUvrタンパク質が関与するが，切除されるDNAの長さが2kbにも及ぶ点でショートパッチ機構とは異なる．ロングパッチ修復の研究はあまり行われておらず，その反応過程は詳細にはわかっていないが，単一ヌクレオチドの損傷だけでなく，ある領域で複数のヌクレオチドがまとめて構造変化した場合など，より幅広い損傷に対して作用するものと考えられている．

　真核生物ではヌクレオチド除去修復の反応過程は1種類のみで，長さ24〜32ヌクレオチドのDNA鎖の置き換えが起こる．この系は大腸菌に比べてはるかに複雑であり，これに関与するタンパク質には，見たところUvrタンパク質ファミリーとの相同性は認められない．ヒトでは少なくとも16種類のタンパク質が関与しており，そのうちのいくつかが複合体を形成してDNA損傷を探索する．その後，損傷部位が切り出されるが，下流側の切断部位は通常，大腸菌と同じ位置，すなわち5番目のホスホジエステル結合であるのに対して，上流側は22ヌクレオチドも離れた遠い位置が切断されるため，結果としてより長い断片が除去されることになる．切断位置は多少変わる場合もあり，したがって置き換えられるDNA断片の長さにもある程度の幅がある．損傷部位の両側の切断は，いずれもDNA分子の一本鎖領域と二本鎖領域の境界部を特異的に切断するエンドヌクレアーゼによって行われる．このことは，切断が起こる前に損傷部位周囲のDNAがほどけて一本鎖となることを示している（図16.16）．このDNA鎖をほどくヘリカーゼ活性は，転写因子IIH（transcription factor IIH：TFIIH）に含まれるXPBおよびXPDという2種類のタンパク質がもつもので，生じた一本鎖領域はDNA鎖が切断されるまでTFIIHにより安定化される．その後，ギャップはDNAポリメラーゼδまたはεにより埋められる．TFIIHは，RNAポリメラーゼII転写開始複合体（12.2節）の構成成分の1つでもある．当初，TFIIHは単に細胞内で2つの役割を果たしているだけで，転写と修復での働きは別々のものと思われていたが，現在ではこの2つの過程の間にはより直接的な関連があるものと考えられている．このような考えは，活発に転写されている遺伝子の鋳型鎖に生じたある種の損傷を修復する**転写共役修復**（transcription-coupled repair）の発見により支持されている．転写共役修復と上述したゲノム全体のヌクレオチド除去修復経路との唯一の違いは，転写と共役した過程で修復される損傷をみつけるのは後者で働く監視役のタンパク質ではなく，損傷部位に近づいてきて停止したRNAポリメラーゼによって最初のシグナルが発せられるという点にある．

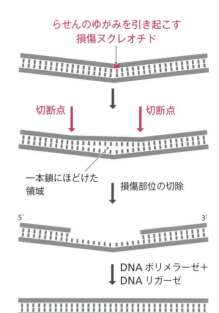

図16.16　真核生物のヌクレオチド除去修復の概要　損傷部位を除去するエンドヌクレアーゼは，DNA分子の一本鎖領域と二本鎖領域の境界部を特異的に切断する．すなわち図に示すように，XPBおよびXPDという2種類のDNAヘリカーゼの働きにより，損傷したヌクレオチドの両側でDNAがほどかれて一本鎖の状態になっている．

ミスマッチ修復は複製の誤りを修正する

　これまでみてきたそれぞれの修復系（直接修復，塩基除去修復，ヌクレオチド除去修復）は，変異原によって引き起こされたDNA損傷を認識して作用するものである．これらの修復系は，修飾されたヌクレオチド，シクロブタン型二量体，らせんのゆがみといった異常な化学構造を見分けている．一方，これらは複製の誤りによって生じるミスマッチを修正することはできない．というのも，ミスマッチした塩基対を構成するヌクレオチド自体は決して異常なものではなく，単に通常のA，C，G，Tが間違ったところに挿入された

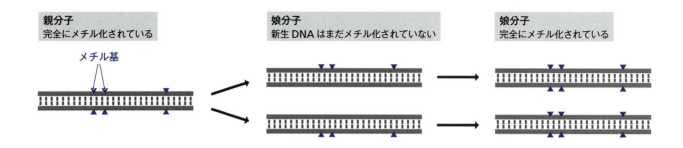

図 16.17 **大腸菌における親鎖と娘鎖の識別**　大腸菌では新しく合成された DNA のメチル化は複製後すぐには起こらないため、この間にミスマッチ修復タンパク質が娘鎖を認識し、複製の誤りを修正する。

だけだからである。これらのヌクレオチドはみかけ上、他のヌクレオチドとまったく同じなので、複製の誤りを正すミスマッチ修復系はミスマッチしたヌクレオチドそのものではなく、親鎖と娘鎖の間で塩基対が形成できていないことをみつける必要がある。いったんミスマッチをみつけたら、この修復系は塩基除去修復やヌクレオチド除去修復と同様に、娘鎖の一部を切り出してギャップを埋める。

　ここで 1 つ重要な疑問が残る。親鎖の配列は正しく、誤りが起こるのは新生鎖であるから、修復は娘鎖に対して起こる必要がある。では、修復機構は、どのようにして親鎖と娘鎖を識別するのだろうか。大腸菌の場合、娘鎖はこの段階ではメチル化されていないので、完全にメチル化された親鎖と区別できる、というのがその答えである。大腸菌の DNA は、**DNA アデニンメチラーゼ**（DNA adenine methylase：**Dam**）と **DNA シトシンメチラーゼ**（DNA cytosine methylase：**Dcm**）の活性によりメチル化されている。前者は 5′-GATC-3′ という配列中のアデニンを 6-メチルアデニンに、後者は 5′-CCAGG-3′ および 5′-CCTGG-3′ という配列中のシトシンを 5-メチルシトシンにそれぞれ変換する。このメチル化には変異原性はなく、修飾を受けたヌクレオチドは非修飾のものと同様に塩基対を形成できる。DNA 複製と娘鎖のメチル化の間には時間的なずれがあり、その間に修復系がミスマッチを探し出し、メチル化されていない娘鎖のほうに必要な修正を加えるのである（図 16.17）。

　大腸菌には少なくとも 3 種類のミスマッチ修復系が存在し、切り出しおよび再合成される DNA 断片の相対的な長さにより、それぞれ「ロングパッチ」、「ショートパッチ」、「超ショートパッチ（very short patch）」修復と呼ばれる。ロングパッチ修復系は 1 kb ないしそれ以上の長さの DNA 鎖の置き換えを伴い、MutH、MutL、MutS タンパク質に加え、ヌクレオチド除去修復にも登場した DNA ヘリカーゼ II を必要とする。MutS はミスマッチの認識、MutH はメチル化されていない 5′-GATC-3′ 配列に結合することで 2 本の鎖の識別を行っている（図 16.18）。MutL の役割は、MutS がみつけだしたミスマッチ塩基対部位の近傍にある非メチル化 5′-GATC-3′ 配列のみに MutH が結合するよう、この 2 つのタンパク質の働きを調節することである。DNA に結合した後、MutH はこの配列中のグアニンのすぐ上流側のホスホジエステル結合を切断し、DNA ヘリカーゼ II が一本鎖を解離させる。ミスマッチの下流側を切断する酵素はみあたらず、その代わり解離した一本鎖領域は、DNA ヘリカーゼ II に追随するエキソヌクレアーゼによってミスマッチ部位を越えるところまで分解されていく。続いて、このギャップは DNA ポリメラーゼ III と DNA リガーゼによって埋められる。同様のことがショートパッチや超ショートパッチのミスマッチ修復でも起こっていると考えられているが、これらの違いはミスマッチを認識するタンパク質の特異性にある。長さ 10 ヌクレオチド以下の断片を切除するショートパッチ修復系は、MutY が A–G あるいは A–C ミスマッチを認識することによって開始されるのに対し、超ショートパッチ修復系は Vsr エンドヌクレアーゼによって認識される G–T ミスマッチを修正する。

　真核生物には、大腸菌の MutS および MutL タンパク質と相同性をもつタンパク質が

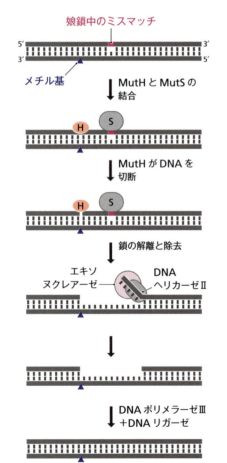

図 16.18 **大腸菌におけるロングパッチミスマッチ修復**　H は MutH、S は MutS を示す。MutL は、MutH と MutS の活性を調節すると考えられているが、この図には示していない。

あり，おそらく似たような様式でミスマッチ修復が行われている。1つの違いはMutHの相同タンパク質がないことで，このことは親鎖と娘鎖を識別する方法としてメチル化が使われていないことを示唆する。哺乳類細胞のミスマッチ修復ではメチル化の関与が示されてはいるものの，ショウジョウバエや酵母など，一部の真核生物のDNAはそれほどメチル化されていない。したがって，これらの生物では娘鎖の識別に別の方法が使われていると考えられる。娘鎖の合成中に，親鎖と娘鎖を区別できるような形で修復酵素が複製複合体に結合している，というのが最も有力な説である。

一本鎖および二本鎖切断は修復できる

二本鎖DNA分子における一本鎖切断は，例えばある種の酸化的損傷によって生じるが，二重らせんの全体としての構造は維持されるため，細胞にとって重大な問題とはならない。露出した一本鎖部分はPARP1タンパク質によって覆われ，これによって無傷の鎖が壊れたり，不必要な組換えを起こすことを防いでいる。続いてこの切断部位は，除去修復経路にかかわる酵素によって埋められる（図16.19）。一本鎖DNA切断は複製中に修復することもできるが，それには相同組換えを含む反応過程がかかわる。このようなDNA修復様式を理解するためには，まず組換えの基本的な分子機構を知る必要がある。そこで，組換え修復については第17章で改めて取り上げることにする。

これに対して，二本鎖切断はより深刻である。なぜなら，これはもとの二重らせんを別々の2本の断片にしてしまい，切断を修復するにはこれらをふたたび連結する必要があるからである。2つの切断末端はさらに分解されないように保護する必要があり，さもないと修復された切断点に欠失変異が生じてしまう可能性がある。さらにこの修復過程では，正しい末端どうしの結合が保証される必要がある。仮に，核内に2本の壊れた染色体が存在した場合，もとの構造に戻すためには末端どうしを正しい組合せで連結しなければならないのである。しかし，このように正確な修復を達成するのは実際には困難であり，2本の染色体が壊れた場合，修復の誤りによってかなりの頻度でハイブリッドの染色体が生じることが，マウス細胞を使った実験で示されている。さらに，たとえ壊れた染色体が1本しかなくても，正常な染色体末端が切断末端と間違われて，誤った修復が起こってしまう場合もある。正常な染色体末端には目印となるシェルタリン（shelterin）タンパク質が結合しているはずであるが（7.1節），それでもこの種の誤りは起こるのである。

二本鎖切断は電離放射線やある種の化学的変異原への曝露によって引き起こされるが，DNA複製の過程でも切断が生じる可能性がある。これらの切断は，**非相同末端結合**（nonhomologous end-joining：**NHEJ**）と呼ばれる機構によって修復することが可能である。NHEJの理解はヒトの変異細胞株の研究によって進められ，この修復過程に関与するさまざまな遺伝子群が同定されてきた。これらの遺伝子群が指定するタンパク質は複合体を形成し，DNAリガーゼを切断部位に呼び込む働きをもつ（図16.20A）。この複合体には2分子のKuタンパク質が含まれ，2つのDNA切断末端のおのおのに1分子ずつ結合する。DNA分子はKuタンパク質を構成する2つのサブユニットが結合してできるループに正しくはめこまれる必要があり，このためKuタンパク質はDNA分子の内側の領域ではなく，切断末端のみに結合できるようになっている（図16.20B）。それぞれのKuタンパク質は互いに親和性があり，これによってDNA分子の2つの切断末端が近接するようになる。Kuタンパク質はDNA依存性プロテインキナーゼ触媒サブユニット（DNA-PKcs）と一緒にDNAに結合し，このキナーゼがXRCC4という第3のタンパク質を活性化させる。XRCC4は哺乳類のDNAリガーゼⅣと相互作用し，この修復タンパク質を二本鎖切断部位へ呼び込む働きをもつ。当初，NHEJは真核生物にのみ存在すると思われていたが，哺乳類のKuタンパク質と相同性をもつ細菌のタンパク質がゲノムアノテー

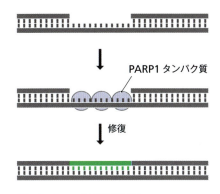

図16.19 一本鎖切断修復

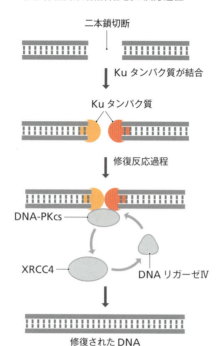
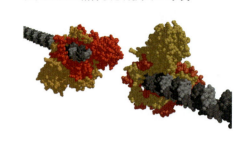

(A) 非相同末端結合修復の反応過程

二本鎖切断

Kuタンパク質が結合

Kuタンパク質

修復反応過程

DNA-PKcs
XRCC4
DNAリガーゼⅣ

修復されたDNA

(B) DNAに結合したKuタンパク質

図 16.20　ヒトの非相同末端結合（NHEJ）（A）修復反応の過程．（B）DNAに結合したKuタンパク質の構造を示す空間充填モデル．Ku二量体の各サブユニットを赤色（Ku70）と黄色（Ku80）で示す．また，DNAの2本の鎖はそれぞれ濃い灰色と薄い灰色で示している．（B：Jonathan Goldberg, Howard Hughes Medical Institute の厚意による）

ションでみつかっており，実際にこれらのタンパク質が比較的単純な二本鎖切断修復過程において，細菌のDNAリガーゼと協調して働いていることが実験により示されている．

ゲノム複製の際，DNA損傷は必要に応じて迂回できる

　ゲノムのある領域が重度の損傷を受けた場合，その修復が困難をきわめることは想像にかたくない．そこで細胞は，あえて死を選ぶか，それとも多少の誤りが生じて娘分子に変異が起こってもよいから損傷部位を複製するか，厳しい選択を迫られることになる．そしてこのような場面に遭遇したとき，大腸菌の細胞は決まって後者を選択し，主要な損傷を迂回するために複数存在する非常手段の1つを発動する．

　これらの迂回経路のうち，最もよく研究されているのが**SOS応答**（SOS response）の一部として起こるものである．これにより，たとえ鋳型のポリヌクレオチド鎖が，化学的変異原や紫外線への曝露によって形成されたAP部位あるいはシクロブタン型二量体やその他の光産物（これらは通常であれば複製複合体の進行を阻害するか，少なくとも遅延を引き起こす）を含んでいても，大腸菌の細胞はDNAを複製することが可能になる．これらの損傷部位の迂回には，**ミュータソーム**（mutasome）と呼ばれる複合体の形成が必要である．この複合体は，DNAポリメラーゼⅤ（2分子のUmuD'タンパク質と1分子のUmuCタンパク質からなる三量体であることから，UmuD'₂C複合体とも呼ばれる）と複数分子の**RecA**タンパク質からなっている．RecAは，DNAの修復や組換えにおいてさまざまな役割を担う一本鎖DNA結合タンパク質である．この損傷迂回経路において，RecAは損傷したポリヌクレオチド鎖を覆い，DNAポリメラーゼⅢからDNAポリメラーゼⅤへの置き換えを可能にする．DNAポリメラーゼⅤは，損傷部位を通過してDNAポリメラーゼⅢとふたたび置き換わるまで，誤りの多いDNA合成を行う（図 16.21）．すなわち，DNAポリメラーゼⅤは**損傷乗り越えポリメラーゼ**（translesion polymerase）の一例である．

　RecAは，ミュータソームによる損傷迂回反応を促進する一本鎖DNA結合タンパク質として働く以外に，SOS応答全体の活性化因子としての第2の機能をもっている．この

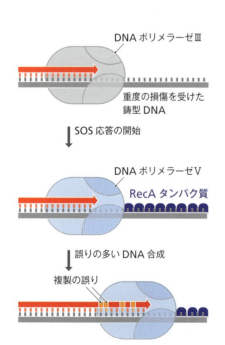

図 16.21　大腸菌のSOS応答

DNAポリメラーゼⅢ

重度の損傷を受けた鋳型DNA

SOS応答の開始

DNAポリメラーゼⅤ

RecAタンパク質

誤りの多いDNA合成

複製の誤り

タンパク質は，重度のDNA損傷の存在を伝える未同定の化学シグナルによって活性化される。この応答により，RecAは直接もしくは間接的に，UmuDをはじめとする数多くの標的タンパク質の切断を引き起こす。RecAによる切断はUmuDを活性型のUmuD'に変換し，ミュータソームによる修復過程を開始させる。RecAはさらにLexAと呼ばれるリプレッサータンパク質を切断し，通常はLexAによって抑制されている多数の遺伝子の発現を引き起こしたり，発現量を増加させたりする。その中には，recA遺伝子自身（これによってRecAの合成は50倍も上昇する）のほか，DNA修復経路に関与するタンパク質産物をコードするいくつかの遺伝子が含まれる。RecAはさらにλファージのcⅠリプレッサーを切断するので，もしもゲノム中にλプロファージが組み込まれていれば，これにより自身をゲノムから切り出して「沈みゆく船」から逃げだすことができるのである（14.3節）。

　基本的にSOS応答は，細菌がそのDNAを複製し，不利な条件下でも生きのびるための最後にして最善の機会とみなされる。しかし，ミュータソームは損傷を修復するわけではなく，単に損傷を受けたポリヌクレオチド鎖領域の複製を可能にするだけであるため，生存と引き換えに変異率の上昇という代償を支払うことになる。ミュータソームが鋳型DNAの損傷部位に出会うと，ポリメラーゼは（AP部位の向かい側にはアデニンを挿入しやすいという傾向はあるものの）ある程度無作為にヌクレオチドを選んでしまうため，複製の誤りの率が上昇するのである。実はこの変異率の上昇こそがSOS応答の目的であり，場合によっては変異が重度のDNA損傷に対する有利な応答になりうるのだという指摘もあるが，このような考え方にはまだ議論の余地がある。

　以前は，このSOS応答が細菌における唯一の損傷迂回経路だと考えられていたが，現在では（対象となる損傷の種類は異なるものの）これ以外に大腸菌の少なくとも2種類の損傷乗り越えポリメラーゼが同じように働くことが知られている。1つはDNAポリメラーゼⅡで，これはAP部位のほか，変異原性をもつ化学物質と結合したヌクレオチド塩基（例えば，2-アセチルアミノフルオレンと結合したデオキシグアニンなど）を乗り越えることができる。もう1つはDNAポリメラーゼⅣ（DinBとも呼ばれる）で，これは2本の親ヌクレオチド鎖間の架橋を含むような鋳型DNA領域を複製することができる。損傷乗り越えポリメラーゼは真核細胞でもみつかっている。このうち，DNAポリメラーゼηはシクロブタン型二量体を乗り越えることができるが，DNAポリメラーゼιとζの機能についてはまだよくわかっていない。

がんをはじめとするヒト疾患の根底にはDNA修復の欠損がある

　何らかの修復過程の欠損と関連したヒト遺伝病の数とその重篤な症状は，DNA修復の重要性を際立たせている。なかでも最もよく調べられている疾患の1つが，色素性乾皮症（xeroderma pigmentosum）である。この疾患は，ヌクレオチド除去修復に関与するいくつかのタンパク質の遺伝子のいずれか1つに生じた変異によって引き起こされる。ヌクレオチド除去修復は，ヒトの細胞がシクロブタン型二量体やその他の光産物を修復できる唯一の手段であるため，色素性乾皮症が紫外線に対する過敏症状を特徴とすること，患者は日光への曝露によって通常よりも変異を生じやすく，しばしば皮膚がんを発症することは納得できる。硫黄欠乏性毛髪発育異常症（trichothiodystrophy）もヌクレオチド除去修復の欠損によって引き起こされるが，この疾患はより複雑で，がんの発生はみられない一方で通常は皮膚や神経系の異常を伴う。

　いくつかの疾患は，ヌクレオチド除去修復の転写と共役した部分の欠損と関連している。なかでも，乳がんおよび卵巣がんについては，転写共役修復への関与が示唆されているタンパク質をコードするBRCA1遺伝子がこれらのがんの起こりやすさと関連しており，ま

たコケイン症候群（Cockayne syndrome）は発育および神経系の異常を伴う複雑な疾患である．電離放射線に対する過敏性を示す毛細血管拡張性運動失調症（ataxia telangiectasia）は，損傷部位の検出過程で働く *ATM* 遺伝子の欠損によって引き起こされる．DNA修復過程の異常と関連したその他の疾患としては，NHEJで働くRecQ DNAヘリカーゼの不活性化によって引き起こされるブルーム症候群（Bloom syndrome）やウェルナー症候群（Werner syndrome），ミスマッチ修復の欠損を原因とする腫瘍好発症候群である遺伝性非ポリポーシス大腸腫瘍（hereditary nonpolyposis colorectal cancer），一本鎖切断修復にかかわる経路の欠損によって起こるある種の脊髄小脳失調症（spinocerebellar ataxia）などがあげられる．これらの疾患の遺伝学的背景を理解することが重要なのは，単に治療法の開発につなげるためだけではない．これらの疾患はDNA修復の生化学的基盤に関する新たな情報を提供してくれるかもしれないのである．その一例として，1927年にはじめて報告され，患者の頻度は10万人に1人にすぎない稀少疾患であるファンコニー貧血（Fanconi anemia）があげられる．この疾患の患者は，DNAの架橋を引き起こす化学物質に対して高い感受性を示す．少なくとも16種類の遺伝子に生じた変異がこの疾患を引き起こす可能性があるとわかったことで，この種のDNA損傷を修復する経路の解明が可能になったのである．

まとめ

- 変異とはDNA分子の塩基配列の変化のことである．
- 点変異は単一のヌクレオチドのみに影響を与える．変異は1個ないし隣接する数個のヌクレオチドの挿入や欠失によっても生じる．
- 変異はDNA複製の誤りによって引き起こされる．DNAポリメラーゼは高度な正確さを維持するためのヌクレオチド選択機構やプルーフリーディング機能をそなえているが，鋳型の中にヌクレオチド塩基の稀少な互変異性体があると，これらのチェック機構をすり抜けてしまう．
- 別のタイプの複製の誤りである複製スリップは，挿入変異や欠失変異を引き起こす．
- 化学的または物理的な要因で，変異の原因となりうるものも数多く存在する．
- ある種の化合物は塩基類似体として働き，複製装置によって正規のヌクレオチドと間違えて取り込まれてしまうことで変異を引き起こす．
- 脱アミノ剤やアルキル化剤はDNA分子を直接攻撃する．一方，臭化エチジウムのようなインターカレート剤は塩基対間の隙間に入り込み，DNAらせんが複製されるときに挿入や欠失を引き起こす．
- 紫外線照射は隣接するヌクレオチドどうしを連結して二量体化を引き起こす．電離放射線や熱はさまざまな種類の損傷を引き起こす．
- すべての細胞には，数多くの変異の修正を可能にするDNA修復機構がそなわっている．
- 直接修復系は一般的なものではないが，紫外線によって生じたヌクレオチド二量体の除去など，ある種の塩基損傷を修正するものがいくつか知られている．
- 除去修復機構においては，損傷部位を含むポリヌクレオチド断片の切除に続き，DNAポリメラーゼによって正しい塩基配列が再合成される．
- ミスマッチ修復もやはり，変異を含む一本鎖DNA断片の切除と生じたギャップの修復により複製の誤りを修正する．
- 非相同末端結合は二本鎖切断の修復に用いられる．

- 複製の際にDNA損傷部位を迂回する機構も複数存在し，その多くは重度の変異を生じたゲノムを救済するための非常手段として働いている。
- DNA修復の欠損は，しばしばある種のがんなどの疾患の原因となる。

章末問題

短答式問題

1. DNAポリメラーゼが，どのようにしてDNA複製の正確さを最大限に高めているか述べよ。
2. 互変異性体が複製の誤りをどのように引き起こすのか，概略を述べよ。
3. 「複製スリップ」という用語の意味を説明せよ。
4. 塩基類似体の2-アミノプリンはどのようにしてDNAに変異を起こすか？
5. 紫外線照射がDNAの構造に及ぼす影響について述べよ。
6. 熱はDNAの構造にどのような影響を与えるか？
7. 細菌や真核生物の細胞で知られている直接的な変異修復機構について述べよ。
8. 塩基除去修復経路を構成する反応段階の概略について述べよ。
9. 大腸菌のヌクレオチド除去修復経路の主要な特徴を述べよ。
10. 大腸菌のミスマッチ修復過程において，親鎖と娘鎖の識別はどのように行われるか？
11. 非相同末端結合によるDNA二本鎖切断の修復は，どのような反応過程により行われるか？
12. 大腸菌のSOS応答におけるRecAタンパク質の役割は何か？

論述式問題

1. プリン塩基から別のプリン塩基，あるいはピリミジン塩基から別のピリミジン塩基への点変異はトランジションと呼ばれるのに対し，プリン塩基からピリミジン塩基，あるいはその逆の変異はトランスバージョンと呼ばれる。そのような区別がなされるのはなぜか，説明せよ。
2. 多数の変異の中で，トランジションとトランスバージョンの予想される比率はどれくらいか？
3. タンパク質をコードする遺伝子に変異が生じると，アミノ酸配列の変化により，そのタンパク質産物の機能が変わったり，活性が失われたりする可能性がある。そのため，両親の一方から変異した遺伝子を受け継いだ個体は，遺伝病をもっているかもしれない。しかし，そのような疾患の影響がただちに目にみえて現れるとは限らない。疾患によっては発症が遅く，晩年になってようやく症状が現れるものもある。また，いわゆる「不浸透性」を示し，個体によっては症状が現れないような疾患もある。変異がいかにして発症の遅延や不浸透性を示しうるのか，説明するための機構を考案せよ。
4. *Deinococcus radiodurans*という細菌は，放射線やその他の物理的または化学的な変異原に対してきわめて高い抵抗性を示す。このような*D. radiodurans*の特別な性質は，そのゲノム配列にどのように反映されている可能性があるか，論じよ。
5. DNA修復の欠損がしばしばがんを引き起こすのはなぜか？

推薦図書と参考文献

変異の原因

Drake, J.W., Glickman, B.W. and Ripley, L.S. (1983) Updating the theory of mutation. *Am. Sci.* 71:621–630. 変異に関する一般的な総説。

Fijalkowska, I.J., Jonczyk, P., Tkaczyk, M.M., et al. (1998) Unequal fidelity of leading strand and lagging strand DNA replication on the *Escherichia coli* chromosome. *Proc. Natl Acad. Sci. U S A* 95:10020–10025.

Kunkel, T.A. (2004) DNA replication fidelity. *J. Biol. Chem.* 279: 16895–16898. DNA複製過程で生じる誤りを最少限に抑えるための反応過程を扱っている。

トリプレットリピート伸長病

Lee, D.-Y. and McMurray, C.T. (2014) Trinucleotide expansion in disease: why is there a length threshold? *Curr. Opin. Genet. Dev.* 26:131–140.

McMurray, C.T. (2010) Mechanisms of trinucleotide repeat instability during human development. *Nat. Rev. Genet.* 11:786–799.

Orr, H.T. and Zoghbi, H.Y. (2007) Trinucleotide repeat disorders. *Annu. Rev. Neurosci.* 30:575–621.

Sutherland, G.R., Baker, E. and Richards, R.I. (1998) Fragile sites still breaking. *Trends Genet.* 14:501–506.

直接修復

Hearst, J.E. (1995) The structure of photolyase: using photon energy for DNA repair. *Science* 268:1858–1859.

Yi, C. and He, C. (2013) DNA repair by reversal of DNA damage. *Cold Spring Harb. Perspect. Biol.* 5:a012575.

Zhong, D. (2015) Electron transfer mechanisms of DNA repair by photolyase. *Annu. Rev. Phys. Chem.* 66:691–715.

除去修復

David, S.S., O'Shea, V.L. and Kundu, S. (2007) Base-excision repair of oxidative DNA damage. *Nature* 447:941–950.

Kamileri, I., Karakasilioti, I. and Garinis, G.A. (2012) Nucleotide excision repair: new tricks with old bricks. *Trends Genet.* 28: 566–573.

Krokan, H.E. and Bjørås, M. (2013) Base excision repair. *Cold Spring Harb. Perspect. Biol.* 5:a012583.

Krwawicz, J., Arczewska, K.D., Speina, E., et al. (2007) Bacterial DNA repair genes and their eukaryotic homologues: 1. Mutations in genes involved in base excision repair (BER) and DNA-end processors and their implication in mutagenesis and human disease. *Acta Biochim. Pol.* 54:413–434. DNAグリコシラーゼとその基質について詳細に記述されている。

ミスマッチ修復

Jiricny, J. (2013) Postreplicative mismatch repair. *Cold Spring Harb. Perspect. Biol.* 5:a012633.

Kolodner, R.D. (1995) Mismatch repair: mechanisms and relationship to cancer susceptibility. *Trends Biochem. Sci.* 20:397–401.

Kunkel, T.A. and Erie, D.A. (2015) Eukaryotic mismatch repair in relation to DNA replication. *Annu. Rev. Genet.* 49:291–313.

Li, G.-M. (2008) Mechanisms and functions of DNA mismatch repair. *Cell Res.* 18:85–98.

鎖切断修復

Davis, A.J. and Chen, D.J. (2013) DNA double strand break repair via non-homologous end-joining. *Transl. Cancer Res.* 2:130–143.

Lieber, M.R. (2010) The mechanism of double-strand DNA break repair by the nonhomologous DNA end-joining pathway. *Annu. Rev. Biochem.* 79:181–211.

Walker, J.R., Corpina, R.A. and Goldberg, J. (2001) Structure of the Ku heterodimer bound to DNA and its implications for double-strand break repair. *Nature* 412:607–614.

Wilson, T.E., Topper, L.M. and Palmbos, P.L. (2003) Non-homologous end-joining: bacteria join the chromosome break-dance. *Trends Biochem. Sci.* 28:62–66. 細菌においてNHEJが働いている証拠。

DNA損傷の迂回

Goodman, M.F. and Woodgate, R. (2013) Translesion DNA polymerases. *Cold Spring Harb. Perspect. Biol.* 5:a010363.

Johnson, R.E., Prakash, S. and Prakash, L. (1999) Efficient bypass of a thymine–thymine dimer by yeast DNA polymerase, Polη. *Science* 283:1001–1004.

Sutton, M.D., Smith, B.T., Godoy, V.G. and Walker, G.C. (2000) The SOS response: recent insights into *umuDC*-dependent mutagenesis and DNA damage tolerance. *Annu. Rev. Genet.* 34: 479–497.

修復と疾患

Hanawalt, P.C. (2000) The bases for Cockayne syndrome. *Nature* 405:415–416.

O'Driscoll, M. (2012) Diseases associated with defective responses to DNA damage. *Cold Spring Harb. Perspect. Biol.* 4:a012773.

Walden, H. and Deans, A.J. (2014) The Fanconi anemia DNA repair pathway: structural and functional insights into a complex disorder. *Annu. Rev. Biophys.* 43:257–278.

Wei, L., Lan, L., Yasui, A., et al. (2011) *BRCA1* contributes to transcription-coupled repair of DNA damage through polyubiquitination and degradation of Cockayne syndrome B protein. *Cancer Sci.* 102:1840–1847.

組換えと転位

17章

17.1 相同組換え

17.2 部位特異的組換え

17.3 転位

　組換え (recombination) とは当初，減数分裂の際に起こる相同染色体間の交差の結果を指して遺伝学者が使っていた言葉である．染色体間の交差によって，親染色体にはないようなアレルの組合せをもつ娘染色体が生じる (3.3 節)．1960 年代になると，この交差の基盤をなしている分子レベルの事象についていくつかのモデルが提唱され，組換えの分子機構においては，DNA の切断とそれに続いて起こる再結合が重要であることが明らかとなった．現在では，生物学者は「組換え」という言葉を，ポリヌクレオチド鎖の切断と再結合をはじめとするさまざまな事象を意味する用語として使用している．これらの事象には次のようなものがある．

- **相同組換え** (homologous recombination)．**普遍的組換え** (general/generalized recombination) とも呼ばれ，これは塩基配列の相同性が高い DNA 領域間で起こる．相同領域は別々の染色体にあってもよいし，同じ染色体上の 2 カ所にあってもよい (図 17.1A)．相同組換えは減数分裂の際に起こる染色体交差の機構であり，当初はそのような状況における働きについて研究が行われていたが，現在では細胞内でのその第 1 の役割は DNA 修復であると考えられている．
- **部位特異的組換え** (site-specific recombination)．これは数塩基といった短い相同 DNA 配列間で起こる (図 17.1B)．部位特異的組換えは，λ ファージなどのファージゲノムが細菌の染色体に挿入される際の機構である．

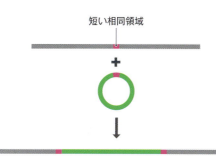

図 17.1　組換えの 2 種類のタイプ

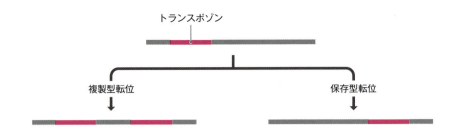

図 17.2 **転位** 複製型転位ではもとのトランスポゾンは同じ場所にとどまり，新しいコピーがゲノム上の別の場所に加わる。保存型転位ではトランスポゾンが別の新しい場所へ移動する。

すでに述べた酵母での接合型変換（図 14.16 参照）や免疫グロブリン遺伝子の構築（図 14.19 参照）も組換えの結果である。

転位（transposition）は厳密には組換えと異なるが，組換えで起こる反応を利用することが多い。転位の結果，ゲノム上のある DNA 断片が別の場所へと移動する（図 17.2）。すなわち組換えと転位は，ゲノム上の DNA 断片の再編成を引き起こすという点においては，類似の結果をもたらす。

もし組換えがなかったとしたらゲノムは比較的静的な構造物であり，ほとんど変化することはないだろう。個々の変異の蓄積だけでは，長い時間がたってもゲノムの塩基配列に生じる変化は微々たるもので，大規模な構造変化は起こらない。もしそうであったならば，ゲノムの進化的な能力はひどく限られたものになってしまうだろう。

17.1 相同組換え

相同組換えの研究は 2 つの重要な課題を分子生物学者たちに提供しており，いずれもまだ完全には解決されていない。第 1 の課題は，組換えの過程で起こっている一連の相互作用（ポリヌクレオチド鎖の切断と再結合など）を明らかにすることである。こうした研究から得られた相同組換えのモデルは以下で紹介する。第 2 の課題は，DNA が関与するその他の細胞内反応（例えば転写や複製）と同じように，相同組換えが酵素などのタンパク質によって引き起こされたり制御されたりする細胞内反応であるということに関係している。生化学的研究によって一連の関連する組換え経路が明らかにされ，相同組換えがいくつかの重要な DNA 修復機構で働いていることもわかった。細胞（とりわけ細菌細胞）にとって，この修復機能は染色体間の交差における相同組換えの役割よりもおそらく重要であるらしい。

相同組換えのホリデイモデルとメセルソン・ラディングモデル

相同組換えに関する画期的な研究の多くは，1960 年代から 1970 年代にかけて Robin Holliday と Matthew Meselson らによって行われた。その成果は，染色体交差の過程で起こる染色体断片の交換について，DNA 分子の切断と再結合が起こる仕組みを示したいくつかのモデルとして結実している。相同組換えについて考える手始めとして，まずこれらのモデルをみていこう。

ホリデイモデルとメセルソン・ラディングモデルは，配列がまったく同じかほぼ同じの 2 つの相同な二本鎖 DNA 間で起こる組換えの機構を説明するものである。これらのモデルの中心は，2 つの相同な DNA 分子間で起こるポリヌクレオチド鎖の交換による**ヘテロ二本鎖**（heteroduplex）の形成である（図 17.3）。ヘテロ二本鎖はまず，移ってきた一本鎖 DNA と相手となる一本鎖 DNA どうしが安定な塩基対を形成することで安定化される。このような塩基対形成が可能なのは，2 つの分子間に配列相同性があるからである。続いて，DNA リガーゼにより一本鎖上のギャップ（隙間）が連結されて**ホリデイ構造**（Holliday structure）を形成する。この構造は動的で，連結された 2 つの DNA らせんが同じ方向に

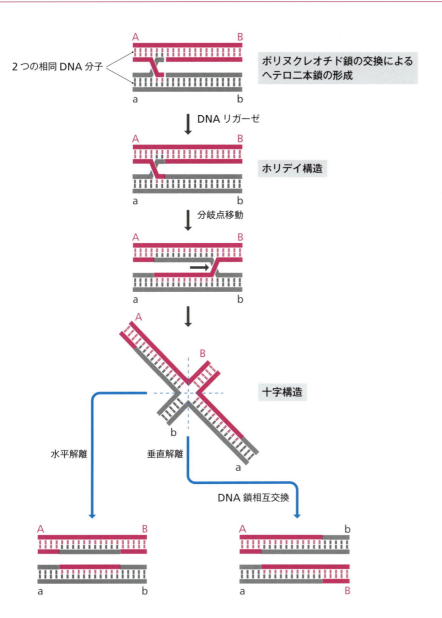

図 17.3 相同組換えのホリデイモデル

回転すると**分岐点移動**（branch migration）が起こり，長い DNA 領域が交換される。

　ホリデイ構造が個々の二本鎖 DNA 分子に戻る**解離**（resolution）は，分岐点をまたぐ切断によって引き起こされる。これは全体の過程できわめて重要な段階であり，**十字構造**（chi〔χ〕form）と呼ばれるホリデイ構造の三次元構造をみるとわかるように，切断のしかたには 2 つの向きが考えられる（図 17.3 参照）。この 2 通りの切断はまったく異なる結果をもたらす。十字構造を左から右へと水平方向に切ると（図 17.3 の「水平解離」），分岐点が移動した距離に相当する短いポリヌクレオチド鎖が 2 分子間で交換されることになる。一方，上から下へと垂直方向に切ると（図 17.3 の「垂直解離」），**DNA 鎖相互交換**（reciprocal strand exchange）により，一方の二本鎖 DNA 分子の末端が他方の DNA 分子の末端に置き換わる。これが交差のときにみられる DNA 転位である。

　ところで，このモデルの重要な点の 1 つをまだ述べていなかった。それは，2 つの二本鎖 DNA 分子どうしが最初にどのようにしてヘテロ二本鎖を形成するかという点である。最初に提唱されたホリデイモデルでは，2 つの分子が並列し，それぞれ同じ位置の 1 本の鎖にニック（切れ目）が入るとしていた。これによって交換可能な一本鎖の自由端が 2 つ生じ，ヘテロ二本鎖を形成できるようになる（図 17.4A）。しかしこのモデルは，2 つの DNA 分子上のまったく同じ位置に正確にニックを入れるような機構がみつからないとい

図 17.4 相同組換え開始の 2 つのモデル
(A) 最初のホリデイモデルでの相同組換え開始。(B) メセルソン・ラディングの修正モデルでは，ヘテロ二本鎖の形成について，よりもっともらしく思われる機構が提示されている。

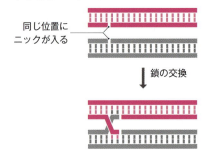
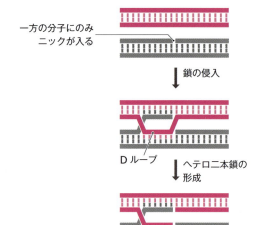

うことで批判を受けた。メセルソン・ラディングの修正モデルでは，より満足のいく機構が提示されている。一本鎖上のニックは一方の二重らせんにのみ入り，生じた自由端が損傷のないもう一方の二重らせんの相同部位に侵入して，その鎖の片方を置き換え，**D ループ**（D-loop）を形成する（図 17.4B）。これに続いて，置き換えられた鎖が一本鎖領域と塩基対形成領域の境界で切断され，ヘテロ二本鎖が形成される。

相同組換えの二本鎖切断モデル

相同組換えのホリデイモデルは，最初のモデルであれメセルソン・ラディングの修正モデルであれ，減数分裂の際に起こる染色体交差の機構を説明することはできたが，欠点もあったため別の機構が検討された。特にホリデイモデルは，**遺伝子変換**（gene conversion）を説明するには無力だと思われた。遺伝子変換は最初，酵母や菌類でみつかったが，現在では多くの真核生物で起こることが知られている。酵母では配偶子が融合して接合子になり，これが 1 つの子嚢に 4 つの一倍体胞子を生じる（図 14.15 参照）。各胞子の遺伝型はそれぞれ独立に決定することができる。配偶子がある特定の座位で異なるアレルをもっていれば，通常，胞子のうちの 2 つは一方の遺伝型を示し，残る 2 つは別の遺伝型を示すはずである。ところが，この 2：2 の分離パターンではなく，予想外の 3：1 の比になることがある（図 17.5）。これは，配偶子の融合後に起こる減数分裂の過程で組換えが生じ，アレルの 1 つが一方の遺伝型からもう一方の遺伝型に「変換」されたためと説明されている。これが遺伝子変換と呼ばれる所以である。

二本鎖切断モデル（double-strand break model）によれば，組換え過程で起こる遺伝子変換を説明できる。このモデルでは，メセルソン・ラディングモデルのように一本鎖上のニックによって相同組換えがはじまるのではなく，まず最初に二本鎖切断が起こり，組換え相手の一方が 2 つの断片に分かれるところからはじまる（図 17.6）。二本鎖切断の後，切断された分子の各半分の片方の鎖がエキソヌクレアーゼ活性によって短く刈りこまれ，その結果，3′ 突出末端をもつことになる。これらの 3′ 突出部の 1 つが，メセルソン・ラディングモデルと同様に相同な DNA 分子に侵入し，侵入した DNA 鎖が DNA ポリメラーゼによって伸長されれば，ヘテロ二本鎖に沿って移動できるホリデイ構造が形成されること

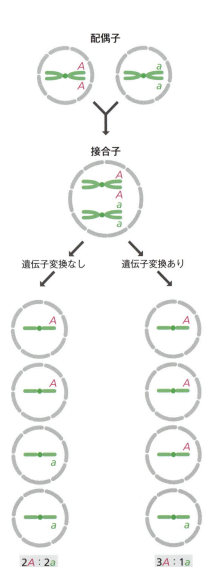

図 17.5 遺伝子変換 1 つの配偶子はアレル *A* を，もう 1 つはアレル *a* をもっている。この 2 つの配偶子が接合子を作り，これが 1 つの子嚢に 4 つの一倍体胞子を生じる。通常，図の左側に示すように胞子のうちの 2 つはアレル *A* を，残る 2 つはアレル *a* をもつが，遺伝子変換が起こるとこの比は変わり，例えば図の右側に示すように 3*A*：1*a* となりうる。

になる。ヘテロ二本鎖の形成を完了させるために，もう一方の切断鎖（ホリデイ構造にならなかった側）もまた伸長される。これらの DNA 合成は，二本鎖切断を受けた鎖の伸長によるもので，切断されなかった組換え相手の相同な部位を鋳型にしていることに注意してほしい。つまり，切断を受けた DNA 分子から除去された領域が，切断されなかった分子のコピーに置き換わったわけで，これが遺伝子変換の基本となる。DNA リガーゼによる連結反応の後，形成されたヘテロ二本鎖は 2 つのホリデイ構造をもち，これはさまざまな様式で解離し，結果的に遺伝子変換や標準的な鎖の相互交換をもたらす。遺伝子変換に至る一例を図 17.6 に示した。

　この二本鎖切断モデルは，当初は酵母での遺伝子変換を説明するために提唱されたモデルであるが，あらゆる生物で働いている相同組換えの機構をかなりうまく説明できるものと現在ではみなされている。このモデルが受け入れられた理由には 2 つある。第 1 に，減数分裂の際の染色体では，栄養増殖中の細胞と比較して 100～1,000 倍も高い頻度で二本鎖切断が起きていることが 1989 年に発見された。二本鎖切断が減数分裂に本来そなわっている現象であることを示唆するこの知見は，明らかに一本鎖切断モデルよりも二本鎖切断モデルを支持している。二本鎖切断モデルが受け入れられた第 2 の要因は，相同組換えが DNA 修復，特に複製過程の異常によって生じた二本鎖切断の修復に関与していることがわかったことである。ホリデイモデルやメセルソン・ラディングモデルでは相同組換えのこのような側面を説明できないが，二本鎖切断モデルは本質的に二本鎖切断修復を含んでいる。これから相同組換えの生化学的な基礎について学んだ後に，また DNA 修復の話題に戻ろう。

RecBCD 経路は大腸菌の相同組換えにおいて最も重要な経路である

　相同組換えはすべての生物で起こっている。しかし分子生物学における多くの知見がそうであるように，この過程が細胞内でどのように起こっているかが最初に解明されたのは，大腸菌（*Escherichia coli*）においてであった。いうまでもなく，大腸菌では減数分裂は起こらない。しかし，ある菌体から別の菌体に DNA が移入された際には相同組換えによる交差が起こり，供与菌の DNA が受容菌の染色体に挿入される（図 3.25A 参照）。相同組換えの生化学的解析の大きな進歩は，不活性化させると相同組換えに異常を生じるような多数の大腸菌遺伝子が同定されたことであった。それらの遺伝子産物であるタンパク質は何らかの形で相同組換えに関与していることになる。RecBCD 経路および RecFOR 経路と呼ばれる 2 種類の組換え機構が発見され，細菌では RecBCD 経路が最も重要であるらしいことがわかった。

　RecBCD 経路での組換えは **RecBCD 複合体**（RecBCD complex）によって起こる。その名前からわかるように，この酵素は 3 種類のタンパク質から構成されており，そのうち RecB と RecD は DNA ヘリカーゼである。相同組換えを開始するために，RecBCD 複合体が染色体上の二本鎖切断部位に結合する。RecB（一方の鎖に沿って 3′→5′ 方向に移動する）と RecD（もう一方の鎖に沿って 5′→3′ 方向に移動する）の作用によって DNA がほどかれる。RecB は DNA ヘリカーゼであるが，3′→5′ エキソヌクレアーゼ活性ももっているため，3′ 遊離末端をもつ鎖に沿って移動しながら鎖を分解していく（図 17.7）。

　RecBCD 複合体は DNA 分子上を 1 秒間におよそ 1 kb の速度で進み，やがて 8 塩基のコンセンサス配列（共通配列）5′-GCTGGTGG-3′ の最初のコピーに到達する。このコンセンサス配列は **chi 部位**（chi〔crossover hotspot instigator〕site）と呼ばれ，大腸菌ゲノムでは平均して 5 kb に 1 つ存在することが知られている。chi 部位では，RecBCD 複合体の立体構造が変化して RecD ヘリカーゼが解離し，RecBCD 複合体の進む速度は当初

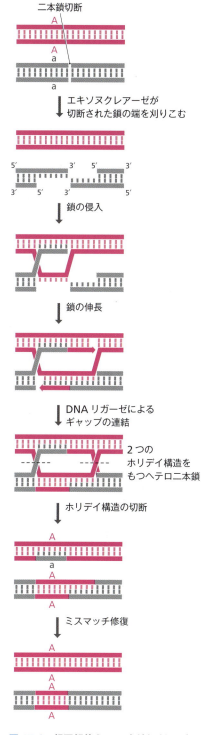

図 17.6　相同組換えの二本鎖切断モデル
このモデルは遺伝子変換が起こる仕組みを説明できる。

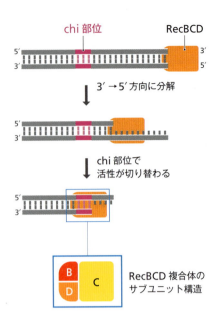

図 17.7 **大腸菌における相同組換えの RecBCD 経路** RecBCD 複合体は DNA に沿って移動しながら，RecB のエキソヌクレアーゼ活性によって上側の鎖を 3′→5′ 方向に分解する。chi 部位に到達すると RecB のエキソヌクレアーゼ活性は抑制され，今度はエンドヌクレアーゼ活性が働いて下側の鎖を切断する。これにより 3′ 突出部が形成される。

の半分程度になる。複合体の立体構造が変化すると，RecB の 3′→5′ エキソヌクレアーゼ活性は低下ないし完全に消失してしまう。RecB は今度はエンドヌクレアーゼとして働くようになり，DNA 分子のもう一方の鎖を chi 部位の近くで切断する（図 17.7 参照）。結果的に，二本鎖切断モデルで予想されたように，RecBCD 複合体は 3′ 突出部をもつ二本鎖分子を形成するのである（図 17.6 の上から 2 番目の図参照）。

その次の段階はヘテロ二本鎖の形成である。これは RecA によって仲介される。RecA はタンパク質で覆われた DNA フィラメントを作り，この DNA フィラメントが損傷のない二重らせんに侵入して D ループを形成する（図 17.8）。D ループ形成における中間体の構造は**三本鎖**（triplex）であり（図 17.6 の上から 3 番目の図参照），侵入しているポリヌクレオチド鎖は損傷のない二重らせんの主溝内部に入り込んで塩基対と水素結合を形成している。

分岐点移動は RuvA および RuvB によって触媒される。RuvA と RuvB はいずれも，3′ 突出部の侵入によって形成されたヘテロ二本鎖の分岐点に結合する。X 線結晶解析の結果から，4 分子の同一タンパク質からなる RuvA 四量体が 1 つまたは 2 つ，分岐点に直接結合してコアを形成し，このコアの両側に RuvB 六量体のリングがそれぞれ 1 つずつ結合していることがわかった（図 17.9）。形成された構造は分子モーターとして働き，らせんを適宜回転させて分岐点を移動させる。分岐点移動はランダムに起こるのではなく，5′-A/TTTG/C-3′ という配列でよく止まる（A/T や G/C は 2 つの塩基のいずれかという意味）。この配列は大腸菌ゲノムに数多くみられるので，この配列モチーフに出会ったら必ず移動が止まるというわけではないらしい。分岐点移動後に 2 分子の RuvC が RuvA のコアに結合し，コアが 2 つあれば，おそらくそのうちの 1 つと置き換わる。RuvC はホリデイ構造を解離させる**リゾルバーゼ**（resolvase；解離酵素）であり，その認識配列の 2 番目の T と G/C の間を切断する。

ここまでの説明では，RecBCD 経路による相同組換えで RecC が果たす役割については何も述べてこなかった。X 線結晶解析の結果から，RecC は 3 つの構造ドメインをもつことがわかった。そのうち 2 つは SF1 ファミリーの DNA ヘリカーゼの触媒ドメインと似ており，もう 1 つは PD-(D/E)xK ヌクレアーゼドメインと似ている。すなわち RecC は，SF1 ヘリカーゼであり PD-(D/E)xK ヌクレアーゼでもある RecB と構造的に関連しているといえるが，重要なアミノ酸を失っているので，ヘリカーゼ活性もヌクレアーゼ活性もなくしてしまっている。RecC のヌクレアーゼ様ドメインは DNA 分子と接触することができる。これによって RecC がリングを作り，ここを通して一方の DNA 鎖が RecD に受け渡される。おそらく RecC は，RecBCD 複合体を安定化させ，RecB と RecD を DNA に対して正確に配置する役割があるのだろう。もう 1 つの可能性として，RecC は探索機能をもっていて，chi 部位をみつけることで，ヘテロ二本鎖の形成を引き起こす RecBCD 複合体の立体構造の変化を誘導するのかもしれない。

大腸菌では RecFOR 経路による相同組換えも起こる

RecBCD 複合体の構成成分を欠損した大腸菌変異体は，効率は低いがまだ相同組換えを行うことはできる。これは大腸菌が少なくともう 1 つの相同組換え経路をもっているためで，その経路は **RecFOR 経路**（RecFOR pathway）と呼ばれている。正常な大腸菌ではほとんどの相同組換えが RecBCD 経路によって行われるが，この経路が変異によっ

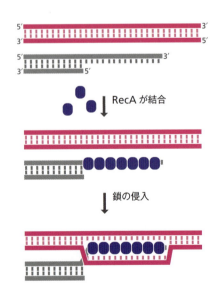

図 17.8 **大腸菌の相同組換えでの D ループ形成における RecA タンパク質の役割**

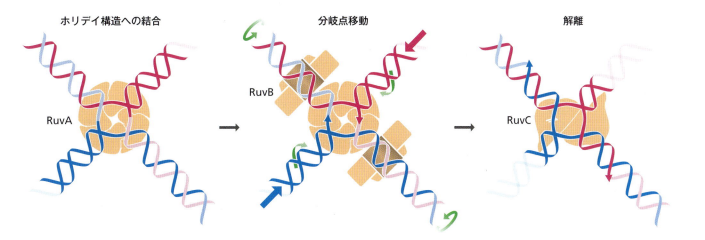

図 17.9 大腸菌の相同組換えにおけるRuvタンパク質群の役割 ホリデイ構造に結合した4分子または8分子のRuvAと，その両側に結合したRuvBのリングによって，分岐点移動が起こる．分岐点移動後に2分子のRuvCがホリデイ構造に結合する．このときの結合する向きによって，構造が解離する際の切断の方向が決まる．

て働かなくなった場合には，RecFOR経路が代わりを務めることができる．

　RecFOR経路の詳細はようやくわかりはじめたばかりだが，全体的な機構は上述したRecBCD経路のものと似ているようである．RecFOR経路のヘリカーゼ活性はRecQによっており，鎖の5′末端はRecJによって除去され，残された3′突出部はRecF, RecO, RecRが協調して働くことでRecAによって覆われる．RecBCD経路とRecFOR経路の構成成分の間には高い互換性があり，標準的な経路の構成成分を欠損した一部の変異体では，両者のハイブリッド経路が働くのではないかと考えられている．しかし両者には違いもあって，大腸菌ゲノムに散在しているchi部位で組換えがはじまるのはRecBCD経路だけであり，また，2つのプラスミド間で組換えを起こすことができるのはRecFOR経路だけである．さらに，重度の損傷を受けたDNAの複製によって生じる一本鎖ギャップの組換え修復で働くのは，おもにRecFOR経路である．

　RecBCD経路だけでなくRecFOR経路もヘテロ二本鎖構造を形成することができるが，それと同じように大腸菌は分岐点移動を行うための代替的な方法もいくつかもっている．RuvAまたはRuvBを欠損した変異体もまだ相同組換えを行うことはできるが，これはRuvABの機能がRecGと呼ばれるDNAヘリカーゼによって代償されているからである．RuvABとRecGとが単純に互換的であるのか，それともそれぞれ別の組換え経路で特異的に働くのかはまだよくわかっていない．RuvC変異体もまた相同組換えを行うことはできる．これは大腸菌がホリデイ構造を解離できる別のタンパク質をもっていることを意味しているが，そのようなタンパク質はまだ同定されていない．

真核生物の相同組換え経路

　相同組換えに対する二本鎖切断モデルは決して大腸菌に限ったものではなく，あらゆる生物種に適用できるものと考えられている．このモデルが当初，出芽酵母(*Saccharomyces cerevisiae*)の遺伝子変換を説明するために導入されたということを思い出してほしい．相同組換えの基盤となる生化学的事象はすべての生物種で似ているらしく，大腸菌のRecBCD経路における役割と同等の機能を担うタンパク質が，酵母でも数多く同定されている．例えば，RAD51およびDMC1と呼ばれる2つの酵母タンパク質は，大腸菌のRecAの相同タンパク質である．もちろんRAD51とDMC1には独自の役割もあると思われるが，両者は相同組換えの多くの段階で協同的あるいは互換的に働くと考えられている．このように結論する根拠として，いずれのタンパク質を欠損した変異体も似た表現型を示すこと，またこれら2つのタンパク質が減数分裂中の核内で共局在していることがあげられる．RAD51とDMC1に相同なタンパク質は，ヒトを含むその他の真核生物でも知られている．

真核生物における相同組換えの1つの疑問は，ホリデイ構造が解離する機構についてであった。というのは，何年にもわたる探索にもかかわらず，大腸菌の RuvC に相同なタンパク質はみつかっていなかったからである。確かに RuvC はすべての細菌にあるわけではなく，ある種の細菌はホリデイ構造の解離にまったく違う種類のヌクレアーゼを使っている場合がある。最初に発見されたヒトのリゾルバーゼは MUS81 であり，これは出芽酵母や分裂酵母 (Schizosaccharomyces pombe) にも相同タンパク質が存在する。しかし MUS81 の作用は RuvC とは異なっており，このタンパク質はホリデイ構造を解離させることはできるが，染色体交差を引き起こさない。2008 年になって，ついに RuvC に相当する真核生物のタンパク質として GEN1（あるいは Yen1）が出芽酵母でみつかった。GEN1 は真核生物のヌクレアーゼである Rad1/XPG ファミリーに属する。このファミリーに属する他のヌクレアーゼには，ラギング鎖の複製にかかわるフラップエンドヌクレアーゼ 1（FEN1；15.3 節）や，ミスマッチ修復やヌクレオチド除去修復で働くヌクレアーゼ（16.2 節）が含まれる。しかし，これら GEN1 以外のヌクレアーゼはホリデイ構造を切断することができない。おそらく GEN1 のリゾルバーゼ活性は，他の Rad1/XPG 型ヌクレアーゼには存在しない**クロモドメイン**（chromodomain）と呼ばれる構造モチーフをもっているためであろう。クロモドメインそのものに DNA 結合能はないが，GEN1 のクロモドメインは，GEN1 をホリデイ構造上に配置するのを助けると考えられている。これにより，GEN1 は交差を引き起こす切断を行うという独自の活性をもつのだろう。

相同組換えのおもな役割は DNA 修復だと考えられる

遺伝学者たちは有性生殖でみられる重要な特徴として染色体交差に注目したため，相同組換えの当初の研究が減数分裂の際に起こる出来事にばかり偏ってしまったのはしかたのないことであった。しかし，RecBCD 複合体の構成成分や組換え経路のその他の因子を欠損した大腸菌変異体が解析され，DNA 修復に異常のあることが明らかになると，相同組換えには別の役割もあることがわかってきた。現在では，相同組換えの基本的な役割はむしろ DNA 修復にあり，染色体交差における役割はほとんどの細胞にとって二次的な重要性しかもたないと考えられている。

複製の異常により娘 DNA 分子に切断が生じたとき，相同組換えは特に重要となる。そのような異常は，重度の損傷を受けたゲノム領域，特にシクロブタン型二量体が数多く生じているような部位を複製装置が複製しようとするときに起こることがある。シクロブタン型二量体に出くわすと鋳型 DNA を複製することができず，DNA ポリメラーゼはこれを飛び越えて最も近くの非損傷部位まで移動し，そこから複製過程を再開してしまう。結果として娘鎖の一方にはギャップが生じてしまうことになる（図 17.10）。このギャップを修復する 1 つの方法は組換えによるものであり，これは損傷のない娘二本鎖に含まれる親鎖の中から，ギャップが存在する領域と相同な DNA 配列を転位させることで行われる。今度は親鎖のその部分にギャップが生じることになるが，これは同じ二本鎖 DNA に含まれる損傷のない娘鎖を鋳型として，DNA ポリメラーゼによって埋められる。この種の一本鎖ギャップ修復には，大腸菌では相同組換えの RecFOR 経路が利用されている。

損傷部位をうまく迂回できなかった場合には，ギャップが生じるだけでは済まず，娘鎖の合成がそこで停止してしまう（図 17.11）。この問題を解決する方法にはいくつかあるが，例えば，複製フォークを止めて少しだけ後戻りさせることで，娘鎖間に二本鎖を形成させるやり方がある。合成が停止した娘鎖は，損傷のない娘鎖を鋳型として DNA ポリメラーゼによって伸長される。そして複製フォークは，相同組換えにおける分岐点移動と同様の機構で再度前進しはじめる。結果として損傷部位は迂回され，複製が再開することに

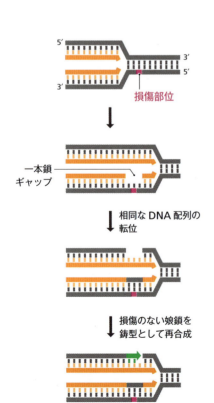

図 17.10　大腸菌の RecFOR 経路による一本鎖ギャップ修復

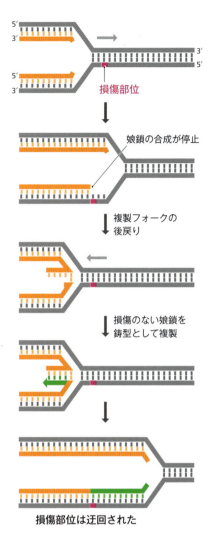

図 17.11　停止した娘鎖の合成は複製フォークの後戻りにより再開できる

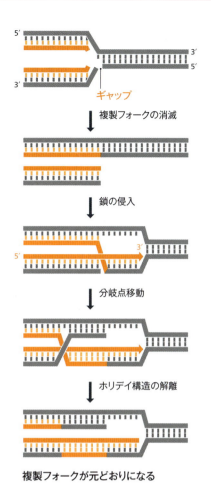

図 17.12　消滅した複製フォークを相同組換えにより回復させる機構の1つ　一本鎖切断が起きている部位では複製フォークが消滅してしまう。合成が停止した娘鎖の 3′ 末端が損傷のない二重らせんに侵入し，伸長される。分岐点移動に続いてホリデイ構造が解離し，複製フォークが元どおりになる。上側の娘二本鎖に残っているギャップは，複製再開後に岡崎フラグメントによって埋められる。

なる。

　もしも複製されている親鎖の一方の鎖にギャップがあったとしたら，さらに深刻な異常が起こる。この場合，複製反応は娘二本鎖の一方に二本鎖切断を引き起こし，複製フォークは消滅してしまう（図 17.12）。しかしこの切断は，切断末端と損傷のないもう一方の分子との間での一種の相同組換えによって修復することができる。図 17.12 に示したように，娘鎖の二本鎖切断部位は，鎖交換反応により他方の親鎖を鋳型として伸長できるようになる。そして分岐点移動に続いてホリデイ構造が解離し，複製フォークが元どおりになる。

17.2　部位特異的組換え

　組換えを起こすためには，必ずしも配列相同性の高い領域が必要なわけではない。2つの DNA 分子に共通のごく短い配列さえあれば，組換えは起こる。これは部位特異的組換えと呼ばれ，λファージの感染サイクルにみられることから詳しく研究されている。

```
GCTTTTTTATACTAA
CGAAAAAATATGATT
```

図 17.13 λファージと大腸菌に存在する att 部位のコア配列 赤色の線は，λファージゲノムの組込みと切り出しの過程において，それぞれの att 部位で互い違いに起こる切断様式を示している。

λファージの溶原化感染サイクルでは部位特異的組換えが利用されている

λファージはそのDNAを大腸菌細胞に注入した後，2つの感染サイクルのどちらかに従うことになる（14.3節）。1つは溶菌感染サイクルで，λファージゲノムの複製を伴い，コート（外被）タンパク質の迅速な合成を行って，細菌を殺し，初感染からおよそ45分以内に新しいファージ粒子が放出される。これとは対照的に，溶原化感染サイクルでは新しいファージ粒子はすぐには生じてこない。大腸菌は何ごともなかったかのように正常に分裂を繰り返し，分裂中もファージはプロファージと呼ばれる休眠状態のままである。そのうち，おそらくDNA損傷や何らかの刺激の結果として，ファージは活性を取り戻す。

この溶原化状態では，λファージゲノムは大腸菌染色体に組み込まれている。したがって大腸菌DNAの複製と常に一緒に複製され，あたかも細菌ゲノムの一部であるかのように振る舞い，娘細胞に受け継がれる。ゲノムへの組込みは，付着部位（attachment site）である att 部位間，つまりλファージゲノム上の attP 部位と大腸菌染色体上の attB 部位との間で部位特異的組換えが起こることにより成立する。これらの att 部位の中央には "O" と呼ばれる15 bpの共通コア配列がある（図 17.13）。このコア配列の両側には，大腸菌ゲノムではBとB'，ファージDNAではPとP'と呼ばれる可変配列がある。BとB'はそれぞれ4 bpと非常に短く，したがって attB 部位は23 bpでしかない。PとP'はそれよりもずっと長く，attP 部位の全長は250 bp以上ある。コア配列中に変異が生じると att 部位が不活性化して組換えを起こせなくなるが，可変配列に変異が生じた場合にはあまり重大な結果とはならず，ただ組込みの頻度が低下するだけである。大腸菌ゲノム上の付着部位である attB 部位が不活性化された場合も，λファージDNAの挿入は本来の attB 部位と配列の類似した別の部位で起こりうる。しかし，別の部位を使用する場合は溶原化の頻度は大幅に減少し，組込みの頻度は attB 部位に変異がない大腸菌に比べて0.01％以下になってしまう。

これは2つの環状分子間の組換えであるため，結果として1つの大きな環状分子ができる。こうしてλファージDNAは細菌ゲノム内に組み込まれることになる（図 17.14）。この組換えは**インテグラーゼ**（integrase）と呼ばれる特殊なⅠ型トポイソメラーゼ（15.1節）によって触媒される。インテグラーゼは，細菌，古細菌（アーキア），酵母に存在する**リコンビナーゼ**（recombinase；組換え酵素）ファミリーの一員である。attP 部位内には少なくとも4つのインテグラーゼ結合部位があり，組込み宿主因子（integration host

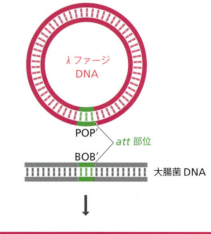

図 17.14 大腸菌染色体DNAへのλファージゲノムの組込み λファージDNAも大腸菌DNAも att 部位を1つずつもっており，その中央には "O" と呼ばれる共通配列がある。"O" の両側にはPとP'（ファージの att 部位）あるいはBとB'（大腸菌の att 部位）と呼ばれる配列がある。このO領域間での組換えにより，λファージゲノムが大腸菌DNAの中に組み込まれる。

factor：IHF）と呼ばれる別のタンパク質に対しては少なくとも3つの結合部位がある。これらのタンパク質が一緒になって attP 部位を包みこむ。次にインテグラーゼは，λファージと細菌の att 部位の同じ位置に，互い違いとなるよう二本鎖切断を行う（図17.13）。そうして生じた2つの短い一本鎖突出部は，DNA 分子間で交換されてホリデイ構造を作り，これは切断される前にヘテロ二本鎖に沿って数 bp ほど移動する。切断が適切な方向で入るとホリデイ構造は解離し，λファージ DNA が大腸菌ゲノムに挿入されたことになる。

組込みによって att 部位はハイブリッド型となり，これらは attR 部位（BOP′構造をもつ）および attL 部位（POB′構造をもつ）と呼ばれる。これら2つの att 部位間で2回目の部位特異的組換えが生じると，両者が同じ分子内にあることから，最初の反応の逆反応が起こり今度はλファージ DNA が切り出されることになる。この組換えもインテグラーゼが触媒するが，今度は IHF ではなく，λファージの xis 遺伝子がコードするエキシジョナーゼ（excisionase；切り出し酵素）と呼ばれるタンパク質と協調して働く。組込みにおける IHF の機能と切り出しにおけるエキシジョナーゼの機能は，おそらく相当異なっているに違いなく，この2つの反応で2つのタンパク質がそれぞれ果たしている役割は同等のものとは考えにくい。重要な点は，インテグラーゼとエキシジョナーゼの組合せは attR 部位と attL 部位を引き寄せて一緒にすることができることで，これによってλファージゲノムを切り出すような分子内組換えが開始される。切り出し後，λファージゲノムは溶菌感染サイクルに戻り，新しいファージの合成を指令するようになる。

部位特異的組換えは遺伝子組換え植物の作製に利用されている

λファージゲノムの組込みや切り出しを行う反応過程は，ファージが溶原化を成立させるための典型的な戦略であるといってよいが，一部のファージではλファージでみられるほどその分子レベルの反応は複雑ではない。例えば P1 ファージゲノムの組込みや切り出しは，たった1つの酵素があればよい。この酵素は Cre リコンビナーゼと呼ばれ，loxB および loxP と呼ばれる 34 bp の標的配列を認識する。この両配列は同一で，B や B′などのような周辺配列もない。

P1 システムはその単純さから，部位特異的組換えが必要とされる遺伝子工学の領域で利用されている。その重要な応用例として，遺伝子組換え植物の作製技術があげられる。遺伝子組換え植物をめぐる議論で問題とされている点の1つは，植物用のクローニングベクターに使われるマーカー遺伝子が有害作用をもつのではないかという懸念である。ほとんどの植物用ベクターに，クローニングの過程で形質転換された植物を同定しやすくするために，カナマイシン耐性遺伝子（kan^R）が組み込まれている（図 2.33 参照）。kan^R は細菌由来であり，ネオマイシンホスホトランスフェラーゼⅡという酵素をコードしている。遺伝子操作された植物のすべての細胞に，この遺伝子と産物である酵素が含まれている。この酵素がヒトに有害かもしれないという懸念は動物モデルを使った試験で和らげられてはいるものの，遺伝子操作された食物に含まれる kan^R がヒトの腸内細菌に伝播して，それらがカナマイシンや類縁の抗生物質に対する耐性を獲得するのではないか，またこの遺伝子が環境中の他の生物に取り込まれて生態系が破壊されてしまうのではないか，といった心配は依然として残っている。

kan^R などのマーカー遺伝子が問題視されたことから，形質転換を確認した後に植物 DNA からこれらの遺伝子を除去する方法が開発された。その1つの戦略が Cre リコンビナーゼを使うことである。この方法では2種類のクローニングベクターで植物を改変する。まず最初のベクターは，植物に導入したい遺伝子とともに，lox 標的配列に挟まれた kan^R 選択マーカー遺伝子をもっている。もう1つのベクターは，Cre リコンビナーゼをコード

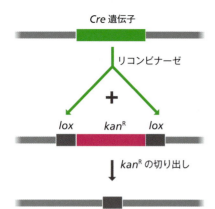

図 17.15 植物遺伝子工学における Cre リコンビナーゼの利用 *Cre* 遺伝子を発現させることで，植物 DNA から *kan^R* 遺伝子を切り出すことができる。

する *Cre* 遺伝子をもっている。形質転換を確認した後に *Cre* 遺伝子を発現させることで，植物 DNA から *kan^R* を切り出すことができる（図 17.15）。

17.3 転位

転位はゲノム中のある場所から別の場所へと DNA 断片の移動を引き起こす。転位が起こるとその標的配列に重複が生じ，転位した断片の両端には同じ向きの直列反復配列が作られる（図 17.16）。

すでに 9.2 節において，真核生物や原核生物のさまざまな転位性遺伝因子（トランスポゾン）について述べた。その転位機構によってこれらは次の 3 つに大きく分けられる。

- 複製型転位を行う DNA トランスポゾン。もとのトランスポゾンは当初の場所にとどまったまま，複製されたものがゲノムの別の場所に組み込まれる（図 17.17A）。
- 保存型転位を行う DNA トランスポゾン。もとのトランスポゾンが切り出されて，別の場所に組み込まれる（図 17.17B）。
- レトロエレメント。RNA 中間体を経て複製型転位を行う。

以下，これら 3 種類の転位機構についてみていくことにする。

DNA トランスポゾンの複製型転位と保存型転位

複製型転位と保存型転位については，長年にわたりさまざまなモデルが提唱されてきたが，そのほとんどが 1979 年に Shapiro が提唱したモデルの変型である。このモデルによれば，Tn3 型トランスポゾンや転位性ファージ（9.2 節）のような細菌のトランスポゾンの複製型転位は，1 つないしそれ以上のエンドヌクレアーゼによって開始される。この酵素はトランスポゾンの両側に一本鎖切断を入れる（図 17.18）。トランスポゾンのコピーが挿入される標的部位では，数 bp 離れた 2 カ所で一本鎖切断が起こり，切断された二本鎖分子には短い 5′ 突出部ができる。この 5′ 突出部とトランスポゾンの両側の 3′ 末端が連結されてハイブリッド分子が生じる。すなわち，もとの 2 つの DNA（トランスポゾンを含むものと標的部位を含むもの）が，複製フォークに似た 2 つの構造に挟まれたトランスポゾンによって連結された状態となる。

この 2 つの複製フォークで起こる DNA 合成によってトランスポゾンが複製され，当初のハイブリッド分子は，もとの 2 つの DNA が連結したままの **融合構造体**（cointegrate）になる（図 17.19）。その後，トランスポゾンの 2 つのコピー間の相同組換えによって融合構造体は分離し，もとのトランスポゾンをそのまま含む DNA 分子と，トランスポゾンのコピーが挿入された標的 DNA 分子に分かれる。こうして複製型転位が完了する。

この複製型転位の機構に少し変更を加えれば，保存型転位の機構となる（図 17.20）。DNA 合成が起こらずにトランスポゾンの両側で新たに一本鎖切断が起これば，ハイブリッド分子は 2 つの DNA 分子に戻る。トランスポゾンはもとの分子から切り出され，標的 DNA に挿入されたことになる。

レトロエレメントは RNA 中間体を経て複製型転位を行う

ヒトの立場からいうと，最も重要なレトロエレメントはレトロウイルスである。これにはヒト免疫不全ウイルス（HIV）感染症および後天性免疫不全症候群（AIDS）の原因とな

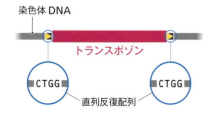

図 17.16 挿入されたトランスポゾンの両端には同じ向きの短い直列反復配列がある このトランスポゾンの場合，両側に 5′-CTGG-3′ という 4 塩基反復配列がある。直列反復配列はトランスポゾンごとに異なる。

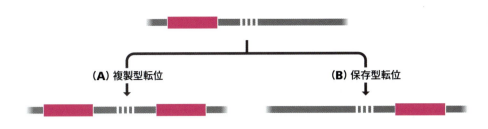

図 17.17　複製型転位と保存型転位　DNA トランスポゾンは (A) 複製型転位または (B) 保存型転位のどちらかを行う (両方行えるものもある)。レトロエレメントは RNA 中間体を経て複製型転位を行う。

る HIV をはじめとするさまざまな病原性ウイルスも含まれる。RNA 中間体を経て起こるレトロ転位についてわかっていることのほとんどは，レトロウイルスについてのものである。しかし，ウイルスレトロエレメント以外のレトロエレメント，例えば *Ty1/copia* ファミリーや *Ty3/gypsy* ファミリーのレトロトランスポゾンも，ほぼ同じ機構で転位すると考えられている。

　レトロ転位の最初の段階は，挿入されているレトロエレメントの RNA コピーの合成である（図 17.21）。レトロエレメントの 5′ 末端にある長鎖末端反復配列（long terminal repeat：LTR）は，RNA ポリメラーゼ II による転写のためのプロモーターとして働く TATA 配列を含んでいる。また，一部のレトロエレメントは転写の量を調節するエンハンサー配列ももっている。転写はレトロエレメントの全長にわたって行われ，3′-LTR にあるポリ (A) 配列まで続く。

　転写産物は RNA 依存性 DNA 合成の鋳型として働き，レトロエレメントの *pol* 遺伝子（図 9.15 参照）の一部分にコードされている逆転写酵素によって反応が進む。この反応は DNA 合成でありプライマーが必要である。そしてゲノム複製のときと同様に，プライマーは RNA であって DNA ではない。ゲノム複製時には特殊な RNA ポリメラーゼ（プライマーゼ）によってこのプライマーは新たに合成されるが（図 15.13 参照），レトロエレメントは RNA ポリメラーゼをコードしていないため，プライマーを新たに合成することはできない。その代わりに，レトロエレメントは細胞内の tRNA 分子の 1 つをプライマーとして使用す

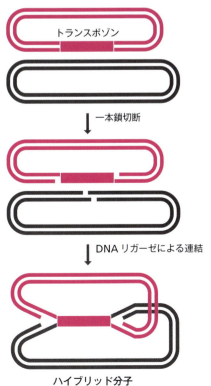

図 17.18　複製型転位の Shapiro のモデルの初期段階におけるハイブリッド分子の合成

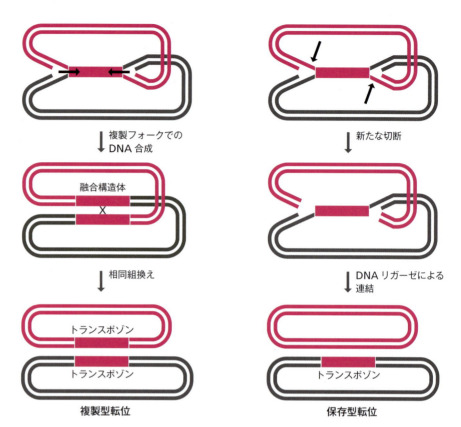

図 17.19　複製型転位　ハイブリッド分子に含まれる 2 つの複製フォークが，矢印で示したように互いに向かって進む．DNA 合成によって融合構造体が生じ，これは相同組換えによってトランスポゾンのコピーをそれぞれもつ 2 つの分子に分かれる．

図 17.20　保存型転位　ハイブリッド分子上の矢印で示した位置で新たに切断が起こり，その後，切断端どうしが連結されてトランスポゾンが別の分子へと移動する．

る．どの tRNA を使うかはレトロエレメントの種類によって異なり，*Ty1/copia* ファミリーのレトロエレメントは tRNA^{Met} を使うが，他のレトロエレメントは別の tRNA を使う．

　tRNA プライマーは 5'-LTR の内部配列に結合する（図 17.21 参照）．一見すると，この場所はプライマーが結合する部位としてはいささか不適切のように思われる．というのは，DNA 合成がレトロエレメントの本体から離れる向きに起こり，できるのは 5'-LTR の一部分の短いコピーでしかないからである．実際は，DNA コピーが LTR の末端まで伸長すると，鋳型 RNA の末端の一部分が分解され，生じた DNA 突出部がレトロエレメントの 3'-LTR と再結合するのである．3'-LTR はその名前からわかるように反復配列であり，5'-LTR と同じ配列をもっているため，その DNA コピーと塩基対を形成できる．DNA 合成は鋳型 RNA に沿って進むが，ここで注意したいのは，結果としてプライマーの結合部位も含めて鋳型全体が完全にコピーされていることである．この鋳型切り替えは，レトロエレメントが「末端短縮」問題を解決するためにとっている戦略であり，染色体 DNA がテロメア合成によって解決している問題と同一である（15.4 節）．

　最初の DNA 鎖の合成が完了すると，DNA–RNA ハイブリッド鎖が生じることになる．この RNA の大部分は，*pol* 遺伝子の別の部分にコードされているリボヌクレアーゼ H によって分解される．分解されずに残った RNA（3'-LTR に隣接するポリプリン配列に結合している短い断片）が，第 2 の DNA 鎖合成のプライマーとなる．このときも合成は逆転写酵素によって行われるが，この酵素は RNA 依存性 DNA ポリメラーゼとしても，DNA 依存性 DNA ポリメラーゼとしても機能できる．最初の DNA 鎖の合成と同様に，第 2 の DNA 鎖合成でも最初は LTR の DNA コピーしかできないが，分子の他方の末端

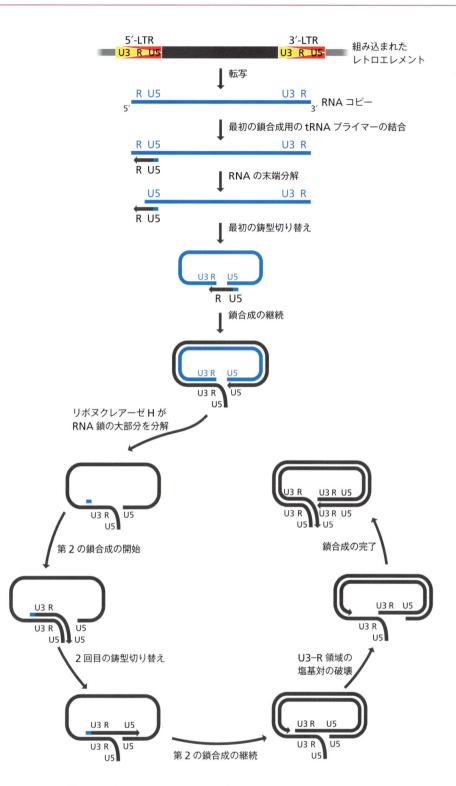

図 17.21 レトロエレメントの転位過程におけるRNAとDNAの複製 組み込まれたレトロエレメントがコピーされて、独立した二本鎖DNAができる機構を示している。最初の段階はRNAコピーの合成である。転写産物は本文で述べたように2回の鋳型切り替えを含む一連の過程で二本鎖DNAに変換される。

への2回目の鋳型切り替えにより、DNAコピーを完全長まで伸長できる。これが最初のDNAをさらに伸長させるための鋳型となり、最終的にできた二本鎖DNAは、両末端のLTRを含むレトロエレメントの完全なコピーとなっている。

残っているのは、レトロエレメントの新しいコピーをゲノムに挿入することである。当初この挿入はランダムに起こると考えられていたが、挿入部位に特定の配列はないものの、挿入の起こりやすい場所が存在するようである。まずインテグラーゼ（これも *pol* 遺伝子の別の部分にコードされている）によって、二本鎖のレトロエレメントの3′末端から2つの塩基が取り除かれる。インテグラーゼはさらにゲノムDNAを互い違いに切断するた

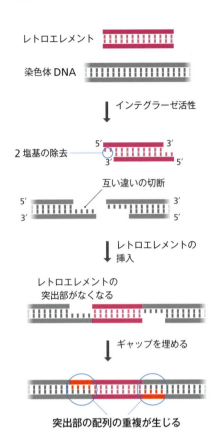

図 17.22 二本鎖 DNA となったレトロエレメントの宿主ゲノムへの組込み この例では、レトロエレメントがゲノムに組み込まれる際に標的部位の重複が起こり、挿入配列の両端に 4 塩基の直列反復配列が生じる。

め、レトロエレメントも挿入部位も 5′ 突出部をもつことになる（図 17.22）。これらの突出部は互いに相補的な配列をもっているわけではないが、何らかの方法で結合してレトロエレメントがゲノム DNA に挿入される。この結合によってレトロエレメントの突出部はなくなり、残されたギャップも埋められてしまう。こうして標的部位の重複が起こり、2 つの直列反復配列が、挿入されたレトロエレメントの両端に 1 つずつ位置することになる。

まとめ

- 組換えという言葉は当初、減数分裂の際に起こる相同染色体間の交差の結果を指して使われていた。しかし現在では、その過程の基盤をなしている分子レベルの事象をも意味している。
- 相同組換えは塩基配列の相同性が高い DNA 領域間で起こる。
- 相同組換えの初期のモデルでは、二本鎖分子の一方もしくは両方にニックが入ることで組換え反応がはじまるとしていた。しかし現在では、それらの分子の一方に起こる二本鎖切断からはじまると考えられている。
- 鎖の相互交換によってヘテロ二本鎖構造が形成され、それが切断によって解離して、DNA 断片の交換や遺伝子変換を起こしているらしい。
- 大腸菌は相同組換えのための少なくとも 2 種類の分子機構、RecBCD 経路と RecFOR 経路をそなえている。
- RecBCD 経路では、2 種類の DNA ヘリカーゼが二本鎖切断部位に結合し、DNA 分子に沿って移動しながら二本鎖をほどく。chi 部位と呼ばれる認識配列の位置で RecBCD 複合体は鎖の相互交換を開始するが、ここでは RecA タンパク質が中心的な役割を果たして、損傷のない二重らせんに鎖を侵入させる。
- ヘテロ二本鎖内での分岐点移動と構造の解離は、Ruv タンパク質群によって触媒される。
- 真核生物の相同組換え経路も徐々に解明されつつある。
- 相同組換えのおもな役割は DNA 鎖切断の修復である。
- 部位特異的組換えでは、組換えを行う分子に共通のごく短い配列さえあればよい。このような組換えは、λ ファージなどのファージゲノムが宿主細菌の染色体に挿入される際の機構である。
- 転位は組換えによって引き起こされる。DNA トランスポゾンの転位は複製型転位と保存型転位に分けられるが、いずれの場合も 1979 年に Shapiro が報告した機構にもとづく。
- レトロエレメントはもとのトランスポゾンから転写されてできた RNA 中間体を経て転位する。その後、二本鎖 DNA にコピーされて、レトロエレメントは宿主ゲノムに再挿入される。

章末問題

短答式問題

1. ゲノム進化において組換えが果たす役割とは何か？
2. ホリデイ構造が解離する際に 2 種類の生成物が生じうるのはなぜか？
3. どのように遺伝子変換が起こるのかを二本鎖切断モデルで説明せよ。
4. 大腸菌における相同組換えの RecBCD 経路について説明せよ。
5. 大腸菌における相同組換えの RecFOR 経路の特徴とは何か？

6. 真核生物の相同組換えの分子基盤について，現在わかっていることの概要を述べよ。
7. DNA鎖切断の相同組換えによる修復過程について説明せよ。
8. λファージDNAの大腸菌ゲノムへの挿入に関与する*attP*部位と*attB*部位の特徴は何か？
9. λファージDNAが大腸菌ゲノムに組み込まれる過程と切り出される過程の違いを述べよ。
10. 保存型転位のモデルについて説明せよ。
11. 複製型転位のモデルは保存型転位のモデルとどこが違うのか？
12. レトロエレメントの新しいコピーはどのようにしてゲノムに挿入されるのか？

論述式問題

1. 相同組換えの分子基盤を理解するにあたっては，RecBCD複合体の構造決定が重要だと考えられていた。なぜこの複合体の構造を知ることが重要だったのか説明せよ。
2. 組換えプラスミドを増やすのに使われる大腸菌は*recA*遺伝子に変異をもっている。組換えプラスミドを使っている研究者にとって，なぜ*recA*欠損が有用なのか？
3. Cre組換えシステムは，大きな論争を呼んでいる植物遺伝子操作の1つである，いわゆるターミネーター技術（terminator technology）の基盤となっている。この技術は遺伝子組換え農作物を売り込もうとする会社が経済的資本を守ろうとすることと関係があり，そのせいで農家は農作物から種をとって翌年はそれをまいて同じ農作物を生産することができず，毎年新しい種を買わなければならない。ターミネーター技術のおもな標的はリボソーム不活性化タンパク質（ribosome inactivation protein：RIP）をコードする遺伝子である。RIPはある種のrRNAを切断して2つに断片化させることでタンパク質合成を阻害する。つまり，RIPが活性化されている細胞はすぐに死んでしまうのである。以上の情報から，ターミネーター技術の具体的な工程を推論せよ。
4. トランスポゾンの転位はゲノムに致死的な影響をもたらしうる。例えば，遺伝子のコード領域にトランスポゾンが挿入されれば，その遺伝子は不活性化しうるが，転位の影響はそのような単純なものだけではない。ある種の転位性遺伝因子，特にレトロトランスポゾンは内部にプロモーター配列やエンハンサー配列を含み，これらは隣接する遺伝子の発現を修飾してしまう。また，転位はしばしば二本鎖切断も引き起こす。こうした有害な影響を最小限にとどめるために，細胞はどのようにして転位の発生を抑制しているのか？
5. 細胞にとって転位が有利に働く状況はあるか？

推薦図書と参考文献

相同組換えのモデル

Holliday, R. (1964) A mechanism for gene conversion in fungi. *Genet. Res.* 5:282–304.

Meselson, M. and Radding, C.M. (1975) A general model for genetic recombination. *Proc. Natl Acad. Sci. USA* 72:358–361.

Szostak, J.W., Orr-Weaver, T.L., Rothstein, R.J. and Stahl, F.W. (1983) The double-strand-break repair model for recombination. *Cell* 33:25–35.

相同組換えの分子基盤

Amundsen, S.K. and Smith, G.R. (2003) Interchangeable parts of the *Escherichia coli* recombination machinery. *Cell* 112:741–744. RecBCD経路とRecFOR経路のハイブリッド経路。

Baumann, P. and West, S.C. (1998) Role of the human RAD51 protein in homologous recombination and double-stranded-break repair. *Trends Biochem. Sci.* 23:247–251.

Bertucat, G., Lavery, R. and Prévost, C. (1999) A molecular model for RecA-promoted strand exchange via parallel triple-stranded helices. *Biophys. J.* 77:1562–1576.

Lee, S.-H., Princz, L.N., Klügel, M.F., et al. (2015) Human Holliday junction resolvase GEN1 uses a chromodomain for efficient DNA recognition and cleavage. *Elife* 4:e12256.

Masson, J.-Y. and West, S.C. (2001) The Rad51 and Dmc1 recombinases: a non-identical twin relationship. *Trends Biochem. Sci.* 26:131–136.

Persky, N.S. and Lovett, S.T. (2008) Mechanisms of recombination: lessons from *E. coli*. *Crit. Rev. Biochem. Mol. Biol.* 43:347–370.

Rafferty, J.B., Sedelnikova, S.E., Hargreaves, D., et al. (1996) Crystal structure of DNA recombination protein RuvA and a model for its binding to the Holliday junction. *Science* 274:415–421.

Rigden, D.J. (2005) An inactivated nuclease-like domain in RecC with novel function: implications for evolution. *BMC Struct. Biol.* 5:9.

Singleton, M.R., Dillingham, M.S., Gaudier, M., et al. (2004) Crystal structure of RecBCD enzyme reveals a machine for processing DNA breaks. *Nature* 432:187–193.

West, S.C. (1997) Processing of recombination intermediates by the RuvABC proteins. *Annu. Rev. Genet.* 31:213–244.

Wigley, D.B. (2013) Bacterial DNA repair: recent insights into the mechanism of RecBCD, AddAB and AdnAB. *Nat. Rev. Microbiol.* 11:9–13.

Wyatt, H.D.M. and West, S.C. (2014) Holliday junction resolvases. *Cold Spring Harb. Perspect. Biol.* 6:a023192.

DNA損傷修復における相同組換えの役割

Chapman, J.R., Taylor, M.R.G. and Boulton, S.J. (2012) Playing the end game: DNA double-strand break repair pathway choice. *Mol. Cell* 47:497–510.

Jasin, M. and Rothstein, R. (2013) Repair of strand breaks by homologous recombination. *Cold Spring Harb. Perspect. Biol.* 5:a012740.

Mehta, A. and Haber, J.E. (2014) Sources of DNA double-strand breaks and models of recombinational DNA repair. *Cold Spring Harb. Perspect. Biol.* 6:a016428.

部位特異的組換え

Kwon, H.J., Tirumalai, R., Landy, A. and Ellenberger, T. (1997) Flexibility in DNA recombination: structure of the lambda

integrase catalytic core. *Science* 276:126–131.
Van Duyne, G.D. (2015) Cre recombinase. *Microbiol. Spectr.* 3:MDNA3-0014-2014.

転位

Bushman, F.D. (2003) Targeting survival: integration site selection by retroviruses and LTR-retrotransposons. *Cell* 115:135–138.

Derbyshire, K.M. and Grindley, N.D.F. (1986) Replicative and conservative transposition in bacteria. *Cell* 47:325–327.

Shapiro, J.A. (1979) Molecular model for the transposition and replication of bacteriophage Mu and other transposable elements. *Proc. Natl Acad. Sci. U S A* 76:1933–1937.

ゲノムの進化

18章

変異と組換えによってゲノムは進化してきた。しかし，細胞内で起こるこれらの現象を研究するだけでは，進化の歴史についてはわずかなことしかわからない。ゲノム進化の歴史を推定するには，変異や組換えについての知識と，さまざまな生物のゲノムを比較して得られる知識とを統合する必要がある。このような方法には不正確さとあいまいさがつきまとうが，これからみていくように，こうした方法は驚くほど大量の確かなデータにもとづいており，結論の少なくとも概略は真実からそれほど離れてはいないと考えてよい。

この章では，生化学システムの起源から現在に至るまでのゲノムの進化を探っていく。最初に，DNA が出現する以前の **RNA ワールド**（RNA world）という概念を説明し，次に，DNA ゲノムが徐々に複雑になる過程をみていく。さらに，ヒトとチンパンジーのゲノムを比較することにより，ここ 600 万年の間に起きて現在のわれわれを形づくってきたゲノムの変化を明らかにする。最後に，今日の集団にみられるゲノム配列の多様性が，どのように研究や**バイオテクノロジー**（biotechnology）の道具として利用されているかを概観する。

18.1　ゲノム：最初の 100 億年

18.2　複雑なゲノムへの進化

18.3　ゲノム：ここ 600 万年の間に起きたこと

18.4　今日のゲノム：集団内の多様性

18.1　ゲノム：最初の 100 億年

宇宙学者の間では，140 億年ほど前にビッグバンと呼ばれる巨大な原始の火の玉から宇宙がはじまったと信じられている。数学的モデルによると，それから 40 億年ほどたって，ビッグバンで放射されたガス雲からいくつもの銀河が誕生しはじめた。そして今から 46 億年ほど前，現在われわれが住む銀河系の中で星間ガスが密集して太陽や惑星が形成された（図 18.1）。原始地球は水で覆われており，まさにその広大な海の中で最初の生化学システムが生じたのである。35 億年ほど前に大陸が出現しはじめたときには，細胞をもった生命体がすでに存在していた。実際，細菌に似た構造をもつ微化石が 34 億年前のオーストラリアの岩石から発見されている（図 18.2）。しかし，細胞をもった生命体の出現は生化学的な進化の過程において比較的後期の出来事であり，それよりずっと以前に，最初のゲノムの祖先となった自己複製するポリヌクレオチドが生じていたはずである。そこでまず，細胞以前の段階からゲノムの進化をみていくことにする。

最初の生化学システムの中心は RNA だった

原始の海は，現在の海と同じような塩組成であったと考えられている。しかし，大気の成分はかなり異なっており，それゆえ海に溶解していた気体も現在とはかなり違っていた。光合成がはじまるまで大気中に酸素はほとんど存在せず，メタンとアンモニアが主成分だったようである。生化学反応に重要な有機化合物が原始地球で生じた可能性を示す証拠が 1952 年にはじめて示された。その実験では，原始地球の大気と同じ状態を再現し，メ

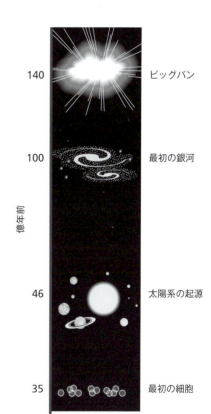

図 18.1　宇宙，銀河，太陽系，細胞をもった生命体の起源

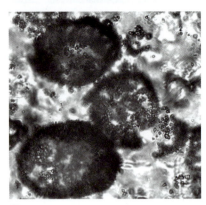

図 18.2　知られている最古の化石　オーストラリア西部で 34 億年前の岩石からみつかった，最も初期の原核細胞と考えられている微化石。(Wacey D, Kilburn MR, Saunders M et al. [2011] *Nature Geosci.* 4:698–702 より Macmillan Publishers Ltd. の許諾を得て掲載)

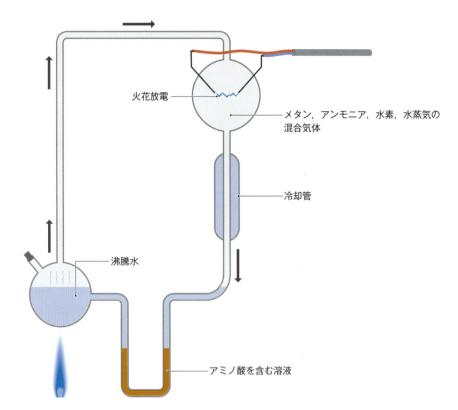

図 18.3　原始地球の大気と同じ状態を再現した実験　1952 年に Stanley Miller と Harold Urey によって行われたこの実験では，メタン，アンモニア，水素，水蒸気（沸騰水から供給される）の混合気体に雷をシミュレートした放電を施した。混合気体を冷却管に通して生成物を集め分析したところ，2 種類のアミノ酸，グリシンとアラニンの存在が明らかになった。より感度の高い技術を用いて 2007 年に行われた追試では，20 種類以上のアミノ酸が検出された。

タンとアンモニアを混在させた状況下で放電を行うとさまざまなアミノ酸が合成された。アラニン，グリシン，バリンをはじめタンパク質中に存在するアミノ酸のいくつかが化学的に合成されたのである（図 18.3）。一方，リボヌクレオチドの形成過程については不明な点が多い。その構成要素であるリボース（糖）と核酸塩基がどのように合成されたのかがよくわかっていないためである。しかし，糖と核酸塩基の合成なしに，リボヌクレオチドは生成しうることが近年示された。例えば，ピリミジンヌクレオチドは，シアナミド，シアノアセチレン，グリコールアルデヒド，グリセルアルデヒド，そして無機リン酸から，アラビノースアミノオキサゾリン（arabinose amino-oxazoline）およびアンヒドロヌクレオシド（anhydronucleoside）という中間体を経て合成できる。

いったんリボヌクレオチドが生成すれば，塩基スタッキング（塩基の積み重なり）相互作用（1.1 節）の助けを借りて，RNA 分子への重合が進む可能性がある。この相互作用は原始の海の中でヌクレオチドどうしをほんの一瞬でもつなぎ留めておくには弱すぎるかもしれないが，反応が粘土の粒子や氷の表面で起こるのであれば，形成された中間体を安定化させるのに十分だったかもしれない。あるいは，雲を構成する水滴が凝縮と乾燥を繰り返す過程で，塩基スタッキングが促進されたのかもしれない。しかし，その詳細な機構についてはここで追究する必要はないだろう。重要なのは，純粋な地球化学的過程によって RNA が合成されうること，そして同様の過程でポリペプチドの合成も可能だということである。問題なのは次の段階である。生体分子の雑多な集団から，生命体がもつ生化学的特性の少なくとも一部を示すような秩序ある集合体がどのようにして生まれたのだろうか。これらの過程が実験で再現されたことはなく，コンピュータシミュレーションにもと

づく推測がおもな手段となっている。このシミュレーションの問題点は，どんなにありえなさそうな筋書きでも完全に捨て去ることはできない点にある。すなわち，海には1Lあたり10^{10}個の生体分子が含まれていた可能性があり，生物が出現するまでに10億年もの歳月が費やされているため，秩序ある集合体ができるまでの過程の選択肢は無限に存在するのである。

　細胞をもった生命体の起源を理解しようとする試みは当初から行き詰まってしまった。自己複製する生化学システムでは，ポリヌクレオチドとポリペプチドが協調して働かなければならないはずである。なぜなら，タンパク質は生化学反応を触媒するのに必要であるが自己複製はできず，ポリヌクレオチドはタンパク質合成を指定することと自己複製の鋳型となることはできるが，どちらの反応もタンパク質なしでは起こらないと当時は考えられていたからである。生体分子の雑多な集団と自己複製する生化学システムの中間段階はみいだされておらず，あたかも後者が完全な形で突然出現したかのように思われた。これらの問題は1980年代に触媒活性をもつRNA分子，すなわち**リボザイム**（ribozyme）が発見されたことで一気に解決された。リボザイムは次の3種類の生化学反応を行うことが間もなくわかった。ウイロイドやウイルソイドのゲノムでみられる自己切断（図9.11参照），リボヌクレアーゼPによるtRNA前駆体のプロセシングに代表されるその他のRNAの切断，そしてリボソームのrRNA成分によるペプチド結合の形成（13.3節）である。試験管内で人工的に合成されたRNA分子は，このほかにもリボヌクレオチドの合成，RNA分子の合成や複製，タンパク質合成におけるtRNAのようにRNAに結合したアミノ酸を次のアミノ酸に結合させる反応などの生化学反応を行うことが知られている。こうした触媒活性の発見や，リボスイッチ（12.2節）によりリボザイムの活性が制御されうることの発見を通じて，最初の生化学システムの中心がRNAであった可能性が示され，ポリヌクレオチド–ポリペプチド問題のジレンマが解消されたのである。

　RNAワールドの具体像は近年かなり明確になってきている。当初のRNA分子は，自発的に重合するヌクレオチドが相補的に結合するための単なる鋳型として働き，ゆっくりとした偶然性の高い方法で複製されていたと考えられている（図18.4）。この複製の過程は非常に不正確でさまざまなRNAが生み出されたと思われるが，やがて正確な自己複製を可能とするリボザイムの特性をもったRNAが偶発的に生じたのである。実験系では証明されているように，その後，一種の自然選択が働いて最も効率のよい複製系が優勢になったと考えられる。複製の正確さが増すことで，より長いRNAを誤りなく複製できるようになり，例えば現在のrRNAと同じくらい複雑な構造をした（図13.24参照），洗練された触媒機能をもつRNAを合成できるようになったのだろう。

　この初期RNAを「ゲノム」と呼ぶのは多少おおげさであるが，自己複製し単純な生化学反応を行うことのできる分子を**原始ゲノム**（protogenome）と呼ぶのは魅力的である。原始ゲノムが行う反応には，ATPやGTPのホスホジエステル結合の加水分解により放出される自由エネルギーを利用した，現在と同じようなエネルギー代謝が含まれていた可能性がある。やがてこうした反応は脂質膜で仕切られた内部で行われるようになり，細胞に似た最初の構造が形成されたと考えられる。化学反応やリボザイムが触媒する反応で，どのようにして非分枝長鎖脂質を合成できたのかははっきりしないが，いったん十分な量の脂質が合成されれば，それらは自発的に集合して膜を形成し，原始ゲノムを内包した小胞となっただろう。これら初期の細胞内では，構造化されていない外部マトリックスよりも

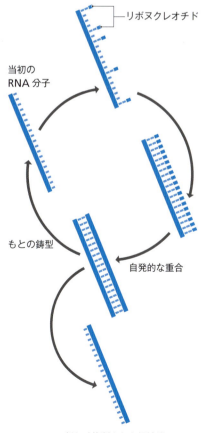

図18.4　RNAワールドの初期におけるRNA分子の複製　RNAポリメラーゼが進化するまでは，鋳型RNAに結合したリボヌクレオチドが自発的に重合していったと考えられている。この複製の過程は不正確で，さまざまなRNAが生み出されたと思われる。

リボザイムの濃度が高かったと考えられるため，それが進化的に有利に働いた可能性がある。また，クエン酸のような化合物を細胞内に蓄積することが，細胞内のイオン環境を制御する第一歩となったのかもしれない（クエン酸は現在の多くのリボザイムの活性に必要なマグネシウムイオンとキレートを形成する）。このように，初期の細胞は外部から仕切られた環境をRNA原始ゲノムに提供することで，より制御された生化学反応を行うことができるようになった。

最初のDNAゲノム

RNAワールドはどのようにDNAワールドへと発展したのだろうか。おそらく最初の大きな変化は酵素タンパク質の発達である。酵素タンパク質はリボザイムの触媒活性を当初は補助していたにすぎなかったが，最終的にはその大部分をみずから行うようになった。生化学システムの進化におけるこの段階には，そもそもRNAからタンパク質への移行がなぜ起こったのかなど，未解決の問題がいくつかある。4種類のリボヌクレオチドからなるRNAよりも，20種類のアミノ酸からなるタンパク質のほうが化学的な多様性に富み，さまざまな生化学反応を触媒することができるからだと当初は考えられていた。しかしこうした解釈は，試験管内でリボザイムによって触媒されるさまざまな反応がみつかってくるにつれ魅力を失ってきている。最近では，塩基対を形成したRNAの柔軟性のなさに比べてポリペプチド鎖の折りたたみ構造には柔軟性があるので，タンパク質は触媒としての効率が高いと提唱されている。あるいは，RNA原始ゲノムが小胞の中に包みこまれたことで最初のタンパク質の進化が促進されたという可能性も考えられている。というのは，RNA分子は親水性であり，膜を通過したり膜の中に組み込まれたりするためには，例えばペプチド分子に結合するなどして疎水性の性質を付与される必要があるからである。

触媒機能がタンパク質へと移行したため，RNA原始ゲノムの機能に根本的な変化が生じた。つまり原始ゲノムは，初期の細胞様構造の中で行われていた生化学反応に直接関与するのではなく，コード分子として酵素タンパク質の合成を指定する機能をおもにもつようになったのである。リボザイムそのものがコード分子になったのか，リボザイムがコード分子を合成したのかは不明だが，タンパク質合成と遺伝暗号の起源についての最も説得力のある説は，後者の可能性を支持している（図18.5）。どのように機能が移行したにせよ，RNA原始ゲノムが得意としていた酵素としての役割を捨て，あまり得意でないコード分子としての機能をもつようになったのは逆説的で興味深い。なぜなら，RNAのホスホジエステル結合は不安定なため，コード分子に向いていないからである。したがって，コード分子としての機能が，より安定なDNAに任されるようになったのは必然といってよい。リボヌクレオチドが還元されてデオキシリボヌクレオチドが生じ，それらが逆転写酵素が触媒する反応により重合してRNA原始ゲノムのDNAコピーが生じる，という過

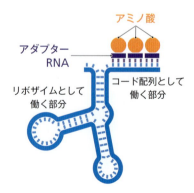 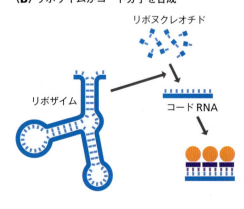

図18.5 最初のコード分子としてRNAが進化してきたことを説明する2つの仮説
（A）リボザイムが進化して触媒活性とコード分子としての機能の両方をもつようになった。あるいは，（B）リボザイムがコード分子として働くRNAを合成した。いずれの場合もアミノ酸は，現在のtRNAの祖先と考えられている小さなアダプターRNAを介してコードRNAに結合している。

程が容易に進行したのだろう（図18.6）。ウラシルがそのメチル化誘導体であるチミンに置き換えられたことは，さらにDNAの安定性を高めたと考えられる。コード分子として二本鎖DNAが採用された大きな理由として，相補鎖を複製することで損傷DNAの修復（16.2節）が可能だという点があることはほぼ間違いない。

この筋書きによれば，最初のDNAゲノムは数多くの個別の分子からなっており，そのそれぞれが1つのタンパク質を指定している，つまり1つの遺伝子に相当している。これらの遺伝子の連結による最初の染色体の形成は，RNAからDNAへの移行よりも前からはじまっていた可能性がある。細胞分裂の際に起こる遺伝子の均等な分配を行うには，多数の遺伝子よりも少数の大きな染色体のほうが容易なので，染色体を形成することで遺伝子の分配の効率は改善されただろう。初期のゲノム進化のさまざまな段階の例にもれず，遺伝子が連結される機構は複数提唱されている。

現存する生命体は唯一無二のものなのだろうか

シミュレーション実験とコンピュータモデルが正しければ，原始地球の海や大気中で，生化学システムの進化における最初の段階は並行して何回も起こったと考えられる。そのため生命体は何回も誕生した可能性があるのだが，細菌，古細菌（アーキア），真核細胞間では基本的な分子生物学的・生化学的機構が驚くほどよく似ているため，現存する生物の起源は単一だと考えられる。1つだけ例をあげれば，あるアミノ酸を指定する遺伝暗号が特定の三つ組ヌクレオチドでなければならない理由は，生物学的にも化学的にも存在しないが，いくつかの例外は別として遺伝暗号はこれまで研究されたすべての生物で基本的に同一である。もし生物の起源が単一でなければ，複数の異なる遺伝暗号がみつかるはずである。

起源が複数あったにもかかわらず現存する生物が単一の起源に由来するとしたら，どの段階で現在の生化学システムが大多数を占めるようになったのだろうか。この問いに対して正確には答えられないが，最も可能性の高い筋書きとして，その時期とは最初に酵素タンパク質を作ることができるようになった段階，すなわちゲノムとしてDNAを採用した段階ではないかと思われる。酵素タンパク質とDNAの出現によって触媒の能力が飛躍的に増大し，また複製の精度が上がったおかげで，これらの細胞は従来のRNA原始ゲノムをもつ細胞に比べてはるかに有利になっただろう。DNAとRNAとタンパク質からなる細胞はずっと速く増殖したに違いなく，栄養分の摂取という面でRNAだけからなる細胞は太刀打ちできなかっただろう。そして遠からず，RNAからなる細胞自体が，DNAとRNAとタンパク質からなる細胞の栄養分となったに違いない。

初期の生体分子の中で，現在われわれが知る生命体を構成する生体分子の代わりとなりえたものは果たしてあるだろうか。1つの可能性はDNAやRNAで使われているものとは異なる塩基対を形成する分子だろう。その候補の1つと考えられるものに，プリン-2,6-ジカルボキシラート（purine-2,6-dicarboxylate）と3-ピリジン（3-pyridine）が形成する塩基対があり，それらは銅イオンを介した配位結合をする（図18.7）。天然の

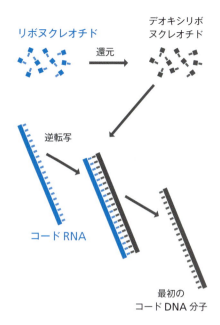

図18.6 コードRNA分子から最初のDNAゲノムへの移行

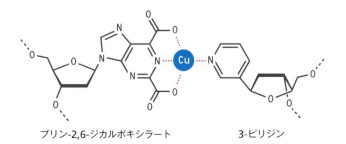

図18.7 プリン-2,6-ジカルボキシラートと3-ピリジンの間に形成される塩基対 ポリヌクレオチド鎖の2′-デオキシリボースに結合している2つの塩基が，銅イオンを介した配位結合をしている。

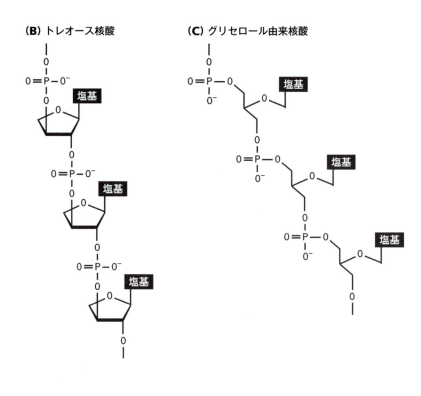

図 18.8 原始地球や地球以外の惑星で生命体に採用された可能性がある3種類の代替核酸

DNA ポリメラーゼの多くは，プリン-2,6-ジカルボキシラートを含むポリヌクレオチド鎖を鋳型として伸長中のポリヌクレオチド鎖に，3-ピリジンを付加することができる。このことは，DNA ポリメラーゼの重合活性は標準的なワトソン・クリック型塩基対に限られたものではないことを示している。興味深いことであるが，DNA や RNA 以外の分子をコード分子として採用した生命体すら，過去には，あるいは地球以外の惑星では出現した可能性がある。特に，糖部分が五員環のフラノース環ではなく六員環のピラノース環であるピラノシル核酸（pyranosyl nucleic acid；図 18.8）は，RNA よりも安定な塩基対を形成できるので，初期の原始ゲノムにとっては RNA よりもむしろよい選択だった可能性がある。同様に，テトロース（四炭糖）であるトレオースから構成されるトレオース核酸（threose nucleic acid）や，ペプチド核酸（PNA；図 3.32 参照）に類似し主鎖に糖をもたないグリセロール由来核酸（glycerol-derived nucleic acid）なども可能性として考えられる。これらの核酸は天然には存在しないが人工的に合成可能で，RNA と安定な二本鎖構造を形成することができるし，トレオース核酸は自己二本鎖構造もとることができる。これらの核酸類似体は自発的な合成が RNA より起こりやすいと考えられたため，無生物的なリボヌクレオチド合成経路が発見されるまでは，RNA ワールドに先立って存在していた有望な前駆体とみなされていた。しかし今日では，RNA の前駆体を仮定する必要は必ずしもないという意見が一般的になっている。なぜなら，RNA そのものが原始スープから直接進化してきたと考えられるようになったからである。

18.2 複雑なゲノムへの進化

地球の歴史を 34 億年前の最も初期の原核細胞から少し先に進めてみると，27 億年前に最初の真核生物が出現したことがわかる。原核生物にはみられない真核生物の特徴と考えられているステロールが，その時代のオイルシェール（油頁岩）から検出されたのである。現時点で最古の真核生物化石と考えられているのは，12 億年前の岩石から発見された *Bangiomorpha* と呼ばれる紅藻類のものである。*Bangiomorpha* は多細胞生物で有性生殖

を行っていたと考えられ，進化的に高度な生物である．当然，それより以前にも真核生物が存在していたはずであるが，いまだ発見されていない．多細胞動物が出現したのは6億4,000万年ほど前であると考えられている（化石に残された生物の痕跡らしきものにもとづいて，もっと以前からいたと主張する研究者もいる）．5億3,000万年前のカンブリア爆発（Cambrian explosion）により，無脊椎動物は新しい形態をもついくつもの生物群へと拡大していき，それらの多くが4億9,000万年前の大量絶滅で消えていった．その後，進化は速度を増して進行し，生物種の多様性も豊かになった．最初の陸生の昆虫や動物，植物は3億5,000万年前に出現し，続いて恐竜の出現と白亜紀の終わり（6,500万年前）にその絶滅があったのち，最初の人類が登場したのはほんの450万年前のことである．

　形態の進化はゲノムの進化に付随して起こる．「進化」と「進歩」を同一視するのは危険だが，系統樹をたどればゲノムが複雑化してきたことは明白である．この節では，ゲノムの複雑化がどのように生じてきたかをみていこう．

ゲノム配列には過去に起きた遺伝子重複の証拠が多数みつかる

　ゲノムの複雑さの1つの指標は遺伝子の数であり，ある種の細菌の1,000以下からヒトのような脊椎動物の2万までさまざまである．初期のゲノムの遺伝子数が現生する生物のゲノムよりも少なかったと考えるならば，どのようにして遺伝子数が増えたのかを考える必要がある．

　ゲノムが新しい遺伝子を獲得するには根本的に異なる2種類の方法がある．ゲノム中の一部ないしすべての遺伝子の重複によるか，別の生物種から遺伝子を獲得するかである．原核生物が水平伝播によって別の生物種から新たな遺伝子を獲得する過程についてはすでに述べた（8.2節）．真核生物における水平伝播は原核生物の場合のように広範にみられるものではないので，その役割については後述することにする．ここではまず，すべての生物種のゲノム進化において中心的な役割を担っていると考えられる**遺伝子重複**（gene duplication）に焦点を絞ってみていこう．

　遺伝子重複が起こると最初に生じるのは2つの同じ遺伝子である．そのうちの一方には選択圧が働いて，遺伝子重複が起こる以前と同じ塩基配列（あるいはきわめて類似の配列）が維持され，その遺伝子は重複以前の機能を保つことになる．両方の遺伝子に選択圧が働くこともあるが，それは遺伝子重複で遺伝子産物の合成量が増加することによって生物が恩恵をこうむる場合に限られる（図18.9）．多くの場合，第2のコピーは生物にどのような恩恵も与えず，それゆえ選択圧を受けることなくランダムに変異を蓄積することになる．実際，遺伝子重複で新たに生じた遺伝子の大半は有害な変異を蓄積して不活性化され，非プロセス型偽遺伝子になっているという証拠がある．しかし，変異によって遺伝子

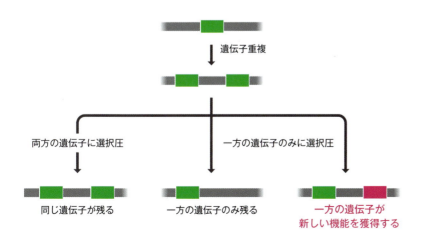

図18.9　遺伝子重複で起こりうる3つの筋書き

が不活性化されずに，生物にとって有用な新しい機能を獲得することもたまにある（図18.9参照）。この場合，その遺伝子はゲノム上に残り，遺伝子の数が増えることになる。

　ゲノム配列を少し調べただけでも，多くの遺伝子が遺伝子重複によって生じたという証拠を多数みつけることができる。図18.9のいちばん左に示した筋書きは，遺伝子重複による遺伝子産物の増加が生物にとって有利であったため，その重複が維持された場合である。塩基配列が同一ないしほとんど同一の遺伝子によって構成される多重遺伝子族の例が数多くみられることからも，この種の遺伝子重複の重要性がわかる。その最も顕著な例がrRNA遺伝子である。いくつかの細菌を除き，ほぼすべての生物種はrRNA遺伝子のコピーを多数もっている。ヒトゲノムには約350コピー，エンドウゲノムには4,000コピー以上のrRNA遺伝子が存在する。このように同一遺伝子のコピーが多数存在する理由は，おそらく細胞周期のある時期に遺伝子産物の迅速な合成が必要となるからであろう。多重遺伝子族の存在からわかることは，遺伝子重複が過去に起こったということだけではない。それは同時に，そのファミリーに属する遺伝子が，進化の過程を通じて確実に同一性を保つように働く分子機構があるに違いないということも示している。これは**協調進化**（concerted evolution）と呼ばれる。ファミリーに属する遺伝子の1つが有利な変異を獲得すれば，そのファミリーに属するすべての遺伝子にその変異が広がることもありうる。それを可能にする機構として最も有力なのは遺伝子変換である。これは17.1節で述べたように，ある遺伝子の1つのコピーの配列の全体もしくは一部分が，別のコピーの配列に置き換えられる現象をいう。多重遺伝子族の各遺伝子は，遺伝子変換を繰り返すことで配列間の同一性を保っているのだろう。各遺伝子が縦列に配置されている場合には，遺伝子変換を特に起こしやすい。

　図18.9のいちばん右に示した筋書きは，重複した遺伝子の一方に変異が蓄積して新しい有用な機能が獲得された場合である。この場合も多重遺伝子族を調べれば，過去にこの種の遺伝子重複が頻繁に起こったことがわかる。すでに述べたように，グロビン遺伝子ファミリーでは遺伝子重複によって，動物の発生過程の異なる段階で働く新しいグロビンタンパク質が進化してきた（図7.19参照）。α鎖様グロビン遺伝子とβ鎖様グロビン遺伝子はすべて配列類似性を示し，1つの遺伝子スーパーファミリーを構成している。このスーパーファミリーには，グロビンと同様に血中酸素を結合できるようなさまざまなタンパク質をコードする遺伝子も含まれている。スーパーファミリー内の遺伝子どうしの配列類似性を調べることで，遺伝子重複による系統樹の分岐パターンを推定することができる。また，**分子時計**（molecular clock）の原理を応用すれば，遺伝子重複が進化の過程でいつ起こったかを推定することもできる。このような分析から，およそ8億年前の遺伝子重複によってグロビン遺伝子の2つの祖先遺伝子が生じたことがわかる。このうち一方の祖先遺伝子は脳タンパク質であるニューログロビンの遺伝子に進化し，もう一方はグロビン遺伝子スーパーファミリーに属するそれ以外のすべての遺伝子の祖先遺伝子となった（図18.10）。それから2億5千万年ほどたって，この系統で2回目の重複が起こった。生じた祖先遺伝子の一方は3回目の重複を起こして，ミオグロビン（筋肉中で働く）とサイトグロビン（多くの組織に存在するが機能はまだ不明）の遺伝子を生じた。もう一方の系統では4億5千万年前に3回目の重複が起こり，プロトα鎖様系統とプロトβ鎖様系統に分かれた。現在のα鎖様およびβ鎖様グロビン遺伝子ファミリー内の重複は，ここ2億年ほどの間に起こったものである。この最近起こった遺伝子重複については，系統樹の分岐パターンばかりでなく，個々の遺伝子に起こった具体的な変化も一部推測することができる。つまり，さまざまな哺乳類のβ鎖様グロビン遺伝子のメンバーを生み出してきた事象を推定することが可能なのである（図18.11）。

　塩基配列を比較することで，上述の例と似たような進化のパターンがみられる遺伝子は

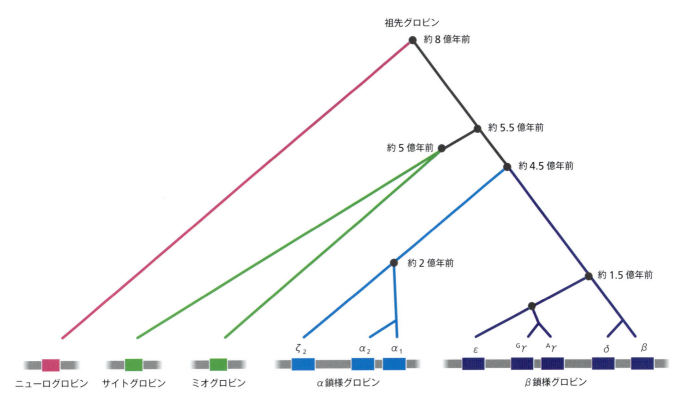

図 18.10　ヒトのグロビン遺伝子スーパーファミリーの進化　スーパーファミリーに属するそれぞれの遺伝子は，現在では別々の染色体上にある。ニューログロビン遺伝子は 14 番染色体，サイトグロビン遺伝子は 17 番染色体，ミオグロビン遺伝子は 22 番染色体，α 鎖様グロビン遺伝子クラスターは 16 番染色体，β 鎖様グロビン遺伝子クラスターは 11 番染色体上にある。これらの遺伝子間の関係は配列類似性の程度から推定される。エクソン領域に蓄積した変異の数（変異率）を分子時計として利用して，遺伝子重複が起きた時期を推定できる。

ほかにもある。例えばトリプシンとキモトリプシンの遺伝子は，およそ 15 億年前に重複を起こした共通の祖先遺伝子から分かれて生じた。現在ではいずれの遺伝子も脊椎動物の消化管でタンパク質分解を引き起こすプロテアーゼをコードしている。トリプシンはアルギニンとリシンの部位で，キモトリプシンはフェニルアラニン，トリプトファン，チロシンの部位でほかのタンパク質を切断する。もともと 1 つだったタンパク質が，ゲノム進化によって相補的な 2 つの機能を獲得したのである。

重複による遺伝子進化のもう 1 つの顕著な例として，動物のボディプラン（体の基本設計）を規定する重要な発生関連遺伝子群であるホメオティック選択遺伝子があげられる。14.3 節で述べたように，キイロショウジョウバエ（*Drosophila melanogaster*）は *HOM-C* と呼ばれるホメオティック選択遺伝子複合体を 1 つもっており，これに含まれる 8 つの遺伝子は，それぞれのタンパク質産物の DNA 結合モチーフをコードするホメオドメイン配列を含んでいる（図 14.37 参照）。これら 8 つの遺伝子は，ショウジョウバエの他のホメオドメイン遺伝子と同様，およそ 10 億年前に存在した共通の祖先遺伝子から遺伝子重複を繰り返して生じてきたと考えられている。現在の 8 つの遺伝子はそれぞれ，異なるショウジョウバエの体節が何になるかを規定しており，ショウジョウバエに至るまでの進化の過程で分岐してきたさまざまな生物の形態の複雑化に，遺伝子重複と配列の多様化がどのように寄与してきたかがうかがえる。系統樹をさらにたどって次に脊椎動物に目を向けてみると，多くの脊椎動物は 4 つの *Hox* 遺伝子クラスターをもっている（図 14.37 参照）。それぞれがショウジョウバエの *HOM-C* 遺伝子複合体のコピーであることは一目瞭然で，対応する位置には類似の塩基配列がある。脊椎動物では個々の *Hox* 遺伝子ではなくクラスター全体が 2 回重複を起こしたと考えられる（図 18.12）。1 回のみの重複を経て *Hox* 遺伝子クラスターを 2 つしかもたない種はこれまで知られていないが，4 つ以上もつ脊椎

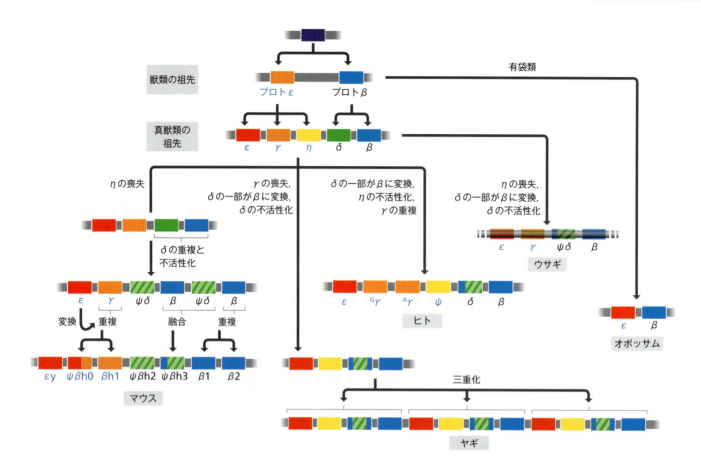

図 18.11 哺乳類のβ鎖様グロビン遺伝子の進化 さまざまな哺乳動物のβ鎖様グロビン遺伝子クラスターを生じさせたと考えられている事象を示している。(Tagle DA, Stanhope MJ, Siemieniak DR et al. [1992] *Genomics* 13:741–760 より Elsevier の許諾を得て掲載)

動物がいることはよく知られている。例えば、脊椎動物で最も多様性が高いと考えられている条鰭綱の真骨魚類は、多様なボディプランをもつことで知られているが、7つもしくは8つの *Hox* 遺伝子クラスターをもっている。これはおそらく、4つのクラスターが遺伝子重複により8つになり、その後、7つのクラスターをもつ種の祖先がクラスターを1つ失った結果と考えられる。サケ科の魚類はさらなる遺伝子重複を経てきており、タイセイヨウサケ(*Salmo salar*)やニジマス(*Oncorhynchus mykiss*)は13もの *Hox* 遺伝子クラスターをもつことが知られている。

遺伝子重複はさまざまな機構で起こりうる

進化の過程で起きた遺伝子重複の証拠は、ゲノム配列を調べれば数多く得ることができる。では、遺伝子重複はどのようにして起きたのだろうか。それには次のようないくつかの機構が考えられる。

- **不等交差**(unequal crossing over)。これは1対の相同染色体上の異なる座位に似たような塩基配列がある場合に起こる組換えである。図 18.13A に示すように、不等交差によって組換え後の染色体の一方に DNA 領域の重複が生じる。
- **不等姉妹染色分体交換**(unequal sister chromatid exchange)。機構は不等交差と同じだが、同じ染色体の1対の染色分体の間で起こる組換えである(図 18.13B)。
- **DNA 増幅**(DNA amplification)。細菌のような一倍体生物において、複製バブルの2つの娘 DNA 分子間で起こる不等交差によって生じる DNA 領域の重複を指して、この用語を用いることがある(図 18.13C)。

これら3つのいずれの機構も、縦列に並んだ重複を引き起こす。「縦列」とはゲノム中で重複した DNA 領域が隣り合わせに並んだ状態を指す。これは多くの多重遺伝子族にみられるパターンであるが、重複した遺伝子が常に縦列に並ぶとは限らない(7.3節)。例え

ば，ヒトゲノムには糖代謝を担う酵素であるアルドラーゼの遺伝子が5つあるが，それぞれの遺伝子は別々の染色体上に存在する。これらのコピーすべてはかつて縦列に並んでいたが，その後の大規模なゲノム再編成により散在するようになったと考えられている。しかし，コピーが最初から縦列に並ばず散在する場合もある。これは，プロセス型偽遺伝子を生じさせるようなレトロ転位による重複の場合にみられる（図7.20参照）。プロセス型偽遺伝子は，遺伝子から転写されたmRNAが逆転写されてcDNAとなってからゲノム中に再挿入されて生じる。結果として偽遺伝子になるのは，mRNAから作られるためプロセス型偽遺伝子にはプロモーター配列が含まれていないからである。しかし，このような偽遺伝子が，すでに存在する遺伝子の近傍に挿入された場合はどうなるだろうか（図18.14）。その場合，すでに存在する遺伝子のプロモーターを使って偽遺伝子が活性化されることがある。このような遺伝子重複によって生じた遺伝子は**レトロ遺伝子**（retrogene）と呼ばれる。

では，ゲノム配列を調べる際に，どのようにレトロ遺伝子が同定されるのだろうか。レトロ遺伝子の1つの大きな特徴は，mRNAから作られるため転写前の親遺伝子には存在するイントロンがまったく存在しないことである。相同遺伝子として同定された遺伝子の一方がイントロンをもち，他方がもたない場合，後者はレトロ遺伝子である可能性が高い。しかし，非プロセス型偽遺伝子が自身のプロモーターを使って転写されている場合の遺伝子の活性について論じた際に指摘したように（7.3節），転写や翻訳が起きていること自体は偽遺伝子が機能をもっていることの証拠として十分ではない。その遺伝子に対して正の自然選択が働いているという証拠を示すことが必要である。そうでなければ，遺伝子発現というのは単なる偶然の結果であり，生物にとって長期的には何の利益ももたらさないと判断するべきである。レトロ遺伝子についても同じことがいえる。新しいプロモーターの近傍に挿入されたレトロ遺伝子の発現は，そのレトロ遺伝子が機能をもっている可能性を示唆してはいるが，それを証明するためには正の自然選択が働いていることを示す必要がある。これらの点を考慮すると，ヒトゲノムには600〜700のレトロ遺伝子があると推測される。そのうちおよそ25は親遺伝子が失われた**オーファンレトロ遺伝子**（orphan retrogene）であり，親遺伝子に代わって機能のあるタンパク質をコードしている。

ゲノム全体の重複も起こりうる

上述の過程は，せいぜい数十kbの比較的短いDNA領域の重複を生じるが，もっと長いDNA領域が重複することはありうるのだろうか。1本の染色体全体の重複がゲノム進化に大きな役割を演じたとは思えない。というのも，ある染色体のみが重複によって3コピーとなり，その他の染色体は正常に2コピーずつ存在する，**トリソミー**（trisomy）と呼ばれる状況がヒトでまれにみられるが，この場合ダウン症候群（Down syndrome）のような遺伝病が引き起こされてしまうか，死に至るのである。またショウジョウバエでも，人為的に発生させたトリソミーの変異体で同じような影響が観察されている。おそらく，一部の遺伝子のコピー数のみが増えることで遺伝子産物の量の釣り合いがとれなくなり，細胞内の生化学反応に混乱を招いてしまうのだろう。

しかし，トリソミーが有害であるからといって，ゲノム全体の重複の可能性を過小評価すべきではない。全ゲノム重複は，減数分裂の過程で誤りが生じ，配偶子が一倍体ではなく二倍体になってしまった場合に起こりうる（図18.15）。2つの二倍体配偶子どうしが融合すると，**同質倍数体**（autopolyploid；この場合は核内に染色体を4コピーずつもつ同質四倍体）ができることになる。植物では同質倍数体やその他の**倍数体**（polyploid）の多くが生育でき，それほど珍しいものではない。染色体のそれぞれが相同な相手をもっており，減数分裂の際に二価染色体を形成できるからである。それゆえ同質倍数体は繁殖す

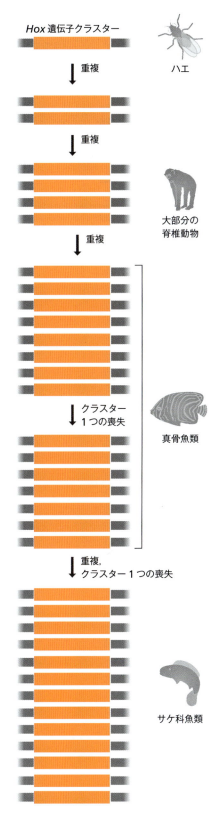

図18.12 ハエからサケ科魚類までの*Hox*遺伝子クラスターの進化

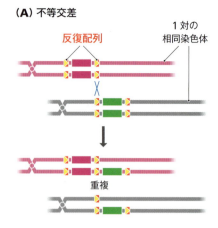

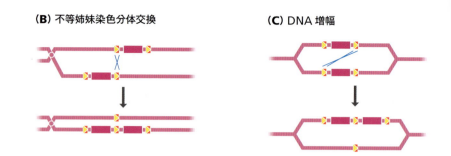

図 18.13　**遺伝子重複の3つの機構**　(A) 相同染色体間の不等交差，(B) 不等姉妹染色分体交換，(C) 細菌ゲノムの複製過程でみられる「DNA 増幅」。いずれの場合も，短い反復配列の2つのコピーの間で組換えが起こり，その反復配列の間にある DNA 領域の重複が生じる。不等交差と不等姉妹染色分体交換は基本的に同じ機構で起こるが，前者が1対の相同染色体の染色分体間で起こるのに対し，後者は同じ染色体の1対の染色分体の間で組換えが起こる。DNA 増幅では，DNA 複製の際に新しくできた2つの娘二本鎖 DNA 分子の間で組換えが起こる。

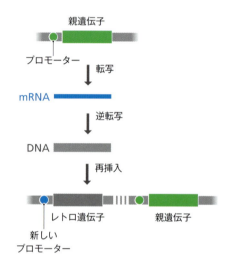

図 18.14　**レトロ遺伝子の生成**　親遺伝子から転写された mRNA が逆転写されて DNA コピーとなり，これが別の遺伝子のプロモーター近傍に再挿入される。レトロ遺伝子の発現は新しいプロモーターによって促進される。

ることができるが，もとの生物との異種交配は一般に成功しない。なぜなら，例えば四倍体生物と二倍体生物の異種交配で生じた接合子は三倍体となり，3組の相同染色体のうち1組は相同な相手が存在しないため繁殖できないからである（図 18.16）。したがって，同質倍数体は種分化，すなわち互いに交配できない2つの生物種への分化を引き起こす仕組みの1つだといえる。実際こうした同質倍数体による新たな植物種の出現が，メンデルの実験の再発見者の1人でもある Hugo de Vries らによって観察されている。オオマツヨイグサ（*Oenothera lamarckiana*）を研究していた de Vries は，通常は二倍体の *O. lamarckiana* で四倍体の型を発見し，それを *O. gigas* と名づけた。動物の同質倍数体は比較的まれで，特に2種類の性をもつ動物ではそうである。これは，おそらく核が性染色体を1対以上もつことによって生じる問題のためであろう。

　同質倍数体はただ単にすべての遺伝子の余分なコピーをもっているだけで，新しい遺伝子を獲得しているわけではない。そのため同質倍数体の存在がゲノムの複雑化に直接つながるわけではない。しかし同質倍数体は，ゲノムの複雑性を増加させる可能性を秘めているといえる。つまり，余分な遺伝子は細胞の機能に必須ではないので，その生物の生存を脅かすことなく変異を受け入れることができるのである。では，現存するゲノムのこれまでの進化の歴史の中で，全ゲノム重複が起こることで新しい遺伝子を大量に獲得したという証拠は実際にあるのだろうか。

　ゲノムが時間とともに変化していく過程についてわかっていることを考え合わせると，

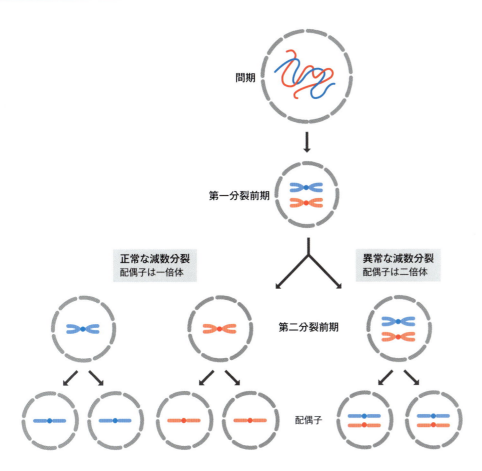

図 18.15 **同質倍数体が生じる原理** 図の左側には減数分裂の通常の過程を簡略化して示す。図の右側には，第一分裂前期と第二分裂前期の間で異常が起こり，相同染色体が別々の核に分離しなかった場合を示す。この結果，配偶子は一倍体ではなく二倍体となる。

全ゲノム重複が起きたという証拠を得るのはかなり難しいと予想される。なぜなら，全ゲノム重複で生じた余分な遺伝子は偽遺伝子となり，やがて塩基配列をみただけでは識別できないほど朽ち果ててしまうからである。残った遺伝子は，その重複した機能が生物にとって有用であったためか，新しい機能を進化させてきたために識別可能なのであって，この場合でも，全ゲノム重複によって生じたのか，それとも短い DNA 領域の重複によって生じたのかは区別できない。全ゲノム重複を識別するためには，次の条件を満たす必要がある。

- ゲノム中の重複遺伝子ペアの多くのものが同時期に生じたことが，分子時計を利用した解析から証明可能であること。
- 重複後の遺伝子再編成があったとしても，重複遺伝子のセットはまとまって存在し，それぞれの遺伝子セット間にシンテニー（遺伝子が同じ順番で配置されていること）がみられること。

真核生物の進化の過程で起きた全ゲノム重複の最初の証拠は，出芽酵母 (*Saccharomyces cerevisiae*) のゲノム塩基配列決定プロジェクトからもたらされた。部分配列を組み立てる過程で，出芽酵母のゲノムには複数のシンテニー領域が存在することがわかってきた。全ゲノム塩基配列が決定されると，すべての酵母遺伝子間で相同性検索 (5.1 節) が行われた。遺伝子重複によって生じたと推定するためには，アミノ酸レベルで比較したときに

図 18.16 **同質倍数体は親とはうまく交配できない** 図 18.15 に示したような異常な減数分裂からできた二倍体配偶子は，正常な一倍体配偶子と融合すると，それぞれの相同染色体を 3 組ずつもつ三倍体の核ができる。すると，次の減数分裂では第一分裂前期に 3 組の相同染色体のうち 2 組が二価染色体を形成するが，もう 1 組には相手が存在しない。そのため後期の染色体分離がうまくいかず，減数分裂は成功しない場合が多い。つまりこの三倍体個体は配偶子を作れず，子孫を残すことができない。なお，二価染色体は図に示した対だけでなく，3 組の相同染色体のうちどの 2 つの組合せでも形成されうる。

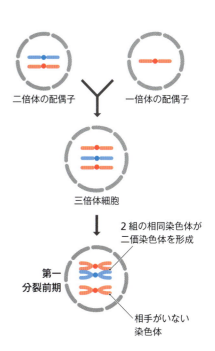

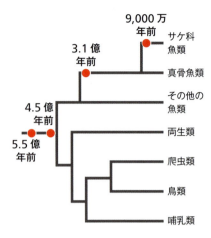

図18.17 脊椎動物の進化の過程で起きた全ゲノム重複 脊椎動物の進化の過程で起きたと考えられている4回の全ゲノム重複を示す。重複が起きた時期により，ハエ，脊椎動物，真骨魚類，サケ科魚類にみられる *Hox* 遺伝子クラスターの数（図18.12参照）を説明することができる。

2つの遺伝子間に少なくとも25%以上の配列類似性がなければならない。このようにして約800の遺伝子ペアがみいだされた。そのうち376は55の重複セットに分けられた（1つの重複セットには少なくとも3つの遺伝子が同じ順番で含まれている）。これらの重複セット間に散在する遺伝子がセットに含まれる可能性も考慮すると，これらのセットだけでゲノムのほぼ半分を占めることになる。これらのセットが全ゲノム重複ではなく部分領域の重複によって個別に生じたと考えることもできるが，もしそうだとすれば一部の遺伝子は2回以上重複を起こしたとしてもおかしくはない。実際には各遺伝子は決して3コピーや4コピーではなく，常に2コピー存在していたので，これらのコピーが全ゲノム重複によって生じたとする考えが支持された。出芽酵母以外の酵母種の全ゲノム塩基配列が決定されたことで，この可能性はますます濃厚となった。特に，出芽酵母，キラー酵母 *Kluyveromyces waltii*，糸状子嚢菌 *Ashbya gossypii* のゲノム配列の比較から多くの情報が得られた。これら3種は1億年以上前の共通祖先から進化してきた。相同性検索からわかっている限りでは，そのときにはまだ全ゲノム重複は起こっていない。もしも出芽酵母に至る系統で重複が起こったとすると，*K. waltii* や *A. gossypii* では単一遺伝子として存在している多くの遺伝子が，出芽酵母では重複しているはずである。実際そのとおりであり，このような新しい解析法から，現在の出芽酵母ゲノムの約10%は1億年前以降に起こった全ゲノム重複の結果生じたものであると推定されている。

　他の生物種のゲノムにおいても，重複遺伝子のシンテニー領域をコンピュータを利用した洗練された解析手法で同定する方法に，重複が起きた時期を分子時計を利用して推定する手法を併用して，同様の研究が行われている。その結果，脊椎動物の進化の初期段階の約5億5,000万年前と約4億5,000万年前に2回の全ゲノム重複が起きたという証拠がみつかっている（図18.17）。その後も，真骨魚類の系統で約3億1,000万年前に，またより最近では8,000万〜1億年前に原始サケ科魚類のゲノムにおいてさらなる全ゲノム重複が起きた。より最近の2回の全ゲノム重複を詳細に解析してみると，真骨魚類の系統で生じた重複遺伝子はその後6,000万年の間に約60%がゲノムから失われ，それらの遺伝子ペアは単一遺伝子に戻っていた。その後も重複遺伝子の喪失は続いているが，速度ははるかにゆっくりしたものになっている。全ゲノム重複は植物の進化においても同様に重要である。シロイヌナズナ（*Arabidopsis thaliana*）と他の植物のゲノム配列の比較によって，シロイヌナズナのゲノムは単子葉植物の起源である約1億5,000万年前から，少なくとも3回の全ゲノム重複を経て進化してきたと推定されている。その他の顕花植物の系統においても，複数回の全ゲノム重複が起こったと考えられている（図18.18）。

ヒトゲノムやその他のゲノムにはもっと短い領域の重複も認められる

　ヒトの系統で最も最近に起きた全ゲノム重複は約4億5,000万年前のことであるが，それ以来ヒトゲノムに変化がなかったわけではない。むしろ正反対である。ヒトゲノム配列の詳細な解析からわかった驚くべき事実は，比較的最近になってからもゲノムの小断片の重複が広範にしかも頻繁に起こっているということである。それらは**部分重複**（segmental duplication）あるいは**低頻度反復配列**（low-copy repeat）と呼ばれ，通常，90%以上の配列類似性を示す1〜400 kbの領域を指す。反復配列の数は2コピーの場合が多いが，ゲノム中で最大50コピー程度に及ぶこともある。部分重複の領域が長鎖散在反復配列（LINE）や短鎖散在反復配列（SINE），あるいは内在性レトロウイルス（ERV）のような反復DNA配列（9.2節）を含んでいることもあるが，それらの反復配列そのものは非常にコピー数が多いため部分重複とは呼ばない。

　ヒトゲノムにおける部分重複がいかに広範に及んでいるかを図18.19に示す。ここで

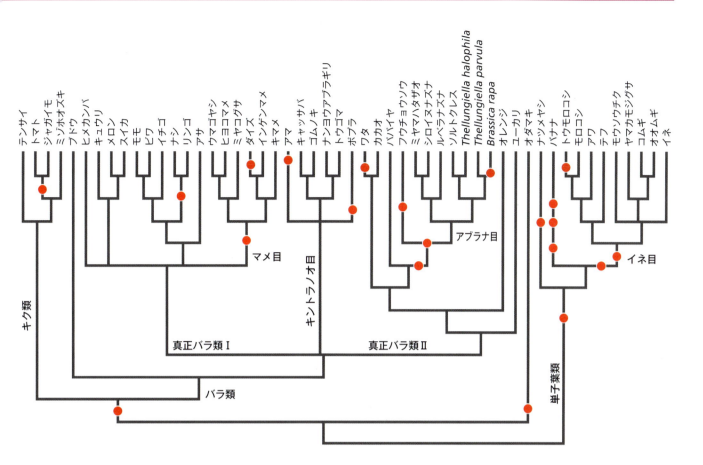

図 18.18　顕花植物の進化の過程で起きた全ゲノム重複　新たな植物のゲノム配列が加わると，ここに示したもの以外の重複が発見される可能性がある。

は1番染色体の重複領域を示している。5 kb以上の長さで90％以上の配列類似性を示すものを部分重複と考えると，多くの反復配列が同定できる。それらは同じ1番染色体上に2コピー以上みられることもあるし，別の染色体に存在することもある。より厳しい基準（40 kb以上の長さで99％以上の配列類似性）を設定してみても，同じ1番染色体上に複数の重複領域が同定できるし，別の11本の染色体にも重複領域を同定することができる。部分重複はセントロメア領域やテロメア近傍の領域でより頻繁に起きることが知られているが，それ以外の領域にも多くの重複領域がみられる。

　ヒトの1番染色体における重複領域の分布のパターンはヒトゲノム全体を代表する例と考えてよいが，マウスでは状況がかなり異なる。ヒトゲノムとマウスゲノムに占める部分重複の割合に大きな違いはないが，マウスゲノムでは多くの重複領域が縦列に生じているのに対して，ヒトゲノムでは重複領域が同じ染色体上の離れた領域にみられたり，あるいは別の染色体に存在したりすることが多い。脊椎動物の重複領域は縦列に生じることが一般的で，その点においてヒトゲノムは例外的である。ヒトゲノムが他の生物種のゲノムとは異なるもう1つの興味深い特徴として，配列類似性の高い（98％以上）重複領域の割合がマウスゲノムよりも多い点があげられる（図 18.20）。重複領域の配列類似性は変異の蓄積によって時間とともに減少することをすでに学んだ。よって，ヒトゲノムの重複領域間にみられる高い配列類似性は，ヒトに至る系統で進化の過程の比較的最近になって部分重複が頻発していることを示唆している。チンパンジーのゲノムと比較してみると，この部分重複の頻発は大型類人猿との種分岐よりも前に起きており，脳の発生にかかわる遺伝子の重複を通じて霊長類に特異的な形質の進化に寄与している可能性がある。

　一方で，部分重複がゲノムに有害な影響を及ぼすことも考えられる。同じ染色体の重複領域間で組換えが起きた場合，重複領域の間にある領域はゲノムから失われてしまう可能性があり，それが遺伝病につながることもありうるだろう。実際，このようにして生じた

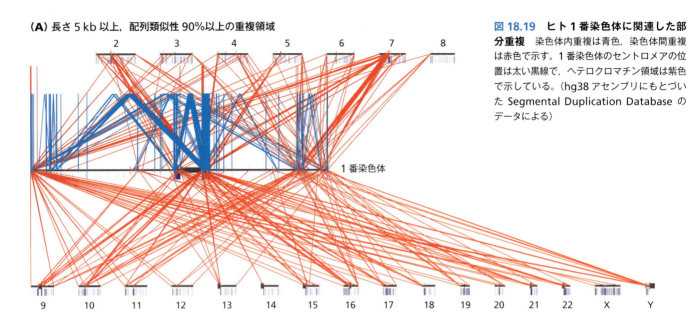

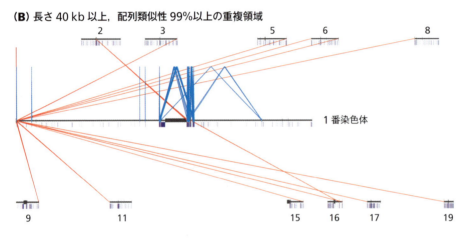

図 18.19　ヒト 1 番染色体に関連した部分重複　染色体内重複は青色，染色体間重複は赤色で示す。1 番染色体のセントロメアの位置は太い黒線で，ヘテロクロマチン領域は紫色で示している。(hg38 アセンブリにもとづいた Segmental Duplication Database のデータによる)

欠失が疾患の原因となっている例がみつかってきている。例えば，発達遅滞およびのちの肥満にもつながる栄養摂取上の問題を伴う疾患であるプラダー・ウィリー症候群 (Prader-Willi syndrome) では，症例の約 70％に父親由来の 15 番染色体の一部領域に欠失が認められる。これは部分重複領域間の組換えが原因と考えられている。欠失領域には多くのタンパク質コード遺伝子と非コード RNA 遺伝子が含まれており，そのうちのいくつかは母性インプリンティング遺伝子であることが知られている。よって，活性をもった父親由来の遺伝子が失われてしまうことは，遺伝子機能の喪失を意味する。この欠失領域のどの遺伝子ないし遺伝子群が実際に疾患に関与しているのかは，まだ明らかになっていないが，その有力な候補として注目を集めているのが 29 コピーの核小体低分子 RNA (snoRNA) を含む SNORD116 座位である。この座位にのみ小さな欠失が認められる患者は，プラダー・ウィリー症候群と似た多くの症候を呈することから，この snoRNA が重要な役割を果たしている可能性が高い。

原核生物も真核生物も他の生物から遺伝子を獲得してきた

ゲノムが新たな遺伝子を獲得する方法は遺伝子重複だけではない。原核生物も真核生物も遺伝子の水平伝播によって他の生物から遺伝子を獲得してきた。細菌や古細菌では水平伝播が非常に広範に起きており，ゲノムの遺伝子セットの形成に大きな役割を果たしている。種を越えて共有されている遺伝子が多数あるため，種の区別があいまいになるほどで

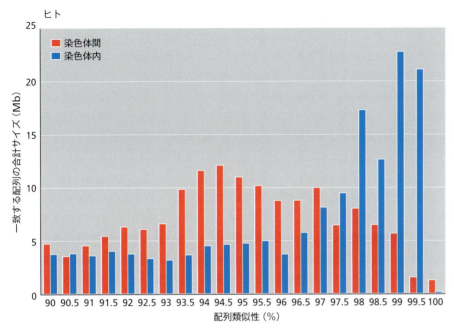
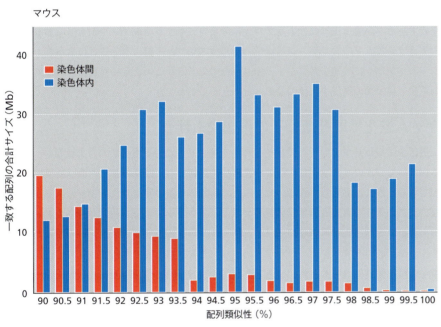

図18.20 ヒトおよびマウスのゲノムにみられる部分重複の比較 配列類似性別にみた重複領域の相対頻度を表したヒストグラム。このデータは，染色体間重複領域（赤色）と染色体内重複領域（青色）のいずれについても，ヒトゲノムでは配列類似性の高い重複領域の割合がマウスゲノムよりも多いことを示している。（Marques-Bonet T & Eichler EE [2009] *Cold Spring Harb. Symp. Quant. Biol.* 74:355–362 より Cold Spring Harbor Laboratory Press の許諾を得て掲載）

ある（8.2節）。

　原核生物で水平伝播がよくみられる理由の1つは，多くの原核生物が外部環境から容易にDNAを取り込むことができるからだろう。そのために特化した膜タンパク質をもっている原核生物もあるほどである。一方，真核生物はそのような取り込み機構をもっていないため，真核生物ゲノムの進化における水平伝播の重要性は原核生物の場合と比べてはるかに低いことも納得できる。真核生物で水平伝播が果たしてきた役割ははっきりしない。真核生物ゲノムに細菌の遺伝子が含まれているとする報告がいくつかなされたが，のちになって，真核生物のDNAを扱っている際に細菌が混入し，ゲノム配列をコンピュータ上で構築する際にその塩基配列を誤って取り入れてしまったためと判明した。しかし，真核生物のゲノム配列を構築する際に細菌由来と思われる塩基配列を最初からすべて除外してしまうと，もし細菌から真核生物に本当に遺伝子伝播が起きた場合，それを見逃してしまうおそれがある。

真核生物への水平伝播が実際に起きたと思われる1つの例が，植物寄生性線虫のジャガイモシロシストセンチュウ（*Globodera pallida*）で報告されている。宿主植物が生産するスクロースを餌にすることができるように，これらの線虫は植物の根の細胞壁を分解したり植物の免疫反応を抑制したりするための酵素を合成できる。こうした特殊化した生化学物質の構成要素のいくつかを，線虫は根の生物圏に生息している別の生物から水平伝播により獲得した可能性がある。例えば，細胞壁を分解する酵素の遺伝子は，最も配列の類似した相同遺伝子が土壌真正細菌の *Ralstonia* 属にあることが知られている。また，スクロースの利用に関係しているある遺伝子も，細菌に由来している可能性が高い。セルロース分解酵素の遺伝子を土壌菌類から獲得したと思われる植物寄生性線虫もいる。

植物ではより大規模な水平伝播の例が詳しく研究されている。植物において同質倍数体として全ゲノム重複が起こることはすでに述べた（図18.15参照）。同様に，異種交配によって生じる**異質倍数体**（allopolyploid）も植物ではよくみられ，生育可能な雑種がしばしば形成される。通常，異質倍数体が生じるのは多くの遺伝子を共有している近縁種間での交配である。しかしそれでも，親種の一方にしかない遺伝子もいくつかあるだろうし，共有している遺伝子であってもそれぞれ別のアレルをもっていることもあるだろう。例えば，パンコムギ（*Triticum aestivum*）は，四倍体のデュラムコムギ（*Triticum durum*）と二倍体のタルホコムギ（*Aegilops tauschii*）の交配で得られた異質六倍体である。タルホコムギのグルテニン遺伝子は高分子量グルテニンをコードする新規アレルをもっており，それがデュラムコムギのグルテニン遺伝子の従来型アレルと一緒になることによって，パンコムギのパン作りに最適な形質が生み出されたのである。このように異質倍数体は，全ゲノム重複と異種間の遺伝子伝播の結果ととらえることができる。

ゲノム進化は既存遺伝子の再編成も伴う

遺伝子重複は必ずしもその遺伝子全体を重複させることが重要なわけではない。1つあるいはいくつかのエクソンを含むような断片の重複でも，既存の遺伝子機能を変えることができる可能性があるし，あるいはまったく新規の機能が獲得されることもあるかもしれない。このような再編成は進化の過程で新しいタンパク質機能を生じさせるためのもう1つの仕組みで，これが可能なのはほとんどのタンパク質が構造ドメインからなるためである。おのおののドメインは一つながりのポリペプチド鎖で構成されており，したがって連続する塩基配列にコードされている（図18.21）。**ドメイン重複**（domain duplication）は，不等交差や複製スリップ，そのほか上述したDNA領域を重複させる何らかの方法によって，構造ドメインをコードする遺伝子領域が重複した場合に起こる（図18.22A）。この重複によって構造ドメインが繰り返されたタンパク質ができるが，その結果タンパク質が安定化するなど，このような変化自体が有利に働くこともある。また，重複したドメインをコードする塩基配列に変異が蓄積するにつれて構造も変化し，タンパク質が新しい機能を獲得する場合もある。ドメイン重複によって遺伝子が長くなることに注意してほしい。高等真核生物の遺伝子は下等生物のものよりも平均して長いことからわかるように，ゲノム進化は一般に遺伝子の伸長を伴う。一方，**ドメインシャッフリング**（domain shuffling；ドメインの混ぜ合わせという意味）は，別々の遺伝子中にある構造ドメインをコードする

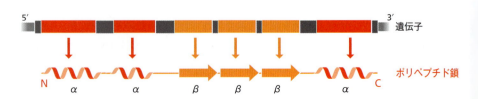

図18.21 構造ドメインとは連続する塩基配列にコードされているポリペプチド鎖の個々の構造単位のことである ここに示した単純な例では，ポリペプチド鎖のαヘリックスやβシートのそれぞれを構造ドメインとみなしている。実際には大半の構造ドメインが複数の二次構造からなっている。

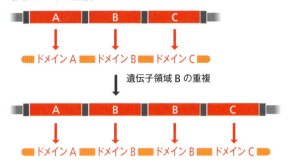

図 18.22 ドメイン重複（A）とドメインシャッフリング（B）による新たな遺伝子の生成

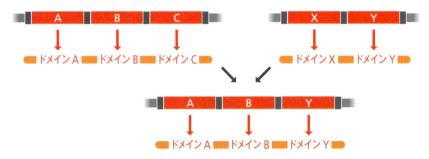

領域が互いに混ぜ合わされて統合され，ハイブリッドタンパク質（モザイクタンパク質）をコードする新たな配列ができることをいう。こうしてできたタンパク質は，構造的特徴が新たに組み合わされたことで，細胞においてまったく新しい生物学的機能をもつことがある（図 18.22B）。

　ドメイン重複とドメインシャッフリングのモデルが成立するためには，それぞれのコード配列が独立して重複や再編成を起こせるように遺伝子が断片化されている必要がある。この必要条件を満たすために，1 つのエクソンが 1 つの構造ドメインをコードしているという興味深い可能性が考えられる。いくつかのタンパク質については，実際にエクソンの重複や再編成によって今日みられる構造ができたと思われる。1 つの例として脊椎動物の I 型コラーゲン α2 鎖遺伝子があげられる。この遺伝子はコラーゲンタンパク質を構成する 3 本のポリペプチド鎖のうちの 1 本をコードしている。3 本のポリペプチド鎖は，いずれもグリシン-X-Y（多くの場合，X はプロリン，Y はヒドロキシプロリン）というトリペプチドが高度に繰り返された反復配列をもつ（図 18.23）。ニワトリの I 型コラーゲン α2 鎖遺伝子は 52 のエクソンに分かれているが，そのうちの 42 がトリペプチドの反復領域にあたる。この領域では，それぞれのエクソンがトリペプチドの反復配列をコードしているが，反復数はエクソンによって異なり，5 回（5 つのエクソン），6 回（23 のエクソン），11 回（5 つのエクソン），12 回（8 つのエクソン），18 回（1 つのエクソン）である。明らかに，この遺伝子はドメイン重複によって進化し，反復する構造ドメインを獲得したものといえる。

　ドメインシャッフリングの最もよい例としては，組織プラスミノーゲン活性化因子（tissue plasminogen activator：TPA）があげられる。これは脊椎動物の血液中にみられるタンパク質で，血液の凝固反応に関係している。TPA をコードする遺伝子は 4 つのエクソンからなり，それぞれのエクソンが異なる構造ドメインをコードしている（図 18.24）。1 番目のエクソンは，TPA がフィブリン（血餅中にみられ TPA を活性化させる線維状タンパク質）と結合するためのフィンガーモジュール（finger module）をコードしている。こ

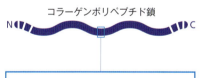

図 18.23 I 型コラーゲン α2 鎖のポリペプチド鎖にはグリシン-X-Y の反復配列が存在する　アミノ酸の 3 番目ごとにグリシンがあり，多くの場合，X はプロリン（Pro），Y はヒドロキシプロリン（Hyp）である。Hyp は Pro の翻訳後修飾により合成される。コラーゲンポリペプチド鎖はらせん状の構造をとっているが，標準的な α ヘリックスよりも伸びた構造をしている。

図 18.24 組織プラスミノーゲン活性化因子をコードする遺伝子のモジュール構造

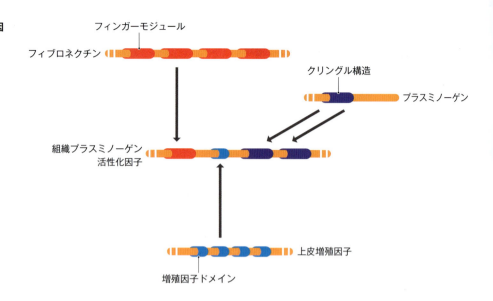

のエクソンは別のフィブリン結合タンパク質であるフィブロネクチンの遺伝子に由来していると考えられているが，関連タンパク質であるウロキナーゼの遺伝子には存在せず，そのためウロキナーゼはフィブリンによる活性化を受けない。TPA遺伝子の2番目のエクソンは，増殖因子ドメイン（growth factor domain）をコードしており，これによりTPAは細胞増殖を刺激することができる。このエクソンは上皮増殖因子遺伝子に由来している。残りの2つのエクソンはクリングル構造（kringle structure）をコードしており，これによりTPAはフィブリン塊に結合することができる。この2つのエクソンはプラスミノーゲン遺伝子に由来している。

　I型コラーゲンとTPAは遺伝子進化の最もわかりやすい例だが，残念なことに，構造ドメインとエクソンとの関連がこれほど明確な遺伝子はめったにない。多くの遺伝子が遺伝子領域の重複や再編成によって進化してきたのは間違いないが，多くの場合，その構造ドメインをコードする遺伝子領域は個々のエクソンまたはエクソン群とは一致しない。ドメイン重複やドメインシャッフリングが起こったとしても，おそらく正確さを欠く方法で起こっているため，新しい遺伝子が有用な機能をもつことはめったにない。しかし偶然であるにせよ，このような現象は実際に起こっており，そのことは多くのタンパク質が同じDNA結合モチーフ（11.2節）をもっていることからもわかる。これらのモチーフのいくつかが新たに独立に生み出された機会は1度ならずあっただろうが，多くの場合，そのモチーフをコードする塩基配列がさまざまな遺伝子に転位していったことは明らかである。

　遺伝子断片がゲノム内のある場所から別の場所に移る現象には，トランスポゾンがかかわっている場合がある。LINE-1（9.2節）の転位により，隣接する短いDNA領域がトランスポゾンと一緒にゲノムの別の場所に移入されることがある。この過程は，LINE-1の3′末端側に存在するDNA領域が移入されるので**3′形質導入**（3′-transduction）と呼ばれる。LINE-1はイントロン中にみられることがあるので，3′形質導入により下流のエクソンがゲノムの新しい場所に移入されることがある。***Mutator*様転位性遺伝子**（*Mutator*-like transposable element：**MULE**）と呼ばれるDNAトランスポゾンの働きにより，エクソンやその他の遺伝子断片が移動することもある。このトランスポゾンはさまざまな真核生物でみつかっているが，特に植物に多くみられる。MULEは多くの場合，自身のDNA配列中に宿主から取り込んだ配列をもっている。したがってMULEが転位すれば，宿主から取り込まれた配列も新しい位置へ移動することになる。MULEはゲノムを旅してまわりながら，さまざまな遺伝子断片を取り込んで，行く先々で新しい雑種遺伝子を作

る。つまり MULE は遺伝子進化を促進する魅力的な方法を提供しているのだが，その影響がどれほどのものかということについてはいくつかの疑問点も残っている。特に，取り込まれた遺伝子断片がどのくらい頻繁に MULE から抜け出せるかについてはよくわかっていない。

イントロンの起源に関しては対立する 2 つの仮説がある

1977 年にイントロンが発見されて以来，その起源についての議論が絶えない。初期の仮説の多くが**遺伝子のエクソン説**（exon theory of genes）の影響を受けている。この仮説によれば，イントロンは RNA ワールドの直後，はじめて DNA ゲノムが構築されたときに生じたとされている。初期の DNA ゲノムはそれぞれが 1 つのコード RNA 分子に由来する多くの短い遺伝子からなっており，各遺伝子が 1 つの構造ドメイン程度の短いポリペプチド鎖をコードしていた。この短いポリペプチド鎖が特異的で有効な触媒活性をもつためには，互いに会合して複数のサブユニットからなる大きなタンパク質を形成する必要があったと思われる（図 18.25）。複数のドメインからなる酵素の組み立てを効率的に行うためには，それぞれの短いポリペプチド鎖が連結して，現在のタンパク質にみられるような 1 本の長いポリペプチド鎖になることが有利であった。これを実現するために，それぞれのミニ遺伝子の転写産物が連結されて 1 本にまとめられるようになったとされている。これはタンパク質を構成する各ドメインに対応するミニ遺伝子を，ゲノム上で順番に配置するような再編成によって達成された。言い換えれば，ミニ遺伝子がエクソンに，その間の DNA 配列がイントロンになったということである。

この遺伝子のエクソン説や，その他の**イントロン前生説**（introns early hypothesis）によると，すべてのゲノムが最初はイントロンをもっていたことになる。しかし，細菌ゲノムには GU-AG イントロンが存在しない。したがって，もしこれらの仮説が正しいとするならば，細菌ゲノムでは進化の初期の段階で何らかの理由によってイントロンが抜け落ちたことを想定しなければならない。前生説に対立する**イントロン後生説**（introns late hypothesis）では，この問題を回避するため，初期のゲノムにはイントロンがなく，その後，真核生物の核ゲノムにイントロンが侵入し，増殖して現在みられるような姿になったと主張している。

GU-AG イントロンの起源に関する論争が 40 年以上も続いている理由の 1 つとして，前生説か後生説のどちらか一方だけをはっきり支持する証拠をみつけるのが難しいことがあげられる。脊椎動物のグロビン遺伝子に関する研究は，このことを象徴している。初期の研究では，グロビンタンパク質の 4 つの構造ドメインのうち，1 番目のドメインが遺伝子のエクソン 1 に，2 番目と 3 番目がエクソン 2 に，4 番目がエクソン 3 に対応していると結論づけられた（図 18.26）。このパターンは遺伝子のエクソン説から想定される予測に合致する。ドメインとエクソンが対応しているとすれば，2 番目と 3 番目のドメインを分ける位置にイントロンがあるグロビン遺伝子が存在すると予測されるが，実際にダイズのレグヘモグロビン遺伝子でまさに予測どおりの場所にイントロンがみつかったのである。このように初期の証拠はイントロン前生説を支持するものであったが，残念なことに，その他の生物のグロビン遺伝子の塩基配列が決定されるにつれ，より多くのイントロンがみつかり，それらのほとんどがタンパク質ドメインを分ける位置以外のところにあることがわかった。

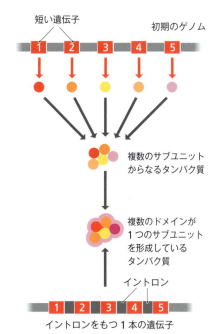

図 18.25 遺伝子のエクソン説 初期のゲノムに存在していた短い遺伝子は，ドメインが 1 つだけの短いポリペプチド鎖をコードしていたのだろう。この短いポリペプチド鎖が酵素として働くためには，互いに会合して複数のサブユニットからなるタンパク質を形成する必要があったと思われる。やがて，この酵素の合成をもっと効率的に行うために，それぞれの短い遺伝子が連結されてイントロンをもつ 1 本の遺伝子にまとめられた。この遺伝子は複数のドメインが 1 つのサブユニットを形成しているタンパク質をコードする。

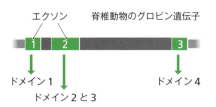

図 18.26 脊椎動物のグロビン遺伝子 遺伝子の 3 つのエクソンとタンパク質の 4 つのドメインの対応を示している。2 番目と 3 番目のドメインを分ける位置にイントロンがあるグロビン遺伝子が存在するという予測は，ダイズのレグヘモグロビン遺伝子の塩基配列が決定されたときに証明された。レグヘモグロビンは根粒にみられるタンパク質で，窒素固定を行うニトロゲナーゼ複合体を阻害する酸素と結合する。

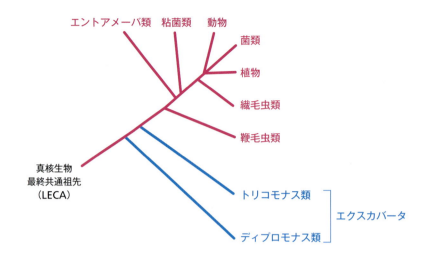

図18.27　真核生物の系統樹　エクスカバータは系統樹の基部近くに位置づけられている。

　イントロンの起源に関する論争は現在もなお解決していないが，今日では数多くの種のゲノム配列が決定されているので，多くのデータを利用した包括的な解析を行うことは少なくとも可能なはずである。異なる種の相同遺伝子でイントロンの位置を比較することは，特に有効な方法である。菌類，植物，動物の遺伝子におけるイントロンの位置を比較した結果，25％以上ものイントロンがそれら3つのグループのうち少なくとも2つにおいて共通であることがわかった。重要なことに，進化の過程でその他の真核生物から早々に分岐した最も原始的な真核生物のグループにおいても，一部のイントロンの位置はその他の真核生物と共通であった。最も原始的な真核生物の例としてエクスカバータ（Excavata）があげられる。エクスカバータは単細胞の鞭毛虫の一グループであり，トリコモナス症と呼ばれる性感染症の原因となる腟トリコモナス（*Trichomonas vaginalis*）を含む（図18.27）。エクスカバータのゲノムはイントロンをもち，その多くはその他の真核生物と同じ位置にある。このことは，**真核生物最終共通祖先**（last eukaryotic common ancestor：**LECA**）のゲノムはすでに複数のイントロンをもち，それらの多くが現生する種においても同じ位置に維持されていることを意味している。

　真核生物のmRNA前駆体（pre-mRNA）からイントロンを除去する複合体であるスプライソソーム（12.4節）の構成成分も，真核生物のさまざまなグループの間で高度に保存されていることがわかっている。このことはスプライシングという過程が進化の初期段階に出現し，その後も大きく変化していないことを示唆している。このようなさまざまな証拠から，現在では多くの研究者が，イントロンの起源に関して前生説と後生説の中間の説を支持している。遺伝子のエクソン説の大きな弱点とみなされているのは，原核生物からGU-AGイントロンがみつかっていないことである。このタイプのイントロンは最初期のゲノムには存在しなかったと考えられる。しかし，そのような初期のゲノムには，**グループⅡイントロン**（group Ⅱ intron）と呼ばれるレトロエレメントの祖先が含まれていた可能性がある。グループⅡイントロンは，ミトコンドリアや葉緑体などの細胞小器官ゲノムや一部の原核生物ゲノムにみられる。そのスプライシング経路はGU-AGイントロンのものと非常によく似ているが，グループⅡイントロンは自身が自己スプライシング型のリボザイムであり，スプライシングにスプライソソームを必要としない。また，グループⅡイントロンは逆転写酵素をコードしているため，切り出されたイントロンを鋳型としてDNAコピーを合成し，宿主ゲノムの新しい位置にそのコピーを再挿入することができる。この過程は**レトロホーミング**（retrohoming）と呼ばれる。最近提唱されている仮説では，最初期の真核細胞のミトコンドリアや葉緑体の起源となった内部共生体（8.3節）のゲノムにグループⅡイントロンが含まれていたと考えている。それらのイントロンは細胞小器

官から抜け出して初期の真核生物の核に侵入し，そこでレトロホーミングにより増殖し，LECAのゲノムに多数存在するGU-AGイントロンへと進化したとされる。グループⅡイントロンがヒト細胞内でレトロホーミングによって転位できることが実験で証明されており，このことは初期真核生物の核ゲノムにおいてもグループⅡイントロンの増殖が可能だったことを示唆している。LINEのような長鎖末端反復配列（LTR）をもたないレトロエレメントへと進化したグループⅡイントロンもあると考えられている。よって，イントロンというものは前生か後生かというよりも，真核生物の起源とともに誕生したと考えるべきものである。

エピゲノムの進化

ここまでみてきたゲノムの複雑性の進化は，DNA配列そのものに焦点を当ててきた。しかし忘れてはいけないのが，真核生物におけるゲノムの機能というものは，ヒストン修飾のパターンやヌクレオソームの配置，さまざまな機能ドメインのDNAメチル化と密接に関係しているということである（第10章）。これらのパターンの変化が，遺伝子がRNAへと転写される際に必要なRNAポリメラーゼがゲノムのどの領域に接近できるかを決めており，特定の細胞や細胞系譜におけるヘテロクロマチンの位置，すなわちどのゲノム領域の発現が抑制されるかを決めてもいる。このようなヒストン修飾，ヌクレオソームの配置，そしてゲノムの発現を制御するDNAメチル化を，合わせて**エピゲノム**（epigenome）と呼ぶことがある。それらの状態変化が，環境やその他の刺激に対するゲノムの応答としての**エピジェネティック効果**（epigenetic effect）をもたらしている。エピジェネティック効果とは，ゲノム配列そのものは変化せず，ゲノムのどの領域が発現するかによって表現型が変わることを指している。

進化遺伝学者たちはエピゲノムの進化機構について研究をはじめている。別の言い方をすれば，外部もしくは内部のシグナルに応答して，特定の組織や発生の特定の段階では必要としない遺伝子を，クロマチン修飾によって抑制する機能をどのようにゲノムが獲得してきたかを明らかにしようとしている。これまでのところ，この領域の研究の多くは**比較エピゲノム学**（comparative epigenomics）の手法を用いて行われている。2つのゲノムの相同領域がどの程度似通ったクロマチン修飾パターンを示すかを調べることで，エピジェネティック効果がどの程度までDNA配列にプログラムされているかを推定する手法である。単一のゲノムにおいては，部分重複による2つのコピーは似通った修飾パターンを示すことがすでにわかっている。例えばヒトゲノムでは，CpGアイランド内のメチル化のパターンは，部分重複が起こった後も保持される傾向がある。たとえ新しいコピーがもとのゲノム領域から遠く離れた位置に挿入されたとしても，CpGアイランド内のメチル化のパターンは保持される（図18.28）。また，新しいコピーのCpGアイランド近傍の配列が変異を蓄積しはじめてからも，メチル化のパターンは保たれる。ヒストン修飾やヌクレオソームの配置に関しても，重複領域間でパターンが類似している。これらのことが意味しているのは，少なくとも単一のゲノム内では，DNA配列そのものがクロマチン修飾パターンの主要な決定要因となっているということである。

異なる生物種のゲノムを比較する際に問題となるのは，相同なゲノム領域が必ずしも同じ機能をもっているとは限らないということである。ヒト，チンパンジー，ボノボ，ゴリラ，オランウータンのゲノムを比較すると，相同遺伝子でもメチル化のパターンが異なるという例が多数報告されている。しかし，これらの遺伝子には発生や神経機能に関係するものが含まれており，そのメチル化パターンの違いはそれぞれの種における関連した生理的過程の違いを反映しているのかもしれない。系統学的手法を取り入れたより広範な解析が行われると，メチル化パターンから推定された種間の近縁性の程度は，DNA配列の類

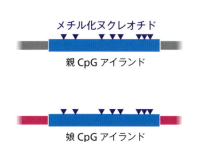

図18.28 重複領域のCpGアイランドのメチル化 娘CpGアイランド内のメチル化のパターンは，たとえそれが親から遠く離れたゲノム上の位置に挿入されたとしても親のものと変わらない。

似性から決定した近縁性の程度と相関していることがわかってきた。このように，比較する領域が小さければ相関関係が検出されにくいとしても，ゲノムのメチル化とゲノム配列に相関関係があることは明らかである。

エピゲノムの進化について理解することは難題だが，挑戦する価値がある。なぜなら，その理解はゲノムの進化と表現型の進化とを結びつける重要な糸口になるかもしれないからである。今やDNA配列を得ることはそれほど難しいことではなくなったので，ゲノムブラウザ上で興味深い配列の特徴がハイライトされた単なるA, C, G, Tの連なりとして，われわれはゲノムを考えてしまいがちである。しかし，これからのゲノム生物学のためには，ゲノムを細胞や個体の構成要素として捉え研究していく態度がますます必要になってくる。エピゲノムがゲノムに付随して進化してきた過程を明らかにすることができれば，それはゲノム生物学の新規かつ統合的なアプローチの確立に向けた重要な第一歩となるであろう。

18.3　ゲノム：ここ600万年の間に起きたこと

Charles Darwin の支持者であった Thomas Huxley に対して，Samuel Wilberforce 大司教が「あなたがサルの子孫だと主張しているのは父方ですか，それとも母方ですか」とたずねたという有名なエピソードがあるが，もちろんどちらもそうだというのが正解である。ヒトとチンパンジーはともに約600万年前に生きていた共通祖先の子孫である。チンパンジーの系統と分岐した後，人類の系統ではアウストラロピテクス（*Australopithecus*）とホモ（*Homo*）の2属が出現したが，さまざまな種のすべてが現在のヒト（*Homo sapiens*）に直接つながっているわけではない（図18.29）。結果として現生種として残っているわれわれは，少なくともわれわれ自身の目からみれば，ヒトを他の動物から明確に区別する何らかの重要な生物学的特性をもっているように思える。では，われわれヒトはどの程度チンパンジーと違うのだろうか。

ヒトのゲノムはチンパンジーのゲノムと非常によく似ている

チンパンジーのドラフト（概要）ゲノム配列は2005年に決定された。ヒトゲノムとの比較の結果，両者のゲノムは非常によく似ており，2つの種が分岐したのはわずか600万年ほど前と考えられることが明らかになった。コード領域の配列類似性は98.5％以上であり，ヒトゲノムに含まれる遺伝子の29％は対応するチンパンジーの遺伝子とアミノ酸配列が同じである。遺伝子の並び方はほとんど同じであり，染色体も同じように染まってみえる。染色体レベルでの最も大きな違いは，ヒトの2番染色体がチンパンジーでは2本の染色体に分かれていることである（図18.30）。このためヒトの染色体は23対だが，チンパンジーをはじめとする類人猿では24対の染色体がある。

非コード領域においてさえ，塩基配列の類似性が97％を下回ることはまずない。しかし，この数字は実際の配列類似性を過大にみつもっている。その理由の一部は，アラインメント（整列）が可能な領域についてのみ配列類似性を計算しており，**インデル**（indel：insertions and deletions の略），すなわち挿入または欠失のため，一方のゲノムに含まれている領域がもう一方のゲノムには欠けている領域（図18.31）を考慮していないからである。インデルが存在するために，ヒトとチンパンジーのゲノムの約1.5％は，もう一方

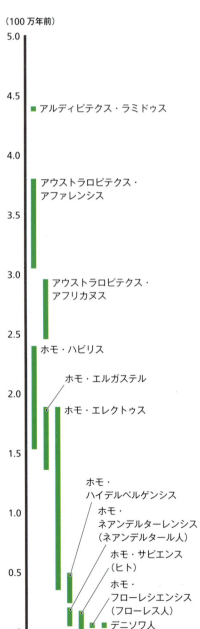

図18.29　**ヒトの進化のタイムライン**　アウストラロピテクス属とヒト属の絶滅種の系統関係については多くの論争がある。この図はそれぞれの種が存在した時期を単に示したもので，ホモ・サピエンスに直接つながっている系統にあった種とそうでない種を区別しているものではない。

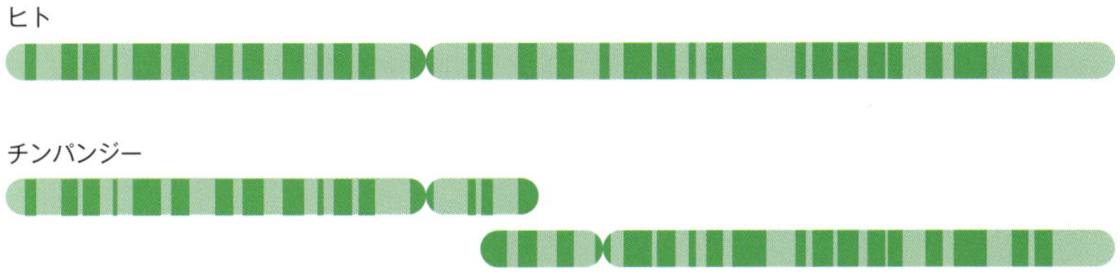

ヒト

チンパンジー

図 18.30　ヒトの2番染色体はチンパンジーの2本の染色体が融合したものである

の種にはない特異的な DNA 配列で構成されている。しかし，インデルのほとんどは非常に短く，ゲノムの機能に重大な影響を与えることはまれである。ヒトとチンパンジーのゲノムは反復 DNA 配列の含量にも違いがある。*Alu* と呼ばれるレトロエレメントは，ヒトゲノムには 5,000 個のヒト特異的な挿入があり，チンパンジーゲノムにもチンパンジー特異的な挿入が 2,500 個あることが知られている。このような差異がみられることは，ゲノムに含まれる反復 DNA 配列の進化という点から非常に興味深い。また，ヒトとチンパンジーでは相同組換えがゲノムに及ぼす影響が潜在的に異なる可能性も示唆している。しかし，インデルも同様であるが，レトロエレメントの挿入がヒトの特殊性を説明できるロゼッタストーンになることはありそうにない。

　ここ数年の間，ヒトゲノムに固有の特徴を同定しようとする研究の進展はなかなかみられなかったが，最近になってその傾向は変わりつつある。われわれのゲノムがどのようにわれわれヒトの特徴を規定しているかを理解するにはまだまだ道半ばであるが，精力的にいくつかの研究がなされている。そのうちの 1 つは FOXP2 転写因子をコードする遺伝子に関する研究である。このタンパク質の欠損は構音障害（dysarthria）と呼ばれる障害をもたらし，*FOXP2* 遺伝子がヒトの言語能力に関与している可能性があることを示唆している。ヒトとチンパンジーの FOXP2 タンパク質には 2 つのアミノ酸の違いがあり，ヒトの系統において正の自然選択がこの遺伝子に働いているという証拠もある。後者の指摘は重要である。なぜなら，正の自然選択を受けている遺伝子は，ヒト表現型の最近の進化に寄与している可能性が高いからである。FOXP2 の重要性を示すさらなる結果は，部位特異的変異導入によってヒト FOXP2 タンパク質をコードするように改変したヒト化 *FOXP2* マウスの研究から得られた。このマウスでは，ヒトの発語に関連する前脳領域である大脳基底核線条体において，神経細胞の増殖が認められた。また，マウスはコミュニケーションの手段としてさまざまな音声を利用するが，このヒト化 *FOXP2* マウスの最も顕著な特徴は，他のマウスは発しないような超音波発声のパターンを生成することができた点である。

　部分的ないし完全な遺伝子重複がヒトに固有の表現型に寄与している可能性があることを示唆する研究もある。特に，DUF1220 と呼ばれるタンパク質ドメインは，ヒトゲノムにおいて顕著に増幅されていることが確認されている。このドメインは隣接する 2 つのエクソンによってコードされる 65 残基のアミノ酸からなり，ヒトゲノムには 272 コピー，チンパンジーには 126 コピーがあるが，マウスには 1 コピーしかないことがわかっている。DUF1220 ドメインは，おもに神経芽腫ブレイクポイントファミリー遺伝子にみいだされ，それらの遺伝子の一部はヒトゲノムにおいて重複を起こしており，また一部は DUF1220 エクソンの遺伝子内増幅のために数を次々と増やしている。この遺伝子ファミリーの機能はまだよくわかっていないが，脳の大きさや皮質ニューロンの数との関連が報告されてい

```
                       インデル
ゲノム 1  --AGCACTAGTCGATACATTGCTATATGCGGATGAATCG--
ゲノム 2  --AGCACTAGTCGA---------------CGGATGAATCG--
```

図 18.31　**インデル**　インデルとは，ゲノム 1 に挿入されたか，ゲノム 2 で欠失した DNA 領域である。

る。

　部分重複もまた，脳の発生に関与しうるヒトゲノム固有の特徴を生み出すのに関係していると考えられている。皮質の発達に関与する *SRGAP2* 遺伝子は，ヒトの系統において連続した2回の重複が起こり，親遺伝子の娘コピーと孫娘コピーが生じることになった。この孫娘コピーは，親遺伝子の完全長産物とヘテロ二量体を形成することができる短縮型 SRGAP2 タンパク質をコードしているが，2つの完全長 SRGAP2 タンパク質によって形成されるホモ二量体とは異なり，ヘテロ二量体に機能はないと考えられている。よって，ヘテロ二量体の形成は，2つの完全長 SRGAP2 タンパク質によるホモ二量体の形成に競合することで，タンパク質の活性を調節していると考えられる。この短縮型の孫娘遺伝子が生まれるもととなった部分重複が起きた時期は200万〜300万年前と考えられ，その時期はヒト属の出現の直前で（図18.29 参照），ちょうどヒトの脳容量が増大しはじめた時期と重なる。

　DNA 配列の変化と同様に，遺伝子発現の変化もヒトゲノムに固有の特徴を与える可能性が高い。少なくとも 100 の遺伝子，おそらくはもっと多くの遺伝子が，新規プロモーターの獲得や新規スプライシング経路を介したヒト特異的な転写産物をコードしている。遺伝子発現の変化を理解する試みは，これまで述べてきたような研究ほど進んでいないが，今後数年の間にヒトゲノム固有の特徴についての理解が深まる可能性は十分にある。

古代ゲノム学はヒトゲノムの最近の進化を理解するのに役立つ

　ゲノム研究の最新の進歩の1つは，骨などの生体遺物にしばしば遺残している古代 DNA 断片の解析により，絶滅した生物種のゲノム配列でさえも得ることが可能になったことであろう。古代 DNA の全ゲノム塩基配列決定については，20万〜30万年前にヨーロッパとアジアの多くの地域に住んでいたヒト属の絶滅種であるネアンデルタール人 (Neanderthal) を例にとってすでにみてきた (4.4 節)。異論もあるが，ネアンデルタール人はわれわれホモ・サピエンスの亜種と考えられており，両者のゲノムの塩基配列は 99.7% まで一致している。このような非常に近縁のゲノムは，ヒトの進化について何を教えてくれるのだろうか。

　古代ゲノム学により明らかにされた，ヒトの進化のうえで最も注目すべき発見は，われわれの祖先がネアンデルタール人と異種交配したという発見である。ネアンデルタール人のゲノムと現在のヨーロッパ人およびアフリカ人のゲノムを比較することでその証拠が得られた。異種交配がなければ，現代のヨーロッパ人とアフリカ人のゲノムは，ネアンデルタール人のゲノムと比較して同程度の相違を示すことが予想される。しかし実際には，ネアンデルタール人とヨーロッパ人のゲノム間の相違は，ネアンデルタール人とアフリカ人のゲノム間の相違よりもわずかに小さいことがわかった。このことは，ネアンデルタール人の DNA が現代のヨーロッパ人のゲノムに移入されていることを示唆している。ネアンデルタール人とホモ・サピエンスがヨーロッパで共存していた約 15,000 年の間に何らかの交配があったことを示しているのである。

　古代 DNA の塩基配列決定により，デニソワ人 (Denisovan) と呼ばれるアジア版のネアンデルタール人の存在も明らかになってきた。デニソワ人のゲノム配列を解析した結果，やはりホモ・サピエンス（具体的にはオセアニア先住民の祖先）との異種交配の証拠が得られた。最近の推定では，アフリカ以外の現生人類ゲノムの 1.5〜2.1% がネアンデルタール人のゲノムに由来しており，オセアニア先住民の場合，ゲノムの 3.0〜6.0% がデニソワ人のゲノムに由来することが明らかになっている（図 18.32）。さらには，ネアンデルタール人とデニソワ人，あるいはデニソワ人と絶滅した未知のヒト属との間の交配の証拠も得られつつある。

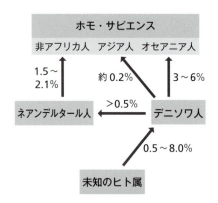

図 18.32　ヒト属の絶滅種との異種交配がホモ・サピエンスのゲノムに及ぼす影響
矢印は遺伝子流動の方向を示し，数字はそれぞれのゲノムに移入されたゲノムの割合を示している。

それでは果たしてネアンデルタール人やデニソワ人の DNA の移入はヒトゲノムに重大な影響を及ぼしただろうか。もちろん，3 つのゲノムは同じ遺伝子をもっているが，ネアンデルタール人およびデニソワ人，もしくはそのどちらか一方が，ヒトの祖先集団には存在しなかったアレルを保有していたかもしれず，これらのアレルが異種交配によってヒトにもたらされた可能性はある。興味深い 1 つの例として，チベット高原のような標高の高い地域の低酸素環境に耐えうるチベット人の能力が，デニソワ人からもたらされた可能性があげられる。チベット人に広くみられる *EPAS1* 遺伝子のアレルが，チベット高原以外のどの地域に居住する人のゲノムにもみつからないという発見は，この仮説を支持している。EPAS1 タンパク質は転写因子であり，低酸素環境に耐えるために必要なタンパク質の遺伝子発現を制御する。チベット人がもっているアレルは，チベット人以外の現生人類には存在しないが，デニソワ人のゲノムには存在することから，遠い過去に起きたデニソワ人とホモ・サピエンスの交配の結果，チベット人にアレルが伝えられた可能性が考えられる。

18.4 今日のゲノム：集団内の多様性

最後に今日みられるゲノム進化のいくつかの側面を概観して，この章の締めくくりとしたい。ゲノムは変異と組換えによってたえず進化しつづけ，新しい DNA 配列や既存の配列の新たな組合せを生み出しつづけている。この継続的な過程の 1 つの結果として，大部分の生物種では同一種内でもゲノムの多様性がみられる。例えば，ヒトゲノムの塩基配列は決して万人に共通のものではない。一卵性双生児を除くすべてのヒトは，各人に固有のゲノム配列をもっている。ゲノム中に 1,000 万ほど存在する一塩基多型（SNP）のヌクレオチドの違いや，300 万ほど存在する単純配列長多型（SSLP）の反復数の違いによって個人差が生まれるのである。これらの多型のうちごく一部は遺伝子領域に存在し，表現型を規定して，ある人を別の人から区別する特徴を生み出す。大部分の多型は機能に影響を及ぼさないが，コード領域にせよ遺伝子間領域にせよ，生じた多様性はすべてゲノムに進化の記録として残される。これらの多様性を比較することで，個人間やグループ間の関係性を推測することができるのである。この節では，ゲノム配列の多様性が研究やバイオテクノロジーでどのように使われているかをみていくことにする。具体的には，HIV 感染症 / AIDS の起源，先史時代における現生人類の移住の歴史，そしてさまざまな農作物の育種という 3 つの事例についてみていこう。

HIV 感染症 / AIDS の起源

ヒト免疫不全ウイルス（HIV）感染症および後天性免疫不全症候群（AIDS）の世界的な流行は，あらゆる人々の生活に影響を与えてきた。免疫応答に関与する細胞を攻撃するレトロウイルス（9.1 節）である HIV-1 による感染の最終段階が AIDS である。この最終段階に入ってしまった患者に起こる免疫系の抑制は，日和見感染症および腫瘍の成長のリスクを高め，時として死につながる可能性もある。

1980 年代初頭に HIV-1 が AIDS の病原体であることが判明すると，この疾患の起源をさぐる研究がすぐに開始された。同様の免疫不全ウイルスが，チンパンジー，スーティーマンガベイ，マンドリルなどさまざまな種類の霊長類にも存在するという発見が立て続けになされた。これらのサル免疫不全ウイルス（simian immunodeficiency virus：SIV）は通常の宿主には病原性を示さないが，ヒトに感染した場合，この新しい種の中でウイルスは疾患を引き起こす能力や，集団内で急速に伝播する能力などの新しい性質を獲得したと考えられた。

図 18.33　系統樹の例

レトロウイルスゲノムは比較的迅速に変異を蓄積することができる。それは，ウイルス粒子に含まれる RNA ゲノムから DNA コピーを作製して宿主ゲノムに挿入できるようにする際に使われる逆転写酵素 (9.1 節参照) が，効率的なプルーフリーディング活性をもっておらず，RNA を鋳型として DNA 合成を行う際に誤りを起こしやすいからである。このことは，2 種類のレトロウイルスゲノムが分岐したばかりのものであっても，進化的な解析をするのに十分なほどの塩基配列の違いを示すことを意味している。

ゲノム間の系統関係を推定するためにはさまざまな方法を用いることができる。レトロウイルスの場合のようにゲノム配列が比較的短く，組換えによる再編成を起こしていない場合，**系統樹** (phylogenetic tree) を作成する方法が一般的である。系統樹の構成要素は，それぞれが 1 つのゲノム配列を表す**外部節** (external node) と祖先のゲノム配列を表す**内部節** (internal node)，そしてそれらの節を結ぶ**枝** (branch) である (図 18.33)。枝の長さは節間の配列の相違の程度を表す。系統樹を作成するためには，対象とするさまざまな配列の**多重アラインメント** (multiple alignment) を行い (図 18.34)，その結果を数学的な解析が可能な数値に変換する。最も単純な方法では配列データを**距離行列** (distance matrix) に変換する。距離行列とは，アラインメントを行った配列のすべての組合せについて，ヌクレオチドが異なる位置の数から計算した配列間の進化的距離を示した表である。系統樹作成ソフトウェアは節と節とを結ぶ枝の長さを距離行列から読みとって系統樹を描画してくれる。

HIV と SIV のゲノム配列について系統解析を行うと何がわかるだろうか。得られた系統樹から，いくつかの興味深い特徴が読みとれる (図 18.35)。まず，HIV-1 のゲノム配列は検体によってわずかに異なっており，全体として狭い範囲にまとまってはいるが，系統樹の末端から放射状に広がる星型の分岐パターンを形成していることがわかる。この星型の**トポロジー** (topology) は，AIDS の世界的な流行も最初は非常に少数のウイルス，おそらくたった 1 つのウイルスからはじまったこと，それがヒト集団に感染してから拡散，多様化したことを意味している。また，HIV-1 に最も近縁な SIV はチンパンジーの SIV であり，このウイルスがチンパンジーとヒトの間にある種の障壁を飛び越えて HIV 感染症 / AIDS の起源となったことも示唆している。しかし，その流行はただちにははじまらなかったようである。というのも，放射状に広がる HIV-1 の中心と，チンパンジーの SIV に続く内部節との間は，比較的長い枝で結ばれていることから，HIV-1 は最初にヒトに感染してから世界各地に急速に拡散するまでの間，おそらくアフリカの限られた地域にしばらくは限局していたことが示唆されるからである。チンパンジー以外の霊長類の SIV は，HIV-1 との類縁関係は比較的遠いが，スーティーマンガベイの SIV は別の型の HIV である HIV-2 とクラスターをともにしている。このことから，HIV-2 は HIV-1 とは独立に，異なるサルの宿主からヒト集団に感染したらしいことがわかる。HIV-2 も HIV 感染症 / AIDS を引き起こす病原体であるが，世界的な流行はまだ起こっていない。

アフリカ系男性から 1959 年に採取された血液検体から，1998 年に HIV-1 の RNA 塩基配列が決定された。その結果，HIV/SIV の系統樹に興味深い追加がなされることになった。この RNA はかなり断片化しており短い配列しか得られなかったが，系統樹上に位置

図 18.34　**距離行列の例**　距離行列はアラインメントを行った各配列間の進化的距離を示している。

多重アラインメント

1　A G G C C A A G C C A T A G C T G T C C
2　A G G C A A A G A C A T A C C T G A C C
3　A G G C C A A G A C A T A G C T G T C C
4　A G G C A A A G A C A T A C C T G T C C

距離行列

	1	2	3	4
1	–	0.20	0.05	0.15
2		–	0.15	0.05
3			–	0.10
4				–

図 18.35　HIV および SIV のゲノム配列から再構築された系統樹　HIV 感染症 / AIDS の流行は HIV-1M による。非常にまれな HIV-1N（系統樹上には示していない）は HIV-1M と近縁の関係にあり，おそらく同様にチンパンジーから伝播してきたと思われる。カメルーンにおける症例の 2% を占める HIV-1O と，1 人の患者のみから単離された HIV-1P（系統樹上には示していない）は，いずれもゴリラの SIV と類縁関係にあるが，それらがゴリラからヒトに伝播してきたのか，それともゴリラとヒトがともにチンパンジーから感染したのかはわかっていない。

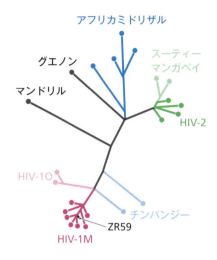

づけるのには十分であった（図 18.35 参照）。ZR59 と呼ばれるこの配列は，放射状に広がる HIV-1 の中心近くから出る短い枝の先に位置づけられた。このことは ZR59 が最初期の HIV-1 の配列の 1 つであることを示しており，HIV-1 の世界的な拡散が 1959 年にはすでにはじまっていたことがわかる。HIV-1 配列のより包括的な解析により，拡散は 1915 年から 1941 年までの間（最も可能性が高いのは 1931 年）にはじまったことが明らかになった。このようにピンポイントで時期が推定されたことで，疫学者たちは HIV 感染症 / AIDS の流行の原因となった歴史的ならびに社会的状況の調査を開始することができるようになったのである。

現生人類の最初の出アフリカ

　同一種内でみられるゲノムの多様性を利用した研究の第 2 の事例として，ホモ・サピエンスがその故郷であるアフリカから現在のように全世界に広がるきっかけとなった，先史時代の移住について取り上げる。古人類学者はわれわれホモ・サピエンスを**解剖学的現生人類**（anatomically modern humans）と呼ぶことで，われわれと絶滅した祖先との間の正確な系統関係についての議論を回避している。解剖学的現生人類として同定された最古の化石は，エチオピアのオモで発見された 195,000 年前のものである。初期の化石はそのほかにもエチオピアのヘルト（16 万年前），タンザニアのラエトリ（12 万年前），南アフリカのボーダー洞窟（約 11 万年前）で発見されている。アフリカ以外でみつかった現生人類の最古の化石は，イスラエルのナザレ近郊のカフゼー洞窟やスフール洞窟で発見されている。これらの化石は 9 万〜10 万年前のものであるが，当時の洞窟に住んでいた人々がユーラシアへと大規模な移住を行った最初の集団の一部であった可能性は低い。それらの洞窟はその後，ネアンデルタール人によってふたたび占領され，しばらくの間そこには現生人類がみられることはなかった。カフゼー洞窟やスフール洞窟の人々は，移住に失敗した一部の人々であったか，暖かい時期にアフリカからアジアまで遠出してきた人々であったと考えられている。

　現生人類の最初の出アフリカに関する初期の研究には，ミトコンドリア DNA が利用された。ヒトを含む哺乳類では，ミトコンドリア DNA の分子時計は核 DNA のそれよりも速い。これはおそらく，核内で働く DNA 修復系の多くがミトコンドリアにはそなわっていないためと考えられる。そのためミトコンドリア DNA では起きた変異がそのまま残りやすく，それらは**塩基置換**（base substitution）として配列に記録されることになる。このような特性をもつミトコンドリア DNA の塩基配列は，ヒト集団内における多様性が高く，共通してもっている塩基置換（共有置換〔shared substitution〕）のセットにもとづいて約 275 の**ハプログループ**（haplogroup）に分類することができる。各ハプログループは**ハプロタイプ**（haplotype）に細分類される。ハプロタイプはハプログループを規定する共有置換に加え，各ハプロタイプを規定する固有の塩基置換（固有置換〔private substitution〕）ももっている（図 18.36）。ハプログループの起源は**合祖時間**（coalescence time），すなわちそのハプログループが最初に出現してからの時間を推定することによって知ることができる。ハプログループ内のハプロタイプの多様性が大きければ大きいほど，そのハプログループが出現してから起きた変異の数が多いことになり，合祖時間は長くなる。

図 18.36　ハプログループとハプロタイプ　ハプログループは共通してもっている塩基置換（共有置換）のセットにもとづいて他のハプログループから区別される。ハプロタイプはそれに加えて固有の塩基置換（固有置換）ももっている。

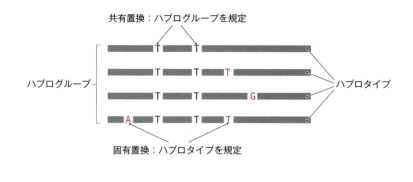

図 18.37　エチオピアからアラビア半島南部への移住ルート　現生人類がアフリカからアジアへ最初に移住したルートと考えられている。

　ミトコンドリア DNA の解析から，現生人類の最初の出アフリカはエチオピアで起きたことが示唆されている。エチオピアはアフリカとアジアが陸でつながっている現在のスエズよりもはるか南に位置しているが，この仮説の根拠は以下のとおりである。現代のヒト集団において知られているすべてのミトコンドリア DNA ハプログループは，1つの系統樹上にその関係性を示すことができる。今日のアフリカで一般的なハプログループはすべて同一のクラスターにまとまり，たった2本の枝がアフリカとそれ以外の集団を結んでいる。これら2本の枝はアフリカ側のハプログループ L3 と非アフリカ側の M および N の間にある。合祖解析（coalescence analysis）の結果，ハプログループ M および N は6万〜7万年前に出現したことがわかった。当時，ハプログループ L3 はおもに東アフリカに存在していたと考えられており，東アフリカからアジアへの最も直接的なルートは，紅海の入り口にあるバブ・エル・マンデブ海峡を横切って，アラビア半島南部に至るルートである（図 18.37）。したがって，現生人類の最初の出アフリカは，およそ6万〜7万年前にエチオピアからアラビア半島南部へ向けて起きたと結論づけられる。

　こうしてミトコンドリア DNA を用いた研究から，現生人類の最初の出アフリカに関する仮説が立てられたわけだが，実際にそのようなことが起きたのだろうか。ミトコンドリアゲノムはヒト DNA のほんの一部であり，母系を介してのみ遺伝するという独特の進化パターンを示し，複製中に父系の DNA と組換えを起こすことはない。ミトコンドリア DNA にもとづく仮説は物語ふうで，種や個体群の進化の歴史の真実を示しているかどうかはわからないという批判がある。それでは，ヒトゲノムの完全配列を用いて解析を行ったとしたら，結果はミトコンドリア DNA にもとづく仮説と一致するのだろうか，それとも矛盾するのだろうか。全ゲノム塩基配列を用いた解析は急速に発展している研究領域で，世界各地に住む大勢の人々のゲノム配列が収集されつつあり，その配列を解析するための洗練された手法も次々と開発されている。データセットと方法論は成熟しつつあるが，研究によりしばしば相反する結果が得られるのは避けられないことである。しかし，およそ6万〜7万年前に単一の集団がアフリカから移住したというミトコンドリア DNA を用いた研究による結論は，数多くの証拠によっておおむね支持されている。最近の研究では，オーストラリア，アフリカ，ヨーロッパ，東アジアの人々のゲノムにおいて，400万を超える SNP の比較が行われた。霊長類ゲノムに相同なアレルがあればそのアレルを祖先型と考え，各 SNP のアレルを**祖先型アレル**（ancestral allele）と**派生型アレル**（derived allele）に分類した。各 SNP の**アレル頻度**（allele frequency）を計算し，異なる集団間で比較するとともに，ネアンデルタール人およびデニソワ人のゲノム配列との比較も行った。その結果，非アフリカ集団の起源は約 72,000 年前にアフリカを離れた単一の集団であり，その後，約 59,000 年前にオーストラリア先住民のアボリジニとユーラシア人が分岐し，42,000 年前にヨーロッパ人と東アジア人が分岐したことが明らかになった（図 18.38）。オーストラリア先住民とその他の集団が最初に分岐したという結論は，考古学的データとも整合性がある。オーストラリア，タスマニア島，ニューギニアは過去 10 万年の大部分

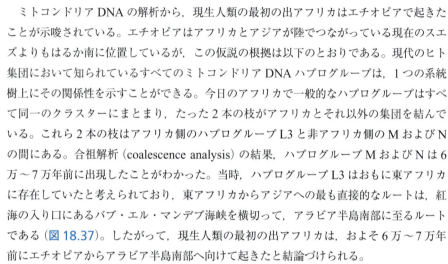

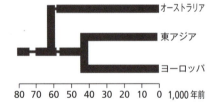

図 18.38　SNP 解析によって推定されたヒト集団間の関係　SNP 解析によって，すべての非アフリカ集団の起源は約 72,000 年前の単一の集団であり，その後，約 59,000 年前にオーストラリア先住民のアボリジニとユーラシア人が分岐し，42,000 年前にヨーロッパ人と東アジア人が分岐したことが明らかになった。細い線は集団の**ボトルネック**（bottleneck）を示している。

の期間，陸続きとなってサフル大陸を形成していたが，そのサフル大陸は約 55,000 年前にアフリカ以外で最初に人類が移住した地の 1 つであることが考古学的に示されているからである．

植物ゲノムの多様性は農作物の育種に役立つ

　植物ゲノムにも同一種内の多様性がみられる．植物の移動，特に**氷期退避地**（glacial refugia）からどのように分布が拡大していったかを研究するために，遺伝学者は同一種内の多様性を利用してきた．氷期退避地とは，氷期の厳しい環境の中で植物，昆虫，動物が生き残ることができた比較的温暖な地域であり，その後，気候が改善されると生物は隣接する地域へと分布を再拡大させていった．ヨーロッパではイベリア半島，イタリア半島，バルカン半島に退避地があった．北アメリカではアラスカ州からブリティッシュコロンビア州にかけての沿岸地域にあったと考えられている．

　集団ゲノム学（population genomics）は農作物の研究にきわめて重要である．農業は少なくとも 3 つの地域，メソアメリカ，西アジア，東南アジアでほぼ同じ時期（1 万年前）に並行してはじまった．西アジアの**肥沃な三日月地帯**（Fertile Crescent）では，初期の農民たちはオオムギ，ヒトツブコムギ，エンマーコムギ，レンズマメ，エンドウマメ，ヒヨコマメ，ビターベッチなどを栽培していた．オオムギとコムギの栽培は約 9,000 年前にヨーロッパ南東部に広がり，それから 3,000 年かけて 2 つのおもなルートでヨーロッパ大陸全域に広がっていった．1 つはドナウ渓谷とライン渓谷を経て中部ヨーロッパから北ヨーロッパ平原に至るルート，もう 1 つはイタリア半島とイベリア半島の沿岸地域を経てヨーロッパ北西部に至るルートである．約 6,000 年前までには，農業は最北部を除くヨーロッパ大陸のすべての地域に広がった．この人類主導の農業の広がりは，もともとの野生種が育っていた西アジアとはかなり異なるさまざまな環境条件に農作物をさらすことになった．これらの環境条件には気候だけでなく，土壌の質や，新たな害虫や病原真菌なども含まれる．オオムギとコムギのゲノムは栽培された地域の環境に適応するように進化し，それぞれの地域の**在来種**（landrace）として 20 世紀に至るまで栽培された．その後，現代的な育種によって作り出された品種が徐々に在来種にとって代わっていったが，在来種は完全に絶えたわけではない．熱心な植物コレクターが大陸中を探しまわり，遺伝資源としての種子を収集してくれたおかげで，今日でも在来種のサンプルを入手することが可能なのである．

　在来種が示してきた環境適応の過程は，オオムギやコムギの現代の栽培品種を，気候変動に対してより耐性のあるものとするための育種計画に応用されている．これらの育種計画の多くが抱えている問題は，干ばつ耐性や害虫抵抗性といった好ましい形質を規定する遺伝子が同定されていないことである．遺伝子が同定されていなければ，DNA クローニング技術を利用して好ましい遺伝子をある植物から別の植物に導入することはできない．そのため，農作物の品種改良は従来の育種方法に依然として大きく依存している．つまり性質の異なる 2 つの植物を交配させ，少なくとも一部の子孫が両親から好ましい形質の組合せを継承することを期待するのである．このアプローチはうまくいくことはいくが，時間と手間がかかる．数千もの苗を育てる必要があり，成熟させてから生理学的・生化学的な試験で調べないとその特性を評価できないことも多い．ゲノム学の進歩によりマーカー利用選抜（marker-assisted selection）と呼ばれる手法が開発され，品種改良のスピードアップが可能となっている．ある形質を規定する遺伝子が知られていなかったとしても，その遺伝子の近傍に位置する SNP を同定することは通常できる．その形質を示す植物に一貫してみられる SNP アレルをみつければよいのである（図 18.39）．みつかった SNP は興味のある遺伝子と密接に関連しているため，交配が行われたときにそれらの遺伝子と

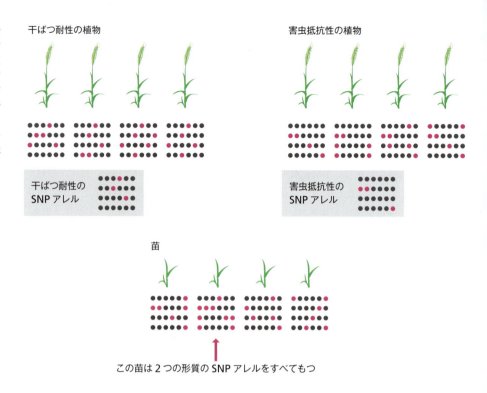

図 18.39 マーカー利用選抜の例 干ばつ耐性を示す植物を対象としてSNPのタイピングを行った。マイクロアレイのデータから、この形質を示す個体すべてがもつ3つのSNPアレルが同定された。一方、害虫抵抗性に関連する3つのSNPアレルも同定された。次に、干ばつ耐性の親と害虫抵抗性の親を交配させて、得られた苗を調べたところ、2つの形質のマーカーとなるSNPアレルを6つすべてもつ個体を1つ同定することができた。この苗は残して、他のものは廃棄してよい。

共分離 (cosegregate) する。つまり、マーカー利用選抜では興味のある遺伝子の代わりにSNPアレルをマーカーとして選抜を行うのである。交配を行って苗が得られたら、葉のサンプルを採取してDNAを調製し、DNAチップ技術やその他の効率の高い方法でSNPのタイピング（型判定）を行う（3.2節）。親種の好ましい形質に関連するSNPアレルをもつ苗は残し、そうでない苗は廃棄する。苗を育てて試験するという時間と手間のかかる段階は、検証する価値のある一部の苗のみについて行えばよくなる。

まとめ

- 数十億年前に最初に進化したポリヌクレオチドはDNAではなくRNAであったと考えられている。
- これらのRNA分子はおそらく何らかの酵素活性とともに自己複製能を獲得しており、やがて単純な脂質膜に囲まれることで初期の細胞の祖先が形成されたと考えられる。
- 初期のRNA原始ゲノムに代わって、より安定なDNAが進化してきた。
- DNAやRNA以外の分子をコード分子として採用した生命体はいまだ知られていないが、存在する可能性はあると考えられている。
- 遺伝子重複はゲノムが新しい遺伝子を獲得するための重要な事象である。グロビン遺伝子スーパーファミリーは遺伝子重複を繰り返して生じてきた。遺伝子重複のパターンと時期は現在のグロビン遺伝子の塩基配列どうしを比較することで推定できる。
- 真核生物のボディプランを規定するホメオティック選択遺伝子の進化の過程でも、遺伝子重複が重要な役割を果たしてきた。これらの重複は、過去に起きた全ゲノム重複と関連づけることができる。
- 1〜400 kb程度の短い重複は、ヒトゲノムが進化する過程で比較的最近になって頻繁に起こってきた。

- 遺伝子の水平伝播によって他の生物から遺伝子を獲得することもある。これは原核生物ゲノムの進化の過程ではよくみられるが，真核生物ではそれほど一般的ではない。ただし植物では，近縁種の配偶子どうしが融合して新しい倍数体が生じることがある。
- 遺伝子領域の重複や再編成は，エクソンの新たな組合せをもたらしてきた。エクソンはトランスポゾンと一緒にゲノムの別の場所に移ることもある。
- イントロンの起源ははっきりしていないが，現時点では，最初の真核細胞が誕生した直後に核ゲノム内でイントロンが増殖したことが示唆されている。
- エピゲノムもまた時間の経過とともに進化してきたが，その過程については少しずつわかりはじめたばかりである。
- ヒトとチンパンジーの系統は600万年前に分岐した。それでもなおヒトとチンパンジーのゲノムはかなり高い配列類似性を示し，多くの遺伝子が同じタンパク質を作り出す。重要な遺伝子に起きた点変異，部分重複，遺伝子発現パターンの変化が，ヒトゲノムに固有の特徴を与え，われわれヒトに固有の表現型を生み出していると考えられている。
- 化石化した骨などに遺残している古代DNAの塩基配列を決定することが可能になったことで，われわれホモ・サピエンスがネアンデルタール人およびデニソワ人と交配したことが明らかになった。
- 同一種内でみられるゲノム配列の多様性を利用することで，最近の進化過程を研究することができるようになった。HIV感染症/AIDSの起源は，HIVやSIVのゲノム配列を用いた系統学的研究から推測されている。
- 現代のヒトゲノム配列の多様性を利用して，ヒト集団の過去の移住の歴史を再現することができる。
- 植物の育種家は，同じ種の農作物の異なる個体群がそれぞれ進化の過程で獲得した好ましい形質を組み合わせることを試みている。例えば，気候変動に対して耐性があり，かつ高収量の品種を作出しようとしている。

章末問題

短答式問題

1. 生命体が誕生する以前，いくつかのアミノ酸，塩基，糖はどのように合成されていたか？
2. 地球の誕生から最初の人類が生まれるまでの生物の進化を時系列で説明せよ。
3. ヒトゲノムが過去の遺伝子重複の影響を受けていることを示す証拠をあげよ。
4. 遺伝子重複が起こる機構について概要を述べよ。
5. ヒトゲノムが過去の全ゲノム重複の影響を受けていることを示す証拠をあげよ。
6. 部分重複は霊長類のゲノムにどのような影響を与えたか？
7. 植物の倍数体化の例をあげよ。
8. 既存遺伝子の再編成によってどのようにして新しい遺伝子が生まれるのか？
9. 遺伝子のエクソン説とは何か？　この仮説はイントロンの起源に関する現在の理論と比較してどこが異なるか？
10. ヒトとチンパンジーのゲノムのおもな違いは何か？
11. 古代DNAの塩基配列決定によって，ホモ・サピエンスとヒト属の絶滅種との関係について明らかになったことは何か？
12. HIV感染症/AIDSの起源を研究するためにゲノム塩基配列決定がどのように使用されてきたかを説明せよ。

論述式問題

1. ドメイン重複やドメインシャッフリングはゲノムの進化の過程において特別なことなのか，それとも一般的に起きていることなのか？
2. ヒトゲノムのドラフト配列決定を報告したある論文*では，113〜223個のヒト遺伝子が水平伝播によって細菌から獲得したものであることが示唆されている。しかしその後，この解釈は間違いであり，これらの遺伝子は細菌に由来するものではないことが示された。これらの遺伝子が水平伝播によって獲得されたと考えられた根拠は何か？　また，のちになってなぜそれが否定されたのか？（*International Human Genome Sequencing Consortium [2001] Initial sequencing and analysis of the human genome. *Nature* 409:860–921）
3. ヒトとその他の霊長類のゲノム配列の比較から，ヒトだけがもっている特性の遺伝学的基盤をどの程度まで明らかにできると考えるか？
4. 分子時計はどの程度まで信頼できるか？

5. ヒトの進化研究において古代 DNA がもっている可能性はどのようなものか？

推薦図書と参考文献

RNA ワールドとゲノムの起源

Forterre, P. (2005) The two ages of the RNA world, and the transition to the DNA world: a story of viruses and cells. *Biochimie* 87:793–803.

Higgs, P.G. and Lehman, N. (2015) The RNA World: molecular cooperation at the origins of life. *Nat. Rev. Genet.* 16:7–17.

Joyce, G.F. (2002) The antiquity of RNA-based evolution. *Nature* 418:214–221.

Lohse, P.A. and Szostak, J.W. (1996) Ribozyme-catalysed aminoacid transfer reactions. *Nature* 381:442–444.

Miller, S.L. (1953) A production of amino acids under possible primitive Earth conditions. *Science* 117:528–529.

Orgel, L.E. (2000) A simpler nucleic acid. *Science* 290:1306–1307. ピラノシル核酸。

Powner, M.W., Gerland, B. and Sutherland, J.D. (2009) Synthesis of activated pyrimidine ribonucleotides in prebiotically plausible conditions. *Nature* 459:239–242.

Robertson, M.P. and Ellington, A.D. (1998) How to make a nucleotide. *Nature* 395:223–225.

Unrau, P.J. and Bartel, D.P. (1998) RNA-catalysed nucleotide synthesis. *Nature* 395:260–263.

遺伝子，ゲノム，部分重複

Baertsch, R., Diekhans, M., Kent, W.J., et al. (2008) Retrocopy contributions to the evolution of the human genome. *BMC Genomics* 9:466.

Ciomborowska, J., Rosikiewicz, W., Szklarczyk, D., et al. (2012) "Orphan" retrogenes in the human genome. *Mol. Biol. Evol.* 30:384–396.

Goffeau, A. (2004) Evolutionary genomics: Seeing double. *Nature* 430:25–26. 異なる酵母種のゲノムを比較することで，出芽酵母の系統で全ゲノム重複が起きたことが明らかになった。

Hardison, R.C. (2012) Evolution of hemoglobin and its genes. *Cold Spring Harb. Perspect. Med.* 2:a011627.

Marques-Bonet, T. and Eichler, E.E. (2009) The evolution of human segmental duplications and the core duplicon hypothesis. *Cold Spring Harb. Symp. Quant. Biol.* 74:355–362.

Pascual-Anaya, J., D'Aniello, S., Kuratani, S. and Garcia-Fernàndez, J. (2013) Evolution of *Hox* gene clusters in deuterostomes. *BMC Dev. Biol.* 13:26.

Vision, T.J., Brown, D.G. and Tanksley, S.D. (2000) The origins of genomic duplications in *Arabidopsis*. *Science* 290:2114–2117.

Wolfe, K.H. and Shields, D.C. (1997) Molecular evidence for an ancient duplication of the entire yeast genome. *Nature* 387:708–713.

遺伝子再編成

Jiang, N., Bao, Z., Zhang, X., et al. (2004) Pack-MULE transposable elements mediate gene evolution in plants. *Nature* 431:569–573.

Kazazian, H.H. (2000) L1 retrotransposons shape the mammalian genome. *Science* 289:1152–1153.

遺伝子の水平伝播と異質倍数体

Danchin, E.G.J. (2016) Lateral gene transfer in eukaryotes: tip of the iceberg or of the ice cube? *BMC Biol.* 14:101.

Danchin, E.G.J., Guzeeva, E.A., Mantelin, S., et al. (2016) Horizontal gene transfer from bacteria has enabled the plantparasitic nematode *Globodera pallida* to feed on host-derived sucrose. *Mol. Biol. Evol.* 33:1571–1579.

Danchin, E.G.J., Rosso, M.-N., Vieira, P., et al. (2010) Multiple lateral gene transfers and duplications have promoted plant parasitism ability in nematodes. *Proc. Natl Acad. Sci. U S A* 107:17651–17656.

Feldman, M. and Levy, A.A. (2012) Genome evolution due to allopolyploidization in wheat. *Genetics* 192:763–774.

イントロンの起源

de Souza, S.J., Long, M., Schoenbach, L., et al. (1996) Intron positions correlate with module boundaries in ancient proteins. *Proc. Natl Acad. Sci. U S A* 93:14632–14636.

Doolittle, W.F. (2014) The trouble with (group II) introns. *Proc. Natl Acad. Sci. U S A* 111:6536–6537.

Fedorov, A., Merican, A.F. and Gilbert, W. (2002) Large-scale comparison of intron positions among animal, plant, and fungal genes. *Proc. Natl Acad. Sci. U S A* 99:16128–16133.

Gilbert, W. (1987) The exon theory of genes. *Cold Spring Harb. Symp. Quant. Biol.* 52:901–905.

Irimia, M. and Roy, S.W. (2014) Origin of spliceosomal introns and alternative splicing. *Cold Spring Harb. Perspect. Biol.* 6:a016071.

Rogozin, I.B., Carmel, L., Csuros, M. and Koonin, E.V. (2012) Origin and evolution of spliceosomal introns. *Biol. Direct* 7:11.

Roy, S.W. (2003) Recent evidence for the exon theory of genes. *Genetica* 118:251–266.

Truong, D.M., Hewitt, F. C., Hanson, J.H., et al. (2015) Retrohoming of a mobile group II intron in human cells suggests how eukaryotes limit group II intron proliferation. *PLoS Genet.* 11:e1005422.

エピゲノムの進化

Hernando-Herraez, I., Prado-Martinez, J., Garg, P., et al. (2013) Dynamics of DNA methylation in recent human and great ape evolution. *PLoS Genet.* 9:e1003763.

Lowdon, R.F., Jang, H.S. and Wang, T. (2016) Evolution of epigenetic regulation in vertebrate genomes. *Trends Genet.* 32:269–283.

O'Bleness, M.S., Dickens, C.M., Dumas, L.J., et al. (2012) Evolutionary history and genome organization of DUF1220 protein domains. *G3 (Bethesda)* 2:977–986.

Prendergast, J.G.D., Chambers, E.V. and Semple, C.A.M. (2014) Sequence-level mechanisms of human epigenome evolution. *Genome Biol. Evol.* 6:1758–1771.

ヒトとその他の霊長類

Enard, W., Gehre, S., Hammerschmidt, K., et al. (2009) A humanized version of Foxp2 affects cortico-basal ganglia circuits in mice. *Cell*:137:961–971.

Li, W.H. and Saunders, M.A. (2005) The chimpanzee and us. *Nature* 437:50–51. ヒトとチンパンジーのゲノムの重要な違いについて述べている。

O'Bleness, M.O., Searles, V., Varki, A., et al. (2012) Evolution of genetic and genomic features unique to the human lineage. *Nat. Rev. Genet.* 13:853–866.

Rogers, J. and Gibbs, R.A. (2014) Comparative primate genomics: emerging patterns of genome content and dynamics. *Nat. Rev. Genet.* 15:347–359.

古代ゲノム学と過去における人類の移住

Llamas, B., Willerslev, E. and Orlando, L. (2017) Human evolution: a tale from ancient genomes. *Philos. Trans. R. Soc. Lond. B Biol. Sci.* 372:20150484.

Malaspinas, A.S., Westaway, M.C., Muller, C., et al. (2016) A genomic history of Aboriginal Australia. *Nature* 538:207–214. 現生人類の最初の出アフリカに関する推論。

Mellars, P. (2006) Going East: new genetic and archaeological perspectives on the modern human colonization of Eurasia. *Science* 313:796–800.

Racimo, F., Sankararaman, S., Nielson, R. and Huerta-Sánchez, E. (2015) Evidence for archaic adaptive introgression in humans. *Nat. Rev. Genet.* 16:359–371.

HIV 感染症 / AIDS の起源

Sharp. P.M. and Hahn, B.H. (2010) The evolution of HIV-1 and the origin of AIDS. *Philos. Trans. R. Soc. Lond. B Biol. Sci.* 365:2487–2494.

Zhu, T., Korber, B.T., Nahmias, A.J., et al. (1998) An African HIV-1 sequence from 1959 and implications for the origin of the epidemic. *Nature* 391:594–597.

用語解説

- 用語は欧文（数字，ギリシャ文字，アルファベット），和文の順。
- 語頭が数字，ギリシャ文字，アルファベットの用語はすべて欧文に含めた。

■ 欧文

0型キャップ ● type 0 cap
mRNA の 5′ 末端に 7-メチルグアノシンが付加された基本的なキャップ構造。

1型キャップ ● type 1 cap
mRNA 5′ 末端の基本的なキャップに加えて，2 番目のヌクレオチドのリボースもメチル化されたキャップ構造。

1分子リアルタイム塩基配列決定法 ● single-molecule real-time sequencing
第三世代塩基配列決定法の 1 つ。先端的な光学系を利用して，伸長中のポリヌクレオチド鎖へのヌクレオチドの付加を個別に観測する。

2-アミノプリン ● 2-aminopurine
DNA 分子のアデニンと置き換わって変異を起こしうる塩基類似体。

2型キャップ ● type 2 cap
mRNA 5′ 末端の基本的なキャップに加えて，2 番目と 3 番目のヌクレオチドのリボースもメチル化されたキャップ構造。

2′-デオキシリボース ● 2′-deoxyribose
デオキシリボヌクレオチドの糖部分。

2μm プラスミド ● 2μm plasmid
出芽酵母にみられるプラスミドで，クローニングベクターの構築に利用される。

3′→5′ エキソヌクレアーゼ ● 3′→5′ exonuclease
ポリヌクレオチド鎖の 3′ 末端から順にヌクレオチドを除去するエキソヌクレアーゼ。

3C法 ● chromosome conformation capture (3C)
核内で互いに近接して存在する染色体領域を同定する方法。

3′-OH 末端 ● 3′-OH terminus
→3′ 末端

3′ 形質導入 ● 3′-transduction
LINE の転位に伴ってゲノム DNA の一部分が移動すること。

3′ 非翻訳領域 ● 3′-untranslated region
mRNA の終止コドンよりも下流にある非翻訳領域。

3′ 末端 ● 3′-terminus
ポリヌクレオチド鎖の一方の末端で，糖の 3′ 炭素にヒドロキシ基が結合している。3′-OH 末端ともいう。

5′→3′ エキソヌクレアーゼ ● 5′→3′ exonuclease
ポリヌクレオチド鎖の 5′ 末端から順にヌクレオチドを除去するエキソヌクレアーゼ。

5-bU
→5-ブロモウラシル

5′-P 末端 ● 5′-P terminus
→5′ 末端

5′ 非翻訳領域 ● 5′-untranslated region
mRNA の開始コドンよりも上流にある非翻訳領域。

5-ブロモウラシル ● 5-bromouracil (5-bU)
DNA 分子のチミンと置き換わって変異を起こしうる塩基類似体。

5′ 末端 ● 5′-terminus
ポリヌクレオチド鎖の一方の末端で，糖の 5′ 炭素に一リン酸基，二リン酸基，三リン酸基のいずれかが結合している。5′-P 末端ともいう。

(6-4) 損傷 ● (6-4) lesion
ポリヌクレオチド鎖の 2 つの隣接するピリミジン塩基間で，紫外線照射によって二量体が形成されること。

(6-4) 光産物フォトリアーゼ ● (6-4) photoproduct photolyase
光回復による DNA 修復にかかわる酵素の 1 つ。

7SK RNA
転写伸長の調節に間接的にかかわるタンパク質-RNA 複合体の構成成分。

7SL RNA
真核生物のシグナル認識粒子の構成成分。

−10 ボックス ● −10 box
→プリブナウボックス

−25 ボックス ● −25 box
→TATA ボックス

用語解説

30 nm 線維 ● 30 nm fiber
クロマチンの凝縮度が比較的低い状態で，らせん状に連なったヌクレオソームが形成する直径約 30 nm の線維。

454 塩基配列決定法 ● 454 sequencing
次世代塩基配列決定法の 1 つ。パイロシークエンス法を利用する。

αヘリックス ● α-helix
ポリペプチド鎖の領域の一部がとる二次構造のうち，最もよくみられるものの 1 つ。

β-N-グリコシド結合 ● β-N-glycosidic bond
ヌクレオチド中の塩基と糖の間の結合様式。

βシート ● β-sheet
ポリペプチド鎖の領域の一部がとる二次構造のうち，最もよくみられるものの 1 つ。

βターン ● β-turn
一連の 4 つのアミノ酸（2 番目は通常グリシン）が形成する構造で，ポリペプチド鎖の向きを変える。

γ複合体 ● γ-complex
DNA ポリメラーゼⅢの構成成分。γサブユニットならびにδ，δ′，χ，ψの各サブユニットからなる。

λファージ ● λ（lambda）phage
大腸菌に感染するファージの一種で，クローニングベクターの構築に利用される。

π-π相互作用 ● π-π interaction
→塩基スタッキング

ρ ● Rho
細菌遺伝子の一部で転写終結にかかわるタンパク質。

ρ依存性転写終結領域 ● Rho-dependent terminator
ρタンパク質の関与により転写終結が起こる細菌 DNA 上の領域。

ABC モデル ● ABC model
花器官形成の遺伝学的制御に関するモデル。

ab initio 遺伝子予測 ● ab initio gene prediction
DNA 配列の ORF スキャンにより遺伝子候補を同定すること。

Ac/Ds トランスポゾン ● Ac/Ds transposon
トウモロコシの DNA トランスポゾンの 1 つ。

ACS
→ARS コンセンサス配列

Ada
アルキル化損傷の直接修復にかかわる大腸菌の酵素。

ADAR
→RNA 特異的アデノシンデアミナーゼ

ada レギュロン ● ada regulon
Ada により活性化される遺伝子群。

Alu エレメント ● Alu element
ヒトおよび近縁種のゲノムにみられる SINE の一種。

APC/C
→後期促進複合体 / シクロソーム

AP エンドヌクレアーゼ ● AP endonuclease
塩基除去修復にかかわる酵素。

AP 部位 ● AP site
脱プリン / 脱ピリミジン部位のこと。DNA 分子上でヌクレオチドの塩基部分が欠落している部位。塩基欠落部位ともいう。

ARMS 法 ● amplification refractory mutation system（ARMS）
SNP タイピングの手法の 1 つ。1 つが SNP 部位を含む 1 対のプライマーを用いて PCR を行う。

ARS
→自律複製配列

ARS コンセンサス配列 ● ARS consensus sequence（ACS）
酵母の複製起点に存在する 11 bp のサブドメインで，複製起点認識配列の一部。

ASO ハイブリダイゼーション ● ASO hybridization
→アレル特異的オリゴヌクレオチドハイブリダイゼーション

AU-AC イントロン ● AU-AC intron
真核生物の核ゲノムにみられるイントロンの一種。5′-AU-3′ の 2 塩基ではじまり，5′-AC-3′ の 2 塩基で終わる。

A 型 DNA ● A-DNA
DNA 二重らせんがとりうる立体構造の 1 つ。細胞内では一般的ではない。

A 部位 ● A site
翻訳の過程でアミノアシル tRNA が占めるリボソームの部位。アミノアシル部位ともいう。

A 複合体 ● complex A
GU-AG イントロンのスプライシング経路における中間体。スプライソソーム前駆複合体ともいう。

BAC
→細菌人工染色体

BLAST
Basic Local Alignment Search Tool の略。相同性検索によく用いられるアルゴリズム。

bubble-seq 法 ● bubble-seq
真核生物のゲノム配列において複製起点の位置を決定するために用いられる方法。

B 型 DNA ● B-DNA
DNA 二重らせんが細胞内でとる最も一般的な立体構造。

B 染色体 ● B chromosome
集団中の一部の個体のみがもつ染色体。

B 複合体 ● complex B
GU-AG イントロンのスプライシング経路における中間体で，スプライソソームの直接の前駆体。前駆触媒活性スプライソソームともいう。

CAGE 法 ● cap analysis of gene expression (CAGE)
RNA-seq データを迅速に得るための方法。

cAMP
→サイクリック AMP

CAP
→カタボライト活性化タンパク質

CAP 部位 ● CAP site
カタボライト活性化タンパク質 (CAP) の DNA 上の結合部位。

Cas9 エンドヌクレアーゼ ● Cas9 endonuclease
標的部位可変ヌクレアーゼの1つで，20塩基長のガイド RNA によって標的部位へ誘導される。

cDNA
→相補的 DNA

cDNA キャプチャー法 ● cDNA capture
目的の配列をより多く含むサブプールを得る目的で，cDNA プールとプローブのハイブリダイゼーションを繰り返し行う方法。

cDNA セレクション法 ● cDNA selection
→cDNA キャプチャー法

CHEF 電気泳動 ● CHEF electrophoresis
→等電位線固定均一電場電気泳動

ChIP-chip 法 ● ChIP-chip
→ChIP-on-chip 法

ChIP-on-chip 法 ● ChIP-on-chip
ChIP-seq 法の変法で，マイクロアレイを用いて行う。ChIP-chip 法ともいう。

ChIP-seq 法 ● chromatin immunoprecipitation sequencing (ChIP-seq)
DNA 結合タンパク質が結合するゲノム上の位置を決定する方法の1つ。

chi 部位 ● chi (crossover hotspot instigator) site
大腸菌ゲノムにみられる反復配列の1つ。相同組換えの開始にかかわる。

cM
→センチモルガン

cos 部位 ● cos site
λファージ DNA の両端にみられる一本鎖突出の粘着末端。

CpG アイランド ● CpG island
約56%のヒトゲノム遺伝子の上流に存在する，GC に富む DNA 領域。

CPSF
→切断・ポリアデニル化特異性因子

CRE
→サイクリック AMP 応答配列

CREB
→サイクリック AMP 応答配列結合タンパク質

CRISPR (clustered regularly interspaced short palindromic repeats)
細菌にみられる反復 DNA 配列の一種。20〜50 bp の短い配列が縦列に並び，それぞれの間は長さはほぼ等しいが配列の異なるスペーサーで隔てられている。

CstF
→切断促進因子

CTD
→C 末端ドメイン

Cys$_2$His$_2$ 型ジンクフィンガー ● Cys$_2$His$_2$ zinc finger
ジンクフィンガー DNA 結合ドメインの一種。

C 値パラドックス ● C-value paradox
一部の真核生物でゲノムのサイズと遺伝子数の間に単純な相関がみられないこと。

C 末端 ● C-terminus
→カルボキシ末端

C 末端ドメイン ● C-terminal domain (CTD)
RNA ポリメラーゼ II の最大サブユニットの C 末端側のドメインで，ポリメラーゼの活性化に重要な役割を果たす。

DAG
→有向非巡回グラフ

Dam
→DNA アデニンメチラーゼ

Dcm
→DNA シトシンメチラーゼ

de novo 塩基配列決定法 ● de novo sequencing
リード間の部分的な重なりの特定のみによってゲノム配列を構築する戦略。

DNA
→デオキシリボ核酸

DNA アデニンメチラーゼ ● DNA adenine methylase (Dam)
大腸菌 DNA のメチル化にかかわる酵素。

DNA 依存性 DNA ポリメラーゼ ● DNA-dependent DNA polymerase
鋳型 DNA の DNA コピーを作る酵素。

DNA 依存性 RNA ポリメラーゼ ● DNA-dependent RNA polymerase
鋳型 DNA の RNA コピーを作る酵素。

DNA 塩基配列決定法 ● DNA sequencing
DNA 分子を構成するヌクレオチドの並び順を決定する手法。

DNA 開裂領域 ● DNA unwinding element (DUE)
細菌の複製起点に存在する AT に富む配列。ここから DNA 二重らせんの開裂がはじまる。

DNA グリコシラーゼ ● DNA glycosylase
塩基除去修復機構およびミスマッチ修復機構の一部として、ヌクレオチドの塩基と糖の間の β-N-グリコシド結合を切断する酵素。正しくは DNA グリコリアーゼと呼ぶべきで、この名称は正確ではないが、論文ではよく使われている。

DNA クローニング ● DNA cloning
遺伝子を含んでいる DNA 断片をクローニングベクターに挿入し、宿主生物中で組換え DNA 分子を増幅させること。遺伝子クローニングともいう。

DNA 結合タンパク質 ● DNA-binding protein
DNA 分子に結合するタンパク質。

DNA 結合モチーフ ● DNA-binding motif
二重らせんと相互作用する DNA 結合タンパク質の一部分。

DNA 鎖相互交換 ● reciprocal strand exchange
組換えの最終段階で、二本鎖分子間でポリヌクレオチド鎖の交換が行われ、一方の分子の末端部が他方の末端部と置き換わる過程。

DNA シトシンメチラーゼ ●
DNA cytosine methylase (Dcm)
大腸菌 DNA のメチル化にかかわる酵素。

DNA ジャイレース ● DNA gyrase
大腸菌の II 型トポイソメラーゼ。

DNA 修復 ● DNA repair
複製の誤りや変異原によって生じた変異を修正する生化学的過程。

DNA 腫瘍ウイルス ● DNA tumor virus
DNA ゲノムをもつウイルスで、動物細胞に感染して腫瘍を引き起こす。

DNA チップ ● DNA chip
効率の高いハイブリダイゼーション解析に用いられる、DNA 分子の高密度アレイ。

DNA トポイソメラーゼ ● DNA topoisomerase
ポリヌクレオチド鎖の一方もしくは両方を切断して再結合させることにより、DNA 二重らせんにねじれを導入もしくは解消する酵素。

DNA トランスポゾン ● DNA transposon
RNA 中間体を経ない機構で転位するトランスポゾン。

DNA の屈曲 ● DNA bending
DNA 分子に結合タンパク質が結合することで生じる立体構造の変化の一種。

DNA 標識 ● DNA labeling
DNA 分子に放射性マーカーや蛍光マーカーなどを結合させること。

DNA フォトリアーゼ ● DNA photolyase
光回復による DNA 修復にかかわる大腸菌の酵素。

DNA 複製 ● DNA replication
ゲノムの新しいコピーの合成。

DNA ヘリカーゼ ● DNA helicase
二本鎖 DNA 分子の塩基対を開裂させる酵素。

DNA ポリメラーゼ ● DNA polymerase
DNA を合成する酵素。

DNA ポリメラーゼ I ● DNA polymerase I
ゲノム複製の過程で岡崎フラグメントを合成する細菌の酵素。

DNA ポリメラーゼ II ● DNA polymerase II
細菌の DNA ポリメラーゼの 1 つで、DNA 修復にかかわる。

DNA ポリメラーゼ III ● DNA polymerase III
細菌の主要な DNA 複製酵素。

DNA ポリメラーゼ α ● DNA polymerase α
真核生物の DNA 複製を開始する酵素。

DNA ポリメラーゼ γ ● DNA polymerase γ
ミトコンドリアゲノムの複製にかかわる酵素。

DNA ポリメラーゼ δ ● DNA polymerase δ
真核生物においてラギング鎖の複製にかかわる酵素。

DNA ポリメラーゼ ε ● DNA polymerase ε
真核生物においてリーディング鎖の複製にかかわる酵素。

DNA マーカー ● DNA marker
2 つ以上の容易に区別できる DNA 配列で、遺伝地図、物理地図、または統合ゲノム地図上の位置の基準として用いられる。

DNA メチル化 ● DNA methylation
メチル基の付加による DNA の化学修飾。

DNA メチルトランスフェラーゼ ● DNA methyltransferase
DNA 分子にメチル基を付加する酵素。

DNA リガーゼ ● DNA ligase
DNA の複製、修復、組換え過程の一部として、ホスホジエステル結合を形成させる酵素。

DN アーゼ I 高感受性部位 ● DNase I hypersensitive site
デオキシリボヌクレアーゼ I で比較的容易に切断される真核生物 DNA の短い領域。ヌクレオソームが存在しない位置だと考えられる。

dsRBD
→二本鎖 RNA 結合ドメイン

DUE
→DNA 開裂領域

D アーム ● D arm
tRNA 分子の構造の一部。

D ループ ● D-loop
(1) 相同組換えのメセルソン・ラディングモデルにおいて形成される中間体構造。(2) RNA 分子が二本鎖 DNA の一方の鎖と塩基対を形成するこ

とによって二重らせん構造が解消した約 500 bp の領域。置き換え型複製の複製起点となる。

EC 番号 ● EC number
国際生化学・分子生物学連合の命名法に従って酵素を活性ごとに分類する 4 組の数字。

EMS
→エチルメタンスルホナート

Ensembl
オンラインゲノムブラウザの 1 つ。

ERV
→内在性レトロウイルス

ESE
→エクソン内スプライシングエンハンサー

ESS
→エクソン内スプライシングサイレンサー

EST
→発現配列タグ

ES 細胞 ● ES cell
→胚性幹細胞

E 部位 ● E site
細菌のリボソームでアミノ酸を放出した直後の tRNA が移動する部位。出口部位ともいう。

E 複合体 ● complex E
GU-AG イントロンのスプライシングの過程で最初に形成されるタンパク質-RNA 複合体。

FEN1
→フラップエンドヌクレアーゼ 1

FIGE
→電場反転ゲル電気泳動

FISH
→蛍光 in situ ハイブリダイゼーション

fMet
→N-ホルミルメチオニン

FRAP
→光退色後蛍光回復法

FRET
→フェルスター共鳴エネルギー移動

FT-ICR 質量分析計 ● FT-ICR mass spectrometer
→フーリエ変換イオンサイクロトロン共鳴質量分析計

F プラスミド ● F plasmid
接合伝達により細菌間を移行する稔性プラスミド。

G1/S チェックポイント ● G1/S checkpoint
細胞周期チェックポイントの 1 つで，細胞が DNA の複製を開始するために通過しなければならない。

G1 期 ● G1 (gap 1) phase
細胞周期における最初のギャップ期。

G2/M チェックポイント ● G2/M checkpoint
細胞周期チェックポイントの 1 つで，細胞が有糸分裂を行う準備を整えていなければ通過できない。

G2 期 ● G2 (gap 2) phase
細胞周期における 2 番目のギャップ期。

GAP
→GTP アーゼ活性化タンパク質

GAS
→インターフェロン γ 応答配列

GATA ジンクフィンガー ● GATA zinc finger
ジンクフィンガー DNA 結合ドメインの一種。

Gb
→ギガ塩基対

GC 含量 ● GC content
ゲノム塩基中でグアニン (G) とシトシン (C) が占める割合。

GEF
→グアニンヌクレオチド交換因子

GenBank
オンライン上の DNA 配列データベースの 1 つ。

Gene Ontology (GO)
遺伝子の機能を記述するためのプロジェクト。

GFP
→緑色蛍光タンパク質

GO
→Gene Ontology

GTP アーゼ活性化タンパク質 ●
GTPase-activating protein (GAP)
G タンパク質に結合した GTP の GDP への変換を促進することで，それを不活性化させるタンパク質。

GU-AG イントロン ● GU-AG intron
真核生物の核ゲノムで最も一般的なタイプのイントロン。5'-GU-3' の 2 塩基ではじまり，5'-AG-3' の 2 塩基で終わる。

GWAS
→ゲノムワイド関連解析

G タンパク質 ● G-protein
GDP または GTP と結合しており，GDP の GTP への交換によって活性化される低分子タンパク質。

HAT
→ヒストンアセチルトランスフェラーゼ

HDAC
→ヒストンデアセチラーゼ

HMG ボックス ● HMG (high mobility group) box
DNA 結合ドメインの一種。

hnRNA
→ヘテロ核 RNA

hnRNP
→ヘテロ核リボ核タンパク質

H-NS
→ヒストン様核様体構成タンパク質

HPLC
→高速液体クロマトグラフィー

Hsp70 シャペロン ● Hsp70 chaperone
他のタンパク質の疎水性領域に結合してそのフォールディングを助けるタンパク質ファミリー。

HU ファミリー ● HU family
核様体タンパク質のファミリーで、ある程度のアミノ酸配列類似性が真核生物のヒストン H2B との間にある。

ICAT
→同位体標識アフィニティータグ法

Illumina 塩基配列決定法 ● Illumina sequencing
次世代塩基配列決定法の 1 つ。可逆的ターミネーター塩基配列決定法を利用して、基板上に固定化した DNA 断片の配列を読みとる。

Inr 配列 ● Inr sequence
→イニシエーター配列

in vitro パッケージング ● in vitro packaging
λファージ DNA のコンカテマーとλファージタンパク質から、感染性のあるλファージを合成すること。

in vitro 変異導入 ● in vitro mutagenesis
→部位特異的変異導入

Ion Torrent 塩基配列決定法 ● Ion Torrent sequencing
次世代塩基配列決定法の 1 つ。伸長中のポリヌクレオチド鎖にヌクレオチドが取り込まれるたびに放出される水素イオンを検出して配列を読みとる。

IRE-PCR
→散在反復配列 PCR

IRES
→配列内リボソーム進入部位

IRES トランス作用因子 ● IRES trans-acting factor (ITAF)
配列内リボソーム進入部位の使用を制御するタンパク質。

ISE
→イントロン内スプライシングエンハンサー

ISFET
→イオン感応性電界効果トランジスタ

ISRE
→インターフェロン刺激応答配列

ISS
→イントロン内スプライシングサイレンサー

ITAF
→IRES トランス作用因子

JAK
→ヤヌスキナーゼ

JAK-STAT 経路 ● JAK-STAT pathway
多くの脊椎動物にみられる比較的単純なシグナル伝達経路。

kb
→キロ塩基対

KH ドメイン ● KH (K homology) domain
RNA 結合ドメインの 1 つ。

k-mer
長さが k のリード。

Lac 選択 ● Lac selection
$lacZ'$ 遺伝子を含んだベクターをもつ細菌のうち、組換えを起こしたものだけを同定する手法。ラクトース類似体を含む培地上で細菌を培養すると、β-ガラクトシダーゼ活性を保持している細菌は青く発色する。

LECA
→真核生物最終共通祖先

lincRNA
→長鎖遺伝子間非コード RNA

LINE
→長鎖散在反復配列

LINE-1
ヒトの LINE の一種。

lncRNA
→長鎖非コード RNA

LTR
→長鎖末端反復配列

LTR レトロエレメント ● LTR retroelement
長鎖末端反復配列 (LTR) をもつレトロエレメント。

M13 ファージ ● M13 phage
大腸菌に感染するファージの一種で、クローニングベクターの構築に利用される。

MADS ボックス ● MADS box
植物の発生にかかわる数種の転写因子にみられる DNA 結合ドメイン。

MALDI-TOF 質量分析法 ● MALDI-TOF mass spectrometry
→マトリックス支援レーザー脱離イオン化飛行時間型質量分析法

MAP キナーゼ経路 ●
mitogen activated protein kinase pathway
多くの生物にみられる重要なシグナル伝達経路。

Mb
→メガ塩基対

MeCP
→メチル化 CpG 結合タンパク質

MGMT
→O^6-メチルグアニン DNA メチルトランスフェラーゼ

miRNA
→マイクロ RNA

MITE ●
miniature inverted repeat transposable element (MITE)
DNA トランスポゾンの切断により生じた短い塩基配列の総称。

mRNA
→メッセンジャー RNA

mRNA 前駆体 ● pre-mRNA
タンパク質をコードする遺伝子の一次転写産物。

MudPIT
→多次元タンパク質同定法

MULE
→*Mutator* 様転位性遺伝因子

Mutator 様転位性遺伝因子 ●
Mutator-like transposable element (MULE)
DNA トランスポゾンの一種で，エクソンのような遺伝子断片を取り込むことができる。

M 期 ● M (mitosis) phase
細胞周期の段階の 1 つで，体細胞分裂や減数分裂が起こる。

N50 長 ● N50 size
決定されたゲノム配列の完全度の指標。

NG50 長 ● NG50 size
決定されたゲノム配列の完全度の指標。

NHEJ
→非相同末端結合

NMR 分光法 ● NMR spectroscopy
→核磁気共鳴分光法

N 結合型グリコシル化 ● *N*-linked glycosylation
ポリペプチド鎖のアスパラギンに糖鎖が付加されること。

N-ホルミルメチオニン ● *N*-formylmethionine (fMet)
tRNA によって運ばれる修飾されたアミノ酸で，細菌の翻訳開始の過程で使用される。

N 末端 ● N-terminus
→アミノ末端

O^6-メチルグアニン DNA メチルトランスフェラーゼ ●
O^6-methylguanine-DNA methyltransferase (MGMT)
アルキル化損傷の直接修復にかかわる酵素。

OFAGE
→直交電場交替ゲル電気泳動

ORC
→複製起点認識複合体

ORF
→オープンリーディングフレーム

ORF スキャン ● ORF scanning
遺伝子の位置を決定するために DNA 配列中のオープンリーディングフレーム (ORF) を捜すこと。

O 結合型グリコシル化 ● *O*-linked glycosylation
ポリペプチド鎖のセリンまたはトレオニンに糖鎖が付加されること。

P1 ファージベクター ● P1 phage vector
P1 ファージから構築した大容量のクローニングベクター。

P1 ファージ由来人工染色体 ●
P1-derived artificial chromosome (PAC)
P1 ファージベクターと細菌人工染色体の両方の特徴を併せもつ大容量のクローニングベクター。

p300/CBP
ヒストンタンパク質を修飾してクロマチン構造やヌクレオソームの位置取りを変化させるタンパク質の 1 つ。

PAC
→P1 ファージ由来人工染色体

PacBio 塩基配列決定法 ● PacBio sequencing
1 分子リアルタイム塩基配列決定法の 1 つ。

PAGE
→ポリアクリルアミドゲル電気泳動

PcG タンパク質 ● PcG protein
→ポリコーム群タンパク質

PCNA
→増殖細胞核抗原

PCR
→ポリメラーゼ連鎖反応

piRNA
→piwi 結合 RNA

piwi 結合 RNA ● piwi-interacting RNA (piRNA)
25〜30 塩基長の snRNA の一種で，piwi タンパク質と相互作用する。

piwi タンパク質 ● piwi protein
piRNA と複合体を形成し，発生における種々の過程で遺伝子発現を調節するタンパク質の一種。

PlantGDB
植物ゲノムに特化したオンラインゲノムブラウザの1つ。

PNA
→ペプチド核酸

POU ドメイン ● POU domain
種々のタンパク質にみられる DNA 結合モチーフの1つ。

pre-IC
→複製開始前複合体

pre-RC
→複製前複合体

PROSITE
オンライン上のタンパク質構造データベースの1つ。

PSI-BLAST
Position-Specific Iterated BLAST の略。BLAST の改良版で，能力が高められたアルゴリズム。

P 因子 ● P element
ショウジョウバエの DNA トランスポゾンの1つ。

P 部位 ● P site
翻訳の過程で伸長中のポリペプチド鎖に結合した tRNA が占めるリボソームの部位。ペプチジル部位ともいう。

QTL
→量的形質座位

RACE 法 ● rapid amplification of cDNA end (RACE)
PCR を利用して RNA 分子の末端領域をマッピングする手法。

RecA
相同組換えにかかわる大腸菌のタンパク質。

RecBCD 複合体 ● RecBCD complex
大腸菌の相同組換えにかかわる酵素複合体。

RecFOR 経路 ● RecFOR pathway
大腸菌の相同組換え経路の1つ。

REP 配列 ● REP sequence
→遺伝子外パリンドローム反復配列

RFC
→複製因子 C

RFLP
→制限断片長多型

RISC
→RNA 誘導サイレンシング複合体

RMP
→複製メディエータータンパク質

RNA
→リボ核酸

RNAi
→RNA 干渉

RNA-seq 法 ● RNA sequencing (RNA-seq)
RNA の次世代塩基配列決定法。

RNA 依存性 DNA ポリメラーゼ ● RNA-dependent DNA polymerase
鋳型 RNA の DNA コピーを作る酵素。逆転写酵素。

RNA 依存性 RNA ポリメラーゼ ● RNA-dependent RNA polymerase
鋳型 RNA の RNA コピーを作る酵素。

RNA 干渉 ● RNA interference (RNAi)
真核生物にみられる RNA 分解過程。RNA サイレンシングともいう。

RNA サイレンシング ● RNA silencing
→RNA 干渉

RNA 前駆体 ● pre-RNA
遺伝子または遺伝子群の一次転写産物。プロセシングを受けて成熟型転写産物になる。

RNA 特異的アデノシンデアミナーゼ ● adenosine deaminase acting on RNA (ADAR)
アデノシンを脱アミノ反応によってイノシンに変換することで，種々の真核生物 mRNA を編集する酵素。

RNA 認識ドメイン ● RNA recognition domain
最も一般的な RNA 結合ドメイン。

RNA 編集 ● RNA editing
転写後の RNA 分子の特定の部位に，遺伝子にコードされていないヌクレオチドが導入されること。

RNA ポリメラーゼ ● RNA polymerase
DNA または RNA を鋳型として RNA を合成する酵素。

RNA ポリメラーゼ I ● RNA polymerase I
真核生物の RNA ポリメラーゼで，rRNA 遺伝子を転写する。

RNA ポリメラーゼ II ● RNA polymerase II
真核生物の RNA ポリメラーゼで，タンパク質をコードする遺伝子や snRNA 遺伝子を転写する。

RNA ポリメラーゼ III ● RNA polymerase III
真核生物の RNA ポリメラーゼで，tRNA などの短い遺伝子を転写する。

RNA 誘導サイレンシング複合体 ● RNA-induced silencing complex (RISC)
RNA 干渉の過程で mRNA を切断し，その発現を抑制するタンパク質複合体。

RNA ワールド ● RNA world
すべての生物学的反応の主役が RNA であった進化初期の時代。

RPA
→複製タンパク質 A

rRNA
→リボソーム RNA

rRNA 前駆体 ● pre-rRNA
rRNA 分子をコードする遺伝子または遺伝子群の一次転写産物。

RT-PCR
→逆転写 PCR

S1 ヌクレアーゼ ● S1 nuclease
ほとんどが二本鎖で一部のみ一本鎖になっている DNA または RNA 分子の一本鎖部分を分解する酵素。

SAGE 法 ● serial analysis of gene expression (SAGE)
トランスクリプトームの構成を研究する方法の1つ。

scaRNA
→カハール体特異的低分子 RNA

SINE
→短鎖散在反復配列

siRNA
→短鎖干渉 RNA

S/MAR
→スカフォールド/マトリックス付着領域

sncRNA
→短鎖非コード RNA

snoRNA
→核小体低分子 RNA

SNP
→一塩基多型

snRNA
→核内低分子 RNA

snRNP
→核内低分子リボ核タンパク質

SNS-seq 法 ● short nascent strand (SNS) sequencing
真核生物のゲノム配列において複製起点の位置を決定するために用いられる方法。

SOLiD 塩基配列決定法 ● sequencing by oligonucleotide ligation and detection (SOLiD)
次世代塩基配列決定法の1つ。鋳型鎖に相補的な配列をもつ一連のオリゴヌクレオチドのハイブリダイゼーションにより DNA 配列を読みとる。

SOS 応答 ● SOS response
大腸菌においてゲノムの損傷やその他の刺激に応答して起こる一連の生化学的変化。

***Spm* エレメント** ● *Spm* element
トウモロコシの DNA トランスポゾンの1つ。

SR タンパク質 ● SR protein
GU-AG イントロンのスプライシングの過程でスプライス部位の選択にかかわるタンパク質の1つ。

SSB
→一本鎖 DNA 結合タンパク質

SSLP
→単純配列長多型

STAT (signal transducer and activator of transcription)
転写因子として働くタンパク質の一種。細胞外シグナル物質が細胞表面の受容体に結合すると活性化される。

STRP
→短鎖縦列反復配列多型

STS
→配列タグ部位

STS マッピング ● STS mapping
物理地図作成のための手法の1つ。ゲノム中の配列タグ部位 (STS) の位置を基準に用いる。

SUMO (small ubiquitin-like modifier)
ユビキチンに類似したタンパク質。

S 期 ● S (synthesis) phase
細胞周期の段階の1つで，DNA が複製される。

S 値 ● S (Svedberg) value
沈降係数を測定するときの単位。

T4 ポリヌクレオチドキナーゼ ● T4 polynucleotide kinase
DNA 分子の 5′ 末端にリン酸基を付加する酵素。

TAD
→トポロジカル関連ドメイン

TAF
→TBP 関連因子

TAF およびイニシエーター依存性補助因子 ● TAF- and initiator-dependent cofactor (TIC)
RNA ポリメラーゼⅡによる転写開始にかかわるタンパク質の一種。

TATA 結合タンパク質 ● TATA-binding protein (TBP)
基本転写因子 TF II D の構成成分の 1 つ。RNA ポリメラーゼ II コアプロモーターの TATA ボックスを認識する。

TATA ボックス ● TATA box
RNA ポリメラーゼ II のコアプロモーターの構成要素。

TBP
→TATA 結合タンパク質

TBP 関連因子 ● TBP-associated factor (TAF)
基本転写因子 TF II D の構成成分の 1 つ。TATA ボックスの認識に補助的な役割を果たす。

T-DNA
Ti プラスミドのうち植物 DNA へ移入される領域。

TdT
→ターミナルデオキシヌクレオチジルトランスフェラーゼ

TIC
→TAF およびイニシエーター依存性補助因子

Ti プラスミド ● Ti plasmid
土壌細菌 *Agrobacterium tumefaciens* にみられる巨大プラスミドで，ある種の植物にクラウンゴール形成を引き起こす。

T_m
→融解温度

tmRNA
→転移-メッセンジャー RNA

Tn3 型トランスポゾン ● Tn3-type transposon
両端に挿入配列をもたない DNA トランスポゾン。ユニットトランスポゾンともいう。

tRNA
→転移 RNA

tRNA 前駆体 ● pre-tRNA
tRNA 分子をコードする遺伝子または遺伝子群の一次転写産物。

trxG タンパク質 ● trxG protein
→トリソラックス群タンパク質

Tus
terminus utilization substance の略。細菌の複製終結配列に結合するタンパク質で，ゲノム複製の終結にかかわる。

TψC アーム ● TψC arm
tRNA 分子の構造の一部。

UCE
→上流制御配列

UCSC Genome Browser
オンラインゲノムブラウザの 1 つ。

U-RNA
ウラシルに富む核内 RNA 分子で，snRNA や snoRNA がこれに属する。

UTR
→非翻訳領域

UvrABC エンドヌクレアーゼ ● UvrABC endonuclease
大腸菌のショートパッチ修復機構にかかわる酵素複合体。

VNTR
→縦列反復配列多型

V ループ ● V loop
tRNA 分子の構造の一部。

X 線回折 ● X-ray diffraction
結晶に X 線を当てたときに生じる回折。

X 線回折像 ● X-ray diffraction pattern
結晶に X 線を当てたときに得られる回折パターン。

X 線結晶解析 ● X-ray crystallography
大きな分子の三次元構造を決定するための手法の 1 つ。

X 染色体不活性化 ● X-chromosome inactivation
哺乳類の雌の細胞の核内で，2 本ある X 染色体のうちの 1 つでは，ほとんどの遺伝子がメチル化により不活性化されていること。

Z 型 DNA ● Z-DNA
DNA の立体構造の 1 つ。2 本のポリヌクレオチド鎖が左巻きのらせんを形成している。

■ あ

アイソアクセプター tRNA ● isoacceptor tRNA
同じアミノ酸を結合する 2 種類以上の tRNA。

アイソコアモデル ● isochore model
真核生物ゲノムは部分領域のモザイクであるとするモデル。各部分領域内の塩基組成は均一だが，隣接する部分領域の組成とは異なる。

アイソフォーム ● isoform
1 つの遺伝子から，選択的スプライシングによって産生された複数のバージョン。

アガロースゲル電気泳動 ● agarose gel electrophoresis
アガロースゲルを用いた電気泳動。100 bp 〜 50 kb の長さの DNA 分子を分離するのに用いられる。

アーキア ● archaea
→古細菌

アクセサリーゲノム ● accessory genome
細菌のパンゲノムの一部で，コアゲノムに存在しない遺伝子群を含む。

アクリジン色素 ● acridine dye
二本鎖 DNA 分子の隣接する塩基対の間の隙間に入り込み，フレームシフト変異を引き起こす化学物質。

用語解説

アシル化 ● acylation
ポリペプチド鎖に脂質側鎖が付加されること。

アダプター ● adaptor
ヌクレオチド鎖の平滑末端に粘着末端を作るのに用いられる合成二本鎖オリゴヌクレオチド。

アデニル酸シクラーゼ ● adenylate cyclase
ATP をサイクリック AMP（cAMP）に変換する酵素。

アデニン ● adenine
DNA と RNA に含まれるプリン塩基の 1 つ。

アニーリング ● annealing
鋳型となる DNA または RNA にオリゴヌクレオチドプライマーを結合させること。

アビジン ● avidin
卵白に含まれるタンパク質で，ビオチンと高い親和性で結合する。

アフィニティークロマトグラフィー ● affinity chromatography
カラムクロマトグラフィーの一種で，精製したい分子に結合するリガンドを利用する。

アポトーシス ● apoptosis
プログラム細胞死。

アミノアシル tRNA シンテターゼ ● aminoacyl-tRNA synthetase
tRNA のアミノアシル化を触媒する酵素。

アミノアシル化 ● aminoacylation
tRNA の受容アームにアミノ酸が結合すること。

アミノアシル部位 ● aminoacyl site
→A 部位

アミノ酸 ● amino acid
タンパク質分子を構成する個々の単量体単位。

アミノ末端 ● amino-terminus
ポリペプチド鎖の一方の末端で，遊離のアミノ基をもつ。N 末端ともいう。

アラーモン ● alarmone
緊縮応答を活性化させる因子。ppGpp や pppGpp のこと。

アルカリホスファターゼ ● alkaline phosphatase
DNA 分子の 5′ 末端からリン酸基を除去する酵素。

アルキル化剤 ● alkylating agent
ヌクレオチド塩基にアルキル基を付加することで作用する変異原。

アルフォイド DNA ● alphoid DNA
ヒト染色体のセントロメア領域に存在する縦列反復配列。

アレル ● allele
ある遺伝子がもちうる複数の塩基配列のうちの 1 つ。対立遺伝子ともいう。

アレル特異的オリゴヌクレオチドハイブリダイゼーション ● allele-specific oligonucleotide (ASO) hybridization
ある DNA 分子中に 2 つの塩基配列のうちどちらが存在するかを決定するために，オリゴヌクレオチドをプローブとして用いる方法。

アレル頻度 ● allele frequency
あるアレルの集団中における出現頻度。

暗修復 ● dark repair
シクロブタン型二量体を修正するヌクレオチド除去修復機構の一種。

アンチコドン ● anticodon
tRNA 分子の 34〜36 番目の位置にある三つ組ヌクレオチドで，mRNA 分子上のコドンと塩基対を形成する。

アンチコドンアーム ● anticodon arm
tRNA 分子の構造の一部。

イオン感応性電界効果トランジスタ ● ion-sensitive field effect transistor (ISFET)
Ion Torrent 塩基配列決定装置に使われる素子。ポリヌクレオチド鎖の合成の過程で放出される水素イオンを検出する。

イオン交換クロマトグラフィー ● ion-exchange chromatography
クロマトグラフィーの固定相に含まれる荷電粒子に対する結合の強さに応じて分子を分離する手法。

鋳型 ● template
ポリメラーゼが触媒する DNA 鎖や RNA 鎖の合成反応の過程で，複製される側のポリヌクレオチド鎖。

鋳型依存性 DNA 合成 ● template-dependent DNA synthesis
DNA または RNA を鋳型とした DNA 分子の合成。

鋳型依存性 DNA ポリメラーゼ ● template-dependent DNA polymerase
鋳型の配列に従って DNA を合成する酵素。

鋳型依存性 RNA 合成 ● template-dependent RNA synthesis
DNA または RNA を鋳型とした RNA 分子の合成。

鋳型依存性 RNA ポリメラーゼ ● template-dependent RNA polymerase
鋳型の配列に従って RNA を合成する酵素。

鋳型非依存性 DNA ポリメラーゼ ● template-independent DNA polymerase
鋳型を用いずに DNA を合成する酵素。

鋳型非依存性 RNA ポリメラーゼ ● template-independent RNA polymerase
鋳型を用いずに RNA を合成する酵素。

異質倍数体 ● allopolyploid
異種交配により 2 つの配偶子が融合してできた倍数体。

維持メチル化 ● maintenance methylation
新生鎖の鋳型 DNA 鎖と同じ位置にメチル基が付加されること。

一遺伝子雑種交雑 ● monohybrid cross
1対のアレルの継承を追跡する有性交雑。

一塩基多型 ● single-nucleotide polymorphism (SNP)
集団中の一部の個体がもつ点変異。

位置効果 ● positional effect
真核生物ゲノムにおいて，遺伝子挿入後の発現レベルが挿入位置により異なること。

一次構造 ● primary structure
ポリペプチド鎖のアミノ酸配列。

一次転写産物 ● primary transcript
遺伝子または遺伝子群の最初の転写産物。プロセシングを受けて成熟型転写産物になる。

一段増殖曲線 ● one-step growth curve
溶菌ファージの1回の感染サイクルを表す増殖曲線。

一倍体 ● haploid
各染色体のコピーを1つずつもつ核のこと。単数体，半数体と呼ばれることもある。

一本鎖 ● single-stranded
1本のみのポリヌクレオチド鎖からなるDNAまたはRNA分子。

一本鎖DNA結合タンパク質 ● single-stranded DNA-binding protein (SSB)
複製フォークの一本鎖DNAに結合し，複製される前に2本の親鎖が塩基対を形成してしまうのを防ぐタンパク質。

遺伝暗号 ● genetic code
タンパク質合成の際に，どの三つ組ヌクレオチドがどのアミノ酸を指定するかを定めている規則。

遺伝学 ● genetics
遺伝子の研究を行う生物学の一領域。

遺伝型 ● genotype
個体の遺伝的構成。遺伝子型ともいう。

遺伝子 ● gene
生物学的情報を含んでいるDNAの部分領域で，RNAやポリペプチド分子を指定している。

遺伝子外パリンドローム反復配列 ● repetitive extragenic palindromic (REP) sequence
細菌にみられる反復DNA配列の一種。多くは長さが20〜35 bpで，散在反復配列もしくは縦列反復配列として存在する。

遺伝子型 ● genotype
→遺伝型

遺伝子間領域 ● intergenic region
遺伝子を含まないゲノム領域。

遺伝子空間 ● gene space
オオムギゲノムのバージョンの1つで，オオムギ遺伝子の大部分の配列を詳細なゲノム地図に位置づけている。

遺伝子クローニング ● gene cloning
→DNAクローニング

遺伝子砂漠 ● gene desert
遺伝子がほとんど存在しないゲノム上の領域。

遺伝子スーパーファミリー ● gene superfamily
進化的な関連を有する複数の多重遺伝子族のグループ。

遺伝子断片 ● gene fragment
完全な遺伝子の内部の部分領域から生じた短い塩基配列。

遺伝子重複 ● gene duplication
DNA領域の一部の重複により，遺伝子に2つの娘コピーが生じること。両遺伝子の塩基配列は当初は同じだが，その後の変異により違ってくる。

遺伝子治療 ● gene therapy
遺伝子またはその他のDNA配列を利用した疾患の治療。

遺伝子内遺伝子 ● gene-within-gene
ある遺伝子のイントロン内に含まれる別の遺伝子。

遺伝子のエクソン説 ● exon theory of genes
最初のDNAゲノムが構築されたときにイントロンが生じたとするイントロン前生説。

遺伝子発現 ● gene expression
遺伝子がもつ生物学的情報が読みとられ，細胞に利用されるようになる一連の過程。

遺伝子変換 ● gene conversion
減数分裂により，通常とは異なる分離パターンを示す4つの一倍体を生じる過程。

遺伝情報の伝達としての問題 ● informational problem
初期の分子生物学者たちが取り組んだ，遺伝暗号の実体に関する問題。

遺伝子流動 ● gene flow
遺伝子がある集団から別の集団へ移行すること。

遺伝地図作成 ● genetic mapping
遺伝学的手法を用いてゲノム地図を作成すること。

遺伝的冗長性 ● genetic redundancy
同じゲノム中の2つの遺伝子が同じ機能を果たす状態。

遺伝的プロファイル ● genetic profile
マイクロサテライト領域のPCR産物を電気泳動して得られるバンドパターン。

遺伝的マーカー ● genetic marker
2つ以上の容易に区別できるアレルとして存在し，それゆえ遺伝的交配の過程で継承を追跡可能で，地図上の位置を決定できる遺伝子。

遺伝的連鎖 ● genetic linkage
同じ染色体上にある2つの遺伝子の物理的な連関。

遺伝病 ● inherited disease
遺伝子の異常によって引き起こされる疾患。

移動相 ● mobile phase
クロマトグラフィー系において移動する相。通常は目的の物質が溶解した液体，もしくは目的の物質の蒸気を含んだガス。

イニシエーター配列 ● initiator (Inr) sequence
RNAポリメラーゼIIのコアプロモーターの構成要素。

イノシン ● inosine
アデノシン誘導体であり，アンチコドンのゆらぎ塩基対にみられることがある。

インスレーター配列 ● insulator sequence
2つの機能ドメインの境界として働くDNAの部分領域。

インターカレート剤 ● intercalating agent
二本鎖DNA分子の隣接する塩基対の間の隙間に入り込むことができる化学物質。変異を起こすことが多い。

インターフェロン ● interferon
サイトカインの一種。

インターフェロンγ応答配列 ●
interferon γ-activated sequence (GAS)
STAT二量体のDNA上の結合部位の1つ。

インターフェロン刺激応答配列 ●
interferon-stimulated response element (ISRE)
STAT二量体のDNA上の結合部位の1つ。

インタラクトーム ● interactome
1つの細胞で起きている分子の相互作用のすべて。

インテグラーゼ ● integrase
λファージゲノムの大腸菌DNAへの挿入を触媒するI型トポイソメラーゼ。

インテグロン ● integron
ファージや別のプラスミドから遺伝子を取り込む機能をプラスミドに付与する遺伝子群またはDNA配列。

インデューサー ● inducer
リプレッサータンパク質に結合してオペレーターとの結合を阻害することにより，遺伝子やオペロンの発現を誘導する分子。

インデル ● indel
2つのDNA配列の間でアラインメントを行った際に，挿入または欠失が生じた位置。

イントロン ● intron
イントロンを含む遺伝子でタンパク質をコードしていない領域。

イントロン後生説 ● introns late hypothesis
イントロンが比較的遅い時期に進化し，徐々に真核生物ゲノムに蓄積してきたとする仮説。

イントロン前生説 ● introns early hypothesis
イントロンが比較的早い時期に進化し，徐々に真核生物ゲノムから失われてきたとする仮説。

イントロン内スプライシングエンハンサー ●
intronic splicing enhancer (ISE)
GU-AGイントロンのスプライシングを促進する働きがある塩基配列。

イントロン内スプライシングサイレンサー ●
intronic splicing silencer (ISS)
GU-AGイントロンのスプライシングを抑制する働きがある塩基配列。

イントロン保持 ● intron retention
選択的スプライシングの過程で，mRNA前駆体から通常は除去されるはずのイントロンが最終的なmRNAでも保持されること。

インプリンティング制御配列 ● imprinting control element
インプリンティングを受けた遺伝子のクラスターから1〜2kb以内にみられるDNA配列で，インプリンティング領域のメチル化にかかわる。

ウイルス ● virus
タンパク質と核酸からなる感染性粒子。複製するには宿主細胞に寄生する必要がある。

ウイルスレトロエレメント ● viral retroelement
ゲノム複製の過程に逆転写がかかわるウイルス。

ウイルソイド ● virusoid
およそ320〜400塩基長のRNA分子で，それ自身のカプシドタンパク質はコードせず，代わりにヘルパーウイルスのカプシドの中に入って細胞から細胞へと移動できる。

ウイロイド ● viroid
240〜375塩基長のRNA分子で，遺伝子をもたず，カプシドで包まれることもないが，裸のRNAとして細胞から細胞へと伝搬する。

ウィングドヘリックス・ターン・ヘリックスモチーフ ●
winged helix-turn-helix motif
DNA結合ドメインの一種。

ヴォールトRNA ● vault RNA
ヴォールトと呼ばれるタンパク質-RNA複合体に含まれるsnRNAの一種。多くの真核細胞にみられるが，その機能はよくわかっていない。

ウラシル ● uracil
RNAに含まれるピリミジン塩基の1つ。

栄養細胞 ● vegetative cell
非生殖細胞。有糸分裂を行う。

栄養要求株 ● auxotroph
野生株では必要ない特定の栄養素が与えられないと生存できない変異体微生物。

液相ハイブリダイゼーション ● solution hybridization
溶液中で行われる核酸分子のハイブリダイゼーション。

エキソソーム ● exosome
真核生物のmRNA分解にかかわるタンパク質複合体。

エキソヌクレアーゼ ● exonuclease
核酸分子の末端からヌクレオチドを除去する酵素。

エクソーム ● exome
あるゲノムに存在するエクソン配列のすべて。

エクソン ● exon
イントロンを含む遺伝子でタンパク質をコードしている領域。

エクソン-イントロン境界 ● exon-intron boundary
エクソンとイントロンのつなぎ目にある塩基配列。

エクソンスキッピング ● exon skipping
選択的スプライシングの過程で，あるいはスプライシングの誤りによって，スプライシングを受けた mRNA に 1 つ以上のエクソンが組み入れられないこと。

エクソントラップ法 ● exon trapping
DNA 配列中のエクソンの位置をクローニングによって決定する手法。

エクソン内スプライシングエンハンサー ● exonic splicing enhancer (ESE)
GU-AG イントロンのスプライシングを促進する働きがある塩基配列。

エクソン内スプライシングサイレンサー ● exonic splicing silencer (ESS)
GU-AG イントロンのスプライシングを抑制する働きがある塩基配列。

枝 ● branch
系統樹の構成要素の 1 つ。

エチルメタンスルホナート ● ethyl methanesulfonate (EMS)
ヌクレオチド塩基にアルキル基を付加することで作用する変異原。

エピゲノム ● epigenome
ヒストン修飾，ヌクレオソームの位置取り，DNA メチル化の組合せによるゲノム発現の調節。

エピジェネティック効果 ● epigenetic effect
ゲノム配列の変化ではなくゲノム発現の変化によって生じる表現型の変化。

エピソーム ● episome
宿主細胞の染色体に組み込まれることのできるプラスミド。

エピソーム移入 ● episome transfer
細菌染色体の一部もしくは全部がプラスミドに挿入されて別の細胞へ移行すること。

エレクトロスプレーイオン化法 ● electrospray ionization
質量分析法で用いられるイオン化法の 1 つ。試料を含んだ液体に高電圧を印加してエアロゾルを発生させる。

塩基欠落部位 ● baseless site
→AP 部位

塩基除去修復 ● base excision repair
異常な塩基の除去と置換による DNA 修復機構。

塩基スタッキング ● base stacking
二本鎖 DNA 分子の隣接する塩基対の間に生じる疎水性相互作用。

塩基性ヘリックス・ループ・ヘリックスモチーフ ● basic helix-loop-helix motif
DNA 結合ドメインの一種。

塩基存在比 ● base ratio
二本鎖 DNA 分子中の A と T，G と C の比。塩基存在比は常に 1.0 に近いことを Chargaff が示した。

塩基置換 ● base substitution
修復機構を逃れて DNA 配列に永続的な変化をもたらす点変異。

塩基対 ● base pair
2 つの相補的なヌクレオチド間の水素結合により形成される構造。"bp" と略記した場合は二本鎖 DNA 分子の長さの最小単位を指す。

塩基対形成 ● base pairing
2 本のポリヌクレオチド鎖間，あるいは 1 本のポリヌクレオチド鎖内の 2 つの部分が塩基対によって結合すること。

塩基転位 ● transition
→トランジション

塩基転換 ● transversion
→トランスバージョン

塩基配列決定用ライブラリー ● sequencing library
多数の塩基配列決定反応を並行して行うことができるように，高集積アレイの基板上に固定化してある一連の DNA 断片。

塩基類似体 ● base analog
DNA の塩基に構造が似ているために変異原として作用する化合物。

エンドヌクレアーゼ ● endonuclease
核酸分子内のホスホジエステル結合を切断する酵素。

エンハンサー ● enhancer
遺伝子または遺伝子群の上流もしくは下流にやや離れて位置する調節配列で，転写効率を上昇させる。

オイラー路 ● Eulerian pathway
グラフのすべての辺を 1 回だけ通る経路。反復 DNA 配列を含んでいるゲノム領域の正しい塩基配列を決定するために，一部の配列アセンブラが利用している。

岡崎フラグメント ● Okazaki fragment
二本鎖 DNA のラギング鎖を複製する際，RNA をプライマーとして合成される短い DNA 鎖。

置き換え型複製 ● displacement replication
DNA 複製様式の 1 つ。二本鎖 DNA の一方の鎖がまず連続的に複製され，最初の娘鎖の合成が完了した後，新生鎖に追い出されたもう一方の鎖の複製が起こる。

オーソロガス遺伝子 ● orthologous gene
異なる生物種のゲノムに存在する相同な遺伝子。

オートラジオグラフィー ● autoradiography
X 線感光フィルムを露光させて放射性標識分子を検出する手法。

用語解説

オーバーラップ遺伝子 ● overlapping genes
コード領域が部分的に重なり合っている2つの遺伝子。

オーバーラップグラフ ● overlap graph
配列アセンブラの出力で，リード間の部分的な重なりを示している。

オーファンレトロ遺伝子 ● orphan retrogene
親コピーが失われたレトロ遺伝子。

オプティカルマッピング ● optical mapping
制限酵素で分解したDNA分子を直接，視覚的に調べる手法。

オープンリーディングフレーム ● open reading frame (ORF)
開始コドンにはじまり終止コドンに終わる一連のコドン。タンパク質をコードする遺伝子のうち，タンパク質に翻訳される部分。

オペレーター ● operator
リプレッサータンパク質が結合する塩基配列で，遺伝子やオペロンの転写を抑制する。

オペロン ● operon
細菌ゲノムにおいて近接した一群の遺伝子で，共通のプロモーターから転写され，同じ調節を受けるもの。

親遺伝型 ● parental genotype
遺伝的交配において，親の一方もしくは両方がもつ遺伝型。

オリゴヌクレオチド ● oligonucleotide
短い合成一本鎖DNA分子。

オリゴヌクレオチドハイブリダイゼーション解析 ● oligonucleotide hybridization analysis
オリゴヌクレオチドをハイブリダイゼーションプローブとして用いる解析。

オリゴヌクレオチド誘導変異導入 ● oligonucleotide-directed mutagenesis
部位特異的変異導入の一種で，合成オリゴヌクレオチドを用いて遺伝子に目的の変異を導入する。

オリゴヌクレオチド連結アッセイ ● oligonucleotide ligation assay
SNPタイピングの手法の1つ。1つがSNP部位を含む1対のオリゴヌクレオチドを互いに隣接した領域にアニーリングさせたのち，2つのオリゴヌクレオチドの連結が起こるか否かをみる。

■ か

開始tRNA ● initiator tRNA
タンパク質合成の過程で開始コドンを認識するtRNA。真核生物ではメチオニン，細菌ではN-ホルミルメチオニンによってアミノアシル化される。

開始因子 ● initiation factor
翻訳開始の過程で補助的な役割を果たすタンパク質の1つ。

開始コドン ● initiation codon
遺伝子のコード領域の開始点にみられるコドン。例外はあるが通常は5'-AUG-3'である。

開始前複合体 ● preinitiation complex
→転写開始前複合体，複製開始前複合体，翻訳開始前複合体

開始複合体 ● initiation complex
→転写開始複合体，翻訳開始複合体

階層的クラスタリング ● hierarchical clustering
トランスクリプトームを解析する手法の1つ。個々の遺伝子の発現レベルを網羅的に相互比較して行う。

階層的ショットガン法 ● hierarchical shotgun method
DNA塩基配列決定戦略の1つ。ゲノムをあらかじめ大きめの断片に切断してクローニングし，ショットガン法によりそれぞれの塩基配列を決定する。

外部節 ● external node
系統樹の枝の末端。研究対象の生物あるいはDNA配列に相当する。

解剖学的現生人類 ● anatomically modern humans
われわれホモ・サピエンスと解剖学的に同一の化石人類。

開放型プロモーター複合体 ● open promoter complex
転写開始複合体の構築の過程で，塩基対の開裂によりDNA鎖が解離したのちに形成される構造。プロモーターに結合したRNAポリメラーゼや補助タンパク質からなる。

概要配列 ● draft sequence
→ドラフト配列

解離 ● resolution
組換えを起こしている二本鎖DNA分子の分離。

解離酵素 ● resolvase
→リゾルバーゼ

化学シフト ● chemical shift
原子核の置かれた環境による共鳴周波数の変化。核磁気共鳴分光法の原理として利用される。

化学修飾 ● chemical modification
化学基の付加によるタンパク質またはRNAの修飾。

化学発光マーカー ● chemiluminescent marker
分子に組み込むかあるいは結合させて，その化学発光を生化学反応の過程で検出し，追跡する目的で用いられる化学発光基。

化学分解法 ● chemical degradation method
DNA塩基配列決定法の1つ。特定のヌクレオチド位置でDNA分子を切断する化学物質を利用して行う。

可逆的ターミネーター塩基配列決定法 ● reversible terminator sequencing
DNA塩基配列決定法の1つ。伸長中のポリヌクレオチド鎖にヌクレオチドが取り込まれるたびに，結合させた蛍光標識を検出して配列を読みとる。

核 ● nucleus
真核細胞に存在する膜で囲まれた構造で，内部には染色体が含まれる。

核型図 ● karyogram
→カリオグラム

核ゲノム ● nuclear genome
真核細胞の核内に存在するゲノム。

核酸 ● nucleic acid
真核細胞の核から単離された酸性化学物質を指して当初は使用された用語。現在はヌクレオチド単量体からなる DNA や RNA などの重合分子のことをいう。

核酸ハイブリダイゼーション ● nucleic acid hybridization
相補的なポリヌクレオチド鎖間の塩基対形成によってハイブリッド二本鎖が生じること。

核磁気共鳴分光法 ●
nuclear magnetic resonance (NMR) spectroscopy
大きな分子の三次元構造を決定するための手法の1つ。

核小体 ● nucleolus
真核生物の核内で rRNA の転写が起こる領域。

核小体低分子 RNA ● small nucleolar RNA (snoRNA)
rRNA の化学修飾にかかわる短い真核生物 RNA 分子。

核スペックル ● nuclear speckle
mRNA 前駆体のスプライシングに関連する核内構造体。

核内受容体スーパーファミリー ● nuclear receptor superfamily
ホルモンに結合してそれによるゲノム機能の調節を仲介する受容体タンパク質のファミリー。

核内低分子 RNA ● small nuclear RNA (snRNA)
GU-AG および AU-AC イントロンのスプライシングなどの RNA プロセシングにかかわる短い真核生物 RNA 分子。

核内低分子リボ核タンパク質 ●
small nuclear ribonucleoprotein (snRNP)
GU-AG および AU-AC イントロンのスプライシングなどの RNA プロセシングにかかわる複合体。1つまたは2つの snRNA 分子が複数のタンパク質と複合体を形成している。

核マトリックス ● nuclear matrix
核内全体に広がっていると考えられている足場様の網目構造。

核様体 ● nucleoid
原核細胞において DNA を含んでいる領域。

核様体関連タンパク質 ● nucleoid-associated protein
細菌の核様体の構成成分であるタンパク質。

核ラミナ ● nuclear lamina
核膜の内側を裏打ちしている網目状の構造。

家系解析 ● pedigree analysis
その家系内における遺伝的マーカーや DNA マーカーの継承を，家系図を用いて解析すること。

家系図 ● pedigree
ある家系の構成員の間の遺伝的関係を示した図。

カスケード ● cascade
一連のタンパク質やその他の分子で構成される経路。シグナルを細胞表面から細胞内の遺伝子やその他の標的へ伝える。

カタボライト活性化タンパク質 ●
catabolite activator protein (CAP)
細菌ゲノムのさまざまな部位に結合して，その下流プロモーターからの転写開始を活性化させる調節タンパク質。

カタボライト抑制 ● catabolite repression
糖の利用にかかわる遺伝子のスイッチをオンにするかオフにするかが，細胞外のグルコース量によって決められる細菌の機構。

カハール体 ● Cajal body
snRNA や snoRNA の合成に関連する核内構造体。

カハール体特異的低分子 RNA ●
small Cajal body-specific RNA (scaRNA)
カハール体に局在する snoRNA。

カバレッジ ● coverage
→リード深度

カプシド ● capsid
ファージやウイルスの DNA ゲノムまたは RNA ゲノムを取り囲むコートタンパク質。

カラムクロマトグラフィー ● column chromatography
カラムに充填したレジンを利用して物質を分離するための手法。

カリオグラム ● karyogram
1つの細胞に含まれる染色体すべてを細胞分裂中期の形態で示した図。核型図ともいう。

下流 ● downstream
ポリヌクレオチド鎖の 3′ 末端側。

カルボキシ末端 ● carboxy-terminus
ポリペプチド鎖の一方の末端で，遊離のカルボキシ基をもつ。C 末端ともいう。

がん遺伝子 ● oncogene
活性化されると発がんを誘導しうる遺伝子。

間期 ● interphase
細胞分裂の完了から次の細胞分裂の開始までの間の時期。

幹細胞 ● stem cell
生物の一生を通じて分裂能を保持する前駆細胞。

完了配列 ● finished sequence
染色体やゲノムのほぼ完全な塩基配列であるが，通常はコンティグ間のギャップがいくつか配列決定されずに残っており，平均して 10^4 ヌクレオチドに 1 カ所の誤りを含んでいる。

偽遺伝子 ● pseudogene
不活性化されて機能を喪失した遺伝子コピー。

ギガ塩基対 ● gigabase pair (Gb)
10 億塩基対 (bp)，100 万キロ塩基対 (kb)，1,000 メガ塩基対 (Mb)。

キナーゼ会合型受容体 ● kinase-associated receptor
キナーゼ活性をもつタンパク質と協同して働く細胞表面受容体の一種。

キネトコア ● kinetochore
→動原体

機能性 RNA ● functional RNA
細胞の中で機能的役割をもつ RNA 分子。つまり mRNA 以外の RNA 分子のこと。

機能ドメイン ● functional domain
類似の発現パターンを示す遺伝子群を含んでいる真核生物 DNA の領域。その発現パターンは同じドメインに含まれる調節配列に支配されている。

基本転写因子 ● general transcription factor
真核生物の転写の過程で転写開始複合体が構築される際、その一過性または永続的な構成成分となるタンパク質またはタンパク質複合体。

基本プロモーター ● basal promoter
→コアプロモーター

キメラ ● chimera
2 種類以上の遺伝的に異なる細胞からなる生物。

逆遺伝学 ● reverse genetics
目的の遺伝子に変異を導入し、それによって生じる表現型の変化からその遺伝子の機能を推定する遺伝学のアプローチ。

逆相液体クロマトグラフィー ● reverse-phase liquid chromatography
カラムクロマトグラフィーの一種で、分子表面の疎水性の度合いに応じてタンパク質を分離する。

逆転写 PCR ● reverse transcriptase PCR (RT-PCR)
PCR の一種で、最初の段階が逆転写酵素によって行われるため、出発材料として RNA を用いることができる。

逆転写酵素 ● reverse transcriptase
RNA を鋳型として DNA を合成するポリメラーゼ。

逆方向反復配列 ● inverted repeat
DNA 分子上で互いに逆方向を向いた 2 つの同一の塩基配列。

ギャップ遺伝子 ● gap gene
ショウジョウバエの発生関連遺伝子群で、胚の中の位置情報の確立に役割を果たす。

ギャップ期 ● gap period
細胞周期における 2 つの中間期。

キャップ形成 ● capping
真核生物 mRNA の 5' 末端にキャップ構造が形成されること。

キャップ結合複合体 ● cap binding complex
真核生物の翻訳の過程で、スキャンを開始するときキャップ構造に最初に結合する複合体。

キャップ構造 ● cap structure
大部分の真核生物 mRNA 分子の 5' 末端にある化学修飾。

キャピラリー電気泳動 ● capillary electrophoresis
細いキャピラリー管を用いたポリアクリルアミドゲル電気泳動。高い分解能が得られる。

休眠促進因子 ● hibernation promotion factor
過剰なリボソームの不活性化にかかわる大腸菌のタンパク質。

共顕性 ● co-dominance
→共優性

協調進化 ● concerted evolution
多重遺伝子族の個々の遺伝子が、同一ないし類似の配列を維持するような進化過程。

共通配列 ● consensus sequence
→コンセンサス配列

共鳴周波数 ● resonance frequency
原子核の α スピン状態と β スピン状態の間のエネルギー差。

共免疫沈降法 ● co-immunoprecipitation
タンパク質複合体に含まれるタンパク質の 1 つに特異的な抗体を用いて、複合体を構成するすべてのタンパク質を単離する方法。

共優性 ● co-dominance
ヘテロ接合体の表現型にいずれもが寄与するような 2 つのアレルの関係。共顕性ともいう。

供与部位 ● donor site
イントロンの 5' 末端側のスプライス部位。

極限環境生物 ● extremophile
通常の生物が生息するには物理的・化学的条件が適さないような環境にも生息することができる生物。

局在化配列 ● sorting sequence
タンパク質を核やミトコンドリアといった細胞小器官へ導く、あるいはそのタンパク質が細胞から分泌されるように導くアミノ酸配列。

極性 ● polar
化学基または化学物質が親水性であること。

距離行列 ● distance matrix
データセットの塩基配列のすべての組合せについて、配列間の進化的距離を示した表。

キロ塩基対 ● kilobase pair (kb)
1,000 塩基対 (bp)。

緊縮応答 ● stringent response
必須アミノ酸の欠乏など、大腸菌が増殖に適さない環境に置かれたときに開始される生化学的ならびに遺伝学的な応答。

グアニリルトランスフェラーゼ ● guanylyl transferase
キャップ形成反応の開始時に真核生物 mRNA の 5' 末端に GTP を付加する酵素。

グアニン ● guanine
DNA と RNA に含まれるプリン塩基の 1 つ。

グアニンヌクレオチド交換因子 ●
guanine nucleotide exchange factor (GEF)
Gタンパク質に結合したGDPをGTPに交換することで，それを活性化させるタンパク質。

グアニンメチルトランスフェラーゼ ●
guanine methyltransferase
キャップ形成反応の過程で真核生物mRNAの5′末端にメチル基を付加する酵素。

鎖伸長終結法 ● chain-termination method
→ジデオキシ法

鎖切断修復 ● break repair
DNA分子の一本鎖または二本鎖切断を修復する機構。

句読点コドン ● punctuation codon
遺伝子のはじまりや終わりを指定するコドン。

組換え ● recombination
DNA分子の大規模な再編成。

組換えDNA技術 ● recombinant DNA technology
組換えDNA分子の構築，研究，利用に用いられる手法。

組換えDNA分子 ● recombinant DNA molecule
通常は結合することのないDNA断片を試験管中で結合させて作ったDNA分子。

組換え遺伝型 ● recombinant genotype
遺伝的交配において，どちらの親ももたない遺伝型。

組換え酵素 ● recombinase
→リコンビナーゼ

組換え修復 ● recombination repair
切断された鎖を修復するDNA修復機構。

組換え体 ● recombinant
親のいずれとも異なるアレルの組合せをもつ子孫。

組換え頻度 ● recombination frequency
遺伝的交配により組換え体が生じる割合。

組換えプラスミド ● recombinant plasmid
外来DNA断片が挿入されたプラスミド。

組換えホットスポット ● recombination hotspot
交差の起こる頻度が高い染色体領域。

クラススイッチ ● class switching
B細胞が産生する免疫グロブリンのクラスを完全に切り替える機構。

グリカン ● glycan
糖タンパク質のグリコシル化部位に付加されているオリゴ糖鎖。

グリコシル化 ● glycosylation
ポリペプチド鎖に糖鎖が付加されること。

グループIイントロン ● group I intron
おもに細胞小器官ゲノムにみられるイントロンの一種。

グループIIイントロン ● group II intron
細胞小器官ゲノムにみられるイントロンの一種。

グループIIIイントロン ● group III intron
細胞小器官ゲノムにみられるイントロンの一種。

クレノウポリメラーゼ ● Klenow polymerase
大腸菌DNAポリメラーゼIの部分分解によって得られるDNAポリメラーゼ。主としてジデオキシ法によるDNA塩基配列決定に用いられる。

クローニングベクター ● cloning vector
宿主細胞内で複製することができるDNA分子で，DNA断片のクローニングに利用される。

クローバー葉構造 ● cloverleaf structure
tRNA分子の構造を二次元で表示したもの。

クロマチン ● chromatin
染色体にみられるDNA-ヒストンタンパク質複合体。

クロマトソーム ● chromatosome
クロマチンの構造単位で，ヌクレオソーム，リンカーDNA，リンカーヒストンからなる。

クロミド ● chromid
プラスミドに特徴的な性質をもつが，必須の遺伝子を含んでいる細菌のDNA分子。

クロモドメイン ● chromodomain
DNA結合ドメインではないが，DNA分子に結合するタンパク質にしばしばみられる構造モチーフの1つ。

クローン ● clone
同じ組換えDNA分子を含む細胞集団。

クローンコンティグ ● clone contig
配列が部分的に重なり合っているDNA断片のクローン集団。

クローンコンティグ法 ● clone contig approach
ゲノム塩基配列決定戦略の1つ。塩基配列を決定したいDNA分子を，処理できる長さ（数百kbないし数Mb）の断片に切断し，それぞれの塩基配列を決定する。

クローンフィンガープリント法 ● clone fingerprinting
クローンDNA断片を比較して，配列が部分的に重なり合っている断片を同定するためのいくつかの手法。

クローンライブラリー ● clone library
ゲノム全体を網羅するように集められたクローン集団で，ここから目的のクローンが個々に得られる。

蛍光 in situ ハイブリダイゼーション ●
fluorescence in situ hybridization (FISH)
核酸ハイブリダイゼーションを利用し，結合した蛍光標識の位置を観察することで染色体上のマーカーの位置を決める手法。

蛍光マーカー ● fluorescent marker
分子に組み込むかあるいは結合させて，その蛍光を生化学反応の過程で検出し，追跡する目的で用いられる蛍光化学基。

形質転換 ● transformation
細胞が裸のDNAを取り込んで新たな遺伝子を獲得すること。

形質転換因子 ● transforming principle
肺炎球菌の非病原性株を病原性株に形質転換させる原因物質。発見当時はDNAであることが知られていなかった。

形質転換細胞 ● transformant
裸のDNAを取り込んで形質転換を起こした細胞。

形質転換マッピング ● transformation mapping
形質転換を利用して，細菌ゲノム中の遺伝子の相対的な位置をマッピングすること。

形質導入 ● transduction
細菌の遺伝子がファージ粒子に運ばれて，ある細胞から別の細胞へ移行すること。

形質導入マッピング ● transduction mapping
形質導入を利用して，細菌ゲノム中の遺伝子の相対的な位置をマッピングすること。

系統樹 ● phylogenetic tree
一群のDNA配列，あるいは種やその他の分類群の進化的な関連を示した図。

欠失変異 ● deletion mutation
DNA配列から1つ以上の塩基が欠失することによって生じる変異。

欠損型レトロウイルス ● defective retrovirus
ゲノムに組み込まれた細胞遺伝子により，ウイルス遺伝子の一部もしくは全部が置き換えられているレトロウイルス。別のレトロウイルスのタンパク質を利用しないと複製することができない。

ゲノム ● genome
ある生物の遺伝的要素の総体。

ゲノムアノテーション ● genome annotation
「注釈づけ」という意味。ゲノム配列の中から，遺伝子および調節配列やその他の興味深い特徴を同定すること。

ゲノムインプリンティング ● genomic imprinting
1対の相同染色体の一方の遺伝子がメチル化により不活性化されること。ゲノム刷り込みともいう。

ゲノム塩基配列再決定 ● genome resequencing
同一種内あるいは同一集団内にみられる配列多様性を研究する目的で，すでに塩基配列が決定されているゲノムの塩基配列決定を再度行うこと。

ゲノム刷り込み ● genomic imprinting
→ゲノムインプリンティング

ゲノム地図 ● genome map
遺伝的マーカーや物理マーカーのゲノム上の位置を示した図。

ゲノム発現 ● genome expression
ゲノムがもつ生物学的情報が読みとられ，細胞に利用されるようになる一連の過程。

ゲノムブラウザ ● genome browser
アノテーションされたゲノム配列を表示するためのソフトウェアパッケージやオンラインシステム。

ゲノムワイド関連解析 ●
genomewide association study (GWAS)
ある疾患に関連するすべてのマーカーをゲノムの全域から同定する研究。

ゲルシフト法 ● gel retardation analysis
ゲル電気泳動におけるDNA断片の移動度が結合タンパク質の存在に影響されることを利用して，DNA分子のタンパク質結合部位を同定する手法。

ゲル伸張法 ● gel stretching
オプティカルマッピングのために，制限酵素で分解したDNA分子を調製する手法の1つ。

ゲル電気泳動 ● gel electrophoresis
ゲルを用いた電気泳動で，同じような電荷を帯びた分子をサイズによって分離する。

原核生物 ● prokaryote
細胞が明瞭な核をもたない生物。

原始ゲノム ● protogenome
RNAワールドに存在したRNAからなるゲノム。

検出用タンパク質アレイ ● analytical protein array
タンパク質プロファイリングに用いられるタンパク質アレイの一種で，一連の抗体を固定化してある。抗体アレイともいう。

減数分裂 ● meiosis
二倍体の核から一倍体の配偶子を生じる一連の過程。核の分裂が2回起こる。

顕性 ● dominant
→優性

検定交雑 ● test cross
ある個体の遺伝子型を知るために，劣性ホモ接合体との間で行われる遺伝的交配。

コアゲノム ● core genome
細菌のパンゲノムの一部で，その種のすべての個体がもっている遺伝子群を含む。

コア八量体 ● core octamer
ヌクレオソームの中心となる構成成分。サブユニットとしてヒストンH2A，H2B，H3，H4をそれぞれ2個ずつ含み，その周囲にDNAが巻きつく。

コアプロモーター ● core promoter
真核生物のプロモーターで転写開始複合体が構築される部位。

後期促進複合体／シクロソーム ●
anaphase-promoting complex/cyclosome (APC/C)
ユビキチンリガーゼの一種で，細胞周期の後期に働いてタンパク質を分解

に導き，体細胞分裂によって生じる娘細胞にそのタンパク質が受け継がれないようにする。

抗原 ● antigen
免疫応答を引き起こす物質。

交差 ● crossing over
減数分裂の過程で染色体間に起こる DNA 領域の交換。乗換えともいう。

交雑発生異常 ● hybrid dysgenesis
キイロショウジョウバエの実験室系統の雌を野生型の雄と交雑させた際にみられる現象で，その子孫は不妊となり，染色体異常やその他の遺伝的異常を示す。

高集積アレイ ● massively parallel array
次世代塩基配列決定法に適した配列で一連の DNA 断片を固定化してあるアレイ。

後スプライソソーム複合体 ● post-spliceosome complex
GU-AG イントロンのスプライシング反応における直接の産物。スプライシングを受けた mRNA と投げ縄構造をしたイントロンに解離する。

合成鎖伸長能 ● processivity
鋳型鎖から解離するまでに DNA ポリメラーゼが合成するポリヌクレオチド鎖の長さ。

構成的ヘテロクロマチン ● constitutive heterochromatin
永続的に凝縮した構造をとるクロマチン領域。

高速液体クロマトグラフィー ● high-performance liquid chromatography (HPLC)
生化学研究で頻用されるカラムクロマトグラフィーの一種。

合祖時間 ● coalescence time
あるハプログループが最初に出現してからの時間。そのハプログループ内のハプロタイプの多様性の度合いにもとづいて推定される。

後退 ● backtracking
RNA ポリメラーゼが鋳型 DNA 鎖に沿って短い距離だけ後戻りすること。

抗体アレイ ● antibody array
→検出用タンパク質アレイ

抗転写終結 ● antitermination
細菌で転写終結を調節する機構。

抗転写終結タンパク質 ● antiterminator protein
細菌の DNA に結合して転写終結を阻害するタンパク質。

候補遺伝子 ● candidate gene
実験によって同定された，疾患原因遺伝子あるいは疾患感受性遺伝子である可能性がある遺伝子。

合胞体 ● syncytium
→シンシチウム

酵母ツーハイブリッド法 ● yeast two-hybrid method
相互作用するタンパク質を同定する手法の 1 つ。

古細菌 ● archaea
原核生物の 2 つの主要グループのうちの 1 つ。多くは極限環境に生息する。アーキアともいう。

コスミド ● cosmid
プラスミドに λ ファージの *cos* 部位を挿入して構築した大容量のクローニングベクター。

古代 DNA ● ancient DNA
古い生体遺物に遺残している DNA。

古代ゲノム学 ● paleogenomics
絶滅した生物種のゲノムの研究。

五炭糖 ● pentose
→ペントース

固定化金属イオンアフィニティークロマトグラフィー ● immobilized metal ion affinity chromatography
リン酸化タンパク質の精製などに用いられるクロマトグラフィーの一種。

固定相 ● solid phase
クロマトグラフィー系において固定された相。

コード RNA ● coding RNA
タンパク質をコードする RNA 分子，つまり mRNA のこと。

コドン ● codon
1 つのアミノ酸を指定する三つ組ヌクレオチド。

コドン-アンチコドン認識 ● codon-anticodon recognition
mRNA 分子上のコドンと，それに対応する tRNA 分子上のアンチコドンとの間に生じる相互作用。

コドンの偏り ● codon bias
ある 1 つの生物の遺伝子において，すべてのコドンが同じ頻度で使われているわけではないこと。

コヒーシン ● cohesin
ゲノム複製から核の分裂までの間，姉妹染色分体を 1 つに保持するタンパク質。

個別化医療 ● personalized medicine
個人のゲノム配列を利用して，その人がある疾患に罹患するリスクを正確に診断したり，その人の遺伝的特徴に応じた効果的な治療法や治療薬を選択したりすること。

互変異性化 ● tautomeric shift
分子がある構造異性体から別の構造異性体に自発的に変化すること。

互変異性体 ● tautomer
動的平衡にある構造異性体。

コンカテマー ● concatemer
直鎖状の DNA 単位が直列に連結してできた DNA 分子。

コンセンサス配列 ● consensus sequence
類似しているが完全に同一ではない多数の配列の平均をとった塩基配列。共通配列ともいう。

コンティグ ● contig
ゲノム塩基配列決定プロジェクトの中間段階で得られる連続したDNA配列。

コーンバーグポリメラーゼ ● Kornberg polymerase
大腸菌のDNAポリメラーゼⅠ。

コンピテント状態 ● competent
塩化カルシウム溶液に浸すなどの処理によって，DNA分子の取り込み能を増強させた細菌の状態。

■ さ

細菌 ● bacterium / 複数形：bacteria
原核生物の2つの主要グループのうちの1つ。厳密には真正細菌ともいう。

細菌人工染色体 ● bacterial artificial chromosome (BAC)
大腸菌のFプラスミドから構築した大容量のクローニングベクター。

サイクリック AMP ● cyclic AMP (cAMP)
AMPが修飾された分子で，分子内ホスホジエステル結合によって5′炭素と3′炭素が結合している。

サイクリック AMP 応答配列 ●
cyclic AMP response element (CRE)
サイクリック AMP 応答配列結合タンパク質 (CREB) の結合部位。

サイクリック AMP 応答配列結合タンパク質 ●
cyclic AMP response element-binding protein (CREB)
サイクリック AMP の濃度上昇に応答してサイクリック AMP 応答配列 (CRE) に結合する転写因子。

サイクリン ● cyclin
存在量が細胞周期中に変動する調節タンパク質で，細胞周期特異的に生化学的事象を調節している。

再生 ● renaturation
変性した分子がもとの状態に戻ること。

サイトカイン ● cytokine
細胞間シグナル伝達にかかわるタンパク質。

細胞化学 ● cytochemistry
物質に特異的な染色と顕微鏡観察を組み合わせて，細胞構造の生化学成分を同定する手法。

細胞形質転換 ● cell transformation
腫瘍ウイルスが感染した動物細胞にみられる形態学的ならびに生化学的性質の変化。

細胞周期 ● cell cycle
細胞分裂から次の細胞分裂までの間に起こる一連の過程。

細胞周期チェックポイント ● cell cycle checkpoint
細胞周期においてS期またはM期に移行する直前の時期で，調節が行われる重要な段階。

細胞内共生説 ● endosymbiont theory
真核細胞のミトコンドリアや葉緑体が共生原核生物に由来するとする仮説。

細胞老化 ● cell senescence
ある細胞系譜において，細胞が生存してはいるが分裂できなくなった時点を指す。

在来種 ● landrace
その地域に適応した農作物集団で，20世紀になって現代的な育種計画の産物によって置き換えられるまで，農業従事者が栽培していたもの。

サイレンサー ● silencer
遺伝子または遺伝子群の上流もしくは下流にやや離れて位置する調節配列で，転写効率を低下させる。

サザンハイブリダイゼーション ● Southern hybridization
多くのDNA制限断片の中から特定の制限断片を検出する手法。

サテライト DNA ● satellite DNA
密度勾配遠心分離法でサテライトバンドを形成する反復DNA配列。

サテライト RNA ● satellite RNA
およそ320～400塩基長のRNA分子で，それ自身のカプシドタンパク質はコードせず，代わりにヘルパーウイルスのカプシドの中に入って細胞から細胞へと移動できる。

サーマルサイクル塩基配列決定法 ● thermal cycle sequencing
DNA塩基配列決定法の1つ。PCRを利用して，途中で伸長を終結させたポリヌクレオチド鎖を合成する。

サンガー法 ● Sanger method
→ジデオキシ法

散在反復配列 ● interspersed repeat
ゲノムのあちこちに繰り返し出現する塩基配列。

散在反復配列 PCR ●
interspersed repeat element PCR (IRE-PCR)
→反復DNA配列PCR

三次構造 ● tertiary structure
ポリペプチド鎖の二次構造単位が折りたたまれて形成される構造。

参照ゲノム配列 ● reference genome
次世代塩基配列決定法によって関連するゲノムから得られたリードのアセンブリに際して，参考として用いられる既存のゲノム配列。

三本鎖 ● triplex
3本のポリヌクレオチド鎖からなるDNAの構造。

シアネレ ● cyanelle
細胞に取り込まれたシアノバクテリアに似た光合成器官。

シェルタリン ● shelterin
テロメア結合タンパク質からなる複合体。テロメアをヌクレアーゼによる分解から保護するとともに，DNA複製の際にテロメア長を維持する酵素の活性を制御する。

ジオーキシー ● diauxie
2種類の糖の混合物を与えられた細菌が，もう一方の糖を代謝しはじめる前に一方の糖を消費しつくす現象。

ジオール ● diol
2つのヒドロキシ基をもつ化合物。

磁気ピンセット ● magnetic tweezer
位置と磁場の強さを変えられる一式の磁石。磁気ビーズのような磁性粒子を自在に動かすことで，生体分子の力学特性の研究に用いられる。

シグナル伝達 ● signal transduction
外界シグナルに応答する細胞表面の受容体を介して，ゲノム発現をはじめとする細胞の活動が調節される機構。

シグナルペプチド ● signal peptide
ある種のタンパク質のN末端に存在する短い配列で，そのタンパク質に膜の通過を指示する。

シクロブタン型二量体 ● cyclobutane-type dimer
ポリヌクレオチド鎖の2つの隣接するピリミジン塩基間で，紫外線照射によって形成される二量体。

自殺酵素 ● suicide enzyme
生化学反応を触媒すると不活性化される酵素。

四重極質量分析計 ● quadrupole mass spectrometer
質量分析計の一種で，イオンの通過経路を囲んで4本の棒状電極が並行に配置された質量分析部をもつ。

システム生物学 ● systems biology
代謝経路や細胞内過程のゲノム発現との関連づけを試みる生物学的アプローチ。

シス変位 ● *cis*-displacement
ヌクレオソームが同じDNA分子上の別の位置へ移動すること。

ジスルフィド架橋 ● disulfide bridge
異なるポリペプチド鎖，あるいは同じポリペプチド鎖の2つのシステイン残基を結ぶ共有結合。

次世代塩基配列決定法 ● next-generation sequencing
大量並列法によるDNA塩基配列決定法の総称。

自然変異 ● spontaneous mutation
複製の誤りによって生じる変異。

疾患モジュール ● disease module
機能の異常により同じ遺伝病を引き起こす一群のタンパク質。タンパク質相互作用地図でしばしば集積している。

質量電荷比 ● mass-to-charge ratio
質量分析法では質量電荷比の違いを利用してイオンを分離する。

質量分析部 ● mass analyzer
質量分析計の一部で，目的とするイオンの質量電荷比を計測する。

質量分析法 ● mass spectrometry
イオンがその質量電荷比に応じて分離されることを利用した分析技術。

ジデオキシヌクレオシド三リン酸 ● dideoxynucleoside triphosphate
3'-ヒドロキシ基を欠く修飾ヌクレオチドで，ポリヌクレオチド鎖に取り込まれるとそこで鎖の合成が終結する。

ジデオキシ法 ● dideoxy method
DNA塩基配列決定法の1つ。酵素によるポリヌクレオチド鎖合成の過程で，特定のヌクレオチド位置で合成を終結させて行う。鎖伸長終結法，サンガー法ともいう。

シトシン ● cytosine
DNAとRNAに含まれるピリミジン塩基の1つ。

子嚢 ● ascus
出芽酵母の減数第一分裂で生じる4個の子嚢胞子を含む構造。

子嚢胞子 ● ascospore
出芽酵母などの子嚢菌類で，減数分裂の結果生じる一倍体の1つ。

シャイン・ダルガーノ配列 ● Shine-Dalgarno sequence
原核生物mRNAのリボソーム結合部位の別名。SD配列ともいう。

シャトルベクター ● shuttle vector
複数の生物種（例えば大腸菌と酵母）の細胞内で複製することができるベクター。

シャペロニン ● chaperonin
複数のサブユニットからなるタンパク質で，他のタンパク質のフォールディングを助ける構造を形成する。

ジャンクDNA ● junk DNA
ゲノムの遺伝子間領域に関する1つの解釈。

臭化エチジウム ● ethidium bromide
インターカレート剤の一種。二本鎖DNA分子の隣接する塩基対の間の隙間に入り込み，変異を起こす。

重合体 ● polymer
→ポリマー

十字構造 ● chi (χ) form
2つのDNA分子間の組換えの過程で形成される中間体構造。

終止コドン ● termination codon
mRNAの翻訳を終結させるべき位置を指示する3種類のコドン。

修飾アッセイ ● modification assay
DNA分子上の結合タンパク質の位置を決定するために用いられる一連の手法。

修飾干渉アッセイ ● modification interference assay
DNA結合タンパク質との相互作用にかかわるヌクレオチドを同定する手法の1つ。

修飾保護アッセイ ● modification protection assay
DNA結合タンパク質との相互作用にかかわるヌクレオチドを同定する手法の1つ。

縦列反復配列 ● tandem repeat
隣接して並んでいる直列反復配列。

縦列反復配列多型 ● variable number of tandem repeats (VNTR)
単純配列長多型の一種。数十bpの縦列反復配列の反復数の違いにより生じる多様性。

縮重 ● degeneracy
ほとんどのアミノ酸について，それを指定する遺伝暗号のコドンは複数あること．

主溝 ● major groove
B型DNA分子の表面をらせん状に走る2本の溝のうち，大きいほう．

樹状図 ● dendrogram
→デンドログラム

数珠状構造 ● beads-on-a-string structure
クロマチンの凝縮度が低い状態で，ヌクレオソームの数珠玉にDNAの糸を通したようにみえる構造をいう．

受容アーム ● acceptor arm
tRNA分子の構造の一部．

受容体型キナーゼ ● kinase receptor
キナーゼ活性をもつ細胞表面受容体の一種．

受容体型セリン/トレオニンキナーゼ ● serine/threonine kinase receptor
セリン/トレオニンキナーゼ活性をもつ細胞表面受容体の一種．

受容体型チロシンキナーゼ ● tyrosine kinase receptor
チロシンキナーゼ活性をもつ細胞表面受容体の一種．

受容部位 ● acceptor site
イントロンの3′末端側のスプライス部位．

順遺伝学 ● forward genetics
遺伝学の伝統的なアプローチで，表現型から出発して，その原因となっている遺伝子または遺伝子群を同定する．

条件的ヘテロクロマチン ● facultative heterochromatin
一部の細胞でのみ凝縮した構造をとるクロマチン領域．特定の細胞でのみ，あるいは細胞周期の特定の時期にのみ不活性な遺伝子を含むと考えられている．

小染色体 ● microchromosome
ニワトリをはじめとするさまざまな生物種の核にみられる，含まれる遺伝子の多い小型の染色体．

常染色体 ● autosome
性染色体以外の染色体．

小分子干渉RNA ● small interfering RNA
→短鎖干渉RNA

上流 ● upstream
ポリヌクレオチド鎖の5′末端側．

上流制御配列 ● upstream control element (UCE)
RNAポリメラーゼIのプロモーターの構成要素．

上流調節配列 ● upstream regulatory sequence
遺伝子の上流にみられる調節配列で，通常は転写因子の結合部位である．

上流プロモーター配列 ● upstream promoter element
真核生物のプロモーターの構成要素．転写開始複合体が構築される部位の上流にある．

除去修復 ● excision repair
→塩基除去修復，ヌクレオチド除去修復

ショットガンプロテオミクス ● shotgun proteomics
プロテオミクスの戦略の1つで，タンパク質の混合物を断片化してから解析を行う．

ショットガン法 ● shotgun method
ゲノム塩基配列決定戦略の1つ．塩基配列を決定したいDNA分子をランダムに断片化し，それぞれの塩基配列を決定する．

自律複製配列 ● autonomously replicating sequence (ARS)
おもに酵母で同定されたDNA配列で，複製しないプラスミドに複製能を付与する．

真核生物 ● eukaryote
細胞内に膜で囲まれた核をもつ生物．

真核生物最終共通祖先 ● last eukaryotic common ancestor (LECA)
現生するすべての真核生物の祖先である古代生物．

ジンクフィンガー ● zinc finger
DNA分子に結合するタンパク質にみられる一般的な構造モチーフの1つ．

人工遺伝子合成 ● artificial gene synthesis
配列が部分的に重なり合った一連のオリゴヌクレオチドから遺伝子を人工的に合成すること．

シンシチウム ● syncytium
大きな細胞質と多数の核からなる細胞様構造．合胞体ともいう．

真正細菌 ● bacterium / 複数形：bacteria
→細菌

新生メチル化 ● de novo methylation
DNA分子上の新たな位置にメチル基が付加されること．

シンテニー ● synteny
2つのゲノムの間で，少なくとも一部の遺伝子に関して，地図上の位置が類似していること．

水素結合 ● hydrogen bond
酸素や窒素などの電気陰性原子と，別の電気陰性原子に結合した水素原子との間に働く弱い静電引力．

水平伝播（遺伝子の） ● lateral/horizontal gene transfer
遺伝子がある生物種から別の生物種へ移行すること．

スカフォールド ● scaffold
ギャップによって分断された一連のコンティグ．

スカフォールド/マトリックス付着領域 ● scaffold/matrix attachment region (S/MAR)
核マトリックスタンパク質に結合する染色体内の塩基配列．

スキャン ● scanning
真核生物の翻訳開始の過程で用いられる機構．翻訳開始前複合体が

mRNAの5′末端キャップ構造に結合し，開始コドンに達するまでmRNA分子上をスキャンしていく。

スタッファー断片 ● stuffer fragment
「詰め物」断片という意味。入置換ベクターで，クローニングしたい外来DNA断片に置き換えられるDNA領域。

ステムループ構造 ● stem-loop structure
塩基対を形成した部分（ステム）と塩基対が形成されない部分（ループ）からなる構造。一本鎖ポリヌクレオチドが逆方向反復配列をもつときに形成されうる。ヘアピン構造ともいう。

ステロイド受容体 ● steroid receptor
細胞内に入ったステロイドホルモンに結合し，ゲノム機能の調節を仲介するタンパク質。

ステロイドホルモン ● steroid hormone
細胞外シグナル物質の一種。

ストレプトアビジン ● streptavidin
Streptomyces avidiniiという細菌から得られるタンパク質で，ビオチンと高い親和性で結合する。

スプライシング ● splicing
イントロンを含む遺伝子の一次転写産物からイントロンを除去すること。

スプライシング暗号 ● splicing code
エンハンサー，サイレンサー，その結合タンパク質のさまざまな相互作用のパターンが，スプライシング経路に影響を及ぼすとする仮説。

スプライシング経路 ● splicing pathway
イントロンで分断されているmRNA前駆体を機能するmRNAに変換する一連の過程。

スプライソソーム ● spliceosome
GU-AGあるいはAU-ACイントロンのスプライシングにかかわるタンパク質-RNA複合体。

スプライソソーム前駆複合体 ● prespliceosome complex
→A複合体

ズーブロット法 ● zoo-blotting
DNA断片を近縁の生物種から得たDNA試料とハイブリダイゼーションさせることにより，その断片に近縁種の遺伝子が含まれているかどうかを調べる手法。遺伝子は近縁種の間で塩基配列が似ているので二本鎖形成が起こるが，遺伝子間領域の配列類似性は低いので二本鎖が形成されない。

生化学的プロファイリング ● biochemical profiling
→メタボロミクス

制限エンドヌクレアーゼ ● restriction endonuclease
→制限酵素

制限酵素 ● restriction enzyme
限られた数の特定の塩基配列でDNA分子を切断する酵素。制限エンドヌクレアーゼともいう。

制限酵素消化パターン ● restriction pattern
DNA分子を制限酵素処理して得られた断片の混合物を，ゲル電気泳動で分離して得られるバンドパターン。

制限断片長多型 ●
restriction fragment length polymorphism (RFLP)
制限部位の多型により制限断片の長さに生じる多様性。

制限地図作成 ● restriction mapping
制限断片の長さを解析してDNA分子中の制限部位の位置を決めること。

脆弱部位 ● fragile site
過伸長した3塩基反復配列の存在などにより，染色体の切断が起こりやすくなっている部位。

生殖細胞 ● reproductive cell, sex cell
減数分裂を行う細胞。

性染色体 ● sex chromosome
性の決定にかかわる染色体。

静電的相互作用 ● electrostatic interaction
電荷をもつ化学基の間に形成されるイオン結合。

正二十面体カプシド ● icosahedral capsid
ファージやウイルスのカプシド構造の1つ。

生物学的情報 ● biological information
生物のゲノムに含まれる情報で，その生物の発生と維持を規定している。

生物情報学 ● bioinformatics
→バイオインフォマティクス

セカンドメッセンジャー ● second messenger
ある種のシグナル伝達経路の仲介物質。

セグメントポラリティー遺伝子 ● segment polarity gene
ショウジョウバエの発生関連遺伝子群で，ペアルール遺伝子の働きにより確立された体節パターンを，さらに細かく規定する。

節 ● node
タンパク質相互作用地図で1つのタンパク質を示す点。

接合 ● conjugation
2つの細菌が互いに物理的に接してDNAの移行が起こること。

接合型 ● mating type
雌雄の区別に相当する真核微生物の型。

接合型変換 ● mating-type switching
酵母細胞が遺伝子変換により接合型をaからαに，またはその逆に変化させること。

接合子 ● zygote
配偶子の融合によって生じる細胞。接合体ともいう。

接合体 ● zygote
→接合子

接合マッピング ● conjugation mapping
接合の過程でそれぞれの遺伝子の移行にかかる時間を測定することで，細菌の遺伝子をマッピングする手法。

切断促進因子 ● cleavage stimulation factor (CstF)
真核生物 mRNA のポリアデニル化に補助的な役割を果たすタンパク質。

切断・ポリアデニル化特異性因子 ●
cleavage and polyadenylation specificity factor (CPSF)
真核生物 mRNA のポリアデニル化に補助的な役割を果たすタンパク質。

ゼロモード導波路 ● zero-mode waveguide
分子を個別に観測することを可能にするナノ構造体。

線維状カプシド ● filamentous capsid
ファージやウイルスのカプシド構造の1つ。

前駆触媒活性スプライソソーム ● precatalytic spliceosome
→B 複合体

潜在的スプライス部位 ● cryptic splice site
真のスプライス部位に似た配列をもつ部位。真の部位と取り違えられて選択されると，スプライシングの誤りにつながる。

染色体 ● chromosome
真核生物の核ゲノムの一部を含む DNA-タンパク質構造体の1つ。広義には原核生物ゲノムを含む DNA 分子を指すこともある。

染色体外遺伝子 ● extrachromosomal gene
ミトコンドリアゲノムまたは葉緑体ゲノムの遺伝子。

染色体説 ● chromosome theory
1903 年に Sutton によって最初に提唱された仮説。遺伝子は染色体上にあるとする。

染色体テリトリー ● chromosome territory
個々の染色体が占める核内の領域。

染色体ペインティング法 ● chromosome painting
蛍光 in situ ハイブリダイゼーションの1つ。ハイブリダイゼーションプローブとして，単一の染色体の各領域に特異的な DNA 分子の混合物を用いる。

染色体歩行 ● chromosome walking
クローンコンティグの構築に利用される手法で，クローン DNA 断片を比較して，配列が部分的に重なり合っている断片を同定することにより行う。

染色分体 ● chromatid
一価染色体の半分。

潜性 ● recessive
→劣性

選択的エクソン ● alternative exon
選択的スプライシングの過程で，それを含む mRNA と含まない mRNA が産生されるようなエクソン。

選択的スプライシング ● alternative splicing
異なる組合せでエクソンを連結することにより，1つの mRNA 前駆体から2種類以上の mRNA が産生されること。

選択的プロモーター ● alternative promoter
1つの遺伝子で使用されうる複数のプロモーター。

選択的ポリアデニル化部位 ● alternative polyadenylation site
1つの mRNA で使用されうる複数のポリアデニル化部位。

選択マーカー ● selectable marker
ベクターに挿入された遺伝子で，そのベクターまたはそれに由来する組換え DNA 分子を含んでいる細胞に，識別可能な特性を付与する。

センチモルガン ● centiMorgan (cM)
染色体上の2つの遺伝子間の距離を表す単位。1回の減数分裂あたり1%の頻度で組換えを起こす距離を 1 cM と定義する。

セントロメア ● centromere
染色体上の凝縮した領域であり，この部位で2本の染色分体が寄り合わさる。

潜伏期 ● latent period
細菌細胞にファージゲノムが注入されたときから，溶菌が起こるまでの期間。

線毛 ● pilus / 複数形：pili
接合の際に2つの細菌を結びつける構造。DNA を伝達する管と考えられている。

増殖細胞核抗原 ● proliferating cell nuclear antigen (PCNA)
真核生物のゲノム複製にかかわる補助タンパク質の1つ。

相同組換え ● homologous recombination
塩基配列の類似性が高い2つの相同な二本鎖 DNA 分子間で起こる組換え。普遍的組換えともいう。

相同性検索 ● homology search
機能がわかっていない遺伝子と配列の類似した遺伝子を検索することにより，その機能を推測する手法。

相同染色体 ● homologous chromosome
1つの核内に存在する2つないしそれ以上の同一の染色体。

相同配列 ● homologous sequence
進化的に共通の祖先をもつ DNA 配列。

挿入配列 ● insertion sequence
細菌にみられる短い転位性遺伝因子。

挿入不活性化 ● insertional inactivation
クローニングに用いられる手法の1つで，ベクターに挿入されている遺伝子を，別の DNA 断片の挿入によって不活性化させる。

挿入ベクター ● insertion vector
必須ではない DNA 領域を除去して構築したλベクター。

挿入変異 ● insertion mutation
DNA 配列に1つ以上の塩基が挿入されることによって生じる変異。

相補的 ● complementary
2つのヌクレオチドまたはその配列が互いに塩基対を形成できること。

相補的 DNA ● complementary DNA (cDNA)
mRNA 分子の二本鎖 DNA コピー。

疎水性効果 ● hydrophobic effect
疎水性のアミノ酸残基がタンパク質内部に埋め込まれるように働く化学的相互作用。

祖先型アレル ● ancestral allele
生物群の共通祖先がもつアレル。

損傷乗り越えポリメラーゼ ● translesion polymerase
DNA 損傷部位の誤りの多い複製を行う DNA ポリメラーゼ。

■ た

ダイサー ● Dicer
RNA 干渉で主要な役割を果たすリボヌクレアーゼ。

体細胞 ● somatic cell
生殖細胞以外の細胞。有糸分裂を行う。

体細胞分裂 ● mitosis
核の分裂が起こる一連の過程。

第三世代塩基配列決定法 ● third-generation sequencing
DNA 塩基配列決定を増幅操作なしにリアルタイムで行う手法。

代謝工学 ● metabolic engineering
細胞の生化学的特性を望みのものに変化させる目的で，変異導入や組換え DNA 技術を用いてゲノムを改変する技術。

代謝標識 ● metabolic labeling
標識した栄養素の存在下で細胞を培養する標識法。

代謝フラックス ● metabolic flux
細胞の生化学的特性を規定する経路のネットワークにおける代謝物の流れ。

大染色体 ● macrochromosome
ニワトリをはじめとするさまざまな生物種の核にみられる，含まれる遺伝子の少ない大型の染色体。

代替スプライス部位選択 ● alternative splice site selection
選択的スプライシングの過程で，通常の供与部位または受容部位の代わりに別の部位が使われること。

第四世代塩基配列決定法 ● fourth-generation sequencing
DNA 分子を複製することなく配列を直接読みとる DNA 塩基配列決定法。

対立遺伝子 ● allele
→アレル

大量並列法 ● massively parallel strategy
多数の配列を並行して読みとる，効率の高い塩基配列決定戦略。

タイリングアレイ ● tiling array
染色体全体または部分領域上のさまざまな部位をそれぞれ標的とする，多数のオリゴヌクレオチドプローブを収集したもの。

多コピー ● multicopy
遺伝子やクローニングベクターなどの遺伝的要素のコピーが 1 つの細胞に複数あること。

多次元タンパク質同定法 ● multidimensional protein identification technique (MudPIT)
種々のクロマトグラフィーを組み合わせてタンパク質複合体やタンパク質混合物をそのまま単離・解析する手法。

多重アラインメント ● multiple alignment
3 つ以上の DNA 配列の間でアラインメントを行うこと。

多重遺伝子族 ● multigene family
塩基配列の類似した一群の遺伝子で，密集している場合も散在している場合もある。

脱アデニル依存性キャップ除去 ● deadenylation-dependent decapping
ポリ (A) テールの除去によってはじまる真核生物 mRNA の分解の過程。

脱アミノ剤 ● deaminating agent
ヌクレオチド塩基からアミノ基を除去することで作用する変異原。

脱プリン/脱ピリミジン部位 ● apurinic/apyrimidinic site
→AP 部位

ターミナルデオキシヌクレオチジルトランスフェラーゼ ● terminal deoxynucleotidyl transferase (TdT)
DNA 分子の 3′ 末端にヌクレオチドを付加する酵素。

単位因子 ● unit factor
遺伝子という意味で Mendel が使った用語。

単一遺伝子疾患 ● monogenic inherited disease
ただ 1 つの遺伝子によって支配される疾患。

単一偽遺伝子 ● unitary pseudogene
遺伝子ファミリーを構成しない遺伝子が活性を失って生じた非プロセス型偽遺伝子。

単一コピー DNA ● single-copy DNA
ゲノム中のほかの場所に同じものがない DNA 配列。

短鎖干渉 RNA ● short interfering RNA (siRNA)
RNA 干渉経路の中間体。小分子干渉 RNA (small interfering RNA) ともいう。

短鎖散在反復配列 ● short interspersed nuclear element (SINE)
散在反復配列の一種。ヒトゲノムにみられる *Alu* エレメントが代表的。

短鎖縦列反復配列多型 ● short tandem repeat polymorphism (STRP)
単純配列長多型の一種。通常 2〜4 bp の縦列反復配列の反復数の違いにより生じる多様性。

短鎖非コード RNA ● short noncoding RNA (sncRNA)
200 塩基長より短い非コード RNA。

短縮型遺伝子 ● truncated gene
完全な遺伝子から一方の末端側が失われて生じた塩基配列。

単純配列長多型 ● simple sequence length polymorphism (SSLP)
反復配列の反復数の違いにより生じる多様性。

単数体 ● haploid
→一倍体

タンデムアフィニティー精製法 ● tandem affinity purification
タンパク質複合体を単離する方法の1つ。タンパク質のC末端にカルモジュリンを結合するペプチドなど，2種類のアフィニティータグを付加して精製を行う。

タンデム質量分析法 ● tandem mass spectrometry
質量分析法の一種で，直列に連結した複数の質量分析部が用いられる。

タンパク質 ● protein
アミノ酸単量体からなる高分子化合物。

タンパク質アレイ ● protein array
一連のタンパク質を固定化してあるマイクロアレイ。

タンパク質間架橋法 ● protein-protein cross-linking
リボソームのような構造体で互いに近くに位置するタンパク質を同定する目的で，近接したタンパク質どうしを架橋により結合させる手法。

タンパク質工学 ● protein engineering
タンパク質分子に目的に応じた変化を加える種々の技術。多くの場合，産業に利用される酵素の特性を改善するために利用される。

タンパク質相互作用地図 ● protein interaction map
プロテオームを構成するタンパク質のすべてないし一部の間の相互作用を示す地図。

タンパク質電気泳動 ● protein electrophoresis
ゲル電気泳動によるタンパク質の分離。

タンパク質プロファイリング ● protein profiling
プロテオームを構成するタンパク質を同定する研究。発現プロテオミクスともいう。

遅延型変異 ● delayed-onset mutation
変異をもつ個体の生存期間の比較的遅い時期までその影響が現れない変異。

置換ベクター ● replacement vector
外来DNA断片を挿入するのに，必須ではないDNA領域と置き換わるように設計したλベクター。

地図単位 ● map unit
染色体上の2つの遺伝子間の距離を表す単位の1つ。現在ではセンチモルガンにとって代わられた。

窒素含有塩基 ● nitrogenous base
ヌクレオチドの分子構造の一部をなすプリン塩基またはピリミジン塩基。

チミン ● thymine
DNAに含まれるピリミジン塩基の1つ。

中期染色体 ● metaphase chromosome
細胞分裂中期の染色体。クロマチンが最も凝縮した構造をとっており，バンドパターンなどの特徴を観察することができる。

超音波処理 ● sonication
超音波によってDNA分子をランダムに切断する方法。

長鎖遺伝子間非コードRNA ●
long intergenic noncoding RNA (lincRNA)
全長が遺伝子間領域内に位置する長鎖非コードRNA。

長鎖散在反復配列 ●
long interspersed nuclear element (LINE)
散在反復配列の一種。転位活性をもっていることが多い。

長鎖非コードRNA ● long noncoding RNA (lncRNA)
200塩基長より長い非コードRNA。

長鎖末端反復配列 ● long terminal repeat (LTR)
ある種のレトロエレメントの両端にみられる反復DNA配列。

重複偽遺伝子 ● duplicated pseudogene
重複遺伝子の一方のコピーが活性を失って生じた非プロセス型偽遺伝子。

超らせん ● supercoil
DNA二重らせんにねじれが導入もしくは解消されることにより生じる高次の立体構造。

直接修復 ● direct repair
損傷を受けたヌクレオチドに直接作用するDNA修復機構。

直接認識 ● direct readout
二重らせんの外側と相互作用する結合タンパク質によるDNA配列の認識。

直列反復配列 ● direct repeat
1つのDNA分子に繰り返し出現する塩基配列。

直交電場交替ゲル電気泳動 ●
orthogonal field alternation gel electrophoresis (OFAGE)
電気泳動の一種で，2対の電極を互いに直交させて配置し，電場を交替させながら行う。大きなDNA分子の分離に用いられる。

チロシンキナーゼ会合型受容体 ●
tyrosine kinase-associated receptor
チロシンキナーゼ活性をもつタンパク質と協同して働く細胞表面受容体の一種。

沈降解析 ● sedimentation analysis
遠心法を利用して分子や構造体の沈降係数を測定すること。

沈降係数 ● sedimentation coefficient
高密度の液体中で遠心したとき，分子や構造体が沈降していく速度を表す値。

通常型偽遺伝子 ● conventional pseudogene
→非プロセス型偽遺伝子

強いプロモーター ● strong promoter
単位時間あたりの生産的な転写開始の数が比較的多いプロモーター。

低頻度反復配列 ● low-copy repeat
→部分重複

定量 PCR ● quantitative PCR
PCR の一種で，試料中の DNA 分子の数を推定することができる。

デオキシリボ核酸 ● deoxyribonucleic acid (DNA)
細胞に含まれる 2 種類の核酸のうちの 1 つ。細胞をもったすべての生物と多くのウイルスの遺伝物質。

デオキシリボヌクレアーゼ ● deoxyribonuclease
DNA 分子のホスホジエステル結合を切断する酵素。

出口部位 ● exit site
→E 部位

デグラドソーム ● degradosome
細菌 mRNA の分解にかかわる酵素複合体。

鉄応答配列 ● iron-response element
応答配列の一種。

テューダードメイン ● Tudor domain
5 本のストランドを含む，約 60 残基のアミノ酸からなる β シート構造。別のタンパク質のメチル化アルギニンやメチル化リシンに結合する。

テロメア ● telomere
真核生物の染色体の末端部。

テロメア結合タンパク質 ● telomere-binding protein
テロメアに結合してその長さの調節にかかわるタンパク質。

テロメラーゼ ● telomerase
テロメア反復配列を合成して真核生物の染色体の末端部を維持する酵素。

転位 ● transposition
遺伝因子が DNA 分子上を移動すること。

転移 RNA ● transfer RNA (tRNA)
翻訳の過程でアダプターとして働く小型の RNA 分子。遺伝暗号の解読を担う。

転位性遺伝因子 ● transposable genetic element
DNA 分子上を移動することができる遺伝因子。

転位性ファージ ● transposable phage
感染サイクルの一環として転位を起こすファージ。

転移-メッセンジャー RNA ●
transfer-messenger RNA (tmRNA)
タンパク質分解にかかわる細菌 RNA の 1 つ。

電気泳動 ● electrophoresis
分子が帯びている総電荷を利用して，それらを分離する方法。

電気浸透 ● electroendosmosis
ゲル中のバッファーのような液体に電圧をかけると，その液体が移動する現象。

転座 ● translocation
染色体の一部分が別の染色体へ移動すること。

電子顕微鏡法 ● electron microscopy
顕微鏡技術の一種で，電子線を用いて試料を可視化する。

電子密度地図 ● electron density map
X 線回折像から求められた分子の各部位における電子密度をプロットした図。

転写 ● transcription
遺伝子から RNA コピーが合成されること。

転写因子 ● transcription factor
転写開始を促進または抑制するタンパク質。

転写開始 ● transcription initiation
遺伝子を RNA にコピーするタンパク質複合体が，遺伝子の上流に構築されること。

転写開始前複合体 ● transcription preinitiation complex
RNA ポリメラーゼ II に転写される遺伝子のコアプロモーター上に構築されるタンパク質複合体。

転写開始の基本効率 ● basal rate of transcription initiation
あるプロモーターで単位時間あたりに起こる生産的な転写開始の数。

転写開始複合体 ● transcription initiation complex
転写の開始にかかわるタンパク質複合体。

転写共役修復 ● transcription-coupled repair
ヌクレオチド除去修復機構の 1 つ。遺伝子の鋳型鎖を修復する。

転写減衰 ● attenuation
細胞内のアミノ酸量に応じてアミノ酸生合成にかかわるオペロンの発現を調節するために，ある種の細菌が用いている機構。

転写産物 ● transcript
遺伝子から合成された RNA コピー。

転写産物 RNA ● RNA transcript
→転写産物

転写産物特異的調節 ● transcript-specific regulation
タンパク質合成を制御する調節機構で，1 つの転写産物あるいは互いに関連した少数のタンパク質をコードする転写産物に作用する。

点セントロメア ● point centromere
出芽酵母にみられるセントロメアの一種で，反復 DNA 配列をもたず，単一コピー配列により特徴づけられる。

デンドログラム ● dendrogram
例えば，一群のトランスクリプトームの間の関連性を示した図。樹状図ともいう。

電場反転ゲル電気泳動 ●
field inversion gel electrophoresis (FIGE)
電気泳動の一種で，大きな DNA 分子の分離に用いられる。

テンペレートバクテリオファージ ● temperate bacteriophage
溶原化感染を起こすことのできるファージ。溶原化ファージともいう。

点変異 ● point mutation
DNA 分子中の 1 つのヌクレオチドが別のものに変化する変異。

同位体 ● isotope
原子番号が同じで原子量の異なる原子。

同位体標識アフィニティータグ法 ●
isotope-coded affinity tag (ICAT)
同位体（通常の水素と重水素など）の違いで質量を変えたマーカー基を用いて個々のプロテオームを標識する方法。

動原体 ● kinetochore
セントロメア領域に存在する構造体で，ここに紡錘体微小管が結合する。キネトコアともいう。

同時形質転換 ● co-transformation
形質転換の際，同じ DNA 分子上にある複数の遺伝子を細菌が取り込むこと。

同時形質導入 ● co-transduction
形質導入ファージを介して，ある細菌から別の細菌へ複数の遺伝子が移行すること。

同質倍数体 ● autopolyploid
同種交配により，どちらも一倍体ではない 2 つの配偶子が融合してできた倍数体。

同重体標識 ● isobaric labeling
同じ質量をもつが，質量分析法の過程で質量の異なるフラグメントイオンを生じるような標識タグを用いる方法。

等電位線固定均一電場電気泳動 ●
contour-clamped homogeneous electric field (CHEF) electrophoresis
電気泳動の一種で，大きな DNA 分子の分離に用いられる。

等電点 ● isoelectric point
タンパク質分子が帯びている総電荷がゼロとなる pH 勾配上の位置。

等電点電気泳動 ● isoelectric focusing electrophoresis
タンパク質を分離するための手法で，電場をかけると pH 勾配を形成するような化学物質を含むゲル中で行われる。

糖パッカリング ● sugar puckering
糖の環構造がとりうる複数の立体配座。

頭尾カプシド ● head-and-tail capsid
ファージのカプシド構造の 1 つ。

等密度遠心分離法 ● isopycnic centrifugation
遠心分離法の 1 つで，浮遊密度にもとづいて分子や構造体を分離する。

トップダウンプロテオミクス ● top-down proteomics
プロテオミクスの戦略の 1 つで，個々のタンパク質を質量分析法で直接解析する。

ドブラングラフ ● de Bruijn graph
一部のタイプの配列アセンブラが利用している計算アプローチ。文字列間の部分的な重なりを特定するための数学的概念にもとづいている。

トポロジー ● topology
系統樹の分岐パターン。

トポロジカル関連ドメイン ●
topologically associated domain (TAD)
折りたたまれてコイルとループを形成している，クロマチンの連続した部分領域。

トポロジー問題 ● topological problem
DNA 複製のためには二重らせんがほどける必要があるが，それによって DNA 分子の構造にひずみが発生してしまうという問題。

ドメイン ● domain
それ以外の領域とは独立して折りたたまれるポリペプチド鎖の部分領域。また，そのようなドメインに対応する遺伝子領域。

ドメインシャッフリング ● domain shuffling
1 つ以上の遺伝子の部分領域の再編成による新たな遺伝子の生成。部分領域のそれぞれは，遺伝子産物の構造ドメインに対応する。

ドメイン重複 ● domain duplication
タンパク質産物の構造ドメインに対応する遺伝子領域の重複。

ドラフト配列 ● draft sequence
染色体やゲノムの不完全な塩基配列で，通常は塩基の誤りやギャップ，あるいは一部のコンティグの並び順や向きに関する不確かさが残っている。概要配列ともいう。

トランジション ● transition
プリン塩基が別のプリン塩基に，あるいはピリミジン塩基が別のピリミジン塩基に置き換わる点変異。塩基転位ともいう。

トランスクリプトーム ● transcriptome
細胞内に存在する RNA 分子の完全な集団。

トランスジェニックマウス ● transgenic mouse
クローニングした遺伝子をもつマウス。

トランスバージョン ● transversion
プリン塩基がピリミジン塩基に，あるいはピリミジン塩基がプリン塩基に置き換わる点変異。塩基転換ともいう。

トランスフェクション ● transfection
精製したファージ DNA を細菌細胞に導入すること。

トランス変位 ● *trans*-displacement
ある DNA 分子から別の DNA 分子へヌクレオソームが移動すること。

トランスポザーゼ ● transposase
転位性遺伝因子の転位を触媒する酵素。

トランスポゾン ● transposon
DNA 分子上を移動することができる遺伝因子。

トランスポゾンタギング法 ● transposon tagging
遺伝子を単離する手法の 1 つ。コード配列にトランスポゾンを挿入して遺

伝子を不活性化させたのち，トランスポゾン特異的なハイブリダイゼーションプローブを利用して，標識された遺伝子コピーをクローンライブラリーから単離する。

トランスロケーション ● translocation
翻訳の過程で mRNA 分子に沿ってリボソームが移動すること。

トリソミー ● trisomy
二倍体の核内に一部の相同染色体が 3 コピー存在すること。

トリソラックス群タンパク質 ● trithorax group (trxG) protein
活性化された遺伝子領域で開いたクロマチンの構造を維持する一群のタンパク質。

トリプレットリピート伸長病 ● trinucleotide repeat expansion disease
遺伝子内あるいはその近傍にある 3 塩基反復配列の反復数が増えることによって引き起こされる疾患。

トレブルクレフフィンガー ● treble clef finger
ジンクフィンガーの一種。トレブルクレフとはト音記号（高音部記号）のこと。

トレーラー配列 ● trailer segment
mRNA の終止コドンよりも下流にある非翻訳領域。

貪欲アルゴリズム ● greedy algorithm
一部のタイプの配列アセンブラが利用している計算アプローチ。反復プロセスの各ステップごとに最も理にかなった選択を行っていく。

■ な

内在性転写終結領域 ● intrinsic terminator
ρ タンパク質の関与なしに転写終結が起こる細菌 DNA 上の領域。

内在性レトロウイルス ● endogenous retrovirus (ERV)
宿主染色体に組み込まれたレトロウイルスゲノム。活性をもつ場合ともたない場合がある。

内部節 ● internal node
系統樹の分岐点。研究対象の生物あるいは DNA 配列の祖先に相当する。

投げ縄構造 ● lariat structure
GU-AG イントロンのスプライシングによって生じる，投げ縄のような形をしたイントロン RNA。

ナノポア塩基配列決定法 ● nanopore sequencing
第四世代塩基配列決定法の 1 つ。

二遺伝子雑種交雑 ● dihybrid cross
2 対のアレルの継承を追跡する有性交雑。

二価染色体 ● bivalent
減数分裂の過程で，1 対の相同染色体どうしが対合してできる構造。

二次元ゲル電気泳動 ● two-dimensional gel electrophoresis
タンパク質を分離するための手法で，プロテオームの研究に広く使われる。

二次構造 ● secondary structure
α ヘリックスや β シートなど，ポリペプチド鎖がとる立体構造。

二重制限酵素消化 ● double restriction
同時に 2 種類の制限酵素で DNA を消化すること。

二重ヘテロ接合体 ● double heterozygote
2 つの遺伝子について，いずれもヘテロ接合性である核または個体。

二重ホモ接合体 ● double homozygote
2 つの遺伝子について，いずれもホモ接合性である核または個体。

二重らせん ● double helix
塩基対を形成した二本鎖構造で，細胞内の DNA がとる自然な形態。

ニック ● nick
「切れ目」という意味。二本鎖 DNA 分子で，ホスホジエステル結合の切断により一方のポリヌクレオチド鎖が途切れている部分。

二倍体 ● diploid
各染色体のコピーを 2 つずつもつ核のこと。

二本鎖 ● double-stranded
2 本のポリヌクレオチド鎖が塩基対形成によって互いに結合している状態。

二本鎖 RNA 結合ドメイン ● double-stranded RNA binding domain (dsRBD)
一般的な RNA 結合ドメインの 1 つ。

二本鎖切断修復 ● double-strand break repair
二本鎖切断を修復する DNA 修復機構。

二本鎖切断モデル ● double-strand break model
相同組換えの機構を説明するモデルの 1 つ。

二量体 ● dimer
2 つのサブユニットからなるタンパク質などの構造。

認識ヘリックス ● recognition helix
標的塩基配列の認識にかかわる DNA 結合タンパク質の α ヘリックス。

ヌクレアーゼ ● nuclease
核酸分子を分解する酵素。

ヌクレアーゼ保護アッセイ ● nuclease protection assay
ヌクレアーゼによる消化を利用して，DNA または RNA 分子に結合したタンパク質の位置を決定する手法。

ヌクレオシド ● nucleoside
プリン塩基またはピリミジン塩基が結合したペントース。

ヌクレオソーム ● nucleosome
ヒストンと DNA の複合体で，クロマチンの基本構造単位となる。

ヌクレオソームリモデリング ● nucleosome remodeling
ヌクレオソームの立体構造の変化。これに伴い，ヌクレオソーム中の DNA への接近しやすさが変化する。

ヌクレオチド ● nucleotide
プリン塩基またはピリミジン塩基が結合したペントースに，さらに一リン酸基，二リン酸基，三リン酸基のいずれかが結合した分子。DNA や RNA の単量体単位。

ヌクレオチド除去修復 ● nucleotide excision repair
種々の DNA 損傷を，ポリヌクレオチド鎖の一部の除去と再合成により修復する機構。

熱安定性 ● thermostable
高温に耐えられる性質。

粘着末端 ● cohesive/sticky end
一本鎖突出構造のある二本鎖 DNA 分子の末端。付着末端ともいう。

ノーザンハイブリダイゼーション ● northern hybridization
多くの RNA 分子の中から特定の RNA 分子を検出する手法。

ノックアウトマウス ● knockout mouse
不活性化させた遺伝子をもつように操作したマウス。

乗換え ● crossing over
→交差

■ は

バイオインフォマティクス ● bioinformatics
コンピュータを利用したゲノム研究の方法論。生物情報学ともいう。

バイオテクノロジー ● biotechnology
生物を産業に利用すること。微生物の利用が多いが，それだけとは限らない。

バイオバンク ● biobank
患者やボランティアからインフォームドコンセントを得て採取した血液検体などの生体試料を収集する施設。遺伝病の遺伝学的基盤の研究にしばしば利用される。

バイオリスティック法 ● biolistics
DNA を細胞に導入する手法の 1 つ。DNA でコーティングした微小粒子を高速で撃ちこむ。

配偶子 ● gamete
生殖細胞のこと。通常は一倍体で，有性生殖においては，もう 1 つの配偶子と融合することで新しい細胞が作られる。

倍数体 ● polyploid
二倍体ゲノムのコピーを複数セットもつ個体。

胚性幹細胞 ● embryonic stem (ES) cell
マウスなどの生物の胚に由来する分化全能性細胞。

ハイブリダイゼーション ● hybridization
2 本の相補的なポリヌクレオチド鎖間の塩基対形成による結合。

ハイブリダイゼーションプローブ ● hybridization probe
塩基対形成を利用して相補的ないし相同な分子を同定する目的で用いられる標識した核酸分子。

ハイブリッド形成 ● hybridize
核酸分子間の塩基対形成。核酸分子の配列は必ずしも完全に相補的でなくてもよい。

配列アセンブラ ● sequence assembler
リードからコンティグを生成するソフトウェアパッケージ。

配列アセンブリ ● sequence assembly
次世代塩基配列決定法によって得られた多数の短いリードを，連続した DNA 配列に組み立てること。

配列依存性コドン再指定 ●
context-dependent codon reassignment
近傍の DNA 配列によってコドンの意味が変化すること。

配列タグ部位 ● sequence-tagged site (STS)
ゲノム中にただ 1 つしかない DNA 配列。

配列内リボソーム進入部位 ●
internal ribosome entry site (IRES)
一部の真核生物で，mRNA の途中の部位にリボソームを結合できるようにさせる塩基配列。

パイロシークエンス法 ● pyrosequencing
新しく開発された DNA 塩基配列決定法の 1 つ。伸長中のポリヌクレオチド鎖の末端へのヌクレオチドの付加を，放出されるピロリン酸からの化学発光として直接検出する。

ハウスキーピングタンパク質 ● housekeeping protein
多細胞生物のすべてないし大部分の細胞で常時発現しているタンパク質。

バクテリオファージ ● bacteriophage
細菌に感染するウイルス。単にファージともいう。

バーコード欠失法 ● barcode deletion strategy
出芽酵母における欠失変異の大規模スクリーニングのために開発された手法。

バー小体 ● Barr body
不活性化されている X 染色体がとる高度に凝縮したクロマチン構造。

派生型アレル ● derived allele
既存のアレルの変異によって集団中に生じるアレル。

発現配列タグ ● expressed sequence tag (EST)
ゲノム中の遺伝子を迅速に検索するための標識として利用される，塩基配列決定済みの cDNA。

発現プロテオミクス ● expression proteomics
→タンパク質プロファイリング

発生 ● development
細胞または個体の生活史において協調的に起こる一過性もしくは永続的な一連の変化。

ハブ ● hub
タンパク質相互作用地図の中で多くの相互作用を有するタンパク質。

ハプログループ ● haplogroup
ヒトの集団が保有するミトコンドリア DNA 配列の主要な分類。

ハプロタイプ ● haplotype
個人のミトコンドリア DNA 配列。

ハプロ不全 ● haploinsufficiency
1 対の相同染色体の一方の遺伝子の不活性化が，その個体の表現型を変化させること。

パラネミック ● paranemic
巻き戻さずに2本の鎖を分離できる二重らせん構造。

パラレトロウイルス ● pararetrovirus
逆転写ウイルスの一種で、カプシドで包まれたDNAゲノムをもつ。

パラロガス遺伝子 ● paralogous gene
同一ゲノムに存在する複数の相同な遺伝子。

パルス標識法 ● pulse labeling
反応の進行中に、ある一定の短い時間内のみ標識を取り込ませること。

パンゲノム ● pan-genome
細菌の1つの種のゲノム全体。コアゲノムとアクセサリーゲノムからなる。

半減期 ● half-life
試料中の原子あるいは分子の半数が壊変あるいは分解するのに要する時間。

半数体 ● haploid
→一倍体

反復DNA配列 ● repetitive DNA sequence
1つのDNA分子またはゲノム中に繰り返し出現する塩基配列。

反復DNA配列PCR ● repetitive DNA PCR
クローンフィンガープリント法の1つ。クローンDNA断片中の散在反復配列の相対的な位置を、PCRを利用して検出する。散在反復配列PCRともいう。

反復DNA配列フィンガープリント法 ●
repetitive DNA fingerprinting
クローンフィンガープリント法の1つ。クローンDNA断片中の散在反復配列の位置を決定する。

半保存的複製 ● semiconservative replication
娘二本鎖の両方とも、ポリヌクレオチド鎖の1本は親鎖、もう1本は新生鎖からなるようなDNA複製様式。

ハンマーヘッド型リボザイム ● hammerhead ribozyme
リボザイム活性をもつRNA分子で、ある種のウイルスにみられる。

ビオチン ● biotin
dUTPに結合させて、DNAプローブの非放射性標識として利用できる分子。

ビオチン化 ● biotinylation
DNAまたはRNA分子にビオチン標識を結合させること。

比較エピゲノム学 ● comparative epigenomics
2つの異なるゲノムの対応する領域が、どの程度まで同じクロマチン修飾パターンを示すかの研究。

比較ゲノム学 ● comparative genomics
あるゲノムの解析で得られた情報から、別のゲノムの遺伝子の地図上の位置と機能を推定する研究戦略。

光回復 ● photoreactivation
シクロブタン型二量体と(6-4)光産物が光回復酵素によって修正されるDNA修復機構。

光産物 ● photoproduct
紫外線照射によって生じるDNAの修飾ヌクレオチド。

光退色 ● photobleaching
核タンパク質の動態を研究する光退色後蛍光回復法の一工程。

光退色後蛍光回復法 ●
fluorescence recovery after photobleaching (FRAP)
核タンパク質の動態を研究する手法の1つ。

光リソグラフィー ● photolithography
光で活性化されるヌクレオチド基質を利用して、光パルスによってオリゴヌクレオチドを構築する手法。

非極性 ● nonpolar
化学基または化学物質が疎水性であること。

非クロマチン領域 ● nonchromatin region
染色体テリトリーどうしを分離する核内の空間。

非コードRNA ● noncoding RNA
タンパク質をコードしないRNA分子。

非浸透 ● nonpenetrance
変異をもつ個体に一生を通じて変異の影響が認められないこと。

ヒストン ● histone
ヌクレオソームにみられる塩基性タンパク質。

ヒストンアセチルトランスフェラーゼ ●
histone acetyltransferase (HAT)
コアヒストンにアセチル基を付加する酵素。

ヒストン暗号 ● histone code
ヒストンタンパク質に対する化学修飾のパターンが、細胞のさまざまな活動に影響を及ぼすとする仮説。

ヒストンデアセチラーゼ ● histone deacetylase (HDAC)
コアヒストンからアセチル基を除去する酵素。

ヒストンのアセチル化 ● histone acetylation
コアヒストンへのアセチル基付加によるクロマチン構造の修飾。

ヒストン様核様体構成タンパク質 ●
histone-like nucleoid structuring protein (H-NS)
ATに富む領域に特異的に結合する核様体タンパク質の1つ。細菌染色体の超らせんループの両末端に存在すると考えられている。

非相同末端結合 ● nonhomologous end-joining (NHEJ)
二本鎖切断修復機構の1つ。

ヒトゲノム計画 ● Human Genome Project
ヒトゲノムのドラフト配列の決定に貢献した公的資金によるプロジェクト。現在もヒト遺伝子の機能について研究を続けている。

非プロセス型偽遺伝子 ● nonprocessed pseudogene
変異の蓄積により活性を失った遺伝子。通常型偽遺伝子ともいう。

非翻訳領域 ● untranslated region (UTR)
mRNAのオープンリーディングフレームの上流もしくは下流にあるタン

パク質に翻訳されない領域。

氷期退避地 ● glacial refugia
最終氷期最盛期に多様な生物種が生息していた地域。それらの種が氷期を生きのび，温暖な時代になってから近隣地域に再定着することを可能にした。

表現型 ● phenotype
細胞や個体が示す観察可能な特徴。

標的配列濃縮 ● target enrichment
次世代塩基配列決定法のための DNA ライブラリーにおいて，目的の遺伝子に由来する断片を濃縮すること。

標的部位可変ヌクレアーゼ ● programmable nuclease
ゲノム上の目的の標的部位へ誘導することができるヌクレアーゼ。

肥沃な三日月地帯 ● Fertile Crescent
古代からオオムギやコムギが栽培されていたと考えられている西アジアの一地域。

ピリミジン塩基 ● pyrimidine base
ヌクレオチドに含まれる 2 つのタイプの窒素含有塩基の 1 つ。

ビルレントバクテリオファージ ● virulent bacteriophage
溶菌感染を起こすファージ。溶菌ファージともいう。

品質監視機構 ● surveillance mechanism
終止コドンをもたないか誤った位置にもつ，分解されるべき mRNA を発見する機構。

ファイバー FISH ● fiber-FISH
蛍光 in situ ハイブリダイゼーション（FISH）の特殊な変法で，高い分解能でマーカーを可視化できる。

ファージ ● phage
→バクテリオファージ

ファージディスプレイ法 ● phage display method
相互作用するタンパク質を同定する手法の 1 つ。

ファージディスプレイライブラリー ● phage display library
種々の DNA 断片を含むクローン集団で，ファージディスプレイ法で用いられる。

ファンデルワールス力 ● van der Waals force
非共有結合の一種で，引力と斥力の両方がある。

部位特異的組換え ● site-specific recombination
塩基配列の類似性をもつ領域が短い 2 つの二本鎖 DNA 分子間で起こる組換え。

部位特異的ヒドロキシルラジカルプローブ法 ● site-directed hydroxyl radical probing
リボソームのようなタンパク質-RNA 複合体を構成するタンパク質の位置を決定する手法。鉄（Ⅱ）イオンの働きで生成したヒドロキシルラジカルが，近傍の RNA のホスホジエステル結合を切断する性質を利用する。

部位特異的変異導入 ● site-directed mutagenesis
DNA 分子の目的の部位に特定の変異を作り出す方法。in vitro 変異導入ともいう。

フィラデルフィア染色体 ● Philadelphia chromosome
ヒト 9 番染色体と 22 番染色体との間の転座によって生じる異常な染色体。慢性骨髄性白血病のおもな原因となる。

フェルスター共鳴エネルギー移動 ● Förster resonance energy transfer (FRET)
2 つの分子間で起こるエネルギーの移動で，レポータープローブを使用することで蛍光強度の変化として観察できる。

フォスミド ● fosmid
F プラスミドの複製起点と λ ファージの *cos* 部位をもつ大容量のクローニングベクター。

フォールディング（タンパク質の） ● protein folding
ポリペプチド鎖が折りたたまれた構造をとること。

フォールディング経路 ● folding pathway
ほどけているタンパク質が，部分的に折りたたまれた中間体を経て，正しい三次元構造をとるようになるまでの一連の過程。

フォールドバック RNA ● foldback RNA
「折り返し」RNA という意味。切断されてマイクロ RNA を生じる前駆体 RNA 分子。

フォワード配列 ● forward sequence
二本鎖 DNA 分子の塩基配列を読みとる際，考えられる方向には 2 種類あるが，そのうちの一方をもつ配列。

不完全顕性 ● incomplete dominance
→不完全優性

不完全優性 ● incomplete dominance
どちらが支配的になるということもなく，ヘテロ接合体の表現型が 2 種類のホモ接合体の中間となるような 2 つのアレルの関係。不完全顕性ともいう。

複アレル ● multiple alleles
ある遺伝子がもつ 3 つ以上のアレル。

副溝 ● minor groove
B 型 DNA 分子の表面をらせん状に走る 2 本の溝のうち，小さいほう。

複合トランスポゾン ● composite transposon
2 つの挿入配列とそれに挟まれた DNA 断片からなる DNA トランスポゾン。通常 1 つ以上の遺伝子を含んでいる。

フーグスティーン型塩基対 ● Hoogsteen base pair
塩基の組合せはワトソン・クリック型塩基対と同じ（A-T，G-C）だが，水素結合の形成のしかたが異なる塩基対。

複製因子 C ● replication factor C (RFC)
真核生物のゲノム複製にかかわる複数のサブユニットからなる補助タンパク質。

複製開始前複合体 ● preinitiation complex (pre-IC)
活性化された複製前複合体。

複製開始領域 ● initiation region
真核生物の染色体でDNAの複製が開始される領域。複製起点の正確な位置は特定できない。

複製型転位 ● replicative transposition
転位性遺伝因子の複製を伴う転位。

複製起点 ● replication origin
DNA分子上で複製が開始される部位。

複製起点認識配列 ● origin recognition sequence
真核生物の複製起点の構成要素。

複製起点認識複合体 ● origin recognition complex (ORC)
複製起点認識配列に結合するタンパク質複合体。

複製起点のライセンス化 ● origin licensing
複製起点上に複製前複合体が構築されること。

複製工場 ● replication factory
DNA複製にかかわるすべてのタンパク質を含む特殊な領域。複製中のDNA鎖はその中を通って進む。複製フォーカスともいう。

複製終結配列 ● terminator sequence
細菌ゲノムの複製の終結にかかわるいくつかの配列。

複製スリップ ● replication slippage
マイクロサテライトなどの縦列反復配列において，反復数の増減をもたらす複製の誤り。

複製前複合体 ● pre-replication complex (pre-RC)
真核生物の複製起点上に構築され，複製の開始を可能にするタンパク質複合体。

複製タンパク質A ● replication protein A (RPA)
真核生物のDNA複製にかかわる主要な一本鎖DNA結合タンパク質。

複製フォーカス ● replication focus
→複製工場

複製フォーク ● replication fork
複製を可能にするために二本鎖DNA分子が解離した領域。

複製メディエータータンパク質 ●
replication mediator protein (RMP)
ゲノム複製の過程で一本鎖DNA結合タンパク質の解離にかかわるタンパク質。

付着末端 ● cohesive/sticky end
→粘着末端

フットプリント法 ● footprinting
DNA分子上の結合タンパク質の位置を決定するために用いられる一連の手法。

物理地図作成 ● physical mapping
分子生物学的手法を用いてゲノム地図を作成すること。

不等交差 ● unequal crossing over
DNA領域の一部の重複の原因となる組換え現象の1つ。不等乗換えともいう。

不等姉妹染色分体交換 ● unequal sister chromatid exchange
DNA領域の一部の重複の原因となる組換え現象の1つ。

不等乗換え ● unequal crossing over
→不等交差

ブートストラップ解析 ● bootstrap analysis
系統樹の分岐点を推論する際に，その信頼度を評価する方法。

ブートストラップ値 ● bootstrap value
ブートストラップ解析によって得られる統計値。

部分消化 ● partial restriction
制限部位のうち一部のみが切断されるような条件でDNAを制限酵素処理すること。

部分重複 ● segmental duplication
ゲノム中に最大50回出現する，配列類似性が90％以上で1～400 kbの長さの配列。低頻度反復配列ともいう。

部分連鎖 ● partial linkage
同じ染色体上にある2つの遺伝的マーカーや物理マーカーの連鎖の一種であるが，その間で組換えが起こる可能性があるため，必ずしも一緒に継承されるとは限らないこと。

普遍的組換え ● general/generalized recombination
→相同組換え

浮遊密度 ● buoyant density
塩または糖の水溶液に懸濁したときの分子や粒子の密度。

浮遊密度遠心分離法 ● buoyant density centrifugation
→等密度遠心分離法

プライマー ● primer
一本鎖DNA分子に結合してDNA鎖合成の開始点となる短いオリゴヌクレオチド。

プライマーゼ ● primase
細菌のDNA複製の過程でプライマーRNAを合成するRNAポリメラーゼ。

プライミング前複合体 ● prepriming complex
細菌のゲノム複製開始の際に形成されるタンパク質複合体。

プライモソーム ● primosome
ゲノム複製にかかわるタンパク質複合体。

プラーク ● plaque
ファージの感染により培地上の細菌が溶菌を起こしてできる透明な斑。溶菌斑ともいう。

フラグメントイオン ● fragment ion
質量分析法のイオン化の過程で分子の断片化によって生じるイオン。

プラスミド ● plasmid
通常は環状の小型DNAで，細菌やその他いくつかの細胞にみられる。

フラップエンドヌクレアーゼ1 ● flap endonuclease 1 (FEN1)
真核生物においてラギング鎖の複製にかかわる酵素。

フーリエ変換イオンサイクロトロン共鳴質量分析計 ●
Fourier transform ion cyclotron resonance (FT-ICR) mass spectrometer
質量分析計の一種。内蔵されたイオントラップに捕捉されたイオンは励起されてサイクロトロン運動を行い，外向きのらせんを描きながら加速される。そのらせんのベクトルから質量電荷比が求まる。

プリオン ● prion
タンパク質のみからなる特異な感染性因子。

プリブナウボックス ● Pribnow box
細菌のプロモーターの構成要素。−10ボックスともいう。

プリン塩基 ● purine base
ヌクレオチドに含まれる2つのタイプの窒素含有塩基の1つ。

プルーフリーディング ● proofreading
「校正」という意味。ある種のDNAポリメラーゼがもつ3′→5′エキソヌクレアーゼ活性。これにより，間違って取り込まれたヌクレオチドの置換が可能となる。

プレクトネミック ● plectonemic
巻き戻さなければ2本の鎖を分離できない二重らせん構造。

フレームシフト変異 ● frameshift mutation
3の倍数でない数の塩基の挿入もしくは欠失によって生じる変異で，翻訳のリーディングフレームを変化させる。

フローサイトメトリー ● flow cytometry
染色体を分離する方法の1つ。

プロセス型偽遺伝子 ● processed pseudogene
逆転写されたmRNAのコピーがゲノムに組み込まれて生じた偽遺伝子。

プロテアーゼ ● protease
タンパク質を分解する酵素。

プロテアソーム ● proteasome
複数のサブユニットからなるタンパク質構造体で，他のタンパク質の分解にかかわる。

プロテオミクス ● proteomics
プロテオームの研究。

プロテオーム ● proteome
細胞内に存在するタンパク質分子の完全な集団。

プロトプラスト ● protoplast
細胞壁を完全に除去した細胞。

プロトマー ● protomer
ファージやウイルスのカプシドを構成するサブユニットタンパク質の1つ。

プロファージ ● prophage
宿主ゲノムに組み込まれた溶原化ファージのゲノム。

プロミスカスDNA ● promiscuous DNA
「ごたまぜの」DNAという意味。ある細胞小器官ゲノムから別の細胞小器官ゲノムへ移行したDNA。

プロモーター ● promoter
遺伝子の上流にある塩基配列で，転写開始の際にRNAポリメラーゼが結合する。

プロモーターエスケープ ● promoter escape
→プロモータークリアランス

プロモータークリアランス ● promoter clearance
RNAポリメラーゼがプロモーターから離れ，転写開始の段階が完了すること。プロモーターエスケープともいう。

分化 ● differentiation
細胞が専門化した生化学的・生理学的役割を担うようになること。

分画遠心分離法 ● differential centrifugation
細胞抽出液を異なる回転速度で遠心し，各成分を分離する手法。

分化全能性 ● totipotent
発生経路が決まっておらず，あらゆるタイプの細胞に分化することのできる状態。

分岐点移動 ● branch migration
相同組換えのホリデイモデルにおいて，組換えを起こそうとしている二本鎖DNA分子間でポリヌクレオチド鎖の交換が行われる段階。

分散型動原体染色体 ● holocentric chromosome
全長にわたって散在している多数のセントロメアをもつ染色体。ホロセントリック染色体ともいう。

分散的複製 ● dispersive replication
DNA複製様式に関する仮説の1つ。娘二本鎖のいずれのポリヌクレオチド鎖も，一部は親鎖，別の一部は新生鎖からなるとする。

分子イオン ● molecular ion
ペプチドマスフィンガープリント法の過程で生じるイオンで，Mをペプチドとすると$[M+H]^+$あるいは$[M-H]^-$のこと。

分子コーミング ● molecular combing
オプティカルマッピングのために，制限酵素で分解したDNA分子を調製する手法の1つ。

分子シャペロン ● molecular chaperone
他のタンパク質のフォールディングを助けるタンパク質。

分子進化 ● molecular evolution
変異の蓄積や，組換えと転位による再編成の結果，時間の経過とともに徐々にゲノムが変化していくこと。

分子生物学者 ● molecular biologist
分子生命科学の研究者。

分子生命科学 ● molecular life science
分子生物学，生化学，細胞生物学，さらに遺伝学と生理学の一部を包含する研究分野。

分子時計 ● molecular clock
蓄積した変異の数（変異率）から遺伝子系統樹の分岐時期を推定する手法。

分子内塩基対形成 ● intramolecular base pairing
1本のDNAまたはRNAポリヌクレオチド鎖内の2つの部分が塩基対によって結合すること。

分子ビーコン法 ● molecular beacon
蛍光の消光を利用したSNPタイピングの手法の1つ。

分節ゲノム ● segmented genome
複数のDNAまたはRNA分子に分割されているウイルスゲノム。

分断遺伝子 ● discontinuous gene
エクソンとイントロンに分かれている遺伝子。

ペアエンドリード ● paired-end read
クローニングした断片の両端から読みとられた短い塩基配列。

ヘアピン構造 ● hairpin structure
→ステムループ構造

ペアルール遺伝子 ● pair-rule gene
ショウジョウバエの発生関連遺伝子群で，胚の基本的な体節パターンを確立する。

平滑末端 ● blunt/flush end
両方の鎖が同じヌクレオチド位置で終わっていて，一本鎖突出構造のない二本鎖DNA分子の末端。

閉鎖型プロモーター複合体 ● closed promoter complex
転写開始複合体の構築の過程で，塩基対の開裂によりDNA鎖が解離する前の初期段階で形成される構造。プロモーターに結合したRNAポリメラーゼや補助タンパク質からなる。

併存率 ● comorbidity
ある疾患の患者が同時に別の疾患を発症する割合。

ベイト ● bait
「餌」という意味。標的配列濃縮の過程で，特定のDNA断片を捕捉するのに用いられる一群のオリゴヌクレオチド。

ヘテロ核RNA ● heterogeneous nuclear RNA（hnRNA）
RNAポリメラーゼIIによって合成された，プロセシングを受ける前の転写産物からなる核内RNA画分。

ヘテロ核リボ核タンパク質 ●
heterogeneous nuclear ribonucleoprotein（hnRNP）
核内にみられる多様な一群のRNA-タンパク質複合体。いくつかの働きが知られているが，その多くにRNAとの結合が関与している。

ヘテロクロマチン ● heterochromatin
比較的凝縮しており，転写を受けていない遺伝子を含むと考えられているクロマチン領域。

ヘテロ接合体 ● heterozygote
ある遺伝子の2つのアレルが異なる二倍体の核または個体。

ヘテロ接合性 ● heterozygosity
集団から任意に選んだ個体が，ある特定のマーカーについてヘテロ接合である確率。

ヘテロ二本鎖 ● heteroduplex
DNA-DNAまたはDNA-RNAのハイブリッド鎖。

ヘテロ二本鎖解析 ● heteroduplex analysis
S1ヌクレアーゼのような一本鎖特異的ヌクレアーゼを用いてDNA-RNAハイブリッド鎖を解析し，転写産物のマッピングを行うこと。

ペプチジルトランスフェラーゼ ● peptidyl transferase
翻訳の過程でペプチド結合を形成させる酵素。

ペプチジル部位 ● peptidyl site
→P部位

ペプチド核酸 ● peptide nucleic acid（PNA）
糖-リン酸骨格をアミド結合に置き換えたポリヌクレオチド類似体。

ペプチド結合 ● peptide bond
ポリペプチド鎖中の隣接するアミノ酸間の化学結合。

ペプチドマスフィンガープリント法 ●
peptide mass fingerprinting
タンパク質を配列特異的プロテアーゼで処理してペプチドに分解し，それを質量分析法で解析することによりもとのタンパク質を同定する方法。

ヘリックス・ターン・ヘリックスモチーフ ●
helix-turn-helix motif
DNA分子に結合するタンパク質にみられる一般的な構造モチーフの1つ。

辺 ● edge
タンパク質相互作用地図で相互作用のある2つのタンパク質を結ぶ線分。

変異 ● mutation
DNA分子の塩基配列の変化。

変異原 ● mutagen
DNA分子に変異を引き起こしうる化学的または物理的な要因。

変異体 ● mutant
変異をもつ細胞または個体。

変異誘発 ● mutagenesis
変異を導入する目的で細胞集団や生物を変異原で処理すること。

変性 ● denaturation
タンパク質や核酸の一次構造や高次構造を維持している水素結合のような非共有結合が，化学的または物理的な手段で破壊されること。

ペントース ● pentose
5つの炭素原子からなる糖。五炭糖ともいう。

放射性標識 ● radiolabeling
放射性元素を分子に結合させる手法。

放射性マーカー ● radioactive marker
分子に組み込んで，その放射線を生化学反応の過程で検出し，追跡する目的で用いられる放射性元素。

放射線ハイブリッド ● radiation hybrid
別の生物種に由来するゲノム断片を取り込ませた齧歯類の細胞株。放射線照射を用いた手法で作製し，ヒトゲノム研究などのマッピング材料として利用される。

ホスホジエステラーゼ ● phosphodiesterase
ホスホジエステル結合を切断する酵素。

ホスホジエステル結合 ● phosphodiester bond
ポリヌクレオチド鎖中の隣接するヌクレオチド間の化学結合。

ホスホリラーゼ ● phosphorylase
分子にリン酸基を付加する酵素。

母性効果遺伝子 ● maternal-effect gene
母親に発現しているショウジョウバエの遺伝子で，そのmRNAが卵に入って胚発生に影響を及ぼす。

保存型転位 ● conservative transposition
転位性遺伝因子の複製を伴わない転位。

保存的複製 ● conservative replication
DNA複製様式に関する仮説の1つ。娘二本鎖の一方は2本の親鎖，もう一方は2本の新生鎖からなるとする。

ボトムアッププロテオミクス ● bottom-up proteomics
プロテオミクスの戦略の1つで，タンパク質をトリプシンのような配列特異的プロテアーゼで処理してペプチドに分解してから質量分析法で解析する。

ボトルネック ● bottleneck
集団の個体数が一時的に激減すること。

ホメオティック選択遺伝子 ● homeotic selector gene
ショウジョウバエ胚の体節のような体の部分の特性を確立する遺伝子。

ホメオティック変異体 ● homeotic mutant
体の一部を別の部分に置き換えてしまう変異をもつ変異体。

ホメオドメイン ● homeodomain
多くのタンパク質にみられるDNA結合モチーフの1つで，発生過程における遺伝子発現制御にかかわる。

ホモ接合体 ● homozygote
ある遺伝子の2つのアレルが同じである二倍体の核または個体。

ホモポリマー付加法 ● homopolymer tailing
同一ヌクレオチドが連続した配列（例えばAAAAA）を核酸分子の末端に付加すること。通常，二本鎖DNA分子の両末端に一本鎖ホモポリマーを伸長させることを指す。

ポリ(A)テール ● poly(A) tail
真核生物mRNAの3′末端に付加されたひと続きのアデニンヌクレオチド。

ポリ(A)ポリメラーゼ ● poly(A) polymerase
真核生物mRNAの3′末端にポリ(A)テールを付加する酵素。

ポリアクリルアミドゲル電気泳動 ●
polyacrylamide gel electrophoresis (PAGE)
ポリアクリルアミドゲルを用いた電気泳動。10〜1,500 bpの長さのDNA分子を分離するのに用いられる。

ポリアデニル化 ● polyadenylation
真核生物mRNAの3′末端にひと続きのアデニンヌクレオチドを付加すること。

ポリアデニル酸結合タンパク質 ●
polyadenylate-binding protein
真核生物mRNAのポリアデニル化の過程でポリ(A)ポリメラーゼを補助するタンパク質。合成後の末端維持に働く。

ポリコーム応答配列 ● Polycomb response element
ポリコーム群タンパク質を認識するDNA上の配列。

ポリコーム群タンパク質 ● Polycomb group (PcG) protein
ヘテロクロマチンの局所的な形成を誘導する一群のタンパク質。

ポリタンパク質 ● polyprotein
関連した一連のタンパク質を含む翻訳産物で，切断によるプロセシングを受けて成熟型タンパク質となる。

ホリデイ構造 ● Holliday structure
2つのDNA分子間の組換えの過程で形成される中間体構造。

ポリヌクレオチド ● polynucleotide
一本鎖のDNAまたはRNA分子。

ポリピリミジン配列 ● polypyrimidine tract
GU-AGイントロンの3′末端近傍のピリミジンに富む領域。

ポリペプチド ● polypeptide
アミノ酸のポリマー。

ポリマー ● polymer
同一ないし類似の構造単位が長い鎖状に連なってできる化合物。重合体ともいう。

ポリメラーゼ連鎖反応 ●
polymerase chain reaction (PCR)
DNA分子の目的の領域を指数関数的に増幅する手法。

ホルモン応答配列 ● hormone response element
遺伝子の上流にある塩基配列の1つで，ステロイドホルモンの調節効果にかかわる。

ホロセントリック染色体 ● holocentric chromosome
→分散型動原体染色体

翻訳 ● translation
ポリペプチド鎖の合成。そのアミノ酸配列は，遺伝暗号に従ってmRNAの塩基配列により指定される。

翻訳開始前複合体 ● translation preinitiation complex
リボソーム小サブユニット，開始tRNA，いくつかの補助因子から構築される複合体。タンパク質合成の過程でmRNAと最初に相互作用する。

翻訳開始複合体 ● translation initiation complex
翻訳の開始にかかわるタンパク質複合体。

翻訳効率 ● translational efficiency
mRNAからタンパク質が合成される速度。

■ ま

マイクロRNA ● microRNA（miRNA）
真核生物の遺伝子発現調節にかかわる短いRNAで，RNA干渉に類似した経路で働く。

マイクロアレイ ● microarray
効率の高いハイブリダイゼーション解析に用いられる，DNA分子の低密度アレイ。

マイクロサテライト ● microsatellite
反復単位が通常2〜4bpの縦列反復配列からなるDNA配列。

マイクロバイオーム ● microbiome
生物の体表や体内に生息している微生物のすべて。

マーカー利用選抜 ● marker-assisted selection
ある形質に関連するDNAマーカーの有無により，その形質をもつ個体を同定するDNAスクリーニング法。

末端修飾 ● end-modification
DNAまたはRNA分子の末端を化学的に変化させること。

末端修飾酵素 ● end-modification enzyme
組換えDNA技術でDNA分子の末端の化学構造を変えるために用いられる酵素。

末端標識 ● end-labeling
DNAまたはRNA分子の一方の末端に放射性マーカーなどの標識を結合させること。

マッピング材料 ● mapping reagent
1本の染色体またはゲノム全体を網羅するDNA断片の集団であり，STSマッピングに利用される。

マトリックス支援レーザー脱離イオン化飛行時間型質量分析法 ● matrix-assisted laser desorption ionization time-of-flight (MALDI-TOF) mass spectrometry
プロテオミクスで利用される質量分析法の一種。

マルチシステイン型ジンクフィンガー ● multicysteine zinc finger
ジンクフィンガーDNA結合ドメインの一種。

ミスコード損傷 ● miscoding lesion
古代DNA分子の化学的な変化によって生じたヌクレオチドの置換。塩基配列決定の誤りの原因となる。

ミスマッチ ● mismatch
二本鎖DNA分子でヌクレオチドが相補的でないため塩基対を形成しない部分。複製の誤りによって塩基対が形成されない部分を指すことが多い。

ミスマッチ修復 ● mismatch repair
新生鎖の誤ったヌクレオチドを置換してミスマッチ塩基対を修正するDNA修復機構。

密度勾配遠心分離法 ● density gradient centrifugation
密度勾配を形成した高密度溶液中で細胞画分を遠心し，各成分を分離する手法。

ミトコンドリア ● mitochondrion／複数形：mitochondria
エネルギー産生を担う真核細胞の細胞小器官の1つ。

ミトコンドリアゲノム ● mitochondrial genome
真核細胞のミトコンドリア内に存在するゲノム。

ミニ遺伝子 ● minigene
エクソントラップ法で用いるクローニングベクターに挿入される1対のエクソンのこと。

ミニサテライト ● minisatellite
反復単位が数十bpの縦列反復配列からなるDNA配列。

ミュータソーム ● mutasome
大腸菌のSOS応答の過程で形成されるタンパク質複合体。

無細胞タンパク質合成系 ● cell-free protein-synthesizing system
タンパク質合成に必要なすべての成分を含んでおり，添加したmRNAを翻訳することができる細胞抽出液。

メガ塩基対 ● megabase pair（Mb）
100万塩基対（bp），1,000キロ塩基対（kb）。

メセルソン・スタールの実験 ● Meselson-Stahl experiment
細胞のDNA複製が半保存的な様式で起こることを証明した実験。

メタゲノム学 ● metagenomics
ある特定の環境に生息する全生物のゲノムの網羅的な研究。

メタボロミクス ● metabolomics
メタボロームの研究。生化学的プロファイリングともいう。

メタボローム ● metabolome
ある条件のもとで細胞に存在する代謝物の完全な集団。

メチル化CpG結合タンパク質 ● methyl-CpG-binding protein（MeCP）
メチル化されたCpGアイランドに結合するタンパク質。近傍のヒストンのアセチル化に影響を及ぼすと考えられている。

メッセンジャーRNA ● messenger RNA（mRNA）
タンパク質をコードする遺伝子の転写産物。

メディエーター ● mediator
種々の転写因子とRNAポリメラーゼIIの最大サブユニットのC末端ドメインとの間の接触を媒介するタンパク質複合体。

免疫グロブリンフォールド ● immunoglobulin fold
樽状の形をなしたβシートから3つのループが出ている構造のDNA結合ドメイン。

免疫蛍光顕微鏡法 ● immunofluorescence microscopy
顕微鏡技術の1つで，特定のタンパク質の細胞内局在を，蛍光標識した抗体を利用して可視化する。

免疫細胞化学 ● immunocytochemistry
あるタンパク質の組織中での存在部位を，抗体プローブを用いて決定する手法。

免疫スクリーニング ● immunoscreening
クローニングした遺伝子から合成されたポリペプチド鎖を，抗体プローブを用いて検出する方法。

免疫電子顕微鏡法 ● immunoelectron microscopy
電子顕微鏡法の1つで，リボソームのような構造体の表面にある特定のタンパク質の位置を，抗体標識を利用して決定する。

モデル生物 ● model organism
研究が難しい生物に関する生物学的情報を得るために利用される，研究が比較的容易な生物。

モルテングロビュール ● molten globule
「溶融した小球」という意味。タンパク質のフォールディングの中間体。ポリペプチド鎖が急速に折りたたまれて凝縮した構造をとりつつあるが，最終的な構造よりはやや大きい。

■ や

野生型 ● wild type
その生物種に典型的な表現型または遺伝型をもち，それゆえ標準と考えられる遺伝子，細胞，あるいは個体。

ヤヌスキナーゼ ● Janus kinase (JAK)
STATがかかわるいくつかのシグナル伝達経路を仲介するキナーゼの一種。

融解 ● melting
二本鎖DNA分子の変性。

融解温度 ● melting temperature (T_m)
二本鎖の核酸分子，または塩基対形成したハイブリッド二本鎖が，水素結合の完全な破壊によって解離する温度。

融合構造体 ● cointegrate
複製型転位が起こる経路の中間体。

融合タンパク質 ● fusion protein
通常は別々の遺伝子にコードされている2本のポリペプチド鎖，あるいはその一部の融合によってできるタンパク質。

有向非巡回グラフ ● directed acyclic graph (DAG)
分子機能の階層的分類に利用されるグラフ。

有糸分裂 ● mitosis
→体細胞分裂

優性 ● dominant
ヘテロ接合体でも発現するアレルの表現型。顕性ともいう。

誘導 ● induction
(1) 遺伝子の誘導：化学物質やその他の刺激に応答して，遺伝子または遺伝子群の発現が活性化されること。(2) λファージの誘導：化学物質やその他の刺激に応答して，宿主ゲノムに組み込まれていたλファージゲノムが切り出され，溶菌感染様式に切り替わること。

誘導性オペロン ● inducible operon
インデューサー分子により活性化されるオペロン。

ユークロマチン ● euchromatin
比較的凝縮しておらず，転写が活性化されている遺伝子を含むと考えられているクロマチン領域。

ユニットトランスポゾン ● unit transposon
→Tn3型トランスポゾン

ユニバーサルプライマー ● universal primer
塩基配列決定用プライマーの一種。挿入されたDNAのすぐ隣のベクターDNA配列に相補的な配列をもつ。

ユビキチン ● ubiquitin
76残基のアミノ酸からなるタンパク質で，別のタンパク質に結合してそのタンパク質を分解に導く標識として働く。

ユビキチン化 ● ubiquitination
タンパク質にユビキチンが付加されること。

ユビキチン受容体タンパク質 ● ubiquitin-receptor protein
ユビキチン化を受けたタンパク質をプロテアソームへ導くタンパク質。

溶菌 ● lysis
溶菌ファージの感染サイクルの最後に起こるような，リゾチームによる細菌細胞の破壊。

溶菌感染サイクル ● lytic infection cycle
ファージの感染様式の1つ。初感染の直後に宿主細胞の溶菌を引き起こし，ファージゲノムの宿主ゲノムへの組込みを伴わない。

溶菌斑 ● plaque
→プラーク

溶菌ファージ ● lytic phage
→ビルレントバクテリオファージ

溶原化感染サイクル ● lysogenic infection cycle
ファージの感染様式の1つ。ファージゲノムの宿主ゲノムへの組込みを伴う。

溶原化ファージ ● lysogenic phage
→テンペレートバクテリオファージ

溶出 ● elution
クロマトグラフィーでカラムに結合した分子を解離させること。

葉緑体 ● chloroplast
真核細胞の光合成器官の1つ。

葉緑体ゲノム ● chloroplast genome
光合成を行う真核細胞の葉緑体に存在するゲノム。

抑制性オペロン ● repressible operon
コリプレッサー分子により不活性化されるオペロン。

四次構造 ● quaternary structure
複数のポリペプチド鎖が会合して形成される構造。

弱いプロモーター ● weak promoter
単位時間あたりの生産的な転写開始の数が比較的少ないプロモーター。

■ ら

ラギング鎖 ● lagging strand
DNA 二本鎖のうち，ゲノム複製の際に不連続的な様式で複製される側の鎖。

ラクトースオペロン ● lactose operon
大腸菌のラクトース代謝にかかわる酵素をコードする 3 つの遺伝子のクラスター。

ラクトースリプレッサー ● lactose repressor
周囲のラクトースの存否に応答してラクトースオペロンの転写を制御する調節タンパク質。

ランダムゲノム配列 ● random genomic sequence
ゲノム DNA のランダムなクローン断片の塩基配列決定によって得られた配列タグ部位。

卵母細胞 ● oocyte
成熟過程の雌性生殖細胞。

リアーゼ ● lyase
酸化や加水分解によらずに化学結合を切断する酵素。

リアルタイム PCR ● real-time PCR
PCR の変法の 1 つで，サイクルごとに合成された PCR 産物の定量を行う。

利己的 DNA ● selfish DNA
機能をもたず，細胞に何ら直接的な寄与をしていないように思われる DNA。

リコンビナーゼ ● recombinase
部位特異的組換え反応を触媒する種々の酵素。組換え酵素ともいう。

リゾチーム ● lysozyme
DNA の精製に先立ち細菌の細胞壁を分解するのに用いられるタンパク質。

リゾルバーゼ ● resolvase
ホリデイ構造を解離させるタンパク質。解離酵素ともいう。

リーダー配列 ● leader segment
mRNA の開始コドンよりも上流にある非翻訳領域。

リーディング鎖 ● leading strand
DNA 二本鎖のうち，ゲノム複製の際に連続的な様式で複製される側の鎖。

リーディングフレーム ● reading frame
DNA の塩基配列に含まれる一連の三つ組コドン。

リード ● read
次世代塩基配列決定法で読みとられた断片的な塩基配列。

リード深度 ● read depth
次世代塩基配列決定法で得られた DNA 配列の各ヌクレオチド位置を含むリードの数の平均。カバレッジともいう。

リバース配列 ● reverse sequence
二本鎖 DNA 分子の塩基配列を読みとる際，考えられる方向には 2 種類あるが，そのうちの一方をもつ配列。

リフレクトロン ● reflectron
ある種の質量分析計に用いられているイオン反射装置。イオン反射装置を使用した質量分析計を指すこともある。

リボ核酸 ● ribonucleic acid (RNA)
細胞に含まれる 2 種類の核酸のうちの 1 つ。一部のウイルスの遺伝物質。

リボザイム ● ribozyme
触媒活性をもつ RNA 分子。

リボース ● ribose
リボヌクレオチドの糖部分。

リボスイッチ ● riboswitch
mRNA の部分領域で，ここに小分子が結合することで mRNA の翻訳やプロセシングが影響を受ける。

リボソーム ● ribosome
翻訳の場となるタンパク質-RNA 複合体。

リボソーム RNA ● ribosomal RNA (rRNA)
リボソームの構成成分である RNA 分子。

リボソーム結合部位 ● ribosome binding site
細菌の翻訳開始の過程で，リボソーム小サブユニットの結合部位となる塩基配列。

リボソームタンパク質 ● ribosomal protein
リボソームの構成成分であるタンパク質。

リボソーム調節因子 ● ribosome modulation factor
過剰なリボソームの不活性化にかかわる大腸菌のタンパク質。

リボヌクレアーゼ ● ribonuclease
RNA を分解する酵素。

リボン・ヘリックス・ヘリックスモチーフ ● ribbon-helix-helix motif
DNA 結合ドメインの一種。

領域セントロメア ● regional centromere
真核生物の典型的なセントロメアで，反復 DNA 配列領域により特徴づけられる。

量的形質座位 ● quantitative trait locus (QTL)
種々の形質を制御するゲノム上の領域で，複数の遺伝子を含んでいることもある。

緑色蛍光タンパク質 ● green fluorescent protein (GFP)
他のタンパク質の標識に用いられるタンパク質で，その遺伝子はレポーター遺伝子として用いられる。

リンカー ● linker
ヌクレオチド鎖の平滑末端に粘着末端を作るのに用いられる合成二本鎖オリゴヌクレオチド。

リンカー DNA ● linker DNA
ヌクレオソーム間をつなぐ DNA。クロマチンの数珠状構造モデルの糸に相当する。

リンカーヒストン ● linker histone
ヌクレオソームのコア八量体の外側にある，H1 などのヒストン。

リンキング数 ● linking number
閉環状 DNA 分子において一方の鎖が他方の鎖を交差する回数。

リン酸基 ● phosphate group
ヌクレオチドの構成要素の 1 つ。

レクチン ● lectin
特異的な糖鎖結合能をもつ植物や動物のタンパク質。

レジン ● resin
クロマトグラフィーの固定相として用いられる物質の 1 つ。

劣性 ● recessive
ヘテロ接合体では発現しないアレルの表現型。潜性ともいう。

レトロ遺伝子 ● retrogene
偽遺伝子が別の遺伝子のプロモーター近傍に挿入されて生じた複製遺伝子。

レトロウイルス ● retrovirus
逆転写ウイルスの一種で，宿主細胞のゲノムに組み込まれる RNA ゲノムをもつ。

レトロエレメント ● retroelement
RNA 中間体を経て転位する遺伝因子。

レトロ転位 ● retrotransposition
RNA 中間体を経て起こる転位。

レトロトランスポゾン ● retrotransposon
宿主に組み込まれたレトロウイルスゲノムに類似した配列をもつため，レトロ転位活性をもっていると考えられる散在反復配列。

レトロポゾン ● retroposon
LTR をもたないレトロエレメント。

レトロホーミング ● retrohoming
一本鎖 RNA からなる除去されたイントロンが，複製によって二本鎖 DNA となる前に細胞小器官ゲノムに直接挿入される過程。

レトロン ● retron
細菌で最も一般的なタイプのレトロエレメント。

レプリソーム ● replisome
ゲノム複製にかかわるタンパク質複合体。

レポーター遺伝子 ● reporter gene
表現型の確認が可能で，それゆえ調節配列の機能の決定に用いることができる遺伝子。

レポータープローブ ● reporter probe
標的 DNA 配列に結合して蛍光シグナルを発する短いオリゴヌクレオチド。

連鎖 ● linkage
→遺伝的連鎖

連鎖解析 ● linkage analysis
遺伝的交配によって遺伝子の地図上の位置を決定する手法。

連鎖群 ● linkage group
連鎖を示す一群の遺伝子。真核生物では通常，1 つの連鎖群が 1 本の染色体に対応する。

連鎖不平衡 ● linkage disequilibrium
連鎖した座位において，アレルの特定の組合せが集団中の平均よりも高い，もしくは低い頻度で観察される状況。

ロイシンジッパー ● leucine zipper
DNA 結合タンパク質に広くみられる二量体化ドメイン。

六倍体 ● hexaploid
二倍体ゲノムのコピーを 3 セットもつ同質倍数体または異質倍数体。

ロッドスコア ● lod score
家系解析の結果として得られる連鎖の統計学的尺度。

ローリングサークル型複製 ● rolling-circle replication
DNA 複製様式の 1 つ。環状の鋳型分子を一回りする形でポリヌクレオチド鎖が連続的に合成される。

欧文索引

・語頭が数字，ギリシャ文字，アルファベットの用語はすべて欧文に含めた。
・「○○→□□」は原則として同義のため，□□を参照のこと。ただし，○○そのものが掲載されている頁を示してある場合もある。
・f のついた頁は，図または図説明文にその項目が含まれる。
・t のついた頁は，表にその項目が含まれる。
・* のついた頁は，用語解説にその項目が含まれる。

■ 数字

0 型キャップ　15f，479*
1,2-diacylglycerol（DAG，1,2-ジアシルグリセロール）　351
1,2-ジアシルグリセロール（DAG）　351，351f
1 遺伝子 1 酵素仮説　337
1 型キャップ　15f，479*
Ⅰ型コラーゲン α2 鎖　461f
Ⅰ型コラーゲン α2 鎖遺伝子　461
Ⅰ型制限酵素　32，32f
1 分子リアルタイム塩基配列決定法　98，98f，479*
2 μm plasmid（2 μm プラスミド）　50，479*
ⅡA^{Glc}　282，283f
2-aminopurine（2-アミノプリン）　409，479*
2′-deoxyribose（2′-デオキシリボース）　5，479*
2-アミノプリン　409，479*
2 型キャップ　15f，479*
Ⅱ型制限酵素　32，32f
2′-デオキシアデノシン 5′-三リン酸　6
2′-デオキシグアノシン 5′-三リン酸　6
2′-デオキシシチジン 5′-三リン酸　6
2′-デオキシチミジン 5′-三リン酸　6
2′-デオキシリボース　5，479*
3′→5′ exonuclease（3′→5′ エキソヌクレアーゼ）　30，479*
3′→5′ エキソヌクレアーゼ　30，31f，90，381，405，479*
3C（chromosome conformation capture）法　235，236f，479*
3′-OH terminus（3′-OH 末端）→ 3′-terminus（3′ 末端）
3′-OH 末端 → 3′ 末端
3-pyridine（3-ピリジン）　447
3′-RACE 法　129f
3′-terminus（3′ 末端）　6，479*
3′-transduction（3′ 形質導入）　462，479*
3′-untranslated region（3′ 非翻訳領域）　23，479*
Ⅲ型制限酵素　32，32f
3′ 形質導入　462，479*
3′ スプライス部位　292，292f
3 点交雑　70，71t
3′ 突出末端　33，34f
3′ 非翻訳領域　23，127f，479*

3-ピリジン　447
　構造　447f
3′ 末端　6，479*
4-チオウラシル，構造　16f
5′→3′ exonuclease（5′→3′ エキソヌクレアーゼ）　30，479*
5′→3′ エキソヌクレアーゼ　30，31f，90，382，415，479*
5′-5′ 三リン酸結合　15f，133
5-bromouracil（5-bU，5-ブロモウラシル）　409，479*
5′-P terminus（5′-P 末端）→ 5′-terminus（5′ 末端）
5′-P 末端 → 5′ 末端
5′-RACE 法　129f
5′-terminus（5′ 末端）　6，479*
5′-untranslated region（5′ 非翻訳領域）　479*
5′ スプライス部位　292，292f
5′ 突出末端　33，34f
5′ 非翻訳領域　127f，479*
5-ブロモウラシル（5-bU）　409，479*
　塩基対形成　409，410f
　構造　410f
　変異原性　410f
5′ 末端　6，479*
5-メチルシトシン　245
　構造　245f
(6-4) lesion〔(6-4) 損傷〕　411，479*
(6-4) photoproduct photolyase〔(6-4) 光産物フォトリアーゼ〕　414，479*
(6-4) 損傷　411，414，479*
(6-4) 光産物　411f
(6-4) 光産物フォトリアーゼ　414，479*
7SK RNA　272，479*
7SL RNA　272，479*
7-メチルグアニン，構造　16f
7-メチルグアノシン　15，133
　構造　15f
−10 box（−10 ボックス）　278，280，280t，281f，479*
−25 box（−25 ボックス）→ TATA ボックス
30 nm fiber（30 nm 線維）　161，480*
30 nm 線維　161，233f，480*
　ソレノイドモデル　161f
　らせん状リボンモデル　161f
−35 box（−35 ボックス）　278，280，280t，281f

454 sequencing（454 塩基配列決定法）　96，480*

■ ギリシャ文字

α-helix（α ヘリックス）　17，480*
α 鎖様グロビン遺伝子クラスター　178，178f，451f
α ヘリックス　17，18f，480*
β-N-glycosidic bond（β-N-グリコシド結合）　6，480*
β-N-グリコシド結合　6，411，412f，414，480*
β-sheet（β シート）　17，480*
β-turn（β ターン）　260，480*
β-ガラクトシダーゼ　44
β 鎖様グロビン遺伝子クラスター　178，178f，243f，451f
　進化　452f
β サラセミア　153t
β シート　17，18f，480*
β ターン　260，480*
β バレル二量体　259t
γ-complex（γ 複合体）　385，480*
γ 複合体　385，385f，480*
δ エレメント　170，220，220f
δ ラクトフェリン　345
κ 軽鎖　354
λ phage（λ ファージ）　45，480*
λ 軽鎖　354
λ ファージ　45，212，212t，214，214f，480*
　溶菌感染サイクル　45，46f，357
　溶原化感染サイクル　46，46f，357，434
λ ファージゲノム，切り出し　435
　組込み　434，434f
λ ベクター　46，47f，49t
π-π interaction（π-π 相互作用）　9，480*
ρ　284，480*
ρ 依存性転写終結領域　284，284f，480*
σ^{32} サブユニット　278，279f
σ^{54} サブユニット　278
σ^{70} サブユニット　278，279f
σ^A サブユニット　359
σ^E サブユニット　359，360f，361f
σ^F サブユニット　359，360f，361f
σ^G サブユニット　361，361f
σ^H サブユニット　359
σ^K サブユニット　361，361f

欧文索引

σエレメント 220
σサブユニット 278, 359
τエレメント 170
φ6 ファージ 211, 212t
φX174 ファージ 212f, 212t, 213

A

A site（A 部位） 323, 480*
ab initio gene prediction（*ab initio* 遺伝子予測） 121, 480*
ABC model（ABC モデル） 367, 480*
abdominal A 365f
Abdominal B 365f
ABF1（ARS-binding factor 1, ARS 結合タンパク質 1） 379f, 380
acceptor arm（受容アーム） 501*
acceptor site（受容部位） 292, 501*
accessory genome（アクセサリーゲノム） 198, 488*
Ac/Ds transposon（*Ac/Ds* トランスポゾン） 223, 223f, 480*
Ace1p 345
acquired immunodeficiency syndrome（AIDS, 後天性免疫不全症候群） 216
acridine dye（アクリジン色素） 488*
ACS（ARS consensus sequence, ARS コンセンサス配列） 380, 480*
acylation（アシル化） 334, 489*
Ac エレメント 223, 223f
ada 414f
ADA 239
Ada 413, 414f, 480*
ada regulon（*ada* レギュロン） 414, 480*
adaptor（アダプター） 38, 93, 489*
ADAR（adenosine deaminase acting on RNA, RNA 特異的アデノシンデアミナーゼ） 486*
ada レギュロン 414, 414f, 480*
adenine（アデニン） 6, 489*
adenosine deaminase acting on RNA（ADAR, RNA 特異的アデノシンデアミナーゼ） 486*
adenylate cyclase（アデニル酸シクラーゼ） 258f, 282, 489*
A-DNA（A 型 DNA） 11, 480*
Aegilops tauschii 460
affinity chromatography（アフィニティークロマトグラフィー） 131, 317, 317f, 489*
agamous 367
agarose gel electrophoresis（アガロースゲル電気泳動） 35, 35f, 488*
Agrobacterium tumefaciens 51, 190
aidB 414f
AIDS（acquired immunodeficiency syndrome, 後天性免疫不全症候群） 216, 436, 469
alarmone（アラーモン） 324, 489*
alkA 414f
alkaline phosphatase（アルカリホスファターゼ） 39, 489*
alkB 414f
alkylating agent（アルキル化剤） 410, 489*

allele（アレル） 58, 489*
allele frequency（アレル頻度） 472, 489*
allele-specific oligonucleotide（ASO）hybridization（アレル特異的オリゴヌクレオチドハイブリダイゼーション） 489*
allolactose（アロラクトース） 281
allopolyploid（異質倍数体） 460, 489*
alphoid DNA（アルフォイド DNA） 164, 489*
ALS（amyotrophic lateral screlosis, 筋萎縮性側索硬化症） 220
alternative exon（選択的エクソン） 295, 503*
alternative polyadenylation site（選択的ポリアデニル化部位） 298, 503*
alternative promoter（選択的プロモーター） 280, 503*
alternative splice site selection（代替スプライス部位選択） 295, 504*
alternative splicing（選択的スプライシング） 173, 503*
Alu element（*Alu* エレメント） 220t, 221, 221f, 467, 480*
Alu I 33t
amino acid（アミノ酸） 17, 489*
aminoacyl site（アミノアシル部位）→ A site（A 部位）
aminoacylation（アミノアシル化） 489*
aminoacyl-tRNA synthetase（アミノアシル tRNA シンテターゼ） 489*
amino-terminus（アミノ末端） 17, 489*
amplification refractory mutation system（ARMS 法） 63, 480*
amyotrophic lateral screlosis（ALS, 筋萎縮性側索硬化症） 220
analytical protein array（検出用タンパク質アレイ） 313, 497*
anaphase-promoting complex/cyclosome（APC/C, 後期促進複合体/シクロソーム） 396, 497*
anatomically modern humans（解剖学的現生人類） 471, 493*
ancestral allele（祖先型アレル） 472, 504*
anchor cell（アンカー細胞） 362
ancient DNA（古代 DNA） 112, 468, 498*
Angelman syndrome（アンジェルマン症候群） 246
anhydronucleoside（アンヒドロヌクレオシド） 444
annealing（アニーリング） 30, 489*
ANT-C（*Antennapedia* complex, *Antennapedia* 遺伝子群） 365, 365f
Antennapedia 365, 365f
Antennapedia complex（ANT-C, *Antennapedia* 遺伝子群） 365, 365f
antibody array（抗体アレイ）→ analytical protein array（検出用タンパク質アレイ）
anticodon（アンチコドン） 489*
anticodon arm（アンチコドンアーム） 489*
antigen（抗原） 354, 498*
antitermination（抗転写終結） 498*
antiterminator protein（抗転写終結タンパク質） 357, 498*

anti 型 10, 10f
AP endonuclease（AP エンドヌクレアーゼ） 415, 480*
AP site（AP 部位） 480*
APC/C（anaphase-promoting complex/cyclosome, 後期促進複合体/シクロソーム） 396, 497*
APE1 414
apetala1 367
apetala2 367
apetala3 367
apoptosis（アポトーシス） 398, 489*
apurinic/apyrimidinic site（AP 部位, 脱プリン/脱ピリミジン部位） 411, 504*
AP エンドヌクレアーゼ 415, 480*
AP 部位 411, 414, 480*
arabinose amino-oxazoline（アラビノースアミノオキサゾリン） 444
archaea（古細菌） 23, 187, 498*
Argonaut（アルゴノート） 145f, 290
ARMS（amplification refractory mutation system）法 63, 480*
　SNP タイピング 63, 63f
ARS（autonomously replicating sequence, 自律複製配列） 379, 379f, 501*
ARS consensus sequence（ACS, ARS コンセンサス配列） 380, 480*
ARS-binding factor 1（ABF1, ARS 結合タンパク質 1） 380
ARS 結合タンパク質 1（ABF1） 379f, 380
ARS コンセンサス配列（ACS） 380, 480*
artificial gene synthesis（人工遺伝子合成） 151, 501*
ascospore（子嚢胞子） 353, 500*
ascus（子嚢） 353, 500*
ASO hybridization（ASO ハイブリダイゼーション） 480*
ataxia telangiectasia（毛細血管拡張性運動失調症） 422
ATM 422
ATM 398
ATP（アデノシン 5′-三リン酸） 12
ATP sulfurylase（ATP スルフリラーゼ） 96
ATR 398
attB 部位 434
attenuation（転写減衰） 284, 285f, 506*
attL 部位 435
attP 部位 434
attR 部位 435
AT 含量 165
AT に富む領域 84, 165, 189, 233, 233f
AU-AC intron（AU-AC イントロン） 292, 480*
autonomously replicating sequence（ARS, 自律複製配列） 379, 501*
autophagy（オートファジー） 338
autopolyploid（同質倍数体） 453, 507*
autoradiography（オートラジオグラフィー） 37, 492*
autosome（常染色体） 1, 501*
auxotroph（栄養要求株） 74, 491*
Avery, Oswald 3

avidin（アビジン） 133, 489*
A 型 DNA 11, 11t, 12f, 263, 480*
A 部位 323, 323f, 480*
A 複合体 293, 294f, 480*

B

B chromosome（B 染色体） 162, 480*
B responsive element（BRE，B 応答エレメント） 279
B1 エレメント 221
BAC（bacterial artificial chromosome，細菌人工染色体） 49, 499*
Bacillus subtilis → 枯草菌
backtracking（後退） 277, 498*
bacteria（細菌，複数形） 187, 499*
bacterial artificial chromosome（BAC，細菌人工染色体） 49, 499*
bacteriophage（バクテリオファージ）→ phage（ファージ）
bacterium（細菌，単数形） 187, 499*
bait（ベイト） 109, 514*
Baltimore, David 215
*Bam*HⅠ 33, 33t
Bangiomorpha 448
barcode deletion strategy（バーコード欠失法） 143, 509*
Barr body（バー小体） 247, 509*
basal promoter（基本プロモーター）→ core promoter（コアプロモーター）
basal rate of transcription initiation（転写開始の基本効率） 281, 506*
base analog（塩基類似体） 408, 492*
base excision repair（塩基除去修復） 414, 492*
base pair（塩基対） 1, 492*
base pairing（塩基対形成） 8, 492*
base ratio（塩基存在比） 8, 492*
base stacking（塩基スタッキング） 9, 492*
base substitution（塩基置換） 471, 492*
baseless site（塩基欠落部位） 412, 492*
basic helix-loop-helix motif（塩基性ヘリックス・ループ・ヘリックスモチーフ） 261, 492*
Basic Local Alignment Search Tool（BLAST） 139
Bateson, William 66f
B-DNA（B 型 DNA） 10, 480*
Beadle, George 337
beads-on-a-string structure（数珠状構造） 161, 501*
*Bgl*Ⅰ 33t
bicoid 364, 365f
Bicoid（ビコイド） 364
biobank（バイオバンク） 155, 509*
biochemical profiling（生化学的プロファイリング）→ metabolomics（メタボロミクス）
bioinformatics（バイオインフォマティクス） 121, 509*
biolistics（バイオリスティック法） 51, 509*
biological information（生物学的情報） 1, 502*

biotechnology（バイオテクノロジー） 443, 509*
biotin（ビオチン） 93, 133, 510*
biotinylation（ビオチン化） 334, 510*
bithorax complex（BX-C，*bithorax* 遺伝子群） 365, 365f
bivalent（二価染色体） 66, 508*
BLAST 139, 154, 480*
blastoderm（胞胚） 364f
Bloom syndrome（ブルーム症候群） 422
blunt end（平滑末端） 33, 514*
bone morphogenetic protein（骨形成タンパク質） 347
bootstrap analysis（ブートストラップ解析） 512*
bootstrap value（ブートストラップ値） 512*
Borrelia burgdorferi 190
  ゲノム構成 191, 191t
bottleneck（ボトルネック） 472f, 515*
bottom-up proteomics（ボトムアッププロテオミクス） 305, 515*
bovine spongiform encephalopathy（BSE，ウシ海綿状脳症） 218
branch（枝） 470, 492*
branch migration（分岐点移動） 427, 513*
branch site（分岐部位） 293
BRCA1 154, 154f, 421
BRCA1 398
BRE（B responsive element，B 応答エレメント） 279, 279f
break repair（鎖切断修復） 413, 496*
Brenner, Sydney 362
BSE（bovine spongiform encephalopathy，ウシ海綿状脳症） 218
BSND 167
*Bsr*BⅠ 33, 33t
bubble-seq 法 380, 381f, 480*
buoyant density（浮遊密度） 166, 512*
buoyant density centrifugation（浮遊密度遠心分離法）→ isopycnic centrifugation（等密度遠心分離法）
buttonhead 364
BX-C（*bithorax* complex，*bithorax* 遺伝子群） 365, 365f
B 応答エレメント（BRE） 279, 279f
B 型 DNA 10, 11t, 12f, 263, 480*
B 染色体 162, 480*
B 複合体 293, 294f, 481*

C

cⅠリプレッサー 357, 358f, 421
C2′-endo 型 10, 10f
C3′-endo 型 10, 10f
Caenorhabditis elegans → 線虫
CAGE（cap analysis of gene expression）法 133, 133f, 481*
Cajal body（カハール体） 231, 494*
calmodulin（カルモジュリン） 351, 351f
cAMP（cyclic AMP，サイクリック AMP） 257, 282, 283f, 499*
candidate gene（候補遺伝子） 154, 498*

CAP（catabolite activator protein，カタボライト活性化タンパク質） 282, 283f, 494*
cap analysis of gene expression（CAGE）法 133, 133f, 481*
cap binding complex（キャップ結合複合体） 325, 495*
CAP site（CAP 部位） 481*
cap structure（キャップ構造） 14, 133, 495*
capillary electrophoresis（キャピラリー電気泳動） 61, 495*
capping（キャップ形成） 495*
capsid（カプシド） 211, 494*
CAP 部位 481*
carboxy-terminus（カルボキシ末端） 17, 494*
Cas9 146
Cas9 endonuclease（Cas9 エンドヌクレアーゼ） 146, 481*
Cas9 エンドヌクレアーゼ 146, 146f, 481*
cascade（カスケード） 349, 494*
catabolite activator protein（CAP，カタボライト活性化タンパク質） 282, 494*
catabolite repression（カタボライト抑制） 494*
Caudal（コーダル） 364
Cbf1 164, 165f
Cbf3 164, 165f
Cdc6 395, 395f
Cdc25 398
Cdc45 395, 395f
CDEⅠ 164, 164f, 165f
CDEⅡ 164, 164f, 165f
CDEⅢ 164, 164f, 165f
CDK（cyclin-dependent kinase，サイクリン依存性キナーゼ） 395, 395f, 396f
cDNA（complementary DNA，相補的 DNA） 32, 82, 503*
  調製 82f
cDNA capture（cDNA キャプチャー法） 132, 481*
cDNA selection（cDNA セレクション法）
  → cDNA capture（cDNA キャプチャー法）
cDNA キャプチャー法 132, 481*
cDNA セレクション法 → cDNA キャプチャー法
Cdt1 395, 395f
cell cycle（細胞周期） 161, 393, 499*
cell cycle checkpoint（細胞周期チェックポイント） 394, 499*
cell senescence（細胞老化） 392, 499*
cell transformation（細胞形質転換） 216, 499*
cell-free protein-synthesizing system（無細胞タンパク質合成系） 21, 516*
CENP-A 164
centiMorgan（cM，センチモルガン） 69, 503*
Centre d'Études du Polymorphisme Humaine（CEPH，ヒト多型研究センター） 73
centromere（セントロメア） 162, 503*
CEPH（Centre d'Études du Polymorphisme Humaine，ヒト多型研究センター） 73

chain-termination method（鎖伸長終結法）
　→ dideoxy method（ジデオキシ法）
chaperonin（シャペロニン）　330, 500*
Chargaff, Erwin　8
Chase, Martha　4
CHEF electrophoresis（CHEF 電気泳動）
　481*
chemical degradation method（化学分解法）
　91, 493*
chemical modification（化学修飾）　15, 493*
chemical shift（化学シフト）　253, 493*
chemiluminescent marker（化学発光マーカー）
　36, 493*
chi（χ）form（十字構造）　427, 500*
chi site　429
chimera（キメラ）　144, 495*
ChIP-chip 法 → ChIP-on-chip 法
ChIP-on-chip 法　259, 481*
ChIP-seq（chromatin immunoprecipitation
　sequencing）法　257, 258f, 481*
chi 部位（crossover hotspot instigator site）
　429, 430f, 481*
Chk1　398
Chk2　398
chloroplast（葉緑体）　187, 517*
chloroplast genome（葉緑体ゲノム）　202, 517*
chromatid（染色分体）　66, 162, 503*
chromatin（クロマチン）　160, 496*
chromatin immunoprecipitation sequencing
　（ChIP-seq 法）　257, 258f, 481*
chromatophore（色素胞）　203
chromatosome（クロマトソーム）　161, 496*
chromid（クロミド）　192, 496*
chromodomain（クロモドメイン）　432, 496*
chromosome（染色体）　1, 503*
chromosome conformation capture（3C 法）
　235, 479*
chromosome painting（染色体ペインティング
　法）　231, 503*
chromosome territory（染色体テリトリー）
　233, 503*
chromosome theory（染色体説）　3, 503*
chromosome walking（染色体歩行）　106, 503*
cis-displacement（シス変位）　244, 500*
citrus exocortis viroid（カンキツエクソコー
　ティスウイロイド）　217
clamp loader（クランプローダー）　385
class switching（クラススイッチ）　356, 496*
classical multigene family（単純な多重遺伝子
　族）　178
cleavage and polyadenylation specificity factor
　（CPSF, 切断・ポリアデニル化特異性因子）
　503*
cleavage stimulation factor（CstF, 切断促進因
　子）　503*
clone（クローン）　43, 496*
clone contig（クローンコンティグ）　105, 496*
clone contig approach（クローンコンティグ法）
　496*

clone fingerprinting（クローンフィンガープリ
　ント法）　107, 496*
clone library（クローンライブラリー）　43, 496*
cloning vector（クローニングベクター）　42, 496*
closed pan-genome（閉じたパンゲノム）　199
closed promoter complex（閉鎖型プロモーター
　複合体）　514*
cloverleaf structure（クローバー葉構造）　124, 496*
clustered regularly interspaced short
　palindromic repeats（CRISPR）　146, 194, 481*
cM（centiMorgan, センチモルガン）　69, 503*
coalescence analysis（合祖解析）　472
coalescence time（合祖時間）　471, 498*
Cockayne syndrome（コケイン症候群）　422
coding RNA（コード RNA）　13, 498*
co-dominance（共優性）　64, 495*
codon（コドン）　21, 498*
codon bias（コドンの偏り）　123, 498*
codon-anticodon recognition（コドン-アンチ
　コドン認識）　498*
cohesin（コヒーシン）　237, 389, 498*
cohesive end（粘着末端）　33, 509*
co-immunoprecipitation（共免疫沈降法）　318, 495*
cointegrate（融合構造体）　436, 517*
Collins, Francis　111
column chromatography（カラムクロマトグラ
　フィー）　306, 494*
comorbidity（併存率）　320, 514*
comparative epigenomics（比較エピゲノム学）
　465, 510*
comparative genomics（比較ゲノム学）　126, 510*
competent（コンピテント状態）　499*
complementary（相補的）　28, 503*
complementary DNA（cDNA, 相補的 DNA）
　32, 503*
complete linkage（完全連鎖）　68
complex A（A 複合体）　293, 480*
complex B（B 複合体）　293, 481*
complex E（E 複合体）　293, 483*
complex multigene family（複雑な多重遺伝子
　族）　178
composite transposon（複合トランスポゾン）
　222, 511*
concanavalin A（コンカナバリン A）　335
concatemer（コンカテマー）　38f, 498*
concerted evolution（協調進化）　450, 495*
condensin（コンデンシン）　237
conjugation（接合）　73, 502*
conjugation mapping（接合マッピング）　502*
consensus sequence（コンセンサス配列）
　123, 498*
conservative replication（保存的複製）　373, 515*
conservative transposition（保存型転位）　218, 515*

constitutive heterochromatin（構成的ヘテロク
　ロマチン）　111, 232, 498*
context-dependent codon reassignment（配列
　依存性コドン再指定）　23, 509*
contig（コンティグ）　100, 499*
contour-clamped homogeneous electric field
　（CHEF）electrophoresis（等電位線固定均一
　電場電気泳動）　507*
conventional pseudogene（通常型偽遺伝子）
　→ nonprocessed pseudogene（非プロセス型
　偽遺伝子）
core genome（コアゲノム）　198, 497*
core octamer（コア八量体）　160, 497*
core promoter（コアプロモーター）　278, 497*
correlation spectroscopy（COSY）　253
cos site（cos 部位）　47, 481*
cosegregate（共分離）　474
cosmid（コスミド）　48, 498*
cosuppression（共抑制）　290
COSY　253
cos 部位　47, 48f, 49f, 481*
co-transduction（同時形質導入）　507*
co-transformation（同時形質転換）　507*
coverage（カバレッジ）→ read depth（リード
　深度）
CP190　237
CpG island（CpG アイランド）　124, 408, 481*
　メチル化　245, 246f, 465, 465f
CPSF（cleavage and polyadenylation
　specificity factor, 切断・ポリアデニル化特
　異性因子）　503*
CRE（cyclic AMP response element, サイク
　リック AMP 応答配列）　257, 499*
CREB（cyclic AMP response element-binding
　protein, サイクリック AMP 応答配列結合
　タンパク質）　257, 258f, 287, 350, 499*
Crenarchaeota（クレンアーキオータ）　189
Creutzfeldt-Jakob disease（クロイツフェルト・
　ヤコブ病）　218
Cre リコンビナーゼ　435, 436f
Crick, Francis　5, 19, 371
CRISPR（clustered regularly interspaced short
　palindromic repeats）　146, 194, 481*
crossing over（交差）　66, 498*
crossover hotspot instigator site　429
Cro リプレッサー　358, 358f
CRP（cyclic AMP receptor protein, サイクリッ
　ク AMP 受容体タンパク質）　282
cryptic splice site（潜在的スプライス部位）
　294, 503*
Cse4　164
CSTB　408
CstF（cleavage stimulation factor, 切断促進因
　子）　503*
CTCF　237
CTD（C-terminal domain, C 末端ドメイン）
　286, 481*
C-terminus（C 末端）→ carboxy-terminus（カ
　ルボキシ末端）
CTP（シチジン 5′-三リン酸）　12

CURLY LEAF　368
C-value paradox（*C* 値パラドックス）　169, 481*
cyanelle（シアネレ）　202, 499*
cyclic AMP（cAMP，サイクリック AMP）　257, 282, 499*
cyclic AMP receptor protein（CRP，サイクリック AMP 受容体タンパク質）　282
cyclic AMP response element（CRE，サイクリック AMP 応答配列）　257, 499*
cyclic AMP response element-binding protein（CREB，サイクリック AMP 応答配列結合タンパク質）　257, 499*
cyclin（サイクリン）　395, 499*
cyclin-dependent kinase（CDK，サイクリン依存性キナーゼ）　395
cyclobutane-type dimer（シクロブタン型二量体）　411, 500*
Cys₂His₂ zinc finger（Cys₂His₂ 型ジンクフィンガー）　139, 139f, 259t, 261, 261f, 481*
cytochemistry（細胞化学）　3, 499*
cytokine（サイトカイン）　347, 499*
cytosine（シトシン）　6, 500*
C 値パラドックス　169, 481*
C バンド法　162t
C 末端 → カルボキシ末端
C 末端ドメイン（CTD）　286, 481*

■ D

D arm（D アーム）　482*
DAG（1,2-diacylglycerol，1,2-ジアシルグリセロール）　351, 351f
DAG（directed acyclic graph，有向非巡回グラフ）　142, 517*
Dam（DNA adenine methylase，DNA アデニンメチラーゼ）　418, 481*
DAPI　78
dark repair（暗修復）　416, 489*
Darwin, Charles　466
date hub（デートハブ）　320
dATP（2′-デオキシアデノシン 5′-三リン酸）　6
Dbf4-dependent kinase（DDK，Dbf4 依存性キナーゼ）　395
Dcm（DNA cytosine methylase，DNA シトシンメチラーゼ）　418, 482*
dCTP（2′-デオキシシチジン 5′-三リン酸）　6
DDK（Dbf4-dependent kinase，Dbf4 依存性キナーゼ）　395, 395f
ddNTP（dideoxynucleoside triphosphate，ジデオキシヌクレオシド三リン酸）　88
de Bruijn graph（ドブラングラフ）　103, 507*
de novo methylation（新生メチル化）　245, 501*
de novo sequencing（*de novo* 塩基配列決定法）　101, 481*
de Vries, Hugo　454
deadenylation-dependent decapping（脱アデニル依存性キャップ除去）　504*
deaminating agent（脱アミノ剤）　409, 504*
defective retrovirus（欠損型レトロウイルス）　216, 497*
Deformed　365f
degeneracy（縮重）　21, 501*
degradosome（デグラドソーム）　289, 506*
dehydrin（デヒドリン）　300
Deinococcus radiodurans　78
　ゲノム構成　191, 191t
delayed early gene（後初期遺伝子）　357
delayed-onset mutation（遅延型変異）　505*
Delbrück, Max　211, 213, 372
deletion cassette（遺伝子欠失カセット）　143
deletion mutation（欠失変異）　403, 497*
denaturation（変性）　31, 514*
dendrogram（デンドログラム）　275, 506*
Denisovan（デニソワ人）　468
density gradient centrifugation（密度勾配遠心分離法）　181, 516*
deoxyribonuclease（デオキシリボヌクレアーゼ）　5, 506*
deoxyribonucleic acid（DNA，デオキシリボ核酸）→ DNA
derived allele（派生型アレル）　472, 509*
development（発生）　343, 509*
dGTP（2′-デオキシグアノシン 5′-三リン酸）　6
diauxie（ジオーキシー）　283, 499*
Dicer（ダイサー）　145f, 289, 504*
dideoxy method（ジデオキシ法）　87, 500*
dideoxynucleoside triphosphate（ddNTP，ジデオキシヌクレオシド三リン酸）　88, 500*
differential centrifugation（分画遠心分離法）　513*
differentiation（分化）　343, 513*
dihybrid cross（二遺伝子雑種交雑）　65f, 508*
dimer（二量体）　189, 508*
dimethyl sulfate（DMS，硫酸ジメチル）　255
DinB　421
diol（ジオール）　133, 500*
diploid（二倍体）　1, 508*
direct readout（直接認識）　263, 505*
direct repair（直接修復）　412, 505*
direct repeat（直列反復配列）　222, 505*
directed acyclic graph（DAG，有向非巡回グラフ）　142, 517*
discontinuous gene（分断遺伝子）　127, 514*
disease module（疾患モジュール）　320, 500*
dispersive replication（分散的複製）　373, 513*
displacement replication（置き換え型複製）　377, 492*
distance matrix（距離行列）　470, 495*
disulfide bridge（ジスルフィド架橋）　18, 500*
D-loop（D ループ）　377, 428, 482*
DMC1　431
DMPK　407t, 408
DMS（dimethyl sulfate，硫酸ジメチル）　255
DNA（deoxyribonucleic acid，デオキシリボ核酸）　1, 506*
　A 型 ── 11, 11t, 12f, 263
　B 型 ── 10, 11t, 12f, 263
　Z 型 ── 11, 11t, 12f, 263
　アルフォイド ── 164, 181
　維持メチル化　245, 245f
　遺伝物質としての ── 3
　折りたたみ　159
　屈曲　264
　構造　5
　古代 ── 112, 468
　サテライト ── 181, 181f
　修飾　244
　修復　403, 403f, 412, 425, 432
　新生メチル化　245, 245f
　複製　10
　プロミスカス ── 202
　メチル化　81, 245
　リンカー ── 161
DNA adenine methylase（Dam，DNA アデニンメチラーゼ）　418, 481*
DNA amplification（DNA 増幅）　452
DNA bending（DNA の屈曲）　264, 482*
DNA chip（DNA チップ）　62, 482*
DNA cloning（DNA クローニング）　28, 482*
DNA cytosine methylase（Dcm，DNA シトシンメチラーゼ）　418, 482*
DNA glycosylase（DNA グリコシラーゼ）　414, 482*
DNA gyrase（DNA ジャイレース）　377, 482*
DNA helicase（DNA ヘリカーゼ）　98, 482*
DNA labeling（DNA 標識）　31, 482*
DNA ligase（DNA リガーゼ）　28, 385, 482*
DNA marker（DNA マーカー）　59, 482*
DNA methylation（DNA メチル化）　245, 482*
DNA methyltransferase（DNA メチルトランスフェラーゼ）　245, 482*
DNA photolyase（DNA フォトリアーゼ）　414, 482*
DNA polymerase（DNA ポリメラーゼ）　7, 28, 482*
DNA polymerase Ⅰ（DNA ポリメラーゼⅠ）　382, 482*
DNA polymerase Ⅱ（DNA ポリメラーゼⅡ）　382, 482*
DNA polymerase Ⅲ（DNA ポリメラーゼⅢ）　382, 482*
DNA polymerase α（DNA ポリメラーゼα）　383, 482*
DNA polymerase γ（DNA ポリメラーゼγ）　383, 482*
DNA polymerase δ（DNA ポリメラーゼδ）　383, 482*
DNA polymerase ε（DNA ポリメラーゼε）　383, 482*
DNA repair（DNA 修復）　403, 482*
DNA replication（DNA 複製）　10, 482*
DNA sequencing（DNA 塩基配列決定法）　28, 482*
DNA topoisomerase（DNA トポイソメラーゼ）　375, 482*
DNA transposon（DNA トランスポゾン）　168, 222, 482*
DNA tumor virus（DNA 腫瘍ウイルス）　482*
DNA unwinding element（DUE，DNA 開裂領

域） 379, 482*
DnaA　379, 379f
DnaB　379, 387
DNA-binding motif（DNA 結合モチーフ）　259, 482*
DNA-binding protein（DNA 結合タンパク質）　251, 482*
DnaC　379
DNA-dependent DNA polymerase（DNA 依存性 DNA ポリメラーゼ）　481*
DNA-dependent RNA polymerase（DNA 依存性 RNA ポリメラーゼ）　12, 481*
dnaK　330
DnaK タンパク質　330
DNA-PKcs（DNA 依存性プロテインキナーゼ触媒サブユニット）　419, 420f
DNase I hypersensitive site（DN アーゼ I 高感受性部位）　242, 482*
DNA アデニンメチラーゼ（Dam）　418, 481*
DNA 依存性 DNA ポリメラーゼ　30f, 481*
DNA 依存性 RNA ポリメラーゼ　12, 276, 481*
DNA 依存性プロテインキナーゼ触媒サブユニット　419
DNA 塩基配列決定法　28, 482*
　1 分子リアルタイム塩基配列決定法　98, 98f
　454 塩基配列決定法　96
　Illumina 塩基配列決定法　96
　Ion Torrent 塩基配列決定法　96
　PacBio 塩基配列決定法　98
　SOLiD 塩基配列決定法　97, 97f
　化学分解法　91
　可逆的ターミネーター塩基配列決定法　94, 95f
　サーマルサイクル塩基配列決定法　90, 90f
　次世代塩基配列決定法　92
　ジデオキシ法　87, 88f
　第三世代塩基配列決定法　98
　第四世代塩基配列決定法　98
　ナノポア塩基配列決定法　98, 99f
　パイロシークエンス法　96, 96f
　リアルタイム塩基配列決定法　98
DNA 開裂領域（DUE）　379, 379f, 482*
DNA グリコシラーゼ　414, 415t, 482*
DNA クローニング　28, 29f, 42, 42f, 482*
　大腸菌以外　50
DNA 結合タンパク質　251, 482*
　DNA との相互作用　263
　結合部位　254, 254f
　構造決定　251
　直接認識　263, 263f
DNA 結合モチーフ　259, 259t, 462, 482*
　配列特異的 ——　259t
　配列非特異的 ——　259t
DNA 再編成　353, 353f, 354, 355f
DNA 鎖相互交換　427, 427f, 482*
DNA シトシンメチラーゼ（Dcm）　418, 482*
DNA ジャイレース　188, 377, 482*
DNA 修飾　244
DNA 修復　403, 403f, 412, 425, 432, 482*

欠損による疾患　421
DNA 腫瘍ウイルス　482*
DNA 増幅　452, 454f
DNA チップ　62, 62f, 482*
　SNP タイピング　62, 62f
DNA トポイソメラーゼ　188, 375, 482*
　I A 型 ——　375, 375f
　I B 型 ——　375, 375f
　II 型 ——　375, 376f
DNA トランスポゾン　168, 220t, 222, 436, 482*
DNA の屈曲　264, 482*
DNA 標識　31, 482*
DNA フォトリアーゼ　414, 482*
DNA 複製　10, 482*
DNA 分解酵素 → デオキシリボヌクレアーゼ
DNA ヘリカーゼ　98, 379, 482*
　—— II　416, 416f, 418, 418f
DNA ポリメラーゼ　7, 28, 29f, 381, 405, 482*
　DNA 依存性 ——　30f
　—— I　31, 31t, 82f, 382, 382t, 386f, 386t, 415, 416f, 417
　—— II　382, 382t, 421
　—— III　382, 382t, 384f, 386f, 386t, 418, 418f
　—— IV　382, 382t, 421
　—— V　382, 382t, 420, 420f
　—— α　382t, 383, 384f, 386t
　—— β　415
　—— γ　382t, 383
　—— δ　382t, 383, 384f, 386t, 416
　—— ε　382t, 383, 384f, 386t, 416
　—— η　421
　RNA 依存性 ——　32
　鋳型依存性 ——　29
　鋳型非依存性 ——　38
　エキソヌクレアーゼ活性　386t
　塩基配列決定用　89
　活性　31f
　種類　30, 31t, 382t
　熱安定性 ——　31, 39
DNA ポリメラーゼ I　382, 482*
DNA ポリメラーゼ II　382, 482*
DNA ポリメラーゼ III　382, 482*
DNA ポリメラーゼ α　383, 482*
DNA ポリメラーゼ γ　383, 482*
DNA ポリメラーゼ δ　383, 482*
DNA ポリメラーゼ ε　383, 482*
DNA マーカー　59, 482*
　RFLP　59
　SNP　61
　SSLP　59
　STRP　61
　VNTR　60
　マイクロサテライト多型　61
　ミニサテライト多型　60
DNA メチル化　81, 245, 482*
DNA メチルトランスフェラーゼ　245, 245f, 482*
　—— 3b　245
DNA リガーゼ　28, 29f, 37, 37f, 385, 386f,

413, 413f, 416f, 417, 418, 418f, 482*
　T4 ——　37
DNA リガーゼ IV　419, 420f
DNA ワールド　446
Dnmt3b　245
DN アーゼ I 高感受性部位　242, 243f, 482*
DN アーゼ I フットプリント法　255, 255f
domain（ドメイン）　139, 177, 507*
domain duplication（ドメイン重複）　460, 507*
domain shuffling（ドメインシャッフリング）　460, 507*
dominant（優性）　64, 517*
donor site（供与部位）　292, 495*
Dorsal（ドーサル）　364
double helix（二重らせん）　1, 508*
double heterozygote（二重ヘテロ接合体）　70, 508*
double homozygote（二重ホモ接合体）　70, 508*
double restriction（二重制限酵素消化）　76, 508*
double-strand break model（二本鎖切断モデル）　428, 508*
double-strand break repair（二本鎖切断修復）　408, 508*
double-stranded（二本鎖）　12, 508*
double-stranded RNA binding domain（dsRBD, 二本鎖 RNA 結合ドメイン）　262, 508*
Down syndrome（ダウン症候群）　453
downstream（下流）　23, 494*
DPE（downstream promoter element, 下流プロモーター配列）　279, 279f
draft sequence（ドラフト配列）　109, 507*
DSL　363
dsRBD（double-stranded RNA binding domain, 二本鎖 RNA 結合ドメイン）　262, 508*
dsx　296, 297f
Ds エレメント　223, 223f
dTTP（2′-デオキシチミジン 5′-三リン酸）　6
Duchenne muscular dystrophy（デュシェンヌ型筋ジストロフィー）　280
DUE（DNA unwinding element, DNA 開裂領域）　379, 379f, 482*
DUF1220 ドメイン　467
duplicated pseudogene（重複偽遺伝子）　179, 505*
dysarthria（構音障害）　467
D アーム　124f, 482*
D ループ　377, 377f, 428, 428f, 430, 430f, 482*

■ E

E site（E 部位）　323, 483*
EC number（EC 番号）　141, 483*
EcoP15I　133, 133f
EcoRI　32, 33t
ecotype（生態型）　301
EC 番号　141, 483*

edge（辺） 319, 514*
EGF 受容体 347f
eIF-1 325
eIF-1A 325
eIF-2 325
eIF-3 325
eIF-4E 325
eIF-4G 326
electroendosmosis（電気浸透） 35, 506*
electron density map（電子密度地図） 252, 506*
electron microscopy（電子顕微鏡法） 322, 506*
electrophoresis（電気泳動） 34, 506*
electrospray ionization（エレクトロスプレーイオン化法） 310, 492*
electrostatic interaction（静電的相互作用） 9, 502*
Ellis, Emory 213
elution（溶出） 307, 517*
embryonic stem (ES) cell（胚性幹細胞） 144, 509*
empty spiracles 364
EMS (ethyl methanesulfonate, エチルメタンスルホナート) 410, 492*
end-labeling（末端標識） 39, 516*
end-modification（末端修飾） 14, 516*
end-modification enzyme（末端修飾酵素） 28, 516*
endogenous retrovirus (ERV, 内在性レトロウイルス) 220, 508*
endonuclease（エンドヌクレアーゼ） 32, 492*
endosymbiont theory（細胞内共生説） 202, 499*
engrailed 366
enhancer（エンハンサー） 287, 492*
Ensembl 134, 483*
env 215, 215f
EPAS1 469
epigenetic effect（エピジェネティック効果） 465, 492*
epigenome（エピゲノム） 465, 492*
episome（エピソーム） 492*
episome transfer（エピソーム移入） 73, 492*
ERV (endogenous retrovirus, 内在性レトロウイルス) 220, 508*
ES cell (ES 細胞) → embryonic stem cell（胚性幹細胞）
Escherichia coli → 大腸菌
ESE (exonic splicing enhancer, エクソン内スプライシングエンハンサー) 294, 492*
ESS (exonic splicing silencer, エクソン内スプライシングサイレンサー) 295, 492*
EST (expressed sequence tag, 発現配列タグ) 82, 509*
ES 細胞 → 胚性幹細胞
ethidium bromide（臭化エチジウム） 35, 410, 500*
ethyl methanesulfonate (EMS, エチルメタンスルホナート) 410, 492*
euchromatin（ユークロマチン） 110, 231, 517*
eukaryote（真核生物） 13, 501*
Eulerian pathway（オイラー路） 104, 492*
European Bioinformatics Institute（欧州バイオインフォマティクス研究所） 134
Euryarchaeota（ユーリアーキオータ） 189
even skipped 366
Excavata（エクスカバータ） 464
excision repair（除去修復） 413, 501*
excisionase（エキシジョナーゼ） 435
exit site（出口部位）→ E site（E 部位）
exome（エクソーム） 109, 492*
exon（エクソン） 14, 492*
exon skipping（エクソンスキッピング） 294, 295, 492*
exon theory of genes（遺伝子のエクソン説） 463, 490*
exon trapping（エクソントラップ法） 129, 492*
exon-intron boundary（エクソン-イントロン境界） 123, 492*
exonic splicing enhancer (ESE, エクソン内スプライシングエンハンサー) 294, 492*
exonic splicing silencer (ESS, エクソン内スプライシングサイレンサー) 295, 492*
exonuclease（エキソヌクレアーゼ） 32, 491*
exosome（エキソソーム） 289, 491*
expressed sequence tag (EST, 発現配列タグ) 82, 509*
expression proteomics（発現プロテオミクス）→ protein profiling（タンパク質プロファイリング）
external node（外部節） 470, 493*
extrachromosomal gene（染色体外遺伝子） 202, 503*
extremophile（極限環境生物） 187, 495*
EZH2 352
E 部位 323, 323f, 483*
E 複合体 293, 294f, 483*

F

F plasmid（F プラスミド） 49, 483*
facultative heterochromatin（条件的ヘテロクロマチン） 232, 501*
Fanconi anemia（ファンコニー貧血） 422
FEN1 (flap endonuclease 1, フラップエンドヌクレアーゼ 1) 386, 513*
ferritin（フェリチン） 326
Fertile Crescent（肥沃な三日月地帯） 473, 511*
fiber-FISH（ファイバー FISH） 80, 511*
fibrillarin（フィブリラリン） 230
field inversion gel electrophoresis (FIGE, 電場反転ゲル電気泳動) 506*
FIGE (field inversion gel electrophoresis, 電場反転ゲル電気泳動) 506*
filamentous capsid（線維状カプシド） 212, 503*
finger module（フィンガーモジュール） 461
finished sequence（完了配列） 109, 494*
FISH (fluorescence in situ hybridization, 蛍光 in situ ハイブリダイゼーション) 79, 496*
flap endonuclease 1 (FEN1, フラップエンドヌクレアーゼ 1) 386, 513*
floricaula 367
flow cytometry（フローサイトメトリー） 84, 513*
fluorescence in situ hybridization (FISH, 蛍光 in situ ハイブリダイゼーション) 79, 496*
fluorescence recovery after photobleaching (FRAP, 光退色後蛍光回復法) 231, 510*
fluorescent marker（蛍光マーカー） 36, 497*
flush end（平滑末端） 33, 514*
fMet (N-formylmethionine, N-ホルミルメチオニン) 485*
foldback RNA（フォールドバック RNA） 290, 511*
folding pathway（フォールディング経路） 329, 511*
footprinting（フットプリント法） 255, 512*
Förster resonance energy transfer (FRET, フェルスター共鳴エネルギー移動) 41, 511*
forward genetics（順遺伝学） 153, 501*
forward sequence（フォワード配列） 90, 511*
fosmid（フォスミド） 50, 511*
Fourier transform ion cyclotron resonance mass spectrometer（フーリエ変換イオンサイクロトロン共鳴質量分析計） 311, 513*
fourth-generation sequencing（第四世代塩基配列決定法） 98, 504*
FOXP2 467
fragile site（脆弱部位） 408, 502*
fragile X syndrome（脆弱 X 症候群） 408
fragile XE syndrome（脆弱 XE 症候群） 408
fragment ion（フラグメントイオン） 310, 512*
frameshift mutation（フレームシフト変異） 406, 513*
Franklin, Rosalind 7
FRAP (fluorescence recovery after photobleaching, 光退色後蛍光回復法) 231, 231f, 510*
FRET (Förster resonance energy transfer, フェルスター共鳴エネルギー移動) 41, 511*
FT-ICR mass spectrometer (FT-ICR 質量分析計) 310f, 311, 483*
functional domain（機能ドメイン） 235, 495*
functional RNA（機能性 RNA） 13, 495*
fushi tarazu 365f, 366
fusion protein（融合タンパク質） 315, 517*
F プラスミド 49, 483*

G

G1 (gap 1) phase (G1 期) 394, 394f, 483*
G1/S checkpoint (G1/S チェックポイント) 394, 397, 483*
G2 (gap 2) phase (G2 期) 394, 394f, 483*
G2/M checkpoint (G2/M チェックポイント) 394, 398, 483*
gag 215, 215f
Gallo, Robert 216

gamete（配偶子） 1, 509*
GAP（GTPase-activating protein，GTPアーゼ活性化タンパク質） 349, 349f, 483*
gap gene（ギャップ遺伝子） 364, 495*
gap period（ギャップ期） 495*
GAS（interferon γ-activated sequence，インターフェロンγ応答配列） 348, 491*
GATA zinc finger（GATAジンクフィンガー） 177t, 259t, 261, 483*
Gb（gigabase pair，ギガ塩基対） 494*
GC content（GC含量） 84, 483*
GCN5-related acetyltransferase（GNAT，GCN5関連アセチルトランスフェラーゼ） 240
GCN5関連アセチルトランスフェラーゼ（GNAT） 240
GC含量 84, 166, 181, 181f, 483*
GCに富む領域 81, 84
GEF（guanine nucleotide exchange factor，グアニンヌクレオチド交換因子） 349, 349f, 496*
gel electrophoresis（ゲル電気泳動） 33, 497*
gel retardation analysis（ゲルシフト法） 254, 497*
gel stretching（ゲル伸張法） 77, 497*
geminin（ジェミニン） 395
GEN1 432
GenBank 134, 483*
gene（遺伝子） 1, 490*
gene cloning（遺伝子クローニング） → DNA cloning（DNAクローニング）
gene conversion（遺伝子変換） 353, 428, 490*
gene desert（遺伝子砂漠） 166, 490*
gene duplication（遺伝子重複） 449, 490*
gene expression（遺伝子発現） 16, 490*
gene flow（遺伝子流動） 197, 490*
gene fragment（遺伝子断片） 180, 490*
Gene Ontology（GO） 141, 174, 483*
gene space（遺伝子空間） 115, 490*
gene superfamily（遺伝子スーパーファミリー） 179, 490*
gene therapy（遺伝子治療） 490*
general recombination（普遍的組換え） → homologous recombination（相同組換え）
general transcription factor（基本転写因子） 286, 495*
general/generalized recombination（普遍的組換え） 512*, → homologous recombination（相同組換え）
genetic code（遺伝暗号） 21, 490*
genetic linkage（遺伝的連鎖） 63, 490*
genetic mapping（遺伝地図作成） 55, 490*
genetic marker（遺伝的マーカー） 58, 490*
genetic profile（遺伝的プロファイル） 42, 182, 490*
genetic redundancy（遺伝的冗長性） 490*
genetics（遺伝学） 27, 490*
gene-within-gene（遺伝子内遺伝子） 490*
genome（ゲノム） 1, 497*
genome annotation（ゲノムアノテーション） 121, 497*

genome browser（ゲノムブラウザ） 134, 497*
genome expression（ゲノム発現） 2, 497*
genome map（ゲノム地図） 55, 497*
genome resequencing（ゲノム塩基配列再決定） 92, 497*
genomewide association study（GWAS，ゲノムワイド関連解析） 155, 497*
genomic imprinting（ゲノムインプリンティング） 246, 497*
genotype（遺伝型） 68, 490*
GFP（green fluorescent protein，緑色蛍光タンパク質） 230, 518*
gigabase pair（Gb，ギガ塩基対） 494*
GINS 395, 395f
glacial refugia（氷期退避地） 473, 511*
Globodera pallida 460
glycan（グリカン） 334, 496*
glycerol-derived nucleic acid（グリセロール由来核酸） 448
glycosylation（グリコシル化） 334, 496*
GNAT（GCN5-related acetyltransferase，GCN5関連アセチルトランスフェラーゼ） 240
G-protein（Gタンパク質） 349, 483*
greedy algorithm（貪欲アルゴリズム） 103, 508*
green fluorescent protein（GFP，緑色蛍光タンパク質） 230, 518*
GroEL/GroES複合体 330, 331f
group I intron（グループIイントロン） 194, 496*
group II intron（グループIIイントロン） 194, 464, 496*
group III intron（グループIIIイントロン） 496*
growth factor domain（増殖因子ドメイン） 462
GTP（グアノシン5′-三リン酸） 12
GTPase-activating protein（GAP，GTPアーゼ活性化タンパク質） 349, 349f, 483*
GU-AG intron（GU-AGイントロン） 292, 463, 483*
guanine（グアニン） 6, 495*
guanine methyltransferase（グアニンメチルトランスフェラーゼ） 496*
guanine nucleotide exchange factor（GEF，グアニンヌクレオチド交換因子） 349, 496*
guanine pentaphosphatase（グアノシンペンタホスファターゼ） 324
guanylyl transferase（グアニリルトランスフェラーゼ） 495*
GWAS（genomewide association study，ゲノムワイド関連解析） 155, 497*
Gタンパク質 349, 483*
Gバンド法 162t, 165

■ H

Haemophilus influenzae → インフルエンザ菌
hairpin structure（ヘアピン構造） → stem-loop structure（ステムループ構造）
half pint タンパク質 299

half-life（半減期） 288, 510*
haloarchaea（高度好塩性古細菌） 200
hammerhead ribozyme（ハンマーヘッド型リボザイム） 510*
haplogroup（ハプログループ） 471, 509*
haploid（一倍体） 1, 490*
haploinsufficiency（ハプロ不全） 509*
haplotype（ハプロタイプ） 471, 509*
HAT（histone acetyltransferase，ヒストンアセチルトランスフェラーゼ） 239, 510*
HDAC（histone deacetylase，ヒストンデアセチラーゼ） 240, 510*
HDAC1 240
HDAC2 240
head-and-tail capsid（頭尾カプシド） 212, 507*
heavy chain（重鎖） 354
helical capsid（らせん状カプシド） → filamentous capsid（線維状カプシド）
helix-turn-helix motif（ヘリックス・ターン・ヘリックスモチーフ） 259, 514*
hemisome（ヘミソーム） 164
hereditary nonpolyposis colorectal cancer（遺伝性非ポリポーシス大腸腫瘍） 422
Hershey, Alfred 4
HERV-Kエレメント 220
HeT-A 393
heterochromatin（ヘテロクロマチン） 232, 514*
heterodimer（ヘテロ二量体） 261
heteroduplex（ヘテロ二本鎖） 426, 514*
heteroduplex analysis（ヘテロ二本鎖解析） 129, 514*
heterogeneous nuclear ribonucleoprotein（hnRNP，ヘテロ核リボ核タンパク質） 295, 514*
heterogeneous nuclear RNA（hnRNA，ヘテロ核RNA） 14, 514*
heterozygosity（ヘテロ接合性） 108, 514*
heterozygote（ヘテロ接合体） 64, 514*
hexaploid（六倍体） 57, 519*
hibernation promotion factor（休眠促進因子） 325, 495*
hierarchical clustering（階層的クラスタリング） 275, 493*
hierarchical shotgun method（階層的ショットガン法） 105, 493*
high-performance liquid chromatography（HPLC，高速液体クロマトグラフィー） 308, 498*
HinfI 33, 33t
histone（ヒストン） 160, 510*
histone acetylation（ヒストンのアセチル化） 238, 510*
histone acetyltransferase（HAT，ヒストンアセチルトランスフェラーゼ） 239, 510*
histone code（ヒストン暗号） 241, 510*
histone deacetylase（HDAC，ヒストンデアセチラーゼ） 240, 510*
histone-like nucleoid structuring protein（H-NS，ヒストン様核様体構成タンパク質） 189, 510*

HIV（human immunodeficiency virus，ヒト免疫不全ウイルス） 216, 436, 469
HLA（human leukocyte antigen，ヒト白血球抗原） 58
HMG（high mobility group）box（HMG ボックス） 259t, 262, 484*
HMLα 353, 354f
HMRa 353, 354f
hnRNA（heterogeneous nuclear RNA，ヘテロ核 RNA） 14, 514*
hnRNP（heterogeneous nuclear ribonucleoprotein，ヘテロ核リボ核タンパク質） 295, 514*
hnRNP I 295
hnRNP L 295
H-NS（histone-like nucleoid structuring protein，ヒストン様核様体構成タンパク質） 189, 510*
Holliday structure（ホリデイ構造） 426, 515*
Holliday, Robin 426
holocentric chromosome（分散型動原体染色体） 162, 513*
HOM-C 366, 366f, 451
homeodomain（ホメオドメイン） 260, 515*
homeotic mutant（ホメオティック変異体） 365, 515*
homeotic selector gene（ホメオティック選択遺伝子） 352, 515*
Homo neanderthalensis → ネアンデルタール人
Homo sapiens 112
homodimer（ホモ二量体） 261
homologous chromosome（相同染色体） 65, 503*
homologous recombination（相同組換え） 51, 425, 503*
homologous sequence（相同配列） 125, 503*
homology search（相同性検索） 125, 503*
homopolymer tailing（ホモポリマー付加法） 38, 515*
homozygote（ホモ接合体） 64, 515*
Hoogsteen base pair（フーグスティーン型塩基対） 80, 511*
horizontal gene transfer（遺伝子の水平伝播） 199, 501*
hormone response element（ホルモン応答配列） 345, 515*
housekeeping protein（ハウスキーピングタンパク質） 19, 509*
HoxA 366, 366f
HoxB 366, 366f, 367f
HoxC 366, 366f
HoxD 366, 366f
Hox 遺伝子クラスター 366, 366f, 451
――― 進化 453f
HO エンドヌクレアーゼ 353, 354f
HPLC（high-performance liquid chromatography，高速液体クロマトグラフィー） 308, 308f, 498*
H-Ras 349
Hsp70 chaperone（Hsp70 シャペロン） 330, 331f, 484*

HTT 407, 407t
HU family（HU ファミリー） 189, 484*
hub（ハブ） 319, 509*
huckebein 364
HU/IHF モチーフ 259t
Human Genome Project（ヒトゲノム計画） 110, 510*
human immunodeficiency virus（HIV，ヒト免疫不全ウイルス） 216
human leukocyte antigen（HLA，ヒト白血球抗原） 58
Hunchback（ハンチバック） 364
Huntington disease（ハンチントン病） 407
HU ファミリー 189, 484*
Hw（Su） 237, 238f
hybrid dysgenesis（交雑発生異常） 224, 498*
hybridization（ハイブリダイゼーション） 509*
hybridization probe（ハイブリダイゼーションプローブ） 36, 509*
hybridize（ハイブリッド形成） 37, 509*
hydrogen bond（水素結合） 9, 501*
hydrophobic effect（疎水性効果） 18, 504*

I

ICAT（isotope-coded affinity tag，同位体標識アフィニティータグ法） 311, 507*
ICF 症候群 245
icosahedral capsid（正二十面体カプシド） 211, 502*
IF-2 324
IgA 355
IgD 355
IgE 355
IgG 355
IgM 355
IHF（integration host factor，組込み宿主因子） 434
Illumina sequencing（Illumina 塩基配列決定法） 96, 484*
immediate early gene（前初期遺伝子） 357
immobilized metal ion affinity chromatography（固定化金属イオンアフィニティークロマトグラフィー） 335, 498*
immunocytochemistry（免疫細胞化学） 150, 517*
immunoelectron microscopy（免疫電子顕微鏡法） 322, 517*
immunofluorescence microscopy（免疫蛍光顕微鏡法） 232, 516*
immunoglobulin（免疫グロブリン） 354
immunoglobulin fold（免疫グロブリンフォールド） 348, 516*
immunoscreening（免疫スクリーニング） 517*
imprinting control element（インプリンティング制御配列） 246, 491*
in vitro mutagenesis（*in vitro* 変異導入） → site-directed mutagenesis（部位特異的変異導入）
in vitro packaging（*in vitro* パッケージング）

47, 48f, 484*
in vitro 変異導入 → 部位特異的変異導入
incomplete dominance（不完全優性） 64, 511*
indel（インデル） 466, 491*
inducer（インデューサー） 282, 491*
inducible operon（誘導性オペロン） 195, 517*
induction（誘導） 214, 517*
informational problem（遺伝情報の伝達としての問題） 21, 490*
inherited disease（遺伝病） 153, 490*
initiation codon（開始コドン） 21, 493*
initiation complex（開始複合体） 493*
initiation factor（開始因子） 324, 493*
initiation region（複製開始領域） 380, 512*
initiator（Inr）sequence（イニシエーター配列） 279, 491*
initiator tRNA（開始 tRNA） 324, 493*
inosine（イノシン） 491*
Inr sequence（Inr 配列） 279, 279f, 484*
Ins（1,4,5）P$_3$ 351, 351f
insertion mutation（挿入変異） 403, 503*
insertion sequence（挿入配列） 193, 222, 503*
insertion vector（挿入ベクター） 46, 503*
insertional inactivation（挿入不活性化） 45, 503*
insulator sequence（インスレーター配列） 236, 491*
insulin（インスリン） 332
integrase（インテグラーゼ） 434, 491*
integration host factor（IHF，組込み宿主因子） 434
integron（インテグロン） 191, 491*
interactome（インタラクトーム） 319, 491*
intercalating agent（インターカレート剤） 410, 491*
interferon（インターフェロン） 146, 491*
interferon-stimulated response element（ISRE，インターフェロン刺激応答配列） 348, 491*
interferon γ-activated sequence（GAS，インターフェロンγ応答配列） 348, 491*
intergenic region（遺伝子間領域） 122, 490*
intermediate chromosome（中染色体） 162
internal node（内部節） 470, 508*
internal ribosome entry site（IRES，配列内リボソーム進入部位） 325, 509*
International Human Genome Sequencing Consortium（国際ヒトゲノム配列決定コンソーシアム） 111
International Union of Biochemistry and Molecular Biology（国際生化学・分子生物学連合） 140
interphase（間期） 161, 494*
interspersed repeat（散在反復配列） 168, 499*
interspersed repeat element PCR（IRE-PCR，散在反復配列 PCR） 108, 499*
intramolecular base pairing（分子内塩基対形成） 124, 514*

intrinsic terminator（内在性転写終結領域） 284, 508*
intron（イントロン） 14, 491*
intron retention（イントロン保持） 296, 491*
intronic splicing enhancer（ISE，イントロン内スプライシングエンハンサー） 295, 491*
intronic splicing silencer（ISS，イントロン内スプライシングサイレンサー） 295, 491*
introns early hypothesis（イントロン前生説） 463, 491*
introns late hypothesis（イントロン後生説） 463, 491*
inverted repeat（逆方向反復配列） 222, 495*
inverted terminal repeat（ITR，逆方向末端反復配列） 223f
Ion Torrent sequencing（Ion Torrent 塩基配列決定法） 96, 484*
ion-exchange chromatography（イオン交換クロマトグラフィー） 307, 489*
ion-sensitive field effect transistor（ISFET，イオン感応性電界効果トランジスタ） 96, 489*
IRE-PCR（intersperse repeat element PCR, 散在反復配列 PCR） 108, 499*
IRES（internal ribosome entry site，配列内リボソーム進入部位） 325, 509*
IRES trans-acting factor（ITAF, IRES トランス作用因子） 326, 484*
iron-response element（鉄応答配列） 326, 506*
ISE（intronic splicing enhancer，イントロン内スプライシングエンハンサー） 295, 491*
ISFET（ion-sensitive field effect transistor, イオン感応性電界効果トランジスタ） 96, 489*
isoacceptor tRNA（アイソアクセプター tRNA） 488*
isobar（同重体） 312
isobaric labeling（同重体標識） 312, 507*
isochore model（アイソコアモデル） 166, 488*
isoelectric focusing electrophoresis（等電点電気泳動） 306, 507*
isoelectric point（等電点） 306, 507*
isoform（アイソフォーム） 295, 488*
isopycnic centrifugation（等密度遠心分離法） 166, 507*
isotope（同位体） 253, 507*
isotope-coded affinity tag（ICAT, 同位体標識アフィニティータグ法） 311, 507*
ISRE（interferon-stimulated response element, インターフェロン刺激応答配列） 348, 491*
ISS（intronic splicing silencer, イントロン内スプライシングサイレンサー） 295, 491*
ITAF（IRES trans-acting factor, IRES トランス作用因子） 326, 484*
ITR（inverted terminal repeat, 逆方向末端反復配列） 223f

■ J

Jacob, François 281
JAK（Janus kinase, ヤヌスキナーゼ） 348, 348f, 517*
JAK-STAT pathway（JAK-STAT 経路） 347, 348f, 484*
Janssens, Frans Alfons 66
Janus kinase（JAK, ヤヌスキナーゼ） 348, 517*
junk DNA（ジャンク DNA） 500*

■ K

karyogram（カリオグラム） 162, 494*
kb（kilobase pair, キロ塩基対） 495*
KH（K homology）domain（KH ドメイン） 262, 484*
kilobase pair（kb, キロ塩基対） 495*
KinA 359, 360f
kinase receptor（受容体型キナーゼ） 346, 501*
kinase-associated receptor（キナーゼ会合型受容体） 346, 495*
KinB 359, 360f
kinetochore（動原体） 164, 507*
K-island（K アイランド） 198
Klenow polymerase（クレノウポリメラーゼ） 31, 90, 496*
k-mer 103, 104f, 484*
knockout mouse（ノックアウトマウス） 51, 144, 509*
Kornberg polymerase（コーンバーグポリメラーゼ） 31, 499*
Kornberg, Arthur 31, 382
K-Ras 349
kringle structure（クリングル構造） 462
Ku70 420f
Ku80 420f
Ku タンパク質 419, 420f
K アイランド 198

■ L

L1 リボソームタンパク質 326f
L11 リボソームタンパク質 324, 326f
labial 365f
Lac selection（Lac 選択） 45, 484*
lactoferrin（ラクトフェリン） 344
lactose operon（ラクトースオペロン） 194, 518*
lactose repressor（ラクトースリプレッサー） 260, 281, 518*
lacZ' 44, 44f, 45f, 51f
Lac 選択 45, 45f, 484*
lagging strand（ラギング鎖） 383, 518*
lamin（ラミン） 232
landrace（在来種） 473, 499*
lariat structure（投げ縄構造） 292, 508*
last eukaryotic common ancestor（LECA, 真核生物最終共通祖先） 464, 501*
late gene（後期遺伝子） 357
latent period（潜伏期） 213, 503*
lateral gene transfer（遺伝子の水平伝播） 199, 501*
leader segment（リーダー配列） 518*
leading strand（リーディング鎖） 383, 518*
leafy 367
LECA（last eukaryotic common ancestor, 真核生物最終共通祖先） 464, 464f, 501*
lectin（レクチン） 335, 519*
let-7 291
LET-23 363
leucine zipper（ロイシンジッパー） 265, 519*
LexA 421
light chain（軽鎖） 354
LIN-3 363
lin-4 291
LIN-12 363
lincRNA（long intergenic noncoding RNA, 長鎖遺伝子間非コード RNA） 272, 273f, 505*
LINE（long interspersed nuclear element, 長鎖散在反復配列） 168, 220t, 221, 221f, 505*
LINE-1 220t, 221, 462, 484*
LINE-2 220t, 221
LINE-3 220t, 221
linkage（連鎖） 519*
linkage analysis（連鎖解析） 55, 519*
linkage disequilibrium（連鎖不平衡） 154, 519*
linkage group（連鎖群） 69, 519*
linker（リンカー） 38, 518*
linker DNA（リンカー DNA） 161, 519*
linker histone（リンカーヒストン） 161, 519*
linking number（リンキング数） 375, 519*
lncRNA（long noncoding RNA, 長鎖非コード RNA） 14, 269, 272, 273f, 505*
lod score（ロッドスコア） 73, 519*
long intergenic noncoding RNA（lincRNA, 長鎖遺伝子間非コード RNA） 272, 505*
long interspersed nuclear element（LINE, 長鎖散在反復配列） 168, 221, 505*
long noncoding RNA（lncRNA, 長鎖非コード RNA） 14, 269, 505*
long terminal repeat（LTR, 長鎖末端反復配列） 219, 437, 505*
long-patch repair（ロングパッチ修復） 414
low-copy repeat（低頻度反復配列）→ segmental duplication（部分重複）
loxB 435
loxP 435
Lsm サブグループ 271
LTR（long terminal repeat, 長鎖末端反復配列） 215f, 219, 437, 505*
LTR element（LTR エレメント） 484*
LTR retroelement（LTR レトロエレメント） 168
LTR エレメント 484*
LTR レトロエレメント 168, 219, 219f, 220t
lyase（リアーゼ） 415, 518*
lysis（溶菌） 45, 517*
lysogenic infection cycle（溶原化感染サイクル） 46, 517*

lysogenic phage（溶原化ファージ） 213, 517*
lysozyme（リゾチーム） 518*
lytic infection cycle（溶菌感染サイクル） 45, 517*
lytic phage（溶菌ファージ） 213, 517*
L-グロノラクトンオキシダーゼ偽遺伝子 179

■ M

M（mitosis）phase（M期） 485*
M13 phage（M13ファージ） 129, 484*
M13ファージ 129, 151, 151f, 212, 212t, 484*
M13ファージベクター 129, 130f, 151, 151f
Mac1p 345
MacLeod, Colin 3
macrochromosome（大染色体） 162, 504*
MADS box（MADSボックス） 367, 485*
magnetic tweezer（磁気ピンセット） 387, 500*
maintenance methylation（維持メチル化） 245, 489*
major groove（主溝） 11, 501*
MALDI-TOF（matrix-assisted laser desorption ionization time-of-flight，マトリックス支援レーザー脱離イオン化飛行時間型質量分析法） 309, 309f, 485*
map unit（地図単位） 69, 505*
MAPK（MAPキナーゼ） 349, 350f
MAPK/ERK経路 → MAPキナーゼ経路
MAPK経路 349
mapping reagent（マッピング材料） 83, 516*
MAPキナーゼ 349, 350f
MAPキナーゼ経路 349, 349f, 350f, 485*
marker-assisted selection（マーカー利用選抜） 58, 473, 516*
mass analyzer（質量分析部） 310, 500*
mass spectrometry（質量分析法） 305, 500*
massively parallel array（高集積アレイ） 93, 498*
massively parallel strategy（大量並列法） 87, 504*
mass-to-charge ratio（質量電荷比） 309, 500*
MAT 353
MATα 353
MATa 353, 354f
maternal-effect gene（母性効果遺伝子） 364, 515*
mating type（接合型） 353, 502*
mating-type switching（接合型変換） 353, 502*
matrin（マトリン） 232
matrix-assisted laser desorption ionization time-of-flight（MALDI-TOF，マトリックス支援レーザー脱離イオン化飛行時間型質量分析法） 309
matrix-assisted laser desorption ionization time-of-flight（MALDI-TOF）mass spectrometry（マトリックス支援レーザー脱離イオン化飛行時間型質量分析法） 516*
Mb（megabase pair，メガ塩基対） 166, 516*
McCarty, Maclyn 3

McClintock, Barbara 223
MCM1 354
MCM2〜7 395, 395f
mdg4（Mod） 237, 238f
MeCP（methyl-CpG-binding protein，メチル化CpG結合タンパク質） 245, 246f, 516*
mediator（メディエーター） 287, 516*
megabase pair（Mb，メガ塩基対） 166, 516*
megaplasmid（巨大プラスミド） 191
meiosis（減数分裂） 65, 497*
Mek 349, 350f
melittin（メリチン） 331
melting（融解） 379, 517*
melting temperature（T_m，融解温度） 62f, 517*
Mendel, Gregor 63
Meselson, Matthew 373, 426
Meselson-Stahl experiment（メセルソン・スタールの実験） 516*
messenger RNA（mRNA，メッセンジャーRNA）→ mRNA
metabolic engineering（代謝工学） 336, 504*
metabolic flux（代謝フラックス） 336, 504*
metabolic labeling（代謝標識） 312, 504*
metabolome（メタボローム） 335, 516*
metabolomics（メタボロミクス） 336, 516*
metagenomics（メタゲノム学） 201, 516*
metaphase chromosome（中期染色体） 79, 161, 505*
methyl-CpG-binding protein（MeCP，メチル化CpG結合タンパク質） 245, 516*
MGMT（O^6-methylguanine-DNA methyltransferase，O^6-メチルグアニンDNAメチルトランスフェラーゼ） 414, 485*
microarray（マイクロアレイ） 274, 516*
microbiome（マイクロバイオーム） 114, 201, 516*
microchromosome（小染色体） 162, 501*
microRNA（miRNA，マイクロRNA） 16, 271, 516*
microsatellite（マイクロサテライト） 61, 182, 516*
microsome（ミクロソーム） 322
Miescher, Friedrich 3
Miller, Stanley 444f
miniature inverted repeat transposable element（MITE） 223, 485*
minigene（ミニ遺伝子） 129, 516*
minisatellite（ミニサテライト） 60, 182, 516*
minor groove（副溝） 11, 511*
miRNA（microRNA，マイクロRNA） 16, 271, 290, 290f, 516*
　合成 271f
miscoding lesion（ミスコード損傷） 112, 516*
mismatch（ミスマッチ） 404, 516*
mismatch repair（ミスマッチ修復） 413, 516*
MITE（miniature inverted repeat transposable element） 223, 485*
mitochondria（ミトコンドリア，複数形） 187, 516*
mitochondrial genome（ミトコンドリアゲノム）

1, 2f, 202, 516*
mitochondrion（ミトコンドリア，単数形） 187, 516*
mitogen（マイトジェン） 349
mitogen activated protein kinase pathway（MAPキナーゼ経路） 349, 485*
mitosis（体細胞分裂） 65, 504*
mobile phase（移動相） 307, 491*
Mod 237, 238f
model organism（モデル生物） 144, 517*
modification assay（修飾アッセイ） 500*
modification interference assay（修飾干渉アッセイ） 256, 500*
modification protection assay（修飾保護アッセイ） 254, 500*
molecular beacon（分子ビーコン法） 63, 514*
molecular biologist（分子生物学者） 19, 513*
molecular chaperone（分子シャペロン） 330, 513*
molecular clock（分子時計） 450, 514*
molecular combing（分子コーミング） 78, 513*
molecular evolution（分子進化） 513*
molecular ion（分子イオン） 309, 513*
molecular life science（分子生命科学） 513*
molten globule（モルテングロビュール） 329, 517*
Monod, Jacques 281, 283
monogenic inherited disease（単一遺伝子疾患） 153, 504*
monohybrid cross（一遺伝子雑種交雑） 65f, 490*
Montagnier, Luc 216
Morgan, Thomas Hunt 65, 224, 363
mRNA（messenger RNA，メッセンジャーRNA） 13, 269, 516*
　アイソフォーム 295
　合成 276
　定量 270
　分解 288
mRNA前駆体 14, 485*
　スプライシング 14f, 291
MS2ファージ 211, 212t
MudPIT（multidimensional protein identification technique，多次元タンパク質同定法） 318, 504*
MULE（Mutator-like transposable element，Mutator様転位性遺伝因子） 462, 485*
Mullis, Kary 39
multicopy（多コピー） 147, 504*
multicysteine zinc finger（マルチシステイン型ジンクフィンガー） 261, 516*
multidimensional protein identification technique（MudPIT，多次元タンパク質同定法） 318, 504*
multigene family（多重遺伝子族） 133, 177, 504*
multiple alignment（多重アラインメント） 470, 504*
multiple alleles（複アレル） 58, 511*
MUS81 432

mutagen（変異原） 403, 514*
mutagenesis（変異誘発） 151, 514*
mutant（変異体） 142, 514*
mutasome（ミュータソーム） 420, 516*
mutation（変異） 403, 514*
Mutator-like transposable element（MULE，*Mutator* 様転位性遺伝子） 462, 485*
MutH 418, 418f
MutL 418
MutS 418, 418f
MutY 418
Mycoplasma genitalium，ゲノム塩基配列決定 100
MYST 240
m/z 309
M 期 394, 394f, 485*

N

N50 size（N50 長） 109, 485*
nanopore sequencing（ナノポア塩基配列決定法） 98, 508*
Nanos（ナノス） 364
National Center for Biotechnology Information（NCBI，国立生物工学情報センター） 134
NCBI（National Center for Biotechnology Information，国立生物工学情報センター） 134
N-CoR 287
next-generation sequencing（次世代塩基配列決定法） 87, 500*
NF-κB 348
N-formylmethionine（fMet，*N*-ホルミルメチオニン） 485*
NF-YA 273f
NG50 size（NG50 長） 109, 485*
NHEJ（nonhomologous end-joining，非相同末端結合） 146, 419, 420f, 510*
nick（ニック） 413, 508*
nitrogenous base（窒素含有塩基） 6, 505*
N-linked glycosylation（*N* 結合型グリコシル化） 334, 485*
NMR spectroscopy（NMR 分光法） 485*
NMR 分光法 251, 485*
　原理 253, 253f
node（節） 319, 502*
NOESY 253
nonchromatin region（非クロマチン領域） 234, 510*
noncoding RNA（非コード RNA） 13, 510*
nonhomologous end-joining（NHEJ，非相同末端結合） 146, 419, 510*
nonpenetrance（非浸透） 510*
nonpolar（非極性） 18, 510*
nonprocessed pseudogene（非プロセス型偽遺伝子） 179, 510*
northern hybridization（ノーザンハイブリダイゼーション） 127, 509*
Not I 33t
N-Ras 349
N-terminus（N 末端）→ amino-terminus（アミノ末端）

nuclear genome（核ゲノム） 1, 2f, 159, 494*
nuclear lamina（核ラミナ） 232, 494*
nuclear magnetic resonance spectroscopy（核磁気共鳴分光法） 251, 494*
nuclear matrix（核マトリックス） 232, 494*
nuclear Overhauser effect spectroscopy（NOESY） 253
nuclear receptor superfamily（核内受容体スーパーファミリー） 346, 494*
nuclear speckle（核スペックル） 231, 494*
nuclease（ヌクレアーゼ） 28, 508*
nuclease protection assay（ヌクレアーゼ保護アッセイ） 160, 322, 508*
nucleic acid（核酸） 3, 494*
nucleic acid hybridization（核酸ハイブリダイゼーション） 494*
nucleoid（核様体） 187, 494*
nucleoid-associated protein（核様体関連タンパク質） 189, 494*
nucleolus（核小体） 230, 494*
nucleoside（ヌクレオシド） 6, 508*
nucleosome（ヌクレオソーム） 160, 508*
nucleosome remodeling（ヌクレオソームリモデリング） 242, 508*
nucleotide（ヌクレオチド） 1, 5, 508*
nucleotide excision repair（ヌクレオチド除去修復） 416, 509*
nucleus（核） 1, 493*
null gene（ヌル遺伝子） 279
NuRD 240, 245
nurse cell（ナース細胞） 364
N 結合型グリコシル化 334, 334f, 485*
N-ホルミルメチオニン（fMet） 485*
N 末端 → アミノ末端

O

O^6-methylguanine-DNA methyltransferase（MGMT，O^6-メチルグアニン DNA メチルトランスフェラーゼ） 414, 485*
Oenothera gigas 454
Oenothera lamarckiana 454
OFAGE（orthogonal field alternation gel electrophoresis，直交電場交替ゲル電気泳動） 505*
O-island（O アイランド） 198
Okazaki fragment（岡崎フラグメント） 383, 492*
oligonucleotide（オリゴヌクレオチド） 30, 493*
oligonucleotide hybridization analysis（オリゴヌクレオチドハイブリダイゼーション解析） 62, 493*
oligonucleotide ligation assay（オリゴヌクレオチド連結アッセイ） 63, 493*
oligonucleotide-directed mutagenesis（オリゴヌクレオチド誘導変異導入） 151, 493*
O-linked glycosylation（O 結合型グリコシル化） 334, 485*
OmpC 213
oncogene（がん遺伝子） 217, 494*
one-step growth curve（一段増殖曲線） 213, 490*
oocyte（卵母細胞） 2, 518*
open pan-genome（開いたパンゲノム） 199
open promoter complex（開放型プロモーター複合体） 493*
open reading frame（ORF，オープンリーディングフレーム） 121, 493*
operator（オペレーター） 281, 493*
operon（オペロン） 193, 493*
optical mapping（オプティカルマッピング） 76, 493*
ORC（origin recognition complex，複製起点認識複合体） 379f, 380, 395, 395f, 512*
ORF（open reading frame，オープンリーディングフレーム） 121, 493*
ORF scanning（ORF スキャン） 121, 122f, 123f, 485*
oriC 378, 379f
origin licensing（複製起点のライセンス化） 395, 512*
origin recognition complex（ORC，複製起点認識複合体） 380, 512*
origin recognition sequence（複製起点認識配列） 380, 512*
orphan retrogene（オーファンレトロ遺伝子） 453, 493*
orthodenticle 364
orthogonal field alternation gel electrophoresis（OFAGE，直交電場交替ゲル電気泳動） 505*
orthologous gene（オーソロガス遺伝子） 137, 492*
overlap graph（オーバーラップグラフ） 103, 493*
overlapping genes（オーバーラップ遺伝子） 213, 493*
OxyS 326
Oxytricha（オキシトリカ） 391t
O アイランド 198
O 結合型グリコシル化 334, 334f, 485*

P

P element（P 因子） 144, 224, 486*
P site（P 部位） 323, 486*
P1 phage vector（P1 ファージベクター） 49, 485*
P1-derived artificial chromosome（PAC，P1 ファージ由来人工染色体） 49, 485*
P1 ファージ 49
P1 ファージゲノム
　切り出し 435
　組込み 435
P1 ファージベクター 49, 49t, 485*
P1 ファージ由来人工染色体（PAC） 49, 49t, 485*
p53 398
p55 239
p300/CBP 239, 350, 485*
PAC（P1-derived artificial chromosome，P1 ファージ由来人工染色体） 49, 49t, 485*
PacBio sequencing（PacBio 塩基配列決定法）

98, 485*
PAGE（polyacrylamide gel electrophoresis，ポリアクリルアミドゲル電気泳動） 515*
paired-end read（ペアエンドリード） 104, 514*
pair-rule gene（ペアルール遺伝子） 365, 514*
paleogenomics（古代ゲノム学） 113, 498*
PANDA 273f
pan-genome（パンゲノム） 198, 510*
paralogous gene（パラロガス遺伝子） 138, 510*
paranemic（パラネミック） 372, 510*
pararetrovirus（パラレトロウイルス） 215, 510*
parental genotype（親遺伝型） 68, 493*
PARP1 419, 419f
partial linkage（部分連鎖） 65, 512*
partial restriction（部分消化） 76, 512*
party hub（パーティーハブ） 320
Pauling, Linus 7
pBIN19 ベクター 51f
pBR322 ベクター 44
PCAT6 273
PcG protein（PcG タンパク質） 351, 368, 485*
PCNA（proliferating cell nuclear antigen，増殖細胞核抗原） 383, 503*
PCR（polymerase chain reaction，ポリメラーゼ連鎖反応） 27, 28f, 515*
　　RFLP タイピング 60, 60f
　　STRP タイピング 60f, 61
　　応用 41
　　逆転写―― 128
　　原理 39, 39f, 40f
　　散在反復配列―― 108
　　定量―― 41, 41f, 270
　　反復 DNA 配列―― 107f, 108
　　リアルタイム―― 40, 41f
PCSK9 168
pedigree（家系図） 494*
pedigree analysis（家系解析） 71, 494*
pentose（ペントース） 5, 514*
peptide bond（ペプチド結合） 17, 514*
peptide mass fingerprinting（ペプチドマスフィンガープリント法） 309, 514*
peptide nucleic acid（PNA，ペプチド核酸） 80, 514*
peptidyl site（ペプチジル部位）→ P site（P 部位）
peptidyl transferase（ペプチジルトランスフェラーゼ） 514*
personalized medicine（個別化医療） 92, 498*
phage（ファージ） 4, 511*
phage display library（ファージディスプレイライブラリー） 315, 511*
phage display method（ファージディスプレイ法） 314, 511*
phenotype（表現型） 58, 511*
Philadelphia chromosome（フィラデルフィア染色体） 234, 511*
PHO 351, 352f
PHOL 351, 352f

PhoRC 複合体 351
phosphate group（リン酸基） 6, 519*
phosphodiester bond（ホスホジエステル結合） 6, 515*
phosphodiesterase（ホスホジエステラーゼ） 415, 515*
phospholipase（ホスホリパーゼ） 351
phosphorylase（ホスホリラーゼ） 515*
photobleaching（光退色） 231, 510*
photolithography（光リソグラフィー） 130, 510*
photoproduct（光産物） 411, 510*
photoreactivation（光回復） 414, 510*
phylogenetic tree（系統樹） 470, 497*
physical gap（物理的ギャップ） 101f
physical mapping（物理地図作成） 55, 512*
picornavirus（ピコルナウイルス） 325
pilus/pili（線毛） 73f, 503*
PinX1 392
piRNA（piwi-interacting RNA，piwi 結合 RNA） 140, 272, 486*
pistillata 367
Pit-1 287, 288f
piwi protein（piwi タンパク質） 140, 486*
piwi-interacting RNA（piRNA，piwi 結合 RNA） 140, 272, 486*
piwi 結合 RNA（piRNA） 140, 272, 486*
piwi タンパク質 140, 272, 486*
PlantGDB 134, 486*
plaque（プラーク） 48, 512*
plasmid（プラスミド） 27, 512*
plectonemic（プレクトネミック） 372, 513*
PM2 ファージ 212t
PNA（peptide nucleic acid，ペプチド核酸） 80, 514*
PNA₂DNA 81
PNPase（ポリヌクレオチドホスホリラーゼ） 289
point centromere（点セントロメア） 164, 506*
point mutation（点変異） 61, 403, 507*
pol 215, 215f
polA 382
polar（極性） 19, 495*
polB 382
poly(A) polymerase（ポリ(A)ポリメラーゼ） 15, 515*
poly(A) tail（ポリ(A)テール） 14, 515*
polyacrylamide gel electrophoresis（PAGE，ポリアクリルアミドゲル電気泳動） 35, 87, 306, 515*
polyadenylate-binding protein（ポリアデニル酸結合タンパク質） 515*
polyadenylation（ポリアデニル化） 15, 515*
Polycomb group（PcG）protein（ポリコーム群タンパク質） 351, 515*
Polycomb response element（ポリコーム応答配列） 351, 515*
polymer（ポリマー） 1, 515*
polymerase chain reaction（PCR，ポリメラーゼ連鎖反応） 515*
polynucleotide（ポリヌクレオチド） 1, 515*

polypeptide（ポリペプチド） 17, 515*
polyploid（倍数体） 453, 509*
polyprotein（ポリタンパク質） 332, 515*
polypyrimidine tract（ポリピリミジン配列） 292, 515*
population genomics（集団ゲノム学） 473
porin（ポーリン） 213
positional effect（位置効果） 236, 490*
Position-Specific Iterated BLAST（PSI-BLAST） 139
positive transcriptional elongation factor b（P-TEFb） 272
postreplicative repair（複製後修復） 403
post-spliceosome complex（後スプライソソーム複合体） 293, 498*
posttranscriptional gene silencing（転写後遺伝子サイレンシング） 290
POT1 164
POU domain（POU ドメイン） 259t, 260, 287, 288f, 486*
ppGpp（グアノシン-5′-二リン酸-3′-二リン酸） 324
pppGpp（グアノシン-5′-三リン酸-3′-二リン酸） 324
Prader-Willi syndrome（プラダー・ウィリー症候群） 246, 458
PRC1 352, 352f
PRC2 351, 352f
precatalytic spliceosome（前駆触媒活性スプライソソーム）→ complex B（B 複合体）
prefix sequence（プレフィックス配列） 103
pre-IC（preinitiation complex，複製開始前複合体） 395, 395f, 493*, 511*
pre-mRNA（mRNA 前駆体） 14, 485*
prepriming complex（プライミング前複合体） 379, 512*
preproinsulin（プレプロインスリン） 332
pre-replication complex（pre-RC，複製前複合体） 395, 395f, 512*
prereplicative repair（複製前修復） 403
pre-RNA（RNA 前駆体） 14, 486*
pre-rRNA（rRNA 前駆体） 14, 487*
prespliceosome complex（スプライソソーム前駆複合体）→ complex A（A 複合体）
prespore（前芽胞） 359
pre-tRNA（tRNA 前駆体） 14, 488*
Pribnow box（プリブナウボックス） 513*
primary structure（一次構造） 17, 490*
primary transcript（一次転写産物） 127, 490*
primase（プライマーゼ） 383, 512*
primer（プライマー） 30, 512*
priming（プライミング） 384
primosome（プライモソーム） 512*
prion（プリオン） 218, 513*
private substitution（固有置換） 471
proboscipedia 365f
processed pseudogene（プロセス型偽遺伝子） 179, 513*
processivity（合成鎖伸長能） 90, 498*
programmable nuclease（標的部位可変ヌクレアーゼ） 146, 511*
progressive myoclonus epilepsy（進行性ミオク

ローヌスてんかん）408
proinsulin（プロインスリン）332
prokaryote（原核生物）187, 497*
proliferating cell nuclear antigen（PCNA，増殖細胞核抗原）383, 503*
promelittin（プロメリチン）332
promiscuous DNA（プロミスカス DNA）202, 513*
promoter（プロモーター）277, 513*
promoter clearance（プロモータークリアランス）513*
promoter escape（プロモーターエスケープ）513*
proofreading（プルーフリーディング）30, 382, 513*
proopiomelanocortin（プロオピオメラノコルチン）333
prophage（プロファージ）214, 513*
PROSITE 140, 486*
protease（プロテアーゼ）5, 513*
proteasome（プロテアソーム）327, 513*
protein（タンパク質）2, 505*
protein array（タンパク質アレイ）313, 505*
protein electrophoresis（タンパク質電気泳動）505*
protein engineering（タンパク質工学）151, 505*
protein folding（フォールディング，タンパク質の）328, 511*
protein interaction map（タンパク質相互作用地図）319, 505*
protein kinase A（プロテインキナーゼ A）350
protein profiling（タンパク質プロファイリング）305, 505*
protein-protein cross-linking（タンパク質間架橋法）322, 505*
proteome（プロテオーム）2, 305, 513*
proteomics（プロテオミクス）305, 513*
protogenome（原始ゲノム）445, 497*
protomer（プロトマー）211, 513*
protoplast（プロトプラスト）51, 513*
proximal sequence element（PSE，近位配列エレメント）279
PrP^C 218, 218f
PrP^{SC} 218, 218f
PSE（proximal sequence element，近位配列エレメント）279, 279f
pseudogene（偽遺伝子）179, 494*
Psi$^+$ 218
PSI-BLAST 139, 486*
Pst I 33, 33t
PtdIns(4,5)P$_2$ 351, 351f
P-TEFb 272
PTENP1 偽遺伝子 180, 180f
PTEN 遺伝子 180, 180f
pUC8 ベクター 44, 44f, 45f
pUC ベクター 44
pUf68 299
pulse labeling（パルス標識法）288, 510*
punctuation codon（句読点コドン）21, 496*
Punnett，Reginald 66f

purine base（プリン塩基）6, 513*
purine-2,6-dicarboxylate（プリン-2,6-ジカルボキシラート）447
pyranosyl nucleic acid（ピラノシル核酸）448
pyrimidine base（ピリミジン塩基）6, 511*
pyrophosphate（ピロリン酸）96
pyrosequencing（パイロシークエンス法）96, 509*
P 因子 144, 224, 224f, 486*
P 部位 323, 323f, 486*

Q

QTL（quantitative trait locus，量的形質座位）57, 518*
quadrupole mass spectrometer（四重極質量分析計）310, 500*
quantitative PCR（定量 PCR）41, 506*
quantitative trait locus（QTL，量的形質座位）57, 518*
quaternary structure（四次構造）18, 517*
quelling（クエリング）290
Q バンド法 162t

R

RACE（rapid amplification of cDNA end，RACE）法 128, 129f, 486*
　3′—— 129f
　5′—— 129f
RAD51 431
radiation hybrid（放射線ハイブリッド）83, 515*
radioactive marker（放射性マーカー）36, 514*
radiolabeling（放射性標識）4, 514*
Raf 349, 350f
RAG1 355
RAG2 355
random genomic sequence（ランダムゲノム配列）82, 518*
Ras 349
　活性化機構 349, 349f
　活性化と不活性化 349, 349f
RBBP4 240
RBBP7 240
read（リード）92, 518*
read depth（リード深度）92, 518*
reading frame（リーディングフレーム）122, 518*
real-time PCR（リアルタイム PCR）40, 518*
real-time sequencing（リアルタイム塩基配列決定法）98
recA 358
RecA 420, 420f, 430, 430f, 431, 486*
RecB 429, 430f
RecBCD complex（RecBCD 複合体）429, 486*
RecBCD 経路 429, 430f
RecBCD 複合体 429, 430f, 486*
RecC 430
RecD 429

recessive（劣性）64, 519*
RecF 431
RecFOR pathway（RecFOR 経路）430, 486*
RecG 431
reciprocal strand exchange（DNA 鎖相互交換）427, 482*
RecJ 431
RecO 431
recognition helix（認識ヘリックス）260, 508*
recombinant（組換え体）70, 496*
recombinant DNA molecule（組換え DNA 分子）27, 496*
recombinant DNA technology（組換え DNA 技術）27, 496*
recombinant genotype（組換え遺伝型）68, 496*
recombinant plasmid（組換えプラスミド）45, 496*
recombinase（リコンビナーゼ）434, 518*
recombination（組換え）66, 102, 425, 496*
recombination frequency（組換え頻度）68, 496*
recombination hotspot（組換えホットスポット）69, 496*
recombination repair（組換え修復）496*
RecQ 422, 431
RecR 431
reference genome（参照ゲノム配列）102, 499*
reflectron（リフレクトロン）309, 518*
regional centromere（領域セントロメア）164, 518*
Rel 348
RelA 324
Rel 相同ドメイン 259t
renaturation（再生）329, 499*
REP sequence（REP 配列）486*
repetitive DNA fingerprinting（反復 DNA 配列フィンガープリント法）108, 510*
repetitive DNA PCR（反復 DNA 配列 PCR）108, 510*
repetitive DNA sequence（反復 DNA 配列）56, 510*
repetitive extragenic palindromic（REP）sequence（遺伝子外パリンドローム反復配列）193, 490*
replacement vector（置換ベクター）46, 505*
replication bubble（複製バブル）380
replication factor C（RFC，複製因子 C）385, 511*
replication factory（複製工場）389, 512*
replication focus（複製フォーカス）→ replication factory（複製工場）
replication fork（複製フォーク）375, 512*
replication mediator protein（RMP，複製メディエータータンパク質）385, 512*
replication origin（複製起点）44, 378, 512*
replication protein A（RPA，複製タンパク質 A）385, 512*
replication slippage（複製スリップ）406, 512*
replicative transposition（複製型転位）218,

512*
replisome（レプリソーム） 385, 519*
reporter gene（レポーター遺伝子） 149, 519*
reporter probe（レポータープローブ） 41, 519*
repressible operon（抑制性オペロン） 195, 517*
reproductive cell（生殖細胞） 1, 502*
REP（遺伝子外パリンドローム反復）配列 193
resin（レジン） 307, 519*
resolution（解離） 427, 493*
resolvase（リゾルバーゼ） 430, 518*
resonance frequency（共鳴周波数） 253, 495*
restriction endonuclease（制限エンドヌクレアーゼ）→ restriction enzyme（制限酵素）
restriction enzyme（制限酵素） 32, 502*
restriction fragment length polymorphism（RFLP，制限断片長多型） 59, 502*
restriction mapping（制限地図作成） 75, 502*
restriction pattern（制限酵素消化パターン） 108, 502*
retroelement（レトロエレメント） 219, 519*
retrogene（レトロ遺伝子） 453, 519*
retrohoming（レトロホーミング） 464, 519*
retron（レトロン） 222, 519*
retroposon（レトロポゾン） 221, 519*
retrotransposition（レトロ転位） 219, 519*
retrotransposon（レトロトランスポゾン） 219, 519*
retrovirus（レトロウイルス） 215, 519*
reverse genetics（逆遺伝学） 153, 495*
reverse gyrase（リバースジャイレース） 377
reverse sequence（リバース配列） 90, 518*
reverse transcriptase（逆転写酵素） 32, 215, 495*
reverse transcriptase PCR（RT-PCR，逆転写PCR） 128, 495*
reverse-phase liquid chromatography（逆相液体クロマトグラフィー） 307, 495*
reversible terminator sequencing（可逆的ターミネーター塩基配列決定法） 94, 493*
RFC（replication factor C，複製因子C） 385, 511*
RFLP（restriction fragment length polymorphism，制限断片長多型） 59, 59f, 502*
RFLP タイピング 60, 60f
　　 PCR 60, 60f
　　サザンハイブリダイゼーション 60, 60f
RHD（Rel 相同ドメイン） 259t
Rho（ρ） 480*
Rho-dependent terminator（ρ依存性転写終結領域） 284, 480*
ribbon-helix-helix motif（リボン・ヘリックス・ヘリックスモチーフ） 261, 518*
ribonuclease（リボヌクレアーゼ） 328, 518*
ribonucleic acid（RNA，リボ核酸）→ RNA
ribose（リボース） 12, 518*
ribosomal protein（リボソームタンパク質） 322, 518*
ribosomal RNA（rRNA，リボソーム RNA）
　　 → rRNA
ribosome（リボソーム） 14, 321, 518*
ribosome binding site（リボソーム結合部位） 324, 518*
ribosome modulation factor（リボソーム調節因子） 325, 518*
riboswitch（リボスイッチ） 285, 518*
ribozyme（リボザイム） 445, 518*
ribulose-bisphosphate carboxylase（Rubisco，リブロースビスリン酸カルボキシラーゼ） 334
RISC（RNA-induced silencing complex，RNA 誘導サイレンシング複合体） 289f, 290, 487*
RMP（replication mediator protein，複製メディエータータンパク質） 385, 512*
RNA（ribonucleic acid，リボ核酸） 1, 518*
　　 piwi 結合—— 140, 272
　　ヴォールト—— 272
　　ガイド—— 146, 146f
　　核小体低分子—— 231, 271, 458
　　核内低分子—— 231, 271
　　カハール体特異的低分子—— 271
　　機能性—— 13
　　合成 276
　　構造 12
　　コード—— 13
　　サテライト—— 217
　　前駆体 14
　　短鎖干渉—— 145, 271
　　短鎖非コード—— 14, 125, 269, 270
　　長鎖遺伝子間非コード—— 272, 273f
　　長鎖非コード—— 14, 269, 272, 273f
　　転移—— → tRNA
　　転移-メッセンジャー—— 272
　　同定 274
　　非コード—— 13, 269
　　フォールドバック—— 290, 290f
　　プロセシング 291
　　分解 288
　　分類 13, 13f
　　ヘテロ核—— 14
　　ポリアデニル化—— 131, 132f
　　マイクロ—— 16, 271, 290, 290f
　　メッセンジャー—— → mRNA
　　リボソーム—— → rRNA
RNA editing（RNA 編集） 16, 486*
RNA interference（RNAi，RNA 干渉） 145, 271, 486*
RNA polymerase（RNA ポリメラーゼ） 13, 486*
RNA polymerase Ⅰ（RNA ポリメラーゼⅠ） 276, 486*
RNA polymerase Ⅱ（RNA ポリメラーゼⅡ） 276, 486*
RNA polymerase Ⅲ（RNA ポリメラーゼⅢ） 276, 486*
RNA recognition domain（RNA 認識ドメイン） 262, 486*
RNA sequencing（RNA-seq 法） 116, 486*
RNA silencing（RNA サイレンシング） 271, 486*
RNA transcript（転写産物 RNA） 506*
RNA world（RNA ワールド） 443, 487*
RNA-dependent DNA polymerase（RNA 依存性 DNA ポリメラーゼ） 32, 486*
RNA-dependent RNA polymerase（RNA 依存性 RNA ポリメラーゼ） 13, 486*
RNAi（RNA interference，RNA 干渉） 145, 271, 289, 486*
RNA-induced silencing complex（RISC，RNA 誘導サイレンシング複合体） 290, 487*
RNA-seq（RNA sequencing，RNA-seq 法） 116, 132, 270, 274, 486*
RNA-seq リード，マッピング 132, 132f
RNA 依存性 DNA ポリメラーゼ 32, 486*
RNA 依存性 RNA ポリメラーゼ 13, 486*
RNA 干渉（RNAi） 145, 271, 289, 486*
　　遺伝子不活性化 145
　　機構 145f
RNA 結合タンパク質 262
RNA サイレンシング 271, 289, 289f
RNA 前駆体 14, 486*
RNA 特異的アデノシンデアミナーゼ（ADAR） 486*
RNA トランスポゾン → レトロエレメント
RNA 認識ドメイン 262, 486*
RNA ヘリカーゼ B 289
RNA 編集 16, 486*
RNA ポリメラーゼ 13, 276, 277t, 286, 486*
　　σサブユニット 278, 359
　　DNA 依存性—— 12, 276
　　RNA 依存性—— 13
　　——Ⅰ 276, 277t
　　——Ⅱ 276, 277t
　　——Ⅲ 276, 277t
　　——Ⅳ 276
　　——Ⅴ 276
　　鋳型非依存性—— 15
　　後退 277, 278f
　　プロモーター結合 278f
　　葉緑体 277
RNA ポリメラーゼⅠ 486*
RNA ポリメラーゼⅡ 486*
RNA ポリメラーゼⅢ 486*
RNA 誘導サイレンシング複合体（RISC） 289f, 290, 487*
RNA ワールド 443, 445, 487*
rolling-circle replication（ローリングサークル型複製） 378, 519*
RPA（replication protein A，複製タンパク質 A） 385, 512*
rRNA（ribosomal RNA，リボソーム RNA） 13, 269, 322, 322f, 518*
　　遺伝子 125, 450
　　化学修飾 15
　　前駆体 14
rRNA 前駆体 14, 487*
　　プロセシング 15f
Rsk 349, 350f
RT-PCR（reverse transcriptase PCR，逆転写PCR） 128, 495*
Rubisco（ribulose-bisphosphate carboxylase，

リブロースビスリン酸カルボキシラーゼ) 334
RuvA 430, 431f
RuvB 430, 431f
RuvC 430, 431f
Rバンド法 162t

■ S

S (Svedberg) value (S値) 487*
S (synthesis) phase (S期) 487*
S1 nuclease (S1 ヌクレアーゼ) 129, 487*
S1 ヌクレアーゼ 32t, 129, 130f, 487*
S1 ヌクレアーゼマッピング 130f
Saccharomyces cerevisiae → 出芽酵母
SAGA 239
SAGE (serial analysis of gene expression, SAGE 法) 487*
Sanger method (サンガー法) → dideoxy method (ジデオキシ法)
Sanger, Fredrick 22, 87
satellite DNA (サテライト DNA) 181, 499*
satellite RNA (サテライト RNA) 217, 499*
*Sau*3A I 33, 33t
Saunders, Edith Rebecca 66f
scaffold (スカフォールド) 104, 501*
scaffold/matrix attachment region (S/MAR, スカフォールド／マトリックス付着領域) 233, 501*
scanning (スキャン) 325, 501*
scaRNA (small Cajal body-specific RNA, カハール体特異的低分子 RNA) 271, 494*
scrapie (スクレイピー) 218
scs 236, 237f
scs' 236, 237f
SDS (sodium dodecyl sulfate, ドデシル硫酸ナトリウム) 306
second messenger (セカンドメッセンジャー) 350, 502*
secondary structure (二次構造) 17, 508*
sedimentation analysis (沈降解析) 505*
sedimentation coefficient (沈降係数) 505*
segment polarity gene (セグメントポラリティー遺伝子) 365, 502*
segmental duplication (部分重複) 456, 512*
segmented genome (分節ゲノム) 212, 514*
selectable marker (選択マーカー) 44, 503*
selfish DNA (利己的 DNA) 518*
semiconservative replication (半保存的複製) 373, 510*
sequence assembler (配列アセンブラ) 103, 509*
sequence assembly (配列アセンブリ) 99, 509*
sequence gap (配列ギャップ) 101f
sequence-enriched map 115f, 116, 126
sequence-tagged site (STS, 配列タグ部位) 81, 509*
sequencing by oligonucleotide ligation and detection (SOLiD 塩基配列決定法) 97, 487*
sequencing library (塩基配列決定用ライブラリー) 92, 492*
serial analysis of gene expression (SAGE 法) 487*
serine/threonine kinase receptor (受容体型セリン／トレオニンキナーゼ) 347, 501*
sex cell (生殖細胞) 1, 502*
sex chromosome (性染色体) 1, 502*
Sex combs reduced 365f
SF1 293, 294f
SH2 ドメイン 350
SH3 ドメイン 350
Shapiro, James A. 436
shared substitution (共有置換) 471
shelterin (シェルタリン) 164, 419, 499*
Shine-Dalgarno sequence (シャイン・ダルガーノ配列) 500*
short interfering RNA (siRNA, 短鎖干渉 RNA) 145, 271, 504*
short interspersed nuclear element (SINE, 短鎖散在反復配列) 168, 221, 504*
short nascent strand (SNS) sequencing (SNS-seq 法) 487*
short nascent strand sequencing 380
short noncoding RNA (sncRNA, 短鎖非コード RNA) 14, 269, 504*
short tandem repeat (STR, 短鎖縦列反復配列) 154
short tandem repeat polymorphism (STRP, 短鎖縦列反復配列多型) 61, 504*
short-patch repair (ショートパッチ修復) 414
shotgun method (ショットガン法) 55, 99, 501*
shotgun proteomics (ショットガンプロテオミクス) 309, 501*
shuttle vector (シャトルベクター) 50, 500*
signal peptide (シグナルペプチド) 332, 500*
signal transducer and activator of transcription (STAT) 348, 487*
signal transduction (シグナル伝達) 346, 500*
silencer (サイレンサー) 287, 499*
silent mating-type cassette (サイレントな接合型カセット) 353
simian immunodeficiency virus (SIV, サル免疫不全ウイルス) 469
simple multigene family (単純な多重遺伝子族) 178
simple sequence length polymorphism (SSLP, 単純配列長多型) 59, 505*
Sin3 240, 245
SINE (short interspersed nuclear element, 短鎖散在反復配列) 168, 220t, 221, 221f, 504*
single-copy DNA (単一コピー DNA) 108, 504*
single-molecule real-time sequencing (1分子リアルタイム塩基配列決定法) 98, 479*
single-nucleotide polymorphism (SNP, 一塩基多型) 61, 490*
single-stranded (一本鎖) 12, 490*
single-stranded DNA-binding protein (SSB, 一本鎖 DNA 結合タンパク質) 384, 490*
Sir 353
Sir2 240
siRNA (short interfering RNA, 短鎖干渉 RNA) 145, 145f, 271, 504*
　合成 271f
site-directed hydroxyl radical probing (部位特異的ヒドロキシルラジカルプローブ法) 323, 511*
site-directed mutagenesis (部位特異的変異導入) 150, 511*
site-specific recombination (部位特異的組換え) 214, 425, 511*
SIV (simian immunodeficiency virus, サル免疫不全ウイルス) 469
sliding clamp (スライディングクランプ) 382
slo 296, 297f
small Cajal body-specific RNA (scaRNA, カハール体特異的低分子 RNA) 271, 494*
small interfering RNA (小分子干渉 RNA) 501*
small nuclear ribonucleoprotein (snRNP, 核内低分子リボ核タンパク質) 271, 494*
small nuclear RNA (snRNA, 核内低分子 RNA) 271, 494*
small nucleolar ribonucleoprotein (核小体低分子リボ核タンパク質) 230
small nucleolar RNA (snoRNA, 核小体低分子 RNA) 271, 494*
small ubiquitin-like modifier (SUMO) 241, 327, 487*
S/MAR (scaffold/matrix attachment region, スカフォールド／マトリックス付着領域) 233
Sm サブグループ 271
sncRNA (short noncoding RNA, 短鎖非コード RNA) 14, 125, 269, 270, 504*
snoRNA (small nucleolar RNA, 核小体低分子 RNA) 231, 271, 458, 494*
SNP (single-nucleotide polymorphism, 一塩基多型) 61, 61f, 490*
SNP タイピング 62, 62f, 155
　ARMS 法 63, 63f
　DNA チップ 62, 62f
　液相ハイブリダイゼーション 62
　オリゴヌクレオチドハイブリダイゼーション解析 62, 62f
　オリゴヌクレオチド連結アッセイ 63, 63f
　分子ビーコン法 63
snRNA (small nuclear RNA, 核内低分子 RNA) 231, 271, 494*
snRNP (small nuclear ribonucleoprotein, 核内低分子リボ核タンパク質) 271, 293, 494*
SNS-seq 法 (short nascent strand sequencing) 380, 381f, 487*
sodium dodecyl sulfate (SDS, ドデシル硫酸ナトリウム) 306
SOLiD (sequencing by oligonucleotide ligation and detection, SOLiD 塩基配列決定法) 97, 97f, 487*

solid phase（固定相）　307, 498*
solution hybridization（液相ハイブリダイゼーション）　62, 491*
somatic cell（体細胞）　1, 504*
sonication（超音波処理）　93, 505*
sorting sequence（局在化配列）　139, 495*
SOS response（SOS 応答）　358, 420, 420f, 487*
Southern hybridization（サザンハイブリダイゼーション）　36, 499*
spinocerebellar ataxia（脊髄小脳失調症）　422
spliceosome（スプライソソーム）　271, 502*
splicing（スプライシング）　14, 502*
splicing code（スプライシング暗号）　296, 502*
splicing pathway（スプライシング経路）　173, 502*
Spm element（*Spm* エレメント）　223, 487*
Spm エレメント　223, 487*
Spo0A　359, 360f
Spo0B　359, 360f
Spo0F　359, 360f
SPO1 ファージ　212, 212t
SpoⅡAA　360, 361f
SpoⅡAB　360, 361f
SpoⅡE　360, 361f
SpoⅡGA　360, 361f
SpoⅡR　361, 361f
SpoⅣB　361, 361f
SpoⅣF　361, 361f
spontaneous mutation（自然変異）　404, 500*
spore（芽胞）　359
sporulation（芽胞形成）　359
SR protein（SR タンパク質）　295, 487*
SRGAP2　468
SR タンパク質　295, 296, 297f, 487*
SSB（single-stranded DNA-binding protein，一本鎖 DNA 結合タンパク質）　384, 384f, 490*
SSLP（simple sequence length polymorphism，単純配列長多型）　59, 60f, 82, 505*
Stahl, Franklin　373
STAT（signal transducer and activator of transcription）　348, 348f, 487*
stem cell（幹細胞）　392, 494*
stem-loop structure（ステムループ構造）　23, 125, 502*
steroid hormone（ステロイドホルモン）　345, 502*
steroid receptor（ステロイド受容体）　345, 502*
sticky end（粘着末端）　33
STR（short tandem repeat，短鎖縦列反復配列）　154
streptavidin（ストレプトアビジン）　93, 502*
Streptomyces coelicolor　190
stringent response（緊縮応答）　324, 495*
strong promoter（強いプロモーター）　281, 505*
STRP（short tandem repeat polymorphism，短鎖縦列反復配列多型）　61, 504*
STRP タイピング　60f, 61

PCR　61
STS（sequence-tagged site，配列タグ部位）　81, 509*
STS mapping（STS マッピング）　82, 108, 487*
STS マーカー　81, 81f
　EST　82
　SSLP　82
　ランダムゲノム配列　82
STS マッピング　82, 107f, 108, 487*
stuffer fragment（スタッファー断片）　47, 502*
Sturtevant, Arthur　68
Su　237, 238f
suffix sequence（サフィックス配列）　103
sugar puckering（糖パッカリング）　10, 507*
suicide enzyme（自殺酵素）　413, 500*
SUMO（small ubiquitin-like modifier）　241, 327, 487*
supercoil（超らせん）　188, 505*
surveillance mechanism（品質監視機構）　289, 511*
Sutton, W. S.　3
SWINGER　368
SWI/SNF　244
Swiss Institute of Bioinformatics（スイスバイオインフォマティクス研究所）　140
sxl　296, 297f
syncytium（シンシチウム）　363, 501*
synteny（シンテニー）　126, 501*
syn 型　10, 10f
systems biology（システム生物学）　2, 335, 500*
S 期　394, 394f, 487*
S 期チェックポイント　398
S 値　487*

■ T

T4 DNA リガーゼ　37
T4 polynucleotide kinase（T4 ポリヌクレオチドキナーゼ）　39, 487*
T4 ファージ　212, 212t, 213, 213f
T4 ポリヌクレオチドキナーゼ　39, 487*
T7 ファージ　212t
TψC アーム　124f, 488*
TAD（topologically associated domain，トポロジカル関連ドメイン）　235, 507*
TAF（TBP-associated factor，TBP 関連因子）　239, 286, 488*
TAF- and initiator-dependent cofactor（TIC，TAF およびイニシエーター依存性補助因子）　286, 487*
TAHRE　393
tailless　364
tandem affinity purification（TAP 法，タンデムアフィニティー精製法）　317, 505*
tandem mass spectrometry（タンデム質量分析法）　311, 505*
tandem repeat（縦列反復配列）　181, 500*
TAP 法（tandem affinity purification，タンデムアフィニティー精製法）　317

Taq ポリメラーゼ　31t, 39, 90
target enrichment（標的配列濃縮）　109, 511*
TART　393, 394f
TATA box（TATA ボックス）　279, 279f, 286, 488*
TATA-binding protein（TBP，TATA 結合タンパク質）　239, 286, 286f, 488*
Tatum, Edward　337
tautomer（互変異性体）　405, 498*
tautomeric shift（互変異性化）　498*
TBP（TATA-binding protein，TATA 結合タンパク質）　239, 286, 286f, 488*
TBP-associated factor（TAF，TBP 関連因子）　239, 286, 488*
TBP ドメイン　259t
T-cell receptor（T 細胞受容体）　354
T-DNA　51, 51f, 488*
TdT（terminal deoxynucleotidyl transferase，ターミナルデオキシヌクレオチジルトランスフェラーゼ）　29f, 38, 504*
telomerase（テロメラーゼ）　391, 506*
telomere（テロメア）　162, 506*
telomere-binding protein（テロメア結合タンパク質）　164, 506*
Temin, Howard　215
temperate bacteriophage（テンペレートバクテリオファージ）　213, 507*
template（鋳型）　13, 489*
template-dependent DNA polymerase（鋳型依存性 DNA ポリメラーゼ）　29, 489*
template-dependent DNA synthesis（鋳型依存性 DNA 合成）　10, 489*
template-dependent RNA polymerase（鋳型依存性 RNA ポリメラーゼ）　489*
template-dependent RNA synthesis（鋳型依存性 RNA 合成）　13, 489*
template-independent DNA polymerase（鋳型非依存性 DNA ポリメラーゼ）　38, 489*
template-independent RNA polymerase（鋳型非依存性 RNA ポリメラーゼ）　15, 489*
terminal deoxynucleotidyl transferase（TdT，ターミナルデオキシヌクレオチジルトランスフェラーゼ）　38, 504*
termination codon（終止コドン）　21, 500*
terminator sequence（複製終結配列）　387, 512*
terminus utilization substance（Tus）　387
tertiary structure（三次構造）　18, 499*
test cross（検定交雑）　70, 497*
Tetrahymena（テトラヒメナ）　391t
tetrasome（テトラソーム）　164
TFⅡA　286
TFⅡB　279, 286
TFⅡD　279, 286
TFⅡE　286
TFⅡF　286
TFⅡH　286, 417
TFTC　239
TGFβ（transforming growth factor β，トランスフォーミング増殖因子 β）　347
thermal cycle sequencing（サーマルサイクル塩基配列決定法）　90, 499*

thermostable（熱安定性） 509*
Thermus aquaticus 32, 39
third-generation sequencing（第三世代塩基配列決定法） 98, 504*
three-point cross（3点交雑） 70
threose nucleic acid（トレオース核酸） 448
thymine（チミン） 6, 505*
Ti plasmid（Tiプラスミド） 51, 488*
TIC（TAF- and initiator-dependent cofactor, TAFおよびイニシエーター依存性補助因子） 286, 487*
tiling array（タイリングアレイ） 130, 504*
tissue plasminogen activator（TPA, 組織プラスミノーゲン活性化因子） 461
Tiプラスミド 51, 488*
t-loop（tループ） 392
T_m（melting temperature, 融解温度） 62f, 517*
tmRNA（transfer-messenger RNA, 転移-メッセンジャーRNA） 272, 506*
Tn3-type transposon（Tn3型トランスポゾン） 222, 488*
Tn3型トランスポゾン 222, 223f, 436, 488*
TOCSY 253
Top2 389
Top3 376
top-down proteomics（トップダウンプロテオミクス） 305, 507*
topological problem（トポロジー問題） 371, 507*
topologically associated domain（TAD, トポロジカル関連ドメイン） 235, 507*
topology（トポロジー） 470, 507*
Torso（トルソ） 364
total correlation spectroscopy（TOCSY） 253
totipotent（分化全能性） 144, 513*
TPA（tissue plasminogen activator, 組織プラスミノーゲン活性化因子） 461
tra 296, 297f
trailer segment（トレーラー配列） 508*
transcript（転写産物） 13, 506*
transcription（転写） 2, 506*
transcription factor（転写因子） 24, 254, 286, 506*
transcription initiation（転写開始） 278, 506*
transcription initiation complex（転写開始複合体） 506*
transcription preinitiation complex（転写開始前複合体） 286, 506*
transcription-coupled repair（転写共役修復） 417, 506*
transcriptome（トランスクリプトーム） 2, 269, 507*
transcript-specific regulation（転写産物特異的調節） 326, 506*
trans-displacement（トランス変位） 244, 507*
transduction（形質導入） 73, 497*
transduction mapping（形質導入マッピング） 497*
transesterification（エステル転移反応） 292
transfection（トランスフェクション） 47, 507*
transfer RNA（tRNA, 転移RNA）→ tRNA
transfer-messenger RNA（tmRNA, 転移-メッセンジャーRNA） 272, 506*
transferrin receptor（トランスフェリン受容体） 326
transformant（形質転換細胞） 44, 497*
transformation（形質転換） 44, 73, 497*
transformation mapping（形質転換マッピング） 497*
transforming growth factor β（TGFβ, トランスフォーミング増殖因子β） 347
transforming principle（形質転換因子） 3, 497*
transgenic mouse（トランスジェニックマウス） 147, 507*
transition（トランジション） 403, 507*
translation（翻訳） 2, 515*
translation initiation complex（翻訳開始複合体） 324, 515*
translation preinitiation complex（翻訳開始前複合体） 325, 515*
translational efficiency（翻訳効率） 327, 516*
translesion polymerase（損傷乗り越えポリメラーゼ） 420, 504*
translocation（転座） 234, 506*
translocation（トランスロケーション） 508*
transposable genetic element（転位性遺伝因子） 218, 506*
transposable phage（転位性ファージ） 223, 506*
transposase（トランスポザーゼ） 222, 507*
transposition（転位） 183, 218, 426, 506*
transposon（トランスポゾン） 218, 507*
transposon tagging（トランスポゾンタギング法） 144, 507*
transversion（トランスバージョン） 403, 507*
treble clef finger（トレブルクレフフィンガー） 261, 508*
TRF1 164, 392
TRF2 164, 392
trichothiodystrophy（硫黄欠乏性毛髪発育異常症） 421
TRiC シャペロニン 330
trinucleotide repeat expansion disease（トリプレットリピート伸長病） 407, 508*
triplex（三本鎖） 81, 430, 499*
trisomy（トリソミー） 453, 508*
trithorax group（trxG）protein（トリソラックス群タンパク質） 352, 508*
Triticum aestivum 460
Triticum durum 460
tRNA（transfer RNA, 転移RNA） 14, 269, 506*
　　Dアーム 124f
　　TψCアーム 124f
　　Vループ 124f
　　アミノアシル—— 323
　　アンチコドンアーム 124f
　　遺伝子 124, 124f
　　開始—— 324
　　化学修飾 15
　　クローバー葉構造 124
　　受容アーム 124f
　　前駆体 14
tRNA前駆体 14, 488*
tRNAプライマー 437
truncated gene（短縮型遺伝子） 180, 504*
trxG protein（trxG タンパク質） 352, 488*
Tsix RNA 247, 272
tudor 140
Tudor domain（テューダードメイン） 140, 506*
Tus 387, 387f, 388f, 488*
two-dimensional gel electrophoresis（二次元ゲル電気泳動） 306, 508*
Ty1 144, 144f
Ty1/copia レトロエレメント 219, 219f, 437
Ty3/gypsy レトロエレメント 219f, 220, 437
type 0 cap（0型キャップ） 15f, 479*
type 1 cap（1型キャップ） 15f, 479*
type 2 cap（2型キャップ） 15f, 479*
tyrosine kinase receptor（受容体型チロシンキナーゼ） 346, 501*
tyrosine kinase-associated receptor（チロシンキナーゼ会合型受容体） 347, 505*
Ty エレメント 219, 220f
T細胞受容体 354
tループ 392, 392f

U

U1-snRNP 293, 294f
U2AF1 293
U2AF2 293
U2-snRNP 293, 294f
U4-snRNP 293, 294f
U5-snRNP 293, 294f
U6-snRNP 293, 294f
ubiquitin（ユビキチン） 168, 241, 327, 517*
ubiquitin ligase（ユビキチンリガーゼ） 327
ubiquitin-activating enzyme（ユビキチン活性化酵素） 327
ubiquitination（ユビキチン化） 168, 327, 517*
ubiquitin-conjugating enzyme（ユビキチン結合酵素） 327
ubiquitin-receptor protein（ユビキチン受容体タンパク質） 328, 517*
UCE（upstream control element, 上流制御配列） 279, 279f, 501*
UCSC Genome Browser 134, 134f, 488*
Ultrabithorax 365f
UmuC 420
UmuD 421
UmuD′ 420
UmuD′$_2$C 複合体 420
unequal crossing over（不等交差） 452, 512*
unequal sister chromatid exchange（不等姉妹染色分体交換） 452, 512*
unit factor（単位因子） 504*
unit transposon（ユニットトランスポゾン）→ Tn3-type transposon（Tn3型トランスポゾン）

unitary pseudogene（単一偽遺伝子） 179, 504*
universal primer（ユニバーサルプライマー） 91, 517*
untranslated region（UTR, 非翻訳領域） 127, 510*
upstream（上流） 123, 501*
upstream control element（UCE, 上流制御配列） 279, 501*
upstream promoter element（上流プロモーター配列） 278, 501*
upstream regulatory sequence（上流調節配列） 124, 501*
URA3　50, 50f
uracil（ウラシル） 12, 491*
Ure3　218
Urey, Harold　444f
U-RNA　271, 488*
USP24　168
UTP（ウリジン 5′-三リン酸） 12
UTR（untranslated region, 非翻訳領域） 127, 510*
UvrA　416, 416f
UvrABC endonuclease（UvrABC エンドヌクレアーゼ） 416, 488*
UvrB　416, 416f
UvrC　416, 416f
UvrD　416

■ V

V loop（V ループ） 488*
van der Waals force（ファンデルワールス力） 511*
variable number of tandem repeats（VNTR, 縦列反復配列多型） 60, 500*
vault（ヴォールト） 272
vault RNA（ヴォールト RNA） 272, 491*
VDJ 再編成　355, 355f
vegetative cell（栄養細胞） 353, 491*
vegetative cell division（無性細胞分裂） 353

Venter, Craig　111
Vibrio cholerae → コレラ菌
viral retroelement（ウイルスレトロエレメント） 215, 491*
viroid（ウイロイド） 217, 491*
virulent bacteriophage（ビルレントバクテリオファージ） 213, 511*
virus（ウイルス） 28, 491*
virus-like particle（VLP, ウイルス様粒子） 219
virusoid（ウイルソイド） 217, 491*
VJ 再編成　355
VLP（virus-like particle, ウイルス様粒子） 219
VNTR（variable number of tandem repeats, 縦列反復配列多型） 60, 500*
v-*onc*　217, 217f
Vsr エンドヌクレアーゼ　418
V ループ　124f, 488*

■ W

Watson, James　5, 371
weak promoter（弱いプロモーター） 518*
Werner syndrome（ウェルナー症候群） 422
whorl（輪生） 367
wild type（野生型） 73, 517*
winged helix-turn-helix motif（ウィングドヘリックス・ターン・ヘリックスモチーフ） 260, 491*

■ X

X chromosome inactivation center（X 染色体不活性化センター） 247
X-chromosome inactivation（X 染色体不活性化） 246, 488*
xeroderma pigmentosum（色素性乾皮症） 421
X-gal　45, 45f
Xic　247

xis　435
Xist RNA　247, 272
XPB　417, 417f
XPD　417, 417f
X-ray crystallography（X 線結晶解析） 251, 488*
X-ray diffraction（X 線回折） 252, 488*
X-ray diffraction pattern（X 線回折像） 8, 252, 488*
XRCC4　419, 420f
X 線回折（X-ray diffraction） 252, 488*
　DNA　7
X 線回折像　8, 252, 488*
　DNA　8f
　リボヌクレアーゼ　252f
X 線結晶解析　251, 252f, 323, 488*
X 染色体　1
X 染色体不活性化　246, 247f, 272, 488*
X 染色体不活性化センター　247

■ Y

yeast two-hybrid method（酵母ツーハイブリッド法） 314, 498*
Yen1　432
YIp5 ベクター　50, 50f
Y 染色体　1, 232

■ Z

Z-DNA（Z 型 DNA） 11, 488*
zerknüllt　365f
zero-mode waveguide（ゼロモード導波路） 98, 503*
zinc finger（ジンクフィンガー） 177, 259, 501*
zoo-blotting（ズーブロット法） 128, 502*
zygote（接合子） 353, 502*
Z 型 DNA　11, 11t, 12f, 263, 488*

和文索引

- 語頭が数字，ギリシャ文字，アルファベットの用語はすべて欧文に含めた。
- 「○○→□□」は原則として同義のため，□□を参照のこと。ただし，○○そのものが掲載されている頁を示してある場合もある。
- f のついた頁は，図または図説明文にその項目が含まれる。
- t のついた頁は，表にその項目が含まれる。
- *のついた頁は，用語解説にその項目が含まれる。

■ あ

アイソアクセプター tRNA　488*
アイソコア　166, 166f
アイソコアモデル　165, 166, 488*
アイソフォーム　295, 488*
アガロースゲル電気泳動　35, 35f, 488*
　　PCR産物　40, 40f
アーキア → 古細菌
アクセサリーゲノム　198, 198f, 488*
アクチベーター　282, 286
アクリジン色素　488*
アグロバクテリウム　51
亜硝酸　409
アシル化　334, 489*
アダプター　38, 93, 93f, 489*
アデニル酸シクラーゼ　258f, 282, 283f, 489*
アデニン　6, 489*
　　アミノ型　405f
　　イミノ型　405, 405f
　　塩基対形成　9f
　　構造　5f
　　脱アミノ　409, 410f
アデノシン 5′-三リン酸　12
アニーリング　30, 39, 489*
アビジン　133, 133f, 489*
アフィニティークロマトグラフィー　131, 132f, 317, 317f, 489*
　　固定化金属イオン──　335
アポトーシス　398, 489*
アポリポタンパク質 B，RNA 編集　16, 16f
アミノアシル tRNA　323
アミノアシル tRNA シンテターゼ　489*
アミノアシル化　489*
アミノアシル部位 → A 部位
アミノ酸　17, 489*
　　極性──　19
　　構造　17, 20f
　　側鎖　19
　　非極性──　19
　　略号　20t
アミノ末端　17, 17f, 489*
アラインメント　138
アラビノースアミノオキサゾリン　444
アラーモン　324, 489*
亜硫酸水素ナトリウム　409
アルカリホスファターゼ　39, 489*

アルキル化剤　410, 489*
アルキル化修復酵素　414
アルゴノート　145f, 289f, 290
アルドラーゼ遺伝子　178, 453
アルフォイド DNA　164, 181, 489*
アレル　58, 489*
　　祖先型──　472
　　派生型──　472
　　複──　58
アレル特異的オリゴヌクレオチドハイブリダイゼーション　489*
アレル頻度　472, 489*
アロラクトース　281, 281f, 345
アンカー細胞　362, 362f
アンカープライマー　129f
アンジェルマン症候群　246
暗修復　416, 489*
アンチコドン　489*
アンチコドンアーム　124f, 489*
アンピシリン　45, 45f
アンピシリン耐性遺伝子　44, 44f, 45f, 49f, 50f
アンヒドロヌクレオシド　444

■ い

硫黄欠乏性毛髪発育異常症　421
イオン感応性電界効果トランジスタ（ISFET）　96, 489*
イオン交換クロマトグラフィー　307, 489*
鋳型　13, 489*
鋳型依存性 DNA 合成　10, 30f, 489*
鋳型依存性 DNA ポリメラーゼ　29, 489*
鋳型依存性 RNA 合成　13, 13f, 489*
鋳型依存性 RNA ポリメラーゼ　489*
鋳型非依存性 DNA ポリメラーゼ　38, 489*
鋳型非依存性 RNA ポリメラーゼ　15, 489*
育種計画　57, 473
異質倍数体　460, 489*
維持メチル化　245, 245f, 489*
一遺伝子雑種交雑　65f, 490*
一塩基多型（SNP）　61, 490*
　　タイピング　62, 62f, 155
位置効果　236, 238f, 490*
一次陰門細胞　362, 362f
一次構造　17, 490*
一次転写産物　127, 490*

一段増殖曲線　213, 213f, 490*
一倍体　1, 65, 490*
一本鎖　12, 490*
一本鎖 DNA 結合タンパク質（SSB）　384, 384f, 490*
一本鎖ギャップ修復　432, 432f
一本鎖切断修復　419, 419f
　　欠損　422
遺伝暗号　21, 21f, 490*
　　変則的な──　22, 22t
　　ミトコンドリアゲノム　22
遺伝学　27, 490*
遺伝型　68, 490*
　　親──　68
　　組換え──　68
遺伝子　1, 490*
　　RNA 干渉による不活性化　145
　　rRNA──　125, 450
　　tRNA──　124, 124f
　　位置の決定　121
　　インプリンティング──　246, 246f
　　オーソロガス──　137, 138f
　　オーバーラップ──　212f, 213
　　過剰発現　147
　　数　172, 173t
　　カタログ　174, 175f, 176f
　　がん──　217
　　偽──　179
　　機能の同定　137
　　ギャップ──　364, 365f
　　後期──　357
　　後初期──　357
　　候補──　154
　　コード領域　121
　　疾患感受性──　153
　　セグメントポラリティー──　365
　　前初期──　357
　　染色体外──　202
　　相同──　126, 137
　　相同組換えによる不活性化　142f, 143, 143f
　　短縮型──　180, 180f
　　トランスポゾン挿入による不活性化　144
　　ヌル──　279
　　ノックアウト　145, 146
　　ノックダウン　145, 146
　　発現　16, 229

発現パターン 149
パラロガス —— 138, 138f
非コードRNA —— 124
標的部位可変ヌクレアーゼによる不活性
　化 146, 146f
不活性化 142
分断 —— 127
分布 165
ペアルール —— 365
母性効果 —— 364
ホメオティック選択 —— 352, 352f,
　365, 367, 451
ミニ —— 129, 130f
レトロ —— 453
レポーター —— 149, 150f, 150t
遺伝子アイランド 172
遺伝子外パリンドローム反復配列 193, 490*
遺伝子型 → 遺伝型
遺伝子間領域 122, 490*
遺伝子機能
　過剰発現による解析 147, 147f
　記述 140
　配列のコンピュータ解析 137
　発現パターンによる解析 149
　不活性化による解析 142
遺伝子空間 115, 490*
　構築 115f, 126
遺伝子クローニング → DNAクローニング
遺伝子欠失カセット 143, 143f
遺伝子砂漠 166, 490*
遺伝子スイッチ 357
遺伝子スーパーファミリー 179, 490*
遺伝子断片 180, 180f, 490*
遺伝子置換, 2段階の —— 152, 152f
遺伝子重複 179, 449, 449f, 490*
　機構 452, 454f
遺伝子治療 490*
遺伝子内遺伝子 490*
遺伝子のエクソン説 463, 463f, 490*
遺伝子の水平伝播 199
遺伝子発現 16, 229, 490*
遺伝子ファミリー 177
遺伝子変換 353, 353f, 354f, 428, 428f, 450,
　490*
遺伝子密度 166, 166f
遺伝情報の伝達としての問題 21, 490*
遺伝子流動 197, 490*
遺伝性乳がん 153, 153t
遺伝性非ポリポーシス大腸腫瘍 422
遺伝地図 58
　物理地図との比較 75, 75f
遺伝地図作成 55, 490*
　細菌 73, 74f
　ショウジョウバエ 58, 68, 68f
遺伝的交配 70
遺伝的冗長性 490*
遺伝的プロファイル 42, 182, 182f, 490*
遺伝的マーカー 58, 490*
遺伝的連鎖 63, 490*
　完全連鎖 68
　交差の影響 68f
　部分連鎖 65, 66f

遺伝の法則 64
遺伝病 153, 153t, 490*
遺伝物質 3
移動相 307, 491*
イニシエーター配列 279, 279f, 491*
イネ
　ゲノム 126
　葉緑体ゲノム 205f
イノシトール-1,4,5-三リン酸 351, 351f
イノシン 491*
インスリン 332
インスレーター結合タンパク質 237
インスレーター配列 236, 237f, 238f, 491*
　作用 237f, 238f
陰性対照 274
インターカレート剤 410, 491*
インターフェロン 146, 491*
インターフェロンγ応答配列（GAS）348,
　491*
インターフェロン刺激応答配列（ISRE）348,
　491*
インタラクトーム 319, 491*
インテグラーゼ 434, 439, 491*
インテグロン 191, 491*
インデューサー 282, 491*
インデル 466, 467f, 491*
イントロン 14, 123, 123f, 292, 491*
　AU-AC —— 292
　GU-AG —— 292, 463
　起源 463
　グループI —— 194
　グループII —— 194, 464
　ポリピリミジン配列 292
イントロン後生説 463, 491*
イントロン前生説 463, 491*
イントロン内スプライシングエンハンサー
　（ISE）295, 491*
イントロン内スプライシングサイレンサー
　（ISS）295, 491*
イントロン保持 296, 491*
インプリンティング → ゲノムインプリンティ
　ング
インプリンティング遺伝子 246, 246f
インプリンティング制御配列 246, 491*
インフルエンザ菌，ゲノム塩基配列決定 99,
　100f
陰門細胞
　一次 —— 362, 362f
　二次 —— 362, 362f

■う

ウイルス 28, 211, 214, 491*
　ゲノム 211, 214, 214t
　構造 214f
　生活環 215
　ヘルパー —— 217, 217f
ウイルス様粒子（VLP）219
ウイルスレトロエレメント 215, 219, 219f,
　437, 491*
ウイルソイド 217, 218f, 491*
ウイロイド 217, 218f, 491*

カンキツエクソコーティス —— 217
ウイングドヘリックス・ターン・ヘリックス
　モチーフ 259t, 260, 491*
ウェルナー症候群 422
ヴォールト 272
ヴォールトRNA 272, 491*
ウシ海綿状脳症（BSE）218
ウラシル 12, 491*
　構造 12f
ウリジン5′-三リン酸 12

■え

栄養細胞 353, 353f, 491*
栄養生殖 → 無性細胞分裂
栄養要求株 74, 491*
エキシジョナーゼ 435
液相ハイブリダイゼーション 62, 491*
　SNPタイピング 62
エキソソーム 289, 289f, 491*
エキソヌクレアーゼ 29f, 32, 418, 418f, 491*
　3′→5′ —— 30, 31f, 90, 381, 405
　5′→3′ —— 30, 31f, 90, 382, 415
エキソヌクレアーゼIII 414
エクシヌクレアーゼ（excinuclease）416
エクスカバータ 464, 464f
エクソーム 109, 116, 492*
エクソン 14, 492*
　選択的 —— 295
エクソン-イントロン境界 123, 129, 492*
　下流側 —— 124
　上流側 —— 123
エクソンスキッピング 294, 295, 295f, 492*
エクソントラップ法 129, 130f, 492*
エクソン内スプライシングエンハンサー
　（ESE）294, 492*
エクソン内スプライシングサイレンサー
　（ESS）294, 295, 492*
エステル転移反応 292
エストロゲン受容体 346f
枝 470, 470f, 492*
エチルメタンスルホナート（EMS）410, 492*
エピゲノム 465, 492*
エピジェネティック効果 465, 492*
エピソーム 492*
エピソーム移入 73, 492*
エレクトロスプレーイオン化法 310, 492*
塩基欠落部位 412, 412f, 414
塩基除去修復 414, 415f, 492*
塩基スタッキング 9, 263, 444, 492*
塩基性ヘリックス・ループ・ヘリックスモチー
　フ 259t, 261, 262f, 492*
塩基存在比 8, 8f, 492*
塩基置換 471, 492*
塩基対 1, 492*
塩基対形成 8, 9f, 492*
　分子内 —— 124, 124f
塩基転位 → トランジション
塩基転換 → トランスバージョン
塩基配列決定用ライブラリー 92, 492*
　DNA断片の固定化 93, 93f, 94f
　PCRによる増幅 94, 95f

塩基類似体　408, 492*
遠心分離法
　　等密度——　166
　　浮遊密度——　166
　　密度勾配——　181, 181f, 374, 374f
エンドヌクレアーゼ　29f, 32, 492*
エンドヌクレアーゼIV　414
エンハンサー　287, 287f, 492*

■ お

オイラー路　104, 104f, 492*
欧州バイオインフォマティクス研究所　134
オオマツヨイグサ　454
オオムギ
　　遺伝子空間　115, 115f, 126
　　ゲノム　57, 115, 126
　　放射線ハイブリッドパネル　83
岡崎フラグメント　383, 492*
　　連結　385, 386f
置き換え型複製　377, 377f, 492*
オキシトリカ　391t
オーソロガス遺伝子　137, 138f, 492*
オートファジー　338
オートラジオグラフィー　37, 492*
オーバーラップ遺伝子　212f, 213, 493*
オーバーラップグラフ　103, 103f, 493*
オーファンレトロ遺伝子　453, 493*
オフターゲット効果　145
オプティカルマッピング　76, 493*
　　DNAマーカーの位置決定　79
　　制限部位の位置決定　76
オープンリーディングフレーム（ORF）　121, 121f, 493*
オペレーター　281, 281f, 493*
　　ラクトース——　281
オペロン　193, 194, 493*
　　トリプトファン——　195, 195f, 337
　　誘導性——　195
　　抑制性——　195
　　ラクトース——　194, 195f, 281, 345
親遺伝型　68, 493*
オリゴ（dT）-セルロース　131, 132f
オリゴ（dT）プライマー　82f
オリゴヌクレオチド　30, 493*
オリゴヌクレオチドハイブリダイゼーション
　　解析　62, 62f, 493*
　　SNPタイピング　62, 62f
オリゴヌクレオチド誘導変異導入　151, 151f, 493*
オリゴヌクレオチド連結アッセイ　63, 493*
　　SNPタイピング　63, 63f

■ か

開始tRNA　324, 493*
開始因子　324, 325, 493*
開始コドン　21, 21f, 121, 121f, 493*
階層的クラスタリング　275, 275f, 493*
階層的ショットガン法　105, 105f, 493*
ガイドRNA　146, 146f
外部節　470, 470f, 493*

解剖学的現生人類　471, 493*
開放型プロモーター複合体　493*
概要配列 → ドラフト配列
解離　427, 427f, 493*
解離酵素 → リゾルバーゼ
化学シフト　253, 493*
化学修飾　15, 15f, 16f, 493*
化学的変異原　409
化学発光マーカー　36, 493*
化学分解法　91, 493*
可逆的ターミネーター塩基配列決定法　94, 95f, 493*
可逆的ターミネーターヌクレオチド，構造　95f
核　1, 493*
　　内部構造　230, 230f
核型図 → カリオグラム
核ゲノム　1, 2f, 159, 494*
核酸　3, 494*
核酸ハイブリダイゼーション　494*
核磁気共鳴分光法　251, 494*
　　原理　253, 253f
核小体　230, 230f, 271, 494*
　　電子顕微鏡写真　230f
核小体低分子RNA（snoRNA）　231, 271, 458, 494*
核小体低分子リボ核タンパク質　230
核スペックル　230f, 231, 271, 494*
核内受容体スーパーファミリー　346, 494*
核内低分子RNA（snRNA）　231, 271, 494*
　　Lsmサブグループ　271
　　Smサブグループ　271
核内低分子リボ核タンパク質（snRNP）　271, 293, 494*
核マトリックス　232, 494*
　　電子顕微鏡写真　232f
核様体　187, 190f, 494*
　　電子顕微鏡写真　187f
　　ドメイン構造　188, 189f
核様体関連タンパク質　189, 494*
核ラミナ　232, 494*
家系解析　71, 72f, 153, 494*
家系図　71, 72f, 494*
カスケード　349, 494*
カタボライト活性化タンパク質（CAP）　282, 283f, 494*
カタボライト抑制　494*
カナマイシン耐性遺伝子　51f, 143f, 435
カハール体　230, 231, 271, 494*
カハール体特異的低分子RNA（scaRNA）　271, 494*
カバレッジ → リード深度
カプシド　211, 494*
　　正二十面体——　211, 211f
　　線維状——　211f, 212
　　頭尾——　211f, 212
　　らせん状——　212
芽胞　359, 360f
芽胞形成　359
鎌状赤血球症　153t
カラムクロマトグラフィー　306, 307f, 494*
カリオグラム　162, 494*

ヒト　163f
下流　23, 494*
下流側エクソン-イントロン境界　124
下流プロモーター配列（DPE）　279, 279f
カルシウムイオン　351, 351f
カルバモイル化　335, 335f
カルボキシ末端　17, 17f, 494*
カルモジュリン　351, 351f
加齢黄斑変性　155
がん，トランスクリプトーム解析　299
がん遺伝子　217, 494*
間期　161, 494*
カンキツエクソコーティスウイロイド　217
幹細胞　392, 494*
完全連鎖　68
完了配列　109, 494*

■ き

偽遺伝子　179, 494*
　　L-グロノラクトンオキシダーゼ　179
　　PTENP1　180, 180f
　　機能をもつ——　180, 180f, 273
　　単一——　179
　　重複——　179
　　非プロセス型——　179
　　プロセス型——　179, 179f, 453
ギガ塩基対（Gb）　494*
キナーゼ会合型受容体　346, 495*
機能性RNA　13, 495*
機能ドメイン　235, 495*
基本転写因子　286, 495*
基本プロモーター → コアプロモーター
キメラ　144, 495*
キモトリプシン　451
逆遺伝学　153, 495*
逆相液体クロマトグラフィー　307, 495*
逆転写PCR（RT-PCR）　128, 495*
逆転写酵素　31t, 32, 82f, 215, 437, 470, 495*
逆方向反復配列　222, 223f, 495*
逆方向末端反復配列（ITR）　223f
ギャップ　56, 100
　　配列——　101f
　　物理的——　101f
ギャップ遺伝子　364, 365f, 495*
ギャップ期　495*
キャップ形成　495*
キャップ結合複合体　325, 495*
キャップ構造　14, 15f, 133, 325, 495*
キャピラリー電気泳動　60f, 61, 87, 88f, 495*
急性骨髄性白血病　299
急性リンパ性白血病　299
球脊髄性筋萎縮症　407t
休眠促進因子　325, 495*
共顕性 → 共優性
協調進化　450, 495*
共通配列 → コンセンサス配列
共分離　474
共鳴周波数　253, 495*
共免疫沈降法　318, 495*
共優性　64, 65f, 495*
共有置換　471, 472f

和文索引 543

供与菌　73
共抑制　290
供与部位　292, 495*
極限環境生物　187, 495*
局在化配列　139, 495*
極性　19, 495*
極性アミノ酸　19
巨大プラスミド　191
距離行列　470, 470f, 495*
キラープラスミド　190t
切り出し酵素 → エキシジョナーゼ
キロ塩基対 (kb)　495*
筋萎縮性側索硬化症 (ALS)　220
近位配列エレメント (PSE)　279, 279f
筋強直性ジストロフィー　407t
緊縮応答　324, 495*

■ く

グアニリルトランスフェラーゼ　495*
グアニン　6, 495*
　エノール型　405f, 406
　塩基対形成　9f
　ケト型　405f
　構造　5f
グアニンヌクレオチド交換因子 (GEF)　349, 349f, 496*
グアニンメチルトランスフェラーゼ　496*
グアノシン 5′-三リン酸　12
グアノシン-5′-三リン酸-3′-二リン酸 (pppGpp)　324
グアノシン-5′-二リン酸-3′-二リン酸 (ppGpp)　324
　構造　324f
グアノシンペンタホスファターゼ　324
クエリング　290
句読点コドン　21, 21f, 496*
組換え　66, 102, 425, 496*
　相同 ──　51, 425, 425f, 426
　部位特異的　214
　部位特異的 ──　425, 425f, 433
　普遍的 ──　425
組換え DNA 技術　27, 496*
組換え DNA 分子　27, 496*
組換え遺伝型　68, 496*
組換え酵素 → リコンビナーゼ
組換え修復　496*
組換え体　70, 496*
組換え頻度　68, 496*
組換えプラスミド　45, 496*
組換えホットスポット　69, 75, 496*
組込み宿主因子 (IHF)　434
クラススイッチ　356, 356f, 496*
クランプローダー　385
グリアジン　24, 270
グリカン　334, 496*
グリコシル化　334, 334f, 496*
　N 結合型 ──　334, 334f
　O 結合型 ──　334, 334f
グリセロール由来核酸　448
　構造　448f
クリングル構造　462, 462f

グルココルチコイド受容体　346f
グルテニン　460
グループ I イントロン　194, 496*
グループ II イントロン　194, 464, 496*
グループ III イントロン　496*
クレノウポリメラーゼ　31, 31t, 90, 496*
クレンアーキオータ　189
クロイツフェルト・ヤコブ病　218
クローニング → DNA クローニング
クローニングベクター　42, 49t, 496*
　λベクター　46, 47f, 49t
　M13 ファージベクター　129, 130f, 151, 151f
　P1 ファージベクター　49, 49t
　P1 ファージ由来人工染色体　49, 49t
　pBIN19 ベクター　51f
　pBR322 ベクター　44
　pUC8 ベクター　44, 44f, 45f
　pUC ベクター　44
　YIp5 ベクター　50, 50f
　コスミド　48, 49t
　細菌人工染色体　49, 49t
　シャトルベクター　50
　出芽酵母用　50, 50f
　植物用　51, 51f
　挿入ベクター　46, 47f
　多コピー ──　147, 147f
　置換ベクター　46, 47f
　ファージベクター　45
　フォスミド　49t, 50
　プラスミドベクター　44
クローバー葉構造　124, 124f, 496*
グロビン遺伝子　178, 178f, 463, 463f
グロビン遺伝子スーパーファミリー　450, 451f
クロマチン　160, 496*
　30 nm 線維　161, 233f
　構造　231
　数珠状構造　160f, 161
　電子顕微鏡写真　160f
クロマトグラフィー
　アフィニティー ──　131, 132f, 317, 317f
　イオン交換 ──　307
　カラム ──　306, 307f
　逆相液体 ──　307
　高速液体 ──　308, 308f
　固定化金属イオンアフィニティー ──　335
クロマトソーム　161, 496*
クロミド　192, 192f, 496*
クロモドメイン　432, 496*
クロモマイシン A3　84
クローン　43, 496*
クローンコンティグ　105, 105f, 496*
クローンコンティグ法　496*
クローンフィンガープリント法　107, 496*
クローンライブラリー　43, 43f, 84, 496*

■ け

蛍光 in situ ハイブリダイゼーション (FISH)　79, 79f, 270, 496*
蛍光顕微鏡法　232
蛍光マーカー　36, 497*
軽鎖　354
　免疫グロブリン　354
形質転換　44, 73, 73f, 497*
　植物細胞　51f
形質転換因子　3, 4f, 497*
形質転換細胞　44, 497*
形質転換マッピング　497*
形質導入　73, 73f, 497*
形質導入マッピング　497*
系統樹　470, 470f, 497*
欠失変異　403, 497*
欠損型レトロウイルス　216, 217f, 497*
　ゲノム　217f
血友病 A　153t
血友病 B　153t
ゲノム　1, 2f, 497*
　アクセサリー ──　198, 198f
　イネ　126
　ウイルス　211, 214, 214t
　オオムギ　57, 115, 126
　核 ──　1, 2f, 159
　欠損型レトロウイルス　217f
　原核生物　187
　原始 ──　445
　コア ──　198, 198f
　コムギ　57
　サイズ　168, 169f, 170t, 196, 196t, 204t
　色素胞 ──　203
　集団内の多様性　469
　種間での比較　168, 169f, 170t, 171f, 171t
　出芽酵母　169, 171f, 171t
　ショウジョウバエ　171, 171f, 171t
　進化　443
　真核生物　159
　大腸菌　193, 193f
　チンパンジー　466
　トウモロコシ　171f, 172
　発現　2, 2f, 229, 343
　パン ──　198, 198f
　ヒト　167, 167f, 171f, 171t, 466
　ヒマワリ　57
　ファージ　211, 212f, 212t
　複雑化　449
　複製　371
　分節 ──　190, 212
　ミトコンドリア ──　1, 2f, 202
　ミナトカモジグサ　126
　葉緑体 ──　202
　ラウス肉腫ウイルス　217f
　レトロウイルス　215, 215f
ゲノムアノテーション　121, 497*
　cDNA 塩基配列決定　131
　ゲノムワイド RNA マッピング　129
　転写産物の解析　127
　トランスクリプトーム解析の役割　297
　配列のコンピュータ解析　121
ゲノムインプリンティング　246, 272, 497*
ゲノム塩基配列決定

Mycoplasma genitalium 100
インフルエンザ菌 99, 100f
ジャイアントパンダ 113, 114f
ネアンデルタール人 112
ヒト 110
ゲノム塩基配列再決定 92, 101, 102f, 114, 497*
ゲノム地図 55, 497*
　重要性 55
　ヒト 110
ゲノム発現 2, 2f, 229, 343, 497*
ゲノム複製 371
ゲノムブラウザ 134, 134f, 497*
ゲノムワイド関連解析（GWAS） 155, 497*
ゲルシフト法 254, 254f, 497*
ゲル伸張法 77, 78f, 497*
ゲル電気泳動 33, 34f, 497*
　アガロース── 35, 35f
　二次元── 306, 306f, 307f
　ポリアクリルアミド── 35, 87, 306
原核生物 187, 497*
　ゲノム 187
　ゲノム構成 191t
原始ゲノム 445, 497*
検出用タンパク質アレイ 313, 313f, 497*
減数分裂 65, 67f, 497*
顕性 → 優性
検定交雑 70, 70f, 497*
　共優性マーカーの利用 71, 71f

■ こ

コアゲノム 198, 198f, 497*
コア八量体 160, 160f, 161f, 497*
コアプロモーター 278, 497*
構音障害 467
後期遺伝子 357
後期促進複合体/シクロソーム（APC/C） 396, 497*
抗原 354, 498*
交差 66, 67f, 68f, 425, 498*
交雑発生異常 224, 224f, 498*
高集積アレイ 93, 93f, 498*
後初期遺伝子 357
　転写 357f
後スプライソソーム複合体 293, 294f, 498*
校正 → プルーフリーディング
合成鎖伸長能 90, 498*
構成的ヘテロクロマチン 111, 163f, 232, 498*
構造ドメイン 460, 460f
合祖解析 472
高速液体クロマトグラフィー（HPLC） 308, 308f, 498*
合祖時間 471, 498*
後退 277, 278f, 498*
抗体アレイ → 検出用タンパク質アレイ
抗転写終結 498*
抗転写終結タンパク質 357, 498*
後天性免疫不全症候群（AIDS） 216, 436, 469
高度好塩性古細菌 200
候補遺伝子 154, 498*

合胞体 → シンシチウム
酵母ツーハイブリッド法 314, 315f, 498*
国際生化学・分子生物学連合 140
国際ヒトゲノム配列決定コンソーシアム 111
国立生物工学情報センター（NCBI） 134
コケイン症候群 422
古細菌 23, 187, 498*
　クレンアーキオータ 189
　高度好塩性── 200
　ユーリアーキオータ 189
コスミド 48, 49f, 49t, 498*
枯草菌，芽胞形成 359, 360f
古代 DNA 112, 468, 498*
古代ゲノム学 113, 468, 498*
コーダル 364
五炭糖 → ペントース
骨形成タンパク質 347
固定化金属イオンアフィニティークロマトグラフィー 335, 498*
固定相 307, 498*
コード RNA 13, 498*
コドン 21, 498*
　開始── 21, 21f, 121, 121f
　句読点 21, 21f
　終止── 21, 21f, 121, 121f
　縮重 21
　使用頻度 123
コドン-アンチコドン認識 498*
コドンの偏り 123, 498*
コヒーシン 237, 389, 389f, 498*
個別化医療 92, 498*
互変異性化 498*
互変異性体 405, 498*
　塩基対形成への影響 405f
コムギ
　ゲノム 57
　放射線ハイブリッドパネル 84
固有置換 471, 472f
コレラ菌，ゲノム構成 190, 191t
コンカテマー 38f, 47, 498*
コンカナバリン A 335
コンセンサス配列 123, 498*
コンティグ 100, 105f, 114f, 132f, 133, 499*
コンデンシン 237
コーンバーグポリメラーゼ 31, 499*
コンピテント状態 499*

■ さ

細菌 187, 499*
細菌人工染色体（BAC） 49, 49t, 499*
サイクリック AMP（cAMP） 257, 282, 499*
　構造 258f
サイクリック AMP 応答配列（CRE） 257, 499*
サイクリック AMP 応答配列結合タンパク質（CREB） 257, 258f, 350, 499*
サイクリック AMP 受容体タンパク質（CRP） 282
サイクリン 395, 396f, 499*
サイクリン依存性キナーゼ（CDK） 395, 395f, 396f

再生 329, 329f, 499*
サイトカイン 24, 346, 499*
サイトグロビン 450, 451f
細胞外マトリックスタンパク質 23
細胞化学 3, 499*
細胞形質転換 216, 216f, 499*
細胞周期 161, 393, 394f, 499*
細胞周期チェックポイント 394, 499*
細胞死誘導ドメイン → デスドメイン
細胞内共生説 202, 202f, 499*
細胞老化 392, 499*
在来種 473, 499*
サイレンサー 287, 499*
サイレントな接合型カセット 353
サザンハイブリダイゼーション 36, 36f, 499*
　RFLP タイピング 60, 60f
鎖伸長終結法 → ジデオキシ法
鎖切断修復 413, 413f, 496*
サテライト DNA 181, 181f, 499*
サテライト RNA 217, 499*
サテライトバンド 181, 181f
サフィックス配列 103, 104f
サブドメイン A 379f, 380
サブドメイン B1 379f, 380
サブドメイン B2 379f, 380
サブドメイン B3 379f, 380
サブユニット 18
サーマルサイクル塩基配列決定法 90, 90f, 499*
サル免疫不全ウイルス（SIV） 469
三遺伝子雑種交雑 70f
サンガー法 → ジデオキシ法
散在反復配列 168, 181, 499*
　短鎖── 168, 220t, 221
　長鎖── 168, 220t, 221
散在反復配列 PCR（IRE-PCR） 108
三次構造 18, 18f, 499*
三重ヘテロ接合体 70
三重ホモ接合体 70
参照ゲノム配列 102, 102f, 112, 499*
三本鎖 81, 430, 499*

■ し

シアネレ 202, 202f, 499*
ジェネティシン 143, 143f
ジェミニン 395, 397
シェルタリン 164, 419, 499*
ジオーキシー 283, 283f, 499*
ジオール 133, 500*
紫外線照射 411
色素性乾皮症 421
色素胞 203
色素胞ゲノム 203
磁気ピンセット 387, 388f, 500*
シグナル伝達 344, 346, 500*
シグナル認識粒子 272
シグナル物質 344
シグナルペプチド 332, 332f, 500*
シクロブタン型二量体 411, 411f, 414, 416, 500*

和文索引

自殺酵素　413, 500*
四重極質量分析計　310, 310f, 500*
歯状核赤核淡蒼球ルイ体萎縮症　407t
システム生物学　2, 335, 337, 500*
ジストロフィン遺伝子　280, 280f
シス変位　244, 500*
ジスルフィド架橋　18, 500*
次世代塩基配列決定法　87, 92, 500*
　　454 塩基配列決定法　96
　　Illumina 塩基配列決定法　96
　　Ion Torrent 塩基配列決定法　96
　　SOLiD 塩基配列決定法　97, 97f
　　可逆的ターミネーター塩基配列決定法　94, 95f
　　パイロシークエンス法　96, 96f
自然変異　404, 500*
シチジン 5′-三リン酸　12
疾患感受性遺伝子，マッピング　153, 154f
疾患モジュール　320, 321f, 500*
質量電荷比　309, 500*
質量分析部　310, 310f, 500*
質量分析法　305, 309, 500*
　　タンデム――　311
　　マトリックス支援レーザー脱離イオン化
　　　飛行時間型――　309, 309f
ジデオキシヌクレオシド三リン酸（ddNTP）　88, 500*
　　構造　88f
ジデオキシ法　87, 88f, 500*
　　威力と限界　91
　　塩基配列の読みとり　89, 89f
　　プライマー　90, 91f
シトシン　6, 500*
　　塩基対形成　9f
　　構造　5f
　　脱アミノ　409
シナピン酸　309
子嚢　353, 353f, 500*
子嚢胞子　353, 353f, 500*
ジヒドロウラシル，構造　16f
ジメチルニトロソアミン　410
ジャイアントパンダ，ゲノム塩基配列決定　113, 114f
ジャイレース → DNA ジャイレース
シャイン・ダルガーノ配列　500*
ジャガイモシロシストセンチュウ　460
シャトルベクター　50, 500*
シャペロニン　330, 500*
ジャンク DNA　500*
臭化エチジウム　35, 410, 500*
　　構造　411f
　　変異原性　411f
重合体 → ポリマー
重鎖　354
　　免疫グロブリン　354
十字構造　427, 427f, 500*
終止コドン　21, 21f, 121, 121f, 500*
修飾アッセイ　500*
修飾干渉アッセイ　256, 257f, 500*
修飾保護アッセイ　254, 255f, 256f, 500*
集団ゲノム学　473
充填剤　307

縦列反復配列　181, 182, 500*
縦列反復配列多型（VNTR）　60, 500*
縮重　21, 501*
主溝　11, 12f, 263f, 501*
樹状図 → デンドログラム
数珠状構造　160f, 161, 501*
出アフリカ　471, 472f
出芽酵母
　　ゲノム　169, 171f, 171t
　　生活環　353, 353f
　　接合型変換　353, 354f
　　ミトコンドリアゲノム　205f
受容アーム　124f, 501*
受容菌　73
受容体型キナーゼ　346, 501*
受容体型セリン/トレオニンキナーゼ　347, 501*
受容体型チロシンキナーゼ　346, 347f, 351, 351f, 501*
受容部位　292, 501*
順遺伝学　153, 501*
条件的ヘテロクロマチン　232, 501*
ショウジョウバエ
　　遺伝地図作成　58, 68, 68f
　　ゲノム　171
　　初期発生　364f
　　体節パターン　363f
　　ボディプラン　363
小染色体　162, 501*
常染色体　1, 501*
上皮増殖因子　462, 462f
上皮増殖因子受容体　347f
小分子干渉 RNA　501*
上流　123, 501*
上流側エクソン-イントロン境界　123
上流制御配列（UCE）　279, 279f, 501*
上流調節配列（UCE）　124, 501*
上流プロモーター配列　278, 501*
除去修復　408, 413, 413f
　　塩基――　414, 415f
　　ヌクレオチド――　416
ショットガンプロテオミクス　309, 501*
ショットガン法　55, 55f, 99, 501*
　　階層的――　105, 105f
　　ゲノム地図の利用　56, 56f
　　原核生物ゲノム　100
　　真核生物ゲノム　102
ショートパッチ修復　414, 415f
ショートパッチヌクレオチド除去修復，大腸菌　416, 416f
ショートパッチミスマッチ修復，大腸菌　418
自律複製配列（ARS）　379, 379f, 501*
真核生物　13, 501*
　　ゲノム　159
真核生物最終共通祖先（LECA）　464, 464f, 501*
ジンクフィンガー　139, 177, 259, 259t, 260, 501*
　　Cys$_2$His$_2$ 型――　139, 139f, 177t, 259t, 261, 261f
　　GATA――　177t, 259t, 261
　　トレブルクレフフィンガー　259t, 261,

　　　261f, 346
　　マルチシステイン型――　261
人工遺伝子合成　151, 501*
進行性ミオクローヌスてんかん　408
シンシチウム　363, 364f, 501*
真正細菌 → 細菌
新生メチル化　245, 245f, 501*
シンテニー　126, 126f, 455, 501*

■ す

スイスバイオインフォマティクス研究所　140
水素結合　9, 501*
水平伝播（遺伝子の）　199, 200f, 449, 458, 501*
　　代謝経路の獲得　200
スカフォールド　104, 105f, 114f, 501*
スカフォールド/マトリックス付着領域（S/MAR）　233, 233f, 501*
スキャン　325, 501*
スクレイピー　218, 218f
スタッファー断片　47, 47f, 502*
ステムループ構造　23, 125, 125f, 284, 284f, 502*
ステロイド受容体　345, 346f, 502*
ステロイドホルモン　345, 502*
ストレス応答
　　飢餓状態の細菌　324
　　植物　300, 301f
ストレプトアビジン　93, 94f, 502*
スプライシング　14, 502*
　　mRNA 前駆体　14f, 291
　　機構　292, 293f, 294f
　　供与部位　292
　　受容部位　292
　　選択的――　173, 174f, 270f, 295, 355f
スプライシング暗号　296, 502*
スプライシングエンハンサー，イントロン
　　内――　295
　　エクソン内――　295
スプライシング経路　173, 502*
スプライシングサイレンサー，イントロン
　　内――　295
　　エクソン内――　295
スプライソソーム　271, 293, 294f, 464
スプライソソーム前駆複合体 → A 複合体
ズーブロット法　128, 128f, 502*
スライディングクランプ　382, 385

■ せ

生化学的プロファイリング → メタボロミクス
生化学マーカー　59t
制限エンドヌクレアーゼ → 制限酵素
制限酵素　32, 32t, 33t, 502*
　　Ⅰ型――　32, 32f
　　Ⅱ型――　32, 32f
　　Ⅲ型――　32, 32f
　　制限地図作成　76
制限酵素消化パターン　108, 502*
制限酵素消化フィンガープリント法　107f
制限断片長多型（RFLP）　59, 59f, 502*

タイピング　60, 60f
制限地図　76
制限地図作成　75, 77f, 502*
脆弱XE症候群　407t, 408
脆弱X症候群　407t, 408
脆弱部位　408, 502*
生殖細胞　1, 502*
性染色体　1, 502*
生態型　301
静電の相互作用　9, 18, 502*
正二十面体カプシド　211, 211f, 502*
正の自然選択　467
生物学的情報　1, 502*
生物情報学 → バイオインフォマティクス
セカンドメッセンジャー　350, 502*
脊髄小脳失調症　422
脊髄小脳失調症1型　407t
セグメントポラリティー遺伝子　365, 502*
節　319, 502*
接合　73, 73f, 74f, 502*
接合型　353, 502*
接合型変換　353, 354f, 502*
接合子　353, 353f, 428, 428f, 502*
接合マッピング　502*
切断-再結合モデル　372
切断促進因子（CstF）　503*
切断・ポリアデニル化特異性因子（CPSF）　503*
セレノシステイン　19, 333
　　構造　20f
　　配列依存性コドン再指定　23
ゼロモード導波路　98, 98f, 503*
線維状カプシド　211f, 212, 503*
前芽胞　359, 360f
前駆触媒活性スプライソソーム → B複合体
全ゲノム重複　453
　　顕花植物　456, 457f
　　酵母　455
　　脊椎動物　456, 456f
潜在的スプライス部位　294, 295f, 503*
前初期遺伝子　357
　　転写　357f
染色体　1, 503*
　　B ——　162
　　X ——　1
　　Y ——　1, 232
　　小 ——　162
　　常 ——　1
　　性 ——　1
　　相同 ——　65, 425, 425f
　　大 ——　162, 234
　　中期 ——　79, 161, 162f
　　中 ——　162
　　二価 ——　66
　　バンドパターン　162, 162t, 165
　　フィラデルフィア ——　234, 234f
　　分散型動原体 ——　162
　　ホロセントリック ——　162
染色体外遺伝子　202, 503*
染色体説　3, 503*
染色体テリトリー　233, 234f, 503*
染色体ペインティング法　231, 233, 503*

染色体歩行　106, 106f, 503*
　　PCRを用いた ——　106, 106f, 107f
染色分体　66, 162, 162f, 503*
潜性 → 劣性
選択的エクソン　295, 503*
選択的スプライシング　173, 174f, 270f, 295, 355f, 503*
　　性決定　296, 297f
選択的プロモーター　280, 280f, 503*
選択的ポリアデニル化部位　298, 503*
選択マーカー　44, 503*
センチモルガン（cM）　69, 503*
線虫　361, 361f
　　陰門形成　362
　　陰門細胞　362, 362f
　　発生経路　362
セントロメア　162, 162f, 503*
　　DNA　163, 164f, 181, 232
　　構造　165f
　　点 ——　164
　　領域 ——　164
潜伏期　213, 213f, 503*
線毛　73f, 503*

■ そ

増殖因子ドメイン　462, 462f
増殖細胞核抗原（PCNA）　383, 503*
相同遺伝子　126, 137
相同組換え　51, 425, 425f, 426, 503*
　　RecBCD経路　429, 430f
　　RecFOR経路　430
　　遺伝子不活性化　142f, 143, 143f
　　真核生物　431
　　二本鎖切断モデル　428, 429f
　　ホリデイモデル　426, 427f, 428f
　　メセルソン・ラディングモデル　426, 428, 428f
相同性，配列　138
相同性検索　125, 137, 503*
相同染色体　65, 425, 425f, 503*
相同配列　125, 126f, 503*
挿入配列　193, 222, 223f, 503*
挿入不活性化　45, 503*
挿入ベクター　46, 47f, 503*
挿入変異　403, 503*
相補的　28, 503*
相補的DNA（cDNA）　32, 82, 503*
組織プラスミノーゲン活性化因子（TPA）　461, 462f
疎水性効果　18, 504*
祖先型アレル　472, 504*
損傷迂回経路　420
損傷乗り越えポリメラーゼ　420, 504*

■ た

ダイサー　145f, 289, 289f, 504*
体細胞　1, 504*
体細胞分裂　65, 67f, 504*
第三世代塩基配列決定法　98, 504*
代謝工学　336, 504*

代謝標識　312, 504*
代謝フラックス　336, 336f, 504*
耐性プラスミド　190t
大染色体　162, 234, 504*
代替スプライス部位選択　295, 295f, 504*
大腸菌
　　ゲノム　193, 193f
　　ゲノム構成　190, 191t
　　鞭毛合成　337, 338f
第四世代塩基配列決定法　98, 504*
対立遺伝子 → アレル
大量並列法　87, 504*
タイリングアレイ　130, 131f, 270, 274, 504*
ダウン症候群　453
多コピー　147, 504*
多コピークローニングベクター　147, 147f
多次元タンパク質同定法（MudPIT）　318, 504*
多重アラインメント　470, 470f, 504*
多重遺伝子族　133, 177, 450, 504*
　　単純な ——　178
　　複雑な ——　178
脱アデニン依存性キャップ除去　504*
脱アミノ剤　409, 504*
種の定義　197
ターミナルデオキシヌクレオチジルトランスフェラーゼ（TdT）　29f, 38, 38f, 504*
タルホコムギ　460
単位因子　504*
単一遺伝子疾患　153, 504*
単一偽遺伝子　179, 504*
単一コピーDNA　108, 504*
短鎖干渉RNA（siRNA）　145, 145f, 271, 504*
　　合成　271f
短鎖散在反復配列（SINE）　168, 220t, 221, 504*
短鎖縦列反復配列（STR）　154
短鎖縦列反復配列多型（STRP）　61, 504*
　　タイピング　60f, 61
短鎖非コードRNA（sncRNA）　14, 125, 269, 270, 504*
短縮型遺伝子　180, 180f, 504*
単純な多重遺伝子族　178
単純配列長多型（SSLP）　59, 60f, 82, 505*
タンデムアフィニティー精製法（TAP法）　317, 317f, 505*
タンデム質量分析法　311, 505*
タンパク質　2, 505*
　　機能　23
　　合成　321
　　構造　17
　　細胞外マトリックス ——　23
　　サブユニット　18
　　切断による活性化　331
　　同定　309
　　ドメイン　139, 177, 177t, 460
　　ハウスキーピング ——　19
　　フォールディング　328
　　分解　327
　　分離　306
　　ポリ ——　332, 333f

翻訳後化学修飾　333, 334t
翻訳後プロセシング　328
融合──　315
タンパク質アレイ　313, 316, 316f, 505*
　検出用──　313, 313f
タンパク質間架橋法　322, 505*
タンパク質間相互作用　314
タンパク質工学　150, 151, 505*
タンパク質相互作用地図　319, 319f, 505*
タンパク質電気泳動　505*
タンパク質複合体，構成成分　316
タンパク質プロファイリング　305, 505*
タンパク質分解酵素 → プロテアーゼ

■ち
チェックポイントキナーゼ　398
遅延型変異　505*
置換ベクター　46, 47f, 505*
地図単位　69, 505*
窒素塩基　505*
窒素含有塩基　6
チミン　6, 505*
　エノール型　405, 405f
　塩基対形成　9f
　ケト型　405, 405f
　構造　5f
チミン二量体　411f
中期染色体　79, 161, 162f, 505*
中染色体　162
超音波処理　93, 505*
長鎖遺伝子間非コード RNA（lincRNA）　272, 273f, 505*
長鎖散在反復配列（LINE）　168, 220t, 221, 505*
長鎖非コード RNA（lncRNA）　14, 269, 272, 273f, 505*
長鎖末端反復配列（LTR）　215f, 219, 437, 505*
超ショートパッチミスマッチ修復，大腸菌　418
重複偽遺伝子　179, 505*
超らせん　188, 188f, 377, 505*
　正の──　188
　負の──　188
直接修復　412, 413f, 505*
直接認識　263, 263f, 505*
直列反復配列　222, 436, 436f, 505*
直交電場交替ゲル電気泳動（OFAGE）　505*
チロキシン受容体　346f
チロシンキナーゼ会合型受容体　347, 505*
沈降解析　505*
沈降係数　505*
チンパンジー，ゲノム　466

■つ
通常型偽遺伝子 → 非プロセス型偽遺伝子
強いプロモーター　281, 505*

■て
テイ・サックス病　153t
低頻度反復配列 → 部分重複
定量 PCR　41, 41f, 270, 506*
デオキシリボ核酸（DNA）→ DNA
デオキシリボジピリミジンフォトリアーゼ　414
デオキシリボヌクレアーゼ　5, 506*
デオキシリボヌクレアーゼⅠ　32t
デオキシリボヌクレオチド，構造　5f
出口部位 → E 部位
デグラドソーム　289, 506*
デスドメイン　177
鉄応答タンパク質　326f
鉄応答配列　326, 326f, 506*
デートハブ　320, 320f
テトラサイクリン耐性遺伝子　50f
テトラソーム　164
テトラヒメナ　391t
デニソワ人　468
デヒドリン　300
デュシェンヌ型筋ジストロフィー　153t, 280
テューダードメイン　140, 506*
デュラムコムギ　460
テロメア　162, 162f, 390, 506*
　DNA　164, 165f, 182, 232
テロメア結合タンパク質　164, 506*
テロメラーゼ　272, 391, 391f, 391t, 506*
　阻害　393, 393f
転位　183, 218, 426, 426f, 436, 506*
　複製型──　218, 219f, 426f, 436, 437f
　保存型──　218, 219f, 426f, 436, 437f
　レトロ──　219, 219f, 437, 453
転移 RNA（tRNA）→ tRNA
転位性遺伝子　218, 220t, 436, 506*
転位性ファージ　223, 223f, 436, 506*
転移-メッセンジャー RNA（tmRNA）　272, 506*
電気泳動　34, 34f, 506*
　アガロースゲル──　35, 35f
　キャピラリー──　60f, 61, 87, 88f
　ゲル──　33, 34f
　等電点──　306
　二次元ゲル──　306, 306f, 307f
　ポリアクリルアミドゲル──　35, 87, 306
電気浸透　35, 506*
転座　234, 234f, 506*
電子顕微鏡法　322, 506*
電子密度地図　252, 506*
　リボヌクレアーゼ　252f
転写　2, 2f, 506*
転写因子　24, 254, 286, 506*
　結合部位　287, 287f
転写開始　278, 506*
転写開始点　277
転写開始の基本効率　281, 506*
転写開始複合体　506*
転写開始前複合体　286, 506*
転写共役修復　417, 506*
　欠損　421

転写減衰　284, 285f, 506*
転写後遺伝子サイレンシング　290
転写産物　13, 506*
転写産物特異的調節　326, 326f, 506*
転写終結　283
転写終結領域　284, 284f
　ρ 依存性──　284, 284f
　内在性──　284, 284f
点セントロメア　164, 506*
デンドログラム　275, 275f, 506*
電場反転ゲル電気泳動（FIGE）　506*
テンペレートバクテリオファージ　213, 507*
点変異　61, 403, 507*
電離放射線　411

■と
同位体　253, 507*
同位体標識アフィニティータグ法（ICAT）　311, 312f, 507*
同一性（identity），配列　138
動原体　164, 165f, 507*
同時形質転換　507*
同時形質導入　507*
同質倍数体　453, 455f, 507*
同重体　312
同重体標識　312, 507*
銅調節系　345
等電位線固定均一電場電気泳動　507*
等電点　306, 507*
等電点電気泳動　306, 507*
糖パッカリング　10, 10f, 507*
頭尾カプシド　211f, 212, 507*
等密度遠心分離法　166, 507*
トウモロコシ，ゲノム　171f, 172
独立の法則　64, 65f
ドーサル　364
閉じたパンゲノム　199
突出末端
　3′──　33, 34f
　5′──　33, 34f
突然変異 → 変異
トップダウンプロテオミクス　305, 306f, 507*
ドデシル硫酸ナトリウム（SDS）　306
ドブラングラフ　103, 104f, 507*
トポイソメラーゼ → DNA トポイソメラーゼ
トポロジー　470, 507*
トポロジカル関連ドメイン（TAD）　235, 236f, 507*
　形成　237, 238f
トポロジー問題　371, 507*
ドメイン　139, 177, 177t, 507*
ドメインシャッフリング　460, 461f, 507*
ドメイン重複　460, 461f, 507*
ドラフト配列　109, 507*
トランジション　403, 507*
トランスクリプトーム　2, 2f, 269, 507*
　がん　299
　構成　305
　構成分子　269
　構成分子の合成　275, 276f

構成分子の分解　276f, 288
定義　16
トランスクリプトーム解析　296
　　がん　299
　　ゲノムアノテーション　297
トランスジェニックマウス　147, 507*
トランスバージョン　403, 507*
トランスフェクション　47, 507*
トランスフェリン受容体　326
トランスフォーミング増殖因子β（TGFβ）　347
トランス変位　244, 507*
トランスポザーゼ　222, 507*
トランスポザーゼ遺伝子　223f
トランスポゾン　144, 218, 426f, 436, 436f, 462, 507*
　　Ac/Ds ——　223, 223f
　　DNA ——　168, 220t, 222, 436
　　RNA ——　219
　　Tn3 型 ——　222, 223f, 436
　　Ty1　144, 144f
　　複合 ——　222, 223f
　　ユニット ——　222
　　レトロ ——　219, 219f, 437
トランスポゾンタギング法　144, 144f, 507*
トランスロケーション　508*
トリソミー　453, 508*
トリソラックス群タンパク質　352, 508*
トリプシン　451
トリプトファンオペロン　195, 195f, 337
　　転写減衰　284, 285f
トリプレットリピート伸長病　407, 407t, 508*
トリメチルソラレン　188, 189f
トルソ　364
トレオース核酸　448
　　構造　448f
トレブルクレフフィンガー　259t, 261, 261f, 346, 508*
トレーラー配列　508*
貪欲アルゴリズム　103, 508*

■ な

内在性転写終結領域　284, 284f, 508*
内在性レトロウイルス（ERV）　220, 508*
内部節　470, 470f, 508*
内部プライマー　91, 91f
投げ縄構造　292, 508*
ナース細胞　364
ナノス　364
ナノチャネル　79, 79f
ナノポア塩基配列決定法　98, 99f, 508*

■ に

二遺伝子雑種交雑　65f, 508*
二価染色体　66, 508*
二次陰門細胞　362, 362f
二次元ゲル電気泳動　306, 306f, 307f, 508*
二次構造　17, 508*
二重制限酵素消化　76, 77f, 508*

二重ヘテロ接合体　70, 508*
二重ホモ接合体　70, 508*
二重らせん　1, 7, 9f, 371, 508*
　　構造の安定化　8
　　構造の柔軟性　10
ニック　413, 508*
　　修復　413, 413f
二倍体　1, 65, 508*
二本鎖　12, 508*
二本鎖 RNA 結合ドメイン（dsRBD）　262, 508*
二本鎖切断修復　408, 419, 508*
二本鎖切断モデル　428, 429f, 508*
乳がん　299, 421
　　遺伝性 ——　153, 153t
ニューログロビン　450, 451f
二量体　189, 508*
認識ヘリックス　260, 508*

■ ぬ

ヌクレアーゼ　28, 29f, 32, 508*
　　S1 ——　32t, 129, 130f
　　標的部位可変 ——　146
ヌクレアーゼフットプリント法 → DN アーゼ I フットプリント法
ヌクレアーゼ保護アッセイ　160, 160f, 322, 508*
ヌクレオシド　6, 508*
ヌクレオシド三リン酸　6
ヌクレオソーム　160, 160f, 508*
　　コア八量体　160, 160f, 161f
　　シス変位　244
　　修飾　238
　　転移　244, 244f
　　トランス変位　244
　　横滑り　244, 244f
　　リモデリング　242, 244, 244f
ヌクレオソームリモデリング　242, 508*
ヌクレオチド　1, 5, 6, 12, 508*
ヌクレオチド除去修復　416, 509*
　　欠損　421
　　ショートパッチ機構　416, 416f
　　真核生物　417, 417f
　　大腸菌　416, 416f
　　ロングパッチ機構　416
ヌル遺伝子　279

■ ね

ネアンデルタール人　112, 112f, 468, 471
　　ゲノム塩基配列決定　112
ネガティブコントロール → 陰性対照
熱，変異原性　411, 412f
熱安定性　509*
熱安定性 DNA ポリメラーゼ　31, 39
熱ショックプロモーター　279f
熱帯熱マラリア原虫　78
稔性プラスミド　190t
粘着末端　33, 34f, 509*
　　平滑末端からの変換　38, 38f

■ の

嚢胞性線維症　153t
ノーザンハイブリダイゼーション　127, 127f, 509*
ノックアウト　145, 146
ノックアウトマウス　51, 144, 509*
ノックダウン　145, 146
乗換え → 交差

■ は

バイオインフォマティクス　121, 509*
バイオテクノロジー　443, 509*
バイオバンク　155, 509*
バイオリスティック法　51, 509*
配偶子　1, 65, 67f, 353f, 428, 428f, 509*
倍数体　453, 509*
　　異質 ——　460
　　同質 ——　453, 455f
胚性幹細胞　144, 509*
ハイブリダイゼーション　509*
ハイブリダイゼーションプローブ　36, 509*
ハイブリッド形成　37, 509*
配列アセンブラ　103, 509*
配列アセンブリ　99, 509*
　　オーバーラップグラフの利用　103f
　　ゲノム地図の利用　56f
　　ドブラングラフの利用　104f
　　反復 DNA 配列の問題　56, 56f, 102
　　ペアエンドリードを使った解決　104f
　　ヘテロ接合性の問題　108, 108f
配列依存性コドン再指定　23, 23f, 333, 509*
配列ギャップ　101f
配列タグ部位（STS）　81, 509*
配列特異的 DNA 結合モチーフ　259t
配列内リボソーム進入部位（IRES）　325, 509*
配列非特異的 DNA 結合モチーフ　259t
パイロシークエンス法　96, 96f, 509*
ハウスキーピングタンパク質　19, 509*
バクテリオファージ → ファージ
バーコード欠失法　143, 143f, 509*
バーコード配列　143, 143f
ハーシー・チェイスの実験　4f
バー小体　247, 509*
派生型アレル　472, 509*
白血病
　　急性骨髄性 ——　299
　　急性リンパ性 ——　299
　　慢性骨髄性 ——　234, 234f
発現配列タグ（EST）　82, 509*
発現プロテオミクス → タンパク質プロファイリング
発生　343, 356, 509*
パーティクルガン法 → バイオリスティック法
パーティーハブ　320, 320f
ハブ　319, 320f, 509*
　　デート ——　320, 320f
　　パーティー ——　320, 320f
ハプログループ　471, 472f, 509*
ハプロタイプ　471, 472f, 509*

和文索引 549

ハプロ不全 509*
パラネミック 372, 510*
パラレトロウイルス 215, 510*
パラロガス遺伝子 138, 138f, 510*
パルス標識法 288, 510*
ハロゲン化メチル 410
パンゲノム 198, 198f, 510*
　閉じた── 199
　開いた── 199
半減期 288, 510*
パンコムギ 460
半数体 → 一倍体
ハンチバック 364
ハンチントン病 153t, 407, 407t
反復 DNA 配列 56, 510*
　存在量 181
　配列アセンブリの誤り 56, 56f, 102
反復 DNA 配列 PCR 107f, 108, 510*
反復 DNA 配列フィンガープリント法 107f, 108, 510*
半保存的複製 373, 373f, 374f, 510*
ハンマーヘッド型リボザイム 510*

■ ひ

ビオチン 93, 94f, 133, 133f, 510*
ビオチン化 334, 510*
比較エピゲノム学 465, 510*
比較ゲノム学 126, 510*
光回復 414, 510*
光産物 411, 510*
光退色 231, 510*
光退色後蛍光回復法 (FRAP) 231, 231f, 510*
光リソグラフィー 130, 131f, 510*
非極性 18, 510*
非極性アミノ酸 19
非クロマチン領域 234, 510*
ビコイド 263, 364
　濃度勾配 364, 364f
非コード RNA 13, 269, 510*
　短鎖── 14, 125, 269, 270
　長鎖遺伝子間── 272, 273f
　長鎖── 14, 269, 272, 273f
非コード RNA 遺伝子 124
ピコルナウイルス 325
非浸透 510*
ヒストン 160, 510*
　アセチル化 238, 239f, 242f
　シトルリン化 241, 242f
　修飾 238, 241, 242f, 243t
　脱アセチル 240
　メチル化 241, 242f
　ユビキチン化 241, 242f
　リンカー── 160f, 161, 231
　リン酸化 241, 242f
ヒストンアセチルトランスフェラーゼ (HAT) 239, 510*
ヒストン暗号 241, 510*
ヒストンデアセチラーゼ (HDAC) 240, 510*
ヒストンのアセチル化 238, 510*
ヒストンフォールド 259t

ヒストンフォールドドメイン 242f
ヒストン様核様体構成タンパク質 (H-NS) 189, 510*
非相同末端結合 (NHEJ) 146, 146f, 419, 420f, 510*
ビタミン D 受容体 346f
ピッチ 10
ヒト
　ゲノム 167, 167f, 171f, 171t, 466
　ゲノム塩基配列決定 110
　ゲノム構成 168f
　ゲノム地図 110
　ミトコンドリアゲノム 204f
ヒトゲノム計画 92, 110, 510*
ヒト多型研究センター (CEPH) 73
ヒト白血球抗原 (HLA) 58
ヒト免疫不全ウイルス (HIV) 216, 436, 469
非プロセス型偽遺伝子 179, 510*
ヒポキサンチン 409
　構造 16f, 410f
非ホジキンリンパ腫 299
非翻訳領域 (UTR) 127, 510*
　3′── 23, 127f
　5′── 127f
ヒマワリ, ゲノム 57
びまん性大細胞型 B 細胞リンパ腫 299
氷期退避地 473, 511*
表現型 58, 511*
　評価 147, 148t
病原プラスミド 190t
標的配列濃縮 109, 110f, 511*
標的部位可変ヌクレアーゼ 146, 511*
　遺伝子不活性化 146, 146f
肥沃な三日月地帯 473, 511*
開いたパンゲノム 199
ピラノシル核酸 448
　構造 448f
ピリミジン塩基 6, 511*
ビルレントバクテリオファージ 213, 511*
ピロリシン 19, 333
　構造 20f
　配列依存性コドン再指定 23
ピロリン酸 96, 96f
品質監視機構 289, 511*

■ ふ

ファイバー FISH 80, 511*
ファージ 4, 211
　λ── 45, 212, 212t, 214, 214f
　φ6── 211, 212t
　φX174── 212f, 212t, 213
　M13── 129, 151, 151f, 212, 212t
　MS2── 211, 212t
　P1── 49
　PM2── 212t
　SPO1── 212, 212t
　T4── 212, 212t, 213, 213f
　T7── 212t
　ゲノム 211, 212f, 212t
　生活環 213
　転位性── 223, 223f, 436

溶菌── 213
溶原化── 213
ファージディスプレイ法 314, 314f, 511*
ファージディスプレイライブラリー 314f, 315, 511*
ファージベクター 45
ファンコニー貧血 422
ファンデルワールス力 511*
部位特異的組換え 214, 425, 425f, 433, 511*
部位特異的ヒドロキシルラジカルプローブ法 323, 511*
部位特異的変異導入 150, 511*
　PCR による── 151, 152f
フィブリラリン 230
フィブロネクチン 462, 462f
フィラデルフィア染色体 234, 234f, 511*
フィンガーモジュール 461, 462f
フェニルケトン尿症 153t
フェリチン 24, 326, 326f
フェルスター共鳴エネルギー移動 (FRET) 41, 511*
フォスミド 49t, 50, 511*
フォールディング (タンパク質の) 328, 511*
フォールディング経路 329, 329f, 330f, 511*
フォールドバック RNA 290, 290f, 511*
フォワード配列 90, 91f, 511*
不完全顕性 → 不完全優性
不完全優性 64, 65f, 511*
複アレル 58, 511*
副溝 11, 12f, 263f, 511*
複合トランスポゾン 222, 223f, 511*
複雑な多重遺伝子族 178
フーグスティーン型塩基対 80, 80f, 511*
複製因子 C (RFC) 385, 511*
複製開始 378
複製開始前複合体 (pre-IC) 395, 395f, 511*
複製開始領域 380, 512*
複製型転位 218, 219f, 426, 436, 437f, 512*
　機構 436, 437f, 438f
複製起点 44, 378, 512*
　高等真核生物 380
　大腸菌 378, 379f
　発火 396, 397f
　分裂酵母 379, 379f
　ライセンス化 395, 395f
複製起点認識配列 379f, 380, 512*
複製起点認識複合体 (ORC) 379f, 380, 395, 395f, 512*
複製起点のライセンス化 395, 395f, 512*
複製工場 389, 512*
複製後修復 403
複製終結
　真核生物 389
　大腸菌 387
複製終結配列 387, 388f, 512*
複製スリップ 182, 406, 407f, 512*
複製前修復 403
複製前複合体 (pre-RC) 395, 395f, 512*
　活性化 395f
複製タンパク質 A (RPA) 385, 512*
　構造 384f
複製の誤り 404f, 405

複製バブル　380, 381f
複製フォーカス → 複製工場
複製フォーク　375, 512*
　　　進行速度　397, 397f
複製メディエータータンパク質（RMP）　385, 512*
プソイドウラシル，構造　16f
付着末端 → 粘着末端
フットプリント法　255, 512*
物理地図，遺伝地図との比較　75, 75f
物理地図作成　55, 512*
　　　DNAマーカーの利用　79
　　　STSマッピング　81
　　　制限部位の利用　75
物理的ギャップ　101f
物理的変異原　411
不等交差　452, 454f, 512*
不等姉妹染色分体交換　452, 454f, 512*
ブートストラップ解析　512*
ブートストラップ値　512*
部分消化　76, 77f, 512*
部分重複　456, 468, 512*
　　　ヒト1番染色体　458f
部分連鎖　65, 66f, 512*
普遍の組換え → 相同組換え
浮遊密度　166, 181, 181f, 512*
浮遊密度遠心分離法 → 等密度遠心分離法
プライマー　30, 30f, 39, 39f, 383, 383f, 384f, 512*
　　　tRNA ——　437
　　　アンカー ——　129f
　　　オリゴ（dT）——　82f
　　　ジデオキシ法　90, 91f
　　　内部 ——　91, 91f
　　　ユニバーサル ——　91, 91f
プライマーゼ　383, 384f, 512*
プライミング　384, 384f
プライミング前複合体　379, 512*
プライモソーム　512*
プラーク　48, 48f, 512*
フラグメントイオン　310, 512*
プラスミド　27, 190, 190f, 190t, 192f, 512*
　　　2 μm ——　50
　　　巨大 ——　191
　　　キラー ——　190t
　　　組換え ——　45
　　　クローニングベクター　42, 44
　　　耐性 ——　190t
　　　稔性 ——　190t
　　　病原 ——　190t
　　　分解 ——　190t
プラスミドベクター　44
プラスミノーゲン　462, 462f
プラダー・ウィリー症候群　246, 458
フラップエンドヌクレアーゼ1（FEN1）　386, 386f, 416, 513*
フーリエ変換イオンサイクロトロン共鳴質量分析計　310f, 311, 513*
プリオン　218, 218f, 513*
フリードライヒ運動失調症　407t
プリブナウボックス　513*
プリン-2,6-ジカルボキシラート　447

構造　447f
プリン塩基　6, 513*
プルーフリーディング　30, 278f, 382, 405, 513*
ブルーム症候群　422
プレクトネミック　372, 513*
プレフィックス配列　103, 104f
プレプロインスリン　332
　　　プロセシング　332f
フレームシフト変異　406, 406f, 513*
プロインスリン　332, 332f
プロオピオメラノコルチン　333
　　　プロセシング　333f
プロゲステロン受容体　346f
フローサイトメトリー　84, 84f, 513*
プロセシング　14
　　　RNA　291
　　　rRNA前駆体　15f
　　　タンパク質　328
プロセス型偽遺伝子　179, 179f, 453, 513*
プロテアーゼ　5, 513*
プロテアソーム　327, 328f, 513*
プロテインキナーゼA　350
プロテオミクス　305, 513*
　　　ショットガン ——　309
　　　トップダウン ——　305, 306f
　　　発現 —— → タンパク質プロファイリング
　　　ボトムアップ ——　305, 306f
プロテオーム　2, 2f, 17, 305, 513*
　　　構成タンパク質の合成　321
　　　構成タンパク質の分解　327
プロトプラスト　51, 513*
プロトマー　211, 513*
プロファージ　214, 214f, 513*
プロミスカスDNA　202, 513*
プロメリチン　332
　　　プロセシング　332f
プロモーター　277, 513*
　　　構造　279f
　　　効率　281
　　　選択的 ——　280, 280f
　　　強い ——　281
　　　熱ショック ——　279f
プロモータークリアランス　513*
分化　343, 513*
分解プラスミド　190t
分画遠心分離法　513*
分化全能性　144, 513*
分岐点移動　427, 427f, 430, 431f, 513*
分岐部位　293
分散型動原体染色体　162, 513*
分散的複製　373, 373f, 374f, 513*
分子イオン　309, 513*
分子コーミング　78, 78f, 513*
分子シャペロン　330, 513*
分子進化　513*
分子生物学者　19, 513*
分子生命科学　513*
分子時計　450, 514*
分子内塩基対　12
分子内塩基対形成　124, 124f, 514*
分子ビーコン法　63, 514*

SNPタイピング　63
分節ゲノム　190, 212, 514*
分断遺伝子　127, 514*
分離の法則　64, 65f

■ へ

ペアエンドリード　104, 104f, 105f, 114f, 514*
ペアードホメオドメイン　259t
ヘアピン構造 → ステムループ構造
ペアルール遺伝子　365, 514*
平滑末端　33, 34f, 514*
　　　粘着末端への変換　38, 38f
閉鎖型プロモーター複合体　514*
併存率　320, 514*
ベイト　109, 317, 514*
ヘキスト33258　84
ヘテロ核RNA（hnRNA）　14, 514*
ヘテロ核リボ核タンパク質（hnRNP）　295, 514*
ヘテロクロマチン　231f, 232, 514*
　　　形成　351, 352f
　　　構成的 ——　111, 163f, 232
　　　条件的 ——　232
ヘテロ接合性　108, 514*
ヘテロ接合体　64, 64f, 514*
　　　三重 ——　70
　　　二重 ——　70
ヘテロ二本鎖　426, 427f, 514*
ヘテロ二本鎖解析　129, 130f, 514*
ヘテロ二量体　261
ペプチジルトランスフェラーゼ　514*
ペプチジル部位 → P部位
ペプチド核酸（PNA）　80, 514*
　　　構造　80f
ペプチド結合　17, 17f, 514*
ペプチドマスフィンガープリント法　309, 514*
ヘミソーム　164
ヘリカーゼ → DNAヘリカーゼ
ヘリックス・ターン・ヘリックスモチーフ　259, 259t, 260, 260f, 514*
ヘルパーウイルス　217, 217f
辺　319, 514*
変異　403, 403f, 514*
　　　欠失 ——　403
　　　原因　404, 404f
　　　自然 ——　404
　　　挿入 ——　403
　　　点 ——　403
　　　フレームシフト ——　406, 406f
変異原　403, 404f, 405, 408, 514*
　　　化学的 ——　409
　　　物理的 ——　411
変異体　142, 514*
　　　ホメオティック ——　365
変異誘発　151, 514*
変異誘発因子 → 変異原
変性　31, 39, 329, 329f, 514*
ペントース　5, 514*

ほ

放射性標識　4, 514*
放射性マーカー　36, 514*
放射線ハイブリッド　83, 83f, 515*
　──パネル　83
　──マッピング　83
胞胚　364f
ポジティブコントロール → 陽性対照
ホスファチジルイノシトール-4,5-ビスリン酸　351, 351f
ホスホジエステラーゼ　415, 515*
ホスホジエステル結合　6, 6f, 12, 37, 515*
ホスホリパーゼ　351, 351f
ホスホリラーゼ　515*
母性効果遺伝子　364, 515*
保存型転位　218, 219f, 426f, 436, 437f, 515*
　機構　436, 438f
保存的複製　373, 373f, 374f, 515*
ボディプラン　363
ボトムアッププロテオミクス　305, 306f, 515*
ボトルネック　472f, 515*
ホメオティック選択遺伝子　352, 352f, 365, 367, 451, 515*
ホメオティック変異体　365, 515*
ホメオドメイン　259t, 260, 260f, 366, 451, 515*
ホモ接合体　64, 64f, 515*
　三重──　70
　二重──　70
ホモ二量体　261
ホモポリマー付加法　38, 38f, 515*
ポリ（A）テール　14, 15f, 82f, 131, 132f, 515*
ポリ（A）配列　221, 221f
ポリ（A）ポリメラーゼ　15, 515*
ポリアクリルアミドゲル電気泳動（PAGE）　35, 87, 306, 515*
ポリアデニル化　15, 15f, 515*
ポリアデニル化 RNA，精製　131, 132f
ポリアデニル酸結合タンパク質　515*
ポリコーム応答配列　351, 352f, 515*
ポリコーム群タンパク質　351, 352f, 368, 515*
ポリタンパク質　332, 333f, 515*
ホリデイ構造　426, 427f, 428, 429f, 431f, 515*
ホリデイモデル　426, 427f, 428f
ポリヌクレオチド　1, 515*
　合成　7f
　構造　6f
ポリヌクレオチドホスホリラーゼ　289
ポリピリミジン配列　292, 292f, 515*
ポリペプチド　17, 515*
ポリマー　1, 515*
ポリメラーゼクレフト　259t
ポリメラーゼ連鎖反応（PCR）→ PCR
ポリユビキチン鎖　327
ポーリン　213
ホルモン応答配列　345, 346f, 515*
ホロセントリック染色体 → 分散型動原体染色体

翻訳　2, 2f, 515*
翻訳開始　325
　転写産物特異的調節　326, 326f
翻訳開始複合体　324, 325, 515*
翻訳開始前複合体　325, 325f, 515*
翻訳効率　327, 516*
翻訳後化学修飾　333, 334t

ま

マイクロ RNA（miRNA）　16, 271, 290, 290f, 516*
　合成　271f
マイクロアレイ　274, 516*
マイクロサテライト　61, 182, 406, 516*
マイクロバイオーム　114, 201, 516*
マイクロ流体デバイス　79, 79f, 80
マイトジェン　349
マーカー利用選抜　58, 473, 474f, 516*
マシャド・ジョセフ病　407t
末端修飾　14, 516*
末端修飾酵素　28, 29f, 38, 516*
末端短縮問題　389, 390f, 438
末端デオキシヌクレオチド付加酵素 → ターミナルデオキシヌクレオチジルトランスフェラーゼ
末端標識　39, 516*
マッピング材料　83, 516*
　クローンライブラリー　84
　放射線ハイブリッドパネル　83
マトリックス支援レーザー脱離イオン化飛行時間型質量分析法（MALDI-TOF）　309, 309f, 516*
マトリン　232
マルチシステイン型ジンクフィンガー　261, 516*
慢性骨髄性白血病　234, 234f

み

ミオグロビン　450, 451f
ミクロソーム　322
ミスコード損傷　112, 113f, 516*
ミスマッチ　404, 404f, 417, 516*
ミスマッチ修復　413, 413f, 516*
　欠損　422
　ショートパッチ機構　418
　真核生物　418
　大腸菌　418
　超ショートパッチ機構　418
　ロングパッチ機構　418, 418f
密度勾配遠心分離法　181, 181f, 374, 374f, 516*
ミトコンドリア　187, 516*
ミトコンドリア DNA　471
ミトコンドリアゲノム　1, 2f, 202, 516*
　遺伝子構成　206, 206t
　サイズ　204, 204t
　出芽酵母　205f
　ヒト　204f
ミナトカモジグサ，ゲノム　126
ミニ遺伝子　129, 130f, 516*

ミニサテライト　60, 182, 516*
ミュータソーム　420, 516*

む

無細胞タンパク質合成系　21, 516*
無性細胞分裂　353, 360f

め

メガ塩基対（Mb）　166, 516*
メセルソン・スタールの実験　373, 374f, 516*
メセルソン・ラディングモデル　426, 428, 428f
メタゲノム学　201, 516*
メタボロミクス　336, 516*
メタボローム　335, 516*
メチルアスパラギン酸回路　200
メチル化 CpG 結合タンパク質（MeCP）　245, 246f, 516*
メッセンジャー RNA（mRNA）→ mRNA
メディエーター　287, 287f, 516*
メリチン　331
免疫グロブリン　354
　可変領域　354f
　軽鎖　354, 354f
　合成　355f
　構造　354f
　重鎖　354, 354f
　重鎖座位　355f
　定常領域　354f
免疫グロブリンフォールド　348, 516*
免疫蛍光顕微鏡法　516*
免疫細胞化学　150, 150f, 517*
免疫スクリーニング　517*
免疫電子顕微鏡法　322, 517*
メンデルの第1法則 → 分離の法則
メンデルの第2法則 → 独立の法則
メンデルの法則　65f

も

毛細血管拡張性運動失調症　422
網膜芽細胞腫　153t
モデル生物　144, 517*
モルテングロビュール　329, 517*

や

野生型　73, 517*
ヤヌスキナーゼ（JAK）　348, 517*

ゆ

融解　379, 379f, 517*
融解温度（T_m）　62f, 517*
融合構造体　436, 438f, 517*
融合タンパク質　315, 517*
有向非巡回グラフ（DAG）　142, 517*
有糸分裂 → 体細胞分裂
優性　64, 64f, 517*

共 —— 64, 65f
不完全 —— 64, 65f
誘導 214, 517*
誘導因子 → インデューサー
誘導性オペロン 195, 517*
ユークロマチン 110, 231, 517*
　構造 233f
　電子顕微鏡写真 231f
ユニットトランスポゾン → Tn3 型トランスポゾン
ユニバーサルプライマー 91, 91f, 517*
ユビキチン 168, 241, 327, 517*
ユビキチン化 168, 327, 517*
ユビキチン活性化酵素 327
ユビキチン結合酵素 327
ユビキチン受容体タンパク質 328, 517*
ユビキチン標識 327f
ユビキチンリガーゼ 327, 396
ユーリアーキオータ 189

■ よ

溶菌 45, 517*
溶菌感染サイクル 45, 46f, 213, 213f, 357, 517*
溶菌斑 → プラーク
溶菌ファージ 213
溶原化感染サイクル 46, 46f, 214, 214f, 357, 434, 517*
溶原化ファージ 213
溶出 307, 517*
陽性対照 274
葉緑体 187, 517*
葉緑体ゲノム 202, 517*
　遺伝子構成 206
　イネ 205f
　サイズ 204, 204t
抑制性オペロン 195, 517*
四次構造 18, 517*
弱いプロモーター 518*

■ ら

ライズ 10
ラウス肉腫ウイルス 216
　ゲノム 217f
ラギング鎖 383, 383f, 518*
ラクトースオペレーター 281f
ラクトースオペロン 194, 195f, 281, 281f, 345, 518*
　調節 281, 281f
ラクトースリプレッサー 260, 281, 281f, 345, 518*
ラクトフェリン 344
　δ —— 345
らせん状カプシド → 線維状カプシド
ラミン 232
卵巣がん 421
ランダムゲノム配列 82, 518*
卵母細胞 2, 518*

■ り

リアーゼ 415, 518*
リアルタイム PCR 40, 41f, 518*
リアルタイム塩基配列決定法 98
　1 分子 —— 98, 98f
リガーゼ → DNA リガーゼ
利己的 DNA 518*
リコンビナーゼ 434, 518*
リゾチーム 518*
リゾルバーゼ 430, 518*
リゾルバーゼ遺伝子 223f
リーダー配列 518*
リーディング鎖 383, 383f, 518*
リーディングフレーム 122, 122f, 406, 518*
リード 92, 99, 105f, 114f, 518*
　RNA-seq —— 132, 132f
リード深度 92, 92f, 518*
リバースジャイレース 377
リバース配列 90, 91f, 518*
リフレクトロン 309, 309f, 518*
リプレッサー 281, 285
　ラクトース —— 281, 281f, 345
リブロースビスリン酸カルボキシラーゼ (Rubisco) 334
リボ核酸 (RNA) → RNA
リボザイム 445, 518*
リボース 12, 518*
リボスイッチ 285, 445, 518*
リボソーム 14, 321, 518*
　構成 322, 322f
　構造 323, 323f
　小サブユニット 322, 322f, 323f
　大サブユニット 322, 322f, 323f
リボソーム RNA (rRNA) → rRNA
リボソーム結合部位 324, 518*
リボソームタンパク質 322, 518*
リボソーム調節因子 325, 518*
リボヌクレアーゼ 328, 518*
リボヌクレアーゼ E 289
リボヌクレアーゼ H 82f, 438
リボヌクレアーゼ P 272
リボヌクレオチド，構造 12f
リボン・ヘリックス・ヘリックスモチーフ 259t, 261, 262f, 518*
硫酸ジメチル (DMS) 255
硫酸ジメチル修飾干渉アッセイ 257f
硫酸ジメチル修飾保護アッセイ 255, 256f
領域セントロメア 164, 518*
量的形質座位 (QTL) 57, 518*
緑色蛍光タンパク質 (GFP) 230, 518*
リンカー 38, 38f, 518*
リンカー DNA 161, 519*
リンカーヒストン 160f, 161, 231, 519*
リンキング数 375, 519*
リン酸基 6, 519*
輪生 367, 367f

■ る

ルー ゲーリッグ病 220
類似性，配列 138

■ れ

レギュロン 414f
レクチン 335, 519*
レグヘモグロビン遺伝子 463
レジン 307, 519*
レチノイン酸受容体 346f
劣性 64, 64f, 519*
レトロ遺伝子 453, 519*
　オーファン —— 453
　生成 454f
レトロウイルス 32, 215, 436, 469, 519*
　欠損型 —— 216, 217f
　ゲノム 215, 215f
　内在性 —— 220
　発がん 216
レトロエレメント 219, 436, 519*
　LTR —— 168, 219, 219f, 220t
　Ty1/copia —— 219, 219f, 437
　Ty3/gypsy —— 219f, 220, 437
　ウイルス —— 215, 219, 219f, 437
レトロ転位 219, 219f, 437, 453, 519*
　機構 437, 439f, 440f
レトロトランスポゾン 219, 219f, 437, 519*
レトロポゾン 221, 393, 519*
レトロホーミング 464, 519*
レトロン 222, 519*
レプリソーム 385, 519*
レポーター遺伝子 149, 150f, 150t, 519*
レポータープローブ 41, 41f, 519*
連鎖 → 遺伝的連鎖
連鎖解析 55, 519*
　家系図の利用 71
　計画的な交配実験 69
　限界 74
連鎖群 69, 519*
連鎖不平衡 154, 154f, 519*

■ ろ

ロイシンジッパー 265, 265f, 519*
六倍体 57, 519*
ロッドスコア 73, 519*
ローリングサークル型複製 378, 378f, 519*
ロングパッチ修復 414, 415f
ロングパッチヌクレオチド除去修復，大腸菌 416
ロングパッチミスマッチ修復，大腸菌 418, 418f

■ わ

ワタ，放射線ハイブリッドパネル 83
ワトソン・クリック型塩基対 80, 80f

ゲノム 第4版
生命情報システムとしての理解

定価：本体8,800円＋税

2000年 5月26日発行	第1版第1刷
2003年 4月 1日発行	第2版第1刷
2007年12月10日発行	第3版第1刷
2018年 9月25日発行	第4版第1刷 ©

著 者　T. A. ブラウン

監訳者　石川　冬木（いしかわ　ふゆき）
　　　　中山　潤一（なかやま　じゅんいち）

発行者　株式会社　メディカル・サイエンス・インターナショナル
　　　　代表取締役　金子　浩平
　　　　東京都文京区本郷1-28-36
　　　　郵便番号 113-0033　電話（03）5804-6050

印刷：株式会社 日本制作センター／装丁：岩崎邦好デザイン事務所

ISBN 978-4-8157-0132-1　C 3047

本書の複製権・翻訳権・上映権・譲渡権・貸与権・公衆送信権（送信可能化権を含む）は㈱メディカル・サイエンス・インターナショナルが保有します。
本書を無断で複製する行為（複写，スキャン，デジタルデータ化など）は，「私的使用のための複製」など著作権法上の限られた例外を除き禁じられています。大学，病院，診療所，企業などにおいて，業務上使用する目的（診療，研究活動を含む）で上記の行為を行うことは，その使用範囲が内部的であっても，私的使用には該当せず，違法です。また私的使用に該当する場合であっても，代行業者等の第三者に依頼して上記の行為を行うことは違法となります。

JCOPY〈㈳出版者著作権管理機構 委託出版物〉
本書の無断複写は著作権法上での例外を除き禁じられています。
複写される場合は，そのつど事前に，㈳出版者著作権管理機構
（電話 03-3513-6969，FAX 03-3513-6979，info@jcopy.or.jp）
の許諾を得てください。